"工科数学分析"MOOC 配套教材

工科数学分析教程

(下 册)

主　编　杨小远

参　编　张英晗　张奇业　高颖辉

冯伟杰　魏光美

科 学 出 版 社

北　京

内 容 简 介

《工科数学分析教程(下册)》是一本信息化研究型教材. 本书包括函数序列与函数项级数、傅里叶级数与傅里叶变换、多变量函数的极限与连续、多元函数微分学、向量函数的微分学、常微分方程与数值解法初步、重积分、曲线积分与格林公式、曲面积分、含参变量积分. 本书体系严谨科学、内容由浅入深, 符合学生认知规律. 每章都有提高课, 内容包括离散傅里叶变换与快速傅里叶变换以及变换能力分析和应用实例、信号多分辨分析初步以及应用、多元函数极值问题数值求解、常微分方程与数学建模、向量函数微分学以及综合应用实例等一系列问题, 初步为学生打开现代数学的窗口. 同时每章都设置了系列探索类问题, 包括理论问题、应用问题, 培养学生应用数学解决实际问题的能力. 本教材有与之配套的 MOOC 课程, 充分利用多媒体信息技术, 将复杂数学问题直观化, 图文并茂. 视频课为读者营造一对一的授课环境, 通过扫描教材中的二维码进入视频课的学习, 使得学生对数学问题的理解更通透.

本书适用于普通高等院校工科专业学生使用, 也为自学者提供优质自学资源, 还可供相关科技工作者参考使用.

图书在版编目(CIP)数据

工科数学分析教程. 下册/杨小远主编. —北京：科学出版社, 2019.1
"工科数学分析" MOOC 配套教材
ISBN 978-7-03-060368-5

Ⅰ. ①工… Ⅱ. ①杨… Ⅲ. ①数学分析-高等学校-教材 Ⅳ. ①O17

中国版本图书馆 CIP 数据核字(2019) 第 002869 号

责任编辑: 张中兴 梁 清 孙翠勤 / 责任校对: 杨聪敏
责任印制: 张 伟 / 封面设计: 迷底书装

科学出版社 出版
北京东黄城根北街 16 号
邮政编码: 100717
http://www.sciencep.com

北京九州迅驰传媒文化有限公司印刷
科学出版社发行 各地新华书店经销
*
2019 年 1 月第 一 版 开本: 787 × 1092 1/16
2024 年 2 月第五次印刷 印张: 35 1/2
字数: 842 000

定价: 89.00 元
(如有印装质量问题, 我社负责调换)

前言

Preface

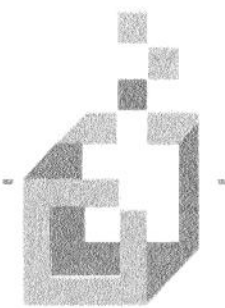

党的二十大报告指出“教育、科技、人才是全面建设社会主义现代化国家的基础性、战略性支撑”科技的发展离不开自然科学的发展, 自然科学首先发端于数学, 人类文明真正进入科学领域也是从数学开始的. 可以说, 数学是一切科学的基础. 随着信息时代的到来, 数学越来越显示其强大的生命力, 工科各个专业对数学要求越来越高, 在新工科背景下我们出版了此套教材, 这是一套信息化研究型教材. 本套教材的特点如下:

1. 科学严谨的渐进式教材体系

教材体系由浅入深、循序渐进, 不仅涵盖了数学分析经典内容, 同时初步引入现代数学的内容, 符合学生的认知规律, 可以满足不同程度读者的要求.

2. 教材的可阅读性

数学是一门抽象的学科, 为了使读者更容易学懂数学, 本套教材以问题驱动的模式引入数学问题. 将许多复杂数学问题直观化, 图文并茂, 对数学问题的分析阐述详尽, 有丰富的例题, 大幅度提高了教材的可阅读性, 使得读者对数学问题知其然又要知其所以然.

3. 教材的前沿性

本套教材大部分章节都设有提高课, 将数学建模的思想引入教学, 增加了微积分解决实际问题的经典案例. 本套教材增加了混沌现象与极限、泰勒公式与多项式逼近、勒贝格积分初步、从傅里叶变换到小波变换初步、常微分方程与数学建模、非线性方程的数值求解、数值优化初步、积分算子与应用等一系列内容, 主要目的是初步为学生打开现代数学窗口, 开拓视野. 这些内容体系编排确保学生在数学分析体系下能学懂.

4. 教材的研究探索性

本套教材每一章都设有系列探索类问题, 包括基础理论类问题、应用类问题、实验类问题, 培养学生应用数学解决实际问题的能力, 创新能力的培养从研究一个问题开始.

5. 教材的信息化

本套教材有配套的 MOOC 视频课程, 并充分利用多媒体信息技术, 绘制了几千幅图解释数学问题, 使得数学课程变得生动, 为读者营造了一对一的教学环境. 读者可以通过扫描教材的二维码进入视频课的学习. 视频课可以帮助读者更好地理解数学问题，感受数学思想.

感谢朱日东博士、吕静云博士、王敬凯博士、刘新飞博士为本书绘制全部配图. 本套教材得到北京航空航天大学出版基金资助出版, 在此表示谢意.

杨小远

2018 年 6 月

目　录
Contents

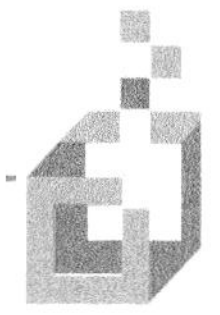

第 10 章

Chapter 10 函数序列与函数项级数

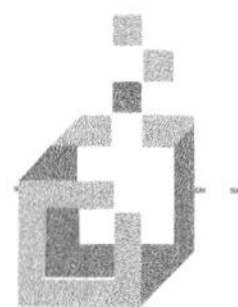

数学分析的主要研究对象是函数. 对于复杂的函数, 我们希望用相对简单的函数 (比如多项式、三角函数) 来逼近, 以达到对复杂函数的研究. 另外, 到目前为止我们所接触到的函数大多是初等函数. 除了初等函数, 还有更广泛的函数类是不能用初等函数来表示的, 比如处处连续但处处不可导的函数 (可形象地理解为锯齿形函数). 要研究上述问题, 就要用到函数序列与函数项级数的理论. 本章介绍函数序列与函数项级数的理论知识, 内容包括: 函数序列与函数项级数的基本概念; 函数项级数的一致收敛; 函数项级数的和函数的分析性质以及幂级数与应用. 在提高部分讨论了多项式序列的一致收敛与应用, 本章的最后设置了系列研究探索类问题.

扫码学习

10.1 函数项级数的基本概念与性质

10.1.1 函数项级数的概念

设函数序列 $f_n(x), n=1,2,\cdots$ 有共同的定义域 $I\subset \mathbf{R}$, 则称 $\{f_n(x)\}$ 是定义在 I 上的函数序列. 固定 $x_0\in I$, 若数列 $\{f_n(x_0)\}$ 收敛, 则称函数序列 $\{f_n(x)\}$ 在 $x=x_0$ 处收敛, x_0 称为函数序列的收敛点. 函数序列的所有收敛点的集合称为它的收敛域. 若函数序列 $\{f_n(x)\}$ 的收敛域 I_0 不为空集, 定义在 I_0 上的函数

$$f(x)=\lim_{n\to\infty} f_n(x),\quad \forall x\in I_0$$

称为函数序列 $\{f_n(x)\}$ 的极限函数.

定义 10.1.1 设 $u_n(x), n=1,2,\cdots$ 是定义在实数集 I 上的函数序列, 称和式

$$\sum_{n=1}^{\infty} u_n(x)=u_1(x)+u_2(x)+\cdots+u_n(x)+\cdots$$

为定义在 I 上的函数项级数. 记 $S_n(x)=\sum\limits_{k=1}^{n} u_k(x)$, 称 $\{S_n(x)\}$ 为该级数的部分和函数列.

设 $x_0\in I$, 如果级数 $\sum\limits_{n=1}^{\infty} u_n(x_0)$ 收敛, 即 $\lim\limits_{n\to\infty} S_n(x_0)$ 存在, 则称函数项级数 $\sum\limits_{n=1}^{\infty} u_n(x)$ 在点 x_0 处收敛, 否则称在点 x_0 处发散. 函数项级数 $\sum\limits_{n=1}^{\infty} u_n(x)$ 的所有收敛点构成的集合 I_0

称为该函数项级数的收敛域, 所有发散点构成的集合称为该函数项级数的发散域. 定义在收敛域 I_0 上的函数

$$S(x)=\sum_{n=1}^{\infty}u_n(x),\quad \forall x\in I_0$$

称为函数项级数 $\sum\limits_{n=1}^{\infty}u_n(x)$ 的和函数.

函数项级数研究的首要问题是分析其收敛域, 例如下面函数项级数:

(1) $\sum\limits_{n=1}^{\infty}\dfrac{1}{n^x}$ 的收敛域为 $(1,+\infty)$;

(2) $\sum\limits_{n=1}^{\infty}\dfrac{(-1)^n}{n^x}$ 的收敛域为 $(0,+\infty)$;

(3) $\sum\limits_{n=1}^{\infty}\dfrac{1}{n(\ln n)^x}$ 的收敛域为 $(1,+\infty)$;

(4) $\sum\limits_{n=1}^{\infty}\dfrac{\sin nx}{n^p}\ (p>0)$ 的收敛域为 $(-\infty,+\infty)$;

(5) $\sum\limits_{n=1}^{\infty}\dfrac{\cos nx}{n^p}\ (p>0)$ 的收敛域: $p>1$ 时, $x\in(-\infty,+\infty)$, $0<p\leqslant 1$ 时, $x\neq 2k\pi, k\in\mathbf{Z}$;

(6) $\sum\limits_{n=1}^{\infty}x^n$ 的收敛域为 $(-1,1)$.

求函数项级数的收敛域实际上是将自变量 x 视为参数, 应用数项级数收敛判定定理来判定是否收敛, 下面举例说明.

例 10.1.1 求函数项级数 $\sum\limits_{n=1}^{\infty}\dfrac{(n+x)^n}{n^{n-x}}$ 的收敛域.

解 由于原级数的通项, 当 x 固定, n 充分大时为非负函数, 因此利用正项级数的比较判别方法分析其收敛域. 由于

$$\lim_{n\to\infty}\frac{\dfrac{(n+x)^n}{n^{n-x}}}{\dfrac{1}{n^{-x}}}=\lim_{n\to\infty}\left(1+\frac{x}{n}\right)^n=\mathrm{e}^x$$

根据正项级数的比较判别法, 当 $x<-1$ 时原级数收敛; 当 $x\geqslant -1$ 时原级数发散, 故收敛域为 $(-\infty,-1)$.

例 10.1.2 求函数项级数 $\sum\limits_{n=1}^{\infty}\dfrac{(2n-1)!!}{(2n)!!}\left(\dfrac{2x}{1+x^2}\right)^n$ 的收敛域.

解 设 $u_n(x)=\dfrac{(2n-1)!!}{(2n)!!}\left(\dfrac{2x}{1+x^2}\right)^n$, 则有

$$\lim_{n\to\infty}\left|\frac{u_n(x)}{u_{n-1}(x)}\right|=\lim_{n\to\infty}\left|\frac{\dfrac{(2n-1)!!}{(2n)!!}\left(\dfrac{2x}{1+x^2}\right)^n}{\dfrac{(2n-3)!!}{(2n-2)!!}\left(\dfrac{2x}{1+x^2}\right)^{n-1}}\right|=\left|\frac{2x}{1+x^2}\right|$$

根据正项级数收敛的达朗贝尔判别方法得到结论:

当 $|x| \neq 1$ 时, $\sum\limits_{n=1}^{\infty} \dfrac{(2n-1)!!}{(2n)!!}\left(\dfrac{2x}{1+x^2}\right)^n$ 收敛且绝对收敛.

当 $x=1$ 时, $\lim\limits_{n\to\infty} n\left(\dfrac{u_n(1)}{u_{n+1}(1)}-1\right)=\lim\limits_{n\to\infty}\dfrac{n}{2n+1}=\dfrac{1}{2}$, 由拉贝判别法, 原级数发散.

当 $x=-1$ 时, $\sum\limits_{n=1}^{\infty} \dfrac{(-1)^n(2n-1)!!}{(2n)!!}$ 是莱布尼茨交错级数, $\left\{\dfrac{(2n-1)!!}{(2n)!!}\right\}$ 单调递减趋于零, 故收敛.

综上所述, 函数项级数的收敛域为 $(-\infty,1)\cup(1,+\infty)$.

例 10.1.3 求函数项级数 $\sum\limits_{n=1}^{\infty}\dfrac{(-1)^n}{n}\left(\dfrac{1}{1+x}\right)^n$ 的收敛域.

解 设 $u_n(x)=\dfrac{(-1)^n}{n}\left(\dfrac{1}{1+x}\right)^n$, 根据数项级数的达朗贝尔判别法,

$$\lim_{n\to\infty}\left|\frac{u_n(x)}{u_{n-1}(x)}\right|=\lim_{n\to\infty}\left(\frac{n-1}{n}\right)\frac{1}{|1+x|}=\frac{1}{|1+x|}\ (\forall x\neq -1)$$

所以有下面结论:

(1) 当 $\dfrac{1}{|1+x|}<1$, 即 $x>0$ 或 $x<-2$ 时, 级数收敛并且是绝对收敛.

(2) 当 $\dfrac{1}{|1+x|}>1$, 即 $-2<x<0$且$x\neq -1$ 时, 由于此时级数通项不以零为极限, 因此级数发散.

(3) 当 $|1+x|=1$, 即 $x=0$ 或 $x=-2$. 当 $x=0$ 时, $\sum\limits_{n=1}^{\infty}\dfrac{(-1)^n}{n}$ 收敛, 当 $x=-2$ 时, $\sum\limits_{n=1}^{\infty}\dfrac{1}{n}$ 发散.

故级数收敛域为 $(-\infty,-2)\cup[0,+\infty)$.

习题 10.1.1 函数项级数的概念

1. 求下列级数的收敛域.

(1) $\sum\limits_{n=1}^{\infty}\dfrac{n-1}{n+1}\left(\dfrac{x}{3x+1}\right)^n$;

(2) $\sum\limits_{n=1}^{\infty} n\mathrm{e}^{-nx}$;

(3) $\sum\limits_{n=1}^{\infty}\left(\dfrac{x(x+n)}{n}\right)^n$;

(4) $\sum\limits_{n=1}^{\infty}\dfrac{\ln(1+x^n)}{n^y}\ (x\geqslant 0)$.

10.1.2 研究问题描述

函数项级数研究的基本问题是和函数的分析性质: 和函数是否连续、可导和可积分, 即研究下面三个问题是否成立.

设 $S(x)=\sum\limits_{n=1}^{\infty}u_n(x)$, $S(x)=\lim\limits_{n\to\infty}S_n(x)=\lim\limits_{n\to\infty}\sum\limits_{k=1}^{n}u_k(x)$.

问题 1 若 $u_n(x)\,(n=1,2,3,\cdots)$ 在 $[a,b]$ 上连续, $S(x)$ 在 $[a,b]$ 上是否连续, 即任意的 $x_0\in[a,b]$,

$$\lim_{x\to x_0}S(x)=S(x_0)=\lim_{x\to x_0}\sum_{n=1}^{\infty}u_n(x)=\sum_{n=1}^{\infty}\lim_{x\to x_0}u_n(x) \tag{10.1.1}$$

是否成立.

问题 1 的研究等价于函数序列相应的问题. 对函数序列 $\{f_n(x)\}$ 而言, 设 $f(x)=\lim\limits_{n\to\infty} f_n(x)$, 若 $f_n(x)\,(n=1,2,3,\cdots)$ 在 $[a,b]$ 上连续, $f(x)$ 在 $[a,b]$ 上是否连续, 即任意的 $x_0\in[a,b]$,

$$\lim_{x\to x_0} f(x)=f(x_0)\Leftrightarrow \lim_{x\to x_0}\lim_{n\to\infty} f_n(x)=\lim_{n\to\infty}\lim_{x\to x_0} f_n(x) \tag{10.1.2}$$

是否成立.

注 10.1.1 $x_0=a, x_0=b$ 时, (10.1.1) 式和 (10.1.2) 式极限为右、左极限.

问题 2 若 $u_n(x)\,(n=1,2,3,\cdots)$ 在 $[a,b]$ 上可积, $S(x)$ 在 $[a,b]$ 上是否可积, 即

$$\int_a^b S(x)\mathrm{d}x=\int_a^b\sum_{n=1}^{\infty}u_n(x)\mathrm{d}x=\int_a^b\lim_{n\to\infty}S_n(x)\mathrm{d}x=\lim_{n\to\infty}\int_a^b S_n(x)\mathrm{d}x=\sum_{n=1}^{\infty}\int_a^b u_n(x)\mathrm{d}x$$

是否成立.

问题 2 的研究等价于函数序列相应的问题. 对函数序列 $\{f_n(x)\}$ 而言, $f(x)=\lim\limits_{n\to\infty} f_n(x)$, 若 $f_n(x)\,(n=1,2,3,\cdots)$ 在 $[a,b]$ 上可积, $f(x)$ 在 $[a,b]$ 上是否可积, 即

$$\int_a^b\lim_{n\to\infty} f_n(x)\mathrm{d}x=\lim_{n\to\infty}\int_a^b f_n(x)\mathrm{d}x \tag{10.1.3}$$

是否成立.

问题 3 若 $u_n(x)\,(n=1,2,3,\cdots)$ 在 $[a,b]$ 上可导, $S(x)$ 在 $[a,b]$ 上是否可导, 即

$$S'(x)=\left(\lim_{n\to\infty}S_n(x)\right)'=\lim_{n\to\infty}S_n'(x),\quad \left(\sum_{n=1}^{\infty}u_n(x)\right)'=\sum_{n=1}^{\infty}u_n'(x) \tag{10.1.4}$$

是否成立.

问题 3 的研究等价于函数序列相应的问题, 对函数序列 $\{f_n(x)\}$ 而言, $f(x)=\lim\limits_{n\to\infty} f_n(x)$, 若 $f_n(x)(n=1,2,3,\cdots)$ 在 $[a,b]$ 上可导, $f(x)$ 在 $[a,b]$ 上是否可导, 即任意的 $x\in[a,b]$,

$$f'(x)=\frac{\mathrm{d}}{\mathrm{d}x}(\lim_{n\to\infty}f_n(x))=\lim_{n\to\infty}\left(\frac{\mathrm{d}}{\mathrm{d}x}f_n(x)\right) \tag{10.1.5}$$

是否成立.

注 10.1.2 $x=a$ 和 $x=b$ 时, (10.1.4) 式和 (10.1.5) 式为右左导数.

例 10.1.4 设 $f_n(x)=x^{2n}, x\in[0,1]$, 对函数序列 $\{f_n(x)\}$ 讨论上述问题 1 是否成立.

分析 $f_n(x)\,(n\in\mathbf{N}^*)$ 在 $[0,1]$ 上连续, $f(x)=\lim\limits_{n\to\infty}f_n(x)=\begin{cases}0, & 0\leqslant x<1,\\ 1, & x=1,\end{cases}$ $f(x)$ 在 $[0,1]$ 上不连续, 所以问题 1 不成立.

例 10.1.5 设 $f_n(x)=nx\left(1-x^2\right)^n, x\in[0,1]$, 对函数序列 $\{f_n(x)\}$ 讨论上述问题 2 是否成立.

分析 $f(x)=\lim\limits_{n\to\infty}f_n(x)=0, x\in[0,1]$, $\displaystyle\int_0^1 f_n(x)\mathrm{d}x=\frac{n}{2(n+1)}\to\frac{1}{2}\,(n\to\infty)$

而 $\int_0^1 f(x)\mathrm{d}x = 0$, 所以问题 2 不成立.

例 10.1.6 设 $f_n(x) = \dfrac{\cos nx}{n}, x \in (-\infty, +\infty)$, 对函数序列 $\{f_n(x)\}$ 讨论上述问题 3 是否成立.

分析 $x \in (-\infty, +\infty), f(x) = \lim\limits_{n\to\infty} f_n(x) = 0$, $f_n'(x) = -\sin nx$, $\lim\limits_{n\to\infty} f_n'(x)$ 不存在, 而 $f'(x) = 0$, 所以问题 3 不成立.

由例 10.1.4—例 10.1.6 可以看出, 一般情况下上述问题 1—3 是不成立的. 为使得上述问题 1—3 成立, 必须在函数序列或函数项级数本身加上一定的条件, 问题 1—3 成立的条件是本章讨论的核心理论问题, 即函数序列和函数项级数一致收敛问题.

习题 10.1.2 研究问题描述

1. 分析下面函数序列是否满足问题 2 的结论:

(1) $f_n(x) = nx\mathrm{e}^{-nx^2}, x \in [0,1]$; (2) $f_n(x) = nx(1-x)^n, x \in [0,1]$.

2. 分析下面函数序列是否满足问题 3 的结论:

(1) $f_n(x) = \dfrac{\arctan x^2}{n}, x \in \mathbf{R}$; (2) $f_n(x) = x^2 + \dfrac{1}{n}\sin n\left(x + \dfrac{\pi}{2}\right), x \in \mathbf{R}$.

3. 分析下面函数项级数是否满足问题 3 的结论:

(1) $\sum\limits_{n=1}^{\infty}\left(\mathrm{e}^{-(n-1)^2x^2} - \mathrm{e}^{-n^2x^2}\right), x \in [0,1]$;

(2) $\dfrac{1}{2}\ln(1+x^2) + \sum\limits_{n=2}^{\infty}\left(\dfrac{1}{2n}\ln(1+n^2x^2) - \dfrac{1}{2(n-1)}\ln\left(1+(n-1)^2x^2\right)\right), x \in [0,1]$.

10.1.3 函数序列的一致收敛性

讨论函数项级数 $\sum\limits_{n=1}^{\infty} u_n(x)$的收敛性等价于讨论其部分和函数序列 $S_n(x) = \sum\limits_{k=1}^{n} u_k(x)$ 的收敛性, 所以先讨论函数序列的收敛问题.

定义 10.1.2 (函数序列的逐点收敛) 设有函数序列 $\{f_n(x)\}$, 若对任意 $x_0 \in I$, 数列 $\{f_n(x_0)\}$ 收敛到 $f(x_0)$, 则称 $\{f_n(x)\}$ 在 I 上逐点收敛. 用数列极限的定义描述为

$$\forall x_0 \in I, \forall \varepsilon > 0, \exists N(\varepsilon, x_0) \in \mathbf{N}^*, \forall n > N: |f_n(x_0) - f(x_0)| < \varepsilon \tag{10.1.6}$$

这里自然数 $N(\varepsilon, x_0)$ 随着 ε, x_0 的变化而变化. 下面举例说明.

例 10.1.7 研究函数序列收敛问题: (1)$f_n(x) = x^n, 0 < x < 1$; (2)$f_n(x) = \dfrac{1}{n+x}, 0 < x < 1$.

解 (1) 当 $0 < x < 1$ 时, $\lim\limits_{n\to\infty} f_n(x) = 0$. 进一步有

$$\forall 0 < \varepsilon < 1, \exists N_1(x, \varepsilon) = \left[\frac{\ln \varepsilon}{\ln x}\right] + 1, \forall n > N_1: |x^n| < \varepsilon$$

(2) 当 $0 < x < 1$ 时, $\lim\limits_{n\to\infty} f_n(x) = 0$. 进一步有 $|f_n(x) - 0| < \dfrac{1}{n}$, 因此

$$\forall x \in (0,1),\ \forall \varepsilon > 0, \exists N_2(x, \varepsilon) = \left[\frac{1}{\varepsilon}\right] + 1, \forall n > N_2: \left|\frac{1}{n+x}\right| < \frac{1}{n} < \varepsilon$$

通过上面的分析发现在问题 (1) 中, $N_1(x,\varepsilon)$ 随着 ε, x 的变化而变化, 并且

$$\forall \varepsilon>0: \sup_{x\in(0,1)}\{N_1(x,\varepsilon)\}=+\infty$$

而在问题 (2) 中, 自然数 $N_2(x,\varepsilon)$ 仅和 ε 有关, 即

$$\forall \varepsilon>0: \sup_{x\in(0,1)}\{N_2(x,\varepsilon)\}=\left[\frac{1}{\varepsilon}\right]+1<+\infty$$

$N_2(x,\varepsilon)$ 的选取与 x 无关, 体现了一致性. 根据 (2) 的逐点收敛特征, 可以进一步描述为

$$\forall \varepsilon>0, \exists N_2=\left[\frac{1}{\varepsilon}\right]+1, \forall n>N_2, \forall x\in(0,1): \left|\frac{1}{n+x}\right|<\frac{1}{n}<\varepsilon$$

体现收敛的一致性.

对于一般情况, 在函数序列逐点收敛的定义 (10.1.6) 中, 如果任意 $\varepsilon>0$, $\sup\limits_{x\in I}\{N(x,\varepsilon)\}<+\infty$, 则函数序列 $\{f_n(x)\}$ 逼近极限函数具有一致性, 即下面的定义.

定义 10.1.3 (函数序列的一致收敛) 设函数序列 $\{f_n(x)\}$ 定义在 I 上, 如果对任意的 $\varepsilon>0$, 存在仅和 ε 有关的自然数 $N(\varepsilon)$, 当 $n>N(\varepsilon)$ 时, 对任意的 $x\in I$, 一致有

$$|f_n(x)-f(x)|<\varepsilon$$

成立, 则称函数序列 $\{f_n(x)\}$ 在 I 上一致收敛于 $f(x)$, 记为 $f_n(x)\rightrightarrows f(x)$. 用符号语言表述为

$$\forall \varepsilon>0, \exists N(\varepsilon)\in \mathbf{N}^*, \forall n>N, \forall x\in I: |f_n(x)-f(x)|<\varepsilon \tag{10.1.7}$$

在 (10.1.7) 式的基础上进一步给出函数序列不一致收敛的叙述:

$$\exists \varepsilon_0>0, \forall N\in \mathbf{N}^*, \exists n_0>N, \exists x_0\in I: |f_{n_0}(x_0)-f(x_0)|\geqslant \varepsilon_0 \tag{10.1.8}$$

(10.1.8) 式表示存在 $\varepsilon_0>0$, 对于任何自然数 N, 无论多么大, 存在自然数 $n_0>N$ 和 $x_0\in I$ 使得

$$|f_{n_0}(x_0)-f(x_0)|\geqslant \varepsilon_0$$

例 10.1.8 讨论下列函数序列的一致收敛性, 其中 $x\in(-\infty,+\infty)$.

(1) $f_n(x)=\sin x+\dfrac{\cos x}{n}$; (2) $g_n(x)=\arctan x+\dfrac{\sin x}{n}$.

解 (1) 由于 $\lim\limits_{n\to\infty} f_n(x)=\sin x$ 且 $|f_n(x)-\sin x|=\left|\dfrac{\cos x}{n}\right|\leqslant\dfrac{1}{n}$, 因此有

$$\forall \varepsilon>0, \exists N(\varepsilon)=\left[\frac{1}{\varepsilon}\right]+1, \forall n>N, \forall x\in(-\infty,+\infty): |f_n(x)-\sin x|<\varepsilon$$

故一致收敛.

(2) 由于 $\lim\limits_{n\to\infty} g_n(x)=\arctan x$ 且 $|g_n(x)-\arctan x|=\left|\dfrac{\sin x}{n}\right|\leqslant\dfrac{1}{n}$, 因此有

$$\forall \varepsilon>0, \exists N(\varepsilon)=\left[\frac{1}{\varepsilon}\right]+1, \forall n>N, \forall x\in(-\infty,+\infty): |g_n(x)-\arctan x|<\varepsilon$$

故一致收敛. 从例 10.1.8 的分析证明过程可以得到下面推论.

推论 10.1.1 若 $\lim\limits_{n\to\infty} f_n(x)=f(x)$ 满足 $|f_n(x)-f(x)|<\alpha_n, n\in\mathbf{N}^*$, 且 $\lim\limits_{n\to\infty}\alpha_n=0$, 则函数序列 $\{f_n(x)\}$ 一致收敛于 $f(x)$.

例 10.1.8 第 (1) 问的几何直观如图 10.1.1 所示. 例如取 $\varepsilon=\dfrac{1}{4}$, 函数序列 $\{f_n(x)\}_{n>4}$ 落在以曲线 $y=\sin x+\dfrac{1}{4}$ 和 $y=\sin x-\dfrac{1}{4}$ 为上、下边界的带形区域内.

例 10.1.8 第 (2) 问的几何直观如图 10.1.2 所示. 例如取 $\varepsilon=\dfrac{1}{4}$, 函数序列 $\{g_n(x)\}_{n>4}$ 落在以曲线 $y=\arctan x+\dfrac{1}{4}$ 和 $y=\arctan x-\dfrac{1}{4}$ 为上、下边界的带形区域内.

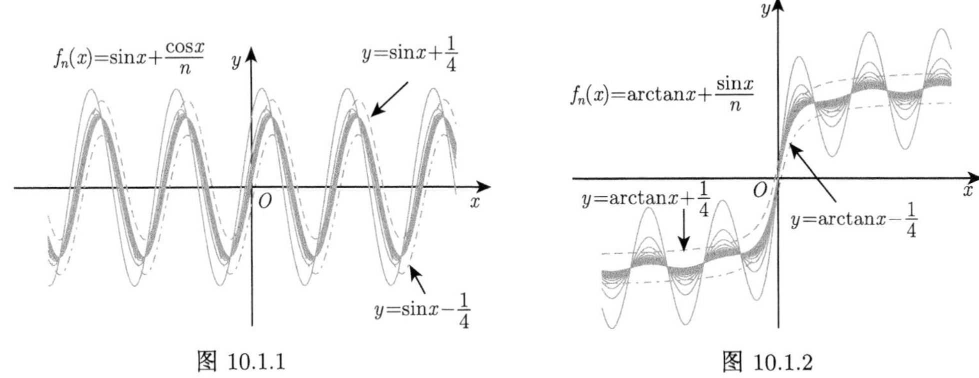

图 10.1.1　　　　图 10.1.2

接下来进一步分析推论 10.1.1 是否是函数序列一致收敛的充分必要条件, 即下面的余项定理.

定理 10.1.1 (余项定理) 函数序列 $\{f_n(x)\}$ 在 I 上一致收敛于 $f(x)$ 的充要条件是

$$\beta_n=\sup_{x\in I}|f_n(x)-f(x)|\to 0\ (n\to\infty)$$

证明 必要性: 设函数序列 $\{f_n(x)\}$ 在 I 上一致收敛于 $f(x)$, 则

$$\forall\varepsilon>0,\exists N(\varepsilon)\in\mathbf{N}^*,\forall n>N,\forall x\in I:|f_n(x)-f(x)|<\varepsilon$$

因此 $\beta_n=\sup\limits_{x\in I}|f_n(x)-f(x)|\leqslant\varepsilon$, 由数列极限的定义得 $\lim\limits_{n\to\infty}\beta_n=0$.

充分性: 若 $\lim\limits_{n\to\infty}\beta_n=0$, 根据数列极限定义有

$$\forall\varepsilon>0,\exists N(\varepsilon)\in\mathbf{N}^*,\forall n>N:\beta_n<\varepsilon$$

注意到 N 仅和 ε 有关, 所以

$$\forall\varepsilon>0,\exists N(\varepsilon)\in\mathbf{N}^*,\forall n>N,\forall x\in I:|f_n(x)-f(x)|\leqslant\beta_n<\varepsilon$$

故函数序列 $\{f_n(x)\}$ 在 I 上一致收敛于 $f(x)$, 结论得证.

定理 10.1.2 (函数序列逐点收敛的柯西准则) 函数序列 $\{f_n(x)\}$ 在 I 上逐点收敛的充要条件是: 对任意 $x_0\in I,\forall\varepsilon>0,\exists N(x_0,\varepsilon)\in\mathbf{N}^*$, $\forall n>N,\forall p\in\mathbf{N}^*$, 有

$$|f_n(x_0)-f_{n+p}(x_0)|<\varepsilon$$

定理 10.1.2 中, $N(x_0,\varepsilon)$ 随着 x_0,ε 的变化而变化, 进一步如果任意 $\varepsilon>0$, $\sup\limits_{x_0\in I}\{N(x_0,\varepsilon)\}<+\infty$, 即可以找到一个共同的 N, 将有如下定理.

定理 10.1.3 (函数序列一致收敛的柯西准则) 函数序列 $\{f_n(x)\}$ 在 I 上一致收敛的充要条件是: 对任给 $\varepsilon>0$, 存在仅和 ε 有关的自然数 $N(\varepsilon)$, 当 $n>N$ 时, 对任意 $p\in\mathbf{N}^*$, 以及任意 $x\in I$, 一致成立

$$|f_n(x)-f_{n+p}(x)|<\varepsilon$$

用符号语言表述为

$$\forall\varepsilon>0,\exists N(\varepsilon)\in\mathbf{N}^*,\forall n>N,\forall p\in\mathbf{N}^*,\forall x\in I:|f_n(x)-f_{n+p}(x)|<\varepsilon \tag{10.1.9}$$

证明 必要性: 若 $\{f_n(x)\}$ 在 I 上一致收敛于 $f(x)$, 则有

$$\forall\varepsilon>0,\exists N(\varepsilon)\in\mathbf{N}^*,\forall n>N,\forall x\in I:|f_n(x)-f(x)|<\frac{\varepsilon}{2}$$

于是对任意 $p\in\mathbf{N}^*$,

$$|f_n(x)-f_{n+p}(x)|\leqslant|f_n(x)-f(x)|+|f_{n+p}(x)-f(x)|<\varepsilon$$

充分性: 若 (10.1.9) 式成立, 则由数列极限的柯西准则知, 任取 $x\in I,\{f_n(x)\}$ 收敛, 令 $\lim\limits_{n\to\infty}f_n(x)=f(x)$, 在 (10.1.9) 式两端令 $p\to\infty$, 利用数列极限的保序性, 得 $|f_n(x)-f(x)|\leqslant\varepsilon$. 结论得证.

由定理 10.1.3, 可以给出函数序列不一致收敛的等价条件:

$$\exists\varepsilon_0>0,\forall N\in\mathbf{N}^*,\exists n_0>N,\exists p_0\in\mathbf{N}^*,\exists x_0\in I:|f_{n_0}(x_0)-f_{n_0+p}(x_0)|\geqslant\varepsilon_0 \tag{10.1.10}$$

(10.1.10) 式表示存在 $\varepsilon_0>0$, 对于任何自然数 N, 无论多么大, 存在自然数 $n_0>N$, 以及自然数 p_0 和 $x_0\in I$ 使得 $|f_{n_0}(x_0)-f_{n_0+p}(x_0)|\geqslant\varepsilon_0$.

10.1.4 函数序列一致收敛的典型例题

例 10.1.9 讨论函数序列一致收敛性:$\{f_n(x)\}=\{x\mathrm{e}^{-nx}\},x\in[0,1]$.

解 分成下面几个步骤讨论.

(1) 首先求函数序列的极限函数.

当 $x=0$ 时, $f_n(0)=0\Rightarrow f(0)=\lim\limits_{n\to\infty}f_n(0)=0$.

当 $x\in(0,1]$ 时, $\lim\limits_{n\to\infty}f_n(x)=\lim\limits_{n\to\infty}x\mathrm{e}^{-nx}=\lim\limits_{n\to\infty}\dfrac{x}{\mathrm{e}^{nx}}=0$.

所以 $\lim\limits_{n\to\infty}f_n(x)=f(x)\equiv0$.

(2) $\beta_n=\sup\limits_{x\in[0,1]}|f_n(x)-f(x)|=\sup\limits_{x\in[0,1]}|x\mathrm{e}^{-nx}|=\max\limits_{x\in[0,1]}x\mathrm{e}^{-nx}$. 由于

$$f_n'(x)=(x\mathrm{e}^{-nx})'=\mathrm{e}^{-nx}(1-nx),\quad f_n'\left(\frac{1}{n}\right)=0$$

$$f_n''(x)=-n\mathrm{e}^{-nx}(1-nx)-n\mathrm{e}^{-nx}=-n\mathrm{e}^{-nx}(2-nx),\quad f_n''\left(\frac{1}{n}\right)<0$$

解得 $x=\dfrac{1}{n}$ 为 $f_n(x)$ 的极大值点, 且为最大值点. 因此

$$\lim_{n\to\infty}\beta_n=\lim_{n\to\infty}\max_{x\in[0,1]}|f_n(x)-f(x)|=\lim_{n\to\infty}\left|f_n\left(\frac{1}{n}\right)-f\left(\frac{1}{n}\right)\right|=\lim_{n\to\infty}\frac{\mathrm{e}^{-1}}{n}=0$$

由余项定理可知, 函数序列 $\{f_n(x)\}$ 在 $[0,1]$ 上一致收敛于 0.

如图 10.1.3 所示, 函数序列 $\{f_n(x)\}$ 在 $[0,1]$ 的最大值序列 $\{A_n\}$ 趋于零, 与结论一致.

例 10.1.10 讨论函数序列一致收敛性:$\{f_n(x)\}=\{nx\mathrm{e}^{-nx}\},x\in[0,1]$.

解 根据海涅定理和洛必达法则求极限函数:

$$f(x)=\lim_{n\to\infty}f_n(x)=\lim_{n\to\infty}\frac{nx}{\mathrm{e}^{nx}}=\lim_{y\to+\infty}\frac{y}{\mathrm{e}^y}=0,\quad x\in(0,1]$$

$$f(x)=\lim_{n\to\infty}f_n(x)=0,\quad x=0$$

所以

$$|f_n(x)-f(x)|=nx\mathrm{e}^{-nx}$$

由例 10.1.9 知, $x=\dfrac{1}{n}$ 为 $f_n(x)$ 在 $[0,1]$ 上的最大值点, 于是

$$\beta_n=\sup_{x\in[0,1]}|f_n(x)-f(x)|=\left|f_n\left(\frac{1}{n}\right)-f\left(\frac{1}{n}\right)\right|=\mathrm{e}^{-1}$$

由余项定理, 函数序列 $\{f_n(x)\}$ 在 $[0,1]$ 上不一致收敛于 $f(x)$, 如图 10.1.4 所示, 函数序列 $\{f_n(x)\}$ 在 $[0,1]$ 的最大值序列 $\{A_n\}$ 不趋于零, 与结论一致.

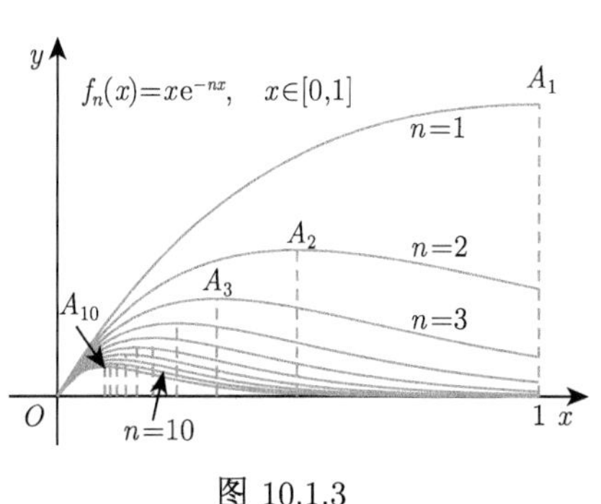

图 10.1.3

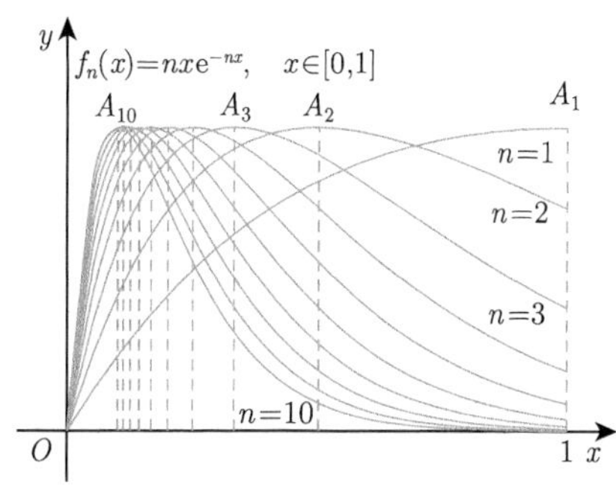

图 10.1.4

例 10.1.11 讨论函数序列 $\{f_n(x)\}=\left\{\dfrac{nx}{1+(nx)^2}\right\}$ 在区间 $[0,1]$ 和 $[1,+\infty)$ 上的一致收敛性.

解 首先求函数序列的极限函数: $\lim\limits_{n\to\infty}f_n(x)=\lim\limits_{n\to\infty}\dfrac{nx}{1+(nx)^2}=0$.

(1) 当 $x\in[1,+\infty)$ 时, 由于 $|f_n(x)-0|=\left|\dfrac{nx}{1+(nx)^2}\right|\leqslant\left|\dfrac{1}{nx}\right|\leqslant\dfrac{1}{n}$, 因此

$$\beta_n=\sup_{x\in[1,+\infty)}|f_n(x)-0|\leqslant\frac{1}{n},\quad\lim_{n\to\infty}\beta_n=0$$

由余项定理, 函数序列 $\{f_n(x)\}$ 在 $[1,+\infty)$ 上一致收敛.

(2) 当 $x\in[0,1]$ 时, 由于

$$\beta_n=\sup_{x\in[0,1]}|f_n(x)-0|\geqslant\left|f_n\left(\frac{1}{n}\right)\right|=\left|\frac{n\cdot\dfrac{1}{n}}{1+\left(n\cdot\dfrac{1}{n}\right)^2}\right|=\frac{1}{2}$$

因此 $\lim\limits_{n\to\infty}\beta_n\neq 0$. 由余项定理, 函数序列 $\{f_n(x)\}$ 在 $[0,1]$ 上不一致收敛. 如图 10.1.5 所示, 几何直观与结论一致.

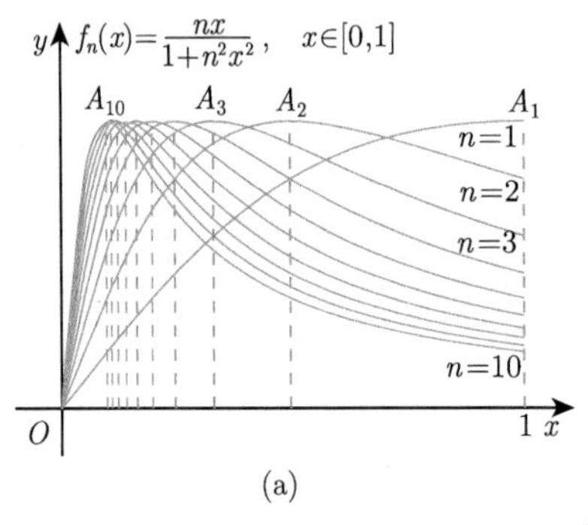

(a)

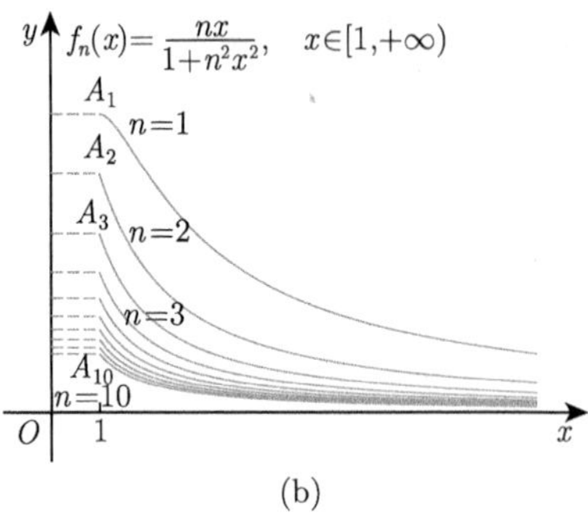

(b)

图 10.1.5

例 10.1.12 讨论函数序列 $\{f_n(x)\}=\left\{2n^2x\mathrm{e}^{-n^2x^2}\right\}$ 在区间 $[0,1]$ 上的一致收敛性.

解 根据海涅原理以及洛必达法则计算函数序列的极限函数.

$$\lim_{n\to\infty}2n^2x\mathrm{e}^{-n^2x^2}=0,\quad x=0$$

$$\lim_{n\to\infty}2n^2x\mathrm{e}^{-n^2x^2}=\lim_{n\to\infty}\frac{2n^2x}{\mathrm{e}^{n^2x^2}}=\lim_{u\to+\infty}\frac{2ux}{\mathrm{e}^{ux^2}}=0,\quad x\in(0,1]$$

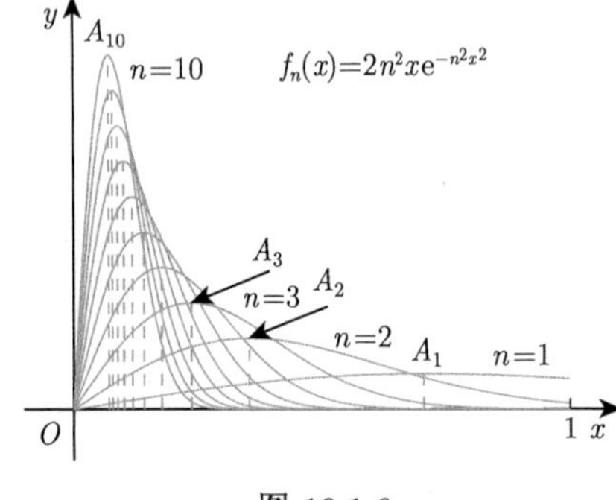

图 10.1.6

进一步

$$\left|f_n\left(\frac{1}{n}\right)-0\right|=\left|2n^2\frac{1}{n}\mathrm{e}^{-n^2\left(\frac{1}{n}\right)^2}\right|=2n\mathrm{e}^{-1}$$

故 $\beta_n\geqslant\left|f_n\left(\dfrac{1}{n}\right)-0\right|=2n\mathrm{e}^{-1}$, $\lim\limits_{n\to\infty}\beta_n=+\infty$, 由余项定理, 函数序列 $\{f_n(x)\}$ 在 $[0,1]$ 上不一致收敛.

如图 10.1.6 所示, $\{f_n(x)\}$ 的最大值序列 $\{A_n\}$ 不收敛于零, 与结论一致.

例 10.1.13 讨论函数列一致收敛性:

$$f_n(x)=\begin{cases}-1, & -1\leqslant x\leqslant -\dfrac{1}{n},\\ \sin\left(\dfrac{n\pi x}{2}\right), & -\dfrac{1}{n}<x<\dfrac{1}{n}, \quad n=1,2,3,\cdots\\ 1, & \dfrac{1}{n}\leqslant x\leqslant 1,\end{cases}$$

解 (1) 首先求函数序列的极限函数.

当 $x=0$ 时, $\lim\limits_{n\to\infty} f_n(0)=0$; 当 $x>0$ 时, $\lim\limits_{n\to\infty} f_n(x)=1$; 当 $x<0$ 时, $\lim\limits_{n\to\infty} f_n(x)=-1$. 所以

$$f(x)=\begin{cases}-1, & -1\leqslant x<0\\ 0, & x=0\\ 1, & 0<x\leqslant 1\end{cases}$$

(2) 分析余项数学表达式

$$|f_n(x)-f(x)|=\begin{cases}\left|\sin\left(\dfrac{n\pi x}{2}\right)+1\right|, & -\dfrac{1}{n}<x<0\\ 0, & x=0,x\in\left[-1,-\dfrac{1}{n}\right]\cup\left[\dfrac{1}{n},1\right]\\ \left|\sin\left(\dfrac{n\pi x}{2}\right)-1\right|, & 0<x<\dfrac{1}{n}\end{cases}$$

由于

$$\beta_n=\sup_{x\in[-1,1]}|f_n(x)-f(x)|=\sup_{x\in(0,1]}|f_n(x)-f(x)|=\sup_{x\in\left(0,\frac{1}{n}\right)}\left|\sin\left(\frac{n\pi x}{2}\right)-1\right|=1$$

由余项定理, 函数序列 $\{f_n(x)\}$ 在 $[-1,1]$ 上不一致收敛.

习题 10.1.4 函数序列一致收敛的典型例题

1. 研究下列函数序列在指定区间上的一致收敛性.

(1) $f_n(x)=\dfrac{1}{1+nx}$, $x\in(0,+\infty)$ 和 $x\in(\lambda,+\infty)\ (\lambda>0)$.

(2) $f_n(x)=x^n$, $x\in\left[0,\dfrac{1}{2}\right]$ 和 $x\in[0,1]$.

(3) $f_n(x)=\dfrac{x^n}{1+x^n}$, $x\in[0,1-\varepsilon]$ 和 $x\in[1-\varepsilon,1+\varepsilon]$ 以及 $x\in[1+\varepsilon,+\infty)$.

(4) $f_n(x)=\mathrm{e}^{-(x-n)^2}$, $x\in[-l,l]$ 和 $x\in(-\infty,+\infty)$.

(5) $f_n(x)=\arctan nx$, $f_n(x)=x\arctan nx$, $x\in(0,+\infty)$.

(6) $f_n(x)=\left(1+\dfrac{x}{n}\right)^n$, $x\in(a,b)$ 和 $x\in(-\infty,+\infty)$.

2. 设 $f(x)$ 在 $\left[\dfrac{1}{2},1\right]$ 上连续, 证明:

(1) $\{x^n f(x)\}$ 在 $\left[\dfrac{1}{2},1\right]$ 上收敛.

(2) $\{x^n f(x)\}$ 在 $\left[\dfrac{1}{2},1\right]$ 上一致收敛的充分必要条件是 $f(1)=0$.

10.1.5 函数项级数的一致收敛性

利用函数序列一致收敛定义可以给出函数项级数一致收敛定义.

定义 10.1.4 (函数项级数的一致收敛) 设函数项级数 $\sum\limits_{n=1}^{\infty} u_n(x)$, $S_n(x)=\sum\limits_{k=1}^{n} u_k(x)$. 若 $\{S_n(x)\}$ 在 I 上一致收敛于 $S(x)$, 则称 $\sum\limits_{n=1}^{\infty} u_n(x)$ 在 I 上一致收敛于 $S(x)$.

下面通过几个例题的分析, 帮助读者更好地理解定义 10.1.4.

例 10.1.14 讨论函数项级数 $\sum\limits_{n=1}^{\infty} \dfrac{1}{(n+x)(n+x+1)}$ 在区间 $(0,+\infty)$ 上的一致收敛性.

解 因为

$$\begin{aligned} S_n(x) &= \sum_{k=1}^{n} \frac{1}{(k+x)(k+x+1)} = \sum_{k=1}^{n}\left(\frac{1}{k+x}-\frac{1}{k+x+1}\right) \\ &= \frac{n}{(x+1)(n+x+1)} \end{aligned}$$

$$\lim_{n\to\infty} S_n(x)=\frac{1}{1+x},\quad |S_n(x)-S(x)|=\left|\frac{1}{n+x+1}\right|\leqslant\frac{1}{n}$$

$$\beta_n=\sup_{x\in(0+\infty)}|S_n(x)-S(x)|\leqslant\frac{1}{n},\quad \lim_{n\to\infty}\beta_n=0$$

由余项定理, $\sum\limits_{n=1}^{\infty} \dfrac{1}{(n+x)(n+x+1)}$ 在 $(0,+\infty)$ 上一致收敛.

例 10.1.15 讨论函数项级数 $\sum\limits_{n=1}^{\infty} \dfrac{nx}{(1+x)(1+2x)\cdots(1+nx)}$ 在区间 $[0,1]$ 和 $[1,+\infty)$ 上的一致收敛性.

解 因为

$$\begin{aligned} S_n(x) &= \sum_{k=1}^{n} \frac{kx}{(1+x)(1+2x)\cdots(1+kx)} \\ &= \sum_{k=1}^{n}\left(\frac{1}{(1+x)(1+2x)\cdots(1+(k-1)x)}-\frac{1}{(1+x)(1+2x)\cdots(1+kx)}\right) \\ &= 1-\frac{1}{(1+x)(1+2x)\cdots(1+nx)} \end{aligned}$$

所以

当 $x=0$时, $\lim\limits_{n\to\infty} S_n(x)=0$, 则 $|S_n(x)-S(x)|=0$;

当 $x>0$时, $\lim\limits_{n\to\infty} S_n(x)=1$, 则 $|S_n(x)-S(x)|=\left|\dfrac{1}{(1+x)(1+2x)\cdots(1+nx)}\right|$.

进一步

$$\sup_{x\in[0,1]}|S_n(x)-S(x)|=1,\qquad \sup_{x\in[1,+\infty)}|S_n(x)-S(x)|\leqslant\frac{1}{n}$$

根据函数序列一致收敛的余项定理, 原级数在 $[0,1]$ 上不一致收敛, 在 $[1,+\infty)$ 上一致收敛.

函数项级数的一致收敛性是由它的部分和函数列确定的. 因此利用函数序列一致收敛的柯西准则, 可推导出函数项级数一致收敛的柯西收敛准则. $\sum\limits_{n=1}^{\infty} u_n(x)$ 在 I 上一致收敛的充要条件是

$$\forall \varepsilon > 0, \exists N(\varepsilon) \in \mathbf{N}^*, \forall n > N, \forall p \in \mathbf{N}^*, \forall x \in I : |S_n(x) - S_{n+p}(x)| < \varepsilon$$

于是有如下定理成立.

定理 10.1.4 (函数项级数一致收敛的柯西准则) 函数项级数 $\sum\limits_{n=1}^{\infty} u_n(x)$ 在区间 I 上一致收敛的充要条件是

$$\forall \varepsilon > 0, \exists N(\varepsilon) \in \mathbf{N}^*, \forall n > N, \forall p \in \mathbf{N}^*, \forall x \in I : |u_{n+1}(x) + \cdots + u_{n+p}(x)| < \varepsilon \tag{10.1.11}$$

或者

$$\forall \varepsilon > 0, \exists N(\varepsilon) \in \mathbf{N}^*, \forall m > n > N, \forall x \in I : |u_{n+1}(x) + \cdots + u_m(x)| < \varepsilon \tag{10.1.12}$$

在 (10.1.11) 和 (10.1.12) 式中 $N(\varepsilon)$ 仅和 ε 有关. (10.1.12) 式中 $m = n + 1$ 得到下面推论.

推论 10.1.2 设函数项级数 $\sum\limits_{n=1}^{\infty} u_n(x)$ 在区间 I 上一致收敛, 则函数序列 $\{u_n(x)\}$ 在 I 上一致收敛于零.

注 10.1.3 $\{u_n(x)\}$ 在 I 上不一致收敛于零, 则 $\sum\limits_{n=1}^{\infty} u_n(x)$ 在 I 上不一致收敛.

例 10.1.16 讨论 $\sum\limits_{n=1}^{\infty} n\mathrm{e}^{-nx}$ 在 $(0, +\infty)$ 上的一致收敛性.

解 设 $u_n(x) = n\mathrm{e}^{-nx}$, 由海涅原理和洛必达法则

$$\lim_{n\to\infty} u_n(x) = \lim_{n\to\infty} \frac{n}{\mathrm{e}^{nx}} = \lim_{y\to+\infty} \frac{y}{\mathrm{e}^{yx}} = 0$$

由于

$$\lim_{n\to\infty} \beta_n = \lim_{n\to\infty} \sup_{x\in(0,+\infty)} |u_n(x)| \geqslant \lim_{n\to\infty} u_n\left(\frac{1}{n}\right) = \infty$$

根据余项定理, 函数序列 $\{n\mathrm{e}^{-nx}\}$ 在 $(0, +\infty)$ 上不一致收敛于零, 所以 $\sum\limits_{n=1}^{\infty} n\mathrm{e}^{-nx}$ 在 $(0, +\infty)$ 上不一致收敛.

由函数项级数的柯西准则, $\sum\limits_{n=1}^{\infty} u_n(x)$ 在 I 上不一致收敛的充要条件是

$$\exists \varepsilon_0 > 0, \forall N \in \mathbf{N}^*, \exists n_0 > N, \exists p_0 \in \mathbf{N}^*, \exists x_0 \in I : |u_{n_0+1}(x_0) + \cdots + u_{n_0+p_0}(x_0)| \geqslant \varepsilon_0 \tag{10.1.13}$$

(10.1.13) 式表示存在 $\varepsilon_0 > 0$, 对于任何自然数 N, 无论多么大, 存在自然数 $n_0 > N$, 以及自然数 p_0 和 $x_0 \in I$ 使得 $|u_{n_0+1}(x_0) + \cdots + u_{n_0+p_0}(x_0)| \geqslant \varepsilon_0$.

例 10.1.17 讨论 $\sum\limits_{n=1}^{\infty} \dfrac{\sin nx}{n}, \sum\limits_{n=1}^{\infty} \dfrac{\cos nx}{n}$ 在 $(0, 2\pi)$ 上的一致收敛性.

解 利用柯西准则的否定形式 (10.1.13) 得到

$$\varepsilon_0 = \frac{1}{4}, \forall N \in \mathbf{N}^*, \exists n_0 = N' > N, p_0 = N', x_0 = \frac{\pi}{4N'}$$

$$|S_{2N'}(x_0)-S_{N'}(x_0)|=\left|\frac{\sin(N'+1)x_0}{N'+1}+\frac{\sin(N'+2)x_0}{N'+2}+\cdots+\frac{\sin(2N')x_0}{2N'}\right|$$
$$\geqslant\left|\frac{N'\sin N'x_0}{2N'}\right|=\frac{1}{2}\frac{1}{\sqrt{2}}>\frac{1}{4}=\varepsilon_0$$

所以 $\sum\limits_{n=1}^{\infty}\frac{\sin nx}{n}$ 在 $(0,2\pi)$ 上不一致收敛, 同理可以证明 $\sum\limits_{n=1}^{\infty}\frac{\cos nx}{n}$ 在 $(0,2\pi)$ 上不一致收敛.

定理 10.1.5 (魏尔斯特拉斯判别法) 若存在收敛正项级数 $\sum\limits_{n=1}^{\infty}a_n$, 使得当 $x\in I$ 时, 有

$$|u_n(x)|\leqslant a_n,\quad n=1,2,\cdots$$

则 $\sum\limits_{n=1}^{\infty}u_n(x)$ 在 I 上一致收敛.

证明 因为正项级数 $\sum\limits_{n=1}^{\infty}a_n$ 收敛, 由数项级数柯西准则得到

$$\forall\varepsilon>0,\exists N(\varepsilon)\in\mathbf{N}^*,\forall n>N,\forall p\in\mathbf{N}^*:a_{n+1}+a_{n+2}+\cdots+a_{n+p}<\varepsilon$$

所以对任意 $x\in I$

$$\left|\sum_{i=n+1}^{n+p}u_i(x)\right|\leqslant\sum_{i=n+1}^{n+p}|u_i(x)|\leqslant\sum_{i=n+1}^{n+p}a_i<\varepsilon$$

进一步由函数项级数一致收敛的柯西准则, $\sum\limits_{n=1}^{\infty}u_n(x)$ 在 I 上一致收敛. 结论得证.

注 10.1.4 定理 10.1.5 也称为优级数判别法, 称 $\sum\limits_{n=1}^{\infty}a_n$ 为 $\sum\limits_{n=1}^{\infty}u_n(x)$ 的优级数.

推论 10.1.3 如果 $|u_n(x)|\leqslant a_n(x),n=1,2,\cdots$ 且 $\sum\limits_{n=1}^{\infty}a_n(x)$ 一致收敛, 则结论仍然成立.

例 10.1.18 讨论函数项级数的一致收敛性:

(1) $\sum\limits_{n=1}^{\infty}\frac{\cos nx}{\sqrt{n^5+x^2}},x\in(-\infty,+\infty)$; (2) $\sum\limits_{n=1}^{\infty}x^2\mathrm{e}^{-nx},x\in[0,+\infty)$.

解 (1) 由于 $\left|\frac{\cos nx}{\sqrt{n^5+x^2}}\right|\leqslant\frac{1}{n^{5/2}}$, 而 $\sum\limits_{n=1}^{\infty}\frac{1}{n^{5/2}}$ 收敛, 因此由优级数判别法 $\sum\limits_{n=1}^{\infty}\frac{\cos nx}{\sqrt{n^5+x^2}}$ 在 $(-\infty,+\infty)$ 上一致收敛.

(2) 由泰勒公式: $\mathrm{e}^{nx}=1+nx+\frac{(nx)^2}{2}+\cdots+\frac{(n\theta x)^{n+1}}{(n+1)!},\theta\in(0,1)$ 得到

$$\mathrm{e}^{nx}>1+nx+\frac{(nx)^2}{2}\quad(n\geqslant2)$$

因此

$$\left|x^2\mathrm{e}^{-nx}\right|\leqslant\frac{x^2}{(nx)^2/2}=\frac{2}{n^2}\quad(n\geqslant2)$$

$\sum\limits_{n=1}^{\infty}\frac{1}{n^2}$ 是收敛的, 由优级数判别法知 $\sum\limits_{n=1}^{\infty}x^2\mathrm{e}^{-nx}$ 在 $[0,+\infty)$ 上一致收敛.

10.1.6 函数项级数一致收敛的典型例题

例 10.1.19 证明下面结论:

(1) $\sum\limits_{n=0}^{\infty} x^n (1-x)^2$ 在 $[0,1]$ 上一致收敛;

(2) $\sum\limits_{n=0}^{\infty} x^n (1-x)$ 在 $[0,1]$ 上不一致收敛;

(3) $\sum\limits_{n=0}^{\infty} (-1)^n x^n (1-x)$ 在 $[0,1]$ 上一致收敛.

这里规定 $x=0, n=0$ 时, $x^n = 1 \left(\lim\limits_{x\to 0+} x^x = 1 \right)$.

证明 (1) 对于级数 $\sum\limits_{n=0}^{\infty} x^n (1-x)^2$, $x\in[0,1]$, 它的部分和序列为

$$S_n(x) = \sum_{k=0}^{n-1} x^k (1-x)^2 = \begin{cases} (1-x^n)(1-x), & x\in(0,1) \\ 0, & x=1 \\ 1, & x=0 \end{cases}$$

所以和函数为

$$S(x) = \lim_{n\to\infty} S_n(x) = \begin{cases} 1-x, & x\in(0,1) \\ 0, & x=1 \\ 1, & x=0 \end{cases}$$

于是

$$\beta_n = \sup_{x\in[0,1]} |S_n(x) - S(x)| = \max_{x\in[0,1]} x^n(1-x)$$

进一步分析, 令 $(|S_n(x)-S(x)|)' = nx^{n-1} - (n+1)x^n = 0$, 解得 $x_0 = \dfrac{n}{n+1}$ 为唯一驻点, 因此

$$\left| S_n\left(\frac{n}{n+1}\right) - S\left(\frac{n}{n+1}\right) \right| = \left(\frac{n}{n+1}\right)^n \frac{1}{n+1}$$

为 $|S_n(x)-S(x)|$ 在 $[0,1]$ 上的最大值, 而

$$\beta_n = \max_{x\in[0,1]} |S_n(x)-S(x)| = \left(\frac{n}{n+1}\right)^n \frac{1}{n+1}, \quad \lim_{n\to\infty} \beta_n = 0$$

利用余项定理可知, 函数项级数 $\sum\limits_{n=0}^{\infty} x^n (1-x)^2$ 在 $[0,1]$ 上一致收敛.

(2) 函数项级数 $\sum\limits_{n=0}^{\infty} x^n (1-x)$ 的部分和序列 $S_n(x) = \begin{cases} 1-x^n, & x\in[0,1), \\ 0, & x=1, \end{cases}$ 所以

$$S(x) = \lim_{n\to\infty} S_n(x) = \begin{cases} 1, & x\in[0,1) \\ 0, & x=1 \end{cases} \qquad |S(x)-S_n(x)| = \begin{cases} x^n, & x\in[0,1) \\ 0, & x=1 \end{cases}$$

因此 $\beta_n = \sup\limits_{x\in[0,1]} |S(x)-S_n(x)| = 1$. 由余项定理, 函数项级数 $\sum\limits_{n=0}^{\infty} x^n(1-x)$ 在 $[0,1]$ 上不一致收敛.

(3) 函数项级数 $\sum\limits_{n=0}^{\infty}(-1)^n x^n(1-x)$ 的部分和序列及和函数为

$$S_n(x)=\begin{cases}\dfrac{1-(-1)^n x^n}{1+x}(1-x), & 0<x<1\\ 0, & x=1\\ 1, & x=0\end{cases}\qquad S(x)=\lim_{n\to\infty}S_n(x)=\begin{cases}\dfrac{1-x}{1+x}, & 0<x<1\\ 0, & x=1\\ 1, & x=0\end{cases}$$

于是 $|S(x)-S_n(x)|=\dfrac{x^n(1-x)}{1+x},0\leqslant x\leqslant 1$. 进一步由于

$$\beta_n=\sup_{x\in[0,1]}|S(x)-S_n(x)|\leqslant\max_{x\in[0,1]}x^n(1-x)=\left(\frac{n}{n+1}\right)^n\frac{1}{n+1}\to 0\,(n\to\infty)$$

由余项定理, 函数项级数 $\sum\limits_{n=0}^{\infty}(-1)^n x^n(1-x)$ 在 $[0,1]$ 上一致收敛. 结论得证.

例 10.1.20 讨论函数项级数 $\sum\limits_{n=1}^{\infty}\arctan\dfrac{2x}{x^2+n^3}$ 在 $(-\infty,+\infty)$ 上的一致收敛性.

解 由于 $|\arctan x|\leqslant|x|$,
所以

$$\left|\arctan\frac{2x}{x^2+n^3}\right|\leqslant\left|\frac{2x}{x^2+n^3}\right|\leqslant\frac{1}{n^{\frac{3}{2}}}$$

而 $\sum\limits_{n=1}^{\infty}\dfrac{1}{n^{\frac{3}{2}}}$ 收敛, 由优级数判别法, $\sum\limits_{n=1}^{\infty}\arctan\dfrac{2x}{x^2+n^3}$ 在 $(-\infty,+\infty)$ 上一致收敛.

例 10.1.21 设 $u_1(x)$ 在 $[a,b]$ 上可积, $u_{n+1}(x)=\displaystyle\int_a^x u_n(t)\,\mathrm{d}t,n=1,2,\cdots$. 证明函数项级数 $\sum\limits_{n=1}^{\infty}u_n(x)$ 在区间 $[a,b]$ 上一致收敛.

证明 由于 $u_1(x)$ 在 $[a,b]$ 上可积, 所以存在 $M>0$, 对任意 $x\in[a,b]$, 有 $|u_1(x)|\leqslant M$, 进而有

$$|u_2(x)|=\left|\int_a^x u_1(t)\,\mathrm{d}t\right|\leqslant M(x-a),\quad |u_3(x)|=\left|\int_a^x u_2(t)\,\mathrm{d}t\right|\leqslant M\frac{(x-a)^2}{2!}$$

一般有

$$|u_n(x)|=\left|\int_a^x u_{n-1}(t)\,\mathrm{d}t\right|\leqslant M\frac{(x-a)^{n-1}}{(n-1)!}\leqslant M\frac{(b-a)^{n-1}}{(n-1)!}$$

正项级数 $\sum\limits_{n=1}^{\infty}M\dfrac{(b-a)^{n-1}}{(n-1)!}$ 收敛, 由优级数判别法, $\sum\limits_{n=1}^{\infty}u_n(x)$ 在 $[a,b]$ 上一致收敛. 结论得证.

例 10.1.22 设 $u_n(x) \in C[a,b], n = 1,2,\cdots$ 并且 $\sum\limits_{n=1}^{\infty} u_n(x)$ 在 (a,b) 上一致收敛. 证明:

(1) $\sum\limits_{n=1}^{\infty} u_n(a), \sum\limits_{n=1}^{\infty} u_n(b)$ 收敛; (2) $\sum\limits_{n=1}^{\infty} u_n(x)$ 在 $[a,b]$ 上一致收敛.

证明 (1) 因为 $\sum\limits_{n=1}^{\infty} u_n(x)$ 在 (a,b) 上一致收敛, 所以

$$\forall \varepsilon > 0, \exists N(\varepsilon) \in \mathbf{N}^*, n > N, \forall p \in \mathbf{N}^*, \forall x \in (a,b) : |u_{n+1}(x) + \cdots + u_{n+p}(x)| < \varepsilon$$

令 $x \to a+$, 由函数的连续性和极限的保序性得

$$|u_{n+1}(a) + \cdots + u_{n+p}(a)| \leqslant \varepsilon$$

由数项级数的柯西收敛准则, $\sum\limits_{n=1}^{\infty} u_n(a)$ 收敛, 同理 $\sum\limits_{n=1}^{\infty} u_n(b)$ 收敛.

(2) $\sum\limits_{n=1}^{\infty} u_n(x)$ 在 (a,b) 上一致收敛, $\sum\limits_{n=1}^{\infty} u_n(a), \sum\limits_{n=1}^{\infty} u_n(b)$ 收敛, 因此 $\sum\limits_{n=1}^{\infty} u_n(x)$ 在 $[a,b]$ 上一致收敛. 结论得证.

注 10.1.5 例 10.1.22 的结论对开区间 $(a,+\infty), (-\infty,a)$ 依然成立. 例如: $\sum\limits_{n=1}^{\infty} \dfrac{\cos nx}{n}$ 和 $\sum\limits_{n=1}^{\infty} \dfrac{\cos nx}{n \ln n}$ 在区间 $(0,2\pi)$ 上不一致收敛, $\sum\limits_{n=1}^{\infty} \dfrac{1}{n^x}$ 在 $(1,+\infty)$ 上不一致收敛.

习题 10.1.6 函数项级数一致收敛的典型例题

1. 研究下列级数在指定区间上的一致收敛性.

(1) $\sum\limits_{n=1}^{\infty} \dfrac{nx}{1+n^5x^2}\ (-\infty < x < +\infty)$; (2) $\sum\limits_{n=1}^{\infty} \dfrac{n^2}{\sqrt{n!}}(x^n + x^{-n}) \left(\dfrac{1}{3} \leqslant |x| \leqslant 3\right)$;

(3) $\sum\limits_{n=1}^{\infty} \dfrac{\sin\left(n+\dfrac{1}{2}\right)x}{\sqrt[3]{n^4+x^4}}\ (-\infty < x < +\infty)$; (4) $\sum\limits_{n=2}^{\infty} \ln\left(1 + \dfrac{x}{n\ln^2 n}\right) (|x| < a)$;

(5) $\sum\limits_{n=2}^{\infty} \dfrac{(-1)^n}{n^2 + \sin x}\ (0 \leqslant x \leqslant 2\pi)$; (6) $\sum\limits_{n=1}^{\infty} 2^n \sin \dfrac{1}{3^n x}\ (0 < x < +\infty)$.

2. 证明: 函数项级数 $\sum\limits_{n=1}^{\infty} \dfrac{1}{n} \mathrm{e}^{-\frac{x^2}{n^2}}, \sum\limits_{n=1}^{\infty} n\,\mathrm{e}^{-nx}$ 在区间 $(0,+\infty)$ 上不一致收敛.

3. 证明: 如果 $\sum\limits_{n=1}^{\infty} |a_n(x)|$ 在 I 上一致收敛, 则 $\sum\limits_{n=1}^{\infty} a_n(x)$ 在 I 上一致收敛.

4. 证明: 如果各项是单调函数的级数 $\sum\limits_{n=1}^{\infty} a_n(x)$ 在闭区间 $[a,b]$ 的两端点绝对收敛, 则 $\sum\limits_{n=1}^{\infty} a_n(x)$ 在闭区间 $[a,b]$ 上绝对并一致收敛.

10.1.7 狄利克雷和阿贝尔判别方法

类似于形如 $\sum\limits_{n=1}^{\infty} a_n b_n$ 级数的狄利克雷和阿贝尔判别方法, 形如 $\sum\limits_{n=1}^{\infty} a_n(x) b_n(x)$ 的函数项级数一致收敛也有狄利克雷和阿贝尔判别法. 首先引入函数序列一致有界的概念.

定义 10.1.5 (逐点有界) 设函数序列 $\{f_n(x)\}$ 定义在 I 上, 若对任意 $x \in I$, 存在 $M(x)>0$, 使得

$$|f_n(x)| \leqslant M(x), \quad n=1,2,\cdots$$

成立, 则称函数序列 $\{f_n(x)\}$ 在 I 上逐点有界, 用符号语言表述为

$$\forall x \in I, \exists M(x)>0: |f_n(x)| \leqslant M(x), \forall n \in \mathbf{N}^*$$

注 10.1.6 已知一个数列收敛必有界, 因此一个函数序列逐点收敛必逐点有界.

定义 10.1.6 (一致有界) 设函数序列 $\{f_n(x)\}$ 定义在 I 上, 若存在实数 $M^*>0$, 使得

$$\forall n \in \mathbf{N}^*, \forall x \in I: |f_n(x)| \leqslant M^*$$

成立, 则称函数序列 $\{f_n(x)\}$ 在 I 上一致有界.

例 10.1.23 讨论下列函数列 $\{f_n(x)\}$ 是否一致有界:

(1) $f_n(x)=x^n, x \in (0,1), n=1,2,\cdots$; (2) $g_n(x)=n^2x^n, x \in (0,1), n=1,2,\cdots$.

解 (1) 任取 $x \in (0,1)$, 有 $|f_n(x)| \leqslant 1$ 对 $\forall n \in \mathbf{N}^*$ 成立, 所以 $\{f_n(x)\}$ 在 $(0,1)$ 上一致有界.

(2) 由于 $\lim\limits_{n\to\infty}\left|\dfrac{(n+1)^2x^{n+1}}{n^2x^n}\right|=|x|$, 因此 $x \in (0,1)$ 时, $\sum\limits_{n=1}^{\infty} n^2x^n$ 收敛, 于是 $\lim\limits_{n\to\infty} n^2x^n = 0$. 故 $\{n^2x^n\}$ 在 $(0,1)$ 上逐点有界. 假设 $g_n(x)=n^2x^n$ 在 $(0,1)$ 上一致有界, 则

$$\exists M>0, \forall n \in \mathbf{N}^*, \forall x \in (0,1): \left|n^2x^n\right| \leqslant M$$

在上式中固定 n, 两边令 $x \to 1-$, 得 $n^2 \leqslant M$. 这说明 n 只能是小于 $\sqrt{M}$ 的正整数, 显然矛盾, 于是 $\{n^2x^n\}$ 在 $(0,1)$ 上不一致有界.

定理 10.1.6 (狄利克雷判别法) 如果 $\sum\limits_{n=1}^{\infty} a_n(x)b_n(x)$ 满足下列条件:

(1) $\{b_n(x)\}$ 对于固定的 $x \in I$ 关于 n 单调且在 I 上一致收敛于 0;

(2) $\sum\limits_{n=1}^{\infty} a_n(x)$ 的部分和函数列 $\{S_k(x)\}$ 在 I 上一致有界, 即

$$\exists M>0, \forall x \in I, |S_k(x)| \leqslant M, k=1,2,3,\cdots$$

则 $\sum\limits_{n=1}^{\infty} a_n(x)b_n(x)$ 在 I 上一致收敛.

证明 由于

$$\left|\sum_{k=n+1}^{m} a_k(x)\right| = \left|\sum_{k=1}^{m} a_k(x) - \sum_{k=1}^{n} a_k(x)\right| \leqslant \left|\sum_{k=1}^{m} a_k(x)\right| + \left|\sum_{k=1}^{n} a_k(x)\right| \leqslant 2M$$

由阿贝尔引理

$$\left|\sum_{k=n+1}^{n+p} a_k(x)b_k(x)\right| \leqslant 2M\left(|b_{n+1}(x)|+2|b_{n+p}(x)|\right)$$

又因为 $\{b_n(x)\}$ 在 I 上一致收敛于 0, 因此

$$\forall \varepsilon>0, \exists N(\varepsilon)>0, \forall n>N(\varepsilon), \forall x \in I:\left|b_n(x)\right|<\frac{\varepsilon}{8 M}$$

所以

$$\begin{gathered}\forall \varepsilon>0, \exists N(\varepsilon) \in \mathbf{N}^*, \forall n>N(\varepsilon), \forall p \in \mathbf{N}^*, \forall x \in I: \\ \left|\sum_{k=n+1}^{n+p} a_k(x) b_k(x)\right| \leqslant 2 M\left(\frac{\varepsilon}{8 M}+2 \cdot \frac{\varepsilon}{8 M}\right)<\varepsilon\end{gathered}$$

由函数项级数一致收敛的柯西收敛准则, $\sum\limits_{n=1}^{\infty} a_n(x) b_n(x)$ 在 I 上一致收敛. 结论得证.

定理 10.1.7 (阿贝尔判别法) 设 $\sum\limits_{n=1}^{\infty} a_n(x) b_n(x)$ 满足下列条件:

(1) $\{b_n(x)\}$ 对固定的 $x \in I$ 关于 n 单调, 且在 I 上一致有界;

(2) $\sum\limits_{n=1}^{\infty} a_n(x)$ 在 I 上一致收敛.

则 $\sum\limits_{n=1}^{\infty} a_n(x) b_n(x)$ 在 I 上一致收敛.

证明 由于 $\{b_n(x)\}$ 在 I 上一致有界, 因此

$$\exists M>0, \forall n \in \mathbf{N}^*, \forall x \in I:\left|b_n(x)\right| \leqslant M$$

由于 $\sum\limits_{n=1}^{\infty} a_n(x)$ 在 I 上一致收敛, 根据函数项级数一致收敛的柯西准则

$$\forall \varepsilon>0, \exists N(\varepsilon) \in \mathbf{N}^*, n>N, \forall p \in \mathbf{N}^*, \forall x \in I:\left|a_{n+1}(x)+\cdots+a_{n+p}(x)\right|<\frac{\varepsilon}{3 M}$$

进一步根据阿贝尔引理

$$\forall n>N, \forall p \in \mathbf{N}^*, \forall x \in I:\left|\sum_{k=n+1}^{n+p} a_k(x) b_k(x)\right| \leqslant \frac{\varepsilon}{3 M}\left(\left|b_{n+1}(x)\right|+2\left|b_{n+p}(x)\right|\right)<\varepsilon$$

因此结论得证.

例 10.1.24 证明函数项级数 $\sum\limits_{n=1}^{\infty} \frac{\cos n x}{n}, \sum\limits_{n=1}^{\infty} \frac{\sin n x}{n}$ 在 $[\delta, 2\pi-\delta]\,(0<\delta<\pi)$ 上一致收敛.

证明 取 $a_n(x)=\cos n x, b_n(x)=\dfrac{1}{n}$, 则 $\{b_n(x)\}$ 单调递减且一致趋于 0, 又

$$\left|\sum_{k=1}^n a_k(x)\right|=\left|\sum_{k=1}^n \cos k x\right| \leqslant\left|\frac{1}{\sin \frac{x}{2}}\right| \leqslant\left|\frac{1}{\sin \frac{\delta}{2}}\right|$$

由狄利克雷判别法知, $\sum\limits_{n=1}^{\infty} \frac{\cos n x}{n}$ 在 $[\delta, 2\pi-\delta]$ 上一致收敛, 同理 $\sum\limits_{n=1}^{\infty} \frac{\sin n x}{n}$ 在 $[\delta, 2\pi-\delta]$ 上一致收敛. 结论得证.

例 10.1.25 讨论函数项级数 $\sum\limits_{n=1}^{\infty}\dfrac{(-1)^n}{x+n}$ 在 $(0,+\infty)$ 上是否一致收敛.

解 函数项级数满足下面结论:

(1) $\left|\sum\limits_{k=1}^{n}(-1)^k\right|\leqslant 1$;

(2) $\forall x\in(0,+\infty)$, $\left\{\dfrac{1}{x+n}\right\}$ 单调递减;

(3) $\beta_n=\sup\limits_{x\in(0,+\infty)}\left|\dfrac{1}{x+n}-0\right|=\dfrac{1}{n}$, $\lim\limits_{n\to\infty}\beta_n=0$, 由余项定理, $\left\{\dfrac{1}{x+n}\right\}$ 一致趋于零.

由狄利克雷判别法知级数一致收敛.

例 10.1.26 讨论函数项级数 $\sum\limits_{n=1}^{\infty}\dfrac{(-1)^{\frac{n(n-1)}{2}}}{\sqrt[3]{n^2+\mathrm{e}^x}}$ $(x\in\mathbf{R})$ 是否一致收敛.

解 函数项级数满足下面结论:

(1) $\left|\sum\limits_{k=1}^{n}(-1)^{\frac{k(k-1)}{2}}\right|\leqslant 2$.

(2) 由于 $\forall x\in(-\infty,+\infty)$: $\dfrac{1}{\sqrt[3]{n^2+\mathrm{e}^x}}>\dfrac{1}{\sqrt[3]{(n+1)^2+\mathrm{e}^x}}$, 所以 $\left\{\dfrac{1}{\sqrt[3]{n^2+\mathrm{e}^x}}\right\}$ 单调递减.

(3) 因为 $\beta_n=\sup\limits_{x\in(-\infty,+\infty)}\left|\dfrac{1}{\sqrt[3]{n^2+\mathrm{e}^x}}-0\right|<\dfrac{1}{\sqrt[3]{n^2}}$, $\lim\limits_{n\to\infty}\beta_n=0$, 根据余项定理, 函数序列 $\left\{\dfrac{1}{\sqrt[3]{n^2+\mathrm{e}^x}}\right\}$ 一致收敛于零, 由狄利克雷判别法知级数在实数域上一致收敛.

例 10.1.27 讨论函数项级数 $\sum\limits_{n=1}^{\infty}\dfrac{\cos\dfrac{2n\pi}{3}}{\sqrt{n^2+x^2}}$ $(x\in\mathbf{R})$ 的一致收敛性.

解 函数项级数满足下面条件:

(1) $\left|\sum\limits_{k=1}^{n}\cos\dfrac{2k\pi}{3}\right|\leqslant\dfrac{1}{\left|\sin\dfrac{\pi}{3}\right|}=\dfrac{2}{\sqrt{3}}$.

(2) $\forall x\in\mathbf{R}$, 函数序列 $\left\{\dfrac{1}{\sqrt{n^2+x^2}}\right\}$ 单调递减.

(3) $\forall x\in\mathbf{R}$, $\beta_n=\sup\limits_{x\in\mathbf{R}}\left|\dfrac{1}{\sqrt{n^2+x^2}}-0\right|=\dfrac{1}{n}$, $\lim\limits_{n\to\infty}\beta_n=0$. 根据余项定理, 函数序列 $\left\{\dfrac{1}{\sqrt{n^2+x^2}}\right\}$ 一致收敛于零. 由狄利克雷判别法知级数在 $(-\infty,+\infty)$ 上一致收敛.

例 10.1.28 讨论函数项级数 $\sum\limits_{n=1}^{\infty}\dfrac{\sin x\sin nx}{\sqrt{n+x}}$ 在区间 $[0,+\infty)$ 上的一致收敛性.

解 利用三角函数积化和差公式得到

$$\sum_{k=1}^{n}\sin x\sin kx=\cos\frac{x}{2}\left(2\sin\frac{x}{2}\sin x+2\sin\frac{x}{2}\sin 2x+\cdots+2\sin\frac{x}{2}\sin nx\right)$$

$$=\cos\frac{x}{2}\left(\cos\frac{x}{2}-\cos\frac{3x}{2}+\cos\frac{3x}{2}-\cos\frac{5x}{2}+\cdots+\cos\frac{(2n-)\,1x}{2}-\cos\frac{(2n+1)\,x}{2}\right)$$

$$=\cos\frac{x}{2}\left(\cos\frac{x}{2}-\cos\frac{(2n+1)\,x}{2}\right)$$

由于 $\left|\sum\limits_{k=1}^{n}\sin x\sin nx\right|\leqslant 2$, 又 $\beta_n=\sup\limits_{x\in[0,+\infty)}\left|\dfrac{1}{\sqrt{n+x}}\right|=\dfrac{1}{\sqrt{n}}$, $\lim\limits_{n\to\infty}\beta_n=0$, 因此 $\left\{\dfrac{1}{\sqrt{n+x}}\right\}$ 单调递减且一致收敛于零, 由狄利克雷判别法, $\sum\limits_{n=1}^{\infty}\dfrac{\sin x\sin nx}{\sqrt{n+x}}$ 在 $[0,+\infty)$ 上一致收敛.

习题 10.1.7 狄利克雷和阿贝尔判别方法

1. 若级数 $\sum\limits_{n=1}^{\infty}a_n$ 收敛, 证明级数 $\sum\limits_{n=1}^{\infty}a_n\mathrm{e}^{-nx}$ 在 $[0,+\infty)$ 上一致收敛.

2. 讨论下面级数在指定区间的一致收敛性.

(1) $\sum\limits_{n=1}^{\infty}\dfrac{(-1)^{[\sqrt{n}]}}{\sqrt{n\,(n+x)}}, x\in[0,+\infty)$; (2) $\sum\limits_{n=2}^{\infty}\dfrac{(-1)^n}{n+\sin x}, x\in[0,2\pi]$.

3. 证明: 级数 $\sum\limits_{n=1}^{\infty}\dfrac{x^n}{1+x+x^2+\cdots+x^{2n-1}}\cos nx$ 在 $(0,1]$ 中一致收敛.

4. 若级数 $\sum\limits_{n=1}^{\infty}a_n$ 收敛, 则 $\sum\limits_{n=1}^{\infty}\dfrac{a_n}{n^x}$ 在 $[0,+\infty)$ 上一致收敛.

5. 若级数 $\sum\limits_{n=1}^{\infty}a_n$ 收敛, 则 $\sum\limits_{n=1}^{\infty}a_nx^n$ 在 $[0,1]$ 上一致收敛.

6. 若 $\{a_n\}$ 单调收敛于零, 则 $\sum\limits_{n=1}^{\infty}a_n\sin nx$, $\sum\limits_{n=1}^{\infty}a_n\cos nx$ 在 $(0,2\pi)$ 内任何一个闭子区间上一致收敛.

10.2 函数项级数和函数的性质

扫码学习

10.2.1 和函数的连续性

定理 10.2.1 (函数序列极限函数的连续性) 设 $\{f_n(x)\}, n=1,2,3,\cdots$ 在 I 上连续, 且 $\{f_n(x)\}$ 在 I 上一致收敛于函数 $f(x)$, 则 $f(x)$ 在 I 上连续, 并且

$$\lim_{x\to x_0}\left(\lim_{n\to\infty}f_n(x)\right)=\lim_{n\to\infty}\left(\lim_{x\to x_0}f_n(x)\right),\quad \forall x_0\in I \tag{10.2.1}$$

如果 x_0 为 I 的有界边界点, (10.2.1) 式为相应的单侧极限.

证明 任取 I 的内点 x_0, 证明 $\lim\limits_{x\to x_0}f(x)=f(x_0)$ 成立. 首先

$$|f(x)-f(x_0)|\leqslant|f(x)-f_n(x)|+|f_n(x)-f_n(x_0)|+|f_n(x_0)-f(x_0)|$$

因为 $\{f_n(x)\}$ 在 I 上一致收敛于 $f(x)$, 因此

$$\forall\varepsilon>0,\exists N(\varepsilon)\in\mathbf{N}^*,\forall n>N,\forall x\in I:|f_n(x)-f(x)|<\frac{\varepsilon}{3}$$

取 $n_0>N$, 由于 $f_{n_0}(x)$ 在 I 上连续, 所以对上述 $\varepsilon>0$, 存在 $\delta>0$, 当 $|x-x_0|<\delta$ 时

$$|f_{n_0}(x)-f_{n_0}(x_0)|<\frac{\varepsilon}{3}$$

于是

$$|f(x)-f(x_0)|\leqslant|f(x)-f_{n_0}(x)|+|f_{n_0}(x)-f_{n_0}(x_0)|+|f_{n_0}(x_0)-f(x_0)|<\varepsilon$$

故 $f(x)$ 在 x_0 点连续, 当 x_0 为有界边界点时, 相应是左右连续, 证明方法同上, 结论得证.

定理 10.2.2 (函数项级数的和函数连续性) 设 $u_n(x), n=1,2,\cdots$ 在 I 上连续, 函数项级数 $\sum\limits_{n=1}^{\infty}u_n(x)$ 在 I 上一致收敛于 $S(x)$, 则 $S(x)$ 在 I 上连续, $\lim\limits_{x\to x_0}S(x)=S(x_0), \forall x_0\in I$, 即

$$\lim_{x\to x_0}\left(\sum_{n=1}^{\infty}u_n(x)\right)=\sum_{n=1}^{\infty}\left(\lim_{x\to x_0}u_n(x)\right),\quad \forall x_0\in I \tag{10.2.2}$$

如果 x_0 为 I 的有界边界点, (10.2.2) 式为相应的单侧极限.

证明 因为 $\{S_n(x)\}$ 在 I 上一致收敛于 $S(x)$, $S_n(x)\in C(I), n\in\mathbf{N}^*$, 根据定理 10.2.1, $S(x)$ 在 I 上连续并且

$$\lim_{x\to x_0}\lim_{n\to\infty}S_n(x)=\lim_{n\to\infty}\lim_{x\to x_0}S_n(x),\quad \forall x_0\in I$$

即有

$$\lim_{x\to x_0}\left(\sum_{n=1}^{\infty}u_n(x)\right)=\sum_{n=1}^{\infty}\left(\lim_{x\to x_0}u_n(x)\right)$$

结论得证.

注 10.2.1 定理 10.2.2 给出极限运算与无穷求和交换顺序的条件.

由定理 10.2.1 和定理 10.2.2 可以进一步得到下面推论.

推论 10.2.1 设函数序列 $\{f_n(x)\}, n=1,2,3,\cdots$ 在 I 上连续, 且 $\lim\limits_{n\to\infty}f_n(x)=f(x)$. 如果 $f(x)$ 在 I 上不连续, 则 $\{f_n(x)\}$ 在 I 上不一致收敛.

推论 10.2.2 设 $u_n(x), n=1,2,\cdots$ 在 I 上连续, $\sum\limits_{n=1}^{\infty}u_n(x)$ 在 I 上收敛于 $S(x)$. 如果 $S(x)$ 在 I 上不连续, 则 $\sum\limits_{n=1}^{\infty}u_n(x)$ 在 I 上不一致收敛于 $S(x)$.

例 10.2.1 设 $f_n(x)=x^{2n}, x\in[0,1], n\in\mathbf{N}^*$. 讨论函数序列 $\{f_n(x)\}$ 在 $[0,1]$ 上的一致收敛性.

解 由于 $\lim\limits_{n\to\infty}f_n(x)=f(x)=\begin{cases}0, & x\in[0,1),\\ 1, & x=1,\end{cases}$ $f(x)$ 在 $[0,1]$ 上不连续, 所以 $\{f_n(x)\}$ 在 $[0,1]$ 上不一致收敛.

例 10.2.2 证明 $f(x)=\sum\limits_{n=1}^{\infty}\dfrac{\cos nx}{n^2}$ 在 $\mathbf{R}$ 上为连续函数.

证明 函数项级数满足下面结论:

(1) $\dfrac{\cos nx}{n^2}\ (n\in\mathbf{N}^*)$ 在 $\mathbf{R}$ 上连续.

(2) 因为 $\left|\dfrac{\cos nx}{n^2}\right|\leqslant\dfrac{1}{n^2}$, 由优级数判别法知 $\sum\limits_{n=1}^{\infty}\dfrac{\cos nx}{n^2}$ 在 $\mathbf{R}$ 上一致收敛.

根据定理 10.2.2, $f(x)$ 在 $\mathbf{R}$ 上连续. 结论得证.

例 10.2.3 证明 $f(x)=\sum\limits_{n=1}^{\infty}\dfrac{nx}{1+n^5x^2}$ 在 $\mathbf{R}$ 上为连续函数.

证明 函数项级数满足下面结论:

(1) $\dfrac{nx}{1+n^5x^2}\ (n\in\mathbf{N}^*)$ 在$\mathbf{R}$上连续.

(2) $x\neq 0:\left|\dfrac{nx}{1+n^5x^2}\right|\leqslant\left|\dfrac{nx}{2n^{\frac{5}{2}}x}\right|\leqslant\dfrac{1}{2n^{\frac{3}{2}}}\Rightarrow\forall x\in\mathbf{R}:\left|\dfrac{nx}{1+n^5x^2}\right|\leqslant\dfrac{1}{2n^{\frac{3}{2}}}$.

由优级数判别法知函数项级数 $\sum\limits_{n=1}^{\infty}\dfrac{nx}{1+n^5x^2}$ 在 $\mathbf{R}$ 上一致收敛. 根据定理 10.2.2, $f(x)$ 在 $\mathbf{R}$ 上连续. 结论得证.

例 10.2.4 讨论函数 (1)$f(x)=\sum\limits_{n=1}^{\infty}\dfrac{\sin nx}{n}$; (2)$g(x)=\sum\limits_{n=1}^{\infty}\dfrac{\cos nx}{n}$ 在 $(0,2\pi)$ 上的连续性.

分析 已知 $\sum\limits_{n=1}^{\infty}\dfrac{\sin nx}{n}$ 和 $\sum\limits_{n=1}^{\infty}\dfrac{\cos nx}{n}$ 在 $(0,2\pi)$ 上不一致收敛, 在 $[\delta,2\pi-\delta]\ (\forall 0<\delta<\pi)$ 上一致收敛, 所以不能直接应用定理 10.2.2 的结论.

解 首先 $\dfrac{\sin nx}{n}\ (n\in\mathbf{N}^*)$ 在 $(0,2\pi)$ 上为连续函数, $\forall x_0\in(0,2\pi)$, $\exists\delta>0$, $x_0\in(\delta,2\pi-\delta)$, $\sum\limits_{n=1}^{\infty}\dfrac{\sin nx}{n}$在 $[\delta,2\pi-\delta]$ 上一致收敛, 根据定理 10.2.2, $f(x)$ 在 $[\delta,2\pi-\delta]$ 上连续, 从而 $f(x)$ 在 $x_0\in(\delta,2\pi-\delta)$ 上连续. 由 $x_0\in(0,2\pi)$ 的任意性, $f(x)$ 在 $(0,2\pi)$ 上连续, 同理可证, $g(x)$ 在 $(0,2\pi)$ 上连续.

例 10.2.5 讨论函数连续性: $f(x)=\sum\limits_{n=1}^{\infty}\dfrac{x+(-1)^n n}{x^2+n^2}$.

解 由于

$$f(x)=\sum_{n=1}^{\infty}\frac{x+(-1)^n n}{x^2+n^2}=\boxed{\sum_{n=1}^{\infty}\frac{(-1)^n n}{x^2+n^2}}+\boxed{\sum_{n=1}^{\infty}\frac{x}{x^2+n^2}}\triangleq f_1(x)+f_2(x)$$

对于级数 $\sum\limits_{n=1}^{\infty}\dfrac{(-1)^n n}{x^2+n^2}$, 由于 $\left|\sum\limits_{k=1}^{n}(-1)^k\right|\leqslant 2$, 进一步, 设

$$g(y)=\frac{y}{x^2+y^2},\quad g'(y)=\frac{(x^2+y^2)-2y^2}{(x^2+y^2)^2}=\frac{x^2-y^2}{(x^2+y^2)^2}$$

当 $n>x$: $\left\{\dfrac{n}{x^2+n^2}\right\}$ 单调递减, 进一步

$$\lim_{n\to\infty}\frac{n}{x^2+n^2}=0,\quad \beta_n=\sup_{x\in\mathbf{R}}\left|\frac{n}{x^2+n^2}\right|=\frac{1}{n}\Rightarrow\lim_{n\to\infty}\beta_n=0$$

根据函数序列一致收敛的余项定理, $\left\{\dfrac{n}{x^2+n^2}\right\}$ 一致收敛于零. 由狄利克雷判别法, 函数项级数 $\sum\limits_{n=1}^{\infty}\dfrac{(-1)^n n}{x^2+n^2}$ 在实数域上一致收敛, 故 $f_1(x)=\sum\limits_{n=1}^{\infty}\dfrac{(-1)^n n}{x^2+n^2}$ 在实数域上连续.

对于 $\sum\limits_{n=1}^{\infty}\dfrac{x}{x^2+n^2}, \forall x_0\in(-\infty,+\infty), \exists M>0$, 使得 $x_0\in(-M,M)$. 在 $[-M,M]$ 上, 由于 $\left|\dfrac{x}{x^2+n^2}\right|\leqslant\dfrac{M}{n^2}$, $\sum\limits_{n=1}^{\infty}\dfrac{M}{n^2}$ 收敛. 根据优级数判别法, 级数 $\sum\limits_{n=1}^{\infty}\dfrac{x}{x^2+n^2}$ 在 $[-M,M]$ 上一致收敛, 所以 $f_2(x)$ 在 $[-M,M]$ 上连续, 从而在 $x_0\in(-M,M)$ 连续. 由 x_0 的任意性知, $f_2(x)$ 在实数域上连续. 因此这两个级数的和函数 $f(x)$ 在实数域上是连续的.

在上面两个例题分析中, 实际上用到了内闭一致收敛的概念. 定义如下:

定义 10.2.1 (内闭一致收敛) 设函数序列 $\{f_n(x)\}_{n=1}^{\infty}$ 定义在 I 上, 若任意 $[c,d]\subset I$, $\{f_n(x)\}$ 在 $[c,d]$ 上一致收敛, 则称 $\{f_n(x)\}$ 在 I 上内闭一致收敛.

设 $\{u_n(x)\}_{n=1}^{\infty}$ 定义在 I 上, 若任意 $[c,d]\subset I$, $\sum\limits_{n=1}^{\infty}u_n(x)$ 在 $[c,d]$ 上一致收敛, 则称 $\sum\limits_{n=1}^{\infty}u_n(x)$ 在 I 上内闭一致收敛.

类似例 10.2.5 的分析过程可以证明下面结论.

推论 10.2.3 设函数序列 $\{f_n(x)\}_{n=1}^{\infty}$ 在 I 上连续, 且 $\{f_n(x)\}$ 在 I 上内闭一致收敛于 $f(x)$, 则 $f(x)$ 在 I 上连续, 即 $\lim\limits_{x\to x_0}\left(\lim\limits_{n\to\infty}f_n(x)\right)=\lim\limits_{n\to\infty}\left(\lim\limits_{x\to x_0}f_n(x)\right), \forall x_0\in I$.

推论 10.2.4 设 $\{u_n(x)\}_{n=1}^{\infty}$ 在 I 上连续, 函数项级数 $\sum\limits_{n=1}^{\infty}u_n(x)$ 在 I 上内闭一致收敛于 $S(x)$, 则 $S(x)$ 在 I 上连续, 即 $\lim\limits_{x\to x_0}\left(\sum\limits_{n=1}^{\infty}u_n(x)\right)=\sum\limits_{n=1}^{\infty}\left(\lim\limits_{x\to x_0}u_n(x)\right), \forall x_0\in I$.

注 10.2.2 如果 x_0 为 I 的有界边界点, 推论 10.2.3 和推论 10.2.4 为相应的单侧极限.

习题 10.2.1 和函数的连续性

1. 确定下列函数的存在域, 并研究它们的连续性.

(1) $f(x)=\sum\limits_{n=1}^{\infty}\left(x+\dfrac{1}{n}\right)^n$; (2) $\sum\limits_{n=1}^{\infty}(-1)^{n+1}\dfrac{1}{n^x}$; (3) $\sum\limits_{n=1}^{\infty}\dfrac{x}{(1+x^2)^n}$.

2. 证明: $\lim\limits_{x\to1}\sum\limits_{n=1}^{\infty}\dfrac{x^n(1-x)}{n(1-x^{2n})}=\dfrac{1}{2}\sum\limits_{n=1}^{\infty}\dfrac{1}{n^2}$.

3. 计算下面问题.

(1) $\lim\limits_{x\to1-}\sum\limits_{n=1}^{\infty}(x^n-x^{n+1})$; (2) $\lim\limits_{x\to0+}\sum\limits_{n=1}^{\infty}\dfrac{1}{2^n n^x}$; (3) $\lim\limits_{x\to1}\sum\limits_{n=1}^{\infty}\dfrac{(-1)^{n+1}}{n}\left(\dfrac{x^n}{x^n+1}\right)$.

4. 证明: $g(x)=\sum\limits_{n=1}^{\infty}n\mathrm{e}^{-nx}$ 在 $(0,+\infty)$ 上连续.

5. 证明：$h(x)=\sum\limits_{n=1}^{\infty}\arctan\dfrac{2x^2}{x^4+n^3}$ 在 $(-\infty,+\infty)$ 上连续.

10.2.2 和函数的可积性

定理 10.2.3 (函数序列极限函数的可积性) 设函数序列 $\{f_n(x)\}_{n=1}^{\infty}$ 在 $[a,b]$ 上连续，并且 $\{f_n(x)\}$ 在 $[a,b]$ 上一致收敛于 $f(x)$，则 $f(x)$ 在 $[a,b]$ 上可积，并且

$$\int_a^b f(x)\mathrm{d}x=\int_a^b \lim_{n\to\infty} f_n(x)\mathrm{d}x=\lim_{n\to\infty}\left(\int_a^b f_n(x)\mathrm{d}x\right) \tag{10.2.3}$$

证明 由函数序列极限函数连续性定理知，$f(x)$ 在 $[a,b]$ 上连续，于是在 $[a,b]$ 上可积，由 $\{f_n(x)\}$ 在 $[a,b]$ 上一致收敛于 $f(x)$，因此

$$\forall\varepsilon>0,\exists N(\varepsilon)\in\mathbf{N}^*,\forall n>N,\forall x\in[a,b]:|f_n(x)-f(x)|<\varepsilon$$

当 $n>N$ 时成立

$$\left|\int_a^b f_n(x)\mathrm{d}x-\int_a^b f(x)\mathrm{d}x\right|=\int_a^b |f_n(x)-f(x)|\,\mathrm{d}x\leqslant(b-a)\varepsilon$$

于是有

$$\lim_{n\to\infty}\int_a^b f_n(x)\mathrm{d}x=\int_a^b f(x)\mathrm{d}x\Rightarrow\lim_{n\to\infty}\int_a^b f_n(x)\mathrm{d}x=\int_a^b\lim_{n\to\infty}f_n(x)\mathrm{d}x$$

结论得证.

定理 10.2.3 给出了极限与积分运算交换顺序的条件. 在定理 10.2.3 基础上可以得到函数项级数逐项积分的定理.

定理 10.2.4 (函数项级数逐项积分定理) 设 $\{u_n(x)\}_{n=1}^{\infty}$ 在 $[a,b]$ 上连续，$\sum\limits_{n=1}^{\infty}u_n(x)$ 在 $[a,b]$ 上一致收敛于 $S(x)$，则 $S(x)$ 在 $[a,b]$ 上可积，并且 $\displaystyle\int_a^b S(x)\,\mathrm{d}x=\sum_{n=1}^{\infty}\int_a^b u_n(x)\mathrm{d}x$，即

$$\int_a^b\sum_{n=1}^{\infty}u_n(x)\mathrm{d}x=\sum_{n=1}^{\infty}\int_a^b u_n(x)\mathrm{d}x$$

证明 由于 $\{S_n(x)\}_{n=1}^{\infty}$ 在 $[a,b]$ 上连续，并且 $\{S_n(x)\}$ 在 $[a,b]$ 上一致收敛于 $S(x)$，于是 $S(x)$ 在 $[a,b]$ 上可积，根据定理 10.2.3 有

$$\int_a^b S(x)\mathrm{d}x=\int_a^b\lim_{n\to\infty}S_n(x)\mathrm{d}x=\lim_{n\to\infty}\left(\int_a^b S_n(x)\mathrm{d}x\right)\Rightarrow\sum_{n=1}^{\infty}\int_a^b u_n(x)\mathrm{d}x=\int_a^b\sum_{n=1}^{\infty}u_n(x)\mathrm{d}x$$

成立，结论得证.

注 10.2.3 定理 10.2.4 表明在一致收敛的条件下，无穷求和运算与积分运算的顺序可以交换. 若把定理 10.2.3 和定理 10.2.4 中，函数序列在 $[a,b]$ 上连续这个条件改为在 $[a,b]$ 上可积，结论仍然成立，证明留给读者完成.

在定理 10.2.3 和定理 10.2.4 的基础上进一步有下面推论.

推论 10.2.5 设函数序列 $\{f_n(x)\}_{n=1}^{\infty}$ 在 $[a,b]$ 上连续, 并且 $\{f_n(x)\}$ 在 $[a,b]$ 上收敛于 $f(x)$, 若 $f(x)$ 在 $[a,b]$ 上不可积, 或者 $\lim\limits_{n\to\infty}\int_a^b f_n(x)\mathrm{d}x \neq \int_a^b \lim\limits_{n\to\infty} f_n(x)\mathrm{d}x$, 则 $\{f_n(x)\}$ 在 $[a,b]$ 上不一致收敛于 $f(x)$.

推论 10.2.6 设 $\{u_n(x)\}_{n=1}^{\infty}$ 在 $[a,b]$ 上连续, 并且 $\sum\limits_{n=1}^{\infty} u_n(x)$ 在 $[a,b]$ 上收敛于 $S(x)$, 若 $S(x)$ 在 $[a,b]$ 上不可积, 或者 $\sum\limits_{n=1}^{\infty}\int_a^b u_n(x)\mathrm{d}x \neq \int_a^b S(x)\,\mathrm{d}x$, 则 $\sum\limits_{n=1}^{\infty} u_n(x)$ 在 $[a,b]$ 上不一致收敛于 $S(x)$.

例 10.2.6 设 $f_n(x) = nx\mathrm{e}^{-nx^2}\,(n\in\mathbf{N}^*)\,, x\in[0,1]$. 讨论 $\{f_n(x)\}$ 在 $[0,1]$ 上的一致收敛性.

解 由于 $\lim\limits_{n\to\infty} f_n(x) = f(x) = 0$, 而

$$\int_0^1 nx\mathrm{e}^{-nx^2}\mathrm{d}x = \frac{1}{2}\left(1-\mathrm{e}^{-n}\right), \quad \lim_{n\to\infty}\left(\int_0^1 f_n(x)\,\mathrm{d}x\right) \neq \int_0^1 \lim_{n\to\infty} f_n(x)\,\mathrm{d}x$$

故 $\{f_n(x)\}$ 在 $[0,1]$ 上不一致收敛.

例 10.2.7 设 $f_n(x) = n^{\alpha}x\mathrm{e}^{-nx}\,(n=1,2,\cdots)$, 当参数 α 取什么值时:

(1) $\{f_n(x)\}$ 在 $[0,1]$ 上收敛;

(2) $\{f_n(x)\}$ 在 $[0,1]$ 上一致收敛;

(3) $\lim\limits_{n\to\infty}\left(\int_0^1 f_n(x)\,\mathrm{d}x\right) = \int_0^1 \lim\limits_{n\to\infty} f_n(x)\,\mathrm{d}x$.

解 (1) 当 $x=0$ 时, 对任意 $\alpha\in\mathbf{R}, f_n(x)=0$; 当 $x\in(0,1]$ 时, 对任意 $\alpha\in\mathbf{R}$, 由海涅定理和洛必达法则,

$$\lim_{n\to\infty} n^{\alpha}x\mathrm{e}^{-nx} = \lim_{n\to\infty}\frac{n^{\alpha}x}{\mathrm{e}^{nx}} = \lim_{y\to+\infty}\frac{y^{\alpha}x}{\mathrm{e}^{yx}} = 0$$

所以对任意 $\alpha\in\mathbf{R}, \{f_n(x)\}$ 在 $[0,1]$ 上收敛于函数 $f(x)$ 且 $f(x)\equiv 0$.

(2) 分析 $\sup\limits_{0\leqslant x\leqslant 1}|f_n(x)-f(x)|$. 由于

$$f_n'(x) = n^{\alpha}\mathrm{e}^{-nx}(1-nx), \quad f_n'\left(\frac{1}{n}\right) = 0\,(n\in\mathbf{N}^*)$$

故 $x=\dfrac{1}{n}$ 为 $f_n(x)$ 在 $0\leqslant x\leqslant 1$ 上的最大值点. 因此 $0\leqslant f_n(x)\leqslant f_n\left(\dfrac{1}{n}\right) = n^{\alpha-1}\mathrm{e}^{-1}$, 即

$$\beta_n = \sup_{0\leqslant x\leqslant 1}|f_n(x)-f(x)| = \max_{0\leqslant x\leqslant 1}|f_n(x)-f(x)| = n^{\alpha-1}\mathrm{e}^{-1}$$

所以当 $\alpha<1$ 时, $\{f_n(x)\}$ 在 $[0,1]$ 上一致收敛于零. 当 $\alpha\geqslant 1$ 时, $\{f_n(x)\}$ 在 $[0,1]$ 上不一致收敛于零.

(3) 由于 $\int_0^1 \lim_{n\to\infty} f_n(x)\,\mathrm{d}x = \int_0^1 0\mathrm{d}x = 0$, 所以要使得

$$\begin{aligned}\lim_{n\to\infty}\int_0^1 f_n(x)\,\mathrm{d}x &= \lim_{n\to\infty} n^\alpha \int_0^1 x\mathrm{e}^{-nx}\mathrm{d}x \\ &= \lim_{n\to\infty} n^\alpha\left(-\frac{1}{n}\mathrm{e}^{-n} - \frac{1}{n^2}\mathrm{e}^{-n} + \frac{1}{n^2}\right) = \lim_{n\to\infty} n^{\alpha-2}\left(1 - \frac{1}{\mathrm{e}^n} - \frac{n}{\mathrm{e}^n}\right) = 0\end{aligned}$$

仅需 $\alpha < 2$. 于是当 $\alpha < 2$ 时, $\lim_{n\to\infty}\int_0^1 f_n(x)\,\mathrm{d}x = \int_0^1 \lim_{n\to\infty} f_n(x)\,\mathrm{d}x$.

注 10.2.4 由例 10.2.7 可知, 一致收敛是积分符号和极限符号可交换次序的充分条件, 而不是必要条件.

习题 10.2.2 和函数的可积性

1. 证明函数序列 $f_n(x)=nx(1-x)^n\ (n=1,2,\cdots)$ 在闭区间 $[0,1]$ 上收敛但不一致收敛, 满足

$$\lim_{n\to\infty}\int_0^1 f_n(x)\,\mathrm{d}x = \int_0^1 \lim_{n\to\infty} f_n(x)\,\mathrm{d}x$$

2. 分析 $\lim_{n\to\infty}\int_0^1 \frac{nx}{1+n^2x^4}\mathrm{d}x = \int_0^1\left(\lim_{n\to\infty}\frac{nx}{1+n^2x^4}\right)\mathrm{d}x$ 是否成立.

3. 分析函数项级数 $\sum\limits_{n-1}^{\infty}\left(x^{\frac{1}{2n+1}} - x^{\frac{1}{2n-1}}\right)$ 在区间 $[0,1]$ 上是否一致收敛, 级数逐项积分是否合理.

4. 设 $g(x) = \sum\limits_{n=1}^{\infty}\frac{1}{2^n}\tan\frac{x}{2^n}$.

(1) 证明 $g(x)$ 在 $\left[0,\frac{\pi}{2}\right]$ 上连续;

(2) 计算 $\int_{\frac{\pi}{6}}^{\frac{\pi}{2}} g(x)\,\mathrm{d}x$.

5. 设 $g(x) = \sum\limits_{n=1}^{\infty}\frac{\cos nx}{\sqrt{n^3+n}}$.

(1) 证明 $g(x)$ 在 $(-\infty,+\infty)$ 上连续;

(2) 计算 $G(x) = \int_0^x g(t)\,\mathrm{d}t$, 且证明 $\frac{\sqrt{2}}{2} - \frac{1}{15} < G\left(\frac{\pi}{2}\right) < \frac{\sqrt{2}}{2}$.

10.2.3 和函数的可微性

定理 10.2.5 (函数序列极限函数的可微性) 设函数序列 $\{f_n(x)\}_{n=1}^{\infty}$ 在 $[a,b]$ 上满足

(1) $f_n(x)\,(n\in\mathbf{N}^*)$ 在 $[a,b]$ 上有连续导函数;

(2) $\{f_n'(x)\}$ 在 $[a,b]$ 上一致收敛于 $g(x)$;

(3) 至少存在一点 $x_0\in[a,b]$, 使得 $\{f_n(x_0)\}$ 收敛.

则 $\{f_n(x)\}$ 在 $[a,b]$ 上一致收敛于 $f(x)$, 且 $f'(x)=g(x)$, 即

$$\left(\lim_{n\to\infty} f_n(x)\right)' = \lim_{n\to\infty} f_n'(x), \quad \forall x\in[a,b]$$

证明 首先证明 $\{f_n(x)\}$ 在 $[a,b]$ 上一致收敛. 对任意 $x\in[a,b]$, 利用牛顿–莱布尼茨公式

$$f_n(x) = f_n(x_0) + \int_{x_0}^x f_n'(t)\mathrm{d}t \quad f_m(x) = f_m(x_0) + \int_{x_0}^x f_m'(t)\mathrm{d}t$$

所以有

$$f_m(x) - f_n(x) = f_m(x_0) - f_n(x_0) + \int_{x_0}^{x} (f'_m(t) - f'_n(t))\mathrm{d}t \tag{10.2.4}$$

由条件 (2), $\{f'_n(x)\}$ 在 $[a,b]$ 上一致收敛于 $g(x)$, 由函数序列一致收敛的柯西收敛准则,

$$\forall \varepsilon > 0, \exists N_1(\varepsilon) \in \mathbf{N}^*, \forall m > n > N_1, \forall x \in [a,b] : |f'_n(x) - f'_m(x)| < \frac{\varepsilon}{2(b-a)} \tag{10.2.5}$$

由条件 (3), $\{f_n(x_0)\}$ 收敛, 由数列收敛的柯西收敛准则有

$$\forall \varepsilon > 0, \exists N_2(\varepsilon) \in \mathbf{N}^*, \forall m > n > N_2 : |f_m(x_0) - f_n(x_0)| < \frac{\varepsilon}{2} \tag{10.2.6}$$

取 $N = \max\{N_1, N_2\}$, 当 $m, n > N$ 时, 由公式 (10.2.4)—(10.2.6) 得到, 对任意 $x \in [a,b]$ 成立

$$|f_m(x) - f_n(x)| \leqslant |f_m(x_0) - f_n(x_0)| + \left| \int_{x_0}^{x} |f'_m(t) - f'_n(t)|\mathrm{d}t \right| < \frac{\varepsilon}{2} + (b-a) \cdot \frac{\varepsilon}{2(b-a)} = \varepsilon$$

由函数序列一致收敛的柯西收敛准则, 可得 $\{f_n(x)\}$ 在 $[a,b]$ 上一致收敛, 记其极限函数为 $f(x)$.

接下来证明 $f'(x) = g(x)$. 由于

$$f_n(x) = f_n(x_0) + \int_{x_0}^{x} f'_n(t)\mathrm{d}t$$

上式两端令 $n \to \infty$, 由定理 10.2.3 得

$$f(x) = f(x_0) + \int_{x_0}^{x} g(t)\mathrm{d}t$$

再根据函数序列极限函数的连续性定理, $g(x)$ 在 $[a,b]$ 上连续, 进一步由微积分基本定理可得 $f'(x) = g(x)$, 结论得证.

利用定理 10.2.5 可以得到下面定理.

定理 10.2.6 (函数项级数逐项求导定理) 若 $\sum\limits_{n=1}^{\infty} u_n(x)$ 在 $[a,b]$ 上满足

(1) $u_n(x)\,(n \in \mathbf{N}^*)$ 在 $[a,b]$ 上有连续导函数;

(2) $\sum\limits_{n=1}^{\infty} u'_n(x)$ 在 $[a,b]$ 上一致收敛;

(3) 至少存在一点 $x_0 \in [a,b]$, 使得 $\sum\limits_{n=1}^{\infty} u_n(x_0)$ 收敛.

则 $\sum\limits_{n=1}^{\infty} u_n(x)$ 在 $[a,b]$ 上一致收敛, 且

$$\left(\sum_{n=1}^{\infty} u_n(x) \right)' = \sum_{n=1}^{\infty} u'_n(x), \quad \forall x \in [a,b]$$

注 10.2.5 定理 10.2.5 给出了极限和求导运算交换顺序的条件, 定理 10.2.6 给出了无穷求和和求导运算交换顺序的条件.

例 10.2.8 证明函数 $f(x) = \sum\limits_{n=1}^{\infty} \dfrac{\cos nx}{n^4}$ 在 $\mathbf{R}$ 上有二阶连续导函数, 并求 $f''(x)$.

证明 函数项级数满足下面结论:

(1) $\dfrac{\cos nx}{n^4}, n=1,2,\cdots$ 在 $\mathbf{R}$ 上有连续的导函数.

(2) 对函数项级数 $\sum\limits_{n=1}^{\infty}\dfrac{\sin nx}{n^3}$, 由于 $\left|\dfrac{\sin nx}{n^3}\right|\leqslant\dfrac{1}{n^3}$, 由优级数判别法知 $\sum\limits_{n=1}^{\infty}\dfrac{\sin nx}{n^3}$ 在 $\mathbf{R}$ 上一致收敛.

(3) 对 $\sum\limits_{n=1}^{\infty}\dfrac{\cos nx}{n^4}$, 由于 $\left|\dfrac{\cos nx}{n^4}\right|\leqslant\dfrac{1}{n^4}$, 由优级数判别法知 $\sum\limits_{n=1}^{\infty}\dfrac{\cos nx}{n^4}$ 在 $\mathbf{R}$ 上一致收敛.

根据函数项级数逐项求导定理, 可得 $f'(x)=-\sum\limits_{n=1}^{\infty}\dfrac{\sin nx}{n^3}$. 同理可证, $f''(x)=-\sum\limits_{n=1}^{\infty}\dfrac{\cos nx}{n^2}$. 结论得证.

例 10.2.9 证明函数 $f(x)=\sum\limits_{n=1}^{\infty}\dfrac{1}{n^x}$ 在 $(1,+\infty)$ 内连续, 且有各阶连续导数.

分析 由于 $\sum\limits_{n=1}^{\infty}\dfrac{1}{n^x}$ 在 $(1,+\infty)$ 上不一致收敛, 所以不能直接应用定理 10.2.6 的结论, 因此需要用内闭一致收敛解决问题.

证明 $\forall x_0\in(1,+\infty)$, $\exists p>1$ 使 $1<p<x_0$. 当 $x\in[p,+\infty)$ 时, $\dfrac{1}{n^x}=\dfrac{1}{n^{x-p}}\cdot\dfrac{1}{n^p}\leqslant\dfrac{1}{n^p}$.

由优级数判别法, 函数项级数 $\sum\limits_{n=1}^{\infty}\dfrac{1}{n^x}$ 在 $[p,+\infty)$ 上一致收敛. 由函数项级数和函数连续性定理, $f(x)$ 在 $[p,+\infty)$ 上连续, 从而在 $x_0\in(p,+\infty)$ 处连续, 由 x_0 的任意性可得 $f(x)$ 在 $(1,+\infty)$ 上连续.

进一步, 当 $x\in[p,+\infty)$ 时, $\left|\left(\dfrac{1}{n^x}\right)'\right|=\dfrac{\ln n}{n^x}=\dfrac{1}{n^{x-p}}\cdot\dfrac{\ln n}{n^p}\leqslant\dfrac{\ln n}{n^p}$

由优级数判别法, $\sum\limits_{n=1}^{\infty}\dfrac{\ln n}{n^x}$ 在 $[p,+\infty)$ 上一致收敛. 根据函数项级数逐项求导定理, $f(x)$ 在 $[p,+\infty)$ 上可导, 从而在 $x_0\in(p,+\infty)$ 处可导, 由 x_0 的任意性可得 $f(x)$ 在 $(1,+\infty)$ 内可导.

同理可以证明, $f(x)$ 在 $(1,+\infty)$ 上有各阶连续导数. 结论得证.

例 10.2.10 研究函数 $f(x)=\sum\limits_{n=1}^{\infty}\dfrac{(-1)^n x}{n+x}$ 的可微性.

解 当 $x\neq -k\,(k=1,2,\cdots)$ 时, 由交错级数的莱布尼茨判别法知级数收敛, 所以 $f(x)$ 的定义域为 $x\neq -k\,(k=1,2,\cdots)$, 下面分两种情况讨论.

(1) 对 $\forall x_0\geqslant 0$, $\exists\beta>0$, 使得 $x_0\in\left(-\dfrac{1}{2},\beta\right)$. 由于

$$x\in\left[-\frac{1}{2},\beta\right]: u_n(x)=\frac{(-1)^n x}{n+x}, u_n'(x)=\frac{(-1)^n n}{(n+x)^2}\,(n\in\mathbf{N}^*)$$

下面讨论级数 $\sum\limits_{n=1}^{\infty}u_n'(x)$ 的一致收敛性.

当 $x\in\left[-\dfrac{1}{2},\beta\right]$ 时, $\{u_n'(x)\}$ 连续并且 $\left\{\sum\limits_{k=1}^{n}(-1)^k\right\}$ 有界. 由于

$$\left(\frac{y}{(y+x)^2}\right)_y=\frac{(y+x)^2-2y(y+x)}{(y+x)^4}=\frac{x^2-y^2}{(y+x)^4}$$

因此当 $n>|x|$ 时, $\left\{\frac{n}{(n+x)^2}\right\}$ 单调递减. 由于 $\lim\limits_{n\to\infty}|u_n'(x)|=0$, 进一步

$$x\in\left[-\frac{1}{2},\beta\right]:\left|\frac{n}{(n+x)^2}-0\right|\leqslant\frac{n}{\left(n-\frac{1}{2}\right)^2},\lim_{n\to\infty}\beta_n=\lim_{n\to\infty}\sup_{x\in\left[-\frac{1}{2},\beta\right]}\left|\frac{n}{(n+x)^2}-0\right|=0$$

于是 $\left\{\frac{n}{(n+x)^2}\right\}$ 当 $n>|x|$ 时单调递减且一致趋于零, 根据狄利克雷判别法 $\sum\limits_{n=1}^{\infty}u_n'(x)$ 在 $\left[-\frac{1}{2},\beta\right]$ 上一致收敛.

同理由狄利克雷判别法, $\sum\limits_{n=1}^{\infty}\frac{(-1)^n x}{n+x}$ 在 $0\in\left[-\frac{1}{2},\beta\right]$ 处收敛. 根据函数项级数逐项求导定理, 可得 $f(x)=\sum\limits_{n=1}^{\infty}\frac{(-1)^n x}{n+x}$ 在 $\left[-\frac{1}{2},\beta\right]$ 上可导, 从而在 $x_0\in\left(-\frac{1}{2},\beta\right)$ 处可微. 根据 x_0 的任意性, $f(x)$ 在 $[0,+\infty)$ 上可导.

(2) 若 $x_0<0$, 则 $\exists k_0\in\mathbf{N}^*:-(k_0+1)<x_0<-k_0$, 又 $\exists\alpha,\beta:-(k_0+1)<\alpha<x_0<\beta<-k_0$. 所以 $x\in[\alpha,\beta]$ 时, $u_n'(x)$ 连续. 因为 $x\in[\alpha,\beta]$ 时, $\left\{\sum\limits_{k=1}^{n}(-1)^k\right\}$ 有界. $\left\{\frac{n}{(n+x)^2}\right\}(n>|x|)$ 单调递减, 且

$$\left|\frac{n}{(n+x)^2}\right|\leqslant\max\left\{\frac{n}{(n+\alpha)^2},\frac{n}{(n+\beta)^2}\right\}$$

于是 $\lim\limits_{n\to\infty}\beta_n=\lim\limits_{n\to\infty}\sup\limits_{x\in[\alpha,\beta]}\left|\frac{n}{(n+x)^2}\right|=0$, 即 $\left\{\frac{n}{(n+x)^2}\right\}$ 在 $[\alpha,\beta]$ 上一致收敛于 0. 根据狄利克雷判别法, $\sum\limits_{n=1}^{\infty}u_n'(x)$ 在 $[\alpha,\beta]$ 上一致收敛. 同理根据狄利克雷判别法, $\sum\limits_{n=1}^{\infty}\frac{(-1)^n x}{n+x}$ 在 $[\alpha,\beta]$ 上一致收敛.

根据函数项级数逐项微分定理, $f(x)=\sum\limits_{n=1}^{\infty}\frac{(-1)^n x}{n+x}$ 在 $[\alpha,\beta]$ 上可微, 从而在 $x_0\in(\alpha,\beta)$ 处可微. 根据 x_0 的任意性, $f(x)$ 在 $x\in(-\infty,0]$ 且 $x\neq-k\,(k=1,2,\cdots)$ 可微.

综上所述, 函数 $f(x)=\sum\limits_{n=1}^{\infty}\frac{(-1)^n x}{n+x}$ 在 $x\neq-k\,(k=1,2,\cdots)$ 时有定义且可微.

利用例 10.2.9 和例 10.2.10 的讨论方法可以证明下面结论.

推论 10.2.7 (函数列极限函数的可微性) 设函数序列 $\{f_n(x)\}_{n=1}^{\infty}$ 在 (a,b) 上满足

(1) $f_n(x)\,(n\in\mathbf{N}^*)$ 在 (a,b) 上有连续导函数;

(2) $\{f_n'(x)\}$ 在 (a,b) 上内闭一致收敛于 $g(x)$;

(3) 至少存在一点 $x_0 \in (a,b)$, 使得 $\{f_n(x_0)\}$ 收敛.

则 $\{f_n(x)\}$ 在 (a,b) 上内闭一致收敛于 $f(x)$, 且 $f'(x)=g(x)$ 即

$$\left(\lim_{n\to\infty} f_n(x)\right)' = \lim_{n\to\infty} f_n'(x), \quad \forall x \in (a,b)$$

推论 10.2.8 (函数项级数逐项可导性) 设 $\sum\limits_{n=1}^{\infty} u_n(x)$ 在 (a,b) 上满足

(1) $u_n(x)\,(n\in \mathbf{N}^*)$ 在 (a,b) 上有连续导函数;

(2) $\sum\limits_{n=1}^{\infty} u_n'(x)$ 在 (a,b) 上内闭一致收敛;

(3) 至少存在$x_0 \in (a,b)$, 使得 $\sum\limits_{n=1}^{\infty} u_n(x_0)$ 收敛.

则 $\sum\limits_{n=1}^{\infty} u_n(x)$ 在 (a,b) 上内闭一致收敛, 且

$$\left(\sum_{n=1}^{\infty} u_n(x)\right)' = \sum_{n=1}^{\infty} u_n'(x), \quad \forall x \in (a,b)$$

注 10.2.6 定理 10.2.6、推论 10.2.7 和推论 10.2.8 中, 如果区间 (a,b) 为 $(-\infty,+\infty)$, $[a,+\infty)$, $(a,+\infty)$, $(-\infty,a)$, $(-\infty,a]$, 结论依然成立.

微积分早期发展中, 数学家们误认为在绝大多数点处连续函数是可导的. 捷克数学家波尔查诺 (Berhard Bolzano, 1781—1848) 首先给出了处处连续但处处不可导的例子, 是微积分历史上的重要事情. 德国数学家魏尔斯特拉斯利用函数项级数构造了处处连续但处处不可导的例子.

$$f(x) = \sum_{n=0}^{\infty} a^n \cos(b^n \pi x)$$

其中 $0<a<1$, b 为奇数, $ab>1+\dfrac{3}{2}\pi$.

习题 10.2.3 和函数的可微性

1. 证明函数序列 $f_n(x)=\dfrac{1}{n}\arctan x^n\ (x\in\mathbf{R})$ 一致收敛, 但 $\left[\lim\limits_{n\to\infty} f_n(x)\right]'_{x=1} \neq \lim\limits_{n\to\infty} f_n'(1)$.

2. 设函数序列 $f_n(x)=\dfrac{x}{1+n^2x^2}\ (x\in\mathbf{R})$, 证明下面结论成立

(a) 函数序列 $\{f_n(x)\}$ 在实数域 $\mathbf{R}$ 上一致收敛;

(b) 函数序列 $\{f_n'(x)\}$ 在实数域 $\mathbf{R}$ 上不一致收敛;

(c) 讨论极限运算与求导运算是否交换, 即 $\left[\lim\limits_{n\to\infty} f_n(x)\right]' = \lim\limits_{n\to\infty} f_n'(x)$ 成立条件.

3. 证明函数序列 $g_n(x)=x^2+\dfrac{1}{n}\sin n\left(x+\dfrac{\pi}{2}\right)\ (x\in\mathbf{R})$ 一致收敛, 但 $\left[\lim\limits_{n\to\infty} g_n(x)\right]' \neq \lim\limits_{n\to\infty} g_n'(x)$.

4. 确定下面函数的存在域, 并研究其可微性.

(1) $f(x)=\sum\limits_{n=1}^{\infty}\dfrac{|x|}{n^2+x^2}$;　　(2) $g(x)=\sum\limits_{n=1}^{\infty}\arctan\dfrac{x}{n^2}$.

5. 证明函数 $f(x)=\sum\limits_{n=1}^{\infty} n\mathrm{e}^{-nx}$ 在 $(0,+\infty)$ 内有任意阶连续导数.

6. 证明函数 $f(x)=\sum\limits_{n=1}^{\infty}\dfrac{(-1)^n}{n^x}$ 在 $(0,+\infty)$ 内有任意阶连续导数.

7. 证明函数 $f(x)=\sum\limits_{n=1}^{\infty}\dfrac{\cos nx}{n^2+1}$ 在 $(0,2\pi)$ 内有连续导数.

8. 设 $h(x)=\sum\limits_{n=0}^{\infty}\dfrac{1}{2^n+x}$, 证明下面结论:

(a) $h(x)$ 在 $[0,+\infty)$ 上可导且一致连续;

(b) 证明广义积分 $\displaystyle\int_0^{+\infty}h(x)\,\mathrm{d}x$ 发散.

扫码学习

10.3 幂级数

对于复杂的函数, 我们希望用相对简单的函数来逼近, 以达到对复杂函数的研究. 这里所说的简单的函数指的是便于计算机计算, 又具有好的分析性质的函数. 多项式函数正是满足这些条件的一类函数.

幂级数的定义: 形如 $\sum\limits_{n=0}^{\infty}a_n(x-x_0)^n$ 的函数项级数称为幂级数.

历史上, 德国天文学家贝塞尔 (F. W. Bessel) 在研究行星运动的开普勒方程时首次使用的幂级数称为贝塞尔函数. 幂级数体现了用多项式来逼近函数的思想, 贝塞尔函数定义如下:

$$J(x)=\sum_{n=0}^{\infty}\frac{(-1)^n x^{2n}}{2^{2n}(n!)^2}$$

贝塞尔函数有许多重要的应用, 例如圆柱形波导中的电磁波传播问题、圆盘中的热传导问题、圆形薄膜的振动模态分析问题等.

$$J_n(x)=\sum_{m=1}^{\infty}\frac{(-1)^m}{m!\,(n+m)!}\left(\frac{x}{2}\right)^{2m+n}$$

$$(n\geqslant 0, m, n\in\mathbf{N}^*)$$

称为 n 阶第一类贝塞尔函数. 如图 10.3.1 所示.

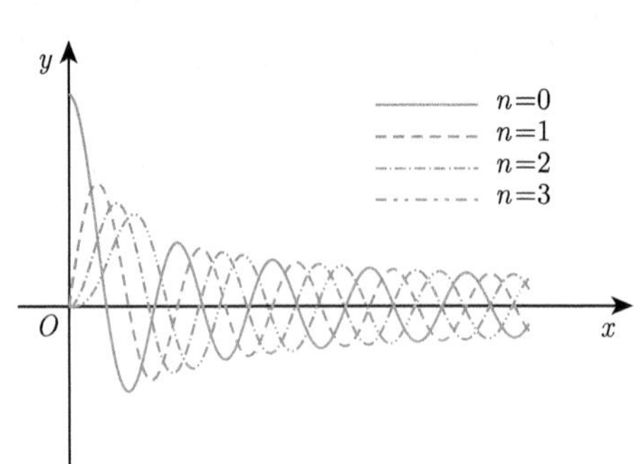

图 10.3.1

10.3.1 幂级数的收敛域

首先讨论幂级数收敛域的特征.

定理 10.3.1 (阿贝尔定理) (1) 若 $\sum\limits_{n=0}^{\infty}a_nx^n$ 在 $x=x_0\,(x_0\neq 0)$ 处收敛, 则当 $|x|<|x_0|$ 时, $\sum\limits_{n=0}^{\infty}a_nx^n$ 绝对收敛;

(2) 若 $\sum\limits_{n=0}^{\infty}a_nx^n$ 在 $x_1\neq 0$ 处发散, 则当 $|x|>|x_1|$ 时, $\sum\limits_{n=0}^{\infty}a_nx^n$ 发散.

证明 (1) 因为 $\sum\limits_{n=0}^{\infty}a_nx_0^n$ 收敛, 故 $\{a_nx_0^n\}$ 有界, 即

$$\exists M>0, \forall n\in\mathbf{N}^*: |a_nx_0^n|\leqslant M$$

所以

$$|x| < |x_0| : |a_n x^n| = |a_n x_0^n| \left|\frac{x}{x_0}\right|^n \leqslant M \left(\frac{x}{x_0}\right)^n$$

由于 $\left|\frac{x}{x_0}\right| < 1, \sum\limits_{n=1}^{\infty} \left|\frac{x}{x_0}\right|^n$ 收敛, 所以 $\sum\limits_{n=0}^{\infty} a_n x^n$ 绝对收敛.

(2) 若 $\exists x_2, |x_2| > |x_1|, \sum\limits_{n=0}^{\infty} a_n x_2^n$ 收敛, 由 (1) 知 $\sum\limits_{n=0}^{\infty} a_n x_1^n$ 绝对收敛, 矛盾. 结论得证.

注 10.3.1 若级数 $\sum\limits_{n=0}^{\infty} a_n x^n$ 在某一点 $x = a\,(a \neq 0)$ 处收敛, 则它在对称区间 $(-|a|, |a|)$ 内收敛. 若级数 $\sum\limits_{n=0}^{\infty} a_n x^n$ 在某一点 $x = a\,(a \neq 0)$ 处发散, 则它在 $(-\infty, -|a|) \cup (|a|, +\infty)$ 内发散. 如图 10.3.2 所示.

推论 10.3.1 设 $R = \sup\left\{x \left| \sum\limits_{n=0}^{\infty} a_n x^n \text{收敛}\right.\right\}$, 则 $\sum\limits_{n=0}^{\infty} a_n x^n$ 在 $(-R, R)$ 上收敛, 在 $(-\infty, -R) \cup (R, +\infty)$ 上发散.

定义 10.3.1 推论 10.3.1 中的 R 称为 $\sum\limits_{n=0}^{\infty} a_n x^n$ 的收敛半径,$(-R, R)$ 称为收敛区间. 如果进一步考虑端点 $-R$ 和 R 处的收敛性, 则称为收敛域.

注 10.3.2 对于一般幂级数 $\sum\limits_{n=0}^{\infty} a_n (x-a)^n$, 只需讨论 $\sum\limits_{n=0}^{\infty} a_n y^n$ 的收敛半径R, $\sum\limits_{n=0}^{\infty} a_n (x-a)^n$ 的收敛区间为 $(a-R, a+R)$. 如图 10.3.3 所示.

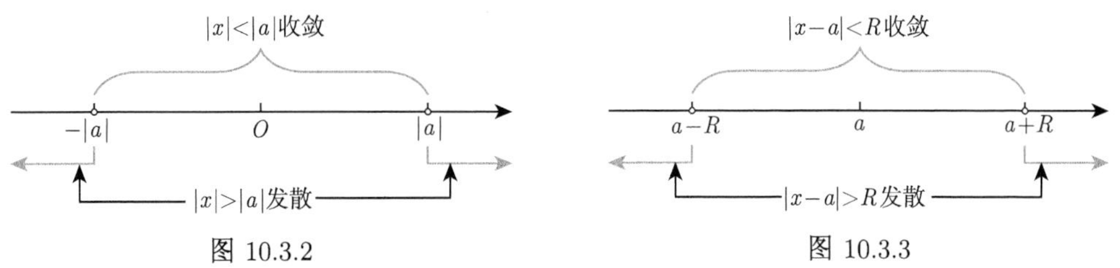

图 10.3.2　　　　图 10.3.3

定理 10.3.2 (柯西–阿达马 (Cauchy-Hadamard) 定理) 对幂级数 $\sum\limits_{n=0}^{\infty} a_n x^n$, 设

$$R = \frac{1}{\lim\limits_{n\to\infty} \sup \sqrt[n]{|a_n|}}$$

则有下面结论:

(1) 当 $R = 0$ 时, 级数仅在 $x = 0$ 收敛;

(2) 当 $R = +\infty$ 时, 级数在整个数轴上都绝对收敛;

(3) 当 $0 < R < +\infty$ 时, 级数在 $(-R, R)$ 内绝对收敛, 在 $[-R, R]$ 以外发散.

定理 10.3.3 若 $R = \dfrac{1}{\lim\limits_{n\to\infty} \left|\dfrac{a_{n+1}}{a_n}\right|}$, 则有同定理 10.3.2 相同的结论.

例 10.3.1 求幂级数的收敛半径和收敛域: (1) $\sum\limits_{n=1}^{\infty} n x^n$; (2) $\sum\limits_{n=1}^{\infty} \dfrac{x^n}{n!}$; (3) $\sum\limits_{n=1}^{\infty} n^n x^n$.

解 (1) 由 $\lim\limits_{n\to\infty}\sqrt[n]{n}=1$ 得 $R=1$, 级数 $\sum\limits_{n=1}^{\infty}nx^n$ 在 $x=\pm1$ 发散, 所以该级数的收敛域为 $(-1,1)$.

(2) 由于 $\lim\limits_{n\to\infty}\left|\dfrac{a_n}{a_{n+1}}\right|=+\infty$, 则 $R=+\infty$, 该级数的收敛域为 $(-\infty,+\infty)$.

(3) 由于 $\lim\limits_{n\to\infty}\sqrt[n]{n^n}=+\infty$, 则 $R=0$, 该级数仅在 $x=0$ 处收敛.

例 10.3.2 求幂级数 $\sum\limits_{n=0}^{\infty}\dfrac{x^n}{a^{\sqrt{n}}}\ (a>0)$ 的收敛区间和收敛域.

解 $\lim\limits_{n\to\infty}\left|\dfrac{\dfrac{1}{a^{\sqrt{n+1}}}}{\dfrac{1}{a^{\sqrt{n}}}}\right|=\lim\limits_{n\to\infty}a^{\sqrt{n}-\sqrt{n+1}}=1$, 故收敛半径 $R=1$, 收敛区间为 $(-1,1)$.

当 $x=1$ 时, 对于级数 $\sum\limits_{n=0}^{\infty}\dfrac{1}{a^{\sqrt{n}}}$, 当 $0<a\leqslant1$ 时, $\lim\limits_{n\to\infty}\dfrac{1}{a^{\sqrt{n}}}\neq0$, 级数发散. 当 $a>1$ 时,

$$\lim_{n\to\infty}n\left(\frac{\dfrac{1}{a^{\sqrt{n}}}}{\dfrac{1}{a^{\sqrt{n+1}}}}-1\right)=\lim_{n\to\infty}\left(\frac{a^{\sqrt{n+1}-\sqrt{n}}-1}{\sqrt{n+1}-\sqrt{n}}\right)\frac{n}{\sqrt{n+1}+\sqrt{n}}=+\infty$$

由拉贝判别方法知级数收敛.

当 $x=-1$ 时, 原级数为 $\sum\limits_{n=0}^{\infty}\dfrac{(-1)^n}{a^{\sqrt{n}}}$, 当 $a>1$ 时, 级数收敛, $0<a\leqslant1$ 时级数发散.

综上讨论得到: 当 $a>1$ 时, 收敛域为 $[-1,1]$, 当 $0<a\leqslant1$ 时, 收敛域为 $(-1,1)$.

例 10.3.3 求幂级数 $\sum\limits_{n=0}^{\infty}\dfrac{3^n+(-2)^n}{n}(x+1)^n$ 的收敛区间和收敛域.

解 由于

$$\begin{aligned}\lim_{n\to\infty}\frac{\dfrac{3^{n+1}+(-2)^{n+1}}{n+1}}{\dfrac{3^n+(-2)^n}{n}}&=\lim_{n\to\infty}\frac{3^{n+1}+(-2)^{n+1}}{3^n+(-2)^n}\lim_{n\to\infty}\frac{n}{n+1}\\&=\lim_{n\to\infty}\frac{3+3\,(-2/3)^{n+1}}{1+(-2/3)^n}\lim_{n\to\infty}\frac{n}{n+1}=3\end{aligned}$$

因此 $R=\dfrac{1}{3}$. 由 $3\,|x+1|<1$, 解得收敛区间为 $\left(-\dfrac{4}{3},-\dfrac{2}{3}\right)$.

当 $x=-\dfrac{4}{3}$ 时, $\sum\limits_{n=1}^{\infty}\dfrac{3^n+(-2)^n}{n}(x+1)^n=\sum\limits_{n=1}^{\infty}\dfrac{(-1)^n+\left(\dfrac{2}{3}\right)^n}{n}$ 收敛.

当 $x=-\dfrac{2}{3}$ 时, $\sum\limits_{n=0}^{\infty}\dfrac{3^n+(-2)^n}{n}(x+1)^n=\sum\limits_{n=0}^{\infty}\dfrac{1+\left(\dfrac{2}{3}\right)^n}{n}$ 发散.

因此该级数的收敛域为 $\left[-\dfrac{4}{3},-\dfrac{2}{3}\right)$.

习题 10.3.1 幂级数的收敛域

1. 求下列幂级数的收敛区间和收敛域.

(1) $\sum\limits_{n=1}^{\infty}\left(1+\dfrac{1}{n}\right)^{n^2}x^n$;　　(2) $\sum\limits_{n=1}^{\infty}\left(1+\dfrac{1}{2}+\cdots+\dfrac{1}{n}\right)x^n$;

(3) $\sum\limits_{n=1}^{\infty}\left(\dfrac{1\cdot 3\cdot 5\cdots(2n-1)}{2\cdot 4\cdot 6\cdots 2n}\right)^p\left(\dfrac{x-1}{2}\right)^n$;　　(4) $\sum\limits_{n=1}^{\infty}\dfrac{(2n)!!}{(2n+1)!!}x^n$.

2. 求下列广义幂级数的收敛点集, 这里广义幂级数定义为 $\sum\limits_{n=0}^{\infty}a_n(g(x))^n, g(x)$ 为一元函数.

(1) $\sum\limits_{n=0}^{\infty}\dfrac{1}{2n+1}\left(\dfrac{1-x}{1+x}\right)^n$;　　(2) $\sum\limits_{n=1}^{\infty}\left(1+\dfrac{1}{n}\right)^{-n^2}\mathrm{e}^{-nx}$;

(3) $\sum\limits_{n=1}^{\infty}\dfrac{(-1)^n}{n\cdot\sqrt[n]{n}}\left(\dfrac{x}{2x+1}\right)^n$.

10.3.2 幂级数和函数的性质

下面讨论幂级数和函数的分析性质: 连续性、可导性及可积性.

定理 10.3.4 设 $\sum\limits_{n=0}^{\infty}a_nx^n$ 的收敛半径为 R, 则对任意 $0<r<R, \sum\limits_{n=0}^{\infty}a_nx^n$ 在 $[-r,r]$ 上一致收敛, 即该级数在 $(-R,R)$ 上内闭一致收敛.

证明 任意 $x\in[-r,r]$, 有 $|a_nx^n|\leqslant|a_nr^n|$, 而 $\sum\limits_{n=0}^{\infty}a_nr^n$ 绝对收敛, 根据魏尔斯特拉斯判别法, 结论得证.

定理 10.3.5 (逐项可导定理) 设 $\sum\limits_{n=0}^{\infty}a_nx^n$ 的收敛半径为 R, 和函数为 $S(x)$, 则

(1) $S(x)$ 在 $(-R,R)$ 内连续;

(2) $S^{(k)}(x)=\sum\limits_{n=k}^{\infty}n(n-1)(n-2)\cdots(n-k+1)a_nx^{n-k}, \forall x\in(-R,R), k\in\mathbf{N}^*$.

证明 由于 $\lim\limits_{n\to\infty}\left|\dfrac{na_n}{(n+1)a_{n+1}}\right|=\lim\limits_{n\to\infty}\left|\dfrac{a_n}{a_{n+1}}\right|=R$, 因此 $\sum\limits_{n=0}^{\infty}a_nx^n$ 与 $\sum\limits_{n=1}^{\infty}na_nx^{n-1}$ 有相同的收敛半径 R, 任取 $[a,b]\subset(-R,R)$, 则 $\sum\limits_{n=0}^{\infty}a_nx^n$ 与 $\sum\limits_{n=1}^{\infty}na_nx^{n-1}$ 在 $[a,b]$ 上一致收敛, 因此根据函数项级数逐项可导定理, 当 $x\in[a,b]$ 时, $S'(x)=\sum\limits_{n=1}^{\infty}na_nx^{n-1}$. 由区间 $[a,b]$ 的任意性, $S'(x)=\sum\limits_{n=1}^{\infty}na_nx^{n-1}, \forall x\in(-R,R)$.

类似可以证明,

$$S^{(k)}(x)=\sum_{n=k}^{\infty}n(n-1)(n-2)\cdots(n-k+1)a_nx^{n-k},\quad \forall x\in(-R,R), k\in\mathbf{N}^*$$

结论得证. 应用定理 10.3.4 可以证明下面定理.

定理 10.3.6 (逐项积分定理) 设级数 $\sum\limits_{n=0}^{\infty}a_nx^n$ 的收敛半径为 $R\neq 0$, 则

$$\forall x\in(-R,R), \int_0^x\sum_{n=0}^{\infty}a_nt^n\mathrm{d}t=\sum_{n=0}^{\infty}\int_0^x a_nt^n\mathrm{d}t=\sum_{n=0}^{\infty}\frac{a_nx^{n+1}}{n+1}$$

注 10.3.3 由定理 10.3.5 和定理 10.3.6, 幂级数逐项可导和积分后, 新的幂级数收敛半径没有变化, 在收敛区间端点的敛散性可能有变化.

定理 10.3.7 (阿贝尔连续性定理) 设 $\sum\limits_{n=0}^{\infty} a_n x^n$ 的收敛半径为 R, 其和函数为 $S(x)$, 则

(1) 若该级数在 $x=R$ 时收敛, 则和函数 $S(x)$ 在 $x=R$ 左连续, 即

$$\lim_{x\to R-} S(x) = \lim_{x\to R-}\sum_{n=0}^{\infty} a_n x^n = \sum_{n=0}^{\infty} a_n R^n = S(R)$$

(2) 若该级数在 $x=-R$ 时收敛, 则和函数 $S(x)$ 在 $x=-R$ 右连续, 即

$$\lim_{x\to(-R)+} S(x) = \lim_{x\to(-R)+}\sum_{n=0}^{\infty} a_n x^n = \sum_{n=0}^{\infty} a_n (-R)^n = S(-R)$$

证明 (1) 由 $\sum\limits_{n=0}^{\infty} a_n x^n = \sum\limits_{n=0}^{\infty} a_n R^n \left(\dfrac{x}{R}\right)^n$, 因为 $\sum\limits_{n=0}^{\infty} a_n R^n$ 收敛, $\left\{\left(\dfrac{x}{R}\right)^n\right\}$ 在 $[0,R]$ 上单调且一致有界, 根据阿贝尔判别法, $\sum\limits_{n=0}^{\infty} a_n x^n$ 在 $[0,R]$ 上一致收敛. 所以 $S(x)$ 在 $x=R$ 左连续, 即

$$\lim_{x\to R-} S(x) = \lim_{x\to R-}\sum_{n=0}^{\infty} a_n x^n = \sum_{n=0}^{\infty} a_n R^n = S(R)$$

同理可以证明 (2). 结论得证.

根据等比数列求和公式, 可以得到几个常用的幂级数和函数公式:

$$\begin{aligned}
\frac{1}{1+x} &= 1 - x + x^2 + \cdots + (-1)^n x^n + \cdots, \quad |x|<1\\
\frac{1}{1-x} &= 1 + x + x^2 + \cdots + x^n + \cdots, \quad |x|<1\\
\frac{1}{1+x^2} &= 1 - x^2 + x^4 + \cdots + (-1)^n x^{2n} + \cdots, \quad |x|<1\\
\frac{1}{1-x^2} &= 1 + x^2 + x^4 + \cdots + x^{2n} + \cdots, \quad |x|<1
\end{aligned} \tag{10.3.1}$$

例 10.3.4 求级数 $\sum\limits_{n=1}^{\infty} nx^n$ 的和函数.

解 幂级数 $\sum\limits_{n=1}^{\infty} nx^n = S(x)$ 的收敛域为 $|x|<1$. 由于

$$\sum_{n=1}^{\infty} nx^n = x\sum_{n=1}^{\infty} nx^{n-1} = x\sum_{n=1}^{\infty} (x^n)' = x\left(\sum_{n=1}^{\infty} x^n\right)' = x\left(\frac{x}{1-x}\right)', \quad |x|<1$$

所以 $S(x) = x\left(\dfrac{1}{1-x}\right)^2, |x|<1$.

定义 10.3.2 若 $f(x) = \sum\limits_{n=0}^{\infty} a_n (x-x_0)^n$, $x\in(x_0-R, x_0+R)$, 称 $f(x)$ 可展开为幂级数.

例 10.3.5 将函数 $\ln(1+x)$ 和 $\arctan x$ 展开成幂级数.

解 因为

$$(\ln(1+x))' = \frac{1}{1+x} = \sum_{n=0}^{\infty} (-1)^n x^n, \quad |x| < 1$$

进一步, 由幂级数逐项积分定理得到

$$\ln(1+x) = \sum_{n=0}^{\infty} (-1)^n \int_0^x t^n \mathrm{d}t = \sum_{n=0}^{\infty} (-1)^n \frac{x^{n+1}}{n+1} = \sum_{n=1}^{\infty} (-1)^{n-1} \frac{x^n}{n}, \quad |x| < 1$$

而 $\sum\limits_{n=1}^{\infty} (-1)^{n-1} \frac{x^n}{n}$ 在 $x=1$ 处收敛, 根据阿贝尔连续性定理,

$$\ln(1+x) = \sum_{n=1}^{\infty} (-1)^{n-1} \frac{x^n}{n}, \quad -1 < x \leqslant 1$$

同理可证: $\ln(1-x) = -\sum\limits_{n=1}^{\infty} \frac{x^n}{n}, -1 \leqslant x < 1$.

用类似讨论问题的方法可得

$$\arctan x = \sum_{n=0}^{\infty} (-1)^n \frac{x^{2n+1}}{2n+1}, \quad |x| \leqslant 1$$

例 10.3.6 求 $\sum\limits_{n=1}^{\infty} \frac{x^n}{n(n+1)}$ 的和函数.

解 幂级数 $\sum\limits_{n=1}^{\infty} \frac{x^n}{n(n+1)}$ 的收敛域为 $[-1,1]$, 进一步

$$S(x) = \sum_{n=1}^{\infty} \frac{x^n}{n(n+1)} = \sum_{n=1}^{\infty} x^n \left(\frac{1}{n} - \frac{1}{n+1}\right) = \sum_{n=1}^{\infty} \frac{x^n}{n} - \sum_{n=1}^{\infty} \frac{x^n}{n+1}, \quad |x| \leqslant 1$$

利用

$$\ln(1-x) = -\sum_{n=1}^{\infty} \frac{x^n}{n}, \quad -1 \leqslant x < 1$$

得

$$S(x) = \sum_{n=1}^{\infty} \frac{x^n}{n(n+1)} = 1 + \frac{1-x}{x} \ln(1-x), \quad \forall x \in [-1,1), x \neq 0$$

又因为 $\lim\limits_{x \to 1-} S(x) = \lim\limits_{x \to 1-} \left[1 + \frac{1-x}{x} \ln(1-x)\right] = 1$, 根据阿贝尔连续性定理有 $S(1) = 1$. 所以

$$S(x) = \begin{cases} 1 + \dfrac{1-x}{x} \ln(1-x), & x \in [-1,0) \cup (0,1) \\ 0, & x = 0 \\ 1, & x = 1 \end{cases}$$

例 10.3.7 求 $\sum\limits_{n=1}^{\infty} \frac{(-1)^{n-1} x^{2n+1}}{(2n)^2 - 1}$ 的和函数.

解 设 $S(x)=\sum\limits_{n=1}^{\infty}\dfrac{(-1)^{n-1}x^{2n+1}}{(2n)^2-1}$, 则 $S(x)$ 收敛域为 $[-1,1]$, 由例 10.3.5,

$$\arctan x=\sum_{n=0}^{\infty}(-1)^n\frac{x^{2n+1}}{2n+1},\quad |x|\leqslant 1$$

进一步, 根据幂级数逐项求导和积分定理,

$$S'(x)=\sum_{n=1}^{\infty}\frac{(-1)^{n-1}x^{2n}}{2n-1}=x\sum_{n=1}^{\infty}\frac{(-1)^{n-1}x^{2n-1}}{2n-1}=x\arctan x,\quad \forall x\in(-1,1)$$

$$S(x)=\int_0^x t\arctan t\mathrm{d}t=\frac{x^2}{2}\arctan x+\frac{1}{2}(\arctan x-x),\quad \forall x\in(-1,1)$$

根据阿贝尔连续性定理得到

$$S(x)=\frac{x^2}{2}\arctan x+\frac{1}{2}(\arctan x-x),\quad \forall x\in[-1,1]$$

习题 10.3.2 幂级数和函数的性质

1. 求下列级数的和函数:

(1) $\sum\limits_{n=0}^{\infty}\dfrac{x^{2n+1}}{2n+1}$; (2) $\sum\limits_{n=0}^{\infty}(-1)^{n-1}\dfrac{x^{2n+1}}{2n+1}$.

2. 证明下面结论在 $x\in(-1,1)$ 上成立.

(1) $\sum\limits_{n=0}^{\infty}(n+1)(n+2)x^n=\dfrac{2}{(1-x)^3}$; (2) $\sum\limits_{n=1}^{\infty}n^3x^n=\dfrac{x+4x^2+x^3}{(1-x)^4}$;

(3) $\sum\limits_{n=0}^{\infty}\dfrac{1}{3!}(n+1)(n+2)(n+3)x^n=\dfrac{1}{(1-x)^4}$.

10.3.3 泰勒级数

如果 $f(x)=\sum\limits_{n=0}^{\infty}a_n(x-x_0)^n, x\in(x_0-R,x_0+R)$, 根据幂级数逐项求导定理, 可得幂级数系数为 $a_n=\dfrac{f^{(n)}(x_0)}{n!}, n=0,1,\cdots$, 为此引入下面定义:

定义 10.3.3 若 $f(x)=\sum\limits_{n=0}^{\infty}a_n(x-x_0)^n, x\in(x_0-R,x_0+R)$, 则

(1) 称 $\sum\limits_{n=0}^{\infty}a_n(x-x_0)^n$ 为 $f(x)$ 在 (x_0-R,x_0+R) 上的泰勒级数;

(2) 当 $x_0=0$ 时, 称 $\sum\limits_{n=0}^{\infty}a_nx^n$ 为 $f(x)$ 的麦克劳林级数.

由泰勒展开定理, 若 $f(x)$ 在 $U(x_0;\delta)$ 内 $n+1$ 阶可导, 则 $f(x)$ 的泰勒展开为

$$f(x)=\sum_{k=0}^{n}\frac{f^{(k)}(x_0)}{k!}(x-x_0)^k+R_n(x),\quad R_n(x)=\frac{f^{(n+1)}(\xi)}{(n+1)!}(x-x_0)^{n+1}$$

其中 ξ 介于 x 与 x_0 之间.

接下来分析, 若 $f(x)$ 在 x_0 的某邻域内无穷次可微, $f(x)=\sum\limits_{k=0}^{\infty}\dfrac{f^{(k)}(x_0)}{k!}(x-x_0)^k$ 是否成立.

定理 10.3.8 若 $f(x)$ 在 (x_0-R,x_0+R) 内任意可导, 则

$$f(x)=\sum_{n=0}^{\infty}\frac{f^{(n)}(x)}{n!}(x-x_0)^n,\quad x\in(x_0-R,x_0+R)$$

成立的充分必要条件是

$$\forall x\in(x_0-R,x_0+R):\lim_{n\to\infty}R_n(x)=\lim_{n\to\infty}\frac{f^{(n+1)}(\xi)}{(n+1)!}(x-x_0)^{n+1}=0$$

证明 由泰勒公式

$$f(x)-\sum_{k=0}^{n}\frac{f^{(k)}(x_0)}{k!}(x-x_0)^k=R_n(x)=\frac{f^{(n+1)}(\xi)}{(n+1)!}(x-x_0)^{n+1}$$

则 $\lim\limits_{n\to\infty}R_n(x)=0\Rightarrow f(x)=\sum\limits_{k=0}^{\infty}\dfrac{f^{(k)}(x_0)}{k!}(x-x_0)^k, x\in(x_0-R,x_0+R)$. 反之亦然. 结论得证.

在定理 10.3.8 的基础上, 进一步可以得到函数展成幂级数的充分条件.

定理 10.3.9 设 $f(x)$ 在 (x_0-R,x_0+R) 内有任意阶导数, 若函数序列 $\{f^{(n)}(x)\}$ 一致有界, 即

$$\exists M>0,\forall n\in\mathbf{N}^*,\forall x\in(x_0-R,x_0+R):\left|f^{(n)}(x)\right|\leqslant M$$

则 $f(x)$ 在 (x_0-R,x_0+R) 内能展开成泰勒级数.

证明 因为

$$|R_n(x)|=\left|\frac{f^{(n+1)}(\xi)}{(n+1)!}(x-x_0)^{n+1}\right|\leqslant\frac{M}{(n+1)!}R^{n+1}$$

对于级数 $\sum\limits_{n=0}^{\infty}\dfrac{M}{(n+1)!}R^{n+1}$, 由于

$$\lim_{n\to\infty}\frac{\dfrac{M}{(n+1)!}R^{n+1}}{\dfrac{M}{(n)!}R^n}=0$$

因此级数收敛, 所以 $\lim\limits_{n\to\infty}\dfrac{M}{(n+1)!}R^{n+1}=0$, 即 $\lim\limits_{n\to\infty}R_n(x)=0$. 根据定理 10.3.8, 结论得证.

几个常用函数的泰勒级数展开如下:

(1) $\mathrm{e}^x=\sum\limits_{n=0}^{\infty}\dfrac{x^n}{n!}, x\in(-\infty,+\infty)$;

(2) $\sin x=\sum\limits_{n=0}^{\infty}\dfrac{(-1)^n x^{2n+1}}{(2n+1)!}, x\in(-\infty,+\infty)$;

(3) $\cos x=\sum\limits_{n=0}^{\infty}\dfrac{(-1)^n x^{2n}}{(2n)!}, x\in(-\infty,+\infty)$;

(4) $\ln(1+x)=\sum\limits_{n=1}^{\infty}\dfrac{(-1)^{n-1}x^n}{n}, x\in(-1,1], \ln(1-x)=-\sum\limits_{n=1}^{\infty}\dfrac{x^n}{n}, x\in[-1,1)$;

(5) $\arctan x=\sum\limits_{n=0}^{\infty}\dfrac{(-1)^n x^{2n+1}}{2n+1}, x\in[-1,1]$;

(6) $\arcsin x=x+\sum\limits_{k=1}^{\infty}\dfrac{(2k-1)!!}{(2k+1)(2k)!!}x^{2k+1}, x\in[-1,1]$;

(7) $(1+x)^{\lambda}=\sum\limits_{n=0}^{\infty}\mathrm{C}_{\lambda}^{n}x^n$, 当 $\begin{cases}\lambda\leqslant -1, & x\in(-1,1),\\ -1<\lambda<0, & x\in(-1,1],\\ \lambda\geqslant 0, & x\in[-1,1];\end{cases}$

(8) $\dfrac{1}{1+x}=\sum\limits_{k=0}^{\infty}(-1)^k x^k, x\in(-1,1); \dfrac{1}{1-x}=\sum\limits_{k=0}^{\infty}x^k, x\in(-1,1)$;

(9) $\dfrac{1}{1+x^2}=\sum\limits_{k=0}^{\infty}(-1)^k x^{2k}, x\in(-1,1); \dfrac{1}{1-x^2}=\sum\limits_{k=0}^{\infty}x^{2k}, x\in(-1,1)$;

(10) $\sqrt{1+x}=1+\dfrac{1}{2}x+\sum\limits_{k=2}^{\infty}(-1)^{k-1}\dfrac{(2k-3)!!}{(2k)!!}x^k, x\in[-1,1]$;

(11) $\dfrac{1}{\sqrt{1+x}}=1+\sum\limits_{k=1}^{\infty}\dfrac{(-1)^k(2k-1)!!}{(2k)!!}x^k, x\in(-1,1]$;

(12) $\dfrac{1}{\sqrt{1-x}}=1+\sum\limits_{k=1}^{\infty}\dfrac{(2k-1)!!}{(2k)!!}x^k, x\in[-1,1)$;

(13) $\dfrac{1}{\sqrt{1-x^2}}=1+\sum\limits_{k=1}^{\infty}\dfrac{(2k-1)!!}{(2k)!!}x^{2k}, x\in(-1,1)$.

我们选择一部分加以证明, 其余留给读者.

证明 (1) $\mathrm{e}^x=\sum\limits_{n=0}^{\infty}\dfrac{x^n}{n!}, x\in(-\infty,+\infty)$. 由泰勒公式,

$$\mathrm{e}^x=\sum_{k=0}^{n}\frac{x^k}{k!}+\frac{\mathrm{e}^{\theta x}}{(n+1)!}x^{n+1},\quad 0<\theta<1, x\in(-\infty,+\infty)$$

$\forall x\in\mathbf{R}: \exists M>0, x\in(-M,M): |R_n(x)|\leqslant\dfrac{\mathrm{e}^M}{(n+1)!}M^{n+1}$, 由于级数 $\sum\limits_{n=1}^{\infty}\dfrac{\mathrm{e}^M}{(n+1)!}M^{n+1}$ 收敛, 所以有 $\lim\limits_{n\to\infty}\dfrac{\mathrm{e}^M}{(n+1)!}M^{n+1}=0$, 即 $x\in(-M,M)$, $\mathrm{e}^x=\sum\limits_{n=0}^{\infty}\dfrac{x^n}{n!}$, 根据 x 的任意性, (1) 成立.

(2) $\sin x=\sum\limits_{n=0}^{\infty}\dfrac{(-1)^n x^{2n+1}}{(2n+1)!}, \forall x\in(-\infty,+\infty)$. 由泰勒公式,

$$\sin x=\sum_{k=0}^{n-1}\frac{(-1)^k x^{2k+1}}{(2k+1)!}+(-1)^n\frac{\cos\theta x}{(2n+1)!}x^{2n+1},\quad 0<\theta<1, x\in(-\infty,+\infty)$$

所以

$$\left|R_{2n}(x)\right| \leqslant \left|(-1)^n \frac{\cos\theta x}{(2n+1)!} x^{2n+1}\right| \leqslant \left|\frac{x^{2n+1}}{(2n+1)!}\right|$$

因为级数 $\sum\limits_{n=0}^{\infty} \dfrac{x^{2n+1}}{(2n+1)!}$ 的收敛半径 $R=+\infty$, 所以 $\lim\limits_{n\to\infty}\left|\dfrac{x^{2n+1}}{(2n+1)!}\right|=0, \forall x\in(-\infty,+\infty)$. 因此 (2) 成立.

类似可以得到 $\cos x=\sum\limits_{n=0}^{\infty}\dfrac{(-1)^n x^{2n}}{(2n)!}, \forall x\in(-\infty,+\infty)$.

(6) $\arcsin x = x+\sum\limits_{k=1}^{\infty}\dfrac{(2k-1)!!}{(2k+1)(2k)!!}x^{2k+1}, x\in[-1,1]$.

由于

$$\frac{1}{\sqrt{1-x^2}}=1+\sum_{k=1}^{\infty}\frac{(2k-1)!!}{(2k)!!}x^{2k},\quad x\in(-1,1)$$

由幂级数逐项积分定理

$$f(x)=\arcsin x=\int_0^x\frac{\mathrm{d}t}{\sqrt{1-t^2}}=x+\sum_{k=1}^{\infty}\frac{(2k-1)!!}{(2k+1)(2k)!!}x^{2k+1},\quad |x|<1$$

由正项级数的拉贝判别法可知 $x+\sum\limits_{k=1}^{\infty}\dfrac{(2k-1)!!}{(2k+1)(2k)!!}x^{2k+1}$ 在 $x=\pm1$ 收敛. 根据阿贝尔连续性定理有

$$\arcsin x=x+\sum_{k=1}^{\infty}\frac{(2k-1)!!}{(2k+1)(2k)!!}x^{2k+1},\quad |x|\leqslant 1$$

结论得证.

例 10.3.8 求函数的麦克劳林级数: $f(x)=\dfrac{1}{(1-x)(2-x)}$.

解 利用

$$\frac{1}{1-x}=1+x+x^2+\cdots+x^n+\cdots,\quad |x|<1$$

得到

$$f(x)=\frac{1}{1-x}-\frac{1}{2}\frac{1}{\left(1-\frac{x}{2}\right)}=\sum_{n=0}^{\infty}x^n-\frac{1}{2}\sum_{n=0}^{\infty}\left(\frac{x}{2}\right)^n=\sum_{n=0}^{\infty}\left(1-\frac{1}{2^{n+1}}\right)x^n,\quad |x|<1$$

例 10.3.9 求函数 $\displaystyle\int_0^x\frac{\sin t}{t}\mathrm{d}t$ 在 $x=0$ 处的幂级数展开式.

解 由于

$$\sin t=\sum_{n=0}^{\infty}\frac{(-1)^n t^{2n+1}}{(2n+1)!},\quad t\in(-\infty,+\infty)$$

因此

$$\frac{\sin t}{t}=\sum_{n=0}^{\infty}\frac{(-1)^n t^{2n}}{(2n+1)!},\quad t\in(-\infty,+\infty)$$

于是由幂级数逐项积分定理得

$$\int_0^x \frac{\sin t}{t}\mathrm{d}t=\int_0^x\sum_{n=0}^{\infty}\frac{(-1)^n t^{2n}}{(2n+1)!}\mathrm{d}t=\sum_{n=0}^{\infty}\int_0^x\frac{(-1)^n t^{2n}}{(2n+1)!}\mathrm{d}t$$
$$=\sum_{n=0}^{\infty}\frac{(-1)^n x^{2n+1}}{(2n+1)(2n+1)!},\quad x\in(-\infty,+\infty)$$

例 10.3.10 求函数 $\ln\left(x+\sqrt{1+x^2}\right)$ 在 $x=0$ 处的幂级数展开式.

解 设 $f(x)=\ln\left(x+\sqrt{1+x^2}\right)$, 则 $f'(x)=\dfrac{1}{\sqrt{1+x^2}}$, 而

$$\frac{1}{\sqrt{1+x^2}}=1+\sum_{n=1}^{\infty}(-1)^n\frac{(2n-1)!!}{(2n)!!}x^{2n},\quad x\in[-1,1]$$

所以由幂级数逐项积分定理得

$$f(x)=\int_0^x\frac{1}{\sqrt{1+t^2}}\mathrm{d}t+f(0)=x+\sum_{n=1}^{\infty}(-1)^n\frac{(2n-1)!!}{(2n)!!}\frac{1}{2n+1}x^{2n+1},\quad x\in(-1,1)$$

且在 $x=\pm1$ 时级数收敛, 故根据阿贝尔连续性定理得

$$\ln\left(x+\sqrt{1+x^2}\right)=x+\sum_{n=1}^{\infty}(-1)^n\frac{(2n-1)!!}{(2n)!!}\frac{x^{2n+1}}{2n+1},\quad x\in[-1,1]$$

例 10.3.11 求 $\sum\limits_{n=0}^{\infty}\dfrac{x^{2n}}{(2n)!}$ 的和函数.

解 级数的收敛区间为 $(-\infty,+\infty)$. 由于

$$\mathrm{e}^x=\sum_{n=0}^{\infty}\frac{x^n}{n!},\quad \mathrm{e}^{-x}=\sum_{n=0}^{\infty}(-1)^n\frac{x^n}{n!}$$

因此得到

$$\frac{\mathrm{e}^x+\mathrm{e}^{-x}}{2}=\sum_{n=0}^{\infty}\frac{x^{2n}}{(2n)!},\quad x\in(-\infty,+\infty)$$

例 10.3.12 求数项级数 $\sum\limits_{n=1}^{\infty}\dfrac{n^2}{n!}$ 的和.

解 由于

$$\mathrm{e}^x=\sum_{n=0}^{\infty}\frac{x^n}{n!},\quad x\in(-\infty,+\infty)$$

逐项求导得

$$\mathrm{e}^x=\sum_{n=1}^{\infty}\frac{n}{n!}x^{n-1}=\frac{1}{x}\sum_{n=1}^{\infty}\frac{n}{n!}x^n$$

所以 $x\mathrm{e}^x=\sum\limits_{n=1}^{\infty}\dfrac{n}{n!}x^n$. 再逐项求导得 $\mathrm{e}^x+x\mathrm{e}^x=\sum\limits_{n=1}^{\infty}\dfrac{n^2}{n!}x^{n-1}$. 令 $x=1\Rightarrow\sum\limits_{n=1}^{\infty}\dfrac{n^2}{n!}$=2e.

例 10.3.13 求数项级数 $\sum\limits_{n=0}^{\infty}(-1)^n\dfrac{n+1}{(2n+1)!}$ 的和.

解 由于 $\sin x=\sum\limits_{n=0}^{\infty}\dfrac{(-1)^n x^{2n+1}}{(2n+1)!},\forall x\in(-\infty,+\infty)$, 所以

$$x\sin x=\sum_{n=0}^{\infty}\frac{(-1)^n x^{2n+2}}{(2n+1)!},\quad \forall x\in(-\infty,+\infty)$$

逐项求导得到

$$\sin x+x\cos x=\sum_{n=0}^{\infty}(-1)^n\frac{2n+2}{(2n+1)!}x^{2n+1},\quad \forall x\in(-\infty,+\infty)$$

令 $x=1$, 得 $S=\dfrac{1}{2}(\cos 1+\sin 1)$.

注 10.3.4 函数幂级数展开方法总结: ①直接方法; ②求导或求积分转化为已知的幂级数, 再利用幂级数的逐项求导和积分求出原函数的幂级数, 在此基础上, 进一步讨论收敛区间端点对应的 $x=\pm R$ 处的敛散性.

幂级数求和方法总结: ①利用幂级数的逐项求导和求积分转化为已知函数的幂级数, 进一步求相应的逆运算; ②分析收敛区间端点 $x=\pm R$ 处的敛散性, 进一步分析求解所求级数和函数的表达式.

习题 10.3.3 泰勒级数

1. 求下列函数的幂级数展开式.

(1) e^{x^2};　　(2) $\ln\sqrt{\dfrac{1+x}{1-x}}$;

(3) $\dfrac{x}{(1-x)(1-x^2)}$;　　(4) $x\arctan x-\ln\sqrt{1+x^2}$;

(5) $\arctan\dfrac{2x}{1-x^2}$;　　(6) $\ln\left(\sqrt{1+x^2}-x\right)$;

(7) $\displaystyle\int_0^x\cos t^2\mathrm{d}t$;　　(8) $\dfrac{1}{1-3x+2x^2}$.

2. 设曲线 $x^{\frac{1}{n}}+y^{\frac{1}{n}}=1\ (n>1)$ 在第一象限与坐标轴围成的面积为 $I(n)$, 证明:

(1) $I(n)=2n\displaystyle\int_0^1(1-t^2)^n t^{2n-1}\mathrm{d}t$;　　(2) $\sum\limits_{n=1}^{\infty}I(n)<4$.

3. 求下列幂级数的和函数.

(1) $\sum\limits_{n=1}^{\infty}\dfrac{(-1)^{n-1}}{n(n+2)}x^{n-1}$;　　(2) $1+\sum\limits_{n=1}^{\infty}\dfrac{x^{2n}}{(2n)!}$;

(3) $\sum\limits_{n=1}^{\infty}\dfrac{(n+1)x^n}{n!}$;　　(4) $\sum\limits_{n=0}^{\infty}\dfrac{(n^2+1)x^n}{2^n n!}\ (0!=1)$.

4. 求下面数项级数的和.

(1) $\sum\limits_{n=1}^{\infty}\dfrac{n}{(n+1)!}$;　　(2) $\sum\limits_{n=0}^{\infty}\dfrac{(-1)^n}{3n+1}$;

(3) $\sum\limits_{n=1}^{\infty}(-1)^n\dfrac{(2n-1)!!}{(2n)!!}$;　　(4) $\sum\limits_{n=0}^{\infty}(-1)^n\dfrac{2^{n+1}}{n!}$;

(5) $\sum\limits_{n=1}^{\infty}\frac{n(n+2)}{4^{n+1}}$;

(6) $\sum\limits_{n=0}^{\infty}(-1)^n\frac{1}{3^n(2n+1)}$;

(7) $\sum\limits_{n=2}^{\infty}\frac{(-1)^n}{2^n(n^2-1)}$.

这里$0!=1,(-1)!!=0!!=1$.

5. 设函数 $f(x)=\sum\limits_{n=1}^{\infty}\frac{x^n}{n^2}$ 定义在 $[0,1]$ 上, 证明在 $(0,1)$ 上满足方程:

$$f(x)+f(1-x)+(\ln x)(\ln(1-x))=f(1)$$

6. 设函数 $f(x)=\sum\limits_{n=1}^{\infty}\frac{x^n}{n^2\ln(1+n)}$, 证明:

(1) $f(x)$在$[-1,1]$上连续; (2) $f'_+(-1)$存在; (3) $f'_-(1)$不存在.

10.3.4 泰勒级数的应用

例 10.3.14 (近似计算) (1) 求 $\int \mathrm{e}^{-x^2}\mathrm{d}x$ 的幂级数展开;(2) 计算定积分 $\int_0^1 \mathrm{e}^{-x^2}\mathrm{d}x$, 要求误差不超过 0.001.

解 (1) 由于

$$\mathrm{e}^{-x^2}=\sum_{n=0}^{\infty}\frac{\left(-x^2\right)^n}{n!}=1-\frac{x^2}{1!}+\frac{x^4}{2!}-\frac{x^6}{3!}+\cdots,\quad x\in(-\infty,+\infty)$$

所以

$$\int \mathrm{e}^{-x^2}\mathrm{d}x=\int\sum_{n=0}^{\infty}\frac{\left(-x^2\right)^n}{n!}\mathrm{d}x=\int\left(1-\frac{x^2}{1!}+\frac{x^4}{2!}-\frac{x^6}{3!}+\cdots\right)\mathrm{d}x=\sum_{n=0}^{\infty}\frac{(-1)^n x^{2n+1}}{(2n+1)\,n!}+C$$

(2) 由 (1) 的结论, $\int_0^1 \mathrm{e}^{-x^2}\mathrm{d}x=\int_0^1\sum\limits_{n=0}^{\infty}\frac{\left(-x^2\right)^n}{n!}\mathrm{d}x=\sum\limits_{n=0}^{\infty}\frac{(-1)^n}{(2n+1)\,n!}$, 所以

$$\int_0^1 \mathrm{e}^{-x^2}\mathrm{d}x\approx\sum_{n=0}^{k}\frac{(-1)^n}{(2n+1)\,n!}=S_k$$

下面确定 k 的值, 确保逼近精度. 记 $S=\sum\limits_{n=0}^{\infty}(-1)^n a_n, S_k=\sum\limits_{n=0}^{k}(-1)^n a_n$, 则

$$|S-S_k|=\left|\sum_{n=k+1}^{\infty}(-1)^n a_n\right|=|a_{k+1}-(a_{k+2}-a_{k+3})-(a_{k+4}-a_{k+5})-\cdots|<a_{k+1}$$

所以要使 $|S-S_k|<0.001$, 只需 $a_{k+1}<0.001$ 即可, 由 $\frac{1}{(2k+3)(k+1)!}<0.001$ 解得 $k\geqslant 4$. 所以

$$\int_0^1 \mathrm{e}^{-x^2}\mathrm{d}x\approx\sum_{n=0}^{4}\frac{(-1)^n}{(2n+1)\,n!}=1-\frac{1}{3}+\frac{1}{10}-\frac{1}{42}+\frac{1}{216}\approx 0.6475$$

注 10.3.5 不定积分 $\int \mathrm{e}^{-x^2}\mathrm{d}x$ 不是初等函数, 其不定积分用幂级数表示.

例 10.3.15 (物理应用) 爱因斯坦 (Einstein) 的狭义相对论中, 以速度 v 运动的物体的总质量为

$$m = \frac{m_0}{\sqrt{1 - \dfrac{v^2}{c^2}}}$$

其中 m_0 为物体静止时的质量, c 为光速. 物体的动能是物体的总能量与静止时能量的差值

$$E = mc^2 - m_0c^2$$

证明当速度 v 与光速 c 相比很小时, E 的表达式满足经典的牛顿物理方程: $E = \dfrac{1}{2}m_0v^2$.

证明

$$E = mc^2 - m_0c^2 = \frac{m_0c^2}{\sqrt{1 - \dfrac{v^2}{c^2}}} - m_0c^2 = m_0c^2\left[\left(1 - \frac{v^2}{c^2}\right)^{-\frac{1}{2}} - 1\right]$$

由于

$$\frac{1}{\sqrt{1+x}} = 1 + \sum_{k=1}^{\infty}\frac{(-1)^k(2k-1)!!}{(2k)!!}x^k = 1 - \frac{1}{2}x + \frac{3}{8}x^2 - \frac{5}{16}x^3 + \cdots, \quad x \in (-1, 1]$$

所以

$$E = m_0c^2\left(\frac{1}{2}\left(\frac{v}{c}\right)^2 + \frac{3}{8}\left(\frac{v}{c}\right)^4 + \frac{5}{16}\left(\frac{v}{c}\right)^6 + \cdots\right) \approx \frac{1}{2}m_0c^2\left(\frac{v}{c}\right)^2 - \frac{1}{2}m_0v^2$$

因此得到 $E \approx \dfrac{1}{2}m_0c^2\left(\dfrac{v}{c}\right)^2 = \dfrac{1}{2}m_0v^2$.

例 10.3.16 (光学应用) 如图 10.3.4 所示, 从电源 S 发出的波遇到中心位于 C 的半径为 R 的球面, 光线 SA 向 P 点折射. 根据光学原理, 光线选择时间最短的路线, 海切 (Heche) 得到的方程为

$$\frac{n_1}{l_0} + \frac{n_2}{l_1} = \frac{1}{R}\left(\frac{n_2s_1}{l_1} - \frac{n_1s_0}{l_0}\right) \tag{10.3.2}$$

其中 n_1 和 n_2 为折射率, l_0, l_1, s_0 和 s_1 分别为图中所示距离. 在 $\triangle ACS$ 和 $\triangle ACP$ 内应用余弦定理, 有

$$\begin{aligned} l_0 &= \sqrt{R^2 + (s_0+R)^2 - 2R(s_0+R)\cos\varphi} \\ l_1 &= \sqrt{R^2 + (s_1-R)^2 - 2R(s_1-R)\cos\varphi} \end{aligned} \tag{10.3.3}$$

由于 (10.3.2) 式计算麻烦, 高斯在 1841 年应用 $\cos\varphi \approx 1$ 将其简化, 实际上是用一次泰勒多项式逼近, 得到下面的简化公式:

$$\frac{n_1}{s_0} + \frac{n_2}{s_1} = \frac{n_2 - n_1}{R} \tag{10.3.4}$$

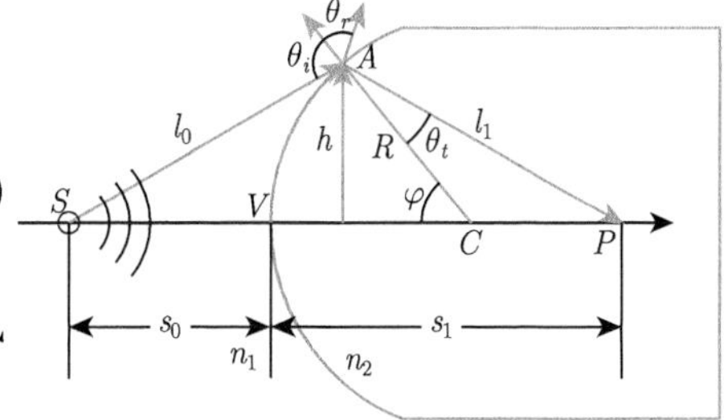

图 10.3.4

(10.3.4) 式得到了光学定律, 这个结论是设计透镜的基础理论方法.

如果使用三次泰勒多项式逼近 $\cos\varphi$, 得到下面的结论:

$$\frac{n_1}{s_0}+\frac{n_2}{s_1}=\frac{n_2-n_1}{R}+h^2\left[\frac{n_1}{2s_0}\left(\frac{n_1}{s_0}+\frac{1}{R}\right)+\frac{n_2}{2s_1}\left(\frac{1}{R}-\frac{1}{s_1}\right)^2\right] \tag{10.3.5}$$

(10.3.5) 式称为三次光学定律.

习题 10.3.4 泰勒级数的应用

1. 利用幂级数展开计算下列积分, 要求精度准确到 10^{-10}.

(1) $\displaystyle\int_1^3 \mathrm{e}^{-\frac{1}{x}}\mathrm{d}x$; (2) $\displaystyle\int_0^1 \cos x^2\mathrm{d}x$; (3) $\displaystyle\int_0^1 \frac{\sin x}{x}\mathrm{d}x$.

10.3.5 幂级数综合例题

有关幂级数的题目主要有以下几种类型: ①幂级数的收敛域; ②函数的泰勒级数展开; ③求幂级数的和函数.

例 10.3.17 求幂级数 $\sum\limits_{n=1}^{\infty}\dfrac{(x-1)^{2n}}{n-3^{2n}}$ 的收敛半径和收敛域.

解 (1) 先求收敛半径.

方法一: 设 $u_n(x)=\dfrac{(x-1)^{2n}}{n-3^{2n}}$, 则

$$\lim_{n\to\infty}\left|\frac{u_{n+1}(x)}{u_n(x)}\right|=\lim_{n\to\infty}\left|\frac{\dfrac{(x-1)^{2n+2}}{n+1-3^{2n+2}}}{\dfrac{(x-1)^{2n}}{n-3^{2n}}}\right|=(x-1)^2\lim_{n\to\infty}\left|\frac{n-3^{2n}}{n+1-3^{2n+2}}\right|$$

$$=(x-1)^2\lim_{n\to\infty}\left|\frac{\dfrac{n}{3^{2n}}-1}{\dfrac{n+1}{3^{2n}}-3^2}\right|=\frac{1}{9}(x-1)^2\Leftarrow\boxed{\text{利用}\ \lim_{n\to\infty}\frac{n}{9^n}=\lim_{x\to+\infty}\frac{x}{9^x}=0}$$

幂级数收敛半径为 $R=3$, 进一步得到结论:

$(x-1)^2<9\Rightarrow x\in(-2,4)$ 时, 级数 $\sum\limits_{n=1}^{\infty}u_n(x)$ 收敛;

$(x-1)^2>9\Rightarrow x>4$ 或 $x<-2$ 时, 级数 $\sum\limits_{n=1}^{\infty}u_n(x)$ 发散.

方法二: 设 $z=(1-x)^2$, 则 $\sum\limits_{n=1}^{\infty}\dfrac{(x-1)^{2n}}{n-3^{2n}}=\sum\limits_{n=1}^{\infty}\dfrac{z^n}{n-3^{2n}}$. 由于

$$R=\frac{1}{\rho}=\lim_{n\to\infty}\sqrt[n]{|n-3^{2n}|}=9\left(\lim_{n\to\infty}\sqrt[n]{1-\frac{n}{3^{2n}}}\right)=9\left(\lim_{n\to\infty}\mathrm{e}^{\frac{1}{n}\ln\left(1-\frac{n}{3^{2n}}\right)}\right)=9\mathrm{e}^{\lim\limits_{n\to\infty}\frac{-1}{3^{2n}}}=9$$

故 $(x-1)^2<9\Rightarrow x\in(-2,4)$ 时, 级数 $\sum\limits_{n=1}^{\infty}u_n(x)$ 收敛, $(x-1)^2>9\Rightarrow x>4$ 或 $x<-2$ 时, 级数 $\sum\limits_{n=1}^{\infty}u_n(x)$ 发散, 即幂级数收敛半径为 $R=3$.

(2) 下面求收敛域. 当 $x=-2, x=4$ 时, 相应的级数都是 $\sum\limits_{n=1}^{\infty}\dfrac{3^{2n}}{n-3^{2n}}$, 而 $\lim\limits_{n\to\infty}\dfrac{3^{2n}}{n-3^{2n}}=-1$, 故级数发散, 所以幂级数的收敛域为 $(-2,4)$.

例 10.3.18 求 $\sum\limits_{n=1}^{\infty}\dfrac{1}{x^n}\sin\dfrac{\pi}{2^n}$ 的收敛域.

解 由于 $\lim\limits_{n\to\infty}\left|\dfrac{\dfrac{1}{x^{n+1}}\sin\dfrac{\pi}{2^{n+1}}}{\dfrac{1}{x^n}\sin\dfrac{\pi}{2^n}}\right|=\dfrac{1}{2}\left|\dfrac{1}{x}\right|$, 所以得到结论:

(1) $\left|\dfrac{1}{x}\right|<2\Rightarrow|x|>\dfrac{1}{2}$ 时, 级数收敛;

(2) $\left|\dfrac{1}{x}\right|>2\Rightarrow|x|<\dfrac{1}{2}$ 时, 级数发散.

当 $|x|=\dfrac{1}{2}$, $\lim\limits_{n\to\infty}\left|\dfrac{1}{x^n}\sin\dfrac{\pi}{2^n}\right|=\pi$, 级数发散. 故级数收敛域为 $\left(-\infty,-\dfrac{1}{2}\right)\cup\left(\dfrac{1}{2},+\infty\right)$.

例 10.3.19 求 $\sum\limits_{n=1}^{\infty}\dfrac{3^{3n}(n!)^3}{(3n)!}(\tan x)^n$ 的收敛域.

解 令 $u_n(x)=\dfrac{3^{3n}(n!)^3}{(3n)!}(\tan x)^n$, 则

$$\lim_{n\to\infty}\left|\frac{u_{n+1}(x)}{u_n(x)}\right|=\lim_{n\to\infty}\left|\frac{9(n+1)^2}{(3n+1)(3n+2)}\right||\tan x|=|\tan x|$$

于是

(1) $|\tan x|<1\Rightarrow|x-k\pi|<\dfrac{\pi}{4}\,(k\in\mathbf{N}^*)$ 时, 级数绝对收敛;

(2) $|\tan x|>1\Rightarrow|x-k\pi|>\dfrac{\pi}{4}\,(k\in\mathbf{N}^*)$ 时, 级数发散;

(3) $|\tan x|=1\Rightarrow|x-k\pi|=\dfrac{\pi}{4}$, 得级数 $\sum\limits_{n=1}^{\infty}\left|\dfrac{(-1)^n3^{3n}(n!)^3}{(3n)!}\right|$. 设 $a_n=\dfrac{3^{3n}(n!)^3}{(3n)!}$, 则

$$\frac{a_{n+1}}{a_n}=\frac{9(n+1)^2}{(3n+1)(3n+2)}>1$$

$\{a_n\}$ 单调递增, $\lim\limits_{n\to\infty}a_n\neq0$, 级数发散. 所以收敛域为 $|x-k\pi|<\dfrac{\pi}{4}\,(k\in\mathbf{N}^*)$.

例 10.3.20 求 $f(x)=\arctan\dfrac{2-2x}{1+4x}$ 在 $x=0$ 点的幂级数展开.

解 由 $f'(x)=\left(\arctan\dfrac{2-2x}{1+4x}\right)'=-\dfrac{2}{1+4x^2}$, 利用 $\dfrac{1}{1+x^2}=\sum\limits_{k=0}^{\infty}(-1)^kx^{2k}, x\in(-1,1)$

得

$$
\begin{aligned}
f(x) &= -2\int_0^x \frac{1}{1+4t^2}\mathrm{d}t + \arctan 2 = -2\int_0^x \sum_{n=1}^{\infty}(-1)^{n-1}\left(4t^2\right)^{n-1}\mathrm{d}t + \arctan 2 \\
&= \arctan 2 + \sum_{n=1}^{\infty}(-1)^n \frac{2^{2n-1}}{2n-1}x^{2n-1} \quad \left(|x| < \frac{1}{2}\right)
\end{aligned}
$$

当 $|x| = \frac{1}{2}$ 时, $\sum\limits_{n=1}^{\infty}(-1)^n \frac{2^{2n-1}}{2n-1}x^{2n-1}$ 收敛, 由 $f(x)$ 连续性, 利用阿贝尔连续性定理, 得到

$$
f(x) = \arctan 2 + \sum_{n=1}^{\infty}(-1)^n \frac{2^{2n-1}}{2n-1}x^{2n-1} \quad \left(|x| \leqslant \frac{1}{2}\right)
$$

例 10.3.21 求 $f(x) = \arccos\left(1-2x^2\right)$ 在 $x=0$ 点的幂级数.

解 由 $f'(x) = \left(\arccos\left(1-2x^2\right)\right)' = \dfrac{2\operatorname{sgn}(x)}{\sqrt{1-x^2}}$, 利用

$$
\frac{1}{\sqrt{1-x^2}} = 1 + \sum_{k=1}^{\infty}\frac{(2k-1)!!}{(2k)!!}x^{2k}, \quad x \in (-1,1)
$$

得

$$
\begin{aligned}
f(x) &= 2\operatorname{sgn} x\int_0^x \frac{1}{\sqrt{1-t^2}}\mathrm{d}t = 2\operatorname{sgn} x\int_0^x \left(1 + \sum_{n=1}^{\infty}\frac{(2n-1)!!}{(2n)!!}t^{2n}\right)\mathrm{d}t \\
&= 2\operatorname{sgn} x\left(x + \sum_{n=1}^{\infty}\frac{(2n-1)!!}{(2n)!!}\frac{x^{2n+1}}{2n+1}\right) \quad (|x|<1) \\
&= 2|x|\left(1 + \sum_{n=1}^{\infty}\frac{(2n-1)!!}{(2n)!!}\frac{x^{2n}}{2n+1}\right) \quad (|x|<1)
\end{aligned}
$$

当 $|x|=1$ 时, 得级数 $\sum\limits_{n=1}^{\infty}\frac{(2n-1)!!}{(2n)!!}\frac{1}{2n+1}$. 由于 $\lim\limits_{n\to\infty} n\left(\frac{a_n}{a_{n+1}}-1\right) = \lim\limits_{n\to\infty}\frac{6n^2+5n}{(2n+1)^2} = \frac{3}{2} > 1$, 根据拉贝判别法, 级数收敛. 由 $f(x)$ 的连续性, 进一步根据阿贝尔连续性定理得

$$
f(x) = 2|x|\left(1 + \sum_{n=1}^{\infty}\frac{(2n-1)!!}{(2n)!!}\frac{x^{2n}}{2n+1}\right), \quad |x| \leqslant 1
$$

例 10.3.22 求 $f(x) = \begin{cases} \arctan\dfrac{2x}{2-x^2}, & x \neq \pm\sqrt{2}, \\ \dfrac{\pi}{2}, & x = \sqrt{2}, \\ -\dfrac{\pi}{2}, & x = -\sqrt{2} \end{cases}$ 在 $x=0$ 处的幂级数展开式.

解 由于

$$f'(x)=\frac{1}{1+\left(\frac{x^2}{2}\right)^2}\left(1+\frac{x^2}{2}\right)=\left(1+\frac{x^2}{2}\right)\sum_{n=0}^{\infty}(-1)^n\left(\frac{x^2}{2}\right)^{2n}$$
$$=1+\frac{x^2}{2}-\left(\frac{x^2}{2}\right)^2-\left(\frac{x^2}{2}\right)^3+\left(\frac{x^2}{2}\right)^4+\left(\frac{x^2}{2}\right)^5-\cdots$$
$$=\sum_{n=0}^{\infty}\frac{(-1)^{\left[\frac{n}{2}\right]}}{2^n}x^{2n},\quad x\in\left(-\sqrt{2},\sqrt{2}\right)$$

逐项积分得

$$f(x)=\int_0^x\sum_{n=0}^{\infty}\frac{(-1)^{\left[\frac{n}{2}\right]}}{2^n}t^{2n}\mathrm{d}t+f(0)=\sum_{n=0}^{\infty}\frac{(-1)^{\left[\frac{n}{2}\right]}}{2^n(2n+1)}x^{2n+1},\quad x\in\left(-\sqrt{2},\sqrt{2}\right)$$

当 $x=\sqrt{2}$ 时,

$$\sum_{n=0}^{\infty}(-1)^{\left[\frac{n}{2}\right]}\frac{\left(\sqrt{2}\right)^{2n+1}}{2^n(2n+1)}=\sqrt{2}\sum_{n=0}^{\infty}(-1)^{\left[\frac{n}{2}\right]}\frac{1}{2n+1}=\sqrt{2}\sum_{n=0}^{\infty}(-1)^n\left(\frac{1}{4n+1}+\frac{1}{4n+3}\right)$$
$$=\sqrt{2}\sum_{n=0}^{\infty}(-1)^n\frac{1}{4n+1}+\sqrt{2}\sum_{n=0}^{\infty}(-1)^n\frac{1}{4n+3}$$

所以幂级数在 $x=\sqrt{2}$ 处收敛. 同理可证该幂级数在 $x=-\sqrt{2}$ 处也收敛, 从而收敛域为 $\left[-\sqrt{2},\sqrt{2}\right]$. 因为 $f(x)$ 在 $x=\pm\sqrt{2}$ 处连续, 根据阿贝尔连续性定理, 展开式在 $x=\pm\sqrt{2}$ 处也成立, 于是求得

$$f(x)=\sum_{n=0}^{\infty}\frac{(-1)^{\left[\frac{n}{2}\right]}}{2^n(2n+1)}x^{2n+1},\quad x\in\left[-\sqrt{2},\sqrt{2}\right]$$

注 10.3.6 例题方法总结: ①幂级数收敛域: 将幂级数自变量视为参数, 利用正项级数收敛判定定理求出收敛区间, 在此基础上利用阿贝尔连续性定理讨论收敛区间端点的敛散性, 进一步求出收敛域. ②求函数的幂级数展开: 通过逐项求导和积分将所求幂级数转化为已知幂级数, 利用阿贝尔连续性定理分析收敛区间端点的敛散性.

例 10.3.23 求数项级数 $\sum\limits_{n=0}^{\infty}\frac{(-1)^n}{4n+1}$ 的和.

解 考察幂级数 $\sum\limits_{n=0}^{\infty}(-1)^n\frac{1}{4n+1}x^{4n+1}$. 幂级数的收敛域为 $[-1,1]$. 令

$$f(x)=\sum_{n=0}^{\infty}(-1)^n\frac{1}{4n+1}x^{4n+1},\quad x\in[-1,1]$$

则 $f(x)$ 在 $[-1,1]$ 上连续. 又

$$f'(x)=\sum_{n=0}^{\infty}(-1)^n x^{4n}=\frac{1}{1+x^4},\quad x\in(-1,1)$$

故

$$f(x)=\int_0^x \frac{\mathrm{d}t}{1+t^4}+f(0)=\int_0^x \frac{1}{1+t^4}\mathrm{d}t, \quad x\in(-1,1)$$

由幂级数的阿贝尔连续性定理,

$$f(1)=\sum_{n=0}^{\infty}(-1)^n\frac{1}{4n+1}=\int_0^1\frac{1}{1+t^4}\mathrm{d}t=\frac{\pi}{4\sqrt{2}}+\frac{1}{2\sqrt{2}}\ln\left(1+\sqrt{2}\right)$$

例 10.3.24 求幂级数 $\sum\limits_{n=0}^{\infty}(n+1)^2x^n$ 的和函数.

解 幂级数 $\sum\limits_{n=0}^{\infty}(n+1)^2x^n=S(x)$ 的收敛区域为 $|x|<1$. 于是当 $|x|<1$ 时

$$\begin{aligned}S(x)&=\sum_{n=0}^{\infty}(n+1)^2x^n=\sum_{n=0}^{\infty}\left[(n+1)x^{n+1}\right]'=\left[\sum_{n=0}^{\infty}(n+1)x^{n+1}\right]'\\&=\left[x\sum_{n=0}^{\infty}\left(x^{n+1}\right)'\right]'=\left[x\left(\frac{x}{1-x}\right)'\right]'\end{aligned}$$

即 $S(x)=\dfrac{1+x}{(1-x)^3}, |x|<1$.

例 10.3.25 求幂级数 $\sum\limits_{n=2}^{\infty}(-1)^{n-1}\dfrac{x^n}{n^2-1}$ 的和函数.

解 因为 $\rho=\lim\limits_{n\to\infty}\left|\dfrac{a_{n+1}}{a_n}\right|=\lim\limits_{n\to\infty}\dfrac{n^2-1}{(n+1)^2-1}=1$, 故幂级数的收敛半径 $R=1$. 当 $x=\pm1$ 时, 相应的级数 $\sum\limits_{n=2}^{\infty}(-1)^{n-1}\dfrac{1}{n^2-1}$ 与 $\sum\limits_{n=2}^{\infty}\dfrac{1}{n^2-1}$ 收敛, 即幂级数的收敛域为 $[-1,1]$.

设 $f(x)=\sum\limits_{n=2}^{\infty}(-1)^{n-1}\dfrac{x^n}{n^2-1}, x\in(-1,1)$, 则

$$f(x)=\frac{1}{x}\sum_{n=2}^{\infty}(-1)^{n-1}\frac{x^{n+1}}{n^2-1}=\frac{1}{x}g(x), \quad x\in(-1,1), x\neq0,$$

其中 $g(x)=\sum\limits_{n=2}^{\infty}(-1)^{n-1}\dfrac{x^{n+1}}{n^2-1}$, $x\in(-1,1)$, 逐项求导得

$$\begin{aligned}g'(x)&=\sum_{n=2}^{\infty}(-1)^{n-1}\frac{x^n}{n-1}=-x\sum_{n=2}^{\infty}(-1)^{n-2}\frac{x^{n-1}}{n-1}\\&=-x\sum_{n=1}^{\infty}(-1)^{n-1}\frac{x^n}{n}=-x\ln(1+x), \quad x\in(-1,1)\end{aligned}$$

于是

$$\begin{aligned}g(x)&=g(0)+\int_0^x g'(t)\mathrm{d}t=-\int_0^x t\ln(1+t)\mathrm{d}t\\&=-\frac{x^2}{2}\ln(1+x)+\frac{1}{2}\ln(1+x)+\frac{x^2}{4}-\frac{x}{2}, \quad x\in(-1,1)\end{aligned}$$

所以

$$f(x)=\frac{1}{x}g(x)=-\frac{x}{2}\ln(1+x)+\frac{1}{2x}\ln(1+x)+\frac{x}{4}-\frac{1}{2},\quad x\in(-1,1)\text{且}x\neq 0$$

因为幂级数在 $x=\pm 1$ 处收敛,

$$\lim_{x\to 0}\left(-\frac{x}{2}\ln(1+x)+\frac{1}{2x}\ln(1+x)+\frac{x}{4}-\frac{1}{2}\right)=0$$

$$\lim_{x\to(-1)+}\left(-\frac{x}{2}\ln(1+x)+\frac{1}{2x}\ln(1+x)+\frac{x}{4}-\frac{1}{2}\right)=-\frac{3}{4}$$

根据阿贝尔连续性定理, 得

$$f(x)=\begin{cases}-\dfrac{x}{2}\ln(1+x)+\dfrac{1}{2x}\ln(1+x)+\dfrac{x}{4}-\dfrac{1}{2}, & x\in(-1,1]\text{且}x\neq 0\\ 0, & x=0\\ -\dfrac{3}{4}, & x=-1\end{cases}$$

例 10.3.26 求幂级数 $\sum\limits_{n=1}^{\infty}\dfrac{x^n}{n(n+1)}$ 的和函数.

解 因为 $\rho=\lim\limits_{n\to\infty}\left|\dfrac{a_{n+1}}{a_n}\right|=1$, 故幂级数的收敛半径 $R=1$. 当 $x=\pm 1$ 时, $\sum\limits_{n=1}^{\infty}\dfrac{x^n}{n(n+1)}$ 收敛. 所以幂级数的收敛域为 $[-1,1]$. 设 $f(x)=\sum\limits_{n=1}^{\infty}\dfrac{x^n}{n(n+1)}$, 则

$$f'(x)=\sum_{n=1}^{\infty}\frac{x^{n-1}}{n+1}=\frac{1}{x^2}\sum_{n=1}^{\infty}\frac{x^{n+1}}{n+1},\quad x\in(-1,1)\text{且}x\neq 0$$

所以

$$f'(x)=-\frac{1}{x}+\frac{1}{x^2}[-\ln(1-x)],\quad x\in(-1,1)\text{且}x\neq 0$$

于是有

$$\int f'(x)\mathrm{d}x=\int\left\{-\frac{1}{x}+\frac{1}{x^2}[-\ln(1-x)]\right\}\mathrm{d}x=\frac{1-x}{x}\ln(1-x)+c,\quad x\in(-1,1)\text{且}x\neq 0$$

即

$$f(x)=\frac{1-x}{x}\ln(1-x)+c,\quad x\in(-1,1)\text{且}x\neq 0$$

由于 $f(0)=0$, 得

$$\lim_{x\to 0}\left[\frac{1-x}{x}\ln(1-x)+c\right]=\left[\lim_{x\to 0}\frac{1-x}{x}\ln(1-x)+c\right]=-1+c=0$$

于是

$$f(x)=1+\frac{1-x}{x}\ln(1-x),\quad x\in(-1,1)\text{且}x\neq 0$$

当 $x=1$ 时, 由 $\lim\limits_{x\to 1-}\left(1+\dfrac{1-x}{x}\ln(1-x)\right)=1$, 故

$$f(1)=\sum_{n=1}^{\infty}\frac{1}{n(n+1)}=\sum_{n=1}^{\infty}\left(\frac{1}{n}-\frac{1}{n+1}\right)=1$$

当 $x=-1$ 时,

$$\lim_{x\to(-1)+}\left(1+\frac{1-x}{x}\ln(1-x)\right)=1-2\ln 2$$

根据阿贝尔连续性定理得到结论

$$f(x)=\begin{cases}1+\dfrac{1-x}{x}\ln(1-x), & 0<|x|<1\\ 0, & x=0\\ 1-2\ln 2, & x=-1\\ 1, & x=1\end{cases}$$

☞扫码学习

10.4 综合例题选讲

这节讨论综合例题, 帮助读者巩固这一章的知识.

例 10.4.1 证明下面问题:

(1) $\cos nx+\mathrm{i}\sin nx=(\cos x+\mathrm{i}\sin x)^n$;

(2) $\mathrm{e}^{x\cos\alpha}\cos(x\sin\alpha)=\sum\limits_{n=0}^{\infty}\dfrac{x^n}{n!}\cos n\alpha$; $\mathrm{e}^{x\cos\alpha}\sin(x\sin\alpha)=\sum\limits_{n=0}^{\infty}\dfrac{x^n}{n!}\sin n\alpha$.

证明 (1) 根据欧拉公式

$$\cos nx+\mathrm{i}\sin nx=\mathrm{e}^{\mathrm{i}nx}=\left(\mathrm{e}^{\mathrm{i}x}\right)^n=(\cos x+\mathrm{i}\sin x)^n$$

因此结论 (1) 得证.

(2) 根据 (1) 和指数函数的泰勒级数有

$$\begin{aligned}&\mathrm{e}^{x\cos\alpha}\cos(x\sin\alpha)+\mathrm{i}\mathrm{e}^{x\cos\alpha}\sin(x\sin\alpha)\\ =&\mathrm{e}^{x\cos\alpha+\mathrm{i}x\sin\alpha}\\ =&\sum_{n=0}^{\infty}\frac{x^n}{n!}(\cos\alpha+\mathrm{i}\sin\alpha)^n\\ =&\sum_{n=0}^{\infty}\frac{x^n}{n!}(\cos n\alpha+\mathrm{i}\sin n\alpha)\\ =&\sum_{n=0}^{\infty}\frac{x^n}{n!}(\cos n\alpha)+\mathrm{i}\sum_{n=0}^{\infty}\frac{x^n}{n!}(\sin n\alpha)\end{aligned}$$

比较实部和虚部, 结论得证.

例 10.4.2 证明下列问题:

(1) 设 $f(x)$ 定义在 (a,b) 上, $f_n(x)=\dfrac{[nf(x)]}{n}, n=1,2,3,\cdots$, 证明 $\{f_n(x)\}$ 在 (a,b) 上一致收敛;

(2) 设 $f(x)$ 定义在 (a,b) 上, 具有连续的导函数, $f_n(x)=n\left[f\left(x+\dfrac{1}{n}\right)-f(x)\right]$, 证明 $\{f_n(x)\}$ 在 (a,b) 上内闭一致收敛;

(3) 设 $f(x)$ 在 $(-\infty,+\infty)$ 上连续, $f_n(x)=\sum\limits_{i=0}^{n-1}\frac{1}{n}f\left(x+\frac{i}{n}\right)$, 证明 $\{f_n(x)\}$ 在任何有限闭区间 $[a,b]$ 上一致收敛.

证明 (1) $\forall n\in\mathbf{N}^*:\ |f_n(x)-f(x)|=\left|\frac{[nf(x)]}{n}-f(x)\right|=\frac{1}{n}\left|[nf(x)]-nf(x)\right|\leqslant\frac{1}{n}$

$$\Rightarrow\beta_n=\sup_{x\in(a,b)}|f_n(x)-f(x)|\leqslant\frac{1}{n}\to 0\,(n\to\infty).$$

根据余项定理, 结论得证.

(2) 由于

$$\lim_{n\to\infty}f_n(x)=\lim_{n\to\infty}\frac{\left[f\left(x+\frac{1}{n}\right)-f(x)\right]}{\frac{1}{n}}=f'(x)$$

进一步, 利用微分中值定理

$$\forall[c,d]\subset(a,b):|f_n(x)-f'(x)|=\left|f'\left(x+\frac{\theta}{n}\right)-f'(x)\right|,\quad\forall x\in[c,d],\theta\in(0,1)\tag{10.4.1}$$

因为 $\lim\limits_{n\to\infty}\frac{\theta}{n}=0$, 所以 $\exists[\alpha,\beta]$, 且 $[c,d]\subset[\alpha,\beta]\subset(a,b)$, $\exists N_1\in\mathbf{N}^*,n>N_1$ 时, $x+\frac{\theta}{n}\in[\alpha,\beta]$. 由于 $f'(x)$ 在 $[\alpha,\beta]$ 上一致连续, 所以

$$\forall\varepsilon>0,\exists\delta(\varepsilon)>0,\forall x_1,x_2\in[\alpha,\beta],|x_1-x_2|<\delta:|f'(x_1)-f'(x_2)|<\varepsilon\tag{10.4.2}$$

取 $N=\max\left\{\left[\frac{1}{\delta}\right]+1,N_1\right\},n>N$ 时, $\frac{1}{n}<\delta$, 并且 $\forall x\in[c,d]$ 都有 $x+\frac{\theta}{n}\in[\alpha,\beta]$ 且 $\left|x+\frac{\theta}{n}-x\right|<\frac{1}{n}<\delta$, 从而 $|f_n(x)-f'(x)|=\left|f'\left(x+\frac{\theta}{n}\right)-f'(x)\right|<\varepsilon$.

因此结论 (2) 得证.

(3) 利用黎曼积分定义得 $\lim\limits_{n\to\infty}f_n(x)=\lim\limits_{n\to\infty}\sum\limits_{i=0}^{n-1}\frac{1}{n}f\left(x+\frac{i}{n}\right)=\int_x^{x+1}f(t)\,\mathrm{d}t$, 进一步分析

$$\begin{aligned}&\left|f_n(x)-\int_x^{x+1}f(t)\,\mathrm{d}t\right|\\=&\left|\sum_{i=0}^{n-1}\frac{1}{n}f\left(x+\frac{i}{n}\right)-\sum_{i=0}^{n-1}\int_{x+\frac{i}{n}}^{x+\frac{i+1}{n}}f(t)\,\mathrm{d}t\right|\Leftarrow\boxed{\text{积分中值定理}}\\=&\left|\frac{1}{n}\sum_{i=0}^{n-1}\left[f\left(x+\frac{i}{n}\right)-f\left(x+\frac{\theta_i}{n}\right)\right]\right|\quad(i\leqslant\theta_i\leqslant i+1,i=0,1,\cdots,n-1)\end{aligned}\tag{10.4.3}$$

由于 $f(x)$ 在 $[a,b+1]$ 上连续, 因此一致连续, 所以

$$\forall\varepsilon>0,\exists\delta(\varepsilon)>0,\forall x_1,x_2\in[a,b+1],|x_1-x_2|<\delta:|f(x_1)-f(x_2)|<\varepsilon$$

$$\frac{1}{n}<\delta\Rightarrow n>\frac{1}{\delta},N=\left[\frac{1}{\delta}\right]+1,n>N,\forall x\in[a,b]:\left|f_n(x)-\int_x^{x+1}f(t)\,\mathrm{d}t\right|<\varepsilon$$

因此结论 (3) 得证.

例 10.4.3 证明下面问题:

(1) 设函数序列 $\{f_n(x)\}$ 在 I 上一致收敛于 $f(x)$, 且 $f(x)$ 在 I 上有界, 则 $\{f_n(x)\}$ 至多除了有限项以外一致有界;

(2) 设函数序列 $\{f_n(x)\}$ 在 I 上一致收敛于 $f(x)$, 且对每个 n, $f_n(x)$ 有界, 则 $\{f_n(x)\}$ 一致有界.

证明 (1) 设 $\forall x\in I: |f(x)|\leqslant M$. 由于函数序列 $\{f_n(x)\}$ 在 I 上一致收敛于 $f(x)$, 因此

$$\begin{aligned}&\varepsilon=1,\exists N(\varepsilon)\in\mathbf{N}^*,\forall n>N,\forall x\in I:|f_n(x)-f(x)|<1\\&\Rightarrow\forall n>N:|f_n(x)|<1+|f(x)|\leqslant 1+M\end{aligned}$$

结论 (1) 得证.

(2) 设 $\forall x\in I: |f_n(x)|\leqslant M_n, n=1,2,\cdots$, 根据函数序列 $\{f_n(x)\}$ 在 I 上一致收敛于 $f(x)$, 则有

$$\begin{aligned}&\varepsilon=1,\exists N(\varepsilon)\in\mathbf{N}^*,\forall n>N,\forall x\in I:|f_n(x)-f(x)|<1\\&\Rightarrow\text{(a)}\quad\forall n>N:|f(x)|<1+|f_{N+1}(x)|\leqslant 1+M_{N+1}\\&\Rightarrow\text{(b)}\quad\forall n>N,\forall x\in I:|f_n(x)|<1+|f(x)|<2+M_{N+1}\end{aligned}$$

因此根据上式的 (a) 和 (b) 得到: $\forall n\in\mathbf{N}^*:|f_n(x)|\leqslant\max\{M_1,M_2,\cdots,M_N,2+M_{N+1}\}$, 结论 (2) 得证.

例 10.4.4 设可微函数序列 $\{f_n(x)\}$ 在 $[a,b]$ 上收敛, $\{f_n'(x)\}$ 在 $[a,b]$ 上一致有界, 证明函数序列 $\{f_n(x)\}$ 在 $[a,b]$ 上一致收敛.

证明 设 $\lim\limits_{n\to\infty}f_n(x)=f(x), \exists M>0,\forall n\in\mathbf{N}^*,\forall x\in[a,b]:|f_n'(x)|\leqslant M$. 将 $[a,b]$ 区间 k 等分, 等分点为 $a=x_0<x_1<\cdots<x_k=b$, 使得 $\Delta x_i=x_i-x_{i-1}<\dfrac{\varepsilon}{3M}$. 利用微分中值定理, 进一步分析.

$\forall x\in[a,b],\exists i_0$使$x\in[x_{i_0-1},x_{i_0}],\forall n,p\in\mathbf{N}^*,\exists\theta_1,\theta_2\in(0,1):$

$$\begin{aligned}|f_n(x)-f_{n+p}(x)|&\leqslant|f_n(x)-f_n(x_{i_0})|+|f_n(x_{i_0})-f_{n+p}(x_{i_0})|+|f_{n+p}(x_{i_0})-f_{n+p}(x)|\\&=|f_n'(x_{i_0}+\theta_1(x_{i_0}-x))(x_{i_0}-x)|+|f_n(x_{i_0})-f_{n+p}(x_{i_0})|\\&\quad+\left|f_{n+p}'(x_{i_0}+\theta_2(x_{i_0}-x))(x_{i_0}-x)\right|\\&\leqslant 2M|x_{i_0}-x|+|f_n(x_{i_0})-f_{n+p}(x_{i_0})|\end{aligned}$$

由于 $\lim\limits_{n\to\infty}f_n(x_i)=f(x_i), i=0,1,2,\cdots,k$, 因此

$$\forall\varepsilon>0,\exists N_i(\varepsilon)>0,\forall n>N_i(\varepsilon),\forall p\in\mathbf{N}^*:|f_n(x_i)-f_{n+p}(x_i)|<\varepsilon/3, i=0,1,2,\cdots,k$$

所以有

$$N=\max_{0\leqslant i\leqslant k}\{N_i(\varepsilon)\}>0,\forall n>N,\forall p\in\mathbf{N}^*:|f_n(x_i)-f_{n+p}(x_i)|<\frac{\varepsilon}{3}, i=0,1,2,\cdots,k$$

因此得到

$$|f_n(x)-f_{n+p}(x)|\leqslant 2M|x_{i_0}-x|+|f_n(x_{i_0})-f_{n+p}(x_{i_0})|<\varepsilon$$

结论得证.

例 10.4.5 设函数序列 $\{u_n(x)\}$ 在闭区间 $[a,b]$ 上逐点收敛到函数 $u(x)$, 并且满足

(1) $\{u_n(x)\}$ 在 $[a,b]$ 上连续;

(2) $u(x)$ 在 $[a,b]$ 上连续;

(3) 对任意 $x\in[a,b],\{u_n(x)\}$ 关于 n 是单调数列.

则 $\{u_n(x)\}$ 在 $[a,b]$ 上一致收敛.

证明 采用反证法证明. 如果 $\{u_n(x)\}$ 在 $[a,b]$ 上不一致收敛, 则

$$\exists\varepsilon_0>0,\forall N\in\mathbf{N}^*,\exists n_0>N,\exists x_0\in[a,b]:|u_{n_0}(x_0)-u(x_0)|\geqslant\varepsilon_0 \tag{10.4.4}$$

根据 (10.4.4) 式进一步分析, 得到下面结论:

$$\begin{aligned}\exists\varepsilon_0>0:N=1,&\exists n_1>N,\exists x_1\in[a,b]:|u_{n_1}(x_1)-u(x_1)|\geqslant\varepsilon_0\\ N=n_1,&\exists n_2>n_1,\exists x_2\in[a,b]:|u_{n_2}(x_2)-u(x_2)|\geqslant\varepsilon_0\\ &\cdots\cdots\\ N=n_k,&\exists n_{k+1}>n_k,\exists x_{k+1}\in[a,b]:\left|u_{n_{k+1}}(x_{k+1})-u(x_{k+1})\right|\geqslant\varepsilon_0\end{aligned}$$

因此得到数列 $\{x_k\}\subset[a,b]$, 根据列紧性定理有收敛的子列 $\{x_{n_k}\}\to x^*\in[a,b]$. 根据已知条件 $\lim\limits_{n\to\infty}u_n(x)=u(x)$, 因此对于 (10.4.4) 式的 $\varepsilon_0>0$, 存在充分大的自然数 N_1 满足

$$|u_{N_1}(x^*)-u(x^*)|<\varepsilon_0$$

根据条件 (1) 和 (2), $\{u_n(x)\}$ 和 $u(x)$ 在 $[a,b]$ 上连续, 因此

$$\lim_{k\to\infty}|u_{N_1}(x_{n_k})-u(x_{n_k})|=|u_{N_1}(x^*)-u(x^*)|$$

进一步根据数列极限的保序性

$$\exists K\in\mathbf{N}^*,\forall k>K:|u_{N_1}(x_{n_k})-u(x_{n_k})|<\varepsilon_0$$

利用条件 (3), $\{u_n(x)\}$ 对任意 $x\in[a,b]$ 关于 n 是单调数列, 因此

$$n>N_1,k>K:|u_n(x_{n_k})-u(x_{n_k})|\leqslant|u_{N_1}(x_{n_k})-u(x_{n_k})|<\varepsilon_0$$

由于 $\{n_k\}\to\infty\,(k\to\infty)$, 因此总能找到 $k>K$ 与 $n_k>N_1$ 使得

$$|u_{n_k}(x_{n_k})-u(x_{n_k})|\leqslant|u_{N_1}(x_{n_k})-u(x_{n_k})|<\varepsilon_0$$

这样产生矛盾, 结论得证.

注 10.4.1 利用例 10.4.5 可以得到下面函数项级数相应结论, 证明留给读者完成.

设函数项级数 $\sum\limits_{n=1}^{\infty}u_n(x)$ 在区间 $[a,b]$ 上逐点收敛到 $S(x)$, 并且满足下面条件:

(1) $\{u_n(x)\}$ 在 $[a,b]$ 上连续;

(2) $S(x)$ 在 $[a,b]$ 上连续;

(3) $\forall x\in[a,b],\sum\limits_{n=1}^{\infty}u_n(x)$ 为正项级数或者负项级数.

则函数项级数 $\sum\limits_{n=1}^{\infty}u_n(x)$ 在 $[a,b]$ 上一致收敛.

例 10.4.6 设函数序列 $\{f_n(x)\}$ 在集合 I 上逐点收敛到 $f(x)$, 则 $\{f_n(x)\}$ 在集合 I 上一致收敛的充分必要条件是对任意 $\{x_n\} \subset I$, 成立

$$\lim_{n\to\infty} |f_n(x_n) - f(x_n)| = 0$$

证明 首先证明必要性. 由于 $\{f_n(x)\}$ 在集合 I 上一致收敛, 对于任意 $\{x_n\} \subset I$, 根据余项定理成立

$$\lim_{n\to\infty} |f_n(x_n) - f(x_n)| \leqslant \lim_{n\to\infty} \beta_n = \lim_{n\to\infty} \sup_{x\in I} |f_n(x) - f(x)| = 0$$

然后证明充分性. 设对任意 $\{x_n\} \subset I$, 成立 $\lim\limits_{n\to\infty} |f_n(x_n) - f(x_n)| = 0$. 若 $\{f_n(x)\}$ 在集合 I 上不一致收敛, 则

$$\exists \varepsilon_0 > 0, \forall N \in N^*, \exists n_0 > N, \exists x_{n_0} \in I : |f_{n_0}(x_{n_0}) - f(x_{n_0})| \geqslant \varepsilon_0 \tag{10.4.5}$$

根据 (10.4.5) 式得到

$$\begin{aligned}
\exists \varepsilon_0 > 0, N_1 = 1, \exists n_1 > 1, \exists x_{n_1} \in I &: |f_{n_1}(x_{n_1}) - f(x_{n_1})| \geqslant \varepsilon_0 \\
N_2 = n_1, \exists n_2 > n_1, \exists x_{n_2} \in I &: |f_{n_2}(x_{n_2}) - f(x_{n_2})| \geqslant \varepsilon_0 \\
\cdots\cdots & \\
N_{k+1} = n_k, \exists n_{k+1} > n_k, \exists x_{n_{k+1}} \in I &: \left|f_{n_{k+1}}\left(x_{n_{k+1}}\right) - f\left(x_{n_{k+1}}\right)\right| \geqslant \varepsilon_0 \\
\cdots\cdots &
\end{aligned}$$

因此得到点列 $\{x_{n_k}\} \subset I$, 满足 $\left|f_{n_{k+1}}\left(x_{n_{k+1}}\right) - f\left(x_{n_{k+1}}\right)\right| \geqslant \varepsilon_0$, 使得 $\lim\limits_{n\to\infty} |f_n(x_n) - f(x_n)| \neq 0$, 矛盾, 结论得证.

扫码学习

*10.5 提高课: 伯恩斯坦多项式序列的一致收敛

定义伯恩斯坦 (Bernstein) 多项式序列如下:

$$B_n(f(t), x) = \sum_{k=0}^{n} f\left(\frac{k}{n}\right) \mathrm{C}_n^k x^k (1-x)^{n-k} \tag{10.5.1}$$

这里 $f(t)$ 为定义在区间 $[0,1]$ 上的连续函数, $B_n(f,x)$ 为多项式, 称 $\{B_n(f,x)\}$ 为伯恩斯坦多项式序列.

伯恩斯坦多项式序列 $\{B_n(f,x)\}$ 满足下面性质:

(1) $\forall f, g \in C[0,1], \forall \alpha, \beta \in \mathbf{R} : B_n(\alpha f + \beta g, x) = \alpha B_n(f,x) + \beta B_n(g,x)$

(2) $\forall f, g \in C[0,1], f \geqslant g : B_n(f,x) \geqslant B_n(g,x)$

(3) $B_n(1,x) = \sum\limits_{k=0}^{n} \mathrm{C}_n^k x^k (1-x)^{n-k} = (x+1-x)^n = 1$

(4) $B_n(t,x)=\sum\limits_{k=0}^{n}\dfrac{k}{n}\mathrm{C}_n^k x^k(1-x)^{n-k}=x\sum\limits_{k=1}^{n}\mathrm{C}_{n-1}^{k-1}x^{k-1}(1-x)^{n-k}=x(x+1-x)^{n-1}=x$

(5) $$\begin{aligned}B_n\left(t^2,x\right)&=\sum_{k=0}^{n}\left(\frac{k}{n}\right)^2\mathrm{C}_n^k x^k(1-x)^{n-k}=\sum_{k=1}^{n}\left(\frac{k}{n}\right)\mathrm{C}_{n-1}^{k-1}x^k(1-x)^{n-k}\\&=\sum_{k=2}^{n}\left(\frac{k-1}{n}\right)\mathrm{C}_{n-1}^{k-1}x^k(1-x)^{n-k}+\sum_{k=1}^{n}\left(\frac{1}{n}\right)\mathrm{C}_{n-1}^{k-1}x^k(1-x)^{n-k}\\&=\left(\frac{n-1}{n}x^2\right)\sum_{k=2}^{n}\mathrm{C}_{n-2}^{k-2}x^{k-2}(1-x)^{n-k}+\frac{x}{n}\sum_{k=1}^{n}\mathrm{C}_{n-1}^{k-1}x^{k-1}(1-x)^{n-k}\\&=\frac{n-1}{n}x^2+\frac{x}{n}=x^2+\frac{x-x^2}{n}\end{aligned}$$

(6) 如果 s 为常数, 根据 (1)—(5) 得到

$$\begin{aligned}B_n\left((t-s)^2,x\right)&=B_n\left(t^2,x\right)-2sB_n(t,x)+s^2B_n(1,x)=x^2+\frac{x-x^2}{n}-2sx+s^2\\&=\frac{x-x^2}{n}+(x-s)^2\end{aligned}$$

下面给出伯恩斯坦多项式序列 $\{B_n(f,x)\}$ 的逼近定理.

定理 10.5.1 设 $f(t)$ 是定义在区间 $[0,1]$ 上的连续函数, 则伯恩斯坦多项式序列 $\{B_n(f(t),x)\}$ 在 $[0,1]$ 上一致收敛到函数 $f(x)$.

证明 $f(t)$ 是定义在区间 $[0,1]$ 上的连续函数, 因此一致连续, 即

$$\forall\varepsilon>0,\exists\delta(\varepsilon)>0,\forall s,t\in[0,1],|s-t|<\delta:|f(s)-f(t)|<\frac{\varepsilon}{2}\tag{10.5.2}$$

进一步, 设 $M=\max\limits_{t\in[0,1]}|f(t)|$ 有

$$\forall s,t\in[0,1],|s-t|\geqslant\delta:|f(s)-f(t)|\leqslant 2M\leqslant\frac{2M}{\delta^2}(t-s)^2\tag{10.5.3}$$

当自变量为 t 时, 根据性质 (3), $B_n(f(s),x)=f(s)$, 根据性质 (2)—(5), 对任意 $x,s\in[0,1]$ 成立

$$\begin{aligned}-\frac{\varepsilon}{2}-\frac{2M}{\delta^2}\left[\frac{x-x^2}{n}+(x-s)^2\right]&\leqslant B_n(f(t),x)-f(s)\\&\leqslant\frac{\varepsilon}{2}+\frac{2M}{\delta^2}\left[\frac{x-x^2}{n}+(x-s)^2\right]\end{aligned}\tag{10.5.4}$$

当 $s=x,x(1-x)\leqslant\dfrac{1}{4}$, 由 (10.5.4) 式,

$$|B_n(f(t),x)-f(x)|\leqslant\frac{\varepsilon}{2}+\frac{M}{2n\delta^2}$$

即

$$\exists N=\left[\frac{M}{\varepsilon\delta^2}\right]+1,\forall n>N,\forall x\in[0,1]:\left|\sum_{k=0}^{n}f\left(\frac{k}{n}\right)\mathrm{C}_n^k x^k(1-x)^{n-k}-f(x)\right|<\varepsilon$$

结论得证.

*10.6 探索类问题

探索类问题 1 研究第一型和第二型完全椭圆积分的幂级数展开:

$$F(k)=\int_0^{\frac{\pi}{2}}\frac{\mathrm{d}\varphi}{\sqrt{1-k^2\sin^2\varphi}}\,(0\leqslant k<1),\quad g(k)=\int_0^{\frac{\pi}{2}}\sqrt{1-k^2\sin^2\varphi}\mathrm{d}\varphi\,(0\leqslant k<1)$$

探索类问题 2 研究超越几何级数的收敛域:

$$\begin{aligned}&1+\frac{\alpha\cdot\beta}{1\cdot\gamma}x+\frac{\alpha(\alpha+1)\cdot\beta(\beta+1)}{1\cdot2\cdot\gamma(\gamma+1)}x^2+\cdots\\&+\frac{\alpha(\alpha+1)\cdots(\alpha+n-1)\cdot\beta(\beta+1)\cdots(\beta+n-1)}{1\cdot2\cdots n\cdot\gamma(\gamma+1)\cdots(\gamma+n-1)}x^n+\cdots\end{aligned}$$

探索类问题 3 研究普林斯格级数的收敛域: $\sum\limits_{n=1}^{\infty}\frac{(-1)^{[\sqrt{n}]}}{n}x^n$.

探索类问题 4 研究下面问题.

(1) 设函数 $f(x)$ 在 $[a,b]$ 上可积, $\delta_n=\frac{b-a}{n}, f_{in}=f(a+i\delta_n), i=1,2,\cdots,n$, 证明:

$$\lim_{n\to\infty}\prod_{i=1}^{n}(1+\delta_n f_{in})=\mathrm{e}^{\int_a^b f(x)\mathrm{d}x}$$

(2) 设函数序列 $\{f_n(x)\}$ 在区间 (a,b) 上连续, 且 $|f_n(x)|\leqslant c_n$, $\sum\limits_{n=1}^{\infty}c_n$ 收敛, 证明: 函数 $F(x)=\prod\limits_{n=1}^{\infty}[1+f_n(x)]$ 在 (a,b) 上连续.

探索类问题 5 设函数序列 $\{f_n(x)\}$ 定义在区间 I 上, 研究 $F(x)=\prod\limits_{n=1}^{\infty}(1+f_n(x))$ 可导的充分条件.

探索类问题 6 函数序列 $\{f_n(x)\}$ 定义在区间 I 上, 讨论函数 $F(x)=\prod\limits_{n=1}^{\infty}f_n(x)$ 在 I 上连续性、可微性、可积性的条件.

探索类问题 7 研究复数域内幂级数 $\sum\limits_{n=0}^{\infty}c_n(z-a)^n, z=x+\mathrm{i}y, a=\alpha+\mathrm{i}\beta, c_n=a_n+\mathrm{i}b_n$ 收敛圆的半径.

探索类问题 8 在复数域内 $z=x+\mathrm{i}y$, 求下列幂级数的收敛半径及收敛域.

(1) $\sum\limits_{n=1}^{\infty}\frac{(1+\mathrm{i})^n z^n}{(n+1)(n+2)}$; (2) $\sum\limits_{n=1}^{\infty}\frac{z^n}{n^{\alpha+\mathrm{i}\beta}}$;

(3) $\sum\limits_{n=1}^{\infty}\frac{(z-\mathrm{e}^{\mathrm{i}\alpha})^n}{n(1-\mathrm{e}^{\mathrm{i}\alpha})^n}$.

探索类问题 9 利用公式

$$\sum_{n=1}^{\infty}\frac{z^n}{n}=\ln\left(\frac{1}{1-z}\right),\quad z=\mathrm{e}^{\mathrm{i}\theta},\quad \ln z=\ln\left(|z|\,\mathrm{e}^{\mathrm{i}\arg z}\right)=\ln|z|+\mathrm{i}\arg z$$

研究下面级数的和:

(1) $\sum\limits_{n=1}^{\infty}\dfrac{\sin nx}{n}$;　　(2) $\sum\limits_{n=1}^{\infty}\dfrac{\cos nx}{n}$;

(3) $\sum\limits_{n=1}^{\infty}\dfrac{\cos(2n-1)x}{(2n-1)^2}$;　　(4) $\sum\limits_{n=1}^{\infty}\dfrac{\sin(2n-1)x}{(2n-1)^2}$.

探索类问题 10　利用欧拉公式和函数的幂级数展开证明下面问题:

(1) $\displaystyle\int_0^{+\infty}\mathrm{e}^{-x^2}\sin ax\mathrm{d}x=\frac{1}{2}\sum_{n=0}^{\infty}\frac{(-1)^n n!}{(2n+1)!}a^{2n+1}$;

(2) $\displaystyle\int_0^{2\pi}\mathrm{e}^{\cos x}\cos(\sin x)\cos nx\mathrm{d}x=\frac{\pi}{n!}\,(n=0,1,2,\cdots)$;

(3) $\displaystyle\int_0^{2\pi}\mathrm{e}^{a\cos x}\cos(a\sin x-nx)\,\mathrm{d}x=\frac{2\pi a^n}{n!}\,(n=0,1,2,\cdots)$.

探索类问题 11　设函数序列 $\{f_n(x)\}$ 在 $[a,b]$上可积, 并且 $\{f_n(x)\}$ 在 $[a,b]$ 上一致收敛于 $f(x)$, 则 $f(x)$ 在 $[a,b]$ 上可积, 并且 $\displaystyle\int_a^b f(x)\mathrm{d}x=\int_a^b\lim_{n\to\infty}f_n(x)\mathrm{d}x=\lim_{n\to\infty}\left(\int_a^b f_n(x)\mathrm{d}x\right)$.

探索类问题 12　研究下面问题:

设函数项级数 $\sum\limits_{n=1}^{\infty}a_n(x)b_n(x)$ 满足下面条件:

(a) $\exists M>0,\forall n\in\mathbf{N}^*,\forall x\in[a,b]:\left|\sum\limits_{k=1}^{n}a_k(x)\right|\leqslant M$;

(b) $\sum\limits_{k=1}^{\infty}|b_k(x)-b_{k+1}(x)|$ 在 $[a,b]$ 上一致收敛;

(c) $\{b_n(x)\}$ 在区间 $[a,b]$ 上一致收敛到零.

证明函数项级数 $\sum\limits_{n=1}^{\infty}a_n(x)b_n(x)$ 在区间 $[a,b]$ 上一致收敛. 进一步研究 $\sum\limits_{n=1}^{\infty}(a_n(x)\,b_n(x))$ 一致收敛的判别方法.

探索类问题 13　研究伯恩斯坦多项式, 证明下面问题:

(1) $f(t)=t^3,t\in[0,1]\Rightarrow B_n(f,x)=\left(1-\dfrac{1}{n}\right)\left(1-\dfrac{2}{n}\right)x^2+\dfrac{3}{n}\left(1-\dfrac{1}{n}\right)x^2+\dfrac{1}{n^2}x$;

(2) $f(t),t\in[a,b]\Rightarrow B_n(f,x)=\sum\limits_{k=0}^{n}f\left(a+(b-a)\dfrac{k}{n}\right)\mathrm{C}_n^k\dfrac{(x-a)^k(b-x)^{n-k}}{(b-a)^n}$;

(3) $f(t)=\mathrm{e}^{kt},t\in[a,b]\Rightarrow B_n(f,x)=\mathrm{e}^{ka}\left[1+\left(\mathrm{e}^{\frac{b-a}{n}k}-1\right)\dfrac{x-a}{b-a}\right]^n$.

探索类问题 14　研究下面问题.

在微积分发展的进程中, 数学家们一直猜测连续函数在其定义域中不可导的点是至多可数的. 随着级数的发展, 1872 年, 德国数学家魏尔斯特拉斯构造了处处连续但是处处不可导的例子.

$$f(x)=\sum_{n=0}^{\infty}a^n\cos(b^n\pi x)\left(0<a<1,ab>1+\frac{3}{2}\pi,\quad b\text{ 为奇整数}\right).$$

1930 年荷兰数学家 van der Waerden 构造了如下的反例:

$$f(x)=\sum_{n=0}^{\infty}\frac{\varphi(10^n x)}{10^n}$$

这里 $\varphi(x)$ 表示 x 与最邻近整数之间的距离. 例如 $x=2.35$, 则 $\varphi(2.35)=0.35$. 显然 $\varphi(x)$ 是周期为 1 的函数. 研究上述证明问题的方法.

第 10 章习题答案与提示

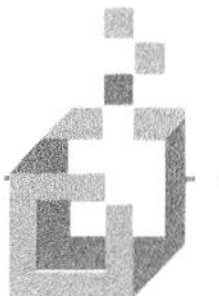

第 11 章 Chapter 11 傅里叶级数与傅里叶变换

对自然界的深入研究是数学发现的最丰富源泉. 法国数学家傅里叶 (Jean Baptiste Joseph Fourier, 1768~1830) 在研究热传导问题时 (发表《热的解析理论》) 首先提出用三角级数表示周期函数, 后来人们称其为傅里叶级数. 傅里叶级数理论在声学、光学、热力学、电学、微分方程等领域都有广泛的应用, 在现代分析学中占有核心地位. 本章讨论的主要内容包括傅里叶级数逐点收敛问题、傅里叶级数平方逼近问题、傅里叶级数的计算、傅里叶变换以及小波变换初步. 本章的最后设置了系列研究探索类问题.

扫码学习

11.1 傅里叶级数

第 10 章系统地讨论了幂级数. 实际上一个幂级数 $\sum\limits_{n=0}^{\infty} a_n x^n$ 是函数系

$$1, x, x^2, \cdots, x^n, \cdots$$

的一个无穷的线性组合. 除了多项式之外, 三角函数是遇到比较多的一类函数. 傅里叶级数就是三角函数系

$$1, \cos x, \sin x, \cos 2x, \sin 2x, \cdots, \cos nx, \sin nx, \cdots$$

的无穷线性组合. 本节讨论周期函数的傅里叶级数展开以及其收敛性质.

11.1.1 傅里叶级数的基本概念

定义 11.1.1 (三角函数系) 称函数组

$$1, \cos x, \sin x, \cos 2x, \sin 2x, \cdots, \cos nx, \sin nx, \cdots$$

为三角函数系.

三角函数系中的函数都是周期函数, 且具有公共的周期 2π. 由三角函数的积化和差公式可以得到

$$\int_{-\pi}^{\pi}\cos mx\cos nx\mathrm{d}x=\begin{cases}0, & m\neq n,\\ \pi, & m=n\neq 0,\quad m,n=0,1,2,\cdots\\ 2\pi, & m=n=0,\end{cases}$$

$$\int_{-\pi}^{\pi}\sin nx\sin mx\mathrm{d}x=\begin{cases}0, & m\neq n,\\ \pi, & m=n,\end{cases}\quad m,n=1,2,\cdots$$

$$\int_{-\pi}^{\pi}\sin nx\cos mx\mathrm{d}x=0,\quad m=0,1,2,\cdots,n=1,2,\cdots$$

接下来引入函数和函数系正交的概念.

定义 11.1.2 (函数的正交) 设函数 $f(x)$ 和 $g(x)$ 在区间 $[a,b]$ 上可积, $\int_a^b f(x)g(x)\mathrm{d}x=0$, 则称 $f(x)$, $g(x)$ 在 $[a,b]$ 上是正交的.

定义 11.1.3 (正交函数系) 设函数系 $\{f_n(x)\}$ 在 $[a,b]$ 上可积, 且

$$\int_a^b f_n(x)f_m(x)\mathrm{d}x=\begin{cases}0, & n\neq m\\ A_n(\neq 0), & n=m\end{cases}$$

则称函数系 $\{f_n(x)\}$ 在 $[a,b]$ 上正交.

由上述定义, 三角函数系 $\{1,\cos nx,\sin nx\}_{n=1}^{\infty}$ 在 $[-\pi,\pi]$ 上是正交函数系.

定义 11.1.4 (三角级数) 形如

$$\frac{a_0}{2}+\sum_{k=1}^{\infty}(a_k\cos kx+b_k\sin kx)$$

的函数项级数称为三角级数.

由函数项级数一致收敛的优级数判别法, 可以得到三角级数收敛的充分条件.

定理 11.1.1 若级数 $\frac{a_0}{2}+\sum\limits_{n=1}^{\infty}(|a_n|+|b_n|)$ 收敛, 则三角级数

$$\frac{a_0}{2}+\sum_{k=1}^{\infty}(a_k\cos kx+b_k\sin kx)\tag{11.1.1}$$

在实数域上绝对且一致收敛.

下面讨论如何计算 (11.1.1) 系数 a_n,b_n. 设三角级数 (11.1.1) 一致收敛到 $f(x)$, 即

$$f(x)=\frac{a_0}{2}+\sum_{k=1}^{\infty}(a_k\cos kx+b_k\sin kx)$$

则

$$f(x)\cos mx=\frac{a_0\cos mx}{2}+\sum_{k=1}^{\infty}(a_k\cos kx\cos mx+b_k\sin kx\cos mx)\tag{11.1.2}$$

根据三角函数系的正交性和函数项级数逐项积分定理, 在 (11.1.2) 式两边从 $-\pi$ 到 π 逐项积分有

$$a_m=\frac{1}{\pi}\int_{-\pi}^{\pi}f(x)\cos mx\mathrm{d}x\quad(m=0,1,2,\cdots)$$

同理有

$$b_n = \frac{1}{\pi}\int_{-\pi}^{\pi} f(x)\sin nx\mathrm{d}x \quad (n=1,2,3,\cdots)$$

在上面讨论基础上有下面定理.

定理 11.1.2 若 $f(x) = \frac{a_0}{2} + \sum_{n=1}^{\infty}(a_n\cos nx + b_n\sin nx)$ 在实数域上一致收敛, 则

$$\begin{cases} a_n = \frac{1}{\pi}\int_{-\pi}^{\pi} f(x)\cos nx\mathrm{d}x & (n=0,1,2,\cdots) \\ b_n = \frac{1}{\pi}\int_{-\pi}^{\pi} f(x)\sin nx\mathrm{d}x & (n=1,2,\cdots) \end{cases} \tag{11.1.3}$$

一般情况下, 如果 $f(x)$ 是以 2π 为周期且在 $[-\pi,\pi]$ 上可积的函数, 则可以按照公式 (11.1.3) 求出 a_n, b_n, 它们称为 $f(x)$ 的傅里叶系数.

定义 11.1.5 (傅里叶级数) 三角级数 $\frac{a_0}{2} + \sum_{n=1}^{\infty}(a_n\cos nx + b_n\sin nx)$ 称为 $f(x)$ 的傅里叶级数, 记作

$$f(x) \sim \frac{a_0}{2} + \sum_{n=1}^{\infty}(a_n\cos nx + b_n\sin nx)$$

这里 a_n, b_n 称为 $f(x)$ 的傅里叶系数.

注 11.1.1 这里记号 "$\sim$" 表示右端的三角级数是左边函数的傅里叶级数. 如果 $f(x)$ 的傅里叶级数在实数域上一致收敛于 $f(x)$, 则此时记号 "$\sim$" 可换为等号. $f(x)$ 的傅里叶级数是否收敛以及是否收敛到 $f(x)$, 我们将在下小节讨论.

将傅里叶级数通项进一步改写为

$$\begin{aligned} a_n\cos nx + b_n\sin nx &= \sqrt{a_n^2+b_n^2}\left(\frac{a_n}{\sqrt{a_n^2+b_n^2}}\cos nx + \frac{b_n}{\sqrt{a_n^2+b_n^2}}\sin nx\right) \\ &= \sqrt{a_n^2+b_n^2}\sin(nx+\alpha_n) \end{aligned}$$

其中 α_n 满足

$$\frac{a_n}{\sqrt{a_n^2+b_n^2}} = \sin\alpha_n, \quad \frac{b_n}{\sqrt{a_n^2+b_n^2}} = \cos\alpha_n, \quad \alpha_n = \arctan\left(\frac{a_n}{b_n}\right)$$

所以傅里叶级数可以看成不同振幅 $\sqrt{a_n^2+b_n^2}$, 不同相位 α_n 的正弦波 $\sqrt{a_n^2+b_n^2}\sin(nx+\alpha_n)$ 的叠加. 如图 11.1.1 所示, 无穷个正弦波的叠加为一个分段直线函数.

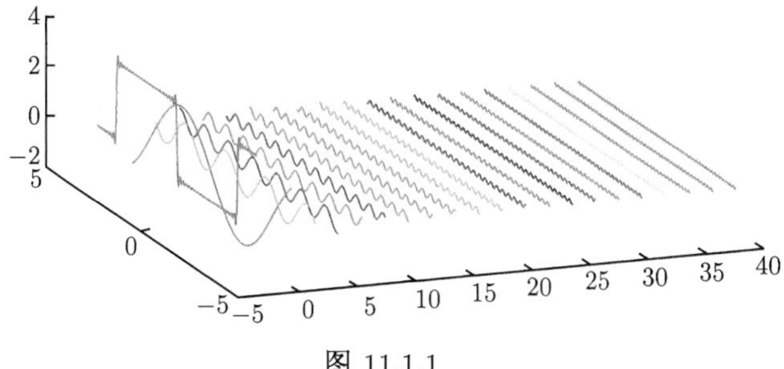

图 11.1.1

习题 11.1.1 傅里叶级数的基本概念

1. 设函数 $f(x)$ 在 $[-\pi,\pi]$ 上可积, 满足 $f(x+\pi)=-f(x)$, 证明:

$$a_0=a_{2n}=0,\quad b_{2n}=0,\quad n=1,2,3,\cdots$$

2. 设函数 $f(x)$ 在 $[-\pi,\pi]$ 上可积, 满足 $f(x+\pi)=f(x)$, 证明:

$$a_{2n-1}=0,\quad b_{2n-1}=0,\quad n=1,2,3,\cdots$$

3. 设函数 $f(x),g(x)$ 在 $[-\pi,\pi]$ 上可积, 满足 $f(-x)=-g(x)$, $f(x),g(x)$ 的傅里叶系数分别为 $\{a_0,a_n,b_n\}_{n=1}^{\infty}$, $\{\alpha_0,\alpha_n,\beta_n\}_{n=1}^{\infty}$, 证明:

$$\begin{aligned}&a_n=-\alpha_n,\quad n=0,1,2,\cdots\\&b_n=\beta_n,\quad n=1,2,\cdots\end{aligned}$$

进一步, 如果 $f(-x)=g(x)$, 证明:

$$\begin{aligned}&a_n=\alpha_n,\quad n=0,1,2,\cdots\\&b_n=-\beta_n,\quad n=1,2,\cdots\end{aligned}$$

4. 设函数 $f(x),f'(x)$ 在 $[-\pi,\pi]$ 上可积, 且 $f(-\pi)=f(\pi)$, 分析 $f(x),f'(x)$ 的傅里叶系数之间的关系.

5. 设 $\{a_0,a_n,b_n\}_{n=1}^{\infty}$ 是周期为 2π 的可积函数 $f(x)$ 的傅里叶系数, 证明: 平移函数 $f(x+h)$ 的傅里叶系数是: $\tilde{a}_n=a_n\cos nh+b_n\sin nh, \tilde{b}_n=b_n\cos nh-a_n\sin nh$.

6. 证明: 勒让德多项式序列 $\begin{cases}p_0(x)=1,\\ p_n(x)=\dfrac{1}{2^n n!}\dfrac{\mathrm{d}^n(x^2-1)^n}{\mathrm{d}x^n},\quad n=1,2,3,\cdots\end{cases}$ 是 $[-1,1]$ 上的正交函数系.

11.1.2 傅里叶级数逐点收敛定理

为了讨论傅里叶级数的收敛问题, 首先给出分段光滑函数的定义.

定义 11.1.6 (分段光滑函数) 设以下条件满足:

(1) $f(x)$ 在 $[a,b]$ 上至多有有限个第一类间断点 $\{x_1^0,x_2^0,\cdots,x_m^0\}$;

(2) $f(x)$ 的导数在除了点 $\{x_1,x_2,\cdots,x_n\}$ 处连续;

(3) $f(x)$ 在点 $\{x_1,x_2,\cdots,x_n\}$ 处存在广义的单侧导数

$$\lim_{t\to0+}\frac{f(x_i+t)-f(x_i+0)}{t}\triangleq f'_+(x_i)$$
$$\lim_{t\to0-}\frac{f(x_i+t)-f(x_i-0)}{t}\triangleq f'_-(x_i)$$

如果 $x_i=a$ 或 $x_i=b$, 其上式其一成立, 则称 $f(x)$ 在 $[a,b]$ 上为分段光滑函数.

由分段光滑函数的定义, 分段光滑函数具有如下性质:

(1) $f(x)$ 在 $[a,b]$ 上可积; (2)$f'(x)$ 在 $[a,b]$ 上可积.

定理 11.1.3 (狄利克雷逐点收敛定理) 函数 $f(x)$ 以 2π 为周期, 在 $[-\pi,\pi]$ 上分段光滑, 则其傅里叶级数处处收敛于 $f(x)$ 的左右极限的平均值

$$\frac{f(x-0)+f(x+0)}{2}=\frac{a_0}{2}+\sum_{n=1}^{\infty}(a_n\cos nx+b_n\sin nx),\quad \forall x\in[-\pi,\pi]$$

若 $f(x)$ 在 $[-\pi,\pi]$ 上连续, 则在 $[-\pi,\pi]$ 上的任何点处 $f(x)$ 的左右极限的平均值等于 $f(x)$, 因此得到下面推论.

推论 11.1.1 若 $f(x)$ 是以 2π 为周期的连续函数且在 $[-\pi,\pi]$ 上分段光滑, 则其傅里叶级数在 $(-\infty,+\infty)$ 上收敛于 $f(x)$, 即

$$f(x)=\frac{a_0}{2}+\sum_{n=1}^{\infty}(a_n\cos nx+b_n\sin nx),\quad \forall x\in(-\infty,+\infty)$$

下面讨论狄利克雷逐点收敛定理的证明.

记三角级数的部分和序列为

$$S_n(x)=\frac{a_0}{2}+\sum_{k=1}^{n}(a_k\cos kx+b_k\sin kx) \tag{11.1.4}$$

将 (11.1.3) 式中 a_k, b_k 的表达式代入 (11.1.4) 式中得

$$\begin{aligned}
&S_n(x)=\frac{a_0}{2}+\sum_{k=1}^{n}\left(\boxed{a_k}\cos kx+\boxed{b_k}\sin kx\right)\\
&=\frac{1}{2\pi}\int_{-\pi}^{\pi}f(u)\mathrm{d}u+\frac{1}{\pi}\sum_{k=1}^{n}\left(\boxed{\left(\int_{-\pi}^{\pi}f(u)\cos ku\mathrm{d}u\right)}\cos kx+\boxed{\left(\int_{-\pi}^{\pi}f(u)\sin ku\mathrm{d}u\right)}\sin kx\right)\\
&=\frac{1}{2\pi}\int_{-\pi}^{\pi}f(u)\mathrm{d}u+\frac{1}{\pi}\sum_{k=1}^{n}\int_{-\pi}^{\pi}f(u)(\cos ku\cos kx+\sin ku\sin kx)\mathrm{d}u\\
&=\frac{1}{\pi}\left[\int_{-\pi}^{\pi}f(u)\left(\frac{1}{2}+\sum_{k=1}^{n}\cos k(u-x)\right)\mathrm{d}u\right]
\end{aligned}$$

由于

$$\frac{1}{2}+\sum_{k=1}^{n}\cos kt=\frac{\sin\left(n+\frac{1}{2}\right)t}{2\sin\frac{t}{2}}\Rightarrow\frac{1}{2}+\sum_{k=1}^{n}\cos k(u-x)=\frac{\sin\left(n+\frac{1}{2}\right)(u-x)}{2\sin\frac{(u-x)}{2}}$$

所以

$$S_n(x)=\frac{1}{\pi}\int_{-\pi}^{\pi}f(u)\frac{\sin\left(n+\frac{1}{2}\right)(u-x)}{2\sin\frac{(u-x)}{2}}\mathrm{d}u$$

$$=\frac{1}{\pi}\int_{-\pi-x}^{\pi-x} f(x+t)\frac{\sin\left(n+\frac{1}{2}\right)t}{2\sin\frac{t}{2}}\mathrm{d}t \Leftarrow \boxed{\text{作变换}t=u-x}$$

$$=\frac{1}{\pi}\int_{-\pi}^{\pi} f(x+t)\frac{\sin\left(n+\frac{1}{2}\right)t}{2\sin\frac{t}{2}}\mathrm{d}t \Leftarrow \boxed{\text{被积函数周期为}2\pi}$$

在上面讨论基础上有下面引理.

引理 11.1.1 (狄利克雷积分) 如果 $f(x)$ 以 2π 为周期, 且在 $[-\pi,\pi]$ 上可积, 则

$$S_n(x)=\frac{1}{\pi}\int_{-\pi}^{\pi} f(x+t)\frac{\sin\left(n+\frac{1}{2}\right)t}{2\sin\frac{t}{2}}\mathrm{d}t$$

上式通常称为狄利克雷积分.

由上述分析, 定理 11.1.3 等价于证明:

$$\lim_{n\to\infty}\left[\frac{f(x+0)+f(x-0)}{2}-\frac{1}{\pi}\int_{-\pi}^{\pi} f(x+t)\frac{\sin\left(n+\frac{1}{2}\right)t}{2\sin\frac{t}{2}}\mathrm{d}t\right]=0 \tag{11.1.5}$$

进一步, 如果下面两式 (11.1.6) 和 (11.1.7) 同时成立, 则 (11.1.5) 式就可以得到证明

$$\frac{f(x+0)}{2}=\frac{1}{\pi}\lim_{n\to\infty}\int_{0}^{\pi} f(x+t)\frac{\sin\left(n+\frac{1}{2}\right)t}{2\sin\frac{t}{2}}\mathrm{d}t \tag{11.1.6}$$

$$\frac{f(x-0)}{2}=\frac{1}{\pi}\lim_{n\to\infty}\int_{-\pi}^{0} f(x+t)\frac{\sin\left(n+\frac{1}{2}\right)t}{2\sin\frac{t}{2}}\mathrm{d}t \tag{11.1.7}$$

在等式 $\frac{1}{2}+\sum\limits_{k=1}^{n}\cos kt=\frac{\sin\left(n+\frac{1}{2}\right)t}{2\sin\frac{t}{2}}$ 两边从 $-\pi$ 积分到 π 得

$$\frac{1}{\pi}\int_{-\pi}^{\pi}\frac{\sin\left(n+\frac{1}{2}\right)t}{2\sin\frac{t}{2}}\mathrm{d}t=\frac{2}{\pi}\int_{0}^{\pi}\frac{\sin\left(n+\frac{1}{2}\right)t}{2\sin\frac{t}{2}}\mathrm{d}t=\frac{2}{\pi}\int_{-\pi}^{0}\frac{\sin\left(n+\frac{1}{2}\right)t}{2\sin\frac{t}{2}}\mathrm{d}t=1$$

因此得到

$$\frac{f(x+0)}{2}=\frac{1}{\pi}\lim_{n\to\infty}\int_{0}^{\pi} f(x+0)\frac{\sin\left(n+\frac{1}{2}\right)t}{2\sin\frac{t}{2}}\mathrm{d}t$$

$$\frac{f(x-0)}{2}=\frac{1}{\pi}\lim_{n\to\infty}\int_{-\pi}^{0}f(x-0)\frac{\sin\left(n+\frac{1}{2}\right)t}{2\sin\frac{t}{2}}\mathrm{d}t$$

所以定理的证明转化为证明以下两式 (11.1.8) 和 (11.1.9) 成立

$$\lim_{n\to\infty}\frac{1}{\pi}\int_{0}^{\pi}[f(x+0)-f(x+t)]\frac{\sin\left(n+\frac{1}{2}\right)t}{2\sin\frac{t}{2}}\mathrm{d}t=0 \tag{11.1.8}$$

$$\lim_{n\to\infty}\frac{1}{\pi}\int_{-\pi}^{0}[f(x-0)-f(x+t)]\frac{\sin\left(n+\frac{1}{2}\right)t}{2\sin\frac{t}{2}}\mathrm{d}t=0 \tag{11.1.9}$$

为此引入下面定理.

引理 11.1.2 (黎曼–勒贝格引理) 若 $f(x)$ 在 $[a,b]$ 上可积或绝对可积 (瑕积分), 那么

$$\lim_{\lambda\to+\infty}\int_{a}^{b}f(x)\cos\lambda x\mathrm{d}x=0,\quad \lim_{\lambda\to+\infty}\int_{a}^{b}f(x)\sin\lambda x\mathrm{d}x=0$$

证明 分两种情况证明.

(1) 设 $f(x)$ 在 $[a,b]$ 上黎曼可积, 将区间 $[a,b]$ 进行分割,

$$\pi:a=x_0<x_1<\cdots<x_n=b,\ \Delta x_i=x_i-x_{i-1},i=1,2,\cdots,n \tag{11.1.10}$$

令 m_i,M_i 分别表示 $[x_{i-1},x_i]$ 上 $f(x)$ 的下确界和上确界, 记 $\omega_i=M_i-m_i$. 根据积分运算保序性, 则

$$\begin{aligned}\left|\int_{a}^{b}f(x)\cos\lambda x\mathrm{d}x\right|&=\left|\sum_{i=1}^{n}\int_{x_{i-1}}^{x_i}f(x)\cos\lambda x\mathrm{d}x\right|\\&=\left|\sum_{i=1}^{n}\left[\int_{x_{i-1}}^{x_i}(f(x)-m_i)\cos\lambda x\mathrm{d}x+\int_{x_{i-1}}^{x_i}m_i\cos\lambda x\mathrm{d}x\right]\right|\\&\leqslant\sum_{i=1}^{n}\left[\int_{x_{i-1}}^{x_i}|f(x)-m_i|\,\mathrm{d}x+|m_i|\left|\int_{x_{i-1}}^{x_i}\cos\lambda x\mathrm{d}x\right|\right]\\&\leqslant\sum_{i=1}^{n}\omega_i\Delta x_i+\frac{2}{|\lambda|}\sum_{i=1}^{n}|m_i|\end{aligned}$$

由于 $f(x)$ 在 $[a,b]$ 上可积, 对于任意给定的 $\varepsilon>0$, 存在分割 π^*, 使得 $\sum\limits_{i=1}^{n}\omega_i\Delta x_i<\frac{\varepsilon}{2}$. 对取定的分割 π^*, 又 $f(x)$ 在 $[a,b]$ 上有界, 因此 $\sum\limits_{i=1}^{n}|m_i|$ 有界. 当 $\lambda>\frac{4\sum\limits_{i=1}^{n}|m_i|}{\varepsilon}=\lambda_0$ 时, 有 $\frac{2}{\lambda}\sum\limits_{i=1}^{n}|m_i|<\frac{\varepsilon}{2}$ 成立.

综上分析, 当 $\lambda>\lambda_0$ 时, $\left|\int_{a}^{b}f(x)\cos\lambda x\mathrm{d}x\right|<\varepsilon$, 即 $\lim\limits_{\lambda\to+\infty}\int_{a}^{b}f(x)\cos\lambda x\mathrm{d}x=0$.

(2) 如果 $f(x)$ 在 $[a,b]$ 上瑕积分意义下绝对可积, 不妨设 b 为唯一瑕点, 则

$$\forall\varepsilon>0,\exists\delta>0,\forall\eta<\delta:\int_{b-\eta}^{b}|f(x)|\,\mathrm{d}x<\frac{\varepsilon}{2}$$

对于固定的 η, 由于 $f(x)$ 在 $[a,b-\eta]$ 上黎曼可积, 根据 (1) 的证明, 有

$$\exists A>0,\forall\lambda>A:\left|\int_{a}^{b-\eta}f(x)\cos\lambda x\mathrm{d}x\right|<\frac{\varepsilon}{2}$$

所以对任意 $\lambda>A$,

$$\left|\int_{a}^{b}f(x)\cos\lambda x\mathrm{d}x\right|\leqslant\left|\int_{a}^{b-\eta}f(x)\cos\lambda x\mathrm{d}x\right|+\int_{b-\eta}^{b}|f(x)|\,\mathrm{d}x<\varepsilon$$

即 $\lim\limits_{\lambda\to+\infty}\int_{a}^{b}f(x)\cos\lambda x\mathrm{d}x=0$. 同理可证 $\lim\limits_{\lambda\to+\infty}\int_{a}^{b}f(x)\sin\lambda x\mathrm{d}x=0$. 结论得证.

定理 11.1.3 的证明 (11.1.8) 式中的被积函数记为

$$\phi(t)=\frac{f(x+0)-f(x+t)}{2\sin\dfrac{t}{2}}=\left(\frac{f(x+0)-f(x+t)}{t}\right)\cdot\left(\frac{t}{2\sin\dfrac{t}{2}}\right)$$

则 $\lim\limits_{t\to0+}\phi(t)=-f'_{+}(x)$. 由于 $f(x)$ 是分段光滑函数, 因此 $\phi(t)$ 在 $[0,\pi]$ 上至多有有限个第一类间断点, 所以 $\phi(t)$ 在 $[0,\pi]$ 上可积. 由黎曼–勒贝格引理得到

$$\lim_{n\to\infty}\frac{1}{\pi}\int_{0}^{\pi}[f(x+0)-f(x+t)]\frac{\sin\left(n+\dfrac{1}{2}\right)t}{2\sin\dfrac{t}{2}}\mathrm{d}t=0$$

同理可以证明 (11.1.9) 式, 因此定理 11.1.3 的结论得证.

习题 11.1.2 傅里叶级数逐点收敛定理

1. 计算下面极限.

(1) $\lim\limits_{n\to\infty}\int_{0}^{1}\dfrac{\sin^2 n\pi x}{1+x^2}\mathrm{d}x$; (2) $\lim\limits_{\lambda\to+\infty}\int_{0}^{1}\dfrac{\cos\lambda x}{1+x}\mathrm{d}x$; (3) $\lim\limits_{n\to\infty}\int_{0}^{1}\sqrt{x}\sin^2 nx\mathrm{d}x$.

2. 如果级数 $\dfrac{|a_0|}{2}+\sum\limits_{k=1}^{\infty}(|a_k|+|b_k|)<+\infty$, 那么级数 $\dfrac{a_0}{2}+\sum\limits_{k=1}^{\infty}(a_k\cos kx+b_k\sin kx)$ 必为某周期为 2π 的连续函数的傅里叶级数.

3. 证明: 若 $\dfrac{a_0}{2}+\sum\limits_{k=1}^{\infty}(a_k\cos kx+b_k\sin kx)$ 中的系数满足 $\sup\limits_{n}\{n^3|a_n|,n^3|b_n|\}\leqslant M$, M 为常数, 则上述三角级数收敛, 且和函数具有连续的导函数.

11.1.3 傅里叶级数的性质

下面我们利用黎曼–勒贝格引理和傅里叶级数逐点收敛定理来讨论傅里叶级数的性质.

定理 11.1.4 设 $f(x)$ 在 $[-\pi,\pi]$ 上可积或者绝对可积, 则其傅里叶系数满足 $\lim\limits_{n\to\infty} a_n=0$, $\lim\limits_{n\to\infty} b_n=0$.

证明 由黎曼–勒贝格引理,

$$\lim_{n\to\infty} a_n=\lim_{n\to\infty}\frac{1}{\pi}\int_{-\pi}^{\pi} f(x)\cos nx\mathrm{d}x=0$$
$$\lim_{n\to\infty} b_n=\lim_{n\to\infty}\frac{1}{\pi}\int_{-\pi}^{\pi} f(x)\sin nx\mathrm{d}x=0$$

结论得证.

定理 11.1.5 (傅里叶级数逐项积分定理) 设 $f(x)$ 在 $[-\pi,\pi]$ 上可积或者绝对可积, 其傅里叶级数形式展开为 $f(x)\sim\frac{a_0}{2}+\sum\limits_{n=1}^{\infty}(a_n\cos nx+b_n\sin nx)$, 则

$$\forall x,c\in[-\pi,\pi]:\int_c^x f(t)\mathrm{d}t=\int_c^x\frac{a_0}{2}\mathrm{d}t+\sum_{n=1}^{\infty}\left(a_n\int_c^x\cos nt\mathrm{d}t+b_n\int_c^x\sin nt\mathrm{d}t\right)$$

证明 就 $f(x)$ 在 $[-\pi,\pi]$ 上只有有限个第一类间断点为例进行证明, 更一般的情况证明从略. 构造函数

$$F(x)=\int_c^x\left[f(t)-\frac{a_0}{2}\right]\mathrm{d}t,\quad \forall x,c\in[-\pi,\pi]$$

则 $F(x)$ 连续且 $F(-\pi)=F(\pi)$. 将 $F(x)$ 以 2π 为周期延拓到整个实数域. 根据微积分基本定理, $f(x)$ 在 $[-\pi,\pi]$ 上的连续点处有 $F'(x)=f(x)-\frac{a_0}{2}$, $f(x)$ 在 $[-\pi,\pi]$ 上的不连续点处有 $F'_+(x)=f(x+0)-\frac{a_0}{2}, F'_-(x)=f(x-0)-\frac{a_0}{2}$, 可见 $F(x)$ 在 $[-\pi,\pi]$ 上是分段光滑函数. 由狄利克雷逐点收敛定理的结论, 有

$$F(x)=\frac{A_0}{2}+\sum_{n=1}^{\infty}(A_n\cos nx+B_n\sin nx)$$

其中

$$A_n=\frac{1}{\pi}\int_{-\pi}^{\pi}F(x)\cos nx\mathrm{d}x=\frac{1}{\pi}\left[\frac{\sin nx}{n}F(x)\right]_{-\pi}^{\pi}-\frac{1}{n\pi}\int_{-\pi}^{\pi}F'(x)\sin nx\mathrm{d}x=-\frac{b_n}{n}$$

同理 $B_n=\frac{a_n}{n}$. 于是

$$F(x)=\frac{A_0}{2}+\sum_{n=1}^{\infty}\left(-\frac{b_n}{n}\cos nx+\frac{a_n}{n}\sin nx\right)$$

又

$$F(x)=\int_c^x\left[f(t)-\frac{a_0}{2}\right]\mathrm{d}t,\quad F(c)=\frac{A_0}{2}+\sum_{n=1}^{\infty}\left(-\frac{b_n}{n}\cos nc+\frac{a_n}{n}\sin nc\right)=0$$

整理可得

$$\forall x, c \in [-\pi, \pi]: \int_c^x f(t)\mathrm{d}t = \int_c^x \frac{a_0}{2}\mathrm{d}t + \sum_{n=1}^{\infty}\left(a_n \int_c^x \cos nt\mathrm{d}t + b_n \int_c^x \sin nt\mathrm{d}t\right)$$

结论得证.

注 11.1.2 定理 11.1.5 表明即使 $f(x)$ 的傅里叶级数不收敛, 它的逐项积分仍然收敛到 $f(x)$ 的积分, 这是傅里叶级数特有的性质.

注 11.1.3 根据定理 11.1.5 任何一个以 2π 为周期的分段光滑函数都可以展成傅里叶级数, 反之不成立, 即任何一个三角级数不一定是某个函数的傅里叶级数. 例如对于收敛级数 $\sum\limits_{n=2}^{\infty}\frac{\sin nx}{\ln n}$, 如果存在可积分函数 $F(x) \sim \sum\limits_{n=2}^{\infty}\frac{\sin nx}{\ln n}$, 根据定理 11.1.5 得到

$$\int_0^{\pi} F(x)\,\mathrm{d}x = \sum_{n=2}^{\infty}\int_0^{\pi}\frac{\sin nx}{\ln n}\mathrm{d}x = -\sum_{n=2}^{\infty}\frac{(-1)^n - 1}{n\ln n} = -\left(\sum_{n=2}^{\infty}\frac{(-1)^n}{n\ln n} - \sum_{n=2}^{\infty}\frac{1}{n\ln n}\right)$$

由于 $\sum\limits_{n=2}^{\infty}\frac{1}{n\ln n}$ 发散, 因此上式矛盾.

例 11.1.1 设 $f(x), f'(x)$ 在 $[-\pi, \pi]$ 上可积, $f(x)$ 的傅里叶系数为 $\{a_0, a_n, b_n\}_{n=1}^{\infty}$, 证明

$$\lim_{n\to\infty} na_n = 0, \quad \lim_{n\to\infty} nb_n = \frac{1}{\pi}(f(-\pi) - f(\pi))$$

证明 设 $f'(x)$ 的傅里叶系数为 $\{\alpha_0, \alpha_n, \beta_n\}_{n=1}^{\infty}$, 利用分部积分公式得到

$$\begin{aligned}\alpha_n &= \frac{1}{\pi}\int_{-\pi}^{\pi} f'(x)\cos nx\mathrm{d}x = \frac{1}{\pi}(f(\pi) - f(-\pi)) + \frac{n}{\pi}\int_{-\pi}^{\pi} f(x)\sin nx\mathrm{d}x \\ &= \frac{1}{\pi}(f(\pi) - f(-\pi)) + nb_n \\ \beta_n &= \frac{1}{\pi}\int_{-\pi}^{\pi} f'(x)\sin nx\mathrm{d}x = -\frac{n}{\pi}\int_{-\pi}^{\pi} f(x)\cos nx\mathrm{d}x = -na_n\end{aligned}$$

利用定理 11.1.4

$$\lim_{n\to\infty}\alpha_n = \lim_{n\to\infty}\left[\frac{1}{\pi}(f(2\pi) - f(0)) + nb_n\right] = 0$$

$$\lim_{n\to\infty}\beta_n = \lim_{n\to\infty}(-na_n) = 0$$

因此结论得证.

例 11.1.2 设 $f(x)$ 是周期为 2π 的函数, 且在 $(0, 2\pi)$ 上单调有界, 其傅里叶系数为 $\{a_0, a_n, b_n\}_{n=1}^{\infty}$. 证明: 如果 $f(x)$ 单调递减, 则 $b_n \geqslant 0$; 如果 $f(x)$ 单调递增, 则 $b_n \leqslant 0, n = 1, 2, \cdots$.

证明 分析傅里叶系数 $\{b_n\}_{n=1}^{\infty}$ 如下:

$$\begin{aligned}b_n &= \frac{1}{\pi}\int_{-\pi}^{\pi} f(x)\sin nx\mathrm{d}x = \frac{1}{\pi}\int_0^{2\pi} f(x)\sin nx\mathrm{d}x \Leftarrow \boxed{\text{作变换:}nx = t} \\ &= \frac{1}{n\pi}\int_0^{2n\pi} f\left(\frac{t}{n}\right)\sin t\mathrm{d}t = \frac{1}{n\pi}\sum_{k=1}^{n}\int_{2(k-1)\pi}^{2k\pi} f\left(\frac{t}{n}\right)\sin t\mathrm{d}t\end{aligned}$$

$$
\begin{aligned}
&=\frac{1}{n\pi}\sum_{k=1}^{n}\left\{\int_{2(k-1)\pi}^{(2k-1)\pi}f\left(\frac{t}{n}\right)\sin t\mathrm{d}t+\int_{(2k-1)\pi}^{(2k)\pi}f\left(\frac{t}{n}\right)\sin t\mathrm{d}t\right\}\Leftarrow\boxed{\text{作变换:}u=t-\pi}\\
&=\frac{1}{n\pi}\sum_{k=1}^{n}\left\{\int_{2(k-1)\pi}^{(2k-1)\pi}f\left(\frac{t}{n}\right)\sin t\mathrm{d}t+\int_{(2k-2)\pi}^{(2k-1)\pi}f\left(\frac{u+\pi}{n}\right)\sin(u+\pi)\mathrm{d}u\right\}\\
&=\frac{1}{n\pi}\sum_{k=1}^{n}\left\{\int_{(2k-2)\pi}^{(2k-1)\pi}f\left(\frac{t}{n}\right)\sin t\mathrm{d}t-\int_{(2k-2)\pi}^{(2k-1)\pi}f\left(\frac{t+\pi}{n}\right)\sin t\mathrm{d}t\right\}\\
&=\frac{1}{n\pi}\sum_{k=1}^{n}\left\{\int_{(2k-2)\pi}^{(2k-1)\pi}\left[f\left(\frac{t}{n}\right)-f\left(\frac{t+\pi}{n}\right)\right]\sin t\mathrm{d}t\right\}
\end{aligned}
$$

如果 $f(x)$ 单调递减, 上式被积函数非负, 因此 $b_n\geqslant 0$; 如果 $f(x)$ 单调递增, 上式被积函数非正, 因此 $b_n\leqslant 0, n=1,2,\cdots$. 因此结论得证.

习题 11.1.3 傅里叶级数的性质

1. 设 $f(x)$ 在 $[0,2\pi]$ 上有有界的导函数, 其傅里叶系数为 $\{a_0,a_n,b_n\}_{n=1}^{\infty}$. 证明如果 $f'(x)$ 单调递增, 则 $a_n\geqslant 0$; 如果 $f'(x)$ 单调递减, 则 $a_n\leqslant 0, n=0,1,2,\cdots$.

2. 设 $f(x)$ 是周期为 2π 的函数, 且满足条件: $|f(x)-f(y)|\leqslant L|x-y|^{\alpha}\ (0<\alpha\leqslant 1)$, L 为常数. 证明 $f(x)$ 的傅里叶级数 $\{a_0,a_n,b_n\}|_{n=1}^{\infty}$ 满足

(1) $a_n=\dfrac{1}{2\pi}\displaystyle\int_{-\pi}^{\pi}\left[f(x)-f\left(x+\frac{\pi}{n}\right)\right]\cos nx\mathrm{d}x$;

(2) $a_n=O\left(\dfrac{1}{n^{\alpha}}\right)(n\to\infty)$;

(3) $b_n=O\left(\dfrac{1}{n^{\alpha}}\right)(n\to\infty)$.

11.1.4 以 2π 为周期的函数的傅里叶级数的计算

对于傅里叶级数的计算, 首先分析函数是否满足狄利克雷逐点收敛定理, 即函数 $f(x)$ 以 2π 为周期, 在 $[-\pi,\pi]$ 上分段光滑, 然后计算傅里叶系数, 对傅里叶级数表达式分间断点和连续点讨论.

例 11.1.3 求函数 $f(x)=\begin{cases}x, & 0\leqslant x\leqslant\pi\\ 0, & -\pi<x<0\end{cases}$ 的傅里叶级数.

解 将函数 $f(x)$ 以 2π 为周期延拓到实数域, 则间断点为 $x=\pm(2n+1)\pi, n=0,1,\cdots$. 函数满足狄利克雷逐点收敛定理的条件, 如图 11.1.2 所示.

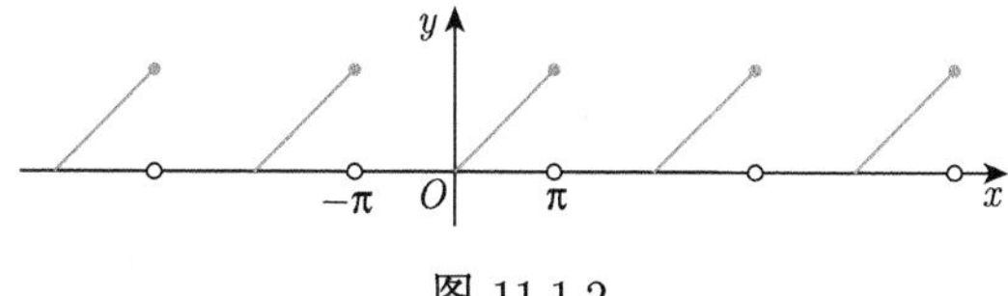

图 11.1.2

由傅里叶系数公式

$$a_0=\frac{1}{\pi}\int_{-\pi}^{\pi}f(x)\mathrm{d}x=\frac{1}{\pi}\int_{0}^{\pi}x\mathrm{d}x=\frac{\pi}{2}$$

$$a_n = \frac{1}{\pi}\int_{-\pi}^{\pi} f(x)\cos nx\mathrm{d}x = \frac{1}{\pi}\int_0^{\pi} x\cos nx\mathrm{d}x = \frac{1}{n\pi}x\sin nx|_0^{\pi} - \frac{1}{n\pi}\int_0^{\pi}\sin nx\mathrm{d}x$$

$$= \frac{1}{n^2\pi}\cos nx|_0^{\pi} = \frac{1}{n^2\pi}(\cos n\pi - 1) = \begin{cases} -\dfrac{2}{n^2\pi}, & n = 2k-1, \\ 0, & n = 2k, \end{cases} \quad k = 1, 2, \cdots$$

$$b_n = \frac{1}{\pi}\int_{-\pi}^{\pi} f(x)\sin nx\mathrm{d}x = \frac{1}{\pi}\int_0^{\pi} x\sin nx\mathrm{d}x$$

$$= -\frac{1}{n\pi}x\cos nx|_0^{\pi} + \frac{1}{n\pi}\int_0^{\pi}\cos nx\mathrm{d}x = \frac{(-1)^{n+1}}{n}$$

$$n = 1, 2, 3, \cdots$$

分连续和间断点讨论, 得

$$\frac{\pi}{4} - \left(\frac{2}{\pi}\cos x - \sin x\right) - \frac{1}{2}\sin 2x - \left(\frac{2}{9\pi}\cos 3x - \frac{1}{3}\sin 3x\right) + \cdots = \begin{cases} f(x), & x \in (-\pi, \pi) \\ \dfrac{\pi}{2}, & x = \pm\pi \end{cases}$$

图 11.1.3 给出了傅里叶级数的前 10 项、前 20 项和前 50 项逼近原来函数的几何直观图, 可以看到傅里叶级数整体逼近效果非常好, 优于泰勒级数.

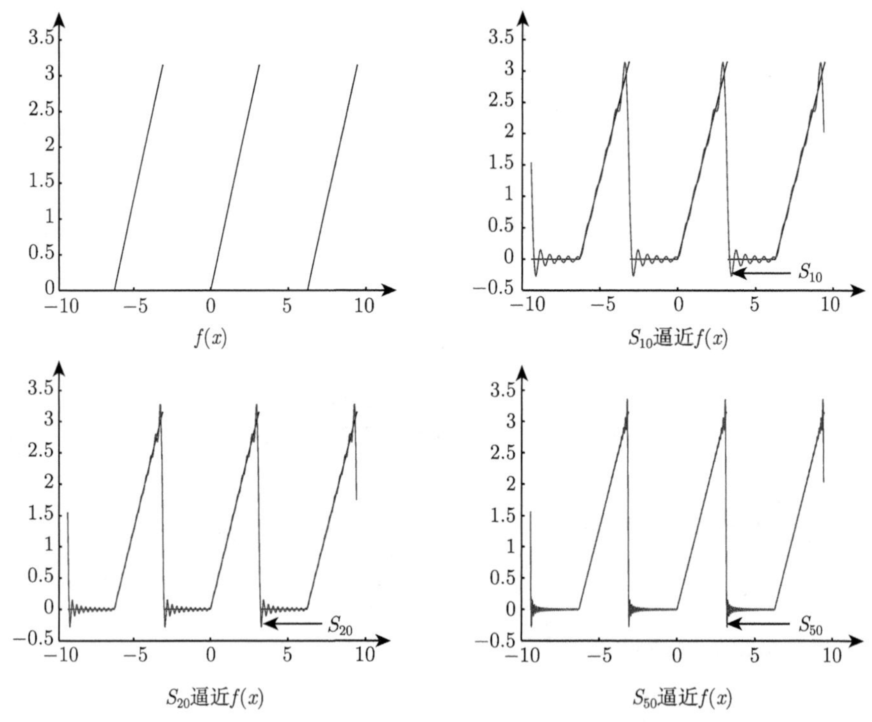

图 11.1.3

例 11.1.4 求函数 $f(x) = \begin{cases} x^2, & 0 < x < \pi, \\ 0, & x = \pi, \\ -x^2, & \pi < x \leqslant 2\pi \end{cases}$ 的傅里叶级数.

解 将函数 $f(x)$ 以 2π 为周期延拓到实数域, 则间断点为 $x = \pm n\pi, n = 0, 1, 2, \cdots$, 函数满足狄利克雷逐点收敛定理的条件, 如图 11.1.4 所示.

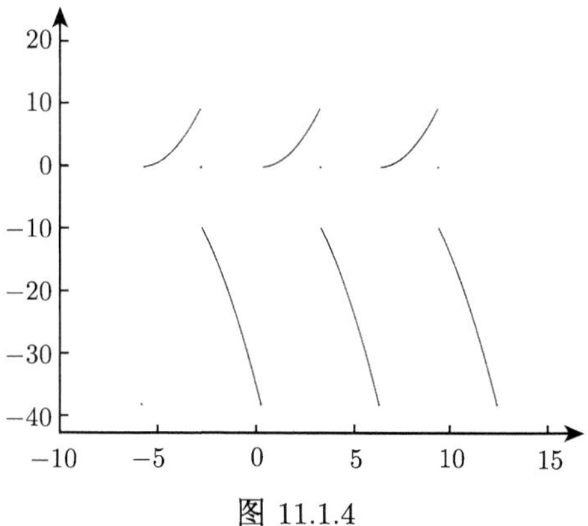

图 11.1.4

计算傅里叶系数如下:

$$a_0=\frac{1}{\pi}\int_0^{2\pi}f(x)\mathrm{d}x=\frac{1}{\pi}\int_0^{\pi}x^2\mathrm{d}x+\frac{1}{\pi}\int_{\pi}^{2\pi}(-x^2)\mathrm{d}x=-2\pi^2$$

$$\begin{aligned}a_n&=\frac{1}{\pi}\int_0^{2\pi}f(x)\cos nx\mathrm{d}x=\frac{1}{\pi}\left(\int_0^{\pi}x^2\cos nx\mathrm{d}x-\int_{\pi}^{2\pi}x^2\cos nx\mathrm{d}x\right)\\&=\frac{1}{\pi}\left[\left(\frac{x^2}{n}-\frac{2}{n^3}\right)\sin nx+\frac{2x}{n^2}\cos nx\right]_0^{\pi}-\frac{1}{\pi}\left[\left(\frac{x^2}{n}-\frac{2}{n^3}\right)\sin nx+\frac{2x}{n^2}\cos nx\right]_{\pi}^{2\pi}\\&=\frac{4}{n^2}\left((-1)^n-1\right),\quad n=1,2,3,\cdots\end{aligned}$$

$$\begin{aligned}b_n&=\frac{1}{\pi}\int_0^{2\pi}f(x)\sin nx\mathrm{d}x=\frac{1}{\pi}\left(\int_0^{\pi}x^2\sin nx\mathrm{d}x-\int_{\pi}^{2\pi}x^2\sin nx\mathrm{d}x\right)\\&=\frac{1}{\pi}\left[\left(-\frac{x^2}{n}+\frac{2}{n^3}\right)\cos nx+\frac{2x}{n^2}\sin nx\right]_0^{\pi}-\frac{1}{\pi}\left[\left(-\frac{x^2}{n}+\frac{2}{n^3}\right)\cos nx+\frac{2x}{n^2}\sin nx\right]_{\pi}^{2\pi}\\&=\frac{2}{\pi}\left[\frac{\pi^2}{n}+\left(\frac{\pi^2}{n}-\frac{2}{n^3}\right)\left(1-(-1)^n\right)\right],\quad n=1,2,3,\cdots\end{aligned}$$

这里用到了不定积分

$$\int x^2\cos nx\mathrm{d}x=\left(\frac{x^2}{n}-\frac{2}{n^3}\right)\sin nx+\frac{2x}{n^2}\cos nx+C$$

$$\int x^2\sin nx\mathrm{d}x=\left(-\frac{x^2}{n}+\frac{2}{n^3}\right)\cos nx+\frac{2x}{n^2}\sin nx+C$$

由定理 11.1.3 分连续和间断点讨论傅里叶级数的表达式, 当 $x\in(0,\pi)\cup(\pi,2\pi)$ 时,

$$\begin{aligned}f(x)&=-\pi^2+\sum_{n=1}^{\infty}\left\{\frac{4}{n^2}\left((-1)^n-1\right)\cos nx+\frac{2}{\pi}\left[\frac{\pi^2}{n}+\left(\frac{\pi^2}{n}-\frac{2}{n^3}\right)\left(1-(-1)^n\right)\right]\sin nx\right\}\\&=-\pi^2-8\left(\cos x+\frac{1}{3^2}\cos 3x+\frac{1}{5^2}\cos 5x+\cdots\right)\\&\quad+\frac{2}{\pi}\left(\left(3\pi^2-4\right)\sin x+\frac{\pi^2}{2}\sin 2x+\left(\pi^2-\frac{4}{3^3}\right)\sin 3x+\frac{\pi^2}{4}\sin 4x+\cdots\right)\end{aligned}$$

当 $x=\pi$ 时,

$$\frac{f(\pi+0)+f(\pi-0)}{2}=0\Rightarrow 0=-\pi^2+8\sum_{k=1}^{\infty}\frac{1}{(2k-1)^2}\Rightarrow\frac{\pi^2}{8}=\sum_{k=1}^{\infty}\frac{1}{(2k-1)^2}$$

当 $x=0,\ 2\pi$ 时,

$$\frac{f(0+0)+f(0-0)}{2}=-2\pi^2,\ \frac{f(2\pi+0)+f(2\pi-0)}{2}=-2\pi^2$$

傅里叶级数的逼近效果如图 11.1.5 所示. 图 11.1.5 给出了傅里叶级数的前 5 项、前 10 项、前 20 项逼近原来函数的几何直观图, 可以看到傅里叶级数整体逼近效果非常好, 优于泰勒级数.

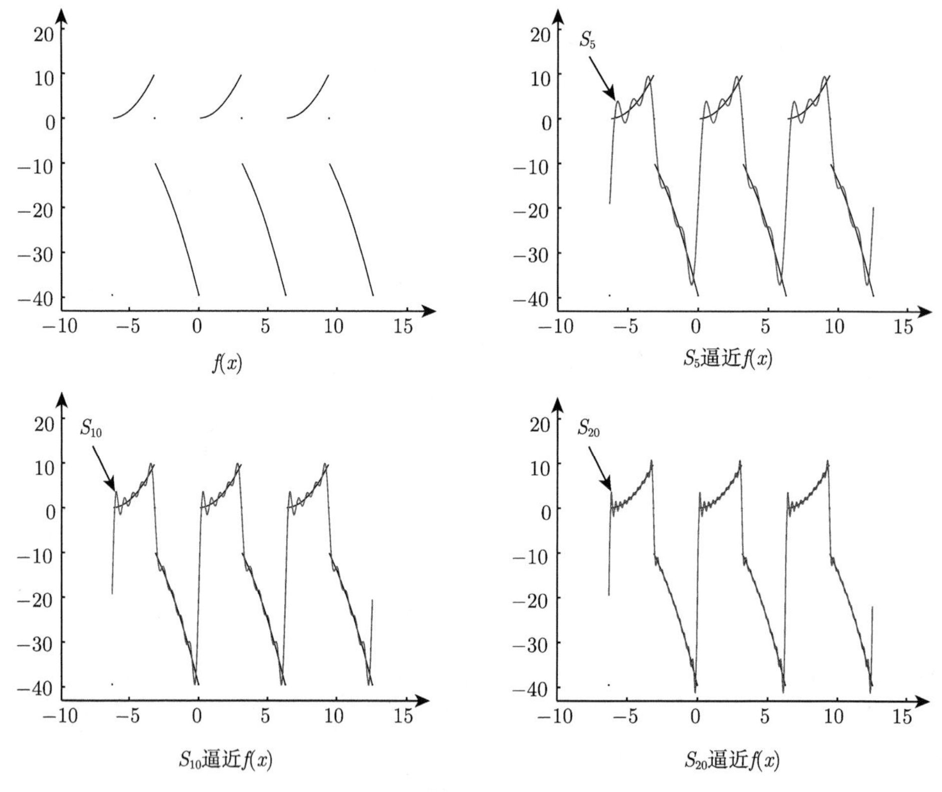

图 11.1.5

习题 11.1.4 以 2π 为周期的函数的傅里叶级数的计算

1. 证明: n 次三角多项式 $T_n(x)=\sum\limits_{k=0}^{n}(\alpha_k\cos kx+\beta_k\sin kx)$ 的傅里叶级数就是它自己.

2. 在指定的区间内将下列函数展开成傅里叶级数.

(1) $f(x)=x,\ -\pi<x\leqslant\pi$;

(2) $f(x)=x^2, -\pi<x\leqslant\pi$;

(3) $f(x)=\begin{cases}ax, & -\pi<x\leqslant 0,\\ bx, & 0<x\leqslant\pi\end{cases}$ ($a\neq b, a\neq 0, b\neq 0$).

3. 把函数 $f(x)=\begin{cases}-\dfrac{\pi}{4}, & -\pi<x<0,\\ \dfrac{\pi}{4}, & 0\leqslant x<\pi\end{cases}$ 展开成傅里叶级数, 并证明:

$$\frac{\pi}{4}=1-\frac{1}{3}+\frac{1}{5}-\frac{1}{7}+\cdots$$
$$\frac{\pi}{3}=1+\frac{1}{5}-\frac{1}{7}-\frac{1}{11}+\frac{1}{13}+\frac{1}{17}+\cdots$$
$$\frac{\sqrt{3}\pi}{6}=1-\frac{1}{5}+\frac{1}{7}-\frac{1}{11}+\frac{1}{13}-\frac{1}{17}+\cdots$$

4. 求函数 $f(x)=\dfrac{1}{12}\left(3x^2-6\pi x+2\pi^2\right), 0<x<2\pi$ 的傅里叶级数, 并证明:

$$\sum_{n=1}^{\infty}\frac{1}{n^2}=\frac{\pi^2}{6}$$

11.1.5 以 $2l$ 为周期的函数的傅里叶级数计算

下面讨论以 $2l$ 为周期的函数的傅里叶级数. 设 $f(x)$ 是以 $2l$ 为周期的函数, 通过变量替换

$$\frac{\pi x}{l}=t\left(x=\frac{lt}{\pi}\right),\quad f(x)\Leftrightarrow F(t)=f\left(\frac{lt}{\pi}\right),\quad F(t+2\pi)=F(t)$$

如果 $F(t)$ 满足狄利克雷定理的条件, 则

$$\frac{F(t+0)+F(t-0)}{2}=\frac{a_0}{2}+\sum_{n=1}^{\infty}(a_n\cos\ nt+b_n\sin\ nt)$$

其中傅里叶系数

$$a_n=\frac{1}{\pi}\int_{-\pi}^{\pi}F(t)\cos\ nt\mathrm{d}t=\frac{1}{\pi}\int_{-\pi}^{\pi}f\left(\frac{lt}{\pi}\right)\cos\ nt\mathrm{d}t=\frac{1}{l}\int_{-l}^{l}f(u)\cos\ \frac{n\pi u}{l}\mathrm{d}u,\quad n=0,1,2,\cdots$$

同理

$$b_n=\frac{1}{l}\int_{-l}^{l}f(u)\sin\ \frac{n\pi u}{l}\mathrm{d}u,\quad n=1,2,3,\cdots$$

在上面讨论基础上得到下面定理.

定理 11.1.6 若 $f(x)$ 在 $[-l,l]$ 上分段光滑且周期为 $2l$, 则

$$\frac{f(x+0)+f(x-0)}{2}=\frac{a_0}{2}+\sum_{n=1}^{\infty}\left(a_n\cos\ \frac{n\pi x}{l}+b_n\sin\ \frac{n\pi x}{l}\right)$$

这里 a_n,b_n 为 $f(x)$ 的傅里叶系数.

例 11.1.5 将函数 $f(x)=\begin{cases}0, & -5\leqslant x<0,\\ 3, & 0\leqslant x<5\end{cases}$ 展开成傅里叶级数.

解 将函数 $f(x)$ 以周期 10 延拓到实数域上, 则 $f(x)$ 满足定理 11.1.6 的条件, 间断点为 $x=\pm 5n, n=0,1,2,3,\cdots$. 如图 11.1.6 所示.

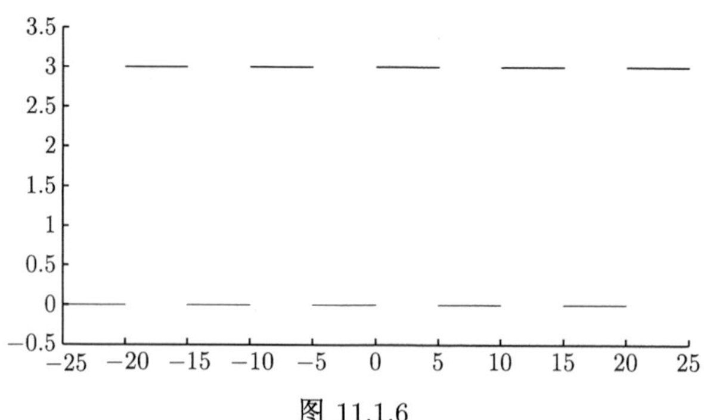

图 11.1.6

计算傅里叶系数如下:

$$a_0 = \frac{1}{5}\int_{-5}^{5} f(x)\mathrm{d}x = \frac{1}{5}\int_{0}^{5} 3\mathrm{d}x = 3$$

$$a_n = \frac{1}{5}\int_{-5}^{0} 0\cdot\cos\frac{n\pi x}{5}\mathrm{d}x + \frac{1}{5}\int_{0}^{5} 3\cos\frac{n\pi x}{5}\mathrm{d}x = \frac{3}{5}\cdot\frac{5}{n\pi}\cdot\sin\frac{n\pi x}{5}\Big|_0^5 = 0, \quad n = 1, 2, \cdots$$

$$b_n = \frac{1}{5}\int_{0}^{5} 3\sin\frac{n\pi x}{5}\mathrm{d}x = \frac{3}{5}\left[-\frac{5}{n\pi}\cos\frac{n\pi x}{5}\right]\Big|_0^5 = \begin{cases} \dfrac{6}{(2k-1)\pi}, & n = 2k-1, \\ 0, & n = 2k, \end{cases} \quad k = 1, 2, \cdots$$

所以由狄利克雷定理 11.1.6 得

$$f(x) = \frac{3}{2} + \sum_{k=1}^{\infty}\frac{6}{(2k-1)\pi}\sin\frac{(2k-1)\pi x}{5}, \quad x \in (-5, 0)\cup(0, 5)$$

当 $x = 0, \pm 5$ 时, 上式右端收敛到 $\dfrac{3}{2}$. 图 11.1.7 给出了傅里叶级数的前 10 项、前 50 项逼近原来函数的几何直观图, 可以看到傅里叶级数整体逼近效果非常好, 优于泰勒级数.

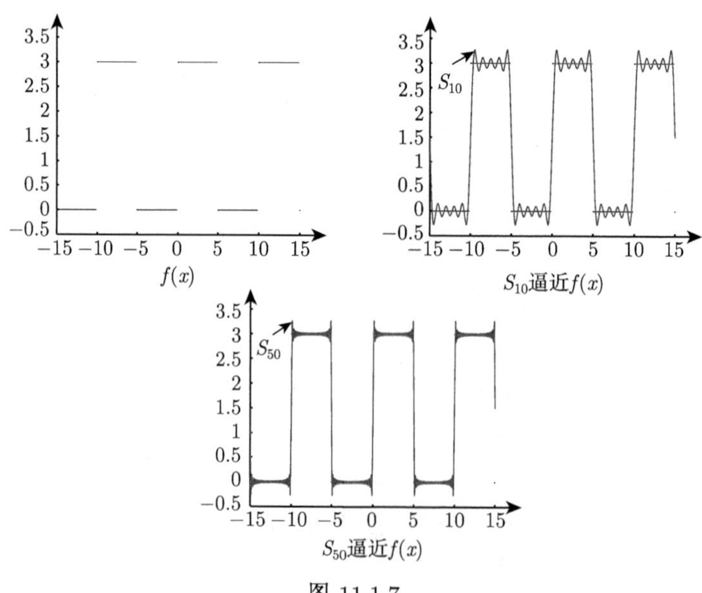

图 11.1.7

例 11.1.6 将函数 $f(x)=\begin{cases}1, & 1\leqslant x<2,\\ 3-x, & 2\leqslant x<3\end{cases}$ 展开成傅里叶级数.

解 将函数 $f(x)$ 以 2 为周期延拓到实数域上, 则 $f(x)$ 满足定理 11.1.6 的条件, 间断点为 $x=\pm(2n-1), n=1,2,\cdots$. 如图 11.1.8 所示.

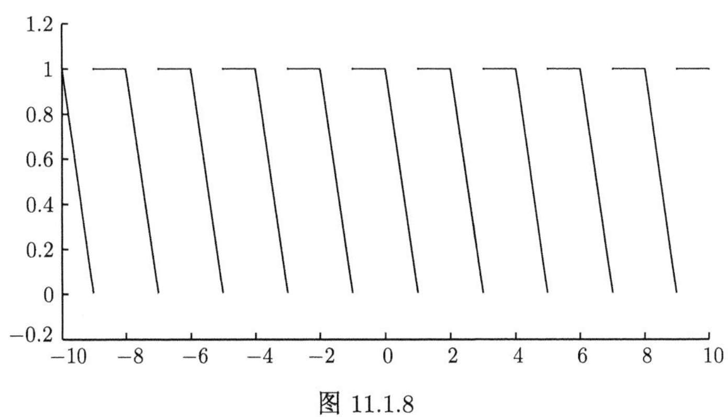

图 11.1.8

计算傅里叶系数

$$a_0=\int_1^3 f(x)\mathrm{d}x=\frac{3}{2}$$

$$a_n=\int_1^3 f(x)\cos n\pi x\mathrm{d}x=\frac{1}{n^2\pi^2}\left[1-(-1)^n\right],\quad n=1,2,\cdots$$

$$b_n=\int_1^3 f(x)\sin n\pi x\mathrm{d}x=\frac{(-1)^n}{n\pi},\quad n=1,2,\cdots$$

所以由定理 11.1.6 得

$$f(x)=\frac{3}{4}+\sum_{n=1}^{\infty}\left(\frac{1}{n^2\pi^2}\left[1-(-1)^n\right]\cos n\pi x+\frac{(-1)^n}{n\pi}\sin n\pi x\right),\quad x\in(1,3)$$

$x=1,3$ 时, 上式右端收敛到 $\frac{1}{2}$. 图 11.1.9 给出了傅里叶级数的前 10 项、前 20 项、前 50 项逼近原来函数的几何直观图, 可以看到傅里叶级数整体逼近效果非常好, 优于泰勒级数.

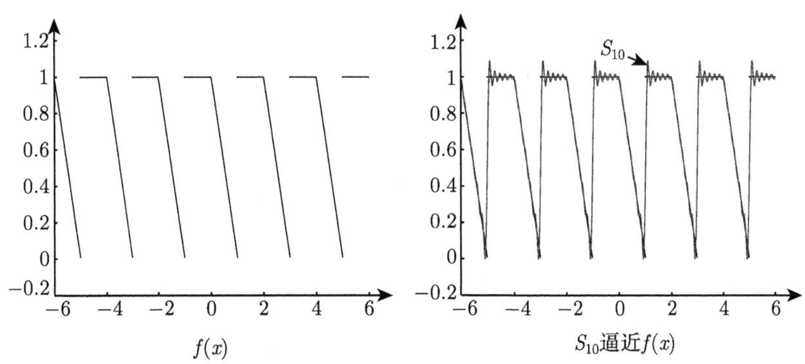

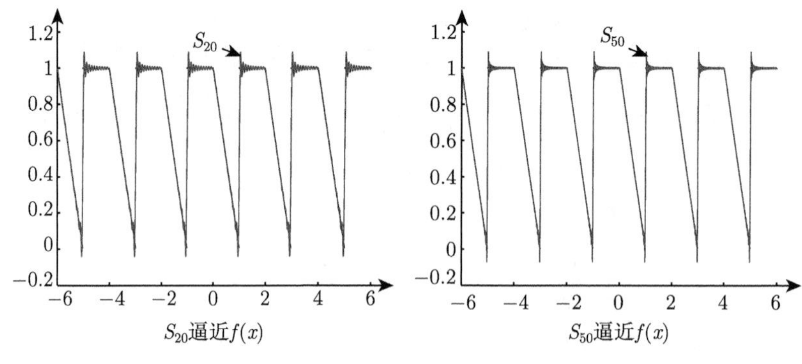

图 11.1.9

习题 11.1.5 以 $2l$ 为周期的函数的傅里叶级数的计算

1. 证明：对任意 $x \in (-\infty, +\infty)$ 有

$$|\cos x| = \frac{2}{\pi} + \frac{4}{\pi}\sum_{n=1}^{\infty}\frac{(-1)^{n+1}}{4n^2-1}\cos 2nx$$

$$|\sin x| = \frac{2}{\pi} - \frac{4}{\pi}\sum_{n=1}^{\infty}\frac{\cos 2nx}{4n^2-1}$$

2. 证明：$\mathrm{e}^{ax} = \dfrac{\mathrm{e}^{2a\pi}-1}{\pi}\left(\dfrac{1}{2a} + \sum\limits_{k=1}^{\infty}\dfrac{a\cos kx - k\sin kx}{k^2+a^2}\right) (a \neq 0)$.

3. 设 $f(x) = \begin{cases} x, & 0 \leqslant x \leqslant 1, \\ 1, & 1 < x < 2, \\ 3-x, & 2 \leqslant x \leqslant 3, \end{cases}$ 求其傅里叶级数.

4. 设 $f(x) = \begin{cases} \mathrm{e}^{3x}, & -1 \leqslant x < 0, \\ 0, & 0 \leqslant x < 1, \end{cases}$ 求其傅里叶级数.

11.1.6 余弦和正弦级数计算

下面讨论正弦级数和余弦级数. 设 $f(x)$ 是 $[-l, l]$ 上分段光滑且周期为 $2l$ 的函数.

(1) 若 $f(x) = f(-x)$, 则 $b_n = 0, n = 1, 2, \cdots, a_n = \dfrac{2}{l}\displaystyle\int_0^l f(x)\cos\frac{n\pi x}{l}\mathrm{d}x$, 此时 $\dfrac{f(x+0)+f(x-0)}{2} = \dfrac{a_0}{2} + \sum\limits_{n=1}^{\infty} a_n \cos\dfrac{n\pi x}{l}$, 称为余弦级数.

(2) 若 $f(-x) = -f(x)$, 则 $a_n = 0, n = 0, 1, 2, \cdots, b_n = \dfrac{2}{l}\displaystyle\int_0^l f(x)\sin\frac{n\pi x}{l}\mathrm{d}x$, 此时 $\dfrac{f(x+0)+f(x-0)}{2} = \sum\limits_{n=1}^{\infty} b_n \sin\dfrac{n\pi x}{l}$, 称为正弦级数. 若 $f(x)$ 是定义在 $[0, l]$ 上的分段光滑函数, 将 $f(x)$ 展开成 $2l$ 为周期的正弦和余弦级数方法如下：

(3) 在 $[-l, 0]$ 区间上作 $f(x)$ 的偶延拓, 使得 $f(-x) = f(x)$, 则有

$$\frac{f(x+0)+f(x-0)}{2} = \frac{a_0}{2} + \sum_{n=1}^{\infty} a_n \cos\frac{n\pi x}{l}$$

(4) 在 $[-l,0]$ 区间作 $f(x)$ 的奇延拓, 使得 $f(-x)=-f(x)$, 则有

$$\frac{f(x+0)+f(x-0)}{2}=\sum_{n=1}^{\infty}b_n\sin\frac{n\pi x}{l}$$

例 11.1.7 设 $f(x)=|\sin x|, -\pi\leqslant x\leqslant\pi$, 求 $f(x)$ 的傅里叶级数.

解 如图 11.1.10 所示, 将 $f(x)$ 以 π 为周期延拓到实数域, 由于 $f(x)$ 为偶函数, 所以

$$b_n=0,\ n=1,2,3,\cdots,\quad a_0=\frac{2}{\pi}\int_0^{\pi}\sin x\mathrm{d}x=\frac{4}{\pi}$$

$$a_n=\frac{2}{\pi}\int_0^{\pi}|\sin x|\cos nx\mathrm{d}x=\begin{cases}0, & n=1,3,5,\cdots\\ -\dfrac{4}{\pi}\dfrac{1}{n^2-1}, & n=2,4,\cdots\end{cases}$$

因此$|\sin x|=\dfrac{2}{\pi}-\dfrac{4}{\pi}\sum\limits_{n=1}^{\infty}\dfrac{\cos 2nx}{4n^2-1}, x\in(-\infty,+\infty)$. 图 11.1.11 给出了傅里叶级数前 5 项、前 10 项和前 20 项逼近 $f(x)$ 的几何直观图, 整体逼近效果非常好.

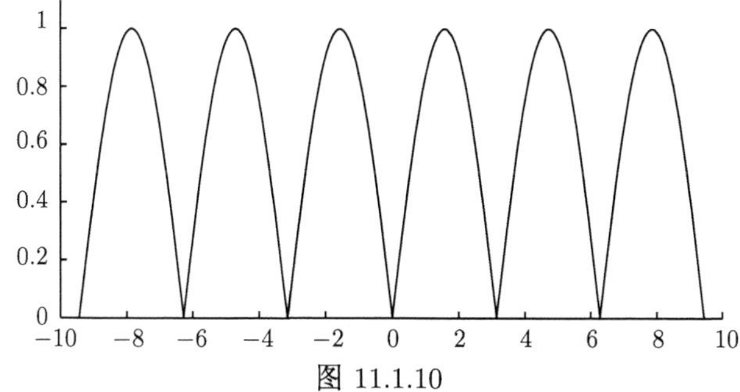

图 11.1.10

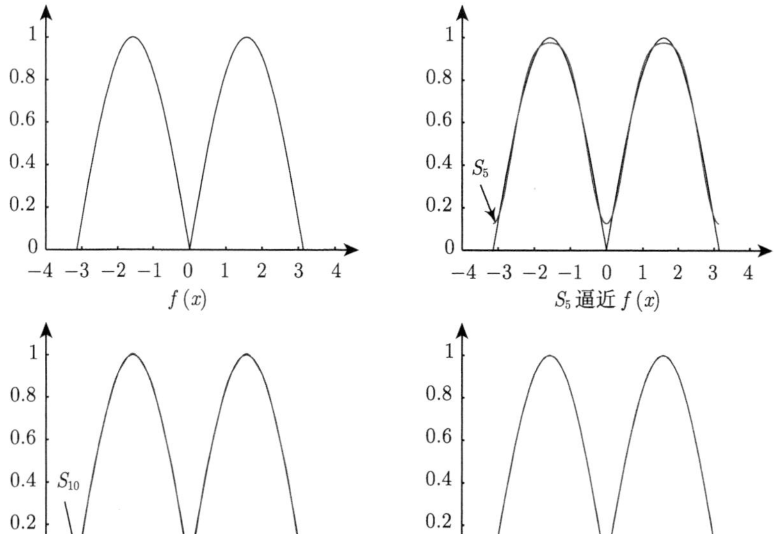

图 11.1.11

例 11.1.8 将函数 $f(x)=x^2$ 在 $[0,\pi]$ 上展开成正弦级数和余弦级数.

解 正弦级数: 将函数奇延拓到 $(-\pi,\pi]$, 然后再以 2π 为周期延拓到整个实数域. 如图 11.1.12 所示.

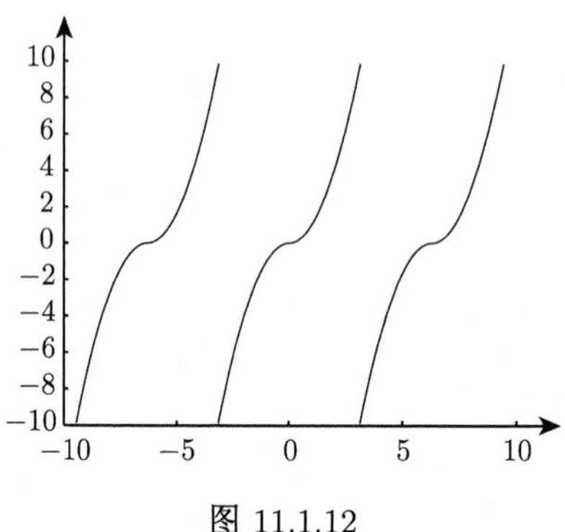

图 11.1.12

计算傅里叶系数如下:

$$b_n=\frac{2}{\pi}\int_0^{\pi}x^2\sin nx\mathrm{d}x=\frac{2}{\pi}\left[-\frac{1}{n}(\cos nx)\left(x^2-\frac{2}{n^2}\right)+\frac{2}{n^2}x\sin nx\right]\Bigg|_0^{\pi}$$
$$=\frac{2}{\pi}\left[\frac{(-1)^{n-1}}{n}\pi^2+\frac{2}{n^3}\left((-1)^n-1\right)\right],\quad n=1,2,\cdots$$

所以

$$x^2=\frac{2}{\pi}\sum_{n=1}^{\infty}\left[\frac{(-1)^{n-1}}{n}\pi^2+\frac{2}{n^3}\left((-1)^n-1\right)\right]\sin nx,\quad x\in[0,\pi)$$

当 $x=\pi$ 时, 上式右端收敛到零. 图 11.1.13 给出了傅里叶级数前 10 项和前 50 项逼近 $f(x)$ 的几何直观图.

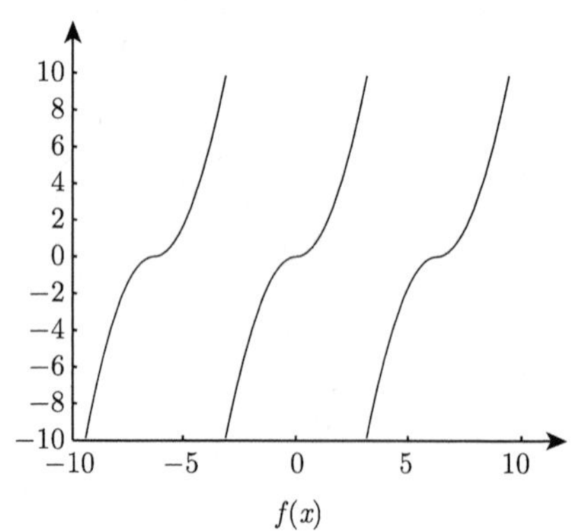

$f(x)$

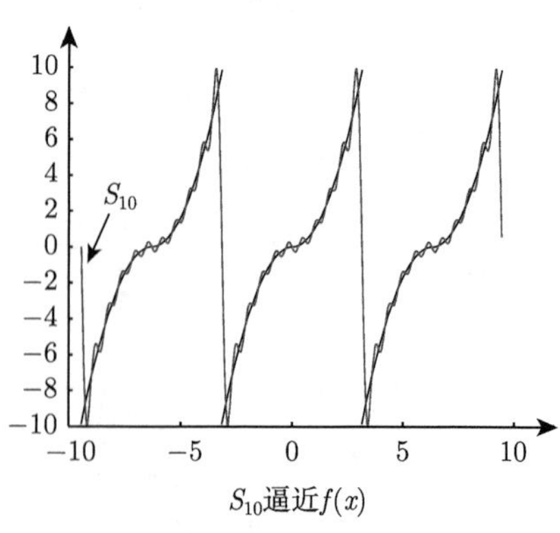

S_{10}逼近$f(x)$

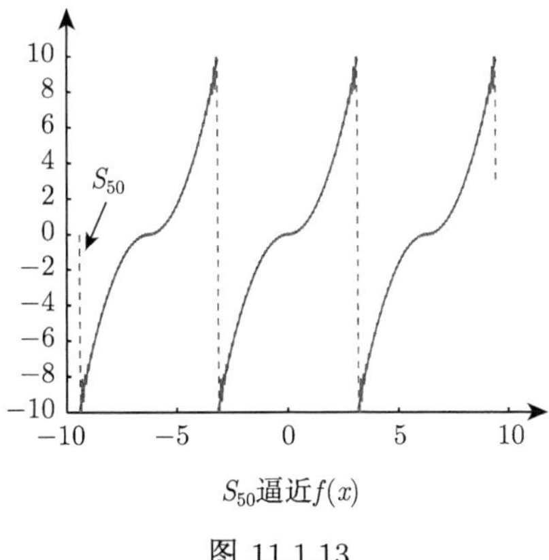

图 11.1.13

余弦级数: 将函数偶延拓到 $[-\pi,\pi]$, 然后再以 2π 为周期延拓到整个实数域. 如图 11.1.14 所示.

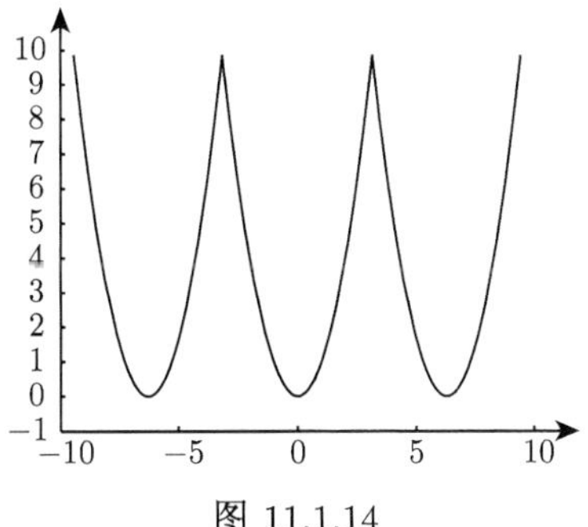

图 11.1.14

计算傅里叶系数如下:

$$
\begin{aligned}
a_0 &= \frac{2}{\pi}\int_0^{\pi} x^2 \mathrm{d}x = \frac{2\pi^2}{3} \\
a_n &= \frac{2}{\pi}\int_0^{\pi} x^2 \cos nx \mathrm{d}x = \frac{2}{\pi}\left[\frac{1}{n}\left(x^2-\frac{2}{n^2}\right)\sin nx + \frac{2}{n^2}x\cos nx\right]\Bigg|_0^{\pi} \\
&= \frac{4(-1)^n}{n^2}, \quad n=1,2,3,\cdots
\end{aligned}
$$

所以 $x^2 = \dfrac{\pi^2}{3} + 4\sum\limits_{n=1}^{\infty}\dfrac{(-1)^n}{n^2}\cos nx, x\in[0,\pi]$. 图 11.1.15 给出了傅里叶级数前 5 项、前 10 项和前 20 项逼近 $f(x)$ 的几何直观图, 整体逼近效果非常好.

例 11.1.9 设 $0<a<1$, 将 $f(x)=\cos ax, |x|\leqslant\pi$ 展开为傅里叶级数并证明:

(1) $\dfrac{\pi}{\sin a\pi} = \dfrac{1}{a} + \sum\limits_{n=1}^{\infty}(-1)^n\dfrac{2a}{a^2-n^2}$;

(2) $\dfrac{1}{\sin x} = \dfrac{1}{x} + \sum\limits_{n=1}^{\infty}(-1)^n\dfrac{2x}{x^2-n^2\pi^2}, 0<x<\pi$;

(3) $\pi = \displaystyle\int_0^{\pi}\frac{\sin x}{x}\mathrm{d}x + \sum_{n=1}^{\infty}(-1)^n\int_0^{\pi}\frac{2x\sin x}{x^2-n^2\pi^2}\mathrm{d}x$;

(4) $\int_{-\infty}^{+\infty}\frac{\sin x}{x}\mathrm{d}x=\pi$.

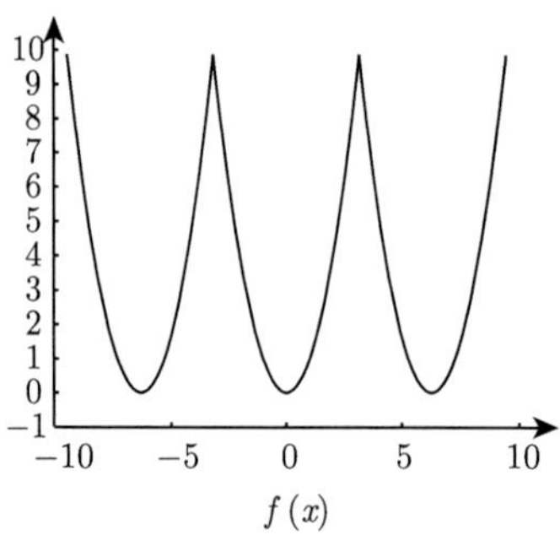

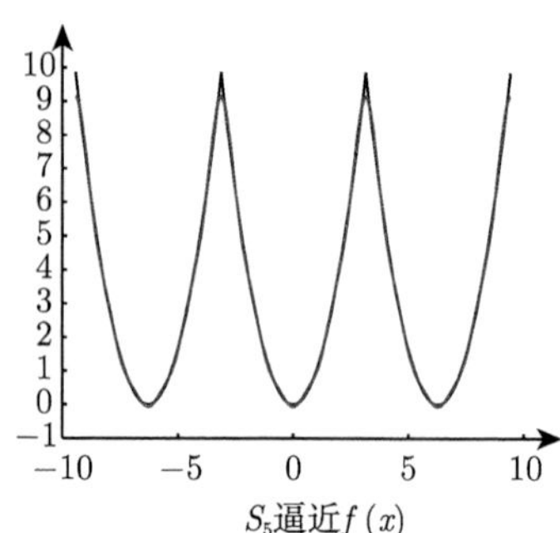

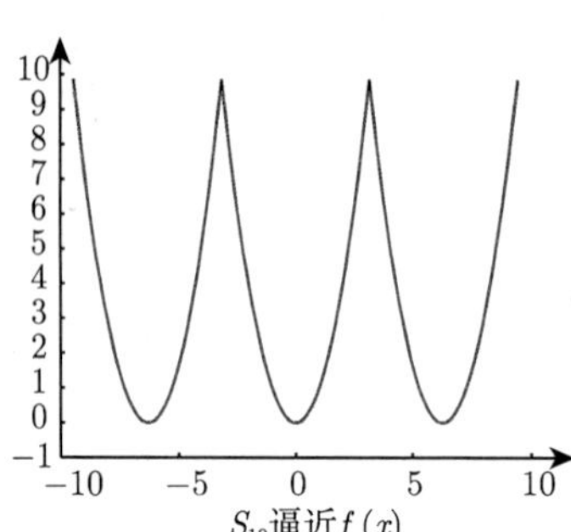

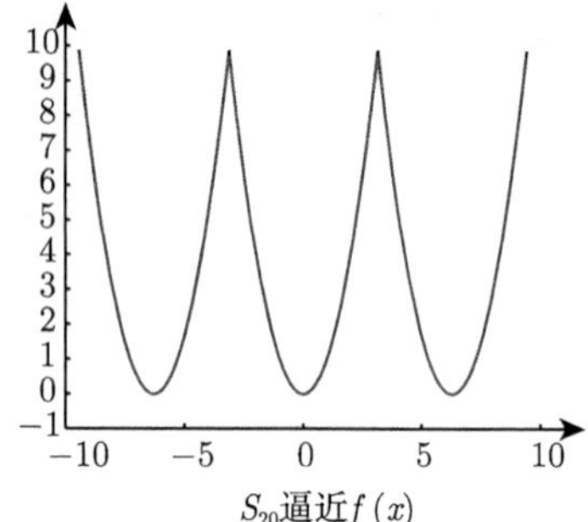

图 11.1.15

解 因为 $f(-x)=f(x)$, 所以

$$b_n=0,\ n=1,2,3,\cdots,\quad a_0=\frac{2}{\pi}\int_0^{\pi}\cos ax\mathrm{d}x=\frac{2\sin(a\pi)}{a\pi}$$

$$a_n=\frac{2}{\pi}\int_0^{\pi}\cos ax\cos nx\mathrm{d}x=\frac{1}{\pi}\int_0^{\pi}[\cos(a-n)x+\cos(a+n)x]\mathrm{d}x=(-1)^n\frac{2a\sin(a\pi)}{\pi(a^2-n^2)}$$

所以

$$\frac{\sin a\pi}{\pi}\left[\frac{1}{a}+\sum_{n=1}^{\infty}(-1)^n\frac{2a}{a^2-n^2}\cos nx\right]=\cos ax,\quad |x|\leqslant\pi,\quad n=1,2,3,\cdots$$

(1) 令 $x=0$ 得 $\frac{\pi}{\sin a\pi}=\frac{1}{a}+\sum\limits_{n=1}^{\infty}(-1)^n\frac{2a}{a^2-n^2}$.

(2) $0<a\pi<\pi$, 当 $0<x<\pi$ 时, 令 $a\pi=x$, 根据 (1) 的结论得

$$\frac{\pi}{\sin x}=\frac{1}{a}+\sum_{n=1}^{\infty}(-1)^n\frac{2\frac{x}{\pi}}{\left(\frac{x}{\pi}\right)^2-n^2},\quad 0<x<\pi$$

$$\frac{1}{\sin x}=\frac{1}{x}+\sum_{n=1}^{\infty}(-1)^n\frac{2x}{x^2-n^2\pi^2},\quad 0<x<\pi$$

(3) 由 (2) 的结论得

$$1=\frac{\sin x}{x}+\sum_{n=1}^{\infty}(-1)^n\frac{2x\sin x}{x^2-n^2\pi^2},\quad x\in(0,\pi)$$

补充定义 $x=0:\dfrac{\sin x}{x}=1, n=1, x=\pi:\dfrac{2x\sin x}{x^2-n^2\pi^2}=1$, 于是上式在 $[0,\pi]$ 上成立. 当 $0\leqslant x\leqslant\pi$ 时,

$$\left|\frac{2x\sin x}{x^2-n^2\pi^2}\right|\leqslant\left|\frac{2\pi}{n^2\pi^2-x^2}\right|\leqslant\frac{2\pi}{n^2\pi^2-\pi^2}\quad(n>1)$$

因此级数 $\sum\limits_{n=1}^{\infty}(-1)^n\dfrac{2x\sin x}{x^2-n^2\pi^2}$ 在 $[0,\pi]$ 上一致收敛. 由函数项级数的逐项积分定理,

$$\pi=\int_0^{\pi}\frac{\sin x}{x}\mathrm{d}x+\sum_{n=1}^{\infty}(-1)^n\int_0^{\pi}\frac{2x\sin x}{x^2-n^2\pi^2}\mathrm{d}x$$

(4) 根据 (3) 得

$$\begin{aligned}\int_{-\infty}^{+\infty}\frac{\sin x}{x}\mathrm{d}x&=\int_0^{+\infty}\frac{\sin x}{x}\mathrm{d}x+\int_{-\infty}^{0}\frac{\sin x}{x}\mathrm{d}x\\&=\int_0^{\pi}\frac{\sin x}{x}\mathrm{d}x+\sum_{n=1}^{\infty}\int_{n\pi}^{(n+1)\pi}\frac{\sin x}{x}\mathrm{d}x+\sum_{n=1}^{\infty}\int_{-n\pi}^{-(n-1)\pi}\frac{\sin x}{x}\mathrm{d}x\end{aligned}$$

分别作变量替换 $t=x-n\pi, t=x+n\pi$, 得

$$\begin{aligned}\text{上式}&=\int_0^{\pi}\frac{\sin x}{x}\mathrm{d}x+\sum_{n=1}^{\infty}\int_0^{\pi}\frac{\sin(t+n\pi)}{t+n\pi}\mathrm{d}t+\sum_{n=1}^{\infty}\int_0^{\pi}\frac{\sin(t-n\pi)}{t-n\pi}\mathrm{d}t\\&=\int_0^{\pi}\frac{\sin x}{x}\mathrm{d}x+\sum_{n=1}^{\infty}(-1)^n\int_0^{\pi}\left(\frac{\sin t}{t+n\pi}+\frac{\sin t}{t-n\pi}\right)\mathrm{d}t\\&=\int_0^{\pi}\frac{\sin x}{x}\mathrm{d}x+\sum_{n=1}^{\infty}(-1)^n\int_0^{\pi}\frac{2t\sin t}{t^2-n^2\pi^2}\mathrm{d}t=\pi\end{aligned}$$

例 11.1.10 如何将定义在 $\left[0,\dfrac{\pi}{2}\right]$ 上的函数 $f(x)$ 延拓到 $[-\pi,\pi]$, 使得其傅里叶级数为

$$\frac{a_0}{2}+\sum_{n=1}^{\infty}a_{2n-1}\cos(2n-1)x$$

分析 如图 11.1.16 所示, 解决问题的关键是要求出区间 $\left[\dfrac{\pi}{2},\pi\right]$ 上的表达式, 下面给出详细的分析.

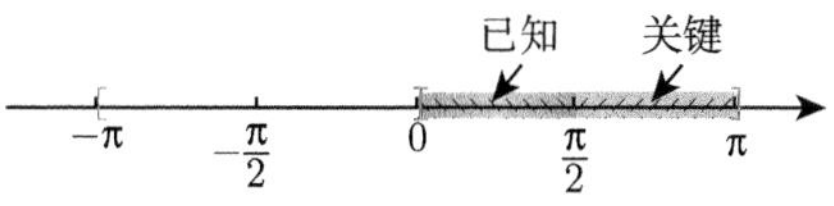

图 11.1.16

解 (1) 由 $b_n=0, n=1,2,3,\cdots$ 延拓后的 $\widetilde{f}(x)$ 在 $[-\pi,\pi]$ 上为偶函数.

(2) 由

$$\begin{aligned}a_{2n}&=\frac{1}{\pi}\int_{-\pi}^{\pi}\widetilde{f}(x)\cos 2nx\mathrm{d}x=\frac{2}{\pi}\int_0^{\pi}\widetilde{f}(x)\cos 2nx\mathrm{d}x\\&=\frac{2}{\pi}\left[\int_0^{\frac{\pi}{2}}f(x)\cos 2nx\mathrm{d}x+\int_{\frac{\pi}{2}}^{\pi}\widetilde{f}(x)\cos 2nx\mathrm{d}x\right]=0\end{aligned}$$

和

$$\int_0^{\frac{\pi}{2}} f(x)\cos 2nx\mathrm{d}x \xlongequal{u=\pi-x} -\int_{\pi}^{\frac{\pi}{2}} f(\pi-u)\cos 2n(\pi-u)\mathrm{d}u$$

$$=\int_{\frac{\pi}{2}}^{\pi} f(\pi-u)\cos 2nu\mathrm{d}u=\int_{\frac{\pi}{2}}^{\pi} f(\pi-x)\cos 2nx\mathrm{d}x$$

得

$$\int_{\frac{\pi}{2}}^{\pi}[f(\pi-x)+\widetilde{f}(x)]\cos 2nx\mathrm{d}x=0$$

于是 $x\in\left[\frac{\pi}{2},\pi\right]:\widetilde{f}(x)=-f(\pi-x)$, 上式成立, 所以有

$$\widetilde{f}(x)=\begin{cases} f(x), & 0\leqslant x\leqslant\frac{\pi}{2} \\ -f(\pi-x), & \frac{\pi}{2}<x\leqslant\pi \\ f(-x), & -\frac{\pi}{2}\leqslant x<0 \\ -f(\pi+x), & -\pi\leqslant x<-\frac{\pi}{2} \end{cases}$$

习题 11.1.6 余弦和正弦级数计算

1. 设 $f(x)=\begin{cases} \dfrac{\pi-1}{2}x, & 0\leqslant x\leqslant 1, \\ \dfrac{\pi-x}{2}, & 1<x<\pi, \end{cases}$ 证明: $f(x)=\sum\limits_{n=1}^{\infty}\dfrac{\sin n}{n^2}\sin nx,\ 0\leqslant x\leqslant\pi.$

2. 试问如何把定义在 $\left[0,\frac{\pi}{2}\right]$ 上的可积函数延拓到区间 $[-\pi,\pi]$, 使它的傅里叶级数具有形式: $\sum\limits_{n=1}^{\infty}b_{2n}\sin(2nx)$.

3. 证明: $x=2\sum\limits_{n=1}^{\infty}(-1)^{n+1}\dfrac{\sin nx}{n},x\in(-\pi,\pi)$, 逐项积分求函数 x^2, x^3 和 x^4 在区间 $(-\pi,\pi)$ 内的傅里叶展开式.

4. 将下面函数展成余弦级数.

(1) $f(x)=\begin{cases} \cos\dfrac{\pi x}{2}, & x\in[0,1), \\ 0, & x\in[1,2]; \end{cases}$ (2) $f(x)=\begin{cases} 2x, & x\in\left[0,\dfrac{\pi}{2}\right), \\ 0, & x\in\left[\dfrac{\pi}{2},\pi\right]. \end{cases}$

5. 将下面函数展成余弦级数.

(1) $f(x)=\begin{cases} \sin 2x, & x\in\left[0,\dfrac{\pi}{4}\right), \\ 0, & x\in\left[\dfrac{\pi}{4},\dfrac{\pi}{2}\right]; \end{cases}$ (2) $f(x)=x-\dfrac{\pi}{2}+\left|x-\dfrac{\pi}{2}\right|,x\in[0,\pi]$.

6. 将函数 $f(x)=x^2$ 在 $(0,\pi)$ 内展开成正弦级数、余弦级数、傅里叶级数, 在此基础上计算

(1) $\sum\limits_{n=1}^{\infty}\dfrac{1}{n^2}$; (2) $\sum\limits_{n=1}^{\infty}\dfrac{(-1)^{n+1}}{n^2}$; (3) $\sum\limits_{n=1}^{\infty}\dfrac{1}{(2n-1)^2}$.

11.2 提高课 (1): 傅里叶级数的平方逼近

我们已经对傅里叶级数的逐点收敛进行了许多讨论. 由于傅里叶级数与积分密切相关, 所以接下来讨论傅里叶级数的另一种收敛方式, 即平方收敛.

定义 11.2.1 (内积) 区间 $[a,b]$ 上可积函数集合记为 $R[a,b]$. 定义内积运算

$$(f,g)=\int_a^b f(x)\,g(x)\,\mathrm{d}x,\quad f,g\in R[a,b]$$

定义 11.2.2 (范数) 设 $f\in R[a,b]$, 定义 $\|f\|=\left(\int_a^b f^2(x)\,\mathrm{d}x\right)^{1/2}$.

定义 11.2.3 (最佳平方逼近) 设函数组 $\{\varphi_1(x),\varphi_2(x),\cdots,\varphi_n(x)\}$ 是 $R[a,b]$ 上正交函数组, 函数集合

$$\begin{aligned}T&=\mathrm{span}\{\varphi_1(x),\varphi_2(x),\cdots,\varphi_n(x)\}\\&=\{\varphi(x)\,|\varphi(x)=c_1\,\varphi_1(x)+c_2\varphi_2(x)+\cdots+c_n\varphi_n(x),\forall c_i\in\mathbf{R},i=1,2,\cdots,n\}\end{aligned}$$

设 $f\in R[a,b]$, 若存在 $\varphi^*\in T$ 使得

$$\|f-\varphi^*\|=\min_{\forall\varphi\in T}\|f-\varphi\|=\min\{\|f-\varphi\|,\forall\varphi\in T\}$$

则称 φ^* 为 f 在集合 T 的最佳平方逼近函数.

定理 11.2.1 (傅里叶级数最佳平方逼近) 设 $f\in R[-\pi,\pi]$,

$$T=\mathrm{span}\{1,\cos x,\sin x,\cos 2x,\sin 2x,\cdots,\cos nx,\sin nx\}$$

则 f 在 T 上的最佳平方逼近函数为

$$S_n=\frac{a_0}{2}+\sum_{k=1}^{n}(a_k\cos kx+b_k\sin kx)$$

这里 a_k,b_k 为 $f(x)$ 的傅里叶系数. 逼近误差为

$$\|f-S_n\|^2=\int_{-\pi}^{\pi}f^2(x)\mathrm{d}x-\pi\left[\frac{a_0^2}{2}+\sum_{k=1}^{n}(a_k^2+b_k^2)\right]$$

证明 任取 $T_n=\frac{\alpha_0}{2}+\sum\limits_{k=1}^{n}(\alpha_k\cos kx+\beta_k\sin kx)\in T$, 则

$$\int_{-\pi}^{\pi}(f(x)-T_n(x))^2\,\mathrm{d}x=\int_{-\pi}^{\pi}f^2(x)\mathrm{d}x-2\int_{-\pi}^{\pi}f(x)T_n(x)\,\mathrm{d}x+\int_{-\pi}^{\pi}T_n^2(x)\,\mathrm{d}x$$

由于

$$\begin{aligned}\int_{-\pi}^{\pi}f(x)T_n(x)\,\mathrm{d}x&=\frac{\alpha_0}{2}\int_{-\pi}^{\pi}f(x)\mathrm{d}x+\sum_{k=1}^{n}\left(\alpha_k\int_{-\pi}^{\pi}f(x)\cos kx\mathrm{d}x+\beta_k\int_{-\pi}^{\pi}f(x)\sin kx\mathrm{d}x\right)\\&=\frac{\pi a_0\alpha_0}{2}+\pi\sum_{k=1}^{n}(a_k\alpha_k+b_k\beta_k)\end{aligned}$$

$$\begin{aligned}\int_{-\pi}^{\pi} T_n^2(x)\mathrm{d}x &= \int_{-\pi}^{\pi}\left(\frac{\alpha_0}{2}+\sum_{k=1}^{n}(\alpha_k\cos kx+\beta_k\sin kx)\right)^2\mathrm{d}x\\ &= \int_{-\pi}^{\pi}\left(\frac{\alpha_0}{2}\right)^2\mathrm{d}x+\sum_{k=1}^{n}\left(\alpha_k^2\int_{-\pi}^{\pi}\cos^2 kx\mathrm{d}x+\beta_k^2\int_{-\pi}^{\pi}\sin^2 kx\mathrm{d}x\right)\\ &= \frac{\pi\alpha_0^2}{2}+\pi\sum_{k=1}^{n}(\alpha_k^2+\beta_k^2)\end{aligned}$$

所以

$$\begin{aligned}&\int_{-\pi}^{\pi}(f(x)-T_n(x))^2\mathrm{d}x\\ =&\int_{-\pi}^{\pi} f^2(x)\mathrm{d}x-\pi a_0\alpha_0-2\pi\sum_{k=1}^{n}(a_k\alpha_k+b_k\beta_k)+\frac{\pi\alpha_0^2}{2}+\pi\sum_{k=1}^{n}(\alpha_k^2+\beta_k^2)\\ =&\int_{-\pi}^{\pi} f^2(x)\mathrm{d}x+\frac{\pi(\alpha_0-a_0)^2}{2}+\pi\sum_{k=1}^{n}\left[(\alpha_k-a_k)^2+(\beta_k-b_k)^2\right]-\pi\left[\frac{a_0^2}{2}+\sum_{k=1}^{n}(a_k^2+b_k^2)\right]\end{aligned}$$

当 $\alpha_0=a_0,\alpha_k=a_k,\beta_k=b_k,k=1,2,\cdots,n$ 时得到 f 在 T 上最佳平方逼近元

$$S_n=\frac{a_0}{2}+\sum_{k=1}^{n}(a_k\cos kx+b_k\sin kx)$$

逼近误差

$$\|f-S_n\|^2=\int_{-\pi}^{\pi} f^2(x)\mathrm{d}x-\pi\left[\frac{a_0^2}{2}+\sum_{k=1}^{n}(a_k^2+b_k^2)\right]$$

定理得证.

由于 $\displaystyle\int_{-\pi}^{\pi} f^2(x)\mathrm{d}x-\pi\left[\frac{a_0^2}{2}+\sum_{k=1}^{n}(a_k^2+b_k^2)\right]\geqslant 0$, 进一步令 $n\to\infty$, 得到如下推论.

推论 11.2.1 (贝塞尔不等式) 设 $f\in R[-\pi,\pi]$, 则 $\displaystyle\frac{a_0^2}{2}+\sum_{n=1}^{\infty}(a_n^2+b_n^2)\leqslant\frac{1}{\pi}\int_{-\pi}^{\pi} f^2(x)\mathrm{d}x$.

在定理 11.2.1 的条件下有 $\displaystyle\lim_{n\to\infty}\left[\int_{-\pi}^{\pi} f^2(x)\mathrm{d}x-\pi\left(\frac{a_0^2}{2}+\sum_{k=1}^{n}(a_k^2+b_k^2)\right)\right]=0$, 即下列定理成立, 证明留给读者完成.

定理 11.2.2 (帕塞瓦尔等式) 设 $f\in R[-\pi,\pi]$, 则

$$\frac{a_0^2}{2}+\sum_{n=1}^{\infty}(a_n^2+b_n^2)=\frac{1}{\pi}\int_{-\pi}^{\pi} f^2(x)\mathrm{d}x$$

定义 11.2.4 (平方收敛) 如果函数序列 $\{f_n(x)\}$ 满足 $\displaystyle\lim_{n\to\infty}\|f_n-f\|=0$, 则称 $\{f_n(x)\}$ 平方收敛于 $f(x)$.

在上面讨论基础上有下面结论.

定理 11.2.3 (傅里叶平方逼近定理) 设 $f(x)\in R[-\pi,\pi]$, 则 $f(x)$ 的傅里叶级数的前 n 项和序列平方收敛于 $f(x)$.

例 11.2.1 设 $f(x),g(x)\in R[-\pi,\pi]$, 则

$$\frac{1}{\pi}\int_{-\pi}^{\pi}f(x)g(x)\mathrm{d}x=\frac{a_0\alpha_0}{2}+\sum_{n=1}^{\infty}(a_n\alpha_n+b_n\beta_n)$$

其中 a_n,b_n 为 $f(x)$ 的傅里叶系数, α_n,β_n 为 $g(x)$ 的傅里叶系数.

证明 由 $f(x)+g(x),f(x)-g(x)$ 的帕塞瓦尔等式

$$\frac{1}{\pi}\int_{-\pi}^{\pi}(f(x)+g(x))^2\mathrm{d}x=\frac{(a_0+\alpha_0)^2}{2}+\sum_{n=1}^{\infty}\left[(a_n+\alpha_n)^2+(b_n+\beta_n)^2\right]$$

$$\frac{1}{\pi}\int_{-\pi}^{\pi}(f(x)-g(x))^2\mathrm{d}x=\frac{(a_0-\alpha_0)^2}{2}+\sum_{n=1}^{\infty}\left[(a_n-\alpha_n)^2+(b_n-\beta_n)^2\right]$$

两式相减即可得到结论, 结论得证.

例 11.2.2 设 $f(x)$ 是以 2π 为周期的连续函数, 且在 $[-\pi,\pi]$ 上分段光滑, 则 $f(x)$ 的傅里叶级数一致收敛于 $f(x)$.

证明 $f(x)$ 在 $[-\pi,\pi]$ 上分段光滑, 则 $f'(x)$ 在 $[-\pi,\pi]$ 上可积分且 $f(x)$ 在不可导点 $\{x_1,x_2,\cdots,x_n\}$ 处的广义左右导数都存在. 不妨假设 $f'(x)$ 有唯一间断点 $x^*\in(-\pi,\pi)$, 则

$$\begin{aligned}
a_n-\frac{1}{\pi}\int_{-\pi}^{\pi}f(x)\cos nx\mathrm{d}x&=\frac{1}{\pi}\int_{-\pi}^{x^*}f(x)\cos nx\mathrm{d}x+\frac{1}{\pi}\int_{x^*}^{\pi}f(x)\cos nx\mathrm{d}x\\
&=\frac{1}{\pi}\int_{-\pi}^{x^*}f(x)\left(\frac{\sin nx}{n}\right)'\mathrm{d}x+\frac{1}{\pi}\int_{x^*}^{\pi}f(x)\left(\frac{\sin nx}{n}\right)'\mathrm{d}x\\
&=-\frac{1}{n\pi}\int_{-\pi}^{x^*}f'(x)\sin nx\mathrm{d}x-\frac{1}{n\pi}\int_{x^*}^{\pi}f'(x)\sin nx\mathrm{d}x\\
&=-\frac{1}{n\pi}\int_{-\pi}^{\pi}f'(x)\sin nx\mathrm{d}x\quad(n=1,2,\cdots)
\end{aligned}$$

同理

$$b_n=\frac{1}{n\pi}\int_{-\pi}^{\pi}f'(x)\cos nx\mathrm{d}x\quad(n=1,2,\cdots)$$

设 $f'(x)$ 的形式傅里叶级数为

$$f'(x)\sim\frac{a_0'}{2}+\sum_{n=1}^{\infty}(a_n'\cos nx+b_n'\sin nx)$$

则 $a_n=-\frac{1}{n}b_n',b_n=\frac{1}{n}a_n'$. 又因为

$$\begin{aligned}
\sum_{n=1}^{\infty}[|a_n|+|b_n|]&=\sum_{n=1}^{\infty}\frac{1}{n}[|a_n'|+|b_n'|]\\
&\leqslant\frac{1}{2}\sum_{n=1}^{\infty}\left[\frac{1}{n^2}+2(a_n')^2+2(b_n')^2\right]\\
&=\sum_{n=1}^{\infty}\frac{1}{2n^2}+\sum_{n=1}^{\infty}\left[(a_n')^2+(b_n')^2\right]
\end{aligned}$$

由贝塞尔不等式

$$\frac{(a_0')^2}{2}+\sum_{n=1}^{\infty}\left[(a_n')^2+(b_n')^2\right]\leqslant\frac{1}{\pi}\int_{-\pi}^{\pi}(f'(x))^2\,\mathrm{d}x$$

从而级数 $\sum\limits_{n=1}^{\infty}\left[(a_n')^2+(b_n')^2\right]$ 收敛, 因此 $\sum\limits_{n=1}^{\infty}[|a_n|+|b_n|]$ 收敛. 根据函数项级数一致收敛的魏尔斯特拉斯定理, $f(x)$ 的傅里叶级数一致收敛于 $f(x)$.

习题 11.2 提高课 (1): 傅里叶级数的平方逼近

1. 写出函数

$$f(x)=\begin{cases}1, & |x|\leqslant\alpha,\\ 0, & \alpha<|x|<\pi\end{cases}\quad(0<\alpha<\pi)$$

的帕塞瓦尔等式, 并求级数 $\sum\limits_{n=1}^{\infty}\dfrac{\sin^2 n\alpha}{n^2},\sum\limits_{n=1}^{\infty}\dfrac{\cos^2 n\alpha}{n^2}$ 的和.

2. 设 $f(x)\in R[-\pi,\pi]$, 且 $f(x)$ 的傅立叶级数在 $[-\pi,\pi]$ 一致收敛到 $f(x)$, 证明

$$\frac{a_0^2}{2}+\sum_{n=1}^{\infty}(a_n^2+b_n^2)=\frac{1}{\pi}\int_{-\pi}^{\pi}f^2(x)\mathrm{d}x$$

3. 设 $f(x),f'(x)\in R[-\pi,\pi]$, 且 $\int_{-\pi}^{\pi}f(x)\,\mathrm{d}x=0, f(-\pi)=f(\pi)$, 证明

$$\int_{-\pi}^{\pi}[f(x)]^2\,\mathrm{d}x\leqslant\int_{-\pi}^{\pi}\left[f'(x)\right]^2\mathrm{d}x$$

扫码学习

11.3 提 高 课 (2)

11.3.1 傅里叶积分与傅里叶变换

在 11.2 节我们讨论了周期函数的傅里叶级数展开. 那么对于非周期函数, 是否也有类似的展开成立呢? 这就是本节傅里叶变换讨论的内容.

为了讨论在 $(-\infty,+\infty)$ 上可积的非周期函数 $f(x)$ 的傅里叶级数, 研究的思路是先取 $f(x)$ 在 $[-T,T]$ 上的部分, 即把它视为仅仅定义在 $[-T,T]$ 上的函数, 再以 $2T$ 为周期, 将它延拓为 $(-\infty,+\infty)$ 上的周期函数 $f_T(x)$. 对周期函数 $f_T(x)$ 进行傅里叶级数展开, 再令 T 趋于无穷大. 这里需要用到欧拉公式 $\mathrm{e}^{\mathrm{i}\theta}=\cos\theta+\mathrm{i}\sin\theta$ 以及下面公式:

$$\cos\theta=\frac{\mathrm{e}^{\mathrm{i}\theta}+\mathrm{e}^{-\mathrm{i}\theta}}{2},\quad \sin\theta=\frac{\mathrm{e}^{\mathrm{i}\theta}-\mathrm{e}^{-\mathrm{i}\theta}}{2\mathrm{i}}=-\frac{\mathrm{i}}{2}\left(\mathrm{e}^{\mathrm{i}\theta}-\mathrm{e}^{-\mathrm{i}\theta}\right)$$

其中 $\mathrm{i}=\sqrt{-1}$ 是虚数单位.

设 $f_T(x)\sim\dfrac{a_0}{2}+\sum\limits_{n=1}^{\infty}\left(a_n\cos\dfrac{n\pi x}{T}+b_n\sin\dfrac{n\pi x}{T}\right)$, $\dfrac{n\pi}{T}$ 为频率, 记 $\omega_n=\dfrac{n\pi}{T}$. 将欧拉公式代

入 $f_T(x)$, 得

$$
\begin{aligned}
f_T(x) &\sim \frac{a_0}{2}+\sum_{n=1}^{\infty}(a_n\cos\omega_n x+b_n\sin\omega_n x)\\
&=\frac{a_0}{2}+\sum_{n=1}^{\infty}\left(\frac{a_n-\mathrm{i}b_n}{2}\mathrm{e}^{\mathrm{i}\omega_n x}+\frac{a_n+\mathrm{i}b_n}{2}\mathrm{e}^{-\mathrm{i}\omega_n x}\right)
\end{aligned}
\tag{11.3.1}
$$

记

$$
\begin{aligned}
&c_0=a_0\\
&c_n=a_n-\mathrm{i}b_n=\frac{1}{T}\int_{-T}^{T}f_T(t)\mathrm{e}^{-\mathrm{i}\omega_n t}\mathrm{d}t\quad(n=1,2,\cdots)\\
&c_{-n}=a_n+\mathrm{i}b_n=\bar{c}_n
\end{aligned}
$$

则得到

$$
f_T(x)\sim\frac{c_0}{2}+\frac{1}{2}\sum_{n=1}^{+\infty}(c_n\mathrm{e}^{\mathrm{i}\omega_n x}+c_{-n}\mathrm{e}^{-\mathrm{i}\omega_n x})=\frac{1}{2}\sum_{n=-\infty}^{+\infty}c_n\mathrm{e}^{\mathrm{i}\omega_n x}
$$

上式称为傅里叶级数的复数形式. 将 c_n 的表达式代入上式得

$$
f_T(x)\sim\frac{1}{2T}\sum_{n=-\infty}^{+\infty}\left[\int_{-T}^{T}f_T(t)\mathrm{e}^{-\mathrm{i}\omega_n t}\mathrm{d}t\right]\mathrm{e}^{\mathrm{i}\omega_n x}
$$

记 $\Delta\omega=\omega_n-\omega_{n-1}=\dfrac{\pi}{T}$, 于是当 $T\to+\infty$ 时 $\Delta\omega\to 0$, 即

$$
f(x)=\lim_{T\to+\infty}f_T(x)\sim\lim_{\Delta\omega\to 0}\frac{1}{2\pi}\sum_{n=-\infty}^{+\infty}\left[\int_{-T}^{T}f_T(t)\mathrm{e}^{-\mathrm{i}\omega_n t}\mathrm{d}t\right]\mathrm{e}^{\mathrm{i}\omega_n x}\Delta\omega
\tag{11.3.2}
$$

记 $\phi_T(\omega)=\dfrac{1}{2\pi}\left(\displaystyle\int_{-T}^{T}f_T(t)\mathrm{e}^{-\mathrm{i}\omega t}\mathrm{d}t\right)\mathrm{e}^{\mathrm{i}\omega x}$, 则 (11.3.2) 式可写成

$$
f(x)\sim\lim_{\Delta\omega\to 0}\sum_{n=-\infty}^{+\infty}\phi_T(\omega_n)\Delta\omega
$$

由于 $\Delta\omega\to 0,\phi_T(\omega)\to\phi(\omega)=\dfrac{1}{2\pi}\left(\displaystyle\int_{-\infty}^{+\infty}f(t)\mathrm{e}^{-\mathrm{i}\omega t}\mathrm{d}t\right)\mathrm{e}^{\mathrm{i}\omega x}$, 于是形式上有

$$
f(x)\sim\frac{1}{2\pi}\int_{-\infty}^{+\infty}\left[\int_{-\infty}^{+\infty}f(t)\mathrm{e}^{-\mathrm{i}\omega t}\mathrm{d}t\right]\mathrm{e}^{\mathrm{i}\omega x}\mathrm{d}\omega
$$

定义积分

$$
\frac{1}{2\pi}\int_{-\infty}^{+\infty}\left[\int_{-\infty}^{+\infty}f(t)\mathrm{e}^{-\mathrm{i}\omega t}\mathrm{d}t\right]\mathrm{e}^{\mathrm{i}\omega x}\mathrm{d}\omega=\frac{1}{2\pi}\int_{-\infty}^{+\infty}\mathrm{d}\omega\int_{-\infty}^{+\infty}f(t)\mathrm{e}^{\mathrm{i}\omega(x-t)}\mathrm{d}t
$$

为函数 $f(x)$ 的傅里叶积分. 以上分析从形式上进行分析, 进一步通过严谨证明可以得到下面结论.

定理 11.3.1 设函数 f 在 $(-\infty,+\infty)$ 上绝对可积且在 $(-\infty,+\infty)$ 的任何闭子区间上分段光滑, 则 $f(x)$ 的傅里叶积分满足

$$\forall x\in(-\infty,+\infty):\frac{1}{2\pi}\int_{-\infty}^{+\infty}\mathrm{d}\omega\int_{-\infty}^{+\infty}f(t)\mathrm{e}^{\mathrm{i}\omega(x-t)}\mathrm{d}t=\frac{f(x+0)+f(x-0)}{2}$$

推论 11.3.1 设函数 f 在 $(-\infty,+\infty)$ 上绝对可积且连续, 在 $(-\infty,+\infty)$ 的任何闭子区间上分段光滑, 则 $f(x)$ 的傅里叶积分满足

$$\forall x\in(-\infty,+\infty):\frac{1}{2\pi}\int_{-\infty}^{+\infty}\mathrm{d}\omega\int_{-\infty}^{+\infty}f(t)\mathrm{e}^{\mathrm{i}\omega(x-t)}\mathrm{d}t=f(x)$$

将傅里叶积分写成如下形式:

$$\frac{1}{2\pi}\int_{-\infty}^{+\infty}\mathrm{d}\omega\int_{-\infty}^{+\infty}f(t)\mathrm{e}^{\mathrm{i}\omega(x-t)}\mathrm{d}t=\frac{1}{2\pi}\int_{-\infty}^{+\infty}\left[\int_{-\infty}^{+\infty}f(t)\mathrm{e}^{-\mathrm{i}\omega t}\mathrm{d}t\right]\mathrm{e}^{\mathrm{i}\omega x}\mathrm{d}\omega$$

由此给出傅里叶变换的定义.

定义 11.3.1 设函数 f 在 $(-\infty,+\infty)$ 上连续且满足定理 11.3.1 的条件, 定义

$$\hat{f}(\omega)=\int_{-\infty}^{+\infty}f(t)\mathrm{e}^{-\mathrm{i}\omega t}\mathrm{d}t\quad(\omega\in(-\infty,+\infty))$$

为 $f(x)$ 的傅里叶变换或像函数, 记为 $F[f]$, 即

$$F[f](\omega)=\hat{f}(\omega)=\int_{-\infty}^{+\infty}f(x)\mathrm{e}^{-\mathrm{i}\omega x}\mathrm{d}x$$

定义函数的傅里叶逆变换

$$F^{-1}[\hat{f}]=\frac{1}{2\pi}\int_{-\infty}^{+\infty}\hat{f}(\omega)\mathrm{e}^{\mathrm{i}\omega x}\mathrm{d}\omega,x\in(-\infty,+\infty)$$

设函数 f 在 $(-\infty,+\infty)$ 上连续且满足定理 11.3.1 的条件, 将 $f(x)$ 的傅里叶积分的实部和虚部分开, 得

$$f(x)=\frac{1}{2\pi}\int_{-\infty}^{+\infty}\mathrm{d}\omega\int_{-\infty}^{+\infty}f(t)\cos\omega(x-t)\mathrm{d}t+\frac{\mathrm{i}}{2\pi}\int_{-\infty}^{+\infty}\mathrm{d}\omega\int_{-\infty}^{+\infty}f(t)\sin\omega(x-t)\mathrm{d}t$$

令 $g_s(\omega)\triangleq\int_{-\infty}^{+\infty}f(t)\sin\omega(x-t)\mathrm{d}t$, $g_c(\omega)\triangleq\int_{-\infty}^{+\infty}f(t)\cos\omega(x-t)\mathrm{d}t$, 则

$$f(x)=\frac{1}{2\pi}\int_{-\infty}^{+\infty}g_c(\omega)\mathrm{d}\omega+\frac{\mathrm{i}}{2\pi}\int_{-\infty}^{+\infty}g_s(\omega)\mathrm{d}\omega$$

由于 $g_c(\omega)$ 是偶函数, $g_s(\omega)$ 是奇函数, 所以有

$$f(x)=\frac{1}{\pi}\int_{0}^{+\infty}\mathrm{d}\omega\int_{-\infty}^{+\infty}f(t)\cos\omega(x-t)\mathrm{d}t$$

上式称为 $f(x)$ 傅里叶级数的三角形式, 也称为实形式.

进一步

$$f(x)=\frac{1}{\pi}\int_0^{+\infty}\mathrm{d}\omega\int_{-\infty}^{+\infty}f(t)\left(\cos\omega x\cos\omega t+\sin\omega x\sin\omega t\right)\mathrm{d}t$$
$$=\frac{1}{\pi}\int_0^{+\infty}\mathrm{d}\omega\int_{-\infty}^{+\infty}f(t)\left(\cos\omega x\cos\omega t\right)\mathrm{d}t+\frac{1}{\pi}\int_0^{+\infty}\mathrm{d}\omega\int_{-\infty}^{+\infty}f(t)\left(\sin\omega x\sin\omega t\right)\mathrm{d}t$$

当 $f(x)$ 是偶函数时,

$$f(x)=\frac{2}{\pi}\int_0^{+\infty}\left[\int_0^{+\infty}f(t)\cos\omega t\mathrm{d}t\right]\cos\omega x\mathrm{d}\omega$$

当 $f(x)$ 是奇函数时,

$$f(x)=\frac{2}{\pi}\int_0^{+\infty}\left[\int_0^{+\infty}f(t)\sin\omega t\mathrm{d}t\right]\sin\omega x\mathrm{d}\omega$$

由此得到傅里叶余弦变换和逆变换

$$F_c[f]=\hat{f}_c(\omega)=\int_0^{+\infty}f(x)\cos\omega x\mathrm{d}x$$
$$F_c^{-1}[\hat{f}_c]=\frac{2}{\pi}\int_0^{+\infty}\hat{f}_c(\omega)\cos\omega x\mathrm{d}\omega$$

傅里叶正弦变换和逆变换

$$F_s[f]=\hat{f}_s(\omega)=\int_0^{+\infty}f(x)\sin\omega x\mathrm{d}x$$
$$F_s^{-1}[\hat{f}_s]=\frac{2}{\pi}\int_0^{+\infty}\hat{f}_s(\omega)\sin\omega x\mathrm{d}\omega$$

11.3.2 傅里叶变换的计算

本节讨论傅里叶变换和逆变换的计算.

例 11.3.1 设 $f(x)=\begin{cases}1, & |x|\leqslant\dfrac{a}{2},\\ 0, & |x|>\dfrac{a}{2},\end{cases}$ 计算 $\hat{f}(\omega)$.

解 由傅里叶变换公式

$$\hat{f}(\omega)=\int_{-\infty}^{+\infty}f(x)\mathrm{e}^{-\mathrm{i}\omega x}\mathrm{d}x=\int_{-\frac{a}{2}}^{\frac{a}{2}}1\cdot\mathrm{e}^{-\mathrm{i}\omega x}\mathrm{d}x$$
$$=-\frac{1}{\mathrm{i}\omega}\int_{-\frac{a}{2}}^{\frac{a}{2}}\mathrm{d}\mathrm{e}^{-\mathrm{i}\omega x}=-\frac{1}{\mathrm{i}\omega}\left(\mathrm{e}^{-\mathrm{i}\omega\cdot\frac{a}{2}}-\mathrm{e}^{\mathrm{i}\omega\cdot\frac{a}{2}}\right)$$
$$=-\frac{1}{\mathrm{i}\omega}\left[\cos\left(\omega\cdot\frac{a}{2}\right)-\mathrm{i}\sin\left(\omega\cdot\frac{a}{2}\right)-\cos\left(\omega\cdot\frac{a}{2}\right)-\mathrm{i}\sin\left(\omega\cdot\frac{a}{2}\right)\right]$$
$$=\frac{2\sin\left(\omega\cdot\dfrac{a}{2}\right)}{\omega}$$

原函数 $f(x)$ 和像函数 $\hat{f}(\omega)$ 的图形如图 11.3.1 所示.

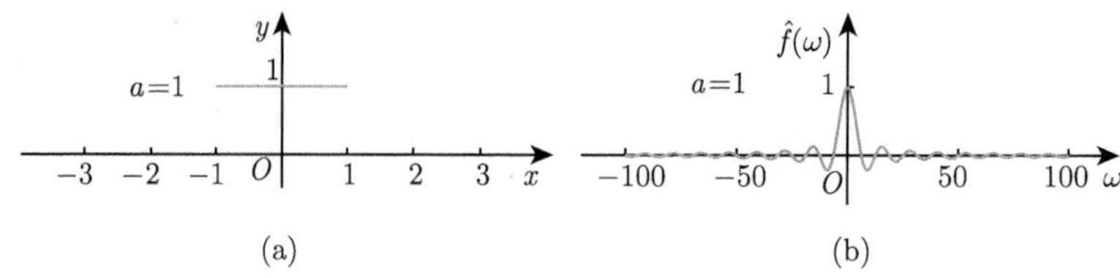

(a) (b)

图 11.3.1

例 11.3.2 设 $f(x)=\begin{cases}1-\dfrac{|x|}{a}, & |x|\leqslant a,\\ 0, & |x|>a,\end{cases}$ 计算 $\hat{f}(\omega)$.

解 由傅里叶变换公式

$$\begin{aligned}\hat{f}(\omega)&=\int_{-\infty}^{+\infty}f(x)\mathrm{e}^{-\mathrm{i}\omega x}\mathrm{d}x=\int_{-a}^{a}f(x)\mathrm{e}^{-\mathrm{i}\omega x}\mathrm{d}x\\&=\int_{-a}^{0}\left(\frac{x}{a}+1\right)\mathrm{e}^{-\mathrm{i}\omega x}\mathrm{d}x+\int_{0}^{a}\left(-\frac{x}{a}+1\right)\mathrm{e}^{-\mathrm{i}\omega x}\mathrm{d}x\\&=\int_{-a}^{a}\mathrm{e}^{-\mathrm{i}\omega x}\mathrm{d}x+\frac{1}{a}\int_{-a}^{0}x\mathrm{e}^{-\mathrm{i}\omega x}\mathrm{d}x-\frac{1}{a}\int_{0}^{a}x\mathrm{e}^{-\mathrm{i}\omega x}\mathrm{d}x\end{aligned}$$

由于

$$\int_{-a}^{a}\mathrm{e}^{-\mathrm{i}\omega x}\mathrm{d}x=-\frac{1}{\mathrm{i}\omega}\int_{-a}^{a}\mathrm{d}\mathrm{e}^{-\mathrm{i}\omega x}=-\frac{1}{\mathrm{i}\omega}\left(\mathrm{e}^{-\mathrm{i}\omega a}-\mathrm{e}^{\mathrm{i}\omega a}\right)=-\frac{1}{\mathrm{i}\omega}\mathrm{e}^{-\mathrm{i}\omega a}+\frac{1}{\mathrm{i}\omega}\mathrm{e}^{\mathrm{i}\omega a}$$

$$\begin{aligned}\frac{1}{a}\int_{-a}^{0}x\mathrm{e}^{-\mathrm{i}\omega x}\mathrm{d}x&=-\frac{1}{\mathrm{i}\omega a}\int_{-a}^{0}x\mathrm{d}\mathrm{e}^{-\mathrm{i}\omega x}\\&=-\frac{1}{\mathrm{i}\omega a}\left(x\mathrm{e}^{-\mathrm{i}\omega x}\Big|_{-a}^{0}-\int_{-a}^{0}\mathrm{e}^{-\mathrm{i}\omega x}\mathrm{d}x\right)=-\frac{1}{\mathrm{i}\omega a}\left(a\mathrm{e}^{\mathrm{i}\omega a}+\frac{1}{\mathrm{i}\omega}\int_{-a}^{0}\mathrm{d}\mathrm{e}^{-\mathrm{i}\omega x}\right)\\&=-\frac{1}{\mathrm{i}\omega}\mathrm{e}^{\mathrm{i}\omega a}-\frac{1}{\omega^2 a}\mathrm{e}^{\mathrm{i}\omega a}+\frac{1}{\omega^2 a}\end{aligned}$$

$$\begin{aligned}\frac{1}{a}\int_{0}^{a}x\mathrm{e}^{-\mathrm{i}\omega x}\mathrm{d}x&=-\frac{1}{\mathrm{i}\omega a}\int_{0}^{a}x\mathrm{d}\mathrm{e}^{-\mathrm{i}\omega x}\\&=-\frac{1}{\mathrm{i}\omega a}\left(x\mathrm{e}^{-\mathrm{i}\omega x}\Big|_{0}^{a}-\int_{0}^{a}\mathrm{e}^{-\mathrm{i}\omega x}\mathrm{d}x\right)=-\frac{1}{\mathrm{i}\omega a}\left(a\mathrm{e}^{-\mathrm{i}\omega a}+\frac{1}{\mathrm{i}\omega}\left(\mathrm{e}^{-\mathrm{i}\omega a}-1\right)\right)\\&=-\frac{1}{\mathrm{i}\omega}\mathrm{e}^{-\mathrm{i}\omega a}+\frac{1}{\omega^2 a}\mathrm{e}^{-\mathrm{i}\omega a}-\frac{1}{\omega^2 a}\end{aligned}$$

所以

$$\begin{aligned}\hat{f}(\omega)&=\frac{2}{\omega^2 a}-\left(\frac{1}{\omega^2 a}\mathrm{e}^{\mathrm{i}\omega a}+\frac{1}{\omega^2 a}\mathrm{e}^{-\mathrm{i}\omega a}\right)\\&=\frac{2}{\omega^2 a}-\frac{1}{\omega^2 a}(\cos\omega a+\mathrm{i}\sin\omega a+\cos\omega a-\mathrm{i}\sin\omega a)\\&=a\left(\sin\frac{\omega a}{2}\right)^2\Big/\left(\frac{\omega a}{2}\right)^2\end{aligned}$$

原函数 $f(x)$ 和像函数 $\hat{f}(\omega)$ 的图像如图 11.3.2 所示.

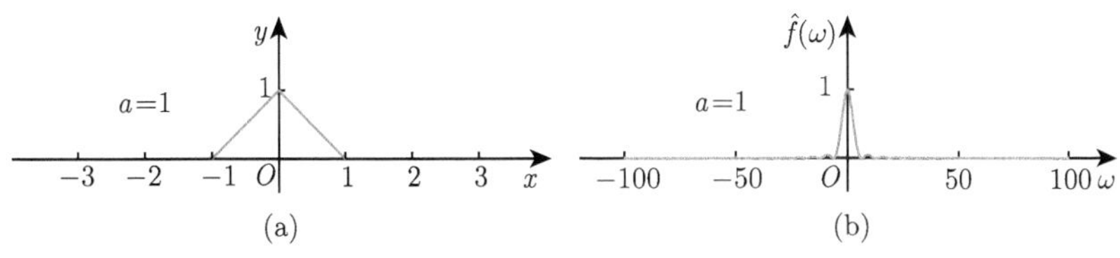

图 11.3.2

例 11.3.3 设 $f(x)=\mathrm{e}^{-a|x|}\ (a>0)$, 求 $\hat{f}(\omega)$.

解 由傅里叶变换公式

$$
\begin{aligned}
\hat{f}(\omega) &= \int_{-\infty}^{+\infty} f(x)\mathrm{e}^{-\mathrm{i}\omega x}\mathrm{d}x = \int_{-\infty}^{+\infty} \mathrm{e}^{-a|x|}\mathrm{e}^{-\mathrm{i}\omega x}\mathrm{d}x \\
&= \int_{-\infty}^{0} \mathrm{e}^{(-\mathrm{i}\omega+a)x}\mathrm{d}x + \int_{0}^{+\infty} \mathrm{e}^{(-\mathrm{i}\omega-a)x}\mathrm{d}x \\
&= \frac{1}{-\mathrm{i}\omega+a}\int_{-\infty}^{0} \mathrm{d}\mathrm{e}^{(-i\omega+a)x} + \frac{1}{-\mathrm{i}\omega-a}\int_{0}^{+\infty} \mathrm{d}\mathrm{e}^{(-i\omega-a)x} \\
&= \frac{1}{-\mathrm{i}\omega+a}(1-0) + \frac{1}{-\mathrm{i}\omega-a}(0-1) = \frac{\mathrm{i}\omega+a}{a^2+\omega^2} + \frac{-\mathrm{i}\omega+a}{a^2+\omega^2} = \frac{2a}{a^2+\omega^2}
\end{aligned}
$$

原函数 $f(x)$ 和像函数 $\hat{f}(\omega)$ 的图像如图 11.3.3 所示.

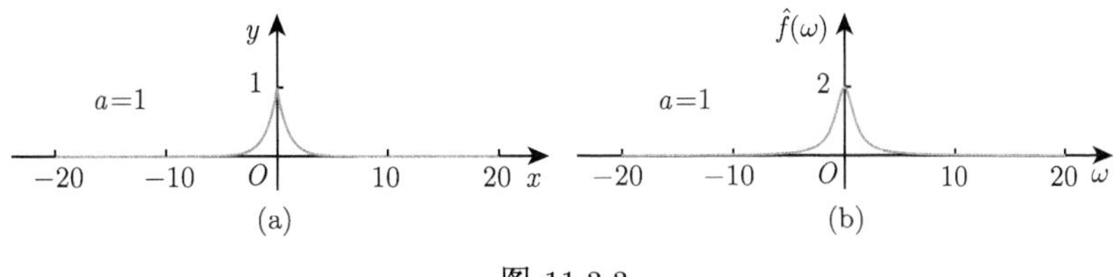

图 11.3.3

11.3.3 傅里叶变换的性质

本节讨论傅里叶变换的性质.

(1) **线性性质** 设 c_1, c_2 是常数, 若 f, g 的傅里叶变换存在, 则

$$
F[c_1 f + c_2 g] = c_1 F[f] + c_2 F[g]
$$

若 $\hat{f}=F[f], \hat{g}=F[g]$ 的傅里叶逆变换存在, 则

$$
F^{-1}[c_1\hat{f} + c_2\hat{g}] = c_1 F^{-1}[\hat{f}] + c_2 F^{-1}[\hat{g}]
$$

(2) **位移性质** 若函数 f 的傅里叶变换存在, 则

$$
F[f(x\pm x_0)](\omega) = F[f](\omega)\mathrm{e}^{\pm\mathrm{i}\omega x_0}
$$

若 $\hat{f}=F[f]$ 的逆变换存在, 则

$$
F^{-1}[\hat{f}(\omega\pm\omega_0)](x) = F^{-1}[\hat{f}](x)\mathrm{e}^{\mp\mathrm{i}\omega_0 x}
$$

(3) **尺度变换性质** $F[f(ax)]=\dfrac{1}{|a|}\hat{f}\left(\dfrac{\omega}{a}\right)$;

频率尺度性质 $F\left[\dfrac{1}{a}f\left(\dfrac{x}{a}\right)\right]=\hat{f}\left(a\omega\right)$.

(4) **微分性质** 设函数 $f(x)$ 在 $(-\infty,+\infty)$ 上有连续的导数, 且 $f(x)$ 与 $f'(x)$ 在 $(-\infty,+\infty)$ 上绝对可积, 若 $\lim\limits_{x\to\infty}f(x)=0$, 则

$$F[f']=\mathrm{i}\omega\cdot F[f]$$

若 $f(x)$ 和 $xf(x)$ 在 $(-\infty,+\infty)$ 上绝对可积, 则

$$F[-\mathrm{i}x\cdot f]=(F[f])'$$

下面给出性质 (2) 和性质 (3) 的证明, 其余留给读者证明.

(2) **证明**

$$F[f(x+x_0)](\omega)=\int_{-\infty}^{+\infty}f(x+x_0)\mathrm{e}^{-\mathrm{i}\omega x}\mathrm{d}x=\int_{-\infty}^{+\infty}f(u)\mathrm{e}^{-\mathrm{i}\omega(u-x_0)}\mathrm{d}u=\mathrm{e}^{\mathrm{i}\omega x_0}F[f(x)](\omega)$$

(3) **证明** 当 $a>0$ 时

$$\begin{aligned}F[f(ax)]\,(\omega)&=\int_{-\infty}^{+\infty}f(ax)\mathrm{e}^{-\mathrm{i}\omega x}\mathrm{d}x\\&=\frac{1}{a}\int_{-\infty}^{+\infty}f(u)\mathrm{e}^{-\mathrm{i}\omega u/a}\mathrm{d}u\quad(u=ax)\\&=\frac{1}{a}\int_{-\infty}^{+\infty}f(u)\mathrm{e}^{(-\mathrm{i}\omega/a)u}\mathrm{d}u=\frac{1}{a}\hat{f}\left(\frac{\omega}{a}\right)\end{aligned}$$

同理 $a<0$ 时成立.

定义 11.3.2 设函数 f,g 定义在 $(-\infty,+\infty)$ 上, 且积分

$$(f*g)(x)=\int_{-\infty}^{+\infty}f(t)g(x-t)\mathrm{d}t$$

存在, 则称函数 $f*g$ 为 f 和 g 的卷积. 显然, 卷积具有对称性, 即 $f*g=g*f$.

(5) **卷积性质** 设函数 f 和 g 在 $(-\infty,+\infty)$ 上绝对可积, 则

$$F[f*g]=F[f]\cdot F[g]$$

(6) **帕塞瓦尔等式** 设函数 f 和 g 在 $(-\infty,+\infty)$ 上绝对可积, 且 $\int_{-\infty}^{+\infty}[f(x)]^2\mathrm{d}x$ 收敛, 则

$$\int_{-\infty}^{+\infty}[f(x)]^2\mathrm{d}x=\frac{1}{2\pi}\int_{-\infty}^{+\infty}|\hat{f}(\omega)|^2\mathrm{d}\omega$$

例 11.3.4 求解微分方程 $u''(x)-a^2u(x)+2af(x)=0$, 其中 $x\in(-\infty,+\infty)$, $a>0$ 为常数.

解 对方程两边作傅里叶变换, 由傅里叶变换的微分性质, 得

$$F[u'']=\mathrm{i}\omega F[u']=-\omega^2F[u]$$

$$F[u] = \frac{2a}{a^2+\omega^2}F[f]$$

由 $F[\mathrm{e}^{-a|x|}] = \dfrac{2a}{a^2+\omega^2}(a>0)$ 和卷积性质得到

$$\begin{aligned} u(x) &= F^{-1}\left[\frac{2a}{a^2+\omega^2}\cdot F[f]\right] = F^{-1}\left[\frac{2a}{a^2+\omega^2}\right] * F^{-1}\left[F[f]\right] \\ &= f * \mathrm{e}^{-a|x|} = \int_{-\infty}^{+\infty} f(t)\mathrm{e}^{-a|x-t|}\mathrm{d}t \end{aligned}$$

复数形式傅里叶级数和傅里叶积分具有重要的应用价值. 以 T 为周期的函数是频率为 $\omega = \dfrac{\pi}{T}$ 的振荡函数. 对于傅里叶级数

$$f(x) \sim \frac{a_0}{2} + \sum_{n=1}^{\infty}(a_n\cos n\omega x + b_n \sin n\omega x) = \frac{1}{2}\sum_{n=-\infty}^{+\infty} c_n \mathrm{e}^{\mathrm{i}n\omega x}$$

ω 称为基频, $\sin\omega x, \cos\omega x$ 称为正弦波、余弦波. $\sin n\omega x, \cos n\omega x$ 称为 n 次谐波. $n\omega$ 称为谐频. 谐波振幅为

$$\sqrt{a_n^2+b_n^2} = |c_n| = \frac{1}{T}\left|\int_{-T}^{T} f(x)\mathrm{e}^{-\mathrm{i}n\omega x}\mathrm{d}x\right|$$

理解成该谐波在整体中的强度.

在热学、声学、光学、电工学、核物理等许多领域需要对复函数的频率 $\omega_n = \dfrac{n\pi}{T}$ 和振幅 $|c_n| = \sqrt{a_n^2+b_n^2}$ 进行计算、分析 (称为频谱分析)、叠加、滤波等处理, 复数表达式形式对于简化处理过程有优越性.

傅里叶变换和离散傅里叶变换、快速傅里叶变换在信息传输、频谱分析、图像处理、数据压缩等领域都有重要的应用.

11.3.4 离散傅里叶变换

传统数字信号传输方法是利用无线电技术传输信号时, 将连续信号进行某种调制处理后直接传送的, 本质上传送的还是连续信号. 这样的传输方式抗干扰能力差, 失真严重.

信号离散的传输方法是每隔一段时间 Δt, 从信号中提取一个数值脉冲 (数值抽样), 将连续信号转化成数据序列: $x(0), x(1), x(2), \cdots, x(N-1)$. 只要抽取的时间间隔足够小, 这列数据就能很好地反映原信号, 接收方通过逆向处理, 可以复原出所传递的信号. 这种方法具有抗干扰能力强, 信号还原质量高, 易于加密和解密等优点. 如图 11.3.4 所示.

实际遇到的问题是为了保证接收的质量, Δt 必须取得很小, 即 N 非常大. 因此直接发送这列数据将会长时间地占用传输设备和线路. 所以在抽样之后需要对数据序列

$$x(0), x(1), x(2), \cdots, x(N-1)$$

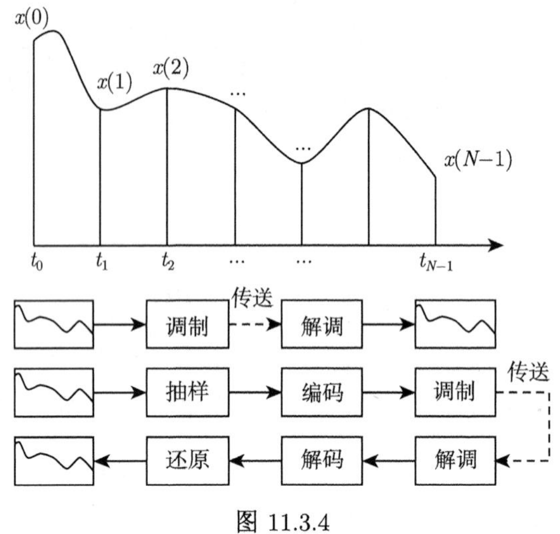

图 11.3.4

进行简化和压缩. 由于序列中数据的大小是散乱的, 因此一方面我们不能随意舍弃某些数据, 另一方面压缩的效果也比较差. 解决问题的方法是离散傅里叶变换. 对数据序列 $x(0), x(1), x(2), \cdots, x(N-1)$ 进行离散傅里叶变换,

$$X(j)=\sum_{n=0}^{N-1} x(n)\, \mathrm{e}^{-2\pi \mathrm{i}\left(\frac{nj}{N}\right)} \quad \left(j=0,1,2, \cdots, N-1, \mathrm{i}=\sqrt{-1}\right)$$

$$\{x(0), x(1), x(2), \cdots, x(N-1)\} \Rightarrow\{X(0), X(1), X(2), \cdots, X(N-1)\}$$

离散傅里叶变换可以看成是傅里叶变换 $\hat{f}(\omega)=\int_{-\infty}^{+\infty} f(x)\, \mathrm{e}^{-\mathrm{i} \omega x} \mathrm{d} x$ 的一种离散的近似形式的推广.

由正交关系式

$$\frac{1}{N} \sum_{n=0}^{N-1}\left(\mathrm{e}^{-2\pi \mathrm{i} \frac{nj}{N}}\right)\left(\mathrm{e}^{2\pi \mathrm{i} \frac{nk}{N}}\right)=\delta_{j, k}=\begin{cases}1, & j=k \\ 0, & j \neq k\end{cases}$$

有

$$\begin{aligned}
\frac{1}{N} \sum_{j=0}^{N-1} X(j)\, \mathrm{e}^{2\pi \mathrm{i} \frac{jk}{N}} &=\frac{1}{N} \sum_{j=0}^{N-1}\left(\sum_{n=0}^{N-1} x(n) \mathrm{e}^{-2\pi \mathrm{i} \frac{nj}{N}}\right) \mathrm{e}^{2\pi \mathrm{i} \frac{jk}{N}} \\
&=\sum_{n=0}^{N-1} x(n)\left[\frac{1}{N} \sum_{j=0}^{N-1} \mathrm{e}^{-2\pi \mathrm{i} \frac{nj}{N}} \mathrm{e}^{2\pi \mathrm{i} \frac{jk}{N}}\right]=\sum_{n=0}^{N-1} x(n)\, \delta_{n, k}=x(k)
\end{aligned}$$

得到离散傅里叶逆变换

$$x(k)=\frac{1}{N} \sum_{j=0}^{N-1} X(j)\, \mathrm{e}^{2\pi \mathrm{i} \frac{jk}{N}} \quad\left(k=0,1,2, \cdots, N-1, \mathrm{i}=\sqrt{-1}\right)$$

于是给定信号序列 $x(0), x(1), x(2), \cdots, x(N-1)$ 的离散傅里叶变换和逆变换分别为

$$X(j)=\sum_{n=0}^{N-1} x(n) \mathrm{e}^{-2\pi \mathrm{i}\left(\frac{nj}{N}\right)} \quad \left(j=0,1,2,\cdots,N-1, \mathrm{i}=\sqrt{-1}\right) \tag{11.3.3}$$

$$x(k)=\frac{1}{N} \sum_{j=0}^{N-1} X(j) \mathrm{e}^{2\pi \mathrm{i} \frac{jk}{N}} \quad (k=0,1,2,\cdots,N-1) \tag{11.3.4}$$

提出问题: 若发送方将 $x(0), x(1), x(2), \cdots, x(N-1)$ 作离散傅里叶变换后传输出去, 接收方可以对收到的数据进行离散傅里叶逆变换, 再现原始信号. 因为变换后的数据长度仍是 N, 并没有缩短, 况且还要额外支出两次变换的代价, 计算复杂度是否提高, 下面给出详细的分析.

应用实例 1 心电图信号分析

给定 1000 个心电图信号, 如图 11.3.5, 经过离散傅里叶变换 (11.3.3), 变换后的信号按模的大小升序排列, 99%的能量集中在模最大的 100 项中, 变换具有稀疏性. 如图 11.3.5 所示, 其中能量计算方法为 $\dfrac{\sum\limits_{i=0}^{k}|X(i)|^2}{\sum\limits_{i=0}^{N-1}|X(i)|^2}$, 即累加信号能量占总能量比重.

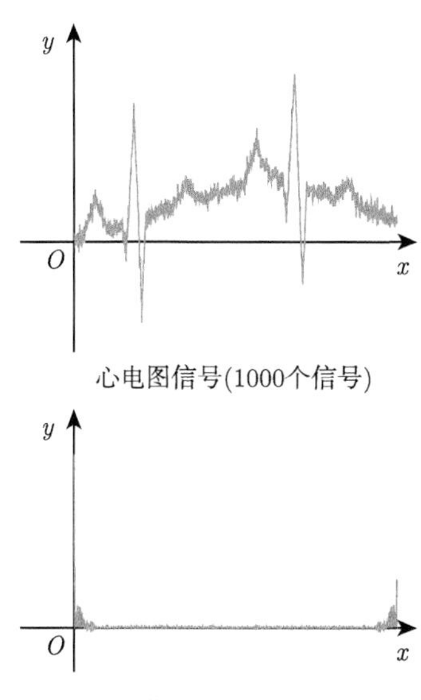

项数	能量累加和占总能量比重
1—100	0.007%
1—200	0.029%
1—300	0.065%
1—400	0.122%
1—500	0.205%
1—600	0.317%
1—700	0.453%
1—800	0.665%
1—900	0.999%
1—1000	100%

图 11.3.5

保留傅里叶变换后模最大的 10%信号 (其余信号置为零), 还原后的心电图信号, 如图 11.3.6 所示还原的心电图信号很好地逼近原始信号.

应用实例 2 脑电图信号分析

给定脑电图信号 900 个, 经过离散傅里叶变换 (11.3.3), 信号按模的大小升序排列, 96.5%的能量集中在模最大的 100 项中, 变换具有稀疏性. 如图 11.3.7 所示.

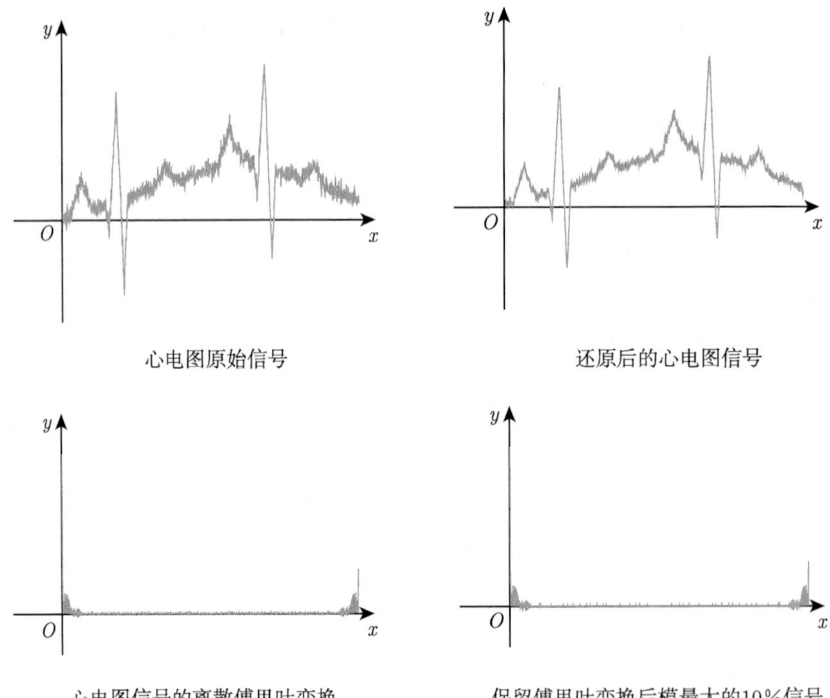

心电图原始信号　　还原后的心电图信号

心电图信号的离散傅里叶变换　　保留傅里叶变换后模最大的10%信号

图 11.3.6

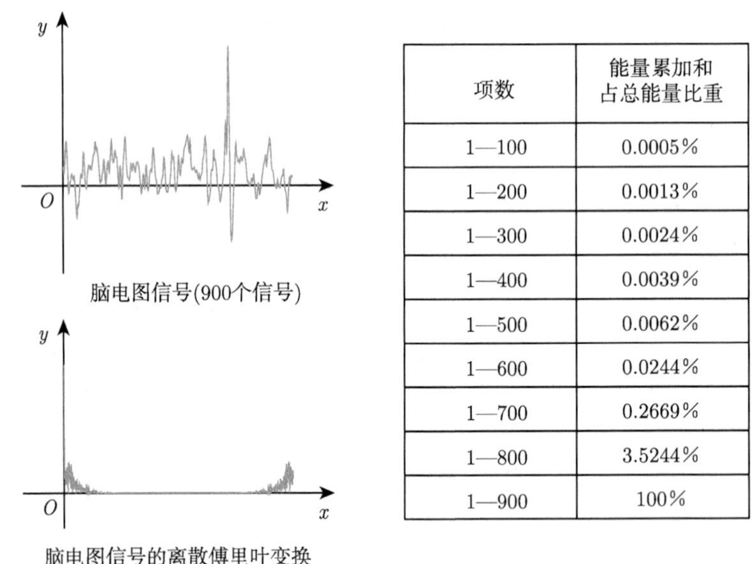

脑电图信号(900个信号)

脑电图信号的离散傅里叶变换

项数	能量累加和占总能量比重
1—100	0.0005%
1—200	0.0013%
1—300	0.0024%
1—400	0.0039%
1—500	0.0062%
1—600	0.0244%
1—700	0.2669%
1—800	3.5244%
1—900	100%

图 11.3.7

保留傅里叶变换后模最大的 10% 信号, 其余置为零, 还原信号, 如图 11.3.8 所示, 还原的信号很好地保留原始信号的信息.

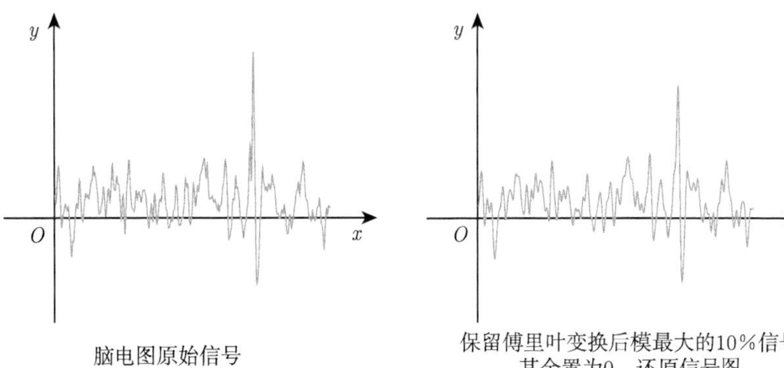

图 11.3.8

通过上面分析得到离散傅里叶变换的特点: ①变换后的信号 $\{X(0), X(1), \cdots, X(N-1)\}$ 排列有规律, 模较大的数据往往集中在序列中一两个较窄的范围内, 易于高效地压缩处理 (变换的稀疏性). ②变换后序列中的每个 $X(j)$ 包含原序列中所有信号的信息, 因此即使丢失了某些 $X(j)$, 仍可由其余数据基本正确地还原出原始数据. 这使得传输过程的抗干扰能力进一步提高. ③通过剔除某些较小的数据 (通常这类数据量很大), 使需要传输的序列大为缩短. ④离散傅里叶变换作一次变换需要进行 N^2 次复数乘法和 $N(N-1)$ 次复数加法, 实际使用中的 N 总是极为巨大的, 相应高昂的计算代价令人望而却步.

20 世纪 60 年代, 美国科学家库利 (James W. Cooley) 和塔基 (John W. Tukey) 提出快速傅里叶变换 (Fast Fourier Transform，FFT), 使得离散傅里叶变换真正获得生命力. FFT 变换技术是当今信息传输、频谱分析、图像处理、数据压缩等领域中最重要的数学工具之一, 下节将详细讨论.

11.3.5 快速傅里叶变换

本节对离散傅里叶变换 (11.3.3) 和逆变换 (11.3.4) 优化, 即快速傅里叶变换.

设 $N=2m$, 将 j 和 n 分别写成

$$j = mj_1 + j_0, \quad \begin{cases} j_0 = 0, 1, \cdots, m-1 \\ j_1 = 0, 1 \end{cases} \tag{11.3.5}$$

$$n = 2n_1 + n_0, \quad \begin{cases} n_0 = 0, 1 \\ n_1 = 0, 1, \cdots, m-1 \end{cases} \tag{11.3.6}$$

其中 $j, n = 0, 1, \cdots, N-1$. 记 $W_N = \mathrm{e}^{-\frac{2\pi\mathrm{i}}{N}}$, 由欧拉公式得

$$\begin{cases} W_N^2 = \mathrm{e}^{-\frac{2\pi\mathrm{i}}{m}} = W_m \\ W_N^m = \mathrm{e}^{-\pi\mathrm{i}} = -1 \\ W_N^{2m} = W_N^N = 1 \end{cases} \tag{11.3.7}$$

由 (11.3.5)—(11.3.7) 式进一步得

$$\begin{aligned} \mathrm{e}^{-2\pi\mathrm{i}\frac{nj}{N}} &= (W_N)^{nj} = (W_N)^{(2n_1+n_0)(mj_1+j_0)} \\ &= (W_N)^{2mn_1j_1}(W_N)^{mn_0j_1}(W_N)^{2n_1j_0}(W_N)^{n_0j_0} \\ &= (-1)^{n_0j_1}(W_m)^{n_1j_0}(W_N)^{n_0j_0} \end{aligned} \tag{11.3.8}$$

根据离散傅里叶变换公式, 利用 (11.3.8) 式得

$$X(j)=X(j_1,j_0)=\sum_{n=0}^{N-1}x(n)\,\mathrm{e}^{-2\pi\mathrm{i}\frac{nj}{N}}\quad(j=mj_1+j_0,n=2n_1+n_0)$$

$$=\sum_{n_1=0}^{m-1}\sum_{n_0=0}^{1}x(2n_1+n_0)(-1)^{n_0j_1}(W_m)^{n_1j_0}(W_N)^{n_0j_0}$$

$$=\sum_{n_0=0}^{1}(-1)^{n_0j_1}\left[(W_N)^{n_0j_0}\sum_{n_1=0}^{m-1}x(2n_1+n_0)(W_m)^{n_1j_0}\right]$$

令

$$z(n_0,j_0)=(W_N)^{n_0j_0}\sum_{n_1=0}^{m-1}x(2n_1+n_0)(W_m)^{n_1j_0}\tag{11.3.9}$$

其中 $\sum\limits_{n_1=0}^{m-1}x(2n_1+n_0)(W_m)^{n_1j_0}$ 表示分别对原信号偶数和奇数序列信号进行傅里叶变换, 得

$$X(j_1,j_0)=\sum_{n_0=0}^{1}(-1)^{n_0j_1}z(n_0,j_0),\quad n_0=0,1;j_1=0,1;j_0=0,1,\cdots,m-1\tag{11.3.10}$$

进行一次优化分解的算法过程如图 11.3.9 所示.

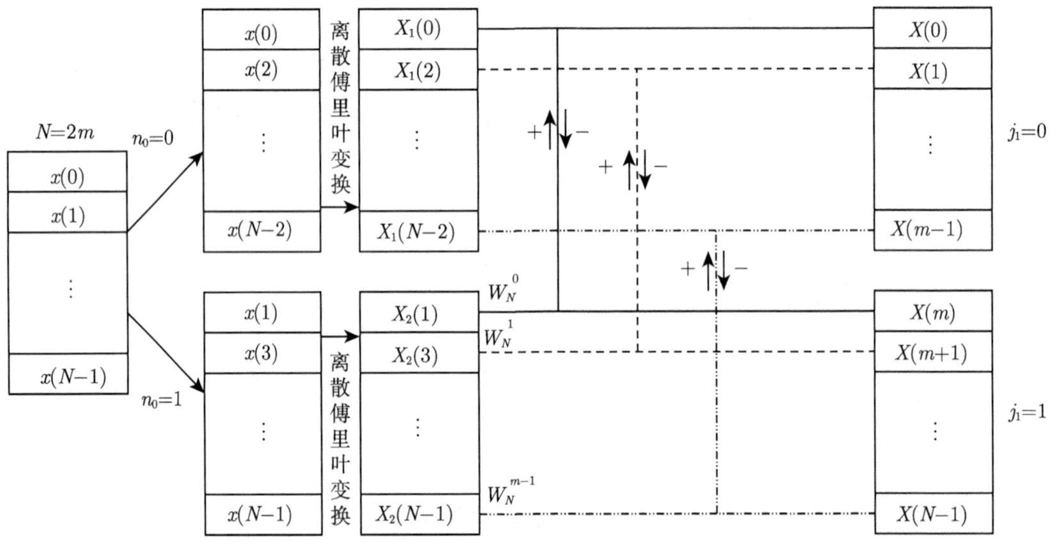

图 11.3.9

接下来分析一次优化的计算复杂度, 实际处理数据的时候, 因子 $\left\{(W_m)^{n_1j_0}\right\}$ 和 $\left\{(W_N)^{n_0j_0}\right\}$ 都是事先算好存储在计算机内的.

(11.3.9) 式复杂度分析: $n_0=0$ 时, $(W_N)^{n_0j_0}=1$, (11.3.10) 式有 m 次复数乘法, $m-1$ 次复数加法. 于是乘法: $m\times m$, 加法: $m\times(m-1)$. $n_0=1$ 时, $(W_N)^{n_0j_0}\neq1$, (11.3.9) 式有 $m+1$ 次复数乘法, $m-1$ 次复数加法. 于是乘法: $m\times(m+1)$, 加法: $m\times(m-1)$.

(11.3.10) 式复杂度分析: $2m$ 次复数加法. (11.3.10) 式总共需要做 $\dfrac{N^2}{2}+\dfrac{N}{2}$ 次复数乘法和 $\dfrac{N^2}{2}$ 次复数加法.

我们以 $N=2^3$ 为例, 利用数学归纳法分析 FFT 三次优化算法的计算过程, 如图 11.3.10 所示, FFT 计算量为 $4\times1+2\times2+1\times4=12$ 次复数乘法和 $4\times2+2\times4+1\times8=24$ 次复数加法.

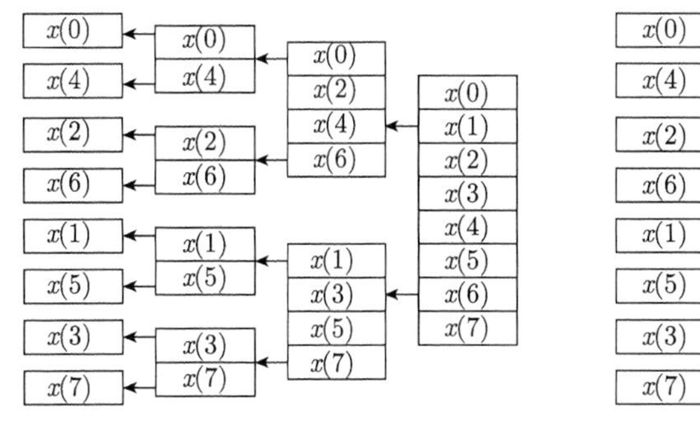

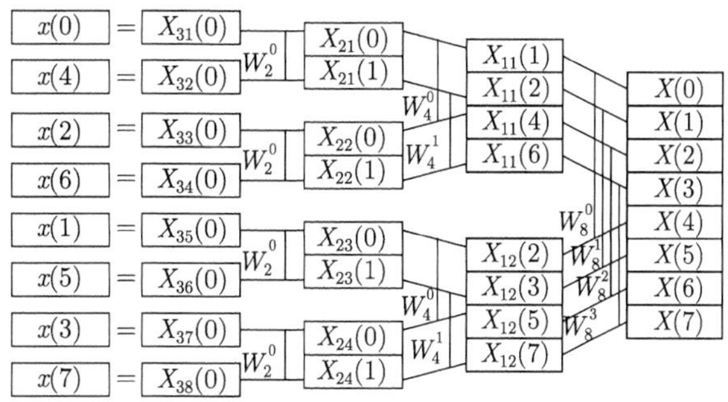

图 11.3.10

当 $N=2^k$ 时, 执行一个以 2 为底的完整的 FFT 经过 k 次优化, 其计算复杂度需复数乘法 $\dfrac{kN}{2}=\dfrac{1}{2}N\log_2 N$, 复数加法 $kN=N\log_2 N$. 由于 $\dfrac{\log_2 N}{N}\to 0,(N\to\infty)$, FFT 与离散傅里叶变换需要 N^2 次运算, 在数量级上有了重大改进, 节省的工作量相当惊人. 比如对 $N=2^{10}=1024$(对实际问题来讲, 这仅是一个很小的数字), 原算法的复数乘法次数就超过 FFT 的 200 倍!

计算直到 $m=2$ 为止的过程称为以 2 为底的 FFT 变换 (信号个数 $N=2^k$). 以 3 为底的 FFT 变换信号个数 $N=3^k$. 任何一个大于 1 的自然数都可以作为 FFT 变换的底, 在同一计算过程中还可以混合使用多个底数.

11.3.6 快速傅里叶变换应用实例

下面我们讨论快速傅里叶变换的应用.

FFT 变换的应用 1 数列卷积计算.

定义 11.3.3 设 $\{x(k)\}_{k=0}^{N-1}$ 和 $\{y(k)\}_{k=0}^{N-1}$ 是实的或复的数列. 当序号不属于 0 到 $N-1$ 时, 规定

$$x(k)=x(k-N)\ \ (k>N)\qquad x(k)=x(k+N)\ \ (k<0)$$
$$y(k)=y(k-N)\ \ (k>N)\qquad y(k)=y(k+N)\ \ (k<0)$$

令

$$x(k)*y(k)=\sum_{j=0}^{N-1}x(j)\,y(k-j)=z(k),\quad k=0,1,\cdots,N-1$$

得到序列 $\{x(k)*y(k)\}_{k=0}^{N-1}=\{z(k)\}_{k=0}^{N-1}$, 称为数列 $\{x(k)\}_{k=0}^{N-1}$ 和 $\{y(k)\}_{k=0}^{N-1}$ 的卷积.

举例说明,

$$x(0)*y(0)=\sum_{j=0}^{N-1}x(j)\,y(0-j)$$
$$=x(0)\,y(0)+x(1)\,y(N-1)+x(2)\,y(N-2)+\cdots+x(N-1)\,y(1)$$

计算 $\{z(k)\}_{k=0}^{N-1}$ 总共约需做 $2N^2$ 次运算, 加法和乘法基本上各占一半, 与做一次离散傅里叶变换的计算量是相同的, 并非是有效的方法. 如图 11.3.11 所示给出卷积计算过程图.

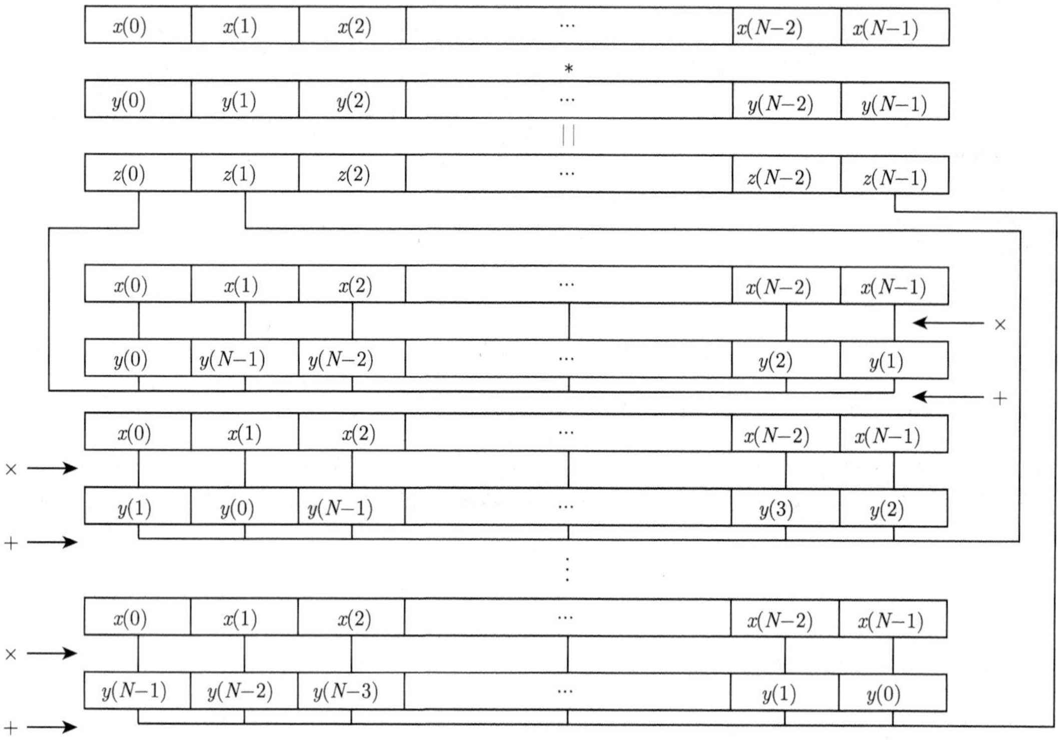

图 11.3.11

卷积算法研究: 设 $\{x(k)\}_{k=0}^{N-1},\{y(k)\}_{k=0}^{N-1}$ 的离散傅里叶变换分别为 $\{X(j)\}_{j=0}^{N-1}$ 和 $\{Y(j)\}_{j=0}^{N-1}$, 即 $X(j)=\sum\limits_{n=0}^{N-1}x(n)\,(W_N)^{nj},Y(j)=\sum\limits_{m=0}^{N-1}y(m)\,(W_N)^{mj}$, 对应项的乘积为

$$X(j)\,Y(j)=\sum_{n=0}^{N-1}\sum_{m=0}^{N-1}x(n)\,y(m)\,(W_N)^{(n+m)j}$$

利用

$$\frac{1}{N}\sum_{n=0}^{N-1}(W_N)^{nj}\,(W_N)^{-nk}=\delta_{j,k}$$

数列 $\{X(j)Y(j)\}_{j=0}^{N-1}$ 的离散傅里叶变换为

$$
\begin{aligned}
&\frac{1}{N}\sum_{j=0}^{N-1} X(j)Y(j)\mathrm{e}^{2\pi\mathrm{i}\frac{jk}{N}}\\
=&\frac{1}{N}\sum_{j=0}^{N-1}\left[\sum_{n=0}^{N-1}\sum_{m=0}^{N-1} x(n)y(m)(W_N)^{(m+n)j}\right](W_N)^{-kj}\\
=&\sum_{n=0}^{N-1}\sum_{m=0}^{N-1} x(n)y(m)\left[\frac{1}{N}\sum_{j=0}^{N-1}(W_N)^{(m+n)j}(W_N)^{-kj}\right]\\
=&\sum_{n=0}^{N-1}\sum_{m=0}^{N-1} x(n)y(m)\delta_{m+n,k}=\sum_{n=0}^{N-1} x(n)y(k-n)=z(k)
\end{aligned}
$$

得到结论: 两个数列卷积等于由这两个数列分别的离散傅里叶变换, 对应项乘积构成的数列信号序列作离散傅里叶逆变换. 如图 11.3.12 所示给出了算法过程图.

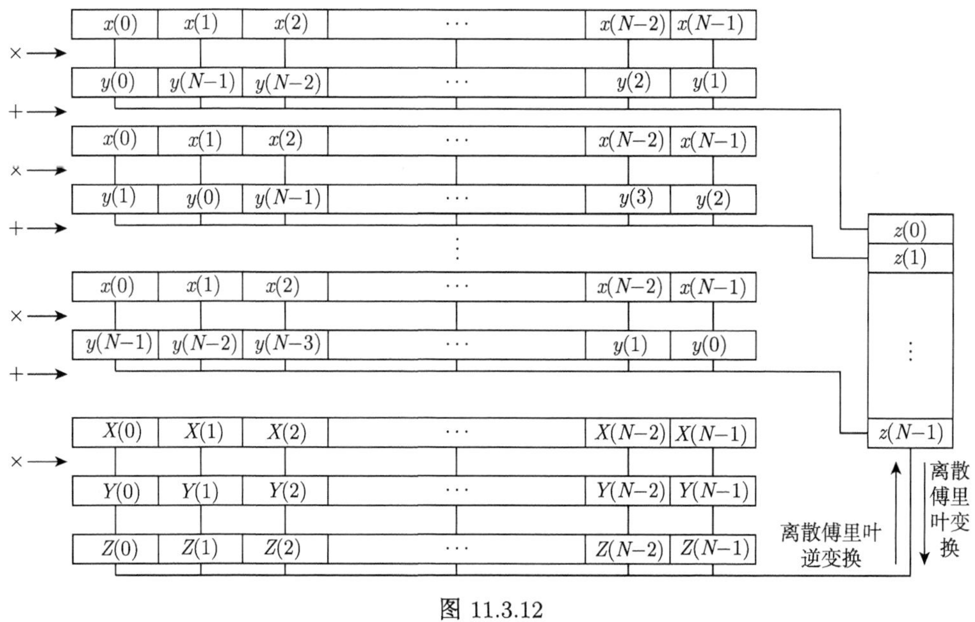

图 11.3.12

FFT 变换的应用 2 多项式的乘法.

计算两个 n 次多项式 $p_n(x)=\sum\limits_{k=0}^{n} a_k x^k$ 和 $q_n(x)=\sum\limits_{k=0}^{n} b_k x^k$ 的乘积. 对于多项式次数不一样时, 可以将低次多项式高次幂的系数视为 0, 使得两个多项式次数一样.

$$
r_{2n}(x)=p_n(x)q_n(x)=\sum_{k=0}^{2n} c_k x^k, c_k=\sum_{j=0}^{k} a_j b_{k-j}, k=0,1,\cdots,2n
$$

定义数列 $\{A(k)\}$ 和 $\{B(k)\}$ 如下:

$$
A(k)=\begin{cases} a_k, & 0\leqslant k\leqslant n,\\ 0, & n<k\leqslant 2n,\end{cases}\quad B(k)=\begin{cases} b_k, & 0\leqslant k\leqslant n\\ 0, & n<k\leqslant 2n\end{cases}
$$

$\{c_k\}$ 是 $\{A(k)\}$ 和 $\{B(k)\}$ 的卷积.

利用卷积的快速算法可以得到多项式乘法的快速算法.

计算 $\{A(k)\}$ 和 $\{B(k)\}$ 的卷积 $\{z(k)\}$ 的过程:

(1) 分别做 $\{A(k)\}_{k=0}^{N-1}$ 和 $\{B(k)\}_{k=0}^{N-1}$ 的离散傅里叶变换 $\{X(j)\}_{j=0}^{N-1}$ 和 $\{Y(j)\}_{j=0}^{N-1}$.

(2) 求 $\{X(j)Y(j)\}_{j=0}^{N-1}$.

(3) 做 $\{X(j)Y(j)\}_{j=0}^{N-1}$ 的离散傅里叶逆变换得到 $\{z(k)\}_{j=0}^{N-1}$, 得到两个多项式相乘的系数.

上述过程需要两次离散傅里叶变换和一次离散傅里叶逆变换. (1) 和 (3) 用 FFT 做, 总共只需 $4.5N\log_2 N\left(N=2^k\right)$ 次运算, 其中仅三分之一为乘法, 而 (2) 只需要 $2N$ 次运算, 并且当 N 很大时, 减少的数目是相当可观的.

应用举例:

$$
\begin{aligned}
p(x) &= 2x^8+5x^7+8x^6+3x^5+x^4+7x^3+4x^2+6x+1\\
q(x) &= 9x^6+6x^5+5x^4+7x^3+3x^2+2x+2\\
r(x) &= p(x)q(x)
\end{aligned}
$$

计算过程和计算结果如图 11.3.13 所示.

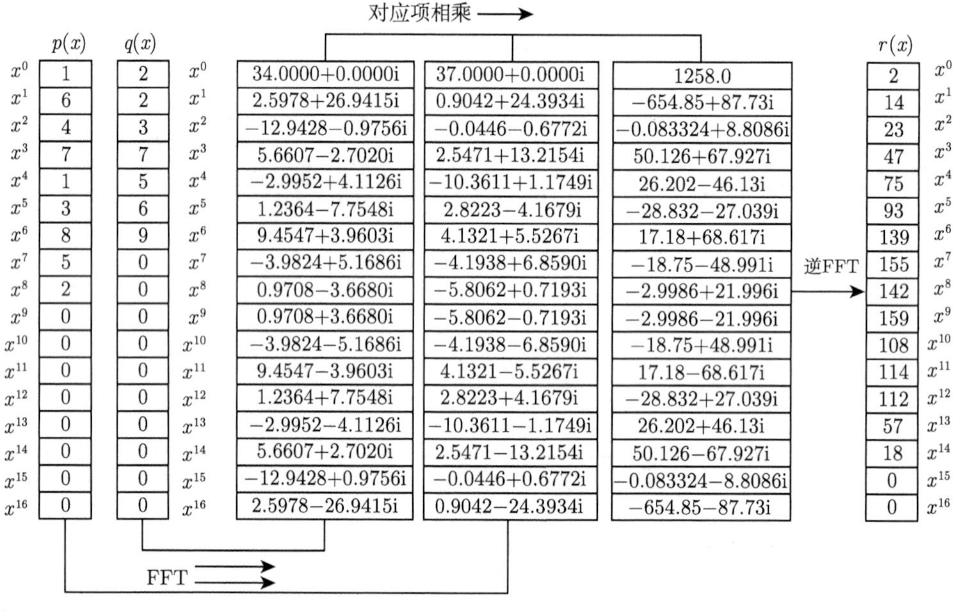

图 11.3.13

*11.4 提 高 课 (3)

传统的信号理论是建立在傅里叶分析基础上的, 而傅里叶变换作为一种全局性的变换有一定的局限性, 如不具备局部化分析能力, 不能分析非平稳信号等. 为改善这种局限性, 人们提出了小波变换. 小波分析是一种新兴的数学分支, 它在信号处理、图像处理、语音处理以及众多非线性科学领域有许多应用. 小波变换与傅里叶变换相比, 是一个时间和频域的局部变换, 因而能有效地从信号中提取信息, 通过伸缩和平移等运算功能对函数或信号进行多尺度细化分析, 解决了傅里叶变换不能解决的许多困难问题.

11.4.1 小波变换初步: 信号多分辨分析

设有信号 $\{x_1, x_2, x_3, x_4, \cdots, x_n, \cdots\}$. 首先以 $\{x_1, x_2, x_3, x_4\}$ 为例来讨论, 在此基础上推广到一般情况.

定义加权平均运算得到低频信息:

$$a_{1,0} = (x_1 + x_2)/\sqrt{2} \Leftarrow \boxed{\text{低频信息}}$$

$$a_{1,1} = (x_3 + x_4)/\sqrt{2} \Leftarrow \boxed{\text{低频信息}}$$

定义细节运算得到高频信息:

$$d_{1,0} = (x_1 - x_2)/\sqrt{2} \Leftarrow \boxed{\text{高频信息}}$$

$$d_{1,1} = (x_3 - x_4)/\sqrt{2} \Leftarrow \boxed{\text{高频信息}}$$

得到信号 $\{a_{1,0}, a_{1,1}, d_{1,0}, d_{1,1}\}$. 对信号 $\{a_{1,0}, a_{1,1}\}$ 做类似运算得到

$$a_{0,0} = (a_{1,0} + a_{1,1})/\sqrt{2} \Leftarrow \boxed{\text{低频信息}}$$

$$d_{0,0} = (a_{1,0} - a_{1,1})/\sqrt{2} \Leftarrow \boxed{\text{高频信息}}$$

得到信号 $\{a_{0,0}, d_{0,0}, d_{1,0}, d_{1,1}\}$, 由于上述过程是可逆的, 因此在 $\{a_{0,0}, d_{0,0}, d_{1,0}, d_{1,1}\}$ 基础上重构原始信号 $\{x_1, x_2, x_3, x_4\}$. 详细分析过程如图 11.4.1 所示.

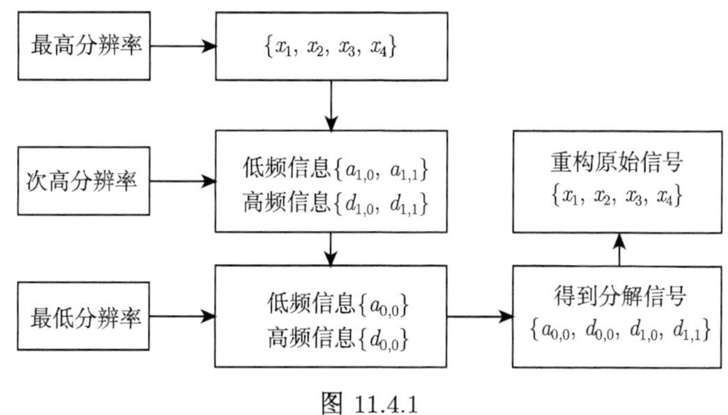

图 11.4.1

接下来讨论如图 11.4.1 信号多分辨分析过程的数学描述. 引入函数

$$X_{[a,b)}(t) = \begin{cases} 1, & a \leqslant t < b \\ 0, & \text{其他} \end{cases}$$

进一步定义

$$\varphi(t) = X_{[0,1)}(t), \quad \varphi_{j,k}(t) = \sqrt{2^j}\varphi(2^j t - k), \quad k = 0, 1, 2, \cdots, 2^j - 1 \tag{11.4.1}$$

显然函数族 $\{\varphi_{j,k}(t)\}$ 是将 $\varphi(t)$ 伸缩平移得到. 例如

$$\varphi_{0,0}(t) = \varphi(t), \quad X_{[0,1/4)}(t) = \frac{\varphi_{2,0}}{2}, \quad X_{[1/4,1/2)}(t) = \frac{\varphi_{2,1}}{2}$$

$$X_{[1/2,3/4)}(t) = \frac{\varphi_{2,2}}{2}, \quad X_{[3/4,1)}(t) = \frac{\varphi_{2,3}}{2}$$

离散信号可以用单位区间上的一个分段函数表示, 如图 11.4.2 所示.

$$
\begin{aligned}
f(t) &= x_1 X_{[0,1/4)}(t) + x_2 X_{[1/4,1/2)}(t) + x_3 X_{[1/2,3/4)}(t) + x_4 X_{[3/4,1)}(t) \\
&= \frac{1}{2}\left(x_1\varphi_{2,0}(t) + x_2\varphi_{2,1}(t) + x_3\varphi_{2,2}(t) + x_4\varphi_{2,3}(t)\right)
\end{aligned}
$$

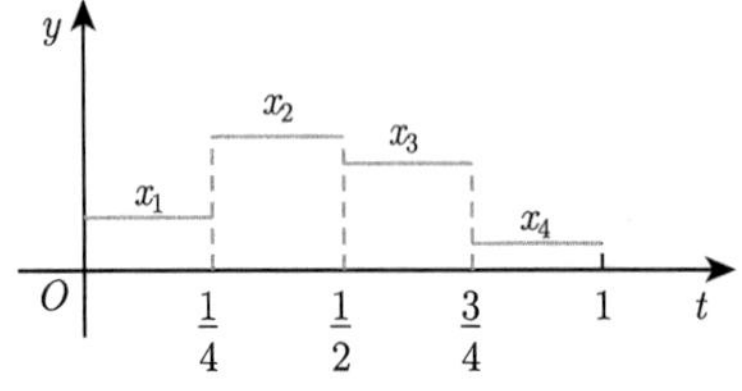

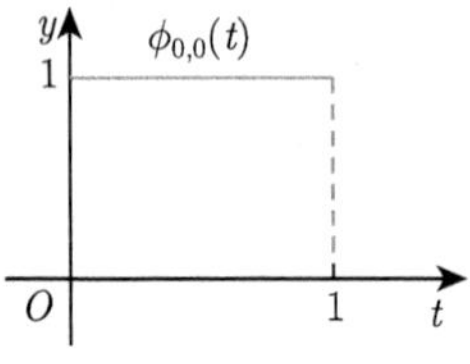

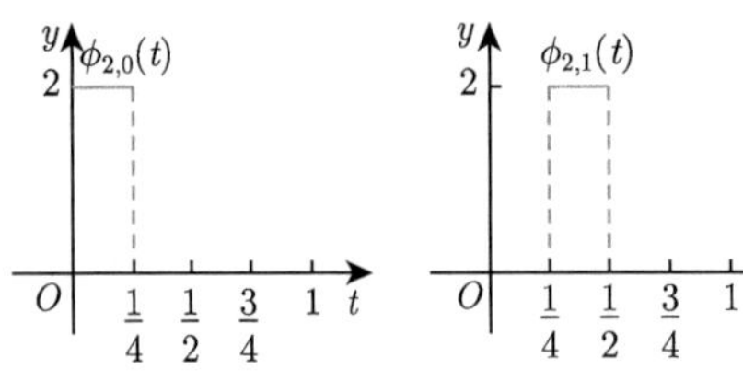

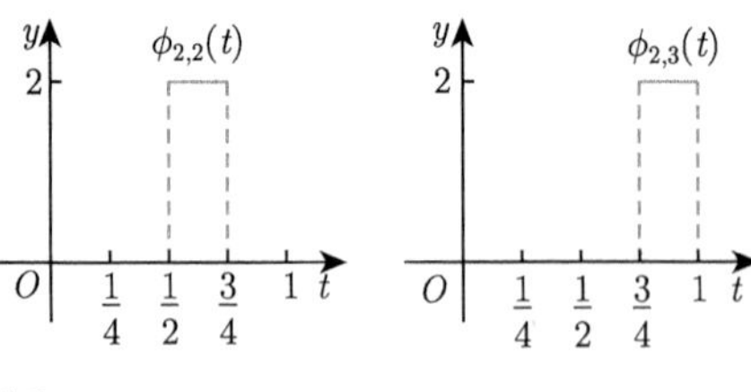

图 11.4.2

根据 (11.4.1) 式, 函数 $\varphi_{j,k}$ 不为零的区间, 即支撑集为 $\left[\frac{k}{2^j}, \frac{k+1}{2^j}\right]$.

引入函数

$$
\psi(t)=\psi_{0,0}(t) = \frac{1}{\sqrt{2}}(\phi_{1,0} - \phi_{1,1}) = \begin{cases} 1, & 0 \leqslant t < 1/2 \\ -1, & 1/2 \leqslant t < 1 \\ 0, & \text{其他} \end{cases}
$$

$$
\psi_{j,k}(t) = \sqrt{2^j}\psi(2^j t - k), \quad k = 0, 1, 2, \cdots, 2^j - 1
$$

函数族 $\{\psi_{j,k}\}$ 是由函数 $\psi(t)$ 伸缩平移得到, $\psi_{j,k}$ 支撑集为 $\left[\frac{k}{2^j}, \frac{k+1}{2^j}\right]$. 例如

$$
\psi_{0,0}(t) = \begin{cases} 1, & 0 \leqslant t < 1/2 \\ -1, & 1/2 \leqslant t < 1 \\ 0, & \text{其他} \end{cases}
$$

$$
\psi_{1,0}(t) = \sqrt{2}\psi(2t) = \begin{cases} \sqrt{2}, & 0 \leqslant t < 1/4 \\ -\sqrt{2}, & 1/4 \leqslant t < 1/2 \\ 0, & \text{其他} \end{cases}
$$

$$
\psi_{1,1}(t) = \sqrt{2}\psi(2t - 1) = \begin{cases} \sqrt{2}, & 1/2 \leqslant t < 3/4 \\ -\sqrt{2}, & 3/4 \leqslant t < 1 \\ 0, & \text{其他} \end{cases}
$$

如图 11.4.3 所示.

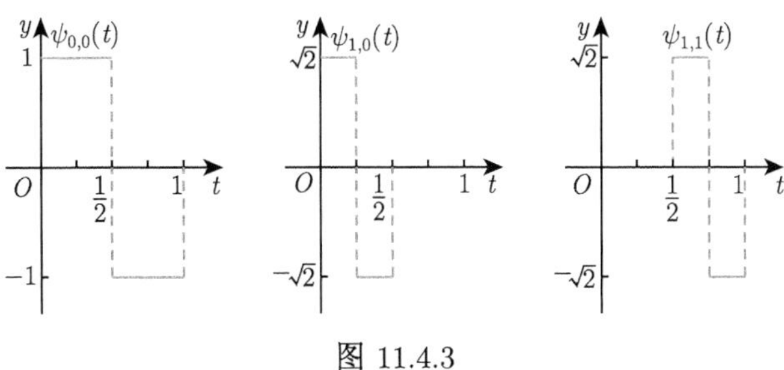

图 11.4.3

下面讨论信号 $\{x_1,x_2,x_3,x_4\}$ 利用 $\{a_{0,0},d_{0,0},d_{1,0},d_{1,1}\}$ 表示.

由于

$$\begin{aligned}f(t)&=\frac{1}{2}\left(x_1\varphi_{2,0}(t)+x_2\varphi_{2,1}(t)+x_3\varphi_{2,2}(t)+x_4\varphi_{2,3}(t)\right)\\&=\frac{1}{2}\left(\underbrace{a_{1,0}\varphi_{1,0}(t)+a_{1,1}\varphi_{1,1}(t)}_{\text{低频}}+\underbrace{d_{1,0}\psi_{1,0}(t)+d_{1,1}\psi_{1,1}(t)}_{\text{高频}}\right)\\&=\frac{1}{2}\left(\underbrace{a_{0,0}\varphi_{0,0}(t)}_{\text{低频}}+\underbrace{d_{0,0}\psi_{0,0}(t)+d_{1,0}\psi_{1,0}(t)+d_{1,1}\psi_{1,1}(t)}_{\text{高频}}\right)\end{aligned}$$

称 $\{a_{0,0},d_{0,0},d_{1,0},d_{1,1}\}$ 为信号 $\{x_1,x_2,x_3,x_4\}$ 的小波变换, 称 $\varphi(t)$ 为尺度函数, 称 $\psi(t)$ 为小波函数. 由于函数族 $\{\varphi_{j,k}(t)\}$ 和 $\{\psi_{j,k}\}$ 的紧支撑集为 $\left[\frac{k}{2^j},\frac{k+1}{2^j}\right]$, 因此满足如下的正交关系:

$$\int_0^1\varphi_{j,k}(t)\psi_{j,l}(t)\mathrm{d}t=0,\quad \int_0^1\psi_{j,k}(t)\psi_{j,l}(t)\mathrm{d}t=0\,(k\neq l),\quad \int_0^1\varphi_{j,k}(t)\varphi_{j,l}(t)\mathrm{d}t=0\,(k\neq l)$$

下面讨论信号多分辨分析的空间数学描述. 首先引入下面定义.

定义 11.4.4 设 $\{\alpha_1(x),\alpha_2(x),\cdots,\alpha_n(x)\}\subset V$, 若任意 $\alpha(x)\in V$, 存在一组实数 $\{\lambda_1,\lambda_2,\cdots,\lambda_n\}$ 使得

$$\alpha(x)=\lambda_1\alpha_1(x)+\lambda_2\alpha_2(x)+\cdots+\lambda_n\alpha_n(x)$$

称 $\{\alpha_1(x),\alpha_2(x),\cdots,\alpha_n(x)\}$ 为空间 V 的基函数. 若 $\{\alpha_1(x),\alpha_2(x),\cdots,\alpha_n(x)\}$ 满足

$$\int_a^b\alpha_i(x)\alpha_j(x)\mathrm{d}x=\begin{cases}1, & i=j\\0, & i\neq j\end{cases}$$

称 $\{\alpha_1(x),\alpha_2(x),\cdots,\alpha_n(x)\}$ 为空间 V 的标准正交基函数.

定义 11.4.5 (空间直和) 任意 $f\in V$, 存在 $g\in W,h\in U$ 使得 $f=g+h$, 且$\langle h,f\rangle=\int_a^b hf\mathrm{d}t=0$. 记 $V=W\oplus U$, 称为 W 和 U 的直和.

设 V_0 表示 $[0,1)$ 上常函数构成的线性空间, $\phi=\phi_{0,0}$ 为其基函数.

V_1 表示 $[0,1/2),[1/2,1)$ 上为常数的分段函数空间, $\{\varphi_{1,0},\varphi_{1,1}\}$ 为其基函数, $V_0\subset V_1$.

V_n 表示 2^n 等分区间 $[0,1/2^n),[1/2^n,1/2^{n-1}),\cdots,[1-1/2^n,1)$ 上为常数的分段函数空间, $\{\varphi_{n,k},k=0,1,\cdots,2^n-1\}$ 为其基函数. 满足关系

$$V_0\subset V_1\subset V_2\subset\cdots\subset V_n\subset\cdots$$

$\{V_n\}$ 称为尺度空间, 由尺度函数 φ 生成.

定义空间

$$W_j=\{h\in V_{j+1}:\langle h,f\rangle=0,\forall f\in V_j\}$$

则 $V_{j+1}=V_j\oplus W_j$, $\{\psi_{j,k},k=0,1,\cdots,2^j-1\}$ 为 W_j 的正交基, 称 $\{W_j\}$ 为小波函数空间.

尺度空间 $\{V_n\}$ 和小波空间 $\{W_j\}$ 之间制约关系:

$$V_{n+1}=V_n\oplus W_n=V_{n-1}\oplus W_{n-1}\oplus W_n=\cdots=V_0\oplus W_0\oplus W_1\oplus\cdots\oplus W_n \tag{11.4.2}$$

若信号 $f_{n+1}\in V_{n+1}$, 则

$$f_{n+1}=f_n+g_n=f_{n-1}+g_{n-1}+g_n=\cdots=f_0+g_0+g_1+\cdots+g_n$$

其中

$$f_l=\sum_{i=0}^{2^l-1}a_{l,i}\varphi_{l,i}\in V_l,\quad l=0,1,\cdots,n+1$$

$$g_l=\sum_{i=0}^{2^l-1}d_{l,i}\psi_{l,i}\in W_l,\quad l=0,1,\cdots,n$$

给定 2^n 个离散信号 $\{a_{n,0},\cdots,a_{n,2^n-1}\}$, 用 V_n 基函数表示

$$f_n(t)=a_{n,0}\varphi_{n,0}(t)+\cdots+a_{n,2^n-1}\varphi_{n,2^n-1}(t)\in V_n$$

则根据 (11.4.2) 式逐步分解如下:

$$\begin{aligned}f_n(t)=&\boxed{a_{n-1,0}\phi_{n-1,0}(t)+\cdots+a_{n-1,2^{n-1}-1}\phi_{n-1,2^{n-1}-1}(t)}\Leftarrow\in V_{n-1}\ (\text{低频信息})\\&+\boxed{d_{n-1,0}\psi_{n-1,0}(t)+\cdots+d_{n-1,2^{n-1}-1}\psi_{n-1,2^{n-1}-1}(t)}\Leftarrow\in W_{n-1}\ (\text{高频信息})\\=&\boxed{a_{n-2,0}\phi_{n-2,0}(t)+\cdots+a_{n-2,2^{n-2}-1}\phi_{n-2,2^{n-2}-1}(t)}\Leftarrow\in V_{n-2}\ (\text{低频信息})\\&+\boxed{d_{n-2,0}\psi_{n-2,0}(t)+\cdots+d_{n-2,2^{n-2}-1}\psi_{n-2,2^{n-2}-1}(t)}\Leftarrow\in W_{n-2}\ (\text{高频信息})\\&+\boxed{d_{n-1,0}\psi_{n-1,0}(t)+\cdots+d_{n-1,2^{n-1}-1}\psi_{n-1,2^{n-1}-1}(t)}\Leftarrow\in W_{n-1}\ (\text{高频信息})\end{aligned}$$

继续进行下去, 得

$$\begin{aligned}f_n(t)&=a_{n,0}\phi_{n,0}(t)+\cdots+a_{n,2^n-1}\phi_{n,2^n-1}(t)\in V_n\\&=\cdots\\&=\boxed{a_{0,0}\phi_{0,0}(t)}\Leftarrow(\text{低频信息})\\&\quad+\boxed{d_{0,0}\psi_{0,0}(t)+\cdots+d_{n-1,0}\psi_{n-1,0}(t)+\cdots+d_{n-1,2^{n-1}-1}\psi_{n-1,2^{n-1}-1}(t)}\Leftarrow(\text{高频信息})\end{aligned}$$

$\left\{a_{0,0}, d_{0,0}, \cdots, d_{n-1,0}, \cdots, d_{n-1,2^{n-1}-1}\right\}$ 为序列 $\{a_{n,0}, a_{n,1}, \cdots, a_{n,2^n-1}\}$ 的小波变换.

下面讨论小波变换的计算方法. 首先讨论根据给定离散信号 $\{a_{n,0}, \cdots, a_{n,2^n-1}\}$ 计算 $\left\{a_{n-1,0}, \cdots, a_{n-1,2^{n-1}-1}, d_{n-1,0}, \cdots, d_{n-1,2^{n-1}-1}\right\}$,

$$\begin{aligned} f_n(t) &= a_{n,0}\varphi_{n,0}(t) + \cdots + a_{n,2^n-1}\varphi_{n,2^n-1}(t) \\ &= a_{n-1,0}\varphi_{n-1,0}(t) + \cdots + a_{n-1,2^{n-1}-1}\varphi_{n-1,2^{n-1}-1}(t) \\ &\quad + d_{n-1,0}\psi_{n-1,0}(t) + \cdots + d_{n-1,2^{n-1}-1}\psi_{n-1,2^{n-1}-1}(t) \end{aligned} \tag{11.4.3}$$

利用正交关系

$$\begin{aligned} &\int_0^1 \varphi_{j,k}(t)\,\psi_{j,l}(t)\mathrm{d}t = 0, \quad \int_0^1 \psi_{j,k}(t)\,\psi_{j,l}(t)\mathrm{d}t = 0\,(k \neq l), \\ &\int_0^1 \varphi_{j,k}(t)\,\varphi_{j,l}(t)\mathrm{d}t = 0\,(k \neq l) \\ &\int_0^1 \varphi_{j,k}^2(t)\mathrm{d}t = 2^j \int_{k/2^j}^{(k+1)/2^j} \mathrm{d}t = 1, \quad \int_0^1 \psi_{j,k}^2(t)\mathrm{d}t = 2^j \int_{k/2^j}^{(k+1)/2^j} \mathrm{d}t = 1 \\ &\int_0^1 f_n(t)\varphi_{n-1,k}(t)\mathrm{d}t = a_{n-1,k}, \quad \int_0^1 \varphi_{n-1,k}^2(t)\mathrm{d}t = 1 \\ &\int_0^1 f_n(t)\psi_{n-1,k}(t)\mathrm{d}t = d_{n-1,k}, \quad \int_0^1 \psi_{n-1,k}^2(t)\mathrm{d}t = 1 \end{aligned}$$

和 (11.4.3) 式得到

$$\begin{aligned} &\int_0^1 f_n(t)\,\varphi_{n-1,k}(t)\,\mathrm{d}t \\ &= \int_0^1 \left(a_{n,0}\varphi_{n,0}(t) + \cdots + a_{n,2^n-1}\varphi_{n,2^n-1}(t)\right)\varphi_{n-1,k}(t)\,\mathrm{d}t \\ &= \int_0^1 \begin{pmatrix} a_{n,0}\sqrt{2^n}\varphi(2^n t - 0) + \cdots \\ + \boxed{a_{n,2k}\sqrt{2^n}\varphi(2^n t - 2k)} \\ + \boxed{a_{n,2k+1}\sqrt{2^n}\varphi(2^n t - 2k - 1)} \\ + \cdots + a_{n,2^n-1}\sqrt{2^n}\varphi(2^n t - 2^n + 1) \end{pmatrix} \begin{matrix} \sqrt{2^{n-1}}\varphi\left(2^{n-1}t - k\right)\mathrm{d}t \\ \Leftarrow \boxed{\text{含有}\square\text{项的积分不为 } 0} \end{matrix} \\ &= \int_{2k/2^n}^{(2k+1)/2^n} a_{n,2k}\sqrt{2^n}\sqrt{2^{n-1}}\mathrm{d}t + \int_{(2k+1)/2^n}^{(2k+2)/2^n} a_{n,2k+1}\sqrt{2^n}\sqrt{2^{n-1}}\mathrm{d}t \\ &= \left(a_{n,2k} + a_{n,2k+1}\right)/\sqrt{2} \end{aligned}$$

$$a_{n-1,k} = (a_{n,2k} + a_{n,2k+1})/\sqrt{2}, \quad k = 0, 1, \cdots, 2^{n-1} - 1 \tag{11.4.4}$$

和

$$
\begin{aligned}
&\int_0^1 f_n(t)\psi_{n-1,k}(t)\mathrm{d}t\\
=&\int_0^1 \left(a_{n,0}\varphi_{n,0}(t)+\cdots+a_{n,2^n-1}\varphi_{n,2^n-1}(t)\right)\psi_{n-1,k}(t)\,\mathrm{d}t\\
=&\int_0^1 \begin{pmatrix} a_{n,0}\sqrt{2^n}\varphi\left(2^n t-0\right)+\cdots\\ +\boxed{a_{n,2k}\sqrt{2^n}\varphi\left(2^n t-2k\right)}\\ +\boxed{a_{n,2k+1}\sqrt{2^n}\varphi\left(2^n t-2k-1\right)}\\ +\cdots+a_{n,2^n-1}\sqrt{2^n}\varphi\left(2^n t-2^n+1\right)\end{pmatrix}\sqrt{2^{n-1}}\psi\left(2^{n-1}t-k\right)\mathrm{d}t \quad \Leftarrow \boxed{\text{含有□项的积分不为 }0}\\
=&\int_{2k/2^n}^{(2k+1)/2^n} a_{n,2k}\sqrt{2^n}\sqrt{2^{n-1}}\mathrm{d}t-\int_{(2k+1)/2^n}^{(2k+2)/2^n} a_{n,2k+1}\sqrt{2^n}\sqrt{2^{n-1}}\mathrm{d}t\\
=&\left(a_{n,2k}-a_{n,2k+1}\right)/\sqrt{2}
\end{aligned}
$$

$$
d_{n-1,k}=(a_{n,2k}-a_{n,2k+1})/\sqrt{2},\quad k=0,1,\cdots,2^{n-1}-1 \tag{11.4.5}
$$

将 (11.4.4) 式和 (11.4.5) 式用矩阵表示为线性代数方程组如下:

$$
\begin{pmatrix}
\frac{1}{\sqrt{2}} & \frac{1}{\sqrt{2}} & 0 & & & & & 0\\
0 & 0 & \frac{1}{\sqrt{2}} & \frac{1}{\sqrt{2}} & 0 & & & 0\\
 & & & & \ddots & \ddots & & \\
0 & 0 & & & & & \frac{1}{\sqrt{2}} & \frac{1}{\sqrt{2}}\\
\frac{1}{\sqrt{2}} & \frac{-1}{\sqrt{2}} & & & & & & 0\\
0 & 0 & \frac{1}{\sqrt{2}} & \frac{-1}{\sqrt{2}} & & & & 0\\
 & & & \ddots & \ddots & & & \\
0 & 0 & & & & & \frac{1}{\sqrt{2}} & \frac{-1}{\sqrt{2}}
\end{pmatrix}_{2^n\times 2^n}
\begin{pmatrix} a_{n,0}\\ \vdots\\ a_{n,2^n-1}\end{pmatrix}
=\begin{pmatrix} a_{n-1,0}\\ \vdots\\ a_{n-1,2^{n-1}-1}\\ d_{n-1,0}\\ \vdots\\ d_{n-1,2^{n-1}-1}\end{pmatrix}
\tag{11.4.6}
$$

进一步, 令

$$
\boldsymbol{A}_n=\begin{pmatrix}
\frac{1}{\sqrt{2}} & \frac{1}{\sqrt{2}} & 0 & & & & & 0\\
0 & 0 & \frac{1}{\sqrt{2}} & \frac{1}{\sqrt{2}} & 0 & & & 0\\
 & & & & \ddots & \ddots & & \\
0 & 0 & & & & 0 & \frac{1}{\sqrt{2}} & \frac{1}{\sqrt{2}}
\end{pmatrix}_{2^{n-1}\times 2^n}
$$

$$D_n = \begin{pmatrix} \frac{1}{\sqrt{2}} & \frac{-1}{\sqrt{2}} & 0 & & & & 0 \\ 0 & 0 & \frac{1}{\sqrt{2}} & \frac{-1}{\sqrt{2}} & 0 & & 0 \\ & & & \ddots & \ddots & & \\ 0 & 0 & & & 0 & \frac{1}{\sqrt{2}} & \frac{-1}{\sqrt{2}} \end{pmatrix}_{2^{n-1}\times 2^n}$$

引入向量符号

$$a^n = \begin{pmatrix} a_{n,0} \\ \vdots \\ a_{n,2^n-1} \end{pmatrix}, \quad a^{n-1} = \begin{pmatrix} a_{n-1,0} \\ \vdots \\ a_{n-1,2^{n-1}-1} \end{pmatrix}, \quad d^{n-1} = \begin{pmatrix} d_{n-1,0} \\ \vdots \\ d_{n-1,2^{n-1}-1} \end{pmatrix}$$

则线性代数方程组 (11.4.6) 为

$$\left(\frac{A_n}{D_n}\right) a^n = \left(\frac{a^{n-1}}{d^{n-1}}\right)$$

第一次小波变换后, 保留高频系数 d^{n-1}, 继续对低频系数 a^{n-1} 进行小波变换

$$\left(\frac{A_{n-1}}{D_{n-1}}\right) a^{n-1} = \left(\frac{a^{n-2}}{d^{n-2}}\right)$$

再将高频系数 d^{n-2} 保留下来, 继续对低频系数 a^{n-2} 进行小波变换, 小波变换分解过程如图 11.4.4 所示.

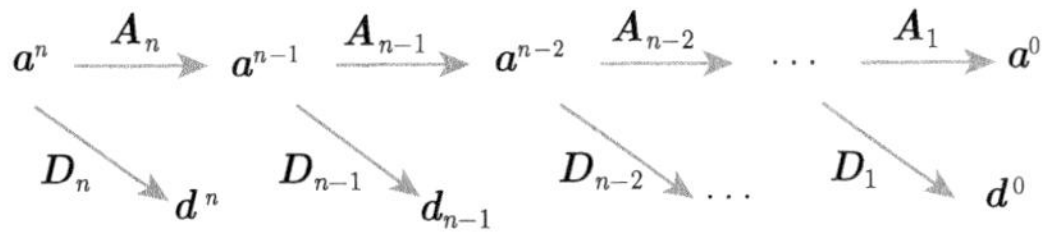

$$\begin{array}{ccccccccc} a^n & \xrightarrow{A_n} & a^{n-1} & \xrightarrow{A_{n-1}} & a^{n-2} & \xrightarrow{A_{n-2}} & \cdots & \xrightarrow{A_1} & a^0 \\ & \searrow^{D_n} & d^n & \searrow^{D_{n-1}} & d_{n-1} & \searrow^{D_{n-2}} & \cdots & \searrow^{D_1} & d^0 \end{array}$$

图 11.4.4

低频信息: $a^{j-1} = A_j a^j, j = 1, 2, \cdots, n$; 高频信息: $b^{j-1} = D_j a^j, j = 1, 2, \cdots, n$.

接下来讨论逆小波变换的递推算法: 通过 $\{a_{0,0}, d_{0,0}, \cdots, d_{n-1,0}, \cdots, d_{n-1,2^{n-1}-1}\}$ 恢复原始信号 $\{a_{n,0}, \cdots, a_{n,2^n-1}\}$ 通过

$$\begin{aligned} a_{n-1,k} &= \frac{a_{n,2k} + a_{n,2k+1}}{\sqrt{2}}, \quad k = 0, 1, \cdots, 2^{n-1} - 1 \\ d_{n-1,k} &= \frac{a_{n,2k} - a_{n,2k+1}}{\sqrt{2}}, \quad k = 0, 1, \cdots, 2^{n-1} - 1 \end{aligned} \tag{11.4.7}$$

两式相加除以 $\sqrt{2}$, 相减除以 $\sqrt{2}$, 可以得到

$$\begin{aligned} a_{n,2k} &= \frac{a_{n-1,k} + d_{n-1,k}}{\sqrt{2}}, \quad k = 0, 1, \cdots, 2^{n-1} - 1 \\ a_{n,2k+1} &= \frac{a_{n-1,k} - d_{n-1,k}}{\sqrt{2}}, \quad k = 0, 1, \cdots, 2^{n-1} - 1 \end{aligned} \tag{11.4.8}$$

类似地, 对于 $0 < j \leqslant n$, 有

$$\begin{aligned} a_{j,2k} &= \frac{a_{j-1,k}+d_{j-1,k}}{\sqrt{2}}, \quad k=0,1,\cdots,2^{j-1}-1 \\ a_{j,2k+1} &= \frac{a_{j-1,k}-d_{j-1,k}}{\sqrt{2}}, \quad k=0,1,\cdots,2^{j-1}-1 \end{aligned} \tag{11.4.9}$$

将 (11.4.9) 式用矩阵表示为

$$\begin{pmatrix} \frac{1}{\sqrt{2}} & 0 & \cdots & 0 & \frac{1}{\sqrt{2}} & 0 & \cdots & 0 \\ \frac{1}{\sqrt{2}} & 0 & \cdots & 0 & \frac{-1}{\sqrt{2}} & 0 & \cdots & 0 \\ 0 & \frac{1}{\sqrt{2}} & 0 & \cdots & 0 & \frac{1}{\sqrt{2}} & \cdots & 0 \\ 0 & \frac{1}{\sqrt{2}} & 0 & \cdots & 0 & \frac{-1}{\sqrt{2}} & \cdots & 0 \\ 0 & 0 & & & \cdots & & & 0 \\ & & \cdots & & & \cdots & & \\ 0 & \cdots & 0 & \frac{1}{\sqrt{2}} & 0 & \cdots & 0 & \frac{1}{\sqrt{2}} \\ 0 & \cdots & 0 & \frac{1}{\sqrt{2}} & 0 & \cdots & 0 & \frac{-1}{\sqrt{2}} \end{pmatrix} \begin{pmatrix} a_{j-1,0} \\ \vdots \\ a_{j-1,2^{j-1}-1} \\ d_{j-1,0} \\ \vdots \\ d_{j-1,2^{j-1}-1} \end{pmatrix} = \begin{pmatrix} a_{j,0} \\ \vdots \\ a_{j,2^j-1} \end{pmatrix}$$

$$\boldsymbol{a}^j = \left(\boldsymbol{A}_j^{\mathrm{T}} \middle| \boldsymbol{D}_j^{\mathrm{T}} \right) \begin{pmatrix} \boldsymbol{a}^{j-1} \\ \boldsymbol{d}^{j-1} \end{pmatrix} = \boldsymbol{A}_j^{\mathrm{T}} \boldsymbol{a}^{j-1} + \boldsymbol{D}_j^{\mathrm{T}} \boldsymbol{d}^{j-1}, \quad j=1,2,\cdots,n$$

逆小波变换过程如图 11.4.5 所示.

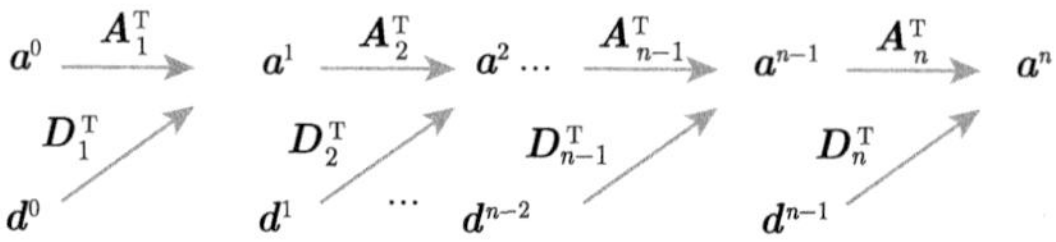

$$\begin{array}{ccccccccc} \boldsymbol{a}^0 & \xrightarrow{\boldsymbol{A}_1^{\mathrm{T}}} & \boldsymbol{a}^1 & \xrightarrow{\boldsymbol{A}_2^{\mathrm{T}}} & \boldsymbol{a}^2 \cdots & \xrightarrow{\boldsymbol{A}_{n-1}^{\mathrm{T}}} & \boldsymbol{a}^{n-1} & \xrightarrow{\boldsymbol{A}_n^{\mathrm{T}}} & \boldsymbol{a}^n \\ & \nearrow \boldsymbol{D}_1^{\mathrm{T}} & & \nearrow \boldsymbol{D}_2^{\mathrm{T}} & & \nearrow \boldsymbol{D}_{n-1}^{\mathrm{T}} & & \nearrow \boldsymbol{D}_n^{\mathrm{T}} & \\ \boldsymbol{d}^0 & & \boldsymbol{d}^1 & \cdots & \boldsymbol{d}^{n-2} & & \boldsymbol{d}^{n-1} & & \end{array}$$

图 11.4.5

1910 年，匈牙利数学家哈尔 (A. Haar) 提出了最早的 Haar 小波规范正交基. 哈尔 (A. Haar, 1885~1933), 匈牙利人. 1904 年开始在哥廷根大学学习, 师从德国数学家希尔伯特 (D. Hilbert). 其博士论文研究了 Sturm-Liouville 函数和球面函数系统, 提出了现在广泛使用的 Haar 正交系统. 他的研究领域主要涉及数学分析和拓扑群, 特别是他研究了函数的正交系统、奇异积分、解析函数、微分方程、集合论和函数近似等. Haar 测度、Haar 小波、Haar 变换以其名字命名.

11.4.2 小波变换应用实例

应用实例 1 如图 11.4.6 所示, 连续信号

$$f(t) = 100\sin(4\pi t) + 50\cos(10\pi t), \quad t \in [0.002, 1.024], t_n = 0.002n, n = 1,2,\cdots,512$$

将信号离散为 $2^9=512$ 个点引入符号

$$\boldsymbol{v}^n=(v_{n,1},v_{n,2},\cdots,v_{n,2^n})^{\mathrm{T}},\quad \boldsymbol{w}^n=(w_{n,1},w_{n,2},\cdots,w_{n,2^n})^{\mathrm{T}}$$

给定的 2^9 个离散信号用 $\boldsymbol{v}^9$ 表示.

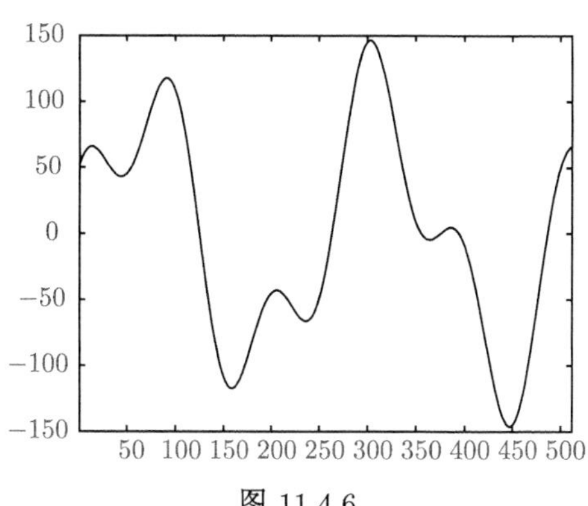

图 11.4.6

Haar 小波变换三层分解过程:

一层分解: 低频信息 $\boldsymbol{v}^8=\boldsymbol{A}_9\boldsymbol{v}^9$, 高频信息 $\boldsymbol{w}^8=\boldsymbol{D}_9\boldsymbol{v}^9$;

二层分解: 保留高频信息 $\boldsymbol{w}^8$, 对低频信息 $\boldsymbol{v}^8$ 进行分解, 得到低频信息 $\boldsymbol{v}^7=\boldsymbol{A}_8\boldsymbol{v}^8$, 高频信息 $\boldsymbol{w}^7=\boldsymbol{D}_8\boldsymbol{v}^8$;

三层分解: 保留高频信息 $\boldsymbol{w}^8,\boldsymbol{w}^7$, 对低频信息 $\boldsymbol{v}^7$ 进行分解, 得到低频信息 $\boldsymbol{v}^6=\boldsymbol{A}_7\boldsymbol{v}^7$, 高频信息 $\boldsymbol{w}^6=\boldsymbol{D}_7\boldsymbol{v}^7$, 如图 11.4.7 所示.

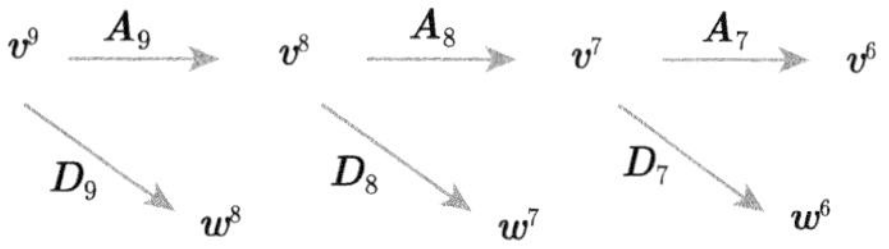

$\boldsymbol{v}^9 \xrightarrow{\boldsymbol{A}_9} \boldsymbol{v}^8 \xrightarrow{\boldsymbol{A}_8} \boldsymbol{v}^7 \xrightarrow{\boldsymbol{A}_7} \boldsymbol{v}^6$

$\boldsymbol{D}_9\searrow \boldsymbol{w}^8 \quad \boldsymbol{D}_8\searrow \boldsymbol{w}^7 \quad \boldsymbol{D}_7\searrow \boldsymbol{w}^6$

图 11.4.7

这里

$$\boldsymbol{A}_j=\begin{pmatrix}\frac{1}{\sqrt{2}} & \frac{1}{\sqrt{2}} & 0 & & \cdots & & & 0\\ 0 & 0 & \frac{1}{\sqrt{2}} & \frac{1}{\sqrt{2}} & 0 & \cdots & & 0\\ & \cdots & & & \cdots & & & \\ 0 & 0 & & \cdots & & 0 & \frac{1}{\sqrt{2}} & \frac{1}{\sqrt{2}}\end{pmatrix}_{2^{j-1}\times 2^j}$$

$$\boldsymbol{D}_j=\begin{pmatrix}\frac{1}{\sqrt{2}} & \frac{-1}{\sqrt{2}} & 0 & & \cdots & & & 0\\ 0 & 0 & \frac{1}{\sqrt{2}} & \frac{-1}{\sqrt{2}} & 0 & \cdots & & 0\\ & \cdots & & & \cdots & & & \\ 0 & 0 & & \cdots & & 0 & \frac{1}{\sqrt{2}} & \frac{-1}{\sqrt{2}}\end{pmatrix}_{2^{j-1}\times 2^j}$$

低频信息 $\boldsymbol{v}^{j-1}=\boldsymbol{A}_j\boldsymbol{v}^j, j=7,8,9$, 高频信息 $\boldsymbol{w}^{j-1}=\boldsymbol{D}_j\boldsymbol{v}^j, j=7,8,9$.

逆 Haar 小波变换过程:

$$\boldsymbol{v}^7=\left(\boldsymbol{A}_7^{\mathrm{T}}\middle|\boldsymbol{D}_7^{\mathrm{T}}\right)\begin{pmatrix}\boldsymbol{v}^6\\ \boldsymbol{w}^6\end{pmatrix}=\boldsymbol{A}_7^{\mathrm{T}}\boldsymbol{v}^6+\boldsymbol{D}_7^{\mathrm{T}}\boldsymbol{w}^6,\quad \boldsymbol{v}^8=\left(\boldsymbol{A}_8^{\mathrm{T}}\middle|\boldsymbol{D}_8^{\mathrm{T}}\right)\begin{pmatrix}\boldsymbol{v}^7\\ \boldsymbol{w}^7\end{pmatrix}=\boldsymbol{A}_8^{\mathrm{T}}\boldsymbol{v}^7+\boldsymbol{D}_8^{\mathrm{T}}\boldsymbol{w}^7$$

$$\boldsymbol{v}^9=\left(\boldsymbol{A}_9^{\mathrm{T}}\middle|\boldsymbol{D}_9^{\mathrm{T}}\right)\begin{pmatrix}\boldsymbol{v}^8\\ \boldsymbol{w}^8\end{pmatrix}=\boldsymbol{A}_9^{\mathrm{T}}\boldsymbol{v}^8+\boldsymbol{D}_9^{\mathrm{T}}\boldsymbol{w}^8$$

$$\boldsymbol{v}^j=\left(\boldsymbol{A}_j^{\mathrm{T}}\middle|\boldsymbol{D}_j^{\mathrm{T}}\right)\begin{pmatrix}\boldsymbol{v}^{j-1}\\ \boldsymbol{w}^{j-1}\end{pmatrix}=\boldsymbol{A}_j^{\mathrm{T}}\boldsymbol{v}^{j-1}+\boldsymbol{D}_j^{\mathrm{T}}\boldsymbol{w}^{j-1},\quad j=7,8,9$$

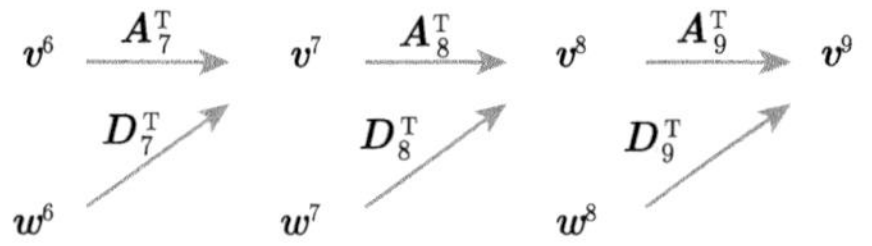

如图 11.4.8 所示. 利用 Haar 小波对原始信号进行一层分解, 得到低频系数 $\{v_{8,k},k=1,2,\cdots,2^8\}$, 高频系数 $\{w_{8,k},k=1,2,\cdots,2^8\}$, 如图 11.4.9. 主要能量集中在低频信息. 高频系数按模的大小升序排列后的能量分布如表 11.4.1: 61.78%的能量集中在模最大的 56 项 (占 21.88%) 中, 其中能量计算方法: $\dfrac{\sum\limits_{i=1}^{m}|X(i)|^2}{\sum\limits_{i=1}^{N}|X(i)|^2}$.

图 11.4.8

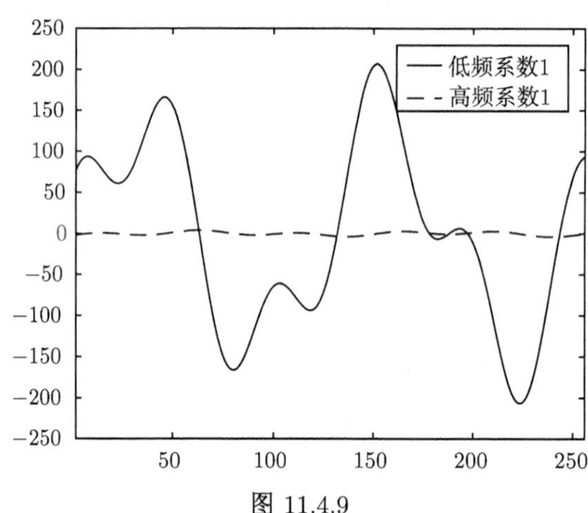

图 11.4.9

二层小波分解: 保留高频系数 $\{w_{8,k},k=1,2,\cdots,2^8\}$, 对低频信号 $\{v_{8,k},k=1,2,\cdots,2^8\}$ 进行小波变换: 低频系数 $\{v_{7,k},k=1,2,\cdots,2^7\}$, 高频系数 $\{w_{7,k},k=1,2,\cdots,2^7\}$, 如图 11.4.10.

主要能量集中在低频. 将高频系数按模的大小升序排列后的能量分布: 79.69%的能量集中在模最大的 84 项 (占 21.88%) 中, 如表 11.4.2.

三层小波分解: 保留高频系数 $\{w_{j,k},k=1,2,\cdots,2^j,j=7,8\}$, 对低频信号 $\{v_{7,k},k=1,2,\cdots,2^7\}$ 进行小波变换, 得低频系数 $\{v_{6,k},k=1,2,\cdots,2^6\}$, 高频系数 $\{w_{6,k},k=1,2,\cdots,2^6\}$, 如图 11.4.11.

表 11.4.1

低频系数绝对值	项数
$v < 4$	13
$4 < v < 30$	30
$30 < v < 60$	21
$60 < v < 90$	70
$90 < v < 120$	37
$120 < v < 150$	27
$150 < v < 180$	33
$180 < v < 210$	25
总项数：256	

高频系数绝对值	项数
$w < 0.5$	52
$0.5 < w < 1$	45
$1 < w < 1.5$	32
$1.5 < w < 2$	36
$2 < w < 2.5$	22
$2.5 < w < 3$	30
$3 < w < 3.5$	16
$3.5 < w < 4$	23
总项数：256	

项数	能量累加和占总能量比重
1—50	0.42%
51—100	2.75%
101—150	10.05%
151—200	25%
201—256	61.78%

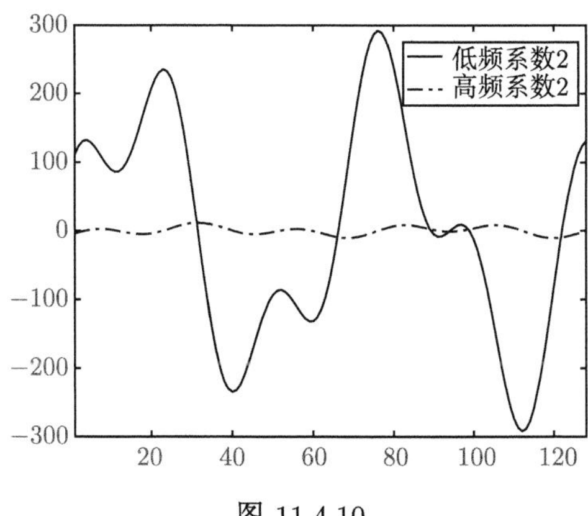

图 11.4.10

表 11.4.2

低频系数绝对值	项数
$v < 12$	13
$12 < v < 60$	12
$60 < v < 90$	14
$90 < v < 120$	22
$120 < v < 150$	19
$150 < v < 180$	9
$180 < v < 210$	11
$210 < v < 250$	14
$250 < v < 300$	14
总项数：128	

高频系数绝对值	项数
$w < 0.5$	62
$0.5 < w < 1$	50
$1 < w < 1.5$	45
$1.5 < w < 2$	45
$2 < w < 2.5$	33
$2.5 < w < 3$	33
$3 < w < 4$	51
$4 < w < 8$	40
$8 < w < 12$	25
总项数：384	

项数	能量累加和占总能量比重
1—50	0.060554%
51—100	0.389446%
101—150	1.26%
151—200	2.85%
201—250	5.58%
251—300	10.17%
301—350	23.67%
351—384	56.02%

三层小波分解: 高频系数按模的大小升序排列后的能量分布: 91.66%的能量集中在模最大的 98 项 (占 21.88%) 中, 如表 11.4.3 所示.

通过实验分析小波变换的特点: ①随着分解层数的增加, 低频系数的数据量减少, 高频系数的数据量增加; ②低频系数表示对信号的近似, 代表信号的主要轮廓, 集中了信号的主要能量; ③只有在信号具有奇异性的地方, 高频系数模值才会显著大于零, 其他地方将非常小甚至为零. 因此高频系数呈稀疏分布, 少部分系数集中了高频系数的大部分能量; ④由于非常小甚至为零的高频系数在小波变换重构时, 对恢复信号的贡献很小而可被忽略, 因此实际上无需考虑这些量的存储和传输, 这样就实现了数据的压缩.

以对信号进行三层小波分解后的重构为例: 保留信号的低频系数和高频系数模最大的前 98 项, 把剩余的高频系数置为零进行重构

$$\text{压缩比} = \frac{\text{原始信号长度}}{\text{压缩信号长度}} = \frac{512}{64+98} = \frac{512}{162} \approx 3.1605$$

原始信号和压缩还原后的信号如图 11.4.12 所示. 重构信号很好地逼近了原始信号.

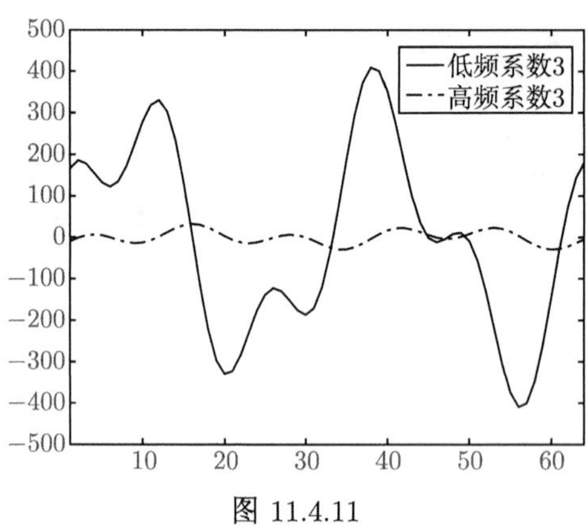

图 11.4.11

表 11.4.3

低频系数绝对值	项数
$v < 32$	8
$32 < v < 100$	6
$100 < v < 150$	12
$150 < v < 200$	13
$200 < v < 250$	5
$250 < v < 300$	6
$300 < v < 350$	7
$350 < v < 400$	3
$400 < v < 410$	4
总项数: 64	

高频系数绝对值	项数
$w < 0.5$	65
$0.5 < w < 1$	51
$1 < w < 1.5$	46
$1.5 < w < 2$	47
$2 < w < 6$	50
$6 < w < 8$	26
$8 < w < 10$	17
$10 < w < 20$	28
$20 < w < 32$	18
总项数: 448	

项数	能量累加和占总能量比重
1—50	0.01286%
51—100	0.08714%
101—150	0.27%
151—200	0.63%
201—250	1.22%
251—300	2.18%
301—350	3.94%
351—400	12.71%
401—448	78.95%

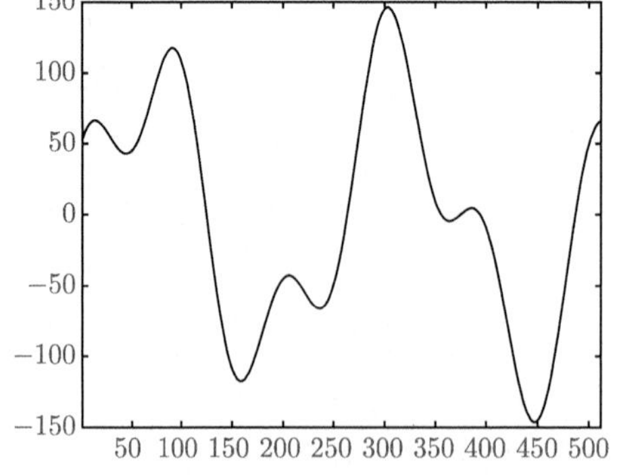

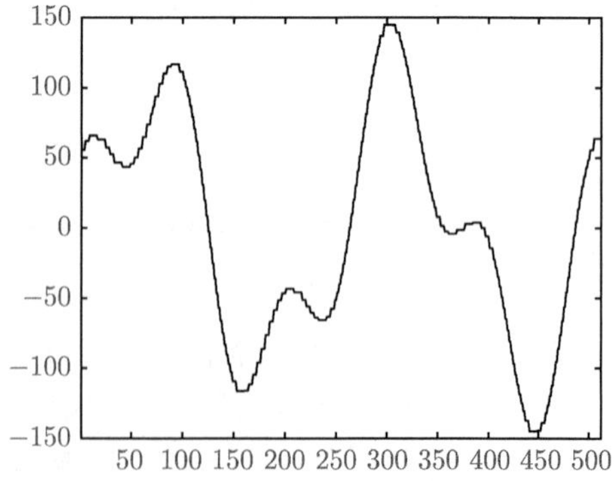

图 11.4.12

信号的小波变换误差分析: 设原始信号为 f_n, 压缩还原后的信号为 g_n. 相对误差

$$\frac{\sqrt{\sum_{n=1}^{N}|g_n-f_n|^2}}{\sqrt{\sum_{n=1}^{N}|f_n|^2}}=0.0233$$

数字图像作为现代信息社会的一种重要媒介, 在许多领域中发挥着越来越大的作用. CT、MRI、可视电话、数字电视、视频会议、远程多媒体协同工作和遥感信息获取等已经成为计算机科学与技术领域的研究热点. 但是图像信息的突出特点是数据量巨大, 给存储和传输都带来很大困难. 为减少图像的存储空间和通信带宽, 实现图像数据的实时处理和传输图像压缩已成为多媒体领域亟待解决的问题. 目前广泛使用的 JPEG2000 是基于小波变换的图像压缩标准.

应用实例 2 信号去噪声. 设长度为 N 的信号 f_n 被噪声 e_n 所污染, 所测得的含噪数据为

$$X_n=f_n+e_n,\quad n=1,2,\cdots,N$$

假设信号噪声都服从或者近似地服从高斯分布, 所以这里假设 e_n 为高斯噪声. 可以通过 MATLAB 随机产生, e_n 服从均值为 0, 方差为 1 的高斯分布, 概率密度函数满足

$$P(e_n)=\frac{1}{\sqrt{2\pi}}\exp\left[-\frac{e_n^2}{2}\right]$$

目标是从含噪数据 X_n 得到信号 f_n 的一个逼近信号 $\tilde{f}_n$, 最大可能地将实际信号与噪声信号分离开, 保留真实的信号, 去除噪声信号, 以达到去噪的目的.

信号去噪方法: 利用小波变换对含噪的原始信号分解后, 含噪部分主要集中在高频小波系数中, 包含有用信号的小波系数幅值较大, 但数目少, 而噪声对应的小波系数幅值小, 数目较多. 基于上述特点, 可以应用阈值法对小波系数进行处理.

阈值 $\lambda=\sigma\sqrt{2\log_2 N}$, σ 是噪声的标准差, N 是信号的长度,

$$\sigma=\sqrt{\frac{1}{N}\sum_{n=1}^{N}(X_n-u)^2},\quad u=\frac{1}{N}\sum_{n=1}^{N}X_n$$

硬阈值法

$$\tilde{w}_{j,k}=\begin{cases}w_{j,k}, & |w_{j,k}|>\lambda\\ 0, & |w_{j,k}|\leqslant\lambda\end{cases}$$

软阈值法

$$\tilde{w}_{j,k}=\begin{cases}w_{j,k}-\lambda, & w_{j,k}>\lambda\\ 0, & |w_{j,k}|\leqslant\lambda\\ w_{j,k}+\lambda, & w_{j,k}<-\lambda\end{cases}$$

信号去噪方法: 长度为 N 的含噪信号 X, 不妨设 $N=2^J$.

(1) 对含噪信号进行多尺度小波变换, 得到低频系数 $\{v_{L,k}, k=1,2,\cdots,2^L\}$ 和各尺度下的高频小波系数 $w_{j,k}, j=L,L+1,\cdots,J-1, k=1,2,\cdots,2^j$.

(2) 为保持信号的整体形状不变, 保留所有的低频尺度系数, 选取阈值 λ 对高频小波系数 $w_{j,k}$ 进行硬阈值或软阈值处理.

(3) 对低频尺度系数和经阈值处理后的高频小波系数做逆小波变换进行重构, 得到去噪后的信号.

例 11.4.5 原始信号

$$
\begin{aligned}
&t=[\ 0.1\quad 0.13\quad 0.15\quad 0.23\quad 0.25\quad 0.40\quad 0.44\quad 0.65\quad 0.76\quad 0.78\quad 0.81\ ]\\
&h=[\ 4\quad -5\quad 3\quad -4\quad 5\quad -4.2\quad 2.1\quad 4.3\quad -3.1\quad 5.1\quad -4.2\ ]\\
&n=1,2,3,\cdots,2048\\
&f(n)=\sum_{i=1}^{11} h_i\left(\frac{1+\operatorname{sgn}\left(\dfrac{n-1}{2047}-t_i\right)}{2}\right)
\end{aligned}
$$

其中 $\operatorname{sgn}(\cdot)$ 表示符号函数, 对长度为 $N=2048=2^{11}$ 的原始信号加高斯噪声后, 利用小波阈值去噪法对含噪信号进行去噪处理. 用 Haar 小波对含噪信号进行三层分解为例. 此时 $J=11, L=8$, 小波信号去噪效果如图 11.4.13 所示, 噪音得到有效去除.

$$
\text{相对误差}=\frac{\sqrt{\sum\limits_{n=1}^{N}\left|\tilde{f}_n-f_n\right|^2}}{\sqrt{\sum\limits_{n=1}^{N}\left|f_n\right|^2}}\Rightarrow\begin{cases}\text{硬阈值相对误差}: 0.1374\\ \text{软阈值相对误差}: 0.1563\end{cases}
$$

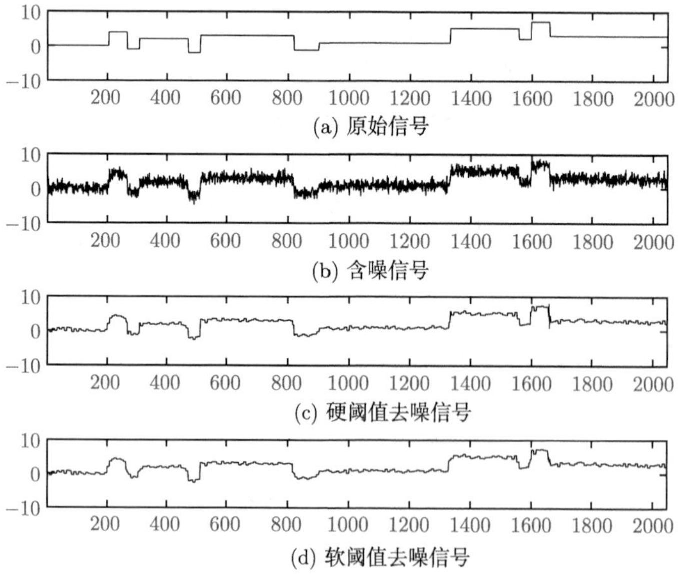

(a) 原始信号

(b) 含噪信号

(c) 硬阈值去噪信号

(d) 软阈值去噪信号

图 11.4.13

例 11.4.6 原始信号

$$t=[\ 0.1\quad 0.13\quad 0.15\quad 0.23\quad 0.25\quad 0.40\quad 0.44\quad 0.65\quad 0.76\quad 0.78\quad 0.81\ ]$$

$$h=[\ 4\quad 5\quad 3\quad 4\quad 5\quad 4.2\quad 2.1\quad 4.3\quad 3.1\quad 5.1\quad 4.2\ ]$$

$$w=0.01[\ 0.5\quad 0.5\quad 0.6\quad 1\quad 1\quad 3\quad 1\quad 1\quad 0.5\quad 0.8\quad 0.5\ ]$$

$$n=1,2,3,\cdots,2048$$

$$f(n)=\sum_{i=1}^{11}\frac{h_i}{1+\left(\left(\frac{n-1}{2047}-t_i\right)\Big/w_i\right)^4}$$

对长度为 $N=2048=2^{11}$ 的原始信号加高斯噪声后, 利用小波阈值去噪法对含噪信号进行去噪处理. 本实验用 Haar 小波对含噪信号进行三层分解为例. 此时 $J=11, L=8$. 实验结果如图 11.4.14 所示, 噪音得到有效控制.

$$\text{相对误差}=\frac{\sqrt{\sum_{n=1}^{N}\left|\tilde{f}_n-f_n\right|^2}}{\sqrt{\sum_{n=1}^{N}\left|f_n\right|^2}}\Rightarrow\begin{cases}\text{硬阈值相对误差}:0.2274\\\text{软阈值相对误差}:0.2217\end{cases}$$

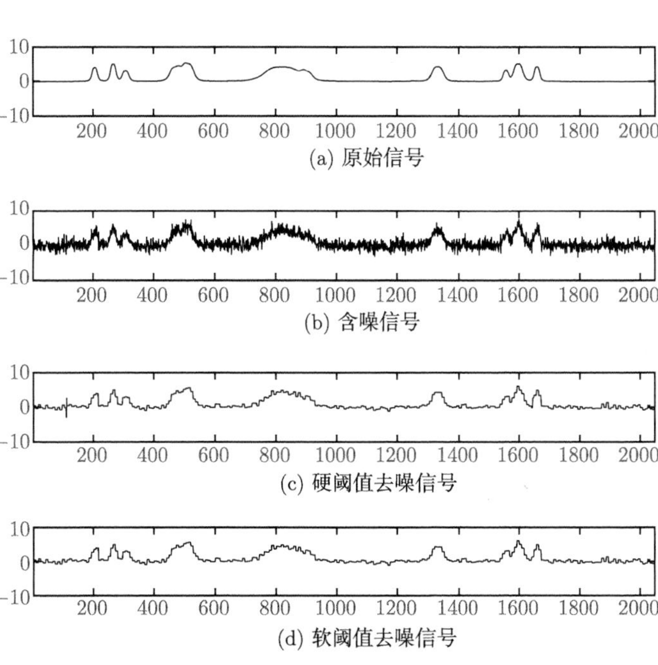

(a) 原始信号

(b) 含噪信号

(c) 硬阈值去噪信号

(d) 软阈值去噪信号

图 11.4.14

*11.5 探索类问题

探索类问题 1 研究下面问题.

(1) 定义在 $[a,b]$ 上的分段光滑函数 $f(x)$ 可以以任何 $2l\,(2l>b-a)$ 为周期展开成傅里叶级数;

(2) 定义在 $[a,b),(a,b]$ 上的分段光滑函数 $f(x)$ 可以以 $2l\,(2l=b-a)$ 为周期展开成傅里叶级数;

(3) 定义在 $[a,b),(a,b]$ 上的分段光滑函数 $f(x)$ 可以以任何 $2l\,(2l>b-a)$ 为周期展开成傅里叶级数.

探索类问题 2 研究下面问题.

设 $f(x)$ 为以 2π 为周期的可积函数, 其傅里叶系数为 $a_0,a_n,b_n,n=1,2,3,\cdots$,

(1) 讨论平移函数 $f(x+h)$(h 为常数) 的傅里叶系数;

(2) 讨论 $F_h(x)=\dfrac{1}{2h}\displaystyle\int_{x-h}^{x+h}f(\alpha)\,\mathrm{d}\alpha$($h$ 为常数) 的傅里叶系数;

(3) 讨论卷积函数 $F(x)=\dfrac{1}{\pi}\displaystyle\int_{-\pi}^{\pi}f(t)\,f(x+t)\,\mathrm{d}t$ 的傅里叶系数;

(4) 证明帕塞瓦尔等式.

探索类问题 3 利用欧拉公式研究下面函数的傅里叶级数展开.

(1) $\cos^{2m}x\,(m=1,2,3,\cdots)$;

(2) $\dfrac{q\sin x}{1-2q\cos x+q^2}\,(|q|<1)$;

(3) $\dfrac{1-q^2}{1-2q\cos x+q^2}\,(|q|<1)$;

(4) $\ln\left(1-2q\cos x+q^2\right)(|q|<1)$.

探索类问题 4

(1) 设 $f(x)$ 在 $[-\pi,\pi]$ 上分段光滑且连续, 满足 $f(-\pi)=f(\pi)$, $\displaystyle\int_{-\pi}^{\pi}f(x)\,\mathrm{d}x=0$, 则

$$\int_{-\pi}^{\pi}f^2(x)\,\mathrm{d}x\leqslant\int_{-\pi}^{\pi}\left[f'(x)\right]^2\mathrm{d}x$$

(2) 利用 (1) 的结论证明平面上定长简单封闭曲线围成的面积中圆周围成面积最大.

探索类问题 5 求解下面问题.

(1) 求下列函数的傅里叶变换.

(I) $f(x)=\begin{cases}\mathrm{e}^{-2x}, & x\geqslant 0,\\ 0, & x<0;\end{cases}$

(II) $f(x)=\mathrm{e}^{-2x^2}$.

(2) 求函数 $f(x)=\mathrm{e}^{-2x},x\in[0,+\infty)$ 的正弦和余弦变换.

(3) 设

$$f(x)=\begin{cases}\mathrm{e}^{-x}, & x\geqslant 0,\\ 0, & x<0;\end{cases}\qquad g(x)=\begin{cases}\cos x, & x\in\left[0,\dfrac{\pi}{2}\right],\\ 0.\end{cases}$$

计算 $f(x)*g(x)$.

探索类问题 6 给定连续信号 $y = 1000\sin\dfrac{x}{100}, -300 \leqslant x \leqslant 300$, 采样点选取 $[-300, 300]$ 中的 2^{50} 个点 (等距), 利用快速傅里叶变换研究信号的传输, 并分析计算复杂度和变换能力.

探索类问题 7 给定离散信号 $\{x(n)\}_{n=1}^{3^N}$, 研究快速傅里叶变换和逆变换算法, 并分析计算复杂度和变换能力.

探索类问题 8 给定离散信号 $\{x(n)\}_{n=1}^{7^N}$, 研究快速傅里叶变换和逆变换算法, 并分析计算复杂度和变换能力.

探索类问题 9 给定离散信号 $\{x(n)\}_{n=1}^{N}$, 研究快速傅里叶变换和逆变换算法, 并分析计算复杂度和变换能力.

探索类问题 10 给定多项式 (1) $\sum\limits_{n=0}^{2^3} n^2x^n, \sum\limits_{n=0}^{2^4} nx^n$; (2) $\sum\limits_{n=0}^{2^{50}} n^2x^n, \sum\limits_{n=0}^{2^{20}} nx^n$, 利用快速傅里叶变换实现多项式相乘, 并分析算法的复杂度和变换能力.

探索类问题 11 通过查阅相关书籍和文献了解快速傅里叶变换和逆变换在实际工程中的应用, 写一份读书报告.

探索类问题 12 给定离散信号

$$a_n = n^2\sin\frac{n}{10}, \quad n = 0, 1, 2, \cdots, 2^3 - 1$$

$$b_n = n^2\mathrm{e}^{-n}, \quad n = 0, 1, 2, \cdots, 2^{1000} - 1$$

研究信号的二次小波变换和逆变换.

探索类问题 13 通过查阅相关书籍和文献了解小波变换和逆变换在实际工程中的应用, 写一份读书报告.

第 11 章习题答案与提示

第 12 章 Chapter 12 多变量函数的极限与连续

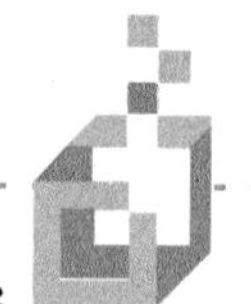

在前面的章节我们已经系统地学习了一元函数微分学、一元函数积分学以及级数理论. 在许多实际问题中, 一个量的变化往往依赖于多个变量, 反映在数学上就是多变量函数的问题. 多元函数微积分学的内容是将一元函数的微积分理论推广到多元函数的情形. 本章将在一元函数的基础上, 讨论多元函数的极限与连续. 本章最后设置了系列探索问题.

扫码学习

12.1 欧几里得空间

多元函数的定义域是高维空间的子集, 为研究多元函数, 首先要研究高维空间.

设 $n \in \mathbf{N}^*$, n 维空间

$$\mathbf{R}^n = \{(x_1, x_2, \cdots, x_n) : x_i \in \mathbf{R}, i = 1, 2, \cdots, n\} = \underbrace{\mathbf{R} \times \mathbf{R} \times \cdots \times \mathbf{R}}_{n\text{个}\mathbf{R}}$$

$\mathbf{R}^n$ 中的元素称为向量. $\mathbf{R} \times \mathbf{R} \times \cdots \times \mathbf{R}$ 称为 $\mathbf{R}^n$ 的笛卡儿积.

定义 12.1.1 定义 $\mathbf{R}^n$ 中向量的加法和数乘运算如下:

$$\begin{aligned}
&\forall \boldsymbol{a} = (a_1, a_2, \cdots, a_n), \quad \boldsymbol{b} = (b_1, b_2, \cdots, b_n) \in \mathbf{R}^n, \quad \forall \lambda \in \mathbf{R}, \\
&\boldsymbol{a} + \boldsymbol{b} = (a_1 + b_1, a_2 + b_2, \cdots, a_n + b_n) \\
&\lambda \boldsymbol{a} = (\lambda a_1, \lambda a_2, \cdots, \lambda a_n)
\end{aligned}$$

如图 12.1.1 所示.

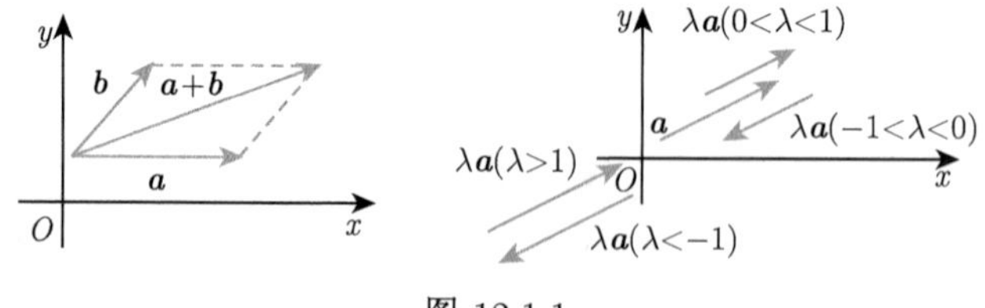

图 12.1.1

$\mathbf{R}^n$ 中向量加法和数乘运算有如下性质: 设任意 $\boldsymbol{a}, \boldsymbol{b}, \boldsymbol{c} \in \mathbf{R}^n, \lambda, \mu \in \mathbf{R}$, 则

(1) 交换律: $\boldsymbol{a} + \boldsymbol{b} = \boldsymbol{b} + \boldsymbol{a}$;

(2) 结合律: $(\boldsymbol{a} + \boldsymbol{b}) + \boldsymbol{c} = \boldsymbol{a} + (\boldsymbol{b} + \boldsymbol{c})$;

(3) 分配律: $\begin{cases} \lambda(\boldsymbol{a}+\boldsymbol{b}) = \lambda\boldsymbol{a}+\lambda\boldsymbol{b}, \\ (\lambda+\mu)\boldsymbol{a} = \lambda\boldsymbol{a}+\mu\boldsymbol{a}, \\ (\lambda\mu)\boldsymbol{a} = \lambda(\mu\boldsymbol{a}). \end{cases}$

定义 12.1.2 对 $\mathbf{R}^n$ 赋予向量的加法和数乘运算后, 称 $\mathbf{R}^n$ 为一个 n 维向量空间.

为了把二维、三维几何空间中向量夹角的概念推广到高维的情形, 需要引入内积运算.

定义 12.1.3 任意 $\boldsymbol{a}=(a_1,a_2,\cdots,a_n), \boldsymbol{b}=(b_1,b_2,\cdots,b_n)\in\mathbf{R}^n$, 定义内积运算

$$\boldsymbol{a}\cdot\boldsymbol{b} = a_1b_1+a_2b_2+\cdots+a_nb_n = \sum_{i=1}^{n} a_ib_i$$

通常记为 $\boldsymbol{a}\cdot\boldsymbol{b}=(\boldsymbol{a},\boldsymbol{b})$.

内积运算有如下性质: 任意 $\boldsymbol{a},\boldsymbol{b},\boldsymbol{c}\in\mathbf{R}^n, \lambda_1,\lambda_2\in\mathbf{R}$,

(1) 正定性: $(\boldsymbol{a},\boldsymbol{a})\geqslant 0, (\boldsymbol{a},\boldsymbol{a})=0 \Leftrightarrow \boldsymbol{a}=\boldsymbol{0}$;

(2) 对称性: $(\boldsymbol{a},\boldsymbol{b})=(\boldsymbol{b},\boldsymbol{a})$;

(3) 分配律: $(\boldsymbol{a},\boldsymbol{b}+\boldsymbol{c})=(\boldsymbol{a},\boldsymbol{b})+(\boldsymbol{a},\boldsymbol{c})$;

(4) 线性性: $(\boldsymbol{a},\lambda_1\boldsymbol{b}+\lambda_2\boldsymbol{c})=\lambda_1(\boldsymbol{a},\boldsymbol{b})+\lambda_2(\boldsymbol{a},\boldsymbol{c})$.

定义 12.1.4 定义了内积运算的 n 维向量空间 $\mathbf{R}^n$ 称为欧几里得 (Euclid) 空间, 简称欧氏空间.

定义 12.1.5 定义欧氏空间中向量的长度, 即范数为

$$\|\boldsymbol{a}\| = \sqrt{(\boldsymbol{a},\boldsymbol{a})} = \sqrt{a_1^2+a_2^2+\cdots+a_n^2}, \quad \forall \boldsymbol{a}=(a_1,a_2,\cdots,a_n)\in\mathbf{R}^n$$

由内积的性质, 可以得到范数有如下性质: 任意 $\boldsymbol{a},\boldsymbol{b}\in\mathbf{R}^n, \lambda\in\mathbf{R}$.

(1) 正定性: $\|\boldsymbol{a}\|\geqslant 0, \|\boldsymbol{a}\|=0\Leftrightarrow \boldsymbol{a}=\boldsymbol{0}$;

(2) 齐次线性: $\|\lambda\boldsymbol{a}\|=|\lambda|\,\|\boldsymbol{a}\|$;

(3) 三角不等式: $\|\boldsymbol{a}+\boldsymbol{b}\|\leqslant\|\boldsymbol{a}\|+\|\boldsymbol{b}\|$.

这里性质 (1) 和 (2) 是显然的, 对于性质 (3), 由柯西不等式

$$|(\boldsymbol{a},\boldsymbol{b})| = |a_1b_1+a_2b_2+\cdots+a_nb_n| \leqslant \sqrt{a_1^2+a_2^2+\cdots+a_n^2}\sqrt{b_1^2+b_2^2+\cdots+b_n^2}$$

因此

$$\begin{aligned} \|\boldsymbol{a}+\boldsymbol{b}\|^2 &= (\boldsymbol{a}+\boldsymbol{b},\boldsymbol{a}+\boldsymbol{b}) = (\boldsymbol{a},\boldsymbol{a})+2(\boldsymbol{a},\boldsymbol{b})+(\boldsymbol{b},\boldsymbol{b}) \\ &\leqslant \|\boldsymbol{a}\|^2+2\|\boldsymbol{a}\|\,\|\boldsymbol{b}\|+\|\boldsymbol{b}\|^2 = (\|\boldsymbol{a}\|+\|\boldsymbol{b}\|)^2 \end{aligned}$$

结论 (3) 得证.

定义 12.1.6 (向量的夹角) 任意 $\boldsymbol{a}=(a_1,a_2,\cdots,a_n), \boldsymbol{b}=(b_1,b_2,\cdots,b_n)\in\mathbf{R}^n$ 为非零向量, 定义 $\boldsymbol{a},\boldsymbol{b}$ 夹角的余弦

$$\cos(\boldsymbol{a},\boldsymbol{b}) = \frac{\boldsymbol{a}\cdot\boldsymbol{b}}{\|\boldsymbol{a}\|\,\|\boldsymbol{b}\|} = \frac{a_1b_1+a_2b_2+\cdots+a_nb_n}{\sqrt{a_1^2+a_2^2+\cdots+a_n^2}\sqrt{b_1^2+b_2^2+\cdots+b_n^2}}$$

如图 12.1.2 所示.

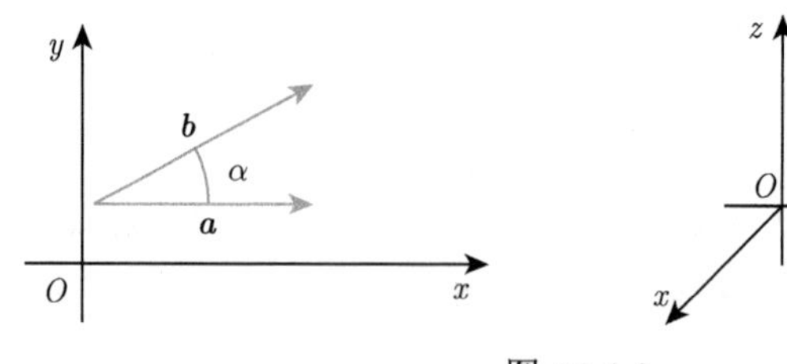

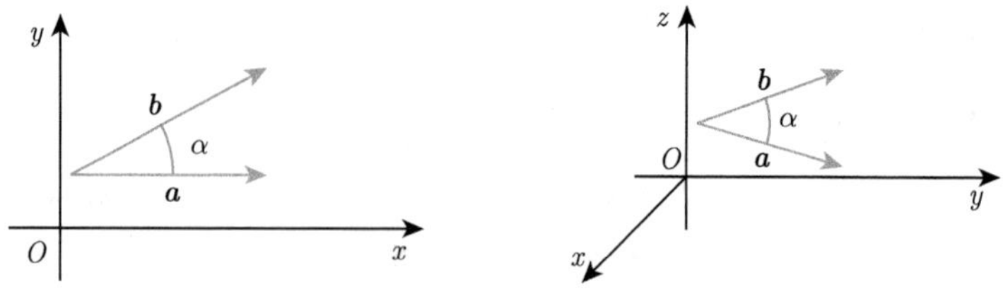

图 12.1.2

习题 12.1　欧几里得空间

1. 设 $\boldsymbol{x}=(1,1,\cdots,1)$. 求证: $\boldsymbol{x}$ 与各单位坐标向量 $\boldsymbol{e}_1,\boldsymbol{e}_2,\cdots,\boldsymbol{e}_n$ 夹角相等.
2. 设 $\boldsymbol{x},\boldsymbol{y}$ 是欧氏空间中的向量, θ 是这两个向量之间的夹角, 试证明 “余弦定理” 成立:

$$\|\boldsymbol{x}-\boldsymbol{y}\|^2=\|\boldsymbol{x}\|^2+\|\boldsymbol{y}\|^2-2\|\boldsymbol{x}\|\cdot\|\boldsymbol{y}\|\cos\theta$$

3. 设 $\boldsymbol{x},\boldsymbol{y}$ 是欧氏空间中的两个互相正交的向量, 证明 “勾股定理”:

$$\|\boldsymbol{x}+\boldsymbol{y}\|^2=\|\boldsymbol{x}\|^2+\|\boldsymbol{y}\|^2$$

4. 设 $\boldsymbol{x},\boldsymbol{y}$ 是欧氏空间中的任意两个向量, 证明 “平行四边形定理”:

$$\|\boldsymbol{x}+\boldsymbol{y}\|^2+\|\boldsymbol{x}-\boldsymbol{y}\|^2=2(\|\boldsymbol{x}\|^2+\|\boldsymbol{y}\|^2)$$

☞扫码学习

12.2　n 维欧几里得空间中点集的基本概念和性质

这节讨论欧氏空间中点集的概念. 首先引入几个特殊的集合的记号, 记 $\boldsymbol{a}\in\mathbf{R}^n, r\in\mathbf{R}$

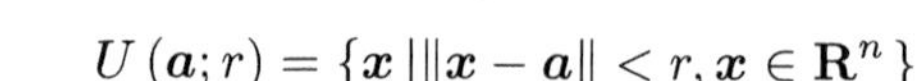

$$U(\boldsymbol{a};r)=\{\boldsymbol{x}\,|\,\|\boldsymbol{x}-\boldsymbol{a}\|<r,\boldsymbol{x}\in\mathbf{R}^n\}$$

表示以 $\boldsymbol{a}$ 为中心, 以 r 为半径的邻域.

$$\overline{U}(\boldsymbol{a};r)=\{\boldsymbol{x}\,|\,\|\boldsymbol{x}-\boldsymbol{a}\|\leqslant r,\boldsymbol{x}\in\mathbf{R}^n\}$$

表示以 $\boldsymbol{a}$ 为中心, 以 r 为半径的闭邻域.

$$U^o(\boldsymbol{a};r)=\{\boldsymbol{x}\,|\,0<\|\boldsymbol{x}-\boldsymbol{a}\|<r,\boldsymbol{x}\in\mathbf{R}^n\}$$

表示以 $\boldsymbol{a}$ 为中心, 以 r 为半径的去心邻域.

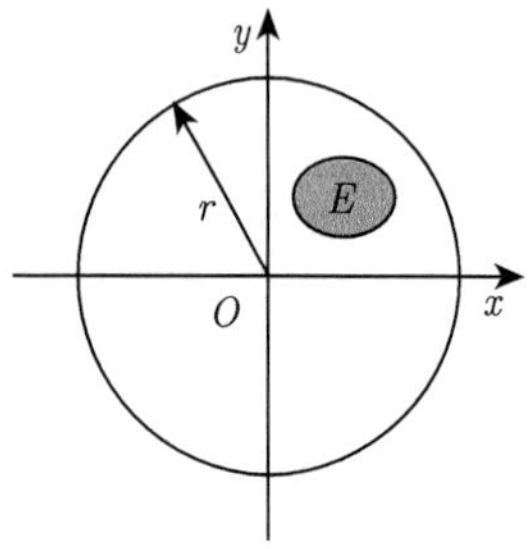

图 12.2.1

定义 12.2.1　*设集合 $E\subset\mathbf{R}^n$, 若存在 $r>0$ 使得 $E\subset U(\boldsymbol{o};r)$, 则称集合 E 有界.*

如图 12.2.1 所示, 集合 E 是 $\mathbf{R}^2$ 中有界的集合.

定义 12.2.2　*设集合 $E\subset\mathbf{R}^n$, $\boldsymbol{a}\in E$. 若存在 $r>0$ 使得 $U(\boldsymbol{a};r)\subset E$, 则称 $\boldsymbol{a}$ 为 E 的内点. E 中所有内点的集合记为 E^o. 如果 $E=E^o$, 则称 E 为开集.*

例如, 集合 $E_1=\left\{(x,y)\left|x^2+y^2<1\right.\right\}$ 为 $\mathbf{R}^2$ 中的开集, 集合 $E_2=\{(x,y)\,|y>0\}$ 为 $\mathbf{R}^2$ 中的开集. 集合 $E_3=\left\{(x,y)\left|x^2+y^2\leqslant a^2\right.\right\}$ 不是 $\mathbf{R}^2$ 中的开集, 集合 $E_4=\left\{(x,y)\left|x^2+y^2>a^2\right.\right\}$ 是 $\mathbf{R}^2$ 中的开集, 如图 12.2.2 所示.

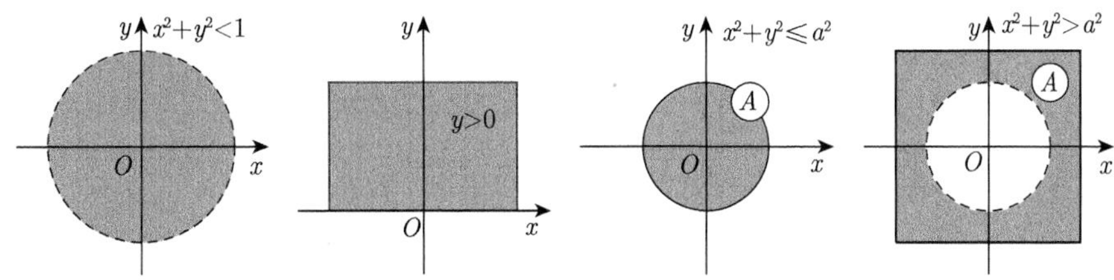

图 12.2.2

由开集定义知, 对于任意一个集合 E, E^o 为开集. 下面给出开集的运算性质.

定理 12.2.1 (开集的运算性质) (1) $\mathbf{R}^n$ 为开集;

(2) 设集合 $\{E_\alpha,\alpha\in I\}$ 为一开集族, 则 $\bigcup\limits_{\alpha\in I}E_\alpha$ 为开集, 其中 I 为指标集合, 即任意个开集的并是开集;

(3) 设集合 $E_i,i=1,2,\cdots,n$ 为开集, 则 $\bigcap\limits_{i=1}^{n}E_i$ 为开集, 即有限个开集的交是开集.

证明 (1) 的结论是显然的, 下面给出 (2) 和 (3) 的证明.

(2) 的证明: 任意 $\boldsymbol{x}\in\bigcup\limits_{\alpha\in I}E_\alpha$, 则存在 $\alpha_1\in I$ 使得 $\boldsymbol{x}\in E_{\alpha_1}$. 由于 E_{α_1} 为开集, 因此存在 $r>0$ 使得 $U(\boldsymbol{x};r)\subset E_{\alpha_1}\subset\bigcup\limits_{\alpha\in I}E_\alpha$, 可见 $\boldsymbol{x}$ 为内点. 根据开集定义可知 $\bigcup\limits_{\alpha\in I}E_\alpha$ 为开集.

(3) 的证明: 任意 $\boldsymbol{x}\in\bigcap\limits_{i=1}^{n}E_i$, 则 $\boldsymbol{x}\in E_i,i=1,2,\cdots,n$. 由于 E_i 为开集, 因此存在 $r_i>0$ 使得 $U(\boldsymbol{x};r_i)\subset E_i,i=1,2,\cdots,n$. $r=\min\limits_{1\leqslant i\leqslant n}r_i>0$, $U(\boldsymbol{x};r)\subset\bigcap\limits_{i=1}^{n}E_i$, 可见 $\boldsymbol{x}$ 为内点, 因此 $\bigcap\limits_{i=1}^{n}E_i$ 为开集. 结论得证.

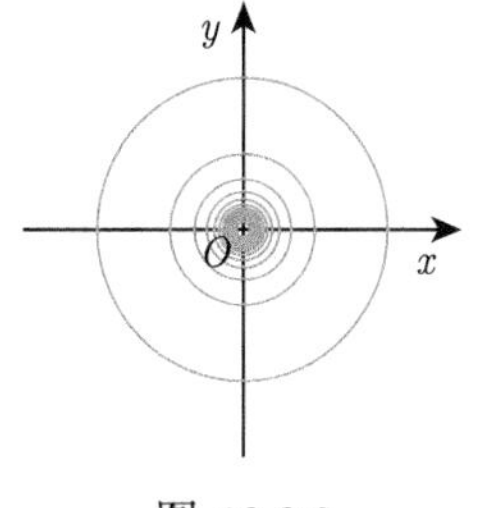

图 12.2.3

注 12.2.1 定理中的结论 (3) 在集合是无限个的情况下不成立, 比如 $\bigcap\limits_{i=1}^{\infty}U\left(\boldsymbol{o};\dfrac{1}{i}\right)=\{\boldsymbol{o}\}$. 如图 12.2.3 所示.

注 12.2.2 空集 $\varnothing$ 可以视为开集.

定义 12.2.3 设集合 $E\subset\mathbf{R}^n$, 定义 $E^c=\mathbf{R}^n\backslash E=\{\boldsymbol{x}\,|\boldsymbol{x}\in\mathbf{R}^n,\text{且}\boldsymbol{x}\notin E\}$ 为集合 E 在 $\mathbf{R}^n$ 中的补集.

例如, 集合 $E_1=\left\{(x,y)\left|x^2+y^2\leqslant a^2\right.\right\}$ 的补集为 $E_1^c=\left\{(x,y)\left|x^2+y^2>a^2\right.\right\}$,

集合 $E_2=\{(x,y)\,|y=|x|\}$ 的补集为 $E_2^c=\{(x,y)\,|y\neq|x|\}$, 如图 12.2.4 所示.

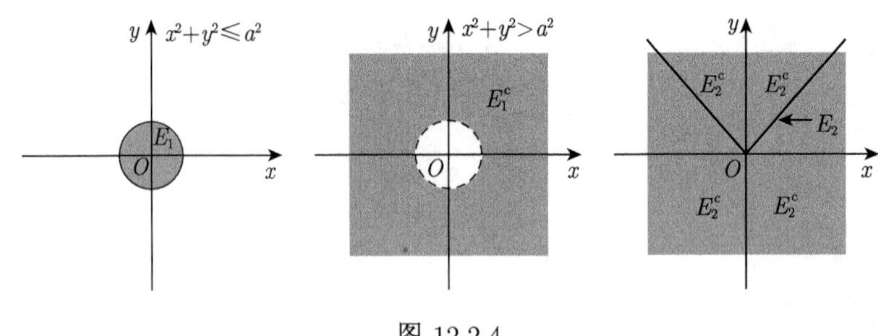

图 12.2.4

定理 12.2.2 (德 · 摩根 (De Morgan) 定律) 设 I 为指标集合, 则

(1) $\left(\bigcap\limits_{\alpha\in I}E_\alpha\right)^c=\bigcup\limits_{\alpha\in I}E_\alpha^c$; (2) $\left(\bigcup\limits_{\alpha\in I}E_\alpha\right)^c=\bigcap\limits_{\alpha\in I}E_\alpha^c$.

证明 这里只给出 (1) 的证明, (2) 的证明类似.

任取 $\boldsymbol{x}\in\bigcup\limits_{\alpha\in I}E_\alpha^c$, 则存在 $\alpha_1\in I,\boldsymbol{x}\in E_{\alpha_1}^c$, 因此 $\boldsymbol{x}\notin E_{\alpha_1}$, 必有 $\boldsymbol{x}\notin\bigcap\limits_{\alpha\in I}E_\alpha$, 故 $\boldsymbol{x}\in\left(\bigcap\limits_{\alpha\in I}E_\alpha\right)^c$, 所以 $\bigcup\limits_{\alpha\in I}E_\alpha^c\subset\left(\bigcap\limits_{\alpha\in I}E_\alpha\right)^c$.

任取 $\boldsymbol{x}\in\left(\bigcap\limits_{\alpha\in I}E_\alpha\right)^c$, 则 $\boldsymbol{x}\notin\bigcap\limits_{\alpha\in I}E_\alpha$, 因此存在 $\alpha_1\in I,\boldsymbol{x}\notin E_{\alpha_1}$, 即 $\boldsymbol{x}\in E_{\alpha_1}^c$, 所以 $\boldsymbol{x}\in\bigcup\limits_{\alpha\in I}E_\alpha^c$, 因此 $\left(\bigcap\limits_{\alpha\in I}E_\alpha\right)^c\subset\bigcup\limits_{\alpha\in I}E_\alpha^c$. 互相包含的两个集合相等. 结论得证.

定义 12.2.4 (闭集) 设集合 $E\subset\mathbf{R}^n$, 如果 E^c 为开集, 则称 E 为闭集.

例如集合 $E=\left\{(x,y,z)\,\middle|\,x^2+y^2+z^2\geqslant a^2\right\}$, $E^c=\left\{(x,y,z)\,\middle|\,x^2+y^2+z^2<a^2\right\}$ 为开集, 所以 E 为闭集.

由开集的运算性质和德 · 摩根定律, 可以得到闭集的运算性质.

定理 12.2.3 (闭集的运算性质) (1) 设 $E_\alpha,\alpha\in I$ 为闭集, 则 $\bigcap\limits_{\alpha\in I}E_\alpha$ 为闭集 (任意个闭集的交是闭集), 这里 I 为指标集.

(2) 设 $E_i,i=1,2,\cdots,n$ 为闭集, 则 $\bigcup\limits_{i=1}^{n}E_i$ 为闭集 (有限个闭集的并是闭集).

定义 12.2.5 (聚点) 设集合 $E\subset\mathbf{R}^n,\boldsymbol{a}\in\mathbf{R}^n$, 若对于任意 $r>0$, $U^o(\boldsymbol{a};r)$ 中总有 E 中异于 $\boldsymbol{a}$ 的点, 则称 $\boldsymbol{a}$ 为 E 的聚点. 或者等价定义为对任意实数 $r>0,U^o(\boldsymbol{a};r)$ 中含有 E 中无穷多个点.

由定义 12.2.5 可以证明下面引理.

引理 12.2.1 $\boldsymbol{a}$ 是 E 的聚点等价于 E 中有互异点列 $\{\boldsymbol{x}_m\}$ 收敛到 $\boldsymbol{a}$, 或者 E 中有点列 $\{\boldsymbol{x}_m\}(\boldsymbol{x}_m\neq\boldsymbol{a})$ 收敛到 $\boldsymbol{a}$.

定义 12.2.6 (导集和闭包) 集合 $E\subset\mathbf{R}^n$ 中所有聚点的集合称为 E 的导集, 记为 E'. 集合 $E\cup E'$ 称为 E 的闭包, 记为 $\bar{E}$.

例如, 设集合 $E=\left\{(x,y)\,\middle|\,\dfrac{x^2}{a^2}+\dfrac{y^2}{b^2}\geqslant1\right\}$, 则 $E'=\overline{E}=\left\{(x,y)\,\middle|\,\dfrac{x^2}{a^2}+\dfrac{y^2}{b^2}\geqslant1\right\}$.

设集合 $E=\left\{(x,y)\left|x^2+y^2>a^2\right.\right\}$, 则 $E'=\bar{E}=\left\{(x,y)\left|x^2+y^2\geqslant a^2\right.\right\}$. 如图 12.2.5 所示.

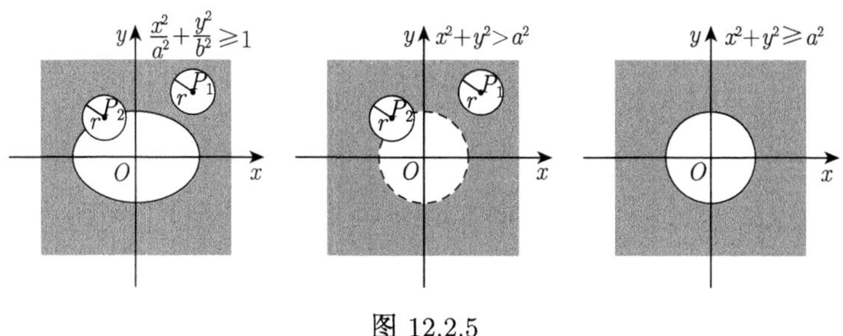

图 12.2.5

定理 12.2.4 集合 $E\subset\mathbf{R}^n$ 为闭集的充分必要条件为 $E'\subset E$.

证明 必要性: 设 E 为闭集, 则 E^c 为开集. 任意 $\boldsymbol{a}\in E^c$, 存在 $U(\boldsymbol{a};r)\subset E^c$, $U(\boldsymbol{a};r)$ 中没有 E 中的点, 可见 $\boldsymbol{a}$ 不是 E 的聚点. 因此 E 中所有聚点一定不在 E^c 中, 即 $E'\subset E$.

充分性: 设 $E'\subset E$, 则对于任意 $\boldsymbol{c}\in E^c$, $\boldsymbol{c}$ 不是 E 的聚点, 所以存在 $U(\boldsymbol{c};r)$, 使得 $U(\boldsymbol{c};r)$ 中没有 E 中的点, 所以 $U(\boldsymbol{c};r)\subset E^c$. 因此 E^c 为开集, E 是闭集. 结论得证.

注 12.2.3 一个集合可以既不是开集也不是闭集. 例如

$$E=\left\{(x,y)\left|x^2+y^2<a^2,x\geqslant 0\right.\right\}\cup\left\{(x,y)\left|x^2+y^2\leqslant a^2,x<0\right.\right\}$$

$$E^c=\{(x,y)|x^2+y^2\geqslant a^2,x\geqslant 0\}\cup\{(x,y)|x^2+y^2>a^2,x<0\}$$

既不是开集也不是闭集. 如图 12.2.6 所示.

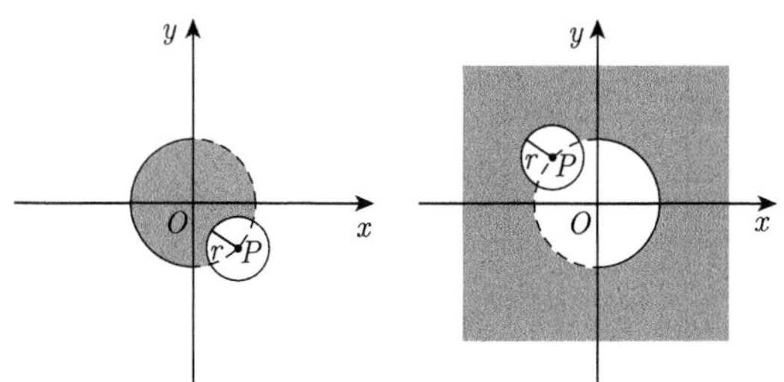

图 12.2.6

定义 12.2.7 (外点和边界) 设集合 $E\subset\mathbf{R}^n$, $(E^c)^o$ 中的点称为 E 的外点, E 的外点的全体称为 E 的外部. 既不是 E 的外点, 也不是 E 的内点的集合称为 E 的边界, 记为 ∂E.

对任意的 $E\subset\mathbf{R}^n$, 成立 $\mathbf{R}^n=E^o\cup(E^c)^o\cup\partial E$, 如图 12.2.7 所示.

例如设 $E=\{(x,y)\,|x\geqslant 0\}$, 则

$$E^o=\{(x,y)\,|x>0\},\quad (E^c)^o=\{(x,y)\,|x<0\},\quad \partial E=\{(x,y)\,|x=0\}$$

$\mathbf{R}^2=E^o\cup(E^c)^o\cup\partial E$. 如图 12.2.8 所示.

设 $E=\left\{(x,y)\left|y=x^2\right.\right\}$, 则

$$E^o=\varnothing,\quad (E^c)^o=\left\{(x,y)\left|y\neq x^2\right.\right\},\quad \partial E=\left\{(x,y)\left|y=x^2\right.\right\}$$

$\mathbf{R}^2 = E^o \cup (E^c)^o \cup \partial E$. 如图 12.2.9 所示.

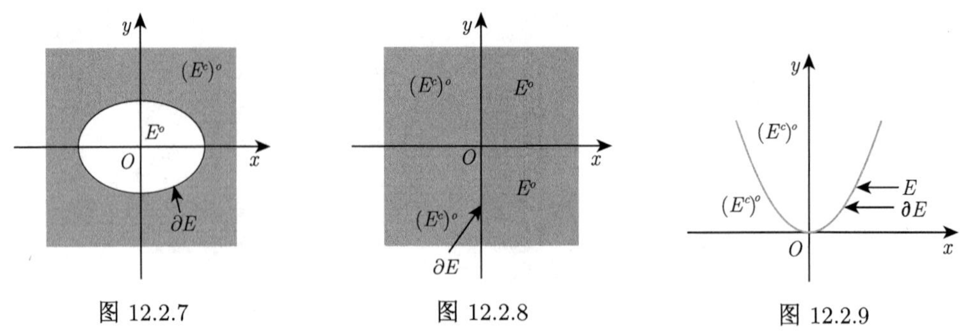

图 12.2.7 图 12.2.8 图 12.2.9

定义 12.2.8 (区域) 若集合 E 中任意两点之间可以有一条完全含于 E 的不间断的曲线连接, 则称 E 是连通的. 连通的开集称为开区域, 区域的闭包称为闭区域. 区域是包括开区域, 闭区域以及开区域和一部分边界点组成的集合. 如果一个集合的闭包是连通的, 也是闭区域. 如图 12.2.10 所示. (b) 为闭区域, (a)(c) 不为区域,

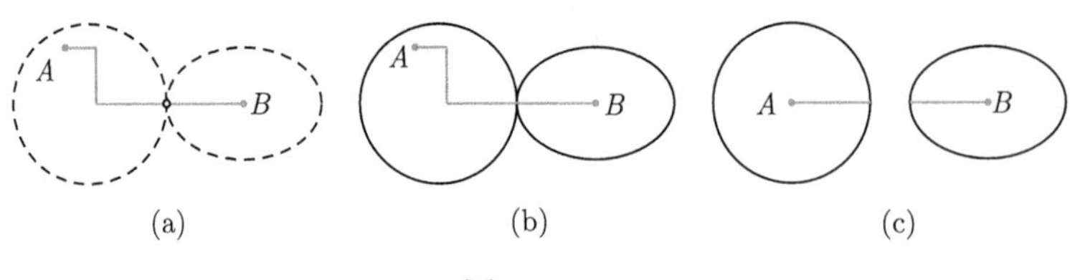

(a) (b) (c)

图 12.2.10

例 12.2.1 讨论下列集合是开集还是闭集、是不是区域? 并求其导集、内部和边界.

(1) $E=\{(x,y)\,|xy\neq 0\}$; (2) $E=\{(x,y)\,|xy=0\}$; (3) $E=\{(x,y)\,|x,y\in\mathbf{Q}\}$;

(4) $E=\left\{(x,y)\,\middle|y=\cos\dfrac{1}{x},x>0\right\}$; (5) $E=\left\{(x,y)\,\middle|y=x\cos\dfrac{1}{x},x>0\right\}$.

解 (1) E 为开集, E 不是区域, $E'=\mathbf{R}^2$, $\partial E=\{(x,y)\,|xy=0\}$, $E^o=\{(x,y)\,|xy\neq 0\}$, $(E^c)^o=\varnothing$. 如图 12.2.11 所示.

(2) E 不是开集, E 不是区域, $E^c=\{(x,y)\,|xy\neq 0\}$ 为开集, E 为闭集, $E'=E$, $\partial E=E=\{(x,y)\,|xy=0\}$, $E^o=\varnothing, (E^c)^o=\{(x,y)\,|xy\neq 0\}$. 如图 12.2.12 所示.

(3) E 不是开集, $E^c=\{(x,y)|x,y$ 至少有一个为无理数 $\}$ 不是开集, E 不是区域, $E'=\mathbf{R}^2$, $E^o=\varnothing, (E^c)^o=\varnothing$, $\partial E=\mathbf{R}^2$. 如图 12.2.13 所示.

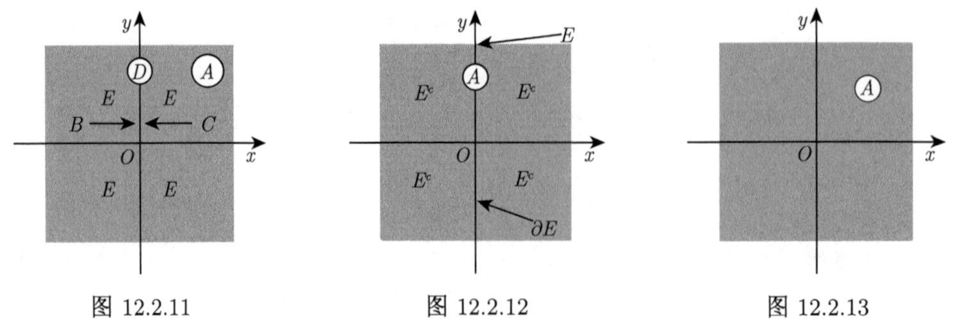

图 12.2.11 图 12.2.12 图 12.2.13

(4) E 不是开集, E 不是区域, $E^c=\left\{(x,y)\left|y\neq\cos\frac{1}{x}\,(x>0)\right.\right\}\cup\{(x,y)\,|x\leqslant 0\}$, $(0,0)\in E^c$ 但不是 E^c 的内点, E 不是闭集, 进一步

$$E'=\partial E=\left\{(x,y)\left|y=\cos\frac{1}{x},x>0\right.\right\}\cup\{(x,y)\,|x=0,-1\leqslant y\leqslant 1\}$$

如图 12.2.14 所示.

(5)E 不是开集, E 不是区域, $E^c=\left\{(x,y)\left|y\neq x\cos\frac{1}{x}\,(x>0)\right.\right\}\cup\{(x,y)\,|x\leqslant 0\}$, $(0,0)\in E^c$ 但不是 E^c 的内点, E 不是闭集, 进一步

$$E'=\partial E=\left\{(x,y)\left|y=x\cos\frac{1}{x},x>0\right.\right\}\cup(0,0)$$

如图 12.2.15 所示.

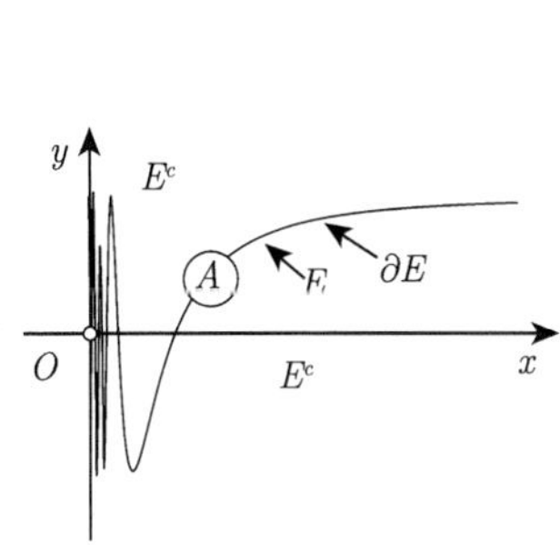

图 12.2.14

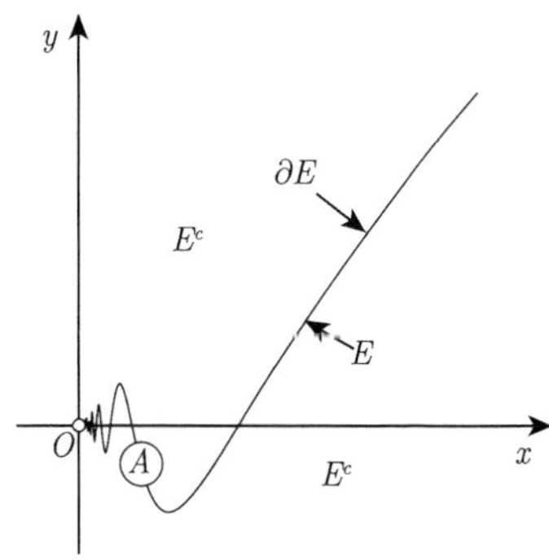

图 12.2.15

习题 12.2　n 维欧几里得空间中点集的基本概念和性质

1. 对于下列各题中指定的集合 A, 求出 $A^o,\bar{A},\partial A$.

(1) $A=\left\{1,\frac{1}{2},\frac{1}{3},\cdots\right\}$;　　(2) $A=\{(x,y)\,|0<y<x+1\}$;

(3) $A=\{(x,y)\,|x,y\text{均为有理数}\}$;　　(4) $A=\left\{(x,y)\left|0<x\leqslant 1,y=\cos\frac{1}{x}\right.\right\}$;

(5) $A=\{(x,y)\,|x>0,y\neq 0\}$;　　(6) $A=\{(x,y)\,|0<x^2+y^2\leqslant 4\}$.

2. 求下列集合的全部聚点.

(1) $A=\left\{\left(\cos\frac{2k\pi}{5},\sin\frac{2k\pi}{5}\right),k=1,2,\cdots\right\}$;

(2) $A=\left\{(x,y)\,\middle|\,(x^2+y^2)\left(y^2-x^2+1\right)=1\right\}$.

3. 设 $A\subset\mathbf{R}^n$, 证明下面问题.

(1) 设 $\boldsymbol{p}\in\bar{A}$ 的一个必要充分条件是对任意 $r>0$ 有 $U(\boldsymbol{p};r)\cap A\neq\varnothing$.

(2) $\partial A=\bar{A}\cap(A^o)^c$.

(3) $A^o=(\overline{A^c})^c$.

(4) ∂A 是闭集.

4. 设 $G_1,G_2\subset\mathbf{R}^n$ 是两个不相交的开集, 证明: $G_1\cap\overline{G_2}=\overline{G_1}\cap G_2=\varnothing$.

5. 证明：$E \subset \mathbf{R}^n$ 为闭集的必要充分条件是 $E \supset \partial E$.

☞扫码学习

12.3 欧几里得空间中点列的极限

这节将数列定义与基本理论推广到欧几里得空间中点列的极限问题.

定义 12.3.1 设 $\boldsymbol{x}_i \in \mathbf{R}^n, \boldsymbol{x}_i = (x_{i1}, x_{i2}, \cdots, x_{in}), i = 1,2,3,\cdots$, $\{\boldsymbol{x}_i\}$ 称为 $\mathbf{R}^n$ 中的点列.

例如 $\boldsymbol{x}_n = \left(\dfrac{\sin n}{n}, n\sin\dfrac{1}{n}\right), n = 1,2,\cdots$ 是 $\mathbf{R}^2$ 中点列,

$\boldsymbol{y}_n = \left(\dfrac{\sin n}{n}, n\sin\dfrac{1}{n}, \dfrac{n^2}{n^2+n}\right), n = 1,2,\cdots$ 是 $\mathbf{R}^3$ 中点列.

当 $n\to\infty$ 时 $\boldsymbol{x}_n \to (0,1)$, $\boldsymbol{y}_n \to (0,1,1)$. 接下来讨论如何用数学语言刻画 $\{\boldsymbol{x}_n\}$ 逐步逼近 $(0,1)$, $\{\boldsymbol{y}_n\}$ 逐步逼近 $(0,1,1)$ 的过程.

定义 12.3.2 设 $\boldsymbol{x} \in \mathbf{R}^n, \boldsymbol{x}_m \in \mathbf{R}^n, m = 1,2,3,\cdots$, 若

$$\forall \varepsilon > 0, \exists N(\varepsilon) \in \mathbf{N}^*, \forall m > N : \|\boldsymbol{x}_m - \boldsymbol{x}\| < \varepsilon$$

则称 $\{\boldsymbol{x}_m\}$ 的极限为 $\boldsymbol{x}$, 记为 $\lim\limits_{m\to\infty} \boldsymbol{x}_m = \boldsymbol{x}$.

高维空间中点列的极限与数列极限有类似的性质, 证明留给读者完成.

定理 12.3.1 设 $\{\boldsymbol{x}_i\}, \{\boldsymbol{y}_i\}$ 是 $\mathbf{R}^n$ 中点列, 则

(1) 若点列 $\{\boldsymbol{x}_i\}$ 极限存在, 则极限唯一;

(2) 若点列 $\{\boldsymbol{x}_i\}$ 极限存在, 则 $\{\boldsymbol{x}_i\}$ 有界;

(3) 若 $\lim\limits_{m\to\infty} \boldsymbol{x}_m = \boldsymbol{a}$, $\lim\limits_{m\to\infty} \boldsymbol{y}_m = \boldsymbol{b}$, 则 $\lim\limits_{m\to\infty} (\boldsymbol{x}_m \pm \boldsymbol{y}_m) = \boldsymbol{a} \pm \boldsymbol{b}$;

(4) 若 $\lim\limits_{m\to\infty} \boldsymbol{x}_m = \boldsymbol{a}$, 则 $\lim\limits_{m\to\infty} \lambda\boldsymbol{x}_m = \lambda\boldsymbol{a}, \lambda \in \mathbf{R}$.

高维空间中点列的收敛和点列分量的收敛有如下关系.

定理 12.3.2 设有 $\mathbf{R}^n$ 中的点列 $\{\boldsymbol{x}_m\}$, $\boldsymbol{x}_m = (x_{m1}, x_{m2}, \cdots, x_{mn}), \boldsymbol{a} = (a_1, a_2, \cdots, a_n)$. 则 $\lim\limits_{m\to\infty} \boldsymbol{x}_m = \boldsymbol{a} \Leftrightarrow \lim\limits_{m\to\infty} x_{ml} = a_l, l = 1,2,\cdots,n$.

证明 必要性: 若 $\lim\limits_{m\to\infty} \boldsymbol{x}_m = \boldsymbol{a}$, 则 $\forall\varepsilon > 0, \exists N \in \mathbf{N}^*, m > N : \|\boldsymbol{x}_m - \boldsymbol{a}\| < \varepsilon$. 而

$$\|\boldsymbol{x}_m - \boldsymbol{a}\| = \sqrt{(x_{m1}-a_1)^2 + (x_{m2}-a_2)^2 + \cdots + (x_{mn}-a_n)^2}$$

所以

$$|x_{ml} - a_l| \leqslant \|\boldsymbol{x}_m - \boldsymbol{a}\| < \varepsilon, \quad l = 1,2,3,\cdots,n$$

由数列收敛的定义得 $\lim\limits_{m\to\infty} x_{ml} = a_l, l = 1,2,\cdots,n$.

充分性: 设 $\lim\limits_{m\to\infty} x_{ml} = a_l, l = 1,2,\cdots,n$, 则

$$\forall\varepsilon > 0, \exists N_l \in \mathbf{N}^*, m > N_l : |x_{ml} - a_l| < \frac{\varepsilon}{n}, l = 1,2,\cdots,n \tag{12.3.1}$$

令 $N=\max\limits_{1\leqslant l\leqslant n}\{N_l\}$, 当 $m>N$ 时, (12.3.1) 式同时成立, 因此

$$\|\boldsymbol{x}_m-\boldsymbol{a}\|=\sqrt{\sum_{l=1}^{n}(x_{ml}-a_l)^2}\leqslant\sqrt{\sum_{l=1}^{n}\left(\frac{\varepsilon}{n}\right)^2}<\varepsilon$$

所以 $\lim\limits_{m\to\infty}\boldsymbol{x}_m=\boldsymbol{a}$. 结论得证.

与数列基本列定义类似, 可以定义空间点列的基本列.

定义 12.3.3 (基本列) 如果点列 $\{\boldsymbol{x}_i\}\in\mathbf{R}^n$ 满足

$$\forall\varepsilon>0,\exists N(\varepsilon)\in\mathbf{N}^*,\forall m>k>N:\|\boldsymbol{x}_m-\boldsymbol{x}_k\|<\varepsilon$$

则称 $\{\boldsymbol{x}_i\}$ 为 $\mathbf{R}^n$ 中的基本列, 这里 $N(\varepsilon)$ 仅和 ε 有关.

类似于实数域的致密性定理和完备性, 有如下结论.

定理 12.3.3 (Bolzano-Weierstrass 致密性定理) $\mathbf{R}^n$ 中任何有界的点列必有收敛子列.

证明 以 $n=2$ 为例证明, 其他情况类似. 设 $\mathbf{R}^2$ 中的点列 $\{\boldsymbol{x}_m\}$ 有界. 设 $\boldsymbol{x}_m=(x_{m^{(1)}},x_{m^{(2)}})$, 则 $\{x_{m^{(1)}}\},\{x_{m^{(2)}}\}$ 是有界数列. 根据列紧性定理, $\{x_{m^{(1)}}\}$ 有收敛子列 $\left\{x_{m_k^{(1)}}\right\}$. 进一步 $\left\{x_{m_k^{(2)}}\right\}$ 有界, 因此有收敛子列 $\left\{x_{m_{k_l}^{(2)}}\right\}$. 所以子列 $\left\{\left(x_{m_{k_l}^{(1)}},x_{m_{k_l}^{(2)}}\right)\right\}$ 收敛. 结论得证.

定理 12.3.4 (柯西定理) $\mathbf{R}^n$ 中点列 $\{\boldsymbol{x}_m\}$ 收敛的充要条件为 $\{\boldsymbol{x}_m\}$ 是基本列.

例 12.3.1 如果 $\mathbf{R}^n$ 中点列 $\{\boldsymbol{x}_i\}$ 满足 $\sum\limits_{k=1}^{\infty}\|\boldsymbol{x}_{k+1}-\boldsymbol{x}_k\|$ 收敛, 证明 $\{\boldsymbol{x}_i\}$ 收敛.

证明 因为 $\sum\limits_{k=1}^{\infty}\|\boldsymbol{x}_{k+1}-\boldsymbol{x}_k\|$ 收敛, 由级数的柯西收敛准则, 有

$$\forall\varepsilon>0,\exists N(\varepsilon)\in\mathbf{N}^*,\forall k>N,\forall m\in\mathbf{N}^*:\sum_{l=k}^{m+k}\|\boldsymbol{x}_{l+1}-\boldsymbol{x}_l\|<\varepsilon$$

因此 $\|\boldsymbol{x}_{k+m+1}-\boldsymbol{x}_k\|<\sum\limits_{l=k}^{m+k}\|\boldsymbol{x}_{l+1}-\boldsymbol{x}_l\|<\varepsilon$. 由定理 12.3.4 知 $\{\boldsymbol{x}_i\}$ 收敛, 结论得证.

定义 12.3.4 (紧集) 设集合 $E\subset\mathbf{R}^n$, 如果 E 中任何点列都有收敛于 E 中点的子列, 则称 E 是 $\mathbf{R}^n$ 中的紧集. 即任意 $\{\boldsymbol{x}_n\}\subset E\Rightarrow\lim\limits_{k\to\infty}\boldsymbol{x}_{n_k}=\boldsymbol{\alpha}\in E$.

定理 12.3.5 集合 $E\subset\mathbf{R}^n$ 为紧集的充要条件为 E 是有界闭集.

为了证明定理 12.3.5, 首先证明两个引理.

引理 12.3.1 集合 $E\subset\mathbf{R}^n$ 为闭集的充要条件是 E 中任何收敛点列的极限都属于 E.

证明 必要性: 设 E 为闭集, 任取互异点列 $\{\boldsymbol{x}_m\}\subset E$, $\lim\limits_{m\to\infty}\boldsymbol{x}_m=\boldsymbol{x}$. 由极限的定义,

$$\forall\varepsilon>0,\exists N\in\mathbf{N}^*,\ \forall m>N:\|\boldsymbol{x}_m-\boldsymbol{x}\|<\varepsilon$$

因此 $U(\boldsymbol{x};\varepsilon)$ 中一定有 E 中无穷个点, 所以 $\boldsymbol{x}$ 是 E 的聚点. 由 $E\subset\mathbf{R}^n$ 为闭集, $E'\subset E$, 可得 $\boldsymbol{x}\in E$.

充分性: 任意 $\boldsymbol{a} \in E'$, 由聚点的定义, 对于任意自然数 $m, U\left(\boldsymbol{a};\dfrac{1}{m}\right)$ 中有 E 中的点. 设 $\boldsymbol{x}_m \in E \cap U\left(\boldsymbol{a};\dfrac{1}{m}\right), \{\boldsymbol{x}_m\}$ 互异, 则 $\lim\limits_{m\to\infty} \boldsymbol{x}_m = \boldsymbol{a}$, $\boldsymbol{a} \in E$. 所以 $E' \subset E$. 结论得证.

下面给出定理 12.3.5 的证明.

证明 必要性: 设 $E \subset \mathbf{R}^n$ 为紧集, 由引理 12.3.1 知 E 为闭集. 假设 E 无界, 则任意 $m \in \mathbf{N}^*$, 存在 $\boldsymbol{x}_m \in E : \|\boldsymbol{x}_m\| > m$. 于是任意 $\boldsymbol{a} \in \mathbf{R}^n : \|\boldsymbol{x}_m - \boldsymbol{a}\| > m - \|\boldsymbol{a}\|$. 可见 $\{\boldsymbol{x}_m\}$ 没有任何收敛的子列, 与已知条件矛盾.

充分性: 设 E 是有界闭集, 任取点列 $\{\boldsymbol{x}_m\} \subset E$, 由 Bolzano-Weierstrass 定理, $\{\boldsymbol{x}_m\}$ 有收敛子列 $\lim\limits_{k\to\infty} \boldsymbol{x}_{m_k} = \boldsymbol{a}$. 由引理 12.3.1 知 $\boldsymbol{a} \in E$. 结论得证.

作为对实数域上闭区间套定理的推广, 有高维空间中的闭集套定理.

定理 12.3.6 (闭集套定理) 设 $E_k, k = 1,2,3\cdots$ 是 $\mathbf{R}^n$ 中的非空闭集且满足

(1) $E_{k+1} \subset E_k, k = 1,2,3,\cdots$;

(2) $d_k \triangleq \sup\limits_{\forall \boldsymbol{x},\boldsymbol{y}\in E_k} \|\boldsymbol{x} - \boldsymbol{y}\|, k = 1,2,3,\cdots, \lim\limits_{k\to\infty} d_k = 0$.

则 $\bigcap\limits_{k=1}^{\infty} E_k$ 含有唯一点.

证明 取点列 $\boldsymbol{x}_m \in E_m, m = 1,2,3,\cdots$, 则由条件知

$$\{\boldsymbol{x}_i\}_{i\geqslant m} \in E_m \Rightarrow \|\boldsymbol{x}_l - \boldsymbol{x}_k\| \leqslant d_m, \forall l, k > m$$

$$\lim_{m\to\infty} d_m = 0 \Rightarrow \forall \varepsilon > 0, \exists N \in \mathbf{N}^*, \forall m > N : d_m < \varepsilon$$

因此当 $m > N$ 时, $\forall l > k > m : \|\boldsymbol{x}_l - \boldsymbol{x}_k\| \leqslant d_m < \varepsilon$, 即 $\{\boldsymbol{x}_m\}$ 为基本列. 于是 $\{\boldsymbol{x}_m\}$ 的极限存在, 设为 $\boldsymbol{a}$, 则 $\boldsymbol{a} \in \bigcap\limits_{n=1}^{\infty} E_n$.

下证唯一性. 假设 $\boldsymbol{a}, \boldsymbol{b} \in \bigcap\limits_{m=1}^{\infty} E_m$, 则 $\boldsymbol{a}, \boldsymbol{b} \in E_m, \|\boldsymbol{a} - \boldsymbol{b}\| \leqslant d_m, m = 1,2,3,\cdots$. 由条件 (2) 知 $\boldsymbol{a} = \boldsymbol{b}$. 结论得证.

下面研究实数域上有限覆盖定理在高维空间的推广.

定义 12.3.5 (开覆盖) 设集合 $E \subset \mathbf{R}^n$, $\{W_\alpha, \alpha \in I\}$ 为开集族, I 为指标集合. 若 $E \subset \bigcup\limits_{\alpha\in I} W_\alpha$, 则称 $\{W_\alpha, \alpha \in I\}$ 为集合 E 的开覆盖.

定理 12.3.7 (有限覆盖定理) 设集合 $E \subset \mathbf{R}^n$ 是有界闭集, 若开集族 $\{W_\alpha, \alpha \in I\}$ 覆盖 E, 则从中可以选出有限个开集覆盖 E.

证明 以 2 维情况为例, 用反证法证明.

设有一个 2 维闭正方形 I_1 覆盖 E, 将 I_1 分割成四个正方形 $I_{11}, I_{12}, I_{13}, I_{14}$, 则至少有一个正方形使集合 $I_{1k} \cap E\,(k = 1,2,3,4)$ 不能被 $\{W_\alpha, \alpha \in I\}$ 有限覆盖, 记这个正方形为 I_2. 将 I_2 分割成四个正方形 $I_{21}, I_{22}, I_{23}, I_{24}$, 则至少有一个正方形, 使得集合 $I_{2k} \cap E\,(k = 1,2,3,4)$ 不能被 $\{W_\alpha, \alpha \in I\}$ 有限覆盖, 记这个正方形为 I_3. 如图 12.3.1 所示.

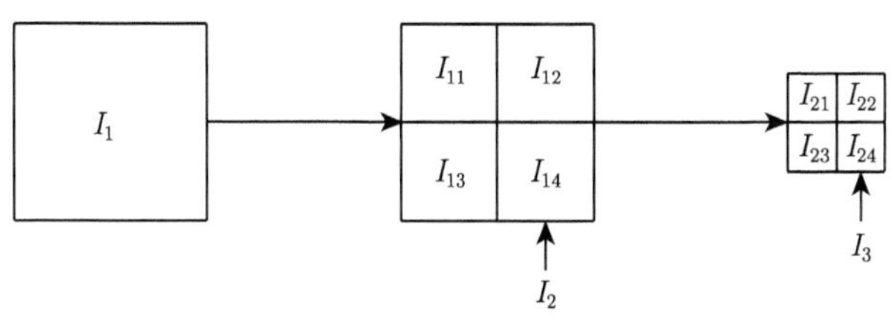

图 12.3.1

依此类推, 可以得到闭集序列 $\{I_n \cap E\}$, 满足条件

(1) $(I_1 \cap E) \supset (I_2 \cap E) \supset \cdots \supset (I_n \cap E) \supset \cdots$;

(2) $\lim\limits_{i\to\infty} \dim(I_i \cap E) = 0$;

(3) $I_i \cap E, i = 1, 2, 3, \cdots$ 不能被 $\{W_\alpha, \alpha \in I\}$ 有限覆盖.

根据闭集套定理, 存在唯一一点 $\boldsymbol{\beta} \in \bigcap\limits_{i=1}^{\infty} (I_i \cap E)$. 由于 $\{W_\alpha, \alpha \in I\}$ 覆盖了 E, 所以

$$\exists W_{\alpha_1}, \alpha_1 \in I : \boldsymbol{\beta} \in W_{\alpha_1} \Rightarrow \exists U(\boldsymbol{\beta}; r) \subset W_{\alpha_1}$$

而 $\lim\limits_{i\to\infty} \dim(I_i \cap E) = 0$, 所以当 i 充分大时, $I_i \cap E \subset U(\boldsymbol{\beta}; r)$, 导致矛盾. 结论得证.

列紧性定理、闭集套定理和有限覆盖定理称为欧几里得空间的基本定理, 它们互相等价, 证明留给读者.

习题 12.3 欧几里得空间中点列的极限

1. 在 $\mathbf{R}^2$ 中定义点列 $\boldsymbol{x_n} = \left(\dfrac{1}{n}, \sqrt[n]{n}\right), n = 1, 2, \cdots$, 求证: $\lim\limits_{n\to\infty} \boldsymbol{x_n} = (0, 1)$.
2. 设 $\{\boldsymbol{x_k}\}$ 是 $\mathbf{R}^n$ 中的点列, 如果 $\lim\limits_{k\to\infty} \boldsymbol{x_k} = \boldsymbol{a}$, 证明: $\lim\limits_{k\to\infty} ||\boldsymbol{x_k}|| = ||\boldsymbol{a}||$.
3. 证明: 欧氏空间中的收敛点列必是有界的.
4. 证明: 欧氏空间中的基本列必是收敛的.
5. 用有限覆盖定理证明 $\mathbf{R}^n$ 中有界无限点集必有聚点.

12.4 多元函数的极限

在一元函数微分学中, 研究了函数极限、连续、函数的导数以及导数的应用, 研究的理论依据是函数的极限. 对于多元函数, 同样要研究多元函数的极限、连续、导数以及导数的应用, 研究的理论依据是多元函数的极限. 本节讨论多元函数的极限. 多元函数的极限与一元函数的极限原理上是一样的, 但是又有许多不同之处, 会有一些新的概念出现.

12.4.1 多元函数的定义

前面我们已经指出, 在许多实际问题中, 因变量的变化会依赖于多个自变量. 例如城市未来人口涉及国家政策、城市经济发展、城市教育普及程度等多个因素的影响. 要建立城市未来人口预测模型, 就要用到多元函数 $f(x_1, x_2, \cdots, x_n)$.

定义 12.4.1 设 $D \subset \mathbf{R}^n, f : D \to \mathbf{R}$, 称 f 为 n 元函数. D 为 f 的定义域, $f(D) = \{z | z = f(\boldsymbol{x}), \boldsymbol{x} \in D\}$ 为值域.

例如二元函数 $f(x,y)=\sqrt{2x^2\sin^2 x+y^2}$ 的定义域为 $\mathbf{R}^2$, 值域为 $f(D)=\{z\,|z\geqslant 0\}$. 三元函数 $f(x,y,z)=\sqrt{2x^2+3y^2-z}$ 的定义域为 $D=\left\{(x,y,z)\,|2x^2+3y^2\geqslant z\right\}$, 值域为 $f(D)=\{z\,|z\geqslant 0\}$. 下面展示一些多元函数的图像, 如图 12.4.1 和图 12.4.2 所示.

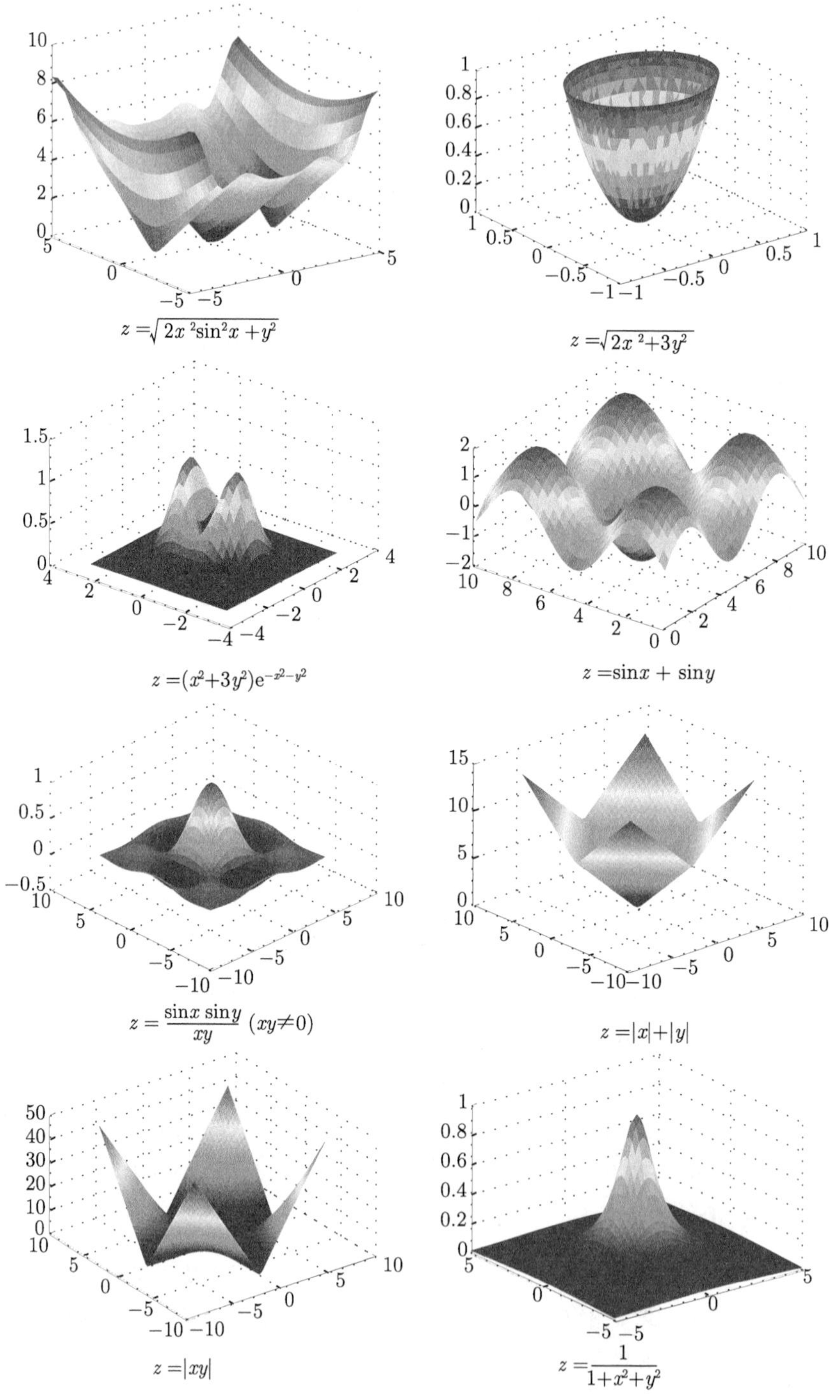

$z=\sqrt{2x^2\sin^2 x+y^2}$　　$z=\sqrt{2x^2+3y^2}$

$z=(x^2+3y^2)\mathrm{e}^{-x^2-y^2}$　　$z=\sin x+\sin y$

$z=\dfrac{\sin x\sin y}{xy}\ (xy\neq 0)$　　$z=|x|+|y|$

$z=|xy|$　　$z=\dfrac{1}{1+x^2+y^2}$

图 12.4.1

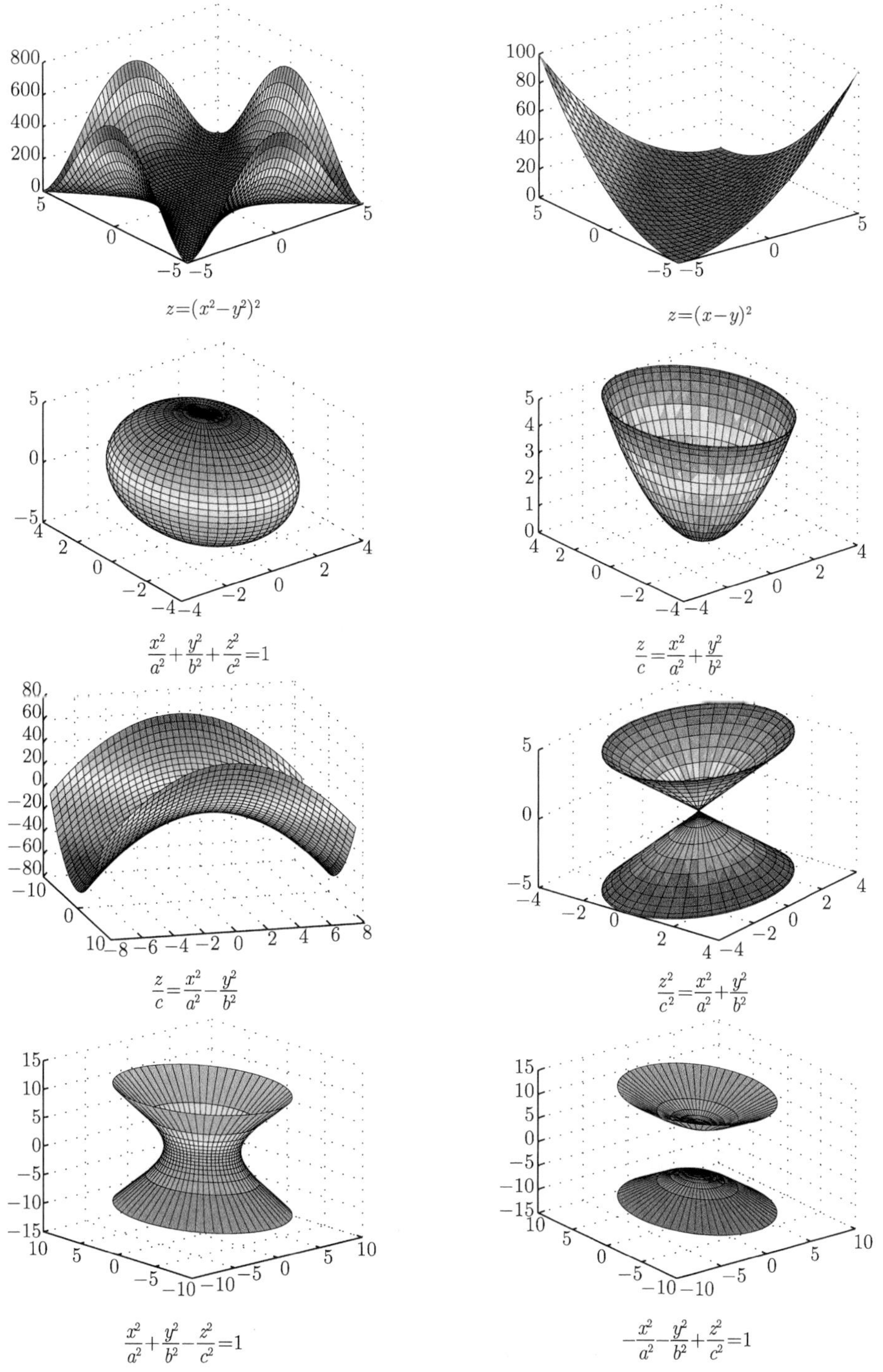

$z=(x^2-y^2)^2$

$z=(x-y)^2$

$\frac{x^2}{a^2}+\frac{y^2}{b^2}+\frac{z^2}{c^2}=1$

$\frac{z}{c}=\frac{x^2}{a^2}+\frac{y^2}{b^2}$

$\frac{z}{c}=\frac{x^2}{a^2}-\frac{y^2}{b^2}$

$\frac{z^2}{c^2}=\frac{x^2}{a^2}+\frac{y^2}{b^2}$

$\frac{x^2}{a^2}+\frac{y^2}{b^2}-\frac{z^2}{c^2}=1$

$-\frac{x^2}{a^2}-\frac{y^2}{b^2}+\frac{z^2}{c^2}=1$

图 12.4.2

习题 12.4.1 多元函数的定义

1. 求下列函数的定义域.

(1) $f(x,y)=\sqrt{(x^2+y^2-1)(4-x^2-y^2)}$; (2) $f(x,y)=\sqrt{\sin(x^2+y^2)}$;

(3) $f(x,y,z)=\arccos\dfrac{z}{\sqrt{x^2+y^2}}$; (4) $f(x,y,z)=\ln(1-x^2-y^2-z^2)$.

2. 计算下面问题.

(1) $f(x,y)=\dfrac{2xy}{x^2+y^2}$, 计算 $f\left(1,\dfrac{y}{x}\right)$.

(2) $f\left(\dfrac{y}{x}\right)=\dfrac{\sqrt{x^2+y^2}}{x}\ (x>0)$, 计算 $f(x)$.

(3) $f\left(x+y,\dfrac{y}{x}\right)=x^2-y^2$, 计算 $f(x,y)$.

12.4.2 多元函数极限的定义

设单变量函数 $f(x)$ 定义域为 $U^o(x_0;\delta_1)$, 则一元函数极限的定义为

$$\forall\varepsilon>0,\exists\delta(\varepsilon)>0,0<|x-x_0|<\delta<\delta_1:|f(x)-a|<\varepsilon$$

这节讨论如何用数学语言刻画多元函数的极限, 即

$$\boldsymbol{x}=(x_1,x_2,\cdots,x_n)\to\boldsymbol{x}_0=\left(x_1^0,x_2^0,\cdots,x_n^0\right)\text{时}f(x_1,x_2,\cdots,x_n)\to l$$

逐步逼近的过程. 从数学本质上讲, 单变量函数与多元函数极限定义是一致的.

定义 12.4.2 设 $D\subset\mathbf{R}^n, f:D\to\mathbf{R},\boldsymbol{a}\in D'$, 若

$$\forall\varepsilon>0,\exists\delta>0,\forall\boldsymbol{x}\in D,0<\|\boldsymbol{x}-\boldsymbol{a}\|<\delta:|f(\boldsymbol{x})-l|<\varepsilon \tag{12.4.1}$$

则称当 $\boldsymbol{x}\to\boldsymbol{a}$ 时 $f(\boldsymbol{x})$ 的极限存在, 记为 $\lim\limits_{\boldsymbol{x}\to\boldsymbol{a}}f(\boldsymbol{x})=l$, 称为重极限.

注 12.4.1 在多元函数极限定义中, $D\subset\mathbf{R}^n$ 不要求是区域, 而是集合, 比单变量函数极限定义的要求宽松. 单变量函数极限定义要求函数在邻域 $U^o(x_0;\delta_1)$ 内有定义, 多元函数极限定义中, $\boldsymbol{x}\to\boldsymbol{b}$ 意味着 $\boldsymbol{x}$ 在定义域内可以沿着任何曲线趋向于 $\boldsymbol{b}$, 都有 $f(\boldsymbol{x})\to l$. 如图 12.4.3 所示. 如果 $f(\boldsymbol{x})$ 的定义域是空间曲面 Σ, 则 Σ 上任意一条曲线上的点 $\boldsymbol{x}\to\boldsymbol{b}$ 都有 $f(\boldsymbol{x})\to l$.

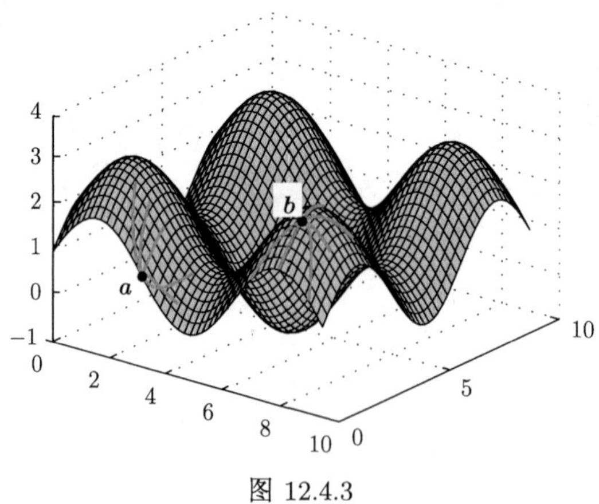

图 12.4.3

注 12.4.2 $\lim\limits_{\boldsymbol{x}\to\boldsymbol{a}} f(\boldsymbol{x}) = l, \boldsymbol{a} = (x_0, y_0) \Rightarrow f: 0 < \|\boldsymbol{x}-\boldsymbol{a}\| < \delta \to (l-\varepsilon, l+\varepsilon)$. 如图 12.4.4 所示.

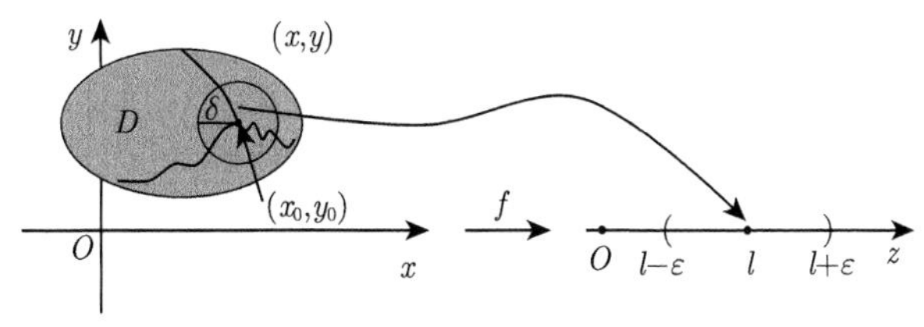

图 12.4.4

注 12.4.3 $\lim\limits_{\boldsymbol{x}\to\boldsymbol{a}} f(\boldsymbol{x}) = l$, 则 (x,y) 在其定义域内沿着任意曲线趋于 (x_0,y_0) 时, 都有 $f(\boldsymbol{x}) \to l$.

注 12.4.4 对于二元函数, 极限的定义可以等价表述为: $D \subset \mathbf{R}^2, f: D \to \mathbf{R}, (x_0,y_0) \in D'$. 若

$$\forall\varepsilon > 0, \exists\delta > 0, \forall (x,y) \in D, (x,y) \neq (x_0,y_0)$$
$$|x-x_0| < \delta, |y-y_0| < \delta : |f(x,y) - l| < \varepsilon$$

则称 $(x,y) \to (x_0,y_0)$ 时 $f(x,y)$ 有极限, 记为 $\lim\limits_{(x,y)\to(x_0,y_0)} f(x,y) = l$ 或者 $\lim\limits_{\substack{x\to x_0\\ y\to y_0}} f(x,y) = l$.

对于二元函数, 极限的定义可以等价表述为 $D \subset \mathbf{R}^3, f: D \to \mathbf{R}, (x_0,y_0,z_0) \in D'$, 若

$$\forall\varepsilon > 0, \exists\delta > 0, \forall (x,y,z) \in D, (x,y,z) \neq (x_0,y_0,z_0)$$
$$|x-x_0| < \delta, |y-y_0| < \delta, |z-z_0| < \delta : |f(x,y,z) - l| < \varepsilon$$

则称 $(x,y,z) \to (x_0,y_0,z_0)$ 时 $f(x,y,z)$ 有极限, 记为 $\lim\limits_{(x,y,z)\to(x_0,y_0,z_0)} f(x,y,z) = l$.

例 12.4.1 证明 $\lim\limits_{(x,y)\to(1,0)} (x^2+xy+2y^2) = 1$.

证明 根据极限的定义, 关键是要找到极限定义 (12.4.1) 中的 δ, 使得

$$\forall\varepsilon > 0, \exists\delta > 0, 0 < |x-1| < \delta, 0 < |y| < \delta : \left|\left(x^2+xy+2y^2\right) - 1\right| < \varepsilon$$

由于

$$\left|\left(x^2+xy+2y^2\right) - 1\right| = |(x+1)(x-1) + y(x-1) + y(1+2y)|$$

若假设 $|x-1| \leqslant 1, |y| \leqslant 1$, 则有

$$\left|\left(x^2+xy+y^2\right) - 1\right| \leqslant 3|x-1| + |x-1| + 3|y| \leqslant 4(|x-1| + |y|)$$

因此对任意 $\varepsilon > 0$, 存在 $\delta = \min\left\{1, \dfrac{\varepsilon}{8}\right\}$, 当 $0 < |x-1| < \delta, 0 < |y| < \delta$ 时, 由上式可得

$$\left|\left(x^2+xy+2y^2\right) - 1\right| < \varepsilon$$

故 $\lim\limits_{(x,y)\to(1,0)} (x^2+xy+2y^2) = 1$. 结论得证.

例 12.4.2 讨论 $\lim\limits_{(x,y)\to(0,0)} \dfrac{5xy}{2x^2+y^2}$ 是否存在.

解 任取 $m\in\mathbf{R}, y=mx$, $\lim\limits_{(x,y)\to(0,0)}\dfrac{5xy}{2x^2+y^2}=\dfrac{5m}{2+m^2}$, 即沿着不同直线趋向于原点时, 极限值不同, 因此极限不存在. 如图 12.4.5 所示给出函数曲面图, 在 (0,0) 附近函数有突变.

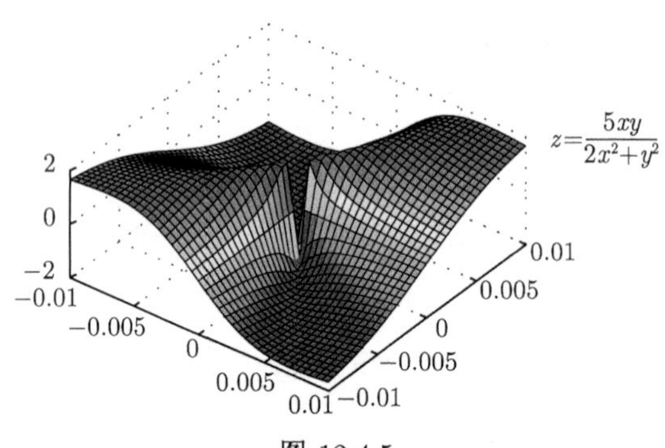

图 12.4.5

例 12.4.3 讨论 $\lim\limits_{(x,y)\to(0,0)}\dfrac{xy^2}{4x^2+5y^4}$ 是否存在.

解 由于

$$y=x:\lim_{(x,y)\to(0,0)}\frac{xy^2}{4x^2+5y^4}=\lim_{x\to0}\frac{x^3}{4x^2+5x^4}=0$$

$$x=y^2:\lim_{(x,y)\to(0,0)}\frac{y^4}{4y^4+5y^4}=\frac{1}{9}$$

即沿着不同路径趋向于原点时, 极限值不同, 因此极限不存在. 如图 12.4.6 所示给出函数曲面图, 在 (0,0) 附近函数有突变.

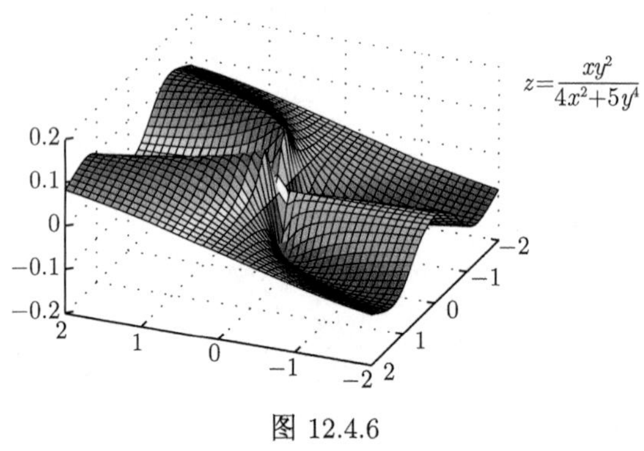

图 12.4.6

习题 12.4.2 多元函数极限的定义

1. 给出下列类型极限的精确定义:

(1) $\lim\limits_{\substack{x\to+\infty\\y\to+\infty\\z\to+\infty}}f(x,y,z)=A$;

(2) $\lim\limits_{\substack{x\to a\\y\to+\infty\\z\to-\infty}}f(x,y,z)=A$;

(3) $\lim\limits_{\substack{x\to-\infty\\y\to-\infty\\z\to+\infty}}f(x,y,z)=A$;

(4) $\lim\limits_{\substack{x\to a\\y\to b\\z\to+\infty}}f(x,y,z)=A$;

(5) $\lim\limits_{\substack{x\to a\\y\to b\\z\to-\infty}}f(x,y,z)=A$;

(6) $\lim\limits_{\substack{x\to\infty\\y\to\infty\\z\to\infty}}f(x,y,z)=A$.

2. 设 $f(x,y)=\dfrac{1}{xy}, r=\sqrt{x^2+y^2}, k>1$,

$$D_1=\left\{(x,y)\left|\frac{x}{k}\leqslant y\leqslant kx\right.\right\},\quad D_2=\{(x,y)\,|x>0,y>0\}.$$

分别讨论 $\lim\limits_{\substack{r\to+\infty\\(x,y)\in D_i}} f(x,y), i=1,2$ 是否存在.

3. 证明下列极限不存在.

(1) $\lim\limits_{\substack{x\to0\\y\to0}}\dfrac{x^2y}{x^4+y^2}$;　　(2) $\lim\limits_{\substack{x\to0\\y\to0}}\dfrac{xy}{x+y}$.

12.4.3 多元函数极限基本理论

下面讨论多元函数极限的性质. 类似于一元函数的情况, 我们考虑各种形式多元函数极限的局部有界性、保序性、复合函数极限、极限的四则运算、夹逼定理、海涅原理以及柯西收敛准则. 一元函数极限有六种形式, 分别为

(1) $\lim\limits_{x\to x_0}f(x)$;　(2) $\lim\limits_{x\to x_0-}f(x)$;　(3) $\lim\limits_{x\to x_0+}f(x)$;

(4) $\lim\limits_{x\to-\infty}f(x)$;　(5) $\lim\limits_{x\to+\infty}f(x)$;　(6) $\lim\limits_{x\to\infty}f(x)$.

类似于一元函数的情况, 二元函数极限有如下几种形式:

(1) $\lim\limits_{(x,y)\to(x_0,y_0)}f(x,y)$;　(2) $\lim\limits_{(x,y)\to(x_0,\pm\infty)}f(x,y)$;　(3) $\lim\limits_{(x,y)\to(x_0,\infty)}f(x,y)$;

(4) $\lim\limits_{(x,y)\to(\pm\infty,y_0)}f(x,y)$;　(5) $\lim\limits_{(x,y)\to(\infty,y_0)}f(x,y)$;　(6) $\lim\limits_{(x,y)\to(\pm\infty,\pm\infty)}f(x,y)$.

因此多元函数极限理论更丰富.

多元函数极限与一元函数极限有平行的性质, 下面叙述这些性质, 证明留给读者完成.

定理 12.4.1 (多元函数极限的性质)　设 $D\subset\mathbf{R}^n, f:D\to\mathbf{R}, \boldsymbol{a}\in D'$, 则

(1) 极限唯一性: $\lim\limits_{\boldsymbol{x}\to\boldsymbol{a}}f(\boldsymbol{x})$ 存在必唯一;

(2) 局部有界性: 若 $\lim\limits_{\boldsymbol{x}\to\boldsymbol{a}}f(\boldsymbol{x})$ 存在, 则 $\exists\delta>0, M>0, \forall\boldsymbol{x}\in U^o(\boldsymbol{a};\delta)\cap D:|f(\boldsymbol{x})|\leqslant M$;

(3) 极限局部保号性:

若 $\lim\limits_{\boldsymbol{x}\to\boldsymbol{a}}f(\boldsymbol{x})=l>0$, 则存在 $\delta>0$, 对任意 $\boldsymbol{x}\in U^o(\boldsymbol{a};\delta)\cap D$, 有 $f(\boldsymbol{x})>0$;

若存在 $\delta>0$, 使得当 $\boldsymbol{x}\in U^o(\boldsymbol{a};\delta)\cap D$ 时, $f(\boldsymbol{x})>0$ 且 $\lim\limits_{\boldsymbol{x}\to\boldsymbol{a}}f(\boldsymbol{x})=l$ 存在, 则 $l\geqslant0$.

定理 12.4.2 (四则运算)　设 $D\subset\mathbf{R}^n, f,g:D\to\mathbf{R}, \boldsymbol{a}\in D'$, 且 $\lim\limits_{\boldsymbol{x}\to\boldsymbol{a}}f(\boldsymbol{x})=l, \lim\limits_{\boldsymbol{x}\to\boldsymbol{a}}g(\boldsymbol{x})=m$, 则

(1) $\lim\limits_{\boldsymbol{x}\to\boldsymbol{a}}(f(\boldsymbol{x})\pm g(\boldsymbol{x}))=l\pm m$;

(2) $\lim\limits_{\boldsymbol{x}\to\boldsymbol{a}}(f(\boldsymbol{x})g(\boldsymbol{x}))=lm$;

(3) $\lim\limits_{\boldsymbol{x}\to\boldsymbol{a}}\left(\dfrac{f(\boldsymbol{x})}{g(\boldsymbol{x})}\right)=\dfrac{l}{m}(m\neq0)$.

定理 12.4.3 (夹逼定理)　$D\subset\mathbf{R}^n, f,g,h:D\to\mathbf{R}, \boldsymbol{a}\in D'$.

设存在 $\delta>0$, 对任意 $\boldsymbol{x}\in U^o(\boldsymbol{a};\delta)\cap D$ 有 $f(\boldsymbol{x})\leqslant h(\boldsymbol{x})\leqslant g(\boldsymbol{x})$, 且 $\lim\limits_{\boldsymbol{x}\to\boldsymbol{a}}f(\boldsymbol{x})=\lim\limits_{\boldsymbol{x}\to\boldsymbol{a}}g(\boldsymbol{x})=l$, 则 $\lim\limits_{\boldsymbol{x}\to\boldsymbol{a}}h(\boldsymbol{x})=l$.

定理 12.4.4 (海涅原理) 设 $D\subset\mathbf{R}^n, f:D\to\mathbf{R}, \boldsymbol{a}\in D'$, 则 $\lim\limits_{\boldsymbol{x}\to\boldsymbol{a}}f(\boldsymbol{x})$ 存在的充分必要条件是对任何收敛于 $\boldsymbol{a}$ 的点列 $\{\boldsymbol{x}_i\}\subset D$, 都有 $\lim\limits_{i\to\infty}f(\boldsymbol{x}_i)=l$.

定理 12.4.5 (柯西准则) 设 $D\subset\mathbf{R}^n, f:D\to\mathbf{R}, \boldsymbol{a}\in D'$, 则 $\lim\limits_{\boldsymbol{x}\to\boldsymbol{a}}f(\boldsymbol{x})$ 存在等价于

$$\forall\varepsilon>0,\exists\delta>0,\forall\boldsymbol{x}_1,\boldsymbol{x}_2\in D,0<\|\boldsymbol{x}_1-\boldsymbol{a}\|<\delta,0<\|\boldsymbol{x}_2-\boldsymbol{a}\|<\delta:|f(\boldsymbol{x}_1)-f(\boldsymbol{x}_2)|<\varepsilon$$

例 12.4.4 设 $f(x,y)$ 的定义域为 D. 写出 $\lim\limits_{(x,y)\to(x_0,+\infty)}f(x,y)$ 和 $\lim\limits_{(x,y)\to(-\infty,+\infty)}f(x,y)$ 的定义、海涅原理与柯西准则.

解 (1) 若

$$\forall\varepsilon>0,\exists\delta>0,\exists M>0,(x,y)\in D,0<|x-x_0|<\delta,y>M:|f(x,y)-l|<\varepsilon$$

则称 $(x,y)\to(x_0,+\infty)$ 时 $f(x,y)$ 的极限存在, 记为 $\lim\limits_{(x,y)\to(x_0,+\infty)}f(x,y)=l$.

若

$$\forall\varepsilon>0,\exists M>0,(x,y)\in D,x<-M,y>M:|f(x,y)-l|<\varepsilon$$

则称 $(x,y)\to(-\infty,+\infty)$ 时 $f(x,y)$ 的极限存在, 记为 $\lim\limits_{(x,y)\to(-\infty,+\infty)}f(x,y)=l$.

(2) 海涅原理:

$\lim\limits_{(x,y)\to(x_0,+\infty)}f(x,y)=l$ 等价于对任何点列 $\{(x_i,y_i)\}\in D$, $\lim\limits_{i\to\infty}x_i=x_0$, $\lim\limits_{i\to\infty}y_i=+\infty$, 都有 $\lim\limits_{i\to\infty}f(x_i,y_i)=l$.

$\lim\limits_{(x,y)\to(-\infty,+\infty)}f(x,y)=l$ 等价于对任何点列 $\{(x_i,y_i)\}\in D$, $\lim\limits_{i\to\infty}x_i=-\infty$, $\lim\limits_{i\to\infty}y_i=+\infty$ 都有 $\lim\limits_{i\to\infty}f(x_i,y_i)=l$.

(3) 柯西准则:

$\lim\limits_{(x,y)\to(x_0,+\infty)}f(x,y)$ 存在等价于

$\forall\varepsilon>0,\exists\delta>0,\exists M>0$, $\forall(x_1,y_1),(x_2,y_2)\in D$, $0<|x_1-x_0|<\delta,0<|x_2-x_0|<\delta$, $y_1,y_2>M$ 成立 $|f(x_1,y_1)-f(x_2,y_2)|<\varepsilon$

$\lim\limits_{(x,y)\to(-\infty,+\infty)}f(x,y)$ 存在等价于

$\forall\varepsilon>0,\exists M>0$, $\forall(x_1,y_1),(x_2,y_2)\in D$, $x_1,x_2<-M,y_1,y_2>M$, $|f(x_1,y_1)-f(x_2,y_2)|<\varepsilon$

习题 12.4.3 多元函数极限基本理论

1. 写出下列极限存在的局部有界、局部保序、柯西准则和海涅原理, 并给出证明.

(1) $\lim\limits_{(x,y,z)\to(a,b,c)}f(x,y,z)=A$; (2) $\lim\limits_{(x,y,z)\to(a,+\infty,-\infty)}f(x,y,z)=A$;

(3) $\lim\limits_{(x,y,z)\to(-\infty,-\infty,+\infty)}f(x,y,z)=A$.

12.4.4 多元函数极限典型例题

例 12.4.5 求下列函数的极限:

(1) $\lim\limits_{(x,y)\to(0,0)}\dfrac{x^2y^2}{x^2+y^2}$; (2) $\lim\limits_{(x,y)\to(0,0)}\dfrac{1+x^2+y^2}{x^2+y^2}$; (3) $\lim\limits_{(x,y)\to(0,0)}xy\dfrac{x^2-y^2}{x^2+y^2}$.

解 (1) 因为 $\left|\dfrac{x^2y^2}{x^2+y^2}\right|\leqslant x^2$, 由夹逼定理可得 $\lim\limits_{(x,y)\to(0,0)}\dfrac{x^2y^2}{x^2+y^2}=0$. 函数曲面如图 12.4.7 所示.

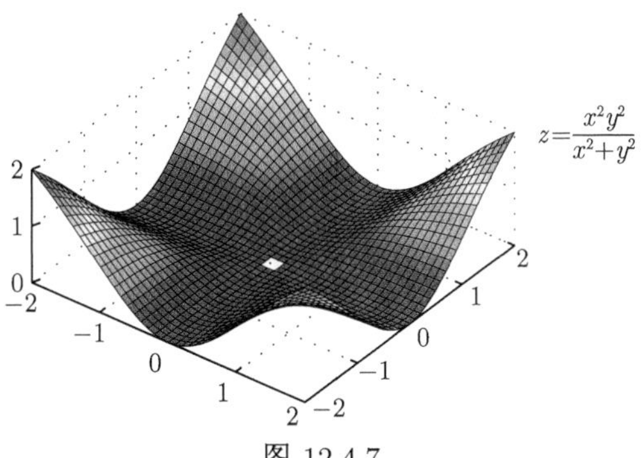

图 12.4.7

(2) 因为 $\lim\limits_{(x,y)\to(0,0)}\dfrac{1+x^2+y^2}{x^2+y^2}=\lim\limits_{(x,y)\to(0,0)}\left(\dfrac{1}{x^2+y^2}+1\right)=\infty$, 所以极限不存在. 图 12.4.8 给出了函数曲面图, 当 $(x,y)\to(0,0)$ 时函数有突变.

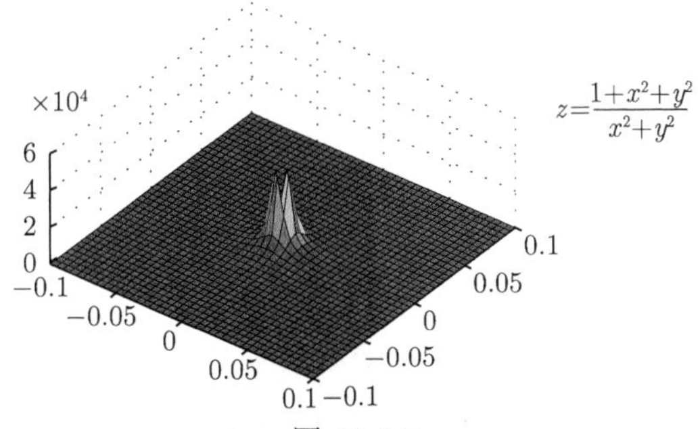

图 12.4.8

(3) 因为 $\left|xy\dfrac{x^2-y^2}{x^2+y^2}\right|\leqslant\dfrac{1}{2}\left|x^2-y^2\right|\leqslant\dfrac{1}{2}\left|x^2+y^2\right|$, 所以 $\lim\limits_{(x,y)\to(0,0)}xy\dfrac{x^2-y^2}{x^2+y^2}=0$. 图 12.4.9 给出了函数曲面图, 当 $(x,y)\to(0,0)$ 时函数变化逐渐平稳趋于零.

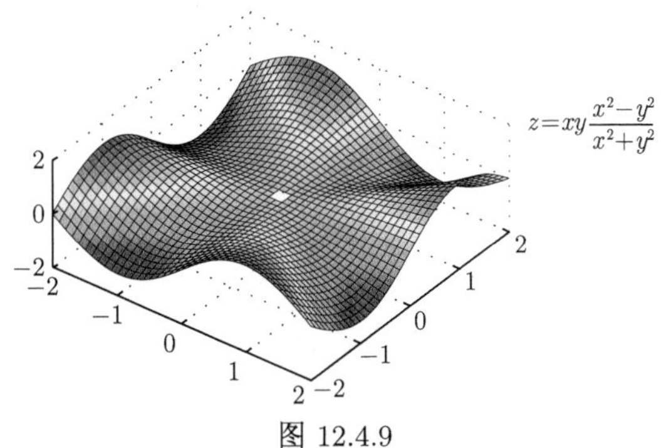

图 12.4.9

例 12.4.6 求下列函数的极限:

(1) $\lim\limits_{(x,y)\to(0,a)}\dfrac{\sin xy}{x}$; (2) $x=r\cos\theta, y=r\sin\theta$, $\lim\limits_{r\to0+}\mathrm{e}^{\frac{x}{x^2+y^2}}$, 沿着哪些方向极限存在?

解 (1) $\lim\limits_{(x,y)\to(0,a)}\dfrac{\sin xy}{x}=\lim\limits_{(x,y)\to(0,a)}\dfrac{\sin xy}{xy}\cdot y=a$. 函数曲面如图 12.4.10 所示.

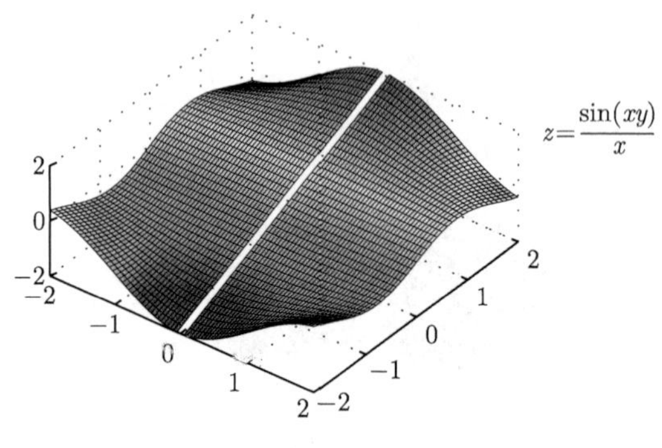

图 12.4.10

(2) $\lim\limits_{r\to0+}\mathrm{e}^{\frac{x}{x^2+y^2}}=\lim\limits_{r\to0+}\mathrm{e}^{\frac{\cos\theta}{r}}=\begin{cases}1, & \cos\theta=0,\\ 0, & \cos\theta<0,\\ +\infty, & \cos\theta>0,\end{cases}$ 所以当 $\dfrac{\pi}{2}\leqslant\theta\leqslant\dfrac{3\pi}{2}$ 时, $\lim\limits_{r\to0+}\mathrm{e}^{\frac{x}{x^2+y^2}}$ 存在. 函数曲面如图 12.4.11 所示.

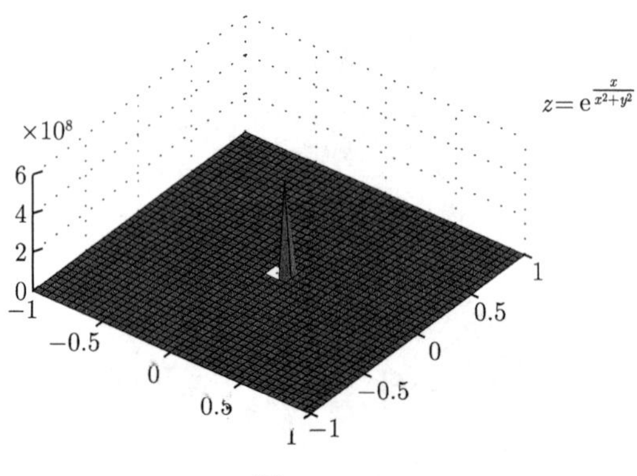

图 12.4.11

注 12.4.5 $\lim\limits_{r\to0+}\mathrm{e}^{x^2+y^2}=\lim\limits_{r\to0+}\mathrm{e}^{r^2}=1\Rightarrow\lim\limits_{(x,y)\to(0,0)}\mathrm{e}^{x^2+y^2}=1$.

例 12.4.7 求 $\lim\limits_{\substack{x\to0\\y\to0}}\left(x^2+y^2\right)^{x^2y^4}$.

解 因为 $\left(x^2+y^2\right)^{x^2y^4}=\mathrm{e}^{x^2y^4\ln\left(x^2+y^2\right)}$, 所以

$$\lim_{\substack{x\to0\\y\to0}}x^2y^4\ln\left(x^2+y^2\right)=\lim_{\substack{x\to0\\y\to0}}\frac{x^2y^4}{\left(x^2+y^2\right)}\left(x^2+y^2\right)\ln\left(x^2+y^2\right)$$

而

$$\lim_{\substack{x\to 0\\ y\to 0}}\left(x^2+y^2\right)\ln\left(x^2+y^2\right)=\lim_{u\to 0+}u\ln u=0,\left|\frac{x^2y^4}{x^2+y^2}\right|\leqslant\left|x^2y^2\right|\Rightarrow\lim_{\substack{x\to 0\\ y\to 0}}\frac{x^2y^4}{(x^2+y^2)}=0$$

因此 $\lim\limits_{\substack{x\to 0\\ y\to 0}}\left(x^2+y^2\right)^{x^2y^4}=1$. 函数曲面如图 12.4.12 所示, 当 $(x,y)\to(0,0)$ 时, 函数曲面变化逐渐平稳趋向于 1.

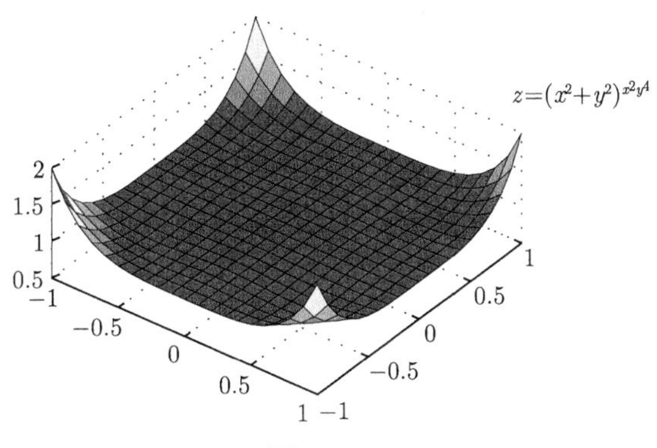

图 12.4.12

例 12.4.8 求极限 $\lim\limits_{(x,y)\to(\infty,\infty)}\dfrac{x+y}{x^2-xy+y^2}$.

解 因为

$$\left|\frac{x+y}{x^2-xy+y^2}\right|\leqslant\left|\frac{x+y}{x^2-|xy|+y^2}\right|\leqslant\left|\frac{x+y}{xy}\right|\leqslant\left|\frac{1}{x}\right|+\left|\frac{1}{y}\right|$$

所以 $\lim\limits_{(x,y)\to(\infty,\infty)}\dfrac{x+y}{x^2-xy+y^2}=0$. 函数曲面如图 12.4.13 所示, 当 $(x,y)\to(\infty,\infty)$ 时, 函数曲面变化逐渐平稳趋向于零.

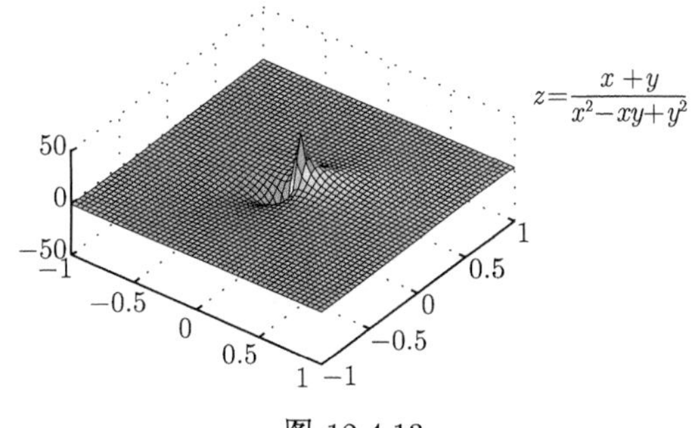

图 12.4.13

例 12.4.9 求极限 $\lim\limits_{(x,y)\to(\infty,a)}\left(1+\dfrac{1}{x}\right)^{\frac{x^2}{x+y}}$.

解 因为

$$\left(1+\frac{1}{x}\right)^{\frac{x^2}{x+y}}=\left\{\left(1+\frac{1}{x}\right)^x\right\}^{\frac{x}{x+y}},\quad \lim_{x\to\infty}\left(1+\frac{1}{x}\right)^x=\mathrm{e},\quad \lim_{(x,y)\to(\infty,a)}\frac{x}{x+y}=1$$

所以 $\lim\limits_{(x,y)\to(\infty,a)}\left(1+\dfrac{1}{x}\right)^{\frac{x^2}{x+y}}=\mathrm{e}.$

例 12.4.10 求极限 $\lim\limits_{(x,y)\to(+\infty,+\infty)}\left(x^2+y^2\right)\mathrm{e}^{-(x+y)}.$

解 因为

$$\left(x^2+y^2\right)\mathrm{e}^{-(x+y)}=\left(\frac{(x+y)^2}{\mathrm{e}^{(x+y)}}\right)-\left(\frac{2xy}{\mathrm{e}^{(x+y)}}\right)=\left(\frac{(x+y)^2}{\mathrm{e}^{(x+y)}}\right)-2\left(\frac{x}{\mathrm{e}^x}\right)\left(\frac{y}{\mathrm{e}^y}\right)$$

而

$$\lim_{(x,y)\to(+\infty,+\infty)}\frac{(x+y)^2}{\mathrm{e}^{(x+y)}}=\lim_{u\to+\infty}\frac{u^2}{\mathrm{e}^u}=0,\quad \lim_{(x,y)\to(+\infty,+\infty)}\frac{x}{\mathrm{e}^x}=\lim_{(x,y)\to(+\infty,+\infty)}\frac{y}{\mathrm{e}^y}=0$$

所以 $\lim\limits_{(x,y)\to(+\infty,+\infty)}\left(x^2+y^2\right)\mathrm{e}^{-(x+y)}=0$. 如图 12.4.14 所示, 当 $(x,y)\to(+\infty,+\infty)$ 时, 函数曲面变化逐渐平稳趋向于 0.

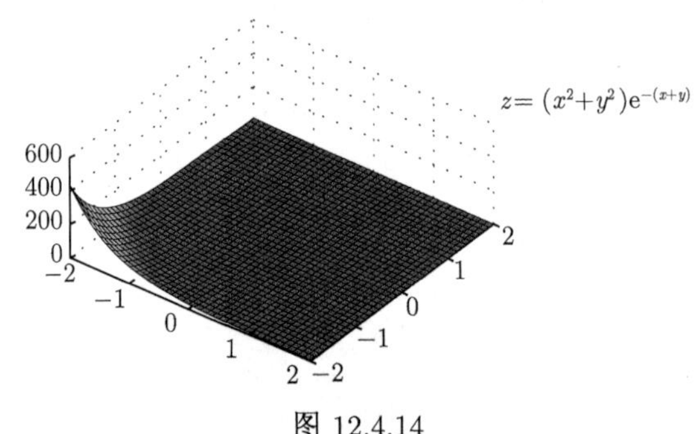

图 12.4.14

习题 12.4.4 多元函数极限典型例题

1. 计算下列函数极限:

(1) $\lim\limits_{(x,y)\to(0,0)}\dfrac{\sqrt{1+xy}-1}{xy}$; (2) $\lim\limits_{(x,y)\to(0,0)}\dfrac{\ln\left(x^2+\mathrm{e}^{y^2}\right)}{x^2+y^2}$; (3) $\lim\limits_{(x,y)\to(0,0)}\dfrac{\sin\left(x^3+y^3\right)}{x^2+y^2}$;

(4) $\lim\limits_{(x,y)\to(0,0)}\dfrac{1-\cos\left(x^2+y^2\right)}{\left(x^2+y^2\right)x^2y^2}$; (5) $\lim\limits_{(x,y)\to(-\infty,0)}\left(1+\dfrac{2}{x}\right)^{\frac{x^2}{x+y}}$.

2. 设 $\lim\limits_{y\to y_0}\phi(y)=\phi(y_0)=A$, $\lim\limits_{x\to x_0}\psi(x)=\psi(x_0)=0$, 在 (x_0,y_0) 附近满足

$$|f(x,y)-\phi(y)|\leqslant\psi(x)$$

则 $\lim\limits_{\substack{x\to x_0\\y\to y_0}}f(x,y)=A$.

12.4.5 累次极限

12.4.5.1 二元函数累次极限

定义 12.4.3 设集合 $E_x,E_y\subset\mathbf{R}$, x_0,y_0 分别为 E_x,E_y 的聚点, $f(x,y)$ 定义在 $D=E_x\times E_y$ 上, 若 $\lim\limits_{\substack{x\to x_0\\x\in E_x}}f(x,y)=\phi(y)$, $\lim\limits_{\substack{y\to y_0\\y\in E_y}}\phi(y)=L$ 存在, 或者 $\lim\limits_{\substack{y\to y_0\\y\in E_y}}f(x,y)=\psi(x)$, $\lim\limits_{\substack{x\to x_0\\x\in E_x}}\psi(x)=K$ 存在, 则称 L,K 分别为累次极限, 记为

$$\lim_{y\to y_0}\lim_{x\to x_0} f(x,y)=L,\quad \lim_{x\to x_0}\lim_{y\to y_0} f(x,y)=K$$

如图 12.4.15 所示, 累次极限 $\lim\limits_{y\to y_0}\lim\limits_{x\to x_0} f(x,y)$ 以及 $\lim\limits_{x\to x_0}\lim\limits_{y\to y_0} f(x,y)$ 与分别取如下路径 L_1, L_2 得到的重极限是不同的.

$$L_1:(x,y)\to(x_0,y)\to(x_0,y_0)$$

$$L_2:(x,y)\to(x,y_0)\to(x_0,y_0)$$

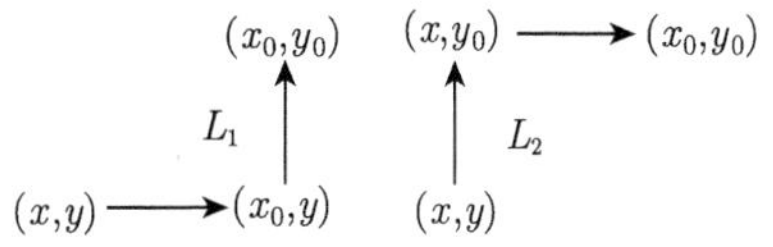

图 12.4.15

以 $\lim\limits_{y\to y_0}\lim\limits_{x\to x_0} f(x,y)$ 为例, L_1 过程实际上为 $\lim\limits_{y\to y_0} f(x_0,y)$. 根据函数极限的定义, $\lim\limits_{\substack{x\to x_0\\ x\in E_x}} f(x,y)=\phi(y)$ 不一定等于 $f(x_0,y)$, 因此 $\lim\limits_{y\to y_0}\phi(y)$ 不一定等于 $\lim\limits_{y\to y_0} f(x_0,y)$.

例 12.4.11 讨论下列函数在原点的重极限和累次极限:

(1) $f(x,y)=(x+y)\sin\dfrac{1}{x}\sin\dfrac{1}{y}$; (2) $f(x,y)=\dfrac{x^2y^2}{x^2y^2+(x-y)^2}$.

解 (1) 显然两种累次极限都不存在. 但是 $\lim\limits_{\substack{x\to 0\\ y\to 0}} f(x,y)=\lim\limits_{\substack{x\to 0\\ y\to 0}}(x+y)\sin\dfrac{1}{x}\sin\dfrac{1}{y}=0$, 因此重极限存在.

(2) 两种累次极限都为零. 分别取两个路径 $y=x, y=-x$, 则 $\lim\limits_{\substack{x\to 0\\ y\to 0\\ y=x}}\dfrac{x^2y^2}{x^2y^2+(x-y)^2}=1$, $\lim\limits_{\substack{x\to 0\\ y\to 0\\ y=-x}}\dfrac{x^2y^2}{x^2y^2+(x-y)^2}=0$. 因此重极限不存在.

注 12.4.6 例 12.4.11 说明累次极限和重极限没有必然的蕴含关系.

定理 12.4.6 若重极限 $\lim\limits_{(x,y)\to(x_0,y_0)} f(x,y)$ 与 $\lim\limits_{y\to y_0} f(x,y)$ 存在, 则累次极限

$$\lim_{x\to x_0}\lim_{y\to y_0} f(x,y)$$

存在且与重极限相等.

证明 因为 $\lim\limits_{(x,y)\to(x_0,y_0)} f(x,y)$ 存在, 设其为 a, 则有

$$\forall\varepsilon>0,\exists\delta>0,\ 0<\sqrt{(x-x_0)^2+(y-y_0)^2}<\delta:|f(x,y)-a|<\varepsilon$$

又因为 $\lim\limits_{y\to y_0} f(x,y)$ 存在, 设 $\lim\limits_{y\to y_0} f(x,y)=\varphi(x)$. 在上式中令 $y\to y_0$ 得 $|\varphi(x)-a|\leqslant\varepsilon$. 所以

$$\forall\varepsilon>0,\exists\delta>0,\ 0<|x-x_0|<\delta:|\varphi(x)-a|\leqslant\varepsilon$$

因此 $\lim\limits_{(x,y)\to(x_0,y_0)} f(x,y)=\lim\limits_{x\to x_0}\lim\limits_{y\to y_0} f(x,y)$. 结论得证.

由定理 12.4.6 可以进一步得到下面推论.

推论 12.4.1 若 $\lim\limits_{(x,y)\to(x_0,y_0)} f(x,y)$, $\lim\limits_{y\to y_0}\lim\limits_{x\to x_0} f(x,y)$, $\lim\limits_{x\to x_0}\lim\limits_{y\to y_0} f(x,y)$ 存在, 则三者必相等.

推论 12.4.2 若 $\lim\limits_{y\to y_0}\lim\limits_{x\to x_0}f(x,y)$, $\lim\limits_{x\to x_0}\lim\limits_{y\to y_0}f(x,y)$ 存在但不相等, 则 $\lim\limits_{(x,y)\to(x_0,y_0)}f(x,y)$ 必不存在.

例 12.4.12 讨论当 $(x,y)\to(0,0)$ 时, $f(x,y)=\dfrac{x-y^2+y^3}{2x+y^2}$ 的极限是否存在.

解 因为

$$\lim_{x\to0}\lim_{y\to0}f(x,y)=\lim_{x\to0}\lim_{y\to0}\frac{x-y+y^3}{2x+y^2}=\frac{1}{2}$$

$$\lim_{y\to0}\lim_{x\to0}f(x,y)=\lim_{y\to0}\lim_{x\to0}\frac{x-y^2+y^3}{2x+y^2}=-1$$

累次极限存在但不相等, 所以重极限不存在.

12.4.5.2 多元函数累次极限

讨论的累次极限问题可以平行地推广到其他形式的函数极限问题, 比如

$$\lim_{(x,y)\to(x_0,+\infty)}f(x,y),\quad \lim_{(x,y)\to(x_0,-\infty)}f(x,y),\quad \lim_{(x,y)\to(-\infty,+\infty)}f(x,y)$$

$$\lim_{(x,y)\to(\infty,\infty)}f(x,y),\quad \lim_{(x,y)\to(+\infty,y_0)}f(x,y),\quad \lim_{(x,y)\to(-\infty,y_0)}f(x,y)$$

$$\lim_{(x,y,z)\to(x_0,+\infty,\infty)}f(x,y,z),\quad \lim_{(x,y,z)\to(x_0,-\infty,z_0)}f(x,y,z),\quad \lim_{(x,y,z)\to(-\infty,+\infty,+\infty)}f(x,y,z)$$

$$\lim_{(x,y,z)\to(\infty,\infty,-\infty)}f(x,y,z),\quad \lim_{(x,y,z)\to(+\infty,y_0,z_0)}f(x,y,z),\quad \lim_{(x,y,z)\to(x_0,y_0,z_0)}f(x,y,z)$$

推论 12.4.3 若 $\lim\limits_{y\to\infty}\lim\limits_{x\to x_0}f(x,y)$, $\lim\limits_{x\to x_0}\lim\limits_{y\to\infty}f(x,y)$ 存在但不相等, 则 $\lim\limits_{(x,y)\to(x_0,\infty)}f(x,y)$ 必不存在.

推论 12.4.4 若

$$\lim_{z\to\infty}\lim_{y\to+\infty}\lim_{x\to x_0}f(x,y,z),\quad \lim_{y\to+\infty}\lim_{z\to\infty}\lim_{x\to x_0}f(x,y,z)$$

$$\lim_{z\to\infty}\lim_{x\to x_0}\lim_{y\to+\infty}f(x,y,z),\quad \lim_{x\to x_0}\lim_{z\to\infty}\lim_{y\to+\infty}f(x,y,z)$$

$$\lim_{y\to+\infty}\lim_{x\to x_0}\lim_{z\to\infty}f(x,y,z),\quad \lim_{x\to x_0}\lim_{y\to+\infty}\lim_{z\to\infty}f(x,y,z)$$

存在但不相等, 则 $\lim\limits_{(x,y,z)\to(x_0,+\infty,\infty)}f(x,y,z)$ 必不存在.

例 12.4.13 讨论当 $(x,y)\to(+\infty,0+)$ 时, $f(x,y)=\dfrac{x^y}{1+x^y}$ 的极限是否存在.

解 因为

$$\lim_{x\to+\infty}\lim_{y\to0+}\frac{x^y}{1+x^y}=\lim_{x\to\infty}\frac{1}{2}=\frac{1}{2},\quad \lim_{y\to0+}\lim_{x\to+\infty}\frac{x^y}{1+x^y}=\lim_{x\to\infty}1=1$$

所以 $\lim\limits_{(x,y)\to(+\infty,0+)}\dfrac{x^y}{1+x^y}$ 不存在.

例 12.4.14 讨论当 $(x,y)\to(0,\infty)$ 时, $f(x,y)=\dfrac{1}{xy}\tan\dfrac{xy}{1+xy}$ 的极限是否存在.

解 因为

$$\lim_{x\to0}\lim_{y\to\infty}\frac{1}{xy}\tan\frac{xy}{1+xy}=\lim_{x\to0}0\cdot\tan1=0$$

$$\lim_{y\to\infty}\lim_{x\to0}\frac{1}{xy}\tan\frac{xy}{1+xy}=\lim_{y\to\infty}\lim_{x\to0}\left(\frac{1}{xy}\frac{xy}{1+xy}\right)\left(\frac{\tan\dfrac{xy}{1+xy}}{\dfrac{xy}{1+xy}}\right)=1$$

所以 $\lim\limits_{(x,y)\to(0,\infty)} \dfrac{1}{xy} \tan \dfrac{xy}{1+xy}$ 不存在.

习题 12.4.5 累次极限

1. 求下列函数在指定点的重极限与累次极限.

(1) $\lim\limits_{(x,y)\to(0,0)} \dfrac{y^2}{x^2+y^2}$; (2) $\lim\limits_{(x,y)\to(0,0)} \dfrac{x^3+y^3}{x^2+y}$; (3) $\lim\limits_{(x,y)\to(0,0)} \dfrac{x^2y^2}{x^3+y^3}$;

(4) $\lim\limits_{(x,y)\to(0,0)} \dfrac{x^2y}{x^4+y^2}$; (5) $\lim\limits_{(x,y)\to(0,0)} \dfrac{x^2\left(1+x^2\right)-y^2\left(1+y^2\right)}{x^2+y^2}$.

2. 讨论下面的累次极限与重极限.

(1) $\lim\limits_{(x,y)\to(\infty,\infty)} \dfrac{x^2+y^2}{x^2+y^4}$; (2) $\lim\limits_{(x,y)\to(\infty,\infty)} \sin\dfrac{\pi x}{2x+y}$.

12.5 多元连续函数

扫码学习

类似于一元函数的情形, 下面我们介绍多元函数连续性的相关内容, 包括多元连续函数的概念、多元函数的一致连续以及有界闭区域上多元连续函数的性质.

12.5.1 多元连续函数的概念

定义 12.5.1 设 $D\subset \mathbf{R}^n, f: D\to\mathbf{R}, \boldsymbol{x}_0\in D$, 若

$$\forall\varepsilon>0,\exists\delta>0,\forall\boldsymbol{x}\in D,\|\boldsymbol{x}-\boldsymbol{x}_0\|<\delta: \left|f\left(\boldsymbol{x}\right)-f\left(\boldsymbol{x}_0\right)\right|<\varepsilon$$

成立, 即 $\lim\limits_{\boldsymbol{x}\to\boldsymbol{x}_0} f\left(\boldsymbol{x}\right)=f\left(\boldsymbol{x}_0\right)$, 则称 f 关于集合 D 在点 $\boldsymbol{x}_0$ 连续.

一元函数的连续 $\lim\limits_{x\to x_0} f\left(x\right)=f\left(x_0\right)$, 要求函数定义在 $U\left(x_0;\delta\right)$ 上. 在多元函数连续的定义中, 对函数的定义域 D 没有要求, 这一点与一元函数不同, 说明多元函数连续定义更宽泛.

可以通过定义函数的全增量来定义函数的连续性, 以二元函数为例: 定义全增量

$$\Delta z=f\left(x_0+\Delta x,y_0+\Delta y\right)-f\left(x_0,y_0\right)$$

如果

$$\lim_{\substack{\Delta x\to0\\ \Delta y\to0}}\Delta z=\lim_{\substack{\Delta x\to0\\ \Delta y\to0}}\left[f\left(x_0+\Delta x,y_0+\Delta y\right)-f\left(x_0,y_0\right)\right]=0$$

则函数在点 (x_0,y_0) 处连续. 进一步可以定义函数的偏增量:

$$\Delta_x z=f\left(x_0+\Delta x,y_0\right)-f\left(x_0,y_0\right),\quad \Delta_y z=f\left(x_0,y_0+\Delta y\right)-f\left(x_0,y_0\right)$$

如果 $f\left(x,y\right)$ 关于 x,y 连续称为偏连续, 即满足

$$\lim_{\Delta x\to0}\Delta_x z=\lim_{\Delta x\to0}\left[f\left(x_0+\Delta x,y_0\right)-f\left(x_0,y_0\right)\right]=0$$

$$\lim_{\Delta y\to0}\Delta_y z=\lim_{\Delta y\to0}\left[f\left(x_0,y_0+\Delta y\right)-f\left(x_0,y_0\right)\right]=0$$

多元函数 $f(x,y)$ 的连续称为全连续, 但是偏连续不一定推出全连续.

例如, $f(x,y)=\begin{cases}\dfrac{2xy}{x^2+y^2}, & x^2+y^2\neq 0,\\ 0, & x^2+y^2=0,\end{cases}$ $f(x,y)$ 分别关于 x,y 偏连续, 但是由于

$$\lim_{(x,y)\to(0,0)} f(x,y) \xlongequal{y=kx} \frac{2k^2}{1+k^2}$$

所以 $\lim\limits_{(x,y)\to(0,0)} f(x,y)$ 不存在. $f(x,y)$ 在点 $(0,0)$ 处不是全连续的.

注 12.5.1 在函数定义域的孤立点处, 函数是连续的. 孤立点指的是

$$E\subset \mathbf{R}^n, \boldsymbol{x}_0\in E, \exists r>0, U^o(\boldsymbol{x}_0;r)\cap E=\varnothing$$

如果函数在 $D\subset\mathbf{R}^n$ 中任意一点处都连续, 则称此函数在 D 上连续.

例 12.5.1 讨论函数 $f(x,y)=\ln\left|1-x^2-y^2\right|$ 的连续性.

解 $f(x,y)$ 不连续点的集合为 $\left\{(x,y)\left|x^2+y^2=1\right.\right\}$. 如图 12.5.1 所示.

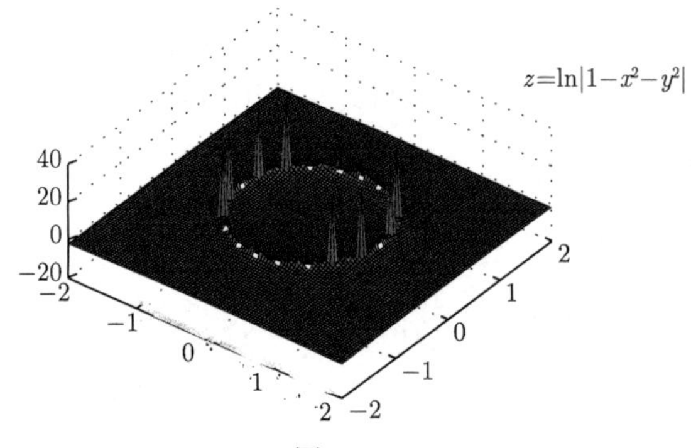

图 12.5.1

例 12.5.2 讨论函数 $f(x,y)=\dfrac{xy}{x+y}$ 的连续性.

解 $f(x,y)$ 不连续点的集合为 $\{(x,y)\,|x+y=0\}$. 如图 12.5.2 所示.

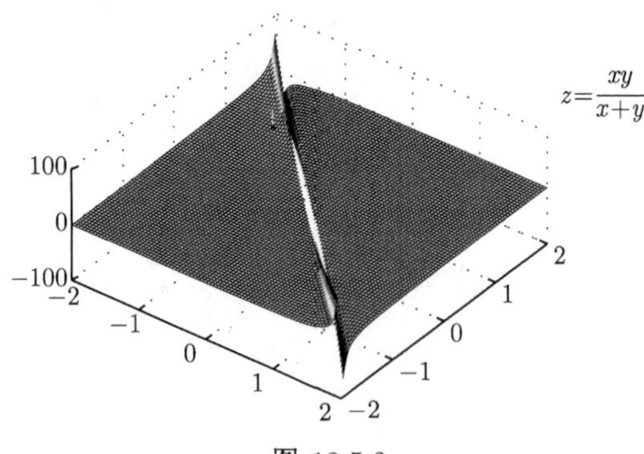

图 12.5.2

例 12.5.3 讨论函数 $f(x,y)=\begin{cases}\dfrac{x^2y}{x^4+y^2}, & x^2+y^2\neq 0,\\ 0, & x^2+y^2=0\end{cases}$ 的连续性.

解 $f(x,y)$ 在 $(x,y)\neq(0,0)$ 处连续, 而

$$\lim_{\substack{y=x^2\\x\to0}}\frac{x^2y}{x^4+y^2}=\frac{1}{2}\neq0,\quad \lim_{(x,y)\to(0,0)}f(x,y)\neq f(0,0)$$

所以 $f(x,y)$ 在 $(0,0)$ 处不连续.

例 12.5.4 讨论函数 $f(x,y)=\begin{cases}\dfrac{x^\alpha}{x^2+y^2}, & (x,y)\neq(0,0)\\ 0, & (x,y)=(0,0)\end{cases}$ 在原点连续的条件.

解 因为

$$\begin{cases}x=r\cos\theta\\ y=r\sin\theta\end{cases}\Rightarrow|f(x,y)|=\left|r^{\alpha-2}(\cos\theta)^\alpha\right|\leqslant r^{\alpha-2}=(\sqrt{x^2+y^2})^{\alpha-2}$$

所以 $\alpha>2$ 时, $\lim\limits_{\substack{x\to0\\y\to0}}f(x,y)=0$, 函数在原点连续. 当 $\alpha\leqslant2$ 时, 极限不存在, 所以函数在原点不连续.

类似于一元连续函数, 多元连续函数有如下的局部性质.

定理 12.5.1 设 $f:D\to\mathbf{R}$, $\boldsymbol{x}_0\in D$, $\lim\limits_{\boldsymbol{x}\to\boldsymbol{x}_0}f(\boldsymbol{x})=f(\boldsymbol{x}_0)$, 则有

(1) 局部有界: $\exists U(\boldsymbol{x}_0;\delta),\exists M>0,\forall\boldsymbol{x}\in U(\boldsymbol{x}_0;\delta)\cap D:|f(\boldsymbol{x})|\leqslant M$;

(2) 局部保号: 若 $f(\boldsymbol{x}_0)>\alpha$, 则 $\exists U(\boldsymbol{x}_0;\delta),\forall\boldsymbol{x}\in U(\boldsymbol{x}_0;\delta)\cap D:f(\boldsymbol{x})>\alpha$;

(3) 四则运算: 若函数 $f(\boldsymbol{x}),g(\boldsymbol{x})$ 定义在 D 上, 在点 $\boldsymbol{x}_0\in D$ 处连续, 则 $f(\boldsymbol{x})\pm g(\boldsymbol{x}),f(\boldsymbol{x})\cdot g(\boldsymbol{x})$, $\dfrac{f(\boldsymbol{x})}{g(\boldsymbol{x})}$ $(g(\boldsymbol{x}_0)\neq0)$ 在点 $\boldsymbol{x}_0$ 处也连续;

(4) 复合函数的连续性: 设 $f(x,y)$ 定义在 D 上, 且在 $\boldsymbol{x}_0(x_0,y_0)\in D$ 处连续. $x=\varphi(u,v),y=\psi(u,v)$ 定义在 E 上, 且在 $(u_0,v_0)\in E$ 处连续, $x_0=\varphi(u_0,v_0)$, $y_0=\psi(u_0,v_0)$, 则 $f(\varphi(u,v),\psi(u,v))$ 在 (u_0,v_0) 处连续.

证明 这里只证明局部保号性, 其他性质的证明与一元函数类似.

由于 $\lim\limits_{\boldsymbol{x}\to\boldsymbol{x}_0}f(\boldsymbol{x})=f(\boldsymbol{x}_0)>\alpha$, 令 $\varepsilon=f(\boldsymbol{x}_0)-\alpha>0$, 由函数极限的定义

$$\exists\delta>0,\boldsymbol{x}\in D,\|\boldsymbol{x}-\boldsymbol{x}_0\|<\delta:|f(\boldsymbol{x})-f(\boldsymbol{x}_0)|<\varepsilon$$

所以 $\exists U(\boldsymbol{x}_0;\delta),\forall\boldsymbol{x}\in U(\boldsymbol{x}_0;\delta)\cap D:f(\boldsymbol{x})>\alpha$. 结论得证.

例 12.5.5 $f(x,y)$ 在 $\mathbf{R}^2$ 上连续, α 为任意实数,

$$E=\left\{(x,y)\in\mathbf{R}^2\,|\,f(x,y)>\alpha\right\}$$
$$F=\left\{(x,y)\in\mathbf{R}^2\,|\,f(x,y)\geqslant\alpha\right\}$$

证明 E 为开集, F 为闭集.

证明 (1) 任意 $\boldsymbol{x}_0(x_0,y_0)\in E$, 有 $f(x_0,y_0)>\alpha$, $\lim\limits_{(x,y)\to(x_0,y_0)}f(x,y)=f(x_0,y_0)$. 由连续函数的局部保号性, 存在 $\delta>0$, 任意 $(x,y)\in U(\boldsymbol{x}_0;\delta):f(x,y)>\alpha$, 所以 $U(\boldsymbol{x}_0;\delta)\subset E$, 因此 $\boldsymbol{x}$ 为内点, E 为开集.

(2) 任取 $\boldsymbol{x}_0(x_0,y_0)$ 为 F 的聚点, 根据聚点的定义, F 中存在各项互异的点列 $\{\boldsymbol{x}_k(x_k,y_k)\}\subset F$, 使得 $\lim\limits_{k\to\infty}\boldsymbol{x}_k(x_k,y_k)=\boldsymbol{x}_0(x_0,y_0)$. 又根据函数的连续性, $\lim\limits_{(x,y)\to(x_0,y_0)}f(x,y)=f(x_0,y_0)$.

进一步根据函数极限的保序性和海涅原理得

$$\lim_{k\to+\infty} f\left(x_k, y_k\right) = f\left(\lim_{k\to+\infty}\left(x_k, y_k\right)\right) = f\left(x_0, y_0\right) \geqslant \alpha$$

故 $\boldsymbol{x}_0\left(x_0, y_0\right) \in F$, 因此 F 为闭集. 结论得证.

习题 12.5.1 多元连续函数的概念

1. 讨论下列函数的连续性.

(1) $u=\sin\dfrac{1}{xyz}$; (2) $u=\dfrac{x+y}{x^3+y^3}$; (3) $u=\ln\dfrac{1}{x^2+y^2+z^2}$.

2. 讨论下列函数的连续性.

(1) $f(x,y)=\begin{cases}\dfrac{1}{\sqrt{x^2+y^2}}, & x^2+y^2>0,\\ 0, & x=y=0;\end{cases}$ (2) $f(x,y)=\begin{cases}x\sin\dfrac{1}{y}, & y\neq 0,\\ 0, & y=0.\end{cases}$

3. 证明下面函数在原点不连续.

$$f(x,y)=\begin{cases}\dfrac{2}{x^2}\left(y-\dfrac{1}{2}x^2\right), & x>0,\ \dfrac{1}{2}x^2<y\leqslant x^2\\ \dfrac{1}{x^2}\left(2x^2-y\right), & x>0,\ x^2<y<2x^2\\ 0, & \text{其他}\end{cases}$$

4. 证明 $f(x,y)=\begin{cases}\dfrac{x^2y}{x^4+y^2}, & x^2+y^2\neq 0\\ 0, & x^2+y^2=0\end{cases}$ 在经过原点的任何一条射线上, 在原点连续, 即证明: $\lim\limits_{t\to 0} f(t\cos\alpha, t\sin\alpha)=f(0,0)$.

5. 设 $f(x)$ 在 (a,b) 上具有连续的导数, $D=(a,b)\times(a,b)$, 定义在 D 上的函数

$$F(x,y)=\begin{cases}\dfrac{f(x)-f(y)}{x-y}, & x\neq y,\\ f'(x), & x=y.\end{cases}$$

证明: 任意 $(c,c)\in D: \lim\limits_{(x,y)\to(c,c)} F(x,y)=f'(c)$.

6. 设 $f(x)$ 是实数域上的连续函数, 证明: 集合 $E=\{(x,y)\,|y=f(x), x\in\mathbf{R}\}$ 为闭集.

7. 设 $f(x,y)$ 在 $D=(a,b)\times(c,d)$ 上连续, $\varphi(x)$ 在 (a,b) 上连续且值域属于 (c,d) 的子集. 证明: 复合函数 $F(x,\varphi(x))$ 在 (a,b) 上连续.

12.5.2 多元函数的一致连续

本节讨论多元函数的一致连续性, 其本质与一元函数一致连续一致.

定义 12.5.2 设 $D\subset\mathbf{R}^n, f: D\to\mathbf{R}$, 如果对任意 $\varepsilon>0$, 存在仅与 ε 有关的实数 $\delta(\varepsilon)>0$, 使得对于任意的 $\boldsymbol{x}_1,\boldsymbol{x}_2\in D$, 当 $\|\boldsymbol{x}_1-\boldsymbol{x}_2\|<\delta$ 时, $|f(\boldsymbol{x}_1)-f(\boldsymbol{x}_2)|<\varepsilon$, 则称 f 在 D 上一致连续.

函数一致连续用符号语言表述为

$$\forall\varepsilon>0, \exists\delta(\varepsilon)>0, \forall\boldsymbol{x}_1,\boldsymbol{x}_2\in D, \|\boldsymbol{x}_1-\boldsymbol{x}_2\|<\delta: |f(\boldsymbol{x}_1)-f(\boldsymbol{x}_2)|<\varepsilon$$

函数不一致连续用符号语言表述为

$$\exists\varepsilon_0>0,\forall\delta>0,\exists\boldsymbol{x}_1,\boldsymbol{x}_2\in D,\|\boldsymbol{x}_1-\boldsymbol{x}_2\|<\delta:|f(\boldsymbol{x}_1)-f(\boldsymbol{x}_2)|\geqslant\varepsilon_0$$

或者

$$\exists\varepsilon_0>0,\forall\delta_k=\frac{1}{k},\exists\boldsymbol{x}_{1k},\boldsymbol{x}_{2k}\in D,\|\boldsymbol{x}_{1k}-\boldsymbol{x}_{2k}\|<\delta_k:|f(\boldsymbol{x}_{1k})-f(\boldsymbol{x}_{2k})|\geqslant\varepsilon_0,k=1,2,3,\cdots$$

类似于一元函数的情况, 可以给出多元函数一致连续和不一致连续的等价条件.

定理 12.5.2 函数 $f:D\to\mathbf{R}$ 不一致连续的充要条件是

$$\exists\{\boldsymbol{x}_{1k}\},\{\boldsymbol{x}_{2k}\}\subset D,\lim_{k\to\infty}(\boldsymbol{x}_{1k}-\boldsymbol{x}_{2k})=0:\lim_{k\to\infty}|f(\boldsymbol{x}_{1k})-f(\boldsymbol{x}_{2k})|\neq 0$$

定理 12.5.3 设 $E\subset\mathbf{R}^n,f:E\to\mathbf{R}$, 则 f 在 E 上一致连续的充要条件是

$$\forall\{\boldsymbol{x}_k\},\{\boldsymbol{y}_k\}\in E,\|\boldsymbol{x}_k-\boldsymbol{y}_k\|\to 0\,(k\to\infty):\lim_{k\to\infty}|f(\boldsymbol{x}_k)-f(\boldsymbol{y}_k)|=0$$

证明 充分性: 用反证法. 设

$$\forall\{\boldsymbol{x}_k\},\{\boldsymbol{y}_k\}\in E,\|\boldsymbol{x}_k-\boldsymbol{y}_k\|\to 0\,(k\to\infty):\lim_{k\to\infty}|f(\boldsymbol{x}_k)-f(\boldsymbol{y}_k)|=0$$

如果 f 在 E 上不一致连续, 则由不一致连续的定义得

$$\exists\varepsilon_0>0,\forall\delta_k=\frac{1}{k},\exists\boldsymbol{x}_k,\boldsymbol{y}_k\in E,\|\boldsymbol{x}_k-\boldsymbol{y}_k\|\leqslant\frac{1}{k}:|f(\boldsymbol{x}_k)-f(\boldsymbol{y}_k)|\geqslant\varepsilon_0$$

与条件矛盾.

必要性: 由 f 在 E 上一致连续的定义,

$$\forall\varepsilon>0,\exists\delta(\varepsilon)>0,\forall\boldsymbol{x}_1,\boldsymbol{x}_2\in D,\|\boldsymbol{x}_1-\boldsymbol{x}_2\|<\delta:|f(\boldsymbol{x}_1)-f(\boldsymbol{x}_2)|<\varepsilon$$

任取 $\{\boldsymbol{x}_k\},\{\boldsymbol{y}_k\}\in E$, 若 $\|\boldsymbol{x}_k-\boldsymbol{y}_k\|\to 0\,(k\to\infty)$, 则对上式中的 δ,

$$\exists N\in\mathbf{N}^*,k>N:\|\boldsymbol{x}_k-\boldsymbol{y}_k\|<\delta$$

于是当 $k>N$ 时, 有 $|f(\boldsymbol{x}_k)-f(\boldsymbol{y}_k)|<\varepsilon$. 因此 $\lim\limits_{k\to\infty}|f(\boldsymbol{x}_k)-f(\boldsymbol{y}_k)|=0$. 结论得证.

例 12.5.6 证明函数 $f(x,y)=\sqrt{x^2+y^2}$ 在 $\mathbf{R}^2$ 上一致连续.

证明 任意 $\boldsymbol{x}_1,\boldsymbol{x}_2\in\mathbf{R}^2$, 由于 $|f(\boldsymbol{x}_1)-f(\boldsymbol{x}_2)|=|\|\boldsymbol{x}_1\|-\|\boldsymbol{x}_2\||\leqslant\|\boldsymbol{x}_1-\boldsymbol{x}_2\|$, 所以

$$\forall\varepsilon>0,\exists\delta=\varepsilon,\forall\boldsymbol{x}_1,\boldsymbol{x}_2\in\mathbf{R}^2,\|\boldsymbol{x}_1-\boldsymbol{x}_2\|<\delta:|f(\boldsymbol{x}_1)-f(\boldsymbol{x}_2)|<\varepsilon$$

故函数 $f(x,y)=\sqrt{x^2+y^2}$ 在 $\mathbf{R}^2$ 上一致连续. 结论得证. 如图 12.5.3 所示, 函数曲面变化平稳.

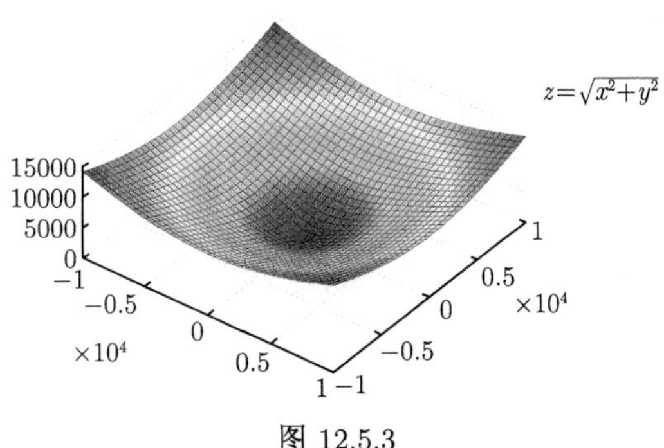

图 12.5.3

例 12.5.7 设 $f(x,y)=\dfrac{xy}{x^2+y^2}\left(x^2+y^2>0\right)$, 证明 $f(x,y)$ 在其定义域内不一致连续.

证明 取 $\boldsymbol{x}_n=\left(\dfrac{1}{n},\dfrac{1}{n}\right),\boldsymbol{y}_n=\left(0,\dfrac{1}{n}\right),n=1,2,\cdots$, 则 $\lim\limits_{n\to\infty}\|\boldsymbol{x}_n-\boldsymbol{y}_n\|=\lim\limits_{n\to\infty}\dfrac{1}{n}=0$, 但是 $\lim\limits_{n\to\infty}\left|f\left(\dfrac{1}{n},\dfrac{1}{n}\right)-f\left(0,\dfrac{1}{n}\right)\right|=\dfrac{1}{2}\neq 0$, 因此 $f(x,y)$ 在其定义域内不一致连续. 结论得证. 如图 12.5.4 所示, 函数曲面在 (0,0) 附近有突变, 函数曲面几乎垂直于 xOy 平面.

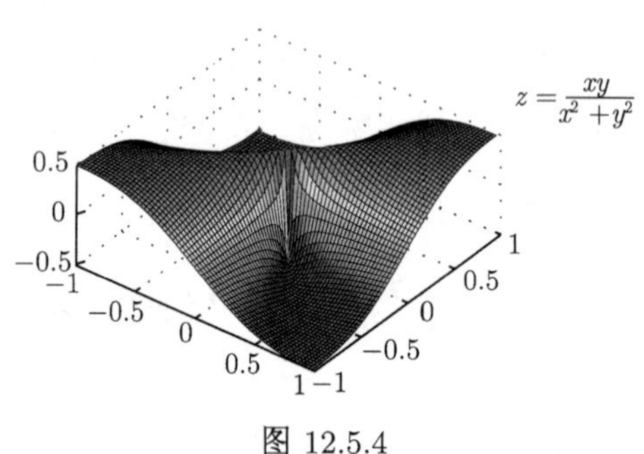

图 12.5.4

下面我们展示一些不一致连续函数的图像. 如图 12.5.5 所示, 其几何特征是函数曲面出现了震荡变化趋势, 证明留给读者完成.

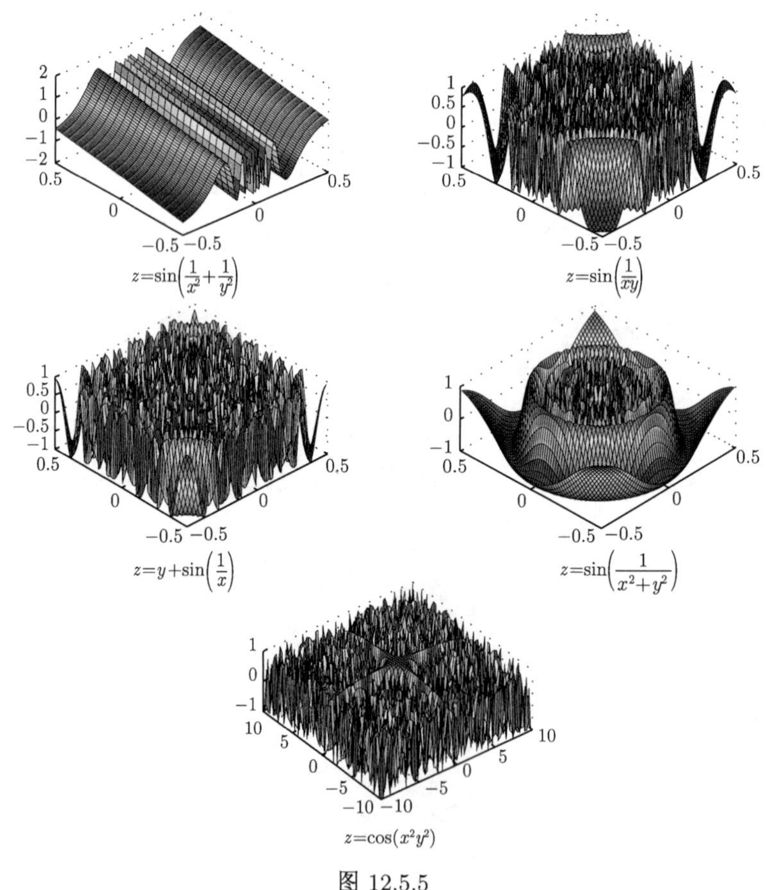

图 12.5.5

例 12.5.8 设 $u(x,y), v(x,y)$ 在 E 上一致连续, $f(u,v)$ 在 D 上一致连续, 且

$$\{(u,v)\,|u=u(x,y), v=v(x,y), (x,y)\in E\}\subset D$$

证明 $f(u(x,y), v(x,y))$ 在 E 上一致连续.

证明 因为 $f(u,v)$ 在 D 上一致连续, 所以有

$$\forall\varepsilon>0, \exists\delta(\varepsilon)>0, \forall \boldsymbol{x}_1=(u_1,v_1), \boldsymbol{x}_2=(u_2,v_2)\in D, \|\boldsymbol{x}_1-\boldsymbol{x}_2\|<\delta: |f(\boldsymbol{x}_1)-f(\boldsymbol{x}_2)|<\varepsilon$$

又因为 $u(x,y), v(x,y)$ 在 E 上一致连续, 所以

$$\exists\delta_1(\varepsilon)>0, \forall \boldsymbol{y}_1=(x_1,y_1), \boldsymbol{y}_2=(x_2,y_2)\in E, \|\boldsymbol{y}_1-\boldsymbol{y}_2\|<\delta_1: |u(\boldsymbol{y}_1)-u(\boldsymbol{y}_2)|<\frac{\delta}{2}$$

$$\exists\delta_2(\varepsilon)>0, \forall \boldsymbol{y}_1=(x_1,y_1), \boldsymbol{y}_2=(x_2,y_2)\in E, \|\boldsymbol{y}_1-\boldsymbol{y}_2\|<\delta_2: |v(\boldsymbol{y}_1)-v(\boldsymbol{y}_2)|<\frac{\delta}{2}$$

令 $\delta^*=\min\{\delta_1,\delta_2\}$, 则当 $\|\boldsymbol{y}_1-\boldsymbol{y}_2\|<\delta^*$ 时,

$$\|(u(\boldsymbol{y}_1), v(\boldsymbol{y}_1))-(u(\boldsymbol{y}_2), v(\boldsymbol{y}_2))\|<\delta$$

从而 $|f(u(x_1,y_1), v(x_1,y_1))-f(u(x_2,y_2), v(x_2,y_2))|<\varepsilon$. 结论得证.

习题 12.5.2 多元函数的一致连续

1. 证明下面函数在指定区间不一致连续.

(1) $f(x,y)=\dfrac{1}{1-xy}$, $(x,y)\in[0,1]^2\setminus\{(1,1)\}$; (2) $f(x,y)=\sin\dfrac{1}{xy}\,(xy\neq 0)$;

(3) $f(x,y)=\cos\dfrac{1}{xy}\,(xy\neq 0)$; (4) $f(x,y)=\mathrm{e}^{xy}\cos\dfrac{1}{xy}\,(xy\neq 0)$.

2. 证明: $f(x,y)=\sin\sqrt{x^2+y^2}$ 在 $\mathbf{R}^2$ 上一致连续.

3. 设 $f,g:E\subset\mathbf{R}^n\to\mathbf{R}$ 并且一致连续, 证明: $f\pm g$ 在 E 上一致连续.

4. 设 $f:E\subset\mathbf{R}^n\to\mathbf{R}$ 为一致连续函数, $\{\boldsymbol{x}_k\}\subset E$ 为收敛点列, 证明: $\{f(\boldsymbol{x}_k)\}$ 是收敛的数列.

5. 设 $E\subset\mathbf{R}^n, f(\boldsymbol{x})=\inf\{\|\boldsymbol{x}-\boldsymbol{y}\|, \boldsymbol{y}\in E\}$, 证明下面问题:

(1) 当且仅当 $\boldsymbol{x}\in\bar{E}, f(\boldsymbol{x})=0$.

(2) 任意 $\boldsymbol{x},\boldsymbol{y}\in\mathbf{R}^n: |f(\boldsymbol{x})-f(\boldsymbol{y})|\leqslant\|\boldsymbol{x}-\boldsymbol{y}\|$.

(3) $f(\boldsymbol{x})$ 在 $\mathbf{R}^n$ 上一致连续.

12.5.3 偏连续与全连续

在一般情况下, 偏连续不能推出全连续, 但是一定条件下, 偏连续能推出全连续, 本节详细讨论.

定理 12.5.4 设 $D\subset\mathbf{R}^2, f(x,y)$ 分别关于 x,y 连续. 证明满足下列条件之一时 $f(x,y)$ 在 D 上连续.

(1) 对其中一个变量满足利普希茨条件 (L 为正常数)

$$|f(x,y_1)-f(x,y_2)|\leqslant L|y_1-y_2|,\quad \forall (x,y_1),(x,y_2)\subset D$$

(2) $f(x,y)$ 对 x 一致连续 (关于 y), 即

$$\forall\varepsilon>0,\exists\delta(\varepsilon)>0,|x_1-x_2|<\delta,\forall(x_1,y),(x_2,y)\in D:|f(x_1,y)-f(x_2,y)|<\varepsilon$$

证明 (1) 任取 $(x_0,y_0)\in D$, 由于

$$\begin{aligned}|f(x,y)-f(x_0,y_0)|&=|f(x,y)-f(x,y_0)+f(x,y_0)-f(x_0,y_0)|\\&\leqslant|f(x,y)-f(x,y_0)|+|f(x,y_0)-f(x_0,y_0)|\end{aligned}$$

根据条件 (1)

$$|f(x,y)-f(x,y_0)|\leqslant L|y-y_0|$$

又 $f(x,y)$ 对 x 连续, 所以

$$\forall\varepsilon>0,\exists\delta_1(\varepsilon)>0,|x-x_0|<\delta_1:|f(x,y_0)-f(x_0,y_0)|<\frac{\varepsilon}{2}$$

令 $\delta=\min\left(\frac{\varepsilon}{2L},\delta_1\right)$, 当 $|x-x_0|<\delta,|y-y_0|<\delta$ 时, $(x,y)\in D$, 有

$$|f(x,y)-f(x_0,y_0)|\leqslant|f(x,y)-f(x,y_0)|+|f(x,y_0)-f(x_0,y_0)|<\varepsilon$$

因此 $f(x,y)$ 在 (x_0,y_0) 连续.

(2) 任取 $(x_0,y_0)\in D$, 由于

$$\begin{aligned}|f(x,y)-f(x_0,y_0)|&=|f(x,y)-f(x_0,y)+f(x_0,y)-f(x_0,y_0)|\\&\leqslant|f(x,y)-f(x_0,y)|+|f(x_0,y)-f(x_0,y_0)|\end{aligned}$$

$f(x,y)$ 对 y 连续, 因此

$$\forall\varepsilon>0,\exists\delta_1(\varepsilon)>0,|y-y_0|<\delta_1:|f(x_0,y)-f(x_0,y_0)|<\frac{\varepsilon}{2}$$

根据条件 (2),

$$\forall\varepsilon>0,\exists\delta_2(\varepsilon)>0,|x-x_0|<\delta_2,\forall(x,y),(x_0,y)\in D:|f(x,y)-f(x_0,y)|<\frac{\varepsilon}{2}$$

令 $\delta^*=\min(\delta_1,\delta_2)>0$, 当 $|x-x_0|<\delta^*,|y-y_0|<\delta^*$ 时, 有

$$|f(x,y)-f(x_0,y_0)|\leqslant|f(x,y)-f(x_0,y)|+|f(x_0,y)-f(x_0,y_0)|<\varepsilon$$

结论得证.

定理 12.5.5 设 $f(x,y)$ 定义在 $U(\boldsymbol{o},r)$, $\boldsymbol{o}=(0,0)$ 上, 定义 $F(r,\theta)=f(r\cos\theta,r\sin\theta)$, 如果 F 关于 r 连续, 对 θ 关于 r 一致连续, 则 $f(x,y)$ 在原点连续.

证明 函数 $f(x,y)$ 在原点的值为 $f(0,0)=F(0,\alpha),\forall\alpha\in[0,2\pi]$, 进一步

$$\begin{aligned}|f(x,y)-f(0,0)|&=|F(r,\theta)-F(0,\alpha)|\\&\leqslant\boxed{|F(r,\theta)-F(r,\alpha)|}+\boxed{|F(r,\alpha)-F(0,\alpha)|}\end{aligned}$$

根据条件 $F(r,\theta)$ 对变量 θ 关于 r 是一致连续的, 因此有

$$\forall\varepsilon>0,\exists\delta_1(\varepsilon)>0,|\theta-\alpha|<\delta_1:|F(r,\theta)-F(r,\alpha)|<\frac{\varepsilon}{2}$$

将区间 $[0,2\pi]$ n 等分, $\dfrac{2\pi}{n}<\delta_1, 0=\theta_0<\theta_1<\theta_2<\cdots<\theta_n=2\pi$, F 对于每个 θ_i 关于 r 偏连续. 因此

$$\forall\varepsilon>0,\exists\beta_i>0,r<\beta_i:|F(r,\theta_i)-F(0,\theta_i)|<\varepsilon/2,i=0,1,2,\cdots,n$$

取 $\delta=\min\{\delta_1,\beta_1,\cdots,\beta_n\}$, 当 $\sqrt{x^2+y^2}=r<\delta$ 时, $\forall\theta\in[0,2\pi]$, $\exists i$, 使得 $\theta\in[\theta_i,\theta_{i+1}]$, 在上面讨论基础上得到

$$|f(x,y)-f(0,0)|\leqslant\boxed{|F(r,\theta)-F(r,\theta_i)|}+\boxed{|F(r,\theta_i)-F(0,\theta_i)|}<\varepsilon$$

结论得证.

12.6 有界闭集上多元连续函数的性质

有界闭区间上连续的一元函数有许多重要的全局性质, 比如一致连续性、有界性、最大最小值、零点定理、介值定理等. 对于多元函数来说, 是否也具有类似的性质呢? 下面我们逐一讨论.

定理 12.6.1 设 $D\subset\mathbf{R}^n, f:D\to\mathbf{R}$ 在 D 上连续. 如果 D 为紧集, 则 f 在 D 上一致连续.

证明 若 f 在 D 上不一致连续, 则

$$\exists\varepsilon_0>0,\forall\delta_k=\frac{1}{k},\exists\boldsymbol{x}_k,\boldsymbol{y}_k\in D,\|\boldsymbol{x}_k-\boldsymbol{y}_k\|<\frac{1}{k}:|f(\boldsymbol{x}_k)-f(\boldsymbol{y}_k)|\geqslant\varepsilon_0,k=1,2,3,\cdots$$

又 D 为紧集, 因此 $\{\boldsymbol{x}_k\}$ 中有收敛子列 $\{\boldsymbol{x}_{k_l}\}$, $\lim\limits_{l\to\infty}\boldsymbol{x}_{k_l}=\boldsymbol{a}\in D$. 由于

$$\|\boldsymbol{x}_{k_l}-\boldsymbol{y}_{k_l}\|<\frac{1}{k_l},\quad\|\boldsymbol{y}_{k_l}-\boldsymbol{a}\|\leqslant\|\boldsymbol{x}_{k_l}-\boldsymbol{y}_{k_l}\|+\|\boldsymbol{x}_{k_l}-\boldsymbol{a}\|$$

因此 $\lim\limits_{l\to\infty}\boldsymbol{y}_{k_l}=\boldsymbol{a}$. 由函数的连续性和海涅原理得

$$\lim_{\boldsymbol{x}\to\boldsymbol{a}}f(\boldsymbol{x})=f(\boldsymbol{a}),\quad\lim_{l\to\infty}f(\boldsymbol{x}_{k_l})=\lim_{l\to\infty}f(\boldsymbol{y}_{k_l})=f(\boldsymbol{a})$$

矛盾. 因此 f 在 D 上一致连续. 结论得证.

定理 12.6.2 设 $D\subset\mathbf{R}^n, f:D\to\mathbf{R}$ 在 D 上连续. 若 D 为紧集, 则 $f(D)$ 为紧集.

证明 任取 $\{\boldsymbol{x}_k\}\subset D$, 则 $\{f(\boldsymbol{x}_k)\}\subset f(D)$. 因为 D 为紧集, 由致密性定理, 存在子列 $\{\boldsymbol{x}_{k_l}\}$ 满足 $\lim\limits_{l\to\infty}\boldsymbol{x}_{k_l}=\boldsymbol{x}_0\in D$. 再由 f 的连续性和海涅原理得

$$\lim_{\boldsymbol{x}\to\boldsymbol{x}_0} f(\boldsymbol{x})=f(\boldsymbol{x}_0),\quad \lim_{l\to\infty} f(\boldsymbol{x}_{k_l})=f(\boldsymbol{x}_0)\in f(D)$$

因此 $f(D)$ 为紧集. 结论得证.

定理 12.6.3 设 $D\subset\mathbf{R}^n, f:D\to\mathbf{R}$ 在 D 上连续. 若 D 为紧集, 则 f 在 D 上有最大值和最小值.

证明 由定理 12.6.2, $f(D)$ 为紧集, 设其上确界和下确界分别为 M,m, 则

$$\forall\varepsilon_k=\frac{1}{k}>0,\exists\boldsymbol{x}_k\in D: M-\varepsilon_k<f(\boldsymbol{x}_k)\leqslant M, k=1,2,3,\cdots$$

因为 D 为紧集, 由致密性定理, $\{\boldsymbol{x}_k\}$ 有收敛子列 $\{\boldsymbol{x}_{k_l}\}$, 满足 $\lim\limits_{l\to\infty}\boldsymbol{x}_{k_l}=\boldsymbol{x}_0\in D$. 根据函数的连续性和海涅原理, 得

$$\lim_{\boldsymbol{x}\to\boldsymbol{x}_0} f(\boldsymbol{x})=f(\boldsymbol{x}_0),\quad \lim_{l\to\infty} f(\boldsymbol{x}_{k_l})=f(\boldsymbol{x}_0)=M$$

同理可得, 存在 $\boldsymbol{y}_0\in D$ 使得 $f(\boldsymbol{y}_0)=m$. 结论得证.

定理 12.6.4 设 $D\subset\mathbf{R}^n$ 为有界闭区域, $f:D\to\mathbf{R}$ 在 D 上连续. 则对于任意的 $\boldsymbol{a},\boldsymbol{b}\in D, f(\boldsymbol{a})<r<f(\boldsymbol{b})$, 存在 $\boldsymbol{c}\in D, f(\boldsymbol{c})=r$.

证明 以二元函数为例证明. 设曲线 $\begin{cases}x=\varphi(t),\\ y=\psi(t),\end{cases}$ $a\leqslant t\leqslant b$ 包含在 D 中, 并且 $\boldsymbol{a}=(\varphi(a),\psi(a)), \boldsymbol{b}=(\varphi(b),\psi(b))$. 假设 $\varphi(t),\psi(t)$ 均为 $[a,b]$ 上的连续函数, 则函数 $G(t)=f(\varphi(t),\psi(t))$ 为 $[a,b]$ 上的连续函数, 并且满足 $G(a)<r<G(b)$. 因此根据一元函数的介值定理, 存在 $t_0\in[a,b]$, 使得 $G(t_0)=f(\varphi(t_0),\psi(t_0))=r$. 记 $\boldsymbol{c}=(\varphi(t_0),\psi(t_0))$, 则 $\boldsymbol{c}\in D, f(\boldsymbol{c})=r$. 结论得证.

习题 12.6 有界闭集上多元连续函数的性质

1. 设 $f(x,y)$ 在 $\mathbf{R}^2$ 上连续, $r=\sqrt{x^2+y^2}$, 证明:

(1) 若 $\lim\limits_{r\to+\infty} f(x,y)=+\infty$, 则 $f(x,y)$ 在 $\mathbf{R}^2$ 上最小值一定存在;

(2) 若 $\lim\limits_{r\to+\infty} f(x,y)=0$, 则 $f(x,y)$ 在 $\mathbf{R}^2$ 上最小值与最大值至少一个存在.

2. 设 $f(x,y)$ 在 $\mathbf{R}^2$ 上连续并且 $\lim\limits_{r\to+\infty} f(x,y)\left(r=\sqrt{x^2+y^2}\right)$ 存在, 则 $f(x,y)$ 在 $\mathbf{R}^2$ 上一致连续.

扫码学习

12.7 综合例题选讲

例 12.7.1 设 E 为有界闭集, 定义 E 的直径 $d(E)=\sup\limits_{\boldsymbol{x},\boldsymbol{y}\in E}\|\boldsymbol{x}-\boldsymbol{y}\|$. 证明

$$\exists\boldsymbol{a},\boldsymbol{b}\in E: d(E)=\|\boldsymbol{a}-\boldsymbol{b}\|$$

证明 定义函数

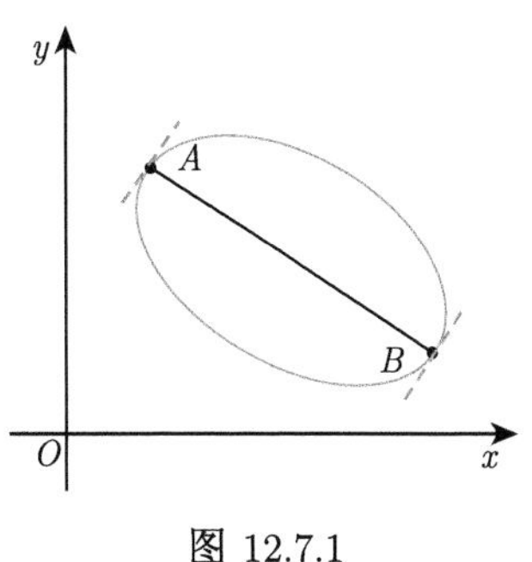

图 12.7.1

$$F(\boldsymbol{x},\boldsymbol{y}) = \|\boldsymbol{x}-\boldsymbol{y}\| = \sqrt{\sum_{i=1}^{n}(x_i-y_i)^2}, \quad \forall \boldsymbol{x}\in E, \boldsymbol{y}\in E$$

则 $F(\boldsymbol{x},\boldsymbol{y})$ 在 $E\times E$ 上连续. E 为有界闭集, 所以 $E\times E$ 为有界闭集, 于是 $F(\boldsymbol{x},\boldsymbol{y})$ 在 $E\times E$ 上有最大值, 即存在 $\boldsymbol{a},\boldsymbol{b}\in E$: $d(E)=\|\boldsymbol{a}-\boldsymbol{b}\|$. 结论得证. 如图 12.7.1 所示, $\|A-B\|=d(E)$.

例 12.7.2 定义点 $\boldsymbol{p}\in\mathbf{R}^n$ 到点集 $E\subset\mathbf{R}^n$ 的距离为 $f(\boldsymbol{p})=\rho(\boldsymbol{p},E)=\inf\limits_{\boldsymbol{q}\in E}\rho(\boldsymbol{p},\boldsymbol{q})$, 其中 $\rho(\boldsymbol{p},\boldsymbol{q})=\|\boldsymbol{p}-\boldsymbol{q}\|$. 证明: $f(\boldsymbol{p})$ 是 $\mathbf{R}^n$ 上的连续函数. 如图 12.7.2 所示.

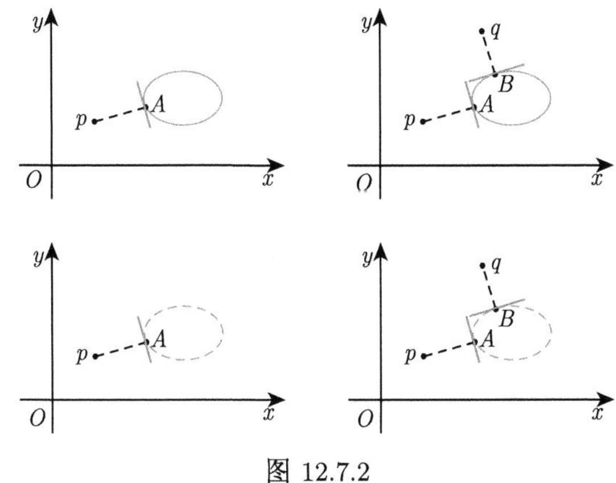

图 12.7.2

证明 任意 $\boldsymbol{p}_0\in\mathbf{R}^n, f(\boldsymbol{p}_0)=\inf\limits_{\boldsymbol{q}\in E}\rho(\boldsymbol{p}_0,\boldsymbol{q})$. 由下确界定义,

$$\forall\varepsilon_k=\frac{1}{k}>0, \exists\boldsymbol{q}_k\in E: \rho(\boldsymbol{p}_0,\boldsymbol{q}_k)<\varepsilon_k+f(\boldsymbol{p}_0), k\in\mathbf{N}^*$$

于是存在 $\{\boldsymbol{q}_k\}\subset E$ 使得

$$\lim_{k\to\infty}\rho(\boldsymbol{p}_0,\boldsymbol{q}_k)=f(\boldsymbol{p}_0)$$

由三角不等式,

$$\forall\boldsymbol{p}\in\mathbf{R}^n: f(\boldsymbol{p})\leqslant\rho(\boldsymbol{p},\boldsymbol{q}_k)\leqslant\rho(\boldsymbol{p},\boldsymbol{p}_0)+\rho(\boldsymbol{p}_0,\boldsymbol{q}_k)$$

在上式令 $k\to\infty$ 取极限, 得到

$$f(\boldsymbol{p})\leqslant\rho(\boldsymbol{p},\boldsymbol{p}_0)+f(\boldsymbol{p}_0)$$

同理

$$f(\boldsymbol{p}_0)\leqslant\rho(\boldsymbol{p},\boldsymbol{p}_0)+f(\boldsymbol{p})$$

于是

$$|f(\boldsymbol{p})-f(\boldsymbol{p}_0)|\leqslant\rho(\boldsymbol{p},\boldsymbol{p}_0)$$

故

$$\forall\varepsilon>0,\exists\delta=\varepsilon,\rho(\boldsymbol{p},\boldsymbol{p}_0)<\delta:|f(\boldsymbol{p})-f(\boldsymbol{p}_0)|<\varepsilon$$

即 f 在 $\boldsymbol{p}_0$ 连续. 再由 $\boldsymbol{p}_0$ 在 $\mathbf{R}^n$ 中的任意性, 得 f 在 $\mathbf{R}^n$ 上处处连续. 结论得证.

例 12.7.3 设 F_1,F_2 是 $\mathbf{R}^n$ 中的两个点集, 定义两个点集之间的距离为

$$\rho(F_1,F_2)=\inf_{\boldsymbol{p}\in F_1}\rho(\boldsymbol{p},F_2)\quad\left(\rho(F_1,F_2)=\inf_{\boldsymbol{p}\in F_2}\rho(\boldsymbol{p},F_1)\right)$$

其中 $\rho(\boldsymbol{p},F_2)$ 是 F_1 中的点 $\boldsymbol{p}$ 至 F_2 的距离. 证明:

(1) 若 F_1,F_2 是两个闭集, $F_1\cap F_2=\varnothing$, 且其中至少一个有界, 则有 $\rho(F_1,F_2)>0$

(2) 如果 F_1,F_2 均无界, 则结论 (1) 未必成立.

证明 (1) 不妨设 F_1 是有界闭集. 考虑 $f(\boldsymbol{p})=\rho(\boldsymbol{p},F_2),\boldsymbol{p}\in F_1$. 利用例题 12.7.2 的结论, $f(\boldsymbol{p})$ 是连续函数, 故 $f(\boldsymbol{p})$ 在 F_1 上存在最小值 $f(\boldsymbol{p}_0)$. 于是

$$f(\boldsymbol{p}_0)=\rho(\boldsymbol{p}_0,F_2)=\inf_{\boldsymbol{q}\in F_2}\rho(\boldsymbol{p}_0,\boldsymbol{q})\geqslant 0$$

若 $f(\boldsymbol{p}_0)=0$, $f(\boldsymbol{p}_0)=\inf\limits_{\boldsymbol{q}\in E}\rho(\boldsymbol{p}_0,\boldsymbol{q})=0$, 有

$$\forall\varepsilon_k=\frac{1}{k}>0,\exists\boldsymbol{q}_k\in F_2:\rho(\boldsymbol{p}_0,\boldsymbol{q}_k)<\varepsilon_k,k\in\mathbf{N}^*\Rightarrow\{\boldsymbol{q}_k\}\to\boldsymbol{p}_0$$

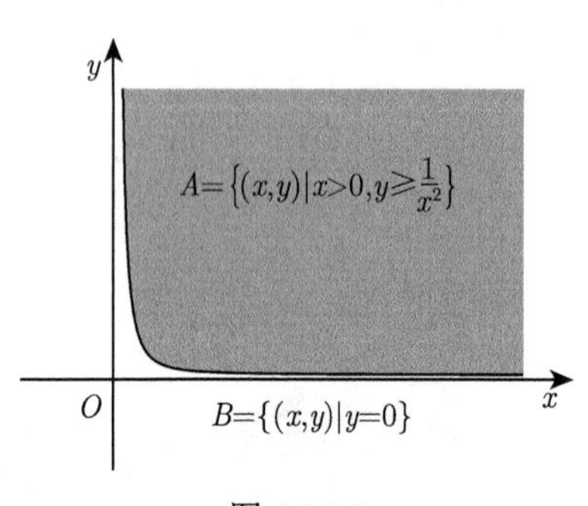

图 12.7.3

则 $\boldsymbol{p}_0$ 是 F_2 的聚点. 但因为 F_2 是闭集, 使得 $\boldsymbol{p}_0\in F_2$, 而这与 $F_1\cap F_2=\varnothing$ 相矛盾. 所以 $f(\boldsymbol{p}_0)>0$.

(2) 当 F_1,F_2 均无界时, 反例如下:

$$F_1=\left\{(x,y)\middle|y\geqslant\frac{1}{x},x>0\right\},$$

$$F_2=\{(x,y)|y=0\}$$

则 $F_1\cap F_2=\varnothing$, 但 $\rho(F_1,F_2)=0$. 结论得证. 如图 12.7.3 所示.

例 12.7.4 设 $f(x)$ 是定义在 $\mathbf{R}$ 上的任一连续函数, $E=\{(x,y)\,|y=f(x),x\in\mathbf{R}\}$, 证明 E 为一闭集.

证明 E 为连续函数 $y=f(x)$ 的图像. E 为闭集等价于任意 $\boldsymbol{p}_0(x_0,y_0)\in E'$, 有 $y_0=f(x_0)$. 对任意 $\boldsymbol{p}_0(x_0,y_0)\in E'$, 存在 $\{\boldsymbol{p}_k(x_k,y_k)\}\subset E$ 为一各项互异的点列, 使 $\lim\limits_{k\to\infty}\boldsymbol{p}_k=\boldsymbol{p}_0$. 由点列收敛的等价条件, $\lim\limits_{k\to\infty}x_k=x_0$, $\lim\limits_{k\to\infty}y_k=y_0$,

$$y_k=f(x_k),\quad k=1,2,\cdots$$

由于 f 为连续函数, 在上式中令 $k\to\infty$ 取极限, 即得 $y_0=f(x_0)$. 这就证得 $(x_0,y_0)\in E$, 所以 E 为闭集. 结论得证.

例 12.7.5 设二元函数 $f(\boldsymbol{p}),\boldsymbol{p}(x,y)\in D=[a,b]\times[c,d]$. 证明: 若任意 $\boldsymbol{p}_0\in D$, $\lim\limits_{\substack{\boldsymbol{p}\to\boldsymbol{p}_0\\ \boldsymbol{p}\in D}} f(\boldsymbol{p})$ 存在, 则 f 在 D 上有界.

证明 任取 $\boldsymbol{p}_0\in D$, 因为 $\lim\limits_{\substack{\boldsymbol{p}\to\boldsymbol{p}_0\\ \boldsymbol{p}\in D}} f(\boldsymbol{p})$ 存在, 所以由函数极限的局部有界性,

$$\exists\delta>0,\exists M_{\boldsymbol{p}_0}>0,\forall\boldsymbol{p}\in U(\boldsymbol{p}_0;\delta)\cap D:|f(\boldsymbol{p})|\leqslant M_{\boldsymbol{p}_0}$$

因为 D 为有界闭集, $\{U(\boldsymbol{p};\delta_p),\forall\boldsymbol{p}\in D\}$ 为 D 的开覆盖, 由有限覆盖定理, 可选出有限个 $\{U(\boldsymbol{p}_k;\delta_{p_k}),\boldsymbol{p}_k\in D\}_{k=1}^n$ 覆盖 D. 取 $M=\max\limits_{1\leqslant l\leqslant n}\{M_{\boldsymbol{p}_l}\}$, 则任意 $\boldsymbol{p}\in D,|f(\boldsymbol{p})|\leqslant M$. 结论得证.

例 12.7.6 设 $E\subset\mathbf{R}^2,f:E\to\mathbf{R}$ 在 E 上一致连续. 证明若 $\{\boldsymbol{p}_k\}\subset E$ 是一个柯西点列, 则 $\{f(\boldsymbol{p}_k)\}\subset f(E)$ 是一个柯西列.

证明 由于 f 在 E 上一致连续, 所以

$$\forall\varepsilon>0,\exists\delta>0,\forall\boldsymbol{p}',\boldsymbol{p}''\in E,\left\|\boldsymbol{p}'-\boldsymbol{p}''\right\|<\delta:|f(\boldsymbol{p}')-f(\boldsymbol{p}'')|<\varepsilon$$

又 $\{\boldsymbol{p}_k\}$ 为柯西列, 对上述 $\delta>0$, $\exists K>0,\forall k>K,\forall q\in\mathbf{N}^*:\left\|\boldsymbol{p}_k-\boldsymbol{p}_{k+q}\right\|<\delta$. 所以当 $k>K$ 时, $|f(\boldsymbol{p}_k)-f(\boldsymbol{p}_{k+q})|<\varepsilon$. 即 $\{f(\boldsymbol{p}_k)\}\subset f(E)$ 是一个柯西列. 结论得证.

例 12.7.7 设 E 为有界闭区域, f 在 E 上连续, 则 $f(E)$ 为有限闭区间.

证明 E 为有界闭区域, f 在 E 上连续, 则 $f(E)$ 为有界闭集, 且 f 在 E 上存在最大、最小值点 $\boldsymbol{x}^*,\boldsymbol{y}^*$, 即

$$f(\boldsymbol{x}^*)=M,\quad f(\boldsymbol{y}^*)=m,\quad f(E)\subset[m,M]$$

根据连续函数的介值定理, $\forall c\in[m,M],\exists\boldsymbol{x}_c\in E,f(\boldsymbol{x}_c)=c$. 因此 $f(E)=[m,M]$. 结论得证.

例 12.7.8 设 f 在 $\mathbf{R}^n$ 上连续, $\lim\limits_{r\to\infty}f(\boldsymbol{x})$ 存在, 其中 $r=\sqrt{x_1^2+x_2^2+\cdots+x_n^2}$. 证明 f 在 $\mathbf{R}^n$ 上一致连续.

证明 因为 $\lim\limits_{r\to\infty}f(\boldsymbol{x})$ 存在, 由函数极限的柯西收敛准则,

$$\forall\varepsilon>0,\exists M(\varepsilon)>0,\forall\|\boldsymbol{x}_1\|>M,\forall\|\boldsymbol{x}_2\|>M:|f(\boldsymbol{x}_1)-f(\boldsymbol{x}_2)|<\varepsilon$$

设有界闭集 $D=\{\boldsymbol{x}\,|\,\|\boldsymbol{x}\|\leqslant M+1\}$, 则 $f(\boldsymbol{x})$ 在 D 上一致连续, 因此对上述 $\varepsilon>0$,

$$\exists\delta_1(\varepsilon)>0,\forall\boldsymbol{x}_1,\boldsymbol{x}_2\in D,\|\boldsymbol{x}_1-\boldsymbol{x}_2\|<\delta_1:|f(\boldsymbol{x}_1)-f(\boldsymbol{x}_2)|<\varepsilon$$

令 $\delta=\min\{\delta_1,1\}$, 则

$$\forall\boldsymbol{x}_1,\boldsymbol{x}_2\in\mathbf{R}^n:\|\boldsymbol{x}_1-\boldsymbol{x}_2\|<\delta:|f(\boldsymbol{x}_1)-f(\boldsymbol{x}_2)|<\varepsilon$$

如图 12.7.4 所示. 结论得证.

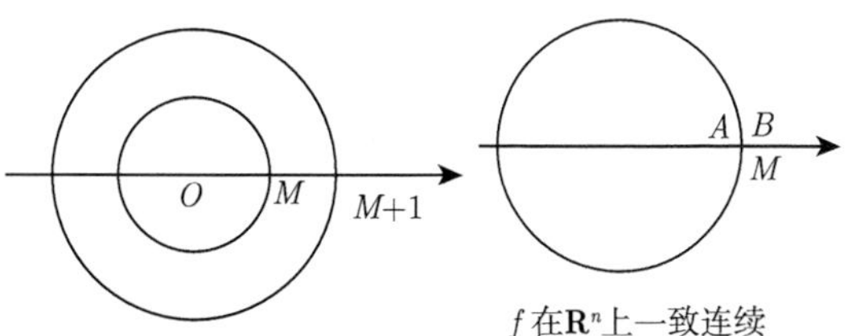

图 12.7.4

例 12.7.9 设 $D\subset\mathbf{R}^n, f:D\to\mathbf{R}$ 在 D 上一致连续, D 为有界开集. 证明: 可将 f 延拓至 D 的边界且 f 在 D 上有界.

证明 f 在 D 上一致连续, 所以

$$\forall\varepsilon>0,\exists\delta(\varepsilon)>0,\forall\boldsymbol{x}_1,\boldsymbol{x}_2\in D,\|\boldsymbol{x}_1-\boldsymbol{x}_2\|<\delta,|f(\boldsymbol{x}_1)-f(\boldsymbol{x}_2)|<\varepsilon$$

对任意 $\boldsymbol{p}_0\in\partial D$, 当 $\|\boldsymbol{x}_1-\boldsymbol{p}_0\|<\dfrac{\delta}{2},\|\boldsymbol{x}_2-\boldsymbol{p}_0\|<\dfrac{\delta}{2}$ 时, $\|\boldsymbol{x}_1-\boldsymbol{x}_2\|<\delta$, 所以

$$|f(\boldsymbol{x}_1)-f(\boldsymbol{x}_2)|<\varepsilon$$

由函数极限的柯西收敛定理, $\lim\limits_{\boldsymbol{x}\to\boldsymbol{p}_0}f(\boldsymbol{x})$ 存在. 将 $f(\boldsymbol{x})$ 连续延拓至 D 的边界, 补充定义如下:

$$F(\boldsymbol{x})=\begin{cases}f(\boldsymbol{x}), & \boldsymbol{x}\in D\\ \lim\limits_{\boldsymbol{p}\to\boldsymbol{x}}f(\boldsymbol{p}), & \boldsymbol{x}\in\partial D\end{cases}$$

则 F 在 $\bar{D}$ 上连续, 从而 F 在 $\bar{D}$ 上有界, 于是 f 在 D 上有界. 结论得证.

例 12.7.10 设 $f(x,y)$ 在 $[a,b]\times[c,d]$ 上连续, 函数序列 $\{\varphi_k(x)\}$ 在 $[a,b]$ 上一致收敛, 且 $c\leqslant\varphi_k(x)\leqslant d$. 证明函数序列 $\{F_k(x)=f(x,\varphi_k(x))\}$ 在 $[a,b]$ 上一致收敛.

证明 因为 $f(x,y)$ 在 $[a,b]\times[c,d]$ 上连续, 故一致连续, 因此对任意 $\varepsilon>0$,

$$\exists\delta(\varepsilon)>0,\forall\boldsymbol{x}_1,\boldsymbol{x}_2\in[a,b]\times[c,d],\|\boldsymbol{x}_1-\boldsymbol{x}_2\|<\delta:|f(\boldsymbol{x}_1)-f(\boldsymbol{x}_2)|<\varepsilon$$

又因为函数序列 $\{\varphi_k(x)\}$ 在 $[a,b]$ 上一致收敛, 所以对上述 δ,

$$\exists N(\varepsilon)\in\mathbf{N}^*,\forall m>n>N,\forall x\in[a,b]:|\varphi_n(x)-\varphi_m(x)|<\delta$$

于是 $|f(x,\varphi_n(x))-f(x,\varphi_m(x))|<\varepsilon$. 因此函数序列 $\{F_k(x)=f(x,\varphi_k(x))\}$ 在 $[a,b]$ 上一致收敛. 结论得证.

*12.8 探索类问题

探索类问题 1 思考一元函数的极限和连续理论与多元函数的极限和连续理论的共性及差别, 写份读书报告.

探索类问题 2 构造多元函数.

利用多元函数的四则运算和复合运算, 构造多元函数. 在此基础上分析函数的连续与一致连续性. 例如, 如图 12.8.1 所示, 构造的两个函数的几何图形, 一个一致连续, 一个不一致连续.

探索类问题 3 研究多元函数极限的基本理论:

(1) 根据自变量的变化趋势, 正确写出 n 元函数各种类型极限定义;

(2) 研究 n 元函数极限的基本理论：包括局部有界性、保序性、复合函数极限、四则运算、夹逼定理、海涅原理、柯西准则. 例如 $\lim\limits_{\boldsymbol{x}\to\boldsymbol{a}}f(\boldsymbol{x})=l,\boldsymbol{x}=(x_1,x_2,\cdots,x_n)$, $\boldsymbol{a}$ 分别为

$$\left(x_1^0,x_2^0,\cdots,x_n^0\right),(+\infty,+\infty,\cdots,+\infty),\left(+\infty,x_2^0,\cdots,x_n^0\right),\left(+\infty,-\infty,x_3^0,\cdots,x_n^0\right)$$

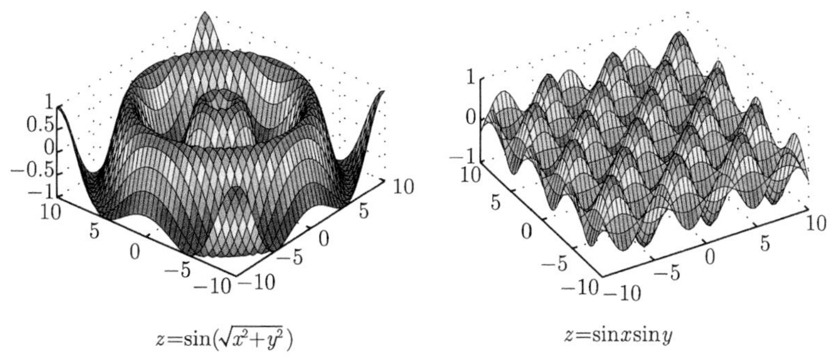

图 12.8.1

探索类问题 4 研究多元函数累次极限的定义及性质:

$$\lim_{\boldsymbol{x}\to\boldsymbol{a}} f(\boldsymbol{x})=l,\quad \boldsymbol{x}=(x_1,x_2,\cdots,x_n),\quad \boldsymbol{a}=\left(x_1^0,x_2^0,\cdots,x_n^0\right)$$
$$\lim_{\boldsymbol{x}\to\boldsymbol{a}} f(\boldsymbol{x})=l,\quad \boldsymbol{x}=(x_1,x_2,\cdots,x_n),\quad \boldsymbol{a}=(+\infty,+\infty,\cdots,+\infty)$$

探索类问题 5 研究下面的结论:

设 $f(x,y)$ 在 G 上关于变量 x, y 分别连续即偏连续, 并且关于其中一个变量单调, 则 $f(x,y)$ 在 G 上对变量 x 和 y 整体连续, 即全连续.

探索类问题 6 研究多元函数的一致连续性: 多元函数 $f(\boldsymbol{x}), g(\boldsymbol{x})$ 在 E 上一致连续, 研究

$$f(\boldsymbol{x})\pm g(\boldsymbol{x}), f(\boldsymbol{x})g(\boldsymbol{x}), \frac{f(\boldsymbol{x})}{g(\boldsymbol{x})}(g(\boldsymbol{x})\neq 0)$$

在 E 上一致连续的条件.

探索类问题 7 研究多元函数的性质: 多元函数 $f(\boldsymbol{x})$ 在 $\mathbf{R}^n$ 上连续, 研究下列结论成立的条件

(1) $f(\boldsymbol{x})$ 在 $\mathbf{R}^n$ 上一致连续;

(2) $f(\boldsymbol{x})$ 在 $\mathbf{R}^n$ 上有界;

(3) $f(\boldsymbol{x})$ 在 $\mathbf{R}^n$ 上有最大值和最小值.

探索类问题 8 利用 $\mathbf{R}^n$ 集合中的闭集套定理研究非线性方程组:

$$\begin{cases} f_1(x_1,x_2,\cdots,x_n)=0, \\ f_2(x_1,x_2,\cdots,x_n)=0, \\ \qquad\cdots\cdots \\ f_n(x_1,x_2,\cdots,x_n)=0 \end{cases}$$

的根的计算方法.

探索类问题 9 研究欧几里得空间 $\mathbf{R}^n$ 的基本定理的等价证明方法.

第 12 章习题答案与提示

第 13 章 Chapter 13 多元函数微分学

本章将讨论多元函数微分学, 内容包括多元函数的偏导数与全微分、中值定理与泰勒公式、隐函数存在定理、多元函数的条件和无条件极值. 在本章提高课讨论多元函数极值问题的数值解法以及最小二乘方法的应用. 在本章最后设置了系列研究探索类问题.

13.1 全微分与偏导数

利用一元函数微分学理论来研究多元函数, 这过程中会涉及一些新的概念和结论, 比如偏导数、方向导数和梯度等. 在本节中, 引入这些概念并讨论它们的性质.

13.1.1 多元函数的微分与偏导数

函数的微分本质上是函数关于自变量的一阶线性近似, 反映在几何上是以直代曲的思想. 一元函数图像一般是一条曲线, 需用其切线 (直线) 局部近似. 二元函数图像是空间曲面, 所以需用其切平面来局部近似.

定义 13.1.1 设函数 $z=f(x,y)$ 在点 $P_0(x_0,y_0)$ 的某个邻域 $U(P_0;\delta)$ 内有定义, 若 $z=f(x,y)$ 在点 $P_0(x_0,y_0)$ 处的全增量可以表示为

$$\Delta z=f(x_0+\Delta x,y_0+\Delta y)-f(x_0,y_0)=A\Delta x+B\Delta y+o(\rho)\quad(\rho\to 0)\tag{13.1.1}$$

这里 $\rho=\sqrt{(\Delta x)^2+(\Delta y)^2}$, $P(x,y)=P(x_0+\Delta x,y_0+\Delta y)\in U(P_0;\delta)$, 即

$$\lim_{\substack{\Delta x\to 0\\ \Delta y\to 0}}\frac{f(x_0+\Delta x,y_0+\Delta y)-f(x_0,y_0)-A\Delta x-B\Delta y}{\sqrt{(\Delta x)^2+(\Delta y)^2}}=0\tag{13.1.2}$$

其中 A,B 是仅与点 $P_0(x_0,y_0)$ 有关的常数, 则称 $z=f(x,y)$ 在点 $P_0(x_0,y_0)$ 处可微, 并称双线性主部

$$A\Delta x+B\Delta y$$

为 $z=f(x,y)$ 在点 $P_0(x_0,y_0)$ 处的全微分, 记为

$$\mathrm{d}z|_{P_0}=A\Delta x+B\Delta y$$

在微分的定义中令 $\Delta x = x - x_0, \Delta y = y - y_0$, 又可以得到微分的等价形式

$$\Delta z = f(x,y) - f(x_0,y_0) = A(x-x_0) + B(y-y_0) + o(\rho)$$

或者

$$f(x,y) = f(x_0,y_0) + A(x-x_0) + B(y-y_0) + o(\rho)$$

如果忽略高阶无穷小得到

$$f(x,y) \approx f(x_0,y_0) + A(x-x_0) + B(y-y_0)$$

即用双线性函数逼近 $f(x,y)$, 产生的误差 $o(\rho)$.

对于函数的微分, 需要考虑两个方面的问题:

(1) 函数满足什么条件时可微;

(2) 如何计算函数的微分.

例 13.1.1 求函数 $f(x,y) = x^2 y$ 在点 (x_0,y_0) 处的微分.

解 因为 $f(x,y) = x^2 y$ 在点 (x_0,y_0) 处的全增量为

$$\begin{aligned} & f(x_0+\Delta x, y_0+\Delta y) - f(x_0,y_0) = (x_0+\Delta x)^2(y_0+\Delta y) - x_0^2 y_0 \\ = & 2x_0y_0\Delta x + x_0^2\Delta y + \left(y_0(\Delta x)^2 + 2x_0\Delta x\Delta y + (\Delta x)^2\Delta y\right) \end{aligned}$$

由于

$$\left|\frac{y_0(\Delta x)^2 + 2x_0\Delta x\Delta y + (\Delta x)^2\Delta y}{\sqrt{(\Delta x)^2+(\Delta y)^2}}\right| \leqslant |y_0\Delta x| + \left|x_0\sqrt{(\Delta x)^2+(\Delta y)^2}\right| + |\Delta x\Delta y|$$

因此 $\lim\limits_{\rho\to 0}\dfrac{\left|y_0(\Delta x)^2 + 2x_0\Delta x\Delta y + (\Delta x)^2\Delta y\right|}{\rho} = 0$. 根据微分的定义, $f(x,y) = x^2y$ 在点 (x_0,y_0) 处可微, 并且 $\mathrm{d}f(x,y)\big|_{(x_0,y_0)} = 2x_0y_0\Delta x + x_0^2\Delta y$.

下面讨论微分定义中 A, B 的计算方法.

设 $z = f(x,y)$ 在点 $P_0(x_0,y_0)$ 处可微, 则

$$\lim_{\substack{\Delta x\to 0\\ \Delta y\to 0}} \frac{f(x_0+\Delta x, y_0+\Delta y) - f(x_0,y_0) - A\Delta x - B\Delta y}{\sqrt{(\Delta x)^2+(\Delta y)^2}} = 0$$

在上式中分别取 $\Delta y = 0, \Delta x = 0$, 则成立

$$\begin{aligned} &\lim_{\Delta x\to 0}\left(\frac{f(x_0+\Delta x,y_0) - f(x_0,y_0)}{\Delta x}\cdot\frac{\Delta x}{|\Delta x|} - \frac{\Delta x}{|\Delta x|}A\right) = 0 \\ &\lim_{\Delta y\to 0}\left(\frac{f(x_0,y_0+\Delta y) - f(x_0,y_0)}{\Delta y}\cdot\frac{\Delta y}{|\Delta y|} - \frac{\Delta y}{|\Delta y|}B\right) = 0 \end{aligned}$$

于是

$$A = \lim_{\Delta x\to 0}\frac{f(x_0+\Delta x,y_0) - f(x_0,y_0)}{\Delta x}, \quad B = \lim_{\Delta y\to 0}\frac{f(x_0,y_0+\Delta y) - f(x_0,y_0)}{\Delta y}$$

即在计算 A 时, 仅对变量 x 求导, 在计算 B 时, 仅对变量 y 求导. 为此引入下面的定义.

定义 13.1.2 设函数 $z=f(x,y)$ 定义在 D 上, $(x_0,y_0)\in D$. 如果极限

$$\lim_{\Delta x\to 0}\frac{\Delta_x f}{\Delta x}=\lim_{\Delta x\to 0}\frac{f(x_0+\Delta x,y_0)-f(x_0,y_0)}{\Delta x},\quad \lim_{\Delta y\to 0}\frac{\Delta_y f}{\Delta y}=\lim_{\Delta y\to 0}\frac{f(x_0,y_0+\Delta y)-f(x_0,y_0)}{\Delta y}$$

存在, 则称函数 $f(x,y)$ 在点 (x_0,y_0) 处对变量 x 以及 y 可偏导, 此极限为 $f(x,y)$ 在点 (x_0,y_0) 处对变量 x 和 y 的偏导数, 记为 $f_x(x_0,y_0)$ 或者 $\left.\frac{\partial f}{\partial x}\right|_{(x_0,y_0)}$, $f_y(x_0,y_0)$ 或 $\left.\frac{\partial f}{\partial y}\right|_{(x_0,y_0)}$.

若 $f(x,y)$ 在 D 内每一点的偏导数都存在, 则记其偏导函数为 f_x,f_y 或者 $\frac{\partial f}{\partial x},\frac{\partial f}{\partial y}$.

注 13.1.1 类似可定义 n 元变量函数的微分和偏导数. 在计算关于某个变量的偏导数时, 把其他变量当成常数处理即可. 若讨论 $f_x(x_0,y_0),f_y(x_0,y_0)$ 存在, 则需要函数 $f(x,y)$ 的定义域 D 满足

$$\exists\delta>0:\{(x,y)\,|y=y_0,|x-x_0|<\delta\}\subset D,\{(x,y)\,|x=x_0,|y-y_0|<\delta\}\subset D$$

例 13.1.2 求函数 $f(x,y)=4-x^2-2y^2$ 在点 $(1,1)$ 处的偏导数并讨论其几何意义.

解 $f_x(1,1)=-2,f_y(1,1)=-4$. 平面 $y=1$ 和曲面 $z=f(x,y)$ 相交得曲线 C_1. 平面 $x=1$ 和曲面 $z=f(x,y)$ 相交得曲线 C_2. $f_x(1,1)$ 是曲线 C_1 在点 $(1,1,1)$ 处的切线斜率, $f_y(1,1)$ 是曲线 C_2 在点 $(1,1,1)$ 处的切线斜率. 如图 13.1.1 所示.

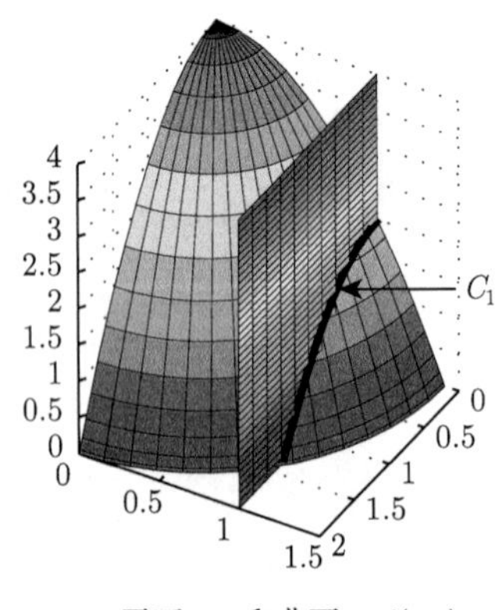

平面y=1和曲面z=$f(x,y)$相交得曲线C_1

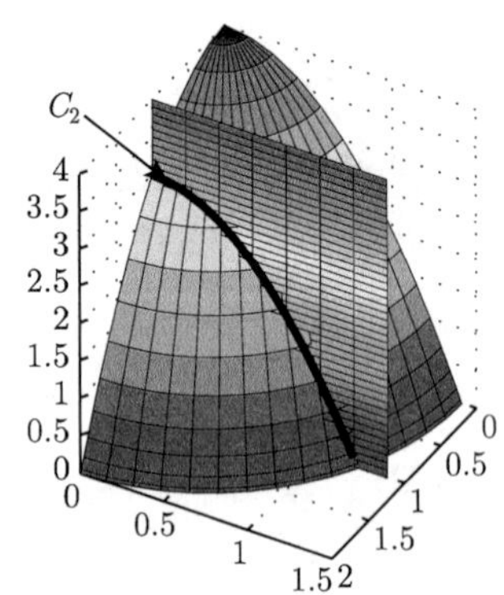

平面x=1和曲面z=$f(x,y)$相交得曲线C_2

图 13.1.1

由微分和偏导数的定义可得如下定理.

定理 13.1.1 设函数 $z=f(x,y)$ 在点 $P_0(x_0,y_0)$ 的某个邻域 $U(P_0;\delta)$ 内有定义, 如果 $z=f(x,y)$ 在点 P_0 处可微, 则

$$A=\left.\frac{\partial f}{\partial x}\right|_{(x_0,y_0)},\quad B=\left.\frac{\partial f}{\partial y}\right|_{(x_0,y_0)},\quad \mathrm{d}z|_{P_0}=\left.\frac{\partial f}{\partial x}\right|_{(x_0,y_0)}\Delta x+\left.\frac{\partial f}{\partial y}\right|_{(x_0,y_0)}\Delta y$$

根据定理 13.1.1 和 $\Delta x=\mathrm{d}x,\Delta y=\mathrm{d}y$, 因此函数的微分通常表示为

$$\mathrm{d}z|_{P_0}=\left.\frac{\partial f}{\partial x}\right|_{(x_0,y_0)}\mathrm{d}x+\left.\frac{\partial f}{\partial y}\right|_{(x_0,y_0)}\mathrm{d}y$$

注 13.1.2 若函数可微, 其偏导数必定存在.

例 13.1.3 设 $u=\sin\left(5x+y^2-\mathrm{e}^z\right)$, 求 u_x,u_y,u_z.

解 $u_x=5\cos\left(5x+y^2-\mathrm{e}^z\right),u_y=2y\cos\left(5x+y^2-\mathrm{e}^z\right),u_z=-\mathrm{e}^z\cos\left(5x+y^2-\mathrm{e}^z\right)$.

例 13.1.4 设 $u=\arctan(xyz)$, 求 $u_x,u_y,u_z,\mathrm{d}u$.

解 $u_x=\dfrac{yz}{1+(xyz)^2},u_y=\dfrac{xz}{1+(xyz)^2},u_z=\dfrac{xy}{1+(xyz)^2}$, 所以

$$\mathrm{d}u=\frac{yz}{1+(xyz)^2}\mathrm{d}x+\frac{xz}{1+(xyz)^2}\mathrm{d}y+\frac{xy}{1+(xyz)^2}\mathrm{d}z$$

例 13.1.5 设 $u=\ln\left(1+x^2+y^2+z^2\right)$, 求 $u_x,u_y,u_z,\mathrm{d}u$.

解 $u_x=\dfrac{2x}{1+x^2+y^2+z^2},u_y=\dfrac{2y}{1+x^2+y^2+z^2},u_z=\dfrac{2z}{1+x^2+y^2+z^2}$, 所以

$$\mathrm{d}u=\frac{2x}{1+x^2+y^2+z^2}\mathrm{d}x+\frac{2y}{1+x^2+y^2+z^2}\mathrm{d}y+\frac{2z}{1+x^2+y^2+z^2}\mathrm{d}z$$

下面讨论多元函数可微的条件.

我们知道, 一元函数导数存在与可微是等价的, 那么对于多元函数, 偏导数存在与可微是否等价可以通过下面的例 13.1.6 得到答案.

例 13.1.6 讨论函数 $f(x,y)=\begin{cases}\dfrac{xy}{\sqrt{x^2+y^2}}, & x^2+y^2\neq 0,\\ 0, & x^2+y^2=0\end{cases}$ 在原点的可微性.

解 根据偏导数的定义,

$$f_x(0,0)=\lim_{\Delta x\to 0}\frac{f(\Delta x,0)-f(0,0)}{\Delta x}=0$$

同理 $f_y(0,0)=0$. 而极限

$$\lim_{\rho\to 0}\frac{f(\Delta x,\Delta y)-f(0,0)-f_x(0,0)\Delta x-f_y(0,0)\Delta y}{\rho}=\lim_{\rho\to 0}\frac{\Delta x\Delta y}{(\Delta x)^2+(\Delta y)^2}\tag{13.1.3}$$

进一步

$$\lim_{\substack{\Delta y=k\Delta x\\ \Delta x\to 0}}\frac{\Delta x\Delta y}{(\Delta x)^2+(\Delta y)^2}=\frac{k^2}{1+k^2}$$

因此 (13.1.3) 式极限不存在, 所以 $f(x,y)$ 在原点不可微.

例 13.1.6 表明偏导数即使存在也不能保证函数可微性, 这一点与一元函数是有区别的. 如果加上偏导数存在且连续的条件, 就可以保证函数的可微性, 即如下定理成立.

定理 13.1.2 (可微的充分条件) 设函数 $z=f(x,y)$ 在点 $P_0(x_0,y_0)$ 的某邻域 $U(P_0;\delta)$ 内存在偏导数, 且 $\dfrac{\partial f}{\partial x},\dfrac{\partial f}{\partial y}$ 在 $P_0(x_0,y_0)$ 处连续, 则 $z=f(x,y)$ 在点 $P_0(x_0,y_0)$ 处可微.

证明 将函数的全增量写为

$$\begin{aligned}\Delta z&=f(x_0+\Delta x,y_0+\Delta y)-f(x_0,y_0)\\&=[f(x_0+\Delta x,y_0+\Delta y)-f(x_0+\Delta x,y_0)]+[f(x_0+\Delta x,y_0)-f(x_0,y_0)]\end{aligned}$$

由一元函数的拉格朗日中值定理, 存在 $0<\theta_1,\theta_2<1$, 使得

$$\Delta z=f_y\left(x_0+\Delta x,y_0+\theta_1\Delta y\right)\Delta y+f_x\left(x_0+\theta_2\Delta x,y_0\right)\Delta x$$

由于 f_x,f_y 在点 $P_0\left(x_0,y_0\right)$ 处连续, 因此有

$$\begin{aligned}f_y\left(x_0+\Delta x,y_0+\theta_1\Delta y\right)&=f_y\left(x_0,y_0\right)+\alpha\\ f_x\left(x_0+\theta_2\Delta x,y_0\right)&=f_x\left(x_0,y_0\right)+\beta\end{aligned}$$

其中 $\lim\limits_{\rho\to0}\alpha=0,\lim\limits_{\rho\to0}\beta=0$. 于是

$$\Delta z=f_x\left(x_0,y_0\right)\Delta x+f_y\left(x_0,y_0\right)\Delta y+\alpha\Delta y+\beta\Delta x$$

因此得到

$$\begin{aligned}&\lim_{\rho\to0}\frac{f\left(x_0+\Delta x,y_0+\Delta y\right)-f\left(x_0,y_0\right)-f_x\left(x_0,y_0\right)\Delta x-f_y\left(x_0,y_0\right)\Delta y}{\sqrt{(\Delta x)^2+(\Delta y)^2}}\\ =&\lim_{\rho\to0}\frac{\alpha\Delta y+\beta\Delta x}{\sqrt{(\Delta x)^2+(\Delta y)^2}}=0\end{aligned}$$

所以 $z=f(x,y)$ 在点 $P_0\left(x_0,y_0\right)$ 处可微. 结论得证.

推论 13.1.1 设函数 $z=f(x,y)$ 在点 $P_0\left(x_0,y_0\right)$ 处的某邻域 $U\left(P_0;\delta\right)$ 内存在偏导数, 且 $\dfrac{\partial f}{\partial x},\dfrac{\partial f}{\partial y}$ 在点 $P_0\left(x_0,y_0\right)$ 处连续, 则函数的全增量为

$$\Delta z=f_x\left(x_0,y_0\right)\Delta x+f_y\left(x_0,y_0\right)\Delta y+\alpha\Delta y+\beta\Delta x$$

其中 $\lim\limits_{\rho\to0}\alpha=0,\lim\limits_{\rho\to0}\beta=0,\rho=\sqrt{(\Delta x)^2+(\Delta y)^2}$.

注 13.1.3 推论 13.1.1 中条件改为 $z=f(x,y)$ 在点 $P_0\left(x_0,y_0\right)$ 处可微, 结论仍然成立. 证明留给读者完成.

例 13.1.7 讨论函数 $f(x,y)=\begin{cases}\left(x^2+y^2\right)\sin\dfrac{1}{\sqrt{x^2+y^2}}, & x^2+y^2\neq0,\\ 0, & x^2+y^2=0\end{cases}$ 在原点的连续性、偏导数的连续性和可微性.

解 由于 $\left|\left(x^2+y^2\right)\sin\dfrac{1}{\sqrt{x^2+y^2}}\right|\leqslant\left|x^2+y^2\right|$, 因此 $\lim\limits_{\substack{x\to0\\ y\to0}}f(x,y)=f(0,0)$, 从而函数在原点是连续的.

当 $(x,y)\neq(0,0)$ 时,

$$\begin{aligned}f_x&=2x\sin\frac{1}{\sqrt{x^2+y^2}}-\frac{x}{\sqrt{x^2+y^2}}\cos\frac{1}{\sqrt{x^2+y^2}}\\ f_y&=2y\sin\frac{1}{\sqrt{x^2+y^2}}-\frac{y}{\sqrt{x^2+y^2}}\cos\frac{1}{\sqrt{x^2+y^2}}\end{aligned}$$

而

$$f_x(0,0)=\lim_{x\to 0}\frac{f(x,0)-f(0,0)}{x}=\lim_{x\to 0}\frac{x^2\sin\dfrac{1}{|x|}}{x}=0$$

$$f_y(0,0)=\lim_{y\to 0}\frac{f(0,y)-f(0,0)}{y}=\lim_{y\to 0}\frac{y^2\sin\dfrac{1}{|y|}}{y}=0$$

如果取 $y=x\,(x>0)$, 则 $f_x(x,x)=2x\sin\dfrac{1}{\sqrt{2x^2}}-\dfrac{1}{\sqrt{2}}\cos\dfrac{1}{\sqrt{2x^2}}$, 显然 $\lim\limits_{x\to 0+}f_x(x,x)$ 不存在, 因此 $\lim\limits_{\substack{x\to 0\\y\to 0}}f_x(x,y)$ 不存在, 同理 $\lim\limits_{\substack{x\to 0\\y\to 0}}f_y(x,y)$ 不存在. 所以函数 $f(x,y)$ 在原点的偏导数存在但不连续.

进一步由于

$$\lim_{\substack{x\to 0\\y\to 0}}\frac{f(x,y)-f(0,0)-f_x(0,0)x-f_y(0,0)y}{\sqrt{x^2+y^2}}=\lim_{\substack{x\to 0\\y\to 0}}\frac{(x^2+y^2)\sin\left(\dfrac{1}{\sqrt{x^2+y^2}}\right)}{\sqrt{x^2+y^2}}=0$$

因此函数 $f(x,y)$ 在原点可微.

注 13.1.4 例 13.1.7 说明即使偏导数不连续, 依然可以可微, 因此定理 13.1.2 是充分条件, 进一步可以得到可微分定理 13.1.3, 其条件比定理 13.1.2 条件更弱.

定理 13.1.3(可微的充分条件) 设函数 $z=f(x,y)$ 在点 $P_0(x_0,y_0)$ 处的某邻域 $U(P_0;\delta)$ 内有定义, 偏导数 $\dfrac{\partial f}{\partial x}\Big|_{(x_0,y_0)}$ 存在, $\dfrac{\partial f}{\partial y}$ 在点 $P_0(x_0,y_0)$ 处连续, 则 $z=f(x,y)$ 在点 $P_0(x_0,y_0)$ 处可微.

证明 利用单变量函数拉格朗日中值定理得到

$$\begin{aligned}W&=f(x_0+\Delta x,y_0+\Delta y)-f(x_0,y_0)-f_x(x_0,y_0)\Delta x-f_y(x_0,y_0)\Delta y\\&=[f(x_0+\Delta x,y_0+\Delta y)-f(x_0+\Delta x,y_0)]+[f(x_0+\Delta x,y_0)-f(x_0,y_0)]\\&\quad-f_x(x_0,y_0)\Delta x-f_y(x_0,y_0)\Delta y\\&=f_y(x_0+\Delta x,y_0+\theta\Delta y)\Delta y-f_y(x_0,y_0)\Delta y+f(x_0+\Delta x,y_0)-f(x_0,y_0)-f_x(x_0,y_0)\Delta x\\&\quad\left(0<\theta<1,\rho=\sqrt{(\Delta x)^2+(\Delta y)^2}\right)\end{aligned}$$

于是

$$\begin{aligned}\frac{|W|}{\rho}&\leqslant\frac{|\Delta y|}{\sqrt{(\Delta x)^2+(\Delta y)^2}}|f_y(x_0+\Delta x,y_0+\theta\Delta y)-f_y(x_0,y_0)|\\&\quad+\frac{|\Delta x|}{\sqrt{(\Delta x)^2+(\Delta y)^2}}\frac{|f(x_0+\Delta x,y_0)-f(x_0,y_0)-f_x(x_0,y_0)\Delta x|}{|\Delta x|}\\&\leqslant\underbrace{|f_y(x_0+\Delta x,y_0+\theta\Delta y)-f_y(x_0,y_0)|}_{(1)}+\underbrace{\frac{|f(x_0+\Delta x,y_0)-f(x_0,y_0)-f_x(x_0,y_0)\Delta x|}{|\Delta x|}}_{(2)}\end{aligned}$$

根据已知条件 $\dfrac{\partial f}{\partial y}$ 在点 $P_0(x_0,y_0)$ 处连续以及偏导数定义, 因此

$$\lim_{\rho\to 0}(1)=0,\quad \lim_{\rho\to 0}(2)=0$$

所以 $\lim\limits_{\rho\to 0}\dfrac{W}{\sqrt{(\Delta x)^2+(\Delta y)^2}}=0$, 结论得证.

注 13.1.5 由以上定理和例题, 我们可以得到函数连续、偏导数存在和可微三者之间的关系: 可微可推出函数连续且偏导数存在; 偏导数存在且连续可推出函数可微; 偏导数存在则函数未必连续也未必可微.

习题 13.1.1 多元函数的微分与偏导数

1. 利用一元函数求导的链式法则和四则运算求导法则计算下列函数的偏导数:

(1) $z=xy+\dfrac{x}{y}$; (2) $z=\tan\dfrac{x^2}{y}$; (3) $z=\arctan\dfrac{y}{x}$;

(4) $z=\arcsin(x_1^2+x_2^2+\cdots+x_n^2)$; (5) $z=x^y$; (6) $u=\ln(x+y^2+z^3)$;

(7) $z=\ln(x_1^2+2x_2^2+\cdots+nx_n^2)$.

2. 求下列函数的微分:

(1) $f(x,y)=x^2+2xy-y^2$;

(2) $f(x,y,z)=\ln(x+y-z)+\mathrm{e}^{x+y}\sin z$;

(3) $u=\sin(x_1+x_2^2+\cdots+x_n^n)$.

3. 讨论下面函数在原点是否连续、偏导数是否存在和连续、是否可微分.

(1) $f(x,y)=\begin{cases} y\sin\dfrac{1}{x^2+y^2}, & x^2+y^2\neq 0,\\ 0, & x^2+y^2=0;\end{cases}$

(2) $f(x,y)=\begin{cases} xy\sin\dfrac{1}{x^2+y^2}, & x^2+y^2\neq 0,\\ 0, & x^2+y^2=0;\end{cases}$

(3) $f(x,y)=\begin{cases} \dfrac{x^2y}{x^2+y^2}, & x^2+y^2\neq 0,\\ 0, & x^2+y^2=0;\end{cases}$

(4) $f(x,y)=\begin{cases} \dfrac{1-\mathrm{e}^{x(x^2+y^2)}}{x^2+y^2}, & x^2+y^2\neq 0,\\ 0, & x^2+y^2=0.\end{cases}$

4. 证明若函数 $f(x,y)$ 的偏导数 f_x,f_y 在 $U(P_0;\delta)$ 内有界, 则 $f(x,y)$ 在 $U(P_0;\delta)$ 上连续.

13.1.2 多元复合函数求导

下面讨论多元复合函数的求导法则.

设 $\begin{cases} x=\varphi(s,t),\\ y=\psi(s,t),\end{cases}$ $(s,t)\in D$, $z=f(x,y),(x,y)\in D_1$, 且

$$D^*=\{(x,y)\,|x=\varphi(s,t),y=\psi(s,t),(s,t)\in D\}\subset D_1$$

则称 $F(s,t)=f(\varphi(s,t),\psi(s,t)),(s,t)\in D$ 为 $f(x,y)$ 与 $\begin{cases} x=\varphi(s,t),\\ y=\psi(s,t)\end{cases}$ 的复合函数.

复合函数要求相应的定义域要匹配, 如图 13.1.2 所示. 以后讨论复合函数的时候如果没有特殊说明, 默认函数满足复合函数条件.

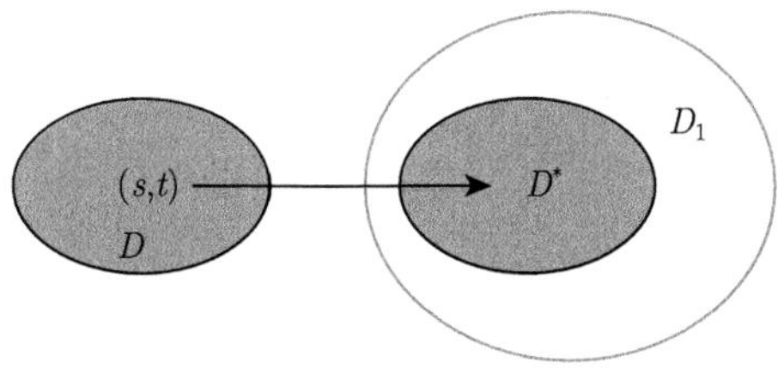

图 13.1.2

定理 13.1.4 (链式法则) 设 $\varphi(s,t),\psi(s,t)$ 在点 $(s,t)\in D$ 可微, $z=f(x,y)$ 在点 $(x,y)\in D_1$ 可微, 则 $z=f(\varphi(s,t),\psi(s,t))$ 在点 (s,t) 可微, 且关于 s,t 的偏导数分别为

$$\frac{\partial z}{\partial s}=\left.\frac{\partial z}{\partial x}\right|_{(x,y)}\left.\frac{\partial x}{\partial s}\right|_{(s,t)}+\left.\frac{\partial z}{\partial y}\right|_{(x,y)}\left.\frac{\partial y}{\partial s}\right|_{(s,t)}$$
$$\frac{\partial z}{\partial t}=\left.\frac{\partial z}{\partial x}\right|_{(x,y)}\left.\frac{\partial x}{\partial t}\right|_{(s,t)}+\left.\frac{\partial z}{\partial y}\right|_{(x,y)}\left.\frac{\partial y}{\partial t}\right|_{(s,t)}$$

注 13.1.6 可以用画道路图的方法直观地理解定理 13.1.4 的算法. 如图 13.1.3 所示, 通往自变量 s 的两条道路以及相应求导项如下:

$$z=f(x,y)\to x\to s\Rightarrow\left.\frac{\partial z}{\partial x}\right|_{(x,y)}\left.\frac{\partial x}{\partial s}\right|_{(s,t)}$$
$$z=f(x,y)\to y\to s\Rightarrow\left.\frac{\partial z}{\partial y}\right|_{(x,y)}\left.\frac{\partial y}{\partial s}\right|_{(s,t)}$$

类似通往自变量 t 的两条道路, 以及相应求导项如下:

$$z=f(x,y)\to x\to t\Rightarrow\left.\frac{\partial z}{\partial x}\right|_{(x,y)}\left.\frac{\partial x}{\partial t}\right|_{(s,t)}$$
$$z=f(x,y)\to y\to t\Rightarrow\left.\frac{\partial z}{\partial y}\right|_{(x,y)}\left.\frac{\partial y}{\partial t}\right|_{(s,t)}$$

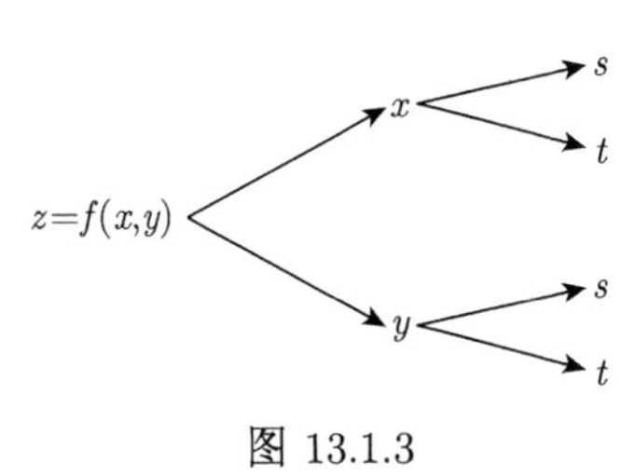

图 13.1.3

证明 因为 $z=f(x,y)$ 在点 $(x,y)\in D_1$ 处可微, 所以

$$\Delta z=f_x(x,y)\Delta x+f_y(x,y)\Delta y+\alpha\Delta y+\beta\Delta x$$

其中 $\lim\limits_{\rho\to0}\alpha=0,\lim\limits_{\rho\to0}\beta=0,\rho=\sqrt{(\Delta x)^2+(\Delta y)^2}$. 补充定义: 当 $\Delta x=\Delta y=0$ 时令 $\alpha=0,\beta=0$. 因为 $\varphi(s,t),\psi(s,t)$ 在点 $(s,t)\in D$ 处可微, 所以

$$\Delta x=\frac{\partial\varphi}{\partial s}\Delta s+\frac{\partial\varphi}{\partial t}\Delta t+\alpha_1\Delta s+\beta_1\Delta t$$
$$\Delta y=\frac{\partial\psi}{\partial s}\Delta s+\frac{\partial\psi}{\partial t}\Delta t+\alpha_2\Delta s+\beta_2\Delta t$$

其中 $\lim\limits_{\rho_1\to0}\alpha_i=0,\lim\limits_{\rho_1\to0}\beta_i=0,i=1,2,\rho_1=\sqrt{(\Delta s)^2+(\Delta t)^2}$. 于是有

$$\Delta z=\left(\frac{\partial z}{\partial x}\frac{\partial x}{\partial s}+\frac{\partial z}{\partial y}\frac{\partial y}{\partial s}\right)\Delta s+\left(\frac{\partial z}{\partial x}\frac{\partial x}{\partial t}+\frac{\partial z}{\partial y}\frac{\partial y}{\partial t}\right)\Delta t+\widetilde{\alpha}\Delta s+\widetilde{\beta}\Delta t \tag{13.1.4}$$

其中

$$\widetilde{\alpha}=\frac{\partial z}{\partial x}\alpha_1+\frac{\partial z}{\partial y}\alpha_2+\frac{\partial x}{\partial s}\beta+\frac{\partial y}{\partial s}\alpha+\beta\alpha_1+\alpha\alpha_2$$

$$\widetilde{\beta}=\frac{\partial z}{\partial x}\beta_1+\frac{\partial z}{\partial y}\beta_2+\frac{\partial x}{\partial t}\beta+\frac{\partial y}{\partial t}\alpha+\beta\beta_1+\alpha\beta_2$$

由于 $\varphi(s,t),\psi(s,t)$ 在点 $(s,t)\in D$ 处可微, 于是在点 (s,t) 处连续. 所以当 $\rho_1\to 0$ 时, 有 $\Delta x\to 0,\Delta y\to 0$, 从而 $\alpha,\beta\to 0$, 以及 $\alpha_1,\alpha_2,\beta_1,\beta_2\to 0$, 因此 $\widetilde{\alpha},\widetilde{\beta}\to 0$. 所以

$$\lim_{\rho_1\to 0}\left|\frac{\widetilde{\alpha}\Delta s+\widetilde{\beta}\Delta t}{\rho_1}\right|\leqslant \lim_{\rho_1\to 0}\left(|\widetilde{\alpha}|+\left|\widetilde{\beta}\right|\right)=0$$

根据微分的定义, 结论得证.

注 13.1.7 若定理 13.1.4 中仅要求复合函数 $z=f(\varphi(s,t),\psi(s,t))$ 的偏导数存在, 则定理中的条件 $x=\varphi(s,t),y=\psi(s,t)$ 可微减弱为 $x=\varphi(s,t),y=\psi(s,t)$ 存在偏导数即可. 下面给出详细的说明.

任取点 $x_0=\varphi(s_0,t_0),y_0=\psi(s_0,t_0)\in D$, 有

$$f(x_0+\Delta x,y_0+\Delta y)-f(x_0,y_0)=f_x(x_0,y_0)\Delta x+f_y(x_0,y_0)\Delta y+\alpha\Delta y+\beta\Delta x$$

取 $\Delta x=\varphi(s_0+\Delta s,t_0)-\varphi(s_0,t_0),\Delta y=\psi(s_0+\Delta s,t_0)-\psi(s_0,t_0)$, 得

$$\begin{aligned}
&\frac{\partial f(s_0,t_0)}{\partial s}=\lim_{\Delta s\to 0}\frac{f(\varphi(s_0+\Delta s,t_0),\psi(s_0+\Delta s,t_0))-f(\varphi(s_0,t_0),\psi(s_0,t_0))}{\Delta s}\\
&=\lim_{\Delta s\to 0}\left(\frac{f_x(x_0,y_0)\Delta x}{\Delta s}+\frac{f_y(x_0,y_0)\Delta y}{\Delta s}+\frac{\alpha\Delta y}{\Delta s}+\frac{\beta\Delta x}{\Delta s}\right)\\
&=\lim_{\Delta s\to 0}\left(\frac{f_x(x_0,y_0)(\varphi(s_0+\Delta s,t_0)-\varphi(s_0,t_0))}{\Delta s}+\frac{f_y(x_0,y_0)(\psi(s_0+\Delta s,t_0)-\psi(s_0,t_0))}{\Delta s}\right.\\
&\quad\left.+\frac{(\psi(s_0+\Delta s,t_0)-\psi(s_0,t_0))\alpha}{\Delta s}+\frac{(\varphi(s_0+\Delta s,t_0)-\varphi(s_0,t_0))\beta}{\Delta s}\right)\\
&=\frac{\partial f}{\partial x}\Big|_{(x_0,y_0)}\frac{\partial x}{\partial s}\Big|_{(s_0,t_0)}+\frac{\partial f}{\partial y}\Big|_{(x_0,y_0)}\frac{\partial y}{\partial s}\Big|_{(s_0,t_0)}
\end{aligned}$$

但是, 定理 13.1.4 中条件 $z=f(x,y)$ 在点 $(x,y)\in D_1$ 处可微必不能少. 例如函数

$$z=f(x,y)=\begin{cases}\dfrac{2xy^3}{x^2+y^4}, & x^2+y^2\neq 0\\ 0, & x^2+y^2=0\end{cases}$$

在点 $(0,0)$ 处偏导数存在且 $f_x(0,0)=f_y(0,0)=0$, 但是在点 $(0,0)$ 处不可微.

设 $\begin{cases}x=t^2,\\ y=t,\end{cases}$ 得复合函数 $z=t$, 因此 $\dfrac{\mathrm{d}z}{\mathrm{d}t}=1$. 而利用定理 13.1.4 又有

$$\frac{\mathrm{d}z(0)}{\mathrm{d}t}=\left(f_x\left(t^2,t\right)\cdot 2t+f_y\left(t^2,t\right)\cdot 1\right)\Big|_{t=0}=0$$

这就产生了矛盾.

推论 13.1.2 若 $D\subset \mathbf{R}^n$ 且 $f(x_1,x_2,\cdots,x_n)$ 在 D 上可微, $x_k=u_k(t_1,t_2,\cdots,t_m)$, $k=1,2,\cdots,n$, $(t_1,t_2,\cdots,t_m)\in D^*$ 且在 D^* 上可微, 设

$$D^1=\{(x_1,x_2,\cdots,x_n)\,|x_k=u_k(t_1,t_2,\cdots,t_m),(t_1,t_2,\cdots,t_m)\in D^*,k=1,2,\cdots,n\}\subset D$$

则复合函数 $f(t_1,t_2,\cdots,t_m)=f(u_1(t_1,t_2,\cdots,t_m),\cdots,u_n(t_1,t_2,\cdots,t_m))$ 在 D^* 上可微且

$$\frac{\partial f}{\partial t_i}=\sum_{k=1}^{n}\frac{\partial f}{\partial x_k}\frac{\partial x_k}{\partial t_i},\quad i=1,2,\cdots,m$$

例 13.1.8 设 $z=\ln(u^2+v),u=\mathrm{e}^{x+y^2},v=x^2+y$, 求 z_x,z_y.

解 如图 13.1.4 所示, 首先画出函数复合结构的道路图, 由链式法则得

$$\begin{aligned}z_x&=\frac{2u}{u^2+v}\left(\mathrm{e}^{x+y^2}\right)+\frac{1}{u^2+v}(2x)=\frac{2}{u^2+v}\left(u\mathrm{e}^{x+y^2}+x\right)\\&=\frac{2}{\mathrm{e}^{2x+2y^2}+x^2+y}\left(\mathrm{e}^{2x+2y^2}+x\right)\\z_y&=\frac{2u}{u^2+v}\left(2y\mathrm{e}^{x+y^2}\right)+\frac{1}{u^2+v}=\frac{1}{u^2+v}\left(4yu\mathrm{e}^{x+y^2}+1\right)\\&=\frac{1}{\mathrm{e}^{2x+2y^2}+x^2+y}\left(4y\mathrm{e}^{2x+2y^2}+1\right)\end{aligned}$$

例 13.1.9 设 $u=z\arctan xyz,x=s^2+t^2,y=4st,z=s^2-t^2$, 求 u_s,u_t.

解 如图 13.1.5 所示, 首先画出函数复合结构的道路图, 由链式法则得

$$u_s=u_xx_s+u_yy_s+u_zz_s=\frac{2syz^2}{1+(xyz)^2}+\frac{4txz^2}{1+(xyz)^2}+\left(\arctan xyz+\frac{xyz}{1+(xyz)^2}\right)(2s)$$

$$u_t=u_xx_t+u_yy_t+u_zz_t=\frac{2tyz^2}{1+(xyz)^2}+\frac{4sxz^2}{1+(xyz)^2}+\left(\arctan xyz+\frac{xyz}{1+(xyz)^2}\right)(-2t)$$

将 x,y,z 关于 t 的函数代入上式, 即可得到结论.

例 13.1.10 设 $u=f\left(\dfrac{x}{y},\dfrac{y}{z}\right)$, 其中 f 为可微函数, 求 u_x,u_y,u_z.

解 设 $1\triangleq\dfrac{x}{y},2\triangleq\dfrac{y}{x}$, 分别代表 f 的第一、第二变量, $f\left(\dfrac{x}{y},\dfrac{y}{z}\right)=f(1,2)$. 如图 13.1.6 所示, 首先画出函数复合结构的道路图, 由链式法则得

$$u_x=\left(\frac{1}{y}\right)\cdot f_1+0\cdot f_2=\frac{1}{y}f_1,\quad u_y=\left(\frac{-x}{y^2}\right)f_1+\left(\frac{1}{z}\right)f_2,\quad u_z=\left(\frac{-y}{z^2}\right)f_2$$

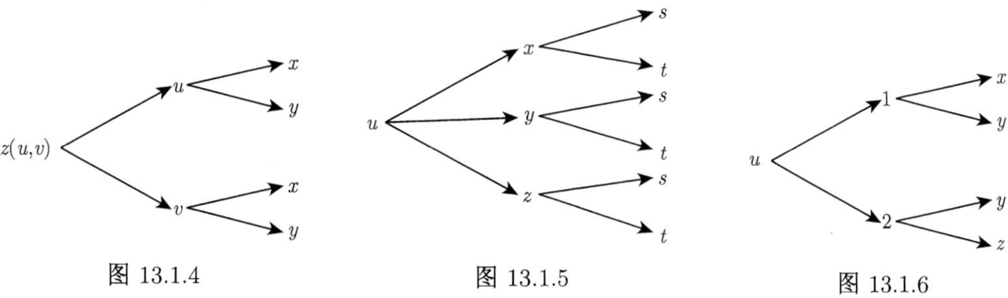

图 13.1.4　　图 13.1.5　　图 13.1.6

注 13.1.8 通常用 f_1, f_2 分别表示对函数 f 的第一个变量和第二个变量求偏导.

例 13.1.11 设 $u = f\left(xyz, x^3y^2, y^2z^3\right)$, 其中 f 为可微函数, 求 u_x, u_y, u_z.

解 设 $1 \triangleq xyz, 2 \triangleq x^3y^2, 3 \triangleq y^2z^3$, 分别代表 f 的第一、二、三个变量, $f(xyz, x^3y^2, y^2z^3) = f(1,2,3)$. 如图 13.1.7 所示, 首先画出函数复合结构的道路图, 由链式法则得

$$
\begin{aligned}
u_x &= (yz)\, f_1 + \left(3x^2y^2\right) f_2 \\
u_y &= (xz)\, f_1 + \left(2x^3y\right) f_2 + \left(2yz^3\right) f_3 \\
u_z &= (xy)\, f_1 + \left(3y^2z^2\right) f_3
\end{aligned}
$$

例 13.1.12 设 $u = f\left(x, y, z, t\right), x = \varphi\left(z, s\right), y = \psi\left(x, s, t\right), z = w\left(s, t\right)$, 求 u_s, u_t.

解 如图 13.1.8 所示, 首先画出函数复合结构的道路图, 由链式法则得

$$
\begin{aligned}
u_t &= \frac{\partial f}{\partial x}\frac{\partial \varphi}{\partial z}\frac{\partial w}{\partial t} + \frac{\partial f}{\partial y}\left[\frac{\partial \psi}{\partial x}\frac{\partial \varphi}{\partial z}\frac{\partial w}{\partial t} + \frac{\partial \psi}{\partial t}\right] + \frac{\partial f}{\partial z}\frac{\partial w}{\partial t} + \frac{\partial f}{\partial t} \\
u_s &= \frac{\partial f}{\partial x}\left[\frac{\partial \varphi}{\partial z}\frac{\partial w}{\partial s} + \frac{\partial \varphi}{\partial s}\right] + \frac{\partial f}{\partial y}\left[\frac{\partial \psi}{\partial x}\frac{\partial \varphi}{\partial z}\frac{\partial w}{\partial s} + \frac{\partial \psi}{\partial x}\frac{\partial \varphi}{\partial s} + \frac{\partial \psi}{\partial s}\right] + \frac{\partial f}{\partial z}\frac{\partial w}{\partial s}
\end{aligned}
$$

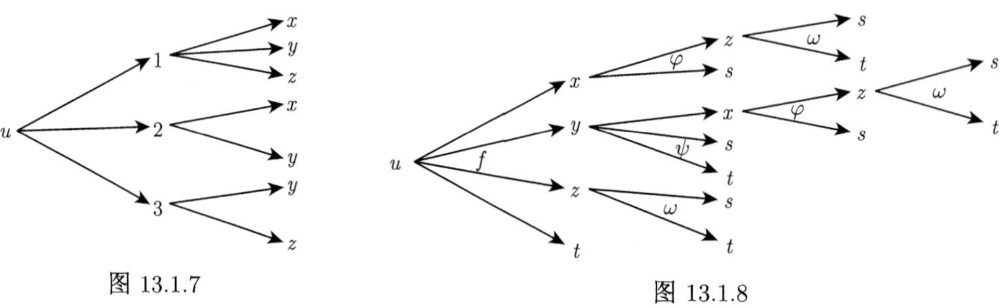

图 13.1.7　　图 13.1.8

一元函数有微分形式不变性, 对于多元函数一阶微分依然有形式不变性. 设 $\varphi\left(s,t\right)$, $\psi\left(s,t\right)$ 在点 $(s,t) \in D$ 处可微, $z = f\left(x,y\right)$ 在点 $(x,y) \in D_1$ 处可微, 则当 x, y 为自变量时

$$
\mathrm{d}z = f_x \mathrm{d}x + f_y \mathrm{d}y
$$

当 x, y 作为中间变量时, $\mathrm{d}x = \varphi_s \mathrm{d}s + \varphi_t \mathrm{d}t, \mathrm{d}y = \psi_s \mathrm{d}s + \psi_t \mathrm{d}t$, 所以

$$
\begin{aligned}
\mathrm{d}z &= \left(f_x\varphi_s + f_y\psi_s\right)\mathrm{d}s + \left(f_x\varphi_t + f_y\psi_t\right)\mathrm{d}t = f_x\left(\varphi_s\mathrm{d}s + \varphi_t\mathrm{d}t\right) + f_y\left(\psi_s\mathrm{d}s + \psi_t\mathrm{d}t\right) \\
&= f_x\mathrm{d}x + f_y\mathrm{d}y
\end{aligned}
$$

即无论 x, y 是自变量还是中间变量, 一阶微分有相同的形式, 这就是一阶全微分的形式不变性. 但是高阶全微分不具有形式不变性, 利用微分形式不变性可以求解具有复杂结构函数的偏导数.

例 13.1.13 设 $u = f\left(x, y, z, t\right), x = \varphi\left(z, s\right), y = \psi\left(x, s, t\right), z = w\left(s, t\right)$, 利用一阶微分的形式不变性求 u_s, u_t.

解 由于 $\mathrm{d}u = f_x\mathrm{d}x + f_y\mathrm{d}y + f_z\mathrm{d}z + f_t\mathrm{d}t$, 而

$$
\mathrm{d}x = \varphi_z\mathrm{d}z + \varphi_s\mathrm{d}s, \quad \mathrm{d}y = \psi_x\mathrm{d}x + \psi_s\mathrm{d}s + \psi_t\mathrm{d}t, \quad \mathrm{d}z = w_s\mathrm{d}s + w_t\mathrm{d}t
$$

于是

$$
\begin{aligned}
\mathrm{d}u =& \left(f_x\right)\left(\varphi_z\left(w_s \mathrm{d}s + w_t \mathrm{d}t\right) + \varphi_s \mathrm{d}s\right) \\
&+ \left(f_y\right)\left(\psi_x\left(\varphi_z\left(w_s \mathrm{d}s + w_t \mathrm{d}t\right) + \varphi_s \mathrm{d}s\right) + \psi_s \mathrm{d}s + \psi_t \mathrm{d}t\right) \\
&+ \left(f_z\right)\left(w_s \mathrm{d}s + w_t \mathrm{d}t\right) + f_t \mathrm{d}t \\
=& \left(f_x\varphi_z w_s + f_x\varphi_s + f_y\psi_x\varphi_z w_s + f_y\psi_x\varphi_s + f_y\psi_s + f_z w_s\right)\mathrm{d}s \\
&+ \left(f_x\varphi_z w_t + f_y\psi_x\varphi_z w_t + f_y\psi_t + f_z w_t + f_t\right)\mathrm{d}t
\end{aligned}
$$

所以

$$
u_t = \frac{\partial f}{\partial x}\frac{\partial \varphi}{\partial z}\frac{\partial w}{\partial t} + \frac{\partial f}{\partial y}\left[\frac{\partial \psi}{\partial x}\frac{\partial \varphi}{\partial z}\frac{\partial w}{\partial t} + \frac{\partial \psi}{\partial t}\right] + \frac{\partial f}{\partial z}\frac{\partial w}{\partial t} + \frac{\partial f}{\partial t}
$$

$$
u_s = \frac{\partial f}{\partial x}\left[\frac{\partial \varphi}{\partial z}\frac{\partial w}{\partial s} + \frac{\partial \varphi}{\partial s}\right] + \frac{\partial f}{\partial y}\left[\frac{\partial \psi}{\partial x}\frac{\partial \varphi}{\partial z}\frac{\partial w}{\partial s} + \frac{\partial \psi}{\partial x}\frac{\partial \varphi}{\partial s} + \frac{\partial \psi}{\partial s}\right] + \frac{\partial f}{\partial z}\frac{\partial w}{\partial s}
$$

习题 13.1.2 多元复合函数求导

1. 计算下面函数的所有偏导数.

(1) $u = \dfrac{x^2 + y^2}{xy}\mathrm{e}^{\frac{x^2+y^2}{xy}}$; (2) $u = x^2 + xy + y^2, x = t^2, y = t$; (3) $u = \arctan\dfrac{xy}{1 - xy}$;

(4) $u = \arcsin\dfrac{x}{\sqrt{x^2 + y^2}}$; (5) $u = \left(\dfrac{x}{y}\right)^z$; (6) $u = x^{\frac{y}{z}}$;

(7) $u = x^{y^z}$.

2. 计算下面函数的所有偏导数.

(1) $u = f(x + y, xy)$; (2) $u = f(x, xy, xyz)$; (3) $u = f(x + y + z, xy^2 z, xyz)$.

3. 计算下面函数的所有偏导数.

(1) $u = f(x, y, z), x = t, y = t^2, z = t^2$;

(2) $u = f(x, y, z), x = a\alpha, y = b\beta, z = c\lambda$($a, b, c$为常数);

(3) $w = f(x, y, z), x = u^2 + v^2, y = u^2 - v^2, z = 2uv$;

(4) $s = f(x, y, z), x = a_1 u + b_1 v + c_1 \omega, y = a_2 u + b_2 v + c_2 \omega, z = a_3 u + b_3 v + c_3 \omega$($a_i, b_i, c_i$为常数, $i = 1, 2, 3$).

13.1.3 方向导数与梯度

在一元函数微分学中, 介绍过单侧导数的概念. 对于多元函数, 将定义域内从某点出发的射线上函数的变化率称为函数的方向导数, 下面给出定义.

定义 13.1.3 设函数 f 在点 P_0 的某邻域 $U(P_0;\delta) \subset \mathbf{R}^n$ 内有定义, $\boldsymbol{l}$ 是从 P_0 出发的射线, $P \in U(P_0;\delta)$ 为 $\boldsymbol{l}$ 上的一动点. 设 $\rho = \|P - P_0\|$, 若 $\lim\limits_{\rho \to 0}\dfrac{f(P) - f(P_0)}{\rho}$ 存在, 则称此极限为 f 在点 P_0 沿 $\boldsymbol{l}$ 的方向导数, 记为 $\left.\dfrac{\partial f}{\partial \boldsymbol{l}}\right|_{P_0}$ 或者 $f_{\boldsymbol{l}}(P_0)$.

由方向导数的定义, 函数 $f(x, y)$ 沿着 x 轴正向 $\boldsymbol{i}$ 和负向 $-\boldsymbol{i}$ 的方向导数分别为

$$\frac{\partial f}{\partial \boldsymbol{i}}=\lim_{\Delta x\to 0+}\frac{f(x_0+\Delta x,y_0)-f(x_0,y_0)}{\Delta x}=f_x(x_0,y_0)$$
$$\frac{\partial f}{\partial(-\boldsymbol{i})}=\lim_{\Delta x\to 0-}\frac{f(x_0+\Delta x,y_0)-f(x_0,y_0)}{-\Delta x}=-f_x(x_0,y_0)$$

因此如果沿着 x 轴正向 $\boldsymbol{i}$ 和负向 $-\boldsymbol{i}$ 的方向导数存在, 但不是互为相反数, 则偏导数不存在.

注 13.1.9 函数在一点沿着任意方向的方向导数都存在也不能保证偏导数存在. 例如函数 $z=\sqrt{x^2+y^2}$ 在点 $P_0(0,0)$ 沿任意方向 $\boldsymbol{l}$ 的方向导数存在, 且

$$\frac{\partial f(P_0)}{\partial \boldsymbol{l}}=\lim_{\rho\to 0}\frac{\sqrt{x^2+y^2}-0}{\sqrt{x^2+y^2}}=1$$

但极限 $\lim\limits_{x\to 0}\dfrac{\sqrt{x^2}-0}{x},\lim\limits_{y\to 0}\dfrac{\sqrt{y^2}-0}{y}$ 都不存在, 所以在点 $P_0(0,0)$ 处关于 x,y 的偏导数都不存在. 下面给出方向导数存在定理和计算公式.

定理 13.1.5 若函数 $f(x,y,z)$ 在点 $P_0(x_0,y_0,z_0)$ 的某个邻域内有定义, 并且在点 $P_0(x_0,y_0,z_0)$ 处可微, 则 $f(x,y,z)$ 在点 $P_0(x_0,y_0,z_0)$ 沿任何射线 $\boldsymbol{l}$ 的方向导数均存在, 且

$$f_{\boldsymbol{l}}(P_0)=f_x(P_0)\cos\alpha+f_y(P_0)\cos\beta+f_z(P_0)\cos\gamma$$

其中 $(\cos\alpha,\cos\beta,\cos\gamma)$ 为 $\boldsymbol{l}$ 的方向余弦.

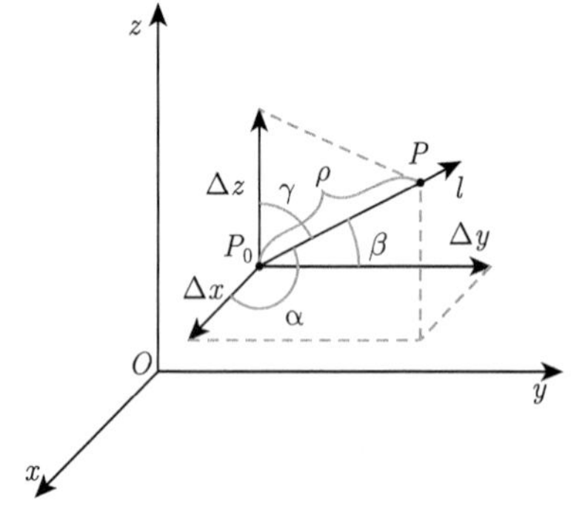

图 13.1.9

证明 设点 $P(x,y,z)$ 是 $\boldsymbol{l}$ 上任意一点, 如图 13.1.9 所示, 则

$$\begin{cases}x-x_0=\Delta x=\rho\cos\alpha\\ y-y_0=\Delta y=\rho\cos\beta\\ z-z_0=\Delta z=\rho\cos\gamma\end{cases}$$

因为 $f(x,y,z)$ 在点 $P_0(x_0,y_0,z_0)$ 可微, 所以

$$f(P)-f(P_0)=f_x(P_0)\Delta x+f_y(P_0)\Delta y+f_z(P_0)\Delta z+o(\rho)$$

将上式两端同时除以 ρ 可得

$$\frac{f(P)-f(P_0)}{\rho}=f_x(P_0)\frac{\Delta x}{\rho}+f_y(P_0)\frac{\Delta y}{\rho}+f_z(P_0)\frac{\Delta z}{\rho}+\frac{o(\rho)}{\rho}$$

因此

$$\lim_{\rho\to 0}\frac{f(P)-f(P_0)}{\rho}=f_x(P_0)\cos\alpha+f_y(P_0)\cos\beta+f_z(P_0)\cos\gamma$$

结论得证.

例 13.1.14 设函数 $f(x,y,z)=x+y^2+z^3$, 求 $f(x,y,z)$ 在点 $P_0(1,1,1)$ 沿 $\boldsymbol{l}(2,-2,1)$ 的方向导数.

解 因为

$$\cos\alpha=\frac{2}{\sqrt{2^2+(-2)^2+1^2}}=\frac{2}{3},\quad \cos\beta=\frac{-2}{\sqrt{2^2+(-2)^2+1^2}}=-\frac{2}{3}$$

$$\cos\gamma=\frac{1}{\sqrt{2^2+(-2)^2+1^2}}=\frac{1}{3}$$

且 $f_x(P_0)=1, f_y(P_0)=2, f_z(P_0)=3$. 所以 $\dfrac{\partial f(P_0)}{\partial \boldsymbol{l}}=\dfrac{1}{3}$.

例 13.1.15 设 $f(x,y)$ 在 $\mathbf{R}^2$ 上可微, $\boldsymbol{l}$ 为 $\mathbf{R}^2$ 上一个确定的向量. 若 $\dfrac{\partial f}{\partial \boldsymbol{l}}=0$, 讨论 $f(x,y)$ 的取值情况.

解 对任意 $P_0(x_0,y_0)\in \boldsymbol{l}, P(x,y)\in \boldsymbol{l}$, 假设方向向量为 $(\cos\alpha,\cos\beta)$, 则

$$\boldsymbol{l}:\begin{cases} x=x_0+t\cos\alpha \\ y=y_0+t\cos\beta \end{cases}$$

令 $g(t)=f(x_0+t\cos\alpha, y_0+t\cos\beta)$, 则

$$g'(t)=f_x(x_0+t\cos\alpha,y_0+t\cos\beta)\cos\alpha+f_y(x_0+t\cos\alpha,y_0+t\cos\beta)\cos\beta=\frac{\partial f}{\partial \boldsymbol{l}}=0$$

因此 $f(x,y)$ 在任何平行于 $\boldsymbol{l}$ 的直线上的函数值为常数.

例 13.1.16 设 $f(x,y)$ 在 $\mathbf{R}^2$ 上可微, $\boldsymbol{l}_1,\boldsymbol{l}_2$ 为 $\mathbf{R}^2$ 上线性无关的向量. 若 $\dfrac{\partial f}{\partial \boldsymbol{l}_1}=\dfrac{\partial f}{\partial \boldsymbol{l}_2}=0$, 讨论 $f(x,y)$ 的取值情况.

解 设 $\boldsymbol{l}_1=(\cos\alpha_1,\cos\beta_1), \boldsymbol{l}_2=(\cos\alpha_2,\cos\beta_2)$, 则对平面上的任意方向

$$\boldsymbol{l}=c_1\boldsymbol{l}_1+c_2\boldsymbol{l}_2=(c_1\cos\alpha_1+c_2\cos\alpha_2, c_1\cos\beta_1+c_2\cos\beta_2)$$

有

$$\begin{aligned}\frac{\partial f}{\partial \boldsymbol{l}}&=\frac{\partial f}{\partial x}\frac{c_1\cos\alpha_1+c_2\cos\alpha_2}{\sqrt{(c_1\cos\alpha_1+c_2\cos\alpha_2)^2+(c_1\cos\beta_1+c_2\cos\beta_2)^2}}\\&\quad+\frac{\partial f}{\partial y}\frac{c_1\cos\beta_1+c_2\cos\beta_2}{\sqrt{(c_1\cos\alpha_1+c_2\cos\alpha_2)^2+(c_1\cos\beta_1+c_2\cos\beta_2)^2}}\\&=\frac{c_1}{\sqrt{(c_1\cos\alpha_1+c_2\cos\alpha_2)^2+(c_1\cos\beta_1+c_2\cos\beta_2)^2}}\left(\frac{\partial f}{\partial x}\cos\alpha_1+\frac{\partial f}{\partial y}\cos\beta_1\right)\\&\quad+\frac{c_2}{\sqrt{(c_1\cos\alpha_1+c_2\cos\alpha_2)^2+(c_1\cos\beta_1+c_2\cos\beta_2)^2}}\left(\frac{\partial f}{\partial x}\cos\alpha_2+\frac{\partial f}{\partial y}\cos\beta_2\right)\\&=0\end{aligned}$$

由例 13.1.15 知, $f(x,y)$ 在任意方向上为常数, 由于 $f(x,y)$ 在 $\mathbf{R}^2$ 上可微, 故 $f(x,y)$ 在 $\mathbf{R}^2$ 上连续. 所以 $f(x,y)\equiv c$.

由于函数 $f(x,y,z)$ 在一点 $P_0(x_0,y_0,z_0)$ 处的方向导数

$$\begin{aligned}f_{\boldsymbol{l}}(P_0)&=f_x(P_0)\cos\alpha+f_y(P_0)\cos\beta+f_z(P_0)\cos\gamma\\&=(f_x(P_0),f_y(P_0),f_z(P_0))\cdot(\cos\alpha,\cos\beta,\cos\gamma)\end{aligned}$$

当 $f(x,y,z)$ 在点 $P_0(x_0,y_0,z_0)$ 处的偏导数不全为零时, $f(x,y,z)$ 沿方向

$$(\cos\alpha,\cos\beta,\cos\gamma)=\frac{1}{\sqrt{f_x^2(P_0)+f_y^2(P_0)+f_z^2(P_0)}}(f_x(P_0),f_y(P_0),f_z(P_0))$$

的方向导数达到最大值. 因此向量 $(f_x(P_0),f_y(P_0),f_z(P_0))$ 是 $f(x,y,z)$ 在点 P_0 处方向导数达到最大的方向, 它的模就是该方向的方向导数. 由此引进如下的定义.

定义 13.1.4 (梯度) 设 $f(x,y,z)$ 在点 $P_0(x_0,y_0,z_0)$ 关于所有自变量的偏导数存在, 定义向量 $(f_x(P_0),f_y(P_0),f_z(P_0))$ 为 $f(x,y,z)$ 在点 $P_0(x_0,y_0,z_0)$ 的梯度, 记为

$$\mathrm{grad}f=\nabla f=(f_x(P_0),f_y(P_0),f_z(P_0))$$

为了讨论梯度的应用, 引入等高线的概念. 曲线 $f(x,y)=k$(k 是任意实数) 在 xOy 面上的投影称为曲面 $z=f(x,y)$ 的等高线. 在等高线比较密集的地方曲面比较陡峭, 等高线比较稀疏的地方曲面比较平坦. 如图 13.1.10 所示.

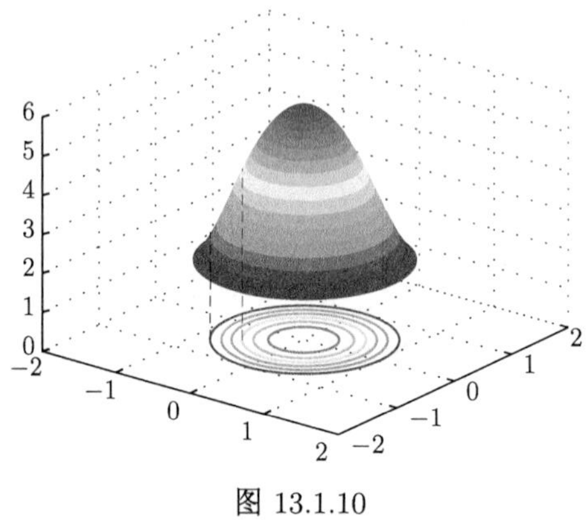

图 13.1.10

为了便于理解, 下面展示一些函数的图像和等高线. 如图 13.1.11 所示.

对于空间曲面 $F(x,y,z)=0$ 上的任一光滑曲线 $C(x=x(t),y=y(t),z=z(t))$ 满足 $F(x(t),y(t),z(t))=0$. 根据复合函数求导法则

$$F_xx'(t)+F_yy'(t)+F_zz'(t)=(F_x,F_y,F_z)\cdot(x'(t),y'(t),z'(t))=0$$

所以梯度方向 ∇F 与曲线 C 的切线方向垂直.

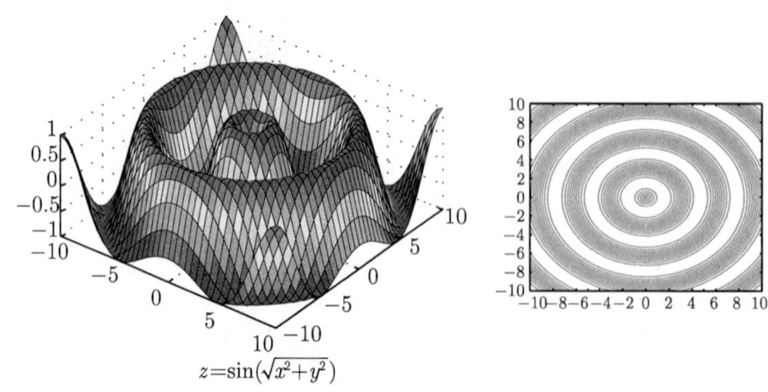

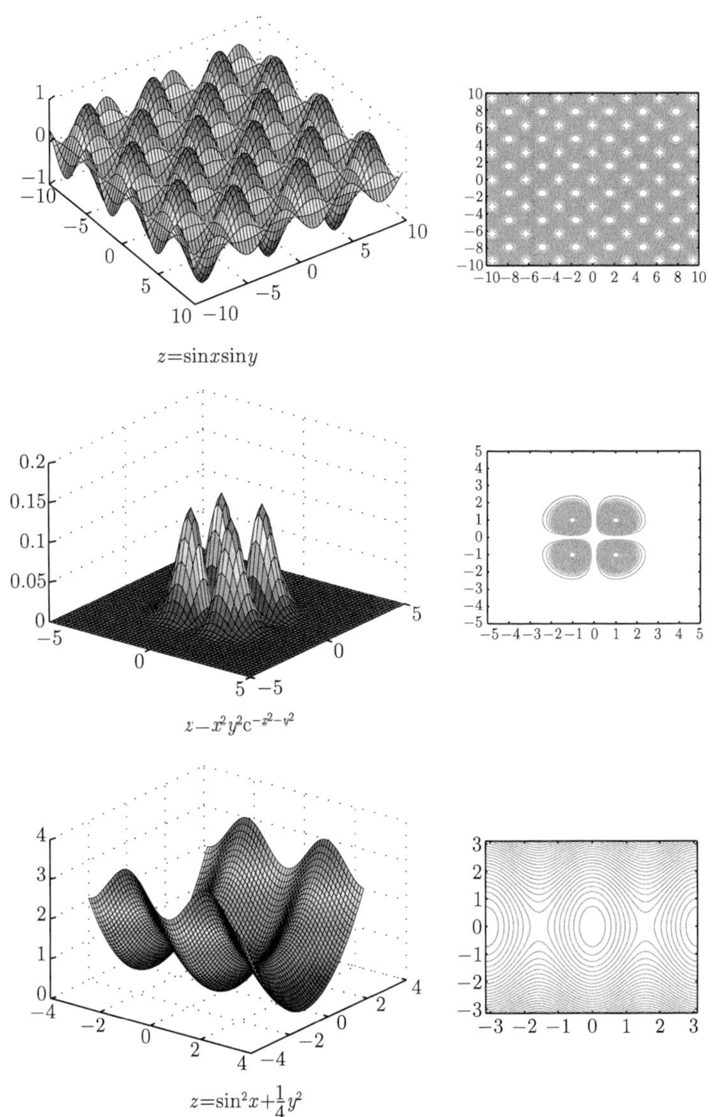

图 13.1.11

考虑一座山的地形图, 用 $f(x,y)$ 表示坐标点 (x,y) 处的海拔. 如图 13.1.12 所示, 做一条曲线垂直于所有等高线, 则得到一条最陡峭的上山路线.

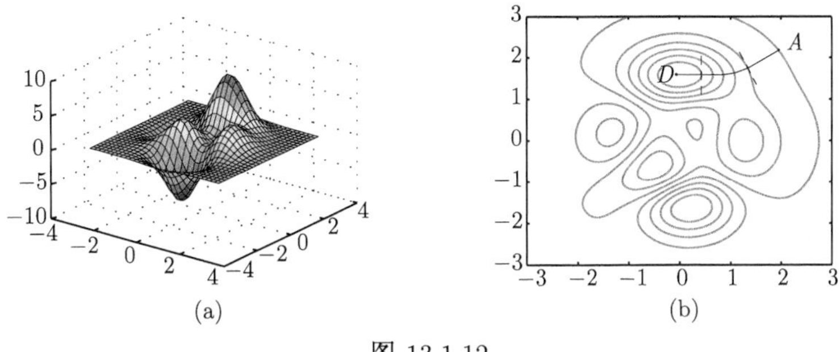

图 13.1.12

习题 13.1.3 方向导数与梯度

1. 求下列函数的梯度.

(1) $u = x^2 - \sin(xyz)$;　　　　(2) $u = x^3 - 3xyz + 2y^2$.

2. 求函数 $u = xyz$ 沿 $\overrightarrow{AB}$ 方向的方向导数, 这里 $A(5,1,2)$, $B(9,4,14)$.

3. 设 $f(x,y) = x^2 - xy + y^2$, $(x_0, y_0) = (1,1)$,

(a) 若方向 $\boldsymbol{l}$ 与 $(1,0),(0,1)$ 的夹角分别为 $\dfrac{\pi}{3}, \dfrac{\pi}{6}$, 求 $\dfrac{\partial f(1,1)}{\partial \boldsymbol{l}}$;

(b) 求 $\dfrac{\partial f(1,1)}{\partial \boldsymbol{l}}$ 在什么方向上有最大值、最小值或等于零.

4. 设函数 $z = 1 - \left(\dfrac{x^2}{a^2} + \dfrac{y^2}{b^2}\right)$, 求在点 $\left(\dfrac{a}{\sqrt{2}}, \dfrac{b}{\sqrt{2}}\right)$ 沿着曲线 $\dfrac{x^2}{a^2} + \dfrac{y^2}{b^2} = 1$ 的内法线方向的方向导数.

5. 设函数 $u = f(x,y,z)$ 为可微函数, 方向 $\boldsymbol{l}_1 = (\cos\alpha_1, \cos\alpha_2, \cos\alpha_3)$, $\boldsymbol{l}_2 = (\cos\beta_1, \cos\beta_2, \cos\beta_3)$, $\boldsymbol{l}_3 = (\cos\gamma_1, \cos\gamma_2, \cos\gamma_3)$ 为三个互相垂直向量, 证明:

$$\left(\frac{\partial u}{\partial \boldsymbol{l}_1}\right)^2 + \left(\frac{\partial u}{\partial \boldsymbol{l}_2}\right)^2 + \left(\frac{\partial u}{\partial \boldsymbol{l}_3}\right)^2 = \left(\frac{\partial u}{\partial x}\right)^2 + \left(\frac{\partial u}{\partial y}\right)^2 + \left(\frac{\partial u}{\partial z}\right)^2$$

6. 证明函数 $f(x,y) = \sqrt[3]{xy}$ 在原点连续且偏导数存在, 但是除了方向 $(1,0),(0,1),(-1,0),(0,-1)$ 以外在原点沿着任何方向的方向导数不存在.

7. 证明函数 $f(x,y) = \begin{cases} \dfrac{2xy^2}{x^2+y^4}, & x^2+y^2 \neq 0 \\ 0, & x^2+y^2 = 0 \end{cases}$ 在原点沿着任何方向的方向导数存在, 但是在原点不连续, 因此不可微.

13.1.4 高阶偏导数

类似于一元函数的高阶导数, 对多元函数的偏导数再求偏导, 就得到二阶偏导数. 类似可定义三阶以及更高阶的偏导数. 二阶及二阶以上的偏导数统称为高阶偏导数.

以二元函数 $z(x,y)$ 为例, 其所有二阶偏导数及其记号如下:

$$\frac{\partial}{\partial x}\left(\frac{\partial z}{\partial x}\right) = \frac{\partial^2 z}{\partial x^2} = z_{xx}, \quad \frac{\partial}{\partial y}\left(\frac{\partial z}{\partial y}\right) = \frac{\partial^2 z}{\partial y^2} = z_{yy}$$

$$\frac{\partial}{\partial y}\left(\frac{\partial z}{\partial x}\right) = \frac{\partial^2 z}{\partial x \partial y} = z_{xy}, \quad \frac{\partial}{\partial x}\left(\frac{\partial z}{\partial y}\right) = \frac{\partial^2 z}{\partial y \partial x} = z_{yx}$$

在二阶连续偏导数的基础上, 可以继续求三阶偏导数

$$\frac{\partial}{\partial x}\left(\frac{\partial^2 z}{\partial x^2}\right) = \frac{\partial^3 z}{\partial x^3} = z_{xxx}, \quad \frac{\partial}{\partial y}\left(\frac{\partial^2 z}{\partial x^2}\right) = \frac{\partial^3 z}{\partial x^2 \partial y} = z_{xxy}$$

$$\frac{\partial}{\partial x}\left(\frac{\partial^2 z}{\partial y^2}\right) = \frac{\partial^3 z}{\partial y^2 \partial x} = z_{yyx}, \quad \frac{\partial}{\partial x}\frac{\partial}{\partial x}\left(\frac{\partial z}{\partial y}\right) = \frac{\partial^3 z}{\partial y \partial x^2} = z_{yxx}$$

根据偏导数的定义,

$$\begin{aligned} f_{xy}(x_0,y_0) &= \lim_{\Delta y \to 0} \frac{f_x(x_0, y_0+\Delta y) - f_x(x_0,y_0)}{\Delta y} \\ &= \lim_{\Delta y \to 0} \lim_{\Delta x \to 0} \frac{f(x_0+\Delta x, y_0+\Delta y) - f(x_0, y_0+\Delta y) - f(x_0+\Delta x, y_0) + f(x_0,y_0)}{\Delta y \Delta x} \end{aligned}$$

$$f_{yx}(x_0,y_0)=\lim_{\Delta x\to 0}\frac{f_y(x_0+\Delta x,y_0)-f_y(x_0,y_0)}{\Delta x}$$
$$=\lim_{\Delta x\to 0}\lim_{\Delta y\to 0}\frac{f(x_0+\Delta x,y_0+\Delta y)-f(x_0+\Delta x,y_0)-f(x_0,y_0+\Delta y)+f(x_0,y_0)}{\Delta y\Delta x}$$

是两个不同的累次极限过程. 所以一个函数的各个高阶偏导数都存在时, 若改变自变量分量的求导顺序, 高阶偏导数的值也有可能发生改变.

例 13.1.17 设 $f(x,y)=\sin 4xy$, 求 f_{xy},f_{yx}.

解 $f_x(x,y)=4y\cos 4xy, f_y(x,y)=4x\cos 4xy$, 所以

$$f_{xy}(x,y)=4\cos 4xy-16yx\sin 4xy$$
$$f_{yx}(x,y)=4\cos 4xy-16xy\sin 4xy$$

因此有 $f_{xy}=f_{yx}$.

例 13.1.18 设 $f(x,y)=\begin{cases} xy\dfrac{x^2-y^2}{x^2+y^2}, & x^2+y^2\neq 0,\\ 0, & x^2+y^2=0,\end{cases}$ 求 $f_{xy}(0,0),f_{yx}(0,0)$.

解 因为 $\lim\limits_{x\to 0}\dfrac{f(x,0)-f(0,0)}{x}=\lim\limits_{x\to 0}0=0$, 所以

$$f_x(x,y)=\begin{cases}\dfrac{y\left(x^4+4x^2y^2-y^4\right)}{\left(x^2+y^2\right)^2}, & x^2+y^2\neq 0\\ 0, & x^2+y^2=0\end{cases}$$

同理

$$f_y(x,y)=\begin{cases}\dfrac{x\left(x^4-4x^2y^2-y^4\right)}{\left(x^2+y^2\right)^2}, & x^2+y^2\neq 0\\ 0, & x^2+y^2=0\end{cases}$$

因此 $f_{xy}(0,0)=\lim\limits_{y\to 0}\dfrac{-y^5}{y^5}=-1$, $f_{yx}(0,0)=\lim\limits_{x\to 0}\dfrac{x^5}{x^5}=1$. $f_{xy}(0,0)\neq f_{yx}(0,0)$.

尽管高阶偏导数与求导顺序有关, 但是如果加上一些条件, 可使高阶偏导数与求导顺序无关. 即如下定理成立.

定理 13.1.6 (克莱罗定理) 如果函数 $f(x,y)$ 的混合偏导数 f_{xy},f_{yx} 在点 (x_0,y_0) 处连续, 则

$$f_{xy}(x_0,y_0)=f_{yx}(x_0,y_0)$$

证明 根据偏导数的定义:

$$f_{xy}(x_0,y_0)=\lim_{\Delta y\to 0}\lim_{\Delta x\to 0}\frac{f(x_0+\Delta x,y_0+\Delta y)-f(x_0,y_0+\Delta y)-f(x_0+\Delta x,y_0)+f(x_0,y_0)}{\Delta y\Delta x}$$

设 $\varphi(y)=f(x_0+\Delta x,y)-f(x_0,y)$, $\Delta\varphi=\varphi(y_0+\Delta y)-\varphi(y_0)$, 则

$$\Delta\varphi=f(x_0+\Delta x,y_0+\Delta y)-f(x_0,y_0+\Delta y)-f(x_0+\Delta x,y_0)+f(x_0,y_0)$$

根据一元函数的拉格朗日中值定理:

$$\varphi(y_0+\Delta y)-\varphi(y_0)=f_y(x_0+\Delta x,y_0+\theta_1\Delta y)\Delta y-f_y(x_0,y_0+\theta_1\Delta y)\Delta y$$

$$= f_{yx}(x_0+\theta_2\Delta x, y_0+\theta_1\Delta y)\Delta y\Delta x$$

其中 $0<\theta_1,\theta_2<1$. 由于 f_{yx} 在点 (x_0,y_0) 处连续, 因此

$$f_{xy}(x_0,y_0)=\lim_{\Delta y\to 0}\lim_{\Delta x\to 0} f_{yx}(x_0+\theta_2\Delta x, y_0+\theta_1\Delta y)=f_{yx}(x_0,y_0)$$

结论得证.

注 13.1.10 根据上述证明过程, 定理中的条件可以放宽到 f_{yx} 或 f_{xy} 在点 (x_0,y_0) 连续. 对于三元函数 $f(x,y,z)$, 如果混合偏导数 $f_{xyz}, f_{yxz}, f_{yzx}, f_{zyx}, f_{zxy}, f_{xzy}$ 连续, 则

$$f_{xyz}=f_{yxz}=f_{yzx}=f_{zyx}=f_{zxy}=f_{xzy}$$

例 13.1.19 设 $u=\dfrac{1}{\sqrt{x^2+y^2+z^2}}$, 计算 u_{xx}, u_{xy}, u_{zz}.

解

$$u_x=-\frac{x}{(x^2+y^2+z^2)^{3/2}},\quad u_y=-\frac{y}{(x^2+y^2+z^2)^{3/2}},\quad u_z=-\frac{z}{(x^2+y^2+z^2)^{3/2}}$$

所以

$$u_{xx}=-\frac{1}{(x^2+y^2+z^2)^{3/2}}+\frac{3x^2}{(x^2+y^2+z^2)^{5/2}}=\frac{2x^2-y^2-z^2}{(x^2+y^2+z^2)^{5/2}}$$

$$u_{xy}=\frac{3xy}{(x^2+y^2+z^2)^{5/2}},\quad u_{zz}=\frac{2z^2-y^2-x^2}{(x^2+y^2+z^2)^{5/2}}$$

例 13.1.20 设 $u=\left(\dfrac{x}{y}\right)^z$, 计算 $u_{xx}, u_{yy}, u_{zz}, u_{xz}$.

解 因为

$$u=\left(\frac{x}{y}\right)^z=x^zy^{-z},\quad u_x=zx^{z-1}y^{-z}=\frac{z}{x}\left(\frac{x}{y}\right)^z$$

$$u_y=-zx^zy^{-z-1}=-\frac{z}{y}\left(\frac{x}{y}\right)^z,\quad u_z=\left(\frac{x}{y}\right)^z\ln\left(\frac{x}{y}\right)$$

所以

$$u_{xx}=z(z-1)x^{z-2}y^{-z}=\frac{z(z-1)}{x^2}\left(\frac{x}{y}\right)^z$$

$$u_{yy}=z(z+1)x^zy^{-z-2}=\frac{z(z+1)}{y^2}\left(\frac{x}{y}\right)^z$$

$$u_{zz}=\left(\frac{x}{y}\right)^z\left[\ln\left(\frac{x}{y}\right)\right]^2$$

$$u_{xz}=\left(\frac{z}{x}u\right)_z=\frac{1}{x}u+\frac{z}{x}u_z=\frac{1}{x}u+\frac{z}{x}\left(\frac{x}{y}\right)^z\ln\frac{x}{y}=\frac{1+z\ln\left(\dfrac{x}{y}\right)}{x}\left(\frac{x}{y}\right)^z$$

下面讨论复合函数的高阶偏导数的求导方法.

设 $z=f(x,y)$, $\begin{cases} x=\varphi(s,t), \\ y=\psi(s,t), \end{cases}$ 则

$$\begin{cases} \dfrac{\partial z}{\partial s}=\dfrac{\partial z}{\partial x}\dfrac{\partial x}{\partial s}+\dfrac{\partial z}{\partial y}\dfrac{\partial y}{\partial s} \\ \dfrac{\partial z}{\partial t}=\dfrac{\partial z}{\partial x}\dfrac{\partial x}{\partial t}+\dfrac{\partial z}{\partial y}\dfrac{\partial y}{\partial t} \end{cases}$$

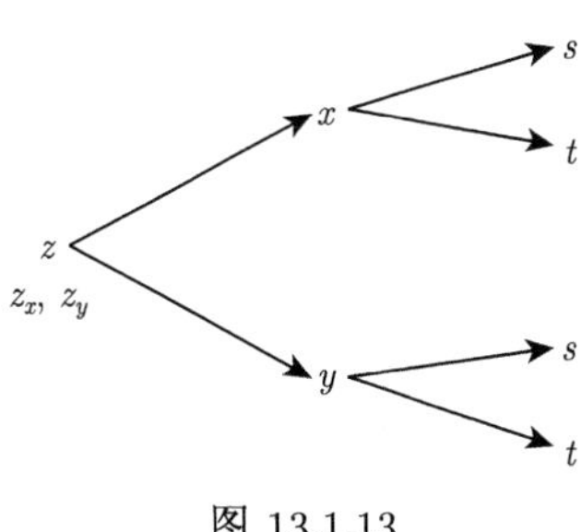

图 13.1.13

$$\frac{\partial^2 z}{\partial s^2}=\frac{\partial}{\partial s}\left(\frac{\partial z}{\partial x}\frac{\partial x}{\partial s}+\frac{\partial z}{\partial y}\frac{\partial y}{\partial s}\right)=\frac{\partial}{\partial s}\left(\frac{\partial z}{\partial x}\frac{\partial x}{\partial s}\right)+\frac{\partial}{\partial s}\left(\frac{\partial z}{\partial y}\frac{\partial y}{\partial s}\right)$$

$$=\boxed{\frac{\partial}{\partial s}\left(\frac{\partial z}{\partial x}\right)}\frac{\partial x}{\partial s}+\frac{\partial z}{\partial x}\frac{\partial}{\partial s}\left(\frac{\partial x}{\partial s}\right)+\boxed{\frac{\partial}{\partial s}\left(\frac{\partial z}{\partial y}\right)}\frac{\partial y}{\partial s}+\frac{\partial z}{\partial y}\frac{\partial}{\partial s}\left(\frac{\partial y}{\partial s}\right)$$

问题的关键在于求 $\left(\dfrac{\partial z}{\partial x}\right)_s$, $\left(\dfrac{\partial z}{\partial y}\right)_s$, $\left(\dfrac{\partial z}{\partial x}\right)_t$, $\left(\dfrac{\partial z}{\partial y}\right)_t$. 而 $\dfrac{\partial z}{\partial x}$, $\dfrac{\partial z}{\partial y}$ 的复合结构与 $z=f(x,y)$, $\begin{cases} x=\varphi(s,t), \\ y=\psi(s,t) \end{cases}$ 的结构一致. 如图 13.1.13 所示.

进一步利用 $\dfrac{\partial z}{\partial x}$, $\dfrac{\partial z}{\partial y}$ 的复合结构和链式法则, 得

$$\frac{\partial}{\partial s}\left(\frac{\partial z}{\partial x}\right)=\frac{\partial}{\partial x}\left(\frac{\partial z}{\partial x}\right)\frac{\partial x}{\partial s}+\frac{\partial}{\partial y}\left(\frac{\partial z}{\partial x}\right)\frac{\partial y}{\partial s}$$

$$\frac{\partial}{\partial s}\left(\frac{\partial z}{\partial y}\right)=\frac{\partial}{\partial x}\left(\frac{\partial z}{\partial y}\right)\frac{\partial x}{\partial s}+\frac{\partial}{\partial y}\left(\frac{\partial z}{\partial y}\right)\frac{\partial y}{\partial s}$$

所以

$$\frac{\partial^2 z}{\partial s^2}=\left[\frac{\partial}{\partial x}\left(\frac{\partial z}{\partial x}\right)\frac{\partial x}{\partial s}+\frac{\partial}{\partial y}\left(\frac{\partial z}{\partial x}\right)\frac{\partial y}{\partial s}\right]\frac{\partial x}{\partial s}+\frac{\partial z}{\partial x}\frac{\partial}{\partial s}\left(\frac{\partial x}{\partial s}\right)$$

$$+\left[\frac{\partial}{\partial x}\left(\frac{\partial z}{\partial y}\right)\frac{\partial x}{\partial s}+\frac{\partial}{\partial y}\left(\frac{\partial z}{\partial y}\right)\frac{\partial y}{\partial s}\right]\frac{\partial y}{\partial s}+\frac{\partial z}{\partial y}\frac{\partial}{\partial s}\left(\frac{\partial y}{\partial s}\right)$$

$$\frac{\partial^2 z}{\partial s\partial t}=\frac{\partial}{\partial t}\left(\frac{\partial z}{\partial x}\frac{\partial x}{\partial s}+\frac{\partial z}{\partial y}\frac{\partial y}{\partial s}\right)=\frac{\partial}{\partial t}\left(\frac{\partial z}{\partial x}\frac{\partial x}{\partial s}\right)+\frac{\partial}{\partial t}\left(\frac{\partial z}{\partial y}\frac{\partial y}{\partial s}\right)$$

$$=\frac{\partial}{\partial t}\left(\frac{\partial z}{\partial x}\right)\frac{\partial x}{\partial s}+\frac{\partial z}{\partial x}\frac{\partial}{\partial t}\left(\frac{\partial x}{\partial s}\right)+\frac{\partial}{\partial t}\left(\frac{\partial z}{\partial y}\right)\frac{\partial y}{\partial s}+\frac{\partial z}{\partial y}\frac{\partial}{\partial t}\left(\frac{\partial y}{\partial s}\right)$$

再一次利用 $\dfrac{\partial z}{\partial x}$, $\dfrac{\partial z}{\partial y}$ 的复合结构和链式法则, 得

$$\frac{\partial}{\partial t}\left(\frac{\partial z}{\partial x}\right)=\frac{\partial}{\partial x}\left(\frac{\partial z}{\partial x}\right)\frac{\partial x}{\partial t}+\frac{\partial}{\partial y}\left(\frac{\partial z}{\partial x}\right)\frac{\partial y}{\partial t}$$

$$\frac{\partial}{\partial t}\left(\frac{\partial z}{\partial y}\right)=\frac{\partial}{\partial x}\left(\frac{\partial z}{\partial y}\right)\frac{\partial x}{\partial t}+\frac{\partial}{\partial y}\left(\frac{\partial z}{\partial y}\right)\frac{\partial y}{\partial t}$$

所以

$$\begin{aligned}\frac{\partial^2 z}{\partial s\partial t}&=\frac{\partial}{\partial t}\left(\frac{\partial z}{\partial x}\right)\frac{\partial x}{\partial s}+\frac{\partial z}{\partial x}\frac{\partial}{\partial t}\left(\frac{\partial x}{\partial s}\right)+\frac{\partial}{\partial t}\left(\frac{\partial z}{\partial y}\right)\frac{\partial y}{\partial s}+\frac{\partial z}{\partial y}\frac{\partial}{\partial t}\left(\frac{\partial y}{\partial s}\right)\\&=\left[\frac{\partial}{\partial x}\left(\frac{\partial z}{\partial x}\right)\frac{\partial x}{\partial t}+\frac{\partial}{\partial y}\left(\frac{\partial z}{\partial x}\right)\frac{\partial y}{\partial t}\right]\frac{\partial x}{\partial s}+\frac{\partial z}{\partial x}\frac{\partial}{\partial t}\left(\frac{\partial x}{\partial s}\right)\\&\quad+\left[\frac{\partial}{\partial x}\left(\frac{\partial z}{\partial y}\right)\frac{\partial x}{\partial t}+\frac{\partial}{\partial y}\left(\frac{\partial z}{\partial y}\right)\frac{\partial y}{\partial t}\right]\frac{\partial y}{\partial s}+\frac{\partial z}{\partial y}\frac{\partial}{\partial t}\left(\frac{\partial y}{\partial s}\right)\end{aligned}$$

例 13.1.21 设 $z=f\left(xy,\dfrac{x}{y},x\right)$, 求 z_{xx},z_{xy},z_{yy}, 这里 f 具有二阶连续偏导数.

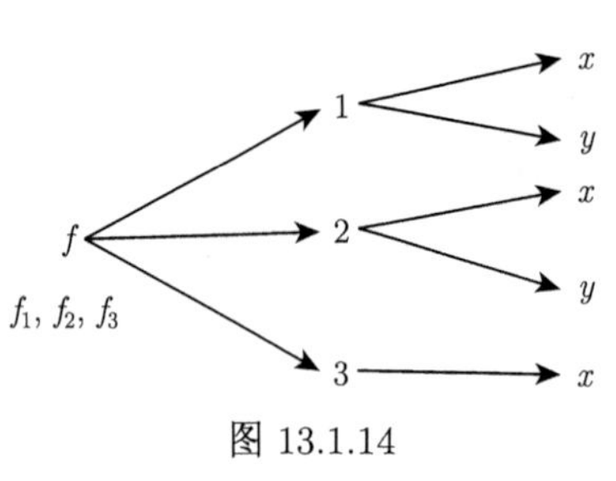

图 13.1.14

解 为了求解过程简明, 设 $1\triangleq xy, 2\triangleq \dfrac{x}{y}, 3\triangleq x$, $f\left(xy,\dfrac{x}{y},x\right)=f(1,2,3)$, 函数的复合结构如图 13.1.14 所示. 其中 f_1,f_2,f_3 分别表示 f 对第 1, 2, 3 个变量求偏导. 首先

$$z_x=yf_1+\frac{1}{y}f_2+f_3,\quad z_y=xf_1-\frac{x}{y^2}f_2$$

所以

$$\begin{aligned}z_{xx}&=\left(yf_1+\frac{1}{y}f_2+f_3\right)_x=y\boxed{(f_1)_x}+\frac{1}{y}\boxed{(f_2)_x}+\boxed{(f_3)_x}\Leftarrow\boxed{f_1,f_2,f_3\text{复合结构如图 13.1.14}}\\&=y\left[yf_{11}+\frac{1}{y}f_{12}+f_{13}\right]+\frac{1}{y}\left[yf_{21}+\frac{1}{y}f_{22}+f_{23}\right]+yf_{31}+\frac{1}{y}f_{32}+f_{33}\\&=y^2f_{11}+\frac{1}{y^2}f_{22}+f_{33}+2f_{12}+2yf_{13}+\frac{2}{y}f_{23}\\z_{yy}&=\left(xf_1-\frac{x}{y^2}f_2\right)_y=x\boxed{(f_1)_y}+\frac{2x}{y^3}f_2-\frac{x}{y^2}\boxed{(f_2)_y}\Leftarrow\boxed{f_1,f_2\text{复合结构如图 13.1.14}}\\&=x\left[xf_{11}+\left(\frac{-x}{y^2}\right)f_{12}\right]+\frac{2x}{y^3}f_2-\frac{x}{y^2}\left[xf_{21}+\left(\frac{-x}{y^2}\right)f_{22}\right]\\&=x^2f_{11}+\frac{x^2}{y^4}f_{22}-\frac{2x^2}{y^2}f_{12}+\frac{2x}{y^3}f_2\\z_{xy}&=\left(yf_1+\frac{1}{y}f_2+f_3\right)_y\\&=f_1+y\boxed{(f_1)_y}-\frac{1}{y^2}f_2+\frac{1}{y}\boxed{(f_2)_y}+\boxed{(f_3)_y}\Leftarrow\boxed{f_1,f_2,f_3\text{复合结构如图 13.1.14}}\\&=f_1+y\left[xf_{11}+\left(\frac{-x}{y^2}\right)f_{12}\right]-\frac{1}{y^2}f_2+\frac{1}{y}\left[xf_{21}+\left(\frac{-x}{y^2}\right)f_{22}\right]+\left[xf_{31}+\left(\frac{-x}{y^2}\right)f_{32}\right]\\&=xyf_{11}-\frac{x}{y^3}f_{22}+xf_{13}-\frac{x}{y^2}f_{23}+f_1-\frac{1}{y^2}f_2\end{aligned}$$

例 13.1.22 设 $u=f(s,t)$ 满足拉普拉斯方程 $u_{ss}+u_{tt}=0$, 则 $v(x,y)=f\left(\dfrac{x}{x^2+y^2},\dfrac{y}{x^2+y^2}\right)$ 也满足此方程, 这里 f 具有二阶连续偏导数.

解 设 $s=\dfrac{x}{x^2+y^2},t=\dfrac{y}{x^2+y^2}$, 则根据题目中的条件, $f_{ss}+f_{tt}=0$. 函数的复合结构如图 13.1.15 所示.

$$v_x=\frac{\partial f}{\partial s}\frac{\partial s}{\partial x}+\frac{\partial f}{\partial t}\frac{\partial t}{\partial x}=\frac{\partial f}{\partial s}s_x+\frac{\partial f}{\partial t}t_x$$
$$v_y=\frac{\partial f}{\partial s}\frac{\partial s}{\partial y}+\frac{\partial f}{\partial t}\frac{\partial t}{\partial y}=\frac{\partial f}{\partial s}s_y+\frac{\partial f}{\partial t}t_y$$

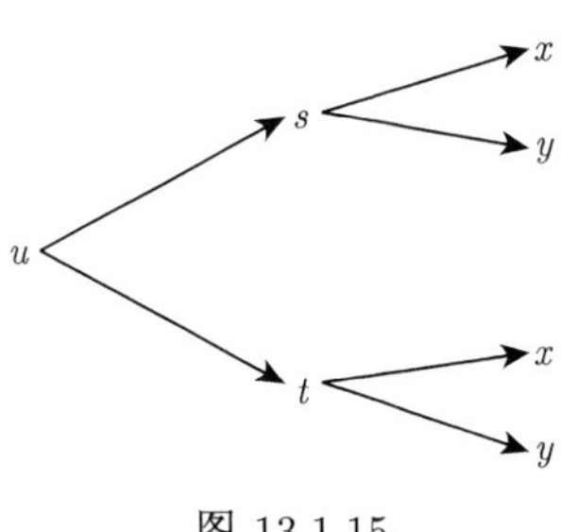

图 13.1.15

所以

$$v_{xx}=\left(\frac{\partial f}{\partial s}s_x+\frac{\partial f}{\partial t}t_x\right)_x=\frac{\partial f}{\partial s}s_{xx}+\underbrace{\boxed{\left(\frac{\partial f}{\partial s}\right)_x}}_{(1)}s_x+\frac{\partial f}{\partial t}t_{xx}+\underbrace{\boxed{\left(\frac{\partial f}{\partial t}\right)_x}}_{(2)}t_x$$

$$v_{yy}=\left(\frac{\partial f}{\partial s}s_y+\frac{\partial f}{\partial t}t_y\right)_y=\frac{\partial f}{\partial s}s_{yy}+\underbrace{\boxed{\left(\frac{\partial f}{\partial s}\right)_y}}_{(3)}s_y+\frac{\partial f}{\partial t}t_{yy}+\underbrace{\boxed{\left(\frac{\partial f}{\partial t}\right)_y}}_{(4)}t_y$$

$\dfrac{\partial f}{\partial s},\dfrac{\partial f}{\partial t}$ 复合结构如图 13.1.15 所示. 进一步有

$$v_{xx}=\underbrace{\boxed{\left(\frac{\partial^2 f}{\partial s^2}s_x+\frac{\partial^2 f}{\partial s\partial t}t_x\right)}}_{(1)}s_x+\frac{\partial f}{\partial s}s_{xx}+\frac{\partial f}{\partial t}t_{xx}+\underbrace{\boxed{\left(\frac{\partial^2 f}{\partial t\partial s}s_x+\frac{\partial^2 f}{\partial t^2}t_x\right)}}_{(2)}t_x$$

$$v_{yy}=\underbrace{\boxed{\left(\frac{\partial^2 f}{\partial s^2}s_y+\frac{\partial^2 f}{\partial s\partial t}t_y\right)}}_{(3)}s_y+\frac{\partial f}{\partial s}s_{yy}+\frac{\partial f}{\partial t}t_{yy}+\underbrace{\boxed{\left(\frac{\partial^2 f}{\partial t\partial s}s_y+\frac{\partial^2 f}{\partial t^2}t_y\right)}}_{(4)}t_y$$

于是

$$\begin{aligned}&v_{xx}+v_{yy}\\=&\frac{\partial^2 f}{\partial s^2}\left(s_x^2+s_y^2\right)+2\frac{\partial^2 f}{\partial s\partial t}\left(t_xs_x+t_ys_y\right)+\frac{\partial f}{\partial s}\left(s_{xx}+s_{yy}\right)\\&+\frac{\partial f}{\partial t}\left(t_{xx}+t_{yy}\right)+\frac{\partial^2 f}{\partial t^2}\left(t_x^2+t_y^2\right)\end{aligned}$$

由于

$$s_x=\frac{y^2-x^2}{\left(x^2+y^2\right)^2},\quad t_x=\frac{-2xy}{\left(x^2+y^2\right)^2}$$
$$s_y=\frac{-2xy}{\left(x^2+y^2\right)^2},\quad t_y=\frac{x^2-y^2}{\left(x^2+y^2\right)^2}$$

故

$$s_x^2+s_y^2=t_x^2+t_y^2,\quad s_xt_x+s_yt_y=0$$

且

$$s_{xx}=-s_{yy}=\frac{2x\left(x^2-3y^2\right)}{\left(x^2+y^2\right)^3},\quad t_{xx}=-t_{yy}=\frac{2y\left(y^2-3x^2\right)}{\left(x^2+y^2\right)^3}$$

因此 $v_{xx}+v_{yy}=0$. 结论得证.

习题 13.1.4 高阶偏导数

1. 求下列函数的二阶偏导数:

(1) $z=xy+\dfrac{x}{y}$; (2) $z=\tan\dfrac{x^2}{y}$; (3) $z=\ln(x^2+y^2)$;

(4) $z=\arctan\dfrac{y}{x}$; (5) $u=\sin(xyz)$; (6) $u=\mathrm{e}^{xyz}$;

(7) $u=\ln(x_1+x_2+\cdots+x_n)$; (8) $u=x^{yz}$.

2. 求下列函数的所有二阶偏导数 (其中 f 有连续的二阶偏导数)

(1) $u=f\left(x+y+z,x^2+y^2+z^2\right)$; (2) $u=f\left(\dfrac{x}{y},\dfrac{y}{z}\right)$; (3) $u=f\left(x^2+y^2+z^2\right)$.

3. 设 $u=\mathrm{e}^{a\theta}\cos(a\ln r)$, a 为常数, 求证: $\dfrac{\partial^2 u}{\partial r^2}+\dfrac{1}{r^2}\dfrac{\partial^2 u}{\partial\theta^2}+\dfrac{1}{r}\dfrac{\partial u}{\partial r}=0$.

4. 设 u 是 x, y, z 的函数, $\Delta u=\dfrac{\partial^2 u}{\partial x^2}+\dfrac{\partial^2 u}{\partial y^2}+\dfrac{\partial^2 u}{\partial z^2}$, 称 $\Delta=\dfrac{\partial^2}{\partial x^2}+\dfrac{\partial^2}{\partial y^2}+\dfrac{\partial^2}{\partial z^2}$ 为拉普拉斯算子.

(a) 设 $p=\sqrt{x^2+y^2+z^2}$, 证明: $\Delta p=\dfrac{2}{p}$, $\Delta\ln p=\dfrac{1}{p^2}$, $\Delta\left(\dfrac{1}{p}\right)=0$, 其中 $p>0$.

(b) 设 $u=f(p)$, $p=\sqrt{x^2+y^2+z^2}$, 求 Δu.

5. 设 $p=\sqrt{x^2+y^2+z^2}$, $u\left(t,x,y,z\right)=\dfrac{1}{p}(\phi(p-at)+\psi(p+at))$, 证明: $\dfrac{\partial^2 u}{\partial t^2}=a^2\Delta u$.

6. 证明: 函数 $u=\dfrac{1}{2a\sqrt{\pi t}}\mathrm{e}^{-\frac{x^2}{4a^2t}}$ 满足热传导方程 $\dfrac{\partial u}{\partial t}=a^2\dfrac{\partial^2 u}{\partial x^2}$.

7. 设 $\Delta u=\dfrac{\partial^2 u}{\partial x^2}+\dfrac{\partial^2 u}{\partial y^2}+\dfrac{\partial^2 u}{\partial z^2}=0$, 证明: 函数 $v=\dfrac{1}{r}u\left(\dfrac{k^2x}{r^2},\dfrac{k^2y}{r^2},\dfrac{k^2z}{r^2}\right)$ 满足 $\Delta v=0$.

8. 假设 f_x,f_y,f_{yx} 在 (x_0,y_0) 的某个邻域内存在, f_{yx} 在 (x_0,y_0) 连续. 证明: $f_{xy}\left(x_0,y_0\right)$ 存在, 并且 $f_{xy}\left(x_0,y_0\right)=f_{yx}\left(x_0,y_0\right)$.

13.1.5 高阶微分

下面讨论高阶微分 d^2u 的计算.

例 13.1.23 求函数的二阶微分: (1) $u=f(t),t=xyz$; (2) $u=f(x^2+y^2+z^2)$.

解 (1) 首先利用一阶微分形式不变性有 $\mathrm{d}u=f'(t)\mathrm{d}t=f'(t)(yz\mathrm{d}x+xz\mathrm{d}y+xy\mathrm{d}z)$, 进一步得

$$\mathrm{d}^2u=\mathrm{d}\left(f'(t)\mathrm{d}t\right)=f''(t)\left(\mathrm{d}t\right)^2+f'(t)\mathrm{d}\left(yz\mathrm{d}x+xz\mathrm{d}y+xy\mathrm{d}z\right)$$

由于 $\mathrm{d}\left(\mathrm{d}x\right)=0,\mathrm{d}\left(\mathrm{d}y\right)=0,\mathrm{d}\left(\mathrm{d}z\right)=0$, 因此

$$\mathrm{d}\left(yz\mathrm{d}x+xz\mathrm{d}y+xy\mathrm{d}z\right)=z\mathrm{d}y\mathrm{d}x+y\mathrm{d}z\mathrm{d}x+x\mathrm{d}z\mathrm{d}y+z\mathrm{d}x\mathrm{d}y+x\mathrm{d}y\mathrm{d}z+y\mathrm{d}x\mathrm{d}z$$

所以得到

$$\mathrm{d}^2u=f''(t)(yz\mathrm{d}x+xz\mathrm{d}y+xy\mathrm{d}z)^2+2f'(t)(z\mathrm{d}x\mathrm{d}y+y\mathrm{d}x\mathrm{d}z+x\mathrm{d}y\mathrm{d}z)$$

(2) 首先设 $w=x^2+y^2+z^2$, 利用一阶微分形式不变性有 $\mathrm{d}u=\left(f'\right)\mathrm{d}w=2\left(f'\right)\left(x\mathrm{d}x+y\mathrm{d}y+z\mathrm{d}z\right)$, 得

$$\begin{aligned}\mathrm{d}^2u&=\mathrm{d}\left(2\left(f'\right)\left(x\mathrm{d}x+y\mathrm{d}y+z\mathrm{d}z\right)\right)\\&=4\left(f''\right)\left(x\mathrm{d}x+y\mathrm{d}y+z\mathrm{d}z\right)^2+2\left(f'\right)\mathrm{d}(x\mathrm{d}x+y\mathrm{d}y+z\mathrm{d}z)\end{aligned}$$

所以

$$\mathrm{d}^2u = 4\left(f''\right)(x\mathrm{d}x + y\mathrm{d}y + z\mathrm{d}z)^2 + 2\left(f'\right)\left[(\mathrm{d}x)^2 + (\mathrm{d}y)^2 + (\mathrm{d}z)\right]$$

例 13.1.24 求二阶微分: (1) $u = f(\xi,\eta), \xi = xy, \eta = \dfrac{x}{y}$; (2) $u = f(x+y+z, x^2+y^2+z^2)$.

解 (1) 利用一阶微分形式不变性, 首先有 $\mathrm{d}u = (f_1)(y\mathrm{d}x + x\mathrm{d}y) + (f_2)\dfrac{y\mathrm{d}x - x\mathrm{d}y}{y^2}$, 进一步得

$$\begin{aligned}\mathrm{d}^2u &= \mathrm{d}\left[(f_1)(y\mathrm{d}x + x\mathrm{d}y)\right] + \mathrm{d}\left[(f_2)\left(\frac{y\mathrm{d}x - x\mathrm{d}y}{y^2}\right)\right] \\ &= (\mathrm{d}f_1)(y\mathrm{d}x + x\mathrm{d}y) + (f_1)\,\mathrm{d}(y\mathrm{d}x + x\mathrm{d}y) \\ &\quad + (\mathrm{d}f_2)\left(\frac{y\mathrm{d}x - x\mathrm{d}y}{y^2}\right) + (f_2)\,\mathrm{d}\left(\frac{y\mathrm{d}x - x\mathrm{d}y}{y^2}\right)\end{aligned}$$

而

$$(\mathrm{d}f_1)(y\mathrm{d}x + x\mathrm{d}y) = (f_{11})(y\mathrm{d}x + x\mathrm{d}y)^2 + (f_{12})\frac{y\mathrm{d}x - x\mathrm{d}y}{y^2}(y\mathrm{d}x + x\mathrm{d}y)$$

$$(f_1)\,\mathrm{d}(y\mathrm{d}x + x\mathrm{d}y) = (f_1)(\mathrm{d}y\mathrm{d}x + \mathrm{d}x\mathrm{d}y), (\mathrm{d}\,(\mathrm{d}x) = \mathrm{d}\,(\mathrm{d}y) = 0)$$

$$(\mathrm{d}f_2)\left(\frac{y\mathrm{d}x - x\mathrm{d}y}{y^2}\right) = (f_{21})(y\mathrm{d}x + x\mathrm{d}y)\left(\frac{y\mathrm{d}x - x\mathrm{d}y}{y^2}\right) + (f_{22})\left(\frac{y\mathrm{d}x - x\mathrm{d}y}{y^2}\right)^2$$

$$(f_2)\,\mathrm{d}\left(\frac{y\mathrm{d}x - x\mathrm{d}y}{y^2}\right) = (f_2)\left(\frac{y^2\mathrm{d}y\mathrm{d}x - y^2\mathrm{d}x\mathrm{d}y - 2y^2\mathrm{d}y\mathrm{d}x + 2yx(\mathrm{d}y)^2}{y^4}\right)$$

所以

$$\begin{aligned}\mathrm{d}^2u &= (f_{11})(y\mathrm{d}x + x\mathrm{d}y)^2 + (f_{22})\frac{(y\mathrm{d}x - x\mathrm{d}y)^2}{y^4} + 2(f_{12})\frac{y^2\,(\mathrm{d}x)^2 - x^2\,(\mathrm{d}y)^2}{y^2} \\ &\quad + 2(f_1)\mathrm{d}x\mathrm{d}y - 2(f_2)\frac{(y\mathrm{d}x - x\mathrm{d}y)\,\mathrm{d}y}{y^3} \\ &= (f_{11})\left[y^2\,(\mathrm{d}x)^2 + 2xy\mathrm{d}x\mathrm{d}y + x^2\,(\mathrm{d}y)^2\right] + (f_{22})\frac{y^2\,(\mathrm{d}x)^2 - 2xy\mathrm{d}x\mathrm{d}y + x^2\,(\mathrm{d}y)^2}{y^4} \\ &\quad + 2(f_{12})\frac{y^2\,(\mathrm{d}x)^2 - x^2\,(\mathrm{d}y)^2}{y^2} + 2(f_1)\mathrm{d}x\mathrm{d}y - 2(f_2)\frac{(y\mathrm{d}x - x\mathrm{d}y)\,\mathrm{d}y}{y^3}\end{aligned}$$

(2) 利用一阶微分形式不变性有 $\mathrm{d}u = (f_1)(\mathrm{d}x + \mathrm{d}y + \mathrm{d}z) + 2(f_2)(x\mathrm{d}x + y\mathrm{d}y + z\mathrm{d}z)$, 进一步有

$$\begin{aligned}\mathrm{d}^2u &= (f_{11})(\mathrm{d}x + \mathrm{d}y + \mathrm{d}z)^2 + 4(f_{22})(x\mathrm{d}x + y\mathrm{d}y + z\mathrm{d}z)^2 \\ &\quad + 4(f_{12})(\mathrm{d}x + \mathrm{d}y + \mathrm{d}z)(x\mathrm{d}x + y\mathrm{d}y + z\mathrm{d}z) + 2(f_2)\left[(\mathrm{d}x)^2 + (\mathrm{d}y)^2 + (\mathrm{d}z)^2\right]\end{aligned}$$

习题 13.1.5 高阶微分

1. 求下列函数的二阶微分:

(1) $u = x^my^n$; (2) $u = \sqrt{x^2+y^2+z^2}$; (3) $u = xy + yz + xz$.

2. 当 $|x|, |y|$ 很小时, 求下列函数的近似公式:

(1) $u = (1+x)^m(1+y)^n$; (2) $u = \ln(1+x)\ln(1+y)$; (3) $u = \arctan\dfrac{x+y}{1+xy}$.

☞扫码学习

13.2 中值定理与泰勒公式

在一元函数微分学中, 中值定理和泰勒公式是利用导数研究函数的有力工具. 对于多元函数, 同样研究中值定理和泰勒公式.

13.2.1 多变量函数的中值定理

定义 13.2.1 (凸区域) 设 $D \subset \mathbf{R}^n$, 若连接 D 中任意两点的线段都完全属于 D, 即对任意 $P_1, P_2 \in D$ 和 $0 \leqslant t \leqslant 1$, 都有 $tP_1 + (1-t) P_2 \in D$, 则称 D 为凸区域.

如图 13.2.1 所示, 图 13.2.1(a) 是凸区域, (b) 和 (c) 不是凸区域.

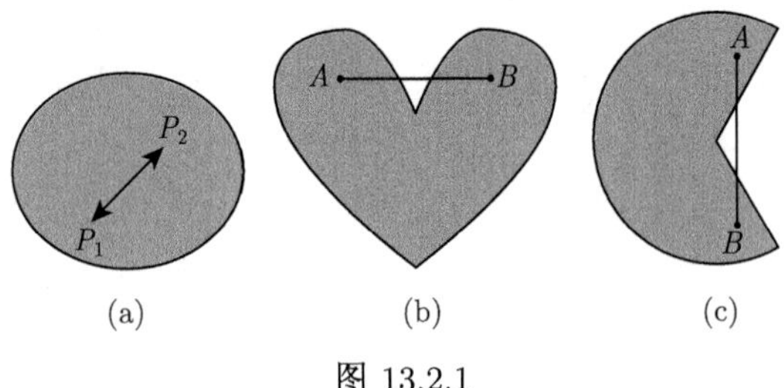

图 13.2.1

定理 13.2.1 设函数 $z = f(x,y)$ 在开凸区域 D 上可微, 对 D 中任意两点 (x_0, y_0), $(x_0 + \Delta x, y_0 + \Delta y)$, 都有

$$\begin{aligned}\Delta z &= f(x_0 + \Delta x, y_0 + \Delta y) - f(x_0, y_0) \\ &= f_x(x_0 + \theta\Delta x, y_0 + \theta\Delta y)\Delta x + f_y(x_0 + \theta\Delta x, y_0 + \theta\Delta y)\Delta y \end{aligned} \tag{13.2.1}$$

其中 $0 < \theta < 1$.

证明 设 $A(x_0, y_0) \in D, B(x_0 + \Delta x, y_0 + \Delta y) \in D$, 则对任意 $0 \leqslant t \leqslant 1$, 有 $(x_0 + t\Delta x, y_0 + t\Delta y) \in D$. 构造辅助函数

$$\varphi(t) = f(x_0 + t\Delta x, y_0 + t\Delta y), \quad 0 \leqslant t \leqslant 1$$

则 $\varphi(t)$ 在 $0 \leqslant t \leqslant 1$ 上连续并可导. 因此由一元函数的拉格朗日中值定理:

$$\varphi(1) - \varphi(0) = \varphi'(\theta), \quad \theta \in (0,1)$$

由于

$$\varphi'(t) = f_x(x_0 + t\Delta x, y_0 + t\Delta y)\Delta x + f_y(x_0 + t\Delta x, y_0 + t\Delta y)\Delta y$$

所以得到

$$\begin{aligned}\varphi(1) - \varphi(0) &= f(x_0 + \Delta x, y_0 + \Delta y) - f(x_0, y_0) \\ &= f_x(x_0 + \theta\Delta x, y_0 + \theta\Delta y)\Delta x + f_y(x_0 + \theta\Delta x, y_0 + \theta\Delta y)\Delta y\end{aligned}$$

结论得证.

推论 13.2.1 如果函数 $z=f(x,y)$ 是定义在开区域 $D\subset\mathbf{R}^2$ 上的可微函数且偏导数恒为零, 则 $f(x,y)$ 在 D 上为常值函数.

证明 区域是连通的开集, 因此对于 D 上任意一点 $P_0(x_0,y_0)$, 都存在邻域 $U(P_0;\delta)\subset D$. 由于 $U(P_0;\delta)$ 是凸区域, 由定理 13.2.1 知

$$\forall(x_0+\Delta x,y_0+\Delta y)\in U(P_0;\delta), f(x_0+\Delta x,y_0+\Delta y)-f(x_0,y_0)=0$$

因此 $z=f(x,y)$ 在 $U(P_0;\delta)$ 内为常值函数.

对任意的 $A(a_1,b_1),B(a_2,b_2)\in D$, 存在连续曲线 $y=g(x)$ 将 A,B 连接起来并且此曲线上所有点都属于 D. 在曲线 $\Gamma=\{(x,g(x)):a_1\leqslant x\leqslant a_2\}$ 上任取一点 $P_*(x^*,y^*)$, 则存在 $U(P_*;\delta_{P_*})\subset D$, 于是

$$(x,y)\in U(P_*;\delta_{P_*}):f(x,y)=c$$

由于 $\bigcup\limits_{(x^*,y^*)\in\Gamma}U(P_*,\delta_{P_*})$ 覆盖了曲线 Γ, 根据有限覆盖定理, 一定存在有限个邻域 $U(P_i;\delta_i)$, $i=0,1,2,\cdots,n$ 覆盖曲线 Γ, 且这 $n+1$ 个邻域缺一个就不能覆盖曲线 Γ. 如图 13.2.2 所示. 设邻域 $U(P_i;\delta_i),i=0,1,2,\cdots,n$ 中相邻两个邻域的交点为 $X_1,X_2,\cdots,X_n$, 且 $X_i=(x_i,f(x_i)),i=0,1,2,\cdots,n$. 则

$$f(a_1,b_1)=f(x_1,g(x_1))=\cdots=f(x_n,g(x_n))=f(a_2,b_2)$$

结论得证.

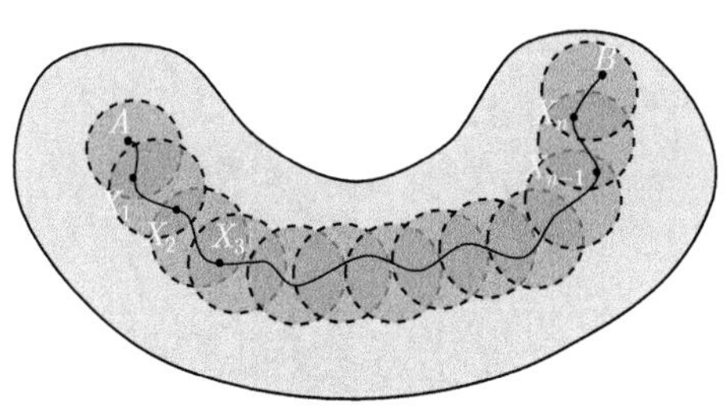

图 13.2.2

类似于定理 13.2.1 和推论 13.2.1 的讨论, 可以得到 n 元函数相应的结论.

推论 13.2.2 设函数 $z=f(x_1,x_2,\cdots,x_n)$ 在开区域 $D\subset\mathbf{R}^n$ 上可微, 则对 D 中任意两点 $(x_1^0,x_2^0,\cdots,x_n^0),(x_1^0+\Delta x_1,x_2^0+\Delta x_2,\cdots,x_n^0+\Delta x_n)$, 存在 $\theta\in(0,1)$ 使得

$$\begin{aligned}&f(x_1^0+\Delta x_1,x_2^0+\Delta x_2,\cdots,x_n^0+\Delta x_n)-f(x_1^0,x_2^0,\cdots,x_n^0)\\=&\sum_{i=1}^n f_{x_i}(x_1^0+\theta\Delta x_1,x_2^0+\theta\Delta x_2,\cdots,x_n^0+\theta\Delta x_n)\Delta x_i\end{aligned}$$

推论 13.2.3 设函数 $z=f(x_1,x_2,\cdots,x_n)$ 在开区域 $D\subset\mathbf{R}^n$ 上可微且偏导数恒为零, 则 $f(x_1,x_2,\cdots,x_n)$ 在 D 上为常值函数.

习题 13.2.1 多变量函数的中值定理

1. 设 $u=f(x,y,z)$ 定义在 $D=\{(x,y,z)\,|x^2+y^2+z^2<1\}$ 上, $f(x,y,z)$ 关于 z 连续, 并且任意 $(x,y,z)\in D:|f_x(x,y,z)|\leqslant1,|f_y(x,y,z)|\leqslant1$, 证明 $f(x,y,z)$ 在 D 内连续.

2. 设 $u=f(x,y,z)$ 在凸开区域 D 满足:

$$\exists M>0,\forall (x,y,z)\in D:|f_x(x,y,z)|\leqslant M,|f_y(x,y,z)|\leqslant M,|f_z(x,y,z)|\leqslant M$$

证明 $f(x,y,z)$ 在 D 内一致连续.

13.2.2 多变量函数的泰勒公式

如果函数 $z=f(x,y)$ 在点 (x_0,y_0) 处可微, 则在点 (x_0,y_0) 附近, 有

$$f(x,y)=f(x_0,y_0)+f_x(x_0,y_0)(x-x_0)+f_y(x_0,y_0)(y-y_0)+o(\rho)$$

实际上微分的本质就是用双线性函数

$$f(x_0,y_0)+f_x(x_0,y_0)(x-x_0)+f_y(x_0,y_0)(y-y_0)$$

来近似函数 $f(x,y)$, 误差为 $o(\rho)$. 那么对于存在高阶微分的多元函数, 是否可以用高阶多项式逼近, 如何求逼近误差, 下面定理给出了答案.

定理 13.2.2 设函数 $f(x,y)$ 在点 $P_0(x_0,y_0)$ 的某个邻域 $U(P_0;\delta)$ 内有直到 $n+1$ 阶的连续偏导数, 则对 $U(P_0;\delta)$ 中的任意一点 (x_0+h,y_0+k), 成立

$$\begin{aligned}f(x_0+h,y_0+k)=&P_n(h,k)+R_n=f(x_0,y_0)+\left(h\frac{\partial}{\partial x}+k\frac{\partial}{\partial y}\right)f(x_0,y_0)\\&+\frac{1}{2!}\left(h\frac{\partial}{\partial x}+k\frac{\partial}{\partial y}\right)^2f(x_0,y_0)+\cdots+\frac{1}{n!}\left(h\frac{\partial}{\partial x}+k\frac{\partial}{\partial y}\right)^nf(x_0,y_0)+R_n\end{aligned}\tag{13.2.2}$$

其中

$$R_n=\frac{1}{(n+1)!}\left(h\frac{\partial}{\partial x}+k\frac{\partial}{\partial y}\right)^{n+1}f(x_0+\theta h,y_0+\theta k),\quad \theta\in(0,1)$$

称为拉格朗日余项展开式, $P_n(h,k)$ 称为 $f(x,y)$ 在点 (x_0,y_0) 的 n 阶泰勒多项式.

(13.2.2) 式利用算子 $\left(h\frac{\partial}{\partial x}+k\frac{\partial}{\partial y}\right)^m$ 来描述泰勒多项式的结构. 接下来解释其含义. 首先利用二项式展开进行形式上的展开:

$$\left(h\frac{\partial}{\partial x}+k\frac{\partial}{\partial y}\right)^m=\sum_{i=0}^{m}\left(h^ik^{m-i}\right)\mathrm{C}_m^i\frac{\partial^m}{\partial x^i\partial y^{m-i}}$$

进一步作用到函数 $f(x_0,y_0)$ 得

$$\left(h\frac{\partial}{\partial x}+k\frac{\partial}{\partial y}\right)^mf(x_0,y_0)=\sum_{i=0}^{m}\mathrm{C}_m^i\frac{\partial^mf(x_0,y_0)}{\partial x^i\partial y^{m-i}}h^ik^{m-i}$$

证明 对 $U(P_0;\delta)$ 中的任意一点 $B(x_0+h,y_0+k)$ 构造辅助函数

$$\varphi(t)=f(x_0+th,y_0+tk)$$

则

$$f(x_0+h,y_0+k)-f(x_0,y_0)=\varphi(1)-\varphi(0)$$

且 $\varphi(t)$ 在 $[0,1]$ 上具有 $n+1$ 阶连续偏导数, 因此根据一元函数的泰勒公式, 得

$$\varphi(1)=\varphi(0)+\frac{\varphi'(0)}{1!}+\frac{\varphi''(0)}{2!}+\cdots+\frac{\varphi^{(n)}(0)}{n!}+\frac{\varphi^{(n+1)}(\theta)}{(n+1)!},\quad 0<\theta<1$$

于是定理等价于证明

$$\varphi^{(m)}(t)=\left(h\frac{\partial}{\partial x}+k\frac{\partial}{\partial y}\right)^m f(x_0+th,y_0+tk),\quad m=1,2,\cdots,n+1 \tag{13.2.3}$$

下面用数学归纳法证明 (13.2.3) 式成立.

当 $n=1$ 时, 显然 $\varphi'(t)=\left(h\dfrac{\partial}{\partial x}+k\dfrac{\partial}{\partial y}\right)f(x_0+ht,y_0+kt)$, 结论成立.

设 $\varphi^{(n)}(t)=\left(h\dfrac{\partial}{\partial x}+k\dfrac{\partial}{\partial y}\right)^n f(x_0+ht,y_0+kt)$ 成立, 则

$$\begin{aligned}
\varphi^{(n+1)}(t)&=\frac{\mathrm{d}}{\mathrm{d}t}\sum_{i=0}^{n}\mathrm{C}_n^i h^i k^{n-i}\frac{\partial^n}{\partial x^i\partial y^{n-i}}f(x_0+ht,y_0+kt)\\
&=\sum_{i=0}^{n}\mathrm{C}_n^i h^i k^{n-i}\left[h\frac{\partial^{n+1}}{\partial x^{i+1}\partial y^{n-i}}f(x_0+ht,y_0+kt)\right.\\
&\quad\left.+k\frac{\partial^{n+1}}{\partial x^i\partial y^{n-i+1}}f(x_0+ht,y_0+kt)\right]\\
&=\sum_{i=0}^{n}\mathrm{C}_n^i h^{i+1}k^{n-i}\frac{\partial^{n+1}}{\partial x^{i+1}\partial y^{i+1}}f(x_0+ht,y_0+kt)\\
&\quad+\sum_{i=0}^{n}\mathrm{C}_n^i h^i k^{n-i+1}\frac{\partial^{n+1}}{\partial x^i\partial y^{n-i+1}}f(x_0+ht,y_0+kt)
\end{aligned}$$

于是得到

$$\begin{aligned}
\varphi^{(n+1)}(t)&=\sum_{i=1}^{n+1}\mathrm{C}_n^{i-1}h^i k^{n-i+1}\frac{\partial^{n+1}}{\partial x^i\partial y^{n-i+1}}f(x_0+ht,y_0+kt)\\
&\quad+\sum_{i=0}^{n}\mathrm{C}_n^i h^i k^{n-i+1}\frac{\partial^{n+1}}{\partial x^i\partial y^{n-i+1}}f(x_0+ht,y_0+kt) \Leftarrow \boxed{\begin{array}{l}i\text{ 从 }0\text{ 变到 }n\text{ 变为}\\ i\text{ 从 }1\text{ 变到 }n+1\end{array}}\\
&=\sum_{i=1}^{n}\left(\mathrm{C}_n^{i-1}+\mathrm{C}_n^i\right)h^i k^{n-i+1}\frac{\partial^{n+1}}{\partial x^i\partial y^{n-i+1}}f(x_0+ht,y_0+kt) \Leftarrow \boxed{\text{合并同类项}}\\
&\quad+h^{n+1}\frac{\partial^{n+1}}{\partial x^{n+1}}f(x_0+ht,y_0+kt)+k^{n+1}\frac{\partial^{n+1}}{\partial y^{n+1}}f(x_0+ht,y_0+kt)\\
&=\sum_{i=0}^{n+1}\mathrm{C}_{n+1}^i h^i k^{n-i+1}\frac{\partial^{n+1}}{\partial x^i\partial y^{n-i+1}}f(x_0+ht,y_0+kt)\\
&=\left(h\frac{\partial}{\partial x}+k\frac{\partial}{\partial y}\right)^{n+1}f(x_0+ht,y_0+kt)
\end{aligned}$$

因此

$$\varphi^{(m)}(0)=\left(h\frac{\partial}{\partial x}+k\frac{\partial}{\partial y}\right)^{m}f(x_0,y_0),\quad \varphi^{(n+1)}(\theta)=\left(h\frac{\partial}{\partial x}+k\frac{\partial}{\partial y}\right)^{n+1}f(x_0+\theta h,y_0+\theta k)$$

结论得证.

类似地可以证明带有佩亚诺余项的泰勒公式.

定理 13.2.3 设函数 $f(x,y)$ 在点 $P_0(x_0,y_0)$ 的某个邻域 $U(P_0;\delta)$ 内有直到 n 阶的连续偏导数, 则对 $U(P_0;\delta)$ 中的任意一点 (x_0+h,y_0+k), 成立

$$\begin{aligned}&f(x_0+h,y_0+k)=P_n(h,k)+o(\rho^n)\\&=f(x_0,y_0)+\left(h\frac{\partial}{\partial x}+k\frac{\partial}{\partial y}\right)f(x_0,y_0)+\frac{1}{2!}\left(h\frac{\partial}{\partial x}+k\frac{\partial}{\partial y}\right)^2 f(x_0,y_0)+\cdots\\&\quad+\frac{1}{n!}\left(h\frac{\partial}{\partial x}+k\frac{\partial}{\partial y}\right)^n f(x_0,y_0)+o(\rho^n)\end{aligned}$$

其中 $\rho=\sqrt{h^2+k^2}$.

接下来讨论多元函数的泰勒公式. 为了符号简便, 下面引入多重指标. 设

$$\boldsymbol{\alpha}=(\alpha_1,\alpha_2,\cdots,\alpha_n)$$

其中 $\alpha_1,\alpha_2,\cdots,\alpha_n$ 为非负整数. 记

$$|\boldsymbol{\alpha}|=\alpha_1+\alpha_2+\cdots+\alpha_n,\quad \boldsymbol{\alpha}!=(\alpha_1!)(\alpha_2!)\cdots(\alpha_n!)$$

设 $\boldsymbol{x}=(x_1,x_2,\cdots,x_n)\in\mathbf{R}^n$, 记 $\boldsymbol{x}^{\boldsymbol{\alpha}}=(x_1^{\alpha_1})(x_2^{\alpha_2})\cdots(x_n^{\alpha_n})$,

$$D^{\boldsymbol{\alpha}}f(x_1,x_2,\cdots,x_n)=\frac{\partial^{|\boldsymbol{\alpha}|}f}{\partial x_1^{\alpha_1}\partial x_2^{\alpha_2}\cdots\partial x_n^{\alpha_n}}$$

例如, 设 $\boldsymbol{\alpha}=(1,2,1,0)$, $\boldsymbol{x}=(x_1,x_2,x_3,x_4)$, 则 $|\boldsymbol{\alpha}|=4$, $\boldsymbol{\alpha}!=(1!)(2!)(1!)(0!)=2$, $\boldsymbol{x}^{\boldsymbol{\alpha}}=(x_1)(x_2^2)(x_3)(x_4^0)$, $D^{\boldsymbol{\alpha}}f(x_1,x_2,x_3,x_4)=\dfrac{\partial^4 f}{\partial x_1^1\partial x_2^2\partial x_3^1\partial x_4^0}=\dfrac{\partial^4 f}{\partial x_1^1\partial x_2^2\partial x_3^1}$.

令 $C^m(D)$ 表示区域 D 上具有 m 阶连续偏导数的函数集合. 利用多重指标符号, 多元函数泰勒展开定理 13.2.4 和定理 13.2.5 可以表述如下.

定理 13.2.4 设 $D\subset\mathbf{R}^n$ 为凸区域, 若 $f\in C^{m+1}(D)$, 则带有拉格朗日余项泰勒公式为

$$f(\boldsymbol{a}+\boldsymbol{h})=f(\boldsymbol{a})+\sum_{k=1}^{m}\sum_{|\alpha|=k}\frac{D^{\alpha}f(\boldsymbol{a})}{\alpha!}\boldsymbol{h}^{\alpha}+\sum_{|\alpha|=m+1}\frac{D^{\alpha}f(\boldsymbol{a}+\theta\boldsymbol{h})}{\alpha!}\boldsymbol{h}^{\alpha},\quad 0<\theta<1$$

其中 $\boldsymbol{a}=(a_1,a_2,\cdots,a_n)\in D,\boldsymbol{h}=(h_1,h_2,\cdots,h_n)\in D,\boldsymbol{a}+\boldsymbol{h}\in D$.

定理 13.2.5 设 $D\subset\mathbf{R}^n$ 为凸区域, 若 $f\in C^m(D)$, 则带有皮亚诺余项泰勒公式为

$$f(\boldsymbol{a}+\boldsymbol{h})=f(\boldsymbol{a})+\sum_{k=1}^{m}\sum_{|\alpha|=k}\frac{D^{\alpha}f(\boldsymbol{a})}{\alpha!}\boldsymbol{h}^{\alpha}+o(\|\boldsymbol{h}\|^m),\quad 0<\theta<1$$

其中 $\boldsymbol{a}=(a_1,a_2,\cdots,a_n)\in D,\boldsymbol{h}=(h_1,h_2,\cdots,h_n),\boldsymbol{a}+\boldsymbol{h}\in D$, $\|\boldsymbol{h}\|=\sqrt{h_1^2+h_2^2+\cdots+h_n^2}$.

取 $n=3$, 得三元函数的泰勒展开.

定理 13.2.6 设 $D\subset\mathbf{R}^3$ 为凸区域, 若 $f\in C^{n+1}(D)$, 则有

$$\begin{aligned}&f(x_0+h,y_0+k,z_0+l)\\=&f(x_0,y_0,z_0)+\left(h\frac{\partial}{\partial x}+k\frac{\partial}{\partial y}+l\frac{\partial}{\partial z}\right)f(x_0,y_0,z_0)\\&+\frac{1}{2!}\left(h\frac{\partial}{\partial x}+k\frac{\partial}{\partial y}+l\frac{\partial}{\partial z}\right)^2 f(x_0,y_0,z_0)+\cdots\\&+\frac{1}{n!}\left(h\frac{\partial}{\partial x}+k\frac{\partial}{\partial y}+l\frac{\partial}{\partial z}\right)^n f(x_0,y_0,z_0)+R_n\end{aligned}$$

其中 $R_n=\dfrac{1}{(n+1)!}\left(h\dfrac{\partial}{\partial x}+k\dfrac{\partial}{\partial y}+l\dfrac{\partial}{\partial z}\right)^{n+1}f(x_0+\theta h,y_0+\theta h,z_0+\theta h),0<\theta<1.$

定理 13.2.7 设 $D\subset\mathbf{R}^3$ 为凸区域, 若 $f\in C^{n}(D)$, 则有

$$\begin{aligned}&f(x_0+h,y_0+k,z_0+l)\\=&f(x_0,y_0,z_0)+\left(h\frac{\partial}{\partial x}+k\frac{\partial}{\partial y}+l\frac{\partial}{\partial z}\right)f(x_0,y_0,z_0)\\&+\frac{1}{2!}\left(h\frac{\partial}{\partial x}+k\frac{\partial}{\partial y}+l\frac{\partial}{\partial z}\right)^2 f(x_0,y_0,z_0)+\cdots\\&+\frac{1}{n!}\left(h\frac{\partial}{\partial x}+k\frac{\partial}{\partial y}+l\frac{\partial}{\partial z}\right)^n f(x_0,y_0,z_0)+o\left(\|\Delta\|^n\right)\end{aligned}$$

其中 $\|\Delta\|=\sqrt{h^2+k^2+l^2}$.

例 13.2.1 求 $f(x,y)=\sqrt{1+x^2+y^2}$ 在点 $(0,0)$ 处的 2 阶泰勒公式及余项表达式.

解 方法一: 由泰勒公式

$$f(x,y)=f(0,0)+\left(x\frac{\partial}{\partial x}+y\frac{\partial}{\partial y}\right)f(0,0)+\frac{1}{2!}\left(x\frac{\partial}{\partial x}+y\frac{\partial}{\partial y}\right)^2 f(0,0)+R_2$$

其中 $R_2=\dfrac{1}{3!}\left(x\dfrac{\partial}{\partial x}+y\dfrac{\partial}{\partial y}\right)^3 f(\theta x,\theta y),0<\theta<1$. 由于

$$f_x=\frac{x}{\sqrt{1+x^2+y^2}},\quad f_y=\frac{y}{\sqrt{1+x^2+y^2}},\quad f_{xy}=-\frac{xy}{\left(\sqrt{1+x^2+y^2}\right)^3}$$

$$f_{xx}=\frac{1+y^2}{\left(\sqrt{1+x^2+y^2}\right)^3},\quad f_{yy}=\frac{1+x^2}{\left(\sqrt{1+x^2+y^2}\right)^3},\quad f_{xxx}=-\frac{3x\left(1+y^2\right)}{(1+x^2+y^2)^{\frac52}}$$

$$f_{xxy}=-\frac{y^3+y-2x^2y}{(1+x^2+y^2)^{\frac52}},\quad f_{xyy}=-\frac{x^3+x-2y^2x}{(1+x^2+y^2)^{\frac52}},\quad f_{yyy}=-\frac{3y\left(1+x^2\right)}{(1+x^2+y^2)^{\frac52}}$$

所以 $f_x(0,0)=0, f_y(0,0)=0, f_{xx}(0,0)=1, f_{yy}(0,0)=1, f_{xy}(0,0)=0$, 由泰勒公式得

$f(x,y)=\sqrt{1+x^2+y^2}$

$$=f(0,0)+f_x(0,0)x+f_y(0,0)y+\frac{1}{2}\left(f_{xx}(0,0)x^2+2f_{xy}(0,0)xy+f_{yy}(0,0)y^2\right)+R_2$$

$$=1+\frac{1}{2}\left(x^2+y^2\right)+R_2$$

其中

$$\begin{aligned}R_2&=\frac{1}{3!}\left(x\frac{\partial}{\partial x}+y\frac{\partial}{\partial y}\right)^3 f(\theta x,\theta y)\\&=\frac{1}{6}\left(x^3\frac{\partial^3}{\partial x^3}+3x^2y\frac{\partial^3}{\partial x^2\partial y}+3xy^2\frac{\partial^3}{\partial x\partial y^2}+y^3\frac{\partial^3}{\partial y^3}\right)f(\theta x,\theta y)\\&=\frac{-1}{3!}\frac{1}{(1+\theta^2x^2+\theta^2y^2)^{\frac{5}{2}}}\left[3\theta x\left(1+\theta^2y^2\right)x^3+3\left(\theta^3y^3+\theta y-2\theta^3yx^2\right)yx^2\right.\\&\quad\left.+3\left(\theta^3x^3+\theta x-2\theta^3xy^2\right)xy^2+3\theta y\left(1+\theta^2x^2\right)y^3\right]=-\frac{1}{2}\frac{\theta\left(x^2+y^2\right)^2}{(1+\theta^2x^2+\theta^2y^2)^{\frac{5}{2}}}\quad(0<\theta<1)\end{aligned}$$

于是

$$\sqrt{1+x^2+y^2}=1+\frac{1}{2}\left(x^2+y^2\right)-\frac{1}{2}\frac{\theta\left(x^2+y^2\right)^2}{(1+\theta^2x^2+\theta^2y^2)^{\frac{5}{2}}}\quad(0<\theta<1)$$

方法二: 由于

$$\sqrt{1+x}=1+\frac{x}{2}-\frac{1}{8}\frac{x^2}{(1+\theta_1x)^{3/2}}\quad(0<\theta_1<1)$$

所以

$$\sqrt{1+x^2+y^2}=1+\frac{x^2+y^2}{2}-\frac{1}{8}\frac{\left(x^2+y^2\right)^2}{(1+\theta_1(x^2+y^2))^{3/2}}\quad(0<\theta_1<1)$$

二阶泰勒公式的近似效果如图 13.2.3 所示.

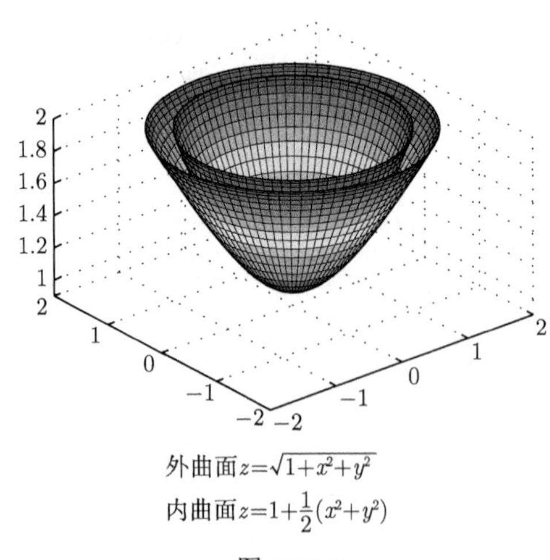

外曲面$z=\sqrt{1+x^2+y^2}$

内曲面$z=1+\frac{1}{2}(x^2+y^2)$

图 13.2.3

例 13.2.2 当 $x\to0,y\to0$, 求 $\dfrac{\cos x}{\cos y}$ 的二阶泰勒公式.

解 因为

$$\frac{\cos x}{\cos y}=\frac{\cos x}{\sqrt{1-(\sin y)^2}}=\left(1-\frac{x^2}{2}+o\left(x^3\right)\right)\left(1+\frac{\sin^2 y}{2}+o\left(\sin^3 y\right)\right)$$

而

$$\frac{\sin y}{y}=1+o\left(1\right),\quad \frac{\sin^2 y}{y^2}=1+2o\left(1\right)+\left(o\left(1\right)\right)^2$$

所以 $\sin^2 y=y^2+o\left(y^2\right)$. 于是

$$\frac{\cos x}{\cos y}=\left(1-\frac{x^2}{2}+o\left(x^3\right)\right)\left(1+\frac{y^2}{2}+o\left(y^3\right)\right)=1-\frac{x^2-y^2}{2}+o\left(\rho^2\right)\quad\left(\rho=\sqrt{x^2+y^2}\right)$$

二阶泰勒公式的近似效果如图 13.2.4 所示.

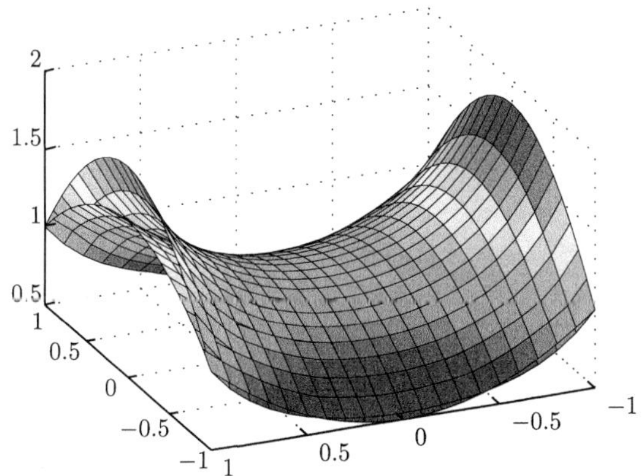

上曲面 $z=\dfrac{\cos x}{\cos y}$

下曲面 $z=1-\dfrac{1}{2}(x^2-y^2)$

图 13.2.4

例 13.2.3 当 $x\to 0, y\to 0$, 求 $\arctan\dfrac{1+x+y}{1-x+y}$ 的二阶泰勒多项式.

解 因为

$$\arctan\frac{1+x+y}{1-x+y}=\arctan\frac{1+\dfrac{x}{1+y}}{1-\dfrac{x}{1+y}}=\frac{\pi}{4}+\arctan\frac{x}{1+y}$$

而

$$\begin{aligned}\arctan\frac{x}{1+y}&=\frac{x}{1+y}-\frac{1}{3}\left(\frac{x}{1+y}\right)^3+o\left(\frac{x}{1+y}\right)^4\\&=x\left(1-y+y^2+o\left(y^3\right)\right)-o\left(\frac{x}{1+y}\right)^2\approx x-xy\end{aligned}$$

所以 $\arctan\dfrac{1+x+y}{1-x+y}\approx\dfrac{\pi}{4}+x-xy$. 二阶泰勒公式的近似效果如图 13.2.5 所示.

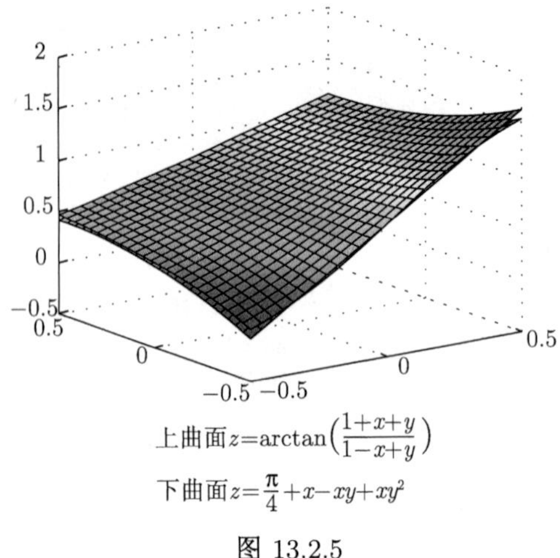

上曲面$z=\arctan\left(\frac{1+x+y}{1-x+y}\right)$

下曲面$z=\frac{\pi}{4}+x-xy+xy^2$

图 13.2.5

例 13.2.4 求 $\sin\left(x^2+y^2\right)$ 在点 $(0,0)$ 处的二阶泰勒多项式.

解 因为 $\sin x=x-\dfrac{x^3\cos\theta x}{3!}\ (0<\theta<1)$, 所以

$$\sin\left(x^2+y^2\right)=x^2+y^2-\frac{\left(x^2+y^2\right)^3\cos\theta\left(x^2+y^2\right)}{3!}\quad(0<\theta<1)$$

二阶泰勒公式的近似效果如图 13.2.6 所示.

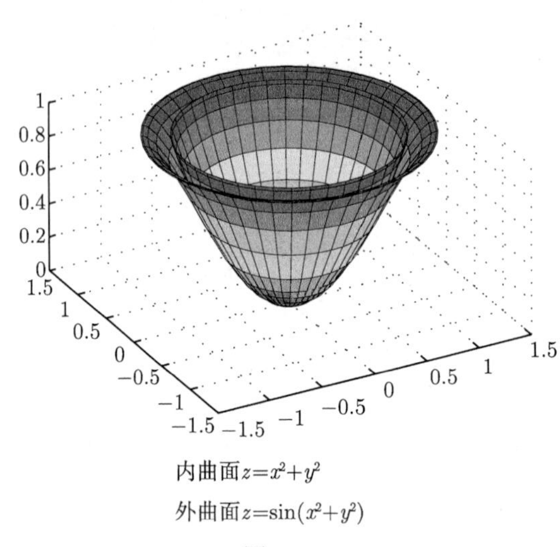

内曲面$z=x^2+y^2$

外曲面$z=\sin(x^2+y^2)$

图 13.2.6

例 13.2.5 求 $\ln\left(1+x^2+y^2\right)$ 在点 $(0,0)$ 处的 $2n$ 阶泰勒多项式和余项.

解 因为

$$\ln(1+x)=x-\frac{x^2}{2}+\frac{x^3}{3}+\cdots+(-1)^{n-1}\frac{x^n}{n}+\frac{(-1)^n}{n+1}\frac{x^{n+1}}{(1+\theta x)^{n+1}}$$

所以

$$\ln\left(1+x^2+y^2\right)=\sum_{k=1}^{n}(-1)^{k-1}\frac{\left(x^2+y^2\right)^k}{k}+\frac{(-1)^n}{n+1}\frac{\left(x^2+y^2\right)^{n+1}}{(1+\theta\left(x^2+y^2\right))^{n+1}}\quad(0<\theta<1)$$

习题 13.2.2 多变量函数的泰勒公式

1. 求下列函数在原点展开的 n 阶泰勒公式和拉格朗日余项.

(1) $u=(1+x)^m(1+y)^n$; (2) $u=\mathrm{e}^x\sin y$; (3) $u=\ln(1+x)\ln(1+y)$; (4) $u=\mathrm{e}^{x+y}$.

2. 求函数 $f(x,y)=\dfrac{\cos y}{x}$ 在 $(1,0)$ 的二阶泰勒公式和拉格朗日余项.

3. 如果函数满足 $f(tx,ty)=t^nf(x,y)$, 则称 $f(x,y)$ 为 n 阶齐次方程, 证明下面结论

(1) $\left(x\dfrac{\partial}{\partial x}+y\dfrac{\partial}{\partial y}\right)^m f=n(n-1)\cdots(n-m+1)f$;

(2) $f=\sin\dfrac{y}{x}\Rightarrow\left(x\dfrac{\partial}{\partial x}+y\dfrac{\partial}{\partial y}\right)^m f=0$.

13.3 多元函数的极值

☞扫码学习

对于一元函数, 利用导数研究了函数的极值. 下面讨论多元函数的极值问题.

13.3.1 关于矩阵的几个概念和性质

讨论多元函数极值需要用到正定矩阵相关的理论, 为此, 首先介绍关于矩阵的几个概念和性质.

由 $m\times n$ 个数 a_{ij} 排成的 m 行 n 列的数表称为一个 m 行 n 列矩阵. 记作

$$\boldsymbol{A}=\begin{pmatrix}a_{11}&a_{12}&\cdots&a_{1n}\\a_{21}&a_{22}&\cdots&a_{2n}\\\vdots&\vdots&&\vdots\\a_{m1}&a_{m2}&\cdots&a_{mn}\end{pmatrix}$$

或者记作 $\boldsymbol{A}=(a_{ij})_{m\times n}$.

定义矩阵的加法: $\boldsymbol{A}=(a_{ij})_{m\times n},\boldsymbol{B}=(b_{ij})_{m\times n}\Rightarrow\boldsymbol{A}\pm\boldsymbol{B}=(a_{ij}\pm b_{ij})_{m\times n}$.

矩阵的数乘运算: $\boldsymbol{A}=(a_{ij})_{m\times n},\forall\lambda\in\mathbf{R},\lambda\boldsymbol{A}=(\lambda a_{ij})_{m\times n}$.

矩阵的乘法运算: $\boldsymbol{A}_{m\times n}\boldsymbol{B}_{n\times k}=(c_{ij})_{m\times k}\left(c_{ij}=\sum\limits_{l=1}^{n}a_{il}b_{lj}\right)$.

矩阵的行列式, 对于 n 行 n 列的矩阵 $\boldsymbol{A}=(a_{ij})_{n\times n}$, 可以定义 $\boldsymbol{A}$ 的行列式如下:

$$|\boldsymbol{A}|=\begin{vmatrix}a_{11}&a_{12}&\cdots&a_{1n}\\a_{21}&a_{22}&\cdots&a_{2n}\\\vdots&\vdots&&\vdots\\a_{n1}&a_{n2}&\cdots&a_{nn}\end{vmatrix}=\sum_{j_1,j_2,\cdots,j_n}(-1)^{\tau(j_1,j_2,\cdots,j_n)}a_{1j_1}a_{2j_2}\cdots a_{nj_n}$$

其中 $\tau(j_1,j_2,\cdots,j_n)$ 表示排列 $j_1,j_2,\cdots,j_n$ 的逆序数.

矩阵的转置:

$$\boldsymbol{A}=\begin{pmatrix} a_{11} & a_{12} & \cdots & a_{1n} \\ a_{21} & a_{22} & \cdots & a_{2n} \\ \vdots & \vdots & & \vdots \\ a_{m1} & a_{m2} & \cdots & a_{mn} \end{pmatrix},\quad \boldsymbol{A}^{\mathrm{T}}=\begin{pmatrix} a_{11} & a_{21} & \cdots & a_{m1} \\ a_{12} & a_{22} & \cdots & a_{m2} \\ \vdots & \vdots & & \vdots \\ a_{1n} & a_{2n} & \cdots & a_{mn} \end{pmatrix}$$

对称矩阵: $\boldsymbol{A}=\boldsymbol{A}^{\mathrm{T}}$.

二次型: 设

$$\boldsymbol{A}=\begin{pmatrix} a_{11} & a_{12} & \cdots & a_{1n} \\ a_{21} & a_{22} & \cdots & a_{2n} \\ \vdots & \vdots & & \vdots \\ a_{n1} & a_{n2} & \cdots & a_{nn} \end{pmatrix},\quad \boldsymbol{X}=\begin{pmatrix} x_1 \\ x_2 \\ \vdots \\ x_n \end{pmatrix}$$

$\boldsymbol{X}^{\mathrm{T}}\boldsymbol{A}\boldsymbol{X}=\sum\limits_{i,j=1}^{n} a_{ij}x_ix_j$ 称为 $x_1,x_2,\cdots,x_n$ 的二次型, $\boldsymbol{A}$ 称为二次型的系数矩阵.

正定矩阵: 设 $\boldsymbol{A}=\boldsymbol{A}^{\mathrm{T}}$ 为对称矩阵, 则有下面定义:

(1) 若 $\forall \boldsymbol{X}\in\mathbf{R}^n, \boldsymbol{X}\neq\boldsymbol{O}, \boldsymbol{X}^{\mathrm{T}}\boldsymbol{A}\boldsymbol{X}>0$, 则称 $\boldsymbol{A}$ 为正定矩阵;

(2) 若 $\forall \boldsymbol{X}\in\mathbf{R}^n, \boldsymbol{X}\neq\boldsymbol{O}, \boldsymbol{X}^{\mathrm{T}}\boldsymbol{A}\boldsymbol{X}\geqslant 0$, 则称 $\boldsymbol{A}$ 为半正定矩阵;

(3) 若 $\forall \boldsymbol{X}\in\mathbf{R}^n, \boldsymbol{X}\neq\boldsymbol{O}, \boldsymbol{X}^{\mathrm{T}}\boldsymbol{A}\boldsymbol{X}<0$, 则称 $\boldsymbol{A}$ 为负定矩阵;

(4) 若 $\forall \boldsymbol{X}\in\mathbf{R}^n, \boldsymbol{X}\neq\boldsymbol{O}, \boldsymbol{X}^{\mathrm{T}}\boldsymbol{A}\boldsymbol{X}\leqslant 0$, 则称 $\boldsymbol{A}$ 为半负定矩阵;

(5) 若 $\exists \boldsymbol{X}_1,\boldsymbol{X}_2\in\mathbf{R}^n, \boldsymbol{X}_1^{\mathrm{T}}\boldsymbol{A}\boldsymbol{X}_1<0<\boldsymbol{X}_2^{\mathrm{T}}\boldsymbol{A}\boldsymbol{X}_2$, 则称 $\boldsymbol{A}$ 为不定矩阵.

定理 13.3.1 矩阵 $\boldsymbol{A}$ 为正定矩阵的充要条件是 $\boldsymbol{A}$ 的所有顺序主子式都大于零. 即

$$\boldsymbol{A}=\begin{pmatrix} a_{11} & a_{12} & \cdots & a_{1n} \\ a_{21} & a_{22} & \cdots & a_{2n} \\ \vdots & \vdots & & \vdots \\ a_{n1} & a_{n2} & \cdots & a_{nn} \end{pmatrix},\quad |\boldsymbol{A}_k|=\begin{vmatrix} a_{11} & a_{12} & \cdots & a_{1k} \\ a_{21} & a_{22} & \cdots & a_{2k} \\ \vdots & \vdots & & \vdots \\ a_{k1} & a_{k2} & \cdots & a_{kk} \end{vmatrix}>0,\quad k=1,2,\cdots,n$$

定理 13.3.2 矩阵 $\boldsymbol{A}$ 为负定矩阵的充要条件是其顺序主子式满足

$$|\boldsymbol{A}_1|<0, |\boldsymbol{A}_2|>0, |\boldsymbol{A}_3|<0,\cdots$$

定理 13.3.3 矩阵 $\boldsymbol{A}$ 为负定矩阵的充要条件是 $-\boldsymbol{A}$ 为正定矩阵.

对于 2 阶矩阵, 有如下结论.

定理 13.3.4 设 $\boldsymbol{A}=\begin{pmatrix} a & b \\ b & c \end{pmatrix}$, 若 $ac-b^2<0$, 则 $\boldsymbol{A}$ 为不定矩阵.

13.3.2 多元函数的无约束极值

对于多元函数, 极值的定义与一元函数是类似的.

定义 13.3.1 设函数 f 在点 P_0 的某个邻域 $U(P_0;\delta)$ 内有定义, 则

(1) 若存在 $U(P_0;\delta_1)\subset U(P_0;\delta)$ 使得对任意的 $P\in U(P_0;\delta_1)$, 都有 $f(P)\leqslant f(P_0)$, 则称点 P_0 为 f 的极大值点, $f(P_0)$ 为极大值;

(2) 若存在 $U(P_0;\delta_2)\subset U(P_0;\delta)$ 使得对任意的 $P\in U(P_0;\delta_2)$, 都有 $f(P)\geqslant f(P_0)$, 则称点 P_0 为 f 的极小值, $f(P_0)$ 为极小值. 如图 13.3.1 所示, A,B 为极大值, C,D 为极小值, 它们在 xOy 平面的投影点分别为极大值点和极小值点.

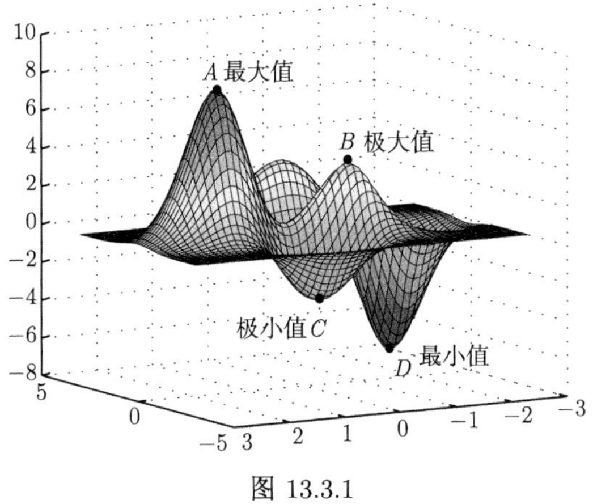

图 13.3.1

定理 13.3.5 (极值必要条件) 设函数 f 定义在点 P_0 的某个邻域 $U(P_0;\delta)\subset\mathbf{R}^n$, 在点 P_0 处存在偏导数且点 P_0 为极值点, 则

$$f_{x_i}(P_0)=0,\quad i=1,2,3,\cdots,n$$

满足上式的点称为函数 f 的稳定点.

注 13.3.1 偏导数为零是极值点的必要条件, 但不是充分条件.

例 13.3.1 分析函数 $f(x,y)=x^2+y^2-2x-6y+14$ 和函数 $f(x,y)=y^2-x^2$ 的极值点.

解 (1) 由 $f_x=2x-2=0, f_y=2y-6=0$ 解得 $x=1,y=3$, 而

$$f(x,y)=x^2+y^2-2x-6y+14=(x-1)^2+(y-3)^2+4\geqslant 4$$

所以点 $(1,3)$ 为极小值点. 如图 13.3.2 所示.

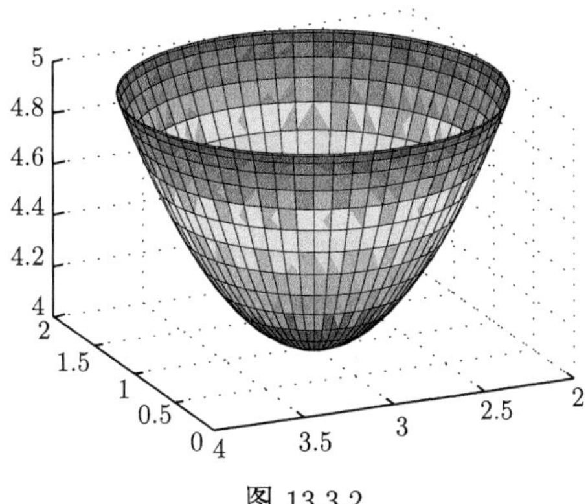

图 13.3.2

(2) 由 $f_x=-2x, f_y=2y$, 因此点 $(0,0)$ 为唯一稳定点. 但是点 $(0,0)$ 的任何一个邻域内总有使函数值大于和小于零的点, 所以点 $(0,0)$ 不是极值点. 通常这类点称为鞍点. 如图 13.3.3 所示.

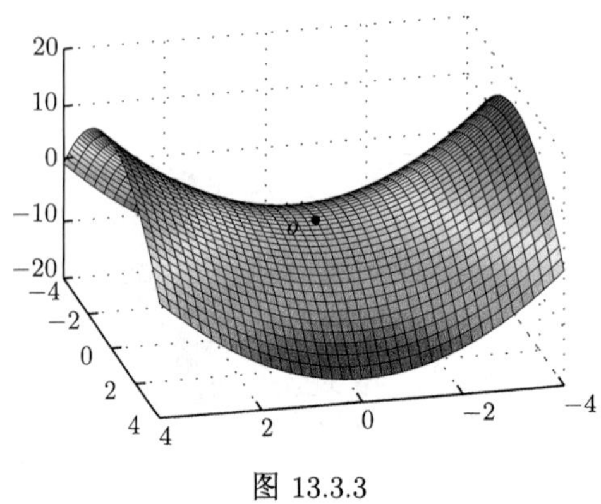

图 13.3.3

为了判定一般情况下稳定点是否是极值点, 引入多元函数的黑塞 (Hessen) 矩阵的概念.

定义 13.3.2 设函数 f 在 $D\subset \mathbf{R}^n$ 内存在二阶连续的偏导数, 定义矩阵

$$H_f\left(P_0\right)=\left(\begin{array}{cccc} f_{x_1x_1} & f_{x_1x_2} & \cdots & f_{x_1x_n} \\ f_{x_2x_1} & f_{x_2x_2} & \cdots & f_{x_2x_n} \\ \vdots & \vdots & & \vdots \\ f_{x_nx_1} & f_{x_nx_2} & \cdots & f_{x_nx_n} \end{array}\right)_{X=P_0}$$

为 f 在点 P_0 处的黑塞矩阵.

定理 13.3.6 设函数 f 在点 P_0 的某个邻域 $U\left(P_0;\delta\right)$ 内有二阶连续偏导数且 P_0 为稳定点, 则

(1) 若 $H_f(P_0)$ 为正定矩阵, 则 P_0 为极小值点;

(2) 若 $H_f(P_0)$ 为负定矩阵, 则 P_0 为极大值点;

(3) 若 $H_f(P_0)$ 为不定矩阵, 则 P_0 不是极值点.

证明 以二元函数为例进行证明.

(1) 由泰勒公式,

$$f(x,y)=f\left(x_0,y_0\right)+\frac{1}{2}(\Delta x,\Delta y)H_f\left(P_0\right)(\Delta x,\Delta y)^{\mathrm{T}}+o\left((\Delta x)^2+(\Delta y)^2\right)$$

而

$$\begin{aligned}&(\Delta x,\Delta y)H_f\left(P_0\right)(\Delta x,\Delta y)^{\mathrm{T}}\\=&\left((\Delta x)^2+(\Delta y)^2\right)\left(\frac{\Delta x}{\sqrt{(\Delta x)^2+(\Delta y)^2}},\frac{\Delta y}{\sqrt{(\Delta x)^2+(\Delta y)^2}}\right)\\&\cdot H_f\left(P_0\right)\left(\frac{\Delta x}{\sqrt{(\Delta x)^2+(\Delta y)^2}},\frac{\Delta y}{\sqrt{(\Delta x)^2+(\Delta y)^2}}\right)^{\mathrm{T}}\end{aligned}$$

令

$$g(u,v)=(u,v)H_f(P_0)(u,v)^{\mathrm{T}},\quad (u,v)=\left(\frac{\Delta x}{\sqrt{(\Delta x)^2+(\Delta y)^2}},\frac{\Delta y}{\sqrt{(\Delta x)^2+(\Delta y)^2}}\right)$$

并且满足 $u^2+v^2=1$. 显然函数 $g(u,v)$ 在有界闭集 $u^2+v^2=1$ 上连续. 由于 $H_f(P_0)$ 为正定矩阵, 因此 $g(u,v)$ 在 $u^2+v^2=1$ 上存在最小值 $q>0$, 使得 $(u,v)H_f(P_0)(u,v)^{\mathrm{T}}\geqslant q$, 即

$$\begin{aligned}f(x,y)-f(x_0,y_0)&\geqslant\frac{1}{2}q\left((\Delta x)^2+(\Delta y)^2\right)+o\left((\Delta x)^2+(\Delta y)^2\right)\\&=\left((\Delta x)^2+(\Delta y)^2\right)\left(\frac{1}{2}q+\frac{o\left((\Delta x)^2+(\Delta y)^2\right)}{(\Delta x)^2+(\Delta y)^2}\right)\end{aligned}$$

当 $(\Delta x)^2+(\Delta y)^2$ 充分小时, $\frac{1}{2}q+\frac{o\left((\Delta x)^2+(\Delta y)^2\right)}{(\Delta x)^2+(\Delta y)^2}$ 的符号取决于 q. 所以存在 $U(P_0;\delta_1)$, 当 $(x,y)\in U(P_0;\delta_1)$ 时, $f(x,y)-f(x_0,y_0)\geqslant 0$, 结论得证.

(2) 的证明过程与 (1) 是类似的, 这里从略.

(3) 用反证法. 若 $H_f(P_0)$ 为不定矩阵, 不妨设 P_0 是极大值点, 则存在 $U(P_0;\delta_2)$, 使得 $(x,y)\in U(P_0;\delta_2)$ 时, $f(x,y)\leqslant f(x_0,y_0)$. 选取 $U(P_0;\delta_2)$ 中的点 $\begin{cases}x=x_0+t\Delta x,\\ y=y_0+t\Delta y,\end{cases}$ 则 $t=0$ 也是函数 $\varphi(t)=f(x_0+t\Delta x,y_0+t\Delta y)$ 的极大值点. 由于

$$\begin{aligned}\varphi'(t)&=f_x(x_0+t\Delta x,y_0+t\Delta y)\Delta x+f_y(x_0+t\Delta x,y_0+t\Delta y)\Delta y\\\varphi''(t)&=f_{xx}(x_0+t\Delta x,y_0+t\Delta y)(\Delta x)^2+(\Delta x)(\Delta y)f_{xy}(x_0+t\Delta x,y_0+t\Delta y)\\&\quad+(\Delta x)(\Delta y)f_{xy}(x_0+t\Delta x,y_0+t\Delta y)+f_{yy}(x_0+t\Delta x,y_0+t\Delta y)(\Delta y)^2\end{aligned}$$

因此 $\varphi''(0)=(\Delta x,\Delta y)H_f(P_0)(\Delta x,\Delta y)^{\mathrm{T}}$. 根据假设, P_0 是极大值点, 由一元函数极值的充分条件, 必有 $\varphi''(0)\leqslant 0$, 则 $H_f(P_0)$ 为半负定矩阵, 与假设矛盾. 结论得证.

从定理 13.3.6 的证明过程可以发现, 证明的关键在于 $(\Delta x,\Delta y)H_f(\Delta x,\Delta y)^{\mathrm{T}}$ 的符号的判定. 而

$$\begin{aligned}(\Delta x,\Delta y)H_f(\Delta x,\Delta y)^{\mathrm{T}}&=(\Delta x,\Delta y)\begin{pmatrix}f_{xx}&f_{xy}\\f_{yx}&f_{yy}\end{pmatrix}\begin{pmatrix}\Delta x\\\Delta y\end{pmatrix}\\&=f_{xx}(\Delta x)^2+2\Delta x\Delta yf_{xy}+f_{yy}(\Delta y)^2\end{aligned}$$

由微分的定义,

$$\begin{aligned}\mathrm{d}f&=f_x\mathrm{d}x+f_y\mathrm{d}y\\\mathrm{d}^2f&=\mathrm{d}(f_x\mathrm{d}x+f_y\mathrm{d}y)=\mathrm{d}(f_x\mathrm{d}x)+\mathrm{d}(f_y\mathrm{d}y)\\&=(f_{xx}\mathrm{d}x+f_{xy}\mathrm{d}y)\mathrm{d}x+(f_{yx}\mathrm{d}x+f_{yy}\mathrm{d}y)\mathrm{d}y\\&=f_{xx}(\mathrm{d}x)^2+2f_{xy}\mathrm{d}x\mathrm{d}y+f_{yy}(\mathrm{d}y)^2\end{aligned}$$

由此进一步得到如下推论.

推论 13.3.1 设函数 f 在点 P_0 的某个邻域 $U(P_0;\delta)$ 内有二阶连续偏导数且 P_0 为稳定点, 则

(1) 若 $\mathrm{d}^2 f(P_0)>0$, 则 P_0 为极小值点;

(2) 若 $\mathrm{d}^2 f(P_0)<0$, 则 P_0 为极大值点.

例 13.3.2 求函数 $f(x,y)=3axy-x^3-y^3\ (a>0)$ 的极值点.

解 首先求函数的稳定点. 通过求解方程

$$\begin{cases} f_x=3ay-3x^2=0 \\ f_y=3ax-3y^2=0 \end{cases}$$

得稳定点 $(0,0),(a,a)$. 又由于 $f(x,y)$ 的黑塞矩阵为

$$\boldsymbol{H}=\begin{pmatrix} -6x & 3a \\ 3a & -6y \end{pmatrix}$$

在点 $(0,0)$ 处, $\boldsymbol{H}=\begin{pmatrix} 0 & 3a \\ 3a & 0 \end{pmatrix}$ 为不定矩阵, 在点 (a,a) 处, $\boldsymbol{H}=\begin{pmatrix} -6a & 3a \\ 3a & -6a \end{pmatrix}$ 为负定矩阵. 因此点 (a,a) 为极大值点.

例 13.3.3 求函数 $f(x,y,z)=x+\dfrac{y^2}{4x}+\dfrac{z^2}{y}+\dfrac{2}{z}(x>0,y>0,z>0)$ 的极值点.

解 首先求稳定点. 解方程组

$$\begin{cases} f_x=1-\dfrac{y^2}{4x^2}=0 \\ f_y=\dfrac{y}{2x}-\dfrac{z^2}{y^2}=0 \\ f_z=\dfrac{2z}{y}-\dfrac{2}{z^2}=0 \end{cases}$$

得稳定点为 $\left(\dfrac{1}{2},1,1\right)$. $f(x,y,z)$ 的黑塞矩阵为

$$\boldsymbol{H}=\begin{pmatrix} \dfrac{y^2}{2x^3} & -\dfrac{y}{2x^2} & 0 \\ -\dfrac{y}{2x^2} & \dfrac{1}{2x}+\dfrac{2z^2}{y^3} & -\dfrac{2z}{y^2} \\ 0 & \dfrac{-2z}{y^2} & \dfrac{2}{y}+\dfrac{4}{z^3} \end{pmatrix}$$

在点 $\left(\dfrac{1}{2},1,1\right)$ 处, $\boldsymbol{H}=\begin{pmatrix} 4 & -2 & 0 \\ -2 & 3 & -2 \\ 0 & -2 & 6 \end{pmatrix}$ 为正定矩阵, 所以点 $\left(\dfrac{1}{2},1,1\right)$ 为极小值点.

例 13.3.4 用微分法求函数 $f(x,y,z)=x+\dfrac{y^2}{4x}+\dfrac{z^2}{y}+\dfrac{2}{z}$ 的极值点.

解 由

$$\mathrm{d}f=\left(1-\frac{y^2}{4x^2}\right)\mathrm{d}x+\left(\frac{y}{2x}-\frac{z^2}{y^2}\right)\mathrm{d}y+\left(\frac{2z}{y}-\frac{2}{z^2}\right)\mathrm{d}z$$

令

$$f_x=1-\frac{y^2}{4x^2}=0,\quad f_y=\frac{y}{2x}-\frac{z^2}{y^2}=0,\quad f_z=\frac{2z}{y}-\frac{2}{z^2}=0$$

得稳定点为 $P_0\left(\frac{1}{2},1,1\right)$. 再由

$$\begin{aligned}\mathrm{d}^2f&=\mathrm{d}\left[\left(1-\frac{y^2}{4x^2}\right)\mathrm{d}x\right]+\mathrm{d}\left[\left(\frac{y}{2x}-\frac{z^2}{y^2}\right)\mathrm{d}y\right]+\mathrm{d}\left[\left(\frac{2z}{y}-\frac{2}{z^2}\right)\mathrm{d}z\right]\\&=\left(\frac{y^2}{2x^3}\mathrm{d}x-\frac{y}{2x^2}\mathrm{d}y\right)\mathrm{d}x+\left(-\frac{y}{2x^2}\mathrm{d}x+\left(\frac{1}{2x}+\frac{2z^2}{y^3}\right)\mathrm{d}y-\frac{2z}{y^2}\mathrm{d}z\right)\mathrm{d}y\\&\quad+\left(-\frac{2z}{y^2}\mathrm{d}y+\left(\frac{2}{y}+\frac{4}{z^3}\right)\mathrm{d}z\right)\mathrm{d}z\\&=\frac{y^2}{2x^3}\mathrm{d}x^2-\frac{y}{x^2}\mathrm{d}x\mathrm{d}y+\left(\frac{1}{2x}+\frac{2z^2}{y^3}\right)\mathrm{d}y^2-\frac{4z}{y^2}\mathrm{d}z\mathrm{d}y+\left(\frac{2}{y}+\frac{4}{z^3}\right)\mathrm{d}z^2\end{aligned}$$

得

$$\begin{aligned}\mathrm{d}^2f(P_0)&=4\mathrm{d}x^2-4\mathrm{d}x\mathrm{d}y+3\mathrm{d}y^2-4\mathrm{d}z\mathrm{d}y+6\mathrm{d}z^2\\&=(2\mathrm{d}x-\mathrm{d}y)^2+(\mathrm{d}y)^2+(\mathrm{d}y-2\mathrm{d}z)^2+2\mathrm{d}z^2>0\end{aligned}$$

所以 P_0 为 f 的极小值点.

例 13.3.5 求由方程 $x^2+y^2+z^2-xz-yz+2x+2y+2z-2=0$ 确定的隐函数 $z(x,y)$ 的极值点.

解 由于

$$\begin{aligned}&\mathrm{d}\left(x^2+y^2+z^2-xz-yz+2x+2y+2z-2\right)\\&=2x\mathrm{d}x+2y\mathrm{d}y+2z\mathrm{d}z-x\mathrm{d}z-z\mathrm{d}x-y\mathrm{d}z-z\mathrm{d}y+2\mathrm{d}x+2\mathrm{d}y+2\mathrm{d}z=0\\&\Rightarrow(2x-z+2)\mathrm{d}x+(2y-z+2)\mathrm{d}y+(2z-x-y+2)\mathrm{d}z=0\end{aligned}$$

解方程组

$$\begin{cases}2x-z+2=0\\2y-z+2=0\\x^2+y^2+z^2-xz-yz+2x+2y+2z-2=0\end{cases}$$

得

$$\begin{aligned}&A\left(-\left(3+\sqrt{6}\right),-\left(3+\sqrt{6}\right),-\left(4+2\sqrt{6}\right)\right)\\&B\left(-\left(3-\sqrt{6}\right),-\left(3-\sqrt{6}\right),\left(2\sqrt{6}-4\right)\right)\end{aligned}$$

再由

$$\begin{aligned}&\mathrm{d}\left[(2x-z+2)\mathrm{d}x+(2y-z+2)\mathrm{d}y+(2z-x-y+2)\mathrm{d}z\right]\\&=(2\mathrm{d}x-\mathrm{d}z)\mathrm{d}x+(2\mathrm{d}y-\mathrm{d}z)\mathrm{d}y+(2\mathrm{d}z-\mathrm{d}x-\mathrm{d}y)\mathrm{d}z+(2z-x-y+2)\mathrm{d}^2z\\&=2(\mathrm{d}x)^2+2(\mathrm{d}y)^2-\mathrm{d}z\mathrm{d}x-\mathrm{d}z\mathrm{d}y+2(\mathrm{d}z)^2-\mathrm{d}x\mathrm{d}z-\mathrm{d}y\mathrm{d}z+(2z-x-y+2)\mathrm{d}^2z\end{aligned}$$

和 $\mathrm{d}z(A)=0,\mathrm{d}z(B)=0$, 分别把 A,B 两点代入上式, 得 $\mathrm{d}^2z(A)>0,\mathrm{d}^2z(B)<0$, 所以 A 为极小值点, B 为极大值点.

例 13.3.6 求函数 $f(x,y)=x^3+2x^2-2xy+y^2$ 的极值点, 并求 f 在 $D=[-2,2]\times[-2,2]$ 上的最大值与最小值.

解 由 $\begin{cases} f_x(x,y)=3x^2+4x-2y=0 \\ f_y(x,y)=-2x+2y=0 \end{cases}$ 解得稳定点 $P_1(0,0)$, $P_2\left(-\dfrac{2}{3},-\dfrac{2}{3}\right)$. f 的黑塞矩阵为

$$H_f=\begin{pmatrix} 6x+4 & -2 \\ -2 & 2 \end{pmatrix},\quad H_f(P_1)=\begin{pmatrix} 4 & -2 \\ -2 & 2 \end{pmatrix},\quad H_f(P_2)=\begin{pmatrix} 0 & -2 \\ -2 & 2 \end{pmatrix}$$

于是 $H_f(P_1)$ 为正定矩阵, $H_f(P_2)$ 为不定矩阵, 所以点 $P_1(0,0)$ 为极小值点, 点 $P_2\left(-\dfrac{2}{3},-\dfrac{2}{3}\right)$ 不是极值点.

下面考虑在 $D=[-2,2]\times[-2,2]$ 的边界 f 的取值情况.

(1) 当 $x=2,-2\leqslant y\leqslant 2$ 时, 由于 $f(2,y)=16-4y+y^2=(y-2)^2+12$, 最小值和最大值分别为 $f(2,2)=12$, $f(2,-2)=28$.

(2) 当 $x=-2,-2\leqslant y\leqslant 2$ 时, 由于 $f(-2,y)=(y+2)^2-4$, 最小值和最大值分别为 $f(-2,-2)=-4$, $f(-2,2)=12$.

(3) 当 $y=-2,-2\leqslant x\leqslant 2$ 时, $f(x,-2)=x^3+2x^2+4x+4$, 由于对 x 求导后 $\dfrac{\mathrm{d}f(x,-2)}{\mathrm{d}x}=3x^2+4x+4>0$, 故最小值和最大值分别为 $f(-2,-2)=-4$, $f(2,-2)=28$.

(4) 当 $y=2,-2\leqslant x\leqslant 2$ 时, $f(x,2)=x^3+2x^2-4x+4$, 由于 $\dfrac{\mathrm{d}f(x,2)}{\mathrm{d}x}=0$ 得 $x=\dfrac{2}{3}$ 或者 $x=-2$, 且 $f\left(\dfrac{2}{3},2\right)=\dfrac{68}{27}$, $f(\pm 2,2)=12$, 即分别为最小值和最大值.

综上所述, f 在 $D=[-2,2]\times[-2,2]$ 上的最大值与最小值分别为 $f(2,-2)=28$, $f(-2,-2)=-4$.

例 13.3.7 (惠更斯问题) 在 a,b 两个正数之间插入 n 个数 $x_1,x_2,\cdots,x_n$ 使得 u 的值最大, 其中

$$u=\frac{x_1x_2\cdots x_n}{(a+x_1)(x_1+x_2)\cdots(x_n+b)}$$

解 记

$$w=\frac{1}{u}=(a+x_1)\left(1+\frac{x_2}{x_1}\right)\left(1+\frac{x_3}{x_2}\right)\cdots\left(1+\frac{b}{x_n}\right)$$

设 $y_1=\dfrac{x_2}{x_1}, y_2=\dfrac{x_3}{x_2},\cdots,y_n=\dfrac{b}{x_n}$, 并记 $A=y_1y_2\cdots y_n$, 则 $x_1=\dfrac{b}{y_1y_2\cdots y_n}=\dfrac{b}{A}$. 于是

$$w=\left(a+\frac{b}{A}\right)(1+y_1)(1+y_2)\cdots(1+y_n)$$

记 $m=a+\dfrac{b}{A}$, 则

$$\ln w=\ln m+\ln(1+y_1)+\ln(1+y_2)+\cdots+\ln(1+y_n)$$

由于

$$\mathrm{d}w=-\frac{wb}{mA}\sum_{k=1}^{n}\frac{\mathrm{d}y_k}{y_k}+\sum_{k=1}^{n}\frac{w}{1+y_k}\mathrm{d}y_k=w\sum_{k=1}^{n}\left(\frac{y_k}{1+y_k}-\frac{b}{mA}\right)\frac{\mathrm{d}y_k}{y_k}$$

令 $\dfrac{\partial w}{\partial y_k}=0$, 得方程组

$$\frac{y_k}{1+y_k}=\frac{b}{mA}\quad(k=1,2,\cdots,n)$$

解得稳定点 $P_0(y_1,y_2,\cdots,y_n)$, 其中 $y_1=y_2=\cdots=y_n=\left(\dfrac{b}{a}\right)^{\frac{1}{n+1}}=y_0$. 再由

$$\mathrm{d}^2w=(\mathrm{d}w)\sum_{k=1}^{n}\left(\frac{y_k}{1+y_k}-\frac{b}{mA}\right)\frac{\mathrm{d}y_k}{y_k}+w\sum_{k=1}^{n}\mathrm{d}\left[\left(\frac{y_k}{1+y_k}-\frac{b}{mA}\right)\frac{\mathrm{d}y_k}{y_k}\right]$$

在点 P_0 处有

$$\begin{aligned}
\mathrm{d}^2w\big|_{P=P_0}&=w\sum_{k=1}^{n}\mathrm{d}\left(\frac{y_k}{1+y_k}-\frac{b}{mA}\right)\frac{\mathrm{d}y_k}{y_k}\bigg|_{P=P_0}\\
&=w\sum_{k=1}^{n}\mathrm{d}\left(\frac{y_k}{1+y_k}\right)\left(\frac{\mathrm{d}y_k}{y_k}\right)\bigg|_{P=P_0}-w\sum_{k=1}^{n}\frac{\mathrm{d}y_k}{y_k}\left[\mathrm{d}\left(\frac{1}{1+\frac{a}{b}A}\right)\right]\bigg|_{P=P_0}\\
&=\frac{w(P_0)}{y_0(1+y_0)^2}\sum_{k=1}^{n}(\mathrm{d}y_k)^2+\frac{w(P_0)}{y_0\left(1+\frac{a}{b}A\right)^2\Big|_{P=P_0}}\cdot\sum_{k=1}^{n}\left[\mathrm{d}y_k\left(\sum_{i=1}^{n}\frac{aA}{by_i}\mathrm{d}y_i\right)\right]\bigg|_{P=P_0}\\
&=\frac{w(P_0)}{y_0(1+y_0)^2}\left[\sum_{k=1}^{n}(\mathrm{d}y_k)^2+\left(\sum_{k=1}^{n}\mathrm{d}y_k\right)^2\right]>0\quad\left(\sum_{k=1}^{n}(\mathrm{d}y_k)^2\neq0\right)
\end{aligned}$$

所以函数 w 在点 P_0 处取得极小值, 此时

$$\begin{cases}
x_1=\dfrac{b}{A}=\dfrac{b}{y_0^n}=ay_0\\
x_2=x_1y_1=ay_0^2\\
x_3=x_2y_2=ay_0^3\\
\qquad\cdots\cdots\\
x_n=\dfrac{b}{y_n}=ay_0^n
\end{cases}$$

即 $a,x_1,x_2,\cdots,x_n,b$ 构成公比为 $y_0=\left(\dfrac{b}{a}\right)^{\frac{1}{n+1}}$ 的等比级数时, u 取值最大, 此时

$$u=\frac{1}{a(1+y_0)^{n+1}}=(a^{\frac{1}{n+1}}+b^{\frac{1}{n+1}})^{-(n+1)}$$

习题 13.3.2 多元函数的无约束极值

1. 求下列函数的极值点.

(1) $z=x^3+y^3-3xy$; (2) $z=x^2-xy+y^2-2x+y$;

(3) $z=\mathrm{e}^{2x+3y}(8x^2-6xy+3y^2)$; (4) $z=xy\sqrt{1-\dfrac{x^2}{a^2}-\dfrac{y^2}{a^2}}\,(a>0,b>0)$;

(5) $u=x+\dfrac{y^2}{4x}+\dfrac{z^2}{y}+\dfrac{2}{z}\,(x>0,y>0,z>0)$; (6) $u=x^2+y^2+z^2+2x+4y-6z$;

2. 求下列函数在指定范围内的最大值与最小值.

(1) $z=x^2-xy+y^2,(x,y)\in D=\{(x,y)\,||x|+|y|\leqslant 1\}$;

(2) $z=\sin x+\sin y-\sin(x+y),(x,y)\in D=\{(x,y)\,|x\geqslant 0,y\geqslant 0,x+y\leqslant 2\pi\}$;

(3) $u=(x+y+z)\,\mathrm{e}^{-(x+2y+z)}\,(x>0,y>0,z>0)$.

3. 在 xy 平面上求一点, 使它到三条直线 $x=0;y=0;x+2y-16=0$ 的距离平方和最小.

4. 证明函数 $z=(1+\mathrm{e}^y)\cos x-y\mathrm{e}^y$ 有无穷个极大值而无极小值.

5. 证明圆的所有外切三角形中以正三角形的面积最小.

6. 假设 $f(x,y)$ 在邻域 $U(P_0)$ 内有二阶连续偏导数, 且 f 在点 P_0 取得极大值, 证明:

$$(f_{xx}+f_{yy})|_{P_0}\leqslant 0$$

☞扫码学习

13.4 隐函数存在定理及应用

在一元函数微分学中已经讨论过由二元方程 $F(x,y)=0$ 所确定的隐函数的求导方法. 至于所给的二元方程在什么条件下才能唯一地确定一个连续可导的隐函数并没有研究, 这正是本节将要讨论的内容.

13.4.1 函数行列式

隐函数存在定理需要用到函数行列式的概念, 所以我们首先介绍关于函数行列式的几个概念和性质.

定义 13.4.1 定义在 $D\subset\mathbf{R}^n$ 上的 n 个函数 $f_i(x_1,x_2,\cdots,x_n),i=1,2,\cdots,n$ 的偏导数组成的矩阵和行列式

$$\begin{pmatrix}\dfrac{\partial f_1}{\partial x_1} & \dfrac{\partial f_1}{\partial x_2} & \cdots & \dfrac{\partial f_1}{\partial x_n}\\ \dfrac{\partial f_2}{\partial x_1} & \dfrac{\partial f_2}{\partial x_2} & \cdots & \dfrac{\partial f_2}{\partial x_n}\\ \vdots & \vdots & & \vdots\\ \dfrac{\partial f_n}{\partial x_1} & \dfrac{\partial f_n}{\partial x_2} & \cdots & \dfrac{\partial f_n}{\partial x_n}\end{pmatrix},\quad \begin{vmatrix}\dfrac{\partial f_1}{\partial x_1} & \dfrac{\partial f_1}{\partial x_2} & \cdots & \dfrac{\partial f_1}{\partial x_n}\\ \dfrac{\partial f_2}{\partial x_1} & \dfrac{\partial f_2}{\partial x_2} & \cdots & \dfrac{\partial f_2}{\partial x_n}\\ \vdots & \vdots & & \vdots\\ \dfrac{\partial f_n}{\partial x_1} & \dfrac{\partial f_n}{\partial x_2} & \cdots & \dfrac{\partial f_n}{\partial x_n}\end{vmatrix}$$

分别称为雅可比 (Jacobi) 矩阵和雅可比行列式, 其中雅可比行列式记为 $\dfrac{\partial(f_1,f_2,\cdots,f_n)}{\partial(x_1,x_2,\cdots,x_n)}$.

雅可比矩阵和行列式中的元素都为函数, 所以称为函数矩阵和函数行列式.

下面讨论雅可比矩阵和行列式的乘法运算性质. 设函数组

$$\left.\begin{array}{c} y_1 = f_1(x_1, x_2, \cdots, x_n) \\ y_2 = f_2(x_1, x_2, \cdots, x_n) \\ \cdots\cdots \\ y_n = f_n(x_1, x_2, \cdots, x_n) \end{array}\right\}, \qquad \left.\begin{array}{c} x_1 = \varphi_1(t_1, t_2, \cdots, t_n) \\ x_2 = \varphi_2(t_1, t_2, \cdots, t_n) \\ \cdots\cdots \\ x_n = \varphi_n(t_1, t_2, \cdots, t_n) \end{array}\right\}$$

其中 $(x_1, x_2, \cdots, x_n) \in D \subset \mathbf{R}^n, (t_1, t_2, \cdots, t_n) \in D^* \subset \mathbf{R}^n$, 且对任意的 $(t_1, t_2, \cdots, t_n) \in D^*$, 有相应的 $(x_1, x_2, \cdots, x_n) \in D$.

根据下面矩阵的每一个元素表达式,

$$\begin{vmatrix} \left(\dfrac{\partial y_1}{\partial x_1}\dfrac{\partial x_1}{\partial t_1} + \dfrac{\partial y_1}{\partial x_2}\dfrac{\partial x_2}{\partial t_1} + \cdots + \dfrac{\partial y_1}{\partial x_n}\dfrac{\partial x_n}{\partial t_1}\right), \cdots, \left(\dfrac{\partial y_1}{\partial x_1}\dfrac{\partial x_1}{\partial t_n} + \dfrac{\partial y_1}{\partial x_2}\dfrac{\partial x_2}{\partial t_n} + \cdots + \dfrac{\partial y_1}{\partial x_n}\dfrac{\partial x_n}{\partial t_n}\right) \\ \left(\dfrac{\partial y_2}{\partial x_1}\dfrac{\partial x_1}{\partial t_1} + \dfrac{\partial y_2}{\partial x_2}\dfrac{\partial x_2}{\partial t_1} + \cdots + \dfrac{\partial y_2}{\partial x_n}\dfrac{\partial x_n}{\partial t_1}\right), \cdots, \left(\dfrac{\partial y_2}{\partial x_1}\dfrac{\partial x_1}{\partial t_n} + \dfrac{\partial y_2}{\partial x_2}\dfrac{\partial x_2}{\partial t_n} + \cdots + \dfrac{\partial y_2}{\partial x_n}\dfrac{\partial x_n}{\partial t_n}\right) \\ \vdots \qquad\qquad\qquad\qquad \vdots \\ \left(\dfrac{\partial y_n}{\partial x_1}\dfrac{\partial x_1}{\partial t_1} + \dfrac{\partial y_n}{\partial x_2}\dfrac{\partial x_2}{\partial t_1} + \cdots + \dfrac{\partial y_n}{\partial x_n}\dfrac{\partial x_n}{\partial t_1}\right), \cdots, \left(\dfrac{\partial y_n}{\partial x_1}\dfrac{\partial x_1}{\partial t_n} + \dfrac{\partial y_n}{\partial x_2}\dfrac{\partial x_2}{\partial t_n} + \cdots + \dfrac{\partial y_n}{\partial x_n}\dfrac{\partial x_n}{\partial t_n}\right) \end{vmatrix}$$

进一步利用复合函数的求导法则,

$$\frac{\partial y_i}{\partial x_1}\frac{\partial x_1}{\partial t_k} + \frac{\partial y_i}{\partial x_2}\frac{\partial x_2}{\partial t_k} + \cdots + \frac{\partial y_i}{\partial x_n}\frac{\partial x_n}{\partial t_k} = \frac{\partial y_i}{\partial t_k}, \quad i, k = 1, 2, \cdots, n$$

因此

$$\frac{\partial(f_1, f_2, \cdots, f_n)}{\partial(x_1, x_2, \cdots, x_n)} \cdot \frac{\partial(x_1, x_2, \cdots, x_n)}{\partial(t_1, t_2, \cdots, t_n)}$$
$$= \begin{vmatrix} \dfrac{\partial y_1}{\partial x_1} & \dfrac{\partial y_1}{\partial x_2} & \cdots & \dfrac{\partial y_1}{\partial x_n} \\ \dfrac{\partial y_2}{\partial x_1} & \dfrac{\partial y_2}{\partial x_2} & \cdots & \dfrac{\partial y_2}{\partial x_n} \\ \vdots & \vdots & & \vdots \\ \dfrac{\partial y_n}{\partial x_1} & \dfrac{\partial y_n}{\partial x_2} & \cdots & \dfrac{\partial y_n}{\partial x_n} \end{vmatrix} \cdot \begin{vmatrix} \dfrac{\partial x_1}{\partial t_1} & \dfrac{\partial x_1}{\partial t_2} & \cdots & \dfrac{\partial x_1}{\partial t_n} \\ \dfrac{\partial x_2}{\partial t_1} & \dfrac{\partial x_2}{\partial t_2} & \cdots & \dfrac{\partial x_2}{\partial t_n} \\ \vdots & \vdots & & \vdots \\ \dfrac{\partial x_n}{\partial t_1} & \dfrac{\partial x_n}{\partial t_2} & \cdots & \dfrac{\partial x_n}{\partial t_n} \end{vmatrix} = \begin{vmatrix} \dfrac{\partial y_1}{\partial t_1} & \dfrac{\partial y_1}{\partial t_2} & \cdots & \dfrac{\partial y_1}{\partial t_n} \\ \dfrac{\partial y_2}{\partial t_1} & \dfrac{\partial y_2}{\partial t_2} & \cdots & \dfrac{\partial y_2}{\partial t_n} \\ \vdots & \vdots & & \vdots \\ \dfrac{\partial y_n}{\partial t_1} & \dfrac{\partial y_n}{\partial t_2} & \cdots & \dfrac{\partial y_n}{\partial t_n} \end{vmatrix}$$

于是得到雅可比行列式的如下性质.

定理 13.4.1 设函数组 $f_i(x_1, x_2, \cdots, x_n), x_i(t_1, t_2, \cdots, t_n), i = 1, 2, \cdots, n$ 分别在其定义域内具有连续的偏导数, 且满足复合函数的条件, 则

$$\frac{\partial(y_1, y_2, \cdots, y_n)}{\partial(x_1, x_2, \cdots, x_n)} \cdot \frac{\partial(x_1, x_2, \cdots, x_n)}{\partial(t_1, t_2, \cdots, t_n)} = \frac{\partial(y_1, y_2, \cdots, y_n)}{\partial(t_1, t_2, \cdots, t_n)}$$

定理 13.4.2 设函数组 $y_i = f_i(x_1, x_2, \cdots, x_n), i = 1, 2, \cdots, n$ 在 D 内具有连续的偏导数以及具有连续偏导数的反函数组 $x_i(y_1, y_2, \cdots, y_n), i = 1, 2, \cdots, n$, 则

$$\frac{\partial(y_1, y_2, \cdots, y_n)}{\partial(x_1, x_2, \cdots, x_n)} \cdot \frac{\partial(x_1, x_2, \cdots, x_n)}{\partial(y_1, y_2, \cdots, y_n)} = 1$$

例 13.4.1 设有函数组 $\begin{cases} y_1 = x_1^2 + x_2^2 + x_3^2, \\ y_2 = x_1 + x_3, \\ y_3 = \mathrm{e}^{x_1+x_2} \end{cases}$ 和 $\begin{cases} x_1 = t_1 + t_2, \\ x_2 = t_1t_2t_3, \\ x_3 = t_3, \end{cases}$ 求 $\dfrac{\partial(y_1,y_2,y_3)}{\partial(t_1,t_2,t_3)}$.

解 由题中条件, x_1,x_2,x_3,y_1,y_2,y_3 在各自定义域内可微. 所以

$$\begin{aligned}\frac{\partial(y_1,y_2,y_3)}{\partial(t_1,t_2,t_3)} &= \frac{\partial(y_1,y_2,y_3)}{\partial(x_1,x_2,x_3)}\cdot\frac{\partial(x_1,x_2,x_3)}{\partial(t_1,t_2,t_3)} \\ &= \begin{vmatrix} 2x_1 & 2x_2 & 2x_3 \\ 1 & 0 & 1 \\ \mathrm{e}^{x_1+x_2} & \mathrm{e}^{x_1+x_2} & 0 \end{vmatrix}\cdot\begin{vmatrix} 1 & 1 & 0 \\ t_2t_3 & t_1t_3 & t_1t_2 \\ 0 & 0 & 1 \end{vmatrix} \\ &= \begin{vmatrix} 2x_1+2x_2t_2t_3 & 2x_1+2x_2t_1t_3 & 2x_2t_1t_2+2x_3 \\ 1 & 1 & 1 \\ \mathrm{e}^{x_1+x_2}(1+t_2t_3) & \mathrm{e}^{x_1+x_2}(1+t_1t_3) & \mathrm{e}^{x_1+x_2}t_1t_2 \end{vmatrix}\end{aligned}$$

例 13.4.2 设有函数组 $\begin{cases} y_1 = x_1 + x_2 + x_3, \\ y_2 = x_1 + x_3, \\ y_3 = x_1 + x_2, \end{cases}$ 验证 $\dfrac{\partial(y_1,y_2,y_3)}{\partial(x_1,x_2,x_3)}\cdot\dfrac{\partial(x_1,x_2,x_3)}{\partial(y_1,y_2,y_3)} = 1$.

证明 由于 $\dfrac{\partial(y_1,y_2,y_3)}{\partial(x_1,x_2,x_3)} = \begin{vmatrix} 1 & 1 & 1 \\ 1 & 0 & 1 \\ 1 & 1 & 0 \end{vmatrix} = 1 \neq 0$, 所以原函数组存在反函数组. 由原函数组可解得反函数组 $\begin{cases} x_1 = -y_1 + y_2 + y_3, \\ x_2 = y_1 - y_2, \\ x_3 = y_1 - y_3, \end{cases}$ 所以

$$\frac{\partial(y_1,y_2,y_3)}{\partial(x_1,x_2,x_3)}\cdot\frac{\partial(x_1,x_2,x_3)}{\partial(y_1,y_2,y_3)} = \begin{vmatrix} 1 & 1 & 1 \\ 1 & 0 & 1 \\ 1 & 1 & 0 \end{vmatrix}\cdot\begin{vmatrix} -1 & 1 & 1 \\ 1 & -1 & 0 \\ 1 & 0 & -1 \end{vmatrix} = 1$$

结论得证.

习题 13.4.1 函数行列式

1. 计算下面问题的雅可比行列式.

(1) $\begin{cases} y_1 = x_1 + 5x_2 + x_3, \\ y_2 = x_1 + 8x_3, \\ y_3 = 3x_1 + x_2; \end{cases}$ (2) $\begin{cases} y_1 = \sin x_1 + x_2 + \cos x_3, \\ y_2 = x_1 + x_2 + x_3, \\ y_3 = x_1 + x_2 + \cos x_3. \end{cases}$

2. 设有函数组 $\begin{cases} y_1 = x_1^2 + 5x_2^2 + x_3^2, \\ y_2 = x_1 + 7x_3, \\ y_3 = \mathrm{e}^{x_1+x_2+x_3} \end{cases}$ 和 $\begin{cases} x_1 = t_1 + 2t_2, \\ x_2 = t_1t_2t_3, \\ x_3 = t_2t_3, \end{cases}$ 计算 $\dfrac{\partial(y_1,y_2,y_3)}{\partial(t_1,t_2,t_3)}$.

13.4.2 隐函数存在定理

讨论隐函数存在定理之前先回顾隐函数的概念.

定义 13.4.2 设 $A \subset \mathbf{R}, B \subset \mathbf{R}, F: A \times B \to \mathbf{R}$. 若存在 $I \subset A, J \subset B$, 对任意的 $x \in I$, 有唯一的 $y \in J$ 满足方程

$$F(x, y) = 0$$

则称二元方程 $F(x, y) = 0$ 确定了一个定义在 I 上, 值域属于 J 的隐函数 $y = f(x)$.

定义 13.4.3 设 $A \subset \mathbf{R}^n, B \subset \mathbf{R}, F: A \times B \to \mathbf{R}$. 若存在 $I \subset A, J \subset B$, 对任意的 $\boldsymbol{x}(x_1, x_2, \cdots, x_n) \in I$, 有唯一的 $y \in J$ 满足方程

$$F(x_1, x_2, \cdots, x_n, y) = 0$$

则称方程 $F(x_1, x_2, \cdots, x_n, y) = 0$ 确定了一个定义在 I 上, 值域属于 J 的 n 元隐函数

$$y = f(x_1, x_2, \cdots, x_n).$$

下面给出隐函数存在的充分条件.

定理 13.4.3 若二元函数 $F(x, y)$ 满足下列条件:

(1) $F(x, y) = 0$ 且在以 $P_0(x_0, y_0)$ 为内点的某个邻域 $D \subset \mathbf{R}^2$ 上连续;

(2) $F(x_0, y_0) = 0$;

(3) 在 D 内 $F(x, y)$ 存在连续的偏导数 $F_y(x, y)$;

(4) $F_y(x_0, y_0) \neq 0$.

则存在点 $P_0(x_0, y_0)$ 的某个邻域 $U(P_0; \delta) \subset D$, 方程 $F(x, y) = 0$ 唯一确定一个定义在 $(x_0 - \delta, x_0 + \delta)$ 内的隐函数 $y = f(x)$, 使得

(a) $y_0 = f(x_0)$;

(b) $F(x, f(x)) \equiv 0, \forall x \in (x_0 - \delta, x_0 + \delta)$;

(c) $y = f(x)$ 在 $(x_0 - \delta, x_0 + \delta)$ 内连续;

(d) 若在 D 内存在连续的偏导数 $F_x(x, y)$, 则 $y = f(x)$ 在其定义域 $(x_0 - \delta, x_0 + \delta)$ 内具有连续的导数

$$f'(x) = -\frac{F_x(x, y)}{F_y(x, y)}$$

证明 首先证明存在性. 由条件 (4), 不妨设 $F_y(x_0, y_0) > 0$. 由连续函数的局部保号性, 存在 $[x_0 - \beta, x_0 + \beta] \times [y_0 - \beta, y_0 + \beta] \subset D$, 在其上满足 $F_y(x, y) > 0$. 于是对任意 $x \in [x_0 - \beta, x_0 + \beta]$, $F(x, y)$ 关于 y 是严格单调递增函数. 又 $F(x_0, y_0) = 0$, 因此必有

$$F(x_0, y_0 - \beta) < 0, \quad F(x_0, y_0 + \beta) > 0$$

由条件 (1) 知, $F(x, y_0 - \beta), F(x, y_0 + \beta)$ 在 $[x_0 - \beta, x_0 + \beta]$ 上关于变量 x 连续, 因此存在 $0 < \delta < \beta$, 使得当 $x \in (x_0 - \delta, x_0 + \delta)$ 时

$$F(x, y_0 - \beta) < 0, \quad F(x, y_0 + \beta) > 0$$

对任意 $\bar{x} \in [x_0 - \delta, x_0 + \delta]$, 由于 $F(x, y)$ 关于 y 是严格单调递增函数, 由介值定理, 存在唯一的 $\bar{y} \in (y_0 - \beta, y_0 + \beta)$, 使得 $F(\bar{x}, \bar{y}) = 0$. 这说明对于任意的 $\bar{x} \in [x_0 - \delta, x_0 + \delta]$, 有唯

一确定的 $\bar{y}$ 与之对应. 由函数的定义, 若令 $\bar{y}=f(\bar{x})$, 则函数 $\bar{y}=f(\bar{x})$ 在 $[x_0-\delta,x_0+\delta]$ 内有定义, 并且满足 (a) 和 (b).

下面证明连续性. 由于任意 $\bar{x}\in(x_0-\delta,x_0+\delta)$, 存在唯一的 $\bar{y}\in(y_0-\beta,y_0+\beta)$ 满足 $F(\bar{x},\bar{y})=0$. 任取 $\varepsilon>0$ 使得 $y_0-\beta<\bar{y}-\varepsilon<\bar{y}+\varepsilon<y_0+\beta$, 由条件 (4), $F(\bar{x},\bar{y}-\varepsilon)<0$, $F(\bar{x},\bar{y}+\varepsilon)>0$. 由连续函数的局部保号性, 存在 $\delta'>0$, 使得当 $x\in(\bar{x}-\delta',\bar{x}+\delta')\subset(x_0-\delta,x_0+\delta)$ 时,

$$F(x,\bar{y}-\varepsilon)<0,\quad F(x,\bar{y}+\varepsilon)>0$$

于是对任意 $x\in(\bar{x}-\delta',\bar{x}+\delta')$, 存在 $y\in(\bar{y}-\varepsilon,\bar{y}+\varepsilon)$, 使得 $F(x,y)=0$. 因此有

$$|x-\bar{x}|<\delta':|f(x)-f(\bar{x})|<\varepsilon$$

因此 $y=f(x)$ 在任意 $\bar{x}\in(x_0-\delta,x_0+\delta)$ 处连续. 结论 (3) 得证.

下面证明可微性. 由于

$$\begin{aligned}&\forall x,x+\Delta x\in(x_0-\alpha,x_0+\alpha),F(x,y)=0,F(x+\Delta x,y+\Delta y)=0\\&y=f(x),\quad y+\Delta y=f(x+\Delta x)\in(y_0-\beta,y_0+\beta)\end{aligned}$$

由二元函数的中值定理,

$$\begin{aligned}&F(x+\Delta x,y+\Delta y)-F(x,y)\\=&F_x(x+\theta\Delta x,y+\theta\Delta y)\Delta x+F_y(x+\theta\Delta x,y+\theta\Delta y)\Delta y,\quad\theta\in(0,1)\end{aligned}$$

因此

$$\frac{\Delta y}{\Delta x}=-\frac{F_x(x+\theta\Delta x,y+\theta\Delta y)}{F_y(x+\theta\Delta x,y+\theta\Delta y)}$$

由已知条件, $F_x(x,y),F_y(x,y)$ 在 D 内连续, 在上式两边令 $\Delta x\to0,\Delta y\to0$ 得

$$f'(x)=-\frac{F_x(x,y)}{F_y(x,y)}$$

且 $f'(x)$ 在 $(x_0-\delta,x_0+\delta)$ 内连续. 结论得证.

在隐函数存在定理中, 将二元函数 $F(x,y)$ 中的 x 换成 $\boldsymbol{x}\in\mathbf{R}^n$, 就可以得到多元隐函数的存在定理.

定理 13.4.4 若函数 $F(x_1,x_2,\cdots,x_n,y)$ 满足下列条件:

(1) F 在以点 $P_0\left(x_1^0,x_2^0,\cdots,x_n^0,y^0\right)$ 为内点的某区域 $D\subset\mathbf{R}^{n+1}$ 内连续;

(2) $F\left(x_1^0,x_2^0,\cdots,x_n^0,y^0\right)=0$;

(3) 偏导数 $F_{x_1},F_{x_2},\cdots,F_{x_n},F_y$ 在 D 内存在且连续;

(4) $F_y\left(x_1^0,x_2^0,\cdots,x_n^0,y^0\right)\neq0$.

则在点 P_0 的某个邻域 $U(P_0)\subset D$ 内, 方程 $F(x_1,x_2,\cdots,x_n,y)=0$ 唯一确定定义在 $\boldsymbol{x}_0\left(x_1^0,x_2^0,\cdots,x_n^0\right)$ 的某个邻域 $U(\boldsymbol{x}_0)\subset\mathbf{R}^n$ 内的 n 元连续函数 $y=f(x_1,x_2,\cdots,x_n)$, 使得

(a) 当 $\boldsymbol{x}(x_1,x_2,\cdots,x_n)\in U(\boldsymbol{x}_0)$ 时,

$$\begin{aligned}&(x_1,x_2,\cdots,x_n,f(x_1,x_2,\cdots,x_n))\in U(P_0)\\&F(x_1,x_2,\cdots,x_n,f(x_1,x_2,\cdots,x_n))\equiv 0\\&y^0=f(x_1^0,x_2^0,\cdots,x_n^0)\end{aligned}$$

(b) $y=f(x_1,x_2,\cdots,x_n)$ 在 $U(\boldsymbol{x}_0)$ 内有连续偏导数且

$$f_{x_1}=-\frac{F_{x_1}}{F_y},\cdots,f_{x_n}=-\frac{F_{x_n}}{F_y}$$

例 13.4.3 讨论在原点附近方程 $\cos(x+y)+\mathrm{e}^{y+x^2}+3x-x^3y^3=2$ 是否存在唯一连续可导的隐函数.

解 设 $F(x,y)=\cos(x+y)+\mathrm{e}^{y+x^2}+3x-x^3y^3-2$, 则

$$\begin{aligned}F_x(x,y)&=-\sin(x+y)+2x\mathrm{e}^{y+x^2}+3-3x^2y^3\\F_y(x,y)&=-\sin(x+y)+\mathrm{e}^{y+x^2}-3x^3y^2\end{aligned}$$

因此 $F(x,y),F_x(x,y),F_y(x,y)$ 在 $\mathbf{R}^2$ 上连续且

$$F(0,0)=0,\quad F_x(0,0)=3\neq 0,\quad F_y(0,0)=1\neq 0$$

由隐函数存在定理, 在原点附近原方程可以唯一确定可微隐函数 $y=f(x)$, 也可以唯一确定可微隐函数 $x=\varphi(y)$. 如图 13.4.1 所示, 在原点附近的曲线决定了隐函数.

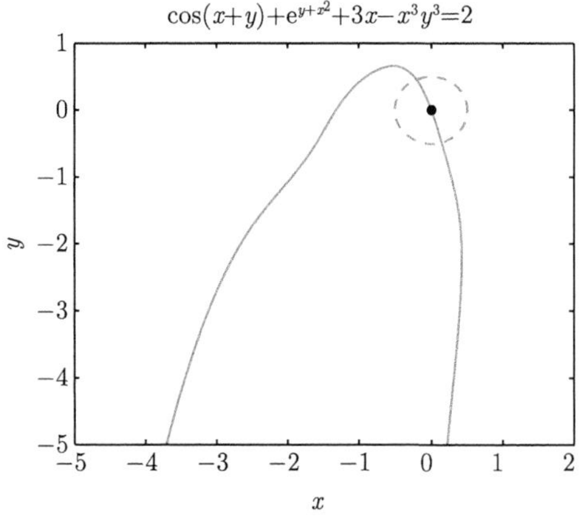

图 13.4.1

例 13.4.4 讨论在原点附近方程 $x^2+y=\sin(xy)$ 是否存在唯一连续可导的隐函数.

解 设 $F(x,y)=x^2+y-\sin(xy)$, 则

$$F_x(x,y)=2x-y\cos xy,\quad F_y(x,y)=1-x\cos xy$$

因此 $F(x,y),F_x(x,y),F_y(x,y)$ 在 $\mathbf{R}^2$ 上连续且 $F(0,0)=0,F_x(0,0)=0,F_y(0,0)=1$. 根据隐函数存在定理, 在原点附近可以唯一确定可微隐函数 $y=f(x)$, 但不能确定可微隐函数 $x=\varphi(y)$.

例 13.4.5 方程 $x^2+y^2=1$ 可以确定多少个单值函数, 连续的单值函数?

解 可确定无穷多个单值函数:

$$y_n(x)=\begin{cases}\sqrt{1-x^2}, & -1\leqslant x\leqslant 1, x\neq \dfrac{1}{n},\\ -\sqrt{1-x^2}, & x=\dfrac{1}{n},\end{cases}\quad n\in \mathbf{N}^*$$

连续的单值函数

$$y(x)=\sqrt{1-x^2},\quad -1\leqslant x\leqslant 1$$
$$y(x)=-\sqrt{1-x^2},\quad -1\leqslant x\leqslant 1$$

例 13.4.6 方程 $x=y+\varphi(y), y\in \mathbf{R}, \varphi(0)=0, |\varphi'(y)|\leqslant k<1$. 则存在 $\delta>0$, 方程唯一确定一个隐函数 $y=y(x), x\in(-\delta,\delta)$.

证明 令 $F(x,y)=x-y-\varphi(y)$, 则 $F(0,0)=0$, $F(x,y), F_x(x,y), F_y(x,y)$ 连续, $F_y(0,0)=-1-\varphi'(0)<0$. 由隐函数存在定理, 存在 $\delta>0$, 方程 $x=y-\varphi(y)$ 唯一确定一个隐函数 $y=y(x), x\in(-\delta,\delta)$. 结论得证.

例 13.4.7 求方程 $xyz+\sqrt{x^2+y^2+z^2}+1=0$ 所确定的隐函数 $z=z(x,y)$ 在点 $(1,2,-2)$ 处的偏导数.

解 方法一: 将 $xyz+\sqrt{x^2+y^2+z^2}+1=0$ 两边分别对 x,y 求偏导, 得

$$yz+xyz_x+\frac{x+zz_x}{\sqrt{x^2+y^2+z^2}}=0\Rightarrow z_x=-\frac{yz\sqrt{x^2+y^2+z^2}+x}{xy\sqrt{x^2+y^2+z^2}+z},\quad z_x(1,2)=\frac{11}{4}$$
$$xz+xyz_y+\frac{y+zz_y}{\sqrt{x^2+y^2+z^2}}=0\Rightarrow z_y=-\frac{xz\sqrt{x^2+y^2+z^2}+y}{xy\sqrt{x^2+y^2+z^2}+z},\quad z_y(1,2)=1$$

方法二: 设 $F(x,y,z)=xyz+\sqrt{x^2+y^2+z^2}+1$, 则

$$F_x=yz+\frac{x}{\sqrt{x^2+y^2+z^2}},\quad F_y=xz+\frac{y}{\sqrt{x^2+y^2+z^2}},\quad F_z=xy+\frac{z}{\sqrt{x^2+y^2+z^2}}$$

于是 $z_x(x,y)=-\dfrac{F_x}{F_z}, z_y(x,y)=-\dfrac{F_y}{F_z}$, 得 $z_x(1,2)=\dfrac{11}{4}, z_y(1,2)=1$.

例 13.4.8 已知方程 $z^3-3xyz=a^2$ 确定隐函数 $z=z(x,y)$, 这里 F 具有二阶连续篇导数, 求 z_{xx}, z_{xy}, z_{yy}.

解 方程 $z^3-3xyz=a^2$ 两边分别对 x,y 求导, 得

$$3z^2z_x-3yz-3xyz_x=0\Rightarrow z_x=\frac{yz}{z^2-xy}$$
$$3z^2z_y-3xz-3xyz_y=0\Rightarrow z_y=\frac{xz}{z^2-xy}$$

继续求导

$$\left(z^2z_x-yz-xyz_x\right)_x=0\Rightarrow 2z\left(z_x\right)^2+z^2z_{xx}-yz_x-xyz_{xx}-yz_x=0$$
$$\Rightarrow z_{xx}=\frac{-2xy^3z}{\left(z^2-xy\right)^3}$$

同理可得$z_{yy}=\dfrac{-2yx^3z}{\left(z^2-xy\right)^3}$, 进一步

$$\left(z^2z_x-yz-xyz_x\right)_y=0\Rightarrow 2zz_yz_x+z^2z_{xy}-z-yz_y-xz_x-xyz_{xy}=0$$

$$\Rightarrow z_{xy}=\frac{z\left(z^4-2xyz^2-x^2y^2\right)}{\left(z^2-xy\right)^3}$$

例 13.4.9 已知方程 $F(x,x+y,x+y+z)=0$ 确定隐函数 $z=z(x,y)$, 这里 F 具有二阶连续偏导数. 求 z_x,z_y,z_{xx}.

解 记 $1\triangleq x,2\triangleq x+y,3\triangleq x+y+z$, 方程 $F(x,x+y,x+y+z)=F(1,2,3)=0$, 两边分别对 x,y 求导, 得

$$\begin{cases}F_1+F_2+(1+z_x)F_3=0,\\ F_2+(1+z_y)F_3=0\end{cases}\Rightarrow z_x=-1-\frac{F_1+F_2}{F_3},z_y=-1-\frac{F_2}{F_3}$$

由于

$$z_{xx}=-\frac{(F_1+F_2)_xF_3-(F_1+F_2)(F_3)_x}{(F_3)^2}$$

进一步求

$$(F_1(x,x+y,x+y+z))_x=F_{11}+F_{12}+(1+z_x)F_{13}$$

$$(F_2(x,x+y,x+y+z))_x=F_{21}+F_{22}+(1+z_x)F_{23}$$

$$(F_3(x,x+y,x+y+z))_x=F_{31}+F_{32}+(1+z_x)F_{33}$$

得 $z_{xx}=-\dfrac{1}{(F_3)^3}\left[(F_3)^2(F_{11}+2F_{12}+F_{22})-2(F_1+F_2)F_3(F_{13}+F_{23})+(F_1+F_2)^2F_{33}\right]$.

例 13.4.10 已知方程 $F\left(x+y+z,x^2+y^2+z^2\right)=0$ 确定隐函数 $z=z(x,y)$, 这里 F 具有二阶连续偏导数. 求 z_x,z_y,z_{xy}.

解 记 $1\triangleq x+y+z,2\triangleq x^2+y^2+z^2$, 方程 $F\left(x+y+z,x^2+y^2+z^2\right)=F(1,2)=0$, 两边分别对 x,y 求导, 得

$$\begin{cases}(1+z_x)F_1+(2x+2zz_x)F_2=0,\\ (1+z_y)F_1+(2y+2zz_y)F_2=0\end{cases}\Rightarrow z_x=-\frac{F_1+2xF_2}{F_1+2zF_2},z_y=-\frac{F_1+2yF_2}{F_1+2zF_2}$$

由于

$$z_{xy}=-\left(\frac{F_1+2xF_2}{F_1+2zF_2}\right)_y=-\frac{(F_1+2xF_2)_y(F_1+2zF_2)-(F_1+2xF_2)(F_1+2zF_2)_y}{(F_1+2zF_2)^2}$$

$$\begin{aligned}&(F_1+2xF_2)_y=(F_1)_y+(2xF_2)_y\\=&[(1+z_y)F_{11}+(2y+2zz_y)F_{12}]+2x[(1+z_y)F_{21}+(2y+2zz_y)F_{22}]\\&(F_1+2zF_2)_y=(F_1)_y+(2zF_2)_y\\=&[(1+z_y)F_{11}+(2y+2zz_y)F_{12}]+2z_yF_2+2z[(1+z_y)F_{21}+(2y+2zz_y)F_{22}]\end{aligned}$$

所以

$$z_{xy}=\frac{-4(x-z)(y-z)}{(F_1+2zF_2)^3}\left((F_1)^2F_{22}-2F_1F_2F_{12}+(F_2)^2F_{11}\right)-\frac{2F_2(F_1+2xF_2)(F_1+2yF_2)}{(F_1+2zF_2)^3}$$

习题 13.4.2 隐函数存在定理

1. 证明 Kepler 方程 $y-x-\varepsilon\sin y=0\,(0<\varepsilon<1)$ 唯一确定隐函数 $y=f(x)$.

2. 讨论方程组 $\begin{cases} x^2+y^2=\dfrac{z^2}{2}, \\ x+y+z=2 \end{cases}$ 在 $(1,-1,2)$ 附近能否确定存在隐函数方程组.

3. 求下列函数所确定的隐函数的导数.

(1) $\ln\sqrt{x^2+y^2}=\arctan\dfrac{y}{x}$, 求 $\dfrac{\mathrm{d}y}{\mathrm{d}x},\dfrac{\mathrm{d}^2y}{\mathrm{d}x^2}$.

(2) $x+y+z=\mathrm{e}^z$, 求 $\dfrac{\partial z}{\partial x},\dfrac{\partial^2 z}{\partial x^2}$.

(3) $a+\sqrt{a^2-y^2}=y\mathrm{e}^u, u=\dfrac{x+\sqrt{a^2-y^2}}{a}\,(a>0)$, 求 $\dfrac{\mathrm{d}y}{\mathrm{d}x},\dfrac{\mathrm{d}^2y}{\mathrm{d}x^2}$.

(4) $z=x^2+y^2$, 其中 $y=f(x)$ 是由 $x^2-xy+y^2=1$ 确定的隐函数, 求 $\dfrac{\mathrm{d}z}{\mathrm{d}x},\dfrac{\mathrm{d}^2z}{\mathrm{d}x^2}$.

(5) 设 $u=x^2+y^2+z^2$, 其中 $z=f(x,y)$ 是由方程 $x^2+y^2+z^2=3xyz$ 所确定的隐函数, 求 u_x,u_{xx}.

4. 求下列函数所确定的隐函数的导数, 这里 F 具有二阶连续的偏导数.

(1) 设 $F(xz,yz)=0$, 求 z_{xy}; (2) 设 $F(x-y,y-z,z-x)=0$, 求 z_x,z_y,z_{xy}.

5. 求下列隐函数的微分 $\mathrm{d}z,\mathrm{d}^2z$.

(1) $xyz=x+y+z$;　　(2) $z=x+\arctan\dfrac{y}{z-x}$;　　(3) $\dfrac{x}{z}=\ln\dfrac{z}{y}$.

13.4.3 隐函数组存在定理

定义 13.4.4 设 $F(x,y,u,v), G(x,y,u,v)$ 为定义在 $V\subset\mathbf{R}^4$ 上的两个四元函数, 若存在区域 $D\subset\mathbf{R}^2$, 对 D 内的每一个点 (x,y), 分别在区间 J,K 上有唯一对应的值 $u\in J,v\in K$ 满足

$$\begin{cases} F(x,y,u,v)=0 \\ G(x,y,u,v)=0 \end{cases}$$

则称上式的方程组唯一确定了定义域为 D, 值域分别为 J,K 的二元函数 $u=f(x,y),v=g(x,y)$.

定理 13.4.5(隐函数组存在定理) 设 $F(x,y,u,v), G(x,y,u,v)$ 定义在以点 $P_0(x_0,y_0,u_0,v_0)$ 为内点的区域 $V\subset\mathbf{R}^4$ 上, 且满足以下条件:

(1) $\begin{cases} F(x_0,y_0,u_0,v_0)=0, \\ G(x_0,y_0,u_0,v_0)=0; \end{cases}$

(2) 在 $V\subset\mathbf{R}^4$ 内, F,G 连续且对各个自变量具有连续的一阶偏导数;

(3) $J=\dfrac{\partial(F,G)}{\partial(u,v)}=\begin{vmatrix} F_u & F_v \\ G_u & G_v \end{vmatrix}$ 在 $P_0(x_0,y_0,u_0,v_0)$ 不为零.

则在点 $P_0(x_0,y_0,u_0,v_0)$ 的某个邻域 $U(P_0)\subset V$ 内, 唯一确定两个隐函数

$$u=f(x,y),v=g(x,y),\quad (x,y)\in U(Q_0),\quad Q_0=(x_0,y_0)$$

使得

(a) $u_0=f(x_0,y_0),v_0=g(x_0,y_0)$;

(b) 当 $(x,y)\in U(Q_0)$ 时, $(x,y,f(x,y),g(x,y))\in U(P_0)$ 且

$$\begin{cases} F(x,y,f(x,y),g(x,y))=0 \\ G(x,y,f(x,y),g(x,y))=0 \end{cases}$$

(c) $u=f(x,y), v=g(x,y)$ 在 $U(Q_0)$ 内连续;

(d) $u=f(x,y), v=g(x,y)$ 在 $U(Q_0)$ 内有一阶连续偏导数, 且

$$\frac{\partial u}{\partial x}=-\frac{1}{J}\frac{\partial(F,G)}{\partial(x,v)},\quad \frac{\partial v}{\partial x}=-\frac{1}{J}\frac{\partial(F,G)}{\partial(u,x)}$$
$$\frac{\partial u}{\partial y}=-\frac{1}{J}\frac{\partial(F,G)}{\partial(y,v)},\quad \frac{\partial v}{\partial y}=-\frac{1}{J}\frac{\partial(F,G)}{\partial(u,y)}$$

证明 隐函数组存在定理的证明与隐函数存在定理的证明类似, 这里只验证 (d). 把 u,v 看成 x,y 的函数, 在方程组

$$\begin{cases} F(x,y,f(x,y),g(x,y))=0 \\ G(x,y,f(x,y),g(x,y))=0 \end{cases}$$

两边对 x 求偏导, 得

$$\begin{cases} F_x(x,y,u,v)+F_u(x,y,u,v)\dfrac{\partial u}{\partial x}+F_v(x,y,u,v)\dfrac{\partial v}{\partial x}=0 \\ G_x(x,y,u,v)+G_u(x,y,u,v)\dfrac{\partial u}{\partial x}+G_v(x,y,u,v)\dfrac{\partial v}{\partial x}=0 \end{cases}$$

即得到关于 $\dfrac{\partial u}{\partial x},\dfrac{\partial v}{\partial x}$ 的线性代数方程组:

$$\begin{cases} F_u(x,y,u,v)\boxed{\dfrac{\partial u}{\partial x}}+F_v(x,y,u,v)\boxed{\dfrac{\partial v}{\partial x}}=-F_x(x,y,u,v) \\ G_u(x,y,u,v)\boxed{\dfrac{\partial u}{\partial x}}+G_v(x,y,u,v)\boxed{\dfrac{\partial v}{\partial x}}=-G_x(x,y,u,v) \end{cases}$$

解方程组得

$$\frac{\partial u}{\partial x}=-\frac{1}{J}\frac{\partial(F,G)}{\partial(x,v)},\quad \frac{\partial v}{\partial x}=-\frac{1}{J}\frac{\partial(F,G)}{\partial(u,x)}$$

同理可得

$$\frac{\partial u}{\partial y}=-\frac{1}{J}\frac{\partial(F,G)}{\partial(y,v)},\quad \frac{\partial v}{\partial y}=-\frac{1}{J}\frac{\partial(F,G)}{\partial(u,y)}$$

结论得证.

注 13.4.1 一般情况下, 方程组中方程的个数决定所确定的隐函数组中隐函数的个数.

定理 13.4.6 给定方程组

$$\begin{cases} F_1(x_1,x_2,\cdots,x_n,y_1,y_2,\cdots,y_m)=0 \\ F_2(x_1,x_2,\cdots,x_n,y_1,y_2,\cdots,y_m)=0 \\ \cdots\cdots \\ F_m(x_1,x_2,\cdots,x_n,y_1,y_2,\cdots,y_m)=0 \end{cases}$$

如果满足条件

(1) 在点 $P_0\left(x_1^0,x_2^0,\cdots,x_n^0,y_1^0,y_2^0,\cdots,y_m^0\right)$ 的某邻域 $D\subset\mathbf{R}^{n+m}$ 内, $F_i(x_1,x_2,\cdots,x_n,y_1,y_2,\cdots,y_m)$ 连续且对一切变量有连续偏导数, $i=1,2,\cdots,m$.

(2) $\begin{cases}F_1\left(x_1^0,x_2^0,\cdots,x_n^0,y_1^0,y_2^0,\cdots,y_m^0\right)=0,\\F_2\left(x_1^0,x_2^0,\cdots,x_n^0,y_1^0,y_2^0,\cdots,y_m^0\right)=0,\\\qquad\cdots\cdots\\F_m\left(x_1^0,x_2^0,\cdots,x_n^0,y_1^0,y_2^0,\cdots,y_m^0\right)=0;\end{cases}$

(3) $\left.\dfrac{\partial\left(F_1,F_2,\cdots,F_m\right)}{\partial\left(y_1,y_2,\cdots,y_m\right)}\right|_{P_0}\neq 0.$

则

(a) 在点 P_0 的某个邻域 Δ 内, 方程组唯一确定了隐函数组:

$$\begin{cases}y_1=f_1\left(x_1,x_2,\cdots,x_n\right)\\y_2=f_2\left(x_1,x_2,\cdots,x_n\right)\\\qquad\cdots\cdots\\y_m=f_m\left(x_1,x_2,\cdots,x_n\right)\end{cases}$$

其中 Δ 为以点 $\left(x_1^0,x_2^0,\cdots,x_n^0\right)$ 为中心的邻域.

(b) 函数组 $y_i=f_i\left(x_1,x_2,\cdots,x_n\right),i=1,2,\cdots,m$ 在 Δ 内连续.

(c) 函数组 $y_i=f_i\left(x_1,x_2,\cdots,x_n\right),i=1,2,\cdots,m$ 在 Δ 内对所有自变量有连续偏导数, 且对 $x_j,j=1,2,\cdots,n$ 的偏导数可以由下式确定

$$\begin{pmatrix}\dfrac{\partial y_1}{\partial x_1}&\dfrac{\partial y_1}{\partial x_2}&\cdots&\dfrac{\partial y_1}{\partial x_n}\\\dfrac{\partial y_2}{\partial x_1}&\dfrac{\partial y_2}{\partial x_2}&\cdots&\dfrac{\partial y_2}{\partial x_n}\\\vdots&\vdots&&\vdots\\\dfrac{\partial y_m}{\partial x_1}&\dfrac{\partial y_m}{\partial x_2}&\cdots&\dfrac{\partial y_m}{\partial x_n}\end{pmatrix}$$
$$=-\begin{pmatrix}\dfrac{\partial F_1}{\partial y_1}&\dfrac{\partial F_1}{\partial y_2}&\cdots&\dfrac{\partial F_1}{\partial y_m}\\\dfrac{\partial F_2}{\partial y_1}&\dfrac{\partial F_2}{\partial y_2}&\cdots&\dfrac{\partial F_2}{\partial y_m}\\\vdots&\vdots&&\vdots\\\dfrac{\partial F_m}{\partial y_1}&\dfrac{\partial F_m}{\partial y_2}&\cdots&\dfrac{\partial F_m}{\partial y_m}\end{pmatrix}^{-1}\begin{pmatrix}\dfrac{\partial F_1}{\partial x_1}&\dfrac{\partial F_1}{\partial x_2}&\cdots&\dfrac{\partial F_1}{\partial x_n}\\\dfrac{\partial F_2}{\partial x_1}&\dfrac{\partial F_2}{\partial x_2}&\cdots&\dfrac{\partial F_2}{\partial x_n}\\\vdots&\vdots&&\vdots\\\dfrac{\partial F_m}{\partial x_1}&\dfrac{\partial F_m}{\partial x_2}&\cdots&\dfrac{\partial F_m}{\partial x_n}\end{pmatrix}$$

证明 只验证 (c). 在方程组

$$\begin{cases}F_1\left(x_1,x_2,\cdots,x_n,y_1,y_2,\cdots,y_m\right)=0\\F_2\left(x_1,x_2,\cdots,x_n,y_1,y_2,\cdots,y_m\right)=0\\\qquad\cdots\cdots\\F_m\left(x_1,x_2,\cdots,x_n,y_1,y_2,\cdots,y_m\right)=0\end{cases}$$

两边对 x_1 求偏导, 得

$$\begin{cases}\dfrac{\partial F_1}{\partial x_1}+\dfrac{\partial F_1}{\partial y_1}\dfrac{\partial y_1}{\partial x_1}+\dfrac{\partial F_1}{\partial y_2}\dfrac{\partial y_2}{\partial x_1}+\cdots+\dfrac{\partial F_1}{\partial y_m}\dfrac{\partial y_m}{\partial x_1}=0\\ \dfrac{\partial F_2}{\partial x_1}+\dfrac{\partial F_2}{\partial y_1}\dfrac{\partial y_1}{\partial x_1}+\dfrac{\partial F_2}{\partial y_2}\dfrac{\partial y_2}{\partial x_1}+\cdots+\dfrac{\partial F_2}{\partial y_m}\dfrac{\partial y_m}{\partial x_1}=0\\ \cdots\cdots\\ \dfrac{\partial F_m}{\partial x_1}+\dfrac{\partial F_m}{\partial y_1}\dfrac{\partial y_1}{\partial x_1}+\dfrac{\partial F_m}{\partial y_2}\dfrac{\partial y_2}{\partial x_1}+\cdots+\dfrac{\partial F_m}{\partial y_m}\dfrac{\partial y_m}{\partial x_1}=0\end{cases}$$

即得到以 $\left(\dfrac{\partial y_1}{\partial x_1},\dfrac{\partial y_2}{\partial x_1},\cdots,\dfrac{\partial y_m}{\partial x_1}\right)$ 为未知数的线性代数方程组:

$$\begin{pmatrix}\dfrac{\partial F_1}{\partial x_1}\\ \dfrac{\partial F_2}{\partial x_1}\\ \vdots\\ \dfrac{\partial F_m}{\partial x_1}\end{pmatrix}=-\begin{pmatrix}\dfrac{\partial F_1}{\partial y_1}&\dfrac{\partial F_1}{\partial y_2}&\cdots&\dfrac{\partial F_1}{\partial y_m}\\ \dfrac{\partial F_2}{\partial y_1}&\dfrac{\partial F_2}{\partial y_2}&\cdots&\dfrac{\partial F_2}{\partial y_m}\\ \vdots&\vdots&&\vdots\\ \dfrac{\partial F_m}{\partial y_1}&\dfrac{\partial F_m}{\partial y_2}&\cdots&\dfrac{\partial F_m}{\partial y_m}\end{pmatrix}\begin{pmatrix}\dfrac{\partial y_1}{\partial x_1}\\ \dfrac{\partial y_2}{\partial x_1}\\ \vdots\\ \dfrac{\partial y_m}{\partial x_1}\end{pmatrix}$$

解得

$$\begin{pmatrix}\dfrac{\partial y_1}{\partial x_1}\\ \dfrac{\partial y_2}{\partial x_1}\\ \vdots\\ \dfrac{\partial y_m}{\partial x_1}\end{pmatrix}=-\begin{pmatrix}\dfrac{\partial F_1}{\partial y_1}&\dfrac{\partial F_1}{\partial y_2}&\cdots&\dfrac{\partial F_1}{\partial y_m}\\ \dfrac{\partial F_2}{\partial y_1}&\dfrac{\partial F_2}{\partial y_2}&\cdots&\dfrac{\partial F_2}{\partial y_m}\\ \vdots&\vdots&&\vdots\\ \dfrac{\partial F_m}{\partial y_1}&\dfrac{\partial F_m}{\partial y_2}&\cdots&\dfrac{\partial F_m}{\partial y_m}\end{pmatrix}^{-1}\begin{pmatrix}\dfrac{\partial F_1}{\partial x_1}\\ \dfrac{\partial F_2}{\partial x_1}\\ \vdots\\ \dfrac{\partial F_m}{\partial x_1}\end{pmatrix}$$

于是

$$\begin{pmatrix}\dfrac{\partial y_1}{\partial x_i}\\ \dfrac{\partial y_2}{\partial x_i}\\ \vdots\\ \dfrac{\partial y_m}{\partial x_i}\end{pmatrix}=-\begin{pmatrix}\dfrac{\partial F_1}{\partial y_1}&\dfrac{\partial F_1}{\partial y_2}&\cdots&\dfrac{\partial F_1}{\partial y_m}\\ \dfrac{\partial F_2}{\partial y_1}&\dfrac{\partial F_2}{\partial y_2}&\cdots&\dfrac{\partial F_2}{\partial y_m}\\ \vdots&\vdots&&\vdots\\ \dfrac{\partial F_m}{\partial y_1}&\dfrac{\partial F_m}{\partial y_2}&\cdots&\dfrac{\partial F_m}{\partial y_m}\end{pmatrix}^{-1}\begin{pmatrix}\dfrac{\partial F_1}{\partial x_i}\\ \dfrac{\partial F_2}{\partial x_i}\\ \vdots\\ \dfrac{\partial F_m}{\partial x_i}\end{pmatrix},\quad i=1,2,3,\cdots,n$$

结论得证.

注 13.4.2 求解隐函数组的偏导数经常用到线性代数方程组的求解:

$$\begin{cases}a_{11}x_1+a_{12}x_2+a_{13}x_3+\cdots+a_{1n}x_n=b_1\\ a_{21}x_1+a_{22}x_2+a_{23}x_3+\cdots+a_{2n}x_n=b_2\\ \cdots\cdots\\ a_{n1}x_1+a_{n2}x_2+a_{n3}x_3+\cdots+a_{nn}x_n=b_n\end{cases}$$

$$\Rightarrow x_j = \frac{\begin{vmatrix} a_{11} & a_{12} & a_{13} & \cdots & b_1 & \cdots & a_{1n} \\ a_{21} & a_{22} & a_{23} & \cdots & b_2 & \cdots & a_{2n} \\ \vdots & \vdots & \vdots & & \vdots & & \vdots \\ a_{n1} & a_{n2} & a_{n3} & \cdots & b_n & \cdots & a_{nn} \end{vmatrix}}{\begin{vmatrix} a_{11} & a_{12} & a_{13} & \cdots & a_{1j} & \cdots & a_{1n} \\ a_{21} & a_{22} & a_{23} & \cdots & a_{2j} & \cdots & a_{2n} \\ \vdots & \vdots & \vdots & & \vdots & & \vdots \\ a_{n1} & a_{n2} & a_{n3} & \cdots & a_{nj} & \cdots & a_{nn} \end{vmatrix}}, \quad j = 1, 2, \cdots, n$$

例 13.4.11 讨论方程组 $\begin{cases} xy + yz^2 + 4 = 0, \\ x^2y + yz - z^2 + 5 = 0 \end{cases}$ 在点 $P_0(1, -2, 1)$ 附近能否确定隐函数组.

解 设

$$\begin{cases} F(x, y, z) = xy + yz^2 + 4 = 0 \\ G(x, y, z) = x^2y + yz - z^2 + 5 = 0 \end{cases}$$

则 $F(x, y, z), G(x, y, z)$ 在 $\mathbf{R}^3$ 上有任意阶的连续偏导数, 且

$$\left.\frac{\partial(F, G)}{\partial(x, y)}\right|_{P_0} = \left.\begin{vmatrix} y & x + z^2 \\ 2xy & x^2 + z \end{vmatrix}\right|_{P_0} = 4$$

$$\left.\frac{\partial(F, G)}{\partial(x, z)}\right|_{P_0} = \left.\begin{vmatrix} y & 2yz \\ 2xy & y - 2z \end{vmatrix}\right|_{P_0} = -8$$

$$\left.\frac{\partial(F, G)}{\partial(y, z)}\right|_{P_0} = \left.\begin{vmatrix} x + z^2 & 2yz \\ x^2 + z & y - 2z \end{vmatrix}\right|_{P_0} = 0$$

所以由隐函数组存在定理, 在点 $P_0(1, -2, 1)$ 附近可以确定 x, y 以 z 为自变量的隐函数组以及 x, z 以 y 为自变量的隐函数组.

例 13.4.12 设 $\begin{cases} xu^2 + v = y^3, \\ 2yu - xv^3 = 4x, \end{cases}$ 求 u_x, v_y.

解 在方程组两边分别对 x, y 求偏导, 得

$$\begin{cases} u^2 + 2uxu_x + v_x = 0, \\ 2yu_x - v^3 - 3xv^2v_x = 4; \end{cases} \qquad \begin{cases} 2xuu_y + v_y = 3y^2 \\ 2u + 2yu_y - 3xv^2v_y = 0 \end{cases}$$

整理为分别以 u_x, v_x 和 u_y, v_y 为未知数的线性代数方程组:

$$\begin{cases} (2ux)\boxed{u_x} + \boxed{v_x} = -u^2, \\ (2y)\boxed{u_x} - (3xv^2)\boxed{v_x} = 4 + v^3; \end{cases} \qquad \begin{cases} (2xu)\boxed{u_y} + \boxed{v_y} = 3y^2 \\ (2y)\boxed{u_y} - (3xv^2)\boxed{v_y} = -2u \end{cases}$$

解以 u_x, v_x 和 u_y, v_y 为未知数上述方程组得

$$u_x=\frac{\begin{vmatrix}-u^2 & 1\\ 4+v^3 & -3xv^2\end{vmatrix}}{\begin{vmatrix}2ux & 1\\ 2y & -3xv^2\end{vmatrix}}=\frac{v^3+4-3xu^2v^2}{6x^2uv^2+2y},\quad v_y=\frac{\begin{vmatrix}2xu & 3y^2\\ 2y & -2u\end{vmatrix}}{\begin{vmatrix}2xu & 1\\ 2y & -3xv^2\end{vmatrix}}=\frac{2xu^2+3y^3}{3x^2v^2u+y}$$

例 13.4.13 设 $\begin{cases}x+y^2=u,\\ y+z^2=v,\\ z+x^2=w,\end{cases}$ 求 x_{uu},x_{uv}.

解 在方程组两边对变量 u 求偏导, 得

$$\begin{cases}x_u+2yy_u=1,\\ y_u+2zz_u=0,\\ z_u+2xx_u=0\end{cases}\Rightarrow\begin{cases}\boxed{x_u}+2y\boxed{y_u}+0\boxed{z_u}=1\\ 0\boxed{x_u}+\boxed{y_u}+2z\boxed{z_u}=0\\ 2x\boxed{x_u}+0\boxed{y_u}+\boxed{z_u}=0\end{cases}$$

解以 x_u,y_u,z_u 为未知数的方程组得

$$x_u=\frac{\begin{vmatrix}1 & 2y & 0\\ 0 & 1 & 2z\\ 0 & 0 & 1\end{vmatrix}}{\begin{vmatrix}1 & 2y & 0\\ 0 & 1 & 2z\\ 2x & 0 & 1\end{vmatrix}}=\frac{1}{1+8xyz},\quad y_u=\frac{\begin{vmatrix}1 & 1 & 0\\ 0 & 0 & 2z\\ 2x & 0 & 1\end{vmatrix}}{\begin{vmatrix}1 & 2y & 0\\ 0 & 1 & 2z\\ 2x & 0 & 1\end{vmatrix}}=\frac{4xz}{1+8xyz}$$

$$z_u=\frac{\begin{vmatrix}1 & 2y & 1\\ 0 & 1 & 0\\ 2x & 0 & 0\end{vmatrix}}{\begin{vmatrix}1 & 2y & 0\\ 0 & 1 & 2z\\ 2x & 0 & 1\end{vmatrix}}=\frac{-2x}{1+8xyz}$$

在方程组两边对变量 v 求偏导得

$$\begin{cases}x_v+2yy_v=0,\\ y_v+2zz_v=1,\\ z_v+2xx_v=0\end{cases}\Rightarrow\begin{cases}\boxed{x_v}+2y\boxed{y_v}+0\boxed{z_v}=0\\ 0\boxed{x_v}+\boxed{y_v}+2z\boxed{z_v}=1\\ 2x\boxed{x_v}+0\boxed{y_v}+\boxed{z_v}=0\end{cases}$$

解以 x_v,y_v,z_v 为未知数的方程组得

$$x_v=\frac{-2y}{1+8xyz},\quad y_v=\frac{1}{1+8xyz},\quad z_v=\frac{4xy}{1+8xyz}$$

因此

$$x_{uu}=\frac{-8\left[x_uyz+xy_uz+xyz_u\right]}{(1+8xyz)^2}=\frac{16x^2y-8yz-32x^2z^2}{(1+8xyz)^2}$$

$$x_{uv}=\frac{-8\left[x_v yz+xy_v z+xyz_v\right]}{(1+8xyz)^2}=\frac{16y^2x-8xz-32x^2y^2}{(1+8xyz)^2}$$

下面考虑隐函数组存在定理的一个特例: 反函数组存在定理.

设函数组 $\begin{cases} x=x(u,v), \\ y=y(u,v) \end{cases}$ 定义在 uv 平面点集 $D\subset\mathbf{R}^2$ 上. 任意 $P(u,v)\in D$, 方程组确定了 xy 平面上唯一一点 $Q(x,y)\in\mathbf{R}^2$. 则称方程组确定了 D 到 $\mathbf{R}^2$ 的一个映射, 记作 T. 即

$$T:D\to\mathbf{R}^2:P(u,v)\to Q(x,y)$$

$Q(x,y)$ 称为在映射 T 下 $P(u,v)$ 的像, P 是 Q 的原像.

若 T 为一一映射, 对每一点 $Q(x,y)\in D^*$, 都有唯一一点 $P(u,v)\in D$ 与之对应. 这种对应称为映射 T 的逆映射 (逆变换), 记作 T^{-1}, 即 $T^{-1}:D^*\to D$.

若定义在 D^* 上的函数组 $\begin{cases} u=u(x,y), \\ v=v(x,y), \end{cases}$ 代入函数组 $\begin{cases} x=x(u,v), \\ y=y(u,v) \end{cases}$ 成为恒等式

$$\begin{cases} x\equiv x(u(x,y),v(x,y)) \\ y\equiv y(u(x,y),v(x,y)) \end{cases}$$

则称函数组 $\begin{cases} u=u(x,y), \\ v=v(x,y) \end{cases}$ 是函数组 $\begin{cases} x=x(u,v), \\ y=y(u,v) \end{cases}$ 的反函数组.

定理 13.4.7 (逆映射定理) 设函数组 $\begin{cases} x=x(u,v), \\ y=y(u,v), \end{cases}$ $(u,v)\in D, D\subset\mathbf{R}^2$ 为区域, $P_0(u_0,v_0)\in D$, $P_0'(x_0,y_0)=(x(u_0,v_0),y(u_0,v_0))$. 如果

(1) $x=x(u,v), y=y(u,v)$ 在 D 上连续且具有连续的一阶偏导数;

(2) 在点 $P_0(u_0,v_0)$, $\dfrac{\partial(x,y)}{\partial(u,v)}\neq 0$.

则有如下结论成立

(a) 以点 $P_0'(x_0,y_0)$ 为中心的邻域 $U(P_0';\delta)$ 内, 存在逆映射 $\begin{cases} u=u(x,y), \\ v=v(x,y); \end{cases}$

(b) $\begin{cases} u_0=u(x_0,y_0), \\ v_0=v(x_0,y_0); \end{cases}$

(c) $\begin{cases} \dfrac{\partial u}{\partial x}=\dfrac{\partial y}{\partial v}\Big/\dfrac{\partial(x,y)}{\partial(u,v)}, \dfrac{\partial u}{\partial y}=-\dfrac{\partial x}{\partial v}\Big/\dfrac{\partial(x,y)}{\partial(u,v)}, \\ \dfrac{\partial v}{\partial x}=-\dfrac{\partial y}{\partial u}\Big/\dfrac{\partial(x,y)}{\partial(u,v)}, \dfrac{\partial v}{\partial y}=\dfrac{\partial x}{\partial u}\Big/\dfrac{\partial(x,y)}{\partial(u,v)}. \end{cases}$

证明 考虑方程组

$$\begin{cases} F(x,y,u,v)=x-x(u,v)=0 \\ G(x,y,u,v)=y-y(u,v)=0 \end{cases}$$

根据假设, 在点 (x_0,y_0,u_0,v_0) 处满足

$$\frac{\partial(F,G)}{\partial(u,v)}=\frac{\partial(x,y)}{\partial(u,v)}\neq 0$$

由隐函数组存在定理, 在点 (x_0, y_0, u_0, v_0) 附近, 存在具有连续偏导数的函数组 $\begin{cases} u = u(x,y), \\ v = v(x,y), \end{cases}$ 满足

$$\begin{cases} x\left(u(x,y), v(x,y)\right) = x, \\ y\left(u(x,y), v(x,y)\right) = y, \end{cases} \quad (x,y) \in U\left(P_0'; \delta\right)$$

因此 $\begin{cases} u = u(x,y), \\ v = v(x,y), \end{cases}$ $(x,y) \in U\left(P_0'; \delta\right)$ 为逆映射. 在上式两边分别对变量 x, y 求偏导, 得

$$\begin{cases} \dfrac{\partial x}{\partial u}\dfrac{\partial u}{\partial x} + \dfrac{\partial x}{\partial v}\dfrac{\partial v}{\partial x} = 1, \\ \dfrac{\partial y}{\partial u}\dfrac{\partial u}{\partial x} + \dfrac{\partial y}{\partial v}\dfrac{\partial v}{\partial x} = 0, \end{cases} \quad \begin{cases} \dfrac{\partial x}{\partial u}\dfrac{\partial u}{\partial y} + \dfrac{\partial x}{\partial v}\dfrac{\partial v}{\partial y} = 0 \\ \dfrac{\partial y}{\partial u}\dfrac{\partial u}{\partial y} + \dfrac{\partial y}{\partial v}\dfrac{\partial v}{\partial y} = 1 \end{cases}$$

解方程组即可得到定理的结论. 结论得证.

例 13.4.14 平面上点 P 的直角坐标 (x,y) 与极坐标 (r,θ) 之间的坐标变换公式为 $x = r\cos\theta, y = r\sin\theta$, 求其反函数组.

解 由于

$$\frac{\partial(x,y)}{\partial(r,\theta)} = \begin{vmatrix} \cos\theta & -r\sin\theta \\ \sin\theta & r\cos\theta \end{vmatrix} = r$$

所以除原点外, 在任意点由函数组所确定的反函数组是

$$r = \sqrt{x^2+y^2}, \quad \theta = \begin{cases} \arctan\dfrac{y}{x}, & x > 0 \\ \pi + \arctan\dfrac{y}{x}, & x < 0 \end{cases}$$

例 13.4.15 如图 13.4.2 所示, 直角坐标系 (x,y,z) 与球坐标系 (r,θ,φ) 之间的变换公式为

$$\begin{cases} x = r\sin\theta\cos\varphi \\ y = r\sin\theta\sin\varphi \\ z = r\cos\theta \end{cases}$$

求其反函数组.

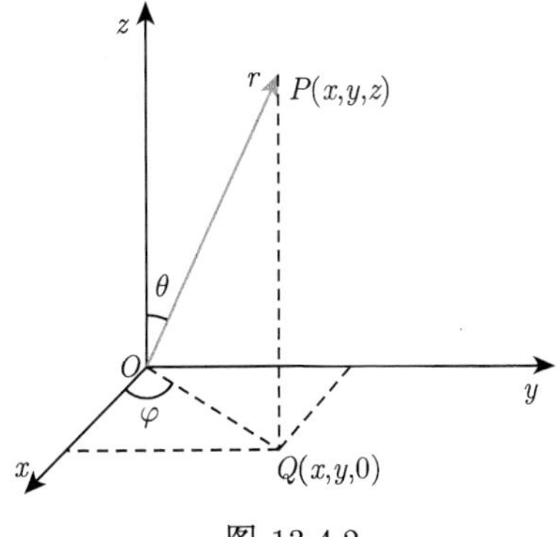

图 13.4.2

解 由于

$$\frac{\partial(x,y,z)}{\partial(r,\theta,\phi)}=\begin{vmatrix}\sin\theta\cos\phi & r\cos\theta\cos\phi & -r\sin\theta\sin\phi\\ \sin\theta\sin\phi & r\cos\theta\sin\phi & r\sin\theta\cos\phi\\ \cos\theta & -r\sin\theta & 0\end{vmatrix}=r^2\sin\theta$$

所以当 $r^2\sin\theta\neq 0$ 且除去 z 轴上的一切点时, 由上面的方程组可确定 r,ϕ,θ 为 $x,y,z(z>0)$ 的函数, 即

$$r=\sqrt{x^2+y^2+z^2},\quad \theta=\arccos\frac{z}{r},\quad \phi=\begin{cases}\arctan\dfrac{y}{x}, & x>0\\ \pi+\arctan\dfrac{y}{x}, & x<0\end{cases}$$

例 13.4.16 求方程组 $\begin{cases}x=\mathrm{e}^u+u\sin v,\\ y=\mathrm{e}^u-u\cos v\end{cases}$ 所确定的反函数组的偏导数.

解 方程组两边对 x 求偏导得

$$\begin{cases}1=(\mathrm{e}^u)\dfrac{\partial u}{\partial x}+\dfrac{\partial u}{\partial x}(\sin v)+(u\cos v)\dfrac{\partial v}{\partial x},\\ 0=(\mathrm{e}^u)\dfrac{\partial u}{\partial x}-\dfrac{\partial u}{\partial x}(\cos v)+(u\sin v)\dfrac{\partial v}{\partial x}\end{cases}\Rightarrow\begin{cases}1=(\mathrm{e}^u+\sin v)\boxed{\dfrac{\partial u}{\partial x}}+(u\cos v)\boxed{\dfrac{\partial v}{\partial x}}\\ 0=(\mathrm{e}^u-\cos v)\boxed{\dfrac{\partial u}{\partial x}}+(u\sin v)\boxed{\dfrac{\partial v}{\partial x}}\end{cases}$$

通过求解以 $\dfrac{\partial u}{\partial x},\dfrac{\partial v}{\partial x}$ 为未知数的线性方程组有

$$\frac{\partial u}{\partial x}=\frac{\begin{vmatrix}1 & u\cos v\\ 0 & u\sin v\end{vmatrix}}{\begin{vmatrix}\mathrm{e}^u+\sin v & u\cos v\\ \mathrm{e}^u-\cos v & u\sin v\end{vmatrix}}=\frac{u\sin v}{\mathrm{e}^u u(\sin v-\cos v)+u}$$

$$\frac{\partial v}{\partial x}=\frac{\begin{vmatrix}\mathrm{e}^u+\sin v & 1\\ \mathrm{e}^u-\cos v & 0\end{vmatrix}}{\begin{vmatrix}\mathrm{e}^u+\sin v & u\cos v\\ \mathrm{e}^u-\cos v & u\sin v\end{vmatrix}}=\frac{\cos v-\mathrm{e}^u}{\mathrm{e}^u u(\sin v-\cos v)+u}$$

方程组两边同时对 y 求偏导得

$$\begin{cases}0=\mathrm{e}^u\dfrac{\partial u}{\partial y}+\dfrac{\partial u}{\partial y}\sin v+(u\cos v)\dfrac{\partial v}{\partial y},\\ 1=\mathrm{e}^u\dfrac{\partial u}{\partial y}-\dfrac{\partial u}{\partial y}\cos v+u\sin v\dfrac{\partial v}{\partial y}\end{cases}\Rightarrow\begin{cases}0=(\mathrm{e}^u+\sin v)\boxed{\dfrac{\partial u}{\partial y}}+(u\cos v)\boxed{\dfrac{\partial v}{\partial y}}\\ 1=(\mathrm{e}^u-\cos v)\boxed{\dfrac{\partial u}{\partial y}}+(u\sin v)\boxed{\dfrac{\partial v}{\partial y}}\end{cases}$$

通过求解以 $\dfrac{\partial u}{\partial y},\dfrac{\partial v}{\partial y}$ 为未知数的线性方程组有

$$\frac{\partial u}{\partial y}=\frac{\begin{vmatrix}0 & u\cos v\\ 1 & u\sin v\end{vmatrix}}{\begin{vmatrix}\mathrm{e}^u+\sin v & u\cos v\\ \mathrm{e}^u-\cos v & u\sin v\end{vmatrix}}=\frac{-u\cos v}{\mathrm{e}^u u(\sin v-\cos v)+u}$$

$$\frac{\partial v}{\partial y}=\frac{\begin{vmatrix} e^{u}+\sin v & 0 \\ e^{u}-\cos v & 1 \end{vmatrix}}{\begin{vmatrix} e^{u}+\sin v & u\cos v \\ e^{u}-\cos v & u\sin v \end{vmatrix}}=\frac{e^{u}+\sin v}{e^{u}u\left(\sin v-\cos v\right)+u}$$

习题 13.4.3 隐函数组存在定理

1. 求下列方程组所确定的隐函数的导数.

(1) $\begin{cases} x+y+z=1, \\ x^2+y^2+z^2=1, \end{cases}$ 求 $\dfrac{\mathrm{d}x}{\mathrm{d}z},\dfrac{\mathrm{d}y}{\mathrm{d}z}$;

(2) $\begin{cases} xu^2+v=y^3, \\ 2yu-zv^3=4x, \end{cases}$ 求 $\dfrac{\partial u}{\partial x},\dfrac{\partial u}{\partial y}$;

(3) $\begin{cases} u=f\left(ux,y+v\right), \\ v=g\left(u-x,v^2y\right), \end{cases}$ 求 $\dfrac{\partial u}{\partial x},\dfrac{\partial u}{\partial y}$.

2. 设 $u\left(x\right)$ 由下面方程组所确定, 计算 $\dfrac{\mathrm{d}u}{\mathrm{d}x},\dfrac{\mathrm{d}^2u}{\mathrm{d}x^2}$.

$$\begin{cases} u-f\left(x,y,z\right) \\ g\left(x,y,z\right)=0 \\ h\left(x,y,z\right)=0 \end{cases}$$

3. 设 $u\left(x,y\right)$ 由下面方程组所确定, 计算 $\dfrac{\partial u}{\partial x},\dfrac{\partial u}{\partial y}$.

$$\begin{cases} u=f\left(x,y,z,t\right) \\ g\left(y,z,t\right)=0 \\ h\left(z,t\right)=0 \end{cases}$$

4. 设 $\begin{cases} u+v=x+y, \\ \dfrac{\sin u}{\sin v}=\dfrac{x}{y}, \end{cases}$ 计算 $\mathrm{d}u,\mathrm{d}v,\mathrm{d}^2u,\mathrm{d}^2v$.

5. 设 $\begin{cases} x=u\cos\dfrac{v}{u}, \\ y=u\sin\dfrac{v}{u}, \end{cases}$ 计算 $\dfrac{\partial u}{\partial x},\dfrac{\partial u}{\partial y}$.

13.4.4 隐函数的应用: 方程换元

本节通过一些例子来熟悉隐函数在方程换元上的应用.

例 13.4.17 设二元函数 f 具有二阶连续偏导数, 通过线性变换 $\begin{cases} u=x+\lambda y, \\ v=x+\mu y, \end{cases}$ 将方程

$$A\frac{\partial^2 f}{\partial x^2}+2B\frac{\partial^2 f}{\partial x\partial y}+C\frac{\partial^2 f}{\partial y^2}=0\quad\left(AC-B^2<0\right)$$

化为 $\dfrac{\partial^2 f}{\partial u\partial v}=0$, 其中 λ,μ 为一元二次方程 $A+2Bt+Ct^2=0$ 的两个相异实根.

解 函数 f, f_u, f_v 的复合结构图如图 13.4.3, 由于

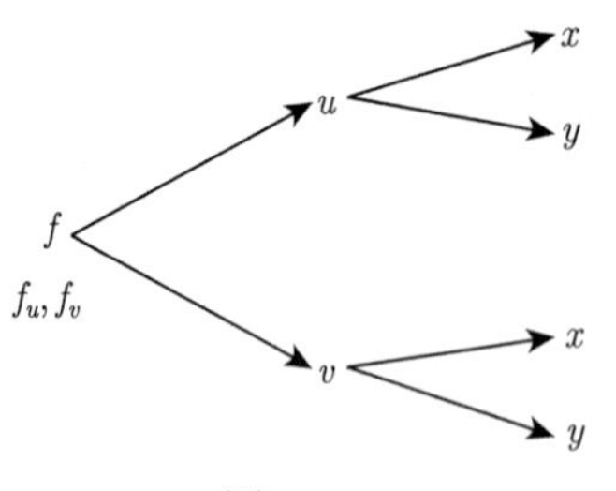

图 13.4.3

$$\frac{\partial f}{\partial x}=\frac{\partial f}{\partial u}+\frac{\partial f}{\partial v},\quad \frac{\partial f}{\partial y}=\lambda\frac{\partial f}{\partial u}+\mu\frac{\partial f}{\partial v}$$

通过 $\frac{\partial f}{\partial u},\frac{\partial f}{\partial v}$ 的复合结构 (图 13.4.3), 得到

$$\frac{\partial^2 f}{\partial x^2}=\frac{\partial^2 f}{\partial u^2}+\frac{\partial^2 f}{\partial u\partial v}+\frac{\partial^2 f}{\partial v^2}+\frac{\partial^2 f}{\partial u\partial v}=\frac{\partial^2 f}{\partial u^2}+2\frac{\partial^2 f}{\partial u\partial v}+\frac{\partial^2 f}{\partial v^2}$$

同理可得

$$\frac{\partial^2 f}{\partial y^2}=\lambda^2\frac{\partial^2 f}{\partial u^2}+2\lambda\mu\frac{\partial^2 f}{\partial u\partial v}+\mu^2\frac{\partial^2 f}{\partial v^2}$$
$$\frac{\partial^2 f}{\partial x\partial y}=\lambda\frac{\partial^2 f}{\partial u^2}+(\lambda+\mu)\frac{\partial^2 f}{\partial u\partial v}+\mu\frac{\partial^2 f}{\partial v^2}$$

代入原方程得

$$(A+2B\lambda+C\lambda^2)\frac{\partial^2 f}{\partial u^2}+(A+2B\mu+C\mu^2)\frac{\partial^2 f}{\partial v^2}$$
$$+2[A+B(\lambda+\mu)+C\lambda\mu]\frac{\partial^2 f}{\partial u\partial v}=0$$

因为 $AC-B^2<0$, 方程 $A+2Bt+Ct^2=0$ 有两个相异的实根, 记为 λ,μ, 则 $\lambda+\mu=-\frac{2B}{C},\lambda\mu=\frac{A}{C}$, 代入上式得

$$2\left(A+B\frac{-2B}{C}+C\frac{A}{C}\right)\frac{\partial^2 f}{\partial u\partial v}=\frac{4}{C}(AC-B^2)\frac{\partial^2 f}{\partial u\partial v}=0$$

因为 $AC-B^2\neq 0$, 所以 $\frac{\partial^2 f}{\partial u\partial v}=0$. 即

$$A\frac{\partial^2 f}{\partial x^2}+2B\frac{\partial^2 f}{\partial x\partial y}+C\frac{\partial^2 f}{\partial y^2}=0\Leftrightarrow\frac{\partial^2 f}{\partial u\partial v}=0$$

例 13.4.18 通过自变量变换 $\begin{cases}x=\mathrm{e}^{\xi},\\ y=\mathrm{e}^{\eta}\end{cases}$ 化简方程 $ax^2\frac{\partial^2 z}{\partial x^2}+2bxy\frac{\partial^2 z}{\partial x\partial y}+cy^2\frac{\partial^2 z}{\partial y^2}=0$ $(a,b,c$ 为常数).

解 函数 z, z_ξ, z_η 的复合结构如图 13.4.4, 由于

$$\frac{\partial z}{\partial x}=\frac{\partial z}{\partial \xi}\frac{1}{x},\quad \frac{\partial z}{\partial y}=\frac{\partial z}{\partial \eta}\frac{1}{y}$$
$$\frac{\partial^2 z}{\partial x^2}=\frac{\partial^2 z}{\partial \xi^2}\frac{1}{x^2}-\frac{\partial z}{\partial \xi}\frac{1}{x^2},\quad \frac{\partial^2 z}{\partial y^2}=\frac{\partial^2 z}{\partial \eta^2}\frac{1}{y^2}-\frac{\partial z}{\partial \eta}\frac{1}{y^2},\frac{\partial^2 z}{\partial x\partial y}=\frac{\partial^2 z}{\partial \xi\partial\eta}\frac{1}{xy}$$

代入原方程得

$$a\frac{\partial^2 z}{\partial \xi^2}+c\frac{\partial^2 z}{\partial \eta^2}+2b\frac{\partial^2 z}{\partial \xi\partial\eta}-a\frac{\partial z}{\partial \xi}-c\frac{\partial z}{\partial \eta}=0$$

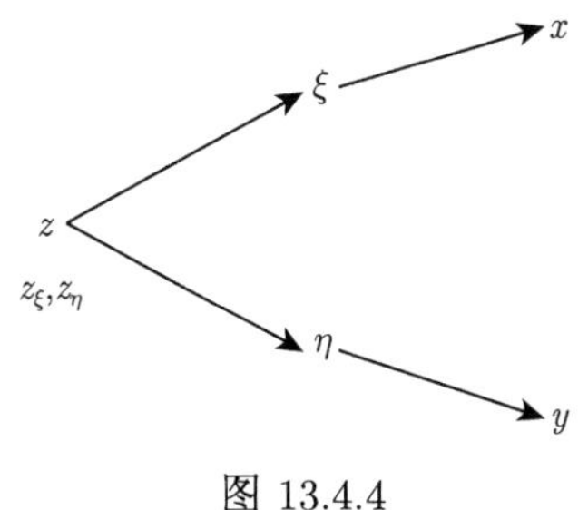

图 13.4.4

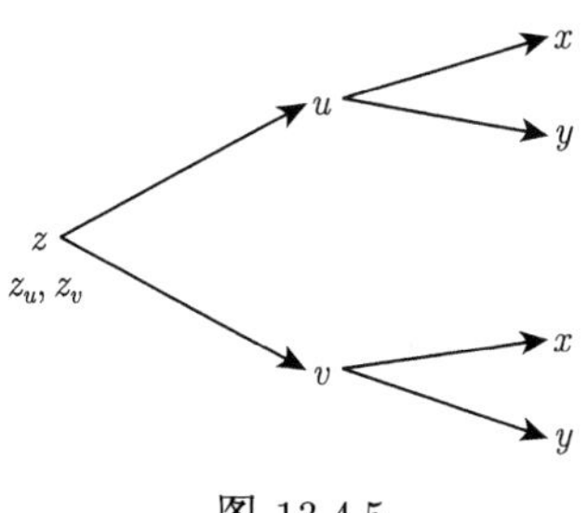

图 13.4.5

例 13.4.19 通过自变量变换 $\begin{cases} u = x - 2\sqrt{y}, \\ v = x + 2\sqrt{y} \end{cases}$ 变换方程 $\dfrac{\partial^2 z}{\partial x^2} - y\dfrac{\partial^2 z}{\partial y^2} = \dfrac{1}{2}\dfrac{\partial z}{\partial y}$ $(y > 0)$.

解 由于 z, z_u, z_v 的复合结构如图 13.4.5 所示, 根据复合函数求导得

$$\frac{\partial z}{\partial x} = \frac{\partial z}{\partial u} + \frac{\partial z}{\partial v} \Rightarrow \frac{\partial^2 z}{\partial x^2} = \underbrace{\left(\frac{\partial z}{\partial u}\right)_x}_{(1)} + \underbrace{\left(\frac{\partial z}{\partial v}\right)_x}_{(2)}$$

$$= \underbrace{\frac{\partial^2 z}{\partial u^2} + \frac{\partial^2 z}{\partial u \partial v}}_{(1)} + \underbrace{\frac{\partial^2 z}{\partial v^2} + \frac{\partial^2 z}{\partial u \partial v}}_{(2)} = \frac{\partial^2 z}{\partial u^2} + 2\frac{\partial^2 z}{\partial u \partial v} + \frac{\partial^2 z}{\partial v^2}$$

$$\frac{\partial z}{\partial y} = -\frac{\partial z}{\partial u}\frac{1}{\sqrt{y}} + \frac{\partial z}{\partial v}\frac{1}{\sqrt{y}} \to \frac{\partial^2 z}{\partial y^2} = \underbrace{\left(\frac{\partial z}{\partial u}\right)_y}_{(3)} \frac{1}{\sqrt{y}} + \frac{1}{2y\sqrt{y}}\frac{\partial z}{\partial u} + \underbrace{\left(\frac{\partial z}{\partial v}\right)_y}_{(4)} \frac{1}{\sqrt{y}} - \frac{1}{2y\sqrt{y}}\frac{\partial z}{\partial v}$$

$$= -\frac{1}{\sqrt{y}}\underbrace{\left[-\frac{\partial^2 z}{\partial u^2}\frac{1}{\sqrt{y}} + \frac{\partial^2 z}{\partial u \partial v}\frac{1}{\sqrt{y}}\right]}_{(3)} + \frac{1}{2y\sqrt{y}}\frac{\partial z}{\partial u} + \frac{1}{\sqrt{y}}\underbrace{\left[\frac{\partial^2 z}{\partial v^2}\frac{1}{\sqrt{y}} - \frac{\partial^2 z}{\partial u \partial v}\frac{1}{\sqrt{y}}\right]}_{(4)} - \frac{1}{2y\sqrt{y}}\frac{\partial z}{\partial v}$$

$$= \frac{1}{y}\left(\frac{\partial^2 z}{\partial u^2} - 2\frac{\partial^2 z}{\partial u \partial v} + \frac{\partial^2 z}{\partial v^2}\right) + \frac{1}{2y\sqrt{y}}\left(\frac{\partial z}{\partial u} - \frac{\partial z}{\partial v}\right)$$

$$\frac{\partial^2 z}{\partial x \partial y} = -\frac{1}{\sqrt{y}}\frac{\partial^2 z}{\partial u^2} + \frac{1}{\sqrt{y}}\frac{\partial^2 z}{\partial u \partial v} - \frac{1}{\sqrt{y}}\frac{\partial^2 z}{\partial u \partial v} + \frac{1}{\sqrt{y}}\frac{\partial^2 z}{\partial v^2} = \frac{1}{\sqrt{y}}\left[\frac{\partial^2 z}{\partial v^2} - \frac{\partial^2 z}{\partial u^2}\right]$$

代入原方程整理得 $\dfrac{\partial^2 z}{\partial u \partial v} = 0$.

下面讨论方程的变换.

例 13.4.20 导出新的因变量关于新的自变量的偏导数所满足的方程, 建立 $w(u,v)$ 满足的方程

(1) 用 $\begin{cases} u = x^2 + y^2, \\ v = \dfrac{1}{x} + \dfrac{1}{y}, \end{cases}$ $w = \ln z - (x+y)$ 变换方程 $y\dfrac{\partial z}{\partial x} - x\dfrac{\partial z}{\partial y} = (y-x)z$

(2) 用 $\begin{cases} u = x, \\ v = x + y, \end{cases}$ $w = x + y + z$ 变换方程 $\dfrac{\partial^2 z}{\partial x^2} - 2\dfrac{\partial^2 z}{\partial x \partial y} + \left(1 + \dfrac{y}{x}\right)\dfrac{\partial^2 z}{\partial y^2} = 0$

(3) 用 $\begin{cases} u = x + y, \\ v = \dfrac{y}{x}, \end{cases}$ $w = \dfrac{z}{x}$ 变换方程 $\dfrac{\partial^2 z}{\partial x^2} - 2\dfrac{\partial^2 z}{\partial x \partial y} + \dfrac{\partial^2 z}{\partial y^2} = 0$

解 (1) 由于

$$du = 2x\mathrm{d}x + 2y\mathrm{d}y, \quad \mathrm{d}v = -\frac{1}{x^2}\mathrm{d}x - \frac{1}{y^2}\mathrm{d}y$$

$$\mathrm{d}w = \frac{\mathrm{d}z}{z} - \mathrm{d}x - \mathrm{d}y = \frac{\partial w}{\partial u}\mathrm{d}u + \frac{\partial w}{\partial v}\mathrm{d}v = \frac{\partial w}{\partial u}(2x\mathrm{d}x + 2y\mathrm{d}y) + \frac{\partial w}{\partial v}\left(-\frac{1}{x^2}\mathrm{d}x - \frac{1}{y^2}\mathrm{d}y\right)$$

整理得

$$\mathrm{d}z = \left(2xz\frac{\partial w}{\partial u} - \frac{z}{x^2}\frac{\partial w}{\partial v} + z\right)\mathrm{d}x + \left(2yz\frac{\partial w}{\partial u} - \frac{z}{y^2}\frac{\partial w}{\partial v} + z\right)\mathrm{d}y = \frac{\partial z}{\partial x}\mathrm{d}x + \frac{\partial z}{\partial y}\mathrm{d}y$$

通过上式求出 $\frac{\partial z}{\partial x}, \frac{\partial z}{\partial y}$ 代入原方程, 整理得

$$yz\left(2x\frac{\partial w}{\partial u} - \frac{1}{x^2}\frac{\partial w}{\partial v} + 1\right) - xz\left(2y\frac{\partial w}{\partial u} - \frac{1}{y^2}\frac{\partial w}{\partial v} + 1\right) = (y - x)z$$

化简得新的方程 $\frac{\partial w}{\partial v} = 0$.

(2) 由于 $w(x, y)$ 复合结构如图 13.4.6, 得

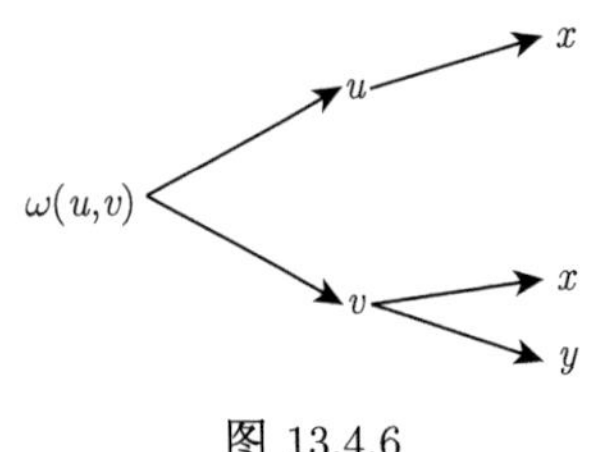

图 13.4.6

$$\begin{cases} \frac{\partial w}{\partial x} = 1 + \frac{\partial z}{\partial x} = \frac{\partial w}{\partial u} + \frac{\partial w}{\partial v}, \\ \frac{\partial w}{\partial y} = 1 + \frac{\partial z}{\partial y} = \frac{\partial w}{\partial v} \end{cases} \Rightarrow \begin{cases} \frac{\partial z}{\partial x} = \frac{\partial w}{\partial u} + \frac{\partial w}{\partial v} - 1 \\ \frac{\partial z}{\partial y} = \frac{\partial w}{\partial v} - 1 \end{cases}$$

进一步

$$\frac{\partial^2 z}{\partial x^2} = \underbrace{\left(\frac{\partial w}{\partial u}\right)_x}_{(1)} + \underbrace{\left(\frac{\partial w}{\partial v}\right)_x}_{(2)}, \quad \frac{\partial^2 z}{\partial y^2} = \underbrace{\left(\frac{\partial w}{\partial v}\right)_y}_{(3)}, \quad \left(\frac{\partial z}{\partial y}\right)_x = \underbrace{\left(\frac{\partial w}{\partial v}\right)_x}_{(4)}$$

由于 $\frac{\partial w}{\partial u}, \frac{\partial w}{\partial v}$ 复合结构如图 13.4.6, 得

$$\frac{\partial^2 z}{\partial x^2} = \underbrace{\frac{\partial^2 w}{\partial u^2} + \frac{\partial^2 w}{\partial u \partial v}}_{(1)} + \underbrace{\frac{\partial^2 w}{\partial v^2} + \frac{\partial^2 w}{\partial u \partial v}}_{(2)} = \frac{\partial^2 w}{\partial u^2} + 2\frac{\partial^2 w}{\partial u \partial v} + \frac{\partial^2 w}{\partial v^2}$$

$$\frac{\partial^2 z}{\partial y^2} = \underbrace{\frac{\partial^2 w}{\partial v^2}}_{(3)}, \quad \frac{\partial^2 z}{\partial x \partial y} = \underbrace{\frac{\partial^2 w}{\partial u \partial v} + \frac{\partial^2 w}{\partial v^2}}_{(4)}$$

代入原方程化简得

$$\frac{\partial^2 w}{\partial u^2} + \frac{y}{x}\frac{\partial^2 w}{\partial v^2} = 0 \Rightarrow \frac{\partial^2 w}{\partial u^2} + \left(\frac{v - u}{u}\right)\frac{\partial^2 w}{\partial v^2} = 0$$

(3) 由于 $\frac{\partial w}{\partial u}, \frac{\partial w}{\partial v}$ 复合结构如图 13.4.7 所示, 因此

$$\begin{cases} \frac{\partial w}{\partial x} = \frac{-z}{x^2} + \frac{1}{x}\frac{\partial z}{\partial x} = \frac{\partial w}{\partial u} - \frac{\partial w}{\partial v}\frac{y}{x^2}, \\ \frac{\partial w}{\partial y} = \frac{1}{x}\frac{\partial z}{\partial y} = \frac{\partial w}{\partial u} + \frac{1}{x}\frac{\partial w}{\partial v} \end{cases} \Rightarrow \begin{cases} \frac{\partial z}{\partial x} = \frac{z}{x} + x\frac{\partial w}{\partial u} - \frac{\partial w}{\partial v}\frac{y}{x} \\ \frac{\partial z}{\partial y} = x\frac{\partial w}{\partial u} + \frac{\partial w}{\partial v} \end{cases}$$

图 13.4.7

$$\frac{\partial^2 z}{\partial x^2}=-\frac{z}{x^2}+\frac{z_x}{x}+\frac{\partial w}{\partial u}+x\underbrace{\left(\frac{\partial w}{\partial u}\right)_x}_{(1)}+\frac{\partial w}{\partial v}\frac{y}{x^2}-\underbrace{\left(\frac{\partial w}{\partial v}\right)_x}_{(2)}\frac{y}{x}$$

$$\frac{\partial^2 z}{\partial y^2}=x\underbrace{\left(\frac{\partial w}{\partial u}\right)_y}_{(3)}+\underbrace{\left(\frac{\partial w}{\partial v}\right)_y}_{(4)},\quad \frac{\partial^2 z}{\partial x\partial y}=x\underbrace{\left(\frac{\partial w}{\partial u}\right)_x}_{(5)}+\frac{\partial w}{\partial u}+\underbrace{\left(\frac{\partial w}{\partial v}\right)_x}_{(6)}$$

$\frac{\partial w}{\partial u},\frac{\partial w}{\partial v}$ 的复合结构图如图 13.4.7, 进一步计算得

$$\begin{aligned}\frac{\partial^2 z}{\partial x^2}&=-\frac{z}{x^2}+\frac{z_x}{x}+\frac{\partial w}{\partial u}+x\underbrace{\left(\frac{\partial^2 w}{\partial u^2}-\frac{y}{x^2}\frac{\partial^2 w}{\partial u\partial v}\right)}_{(1)}+\frac{y}{x^2}\frac{\partial w}{\partial v}+\underbrace{\left(-\frac{y}{x}\frac{\partial^2 w}{\partial u\partial v}+\frac{y^2}{x^3}\frac{\partial^2 w}{\partial v^2}\right)}_{(2)}\\&=x\frac{\partial^2 w}{\partial u^2}-2\frac{y}{x}\frac{\partial^2 w}{\partial u\partial v}+\frac{y^2}{x^3}\frac{\partial^2 w}{\partial v^2}+\frac{y}{x^2}\frac{\partial w}{\partial v}+\frac{\partial w}{\partial u}+\frac{1}{x}\frac{\partial z}{\partial x}-\frac{z}{x^2}\\&=x\frac{\partial^2 w}{\partial u^2}-2\frac{y}{x}\frac{\partial^2 w}{\partial u\partial v}+\frac{y^2}{x^3}\frac{\partial^2 w}{\partial v^2}+2\frac{\partial w}{\partial u}\end{aligned}$$

$$\frac{\partial^2 z}{\partial y^2}-\underbrace{\left(x\frac{\partial^2 w}{\partial u^2}+\frac{\partial^2 w}{\partial u\partial v}\right)}_{(3)}+\underbrace{\left(\frac{\partial^2 w}{\partial u\partial v}+\frac{1}{x}\frac{\partial^2 w}{\partial v^2}\right)}_{(4)}=x\frac{\partial^2 w}{\partial u^2}+2\frac{\partial^2 w}{\partial u\partial v}+\frac{1}{x}\frac{\partial^2 w}{\partial v^2}$$

$$\frac{\partial^2 z}{\partial x\partial y}=\underbrace{x\frac{\partial^2 w}{\partial u^2}-\frac{y}{x}\frac{\partial^2 w}{\partial u\partial v}}_{(5)}+\underbrace{\frac{\partial^2 w}{\partial u\partial v}-\frac{y}{x^2}\frac{\partial^2 w}{\partial v^2}}_{(6)}+\frac{\partial w}{\partial u}$$

代入原方程化简得 $\frac{(x+y)^2}{x^3}\frac{\partial^2 w}{\partial v^2}=0\Rightarrow\frac{\partial^2 w}{\partial v^2}=0$.

习题 13.4.4 隐函数的应用: 方程换元

1. 设变换 $\begin{cases}u=x-2y,\\ v=x+ay\end{cases}$ 将方程 $6\frac{\partial^2 z}{\partial x^2}+\frac{\partial^2 z}{\partial x\partial y}-\frac{\partial^2 z}{\partial y^2}=0$ 化简为 $\frac{\partial^2 z}{\partial u\partial v}=0$, 求 a 的值.

2. 以 u,v 为新的自变量变换下面方程.

(1) $\begin{cases}u=x+2y+2,\\ v=x-y-1,\end{cases}$ 变换方程 $2\frac{\partial^2 z}{\partial x^2}+\frac{\partial^2 z}{\partial x\partial y}-\frac{\partial^2 z}{\partial y^2}+\frac{\partial z}{\partial x}+\frac{\partial z}{\partial y}=0$.

(2) $\begin{cases}u=\ln\sqrt{x^2+y^2},\\ v=\arctan\frac{y}{x},\end{cases}$ 变换方程 $(x+y)\frac{\partial z}{\partial x}-(x-y)\frac{\partial z}{\partial y}=0$.

(3) $\begin{cases}u=xy,\\ v=\frac{x}{y},\end{cases}$ 变换方程 $x^2\frac{\partial^2 z}{\partial x^2}-y^2\frac{\partial^2 z}{\partial y^2}=0$.

3. 导出以 u,v 为新的自变量的函数 $\omega(u,v)$ 满足的方程.

(1) $\begin{cases}u=\frac{x}{y},\\ v=x,\\ w=xz-y,\end{cases}$ 以及方程 $y\frac{\partial^2 z}{\partial y^2}+2\frac{\partial z}{\partial y}=\frac{2}{x}$.

(2) $\begin{cases} u = x + y, \\ v = x - y, \\ w = xy - z, \end{cases}$ 以及方程 $\dfrac{\partial^2 z}{\partial x^2} + 2\dfrac{\partial^2 z}{\partial x \partial y} + \dfrac{\partial^2 z}{\partial y^2} = 0.$

13.4.5 隐函数的几何应用

本节讨论隐函数在几何上的一些应用, 包括曲线的切线与法平面、曲面的切平面与法线. 我们首先讨论曲线的切线与法平面. 平面曲线和空间曲线的一般表示方法为:

(1) 平面曲线的一般方程: $F(x,y)=0$;

(2) 空间曲线的参数方程: $\begin{cases} x = x(t), \\ y = y(t), \quad a \leqslant t \leqslant b; \\ z = z(t), \end{cases}$

(3) 空间曲线的一般方程: $\begin{cases} F(x,y,z) = 0, \\ G(x,y,z) = 0. \end{cases}$

平面曲线的切线与法线

平面曲线方程 $F(x,y)=0$. 设点 $P(x_0,y_0)$ 为 $F(x,y)=0$ 上的一个点, $F(x,y)$ 在点 $P(x_0,y_0)$ 的某邻域内有连续偏导数, 且 $F_y(x_0,y_0) \neq 0$. 则由隐函数存在定理, 在点 $P(x_0,y_0)$ 附近唯一确定了连续可微函数 $y=f(x)$. 如图 13.4.8 所示. 曲线 $y=f(x)$ 过点 $P(x_0,y_0)$ 的切线和法线方程分别为

$$y - y_0 = f'(x_0)(x - x_0)$$

$$y - y_0 = \frac{-1}{f'(x_0)}(x - x_0)$$

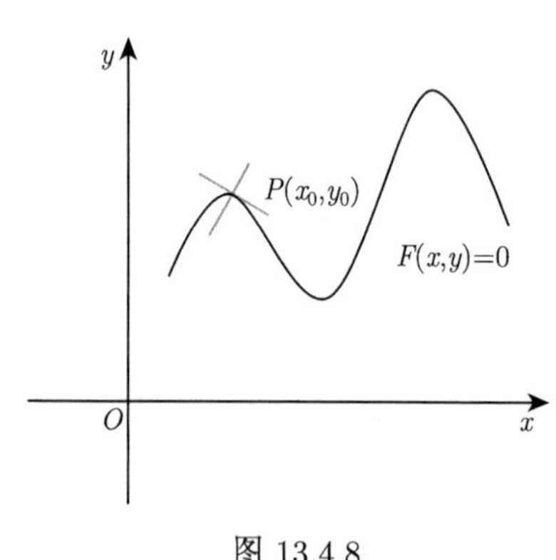

图 13.4.8

其中 $f'(x_0) = -\dfrac{F_x}{F_y}$. 所以平面曲线的切线方程为

$$F_x(x_0,y_0)(x-x_0) + F_y(x_0,y_0)(y-y_0) = 0$$

法线方程为

$$F_y(x_0,y_0)(x-x_0) - F_x(x_0,y_0)(y-y_0) = 0$$

例 13.4.21 求曲线 $x^3y + y^3x = 3 - x^2y^2$ 在点 $(1,1)$ 处的切线方程和法线方程.

解 令 $F(x,y) = x^3y + y^3x - 3 + x^2y^2$, 则

$$F_x(x,y) = 3x^2y + y^3 + 2xy^2, \quad F_y(x,y) = x^3 + 3y^2x + 2x^2y$$

所以在点 $(1,1)$ 处的切线方程

$$6\cdot(x-1) + 6\cdot(y-1) = 0 \Rightarrow x + y = 2$$

法线方程

$$\frac{x-1}{6} = \frac{y-1}{6} \Rightarrow x = y$$

如图 13.4.9 所示.

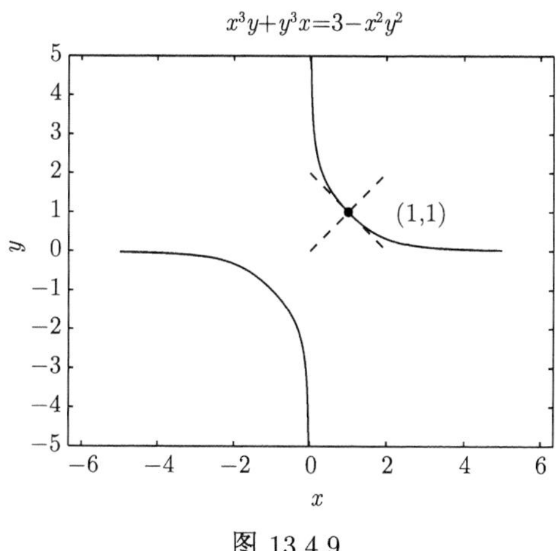

图 13.4.9

空间曲线的切线与法平面

设空间曲线的参数方程

$$L:\begin{cases} x=x(t), \\ y=y(t), \quad a\leqslant t\leqslant b \\ z=z(t), \end{cases}$$

设点 $P_0(x_0,y_0,z_0)$ 为曲线 L 上一点, 即 $x_0=x(t_0),y_0=y(t_0),z_0=z(t_0),a\leqslant t_0\leqslant b$. 设在 $t=t_0$ 处有 $(x'(t_0))^2+(y'(t_0))^2+(z'(t_0))^2\neq 0$. 如图 13.4.10 所示, 在 L 上任取一点 $P_1(x_1,y_1,z_1)$, 则过点 $P_1(x_1,y_1,z_1)$ 和 $P_0(x_0,y_0,z_0)$ 的直线方程为

$$\frac{x-x_0}{x_1-x_0}=\frac{y-y_0}{y_1-y_0}=\frac{z-z_0}{z_1-z_0}$$

因此

$$\frac{x-x_0}{\dfrac{x_1-x_0}{\Delta t}}=\frac{y-y_0}{\dfrac{y_1-y_0}{\Delta t}}=\frac{z-z_0}{\dfrac{z_1-z_0}{\Delta t}}$$

其中 $(x_1,y_1,z_1)=(x(t_1),y(t_1),z(t_1)),\Delta t=t_1-t_0$. 在上式中令 $\Delta t\to 0$, 即 $P(x_1,y_1,z_1)\to P_0(x_0,y_0,z_0)$, 得切线方程

$$l:\frac{x-x_0}{x'(t_0)}=\frac{y-y_0}{y'(t_0)}=\frac{z-z_0}{z'(t_0)}$$

过点 $P_0(x_0,y_0,z_0)$ 与直线 l 垂直的所有直线都在同一个平面上, 这个平面称为曲线 L 的过点 $P_0(x_0,y_0,z_0)$ 的法平面, 如图 13.4.11 所示, 其方程为

$$x'(t_0)(x-x_0)+y'(t_0)(y-y_0)+z'(t_0)(z-z_0)=0$$

如果空间曲线由隐函数方程组 $\begin{cases} F(x,y,z)=0, \\ G(x,y,z)=0 \end{cases}$ 所确定. 设 F,G 在点 $P_0(x_0,y_0,z_0)$ 的某个邻域内有连续的偏导数, 且 $\left.\dfrac{\partial(F,G)}{\partial(x,y)}\right|_{P_0}\neq 0$. 由隐函数组存在定理, 在点 $P_0(x_0,y_0,z_0)$

附近唯一确定一组可微函数

$$\begin{cases} x = \varphi(z), \\ y = \phi(z), \\ z = z \end{cases} \Rightarrow \frac{\mathrm{d}x}{\mathrm{d}z} = -\frac{\dfrac{\partial(F,G)}{\partial(z,y)}}{\dfrac{\partial(F,G)}{\partial(x,y)}}, \quad \frac{\mathrm{d}y}{\mathrm{d}z} = -\frac{\dfrac{\partial(F,G)}{\partial(x,z)}}{\dfrac{\partial(F,G)}{\partial(x,y)}}$$

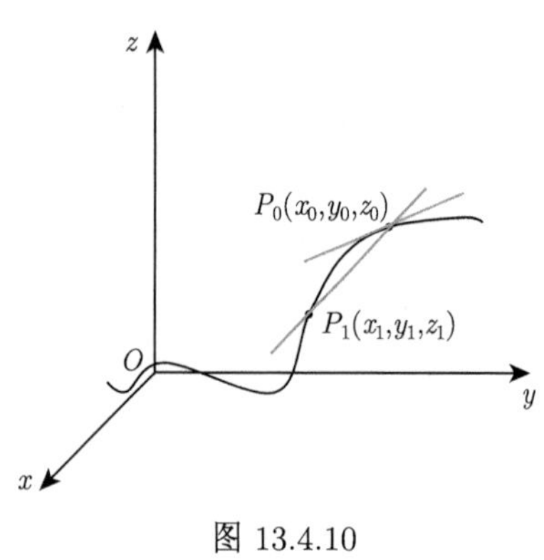

图 13.4.10

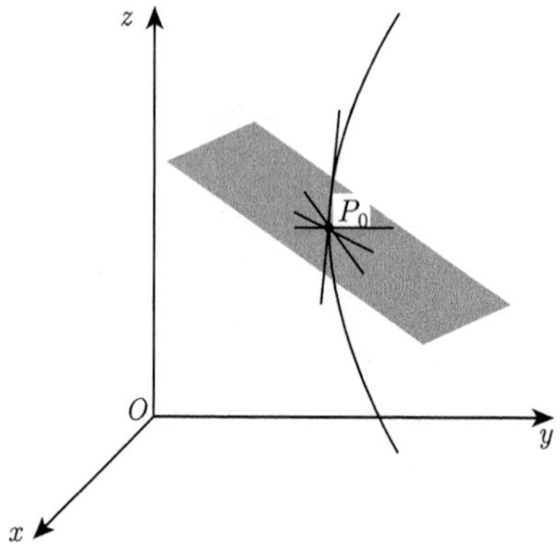

图 13.4.11

由此得切线方程

$$\frac{x-x_0}{\left.\dfrac{\mathrm{d}x}{\mathrm{d}z}\right|_{P_0}} = \frac{y-y_0}{\left.\dfrac{\mathrm{d}y}{\mathrm{d}z}\right|_{P_0}} = \frac{z-z_0}{1} \Rightarrow \frac{x-x_0}{\left.\dfrac{\partial(F,G)}{\partial(y,z)}\right|_{P_0}} = \frac{y-y_0}{\left.\dfrac{\partial(F,G)}{\partial(z,x)}\right|_{P_0}} = \frac{z-z_0}{\left.\dfrac{\partial(F,G)}{\partial(x,y)}\right|_{P_0}}$$

类似地, 如果 $\left.\dfrac{\partial(F,G)}{\partial(x,z)}\right|_{P_0} \neq 0$ 或者 $\left.\dfrac{\partial(F,G)}{\partial(z,y)}\right|_{P_0} \neq 0$, 上式仍然成立. 空间曲线在点 $P_0(x_0,y_0,z_0)$ 处的切线的方向向量可以记为

$$\tau = \left.\begin{vmatrix} i & j & k \\ F_x & F_y & F_z \\ G_x & G_y & G_z \end{vmatrix}\right|_{P_0} = \left(\left.\frac{\partial(F,G)}{\partial(y,z)}\right|_{P_0}, \left.\frac{\partial(F,G)}{\partial(z,x)}\right|_{P_0}, \left.\frac{\partial(F,G)}{\partial(x,y)}\right|_{P_0} \right) \neq 0$$

进一步得到法平面方程

$$\left.\frac{\partial(F,G)}{\partial(y,z)}\right|_{P_0}(x-x_0) + \left.\frac{\partial(F,G)}{\partial(z,x)}\right|_{P_0}(y-y_0) + \left.\frac{\partial(F,G)}{\partial(x,y)}\right|_{P_0}(z-z_0) = 0$$

或者记为

$$\begin{vmatrix} x-x_0 & y-y_0 & z-z_0 \\ F_x(P_0) & F_y(P_0) & F_z(P_0) \\ G_x(P_0) & G_y(P_0) & G_z(P_0) \end{vmatrix} = 0$$

例 13.4.22 求曲线 $\begin{cases} x^2+y^2+z^2=6, \\ z = x^2+y^2 \end{cases}$ 在点 $P_0\ (1,1,2)$ 处的切线和法平面方程.

解 令 $F(x,y,z)=x^2+y^2+z^2-6, G(x,y,z)=z-x^2-y^2$, 则

$$\tau=\begin{vmatrix} i & j & k \\ F_x & F_y & F_z \\ G_x & G_y & G_z \end{vmatrix}_{P_0}=\begin{vmatrix} i & j & k \\ 2x & 2y & 2z \\ -2x & -2y & 1 \end{vmatrix}_{P_0}$$
$$=(4zy+2y,-4xz-2x,0)_{P_0}=(10,-10,0)$$

因此点 $P_0(1,1,2)$ 处的切线和法平面方程分别为

$$\frac{x-1}{10}=\frac{y-1}{-10}=\frac{z-2}{0}\Rightarrow\frac{x-1}{1}=\frac{y-1}{-1}=\frac{z-2}{0}$$
$$10(x-1)-10(y-1)=0\Rightarrow x-y=0$$

例 13.4.23 求曲线 $L: x=t-\sin t, y=1-\cos t, z=4\sin\dfrac{t}{2}$ 在点 $t=\dfrac{\pi}{2}$ 处的切线和法平面方程.

解 当 $t=\dfrac{\pi}{2}$ 时, 对应 L 上的点为 $P_0\left(\dfrac{\pi}{2}-1,1,2\sqrt{2}\right)$. L 在点 P_0 处的切线的方向向量为

$$\boldsymbol{\tau}=\left(1-\cos t,\sin t,2\cos\frac{t}{2}\right)_{t=\frac{\pi}{2}}=\left(1,1,\sqrt{2}\right)$$

因此 L 在点 P_0 处的切线方程为

$$\frac{x-\dfrac{\pi}{2}+1}{1}=\frac{y-1}{1}=\frac{z-2\sqrt{2}}{\sqrt{2}}$$

L 在点 P_0 处的法平面方程为

$$\left(x-\frac{\pi}{2}+1\right)+(y-1)+\sqrt{2}\left(z-2\sqrt{2}\right)=0\Rightarrow x+y+\sqrt{2}z=\frac{\pi}{2}+4$$

下面我们讨论空间曲面的切平面与法线. 空间曲面的表示形式为

(1) 空间曲面的一般方程 $F(x,y,z)=0$;

(2) 空间曲面方程 $z=f(x,y)$;

(3) 空间曲面的参数方程 $\Sigma:\begin{cases} x=x(u,v), \\ y=y(u,v), \\ z=z(u,v), \end{cases}$ 如图 13.4.12 所示.

空间曲面方程 $\Sigma: F(x,y,z)=0$, $M_0(x_0,y_0,z_0)\in\Sigma$. 设 $F(x,y,z)$ 在点 $M_0(x_0,y_0,z_0)$ 的某个邻域有连续偏导数, 并且

$$F_x^2(x_0,y_0,z_0)+F_y^2(x_0,y_0,z_0)+F_z^2(x_0,y_0,z_0)\neq 0$$

任取 Σ 上过点 $M_0(x_0,y_0,z_0)$ 的曲线方程 $\begin{cases} x=x(t), \\ y=y(t), \\ z=z(t) \end{cases}$ 满足 $\begin{cases} x_0=x(t_0), \\ y_0=y(t_0), \\ z_0=z(t_0) \end{cases}$ 和 $F(x(t),y(t),z(t))=0$. 因此

$$F_x(x_0,y_0,z_0)x'(t_0)+F_y(x_0,y_0,z_0)y'(t_0)+F_z(x_0,y_0,z_0)z'(t_0)=0$$

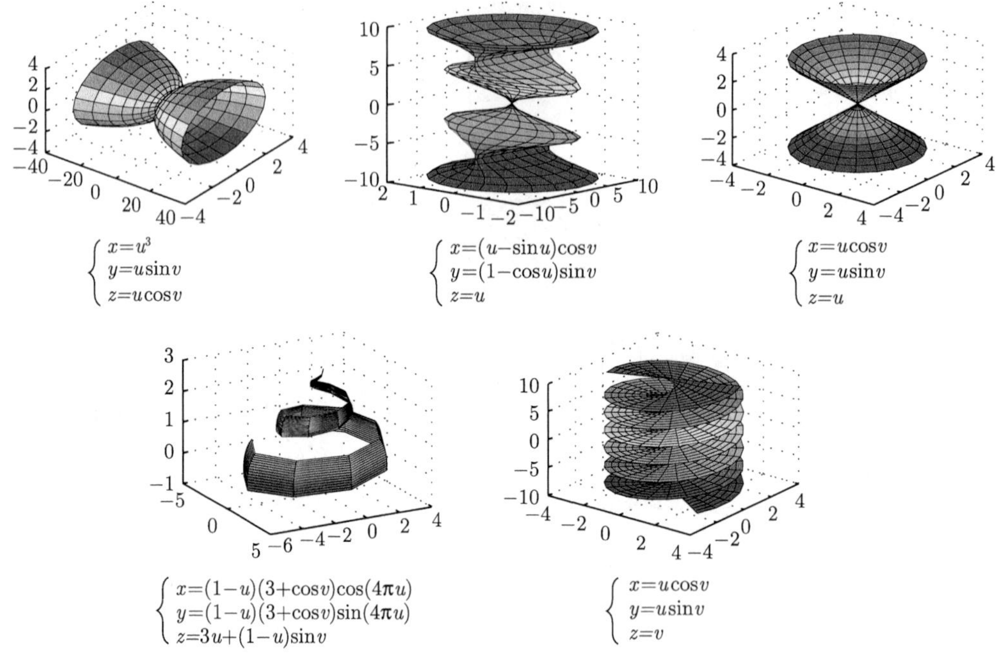

图 13.4.12

上式表明曲面 Σ 上过点 $M_0(x_0,y_0,z_0)$ 的任意一条曲线的切向量 $(x'(t_0),y'(t_0),z'(t_0))$ 垂直于 $(F_x(x_0,y_0,z_0),F_y(x_0,y_0,z_0),F_z(x_0,y_0,z_0))$. 即曲面 Σ 上过点 $M_0(x_0,y_0,z_0)$ 的所有曲线的切线在同一个平面内, 这个平面称为曲面 Σ 上 M_0 点处的切平面, 其方程为

$$F_x(x_0,y_0,z_0)(x-x_0)+F_y(x_0,y_0,z_0)(y-y_0)+F_z(x_0,y_0,z_0)(z-z_0)=0$$

切平面的法线方程为

$$\frac{x-x_0}{F_x(x_0,y_0,z_0)}=\frac{y-y_0}{F_y(x_0,y_0,z_0)}=\frac{z-z_0}{F_z(x_0,y_0,z_0)}$$

设空间曲面方程 $z=f(x,y)$, 令 $F(x,y,z)=z-f(x,y)$, 过点 M_0 的切平面和法线方程分别为

$$f_x(x_0,y_0)(x-x_0)+f_y(x_0,y_0)(y-y_0)-(z-z_0)=0$$
$$\frac{x-x_0}{f_x(x_0,y_0)}=\frac{y-y_0}{f_y(x_0,y_0)}=\frac{z-z_0}{-1}$$

设空间曲面是参数方程 $\Sigma:\begin{cases}x=x(u,v),\\y=y(u,v),\\z=z(u,v),\end{cases}$ $(u,v)\in D$. 设 $P_0(x_0,y_0,z_0)$ 在曲面上, 即 $\begin{cases}x_0=x(u_0,v_0),\\y_0=y(u_0,v_0),\\z_0=z(u_0,v_0),\end{cases}$ 假设 $\left|\dfrac{\partial(x,y)}{\partial(u,v)}\right|_{(u_0,v_0)}\neq 0$, 由反函数组存在定理, 在点 (x_0,y_0) 附近存在唯

一组隐函数组 $\begin{cases} u = u(x,y), \\ v = v(x,y), \end{cases}$ 且

$$\left.\begin{aligned} \frac{\partial u}{\partial x} = \frac{\partial y}{\partial v}\bigg/\frac{\partial(x,y)}{\partial(u,v)}, \frac{\partial v}{\partial x} = -\frac{\partial y}{\partial u}\bigg/\frac{\partial(x,y)}{\partial(u,v)} \\ \frac{\partial u}{\partial y} = -\frac{\partial x}{\partial v}\bigg/\frac{\partial(x,y)}{\partial(u,v)}, \frac{\partial v}{\partial y} = \frac{\partial x}{\partial u}\bigg/\frac{\partial(x,y)}{\partial(u,v)} \end{aligned}\right\}$$

代入到 $z(u,v)$ 得

$$\left.\begin{aligned} z_x = \frac{\partial z}{\partial u}\frac{\partial u}{\partial x} + \frac{\partial z}{\partial v}\frac{\partial v}{\partial x} = -\frac{\partial(y,z)}{\partial(u,v)}\bigg/\frac{\partial(x,y)}{\partial(u,v)} \\ z_y = \frac{\partial z}{\partial u}\frac{\partial u}{\partial y} + \frac{\partial z}{\partial v}\frac{\partial v}{\partial y} = -\frac{\partial(z,x)}{\partial(u,v)}\bigg/\frac{\partial(x,y)}{\partial(u,v)} \end{aligned}\right\}$$

于是 Σ 在点 $P_0(x_0,y_0,z_0)$ 的切平面方程为

$$\left.\frac{\partial(y,z)}{\partial(u,v)}\right|_{(u_0,v_0)}(x-x_0) + \left.\frac{\partial(z,x)}{\partial(u,v)}\right|_{(u_0,v_0)}(y-y_0) + \left.\frac{\partial(x,y)}{\partial(u,v)}\right|_{(u_0,v_0)}(z-z_0) = 0$$

法线方程为

$$\frac{x-x_0}{\left.\frac{\partial(y,z)}{\partial(u,v)}\right|_{(u_0,v_0)}} = \frac{y-y_0}{\left.\frac{\partial(z,x)}{\partial(u,v)}\right|_{(u_0,v_0)}} = \frac{z-z_0}{\left.\frac{\partial(x,y)}{\partial(u,v)}\right|_{(u_0,v_0)}}$$

当 $\left|\frac{\partial(x,z)}{\partial(u,v)}\right|_{(u_0,v_0)} \neq 0$ 或者 $\left|\frac{\partial(y,z)}{\partial(u,v)}\right|_{(u_0,v_0)} \neq 0$ 时, 结论仍然成立.

切平面方程的法向量形式记为

$$\begin{aligned} \boldsymbol{n} &= \begin{vmatrix} i & j & k \\ x_u(u_0,v_0) & y_u(u_0,v_0) & z_u(u_0,v_0) \\ x_v(u_0,v_0) & y_v(u_0,v_0) & z_v(u_0,v_0) \end{vmatrix} \\ &= \left(\left.\frac{\partial(y,z)}{\partial(u,v)}\right|_{(u_0,v_0)}, \left.\frac{\partial(z,x)}{\partial(u,v)}\right|_{(u_0,v_0)}, \left.\frac{\partial(x,y)}{\partial(u,v)}\right|_{(u_0,v_0)}\right) \end{aligned}$$

切平面方程记为

$$\begin{vmatrix} x-x_0 & y-y_0 & z-z_0 \\ x_u(u_0,v_0) & y_u(u_0,v_0) & z_u(u_0,v_0) \\ x_v(u_0,v_0) & y_v(u_0,v_0) & z_v(u_0,v_0) \end{vmatrix} = 0$$

例 13.4.24 求椭球面 $\frac{x^2}{4} + y^2 + \frac{z^2}{9} = 3$ 过点 $(-2,1,-3)$ 的切平面方程和法线方程.

解 设 $F(x,y,z) = \frac{x^2}{4} + y^2 + \frac{z^2}{9} - 3$, 则

$$F_x(x,y,z) = \frac{x}{2}, \quad F_y(x,y,z) = 2y, \quad F_z(x,y,z) = \frac{2z}{9}$$

于是切平面方程为 $3x - 6y + 2z + 18 = 0$, 法线方程为 $\frac{x+2}{-1} = \frac{y-1}{2} = \frac{z+3}{-\frac{2}{3}}$. 如图 13.4.13 所示.

例 13.4.25 求曲面 $x=u+v, y=u^2+v^2, z=u^3+v^3$ 过点 $(1,1,1)\,(u=1,v=0)$ 的切平面方程和法线方程.

解 切平面的法向量为

$$\boldsymbol{n}=\left|\begin{array}{ccc} \boldsymbol{i} & \boldsymbol{j} & \boldsymbol{k} \\ x_u(u_0,v_0) & y_u(u_0,v_0) & z_u(u_0,v_0) \\ x_v(u_0,v_0) & y_v(u_0,v_0) & z_v(u_0,v_0) \end{array}\right|_{(1,0)}=\left|\begin{array}{ccc} \boldsymbol{i} & \boldsymbol{j} & \boldsymbol{k} \\ 1 & 2 & 3 \\ 1 & 0 & 0 \end{array}\right|=(0,3,-2)$$

所以切平面和法线方程分别为 $3(y-1)-2(z-1)=0$ 和 $\dfrac{x-1}{0}=\dfrac{y-1}{3}=\dfrac{z-1}{-2}$. 化简得 $3y-2z=1$ 和 $\begin{cases} x=1, \\ \dfrac{y-1}{3}=\dfrac{z-1}{-2}. \end{cases}$

例 13.4.26 求曲面 $x^2+2y^2+3z^2=21$ 平行于平面 $x+4y+6z=0$ 的切平面方程.

解 $\boldsymbol{n}=2(x,2y,3z)//(1,4,6)\Rightarrow x=\lambda, 2y=4\lambda, 3z=6\lambda$. 代入曲面方程得 $\lambda=\pm1$. 于是切点为 $(\pm1,\pm2,\pm2)$. 所求切平面方程为 $(x\mp1)+4(y\mp2)+6(z\mp2)=0$, 即 $x+4y+6z=\pm21$. 如图 13.4.14 所示.

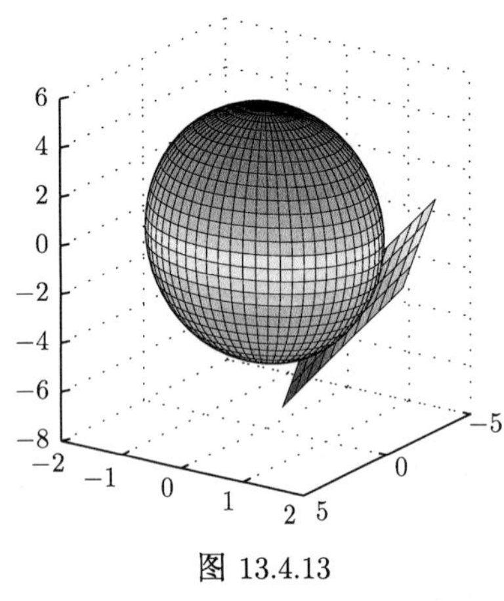

图 13.4.13

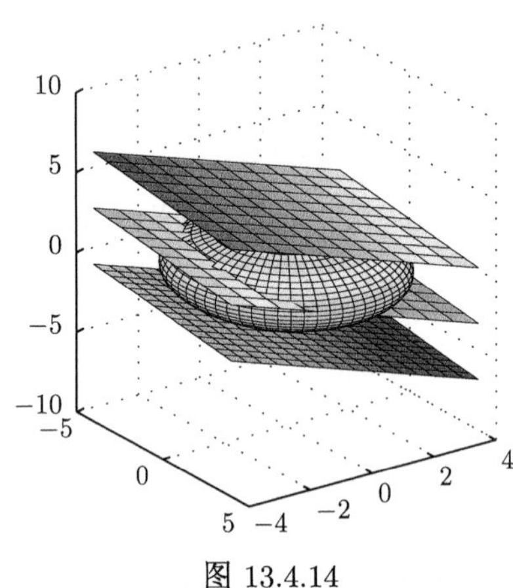

图 13.4.14

例 13.4.27 证明曲面 $z=f(\sqrt{x^2+y^2})\ (f'\neq0)$ 的法线与 Oz 轴相交.

证明 在曲面上任取一点 $P_0(x_0,y_0,z_0)$, 其中 $z_0=f(\sqrt{x_0^2+y_0^2})$. 曲面在该点的法向量为

$$\boldsymbol{n}=\left(\frac{\partial f}{\partial x},\frac{\partial f}{\partial y},-1\right)_{P_0}=\frac{1}{\sqrt{x_0^2+y_0^2}}(x_0f',y_0f',-\sqrt{x_0^2+y_0^2})$$

于是法线方程为 $\dfrac{x-x_0}{x_0f'}=\dfrac{y-y_0}{y_0f'}=\dfrac{z-z_0}{-\sqrt{x_0^2+y_0^2}}$. 法线通过 Oz 轴上的点

$$\left(0,0,f(\sqrt{x_0^2+y_0^2})+\frac{\sqrt{x_0^2+y_0^2}}{f'(\sqrt{x_0^2+y_0^2})}\right)$$

即法线与 Oz 轴相交. 结论得证.

例 13.4.28 求函数 $u=x^2+y^2+z^2$ 在沿椭球面 $\dfrac{x^2}{a^2}+\dfrac{y^2}{b^2}+\dfrac{z^2}{c^2}=1$ 上点 $M_0(x_0,y_0,z_0)$ 的外法线方向上的方向导函数.

解 $\boldsymbol{n}=\left(\dfrac{2x_0}{a^2},\dfrac{2y_0}{b^2},\dfrac{2z_0}{c^2}\right)$, 单位化得 $\boldsymbol{n}^0=\left(\dfrac{x_0}{a^2\Delta},\dfrac{y_0}{b^2\Delta},\dfrac{z_0}{c^2\Delta}\right)$, 其中 $\Delta=\sqrt{\dfrac{x_0^2}{a^4}+\dfrac{y_0^2}{b^4}+\dfrac{z_0^2}{c^4}}$. 于是

$$\begin{aligned}\left.\frac{\partial u}{\partial \boldsymbol{n}}\right|_{M_0}&=\frac{x_0}{a^2\Delta}\cdot 2x_0+\frac{y_0}{b^2\Delta}\cdot 2y_0+\frac{z_0}{c^2\Delta}\cdot 2z_0\\&=\frac{2}{\Delta}\left(\frac{x_0^2}{a^2}+\frac{y_0^2}{b^2}+\frac{z_0^2}{c^2}\right)=\frac{2}{\Delta}=\frac{2}{\sqrt{\dfrac{x_0^2}{a^4}+\dfrac{y_0^2}{b^4}+\dfrac{z_0^2}{c^4}}}\end{aligned}$$

例 13.4.29 证明曲面 $f\left(\dfrac{x-a}{z-c},\dfrac{y-b}{z-c}\right)=0$ 上任意一点的切平面通过某个定点, 其中 f 是连续可微函数.

证明 设 $F(x,y,z)=f\left(\dfrac{x-a}{z-c},\dfrac{y-b}{z-c}\right)$, 曲面 $f\left(\dfrac{x-a}{z-c},\dfrac{y-b}{z-c}\right)=0$ 上任意一点的法向量的分量为

$$F_x-\frac{1}{z-c}f_1\left(\frac{x-a}{z-c},\frac{y-b}{z-c}\right),\quad F_y=\frac{1}{z-c}f_2\left(\frac{x-a}{z-c},\frac{y-b}{z-c}\right)$$

$$F_z=-\frac{x-a}{(z-c)^2}f_1\left(\frac{x-a}{z-c},\frac{y-b}{z-c}\right)-\frac{y-b}{(z-c)^2}f_2\left(\frac{x-a}{z-c},\frac{y-b}{z-c}\right)$$

于是过点 $M_0\left(x_0,y_0,z_0\right)$ 的法向量为

$$\boldsymbol{n}=\left(f_1\left(M_0\right),f_2\left(M_0\right),-f_1\left(M_0\right)\frac{x_0-a}{z_0-c}-f_2\left(M_0\right)\frac{y_0-b}{z_0-c}\right)$$

切平面方程为

$$f_1\left(M_0\right)\left(x-x_0\right)+f_2\left(M_0\right)\left(y-y_0\right)-\left[f_1\left(M_0\right)\frac{x_0-a}{z_0-c}+f_2\left(M_0\right)\frac{y_0-b}{z_0-c}\right]\left(z-z_0\right)=0$$

将点 $(x,y,z)=(a,b,c)$ 代入上式得

$$f_1\left(M_0\right)\left(a-x_0\right)+f_2\left(M_0\right)\left(b-y_0\right)-\left[f_1\left(M_0\right)\frac{x_0-a}{z_0-c}+f_2\left(M_0\right)\frac{y_0-b}{z_0-c}\right]\left(c-z_0\right)=0$$

于是切平面过定点 (a,b,c). 结论得证.

例 13.4.30 证明对任意常数 $\rho,\varphi\,(\rho,\varphi\neq 0)$, 球面 $x^2+y^2+z^2=\rho^2$ 与锥面 $x^2+y^2=z^2\tan^2\varphi$ 正交.

证明 若两个曲面交点处的法向量垂直, 则两曲面正交. 设 (x_0,y_0,z_0) 为两个曲面的交点, 球面在该点的法向量为 $\boldsymbol{n}_1=(x_0,y_0,z_0)$, 锥面在该点的法向量为 $\boldsymbol{n}_2=\left(x_0,y_0,-z_0\tan^2\varphi\right)$. 因此 $\boldsymbol{n}_1\cdot\boldsymbol{n}_2=x_0^2+y_0^2-z_0^2\tan^2\varphi=0$. 结论得证.

习题 13.4.5 隐函数的几何应用

1. 求下列曲线在指定点的切线和法平面方程.

(1) $\begin{cases} x+y+z=0, \\ x^2+y^2+z^2=6 \end{cases}$ 在点 $(1,-2,1)$.

(2) $\begin{cases} x=a\cos t, \\ y=a\sin t, \\ z=ct \end{cases}$ 在点 $t=\dfrac{\pi}{2}$.

2. 求下列曲线在指定点的切平面与法线方程.

(1) $z=2x^4+3y^2$ 在点 $(2,1,35)$.

(2) $\mathrm{e}^{\frac{x}{z}}+\mathrm{e}^{\frac{y}{z}}=4$ 在点 $(\ln 2,\ln 2,1)$.

3. 求曲面 $x^2+2y^2+3z^2=1$ 的切平面使得与平面 $x+4y+6z=0$ 平行.

4. 在曲线 $\begin{cases} x=t, \\ y=t^2, \\ z=t^3 \end{cases}$ 上求出一点使得在该点的切线平行于平面 $x+2y+z=4$.

5. 设椭球面 $2x^2+3y^2+z^2=6$ 上点 $P(1,1,1)$ 外侧的法向量为 $\boldsymbol{n}$, 求函数 $u=\dfrac{\sqrt{6x^2+8y^2}}{z}$ 在点 $P(1,1,1)$ 处沿着 $\boldsymbol{n}$ 的方向导数.

6. 证明曲线 $\begin{cases} x=a\mathrm{e}^t\cos t, \\ y=a\mathrm{e}^t\sin t, \\ z=a\mathrm{e}^t \end{cases}$ 与锥面 $x^2+y^2=z^2$ 的所有母线的交角相同.

7. 确定正数 λ, 使得曲面 $xyz=\lambda$ 与椭球面 $\dfrac{x^2}{a^2}+\dfrac{y^2}{b^2}+\dfrac{z^2}{c^2}=1$ 在某点相切 (即在该点有公共的切平面).

8. 如果一个曲面上任何一点的切平面都平行于一直线, 则该曲面称为柱面. 证明曲面 $\mathrm{e}^{2x-z}=f\left(\pi y-\sqrt{2}z\right)$ 为柱面, 其中 f 具有连续的一阶导数.

9. 证明曲面 $z=xf\left(\dfrac{y}{x}\right)(x\neq 0)$ 上任何一点的切平面都通过原点, 其中 f 具有连续的偏导数.

☞扫码学习

13.5　条件极值

首先通过一个实例建立多元函数的条件极值问题的数学模型.

某个公司有 m 个产粮基地 $A_1,A_2,\cdots,A_m$, 其产量分别为 $a_1,a_2,\cdots,a_m$(吨), 有 n 个销售基地 $B_1,B_2,\cdots,B_n$, 其销量分别为 $b_1,b_2,\cdots,b_n$(吨), 满足产销平衡条件 $\sum\limits_{i=1}^{m}a_i=\sum\limits_{i=1}^{n}b_i$. 设从 A_i 地到达 B_j 地的单位运费为 c_{ij} (元每吨), $i=1,2,\cdots,m;j=1,2,\cdots,n$. 在保障供给条件下, 由每个产地到销售地的运输量为多少吨时, 总运费达到最少.

如图 13.5.1 所示, 设从 A_i 地到达 B_j 地的运输量为 x_{ij}, 则总运费为 $\sum\limits_{i=1}^{m}\sum\limits_{j=1}^{n}c_{ij}x_{ij}$, 建立数学模型:

$$\min\sum_{i=1}^{m}\sum_{j=1}^{n}c_{ij}x_{ij},\quad 满足\begin{cases} x_{ij}\geqslant 0, & i=1,2,\cdots,m,j=1,2,\cdots,n \\ \sum\limits_{j=1}^{n}x_{ij}=a_i, & i=1,2,\cdots,m \\ \sum\limits_{i=1}^{m}x_{ij}=b_j, & j=1,2,\cdots,n \end{cases}$$

这样具有约束条件的极值问题称为条件极值问题.

条件极值的一般形式为在一定约束条件下求目标函数的极值. 即

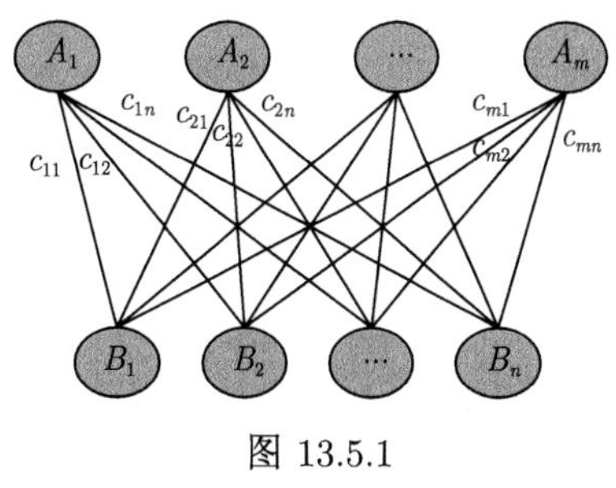

图 13.5.1

$$
\min f(x_1,x_2,\cdots,x_n)
$$

$$
\text{s.t.}\begin{cases}\varphi_1(x_1,x_2,\cdots,x_n)=0\\ \varphi_2(x_1,x_2,\cdots,x_n)=0\\ \qquad\cdots\cdots\\ \varphi_m(x_1,x_2,\cdots,x_n)=0\\ m<n\end{cases}
$$

定义上式条件极值问题的拉格朗日函数为

$$
L(x_1,x_2,\cdots,x_n,\lambda_1,\lambda_2,\cdots,\lambda_m)=f(x_1,x_2,\cdots,x_n)+\sum_{j=1}^{m}\lambda_j\varphi_j(x_1,x_2,\cdots,x_n)
$$

其中 $\lambda_1,\lambda_2,\cdots,\lambda_m$ 为拉格朗日乘数.

对于一般情形的条件极值问题, 有如下的拉格朗日乘数法定理.

定理 13.5.1 设 $f,\varphi_1,\varphi_2,\cdots,\varphi_m$ 在区域 D 上有连续的一阶偏导数, 若 D 的内点 $P(x_1^0,x_2^0,\cdots,x_n^0)$ 是条件极值问题的极值点, 且约束函数在点 $P(x_1^0,x_2^0,\cdots,x_n^0)$ 处的雅可比矩阵:

$$
\begin{pmatrix}\dfrac{\partial\varphi_1}{\partial x_1} & \dfrac{\partial\varphi_1}{\partial x_2} & \cdots & \dfrac{\partial\varphi_1}{\partial x_n}\\ \dfrac{\partial\varphi_2}{\partial x_1} & \dfrac{\partial\varphi_2}{\partial x_2} & \cdots & \dfrac{\partial\varphi_2}{\partial x_n}\\ \vdots & \vdots & & \vdots\\ \dfrac{\partial\varphi_m}{\partial x_1} & \dfrac{\partial\varphi_m}{\partial x_2} & \cdots & \dfrac{\partial\varphi_m}{\partial x_n}\end{pmatrix}_{P_0}
$$

的秩为 m, 则存在 m 个常数 $\lambda_1^0,\lambda_2^0,\cdots,\lambda_m^0$, 使得点 $(x_1^0,x_2^0,\cdots,x_n^0,\lambda_1^0,\lambda_2^0,\cdots,\lambda_m^0)$ 为拉格朗日函数 $L(x_1,x_2,\cdots,x_n,\lambda_1,\lambda_2,\cdots,\lambda_m)$ 的稳定点, 即如下方程的解.

$$
\begin{cases}L_{x_1}=\dfrac{\partial f}{\partial x_1}+\displaystyle\sum_{k=1}^{m}\lambda_k\dfrac{\partial\varphi_k}{\partial x_1}=0\\ \qquad\cdots\cdots\\ L_{x_n}=\dfrac{\partial f}{\partial x_n}+\displaystyle\sum_{k=1}^{m}\lambda_k\dfrac{\partial\varphi_k}{\partial x_n}=0\\ L_{\lambda_1}=\varphi_1(x_1,x_2,\cdots,x_n)=0\\ \qquad\cdots\cdots\\ L_{\lambda_m}=\varphi_m(x_1,x_2,\cdots,x_n)=0\end{cases}
$$

定理 13.5.2 设 $f:D\subset\mathbf{R}^n\to\mathbf{R}, D$ 为凸区域, $f,\varphi_1,\varphi_2,\cdots,\varphi_m$ 在区域 D 内有连续的二阶偏导数. 设

$$
L(x_1,x_2,\cdots,x_n,\lambda_1,\lambda_2,\cdots,\lambda_m)=f(x_1,x_2,\cdots,x_n)+\sum_{i=1}^{m}\lambda_i\varphi_i(x)
$$

的驻点为 $z_0=\left(x_1^0,x_2^0,\cdots,x_n^0,\lambda_1^0,\lambda_2^0,\cdots,\lambda_m^0\right)$. 记 $H_L\left(z_0\right)=\left(\dfrac{\partial^2 L}{\partial x_j \partial x_k}\left(z_0\right)\right)_{n\times n}$, 则

(1) $H_L\left(z_0\right)$ 正定, 则 z_0 是条件极值问题的极小值点;

(2) $H_L\left(z_0\right)$ 负定, 则 z_0 是条件极值问题的极大值点.

其中 $H_L\left(z_0\right)=\left(\dfrac{\partial^2 L}{\partial x_j \partial x_k}\left(z_0\right)\right)_{n\times n}$ 为函数 $L(x_1,x_2,\cdots,x_n,\lambda_1,\lambda_2,\cdots,\lambda_m)$ 关于自变量 x_1, $x_2,\cdots,x_n$ 的黑塞矩阵.

注 13.5.1 对于定理 13.5.1 和定理 13.5.2, 我们在这里不要求证明, 只要求能够利用拉格朗日乘数法求解条件极值问题即可. 定理 13.5.2 为极值求解的充分条件.

由定理 13.5.2, 求解条件极值问题的一般步骤为

第一步: 构造拉格朗日函数

$$L\left(x_1,x_2,\cdots,x_n,\lambda_1,\lambda_2,\cdots,\lambda_m\right)=f\left(x_1,x_2,\cdots,x_n\right)+\sum_{j=1}^{m}\lambda_j\varphi_j\left(x_1,x_2,\cdots,x_n\right)$$

第二步: 求拉格朗日函数的稳定点 $z_0=\left(x_1^0,x_2^0,\cdots,x_n^0,\lambda_1^0,\lambda_2^0,\cdots,\lambda_m^0\right)$(不一定唯一);

第三步: 求黑塞矩阵 $H_L\left(z_0\right)=\left(\dfrac{\partial^2 L}{\partial x_j \partial x_k}\left(z_0\right)\right)_{n\times n}$;

第四步: 分析矩阵 $H_L\left(z_0\right)=\left(\dfrac{\partial^2 L}{\partial x_j \partial x_k}\left(z_0\right)\right)_{n\times n}$, $H_L\left(z_0\right)$ 正定, 则 z_0 是条件极值问题的极小值点, $H_L\left(z_0\right)$ 负定, 则 z_0 是条件极值问题的极大值点.

例 13.5.1 讨论函数 $z=x^2+y^2$ 在条件 $\dfrac{x}{a}+\dfrac{y}{b}=1$ 下的极值和最大最小值.

解 设 $F(x,y,\lambda)=x^2+y^2+\lambda\left(\dfrac{x}{a}+\dfrac{y}{b}-1\right)$. 求稳定点

$$\begin{cases}\dfrac{\partial F}{\partial x}=2x+\dfrac{1}{a}\lambda=0,\\ \dfrac{\partial F}{\partial y}=2y+\dfrac{1}{b}\lambda=0,\\ \dfrac{x}{a}+\dfrac{y}{b}=1\end{cases}\Rightarrow\begin{cases}\lambda=-\dfrac{2a^2b^2}{a^2+b^2}\\ x=\dfrac{ab^2}{a^2+b^2}\\ y=\dfrac{a^2b}{a^2+b^2}\end{cases}$$

解得 $P\left(\dfrac{ab^2}{a^2+b^2},\dfrac{a^2b}{a^2+b^2}\right)$ 为唯一稳定点. $F(x,y,\lambda)$ 的黑塞矩阵 $H_F=\begin{pmatrix}2&0\\0&2\end{pmatrix}$ 为正定矩阵, 所以 $\left(\dfrac{ab^2}{a^2+b^2},\dfrac{a^2b}{a^2+b^2}\right)$ 为极小值点.

由于在平面上 $\dfrac{x}{a}+\dfrac{y}{b}=1: x\to+\infty, y\to-\infty$ 时 $z\to+\infty$, 所以无最大值点.

综上讨论, $\left(\dfrac{ab^2}{a^2+b^2},\dfrac{a^2b}{a^2+b^2}\right)$ 为极小值点也为最小值点, 此时 $z=\dfrac{a^2b^2}{a^2+b^2}$. 函数没有极大值点也没有最大值点.

例 13.5.2 讨论函数 $u=x-2y+2z$ 在条件 $x^2+y^2+z^2=1$ 下的极值和最大最小值.

解 设 $F(x,y,z,\lambda)=x-2y+2z+\lambda(x^2+y^2+z^2-1)$. 求稳定点

$$\begin{cases} \dfrac{\partial F}{\partial x} = 1 + 2\lambda x = 0, \\ \dfrac{\partial F}{\partial y} = -2 + 2\lambda y = 0, \\ \dfrac{\partial F}{\partial z} = 2 + 2\lambda z = 0, \\ x^2 + y^2 + z^2 = 1 \end{cases} \Rightarrow \begin{cases} \lambda = \mp\dfrac{3}{2} \\ x = \pm\dfrac{1}{3} \\ y = \mp\dfrac{2}{3} \\ z = \pm\dfrac{2}{3} \end{cases}$$

得稳定点 $\left(\pm\dfrac{1}{3}, \mp\dfrac{2}{3}, \pm\dfrac{2}{3}\right)$.

$F(x,y,z,\lambda)$ 关于 (x,y,z) 的黑塞矩阵为 $H_F = \begin{pmatrix} 2 & 0 & 0 \\ 0 & 2 & 0 \\ 0 & 0 & 2 \end{pmatrix}$, 所以 $F(x,y,z,\lambda)$ 对应于稳定点 $\left(-\dfrac{1}{3}, \dfrac{2}{3}, -\dfrac{2}{3}\right)$ 的黑塞矩阵 $\begin{pmatrix} 3 & 0 & 0 \\ 0 & 3 & 0 \\ 0 & 0 & 3 \end{pmatrix}$ 为正定矩阵, 因此 $\left(-\dfrac{1}{3}, \dfrac{2}{3}, -\dfrac{2}{3}\right)$ 为极小值点, 此时 $u = -3$. $F(x,y,z,\lambda)$ 对应于稳定点 $\left(\dfrac{1}{3}, -\dfrac{2}{3}, \dfrac{2}{3}\right)$ 的黑塞矩阵 $\begin{pmatrix} -3 & 0 & 0 \\ 0 & -3 & 0 \\ 0 & 0 & -3 \end{pmatrix}$ 为负定矩阵, 所以 $\left(\dfrac{1}{3}, -\dfrac{2}{3}, \dfrac{2}{3}\right)$ 为极大值点, 此时 $u = 3$.

由于 $x^2 + y^2 + z^2 = 1$ 为有界闭集, 所以 $\left(\dfrac{1}{3}, -\dfrac{2}{3}, \dfrac{2}{3}\right)$ 为极大值点也为最大值点, 最大值 $u = 3$. $\left(-\dfrac{1}{3}, \dfrac{2}{3}, -\dfrac{2}{3}\right)$ 为极小值点也为最小值点, 最小值 $u = -3$.

例 13.5.3 设 $m > 0, n > 0, p > 0, a > 0, x > 0, y > 0, z > 0$, 讨论函数 $u = x^m y^n z^p$ 在条件 $x + y + z = a$ 下的极值以及最大值和最小值.

解 设 $w = \ln u = m \ln x + n \ln y + p \ln z$, $F(x,y,z,\lambda) = w + \lambda(x + y + z - a)$, 解方程组

$$\begin{cases} \dfrac{\partial F}{\partial x} = \dfrac{m}{x} + \lambda = 0, \\ \dfrac{\partial F}{\partial y} = \dfrac{n}{y} + \lambda = 0, \\ \dfrac{\partial F}{\partial z} = \dfrac{p}{z} + \lambda = 0, \\ x + y + z = a \end{cases} \Rightarrow \begin{cases} x = \dfrac{am}{m+n+p} \\ y = \dfrac{an}{m+n+p} \\ z = \dfrac{ap}{m+n+p} \end{cases}$$

函数 $F(x,y,z,\lambda)$ 的黑塞矩阵

$$\begin{pmatrix} -\dfrac{(m+n+p)^2}{a^2 m} & 0 & 0 \\ 0 & -\dfrac{(m+n+p)^2}{a^2 n} & 0 \\ 0 & 0 & -\dfrac{(m+n+p)^2}{a^2 p} \end{pmatrix}$$

为负定矩阵, 所以 $P\left(\dfrac{am}{m+n+p},\dfrac{an}{m+n+p},\dfrac{ap}{m+n+p}\right)$ 为极大值点, 此时

$$u=\frac{a^{m+n+p}m^m n^n p^p}{(m+n+p)^{m+n+p}}$$

连续函数 w 定义在平面 $x+y+z=a$ 位于第一卦限内的部分, 边界为三条直线

$$\left\{\begin{array}{l}x+y=a,\\ z=0,\end{array}\right.\quad\left\{\begin{array}{l}y+z=a,\\ x=0,\end{array}\right.\quad\left\{\begin{array}{l}z+x=a\\ y=0\end{array}\right.$$

当 P 趋向于边界上的点时, $w\rightarrow-\infty$.

综上分析, 函数 u 在 $P\left(\dfrac{am}{m+n+p},\dfrac{an}{m+n+p},\dfrac{ap}{m+n+p}\right)$ 处取得极大值, 也为最大值, 此时 $u=\dfrac{a^{m+n+p}m^m n^n p^p}{(m+n+p)^{m+n+p}}$; 函数 u 没有极小值和最小值.

例 13.5.4 如图 13.5.2 所示, 抛物面 $x^2+y^2=z$ 被平面 $x+y+z=1$ 截成一个椭圆, 求这个椭圆到原点的最长距离和最短距离.

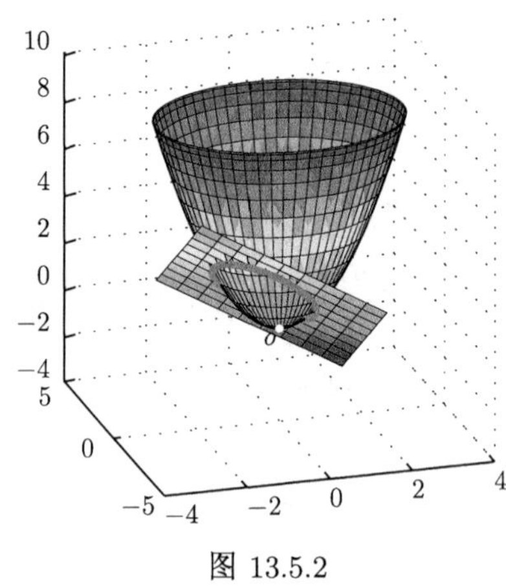

图 13.5.2

解 原问题转化为

$$\min f(x,y,z)=\min\left(x^2+y^2+z^2\right)\text{满足}\left\{\begin{array}{l}x^2+y^2=z\\ x+y+z=1\end{array}\right.$$

引入拉格朗日函数

$$L(x,y,z,\lambda,\mu)=\left(x^2+y^2+z^2\right)+\lambda\left(x^2+y^2-z\right)+\mu(x+y+z-1)$$

由方程组

$$\left\{\begin{array}{l}L_x=2x+2\lambda x+\mu=0\\ L_y=2y+2\lambda y+\mu=0\\ L_z=2z-\lambda+\mu=0\\ L_\lambda=x^2+y^2-z=0\\ L_\mu=x+y+z-1=0\end{array}\right.$$

解得稳定点 $\lambda=-3\pm\frac{5}{3}\sqrt{3},\mu=-7\pm\frac{11}{3}\sqrt{3},x=y=\frac{-1\pm\sqrt{3}}{2},z=2\mp\sqrt{3}$. 由于函数 $f(x,y,z)=x^2+y^2+z^2$ 在有界闭集 $D=\left\{(x,y,z)\,|x^2+y^2=z,x+y+z=1\right\}$ 上连续, 所以必有最大值和最小值. 而 $f\left(\frac{-1\pm\sqrt{3}}{2},\frac{-1\pm\sqrt{3}}{2},2\mp\sqrt{3}\right)=9\mp5\sqrt{3}$, 因此椭圆到原点的最长与最短距离分别为 $\sqrt{9+5\sqrt{3}},\sqrt{9-5\sqrt{3}}$.

例 13.5.5 求函数 $f(x_1,x_2,\cdots,x_n)=x_1^2+x_2^2+\cdots+x_n^2$ 在条件 $\sum\limits_{k=1}^{n}a_kx_k=1,a_k>0,k=1,\cdots,n$ 下的最大值和最小值.

解 设 $L(x_1,x_2,\cdots,x_n,\lambda)=x_1^2+x_2^2+\cdots+x_n^2-\lambda\left(\sum\limits_{k=1}^{n}a_kx_k-1\right)$, 令

$$L_{x_i}=2x_i-\lambda a_i=0,\quad i=1,2,\cdots,n,\quad L_\lambda=1-\sum_{k=1}^{n}a_kx_k=0$$

求得

$$\lambda=\frac{2}{\sum\limits_{k=1}^{n}a_k^2},(x_1,x_2,\cdots,x_n)=\left(\frac{a_1}{\sum\limits_{k=1}^{n}a_k^2},\frac{a_2}{\sum\limits_{k=1}^{n}a_k^2},\cdots,\frac{a_n}{\sum\limits_{k=1}^{n}a_k^2}\right)$$

$L(x_1,x_2,\cdots,x_n,\lambda)$ 关于 $(x_1,x_2,\cdots,x_n)$ 的黑塞矩阵为

$$\begin{pmatrix}2&0&\cdots&0\\0&2&\cdots&0\\\vdots&\vdots&&\vdots\\0&0&\cdots&2\end{pmatrix}$$

在稳定点 $(x_1,x_2,\cdots,x_n)=\left(\frac{a_1}{\sum\limits_{k=1}^{n}a_k^2},\frac{a_2}{\sum\limits_{k=1}^{n}a_k^2},\cdots,\frac{a_n}{\sum\limits_{k=1}^{n}a_k^2}\right)$ 处为正定矩阵, 因此稳定点为极小值点, 即最小值点, 此时

$$\min f(x_1,x_2,\cdots,x_n)=\min\left(x_1^2+x_2^2+\cdots+x_n^2\right)=\frac{1}{\sum\limits_{k=1}^{n}a_k^2}$$

由于 $(x_1,x_2,\cdots,x_n)$ 满足 $\sum\limits_{k=1}^{n}a_kx_k-1=0$ 且 $x_i\to\infty$ 时,

$$\lim_{x_i\to\infty}f(x_1,x_2,\cdots,x_n)=\lim_{x_i\to\infty}\left(x_1^2+x_2^2+\cdots+x_n^2\right)=+\infty$$

因此函数无最大值.

例 13.5.6 求 $f(x,y,z)=xyz$ 在 $\frac{1}{x}+\frac{1}{y}+\frac{1}{z}=\frac{1}{r}\,(x>0,y>0,z>0,r>0)$ 上的极小

值, 并证明 $3\left(\frac{1}{a}+\frac{1}{b}+\frac{1}{c}\right)^{-1} \leqslant \sqrt[3]{abc}$.

解 将问题转化为条件极值问题 $\min f(x,y,z)=xyz$, 满足 $\frac{1}{x}+\frac{1}{y}+\frac{1}{z}-\frac{1}{r}=0$, 引入拉格朗日函数

$$L(x,y,z,\lambda)=xyz+\lambda\left(\frac{1}{x}+\frac{1}{y}+\frac{1}{z}-\frac{1}{r}\right)$$

则由

$$\begin{cases} L_x=yz+\lambda\left(-\frac{1}{x^2}\right)=0, L_y=xz+\lambda\left(-\frac{1}{y^2}\right)=0 \\ L_z=xy+\lambda\left(-\frac{1}{z^2}\right)=0, L_\lambda=\frac{1}{x}+\frac{1}{y}+\frac{1}{z}-\frac{1}{r}=0 \end{cases}$$

解得 $x=y=z=3r, \lambda=(3r)^4$. 在点 $(3r,3r,3r)$ 处的黑塞矩阵为

$$H_L=\begin{pmatrix} \frac{2(3r)^4}{x^3} & z & y \\ z & \frac{2(3r)^4}{y^3} & x \\ y & x & \frac{2(3r)^4}{z^3} \end{pmatrix}_{(3r,3r,3r)}=(3r)\begin{pmatrix} 2 & 1 & 1 \\ 1 & 2 & 1 \\ 1 & 1 & 2 \end{pmatrix}$$

为正定矩阵, 所以 $x=y=z=3r$ 为唯一极小值点. 由于

$$(x,y,z): \frac{1}{x}+\frac{1}{y}+\frac{1}{z}-\frac{1}{r}=0, \quad \lim_{x\to+\infty} f(x,y,z)=+\infty$$

因此无最大值点. 所以唯一极小值点 $(3r,3r,3r)$ 即为最小值点, 因此 $xyz \geqslant (3r)^3$ 或者 $3\left(\frac{1}{a}+\frac{1}{b}+\frac{1}{c}\right)^{-1} \leqslant \sqrt[3]{abc}$.

例 13.5.7 证明椭球 $\frac{x^2}{a^2}+\frac{y^2}{b^2}+\frac{z^2}{c^2}=1$ 与平面 $Ax+By+Cz=0$ 相交所截的椭圆面积为 $S=\pi\sqrt{\frac{(A^2+B^2+C^2)a^2b^2c^2}{A^2a^2+B^2b^2+C^2c^2}}$.

证明 设椭球面 $\frac{x^2}{a^2}+\frac{y^2}{b^2}+\frac{z^2}{c^2}=1$ 与平面 $Ax+By+Cz=0$ 相交所截的椭圆的长短半轴分别为 d_1,d_2, 则 $S=\pi d_1d_2$.

问题关键在于求出 d_1,d_2, 而 d_1,d_2 分别为椭球面 $\frac{x^2}{a^2}+\frac{y^2}{b^2}+\frac{z^2}{c^2}=1$ 与平面 $Ax+By+Cz=0$ 交线上的点到原点的最近距离和最远距离. 为此引入条件极值问题

$$\min(x^2+y^2+z^2) \text{ 满足 } \frac{x^2}{a^2}+\frac{y^2}{b^2}+\frac{z^2}{c^2}-1=0, Ax+By+Cz=0$$

引入拉格朗日函数

$$L(x,y,z,\lambda,\mu)=x^2+y^2+z^2+\lambda\left(\frac{x^2}{a^2}+\frac{y^2}{b^2}+\frac{z^2}{c^2}-1\right)+\mu(Ax+By+Cz)$$

解方程组

$$\begin{cases}(1)\quad L_x=2x-2\lambda\dfrac{x}{a^2}+\mu A=2x\left(1-\dfrac{\lambda}{a^2}\right)+\mu A=0\\(2)\quad L_y=2y-2\lambda\dfrac{y}{b^2}+\mu B=2y\left(1-\dfrac{\lambda}{b^2}\right)+\mu B=0\\(3)\quad L_z=2z-2\lambda\dfrac{z}{c^2}+\mu C=2z\left(1-\dfrac{\lambda}{c^2}\right)+\mu C=0\\(4)\quad L_\lambda=\dfrac{x^2}{a^2}+\dfrac{y^2}{b^2}+\dfrac{z^2}{c^2}-1=0\\(5)\quad L_\mu=Ax+By+Cz=0\end{cases}$$

将 (1),(2),(3) 分别乘以 x,y,z 后相加, 再利用 (4),(5) 得

$$x^2+y^2+z^2=\lambda$$

将 (1),(2),(3) 分别乘以

$$A\left(1-\frac{\lambda}{b^2}\right)\left(1-\frac{\lambda}{c^2}\right),\quad B\left(1-\frac{\lambda}{a^2}\right)\left(1-\frac{\lambda}{c^2}\right),\quad C\left(1-\frac{\lambda}{a^2}\right)\left(1-\frac{\lambda}{b^2}\right)$$

后相加, 再利用 (5) 得

$$A^2\left(1-\frac{\lambda}{b^2}\right)\left(1-\frac{\lambda}{c^2}\right)+B^2\left(1-\frac{\lambda}{a^2}\right)\left(1-\frac{\lambda}{c^2}\right)+C^2\left(1-\frac{\lambda}{a^2}\right)\left(1-\frac{\lambda}{b^2}\right)=0$$

其中常数项 $A^2+B^2+C^2$, λ^2 的系数为 $\dfrac{A^2}{b^2c^2}+\dfrac{B^2}{a^2c^2}+\dfrac{C^2}{a^2b^2}$. 根据根与系数的关系有

$$\lambda_1\lambda_2=\frac{A^2+B^2+C^2}{\dfrac{A^2}{b^2c^2}+\dfrac{B^2}{a^2c^2}+\dfrac{C^2}{a^2b^2}}$$

因此 $S=\pi\sqrt{\dfrac{(A^2+B^2+C^2)\,a^2b^2c^2}{A^2a^2+B^2b^2+C^2c^2}}$, 结论得证.

习题 13.5 条件极值

1. 求在指定条件下 u 的极值以及最大值与最小值.

(1) $u=x-2y+2z,\quad x^2+y^2+z^2=1$;

(2) $u=xyz,\quad \begin{cases}x^2+y^2+z^2=1,\\x+y+z=0;\end{cases}$

(3) $u=x^2+y^2+z^2,\quad \left(\dfrac{x}{a}\right)^2+\left(\dfrac{y}{b}\right)^2+\left(\dfrac{z}{c}\right)^2=1\,(a>0,b>0,c>0)$;

(4) $u=xy^2z^3,\quad x+2y+3z=a\,(x>0,y>0,z>0,a>0)$.

2. 设 $a>0$, 求曲线 $\begin{cases}x^2+y^2=2az,\\x^2+y^2+xy=a^2\end{cases}$ 上的点到 xy 平面的最小距离和最大距离.

3. 在椭球 $\dfrac{x^2}{a^2}+\dfrac{y^2}{b^2}+\dfrac{z^2}{c^2}=1$ 内嵌入有最大体积的长方体, 问这长方体的尺寸为多少.

4. 求椭球面 $\dfrac{x^2}{a^2}+\dfrac{y^2}{b^2}+\dfrac{z^2}{c^2}=1$ 第一卦限中的切平面与三个坐标面围成的体积最小.

5. 在球面 $x^2+y^2+z^2=5R^2\,(x>0,y>0,z>0)$ 上求函数 $f(x,y,z)=\ln x+\ln y+3\ln z$ 的最大值, 并利用结果证明不等式:

$$abc^3\leqslant 27\left(\frac{a+b+c}{5}\right)^5\quad (a>0,b>0,c>0)$$

6. 设光滑封闭的曲面 $S:F(x,y,z)=0$, 证明: S 上任何相距最远点的切平面互相平行, 并且垂直于这两点的连线.

7. 设 $a_1,a_2,\cdots,a_n$ 为已知的 n 个正数, 求 $f(x_1,x_2,\cdots,x_n)=\sum\limits_{k=1}^{n}a_kx_k$ 在约束条件 $x_1^2+x_2^2+\cdots+x_n^2\leqslant 1$ 下的极值.

8. 设 $a>0,\alpha_i>0,,i=1,2,\cdots,n$, 求 n 元函数 $f(x_1,x_2,\cdots,x_n)=x_1^{\alpha_1}x_2^{\alpha_2}\cdots x_n^{\alpha_n}$ 在约束条件 $x_1+x_2+\cdots+x_n=a\,(x_i>0,i=1,2,\cdots,n)$ 下的最大值.

9. 求二次型 $\sum\limits_{i,j=1}^{n}a_{ij}x_ix_j\,(a_{ij}=a_{ji})$ 在 n 维单位球面

$$\left\{(x_1,x_2,\cdots,x_n)\in\mathbf{R}^n\left|x_1^2+x_2^2+\cdots+x_n^2=1\right.\right\}$$

上的最大和最小值.

☞扫码学习

*13.6 提 高 课

本节通过应用实例来讨论多元函数微分学在实际问题中的应用.

13.6.1 离散数据拟合: 线性模型最小二乘方法

下面通过两个实例来讨论最小二乘问题.

例 13.6.1 (观测数据的最小二乘拟合) 由胡克定律知道, 弹簧所受到的力 y 与弹簧长度 x 是线性关系: $y=ax+b$. 其中 a 为弹性系数, b 是待定常数, 均由实验数据确定. 假设有 n 组互不相同的数据 $(x_i,y_i),i=1,2,\cdots,n$, 最理想的情况是实验数据满足线性方程组

$$y_i=ax_i+b,\quad i=1,2,\cdots,n$$

由于实验数据非常多, 一般情况下上式的方程组是无解的, 故称为矛盾方程组. 如图 13.6.1 所示. 在实际问题中常采用使所有实验数据与 $y=ax+b$ 的偏差达到最小的方法:

$$\min f(a,b)=\min\sum_{i=1}^{n}(ax_i+b-y_i)^2$$

通常称上式为最小二乘问题, 下面给出详细的解法.

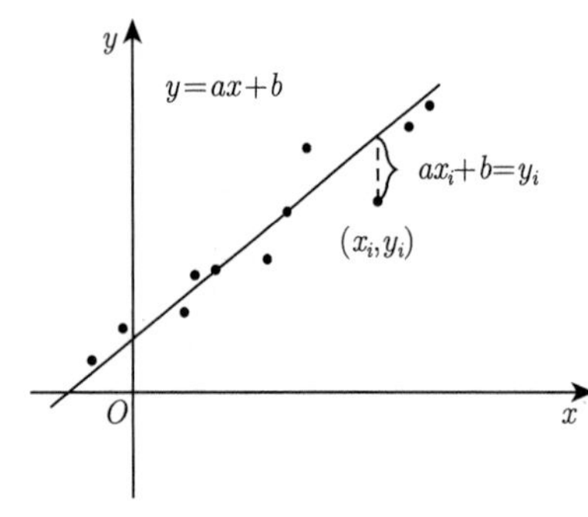

图 13.6.1

解 首先求函数 $f(a,b)$ 的稳定点. 令

$$\begin{cases}\dfrac{\partial f}{\partial a}=2\displaystyle\sum_{i=1}^{n}(ax_i+b-y_i)x_i=0\\[2mm]\dfrac{\partial f}{\partial b}=2\displaystyle\sum_{i=1}^{n}(ax_i+b-y_i)=0\end{cases}$$

整理得

$$\begin{cases} a\sum_{i=1}^{n}x_i^2+b\sum_{i=1}^{n}x_i=\sum_{i=1}^{n}x_iy_i \\ a\sum_{i=1}^{n}x_i+bn=\sum_{i=1}^{n}y_i \end{cases}$$

由柯西–施瓦茨不等式得

$$\left(\sum_{i=1}^{n}x_i\right)^2=\left(\sum_{i=1}^{n}1\cdot x_i\right)^2<\sum_{i=1}^{n}1\sum_{i=1}^{n}x_i^2=n\sum_{i=1}^{n}x_i^2$$

所以上述关于 a,b 的线性方程组的系数行列式不为零, 即方程组有解. 解得 $f(a,b)$ 的稳定点为

$$\begin{cases} \bar{a}=\dfrac{n\sum\limits_{i=1}^{n}x_iy_i-\left(\sum\limits_{i=1}^{n}x_i\right)\left(\sum\limits_{i=1}^{n}y_i\right)}{n\sum\limits_{i-1}^{n}x_i^2-\left(\sum\limits_{i=1}^{n}x_i\right)^2} \\ \bar{b}=\dfrac{\left(\sum\limits_{i=1}^{n}x_i^2\right)\left(\sum\limits_{i=1}^{n}y_i\right)-\left(\sum\limits_{i=1}^{n}x_iy_i\right)\left(\sum\limits_{i=1}^{n}x_i\right)}{n\sum\limits_{i=1}^{n}x_i^2-\left(\sum\limits_{i=1}^{n}x_i\right)^2} \end{cases}$$

通过计算

$$f_{aa}=2\sum_{i=1}^{n}x_i^2>0,\quad f_{ab}=2\sum_{i=1}^{n}x_i,\quad f_{bb}=2n$$

$$f_{aa}f_{bb}-f_{ab}^2=4n\sum_{i=1}^{n}x_i^2-4\left(\sum_{i=1}^{n}x_i\right)^2>0$$

因此 $f(a,b)$ 在点 $(\bar{a},\bar{b})$ 处取得唯一极小值, 根据实际问题可知, $(\bar{a},\bar{b})$ 为最小值点.

例 13.6.2 合成纤维抽丝工段, 第一导丝盘的速度对于丝的质量是很重要的参数. 发现它和电流周波的关系, 由生产记录得到的数据如表 13.6.1 所示, 建立数学模型.

表 13.6.1

周波x	49.2	50.0	49.3	49.0	49.0	49.5	49.8	59.9	50.2	50.2
速度y	16.7	17.0	16.8	16.6	16.7	16.8	16.9	17.0	17.0	17.1

解 如图 13.6.2 所示, 将记录得到的数据点在坐标系中描出, 发现这些数据点近似直线分布. 用直线逼近, 由例 13.6.1 的结论知,

$$\begin{cases} \bar{a} = \dfrac{10\displaystyle\sum_{i=1}^{10} x_i y_i - \left(\displaystyle\sum_{i=1}^{10} x_i\right)\left(\displaystyle\sum_{i=1}^{10} y_i\right)}{10\displaystyle\sum_{i=1}^{10} x_i^2 - \left(\displaystyle\sum_{i=1}^{10} x_i\right)^2} = 0.3389 \\ \bar{b} = \dfrac{\left(\displaystyle\sum_{i=1}^{10} x_i^2\right)\left(\displaystyle\sum_{i=1}^{10} y_i\right) - \left(\displaystyle\sum_{i=1}^{10} x_i y_i\right)\left(\displaystyle\sum_{i=1}^{10} x_i\right)}{10\displaystyle\sum_{i=1}^{10} x_i^2 - \left(\displaystyle\sum_{i=1}^{10} x_i\right)^2} = -4.04 \times 10^{-6} \end{cases}$$

因此得到第一号导丝盘的速度和周波的函数关系近似为 $y = -4.04 \times 10^{-6} + 0.3389x$.

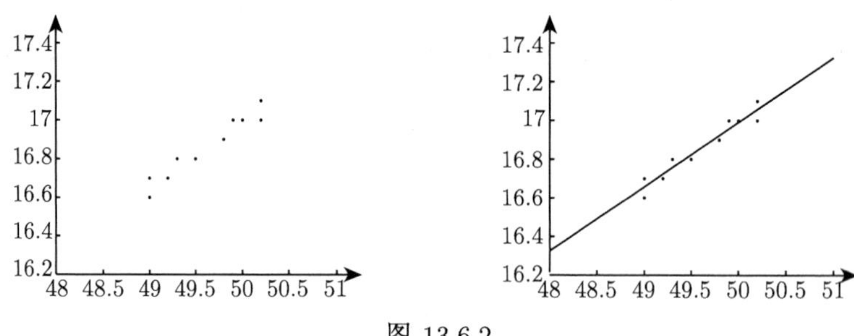

图 13.6.2

13.6.2 离散数据拟合: 非线性模型最小二乘方法

科学家提供黄松树身中部的直径与体积度量的数据表如表 13.6.2 所示, 在此数据基础上建立数学模型, 描述两者的函数关系.

表 13.6.2

x	17	19	20	22	23	25	28	31
y	19	25	32	51	57	71	113	141
x	32	33	36	37	38	39	41	
y	123	187	192	205	252	259	294	

图 13.6.3 绘出了实际数据图, 根据几何图形, 选择以下数学模型:

(1) $y = ax^b$; (2)$y = a\mathrm{e}^{bx}$; (3)$y = ax^2 + bx + c$. 这里 a, b, c 都是待定系数.

(1) 选择数学模型: $y = ax^b$. 在 $y = ax^b$ 两边取对数得 $\ln y = \ln a + b \ln x$. 构造函数

$$f(a,b) = \sum_{i=1}^{15} [\ln y_i - (\ln a + b \ln x_i)]^2$$

求 $\min f(a,b)$.

令

$$\begin{cases} \dfrac{\partial f(a,b)}{\partial a} = -\displaystyle\sum_{i=1}^{15} 2[\ln y_i - (\ln a + b \ln x_i)]/a = 0 \\ \dfrac{\partial f(a,b)}{\partial b} = -\displaystyle\sum_{i=1}^{15} 2[\ln y_i - (\ln a + b \ln x_i)] \ln x_i = 0 \end{cases}$$

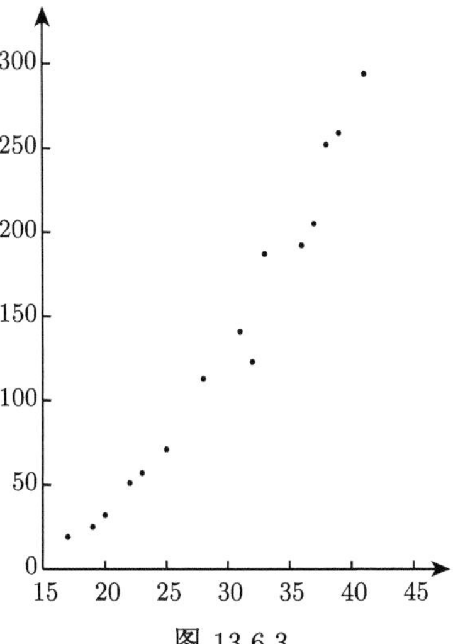

图 13.6.3

得到以 $\ln a, b$ 为未知数的线性代数方程组:

$$\left\{\begin{array}{l}(\ln a)15+b\sum_{i=1}^{15}\ln x_i=\sum_{i=1}^{15}\ln y_i\\(\ln a)\left(\sum_{i=1}^{15}\ln x_i\right)+b\sum_{i=1}^{15}(\ln x_i)^2=\sum_{i=1}^{15}\ln y_i\ln x_i\end{array}\right. \tag{13.6.1}$$

解得

$$\left\{\begin{array}{l}\ln a=\dfrac{\sum\limits_{i=1}^{15}(\ln x_i)^2\left(\sum\limits_{i=1}^{15}\ln y_i\right)-\left(\sum\limits_{i=1}^{15}\ln x_i\ln y_i\right)\left(\sum\limits_{i=1}^{15}\ln x_i\right)}{15\sum\limits_{i=1}^{15}(\ln x_i)^2-\left(\sum\limits_{i=1}^{15}\ln x_i\right)^2}\\b=\dfrac{15\sum\limits_{i=1}^{15}\ln x_i\ln y_i-\sum\limits_{i=1}^{15}\ln x_i\sum\limits_{i=1}^{15}\ln y_i}{15\sum\limits_{i=1}^{15}(\ln x_i)^2-\left(\sum\limits_{i=1}^{15}\ln x_i\right)^2}\end{array}\right.$$

得到结论: $a=0.0032, b=3.0919, y(x)=0.0032x^{3.0919}$.

(2) 选择数学模型: $y=ae^{bx}$. 在 $y=ae^{bx}$ 两边取对数得到 $\ln y=\ln a+bx$. 构造函数

$$f(a,b)=\sum_{i=1}^{15}\left[\ln y_i-(\ln a+bx_i)\right]^2$$

求 $\min f(a,b)$.

令

$$\left\{\begin{array}{l}\dfrac{\partial f(a,b)}{\partial a}=-\sum\limits_{i=1}^{15}2\left[\ln y_i-(\ln a+bx_i)\right]/a=0\\\dfrac{\partial f(a,b)}{\partial b}=-\sum\limits_{i=1}^{15}2\left[\ln y_i-(\ln a+bx_i)\right]x_i=0\end{array}\right.$$

得到以 $\ln a, b$ 为未知数的线性代数方程组:

$$\begin{cases}(\ln a)15+b\sum_{i=1}^{15}x_i=\sum_{i=1}^{15}\ln y_i\\(\ln a)\sum_{i=1}^{15}x_i+b\sum_{i=1}^{15}(x_i)^2=\sum_{i=1}^{15}(\ln y_i)\,x_i\end{cases}\tag{13.6.2}$$

解方程组 (13.6.2) 得

$$\begin{cases}\ln a=\dfrac{\sum_{i=1}^{15}x_i^2\sum_{i=1}^{15}\ln y_i-\sum_{i=1}^{15}x_i\ln y_i\sum_{i=1}^{15}x_i}{15\sum_{i=1}^{15}x_i^2-\left(\sum_{i=1}^{15}x_i\right)^2}\\b=\dfrac{15\sum_{i=1}^{15}x_i\ln y_i-\sum_{i=1}^{15}x_i\sum_{i=1}^{15}\ln y_i}{15\sum_{i=1}^{15}x_i^2-\left(\sum_{i=1}^{15}x_i\right)^2}\end{cases}$$

得到结论:$a=3.8700, b=0.1103, y(x)=3.8700\mathrm{e}^{0.1103x}$.

(3) 选择数学模型: $y=ax^2+bx+c$. 构造函数

$$f(a,b,c)=\sum_{i=1}^{15}\left[y_i-\left(ax_i^2+bx_i+c\right)\right]^2$$

求 $\min f(a,b,c)$.

令

$$\begin{cases}\dfrac{\partial f(a,b,c)}{\partial a}=-\sum_{i=1}^{15}2\left[y_i-\left(ax_i^2+bx_i+c\right)\right]x_i^2=0\\\dfrac{\partial f(a,b,c)}{\partial b}=-\sum_{i=1}^{15}2\left[y_i-\left(ax_i^2+bx_i+c\right)\right]x_i=0\\\dfrac{\partial f(a,b,c)}{\partial c}=-\sum_{i=1}^{15}2\left[y_i-\left(ax_i^2+bx_i+c\right)\right]=0\end{cases}$$

得到以 a, b, c 为未知数的线性代数方程组:

$$\begin{cases}a\left(\sum_{i=1}^{15}x_i^4\right)+b\left(\sum_{i=1}^{15}x_i^3\right)+c\left(\sum_{i=1}^{15}x_i^2\right)=\sum_{i=1}^{15}x_i^2y_i\\a\left(\sum_{i=1}^{15}x_i^3\right)+b\left(\sum_{i=1}^{15}x_i^2\right)+c\left(\sum_{i=1}^{15}x_i\right)=\sum_{i=1}^{15}x_iy_i\\a\left(\sum_{i=1}^{15}x_i^2\right)+b\left(\sum_{i=1}^{15}x_i\right)+c15=\sum_{i=1}^{15}y_i\end{cases}$$

得到结论 $a=0.2905, b=-5.5112, c=28.4379, y(x)=0.2905x^2-5.5112x+28.4379$.

三个模型的逼近误差分别为

$$e_1=\sqrt{\sum_{i=1}^{15}(y_i-0.0032x_i^{3.0919})^2}=52.8805$$

$$e_2=\sqrt{\sum_{i=1}^{15}(y_i-3.8700\mathrm{e}^{0.1103x_i})^2}=92.8538$$

$$e_3=\sqrt{\sum_{i=1}^{15}(y_i-(0.2905x_i^2-5.5112x_i+28.4379))^2}=46.6153$$

三个模型的数值模拟如表 13.6.3, 如图 13.6.4 所示给出了三种模型的逼近直观图.

表 13.6.3

x	y	y_1	y_2	y_3
17	19	20.43	25.23	18.68
19	25	28.82	31.46	28.58
20	32	33.77	35.13	34.40
22	51	45.35	43.80	47.77
23	57	52.03	48.91	55.33
25	71	67.33	60.98	72.19
28	113	95.59	84.89	101.84
31	141	130.94	118.18	136.72
32	123	144.44	131.96	149.51
33	187	158.86	147.35	162.88
36	192	207.90	205.13	206.47
37	205	226.28	229.05	222.16
38	252	245.73	255.76	238.43
39	259	266.28	285.58	255.29
41	294	310.81	356.06	290.74

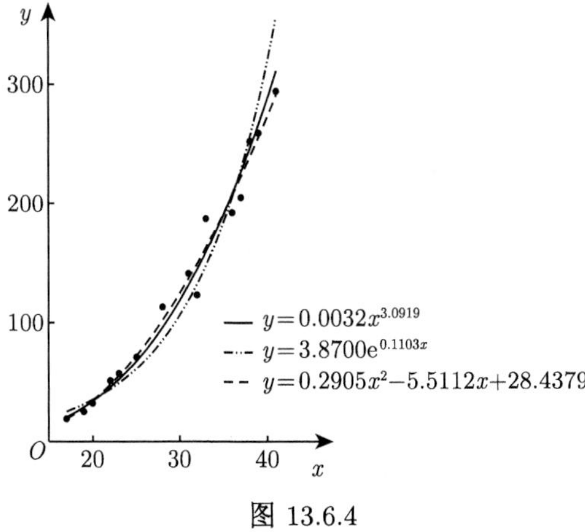

图 13.6.4

13.6.3 数值优化初步

在前面的几节中讨论过精确求解多元函数极值的方法, 包括多元函数的无约束极值问题和多元函数的条件极值问题. 下面介绍两种数值逼近多元函数极值的方法: 最速下降法和牛顿迭代法.

最速下降法 $\min f(\boldsymbol{x}), \boldsymbol{x}=(x_1,x_2,\cdots,x_n)\in\mathbf{R}^n$.

利用梯度方向 $\nabla f(\boldsymbol{x})=\left(\dfrac{\partial f}{\partial x_1},\dfrac{\partial f}{\partial x_2},\cdots,\dfrac{\partial f}{\partial x_n}\right)$ 是 $f(\boldsymbol{x})$ 增长最快的方向, 得到数值逼近 $\min f(\boldsymbol{x})$ 的如下方法:

(1) 选定初始向量 $\boldsymbol{x}_0=\left(x_1^0,x_2^0,\cdots,x_n^0\right)$, $f(\boldsymbol{x})$ 下降最快的方向 $(-\nabla f(\boldsymbol{x}_0))$;

(2) 在 $\boldsymbol{x}=\boldsymbol{x}_0-t\nabla f(\boldsymbol{x}_0)$ 上选定一点 $t_1\geqslant 0$ 使得

$$f(\boldsymbol{x}_0-t_1\nabla f(\boldsymbol{x}_0))=\min_t f(\boldsymbol{x}_0-t\nabla f(\boldsymbol{x}_0))$$

令 $\boldsymbol{x}_1=\boldsymbol{x}_0-t_1\nabla f(\boldsymbol{x}_0)$;

(3) 在 $\boldsymbol{x}=\boldsymbol{x}_1-t\nabla f(\boldsymbol{x}_1)$ 上选定一点 $t_2\geqslant 0$ 使得

$$f(\boldsymbol{x}_1-t_2\nabla f(\boldsymbol{x}_1))=\min_t f(\boldsymbol{x}_1-t\nabla f(\boldsymbol{x}_1))$$

令 $\boldsymbol{x}_2=\boldsymbol{x}_1-t_2\nabla f(\boldsymbol{x}_1)$.

依次类推, 得到空间点列

$$\begin{cases}\boldsymbol{x}_{k+1}=\boldsymbol{x}_k-t_{k+1}\nabla f(\boldsymbol{x}_k)\\ \boldsymbol{x}_0\in\mathbf{R}^n\end{cases}$$

其中 $P_k=-\nabla f(\boldsymbol{x}_k)$ 为搜索方向, t_k 为最优步长, $k=1,2,\cdots$. 如图 13.6.5 所示, 沿着 $\{\boldsymbol{x}_k\}$ 所确定的路径逐步逼近最优解 Z^*.

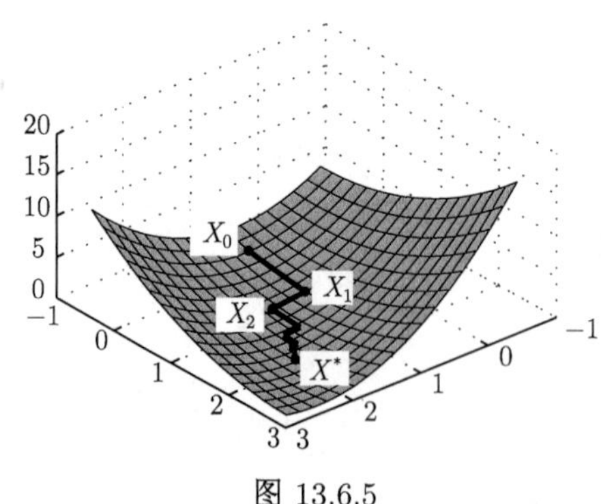

图 13.6.5

最优步长的确定实际上是一元函数极值问题. 由多元函数的泰勒公式,

$$f(\boldsymbol{x}-t\nabla f(\boldsymbol{x}))\approx f(\boldsymbol{x})-t(\nabla f(\boldsymbol{x}))^{\mathrm{T}}(\nabla f(\boldsymbol{x}))+\frac{t^2}{2}(\nabla f(\boldsymbol{x}))^{\mathrm{T}}H(\boldsymbol{x})(\nabla f(\boldsymbol{x}))$$

$$H(\boldsymbol{x})=\begin{pmatrix} f_{11} & f_{12} & \cdots & f_{1n} \\ f_{21} & f_{22} & \cdots & f_{2n} \\ \vdots & \vdots & & \vdots \\ f_{n1} & f_{n2} & \cdots & f_{nn} \end{pmatrix}, \quad f_{ij}=f_{x_ix_j} \quad i,j=1,2,3,\cdots,n$$

令

$$\frac{\partial f(\boldsymbol{x}-t\nabla f(\boldsymbol{x}))}{\partial t}\approx -(\nabla f(\boldsymbol{x}))^{\mathrm{T}}(\nabla f(\boldsymbol{x}))+t(\nabla f(\boldsymbol{x}))^{\mathrm{T}}H(\boldsymbol{x})(\nabla f(\boldsymbol{x}))=0$$

得

$$t=\frac{(\nabla f(\boldsymbol{x}))^{\mathrm{T}}(\nabla f(\boldsymbol{x}))}{(\nabla f(\boldsymbol{x}))^{\mathrm{T}}H(\boldsymbol{x})(\nabla f(\boldsymbol{x}))}$$

通过上面的讨论, 得到最速下降法:

$$\begin{cases} \boldsymbol{x}_{k+1}=\boldsymbol{x}_k-t_{k+1}\nabla f(\boldsymbol{x}_k) \\ t_{k+1}=\dfrac{(\nabla f(\boldsymbol{x}_k))^{\mathrm{T}}(\nabla f(\boldsymbol{x}_k))}{(\nabla f(\boldsymbol{x}_k))^{\mathrm{T}}H(\boldsymbol{x}_k)(\nabla f(\boldsymbol{x}_k))} \\ \boldsymbol{x}_0\in\mathbf{R}^n \end{cases} \tag{13.6.3}$$

其中 $P_k=-\nabla f(\boldsymbol{x}_k)$ 为搜索方向, t_k 为最优步长, $k=1,2,\cdots$.

例 13.6.3 用最速下降法求解 $\min f(\boldsymbol{x})=2x_1^2+x_2^2-2x_1x_2-4x_1+4$, 初始点取 $\boldsymbol{x}_0=[0,0]^{\mathrm{T}}$, 精度取 $\|\nabla f\|<10^{-3}$.

解 $\nabla f(\boldsymbol{x})=\begin{pmatrix} 4x_1-2x_2-4 \\ 2x_2-2x_1 \end{pmatrix}, H(\boldsymbol{x})=\begin{pmatrix} 4 & -2 \\ -2 & 2 \end{pmatrix}$, 问题的精确解为 $\boldsymbol{x}^*=(2,2)^{\mathrm{T}}$, 达到要求精度需要的迭代次数为 24. 数值模拟结果如表 13.6.4 和图 13.6.6 所示.

表 13.6.4

k	x_1	x_2	k	x_1	x_2
0	0	0	13	1.9844	1.9688
1	1.0000	0.0000	14	1.9844	1.9844
2	1.0000	1.0000	15	1.9922	1.9844
3	1.5000	1.0000	16	1.9922	1.9922
4	1.5000	1.5000	17	1.9961	1.9922
5	1.7500	1.5000	18	1.9961	1.9961
6	1.7500	1.7500	19	1.9980	1.9961
7	1.8750	1.7500	20	1.9980	1.9980
8	1.8750	1.8750	21	1.9990	1.9980
9	1.9375	1.8750	22	1.9990	1.9990
10	1.9375	1.9375	23	1.9995	1.9990
11	1.9688	1.9375	24	1.9995	1.9995
12	1.9688	1.9688			

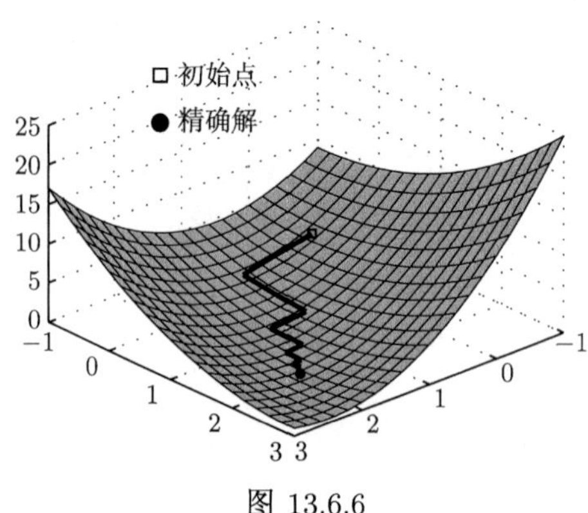

图 13.6.6

例 13.6.4 用最速下降法求解 $\min f(\boldsymbol{x})=2x_1^2+x_2^2+x_3^2-2x_1x_2-2x_1-4x_3+5$, 初始点取 $\boldsymbol{x}_0=(0,0,0)^{\mathrm{T}}$, 要求精度 $\|\nabla f\|<10^{-3}$.

解 $\nabla f(\boldsymbol{x})=\begin{pmatrix}4x_1-2x_2-2\\2x_2-2x_1\\2x_3-4\end{pmatrix}, H(\boldsymbol{x})=\begin{pmatrix}4&-2&0\\-2&2&0\\0&0&2\end{pmatrix}$, 问题的精确解为 $\boldsymbol{x}^*=(1,1,2)^{\mathrm{T}}$, 达到要求精度需要的迭代次数为 23. 数值模拟结果如表 13.6.5 所示.

表 13.6.5

k	x_1	x_2	x_3	k	x_1	x_2	x_3
0	0	0	0	12	0.9871	0.9827	2.0000
1	0.8333	0.0000	1.6667	13	0.9959	0.9873	2.0000
2	0.5363	0.3713	1.8152	14	0.9937	0.9915	2.0000
3	0.8548	0.5472	2.0123	15	0.9980	0.9938	2.0000
4	0.7753	0.6978	2.0063	16	0.9969	0.9959	2.0000
5	0.9288	0.7786	1.9997	17	0.9990	0.9970	2.0000
6	0.8901	0.8522	1.9999	18	0.9985	0.9980	2.0000
7	0.9652	0.8917	2.0000	19	0.9995	0.9985	2.0000
8	0.9462	0.9277	2.0000	20	0.9993	0.9990	2.0000
9	0.9830	0.9470	2.0000	21	0.9998	0.9993	2.0000
10	0.9737	0.9646	2.0000	22	0.9996	0.9995	2.0000
11	0.9917	0.9741	2.0000	23	0.9999	0.9996	2.0000

例 13.6.5 用最速下降法求解 $\min f(\boldsymbol{x})=x_2^4-4x_2^3+4x_2^2+x_1^2-2x_1+1$, 要求精度 $\|\nabla f\|<10^{-3}$.

解 $\nabla f(\boldsymbol{x})=\begin{pmatrix}2x_1-2\\4x_2^3-12x_2^2+8x_2\end{pmatrix}, H(\boldsymbol{x})=\begin{pmatrix}2&0\\0&12x_2^2-24x_2+8\end{pmatrix}$, $\nabla f(\boldsymbol{x})=0$ 的解为 $\boldsymbol{x}_1^*=(1,0)^{\mathrm{T}}, \boldsymbol{x}_2^*=(1,2)^{\mathrm{T}}, \boldsymbol{x}_3^*=(1,1)^{\mathrm{T}}$. 这三个点为极值点, $f(\boldsymbol{x}_1^*)=f(\boldsymbol{x}_2^*)=0, f(\boldsymbol{x}_3^*)=1$. 所以 $\boldsymbol{x}_1^*=(1,0)^{\mathrm{T}}, \boldsymbol{x}_2^*=(1,2)^{\mathrm{T}}$ 为全局最小值点.

用最速下降法求解, 计算结果如表 13.6.6 所示, 初始点取 $\boldsymbol{x}_0=(2,0.5)^{\mathrm{T}}$ 时, 达到要求精度需要的迭代次数为 19, 解趋向于 $\boldsymbol{x}_1^*=(1,0)^{\mathrm{T}}$. 初始点取 $\boldsymbol{x}_0'=(-0.5,1.5)^{\mathrm{T}}$ 时, 达到要求精度需要的迭代次数为 8, 解趋向于 $\boldsymbol{x}_2^*=(1,2)^{\mathrm{T}}$. 初始点取 $\boldsymbol{x}_0''=(2,1)^{\mathrm{T}}$ 时, 达到要求精度需要的迭代次数为 1, 解趋向于 $\boldsymbol{x}_3^*=(1,1)^{\mathrm{T}}$. 如图 13.6.7 所示.

表 13.6.6

k	x_1	x_2	k	x_1	x_2	k	x_1	x_2	k	x_1	x_2
0	2	0.5	10	0.9854	−0.0031	0	−0.5	1.5	0	2	1
1	−0.1739	−1.1304	11	0.9918	0.0024	1	1.6429	2.5714	1	1	1
2	−1.1271	−0.5294	12	0.9948	−0.0011	2	1.5918	2.2047			
3	−0.0270	−0.1656	13	0.9971	0.0008	3	1.4823	2.0034			
4	0.3095	0.1083	14	0.9982	−0.0004	4	1.0012	1.9896			
5	0.8072	−0.1550	15	0.9989	0.0003	5	1.0009	2.0002			
6	0.8410	−0.0199	16	0.9993	−0.0001	6	1.0005	1.9998			
7	0.9356	0.0289	17	0.9996	0.0001	7	1.0003	2.0001			
8	0.9572	−0.0082	18	0.9998	−0.0001	8	1.0002	1.9999			
9	0.9771	0.0072	19	0.9999	0.0000						

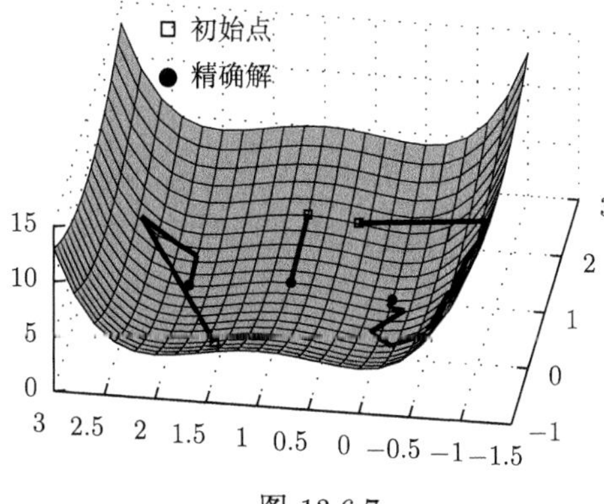

图 13.6.7

从例 13.6.5 的结果可以看出, 最速下降法的收敛性以及是否收敛到全局最小值与初值 $\boldsymbol{x}_0$ 的选取有关. 图 13.6.7 给出了三种迭代法求解的逐步逼近路径示意图.

牛顿迭代法

利用多元函数的泰勒公式:

$$\begin{aligned} f(\boldsymbol{x}) &= f(\boldsymbol{x}_0)+(\nabla f(\boldsymbol{x}_0))^{\mathrm{T}}(\Delta\boldsymbol{x})+\frac{1}{2}(\Delta\boldsymbol{x})^{\mathrm{T}}H(\boldsymbol{x}_0)(\Delta\boldsymbol{x})+o\left(\|\boldsymbol{x}-\boldsymbol{x}_0\|^2\right) \\ &\approx f(\boldsymbol{x}_0)+(\nabla f(\boldsymbol{x}_0))^{\mathrm{T}}(\Delta\boldsymbol{x})+\frac{1}{2}(\Delta\boldsymbol{x})^{\mathrm{T}}H(\boldsymbol{x}_0)(\Delta\boldsymbol{x}) \quad (\Delta\boldsymbol{x}=\boldsymbol{x}-\boldsymbol{x}_0) \end{aligned}$$

$$H(\boldsymbol{x}_0)=\begin{pmatrix} f_{11} & f_{12} & \cdots & f_{1n} \\ f_{21} & f_{22} & \cdots & f_{2n} \\ \vdots & \vdots & & \vdots \\ f_{n1} & f_{n2} & \cdots & f_{nn} \end{pmatrix}_{\boldsymbol{x}_0}, \quad f_{ij}=f_{x_ix_j}, \quad i,j=1,2,\cdots,n$$

即

$$f(\boldsymbol{x})\approx f(\boldsymbol{x}_0)+(\nabla f(\boldsymbol{x}_0))^{\mathrm{T}}(\Delta\boldsymbol{x})+\frac{1}{2}(\Delta\boldsymbol{x})^{\mathrm{T}}H(\boldsymbol{x}_0)(\Delta\boldsymbol{x})$$

于是

$$\nabla f(\boldsymbol{x})\approx\nabla\left(f(\boldsymbol{x}_0)+(\nabla f(\boldsymbol{x}_0))^{\mathrm{T}}(\Delta\boldsymbol{x})+\frac{1}{2}(\Delta\boldsymbol{x})^{\mathrm{T}}H(\boldsymbol{x}_0)(\Delta\boldsymbol{x})\right)$$

$$
\begin{aligned}
&= \nabla\left((\nabla f(\boldsymbol{x}_0))^{\mathrm{T}}(\Delta \boldsymbol{x}) + \frac{1}{2}(\Delta \boldsymbol{x})^{\mathrm{T}} H(\boldsymbol{x}_0)(\Delta \boldsymbol{x})\right) \\
&= \nabla f(\boldsymbol{x}_0) + H(\boldsymbol{x}_0)(\Delta \boldsymbol{x})
\end{aligned}
$$

令 $\nabla f(\boldsymbol{x}) \approx \nabla f(\boldsymbol{x}_0) + H(\boldsymbol{x}_0)(\Delta \boldsymbol{x}) = 0$, 得

$$
\Delta \boldsymbol{x} = -H^{-1}(\boldsymbol{x}_0)(\nabla f(\boldsymbol{x}_0)), \quad \boldsymbol{x}_1 = \boldsymbol{x}_0 - H^{-1}(\boldsymbol{x}_0)(\nabla f(\boldsymbol{x}_0))
$$

依次类推, 得牛顿迭代法

$$
\begin{cases}
\boldsymbol{x}_{k+1} = \boldsymbol{x}_k - H^{-1}(\boldsymbol{x}_k)(\nabla f(\boldsymbol{x}_k)) \\
\boldsymbol{x}_0 \in \mathbf{R}^n
\end{cases}
$$

牛顿迭代法的等价形式

$$
\begin{cases}
H^{-1}(\boldsymbol{x}_k)(\nabla f(\boldsymbol{x}_k)) = \boldsymbol{y}_k, \\
H(\boldsymbol{x}_k)\boldsymbol{y}_k = \nabla f(\boldsymbol{x}_k), \\
\boldsymbol{x}_{k+1} = \boldsymbol{x}_k - \boldsymbol{y}_k, \\
\boldsymbol{x}_0 \in \mathbf{R}^n,
\end{cases}
\qquad k = 0, 1, 2, 3, \cdots
$$

例 13.6.6 利用牛顿迭代法求解 $\min f(\boldsymbol{x}) = x_1^4 - 2x_1^2x_2 + x_1^2 + x_2^2 - 4x_1 + 4$, 初始点取 $\boldsymbol{x}_0 = (0,1)^{\mathrm{T}}$, 要求精度 $\|\nabla f\| < 10^{-3}$.

解 $\nabla f(\boldsymbol{x}) = \begin{pmatrix} 4x_1^3 - 4x_1x_2 + 2x_1 - 4 \\ -2x_1^2 + 2x_2 \end{pmatrix}, H(\boldsymbol{x}) = \begin{pmatrix} 12x_1^2 - 4x_2 + 2 & -4x_1 \\ -4x_1 & 2 \end{pmatrix}$, 问题的精确解为 $\boldsymbol{x}^* = (2,4)^{\mathrm{T}}$, 达到要求精确度需要的迭代次数为 8. 数值模拟结果如表 13.6.7 和图 13.6.8 所示.

表 13.6.7

k	x_1	x_2
0	0	1
1	−2.0000	0.0000
2	−1.5556	2.2222
3	0.9931	−5.5095
4	1.0651	1.1292
5	1.9904	3.1055
6	1.9939	3.9758
7	2.0000	4.0000
8	2.0000	4.0000

例 13.6.7 利用牛顿迭代法求解 $\min f(\boldsymbol{x}) = x_1^4 - 2x_1^2x_2 + x_1^2 + x_2^2 + x_3^2 - 4x_1 - 2x_3 + 5$, 初始点取 $\boldsymbol{x}_0 = (1,0,0)^{\mathrm{T}}$, 要求精度 $\|\nabla f\| < 10^{-3}$.

解 $\nabla f(\boldsymbol{x}) = \begin{pmatrix} 4x_1^3 - 4x_1x_2 + 2x_1 - 4 \\ -2x_1^2 + 2x_2 \\ 2x_3 - 2 \end{pmatrix}, H(\boldsymbol{x}) = \begin{pmatrix} 12x_1^2 - 4x_2 + 2 & -4x_1 & 0 \\ -4x_1 & 2 & 0 \\ 0 & 0 & 2 \end{pmatrix}$, 问

题的精确解为 $\boldsymbol{x}^* = (2,4,1)^{\mathrm{T}}$, 达到要求精度需要的迭代次数为 6. 数值模拟实验结果如表 13.6.8 所示.

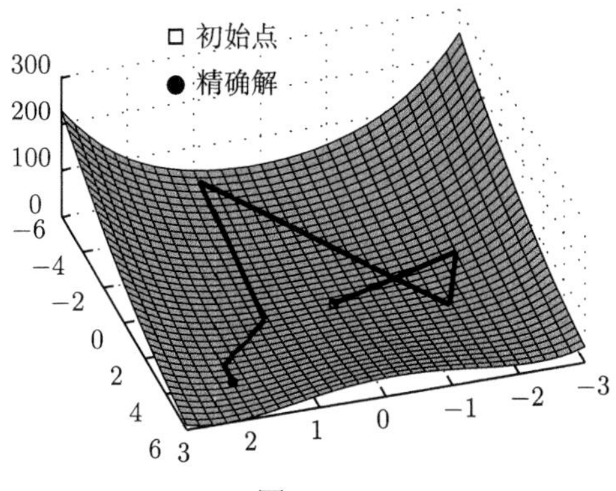

图 13.6.8

表 13.6.8

k	x_1	x_2	x_3
0	1	0	0
1	1.3333	1.6667	1.0000
2	1.8788	3.2323	1.0000
3	1.9548	3.8154	1.0000
4	1.9995	3.9959	1.0000
5	2.0000	4.0000	1.0000
6	2.0000	4.0000	1.0000

例 13.6.8 用牛顿迭代法求解 $\min f(\boldsymbol{x}) = x_2^4 - 4x_2^3 + 4x_2^2 + x_1^2 - 2x_1 + 1$, 初始点分别取 $\boldsymbol{x}_0 = (-0.5, -0.9)^{\mathrm{T}}, \boldsymbol{x}_0' = (2.7, 2.7)^{\mathrm{T}}, \boldsymbol{x}_0'' = (2,1)^{\mathrm{T}}$, 要求精度 $\|\nabla f\| < 10^{-3}$.

解 $\nabla f(\boldsymbol{x}) = \begin{pmatrix} 2x_1 - 2 \\ 4x_2^3 - 12x_2^2 + 8x_2 \end{pmatrix}, H(\boldsymbol{x}) = \begin{pmatrix} 2 & 0 \\ 0 & 12x_2^2 - 24x_2 + 8 \end{pmatrix}$, $\nabla f(\boldsymbol{x}) = 0$ 的解为 $\boldsymbol{x}_1^* = (1,0)^{\mathrm{T}}, \boldsymbol{x}_2^* = (1,2)^{\mathrm{T}}, \boldsymbol{x}_3^* = (1,1)^{\mathrm{T}}$. 这三个点为极值点, $f(\boldsymbol{x}_1^*) = f(\boldsymbol{x}_2^*) = 0, f(\boldsymbol{x}_3^*) = 1$. 所以 $\boldsymbol{x}_1^* = (1,0)^{\mathrm{T}}, \boldsymbol{x}_2^* = (1,2)^{\mathrm{T}}$ 为全局最小值点

用牛顿迭代法求解实验结果如表 13.6.9. 初始点取 $\boldsymbol{x}_0 = (-0.5, -0.9)^{\mathrm{T}}$ 时, 达到要求精度需要的迭代次数为 6, 解趋向于 $\boldsymbol{x}_1^* = (1,0)^{\mathrm{T}}$. 初始点取 $\boldsymbol{x}_0' = (2.7, 2.7)^{\mathrm{T}}$ 时, 达到要求精度需要的迭代次数为 6, 解趋向于 $\boldsymbol{x}_2^* = (1,2)^{\mathrm{T}}$. 初始点取 $\boldsymbol{x}_0'' = (2,1)^{\mathrm{T}}$ 时, 达到要求精度需要的迭代次数为 1, 解趋向于 $\boldsymbol{x}_3^* = (1,1)^{\mathrm{T}}$. 牛顿迭代法逐步逼近路径如图 13.6.9 所示.

表 13.6.9

k	x_1	x_2	k	x_1	x_2	k	x_1	x_2
0	−0.5	−0.9	0	2.7	2.7	0	2	1
1	1.0000	−0.3955	1	1.0000	2.2811	1	1	1
2	1.0000	−0.1225	2	1.0000	2.0717			
3	1.0000	−0.0175	3	1.0000	2.0066			
4	1.0000	−0.0004	4	1.0000	2.0001			
5	1.0000	0.0000	5	1.0000	2.0000			
6	1.0000	0.0000	6	1.0000	2.0000			

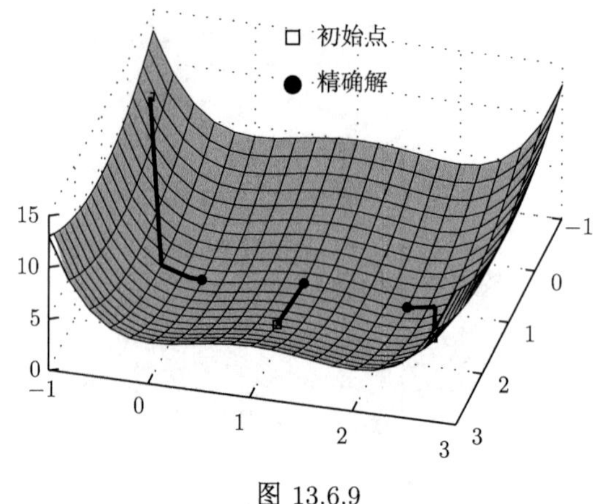

图 13.6.9

从例 13.6.8 的结果可以看出, 牛顿迭代法的收敛性与收敛速度与初值 $\boldsymbol{x}_0$ 的选取有关.

*13.7 探索类问题

探索类问题 1 定义多元凸 (凹) 函数如下:

$$f\left(\alpha_1\boldsymbol{x}_1+\alpha_2\boldsymbol{x}_2\right)\leqslant\alpha_1 f\left(\boldsymbol{x}_1\right)+\alpha_2 f\left(\boldsymbol{x}_2\right)\quad\left(f\left(\alpha_1\boldsymbol{x}_1+\alpha_2\boldsymbol{x}_2\right)\geqslant\alpha_1 f\left(\boldsymbol{x}_1\right)+\alpha_2 f\left(\boldsymbol{x}_2\right)\right)$$
$$\forall\alpha_1+\alpha_2=1\left(\alpha_1>0,\ \alpha_2>0\right),\quad \boldsymbol{x}_1,\boldsymbol{x}_2\in\mathbf{R}^n$$

研究多元凸 (凹) 函数的判别方法.

探索类问题 2 方程换元研究:

(1) 引入变换 $\begin{cases} y_1=x_2+x_3-x_1,\\ y_2=x_1+x_3-x_2,\\ y_3=x_1+x_2-x_3,\end{cases}$ 变换方程

$$\frac{\partial^2 z}{\partial x_1^2}+\frac{\partial^2 z}{\partial x_2^2}+\frac{\partial^2 z}{\partial x_3^2}+\frac{\partial^2 z}{\partial x_1\partial x_2}+\frac{\partial^2 z}{\partial x_1\partial x_3}+\frac{\partial^2 z}{\partial x_2\partial x_3}=0$$

(2) 引入变换 $\alpha=\dfrac{y}{x},\beta=\dfrac{z}{x},\gamma=y-z$, 变换方程

$$x^2\frac{\partial^2 u}{\partial x^2}+y^2\frac{\partial^2 u}{\partial y^2}+z^2\frac{\partial^2 u}{\partial z^2}+2xy\frac{\partial^2 u}{\partial x\partial y}+2xz\frac{\partial^2 u}{\partial x\partial z}+2yz\frac{\partial^2 u}{\partial y\partial z}=0$$

探索类问题 3 方程换元研究:

(1) 引入变换 $\begin{cases} x=\sin u,\\ y=\sin v,\\ z=\mathrm{e}^{\omega},\end{cases}$ 变换方程

$$\left(1-x^2\right)\frac{\partial^2 z}{\partial x^2}+\left(1-y^2\right)\frac{\partial^2 z}{\partial y^2}=x\frac{\partial z}{\partial x}+y\frac{\partial z}{\partial y}$$

(2) 引入变换 $\begin{cases} u = \dfrac{1}{2}(y + \arccos x), \\ v = \dfrac{1}{2}(y - \arccos x), \\ \omega = z\sqrt[4]{1 - x^2}, \end{cases}$ 变换方程

$$(1-x^2)\frac{\partial^2 z}{\partial x^2} - \frac{\partial^2 z}{\partial y^2} - 2x\frac{\partial z}{\partial x} - \frac{1}{4}z = 0 \quad (|x| < 1)$$

探索类问题 4 方程换元研究: 求方程 $\Delta u = \dfrac{\partial^2 u}{\partial x^2} + \dfrac{\partial^2 u}{\partial y^2} + \dfrac{\partial^2 u}{\partial z^2}$ 在球坐标变换下的方程.

$$\begin{cases} x = r\sin\theta\cos\varphi \\ y = r\sin\theta\sin\varphi \\ z = r\cos\theta \end{cases}$$

$$\begin{aligned} \Delta u = \frac{\partial^2 u}{\partial x^2} + \frac{\partial^2 u}{\partial y^2} + \frac{\partial^2 u}{\partial z^2} &= \frac{1}{r^2}\frac{\partial}{\partial r}\left(r^2 u_r\right) + \frac{1}{r^2\sin\theta}\frac{\partial}{\partial\theta}\left(u_\theta\sin\theta\right) + \frac{1}{r^2\sin^2\theta}u_{\varphi\varphi} \\ &= \frac{1}{r}\left(2u_r + ru_{rr}\right) + \frac{1}{r^2\sin\theta}\left(u_\theta\sin\theta + u_{\theta\theta}\sin\theta\right) + \frac{1}{r^2\sin^2\theta}u_{\varphi\varphi} \end{aligned}$$

探索类问题 5 研究阻尼最小二乘问题: 利用多项式 $P_n(x) = a_n x^n + a_{n-1}x^{n-1} + \cdots + a_0$ 拟合数据 $(x_i, y_i), i = 1, 2, \cdots, m$. 在实际问题中, 数据拟合需要加权, 权重 $\omega_1, \omega_2, \cdots, \omega_m$ 均大于零. 研究

$$\min\sum_{i=1}^{m}\omega_i\left[\left(a_n x_i^n + a_{n-1}x_i^{n-1} + \cdots + a_0\right) - y_i\right]^2$$

的求解方法.

探索类问题 6 用最速下降法和牛顿迭代法求解下列问题.

$$\min\,(5x + 7y - 25)\,\mathrm{e}^{-\left(x^2+xy+y^2\right)}, \quad \min\left(x^2 + xy + y^2 - 4\ln x - 10\ln y\right)$$

第 13 章习题答案与提示

第 14 章 Chapter 14 向量函数的微分学

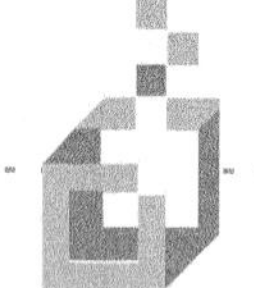

向量函数的导数与全微分是微分学中两个非常重要的概念, 在今后的学习中会越来越多地涉及向量函数. 在本章中, 我们讨论向量函数的极限与连续、导数与全微分. 应用向量函数微分学证明开普勒三大定律. 在本章最后设置了系列研究探索类问题.

☞扫码学习

14.1 向量函数的极限与连续

本节首先给出向量函数的概念, 然后讨论向量函数的极限与连续.

14.1.1 向量函数

在给出向量函数的概念之前, 先给出向量函数的几个应用实例.

(1) 引力场. 在坐标原点有个质量为 m 的质点, 在点 $A(x,y,z)$ 处有个质量为 M 的质点, 如图 14.1.1 所示, 则引力场

$$\boldsymbol{F}=-\frac{MmG}{\|\boldsymbol{r}\|^3}\boldsymbol{r}=-\left(\frac{MmGx}{\|\boldsymbol{r}\|^3},\frac{MmGy}{\|\boldsymbol{r}\|^3},\frac{MmGz}{\|\boldsymbol{r}\|^3}\right),\quad \boldsymbol{r}=(x,y,z)$$

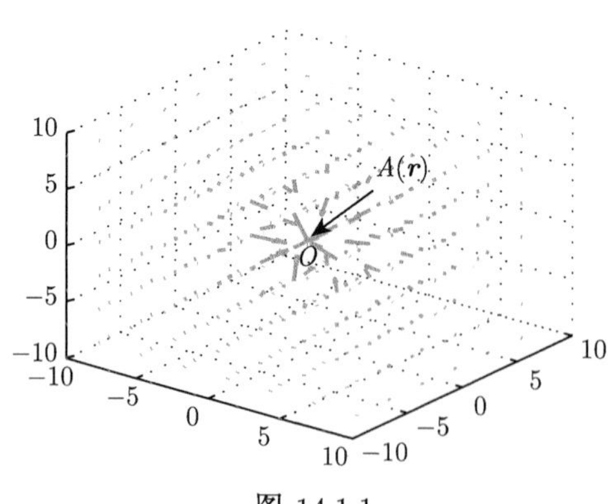

图 14.1.1

(2) 函数 $f=f(x,y,z)$ 的梯度场 $\boldsymbol{F}=\left(\dfrac{\partial f}{\partial x},\dfrac{\partial f}{\partial y},\dfrac{\partial f}{\partial z}\right)$, 如图 14.1.2 所示.

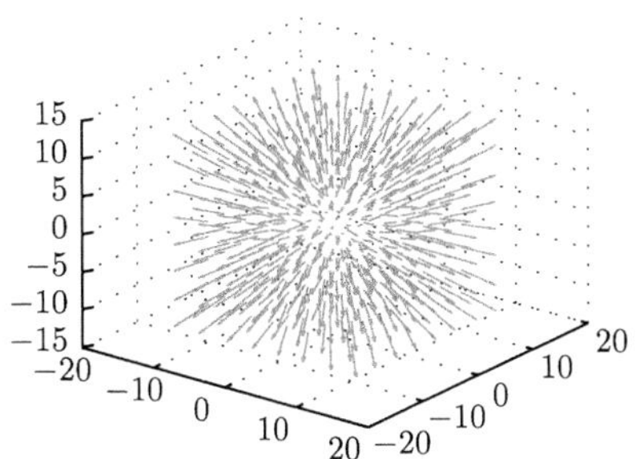

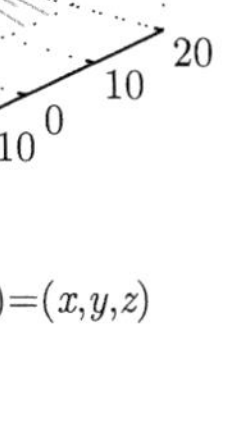

$f=\dfrac{x^2+y^2+z^2}{2}\Rightarrow$梯度场:$F(X)=(x,y,z)$

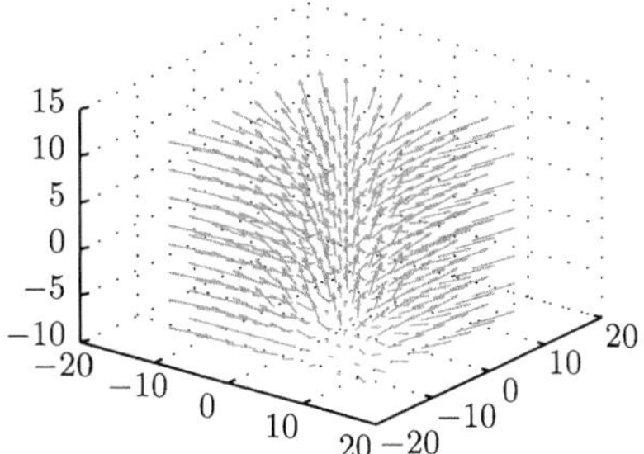

$f=\dfrac{x^2+y^2+6z}{2}\Rightarrow$梯度场:$F(X)=(x,y,3)$

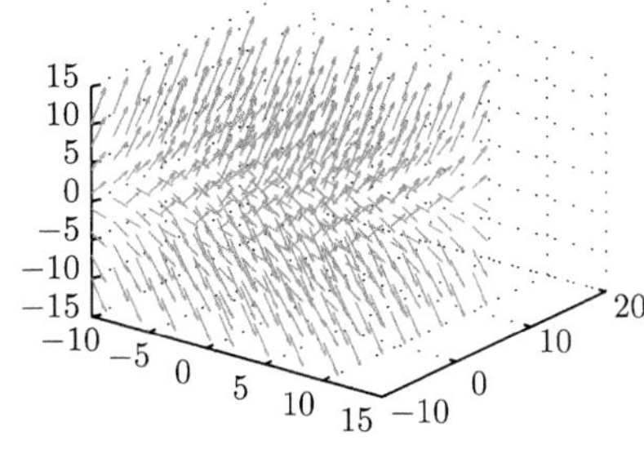

$f=\dfrac{2x+4y+z^2}{2}\Rightarrow$梯度场:$F(X)=(1,2,z)$

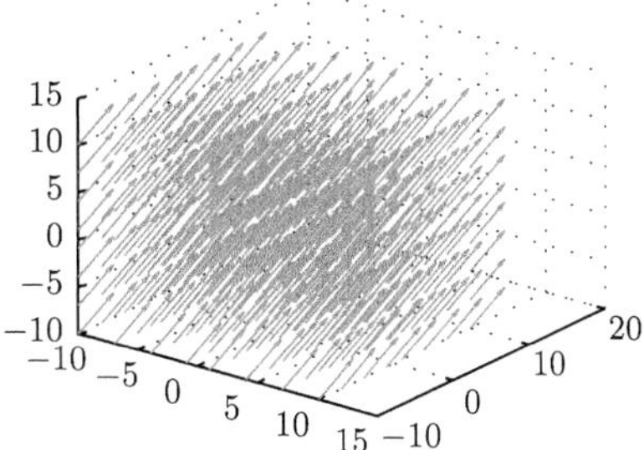

$f=x+2y+3z\Rightarrow$梯度场:$F(X)=(1,2,3)$

图 14.1.2

定义 14.1.1 (向量函数) 设 $D\subset\mathbf{R}^n$, $\boldsymbol{F}$ 为 $D\to\mathbf{R}^m$ 的映射, 记为

$$\boldsymbol{F}(\boldsymbol{x})=\begin{pmatrix} f_1(x_1,x_2,\cdots,x_n)\\ f_2(x_1,x_2,\cdots,x_n)\\ \vdots \\ f_m(x_1,x_2,\cdots,x_n)\end{pmatrix}$$

则称 $\boldsymbol{F}(\boldsymbol{x})$ 为向量函数, D 为 $\boldsymbol{F}$ 的定义域, $f_i, i=1,2,\cdots,m$ 为分量函数.

例如:

$$\boldsymbol{F}(x)=(\sin x,\cos x,x\sin x)\,,\boldsymbol{F}:\mathbf{R}\to\mathbf{R}^3$$

$$\boldsymbol{F}(x,y)=(\sin xy,\cos xy,y\sin x)\,,\boldsymbol{F}:\mathbf{R}^2\to\mathbf{R}^3$$

$$\boldsymbol{F}(x,y,z)=(z\sin x,y\cos x,x\sin xz,xyz)\,,\boldsymbol{F}:\mathbf{R}^3\to\mathbf{R}^4$$

$$\boldsymbol{F}(x,y,z)=(xy\sqrt{z},y\cos x,x\sin xz,xyz)\,,\boldsymbol{F}:\mathbf{R}^3\,(z\geqslant 0)\to\mathbf{R}^4$$

向量函数在微分几何上有重要应用, 可以用来描述空间曲线和空间曲面. 如图 14.1.3 所示.

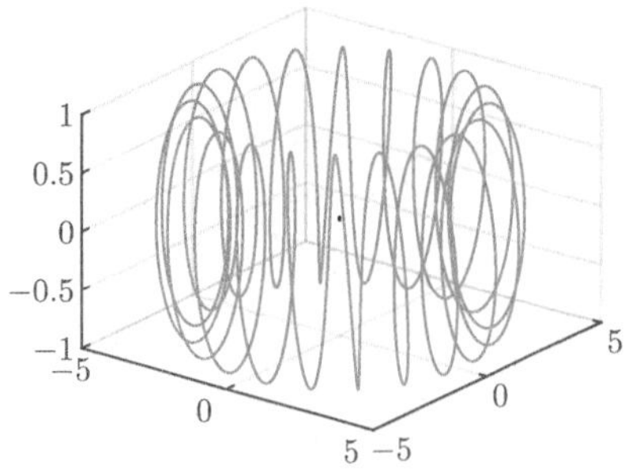

$\boldsymbol{f}(t)=((4+\sin 20t)\cos t,(4+\sin 20t)\sin t,\cos 20t)$

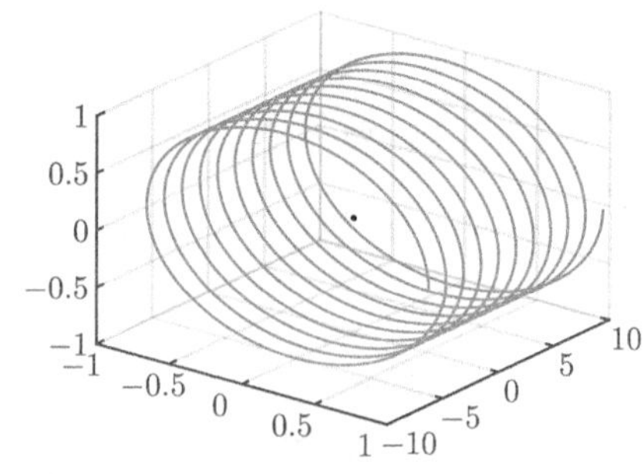

$\boldsymbol{f}(t)=(\cos 4t,t,\sin 4t)$

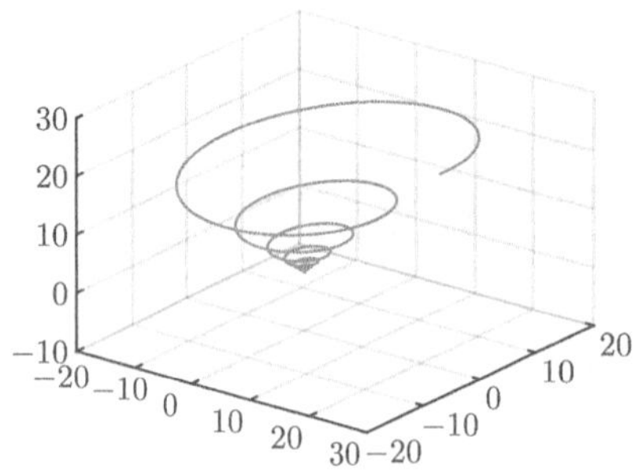

$\boldsymbol{f}(t)=(\mathrm{e}^{-t}\cos 10t,\mathrm{e}^{-t}\sin 10t,\mathrm{e}^{-t})$

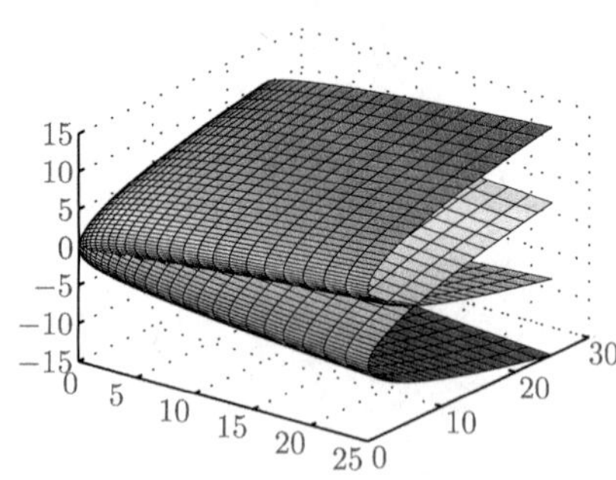

$\boldsymbol{f}(u,v)=(u^2,v^2,u+2v)$

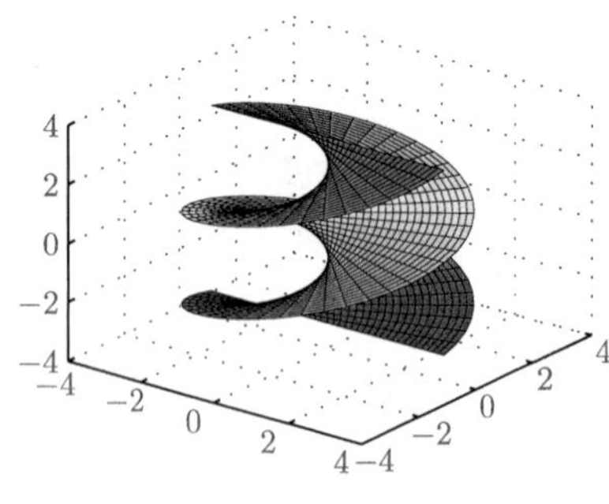

$\boldsymbol{f}(u,v)=(u\cos v,u\sin v,v)$

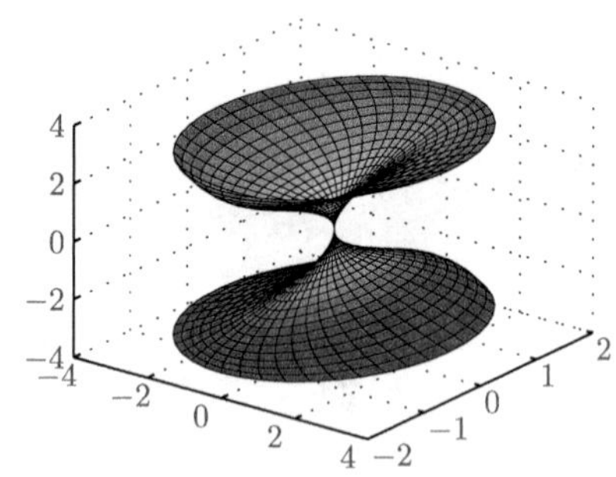

$\boldsymbol{f}(u,v)=((u-\sin u)\cos v,(1-\cos u)\sin v,u)$

图 14.1.3

习题 14.1.1　向量函数

1. 分析下列向量函数的定义域.

(1) $\boldsymbol{F}(x,y,z)=(\sin xyz,\cos xy,y\sin x)$.

(2) $\boldsymbol{F}(x,y)=(\sin xy,\sqrt{xy},y\sin x)$.

(3) $\boldsymbol{F}(x,y,z)=(z,y,x\sin xz,\sqrt{xyz})$.

(4) $\boldsymbol{F}(x,y,z)=(xy\sqrt{1-z^2},\sqrt{y},x\sin xz,xyz)$.

2. 求下面多元函数的梯度向量函数.

(1) $f(x,y,z)=xyz+xy+y^2x$.

(2) $f(x,y)=\sin xy+\sqrt{xy}+y\tan x$.

(3) $f(x,y,z)=x\sin xyz+\sqrt{xyz}$.

(4) $f(x,y,z)=xy\sqrt{1-xz^2}+\sqrt{y}+x\sin xz$.

14.1.2 向量与矩阵范数

我们首先讨论向量的范数. 回顾向量的内积运算:

$$\|\boldsymbol{x}\|=\sqrt{(\boldsymbol{x},\boldsymbol{x})}=\sqrt{x_1^2+x_2^2+\cdots+x_n^2},\quad \boldsymbol{x}=(x_1,x_2,\cdots,x_n)$$

上式定义的向量范数通常记为 $\|\boldsymbol{x}\|_2, \boldsymbol{x}\in\mathbf{R}^n$. 接下来讨论一般范数的定义.

定义 14.1.2 设 $\|\cdot\|$ 是定义在向量空间 $\mathbf{R}^n$ 上的函数, 满足

(1) 正定性: $\|\boldsymbol{x}\|\geqslant 0, \|\boldsymbol{x}\|=0\Leftrightarrow \boldsymbol{x}=0$;

(2) 齐次性: $\|\lambda\boldsymbol{x}\|=|\lambda|\,\|\boldsymbol{x}\|$, 任意 $\lambda\in\mathbf{R}$;

(3) 三角不等式: $\|\boldsymbol{x}+\boldsymbol{y}\|\leqslant\|\boldsymbol{x}\|+\|\boldsymbol{y}\|$, 任意 $\boldsymbol{x},\boldsymbol{y}\in\mathbf{R}^n$.

则称 $\|\cdot\|$ 为向量空间 $\mathbf{R}^n$ 上的范数.

除了向量 2 范数以外, 在实际问题中, 经常使用的范数有 1 范数、p 范数和无穷范数, 分别定义为

$$\begin{aligned}&\boldsymbol{x}=(x_1,x_2,\cdots,x_n)\\&\|\boldsymbol{x}\|_1=\sum_{i=1}^n|x_i|,\quad \|\boldsymbol{x}\|_\infty=\max_{1\leqslant i\leqslant n}\{|x_i|\}\\&\|\boldsymbol{x}\|_p=(|x_1|^p+|x_2|^p+\cdots+|x_n|^p)^{\frac{1}{p}},\quad 1\leqslant p<+\infty\end{aligned}$$

例 14.1.1 设 $\boldsymbol{x}=(1,0,3)$, 求 $\boldsymbol{x}$ 的 1 范数, 2 范数和无穷范数.

解 $\|\boldsymbol{x}\|_1=4, \|\boldsymbol{x}\|_\infty=3, \|\boldsymbol{x}\|_2=(1^2+3^2)^{\frac{1}{2}}=\sqrt{10}$.

例 14.1.2 设 $\boldsymbol{x}=(1,0,3), \boldsymbol{y}=(1+\varepsilon,0+\varepsilon,3+\varepsilon)$, 求 $\boldsymbol{x}-\boldsymbol{y}$ 的 1 范数, 2 范数和无穷范数.

解 $\|\boldsymbol{x}-\boldsymbol{y}\|_1=3|\varepsilon|, \|\boldsymbol{x}-\boldsymbol{y}\|_\infty=|\varepsilon|, \|\boldsymbol{x}-\boldsymbol{y}\|_2=(3\varepsilon^2)^{\frac{1}{2}}=\sqrt{3}|\varepsilon|$.

接下来讨论矩阵的范数. $\mathbf{R}^{n\times m}$ 表示实数域上所有 $n\times m$ 阶矩阵的集合. 设 $\boldsymbol{A}=(a_{ij})_{n\times m}$, $\boldsymbol{B}=(b_{ij})_{n\times m}$, 如何刻画矩阵 $\boldsymbol{A}$ 与 $\boldsymbol{B}$ 的逼近程度, 需要用到矩阵范数. 下面给出矩阵范数的概念.

定义 14.1.3 设 $\|\cdot\|$ 是定义在 $\mathbf{R}^{n\times m}$ 上的函数, 满足

(1) 正定性: $\|\boldsymbol{A}\|\geqslant 0, \|\boldsymbol{A}\|=0\Leftrightarrow \boldsymbol{A}=\boldsymbol{O}$;

(2) 齐次性: $\|\lambda\boldsymbol{A}\|=|\lambda|\,\|\boldsymbol{A}\|$, 任意 $\lambda\in\mathbf{R}$;

(3) 三角不等式: $\|\boldsymbol{A}+\boldsymbol{B}\|\leqslant\|\boldsymbol{A}\|+\|\boldsymbol{B}\|$, 任意 $\boldsymbol{A},\boldsymbol{B}\in\mathbf{R}^{n\times m}$.

则称 $\|\cdot\|$ 为 $\mathbf{R}^{n\times m}$ 上的矩阵范数.

常用的矩阵范数有行范数、列范数和 2 范数, 分别定义如下:

(1) $\|\boldsymbol{A}\|_\infty=\max\limits_{1\leqslant i\leqslant n}\sum\limits_{j=1}^m|a_{ij}|$ 为矩阵 $\boldsymbol{A}$ 的行范数或无穷范数.

(2) $\|\boldsymbol{A}\|_1=\max\limits_{1\leqslant j\leqslant m}\sum\limits_{i=1}^n|a_{ij}|$ 为矩阵 $\boldsymbol{A}$ 的列范数或 1 范数.

(3) $\|\boldsymbol{A}\|_2=\sqrt{\rho(\boldsymbol{A}^{\mathrm{T}}\boldsymbol{A})}$ 为矩阵 $\boldsymbol{A}$ 的 2 范数, 其中 $\rho(\boldsymbol{A}^{\mathrm{T}}\boldsymbol{A})$ 为 $\boldsymbol{A}^{\mathrm{T}}\boldsymbol{A}$ 的最大特征值.

例 14.1.3 设 $\boldsymbol{A}=\begin{pmatrix}1&2&3\\4&5&6\\0&0&1\end{pmatrix}$, $\boldsymbol{B}=\begin{pmatrix}1&0&0\\0&5&0\\0&0&1\end{pmatrix}$, 求 $\boldsymbol{A}$ 和 $\boldsymbol{A}-\boldsymbol{B}$ 的 1 范数和无穷范数, $\boldsymbol{B}$ 的 2 范数.

解 $\|\boldsymbol{A}\|_\infty=15$, $\|\boldsymbol{A}\|_1=10$, $\|\boldsymbol{B}\|_2=5$, $\|\boldsymbol{A}-\boldsymbol{B}\|_\infty=10$, $\|\boldsymbol{A}-\boldsymbol{B}\|_1=9$.

定义 14.1.4 设 $\boldsymbol{A}\in\mathbf{R}^{n\times m}$, 矩阵范数 $\|\boldsymbol{A}\|$ 和一个向量范数 $\|\boldsymbol{x}\|_b$ 满足关系

$$\|A\boldsymbol{x}\|_b\leqslant\|\boldsymbol{A}\|\,\|\boldsymbol{x}\|_b,\quad\forall\boldsymbol{x}\in\mathbf{R}^m$$

则称矩阵范数 $\|\boldsymbol{A}\|$ 和向量范数 $\|\boldsymbol{x}\|_b$ 是相容的.

与向量范数相容的矩阵范数可以通过下式定义:

$$\|\boldsymbol{A}\|=\max_{\|\boldsymbol{x}\|=1}\|A\boldsymbol{x}\|,\quad\forall\boldsymbol{x}\in\mathbf{R}^m$$

上式定义的矩阵范数满足下面的定理.

定理 14.1.1 设 $\boldsymbol{A}\in\mathbf{R}^{n\times m}$, 则由式 $\|\boldsymbol{A}\|=\max\limits_{\|\boldsymbol{x}\|=1}\|A\boldsymbol{x}\|$, 任意 $\boldsymbol{x}\in\mathbf{R}^m$, 定义的 $\|\boldsymbol{A}\|$ 满足矩阵范数的定义, 并且有

$$\|\boldsymbol{A}\boldsymbol{x}\|\leqslant\|\boldsymbol{A}\|\,\|\boldsymbol{x}\|,\quad\forall\boldsymbol{x}\in\mathbf{R}^m$$

以及对于任意的 $\boldsymbol{A}\boldsymbol{B}\in\mathbf{R}^{n\times m}$, 有

$$\|\boldsymbol{A}\boldsymbol{B}\|\leqslant\|\boldsymbol{A}\|\,\|\boldsymbol{B}\|$$

对矩阵和向量分别定义了它们的 1 范数、2 范数和无穷范数, 实际上它们是分别相容的.

定理 14.1.2 对任意 $\boldsymbol{A}=(a_{ij})_{n\times m},\boldsymbol{x}\in\mathbf{R}^m$, 成立

$$\|\boldsymbol{A}\boldsymbol{x}\|_1\leqslant\|\boldsymbol{A}\|_1\,\|\boldsymbol{x}\|_1$$
$$\|\boldsymbol{A}\boldsymbol{x}\|_2\leqslant\|\boldsymbol{A}\|_2\,\|\boldsymbol{x}\|_2$$
$$\|\boldsymbol{A}\boldsymbol{x}\|_\infty\leqslant\|\boldsymbol{A}\|_\infty\,\|\boldsymbol{x}\|_\infty$$

用范数来度量向量的收敛, 不同的度量是否改变 $\{\boldsymbol{x}_k\}$ 的收敛与发散, 下面的例题给出了答案.

例 14.1.4 对任意 $\boldsymbol{x}\in\mathbf{R}^n$, 成立

$$\begin{cases}c_1\|\boldsymbol{x}\|_1\leqslant\|\boldsymbol{x}\|_2\leqslant c_2\|\boldsymbol{x}\|_1,\\d_1\|\boldsymbol{x}\|_\infty\leqslant\|\boldsymbol{x}\|_2\leqslant d_2\|\boldsymbol{x}\|_\infty;\end{cases}\quad\begin{cases}e_1\|\boldsymbol{x}\|_2\leqslant\|\boldsymbol{x}\|_1\leqslant e_2\|\boldsymbol{x}\|_2,\\r_1\|\boldsymbol{x}\|_\infty\leqslant\|\boldsymbol{x}\|_1\leqslant r_2\|\boldsymbol{x}\|_\infty;\end{cases}\quad\begin{cases}h_1\|\boldsymbol{x}\|_2\leqslant\|\boldsymbol{x}\|_\infty\leqslant h_2\|\boldsymbol{x}\|_2\\s_1\|\boldsymbol{x}\|_1\leqslant\|\boldsymbol{x}\|_\infty\leqslant s_2\|\boldsymbol{x}\|_1\end{cases}$$

其中 $c_1,c_2,d_1,d_2,e_1,e_2,r_1,r_2,h_1,h_2,s_1,s_2$ 为大于零的常数.

证明 任意 $\boldsymbol{x}\in\mathbf{R}^n$,

$$\|\boldsymbol{x}\|_2=\sqrt{x_1^2+x_2^2+\cdots+x_n^2}\leqslant\sqrt{n\max_{1\leqslant i\leqslant n}x_i^2}=\sqrt{n}\max_{1\leqslant i\leqslant n}|x_i|\leqslant\sqrt{n}\|\boldsymbol{x}\|_1$$

$$\|\boldsymbol{x}\|_1=\sum_{i=1}^n|x_i|\leqslant\sqrt{(1+1+\cdots+1)}\sqrt{x_1^2+x_2^2+\cdots+x_n^2}=\sqrt{n}\|\boldsymbol{x}\|_2$$

即 $\frac{\|\boldsymbol{x}\|_1}{\sqrt{n}} \leqslant \|\boldsymbol{x}\|_2 \leqslant \sqrt{n}\|\boldsymbol{x}\|_1$. 其他几个不等式的证明是类似的. 结论得证.

由例 14.1.4 知, 用不同的范数度量 $\{\boldsymbol{x}_k\}$ 所得敛散性结论是一致的.

习题 14.1.2 向量与矩阵范数

1. 计算下面向量的 1 范数、无穷范数和 2 范数.

(1) $\boldsymbol{x}=(1,0,3,4)$;

(2) $\boldsymbol{x}=(1,q,q^2,\cdots,q^n)$.

2. 计算下面矩阵的行范数、列范数和 2 范数.

$$\boldsymbol{A}=\begin{pmatrix}1&2&3&7\\4&5&6&0\\0&0&1&1\end{pmatrix},\quad \boldsymbol{B}=\begin{pmatrix}3&0&2&7\\8&5&6&0\\2&1&1&1\end{pmatrix}$$

14.1.3 向量函数的极限

在给出向量函数的极限定义之前, 首先介绍向量函数的运算.

定义 14.1.5 (向量函数的加法与数乘运算) 设 $D\subset\mathbf{R}^n, \boldsymbol{F},\boldsymbol{G}:D\to\mathbf{R}^m$, 且

$$\boldsymbol{F}=\begin{pmatrix}f_1(x_1,x_2,\cdots,x_n)\\f_2(x_1,x_2,\cdots,x_n)\\\vdots\\f_m(x_1,x_2,\cdots,x_n)\end{pmatrix},\quad \boldsymbol{G}=\begin{pmatrix}g_1(x_1,x_2,\cdots,x_n)\\g_2(x_1,x_2,\cdots,x_n)\\\vdots\\g_m(x_1,x_2,\cdots,x_n)\end{pmatrix}$$

定义

$$\boldsymbol{F}\pm\boldsymbol{G}=\begin{pmatrix}f_1\pm g_1\\f_2\pm g_2\\\vdots\\f_m\pm g_m\end{pmatrix},\quad \alpha\boldsymbol{F}=\begin{pmatrix}\alpha f_1\\\alpha f_2\\\vdots\\\alpha f_m\end{pmatrix},\quad \alpha\in\mathbf{R}$$

定义 14.1.6 (向量函数的复合运算) 设 $D\subset\mathbf{R}^l, \boldsymbol{F}:D\to\mathbf{R}^m, \boldsymbol{G}:\boldsymbol{F}(D)\to\mathbf{R}^n$, 其中 $\boldsymbol{F}(D)=\{\boldsymbol{F}(\boldsymbol{x})\,|\boldsymbol{x}\in D\}$ 为 $\boldsymbol{F}$ 的像集合. 设

$$\boldsymbol{F}=\begin{pmatrix}f_1(x_1,x_2,\cdots,x_l)\\f_2(x_1,x_2,\cdots,x_l)\\\vdots\\f_m(x_1,x_2,\cdots,x_l)\end{pmatrix},\quad \boldsymbol{G}=\begin{pmatrix}g_1(t_1,t_2,\cdots,t_m)\\g_2(t_1,t_2,\cdots,t_m)\\\vdots\\g_n(t_1,t_2,\cdots,t_m)\end{pmatrix}$$

则复合函数 $\boldsymbol{G}\circ\boldsymbol{F}:D\to\mathbf{R}^n$ 为

$$\boldsymbol{G}\circ\boldsymbol{F}=\begin{pmatrix}g_1\circ\boldsymbol{F}\\g_2\circ\boldsymbol{F}\\\vdots\\g_n\circ\boldsymbol{F}\end{pmatrix}=\begin{pmatrix}g_1(f_1,f_2,\cdots,f_m)\\g_2(f_1,f_2,\cdots,f_m)\\\vdots\\g_n(f_1,f_2,\cdots,f_m)\end{pmatrix}$$

例如 $\boldsymbol{F}=\begin{pmatrix}f_1\\f_2\\f_3\end{pmatrix}=\begin{pmatrix}\sin(x_1x_2)\\\cos(x_1+x_2)\\\tan(x_1x_2)\end{pmatrix}$, $\boldsymbol{G}=\begin{pmatrix}g_1\\g_2\\g_3\end{pmatrix}=\begin{pmatrix}t_1t_2t_3\\t_1+t_2+t_3\\t_1\end{pmatrix}$, 则复合函数 $\boldsymbol{G}\circ\boldsymbol{F}:\mathbf{R}^2\to\mathbf{R}^3$ 为

$$\boldsymbol{G}\circ\boldsymbol{F}=\begin{pmatrix}g_1\circ\boldsymbol{F}\\g_2\circ\boldsymbol{F}\\g_3\circ\boldsymbol{F}\end{pmatrix}=\begin{pmatrix}g_1(f_1,f_2,f_3)\\g_2(f_1,f_2,f_3)\\g_3(f_1,f_2,f_3)\end{pmatrix}=\begin{pmatrix}\sin(x_1x_2)\cos(x_1+x_2)\tan(x_1x_2)\\\sin(x_1x_2)+\cos(x_1+x_2)+\tan(x_1x_2)\\\sin(x_1x_2)\end{pmatrix}$$

下面考虑向量函数的极限. 设

$\boldsymbol{F}(t)=\left(\sin t^3,\ \ \cos(te^t),\ \dfrac{\tan t}{t}\right)$, $t\to 0$ 时, $\boldsymbol{F}(t)\to(0,1,1)$.

$\boldsymbol{G}(x,y)=\left(\sin xy^3,\ \ \cos(x+y),\ \dfrac{\sin xy}{xy}\right)$, $(x,y)\to(0,0)$ 时, $\boldsymbol{G}(x,y)\to(0,1,1)$.

定义 14.1.7 给出了用数学语言刻画向量函数逐步逼近的过程.

定义 14.1.7 设 $D\subset\mathbf{R}^n$, $\boldsymbol{F}:D\to\mathbf{R}^m$, $\boldsymbol{a}$ 为 D 的聚点, 若存在 $\boldsymbol{l}\in\mathbf{R}^m$, 对任意给定的 $\varepsilon>0$, 存在 $\delta>0$ 使得

$$\forall\boldsymbol{x}\in D, 0<\|\boldsymbol{x}-\boldsymbol{a}\|<\delta:\|\boldsymbol{F}(\boldsymbol{x})-\boldsymbol{l}\|<\varepsilon$$

则称 $\boldsymbol{x}\to\boldsymbol{a}$ 时, $\boldsymbol{F}$ 以 $\boldsymbol{l}$ 为极限, 记为 $\lim\limits_{\boldsymbol{x}\to\boldsymbol{a}}\boldsymbol{F}(\boldsymbol{x})=\boldsymbol{l}$.

根据向量与其分量的关系, 可以得到向量函数的极限与其分量函数的极限之间的如下关系.

定理 14.1.3 设 $D\subset\mathbf{R}^n$, $\boldsymbol{F}:D\to\mathbf{R}^m$, $\boldsymbol{a}$ 为 D 的聚点, $\boldsymbol{F}(\boldsymbol{x})=(f_1,f_2,\cdots,f_m)$, $\boldsymbol{l}=(l_1,l_2,\cdots,l_m)$. 则

$$\lim_{\boldsymbol{x}\to\boldsymbol{a}}\boldsymbol{F}(\boldsymbol{x})=\boldsymbol{l}\Leftrightarrow\lim_{\boldsymbol{x}\to\boldsymbol{a}}f_i=l_i,\quad i=1,2,\cdots,m$$

向量函数的极限与多元函数的极限有类似的性质, 下面不加证明地予以引用.

定理 14.1.4 (局部有界) 设 $D\subset\mathbf{R}^n$, $\boldsymbol{F}:D\to\mathbf{R}^m$, $\boldsymbol{a}$ 为 D 的聚点, $\lim\limits_{\boldsymbol{x}\to\boldsymbol{a}}\boldsymbol{F}(\boldsymbol{x})=\boldsymbol{l}$, 则存在 $U^\circ(\boldsymbol{a};\delta)$, 使得 $\boldsymbol{F}(\boldsymbol{x})$ 在 $U^\circ(\boldsymbol{a};\delta)\cap D$ 内有界, 即存在 $M>0$ 使 $\|\boldsymbol{F}(\boldsymbol{x})\|<M$.

定理 14.1.5 (柯西准则) 设 $D\subset\mathbf{R}^n$, $\boldsymbol{F}:D\to\mathbf{R}^m$, $\boldsymbol{a}$ 为 D 的聚点, 则 $\lim\limits_{\boldsymbol{x}\to\boldsymbol{a}}\boldsymbol{F}(\boldsymbol{x})=\boldsymbol{l}$ 等价于

$$\forall\varepsilon>0,\exists\delta(\varepsilon)>0,\forall\boldsymbol{x}_1,\boldsymbol{x}_2\in D,\|\boldsymbol{x}_1-\boldsymbol{a}\|<\delta,\|\boldsymbol{x}_2-\boldsymbol{a}\|<\delta:\ \|\boldsymbol{F}(\boldsymbol{x}_1)-\boldsymbol{F}(\boldsymbol{x}_2)\|<\varepsilon.$$

这是 $\delta(\varepsilon)$ 仅和 ε 有关.

定理 14.1.6 (海涅原理) 设 $D\subset\mathbf{R}^n$, $\boldsymbol{F}:D\to\mathbf{R}^m$, $\boldsymbol{a}$ 为 D 的聚点, 则 $\lim\limits_{\boldsymbol{x}\to\boldsymbol{a}}\boldsymbol{F}(\boldsymbol{x})=\boldsymbol{l}$ 等价于

$$\forall\{\boldsymbol{x}_n\}\in D,\lim_{n\to\infty}\boldsymbol{x}_n=\boldsymbol{a}:\lim_{n\to\infty}\boldsymbol{F}(\boldsymbol{x}_n)=\boldsymbol{l}$$

例 14.1.5 求极限 $\lim\limits_{t\to 0}\boldsymbol{R}(t)$, 其中 $\boldsymbol{R}(t)=\left(1+t^3,\ te^t,\ \dfrac{\sin t}{t}\right)$.

解 $\lim\limits_{t\to 0}\boldsymbol{R}(t)=\left(\lim\limits_{t\to 0}1+t^3,\ \lim\limits_{t\to 0}\ te^t,\ \lim\limits_{t\to 0}\dfrac{\sin t}{t}\right)=(1,0,1).$

例 14.1.6 设 $D\subset\mathbf{R}^n,\boldsymbol{F},\boldsymbol{G}:D\to\mathbf{R}^m,\boldsymbol{a}\in\mathbf{R}^n,\boldsymbol{b},\boldsymbol{c}\in\mathbf{R}^m$, $\lim\limits_{\boldsymbol{x}\to\boldsymbol{a}}\boldsymbol{F}(\boldsymbol{x})=\boldsymbol{b}$, $\lim\limits_{\boldsymbol{x}\to\boldsymbol{a}}\boldsymbol{G}(\boldsymbol{x})=\boldsymbol{c}$, 证明 (1) $\lim\limits_{\boldsymbol{x}\to\boldsymbol{a}}\|\boldsymbol{F}(\boldsymbol{x})\|=\|\boldsymbol{b}\|$; (2) $\lim\limits_{\boldsymbol{x}\to\boldsymbol{a}}\boldsymbol{F}^{\mathrm{T}}(\boldsymbol{x})\boldsymbol{G}(\boldsymbol{x})=\boldsymbol{b}^{\mathrm{T}}\boldsymbol{c}$.

证明 (1) 因为 $\lim\limits_{\boldsymbol{x}\to\boldsymbol{a}}\boldsymbol{F}(\boldsymbol{x})=\boldsymbol{b}$, 所以

$$\forall\varepsilon>0,\exists\delta(\varepsilon)>0,\forall\boldsymbol{x}\in D,0<\|\boldsymbol{x}-\boldsymbol{a}\|<\delta:\|\boldsymbol{F}(\boldsymbol{x})-\boldsymbol{b}\|<\varepsilon$$

由三角不等式, $|\ \|\boldsymbol{F}(\boldsymbol{x})\|-\|\boldsymbol{b}\|\ |\leqslant\|\boldsymbol{F}(\boldsymbol{x})-\boldsymbol{b}\|<\varepsilon$, 因此 $\lim\limits_{\boldsymbol{x}\to\boldsymbol{a}}\|\boldsymbol{F}(\boldsymbol{x})\|=\|\boldsymbol{b}\|$.

(2) 首先分析 $\left|\boldsymbol{F}^{\mathrm{T}}(\boldsymbol{x})\boldsymbol{G}(\boldsymbol{x})-\boldsymbol{b}^{\mathrm{T}}\boldsymbol{c}\right|$.

$$\begin{aligned}
&\left|\boldsymbol{F}^{\mathrm{T}}(\boldsymbol{x})\boldsymbol{G}(\boldsymbol{x})-\boldsymbol{b}^{\mathrm{T}}\boldsymbol{c}\right|=\left|\boldsymbol{F}^{\mathrm{T}}(\boldsymbol{x})\boldsymbol{G}(\boldsymbol{x})-\boldsymbol{F}^{\mathrm{T}}(\boldsymbol{x})\boldsymbol{c}+\boldsymbol{F}^{\mathrm{T}}(\boldsymbol{x})\boldsymbol{c}-\boldsymbol{b}^{\mathrm{T}}\boldsymbol{c}\right|\\
\leqslant&\left|\boldsymbol{F}^{\mathrm{T}}(\boldsymbol{x})\boldsymbol{G}(\boldsymbol{x})-\boldsymbol{F}^{\mathrm{T}}(\boldsymbol{x})\boldsymbol{c}\right|+\left|\boldsymbol{F}^{\mathrm{T}}(\boldsymbol{x})\boldsymbol{c}-\boldsymbol{b}^{\mathrm{T}}\boldsymbol{c}\right|\\
=&\left|\boldsymbol{F}^{\mathrm{T}}(\boldsymbol{x})\left(\boldsymbol{G}(\boldsymbol{x})-\boldsymbol{c}\right)\right|+\left|\left(\boldsymbol{F}^{\mathrm{T}}(\boldsymbol{x})-\boldsymbol{b}^{\mathrm{T}}\right)\boldsymbol{c}\right|\Leftarrow\boxed{\text{利用柯西不等式}}\\
\leqslant&\left\|\boldsymbol{F}^{\mathrm{T}}(\boldsymbol{x})\right\|\|\boldsymbol{G}(\boldsymbol{x})-\boldsymbol{c}\|+\left\|\boldsymbol{F}^{\mathrm{T}}(\boldsymbol{x})-\boldsymbol{b}^{\mathrm{T}}\right\|\|\boldsymbol{c}\|\\
=&\|\boldsymbol{F}(\boldsymbol{x})\|\|\boldsymbol{G}(\boldsymbol{x})-\boldsymbol{c}\|+\|\boldsymbol{F}(\boldsymbol{x})-\boldsymbol{b}\|\|\boldsymbol{c}\|
\end{aligned}$$

$\lim\limits_{\boldsymbol{x}\to\boldsymbol{a}}\boldsymbol{F}(\boldsymbol{x})=\boldsymbol{b}$, $\lim\limits_{\boldsymbol{x}\to\boldsymbol{a}}\boldsymbol{G}(\boldsymbol{x})=\boldsymbol{c}$, 利用向量函数极限的定义以及局部有界性

$$\forall\varepsilon>0,\exists\delta>0,\forall\boldsymbol{x}\in D,0<\|\boldsymbol{x}-\boldsymbol{a}\|<\delta:$$

$$\|\boldsymbol{F}(\boldsymbol{x})\|\leqslant M,\quad\|\boldsymbol{F}(\boldsymbol{x})-\boldsymbol{b}\|<\frac{\varepsilon}{2(1+M)\left(\|\boldsymbol{c}\|+1\right)},\quad\|\boldsymbol{G}(\boldsymbol{x})-\boldsymbol{c}\|<\frac{\varepsilon}{2(1+M)}$$

因此 $\left|\boldsymbol{F}^{\mathrm{T}}(\boldsymbol{x})\boldsymbol{G}(\boldsymbol{x})-\boldsymbol{b}^{\mathrm{T}}\boldsymbol{c}\right|<\varepsilon$. 结论得证.

习题 14.1.3 向量函数的极限

1. 求下列向量函数的复合函数 $\boldsymbol{G}\circ\boldsymbol{F}$.

(1) $\boldsymbol{F}=\begin{pmatrix}f_1\\f_2\\f_3\end{pmatrix}=\begin{pmatrix}x_1x_2\\\cos(x_1+x_2)\\\sin(x_1x_2)\end{pmatrix},\boldsymbol{G}=\begin{pmatrix}g_1\\g_2\\g_3\end{pmatrix}=\begin{pmatrix}t_1t_2t_3^2\\t_1+t_2+t_3\\t_1\end{pmatrix}$.

(2) $\boldsymbol{F}=\begin{pmatrix}f_1\\f_2\\f_3\\f_4\end{pmatrix}=\begin{pmatrix}x_1+x_2+x_3\\\sqrt{x_1x_2x_3}\\x_1x_2x_3^2\\5x_1x_2+6x_3^2\end{pmatrix},\boldsymbol{G}=\begin{pmatrix}g_1\\g_2\\g_3\end{pmatrix}=\begin{pmatrix}t_1t_2t_3^2t_4\\t_1+2t_2+3t_3^2t_4\\t_1+2t_2^2t_3t_4\end{pmatrix}$.

2. 计算下面向量函数极限.

(1) $\lim\limits_{\substack{x\to 0\\y\to 0}}\left(1+xy,xe^y,\dfrac{\sin xy}{x}\right)$.

(2) $\lim\limits_{\substack{x\to 0\\y\to 0}}\left(\dfrac{\ln 1+xy}{x},\dfrac{e^xy-1}{y},\sqrt{xy}\right)$.

14.1.4 向量函数的连续与一致连续

下面讨论向量函数的连续与一致连续性.

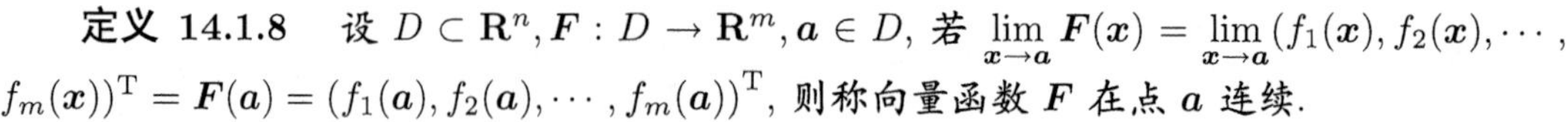

定义 14.1.8 设 $D \subset \mathbf{R}^n, \boldsymbol{F}: D \to \mathbf{R}^m, \boldsymbol{a} \in D$, 若 $\lim\limits_{\boldsymbol{x}\to\boldsymbol{a}} \boldsymbol{F}(\boldsymbol{x}) = \lim\limits_{\boldsymbol{x}\to\boldsymbol{a}} (f_1(\boldsymbol{x}), f_2(\boldsymbol{x}), \cdots, f_m(\boldsymbol{x}))^{\mathrm{T}} = \boldsymbol{F}(\boldsymbol{a}) = (f_1(\boldsymbol{a}), f_2(\boldsymbol{a}), \cdots, f_m(\boldsymbol{a}))^{\mathrm{T}}$, 则称向量函数 $\boldsymbol{F}$ 在点 $\boldsymbol{a}$ 连续.

进一步有结论:

定理 14.1.7 $D \subset \mathbf{R}^n, \boldsymbol{F}: D \to \mathbf{R}^m$, 则 $\boldsymbol{F}$ 在 D 上连续等价于 $\boldsymbol{F}$ 的分量函数都在 D 上连续.

例如:

$\boldsymbol{F}(\boldsymbol{x}) = \left(\sin xy, x + xy^3, \cos xy^{10}\right)$ 在 $\mathbf{R}^2$ 上连续;

$\boldsymbol{F}(\boldsymbol{x}) = \left(\sin xy, \sqrt{xy}, \cos xy^{10}\right)$ 在 $\mathbf{R}^2 \backslash \{xy < 0\}$ 上连续;

$\boldsymbol{F}(\boldsymbol{x}) = \left(\dfrac{x^2 y}{x}, \sin xy, \cos xy^{10}\right)$ 在 $\mathbf{R}^2 \backslash \{x = 0\}$ 上连续.

定义 14.1.9 设 $D \subset \mathbf{R}^n, \boldsymbol{F}: D \to \mathbf{R}^m$. 若对于任意 $\varepsilon > 0$, 存在仅与 ε 有关的实数 $\delta(\varepsilon) > 0$, 使得对任意 $\boldsymbol{x}_1, \boldsymbol{x}_2 \in D$, 当 $\|\boldsymbol{x}_1 - \boldsymbol{x}_2\| < \delta$ 时有 $\|\boldsymbol{F}(\boldsymbol{x}_1) - \boldsymbol{F}(\boldsymbol{x}_2)\| < \varepsilon$, 则称 $\boldsymbol{F}$ 在 D 上一致连续.

由于

$$\|\boldsymbol{F}(\boldsymbol{x}_1) - \boldsymbol{F}(\boldsymbol{x}_2)\| = \sqrt{(f_1(\boldsymbol{x}_1) - f_1(\boldsymbol{x}_2))^2 + \cdots + (f_m(\boldsymbol{x}_1) - f_m(\boldsymbol{x}_2))^2}$$

$$\|\boldsymbol{F}(\boldsymbol{x}_1) - \boldsymbol{F}(\boldsymbol{x}_2)\| < \varepsilon \Rightarrow |f_i(\boldsymbol{x}_1) - f_i(\boldsymbol{x}_2)| < \varepsilon, \quad i = 1, 2, \cdots, m$$

所以有下面定理:

定理 14.1.8 设 $D \subset \mathbf{R}^n, \boldsymbol{F}: D \to \mathbf{R}^m$, 则 $\boldsymbol{F}$ 在 D 上一致连续等价于 $\boldsymbol{F}$ 的分量函数都在 D 上一致连续.

定理 14.1.9 设 $D \subset \mathbf{R}^n, \boldsymbol{F}: D \to \mathbf{R}^m$, 则 $\boldsymbol{F}$ 在 D 上不一致连续等价于 $\boldsymbol{F}$ 的分量函数至少有一个在 D 上不一致连续.

例如:

$\boldsymbol{F}(\boldsymbol{x}) = (\sin x, x + xy, \cos y)$ 在 $\mathbf{R}^2$ 上一致连续;

$\boldsymbol{F}(\boldsymbol{x}) = \left(\sin \dfrac{1}{xy}, x + xy^3, \cos xy\right)$ 在 $\mathbf{R}^2 \backslash \{(x, y)\,|xy = 0\}$ 上不一致连续;

$\boldsymbol{F}(\boldsymbol{x}) = \left(\cos \dfrac{1}{xy}, \dfrac{1}{xy}, \cos \dfrac{1}{x} + \sin \dfrac{1}{y}\right)$ 在 $\mathbf{R}^2 \backslash \{(x, y)\,|xy = 0\}$ 上不一致连续.

如图 14.1.4 所示的 4 个函数曲面在原点附近几乎垂直于 xOy 平面, 不一致连续.

下面讨论有界闭集上连续向量函数的性质. 有界闭集上连续函数的一致连续性、有界性、最大值和最小值、介值定理等性质在向量函数的情形依然是成立的, 这里选择几个定理给予证明.

定理 14.1.10 设 $D \subset \mathbf{R}^n$ 为有界闭集, $\boldsymbol{F}: D \to \mathbf{R}^m$ 在 D 上连续, 则 $\boldsymbol{F}$ 在 D 上一致连续.

定理 14.1.11 设 $D \subset \mathbf{R}^n$ 为有界闭集, $\boldsymbol{F}: D \to \mathbf{R}^m$ 在 D 上连续, 则 $\boldsymbol{F}(D) \subset \mathbf{R}^m$ 是有界闭集.

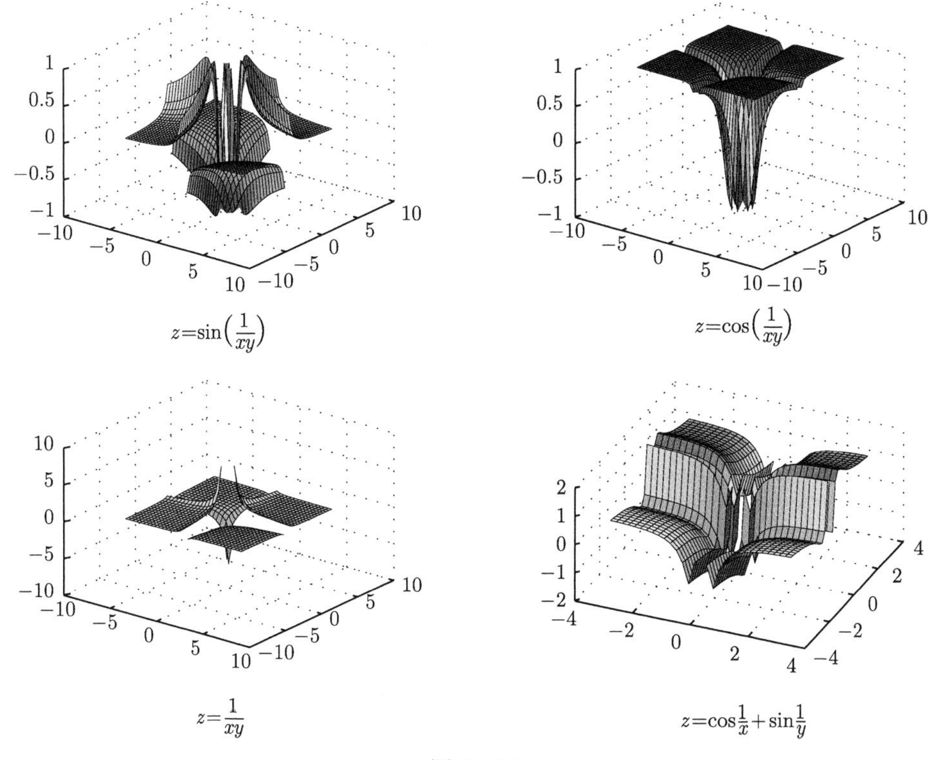

图 14.1.4

证明 首先证明 $\boldsymbol{F}(D)$ 是有界集合. 如果 $\boldsymbol{F}(D)$ 无界, 则

$$\forall k \in \mathbf{N}^*, \exists \boldsymbol{x}_k \in D : \|\boldsymbol{F}(\boldsymbol{x}_k)\| \geqslant k \quad \left(\lim_{k\to\infty} \|\boldsymbol{F}(\boldsymbol{x}_k)\| = +\infty\right)$$

由于 D 是有界闭集, 因此存在 $\{\boldsymbol{x}_k\}$ 的子列 $\{\boldsymbol{x}_{n_k}\}$ 收敛到 $\boldsymbol{x}_0 \in D$. 于是

$$\lim_{k\to\infty} \|\boldsymbol{F}(\boldsymbol{x}_{n_k})\| \geqslant \lim_{k\to\infty} n_k = +\infty$$

又因为 $\boldsymbol{F}(\boldsymbol{x})$ 在 $\boldsymbol{x}_0 \in D$ 连续, 所以 $\lim\limits_{\boldsymbol{x}\to\boldsymbol{x}_0} \boldsymbol{F}(\boldsymbol{x}) = \boldsymbol{F}(\boldsymbol{x}_0)$. 由海涅原理,

$$\lim_{k\to\infty} \|\boldsymbol{F}(\boldsymbol{x}_{n_k})\| = \left\|\boldsymbol{F}(\lim_{k\to\infty} \boldsymbol{x}_{n_k})\right\| = \|\boldsymbol{F}(\boldsymbol{x}_0)\|$$

这就产生了矛盾. 所以 $\boldsymbol{F}(D)$ 是有界集合.

下证 $\boldsymbol{F}(D)$ 是闭集. 任取 $\boldsymbol{y}_0 \in (\boldsymbol{F}(D))'$, 根据聚点的定义, 存在 $\{\boldsymbol{x}_k\} \subset D$ 使得 $\{\boldsymbol{F}(\boldsymbol{x}_k)\}$ 以 $\boldsymbol{y}_0$ 为极限. 由于 D 是有界闭集, 因此存在 $\{\boldsymbol{x}_k\}$ 的子列 $\{\boldsymbol{x}_{n_k}\}$ 收敛到 $\boldsymbol{x}_0 \in D$. 根据 $\boldsymbol{F}(\boldsymbol{x})$ 的连续性和海涅原理, 有 $\lim\limits_{k\to\infty} \boldsymbol{F}(\boldsymbol{x}_{n_k}) = \boldsymbol{F}(\boldsymbol{x}_0)$. 因此 $\boldsymbol{y}_0 = \boldsymbol{F}(\boldsymbol{x}_0)$, 即 $\boldsymbol{y}_0 \in \boldsymbol{F}(D)$, 所以 $\boldsymbol{F}(D)$ 是闭集. 结论得证.

定理 14.1.12 *设 $D \subset \mathbf{R}^n$ 为有界闭集, $\boldsymbol{F} : D \to \mathbf{R}^m$ 在 D 上连续, 则 $\boldsymbol{F}(D)$ 的直径可以达到, 即存在 $\boldsymbol{p}_1, \boldsymbol{p}_2 \in D$, 使得 $\|\boldsymbol{F}(\boldsymbol{p}_1) - \boldsymbol{F}(\boldsymbol{p}_2)\| = \max\limits_{\forall \boldsymbol{x},\boldsymbol{y}\in D} \|\boldsymbol{F}(\boldsymbol{x}) - \boldsymbol{F}(\boldsymbol{y})\|$.*

证明 设函数 $G(\boldsymbol{x},\boldsymbol{y}) = \|\boldsymbol{F}(\boldsymbol{x}) - \boldsymbol{F}(\boldsymbol{y})\|$, 其定义域为 $D \times D$. 由于 $G(\boldsymbol{x},\boldsymbol{y})$ 在 $D \times D$ 上连续且 $D \times D$ 为有界闭集, 所以 $G(\boldsymbol{x},\boldsymbol{y})$ 可以取到最大值. 结论得证.

定理 14.1.13 (向量函数的压缩映射原理) 设 $D \subset \mathbf{R}^n$ 为闭区域, $\boldsymbol{F}: D \to \mathbf{R}^n$ 满足

(1) $\boldsymbol{F}(D) \subset D$;

(2) 存在常数 $0 < q < 1$, 对任意 $\boldsymbol{x}_1, \boldsymbol{x}_2 \in D$, 有 $\|\boldsymbol{F}(\boldsymbol{x}_1) - \boldsymbol{F}(\boldsymbol{x}_2)\| \leqslant q\|\boldsymbol{x}_1 - \boldsymbol{x}_2\|$.

则存在唯一不动点 $\boldsymbol{x}^* \in D$, $\boldsymbol{F}(\boldsymbol{x}^*) = \boldsymbol{x}^*$.

证明 对任意 $\boldsymbol{x}_0 \in D$, 由条件 (1) 可以构造迭代序列 $\boldsymbol{x}_{k+1} = \boldsymbol{F}(\boldsymbol{x}_k)$, 则

$$\|\boldsymbol{x}_{k+1} - \boldsymbol{x}_k\| = \|\boldsymbol{F}(\boldsymbol{x}_k) - \boldsymbol{F}(\boldsymbol{x}_{k-1})\| \leqslant q\|\boldsymbol{x}_k - \boldsymbol{x}_{k-1}\| \leqslant \cdots \leqslant q^k\|\boldsymbol{x}_1 - \boldsymbol{x}_0\|$$

对任意的自然数 p, 有

$$\begin{aligned}\|\boldsymbol{x}_{k+p} - \boldsymbol{x}_k\| &\leqslant \|\boldsymbol{x}_{k+p} - \boldsymbol{x}_{k+p-1}\| + \|\boldsymbol{x}_{k+p-1} - \boldsymbol{x}_{k+p-2}\| + \cdots + \|\boldsymbol{x}_{k+1} - \boldsymbol{x}_k\| \\ &\leqslant (q^{k+p-1} + q^{k+p-2} + \cdots + q^k)\|\boldsymbol{x}_1 - \boldsymbol{x}_0\| \\ &= \frac{(1-q^p)q^k}{1-q}\|\boldsymbol{x}_1 - \boldsymbol{x}_0\| \leqslant \frac{q^k}{1-q}\|\boldsymbol{x}_1 - \boldsymbol{x}_0\|\end{aligned}$$

故对 $\forall \varepsilon > 0$, $\exists N = \max\left\{\left[\ln\dfrac{\varepsilon(1-q)}{\|\boldsymbol{x}_1 - \boldsymbol{x}_0\|}\Big/\ln q\right], 1\right\}$, 对 $\forall k > N, \forall p \in \mathbf{N}^*$, $\|\boldsymbol{x}_{k+p} - \boldsymbol{x}_k\| < \varepsilon$. 因此 $\{\boldsymbol{x}_k\}$ 收敛. 设 $\lim\limits_{k\to\infty}\boldsymbol{x}_k = \boldsymbol{x}^*$, 则 $\boldsymbol{x}^* \in D$. 由于 $\boldsymbol{F}$ 在 $\boldsymbol{x}^*$ 连续, 在 $\boldsymbol{x}_{k+1} = \boldsymbol{F}(\boldsymbol{x}_k)$ 两边取极限, 根据海涅原理得

$$\lim_{k\to\infty}\boldsymbol{x}_{k+1} = \boldsymbol{x}^* = \lim_{k\to\infty}\boldsymbol{F}(\boldsymbol{x}_k) = \boldsymbol{F}(\lim_{k\to\infty}\boldsymbol{x}_k) = \boldsymbol{F}(\boldsymbol{x}^*)$$

即 $\boldsymbol{x}^*$ 是 $\boldsymbol{F}$ 的不动点.

下证不动点是唯一的. 假设 $\boldsymbol{x}^* \in D, \boldsymbol{y}^* \in D, \boldsymbol{F}(\boldsymbol{x}^*) = \boldsymbol{x}^*, \boldsymbol{F}(\boldsymbol{y}^*) = \boldsymbol{y}^*$, 则

$$\|\boldsymbol{x}^* - \boldsymbol{y}^*\| = \|\boldsymbol{F}(\boldsymbol{x}^*) - \boldsymbol{F}(\boldsymbol{y}^*)\| \leqslant q\|\boldsymbol{x}^* - \boldsymbol{y}^*\|$$

因此 $\boldsymbol{x}^* = \boldsymbol{y}^*$, 即不动点是唯一的. 结论得证.

习题 14.1.4 向量函数的连续与一致连续

1. 判断下列向量函数是否一致连续.

(1) $\boldsymbol{F}(\boldsymbol{x}) = (\cos xy, xy, x^2\sin x)$.

(2) $\boldsymbol{F}(\boldsymbol{x}) = \left(\mathrm{e}^x\cos\dfrac{1}{x}, \dfrac{1}{xy}, \cos x + \sin y\right)$.

(3) $\boldsymbol{F}(\boldsymbol{x}) = (\mathrm{e}^x, xy, \cos x\sin y)$.

2. 设 $D \subset \mathbf{R}^n$, $\boldsymbol{F}: D \to \mathbf{R}^m$, 存在常数 k, $\forall \boldsymbol{x}_1, \boldsymbol{x}_2 \in D: \|\boldsymbol{F}(\boldsymbol{x}_1) - \boldsymbol{F}(\boldsymbol{x}_2)\| \leqslant k\|\boldsymbol{x}_1 - \boldsymbol{x}_2\|$, 则 $\boldsymbol{F}$ 在 D 上连续.

3. 设 $D \subset \mathbf{R}^n, \boldsymbol{F}: D \to \mathbf{R}^m$, 则

(1) $\boldsymbol{F}$ 在 D 上一致连续等价于 $\boldsymbol{F}$ 的分量函数都在 D 上一致连续.

(2) $\boldsymbol{F}$ 在 D 上不一致连续等价于 $\boldsymbol{F}$ 的分量函数至少有一个在 D 上不一致连续.

14.2 向量函数的微分

☞扫码学习

本节讨论向量函数的微分.

14.2.1 向量函数的导数与微分

设 $\boldsymbol{F}: D \subset \mathbf{R}^n \to \mathbf{R}^m$, D 为开集, $\boldsymbol{F} = (f_1, f_2, \cdots, f_m)$, $\boldsymbol{x} = (x_1, x_2, \cdots, x_n) \in D$, $\boldsymbol{x}_0 = (x_1^0, x_2^0, \cdots, x_n^0) \in D$.

假设 $\boldsymbol{F}$ 的分量函数都在 $\boldsymbol{x}_0$ 可微, 由多元函数微分的定义,

$$f_i(\boldsymbol{x}) = f_i(\boldsymbol{x}_0) + a_{i1}(x_1 - x_1^0) + a_{i2}(x_2 - x_2^0) + \cdots + a_{in}(x_n - x_n^0) + r_i$$

$$\lim_{\boldsymbol{x}\to\boldsymbol{x}_0} \frac{|r_i|}{\|\boldsymbol{x} - \boldsymbol{x}_0\|} = 0, \quad (a_{i1}, a_{i2}, \cdots, a_{in}) = \left(\frac{\partial f_i}{\partial x_1}, \frac{\partial f_i}{\partial x_2}, \cdots, \frac{\partial f_i}{\partial x_n}\right)_{\boldsymbol{x}_0}, \quad i = 1, 2, \cdots, m$$

于是

$$\begin{pmatrix} f_1(\boldsymbol{x}) - f_1(\boldsymbol{x}_0) \\ f_2(\boldsymbol{x}) - f_2(\boldsymbol{x}_0) \\ \vdots \\ f_m(\boldsymbol{x}) - f_m(\boldsymbol{x}_0) \end{pmatrix} = \begin{pmatrix} a_{11} & a_{12} & \cdots & a_{1n} \\ a_{21} & a_{22} & \cdots & a_{2n} \\ \vdots & \vdots & & \vdots \\ a_{m1} & a_{m2} & \cdots & a_{mn} \end{pmatrix} \begin{pmatrix} x_1 - x_1^0 \\ x_2 - x_2^0 \\ \vdots \\ x_n - x_n^0 \end{pmatrix} + \boldsymbol{R}(\boldsymbol{x}, \boldsymbol{x}_0)$$

其中 $\boldsymbol{R}(\boldsymbol{x}, \boldsymbol{x}_0) = (r_1, r_2, \cdots, r_m)^{\mathrm{T}}$, $\lim\limits_{\boldsymbol{x}\to\boldsymbol{x}_0} \dfrac{\|\boldsymbol{R}(\boldsymbol{x}, \boldsymbol{x}_0)\|}{\|\boldsymbol{x} - \boldsymbol{x}_0\|} = 0$.

由以上分析可以给出向量函数可微的定义.

定义 14.2.1 设 $\boldsymbol{F}: D \subset \mathbf{R}^n \to \mathbf{R}^m$, D 为开集, $\boldsymbol{x}_0 = (x_1^0, x_2^0, \cdots, x_n^0) \in D$. 若

$$\boldsymbol{F}(\boldsymbol{x}) - \boldsymbol{F}(\boldsymbol{x}_0) = A_{m\times n}(\boldsymbol{x} - \boldsymbol{x}_0) + \boldsymbol{R}(\boldsymbol{x}, \boldsymbol{x}_0)$$

其中矩阵 $\boldsymbol{A}_{m\times n}$ 仅与 $\boldsymbol{x}_0$ 有关, $\lim\limits_{\boldsymbol{x}\to\boldsymbol{x}_0} \dfrac{\|\boldsymbol{R}(\boldsymbol{x}, \boldsymbol{x}_0)\|}{\|\boldsymbol{x} - \boldsymbol{x}_0\|} = 0$, 则称 $\boldsymbol{F}$ 在 $\boldsymbol{x}_0$ 可微, $\boldsymbol{A}_{m\times n}$ 称为 $\boldsymbol{F}$ 在 $\boldsymbol{x}_0$ 的导数, $\boldsymbol{A}_{m\times n}(\boldsymbol{x} - \boldsymbol{x}_0)$ 为 $\boldsymbol{F}$ 在 $\boldsymbol{x}_0$ 处微分, 记为

$$d\boldsymbol{F}(\boldsymbol{x}_0) = \boldsymbol{A}_{m\times n}(\boldsymbol{x} - \boldsymbol{x}_0), \quad \boldsymbol{F}'(\boldsymbol{x}_0) = \boldsymbol{A}_{m\times n}$$

其中

$$\boldsymbol{F}'(\boldsymbol{x}_0) = \boldsymbol{A}_{m\times n} = \begin{pmatrix} \dfrac{\partial f_1}{\partial x_1} & \dfrac{\partial f_1}{\partial x_2} & \cdots & \dfrac{\partial f_1}{\partial x_n} \\ \dfrac{\partial f_2}{\partial x_1} & \dfrac{\partial f_2}{\partial x_2} & \cdots & \dfrac{\partial f_2}{\partial x_n} \\ \vdots & \vdots & & \vdots \\ \dfrac{\partial f_m}{\partial x_1} & \dfrac{\partial f_m}{\partial x_2} & \cdots & \dfrac{\partial f_m}{\partial x_n} \end{pmatrix}_{\boldsymbol{x}_0}$$

称为 $\boldsymbol{F}$ 的雅可比矩阵.

类似于多元可微函数的性质和结论, 对于可微的向量函数, 有下面的结论成立.

定理 14.2.1 若向量函数 $\boldsymbol{F}: D \subset \mathbf{R}^n \to \mathbf{R}^m$, 在 $\boldsymbol{x}_0 \in D$ 可微, D 为开集, 则 $\boldsymbol{F}$ 在 $\boldsymbol{x}_0$ 连续.

定理 14.2.2 向量函数 $\boldsymbol{F}: D \subset \mathbf{R}^n \to \mathbf{R}^m$, 在 $\boldsymbol{x}_0 \in D$ 可微等价于 $\boldsymbol{F}$ 的每个分量函数 $f_i, i = 1, 2, \cdots, m$ 都在 $\boldsymbol{x}_0$ 可微, 这里 D 为开集.

定理 14.2.3 设 $\boldsymbol{F}: D \subset \mathbf{R}^n \to \mathbf{R}^m$, D 为开集, $\boldsymbol{x}_0 \in D$. 若在 $\boldsymbol{x}_0$ 的某邻域内存在偏导数 $\dfrac{\partial f_i}{\partial x_j}, i = 1, 2, \cdots, m, j = 1, 2, \cdots, n$, 并且这些偏导数均在 $\boldsymbol{x}_0$ 连续, 则 $\boldsymbol{F}$ 在 $\boldsymbol{x}_0$ 可微.

例 14.2.1 设 $\boldsymbol{F} = (\sin x_1 x_2, x_1^2 + x_2^2, x_1^2 x_2^2 x_3^2)^{\mathrm{T}}$, 求 $\boldsymbol{F}'(\boldsymbol{x}), \mathrm{d}\boldsymbol{F}(\boldsymbol{x})$.

解 由向量函数的导数和微分的定义得

$$\boldsymbol{F}'(\boldsymbol{x}) = \begin{pmatrix} x_2 \cos x_1 x_2 & x_1 \cos x_1 x_2 & 0 \\ 2x_1 & 2x_2 & 0 \\ 2x_1 x_2^2 x_3^2 & 2x_1^2 x_2 x_3^2 & 2x_1^2 x_2^2 x_3 \end{pmatrix}$$

$$\begin{aligned} \mathrm{d}\boldsymbol{F}(\boldsymbol{x}) &= \begin{pmatrix} x_2 \cos x_1 x_2 & x_1 \cos x_1 x_2 & 0 \\ 2x_1 & 2x_2 & 0 \\ 2x_1 x_2^2 x_3^2 & 2x_1^2 x_2 x_3^2 & 2x_1^2 x_2^2 x_3 \end{pmatrix} \begin{pmatrix} \mathrm{d}x_1 \\ \mathrm{d}x_2 \\ \mathrm{d}x_3 \end{pmatrix} \\ &= \begin{pmatrix} (x_2 \cos x_1 x_2)\,\mathrm{d}x_1 + (x_1 \cos x_1 x_2)\,\mathrm{d}x_2 \\ 2x_1 \mathrm{d}x_1 + 2x_2 \mathrm{d}x_2 \\ \left(2x_1 x_2^2 x_3^2\right)\mathrm{d}x_1 + \left(2x_1^2 x_2 x_3^2\right)\mathrm{d}x_2 + \left(2x_1^2 x_2^2 x_3\right)\mathrm{d}x_3 \end{pmatrix} \end{aligned}$$

例 14.2.2 设 $\boldsymbol{F}(x_1, x_2) = (x_1 \sin x_2, (x_1 - x_2)^2, 2x_2^2)^{\mathrm{T}}$, 求 $\boldsymbol{F}'(\boldsymbol{x}), \mathrm{d}\boldsymbol{F}(\boldsymbol{x})$.

解 由向量函数的导数和微分的定义,

$$\boldsymbol{F}'(\boldsymbol{x}) = \begin{pmatrix} \sin x_2 & x_1 \cos x_2 \\ 2(x_1 - x_2) & -2(x_1 - x_2) \\ 0 & 4x_2 \end{pmatrix}$$

$$\mathrm{d}\boldsymbol{F}(\boldsymbol{x}) = \begin{pmatrix} \sin x_2 & x_1 \cos x_2 \\ 2(x_1 - x_2) & -2(x_1 - x_2) \\ 0 & 4x_2 \end{pmatrix} \begin{pmatrix} \mathrm{d}x_1 \\ \mathrm{d}x_2 \end{pmatrix} = \begin{pmatrix} \sin x_2 \mathrm{d}x_1 + x_1 \cos x_2 \mathrm{d}x_2 \\ 2(x_1 - x_2)\mathrm{d}x_1 - 2(x_1 - x_2)\mathrm{d}x_2 \\ 4x_2 \mathrm{d}x_2 \end{pmatrix}$$

习题 14.2.1 向量函数的导数与微分

1. 计算下列向量函数的导数以及微分.

(1) $\boldsymbol{F}(x_1, x_2, x_3) = (\cos \sqrt{x_1 x_2}, \sqrt{x_1^2 + x_2^2}, x_1^2 x_2^2 x_3^2)^{\mathrm{T}}$.

(2) $\boldsymbol{F}(x_1, x_2, x_3) = (\tan x_1 x_2, e^{x_1^2 + x_2^2}, x_1^2 + x_2^2 x_3^2)^{\mathrm{T}}$.

(3) $\boldsymbol{F}(x_1, x_2, x_3) = (\ln(x_1 x_2), a^{x_1^2 + x_2^2}, \sqrt{x_1 x_2 x_3})^{\mathrm{T}}$.

2. 设 $\boldsymbol{F}: D \subset \mathbf{R}^n \to \mathbf{R}^n$ 为一个线性变换, 求 $\boldsymbol{F}'$.

3. 设 $\boldsymbol{F}: [a, b] \to \mathbf{R}^n$ 且 $\|\boldsymbol{F}\| =$ 常数, 证明: $(\boldsymbol{F}')^{\mathrm{T}} \boldsymbol{F} = 0$.

14.2.2 向量函数导数的计算

为讨论向量函数导数的计算方法, 我们首先介绍向量函数导数的性质.

定理 14.2.4 设 $D\subset\mathrm{R}^n, \boldsymbol{F},\boldsymbol{G}:D\to\mathrm{R}^m$, D 为开集, $\boldsymbol{F},\boldsymbol{G}$ 在 $\boldsymbol{x}_0\in D$ 可微, 则 $c\boldsymbol{F},\boldsymbol{F}\pm\boldsymbol{G}$ 也在 $\boldsymbol{x}_0$ 可微, 且

$$(c\boldsymbol{F})'(\boldsymbol{x}_0)=c\boldsymbol{F}'(\boldsymbol{x}_0),\quad (\boldsymbol{F}\pm\boldsymbol{G})'(\boldsymbol{x}_0)=\boldsymbol{F}'(\boldsymbol{x}_0)\pm\boldsymbol{G}'(\boldsymbol{x}_0)$$

其中 c 为任意常数.

定理 14.2.5 设 $D\subset\mathrm{R}^n$ 为开集, $\boldsymbol{F},\boldsymbol{G}:D\to\mathrm{R}^m$ 均为可微函数, 则 $\boldsymbol{F}^{\mathrm{T}}\boldsymbol{G}$ 也为可微函数, 且

$$(\boldsymbol{F}^{\mathrm{T}}\boldsymbol{G})'=\boldsymbol{F}^{\mathrm{T}}\boldsymbol{G}'+\boldsymbol{G}^{\mathrm{T}}\boldsymbol{F}'$$

证明 任取 $\boldsymbol{x}_0\in D$, 有

$$\begin{aligned}&(\boldsymbol{F}^{\mathrm{T}}\boldsymbol{G})(\boldsymbol{x})-(\boldsymbol{F}^{\mathrm{T}}\boldsymbol{G})(\boldsymbol{x}_0)=\boldsymbol{F}^{\mathrm{T}}(\boldsymbol{x})\boldsymbol{G}(\boldsymbol{x})-\boldsymbol{F}^{\mathrm{T}}(\boldsymbol{x}_0)\boldsymbol{G}(\boldsymbol{x}_0)\\ =&\boldsymbol{F}^{\mathrm{T}}(\boldsymbol{x})\boldsymbol{G}(\boldsymbol{x})-\boldsymbol{F}^{\mathrm{T}}(\boldsymbol{x})\boldsymbol{G}(\boldsymbol{x}_0)+\boldsymbol{F}^{\mathrm{T}}(\boldsymbol{x})\boldsymbol{G}(\boldsymbol{x}_0)-\boldsymbol{F}^{\mathrm{T}}(\boldsymbol{x}_0)\boldsymbol{G}(\boldsymbol{x}_0)\\ =&\left[\boldsymbol{F}^{\mathrm{T}}(\boldsymbol{x})\left(\boldsymbol{G}(\boldsymbol{x})-\boldsymbol{G}(\boldsymbol{x}_0)\right)\right]+\left[\left(\boldsymbol{F}^{\mathrm{T}}(\boldsymbol{x})-\boldsymbol{F}^{\mathrm{T}}(\boldsymbol{x}_0)\right)\boldsymbol{G}(\boldsymbol{x}_0)\right]\end{aligned}$$

由于 $\boldsymbol{F},\boldsymbol{G}$ 均在 $\boldsymbol{x}_0\in D$ 可微, 所以

$$\begin{aligned}\boldsymbol{F}(\boldsymbol{x})-\boldsymbol{F}(\boldsymbol{x}_0)=\boldsymbol{F}'(\boldsymbol{x}_0)(\boldsymbol{x}-\boldsymbol{x}_0)+\boldsymbol{R}_1(\boldsymbol{x},\boldsymbol{x}_0)\\ \boldsymbol{G}(\boldsymbol{x})-\boldsymbol{G}(\boldsymbol{x}_0)=\boldsymbol{G}'(\boldsymbol{x}_0)(\boldsymbol{x}-\boldsymbol{x}_0)+\boldsymbol{R}_2(\boldsymbol{x},\boldsymbol{x}_0)\end{aligned}$$

其中 $\lim\limits_{\boldsymbol{x}\to\boldsymbol{x}_0}\dfrac{\|\boldsymbol{R}_1\|}{\|\boldsymbol{x}-\boldsymbol{x}_0\|}=0, \lim\limits_{\boldsymbol{x}\to\boldsymbol{x}_0}\dfrac{\|\boldsymbol{R}_2\|}{\|\boldsymbol{x}-\boldsymbol{x}_0\|}=0$. 所以

$$\begin{aligned}&(\boldsymbol{F}^{\mathrm{T}}\boldsymbol{G})(\boldsymbol{x})-(\boldsymbol{F}^{\mathrm{T}}\boldsymbol{G})(\boldsymbol{x}_0)\\ =&\left[\boldsymbol{F}^{\mathrm{T}}(\boldsymbol{x})\left(\boldsymbol{G}(\boldsymbol{x})-\boldsymbol{G}(\boldsymbol{x}_0)\right)\right]+\left[\left(\boldsymbol{F}^{\mathrm{T}}(\boldsymbol{x})-\boldsymbol{F}^{\mathrm{T}}(\boldsymbol{x}_0)\right)\boldsymbol{G}(\boldsymbol{x}_0)\right]\\ =&[\boldsymbol{F}(\boldsymbol{x}_0)+\boldsymbol{F}'(\boldsymbol{x}_0)(\boldsymbol{x}-\boldsymbol{x}_0)+\boldsymbol{R}_1]^{\mathrm{T}}[\boldsymbol{G}'(\boldsymbol{x}_0)(\boldsymbol{x}-\boldsymbol{x}_0)+\boldsymbol{R}_2]\\ &+[\boldsymbol{F}'(\boldsymbol{x}_0)(\boldsymbol{x}-\boldsymbol{x}_0)+\boldsymbol{R}_1]^{\mathrm{T}}\boldsymbol{G}(\boldsymbol{x}_0)\\ =&\boldsymbol{F}^{\mathrm{T}}(\boldsymbol{x}_0)\boldsymbol{G}'(\boldsymbol{x}_0)(\boldsymbol{x}-\boldsymbol{x}_0)+\boldsymbol{F}^{\mathrm{T}}(\boldsymbol{x}_0)\boldsymbol{R}_2+(\boldsymbol{x}-\boldsymbol{x}_0)^{\mathrm{T}}(\boldsymbol{F}'(\boldsymbol{x}_0))^{\mathrm{T}}\boldsymbol{G}'(\boldsymbol{x}_0)(\boldsymbol{x}-\boldsymbol{x}_0)\\ &+(\boldsymbol{x}-\boldsymbol{x}_0)^{\mathrm{T}}(\boldsymbol{F}'(\boldsymbol{x}_0))^{\mathrm{T}}\boldsymbol{R}_2+\boldsymbol{R}_1^{\mathrm{T}}\boldsymbol{G}'(\boldsymbol{x}_0)(\boldsymbol{x}-\boldsymbol{x}_0)+\boldsymbol{R}_1^{\mathrm{T}}\boldsymbol{R}_2\\ &+(\boldsymbol{x}-\boldsymbol{x}_0)^{\mathrm{T}}(\boldsymbol{F}'(\boldsymbol{x}_0))^{\mathrm{T}}\boldsymbol{G}(\boldsymbol{x}_0)+\boldsymbol{R}_1^{\mathrm{T}}\boldsymbol{G}(\boldsymbol{x}_0)\\ =&\boldsymbol{F}^{\mathrm{T}}(\boldsymbol{x}_0)\boldsymbol{G}'(\boldsymbol{x}_0)(\boldsymbol{x}-\boldsymbol{x}_0)+\boldsymbol{G}^{\mathrm{T}}(\boldsymbol{x}_0)\boldsymbol{F}'(\boldsymbol{x}_0)(\boldsymbol{x}-\boldsymbol{x}_0)\\ &+\left\{\begin{aligned}&(\boldsymbol{x}-\boldsymbol{x}_0)^{\mathrm{T}}(\boldsymbol{F}'(\boldsymbol{x}_0))^{\mathrm{T}}\boldsymbol{G}'(\boldsymbol{x}_0)(\boldsymbol{x}-\boldsymbol{x}_0)+\boldsymbol{R}_1^{\mathrm{T}}\boldsymbol{G}'(\boldsymbol{x}_0)(\boldsymbol{x}-\boldsymbol{x}_0)\\ &+\boldsymbol{F}^{\mathrm{T}}(\boldsymbol{x}_0)\boldsymbol{R}_2+(\boldsymbol{x}-\boldsymbol{x}_0)^{\mathrm{T}}(\boldsymbol{F}'(\boldsymbol{x}_0))^{\mathrm{T}}\boldsymbol{R}_2+\boldsymbol{R}_1^{\mathrm{T}}\boldsymbol{R}_2+\boldsymbol{R}_1^{\mathrm{T}}\boldsymbol{G}(\boldsymbol{x}_0)\end{aligned}\right.\quad\Leftarrow\boxed{\boldsymbol{R}(\boldsymbol{x},\boldsymbol{x}_0)}\end{aligned}$$

根据矩阵和向量范数的相容性

$$\begin{aligned}|\boldsymbol{R}(\boldsymbol{x},\boldsymbol{x}_0)|\leqslant&\left\|(\boldsymbol{F}'(\boldsymbol{x}_0))^{\mathrm{T}}\boldsymbol{G}'(\boldsymbol{x}_0)\right\|\|\boldsymbol{x}-\boldsymbol{x}_0\|^2+\|\boldsymbol{G}'(\boldsymbol{x}_0)\|\left\|\boldsymbol{R}_1^{\mathrm{T}}\right\|\|\boldsymbol{x}-\boldsymbol{x}_0\|\\ &+\|\boldsymbol{R}_2\|\|\boldsymbol{F}(\boldsymbol{x}_0)\|+\|\boldsymbol{F}'(\boldsymbol{x}_0)\|\|\boldsymbol{x}-\boldsymbol{x}_0\|\|\boldsymbol{R}_2\|+\|\boldsymbol{R}_1\|\|\boldsymbol{R}_2\|+\|\boldsymbol{R}_1\|\|\boldsymbol{G}(\boldsymbol{x}_0)\|\end{aligned}$$

因此 $\lim\limits_{\boldsymbol{x}\to\boldsymbol{x}_0}\dfrac{|\boldsymbol{R}(\boldsymbol{x},\boldsymbol{x}_0)|}{\|\boldsymbol{x}-\boldsymbol{x}_0\|}=0$. 即

$$(\boldsymbol{F}^{\mathrm{T}}\boldsymbol{G})(\boldsymbol{x})-(\boldsymbol{F}^{\mathrm{T}}\boldsymbol{G})(\boldsymbol{x}_0)=\left[\boldsymbol{F}^{\mathrm{T}}(\boldsymbol{x}_0)\boldsymbol{G}'(\boldsymbol{x}_0)+\boldsymbol{G}^{\mathrm{T}}(\boldsymbol{x}_0)\boldsymbol{F}'(\boldsymbol{x}_0)\right](\boldsymbol{x}-\boldsymbol{x}_0)+\boldsymbol{R}(\boldsymbol{x},\boldsymbol{x}_0)$$

根据微分的定义, 结论得证.

下面考虑复合向量函数的求导法则.

定理 14.2.6 设 $D \subset \mathbf{R}^n$ 为开集, $\boldsymbol{F}: D \subset \mathbf{R}^n \to \mathbf{R}^m, \boldsymbol{G}: E \subset \mathbf{R}^m \to \mathbf{R}^l$, $\boldsymbol{F}(D) \subset E$, $\boldsymbol{F}(\boldsymbol{x})$ 在 $\boldsymbol{x}_0 \in D$ 可微, $\boldsymbol{G}(\boldsymbol{y})$ 在 $\boldsymbol{y}_0 = \boldsymbol{F}(\boldsymbol{x}_0)$ 可微. 则 $\boldsymbol{G} \circ \boldsymbol{F}$ 在 $\boldsymbol{x}_0$ 可微, 且

$$(\boldsymbol{G} \circ \boldsymbol{F})'(\boldsymbol{x}_0) = (\boldsymbol{G}'(\boldsymbol{y}_0))_{l \times m} (\boldsymbol{F}'(\boldsymbol{x}_0))_{m \times n}$$

证明 由 $\boldsymbol{G}$ 在 $\boldsymbol{y}_0 = \boldsymbol{F}(\boldsymbol{x}_0)$ 可微, 因此有

$$\boldsymbol{G}(\boldsymbol{y}) - \boldsymbol{G}(\boldsymbol{y}_0) = \boldsymbol{G}'(\boldsymbol{y}_0)(\boldsymbol{y} - \boldsymbol{y}_0) + \boldsymbol{R}_1(\boldsymbol{y}, \boldsymbol{y}_0)$$

其中 $\lim\limits_{\boldsymbol{y} \to \boldsymbol{y}_0} \dfrac{\|\boldsymbol{R}_1\|}{\|\boldsymbol{y} - \boldsymbol{y}_0\|} = 0$. 再由 $\boldsymbol{F}(\boldsymbol{x})$ 在 $\boldsymbol{x}_0$ 可微, 得

$$\boldsymbol{y} - \boldsymbol{y}_0 = \boldsymbol{F}(\boldsymbol{x}) - \boldsymbol{F}(\boldsymbol{x}_0) = \boldsymbol{F}'(\boldsymbol{x}_0)(\boldsymbol{x} - \boldsymbol{x}_0) + \boldsymbol{R}_2(\boldsymbol{x}, \boldsymbol{x}_0)$$

其中 $\lim\limits_{\boldsymbol{x} \to \boldsymbol{x}_0} \dfrac{\|\boldsymbol{R}_2\|}{\|\boldsymbol{x} - \boldsymbol{x}_0\|} = 0$. 所以

$$(\boldsymbol{G} \circ \boldsymbol{F})(\boldsymbol{x}) - (\boldsymbol{G} \circ \boldsymbol{F})(\boldsymbol{x}_0) = \boldsymbol{G}'(\boldsymbol{y}_0)\boldsymbol{F}'(\boldsymbol{x}_0)(\boldsymbol{x} - \boldsymbol{x}_0) + \boldsymbol{G}'(\boldsymbol{y}_0)\boldsymbol{R}_2 + \boldsymbol{R}_1$$

$$\lim_{\boldsymbol{x} \to \boldsymbol{x}_0} \frac{\|\boldsymbol{G}'(\boldsymbol{y}_0)\boldsymbol{R}_2 + \boldsymbol{R}_1\|}{\|\boldsymbol{x} - \boldsymbol{x}_0\|} \leqslant \lim_{\boldsymbol{x} \to \boldsymbol{x}_0} \frac{\|\boldsymbol{G}'(\boldsymbol{y}_0)\boldsymbol{R}_2\| + \|\boldsymbol{R}_1\|}{\|\boldsymbol{x} - \boldsymbol{x}_0\|} = 0$$

结论得证.

定理 14.2.6 称为复合向量函数的链式求导法则, 下面进行更详细的分析，其分量函数形式为

$$\boldsymbol{Z} = \boldsymbol{G}(\boldsymbol{y}) = \begin{pmatrix} z_1(y_1, y_2, \cdots, y_m) \\ z_2(y_1, y_2, \cdots, y_m) \\ \vdots \\ z_l(y_1, y_2, \cdots, y_m) \end{pmatrix}, \quad \boldsymbol{Y} = \boldsymbol{F}(\boldsymbol{x}) = \begin{pmatrix} y_1(x_1, x_2, \cdots, x_n) \\ y_2(x_1, x_2, \cdots, x_n) \\ \vdots \\ y_m(x_1, x_2, \cdots, x_n) \end{pmatrix}$$

$$(\boldsymbol{G} \circ \boldsymbol{F})' = (\boldsymbol{G}'(\boldsymbol{y}))_{l \times m} (\boldsymbol{F}'(\boldsymbol{x}))_{m \times n}$$

$$(\boldsymbol{G} \circ \boldsymbol{F})' = \begin{pmatrix} \dfrac{\partial z_1}{\partial x_1} & \dfrac{\partial z_1}{\partial x_2} & \dfrac{\partial z_1}{\partial x_3} & \cdots & \dfrac{\partial z_1}{\partial x_n} \\ \dfrac{\partial z_2}{\partial x_1} & \dfrac{\partial z_2}{\partial x_2} & \dfrac{\partial z_2}{\partial x_3} & \cdots & \dfrac{\partial z_2}{\partial x_n} \\ \vdots & \vdots & \vdots & & \vdots \\ \dfrac{\partial z_l}{\partial x_1} & \dfrac{\partial z_l}{\partial x_2} & \dfrac{\partial z_l}{\partial x_3} & \cdots & \dfrac{\partial z_l}{\partial x_n} \end{pmatrix}$$

$$= \begin{pmatrix} \dfrac{\partial z_1}{\partial y_1} & \dfrac{\partial z_1}{\partial y_2} & \dfrac{\partial z_1}{\partial y_3} & \cdots & \dfrac{\partial z_1}{\partial y_m} \\ \dfrac{\partial z_2}{\partial y_1} & \dfrac{\partial z_2}{\partial y_2} & \dfrac{\partial z_2}{\partial y_3} & \cdots & \dfrac{\partial z_2}{\partial y_m} \\ \vdots & \vdots & \vdots & & \vdots \\ \dfrac{\partial z_l}{\partial y_1} & \dfrac{\partial z_l}{\partial y_2} & \dfrac{\partial z_l}{\partial y_3} & \cdots & \dfrac{\partial z_l}{\partial y_m} \end{pmatrix}_{l \times m} \cdot \begin{pmatrix} \dfrac{\partial y_1}{\partial x_1} & \dfrac{\partial y_1}{\partial x_2} & \dfrac{\partial y_1}{\partial x_3} & \cdots & \dfrac{\partial y_1}{\partial x_n} \\ \dfrac{\partial y_2}{\partial x_1} & \dfrac{\partial y_2}{\partial x_2} & \dfrac{\partial y_2}{\partial x_3} & \cdots & \dfrac{\partial y_2}{\partial x_n} \\ \vdots & \vdots & \vdots & & \vdots \\ \dfrac{\partial y_m}{\partial x_1} & \dfrac{\partial y_m}{\partial x_2} & \dfrac{\partial y_m}{\partial x_3} & \cdots & \dfrac{\partial y_m}{\partial x_n} \end{pmatrix}_{m \times n}$$

例 14.2.3 设 $\boldsymbol{F}(x,y,z)=(x^2+y^2,y+z,z^2-x^2,x+y+z)^{\mathrm{T}}$, $\boldsymbol{G}(u,v,w)=(uv^2w^3,w^2\mathrm{e}^v,u^2\ln v)^{\mathrm{T}}$, 求 $(\boldsymbol{F}\circ\boldsymbol{G})'(u,v,w)$.

解 由向量函数的求导公式,

$$\boldsymbol{F}'(x,y,z)=\begin{pmatrix}2x&2y&0\\0&1&1\\-2x&0&2z\\1&1&1\end{pmatrix},\quad \boldsymbol{G}'(u,v,w)=\begin{pmatrix}v^2w^3&2uvw^3&3uv^2w^2\\0&w^2\mathrm{e}^v&2w\mathrm{e}^v\\2u\ln v&u^2/v&0\end{pmatrix}$$

所以

$$(\boldsymbol{F}\circ\boldsymbol{G})'(u,v,w)=\begin{pmatrix}2xv^2w^3&4xuvw^3+2yw^2\mathrm{e}^v&6xuv^2w^2+4yw\mathrm{e}^v\\2u\ln v&w^2\mathrm{e}^v+u^2/v&2w\mathrm{e}^v\\-2xv^2w^3+4zu\ln v&-4xuvw^3+2zu^2/v&-6xuv^2w^2\\v^2w^3+2u\ln v&2uvw^3+w^2\mathrm{e}^v+u^2/v&3uv^2w^2+2\mathrm{e}^vw\end{pmatrix}$$

最后将 $x=uv^2w^3,y=w^2\mathrm{e}^v,z=u^2\ln v$ 代入上式即可.

例 14.2.4 设 $u=f(x,y),v=g(x,y,u),w=h(x,u,v)$, 求 $w'(x,y)$.

解 将 $w=w(x,y)$ 看成以下三个向量函数的复合函数, 复合结构如下

$$w=h(x,u,v)\to\begin{pmatrix}x\\u\\v\end{pmatrix}=\begin{pmatrix}x\\f(x,y)\\g(x,y,u)\end{pmatrix}\to\begin{pmatrix}x\\y\\u\end{pmatrix}=\begin{pmatrix}x\\y\\f(x,y)\end{pmatrix}$$

则

$$\begin{aligned}w'(x,y)&=\begin{pmatrix}\dfrac{\partial w}{\partial x}&\dfrac{\partial w}{\partial y}\end{pmatrix}=\begin{pmatrix}\dfrac{\partial h}{\partial x}&\dfrac{\partial h}{\partial u}&\dfrac{\partial h}{\partial v}\end{pmatrix}\begin{pmatrix}\dfrac{\partial x}{\partial x}&\dfrac{\partial x}{\partial y}&\dfrac{\partial x}{\partial u}\\\dfrac{\partial f}{\partial x}&\dfrac{\partial f}{\partial y}&\dfrac{\partial f}{\partial u}\\\dfrac{\partial g}{\partial x}&\dfrac{\partial g}{\partial y}&\dfrac{\partial g}{\partial u}\end{pmatrix}\begin{pmatrix}\dfrac{\partial x}{\partial x}&\dfrac{\partial x}{\partial y}\\\dfrac{\partial y}{\partial x}&\dfrac{\partial y}{\partial y}\\\dfrac{\partial u}{\partial x}&\dfrac{\partial u}{\partial y}\end{pmatrix}\\&=(h_x,h_u,h_v)\begin{pmatrix}1&0&0\\f_x&f_y&0\\g_x&g_y&g_u\end{pmatrix}\begin{pmatrix}1&0\\0&1\\f_x&f_y\end{pmatrix}\\&=(h_x+h_uf_x+h_vg_x,h_uf_y+h_vg_y,h_vg_u)\begin{pmatrix}1&0\\0&1\\f_x&f_y\end{pmatrix}\\&=(h_x+h_uf_x+h_vg_x+f_xh_vg_u,h_uf_y+h_vg_y+f_yh_vg_u)\end{aligned}$$

例 14.2.5 设 $\boldsymbol{w}=(f(x,u),g(y,v))^{\mathrm{T}},u=\psi(x,y,v),v=\varphi(x,y)$, 求 $\boldsymbol{w}'(x,y)$.

解 将 $\boldsymbol{w}=\boldsymbol{w}(x,y)$ 看作以下三个向量函数的复合, 复合结构如下:

$$\boldsymbol{w}=\begin{pmatrix}\boldsymbol{w}_1\\ \boldsymbol{w}_2\end{pmatrix}=\begin{pmatrix}f(x,u)\\ g(y,v)\end{pmatrix}\to\begin{pmatrix}x\\ y\\ u\\ v\end{pmatrix}=\begin{pmatrix}x\\ y\\ \psi(x,y,v)\\ v\end{pmatrix}\to\begin{pmatrix}x\\ y\\ v\end{pmatrix}=\begin{pmatrix}x\\ y\\ \varphi(x,y)\end{pmatrix}$$

则

$$\begin{aligned}\boldsymbol{w}'(x,y)&=\begin{pmatrix}\dfrac{\partial \boldsymbol{w}}{\partial x} & \dfrac{\partial \boldsymbol{w}}{\partial y}\end{pmatrix}\\ &=\begin{pmatrix}\dfrac{\partial \boldsymbol{w}_1}{\partial x} & \dfrac{\partial \boldsymbol{w}_1}{\partial y} & \dfrac{\partial \boldsymbol{w}_1}{\partial u} & \dfrac{\partial \boldsymbol{w}_1}{\partial v}\\ \dfrac{\partial \boldsymbol{w}_2}{\partial x} & \dfrac{\partial \boldsymbol{w}_2}{\partial y} & \dfrac{\partial \boldsymbol{w}_2}{\partial u} & \dfrac{\partial \boldsymbol{w}_2}{\partial v}\end{pmatrix}\begin{pmatrix}\dfrac{\partial x}{\partial x} & \dfrac{\partial x}{\partial y} & \dfrac{\partial x}{\partial v}\\ \dfrac{\partial y}{\partial x} & \dfrac{\partial y}{\partial y} & \dfrac{\partial y}{\partial v}\\ \dfrac{\partial u}{\partial x} & \dfrac{\partial u}{\partial y} & \dfrac{\partial u}{\partial v}\\ \dfrac{\partial v}{\partial x} & \dfrac{\partial v}{\partial y} & \dfrac{\partial v}{\partial v}\end{pmatrix}\begin{pmatrix}\dfrac{\partial x}{\partial x} & \dfrac{\partial x}{\partial y}\\ \dfrac{\partial y}{\partial x} & \dfrac{\partial y}{\partial y}\\ \dfrac{\partial v}{\partial x} & \dfrac{\partial v}{\partial y}\end{pmatrix}\\ &=\begin{pmatrix}f_x & 0 & f_u & 0\\ 0 & g_y & 0 & g_v\end{pmatrix}\begin{pmatrix}1 & 0 & 0\\ 0 & 1 & 0\\ \psi_x & \psi_y & \psi_v\\ 0 & 0 & 1\end{pmatrix}\begin{pmatrix}1 & 0\\ 0 & 1\\ \varphi_x & \varphi_y\end{pmatrix}\\ &=\begin{pmatrix}f_x+f_u\psi_x+f_u\psi_v\varphi_x & f_u\psi_v\varphi_y\\ g_v\varphi_x & g_v\varphi_y\end{pmatrix}\end{aligned}$$

例 14.2.6 设函数 f,g,h 定义如下,

$$f(x_1,x_2)=x_1-x_2,\quad g(x)=(\sin x,\cos x)^{\mathrm{T}},\quad h(x_1,x_2)=(x_1x_2,x_2-x_1)^{\mathrm{T}}$$

求 (1)$(f\circ g)'$; (2)$(g\circ f)'$; (3)$(h\circ h)'$.

解 (1) $(f\circ g)'(x)=(1,-1)\begin{pmatrix}\cos x\\ -\sin x\end{pmatrix}=\cos x+\sin x.$

(2) $$\begin{aligned}(g\circ f)'(x)&=\begin{pmatrix}\cos x\\ -\sin x\end{pmatrix}(1,-1)=\begin{pmatrix}\cos(x_1-x_2)\\ -\sin(x_1-x_2)\end{pmatrix}(1,-1)\\ &=\begin{pmatrix}\cos(x_1-x_2) & -\cos(x_1-x_2)\\ -\sin(x_1-x_2) & \sin(x_1-x_2)\end{pmatrix}.\end{aligned}$$

(3) $(h\circ h)'(x)=\begin{pmatrix}x_2-x_1 & x_1x_2\\ -1 & 1\end{pmatrix}\begin{pmatrix}x_2 & x_1\\ -1 & 1\end{pmatrix}=\begin{pmatrix}x_2^2-2x_1x_2 & 2x_1x_2-x_1^2\\ -1-x_2 & 1-x_1\end{pmatrix}.$

习题 14.2.2 向量函数导数的计算

1. 计算下列向量函数 $(\boldsymbol{F}\circ\boldsymbol{G})$ 的导数.

(1) $\boldsymbol{F}(x,y,z)=(x^2y^2,yz,z^2+x^2,x+y+z)^{\mathrm{T}}, \boldsymbol{G}(u,v,w)=(uvw^3,w^2\mathrm{e}^v,u^2\ln v)^{\mathrm{T}}$.

(2) $\boldsymbol{F}(x,y,z)=(\ln(1+xyz),\sin yz,z^2+x^2,xyz)^{\mathrm{T}},\boldsymbol{G}(u,v,w)=(uv+2w,2we^v,u^2\ln v)^{\mathrm{T}}$.

2. 计算 $(\boldsymbol{f}\circ\boldsymbol{h})',(\boldsymbol{g}\circ\boldsymbol{f})'$, 这里设

$$\boldsymbol{f}(x_1,x_2)=(x_1,2x_2,5x_2),\boldsymbol{g}(x_1,x_2,x_3)=(x_1x_2x_3,x_1+x_2+x_3)^{\mathrm{T}},$$
$$\boldsymbol{h}(x_1,x_2)=(x_1x_2,x_2-x_1)^{\mathrm{T}}.$$

14.2.3 向量函数的中值定理

设 $\boldsymbol{F}:D\subset\mathbf{R}^n\to\mathbf{R}^m$, D 为开凸区域, $\boldsymbol{F}=(f_1,f_2,\cdots,f_m)$, $\boldsymbol{x}_0=(x_1^0,x_2^0,\cdots,x_n^0)\in D$. 假设 $\boldsymbol{F}$ 的分量函数都在 $\boldsymbol{x}_0$ 可微, 由多元函数的中值定理,

$$\begin{aligned}&f_i\left(x_1^0+\Delta x_1,x_2^0+\Delta x_2,\cdots,x_n^0+\Delta x_n\right)-f_i\left(x_1^0,x_2^0,\cdots,x_n^0\right)\\=&\sum_{j=1}^n(f_i)_{x_j}\left(x_1^0+\theta_i\Delta x_1,x_2^0+\theta_i\Delta x_2,\cdots,x_n^0+\theta_i\Delta x_n\right)\Delta x_j,\quad i=1,2,\cdots,m\end{aligned}$$

这里 $\theta_1,\theta_2,\cdots,\theta_m$ 为中值, 不一定相等, 因此 $\boldsymbol{F}(\boldsymbol{x})-\boldsymbol{F}(\boldsymbol{x}_0)=\boldsymbol{F}'(\boldsymbol{x}_0+\theta\Delta\boldsymbol{x})\Delta\boldsymbol{x},\Delta\boldsymbol{x}=\boldsymbol{x}-\boldsymbol{x}_0$ 一般情况下不成立. 对于向量函数, 有如下的微分中值不等式.

定理 14.2.7 (向量函数的微分中值不等式) 设 $D\subset\mathbf{R}^n$ 是一个开凸区域, $\boldsymbol{F}:D\to\mathbf{R}^m$ 在 D 内可微, 则对任意 $\boldsymbol{x}^*,\boldsymbol{y}^*\in D$, 存在 $\boldsymbol{q}=\boldsymbol{x}^*+\theta(\boldsymbol{y}^*-\boldsymbol{x}^*),0<\theta<1$, 使得

$$\|\boldsymbol{F}(\boldsymbol{x}^*)-\boldsymbol{F}(\boldsymbol{y}^*)\|\leqslant\|\boldsymbol{F}'(\boldsymbol{q})\|\,\|\boldsymbol{x}^*-\boldsymbol{y}^*\|$$

其中范数是指相应的向量和矩阵范数, 并且是相容范数.

证明 令 $G(\boldsymbol{x})=[\boldsymbol{F}(\boldsymbol{y}^*)-\boldsymbol{F}(\boldsymbol{x}^*)]^{\mathrm{T}}\boldsymbol{F}(\boldsymbol{x})$, 则 $G(\boldsymbol{x})$ 是一个多元函数, 且

$$G(\boldsymbol{y}^*)-G(\boldsymbol{x}^*)=[\boldsymbol{F}(\boldsymbol{y}^*)-\boldsymbol{F}(\boldsymbol{x}^*)]^{\mathrm{T}}[\boldsymbol{F}(\boldsymbol{y}^*)-\boldsymbol{F}(\boldsymbol{x}^*)]=\|\boldsymbol{F}(\boldsymbol{y}^*)-\boldsymbol{F}(\boldsymbol{x}^*)\|^2$$

由多元函数的微分中值定理, 存在 $\boldsymbol{q}=\boldsymbol{x}^*+\theta(\boldsymbol{y}^*-\boldsymbol{x}^*),0<\theta<1$, 使得

$$G(\boldsymbol{y}^*)-G(\boldsymbol{x}^*)=G'(\boldsymbol{q})(\boldsymbol{y}^*-\boldsymbol{x}^*)=[\boldsymbol{F}(\boldsymbol{y}^*)-\boldsymbol{F}(\boldsymbol{x}^*)]^{\mathrm{T}}\boldsymbol{F}'(\boldsymbol{q})(\boldsymbol{y}^*-\boldsymbol{x}^*)$$

所以

$$\begin{aligned}\|\boldsymbol{F}(\boldsymbol{y}^*)-\boldsymbol{F}(\boldsymbol{x}^*)\|^2&=[\boldsymbol{F}(\boldsymbol{y}^*)-\boldsymbol{F}(\boldsymbol{x}^*)]^{\mathrm{T}}\boldsymbol{F}'(\boldsymbol{q})(\boldsymbol{y}^*-\boldsymbol{x}^*)\\&\leqslant\|\boldsymbol{F}(\boldsymbol{y}^*)-\boldsymbol{F}(\boldsymbol{x}^*)\|\,\|\boldsymbol{F}'(\boldsymbol{q})\|\,\|(\boldsymbol{y}^*-\boldsymbol{x}^*)\|\end{aligned}$$

结论得证.

由向量函数的微分中值不等式, 可以得到如下定理.

定理 14.2.8 设 $D\subset\mathbf{R}^n$ 为开区域, $\boldsymbol{F}:D\to\mathbf{R}^m$ 为可微函数, 若在 D 上 $\boldsymbol{F}'(\boldsymbol{x})$ 恒为零矩阵, 则 $\boldsymbol{F}(\boldsymbol{x})$ 为常向量函数.

证明 如图 14.2.1 所示, 设 $\boldsymbol{A},\boldsymbol{B}$ 为开区域 D 中任意两点, 则可用一条属于 D 的曲线 Γ 连接 $\boldsymbol{A},\boldsymbol{B}$. 对曲线 Γ 上任意一点 $\boldsymbol{p}_0$, 存在邻域 $U(\boldsymbol{p}_0;\delta_{\boldsymbol{p}_0})\subset D$. 由于邻域 $U(\boldsymbol{p}_0;\delta_{\boldsymbol{p}_0})$ 是凸区域, $\boldsymbol{F}(\boldsymbol{x})$ 在其上可微, 所以由定理 14.2.7, 对任意的 $\boldsymbol{x}\in U(\boldsymbol{p}_0;\delta_{\boldsymbol{p}_0})$,

$$\|\boldsymbol{F}(\boldsymbol{x})-\boldsymbol{F}(\boldsymbol{p}_0)\|\leqslant\|\boldsymbol{F}'(\boldsymbol{\xi})\|\cdot\|\boldsymbol{x}-\boldsymbol{p}_0\|=0$$

其中 $\boldsymbol{\xi}=\boldsymbol{p}_0+\theta(\boldsymbol{x}-\boldsymbol{p}_0)\in U(\boldsymbol{p}_0;\delta_{\boldsymbol{p}_0})\subset D(0<\theta<1)$. 因此 $\boldsymbol{F}(\boldsymbol{x})$ 在 $U(\boldsymbol{p}_0;\delta_{\boldsymbol{p}_0})$ 上是常值向量函数.

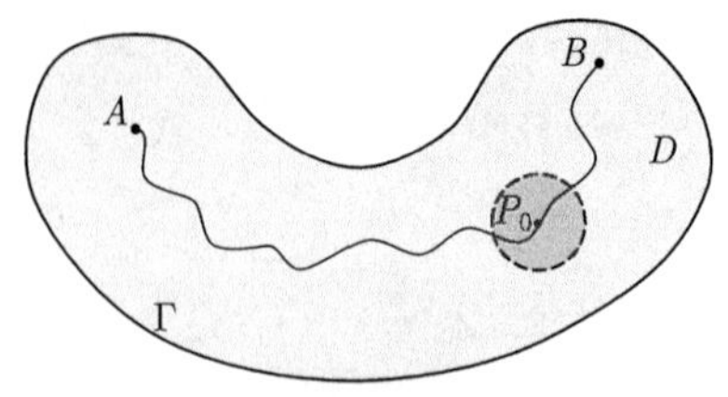

图 14.2.1

由于开区域集 $\left\{\bigcup\limits_{\boldsymbol{p}\in\Gamma}U(\boldsymbol{p};\delta_{\boldsymbol{p}})\right\}$ 覆盖了 Γ, Γ 为有界闭集. 根据有限覆盖定理, 存在有限个开集 $U(\boldsymbol{p}_1;\delta_{\boldsymbol{p}_1}),U(\boldsymbol{p}_2;\delta_{\boldsymbol{p}_2}),\cdots,U(\boldsymbol{p}_n;\delta_{\boldsymbol{p}_n})$ 覆盖 Γ. 不妨设这 n 个开集缺一不可, 否则就不能有限覆盖, 则相邻开集必有交点, 设为 $\boldsymbol{x}_i,i=1,2,\cdots,n-1$. 如图 14.2.2 所示. 则

$$\boldsymbol{F}(\boldsymbol{A})=\boldsymbol{F}(\boldsymbol{x}_1)=\boldsymbol{F}(\boldsymbol{x}_2)=\cdots=\boldsymbol{F}(\boldsymbol{x}_{n-1})=\boldsymbol{F}(\boldsymbol{B})$$

由 $\boldsymbol{A},\boldsymbol{B}$ 的任意性, 得 $\boldsymbol{F}(\boldsymbol{x})$ 在 D 内为常值向量函数. 结论得证.

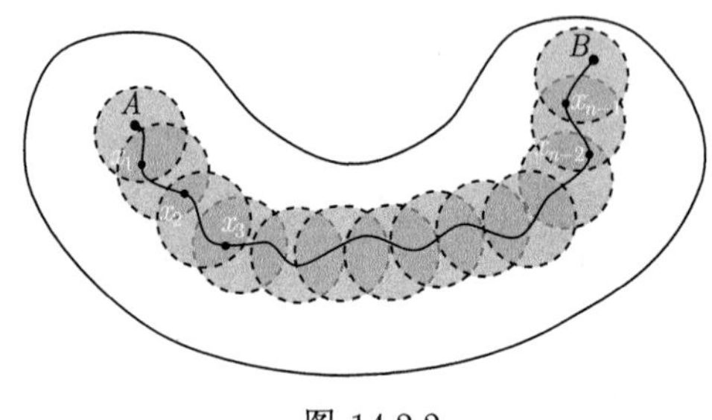

图 14.2.2

习题 14.2.3 向量函数的中值定理

1. 设 $D\subset\mathbf{R}^n$ 为开区域, $\boldsymbol{F}:D\to\mathbf{R}^m$ 为可微函数, 证明: 若在 D 上 $\boldsymbol{F}'(\boldsymbol{x})\equiv\boldsymbol{c}$, 则 $\boldsymbol{F}(\boldsymbol{x})=\boldsymbol{c}\boldsymbol{x}+\boldsymbol{b}$, $\boldsymbol{c}$ 为常数矩阵, $\boldsymbol{b}\in\mathbf{R}^m$.

2. 设 $\boldsymbol{F}:\mathbf{R}^n\to\mathbf{R}^n$ 为可微函数, 求满足下面条件的向量函数:

(1) $\boldsymbol{F}'(\boldsymbol{x})=\boldsymbol{I}$(单位阵);

(2) $\boldsymbol{F}'(\boldsymbol{x})=\operatorname{diag}(\varphi_i(x_i))$, 即以 $\varphi_1(x_1),\varphi_2(x_2),\cdots,\varphi_n(x_n)$ 为主对角元素的对角阵.

其中, $\boldsymbol{x}=(x_1,x_2,\cdots,x_n)^{\mathrm{T}}$.

14.2.4 向量函数的应用: 开普勒定律的证明

本节利用向量函数微分学来证明开普勒定律. 首先给出向量函数微积分的几个性质.

定理 14.2.9 设 $\boldsymbol{F},\boldsymbol{G}:D\subset\mathbf{R}\to\mathbf{R}^n$ 是两个可微函数, $\boldsymbol{F}=(f_1(x),f_2(x),\cdots,f_n(x))$, $\boldsymbol{G}=(g_1(x),g_2(x),\cdots,g_n(x))$, $u(x)$ 是 D 上可导函数, 则有

(1) $\dfrac{\mathrm{d}}{\mathrm{d}x}[u(x)\boldsymbol{F}(x)]=u'(x)\boldsymbol{F}(x)+u(x)\boldsymbol{F}'(x)$;

(2) $\dfrac{\mathrm{d}}{\mathrm{d}x}[\boldsymbol{F}(x)\times\boldsymbol{G}(x)]=\boldsymbol{F}'(x)\times\boldsymbol{G}(x)+\boldsymbol{F}(x)\times\boldsymbol{G}'(x)$;

(3) $\frac{\mathrm{d}}{\mathrm{d}x}[\boldsymbol{F}(x)\cdot\boldsymbol{G}(x)]=\boldsymbol{F}'(x)\cdot\boldsymbol{G}(x)+\boldsymbol{F}(x)\cdot\boldsymbol{G}'(x)$.

(4) 定义向量函数的积分如下:

$$\int_a^b \boldsymbol{F}\mathrm{d}x=\left(\int_a^b f_1(x)\mathrm{d}x,\int_a^b f_2(x)\mathrm{d}x,\cdots,\int_a^b f_n(x)\mathrm{d}x\right).$$

如果存在向量函数 $\boldsymbol{G}'(x)=\boldsymbol{F}(x)$, 则 $\int_a^b \boldsymbol{F}\mathrm{d}x=\boldsymbol{G}(b)-\boldsymbol{G}(a)$.

定理 14.2.10 令 F 为平面上的定点 (焦点), l 为平面上的定直线 (准线), 令 e 为固定的正常数 (离心率), 平面中满足 $\frac{\|PF\|}{\|Pl\|}=e$ 的点的集合是一条圆锥曲线 (其中 $\|Pl\|$ 为点 P 到直线 l 的距离), 分别是: (1) 若 $e<1$ 则为椭圆; (2) 若 $e=1$ 则为抛物线; (3) 若 $e>1$ 则为双曲线. 如图 14.2.3 所示.

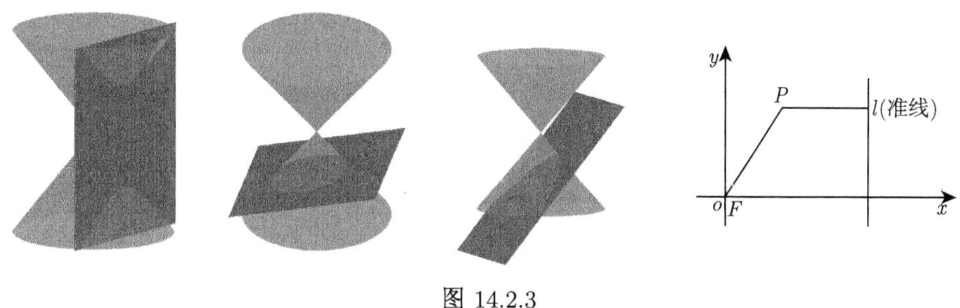

图 14.2.3

定理 14.2.11 若选取焦点在原点, 则有极坐标形式方程

$$r=\frac{ed}{1\pm e\cos\theta}\quad (准线x=\pm d)$$

或者

$$r=\frac{ed}{1\pm e\sin\theta}\quad (准线y=\pm d)$$

表示离心率为 e 的圆锥曲线: (1) 若 $e<1$ 则为椭圆; (2) 若 $e=1$ 则为抛物线; (3) 若 $e>1$ 则为双曲线. 如图 14.2.4 所示.

约翰尼斯 · 开普勒 (Johannes Kepler, 1571～1630), 杰出的德国天文学家, 他发现了行星运动的三大定律:

(1) 行星围绕太阳运动的轨道是一个椭圆, 太阳位于这个椭圆的一个焦点上;

(2) 连接太阳和行星的直线在相同时间内扫过的面积相等;

(3) 行星的旋转周期的平方和它的轨道长轴的立方成正比.

太阳对行星的引力远远大于太空中其他星体对行星的作用力, 所以认为太空中只有太阳和围绕太阳旋转的行星, 而忽略其他的星体.

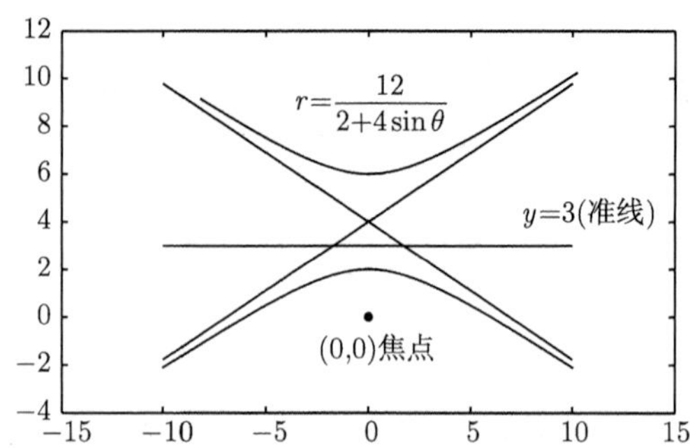

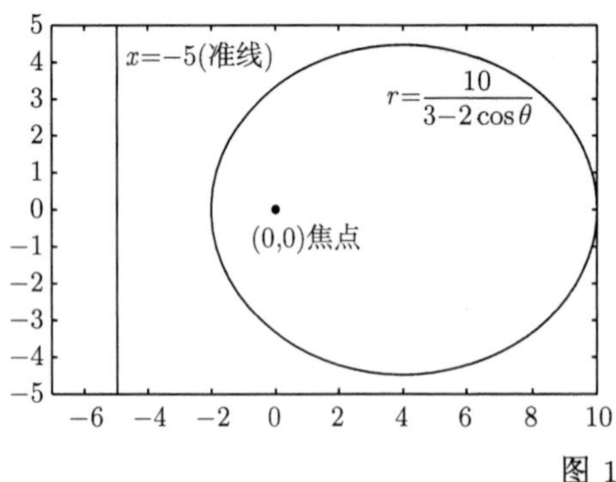

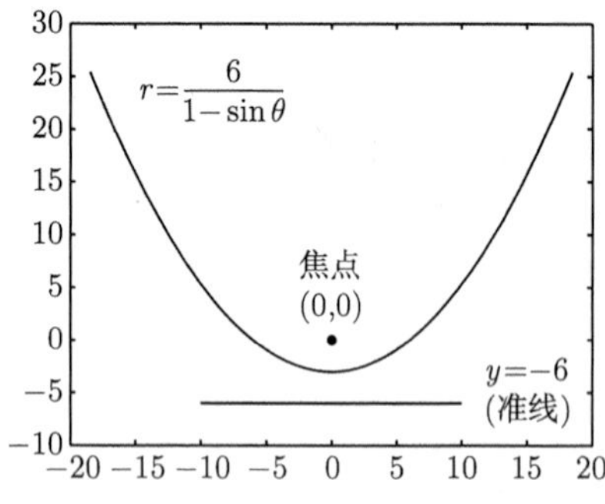

图 14.2.4

以太阳为原点建立坐标系, $\boldsymbol{r}=\boldsymbol{r}(t)$ 为行星的位置向量, 则

(1) 速度向量: $\boldsymbol{v}(t)=\boldsymbol{r}'(t)$;

(2) 加速度向量: $\boldsymbol{a}(t)=\boldsymbol{r}''(t)$;

(3) 牛顿第二运动定律: $\boldsymbol{F}=m\boldsymbol{a}$;

(4) 万有引力定律: $\boldsymbol{F}=-\dfrac{GMm}{\|\boldsymbol{r}\|^3}\boldsymbol{r}=-\dfrac{GMm}{\|\boldsymbol{r}\|^2}\boldsymbol{u}$.

其中 $\boldsymbol{F}$ 是作用于物体上的引力, m 和 M 分别是行星和太阳的质量, G 是万有引力常量, $\boldsymbol{u}=\dfrac{\boldsymbol{r}}{\|\boldsymbol{r}\|}$ 是和 $\boldsymbol{r}$ 同方向的单位向量.

首先, 证明行星的运动轨迹在一个平面之中.

通过牛顿第二运动定律和万有引力定律, 可以得到 $\boldsymbol{a}=-\dfrac{GM}{\|\boldsymbol{r}\|^3}\boldsymbol{r}$, 因此

$$\boldsymbol{a}//\boldsymbol{r}\Rightarrow\boldsymbol{r}\times\boldsymbol{a}=\boldsymbol{0}$$

利用定理 14.2.9(2) 得到

$$\frac{\mathrm{d}}{\mathrm{d}t}(\boldsymbol{r}\times\boldsymbol{v})=\boldsymbol{r}'\times\boldsymbol{v}+\boldsymbol{r}\times\boldsymbol{v}'=\boldsymbol{v}\times\boldsymbol{v}+\boldsymbol{r}\times\boldsymbol{a}=\boldsymbol{0}+\boldsymbol{0}=\boldsymbol{0}$$

即 $\boldsymbol{r}\times\boldsymbol{v}\triangleq\boldsymbol{h}$ 是一个常向量 (设 $\boldsymbol{h}\neq\boldsymbol{0}$, 即 $\boldsymbol{r},\boldsymbol{v}$ 不平行). 对于 t 的所有取值, 向量 $\boldsymbol{r}=\boldsymbol{r}(t)$ 和 $\boldsymbol{h}$ 垂直, 因此行星的轨迹是一条平面曲线.

下面证明行星的运动轨迹是椭圆. 为了证明开普勒第一定律, 将向量 $\boldsymbol{h}$ 写为

$$\begin{aligned}\boldsymbol{h}=\boldsymbol{r}\times\boldsymbol{v}=\boldsymbol{r}\times\boldsymbol{r}'&=\|\boldsymbol{r}\|\,\boldsymbol{u}\times(\|\boldsymbol{r}\|\,\boldsymbol{u})'\\&=\|\boldsymbol{r}\|\,\boldsymbol{u}\times(\|\boldsymbol{r}\|\,\boldsymbol{u}'+\|\boldsymbol{r}\|'\,\boldsymbol{u})\\&=\|\boldsymbol{r}\|^2(\boldsymbol{u}\times\boldsymbol{u}')+\|\boldsymbol{r}\|\,\|\boldsymbol{r}\|'(\boldsymbol{u}\times\boldsymbol{u})=\|\boldsymbol{r}\|^2(\boldsymbol{u}\times\boldsymbol{u}')\\\boldsymbol{a}\times\boldsymbol{h}&=-\frac{GM}{\|\boldsymbol{r}\|^2}\boldsymbol{u}\times(\|\boldsymbol{r}\|^2\,\boldsymbol{u}\times\boldsymbol{u}')=-GM\boldsymbol{u}\times(\boldsymbol{u}\times\boldsymbol{u}')\\&=-GM\left[(\boldsymbol{u}\cdot\boldsymbol{u}')\boldsymbol{u}-(\boldsymbol{u}\cdot\boldsymbol{u})\boldsymbol{u}'\right]\end{aligned}$$

但是 $\boldsymbol{u}\cdot\boldsymbol{u}=\|\boldsymbol{u}\|^2=1$, 根据定理 14.2.9(3), $(\boldsymbol{u}\cdot\boldsymbol{u})'=\boldsymbol{u}\cdot\boldsymbol{u}'+\boldsymbol{u}'\cdot\boldsymbol{u}=2\boldsymbol{u}\cdot\boldsymbol{u}'=0$. 因此 $\boldsymbol{a}\times\boldsymbol{h}=GM\boldsymbol{u}'$. 所以

$$(\boldsymbol{v}\times\boldsymbol{h})'=\boldsymbol{v}'\times\boldsymbol{h}+\boldsymbol{v}\times\boldsymbol{h}'=\boldsymbol{a}\times\boldsymbol{h}=GM\boldsymbol{u}'$$

两边同时积分, 得 $\boldsymbol{v}\times\boldsymbol{h}=GM\boldsymbol{u}+\boldsymbol{c}$, 其中 $\boldsymbol{c}$ 是一个常向量.

建立坐标系, 行星在 xOy 平面中运动, 如图 14.2.5 所示. 由于

$$\boldsymbol{v}\times\boldsymbol{h}=GM\boldsymbol{u}+\boldsymbol{c}$$

表明 $\boldsymbol{c}$ 位于 xOy 平面中. 如果 θ 是 $\boldsymbol{c}$ 和 $\boldsymbol{r}$ 之间的夹角, 那么 $(\|\boldsymbol{r}\|,\theta)$ 是这个行星所处位置的极坐标. 由于

$$\begin{aligned}\boldsymbol{r}\cdot(\boldsymbol{v}\times\boldsymbol{h})&=\boldsymbol{r}\cdot(GM\boldsymbol{u}+\boldsymbol{c})=GM\boldsymbol{r}\cdot\boldsymbol{u}+\boldsymbol{r}\cdot\boldsymbol{c}\\&=GM\,\|\boldsymbol{r}\|\,\boldsymbol{u}\cdot\boldsymbol{u}+\|\boldsymbol{r}\|\,\|\boldsymbol{c}\|\cos\theta\\&=GM\,\|\boldsymbol{r}\|+\|\boldsymbol{r}\|\,\|\boldsymbol{c}\|\cos\theta\end{aligned}$$

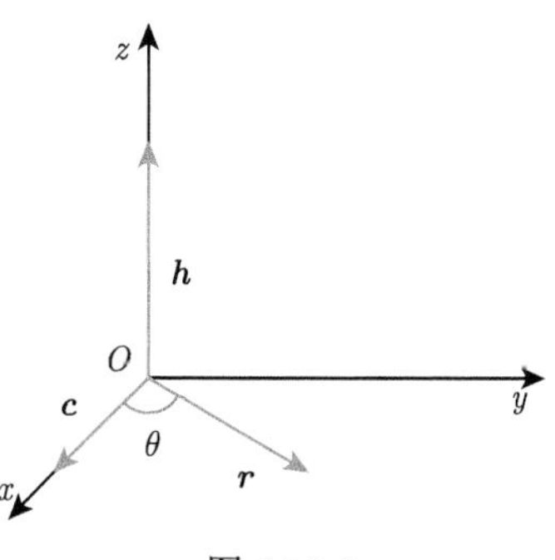

图 14.2.5

得

$$\|\boldsymbol{r}\|=\frac{\boldsymbol{r}\cdot(\boldsymbol{v}\times\boldsymbol{h})}{GM+\|\boldsymbol{c}\|\cos\theta}=\frac{\boldsymbol{r}\cdot(\boldsymbol{v}\times\boldsymbol{h})}{1+e\cos\theta}\left(\frac{1}{GM}\right)$$

这里 $e=\|\boldsymbol{c}\|/GM$, $\boldsymbol{r}\cdot(\boldsymbol{v}\times\boldsymbol{h})=(\boldsymbol{r}\times\boldsymbol{v})\cdot\boldsymbol{h}=\boldsymbol{h}\cdot\boldsymbol{h}=\|\boldsymbol{h}\|^2$. 所以

$$\|\boldsymbol{r}\|=\frac{\|\boldsymbol{h}\|^2\big/GM}{1+e\cos\theta}=\frac{e\,\|\boldsymbol{h}\|^2\big/\|\boldsymbol{c}\|}{1+e\cos\theta}$$

记 $d=\|\boldsymbol{h}\|^2/\|\boldsymbol{c}\|$, 得到方程

$$\|\boldsymbol{r}\|=\frac{ed}{1+e\cos\theta},\quad e=\|\boldsymbol{c}\|/GM$$

上式是一个原点为焦点, 离心率为 e 的圆锥曲线. 行星的运动轨道是一条平面曲线且围绕太阳运动, 所以这条圆锥曲线是椭圆. 这就证明了开普勒第一定律, 开普勒第二、三定律的证明留给读者完成.

*14.3 探索类问题

探索类问题 1 分析一元函数微分学、多元函数微分学、向量函数微分学, 研究它们的共性与差别, 写份读书报告.

探索类问题 2 利用向量函数的四则运算与复合运算构造空间曲面方程, 进一步研究向量函数的性质: 向量函数一致连续性、向量函数的微分.

探索类问题 3 研究向量函数的一致连续. 设 $D \subset \mathbf{R}^m, \boldsymbol{F}: D \to \mathbf{R}^n$, 则

(1) D 为有界开集合, $\boldsymbol{F}$ 在 D 上连续, 则 $\boldsymbol{F}$ 在 D 上一致连续的充要条件是任意 $\boldsymbol{x}^* \in \partial D$($\boldsymbol{x}^*$ 为聚点), $\lim\limits_{\boldsymbol{x}\to\boldsymbol{x}^*} \boldsymbol{F}(\boldsymbol{x})$ 存在.

(2) $\boldsymbol{F}$ 在 D 上一致连续的充要条件是

$$\forall \{\boldsymbol{x}_k\}, \{\boldsymbol{y}_k\} \subset D, \lim_{k\to\infty} \|\boldsymbol{x}_k - \boldsymbol{y}_k\| = 0: \lim_{k\to\infty} \|\boldsymbol{F}(\boldsymbol{x}_k) - \boldsymbol{F}(\boldsymbol{y}_k)\| = 0$$

(3) $\boldsymbol{F}$ 在 D 上非一致连续的充要条件是

$$\exists \{\boldsymbol{x}_k\}, \{\boldsymbol{y}_k\} \subset D, \lim_{k\to\infty} \|\boldsymbol{x}_k - \boldsymbol{y}_k\| = 0: \lim_{k\to\infty} \|\boldsymbol{F}(\boldsymbol{x}_k) - \boldsymbol{F}(\boldsymbol{y}_k)\| \neq 0$$

(4) $\boldsymbol{F}: \mathbf{R}^m \to \mathbf{R}^n$ 在 $\mathbf{R}^m$ 上连续, $\lim\limits_{\|\boldsymbol{x}\|\to\infty} \boldsymbol{F}(\boldsymbol{x})$ 存在, 则 $\boldsymbol{F}$ 在 $\mathbf{R}^m$ 上一致连续.

(5) $\boldsymbol{F}: D \subset \mathbf{R}^m \to \mathbf{R}^n$ 在 D 上连续, 研究 $\boldsymbol{F}$ 在 D 上一致连续的条件.

(6) $D \subset \mathbf{R}^m, \boldsymbol{F}: D \to \mathbf{R}^n, \boldsymbol{G}: D \to \mathbf{R}^n$, $\boldsymbol{F}, \boldsymbol{G}$ 在 D 上一致连续, 研究 $\left(\boldsymbol{F}^{\mathrm{T}}\boldsymbol{G}\right)$ 在 D 上一致连续的条件.

探索类问题 4 研究向量函数求导的运算性质: 设

$$\boldsymbol{F}(x) = (f_1(x), f_2(x), \cdots, f_n(x)), \quad x \in I$$
$$\boldsymbol{G}(x) = (g_1(x), g_2(x), \cdots, g_n(x)), \quad x \in I$$

$\boldsymbol{F}, \boldsymbol{G}$ 在集合 I 上可导, $u(x)$ 在 I 上可导, $\varphi(u)$ 在 I^* 上可导, 则

(1) $\dfrac{\mathrm{d}[\boldsymbol{F}(x) \times \boldsymbol{G}(x)]}{\mathrm{d}x} = \boldsymbol{F}'(x) \times \boldsymbol{G}(x) + \boldsymbol{F}(x) \times \boldsymbol{G}'(x)$;

(2) $\dfrac{\mathrm{d}[\boldsymbol{F}(x) \cdot \boldsymbol{G}(x)]}{\mathrm{d}x} = \boldsymbol{F}'(x) \cdot \boldsymbol{G}(x) + \boldsymbol{F}(x) \cdot \boldsymbol{G}'(x)$;

(3) $\dfrac{\mathrm{d}[u(x)\boldsymbol{F}(x)]}{\mathrm{d}x} = u'(x)\boldsymbol{F}(x) + u(x)\boldsymbol{F}'(x)$;

(4) $\dfrac{\mathrm{d}[\boldsymbol{F}(\varphi(u))]}{\mathrm{d}u} = \varphi'(u)\boldsymbol{F}'(\varphi(u))$.

探索类问题 5 研究向量函数的积分:

$$\boldsymbol{F} = (f_1(x), f_2(x), \cdots, f_n(x)), \quad x \in [a, b]$$
$$\int \boldsymbol{F}\mathrm{d}x = \left(\int f_1(x)\,\mathrm{d}x, \int f_2(x)\,\mathrm{d}x, \cdots, \int f_n(x)\,\mathrm{d}x\right)$$
$$\int_a^b \boldsymbol{F}\mathrm{d}x = \left(\int_a^b f_1(x)\,\mathrm{d}x, \int_a^b f_2(x)\,\mathrm{d}x, \cdots, \int_a^b f_n(x)\,\mathrm{d}x\right)$$

研究向量函数的积分运算法则:

不定积分: 两类换元公式和分部积分公式;

定积分: 换元公式、分部积分公式、牛顿–莱布尼茨公式.

探索类问题 6 利用向量函数压缩映射原理研究求解非线性方程组根的方法:

$\begin{cases} f_1(x_1, x_2, \cdots, x_n) = 0, \\ f_2(x_1, x_2, \cdots, x_n) = 0, \\ \qquad \cdots\cdots \\ f_n(x_1, x_2, \cdots, x_n) = 0, \end{cases}$ 利用研究的算法求方程组 $\begin{cases} x\sin x + y^2 = 2, \\ x\sin x - y^2 = 1 \end{cases}$ 的根.

探索类问题 7 向量与矩阵范数的研究:

$$\begin{aligned} &\|A\boldsymbol{x}\|_1 \leqslant \|A\|_1 \|\boldsymbol{x}\|_1, \quad \forall \boldsymbol{x} \in \mathbf{R}^m \\ &\|A\boldsymbol{x}\|_\infty \leqslant \|A\|_\infty \|\boldsymbol{x}\|_\infty, \quad \forall \boldsymbol{x} \in \mathbf{R}^m \\ &\|A\boldsymbol{x}\|_2 \leqslant \|A\|_2 \|\boldsymbol{x}\|_2, \quad \forall \boldsymbol{x} \in \mathbf{R}^m \\ &\|AB\| \leqslant \|A\| \|B\| \end{aligned}$$

查阅文献和相关书籍研究证明方法.

第 14 章习题答案与提示

第 15 章 Chapter 15 常微分方程与数值解法初步

本章讨论几类常微分方程解析解的求解方法, 在提高拓展部分讨论了常微分方程组的求解、常微分方程初值问题解的存在性问题、常微分方程初值问题数值求解以及几个基本问题. 利用常微分方程建立数学模型, 解释了为什么火箭多级发射和几个生物学模型. 在本章最后设置了系列研究探索类问题.

☞扫码学习

15.1 微分方程与数学建模

本节介绍微分方程的基本概念与微分方程数学模型.

15.1.1 微分方程基本概念

定义 15.1.1 表示自变量、未知函数以及未知函数的导数 (或微分) 关系的等式称为微分方程. 自变量只有一个的微分方程称为常微分方程, 自变量有两个或两个以上的微分方程称为偏微分方程. 例如, 在下列微分方程中, (1) 和 (2) 为常微分方程, (3) 和 (4) 为偏微分方程.

(1) $xy' - \dfrac{1}{x-2}y = 0$; (2) $xy''' + xyy'' + x^3y = 3$;

(3) $(xy)\dfrac{\partial z}{\partial x} - \dfrac{1}{xy+2}z = 0$; (4) $\dfrac{\partial^2 u}{\partial x^2} + \dfrac{\partial^2 u}{\partial y^2} + \dfrac{\partial^3 u}{\partial y^3} = f(x,y)$.

微分方程中含未知函数的导数的最高阶数称为微分方程的阶, n 阶常微分方程一般记为

$$F(x,y,y',\cdots,y^{(n)}) = 0 \tag{15.1.1}$$

定义 15.1.2 设有 n 阶常微分方程 $F(x,y,y',\cdots,y^{(n)}) = 0$.

(1) 函数 $y = f(x)$ 在区间 I 上有直到 n 阶的导数, 若将函数 $y = f(x)$ 代入方程 (15.1.1) 中使之恒成立, 则称 $y = f(x)$ 是方程 (15.1.1) 的解 (显式解).

(2) 若由方程 $\phi(x,y) = 0$ 所确定的隐函数是方程 (15.1.1) 的解, 则称关系式 $\phi(x,y) = 0$ 是方程 (15.1.1) 的隐式解.

例如, $y_1 = \cos x, y_2 = \sin x, y_3 = c_1\cos x + c_2\sin x$ 均为常微分方程 $y'' + y = 0$ 的解, $y = c_2x^2 + c_1x + c_0$ 为微分方程 $y'''(x) = 0$ 的解. 微分方程 $y'''(x) = 0$ 满足条件 $y(0) = 0, y'(0) = 0, y''(0) = 1$ 的解为 $y = x^2/2$.

习题 15.1.1 微分方程基本概念

1. 求下列各微分方程的阶数.

(1) $x(y')^2 - 2yy' + x = 0$; (2) $x^2y'' - xy' + y = 0$;

(3) $xy''' + 2y'' + x^2y = 0$; (4) $(7x - 6y)\mathrm{d}x + (x + y)\mathrm{d}y = 0$.

2. 在下列各题中, 验证二元方程所确定的函数为所给微分方程的解.

(1) $(x - 2y)y' = 2x - y, x^2 - xy + y^2 = c$;

(2) $(xy - x)y'' + xy'^2 + yy' - 2y' = 0, y = \ln(xy)$.

3. 求下列条件确定的曲线所满足的微分方程.

(1) 曲线在点 $P(x, y)$ 处的切线的斜率等于该点横坐标的平方;

(2) 曲线上点 $P(x, y)$ 处的法线与 x 轴的交点为 Q, 且线段 PQ 被 y 轴平分.

15.1.2 微分方程与数学建模

下面我们通过几个微分方程的数学模型来总结建立微分方程模型的方法. 数学建模的一般思想如图 15.1.1 所示.

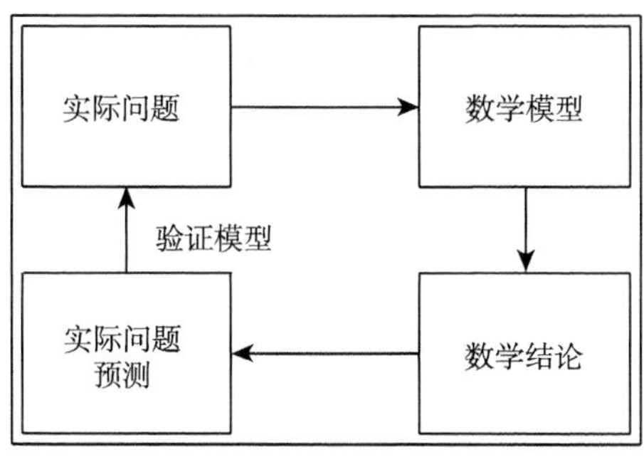

图 15.1.1

马尔萨斯人口增长模型 记时刻 t 的人口数为 $x(t)$, 记初始时刻 $(t = 0)$ 的人口数为 x_0. 设人口增长率为常数 r(单位时间内 $x(t)$ 的增量等于 r 乘以 $x(t)$), 则 t 到 $t + \Delta t$ 内人口的增量为

$$x(t + \Delta t) - x(t) = rx(t)\Delta t$$

设 $x(t)$ 可微, 令 $\Delta t \to 0$, 得到关于 $x(t)$ 的微分方程

$$\begin{cases} \dfrac{\mathrm{d}x(t)}{\mathrm{d}t} = rx(t) \\ x(0) = x_0 \end{cases} \tag{15.1.2}$$

由方程 (15.1.2) 可解出 $x(t) = x_0\mathrm{e}^{rt}$. 在 $r > 0$ 时, 方程 (15.1.2) 表示人口将按指数规律随时间无限增长. 方程 (15.1.2) 称为人口指数增长模型, 也称为马尔萨斯 (Malthus) 人口模型.

种群增长模型 种群增长模型是基于假设: 种群增长率和种群数量成正比. 这个假设对理想状态下的细菌种群或动物种群都是合理的. 定义模型的变量: t 表示时间, P 表示种群中个体的数量, 则

$$\frac{\mathrm{d}P}{\mathrm{d}t}=kP \tag{15.1.3}$$

其中 k 为比例常数. (15.1.3) 式为理想条件下的模型. 但是由于资源环境的因素, 很多种群先增长, 当数量增长到一定承载能力 K 时开始下降. 因此需要考虑这两个方面的模型.

$$\frac{\mathrm{d}P}{\mathrm{d}t}=kP\left(1-\frac{P}{K}\right) \tag{15.1.4}$$

当 P 很小时, $\frac{\mathrm{d}P}{\mathrm{d}t}\approx kP$, 增长率与 P 成正比; 当 $P>K$ 时, $\frac{\mathrm{d}P}{\mathrm{d}t}=kP\left(1-\frac{P}{K}\right)<0$. 方程 (15.1.4) 称为逻辑斯蒂微分方程 (logistics equation).

弹簧振动模型 悬挂在弹簧末端质量为 m 的物体, 运动如图 15.1.2 所示. 根据胡克定律, 弹簧从原来长度被拉长了 x 个单位时, 弹簧承受的力与 x 成正比. 根据牛顿第二定律, 有

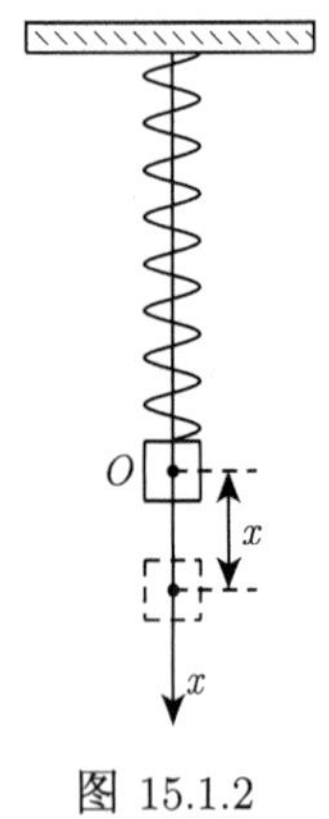

图 15.1.2

$$m\frac{\mathrm{d}^2x}{\mathrm{d}t^2}=-kx \tag{15.1.5}$$

其中 k 是弹簧系数.

进一步考虑物体在运动过程中受到阻尼介质 (空气等) 的阻力作用, 使得弹簧振动趋向停止. 阻力 R 的方向与运动方向相反. 当物体速度不大时, 与物体运动速度成正比 (比例系数 μ), 即 $R=-\mu\frac{\mathrm{d}x}{\mathrm{d}t}$. 所以

$$m\frac{\mathrm{d}^2x}{\mathrm{d}t^2}=-\mu\frac{\mathrm{d}x}{\mathrm{d}t}-kx\Leftrightarrow m\frac{\mathrm{d}^2x}{\mathrm{d}t^2}+\mu\frac{\mathrm{d}x}{\mathrm{d}t}+kx=0 \tag{15.1.6}$$

(15.1.6) 式称为物体在有阻尼情况下自由振动的微分方程.

下面介绍几类偏微分方程和应用背景.

椭圆型方程 椭圆型方程模型为

$$\Delta u=f(\boldsymbol{x}),\quad \boldsymbol{x}\in\Omega$$

其中 $\Delta u=\sum\limits_{i=1}^{n}\frac{\partial^2u}{\partial x_i^2}$, n 维自变量 $\boldsymbol{x}=(x_1,x_2,\cdots,x_n)\in\Omega\subset\mathbf{R}^n$.

应用数学历史上一些著名的模型都可以归结为椭圆型方程, 如牛顿万有引力模型、静电场和静磁场模型、热传导问题, 比如电炉、微波炉中食物的加热过程或者地核的放射性衰变过程.

抛物型方程 抛物型方程模型为

$$u_t-\Delta u=f(\boldsymbol{x},t),\quad \boldsymbol{x}\in\Omega,t>0$$

其中 Ω 是 $\mathbf{R}^n$ 的子集, $u=u(\boldsymbol{x},t)=u(x_1,x_2,\cdots,x_n,t)$, $\Delta u=\sum\limits_{i=1}^{n}\frac{\partial^2u}{\partial x_i^2}$.

抛物型方程伴随着许多物理过程的模型而产生. 描述热量在固定、均匀、各项同性的介质中流动的热传导方程; 研究扩散现象时, 例如气体的扩散、液体的渗透和半导体材料中杂质的扩散, 也会得到类似的方程.

双曲型方程 双曲型方程模型为

$$u_{tt}-\Delta u=f,\quad \boldsymbol{x}\in\Omega,t>0$$

其中 Ω 是 $\mathbf{R}^n$ 的子集, $u=u(\boldsymbol{x},t)$ 是未知实值函数, $f=f(\boldsymbol{x},t)$ 是已知实值函数, Δ 是关于空间变量 $\boldsymbol{x}=(x_1,x_2,\cdots,x_n)$ 的拉普拉斯算子.

双曲型方程在一维情况下, 刻画弦振动或杆的弹性纵向振动; 在二维情况下, 是薄膜的振动; 在三维情况下, 刻画声波或电磁波的传播.

习题 15.1.2 微分方程与数学建模

1. 有一盛满了水的圆锥形漏斗, 高为 10cm, 顶角为 60°, 漏斗下面有面积为 0.5cm^2 的孔, 建立水面高度变化规律的数学模型.

2. 小船从河边点 O 处出发驶向对岸 (两岸为平行直线). 设船速为 a, 船行方向始终与河岸垂直, 又设河宽为 h, 河中任一点处的水流速度与该点到两岸距离的乘积成正比 (比例系数为 k), 求小船的航行路线满足的微分方程.

3. 设有一质量为 m 的质点做直线运动, 从速度等于零的时刻起, 有一个与其运动方向一致、大小与时间成正比 (比例系数为 k_1) 的力作用于它, 此外还受一与速度成正比 (比例系数为 k_2) 的阻力作用, 建立质点运动的速度与时间的函数满足的微分方程.

15.2 一阶常微分方程的解法

☞扫码学习

对于一般的一阶常微分方程并没有通用的解法. 本节介绍几类能有初等解法的方程类型及其求解方法.

15.2.1 一阶常微分方程的分离变量法

形如 $\dfrac{\mathrm{d}y}{\mathrm{d}x}=f(x)g(y)$ 的方程称为变量分离方程. 下面介绍变量分离方程和可以通过变量替换化为变量分离方程的常微分方程的解法.

变量可分离形式 $\dfrac{\mathrm{d}y}{\mathrm{d}x}=f(x)g(y)$.

设 $f(x),g(y)$ 分别是关于 x,y 的连续函数, 当 $g(y)\neq 0$ 时,

$$\frac{\mathrm{d}y}{\mathrm{d}x}=f(x)g(y)\Rightarrow\frac{\mathrm{d}y}{g(y)}=f(x)\mathrm{d}x$$

两边求积分得

$$\int\frac{\mathrm{d}y}{g(y)}=\int f(x)\mathrm{d}x$$

于是得通解 (隐式通解).

注 15.2.1 求解变量分离方程时, 通常习惯地理解成在 $g(y) \neq 0$ 的条件下求解. 若 $g(y)=0$, 原方程的通解为 $y=c$.

例 15.2.1 求微分方程 $\dfrac{\mathrm{d}y}{\mathrm{d}x}-y\sin x=0$ 的通解.

解 将方程分离变量得 $\dfrac{\mathrm{d}y}{y}=\sin x\mathrm{d}x\,(y\neq 0)$, 在两边同时积分得 $\displaystyle\int\frac{\mathrm{d}y}{y}=\int\sin x\mathrm{d}x$, 解得 $\ln|y|=-\cos x+c_1$ 或 $|y|=\mathrm{e}^{-\cos x+c_1}$, 所以 $y=\pm\mathrm{e}^{c_1}\mathrm{e}^{-\cos x}$. 得到通解 $y=c\mathrm{e}^{-\cos x}$, 其中 $c=\pm\mathrm{e}^{c_1}$ 为任意常数. 通解中含 $y=0\,(c=0)$.

例 15.2.2 求微分方程 $2x^2y'=y$ 的通解.

解 分离变量得 $\dfrac{2\mathrm{d}y}{y}=\dfrac{1}{x^2}\mathrm{d}x\,(y\neq 0,x\neq 0)$, 两边同时积分得 $\displaystyle\int\frac{2\mathrm{d}y}{y}=\int\frac{1}{x^2}\mathrm{d}x$, 解得 $2\ln|y|=-\dfrac{1}{x}+c_1\Rightarrow y^2=\mathrm{e}^{c_1}\mathrm{e}^{-\frac{1}{x}}=c\mathrm{e}^{-\frac{1}{x}}$. 得到通解 $y^2=c\mathrm{e}^{-\frac{1}{x}}\,(x\neq 0)$, c 为任意非负常数. 通解包含 $y=0\,(c=0)$. 当 $x=0,y=0$.

例 15.2.3 解方程 $\sqrt{1-y^2}=3xyy'$.

解 分离变量得 $\dfrac{y\mathrm{d}y}{\sqrt{1-y^2}}=\dfrac{\mathrm{d}x}{3x}\,(y\neq 1,x\neq 0)$, 在两边同时积分, 得 $\displaystyle\int\frac{y\mathrm{d}y}{\sqrt{1-y^2}}=\int\frac{\mathrm{d}x}{3x}$, 解得通解 $-\sqrt{1-y^2}-\dfrac{\ln|x|}{3}+c=0\,(x\neq 0)$, c 为任意常数. 当 $x=0$ 时, $y=\pm 1$.

15.2.2 齐次方程

形如 $\dfrac{\mathrm{d}y}{\mathrm{d}x}=f\left(\dfrac{y}{x}\right)$ 的微分方程称为齐次方程, 其中 f 是连续函数.

作变量替换, 令 $u=\dfrac{y}{x}$, 则 $y=ux$, $\dfrac{\mathrm{d}y}{\mathrm{d}x}=u+x\dfrac{\mathrm{d}u}{\mathrm{d}x}$, 代入齐次方程得

$$u+x\frac{\mathrm{d}u}{\mathrm{d}x}=f(u)\Rightarrow\frac{\mathrm{d}u}{f(u)-u}=\frac{1}{x}\mathrm{d}x$$

于是转化为关于 u 的变量分离方程.

例 15.2.4 解方程 $\dfrac{\mathrm{d}y}{\mathrm{d}x}=2\sqrt{\dfrac{y}{x}}+\dfrac{y}{x}$.

解 令 $y=ux$, 代入原方程得 $u+x\dfrac{\mathrm{d}u}{\mathrm{d}x}=2\sqrt{u}+u$, 解变量分离方程得 $\sqrt{u}=\ln|x|+c$, 所以原方程的通解为 $\sqrt{\dfrac{y}{x}}=\ln|x|+c$.

下面考虑方程

$$\frac{\mathrm{d}y}{\mathrm{d}x}=f\left(\frac{a_1x+b_1y+c_1}{a_2x+b_2y+c_2}\right)\tag{15.2.1}$$

其中 a_1,a_2,b_1,b_2,c_1,c_2 都是常数, a_1 与 a_2, b_1 与 b_2, c_1 与 c_2 均不同时为零.

注 15.2.2 如果 $c_1=c_2=0$, 则原方程化为 $\dfrac{\mathrm{d}y}{\mathrm{d}x}=f\left(\dfrac{a_1x+b_1y}{a_2x+b_2y}\right)=f\left(\dfrac{a_1+b_1y/x}{a_2+b_2y/x}\right)$, 是齐次方程. 如果 $a_1=a_2=0$, 则原方程化为 $\dfrac{\mathrm{d}y}{\mathrm{d}x}=f\left(\dfrac{b_1y+c_1}{b_2y+c_2}\right)$, 是变量分离方程. 如果 $b_1=b_2=0$, 则原方程化为 $\dfrac{\mathrm{d}y}{\mathrm{d}x}=f\left(\dfrac{a_1x+c_1}{a_2x+c_2}\right)$, 是变量分离方程.

令 $x = X + h, y = Y + k$, 其中 h, k 是待定的常数. 于是 $\mathrm{d}x = \mathrm{d}X, \mathrm{d}y = \mathrm{d}Y$, 从而方程 (15.2.1) 化为

$$\frac{\mathrm{d}Y}{\mathrm{d}X} = f\left(\frac{a_1X + b_1Y + a_1h + b_1k + c_1}{a_2X + b_2Y + a_2h + b_2k + c_2}\right) \tag{15.2.2}$$

若存在 h, k 使得

$$\begin{cases} a_1h + b_1k + c_1 = 0 \\ a_2h + b_2k + c_2 = 0 \end{cases} \tag{15.2.3}$$

则方程 (15.2.2) 就是一个齐次方程.

下面分情况进行讨论.

(1) $\begin{vmatrix} a_1 & b_1 \\ a_2 & b_2 \end{vmatrix} \neq 0$. 此时方程组 (15.2.3)有唯一解, 于是可选取 h, k 使原方程化为齐次方程 $\dfrac{\mathrm{d}Y}{\mathrm{d}X} = f\left(\dfrac{a_1X + b_1Y}{a_2X + b_2Y}\right)$.

(2) $\begin{vmatrix} a_1 & b_1 \\ a_2 & b_2 \end{vmatrix} = 0$. 若 $a_2 \neq 0$, 则 $b_2 \neq 0$, 否则由 $\begin{vmatrix} a_1 & b_1 \\ a_2 & b_2 \end{vmatrix} = -a_2b_1 = 0$ 得 $b_1 = 0$, 这与 b_1, b_2 不同时为零的假设矛盾, 于是 $\dfrac{a_1}{a_2} = \dfrac{b_1}{b_2} = \mu$(常数). 令 $a_2x + b_2y = u$, 原方程化为变量分离方程 $\dfrac{\mathrm{d}u}{\mathrm{d}x} = a_2 + b_2f\left(\dfrac{\mu u + c_1}{u + c_2}\right)$. 若 $a_2 = 0$ 则 $a_1 \neq 0$, 由 $\begin{vmatrix} a_1 & b_1 \\ a_2 & b_2 \end{vmatrix} = a_1b_2 = 0$ 得 $b_2 = 0$, 从而 $b_1 \neq 0$. 令 $a_1x + b_1y = u$, 原方程化为变量分离方程 $\dfrac{\mathrm{d}u}{\mathrm{d}x} = a_1 + b_1f\left(\dfrac{u + c_1}{c_2}\right)$.

例 15.2.5 求方程 $\dfrac{\mathrm{d}y}{\mathrm{d}x} = \dfrac{x - y + 1}{x + y - 3}$ 的通解.

解 由 $\begin{vmatrix} 1 & -1 \\ 1 & 1 \end{vmatrix} = 2 \neq 0$, 解方程组 $\begin{cases} h - k + 1 = 0, \\ h + k - 3 = 0 \end{cases}$ 得 $h = 1, k = 2$. 令 $x = X + 1$, $y = Y + 2$ 得

$$\frac{\mathrm{d}Y}{\mathrm{d}X} = \frac{X - Y}{X + Y} = \frac{1 - Y/X}{1 + Y/X}$$

令 $u = \dfrac{Y}{X}$, 得 $X\mathrm{d}u + u\mathrm{d}X = \mathrm{d}Y$, 上式化为

$$\frac{\mathrm{d}Y}{\mathrm{d}X} = u + \frac{X\mathrm{d}u}{\mathrm{d}X} \Rightarrow \frac{1 + u}{1 - 2u - u^2}\mathrm{d}u = \frac{\mathrm{d}X}{X}$$

解上式右端的变量分离方程, 得 $\ln|X| = -\dfrac{1}{2}\ln\left|1 - 2u - u^2\right| + \ln c_1$, 即 $|X|\sqrt{|1 - 2u - u^2|} = c_1$, 于是 $X^2\left(1 - 2u - u^2\right) = c$. 所以原方程的通解为 $(y-2)^2 + 2(x-1)(y-2) - (x-1)^2 = c$, c 为任意常数.

习题 15.2.2 齐次方程

1. 求下列微分方程的通解.

(1) $\sqrt{1-x^2}y'=\sqrt{1-y^2}$; (2) $(\mathrm{e}^{x+y}-\mathrm{e}^x)\mathrm{d}x+(\mathrm{e}^{x+y}+\mathrm{e}^y)\mathrm{d}y=0$;

(3) $\cos x\sin y\mathrm{d}x+\sin x\cos y\mathrm{d}y=0$; (4) $(y+1)^2\dfrac{\mathrm{d}y}{\mathrm{d}x}+x^3=0$

2. 求下列齐次方程的通解.

(1) $(x^2+y^2)\mathrm{d}x-xy\mathrm{d}y=0$; (2) $(1+2\mathrm{e}^{\frac{x}{y}})\mathrm{d}x+2\mathrm{e}^{\frac{x}{y}}\left(1-\dfrac{x}{y}\right)\mathrm{d}y=0$.

3. 把下列方程化为齐次方程, 并求出通解.

(1) $(2x-5y+3)\mathrm{d}x-(2x+4y-6)\mathrm{d}y=0$; (2) $(x-y-1)\mathrm{d}x+(4y+x-1)\mathrm{d}y=0$;

(3) $(3y-7x+7)\mathrm{d}x+(7y-3x+3)\mathrm{d}y=0$; (4) $(x+y)\mathrm{d}x+(3x+3y-4)\mathrm{d}y=0$

4. 用适当的变量代换将下列方程化为可分离变量的方程, 然后求出通解.

(1) $\dfrac{\mathrm{d}y}{\mathrm{d}x}=(x+y)^2$; (2) $xy'+y=y(\ln x+\ln y)$;

(3) $y'=y^2+2(\sin x-1)y+\sin^2 x-2\sin x-\cos x+1$;

(4) $y(xy+1)\mathrm{d}x+x(1+xy+x^2y^2)\mathrm{d}y=0$.

15.2.3 一阶线性微分方程与伯努利方程

一阶线性微分方程的一般形式为

$$\frac{\mathrm{d}y}{\mathrm{d}x}+p(x)y=Q(x) \tag{15.2.4}$$

其中 $p(x),Q(x)$ 是关于 x 的连续函数.

当 $Q(x)=0$ 时, (15.2.4) 式化为

$$\frac{\mathrm{d}y}{\mathrm{d}x}+p(x)y=0 \tag{15.2.5}$$

称为一阶齐次线性常微分方程. (15.2.5) 式是变量分离方程, 其通解为 $y=c\mathrm{e}^{-\int p(x)\mathrm{d}x}$.

当 $Q(x)\neq 0$ 时, (15.2.4) 式称为非齐次一阶线性常微分方程. 由于

$$\begin{aligned}
&\frac{\mathrm{d}y}{\mathrm{d}x}+p(x)y=Q(x)\Rightarrow\frac{\mathrm{d}y}{\mathrm{d}x}=Q(x)-p(x)y\\
&\Rightarrow\frac{\mathrm{d}y}{y}=\left[\frac{Q(x)}{y}-p(x)\right]\mathrm{d}x\Rightarrow\ln|y|=\int\frac{Q(x)}{y}\mathrm{d}x-\int p(x)\mathrm{d}x\\
&\Rightarrow y=c(x)\,\mathrm{e}^{-\int p(x)\mathrm{d}x},\ c(x)=\mathrm{e}^{\int\frac{Q(x)}{y}\mathrm{d}x}
\end{aligned}$$

于是假设 $y=c(x)\mathrm{e}^{-\int p(x)\mathrm{d}x}$, 代入原方程得

$$\begin{aligned}
&c'(x)\,\mathrm{e}^{-\int p(x)\mathrm{d}x}-p(x)c(x)\,\mathrm{e}^{-\int p(x)\mathrm{d}x}+p(x)c(x)\,\mathrm{e}^{-\int p(x)\mathrm{d}x}=Q(x)\\
&\Rightarrow c'(x)=Q(x)\mathrm{e}^{\int p(x)\mathrm{d}x}\Rightarrow c(x)=\int Q(x)\mathrm{e}^{\int p(x)\mathrm{d}x}\mathrm{d}x+c\\
&\Rightarrow y=c\mathrm{e}^{-\int p(x)\mathrm{d}x}+\mathrm{e}^{-\int p(x)\mathrm{d}x}\int Q(x)\mathrm{e}^{\int p(x)\mathrm{d}x}\mathrm{d}x
\end{aligned}$$

这种将常数变易为待定函数的方法称为常数变易法. 有些不能化为 (15.2.4) 式的一阶常微分方程, 可以尝试将 x 看作是 y 的函数, 再看是否为 (15.2.4) 式的形式.

例 15.2.6 求方程 $y'\cos x+y\sin x=1$ 的通解.

解 将方程化为标准的一阶线性方程 $y'+y\tan x=\sec x\,(\cos x\neq 0)$, 则 $p(x)=\tan x$, $Q(x)=\sec x$, 于是得方程的通解为

$$y=\mathrm{e}^{-\int\tan x\mathrm{d}x}\left[\int\sec x\mathrm{e}^{\int\tan x\mathrm{d}x}\mathrm{d}x+c\right]=(\tan x+c)\cos x=\sin x+c\cos x$$

例 15.2.7 求方程 $\dfrac{\mathrm{d}y}{\mathrm{d}x}+\dfrac{y}{x}=x^3$ 的通解.

解 由 $p(x)=\dfrac{1}{x},Q(x)=x^3$, 得

$$\mathrm{e}^{\int p(x)\mathrm{d}x}=\mathrm{e}^{\ln x}=x,\quad \mathrm{e}^{-\int p(x)\mathrm{d}x}=\mathrm{e}^{-\ln x}=\frac{1}{x},\quad \int Q(x)\mathrm{e}^{\int p(x)\mathrm{d}x}\mathrm{d}x=\int x^4\mathrm{d}x=\frac{1}{5}x^5$$

所以方程的通解为 $y=\dfrac{x^4}{5}+\dfrac{c}{x}$.

形如

$$\frac{\mathrm{d}y}{\mathrm{d}x}+P(x)y=Q(x)y^n \tag{15.2.6}$$

的方程称为伯努利方程, 其中 P,Q 为连续函数, $n\neq 0,1$ 为常数. 由于

$$\begin{aligned}&\frac{\mathrm{d}y}{\mathrm{d}x}+P(x)y=Q(x)y^n\\ \Leftrightarrow\ & y^{-n}\frac{\mathrm{d}y}{\mathrm{d}x}+P(x)y^{1-n}=Q(x)\ (y\neq 0)\\ \Leftrightarrow\ & \frac{\mathrm{d}y^{1-n}}{\mathrm{d}x}+(1-n)P(x)y^{1-n}=(1-n)Q(x)\end{aligned}$$

所以伯努利方程可化为以 y^{1-n} 为未知量的一阶线性微分方程.

例 15.2.8 解方程 $\dfrac{\mathrm{d}y}{\mathrm{d}x}+xy=x^3y^3$.

解 当 $y\neq 0$ 时, 方程两边同乘以 y^{-3}, 得

$$y^{-3}\frac{\mathrm{d}y}{\mathrm{d}x}+xy^{-2}=x^3\Rightarrow\frac{\mathrm{d}\left(y^{-2}\right)}{\mathrm{d}x}-2x\left(y^{-2}\right)=-2x^3$$

所以

$$y^{-2}=\mathrm{e}^{x^2}(-\int 2x^3\mathrm{e}^{-x^2}\mathrm{d}x+c)=\mathrm{e}^{x^2}(x^2\mathrm{e}^{-x^2}+\mathrm{e}^{-x^2}+c)=x^2+1+c\mathrm{e}^{x^2}$$

因此方程的通解为 $y^2(x^2+1+c\mathrm{e}^{x^2})=1\,(y\neq 0)$. 此外 $y=0$ 是方程的一个特解.

例 15.2.9 求微分方程 $\cos y\dfrac{\mathrm{d}y}{\mathrm{d}x}-\sin y=\cos x\sin^2 y$ 的通解.

解 原方程等价变形为 $\dfrac{\mathrm{d}\sin y}{\mathrm{d}x}-\sin y=\cos x\sin^2 y$, 两边同乘以 $\sin^{-2}y$, 整理得

$$\frac{\mathrm{d}\sin^{-1}y}{\mathrm{d}x}+\sin^{-1}y=-\cos x\quad(\sin y\neq 0)$$

上式是一个一阶线性方程, 解得其通解为

$$\sin^{-1}y=\mathrm{e}^{-x}\left(-\int\cos x\mathrm{e}^{x}\mathrm{d}x+c\right)=-\frac{1}{2}(\cos x+\sin x)+c\mathrm{e}^{-x}$$

例 15.2.10 求微分方程 $\dfrac{\mathrm{d}y}{\mathrm{d}x}=\dfrac{y}{2x-y^2}$ 的通解.

解 把 x 看成函数, y 看成自变量, 可得 $\dfrac{\mathrm{d}x}{\mathrm{d}y}-\dfrac{2}{y}x=-y$, 其通解为 $x=y^2(c-\ln|y|)$.

例 15.2.11 求方程 $\dfrac{\mathrm{d}y}{\mathrm{d}x}=\cos(y-x)$ 的通解.

解 令 $y-x=u$, 则方程化为 $\dfrac{\mathrm{d}u}{\mathrm{d}x}=\cos u-1$, 分离变量并积分得 $\cot\dfrac{u}{2}=x+c$, 代回原变量, 得方程的通解为 $\cot\dfrac{y-x}{2}=x+c$.

例 15.2.12 求方程 $xy'=y(\ln x+\ln y-1)$ 的通解.

解 原方程改写为

$$x\frac{\mathrm{d}y}{\mathrm{d}x}+y=y(\ln x+\ln y)\Rightarrow\frac{\mathrm{d}(xy)}{\mathrm{d}x}=y\ln(xy)$$

令 $u=xy$, 化为 $\dfrac{\mathrm{d}u}{u\ln u}=\dfrac{\mathrm{d}x}{x}$, 解得原方程的通解为 $xy=\mathrm{e}^{cx}$.

例 15.2.13 求方程 $2xy\ln y\mathrm{d}x+(x^2+y^2\sqrt{1+y^2})\mathrm{d}y=0$ 的通解.

分析 $f(x,y)\,\mathrm{d}x+g(x,y)\,\mathrm{d}y=0\Rightarrow\mathrm{d}u=f(x,y)\,\mathrm{d}x+g(x,y)\,\mathrm{d}y=0\Rightarrow u=c$.

解 将方程重新组合后化为

$$\left(2x\ln y\mathrm{d}x+\frac{x^2}{y}\mathrm{d}y\right)+y\sqrt{1+y^2}\mathrm{d}y=0$$

整理得 $(2x\ln y\mathrm{d}x+x^2\mathrm{d}\ln y)+y\sqrt{1+y^2}\mathrm{d}y=0$, 即 $\mathrm{d}(x^2\ln y)+\dfrac{1}{3}\mathrm{d}(1+y^2)^{\frac{3}{2}}=0$, 所以通解为 $x^2\ln y+\dfrac{1}{3}(1+y^2)^{\frac{3}{2}}=c$.

习题 15.2.3 一阶线性微分方程与伯努利方程

1. 求下列微分方程的通解.

(1) $y'+y\cos x=\mathrm{e}^{-\sin x}$; (2) $y'+y\tan x=\sin 2x$;

(3) $(x-2)\dfrac{\mathrm{d}y}{\mathrm{d}x}=y+2(x-2)^3$; (4) $(y^2-6x)\dfrac{\mathrm{d}y}{\mathrm{d}x}+2y=0$.

2. 求下列伯努利方程的通解.

(1) $\dfrac{\mathrm{d}y}{\mathrm{d}x}+y=y^2(\cos x-\sin x)$; (2) $\dfrac{\mathrm{d}y}{\mathrm{d}x}+\dfrac{1}{3}y=\dfrac{1}{3}(1-2x)y^4$.

15.2.4 可降阶的高阶微分方程

有些高阶常微分方程可通过降阶的方法化成一阶微分方程, 然后用一阶微分方程的解法求解.

(1) 形如 $\frac{\mathrm{d}^n y}{\mathrm{d}x^n}=Q(x)$ 的微分方程. 一般解法为

$$\int \frac{\mathrm{d}^n y}{\mathrm{d}x^n}\mathrm{d}x=\int Q(x)\mathrm{d}x+c_1 \Rightarrow \frac{\mathrm{d}^{n-1} y}{\mathrm{d}x^{n-1}}=\int Q(x)\mathrm{d}x+c_1$$

$$\Rightarrow \int \frac{\mathrm{d}^{n-1} y}{\mathrm{d}x^{n-1}}\mathrm{d}x=\int\left[\int Q(x)\mathrm{d}x\right]\mathrm{d}x+c_1x+c_2=\cdots$$

$$\Rightarrow \frac{\mathrm{d}^{n-2} y}{\mathrm{d}x^{n-2}}=\int\left[\int Q(x)\mathrm{d}x\right]\mathrm{d}x+c_1x+c_2$$

……

$$\Rightarrow y=\underbrace{\int\cdots\int\left[\int Q(x)\mathrm{d}x\right]\mathrm{d}x\cdots\mathrm{d}x}_{n\text{重积分}}+c_{n-1}x^{n-1}+c_{n-2}x^{n-2}+\cdots+c_1x+c_0$$

例 15.2.14 求方程 $\frac{\mathrm{d}^3 y}{\mathrm{d}x^3}=\mathrm{e}^{2x}$ 的通解.

解 逐次积分得

$$y''=\frac{1}{2}\mathrm{e}^{2x}+c_1 \Rightarrow y'=\frac{1}{4}\mathrm{e}^{2x}+c_1x+c_2$$

$$\Rightarrow y=\frac{1}{8}\mathrm{e}^{2x}+\frac{c_1}{2}x^2+c_2x+c_3$$

(2) 形如 $y''=f(x,y')$ 的微分方程 (不显含 y). 一般解法为

$$y'=p\Rightarrow p'=f(x,p)$$

化为关于 p 的一阶微分方程.

例 15.2.15 求解 $\left(1+x^2\right)y''=2xy'$.

解 令 $y'=p$, 方程化为 $\left(1+x^2\right)p'=2xp\Rightarrow \frac{\mathrm{d}p}{p}=\frac{2x\mathrm{d}x}{1+x^2}\ (p\neq 0)$, 两边积分得

$$\int\frac{\mathrm{d}p}{p}=\int\frac{2x\mathrm{d}x}{1+x^2}\Rightarrow \ln|p|=\ln\left|1+x^2\right|+c_1\Rightarrow p=\pm\mathrm{e}^{c_1}\left(1+x^2\right)=c\left(1+x^2\right)$$

继续积分得原方程的通解 $y=c\left(x+\frac{1}{3}x^3\right)+c_2$.

(3) 形如 $y''=f(y,y')$ 的微分方程 (不显含 x). 一般解法为

$$y'=p\Rightarrow y''=\frac{\mathrm{d}p}{\mathrm{d}y}\cdot\frac{\mathrm{d}y}{\mathrm{d}x}=p\frac{\mathrm{d}p}{\mathrm{d}y}\Rightarrow p\frac{\mathrm{d}p}{\mathrm{d}y}=f(y,p)$$

化为以 p 为未知函数, y 为自变量的一阶微分方程.

例 15.2.16 求解 $yy''-\left(y'\right)^2=0$.

解 $y'=p\Rightarrow py\dfrac{\mathrm{d}p}{\mathrm{d}y}=p^2\Rightarrow\dfrac{\mathrm{d}p}{p}=\dfrac{\mathrm{d}y}{y}\,(p\neq0,y\neq0)$, 解得

$$\ln|p|=\ln|y|+C\Rightarrow p=cy,\quad c=\pm\mathrm{e}^C$$

于是 $y'=cy\Rightarrow\ln|y|=cx+c_1\Rightarrow y=c_2\mathrm{e}^{cx}\,(c_2=\pm\mathrm{e}^{c_1})$.

例 15.2.17 距离地心 h 处的物体 (质量为 m), 受地球引力从静止开始下落, 求落到地面的速度和所需时间.

解 如图 15.2.1 所示, 建立坐标系. 设地球的半径为 R, 质量为 M, 引力常数为 K, 物体在时刻 t 的位置函数为 $y(t)$, 速度函数为 $v(t)$. 根据万有引力定律:

$$\begin{cases}m\dfrac{\mathrm{d}^2y}{\mathrm{d}t^2}=-\dfrac{KmM}{y^2}\\y(0)=h\\y'(0)=0\end{cases}$$

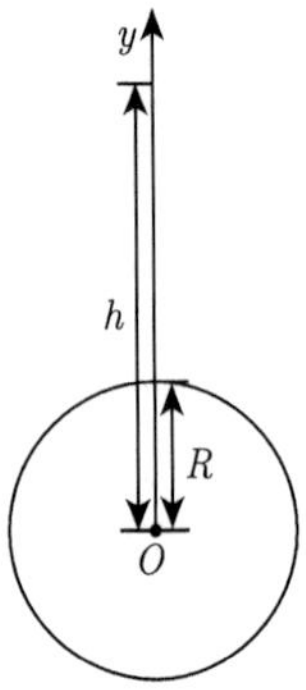

图 15.2.1

由于 $\left.\dfrac{\mathrm{d}^2y}{\mathrm{d}t^2}\right|_{y=R}=-g$, 所以由上式得 $KM=gR^2$.

$$\frac{\mathrm{d}y}{\mathrm{d}t}=v\Rightarrow\frac{\mathrm{d}^2y}{\mathrm{d}t^2}=\frac{\mathrm{d}v}{\mathrm{d}t}=\frac{\mathrm{d}v}{\mathrm{d}y}\cdot\frac{\mathrm{d}y}{\mathrm{d}t}=v\frac{\mathrm{d}v}{\mathrm{d}y}=-\frac{gR^2}{y^2}$$

$$\Rightarrow v\mathrm{d}v=-\frac{gR^2}{y^2}\mathrm{d}y\Rightarrow v^2=\frac{2gR^2}{y}+c$$

由 $y(0)=h,y'(0)=0$, 得 $v^2=\dfrac{2gR^2}{y}-\dfrac{2gR^2}{h}$. 于是落地速度

$$v=-\sqrt{\frac{2gR^2}{R}-\frac{2gR^2}{h}}\quad(y=R)$$

由于速度 $v=\dfrac{\mathrm{d}y}{\mathrm{d}t}=-\sqrt{\dfrac{2gR^2}{y}-\dfrac{2gR^2}{h}}$, 所以

$$\mathrm{d}t=-\frac{\mathrm{d}y}{R\sqrt{2g\,(1/y-1/h)}}=-\left(\frac{\sqrt{h}}{R\sqrt{2g}}\right)\sqrt{\frac{y}{h-y}}\mathrm{d}y$$

积分得

$$t=\left(\frac{\sqrt{h}}{R\sqrt{2g}}\right)\left(\sqrt{hy-y^2}+h\arccos\sqrt{\frac{y}{h}}\right)+c_2$$

$$y(0)=h\Rightarrow c_2=0$$

于是落地时间为 $t=\left(\dfrac{\sqrt{h}}{R\sqrt{2g}}\right)\left(\sqrt{hR-R^2}+h\arccos\sqrt{\dfrac{R}{h}}\right)$.

习题 15.2.4 可降阶的高阶微分方程

1. 求解下面方程的通解.

(1) $y^{(2)} = x + 2\cos x$; (2) $y^{(3)} = xe^{5x}$; (3) $y^{(2)} = 1 + (y')^2$;
(4) $y^{(2)}y + 2(y')^2 = 0$; (5) $y^{(2)} = (y')^3 + y'$; (6) $xy^{(2)} + y' = 0$.

2. 求下列微分方程满足初始条件的特解.

(1) $y^3y^{(2)} + 1 = 0, y|_{x=1} = 1, y'|_{x=1} = 2$;
(2) $y^{(3)} - e^{2x} = 0, y|_{x=1} = y'|_{x=1} = y^{(2)}|_{x=1} = 0$;
(3) $y^{(2)} - e^{2y} = 0, y|_{x=1} = y'|_{x=1} = 0$.

3. 设有均匀、柔软的绳索, 两端固定, 绳索仅受重力的作用下垂, 求绳索在平衡状态下的曲线函数.

4. 设有一个质量为 m 的物体在空中由静止开始下落, 如果空气阻力 $R = cv$(c 为常数, v 为速度), 试求物体下落的距离 s 与时间 t 的函数关系.

15.3 二阶线性常微分方程的解法

扫码学习

线性微分方程是研究非线性微分方程的基础, 它在自然科学和工程技术中有着广泛的应用. 本节以二阶线性微分方程为例来讨论高阶线性微分方程的一般解法.

15.3.1 二阶线性微分方程解的结构

二阶线性微分方程的一般形式为

$$y'' + p(x)y' + q(x)y = f(x) \tag{15.3.1}$$

若 $f(x) \equiv 0$, 则 (15.3.1) 式化为

$$y'' + p(x)y' + q(x)y = 0 \tag{15.3.2}$$

称为二阶线性齐次微分方程. 若 $f(x) \neq 0$, 则称 (15.3.1) 式为二阶线性非齐次方程. 若系数 $p(x), q(x)$ 都是常数, (15.3.1) 式称为二阶常系数线性微分方程.

定义 15.3.1 设函数组 $y_1(x), y_2(x), \cdots, y_n(x)$ 是定义在 I 上的函数, 如果存在不全为零的常数 $c_1, c_2, \cdots, c_n$, 使得

$$c_1y_1(x) + c_2y_2(x) + \cdots + c_ny_n(x) = 0, \quad \forall x \in I$$

则称函数组 $y_1(x), y_2(x), \cdots, y_n(x)$ 在 I 上线性相关. 否则称函数组 $y_1(x), y_2(x), \cdots, y_n(x)$ 在 I 上线性无关.

注 15.3.1 两个函数 $y_1(x)$ 和 $y_2(x)$ 线性无关, 则其中任何一个都不是另一个的倍数, 即 $\dfrac{y_1(x)}{y_2(x)} \neq c$($c$ 为常数). 如果两个函数 $y_1(x)$ 和 $y_2(x)$ 线性相关, 则存在不全为零的常数 c_1, c_2 使得 $c_1y_1 + c_2y_2 = 0$. 不妨设 $c_1 \neq 0$, 则 $y_1 = -\dfrac{c_2}{c_1}y_2$, 即两个线性相关的函数呈倍数关系.

例如, $y_1 = \cos x, y_2 = \dfrac{1}{3}\cos x$ 线性相关, $y_1 = \cos x, y_2 = \tan x$ 线性无关, $y_1 = e^x, y_2 = e^{2x}$ 线性无关, $y_1 = xe^x, y_2 = 2xe^x$ 线性相关.

例 15.3.1 讨论函数组的线性相关与线性无关性: (1) $1, t, t^2, \cdots, t^n$; (2) $1, \sin^2 x, \cos^2 x$.

解 (1) 设

$$a_0 + a_1 t + a_2 t^2 + \ldots + a_n t^n = 0, \quad \forall x \in \mathbf{R} \tag{15.3.3}$$

若 $a_0, a_1, a_2, \cdots, a_n$ 不同时为零, 由代数基本定理 (n 次复系数多项式方程在复数域内有且只有 n 个根), 至多有 n 个点 $t_1, t_2, \cdots, t_n$ 满足方程 (15.3.3), 因此 $a_0 = a_1 = a_2 = \cdots = a_n = 0$. 所以函数组 $\left\{1, t, t^2, \cdots, t^n\right\}$ 线性无关.

(2) $\forall x \in \mathbf{R}, 1 = \sin^2 x + \cos^2 x \Rightarrow \sin^2 x + \cos^2 x - 1 = 0$, 所以函数组 $\left\{1, \sin^2 x, \cos^2 x\right\}$ 线性相关.

首先讨论齐次方程 (15.3.2). 根据导数的线性性质, 容易得到齐次线性微分方程解的叠加原理.

定理 15.3.1 若 y_1, y_2 是二阶线性齐次方程 (15.3.2) 的两个线性无关的解, 则 $y = c_1 y_1 + c_2 y_2$ 是该方程的通解, 其中 c_1, c_2 为任意常数.

证明 由于 $y_1'' + p(x) y_1' + q(x) y_1 = 0, y_2'' + p(x) y_2' + q(x) y_2 = 0$, 所以

$$\left(c_1 y_1 + c_2 y_2\right)'' + p(x)\left(c_1 y_1 + c_2 y_2\right)' + q(x)\left(c_1 y_1 + c_2 y_2\right) = 0$$

结论得证.

推论 15.3.1 若 y 是方程 (15.3.2) 的解, y^* 是方程 (15.3.1) 的解, 则 $y + y^*$ 也是方程 (15.3.1) 的解.

推论 15.3.2 若 y_1, y_2 都是方程 (15.3.1) 的解, 则 $y_1 - y_2$ 是方程 (15.3.2) 的解.

证明 由于 $y_1'' + p(x) y_1' + q(x) y_1 = f(x), y_2'' + p(x) y_2' + q(x) y_2 = f(x)$, 所以

$$\left(y_1 - y_2\right)'' + p(x)\left(y_1 - y_2\right)' + q(x)\left(y_1 - y_2\right) = 0$$

结论得证.

下面给出二阶线性非齐次方程 (15.3.1) 通解的结构定理, 证明留给读者完成.

定理 15.3.2 若 y^* 是方程 (15.3.1) 的一个特解, $Y = c_1 y_1 + c_2 y_2$ 是方程 (15.3.1) 对应的方程 (15.3.2) 的通解, 则 $y = Y + y^*$ 是二阶线性非齐次方程 (15.3.1) 的通解.

定理 15.3.3 (叠加原理) 设 $y_1(x), y_2(x)$ 分别是二阶线性非齐次方程

$$y'' + p(x) y' + q(x) y = f_1(x)$$
$$y'' + p(x) y' + q(x) y = f_2(x)$$

的解, 则 $y_1(x) + y_2(x)$ 为方程 $y'' + p(x) y' + q(x) y = f_1(x) + f_2(x)$ 的解.

习题 15.3.1 二阶线性微分方程解的结构

1. 下列函数组在其定义区间内哪些是线性无关的?

(1) $\cos 2x, \sin 2x$; (2) $\mathrm{e}^{x^2}, x\mathrm{e}^{x^2}$; (3) $\sin 2x, \cos x \sin x$;

(4) $\mathrm{e}^x \cos 2x, \mathrm{e}^x \sin 2x$; (5) $\ln x, x \ln x$.

2. 验证:

(1) $y = c_1 x^2 + c_2 x^2 \ln x \ (\forall c_1, c_2 \in \mathbf{R})$ 是方程 $x^2 y'' - 3xy' + 4y = 0$ 的通解.

(2) $y=c_1x^5+\frac{c_2}{x}-9x^2\ln x\,(\forall c_1,c_2\in\mathbf{R})$ 是方程 $x^2y''-3xy'-5y=x^2\ln x$ 的通解.

(3) $y=\frac{1}{x}\left(c_1\mathrm{e}^x+c_2\mathrm{e}^{-x}\right)+\frac{\mathrm{e}^x}{2}\,(\forall c_1,c_2\in\mathbf{R})$ 是方程 $x^2y''+2y'-xy=\mathrm{e}^x$ 的通解.

15.3.2 参数变易法

由定理 15.3.2, 求解二阶线性非齐次方程的一般步骤为: 先求齐次方程的通解 (两个线性无关解), 再求非齐次方程的一个特解.

利用参数变易法, 可以在已知方程 (15.3.2) 的两个线性无关解的情况下, 求出方程 (15.3.1) 的特解; 利用参数变易法, 可以在已知方程 (15.3.2) 的一个解的情况下, 求出另一个线性无关的解, 下面将详细讨论.

(1) 已知方程 (15.3.2) 的两个线性无关解 $y_1(x),y_2(x)$, 求方程 (15.3.1) 的特解.

设方程 (15.3.1) 有形如 $y(x)=c_1(x)y_1(x)+c_2(x)y_2(x)$ 的解, 则

$$y'=c_1'(x)\,y_1(x)+c_2'(x)\,y_2(x)+c_1(x)\,y_1'(x)+c_2(x)\,y_2'(x)$$

令

$$c_1'(x)\,y_1(x)+c_2'(x)\,y_2(x)=0 \tag{15.3.4}$$

得

$$\begin{cases}y=c_1(x)y_1(x)+c_2(x)y_2(x)\\ y'=c_1(x)\,y_1'(x)+c_2(x)\,y_2'(x)\\ y''=c_1'(x)\,y_1'(x)+c_2'(x)\,y_2'(x)+c_1(x)\,y_1''(x)+c_2(x)\,y_2''(x)\end{cases} \tag{15.3.5}$$

则

$$\begin{aligned}y''+p(x)y'+q(x)y=&\left(c_1'(x)\,y_1'(x)+c_2'(x)\,y_2'(x)\right)\\&+c_1(x)\left(y_1''(x)+p(x)y_1'(x)+q(x)y_1(x)\right)\\&+c_2(x)\left(y_2''(x)+p(x)y_2'(x)+q(x)y_2(x)\right)\\=&f(x)\end{aligned}$$

因此

$$\begin{cases}c_1'(x)\,y_1(x)+c_2'(x)\,y_2(x)=0\\ c_1'(x)\,y_1'(x)+c_2'(x)\,y_2'(x)=f(x)\end{cases} \tag{15.3.6}$$

设 $y_1(x)y_2'(x)-y_1'(x)y_2(x)\neq 0$, 则由方程组 (15.3.6) 得

$$c_1'(x)=-\frac{f(x)\,y_2(x)}{y_1(x)y_2'(x)-y_1'(x)y_2(x)}$$

$$c_2'(x)=\frac{f(x)\,y_1(x)}{y_1(x)y_2'(x)-y_1'(x)y_2(x)}$$

解出 $c_1(x),c_2(x)$, $y^*=c_1(x)y_1(x)+c_2(x)y_2(x)$ 即为方程 (15.3.1) 的特解.

(2) 已知 $y_1(x)$ 为方程 (15.3.2) 的一个解, 求方程 (15.3.1) 的通解.

假设方程 (15.3.1) 有一个与 $y_1(x)$ 线性无关的解 $y(x)$, $\dfrac{y(x)}{y_1(x)}=u(x)\neq c$. 则

$$
\begin{aligned}
&y=u(x)\,y_1(x)\\
&y'=u'(x)\,y_1(x)+u(x)\,y_1'(x)\\
&y''=u''(x)\,y_1(x)+2u'(x)\,y_1'(x)+u(x)\,y_1''(x)\\
&u''(x)\,y_1(x)+u'(x)\left(2y_1'(x)+py_1(x)\right)+u\left(y_1''+p(x)y_1'+q(x)y_1\right)=f(x)
\end{aligned}
$$

令 $z=u'(x)$, 上式化为一阶线性微分方程

$$y_1(x)\,z'+\left(2y_1'(x)+py_1(x)\right)z=f(x)$$

设其通解为 $z=c_1Z(x)+Z^*(x)$, 则 $u=c_1\displaystyle\int Z(x)\,\mathrm{d}x+\int Z^*(x)\,\mathrm{d}x+c_2$, 于是

$$y=uy_1=c_1y_1(x)\int Z(x)\,\mathrm{d}x+c_2y_1(x)+y_1(x)\int Z^*(x)\,\mathrm{d}x$$

例 15.3.2 已知 $y_1=x, y_2=\mathrm{e}^x$ 为方程 $y''+\dfrac{x}{1-x}y'-\dfrac{1}{1-x}y=x-1$ 所对应的齐次方程的两个解, 求此方程的通解.

解 设通解为 $y^*=c_1(x)x+c_2(x)\mathrm{e}^x$, 则根据 (15.3.6) 式, $c_1'(x), c_2'(x)$ 满足方程组

$$\begin{cases} xc_1'(x)+\mathrm{e}^xc_2'(x)=0\\ c_1'(x)+\mathrm{e}^xc_2'(x)=x-1\end{cases}$$

解得 $\begin{cases} c_1'(x)=-1,\\ c_2'(x)=x\mathrm{e}^{-x}\end{cases}$ 因此 $c_1(x)=-x+C_1, c_2(x)=-x\mathrm{e}^{-x}-\mathrm{e}^{-x}+C_2$, 原方程的通解为 $y=C_1x+C_2\mathrm{e}^x-x^2-x-1$.

例 15.3.3 已知 $y_1=\mathrm{e}^x$ 为 $y''-2y'+y=0$ 的一个解, 求方程 $y''-2y'+y=\dfrac{\mathrm{e}^x}{x}$ 的通解.

解 设 $y=u(x)\,\mathrm{e}^x$ 是非齐次方程的解, 则

$$
\begin{aligned}
&y=u(x)\,\mathrm{e}^x\\
&y'=\left(u'(x)+u(x)\right)\mathrm{e}^x\\
&y''=\mathrm{e}^x\left(u''(x)+2u'(x)+u(x)\right)\\
&\mathrm{e}^x\left(u''(x)+2u'(x)+u(x)\right)-2\left(u'(x)+u(x)\right)\mathrm{e}^x+u(x)\,\mathrm{e}^x=\frac{\mathrm{e}^x}{x}
\end{aligned}
$$

整理得 $u''(x)=\dfrac{1}{x}$, 于是 $u'(x)=\ln|x|+c$, $u=\displaystyle\int(\ln|x|+c)\,\mathrm{d}x+c_1=x\ln|x|+cx+c_1$, 所以原方程的通解为 $y=u\mathrm{e}^x=c_1\mathrm{e}^x+c\mathrm{e}^xx+\mathrm{e}^xx\ln|x|$.

习题 15.3.2 参数变易法

1. 已知 $y_1(x)=x$ 是齐次线性方程 $x^2y''-2xy'+2y=0$ 的一个解, 求非齐次线性方程 $x^2y''-2xy'+2y=2x^3$ 的通解.

2. 已知齐次线性方程 $y''+y=0$ 的通解为 $Y(x)=C_1\cos x+C_2\sin x$, 求非齐次线性方程 $y''+y=\sec x$ 的通解.

3. 已知齐次线性方程 $x^2y''-xy'+y=0$ 的通解为 $Y(x)=C_1x+C_2x\ln|x|$, 求非齐次线性方程 $x^2y''-xy'+y=x$ 的通解.

15.3.3 常系数二阶线性齐次常微分方程

在上一小节我们解决了二阶线性常微分方程的通解的结构问题, 但是对于一般的线性微分方程并没有普遍的求方程通解的方法. 本小节介绍通解问题能够彻底解决的一类方程 —— 二阶常系数线性微分方程.

二阶常系数线性微分方程的一般形式为

$$y''+py'+qy=f(x) \tag{15.3.7}$$

其中 p,q 为与自变量无关的常数. 当 $f=0$ 时, 方程 (15.3.7) 化为齐次方程

$$y''+py'+qy=0 \tag{15.3.8}$$

假设方程 (15.3.8) 有形如 $y=\mathrm{e}^{rx}$ 的解, 代入方程得 $\left(r^2+pr+q\right)\mathrm{e}^{rx}=0\Rightarrow r^2+pr+q=0$, 所以我们定义方程 (15.3.8) 的特征方程

$$r^2+pr+q=0$$

(1) 若特征方程有两个互异实根 r_1,r_2, 则方程 (15.3.8) 的通解为 $y=c_1\mathrm{e}^{r_1x}+c_2\mathrm{e}^{r_2x}$;

(2) 若特征方程有重根 r, 则方程 (15.3.8) 的通解为 $y=c_1\mathrm{e}^{rx}+c_2x\mathrm{e}^{rx}$;

(3) 若特征方程有一对共轭复根 $\alpha\pm\mathrm{i}\beta$, 则

$$y_1=\left(\mathrm{e}^{(\alpha+\mathrm{i}\beta)x}+\mathrm{e}^{(\alpha-\mathrm{i}\beta)x}\right)\Big/2=\mathrm{e}^{\alpha x}\cos\beta x,\quad y_2=\left(\mathrm{e}^{(\alpha+\mathrm{i}\beta)x}-\mathrm{e}^{(\alpha-\mathrm{i}\beta)x}\right)\Big/(2\mathrm{i})=\mathrm{e}^{\alpha x}\sin\beta x$$

方程 (15.3.8) 的通解为 $y=c_1\mathrm{e}^{\alpha x}\cos\beta x+c_2\mathrm{e}^{\alpha x}\sin\beta x$.

例 15.3.4 求微分方程 $y''+3y'-10y=0$ 的通解.

解 特征方程 $r^2+3r-10=0$, 解得 $r_1=-5,r_2=2$, 所以通解为 $y=C_1\mathrm{e}^{-5x}+C_2\mathrm{e}^{2x}$.

例 15.3.5 求微分方程 $y''+4y'+4y=0$ 的通解.

解 特征方程 $r^2+4r+4=0$, 解得 $r_1=r_2=-2$, 所以通解为 $y=\mathrm{e}^{-2x}(c_1+c_2x)$.

例 15.3.6 求微分方程 $y''+4y'+7y=0$ 的通解.

解 特征方程 $r^2+4r+7=0$, 解得 $r_{1,2}=-2\pm\sqrt{3}\mathrm{i}$, 所以方程的通解为

$$y=\mathrm{e}^{-2x}(c_1\cos\sqrt{3}x+c_2\sin\sqrt{3}x).$$

对于一般的 n 阶常系数线性微分方程

$$y^{(n)}+p_1y^{(n-1)}+\cdots+p_{n-1}y'+p_ny=f(x)$$
$$y^{(n)}+p_1y^{(n-1)}+\cdots+p_{n-1}y'+p_ny=0$$

定义其特征方程

$$r^n+p_1r^{n-1}+\cdots+p_{n-1}r+p_n=0$$

由代数基本定理, 可假设

$$r^n+p_1r^{n-1}+\cdots+p_{n-1}r+p_n=\prod_{i=1}^{k}(r-r_i)^{q_i}\prod_{j=1}^{l}\left(r^2+p_jr+q_j\right)^{l_j}$$

$$\left(p_j^2-4q_j<0, j=1,2,\cdots,l,\sum_{i=1}^{k}q_i+2\sum_{j=1}^{l}l_j=n\right)$$

则特征方程的根与齐次方程的解的对应关系如下:

(1) 单实根: $r\Rightarrow \mathrm{e}^{rx}$;

(2) 单共轭复根: $\alpha\pm\beta\mathrm{i}\Rightarrow \mathrm{e}^{\alpha x}\cos\beta x, \mathrm{e}^{\alpha x}\sin\beta x$;

(3) k 重实根 r: $\mathrm{e}^{rx}, x\mathrm{e}^{rx}, x^2\mathrm{e}^{rx},\cdots,x^{k-1}\mathrm{e}^{rx}$;

(4) k 重共轭复根 $\alpha\pm\beta\mathrm{i}$:

$$\begin{aligned}&\mathrm{e}^{\alpha x}\cos\beta x, x\mathrm{e}^{\alpha x}\cos\beta x,\cdots,x^{k-1}\mathrm{e}^{\alpha x}\cos\beta x\\&\mathrm{e}^{\alpha x}\sin\beta x, x\mathrm{e}^{\alpha x}\sin\beta x,\cdots,x^{k-1}\mathrm{e}^{\alpha x}\sin\beta x\end{aligned}$$

例 15.3.7 求方程 $y^{(5)}+y^{(4)}+2y^{(3)}+2y''+y'+y=0$ 的通解.

解 特征方程 $r^5+r^4+2r^3+2r^2+r+1=0$, 化简得

$$(r+1)\left(r^4+2r^2+1\right)=(r+1)\left(r^2+1\right)^2=0$$

解得单根 -1, 2 重共轭复根 $\pm\mathrm{i}$. 所以通解为

$$y=C_1\mathrm{e}^{-x}+(C_2+C_3x)\cos x+(C_4+C_5x)\sin x$$

例 15.3.8 求方程 $y^{(4)}+5y''-36y=0$ 的通解.

解 特征方程 $r^4+5r^2-36=\left(r^2+9\right)\left(r^2-4\right)=0$, 解得单根 $r_1=2, r_2=-2$, 共轭复根 $\pm3\mathrm{i}$. 所以通解为 $y=C_1\mathrm{e}^{-2x}+C_2\mathrm{e}^{2x}+C_3\cos 3x+C_4\sin 3x$.

例 15.3.9 求方程 $y^{(4)}+y=0$ 的通解.

解 特征方程 $r^4+1=0$,

$$\begin{aligned}r^4+1&=r^4+2r^2+1-2r^2=\left(r^2+1\right)^2-2r^2\\&=\left(r^2+1-\sqrt{2}r\right)\left(r^2+1+\sqrt{2}r\right)=0\end{aligned}$$

解得

$$r_{1,2}=\frac{-\sqrt{2}\pm\sqrt{2-4}}{2}=\frac{-\sqrt{2}\pm\sqrt{2}\mathrm{i}}{2},\quad r_{3,4}=\frac{\sqrt{2}\pm\sqrt{2-4}}{2}=\frac{\sqrt{2}\pm\sqrt{2}\mathrm{i}}{2}$$

所以方程的通解为

$$y=\mathrm{e}^{-\frac{x}{\sqrt{2}}}\left(C_1\cos\frac{x}{\sqrt{2}}+C_2\sin\frac{x}{\sqrt{2}}\right)+\mathrm{e}^{\frac{x}{\sqrt{2}}}\left(C_3\cos\frac{x}{\sqrt{2}}+C_4\sin\frac{x}{\sqrt{2}}\right)$$

习题 15.3.3 常系数二阶线性齐次常微分方程

1. 求解下面方程的通解.

(1) $y''+y'-2y=0$; (2) $y''-4y=0$; (3) $y''+6y'+13y=0$;

(4) $y^{(4)}-4y=0$; (5) $y^{(4)}+5y^{(2)}-36y=0$.

2. 求满足下列初始条件的特解.

(1) $y^{(2)}-4y'+3y=0, y|_{x=0}=6, y'|_{x=0}=10$;

(2) $4y^{(2)}+4y'+3y=0, y|_{x=0}=2, y'|_{x=0}=0$;

(3) $4y^{(2)}+4y'+29y=0, y|_{x=0}=0, y'|_{x=0}=15$.

15.3.4 常系数二阶线性非齐次常微分方程

下面我们讨论二阶线性非齐次方程的解法. 由 15.3.2 节的讨论方法, 这类问题由常数变易法就可以解决. 但是通过常数变易法求解过程往往比较繁琐, 而且必须经过积分运算. 下面介绍当非齐次项 f 是某些特殊类函数时的求解方法.

考虑二阶线性非齐次方程

$$y''+py'+qy=f(x) \tag{15.3.9}$$

类型一 $f(x)=P_m(x)\mathrm{e}^{\lambda x}$, 其中 $P_m(x)$ 是 x 的 m 次多项式, λ 是实或复常数.

设特解 $y^*=Q(x)\mathrm{e}^{\lambda x}$, 其中 $Q(x)$ 是待定的多项式, 代入方程 (15.3.9) 并消去 $\mathrm{e}^{\lambda x}$ 得

$$Q''(x)+(2\lambda+p)Q'(x)+(\lambda^2+p\lambda+q)Q(x)=P_m(x) \tag{15.3.10}$$

当 λ 不是特征方程 $r^2+pr+q=0$ 的根时, 由 (15.3.10) 式知 $Q(x)$ 最高次数为 m, 可设特解

$$y^*=Q_m(x)\mathrm{e}^{\lambda x}$$

其中 $Q_m(x)$ 是 x 的 m 次多项式, 系数由 (15.3.10) 式确定.

当 λ 是特征方程的单根时, 必有 $\lambda^2+p\lambda+q=0, 2\lambda+p\neq 0$, 比较 (15.3.10) 式两边多项式最高次数, 可设特解

$$y^*=xQ_m(x)\mathrm{e}^{\lambda x}$$

当 λ 是特征方程的重根时, 必有 $\lambda^2+p\lambda+q=0, 2\lambda+p=0$, 可设特解

$$y^*=x^2Q_m(x)\mathrm{e}^{\lambda x}$$

综上所述, 若 $f(x)=P_m(x)\mathrm{e}^{\lambda x}$, 则可假设方程 (15.3.9) 有形如

$$y^*=x^kQ_m(x)\mathrm{e}^{\lambda x}$$

的特解, 其中 $Q_m(x)$ 是与 $P_m(x)$ 同次的待定多项式, λ 不是特征方程的根时 $k=0$; λ 是特征方程的单根时 $k=1$; λ 是特征方程的重根时 $k=2$.

例 15.3.10 求方程 $y''-2y'-3y=3x+1$ 的通解.

解 齐次方程的特征方程为 $r^2-2r-3=0$, 解得特征根 $r_1=3, r_2=-1$. 所以齐次方程的通解为 $\tilde{y}=c_1\mathrm{e}^{3x}+c_2\mathrm{e}^{-x}$.

由于 $f(x)=3x+1=\mathrm{e}^{0x}(3x+1)$, $\lambda=0$ 不是特征根, 可设特解 $\bar{y}=Ax+B$, 代入原方程整理得

$$-2A-3(Ax+B)=3x+1 \Rightarrow A=-1, B=\frac{1}{3}$$

所以原方程的通解为 $y=c_1\mathrm{e}^{3x}+c_2\mathrm{e}^{-x}-x+\dfrac{1}{3}$.

例 15.3.11 求微分方程 $y''+6y'+9y=5x\mathrm{e}^{-3x}$ 的通解.

解 齐次方程的特征方程为 $r^2+6r+9=0$, 解得特征根 $r_1=r_2=-3$, 所以齐次方程的通解为 $\tilde{y}=(c_1+c_2x)\mathrm{e}^{-3x}$.

由于 $\lambda=-3$ 是特征方程的重根, 设特解为 $y^*=x^2(b_0x+b_1)\mathrm{e}^{-3x}$, 代入原方程整理得

$$2b_1\mathrm{e}^{-3x}+6b_0x\mathrm{e}^{-3x}=5x\mathrm{e}^{-3x} \Rightarrow b_0=\frac{5}{6}, b_1=0$$

所以原方程的通解为 $y=\left(c_1+c_2x+\dfrac{5}{6}x^3\right)\mathrm{e}^{-3x}$.

类型二 $f(x)=\mathrm{e}^{\alpha x}(p_m(x)\cos\beta x+q_n(x)\sin\beta x)$, 其中 $p_m(x), q_n(x)$ 分别为 x 的 m, n 次多项式, α, β 为实常数.

利用欧拉公式

$$\begin{aligned}
f(x)&=\mathrm{e}^{\alpha x}(p_m(x)\cos\beta x+q_n(x)\sin\beta x)\\
&=\mathrm{e}^{\alpha x}\left\{p_m(x)\left(\frac{\mathrm{e}^{\mathrm{i}\beta x}+\mathrm{e}^{-\mathrm{i}\beta x}}{2}\right)+q_n(x)\left(\frac{\mathrm{e}^{\mathrm{i}\beta x}-\mathrm{e}^{-\mathrm{i}\beta x}}{2\mathrm{i}}\right)\right\}\\
&=\mathrm{e}^{(\alpha+\mathrm{i}\beta)x}\left\{\frac{p_m(x)}{2}+\frac{q_n(x)}{2\mathrm{i}}\right\}+\mathrm{e}^{(\alpha-\mathrm{i}\beta)x}\left\{\frac{p_m(x)}{2}-\frac{q_n(x)}{2\mathrm{i}}\right\}\\
&=p(x)\mathrm{e}^{(\alpha+\mathrm{i}\beta)x}+q(x)\mathrm{e}^{(\alpha-\mathrm{i}\beta)x}\quad (p(x)=\bar{q}(x))
\end{aligned}$$

由叠加原理, 下面两组方程的解是相同的.

$$y''+py'+qy=p(x)\mathrm{e}^{(\alpha+\mathrm{i}\beta)x}+q(x)\mathrm{e}^{(\alpha-\mathrm{i}\beta)x} \Leftrightarrow \begin{cases} y''+py'+qy=p(x)\mathrm{e}^{(\alpha+\mathrm{i}\beta)x}\\ y''+py'+qy=q(x)\mathrm{e}^{(\alpha-\mathrm{i}\beta)x}\end{cases}$$

而由类型一的结论, 方程 $y''+py'+qy=p(x)\mathrm{e}^{(\alpha+\mathrm{i}\beta)x}$ 和 $y''+py'+qy=q(x)\mathrm{e}^{(\alpha-\mathrm{i}\beta)x}$ 的解分别为 $y_1=x^kQ_l(x)\mathrm{e}^{\alpha+\mathrm{i}\beta}$ 和 $x^k\bar{Q}_l(x)\mathrm{e}^{\alpha-\mathrm{i}\beta}$, 其中 $l=\max\{m,n\}$, $\alpha+\mathrm{i}\beta$ 不是特征方程的根时 $k=0$, $\alpha+\mathrm{i}\beta$ 是特征方程的根时 $k=1$. 所以得到特解

$$\begin{aligned}
y^*&=x^kQ_l(x)\mathrm{e}^{\alpha+\mathrm{i}\beta}+x^k\bar{Q}_l(x)\mathrm{e}^{\alpha-\mathrm{i}\beta}\\
&=x^k\mathrm{e}^{\alpha x}\left(Q_l\cos\beta x+\mathrm{i}Q_l\sin\beta x+\bar{Q}_l\cos\beta x-\mathrm{i}\bar{Q}_l\sin\beta x\right)\\
&=x^k\mathrm{e}^{\alpha x}\left(R_l^1\cos\beta x+R_l^2\sin\beta x\right)
\end{aligned}$$

其中 $l=\max\{m,n\}$, $\alpha+\mathrm{i}\beta$ 不是特征方程的根时 $k=0$, $\alpha+\mathrm{i}\beta$ 是特征方程的根时 $k=1$, R_l^1, R_l^2 为 l 次多项式.

例 15.3.12 求微分方程 $y''-y=\mathrm{e}^{-x}\cos x$ 的通解.

解 方法一: 特征方程 $r^2-1=0$, 特征根 $\lambda_{1,2}=\pm1$. 因为 $-1\pm\mathrm{i}$ 不是特征根, 所以可设特解 $y^*=\mathrm{e}^{-x}(A\cos x+B\sin x)$, 代入原方程得 $(2A-B)\sin x-(A+2B)\cos x=\cos x$, 解得 $A=-\dfrac{1}{5},B=-\dfrac{2}{5}$, 所以原方程的通解为

$$y=c_1\mathrm{e}^x+c_2\mathrm{e}^{-x}-\frac{1}{5}\mathrm{e}^{-x}\cos x-\frac{2}{5}\mathrm{e}^{-x}\sin x$$

方法二: 根据叠加原理得到

$$\begin{cases} y''-y=\mathrm{e}^{-x}\cos x, \\ y''-y=\mathrm{i}\mathrm{e}^{-x}\sin x \end{cases} \Rightarrow y''-y=\mathrm{e}^{-x}\mathrm{e}^{\mathrm{i}x}=\mathrm{e}^{(-1+\mathrm{i})x}$$

因为 $-1+\mathrm{i}$ 不是方程的特征根, 所以设特解为 $y^*=D\mathrm{e}^{-(1+\mathrm{i})x}$, 代入上式得 $D=\dfrac{2\mathrm{i}-1}{5}$. 所以

$$y^*=\frac{2\mathrm{i}-1}{5}\mathrm{e}^{(-1+\mathrm{i})x}=-\frac{1}{5}\mathrm{e}^{-x}(\cos x+2\sin x)+\frac{2\mathrm{i}}{5}\mathrm{e}^{-x}\left(\cos x-\frac{1}{2}\sin x\right).$$

其中实部 $-\dfrac{1}{5}\mathrm{e}^{-x}(\cos x+2\sin x)$ 是原方程的特解. 所以所求通解为

$$y=c_1\mathrm{e}^x+c_2\mathrm{e}^{-x}-\frac{1}{5}\mathrm{e}^{-x}\cos x-\frac{2}{5}\mathrm{e}^{-x}\sin x$$

习题 15.3.4 常系数二阶线性非齐次常微分方程

1. 求下列微分方程的通解.

(1) $2y''+5y'=5x^2-2x-1$; (2) $y''+3y'+2y=3x\mathrm{e}^{-x}$;

(3) $y''-2y'+5y=\mathrm{e}^x\sin 2x$; (4) $y''-6y'+9y=(x+1)\mathrm{e}^{3x}$;

(5) $y''+y=\mathrm{e}^x+\cos x$; (6) $y''-y=\sin^2 x$.

2. 大炮以仰角 α, 初速度 v_o 发射炮弹, 若不计空气阻力, 求弹道曲线.

3. 一链条悬挂在一钉子上, 起动时一端离开钉子 8m, 另一端离开钉子 12m, 分别在以下两种情况下求链条滑下来所需要的时间:

(1) 若不计钉子对链条所产生的摩擦力;

(2) 若摩擦力的大小等于 1m 长的链条所受重力的大小.

15.3.5 二阶线性常微分方程的幂级数解法与欧拉方程

下面我们考虑二阶线性常微分方程的幂级数解法.

定理 15.3.4 对于二阶线性齐次方程 (15.3.2), 如果 $p(x),q(x)$ 在 $(-R,R)$ 内可以展开成幂级数, 则 $x\in(-R,R)$ 时, 方程 (15.3.2) 有形如 $\sum\limits_{k=0}^{\infty}a_nx^n$ 的解.

例 15.3.13 求勒让德 (Legendre) 方程 $(1-x^2)y''-2xy'+n(n+1)y=0$ 的解.

解 由于 $p(x)=-\dfrac{2x}{1-x^2},q(x)=\dfrac{n(n+1)}{1-x^2}$ 在 $(-1,1)$ 上可以展开成幂级数, 设 $y(x)=\sum\limits_{k=0}^{\infty}a_kx^k$ 为勒让德方程的解, 则有

$$y'(x)=\sum_{k=1}^{\infty}a_kkx^{k-1},\quad y''(x)=\sum_{k=2}^{\infty}a_kk(k-1)x^{k-2},\quad x\in(-1,1)$$

代入原方程并整理得

$$\sum_{k=0}^{\infty}[(k+2)(k+1)a_{k+2}-(n-k)(n+k+1)a_k]x^k=0$$

即

$$a_{k+2}=\frac{(n-k)(n+k+1)}{(k+2)(k+1)}a_k,\quad k=0,1,2,\cdots$$

任取 a_0,a_1, 利用上式的递推关系, 解得

$$\begin{aligned}y(x)=&a_0\left(1+\frac{n(n+1)}{2!}x^2+\frac{(n-2)n(n+1)(n+3)}{4!}x^4+\cdots\right)\\&+a_1\left(x+\frac{(n-1)(n+2)}{3!}x^3+\frac{(n-3)(n-1)(n+2)(n+4)}{5!}x^5+\cdots\right)\end{aligned}$$

该级数在 $(-1,1)$ 内收敛.

定义 15.3.2 形如

$$x^ny^{(n)}+p_1x^{n-1}y^{(n-1)}+\cdots+p_{n-1}xy'+p_ny=f(x)$$

的微分方程称为欧拉方程.

欧拉方程的特点是各项未知函数导数的阶数与乘积因子自变量的次数相同, 为此作变换 $x=\mathrm{e}^t\,(x>0)$, 则

$$\begin{aligned}&\frac{\mathrm{d}y}{\mathrm{d}x}=\frac{\mathrm{d}y}{\mathrm{d}t}\frac{\mathrm{d}t}{\mathrm{d}x}=\frac{1}{x}\frac{\mathrm{d}y}{\mathrm{d}t}\\&\frac{\mathrm{d}^2y}{\mathrm{d}x^2}=\frac{1}{x^2}\left(\frac{\mathrm{d}^2y}{\mathrm{d}t^2}-\frac{\mathrm{d}y}{\mathrm{d}t}\right)\\&\frac{\mathrm{d}^3y}{\mathrm{d}x^3}=\frac{1}{x^3}\left(\frac{\mathrm{d}^3y}{\mathrm{d}t^3}-3\frac{\mathrm{d}^2y}{\mathrm{d}t^2}+2\frac{\mathrm{d}y}{\mathrm{d}t}\right)\\&\qquad\cdots\cdots\end{aligned}$$

如果用 D 表示 $\dfrac{\mathrm{d}}{\mathrm{d}t}$, 则算子进行形式计算得

$$\begin{aligned}&xy'=Dy\\&x^2y''=D(D-1)y\\&x^3y'''=D(D-1)(D-2)y\\&\qquad\cdots\cdots\\&x^ky^{(k)}=D(D-1)\cdots(D-k+1)y\end{aligned}$$

因此欧拉方程化为常系数的微分方程.

注 15.3.2 若作变换 $x=-\mathrm{e}^t\,(x<0)$, 所得结论相同.

例 15.3.14 求 $x^3y'''+x^2y''-4xy'=3x^2$ 的通解.

解 令 $x=\mathrm{e}^t$, 则方程化为 $D^3y-2D^2y-3Dy=3\mathrm{e}^{2t}$, 其特征方程为 $r^3-2r^2-3r=0$, 特征根为 $r_1=0,r_2=-1,r_3=3$. 所以对应的齐次方程的通解为

$$Y=C_1+C_2\mathrm{e}^{-t}+C_3\mathrm{e}^{3t}=C_1+\frac{C_2}{x}+C_3x^3$$

设原方程的特解为 $y^*=b\mathrm{e}^{2t}=bx^2$, 代入原方程得 $b=-\dfrac{1}{2}$. 所以原方程的通解为 $y=C_1+\dfrac{C_2}{x}+C_3x^3-\dfrac{1}{2}x^2$.

习题 15.3.5 二阶线性常微分方程的幂级数解法与欧拉方程

1. 求解下列方程.

(1) $x^3y'''+3x^2y''-2xy'+2y=0$; (2) $x^2y''+xy'-4y=x^3$;

(3) $x^2y''-xy'+4y=x\sin(\ln x)$; (4) $x^3y'''+2xy'-2y=x^2\ln x+3x$.

15.4 综合应用实例

本节将讨论利用常微分方程解决几个实际问题.

例 15.4.1 (追线问题) 如图 15.4.1 所示, 在 Ox 轴上有一点 P 以常速 a 沿着正向移动, 在 xOy 平面上有一点 M 以速度 v 移动, 方向永远指向 P, 求点 M 的运动轨迹以及两点相遇的坐标和时间.

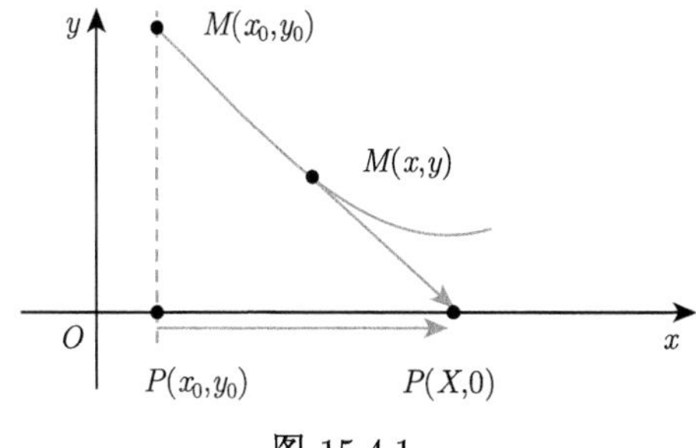

图 15.4.1

解 设动点 $M(x(t),y(t)),P(X(t),0)$, 则由已知条件,

$$\begin{cases} X(t)=X_0+at=x_0+at \\ \dfrac{\mathrm{d}y}{\mathrm{d}x}=-\dfrac{y}{X-x} \end{cases}$$

于是 $X_0-x+at=-\dfrac{y}{\mathrm{d}y/\mathrm{d}x}$, 两边对 x 求导, 得

$$-1+a\frac{\mathrm{d}t}{\mathrm{d}x}=-\frac{(\mathrm{d}y/\mathrm{d}x)^2-y\left(\mathrm{d}^2y/\mathrm{d}x^2\right)}{(\mathrm{d}y/\mathrm{d}x)^2}=-1+\frac{y\left(\mathrm{d}^2y/\mathrm{d}x^2\right)}{(\mathrm{d}y/\mathrm{d}x)^2}$$

整理得

$$\frac{\mathrm{d}t}{\mathrm{d}x}=\frac{y\left(\mathrm{d}^2y/\left(\mathrm{d}x^2\right)\right)}{a\left(\mathrm{d}y/\left(\mathrm{d}x\right)\right)^2} \tag{15.4.1}$$

由于

$$v^2=\left(\frac{\mathrm{d}x\left(t\right)}{\mathrm{d}t}\right)^2+\left(\frac{\mathrm{d}y\left(t\right)}{\mathrm{d}t}\right)^2=\left(\frac{\mathrm{d}x\left(t\right)}{\mathrm{d}t}\right)^2+\left(\frac{\mathrm{d}y\left(t\right)}{\mathrm{d}x}\cdot\frac{\mathrm{d}x\left(t\right)}{\mathrm{d}t}\right)^2$$

解得

$$\left(\frac{\mathrm{d}x\left(t\right)}{\mathrm{d}t}\right)^2=v^2\left(1+\left(\frac{\mathrm{d}y\left(t\right)}{\mathrm{d}x}\right)^2\right)^{-1}$$

于是

$$\left(\frac{\mathrm{d}t}{\mathrm{d}x}\right)^2=\frac{1}{v^2}\left(1+\left(\frac{\mathrm{d}y\left(t\right)}{\mathrm{d}x}\right)^2\right),\quad \frac{\mathrm{d}t}{\mathrm{d}x}=\frac{1}{v}\sqrt{1+\left(\frac{\mathrm{d}y\left(t\right)}{\mathrm{d}x}\right)^2} \tag{15.4.2}$$

由 (15.4.1) 式和 (15.4.2) 式, 我们得到点 M 的轨迹方程

$$\frac{y\left(\mathrm{d}^2y/\left(\mathrm{d}x^2\right)\right)}{a\left(\mathrm{d}y/\left(\mathrm{d}x\right)\right)^2}=\frac{1}{v}\sqrt{1+\left(\frac{\mathrm{d}y\left(t\right)}{\mathrm{d}x}\right)^2}$$

即

$$\frac{\mathrm{d}^2y}{\mathrm{d}x^2}=\frac{a}{vy}\left(\frac{\mathrm{d}y}{\mathrm{d}x}\right)^2\sqrt{1+\left(\frac{\mathrm{d}y}{\mathrm{d}x}\right)^2} \tag{15.4.3}$$

下面解方程 (15.4.3). 令 $p=\dfrac{\mathrm{d}y}{\mathrm{d}x}$, 则

$$\frac{\mathrm{d}p}{\mathrm{d}x}=\frac{\mathrm{d}p}{\mathrm{d}y}\cdot\frac{\mathrm{d}y}{\mathrm{d}x}=p\frac{\mathrm{d}p}{\mathrm{d}y}=\frac{a}{vy}p^2\sqrt{1+p^2}$$

分离变量, 得

$$\frac{\mathrm{d}p}{p\sqrt{1+p^2}}=\frac{a\mathrm{d}y}{vy}$$

由于

$$\int\frac{\mathrm{d}p}{p\sqrt{1+p^2}}=-\int\frac{\frac{1}{p^2}\mathrm{d}\left(p\right)}{\sqrt{1+\left(\frac{1}{p}\right)^2}}=\int\frac{\mathrm{d}\left(\frac{1}{p}\right)}{\sqrt{1+\left(\frac{1}{p}\right)^2}}=\ln\left(\frac{1}{p}+\sqrt{1+\left(\frac{1}{p}\right)^2}\right)$$

所以方程的通解为

$$\ln\left(\frac{1}{p}+\sqrt{1+\left(\frac{1}{p}\right)^2}\right)=\frac{a}{v}\left(\ln y+\ln c\right)\Rightarrow\frac{1}{p}+\sqrt{1+\left(\frac{1}{p}\right)^2}=\left(cy\right)^{\frac{a}{v}}$$

假设初始时刻 P_0 和 M_0 在一条竖直线上, 则 $\left.\dfrac{1}{p}\right|_{t=0}=0$, 于是 $c=\dfrac{1}{y_0}$. 由

$$\begin{cases}\dfrac{1}{p}+\sqrt{1+\left(\dfrac{1}{p}\right)^2}=\left(\dfrac{y}{y_0}\right)^{\frac{a}{v}}\\[2ex] -\dfrac{1}{p}+\sqrt{1+\left(\dfrac{1}{p}\right)^2}=\left(\dfrac{y}{y_0}\right)^{-\frac{a}{v}}\end{cases}$$

推得

$$2\frac{\mathrm{d}x}{\mathrm{d}y}=\left(\frac{y}{y_0}\right)^{\frac{a}{v}}-\left(\frac{y}{y_0}\right)^{-\frac{a}{v}}$$

假设 $v>a$, 上式两端积分得

$$2x=\frac{y_0}{1+\dfrac{a}{v}}\left(\frac{y}{y_0}\right)^{\frac{a}{v}+1}-\frac{y_0}{1-\dfrac{a}{v}}\left(\frac{y}{y_0}\right)^{1-\frac{a}{v}}+C_1$$

根据 $y=y_0$ 时 $x=x_0$ 得到 $C_1=2x_0+y_0\left(\dfrac{1}{1-\dfrac{a}{v}}-\dfrac{1}{1+\dfrac{a}{v}}\right)$. 因此得到轨迹线

$$x=\frac{y_0}{2\left(1+\dfrac{a}{v}\right)}\left[\left(\frac{y}{y_0}\right)^{\frac{a}{v}+1}-1\right]-\frac{y_0}{2\left(1-\dfrac{a}{v}\right)}\left[\left(\frac{y}{y_0}\right)^{1-\frac{a}{v}}-1\right]+x_0$$

令 $y=0$, 得到相遇时的坐标 $x^*=x_0+\dfrac{avy_0}{v^2-a^2}$, 所需时间 $T=\dfrac{x^*-x_0}{a}=\dfrac{vy_0}{v^2-a^2}$.

例 15.4.2 (开普勒定律) 约翰尼斯 · 开普勒, 杰出的德国天文学家, 他发现了行星运动的三大定律:

(1) 行星围绕太阳运动的轨道是一个椭圆, 太阳位于这个椭圆的一个焦点上.

(2) 连接太阳和行星的直线在相同时间内扫过的面积相等.

(3) 行星的旋转周期的平方和它的轨道长轴的立方成正比.

证明 太阳对行星的引力远远大于太空中其他星体对行星的作用力, 所以认为太空中只有太阳和围绕太阳旋转的行星, 而忽略其他的星体.

以太阳为原点建立坐标系, $\boldsymbol{r}=\boldsymbol{r}(t)=(x(t),y(t),z(t))$ 为行星的位置向量, 则

(1) 速度向量: $\boldsymbol{v}(t)=\boldsymbol{r}'(t)$;

(2) 加速度向量: $\boldsymbol{a}(t)=\boldsymbol{r}''(t)$;

(3) 牛顿第二运动定律: $\boldsymbol{F}=m\boldsymbol{a}$;

(4) 万有引力定律: $\boldsymbol{F}=-\dfrac{GMm}{\|\boldsymbol{r}\|^3}\boldsymbol{r}$.

其中 $\boldsymbol{F}$ 是作用于物体上的引力, m 和 M 分别是行星和太阳的质量, G 是万有引力常量.

根据牛顿第二运动定律和万有引力定律, $\boldsymbol{F}=m\boldsymbol{a}=m\dfrac{\mathrm{d}^2\boldsymbol{r}}{\mathrm{d}t^2}=-\dfrac{GMm}{\|\boldsymbol{r}\|^3}\boldsymbol{r}$, 于是

$$\frac{\mathrm{d}^2\boldsymbol{r}}{\mathrm{d}t^2}=-\frac{GM}{\|\boldsymbol{r}\|^3}\boldsymbol{r}\doteq-\frac{\mu}{\|\boldsymbol{r}\|^3}\boldsymbol{r} \tag{15.4.4}$$

$$\begin{cases}\dfrac{\mathrm{d}^2x(t)}{\mathrm{d}t^2}=-\dfrac{\mu x}{\|\boldsymbol{r}\|^3}=-\dfrac{\mu x}{(x^2+y^2+z^2)^{3/2}}\\[2ex]\dfrac{\mathrm{d}^2y(t)}{\mathrm{d}t^2}=-\dfrac{\mu y}{\|\boldsymbol{r}\|^3}=-\dfrac{\mu y}{(x^2+y^2+z^2)^{3/2}}\\[2ex]\dfrac{\mathrm{d}^2z(t)}{\mathrm{d}t^2}=-\dfrac{\mu z}{\|\boldsymbol{r}\|^3}=-\dfrac{\mu z}{(x^2+y^2+z^2)^{3/2}}\end{cases} \tag{15.4.5}$$

(15.4.4) 式两端与 $\boldsymbol{r}$ 做外积, 得 $\dfrac{\mathrm{d}^2\boldsymbol{r}}{\mathrm{d}t^2}\times\boldsymbol{r}=-\dfrac{\mu}{\|\boldsymbol{r}\|^3}\boldsymbol{r}\times\boldsymbol{r}=0$, 于是 $\dfrac{\mathrm{d}}{\mathrm{d}t}\left(\boldsymbol{r}\times\dfrac{\mathrm{d}\boldsymbol{r}}{\mathrm{d}t}\right)=0$, 即 $\boldsymbol{r}\times\dfrac{\mathrm{d}\boldsymbol{r}}{\mathrm{d}t}=\boldsymbol{c}$, 这说明 $\boldsymbol{r}$ 位于同一个平面内.

(15.4.5) 式的第二行乘以 z 减去第三行乘以 y, 得到

$$z\frac{\mathrm{d}^2y}{\mathrm{d}t^2}-y\frac{\mathrm{d}^2z}{\mathrm{d}t^2}=\frac{\mathrm{d}}{\mathrm{d}t}\left(z\frac{\mathrm{d}y}{\mathrm{d}t}-y\frac{\mathrm{d}z}{\mathrm{d}t}\right)=0$$

同理可得 $\dfrac{\mathrm{d}}{\mathrm{d}t}\left(y\dfrac{\mathrm{d}x}{\mathrm{d}t}-x\dfrac{\mathrm{d}y}{\mathrm{d}t}\right)=\dfrac{\mathrm{d}}{\mathrm{d}t}\left(x\dfrac{\mathrm{d}z}{\mathrm{d}t}-z\dfrac{\mathrm{d}x}{\mathrm{d}t}\right)=0$, 于是

$$\begin{cases}zy'-yz'=A\\xz'-zx'=B\\yx'-y'x=C\end{cases}\tag{15.4.6}$$

其中 A,B,C 为常数. 由上式得

$$Ax+By+Cz=0$$

即行星运动轨迹在一个平面上, 且平面过原点 (太阳).

由于行星运动轨迹在一个平面上, 且平面过原点, 不妨选择坐标系, 使得这个平面为 $z=0$. (15.4.5) 式的第一行乘以 $2x'$ 加上第二行乘以 $2y'$, 得

$$2x'x''+2y'y''=-\frac{2\mu\left(xx'+yy'\right)}{\left(x^2+y^2\right)^{3/2}}$$

两边积分得

$$\left(x'\right)^2+\left(y'\right)^2=2\mu\left(x^2+y^2\right)^{-1/2}+C_2\tag{15.4.7}$$

设

$$\begin{cases}x=\|\boldsymbol{r}\|\cos\theta,\\y=\|\boldsymbol{r}\|\sin\theta\end{cases}\Rightarrow\begin{cases}\dfrac{\mathrm{d}x}{\mathrm{d}\theta}=\dfrac{\mathrm{d}\,\|\boldsymbol{r}\|}{\mathrm{d}\theta}\cos\theta-\|\boldsymbol{r}\|\sin\theta\\\dfrac{\mathrm{d}y}{\mathrm{d}\theta}=\dfrac{\mathrm{d}\,\|\boldsymbol{r}\|}{\mathrm{d}\theta}\sin\theta+\|\boldsymbol{r}\|\cos\theta\end{cases}\tag{15.4.8}$$

代入 (15.4.6) 式的第三行, 得 $-\|\boldsymbol{r}\|^2\dfrac{\mathrm{d}\theta}{\mathrm{d}t}=C$, 这就证明了开普勒第二定律: 连接太阳和行星的直线在相同的时间内扫过的面积相等.

将 (15.4.8) 式代入 (15.4.7) 式, 得

$$\left(\left(\frac{\mathrm{d}\,\|\boldsymbol{r}\|}{\mathrm{d}\theta}\right)^2+\|\boldsymbol{r}\|^2\right)\left(\frac{\mathrm{d}\theta}{\mathrm{d}t}\right)^2=\frac{2\mu}{\|\boldsymbol{r}\|}+C_2$$

再将 $-\|\boldsymbol{r}\|^2\dfrac{\mathrm{d}\theta}{\mathrm{d}t}=C$ 代入上式, 得

$$\left(\frac{1}{\|\boldsymbol{r}\|^2}\cdot\frac{\mathrm{d}\,\|\boldsymbol{r}\|}{\mathrm{d}\theta}\right)^2+\frac{1}{\|\boldsymbol{r}\|^2}=\frac{1}{C^2}\left(\frac{2\mu}{\|\boldsymbol{r}\|}+C_2\right)$$

令 $u=\dfrac{1}{\|\boldsymbol{r}\|}$, 则上式化为

$$\left(\frac{\mathrm{d}u}{\mathrm{d}\theta}\right)^2+u^2=\frac{1}{C^2}\{2\mu u+C_2\}\Rightarrow\frac{\mathrm{d}u}{\mathrm{d}\theta}=\frac{1}{C}\sqrt{2\mu u+C_2-C^2u^2}$$

$$\mathrm{d}\theta=\frac{\mathrm{d}u}{\sqrt{\dfrac{C_2}{C^2}+\dfrac{2\mu u}{C^2}-u^2}}=\frac{\mathrm{d}u}{\sqrt{\dfrac{C_2}{C^2}+\dfrac{\mu^2}{C^4}-\left(u-\dfrac{\mu}{C^2}\right)^2}}$$

设 $\dfrac{C_2}{C^2}+\dfrac{\mu^2}{C^4}\geqslant 0$, 则 $\theta-\theta_0=\arcsin\left\{\left(u-\dfrac{\mu}{C^2}\right)\bigg/\sqrt{\dfrac{C_2}{C^2}+\dfrac{\mu^2}{C^4}}\right\}$ (θ_0 为任意实数). 于是

$$\frac{1}{\|\boldsymbol{r}\|}=u=\frac{\mu}{C^2}+\left(\sqrt{\frac{C_2}{C^2}+\frac{\mu^2}{C^4}}\right)\sin(\theta-\theta_0)$$

令 $p=\dfrac{C^2}{\mu},e_1=\left(1+\dfrac{C^2C_2}{\mu^2}\right)^{1/2}$, 则

$$\|\boldsymbol{r}\|=\frac{p}{1+e_1\sin(\theta-\theta_0)}$$

$0\leqslant e_1<1$, 行星运动轨迹是椭圆, 开普勒第一定律得证.

由于

$$\|\boldsymbol{r}\|=\frac{p}{1+e_1\sin(\theta-\theta_0)},\quad p=\frac{C^2}{\mu},e_1=\left(1+\frac{C^2C_2}{\mu^2}\right)^{1/2}$$

所以椭圆的长半轴 $a=p/\left(1-e_1^2\right)$, 短半轴 $b=a\sqrt{1-e_1^2}$, $\pi ab=\pi a^2\sqrt{1-e_1^2}$. 运动周期

$$T=\frac{\pi ab}{\frac{1}{2}|C|},\quad\left(-\|\boldsymbol{r}\|^2\frac{\mathrm{d}\theta}{\mathrm{d}t}=C\right)$$

由于 $C^2=p\mu=\mu a\left(1-e_1^2\right),|C|=\sqrt{\mu a\left(1-e_1^2\right)}$, 所以

$$T=\frac{2\pi}{\sqrt{\mu}}a^{\frac{3}{2}}\Rightarrow\frac{T^2}{a^3}=\frac{4\pi^2}{GM}$$

开普勒第三定律得证.

万有引力定律包括了开普勒三定律, 它反映了行星运行的牛顿力学原理, 能够解释当时对太阳系观测到的现象.

但是, 太阳系并不是只有一个行星, 而有八大行星. 在较长时间内, 人们只观测到六个行星. 后来发现了天王星, 但是对天王星的观测表明, 它的轨道并不是一个椭圆. 人们把其他六个行星对它的影响也作为摄动项计算进去, 仍不能很好地解释它的轨道. 有人大胆假设太阳系在天王星外面还有一个行星, 并假设它的轨道, 考察它对天王星的摄动影响, 而预告它的位置, 终于发现了太阳系的第八颗行星, 命名为海王星. 这是万有引力定律和摄动计算方法能很好解释太阳系运动的范例. 然而, 完整的求解多体问题的微分方程组是十分困难的问题. 人们在完满地解决了两体问题后, 努力研究三体问题. 三体问题对常微分方程的发展影响十分深远. 微分方程定性理论就是法国数学家庞加莱围绕三体问题而创立的. 目前关于限制性三体问题的研究取得的进展, 都是与常微分方程理论的发展密切相关的.

☞扫码学习

*15.6 提 高 课 (1)

15.5.1 线性微分方程组的求解

一阶微分方程组的一般形式为

$$\begin{cases}\dfrac{\mathrm{d}y_1}{\mathrm{d}x}=f_1(x,y_1,y_2,\cdots,y_n)\\ \dfrac{\mathrm{d}y_2}{\mathrm{d}x}=f_2(x,y_1,y_2,\cdots,y_n)\\ \qquad\cdots\cdots\\ \dfrac{\mathrm{d}y_n}{\mathrm{d}x}=f_n(x,y_1,y_2,\cdots,y_n)\end{cases}\tag{15.5.1}$$

其中 $y_1,y_2,\cdots,y_n$ 是关于 x 的未知函数.

若存在一组函数 $y_1(x),y_2(x),\cdots,y_n(x)$ 使方程组 (15.5.1) 中的所有方程在区间 I 上成立, 则函数组 $y_1(x),y_2(x),\cdots,y_n(x)$ 称为一阶微分方程组 (15.5.1) 的一个解.

引入 n 维向量函数

$$\boldsymbol{y}(x)=\begin{pmatrix}y_1(x)\\ y_2(x)\\ \vdots\\ y_n(x)\end{pmatrix},\quad \boldsymbol{F}(x,\boldsymbol{y})=\begin{pmatrix}f_1(x,y_1,y_2,\cdots,y_n)\\ f_2(x,y_1,y_2,\cdots,y_n)\\ \vdots\\ f_n(x,y_1,y_2,\cdots,y_n)\end{pmatrix},\quad \frac{\mathrm{d}\boldsymbol{y}(x)}{\mathrm{d}x}=\begin{pmatrix}\dfrac{\mathrm{d}y_1}{\mathrm{d}x}\\ \dfrac{\mathrm{d}y_2}{\mathrm{d}x}\\ \vdots\\ \dfrac{\mathrm{d}y_n}{\mathrm{d}x}\end{pmatrix}$$

则 (15.5.1) 式可记为 $\dfrac{\mathrm{d}\boldsymbol{y}}{\mathrm{d}x}=\boldsymbol{F}(x,\boldsymbol{y})$. 若把初始条件记为 $\boldsymbol{y}(x_0)=\boldsymbol{y}_0=(y_{10},y_{20},\cdots,y_{n0})^{\mathrm{T}}$, 则得初值问题

$$\begin{cases}\dfrac{\mathrm{d}\boldsymbol{y}}{\mathrm{d}x}=\boldsymbol{F}(x,\boldsymbol{y})\\ \boldsymbol{y}(x_0)=\boldsymbol{y}_0\end{cases}$$

一阶线性微分方程组的一般形式为

$$\begin{cases}\dfrac{\mathrm{d}y_1}{\mathrm{d}x}=a_{11}(x)y_1+a_{12}(x)y_2+\cdots+a_{1n}(x)y_n+f_1(x)\\ \dfrac{\mathrm{d}y_2}{\mathrm{d}x}=a_{21}(x)y_1+a_{22}(x)y_2+\cdots+a_{2n}(x)y_n+f_2(x)\\ \qquad\cdots\cdots\\ \dfrac{\mathrm{d}y_n}{\mathrm{d}x}=a_{n1}(x)y_1+a_{n2}(x)y_2+\cdots+a_{nn}(x)y_n+f_n(x)\end{cases}\tag{15.5.2}$$

若记

$$\boldsymbol{A}(x)=\begin{pmatrix}a_{11}(x)&\cdots&a_{1n}(x)\\ \vdots&&\vdots\\ a_{n1}(x)&\cdots&a_{nn}(x)\end{pmatrix},\quad \boldsymbol{f}(x)=\begin{pmatrix}f_1(x)\\ f_2(x)\\ \vdots\\ f_n(x)\end{pmatrix}$$

则 (15.5.2) 式可记为

$$\frac{\mathrm{d}\boldsymbol{y}}{\mathrm{d}x}=\boldsymbol{A}(x)\boldsymbol{y}+\boldsymbol{f}(x) \tag{15.5.3}$$

对应的齐次线性微分方程组为

$$\frac{\mathrm{d}\boldsymbol{y}}{\mathrm{d}x}=\boldsymbol{A}(x)\boldsymbol{y} \tag{15.5.4}$$

若 $\boldsymbol{A}(x)$ 的每一个分量都是常数, 则称 (15.5.4) 式为常系数线性微分方程组.

定义 15.5.1 把 n 个 n 维向量 $\boldsymbol{y}_1(x),\boldsymbol{y}_2(x),\cdots,\boldsymbol{y}_n(x)$ 作为列写成行列式

$$W(x)=|\boldsymbol{y}_1(x),\boldsymbol{y}_2(x),\cdots,\boldsymbol{y}_n(x)|$$

称 $W(x)$ 为该函数组的朗斯基行列式.

定理 15.5.1 设定义在 I 上的向量函数 $\boldsymbol{y}_1(x),\boldsymbol{y}_2(x),\cdots,\boldsymbol{y}_n(x)$ 均为方程组 (15.5.4) 的解, 则 $\boldsymbol{y}_1(x)$, $\boldsymbol{y}_2(x),\cdots,\boldsymbol{y}_n(x)$ 线性无关的充要条件是其朗斯基行列式 $W(x)$ 在 I 上任一点 x_0 处都不等于零.

定义 15.5.2 一阶线性齐次微分方程组 (15.5.4) 的 n 个线性无关的解称为基本解组.

类似于前面讨论的二阶线性微分方程解的结构问题, 我们有以下结论:

定理 15.5.2 线性非齐次方程组 (15.5.3) 的通解等于对应的齐次微分方程组 (15.5.4) 的通解与 (15.5.3) 的一个特解之和, 即

$$\boldsymbol{y}(x)=C_1\boldsymbol{y}_1(x)+C_2\boldsymbol{y}_2(x)+\cdots+C_n\boldsymbol{y}_n(x)+\tilde{\boldsymbol{y}}(x)$$

这里 $C_1,C_2,\cdots,C_n\in\mathbf{R}$.

定理 15.5.3 如果常系数线性齐次微分方程组 (15.5.4) 的系数矩阵 $\boldsymbol{A}$ 有 n 个线性无关的特征向量 $\boldsymbol{v}_1,\boldsymbol{v}_2,\cdots,\boldsymbol{v}_n$, 相应的特征值为 $\lambda_1,\lambda_2,\cdots,\lambda_n$, 则

$$\boldsymbol{y}_1(x)=\mathrm{e}^{\lambda_1x}\boldsymbol{v}_1,\boldsymbol{y}_2(x)=\mathrm{e}^{\lambda_2x}\boldsymbol{v}_2,\cdots,\boldsymbol{y}_n(x)=\mathrm{e}^{\lambda_nx}\boldsymbol{v}_n$$

是方程组 (15.5.4) 的一个基本解组.

定理 15.5.4 设方程组 (15.5.4) 的系数矩阵 $\boldsymbol{A}$ 的 n_i 重特征值为 λ_i, 方程 $(\boldsymbol{A}-\lambda_i\boldsymbol{E})^{n_i}\boldsymbol{r}=\mathbf{0}$ 存在 n_i 个线性无关的解 $\boldsymbol{r}_k^0,k=1,2,\cdots,n_i$, 其中每一个 $\boldsymbol{r}_k^0$, $\boldsymbol{r}_k^i,i=1,2,\cdots,n_i-1$ 由下式确定:

$$\begin{cases}\boldsymbol{r}_k^1=(\boldsymbol{A}-\lambda_i\boldsymbol{E})\boldsymbol{r}_k^0,\\ \boldsymbol{r}_k^2=(\boldsymbol{A}-\lambda_i\boldsymbol{E})\boldsymbol{r}_k^1,\\ \quad\cdots\cdots\\ \boldsymbol{r}_k^{n_i-1}=(\boldsymbol{A}-\lambda_i\boldsymbol{E})\boldsymbol{r}_k^{n_i-2},\end{cases}\qquad k=1,2,\cdots,n_i$$

则方程组 (15.5.4) 存在 n_i 个线性无关解

$$\mathrm{e}^{\lambda_ix}\left(\boldsymbol{r}_k^0+\frac{x}{1!}\boldsymbol{r}_k^1+\frac{x^2}{2!}\boldsymbol{r}_k^2+\cdots+\frac{x^{n_i-1}}{(n_i-1)!}\boldsymbol{r}_k^{n_i-1}\right),\quad k=1,2,\cdots,n_i$$

定理 15.5.5 如果方程组的系数矩阵 $\boldsymbol{A}$ 的互不相同的特征值为 $\lambda_1,\lambda_2,\cdots,\lambda_s$, 相应的重数为 $n_1,n_2,\cdots,n_s(n_1+n_2+\cdots+n_s=n)$, 则定理 15.5.3 和定理 15.5.4 所示线性无关解的全体构成方程组 (15.5.4) 的基本解组.

例 15.5.1 求方程组 $\begin{cases} x' = 3x - y + z, \\ y' = -x + 5y - z, \\ z' = x - y + 3z \end{cases}$ 的通解.

解 特征方程为 $\begin{vmatrix} 3-\lambda & -1 & 1 \\ -1 & 5-\lambda & -1 \\ 1 & -1 & 3-\lambda \end{vmatrix} = 0$, 即 $\lambda^3 - 11\lambda^2 + 36\lambda - 36 = 0$. 解得特征根 $\lambda_1 = 2, \lambda_2 = 3, \lambda_3 = 6$. 三个特征根所对应的特征向量分别为 $\boldsymbol{v}_1 = \begin{pmatrix} 1 \\ 0 \\ -1 \end{pmatrix}, \boldsymbol{v}_2 = \begin{pmatrix} 1 \\ 1 \\ 1 \end{pmatrix}, \boldsymbol{v}_3 = \begin{pmatrix} 1 \\ -2 \\ 1 \end{pmatrix}$, 故方程组的通解为

$$\begin{pmatrix} x(t) \\ y(t) \\ z(t) \end{pmatrix} = C_1\mathrm{e}^{2t}\begin{pmatrix} 1 \\ 0 \\ -1 \end{pmatrix} + C_2\mathrm{e}^{3t}\begin{pmatrix} 1 \\ 1 \\ 1 \end{pmatrix} + C_3\mathrm{e}^{6t}\begin{pmatrix} 1 \\ -2 \\ 1 \end{pmatrix}$$

例 15.5.2 求微分方程组 $\begin{cases} x' = 5x - 3y - 2z, \\ y' = 8x - 5y - 4z, \\ z' = -4x + 3y + 3z \end{cases}$ 的通解.

解 特征方程为 $|\boldsymbol{A} - \lambda\boldsymbol{E}| = \begin{vmatrix} 5-\lambda & -3 & -2 \\ 8 & -5-\lambda & -4 \\ -4 & 3 & 3-\lambda \end{vmatrix} = (1-\lambda)^3 = 0$, 解得 $\lambda = 1$ 为三重复根. 而方程组 $(\boldsymbol{A} - \lambda\boldsymbol{E})^3\boldsymbol{x} = \boldsymbol{0}$ 的三个线性无关解为 ($(\boldsymbol{A} - \lambda\boldsymbol{E})^3 = \boldsymbol{0}$)

$$\boldsymbol{r}_1^0 = \begin{pmatrix} 1 \\ 0 \\ 0 \end{pmatrix}, \quad \boldsymbol{r}_2^0 = \begin{pmatrix} 0 \\ 1 \\ 0 \end{pmatrix}, \quad \boldsymbol{r}_3^0 = \begin{pmatrix} 0 \\ 0 \\ 1 \end{pmatrix}$$

由定理 15.5.4, 解得

$$\begin{aligned} &\boldsymbol{r}_1^1 = (\boldsymbol{A} - \boldsymbol{E})\boldsymbol{r}_1^0 = (4, 8, -4)^{\mathrm{T}}, \quad \boldsymbol{r}_1^2 = (\boldsymbol{A} - \boldsymbol{E})\boldsymbol{r}_1^1 = (0, 0, 0)^{\mathrm{T}} \\ &\boldsymbol{r}_2^1 = (\boldsymbol{A} - \boldsymbol{E})\boldsymbol{r}_2^0 = (-3, -6, 3)^{\mathrm{T}}, \quad \boldsymbol{r}_2^2 = (\boldsymbol{A} - \boldsymbol{E})\boldsymbol{r}_2^1 = (0, 0, 0)^{\mathrm{T}} \\ &\boldsymbol{r}_3^1 = (\boldsymbol{A} - \boldsymbol{E})\boldsymbol{r}_3^0 = (-2, -4, 2)^{\mathrm{T}}, \quad \boldsymbol{r}_3^2 = (\boldsymbol{A} - \boldsymbol{E})\boldsymbol{r}_3^1 = (0, 0, 0)^{\mathrm{T}} \end{aligned}$$

于是方程组线性无关的解为

$$\begin{pmatrix} x(t) \\ y(t) \\ z(t) \end{pmatrix} = \mathrm{e}^t\begin{pmatrix} 1+4t \\ 8t \\ -4t \end{pmatrix}, \quad \begin{pmatrix} x(t) \\ y(t) \\ z(t) \end{pmatrix} = \mathrm{e}^t\begin{pmatrix} -3t \\ 1-6t \\ 3t \end{pmatrix}, \quad \begin{pmatrix} x(t) \\ y(t) \\ z(t) \end{pmatrix} = \mathrm{e}^t\begin{pmatrix} -2t \\ -4t \\ 1+2t \end{pmatrix}$$

例 15.5.3 求方程组 $\begin{cases} x' = 2x + 3y + 5t, \\ y' = 3x + 2y + 8\mathrm{e}^t \end{cases}$ 的通解.

解 对应的齐次问题的特征方程为 $\begin{vmatrix} 2 & -\lambda & 3 \\ 3 & 2 & -\lambda \end{vmatrix} = (\lambda - 5)(\lambda + 1) = 0$, 解得特征根 $\lambda_1 = 5, \lambda_2 = -1$, 对应的特征向量分别为 $\boldsymbol{v}_1 = \begin{pmatrix} 1 \\ 1 \end{pmatrix}, \boldsymbol{v}_2 = \begin{pmatrix} 1 \\ -1 \end{pmatrix}$. 所以齐次方程的通解为

$$\begin{pmatrix} x \\ y \end{pmatrix} = c_1 \begin{pmatrix} \mathrm{e}^{5t} \\ \mathrm{e}^{5t} \end{pmatrix} + c_2 \begin{pmatrix} \mathrm{e}^{-t} \\ -\mathrm{e}^{-t} \end{pmatrix}$$

利用参数变易方法, 设非齐次方程组有如下形式的特解:

$$\begin{pmatrix} x_1 \\ y_1 \end{pmatrix} = c_1(t) \begin{pmatrix} \mathrm{e}^{5t} \\ \mathrm{e}^{5t} \end{pmatrix} + c_2(t) \begin{pmatrix} \mathrm{e}^{-t} \\ -\mathrm{e}^{-t} \end{pmatrix}$$

将其代入原方程组得

$$\begin{cases} \mathrm{e}^{5t} c_1'(t) + \mathrm{e}^{-t} c_2'(t) = 5t \\ \mathrm{e}^{5t} c_1'(t) - \mathrm{e}^{-t} c_2'(t) = 8\mathrm{e}^t \end{cases}$$

即 $\begin{cases} c_1'(t) = \dfrac{5}{2} t\mathrm{e}^{-5t} + 4\mathrm{e}^{-4t}, \\ c_2'(t) = \dfrac{5}{2} t\mathrm{e}^{t} - 4\mathrm{e}^{2t}, \end{cases}$ 解得 $\begin{cases} c_1(t) = \left(-\dfrac{1}{2}t - \dfrac{1}{10}\right)\mathrm{e}^{-5t} - \mathrm{e}^{-4t}, \\ c_2(t) = \left(\dfrac{5}{2}t - \dfrac{5}{2}\right)\mathrm{e}^{t} - 2\mathrm{e}^{2t}, \end{cases}$ 于是特解为

$$\begin{pmatrix} x_1 \\ y_1 \end{pmatrix} = \begin{pmatrix} 2t - \dfrac{13}{5} - 3\mathrm{e}^t \\ -3t + \dfrac{12}{5} + \mathrm{e}^t \end{pmatrix}$$

所以非齐次方程组的通解为

$$\begin{pmatrix} x \\ y \end{pmatrix} = c_1 \begin{pmatrix} \mathrm{e}^{5t} \\ \mathrm{e}^{5t} \end{pmatrix} + c_2 \begin{pmatrix} \mathrm{e}^{-t} \\ -\mathrm{e}^{-t} \end{pmatrix} + \begin{pmatrix} 2t - \dfrac{13}{5} - 3\mathrm{e}^t \\ -3t + \dfrac{12}{5} + \mathrm{e}^t \end{pmatrix}$$

习题 15.5.1 线性微分方程组的求解

1. 求下列微分方程组满足所给初始条件的特解.

(1) $\begin{cases} \dfrac{\mathrm{d}x}{\mathrm{d}t} + 3x - y = 0, x|_{t=0} = 1, \\ \dfrac{\mathrm{d}y}{\mathrm{d}t} - 8x + y = 0, y|_{t=0} = 4; \end{cases}$ (2) $\begin{cases} 2\dfrac{\mathrm{d}x}{\mathrm{d}t} - 4x + \dfrac{\mathrm{d}y}{\mathrm{d}t} - y = \mathrm{e}^t, x|_{t=0} = \dfrac{3}{2}, \\ \dfrac{\mathrm{d}x}{\mathrm{d}t} + 3x + y = 0, y|_{t=0} = 0; \end{cases}$

(3) $\begin{cases} \dfrac{\mathrm{d}x}{\mathrm{d}t} + 2x - \dfrac{\mathrm{d}y}{\mathrm{d}t} = 10\cos t, x|_{t=0} = 2, \\ \dfrac{\mathrm{d}x}{\mathrm{d}t} + \dfrac{\mathrm{d}y}{\mathrm{d}t} + 2y = 4\mathrm{e}^{-2t}, y|_{t=0} = 0; \end{cases}$ (4) $\begin{cases} \dfrac{\mathrm{d}x}{\mathrm{d}t} - x + \dfrac{\mathrm{d}y}{\mathrm{d}t} + 3y = \mathrm{e}^{-t} - 1, x|_{t=0} = \dfrac{48}{49}, \\ \dfrac{\mathrm{d}x}{\mathrm{d}t} + 2x + \dfrac{\mathrm{d}y}{\mathrm{d}t} + y = \mathrm{e}^{2t} + t, y|_{t=0} = \dfrac{95}{98}. \end{cases}$

15.5.2 常微分方程初值问题的几个基本问题

下面介绍常微分方程解的存在唯一性定理.

定理 15.5.6 设初值问题

$$\begin{cases} \dfrac{\mathrm{d}y}{\mathrm{d}x} = f(x,y) \\ y(x_0) = y_0 \end{cases} \tag{15.5.5}$$

满足条件:

(1) $f(x,y)$ 在矩形区域 $D = \{(x,y) \,||x-x_0| \leqslant a, |y-y_0| \leqslant b\}$ 内连续;

(2) $f(x,y)$ 对 y 满足一致利普希茨条件: 存在与 x 无关的常数 L, 使得

$$|f(x,y_1) - f(x,y_2)| \leqslant L|y_1 - y_2|$$

则初值问题 (15.5.5) 在区间 $I = [x_0 - h, x_0 + h]$ 上有并且只有一个解, 其中 $h = \min\left\{a, \dfrac{b}{M}\right\}$, $M > \max\limits_{(x,y)\in D} |f(x,y)|$.

证明 证明过程分成以下四步.

(a) 初值问题 (15.5.5) 等价于积分方程

$$y = y_0 + \int_{x_0}^{x} f(t,y)\mathrm{d}t \tag{15.5.6}$$

因此定理的证明等价于证明积分方程 (15.5.6) 在区间 I 上有且只有一个解.

(b) 用逐次迭代法构造函数序列

$$\begin{cases} y_{n+1}(x) = y_0 + \displaystyle\int_{x_0}^{x} f(t,y_n(t))\mathrm{d}t, \\ y_0(x) = y_0 \end{cases} \quad (x \in [x_0 - a, x_0 + a]\,, n = 0,1,2,\cdots) \tag{15.5.7}$$

由于 $y_1(x) = y_0 + \displaystyle\int_{x_0}^{x} f(t,y_0(t))\mathrm{d}t$ 在区间 $[x_0 - a, x_0 + a]$ 上是连续可微的, 所以 $x \in I$ 时

$$|y_1(x) - y_0| \leqslant \int_{x_0}^{x} |f(t,y_0(t))|\mathrm{d}t \leqslant M|x - x_0| \leqslant Mh \leqslant b$$

又由于 $y_2(x) = y_0 + \displaystyle\int_{x_0}^{x} f(t,y_1(t))\mathrm{d}t$ 在 I 上是连续可微的, 所以 $x \in I$ 时

$$|y_2(x) - y_0| \leqslant \int_{x_0}^{x} |f(t,y_1(t))|\mathrm{d}t \leqslant M|x - x_0| \leqslant Mh \leqslant b$$

用归纳法可以证明函数序列 $\{y_n(x)\}$ 在 I 上连续, 且满足不等式

$$|y_n(x) - y_0| \leqslant M|x - x_0| \leqslant b \quad (n = 0,1,2,\cdots)$$

(c) 证明序列$\{y_n(x)\}$ 在 I 上一致收敛到积分方程 (15.5.6) 的解. 序列 $\{y_n(x)\}$ 的收敛等

价于级数 $\sum\limits_{n=1}^{\infty}[y_{n+1}(x)-y_n(x)]$ 的收敛性. 下证级数 $\sum\limits_{n=1}^{\infty}[y_{n+1}(x)-y_n(x)]$ 在 I 上是一致收敛的.

由于

$$
\begin{aligned}
|y_1(x)-y_0(x)| &= \left|\int_{x_0}^{x}[f(t,y_0)]\mathrm{d}t\right| \leqslant M\,|x-x_0| \\
|y_2(x)-y_1(x)| &= \left|\int_{x_0}^{x}[f(t,y_1(t))-f(t,y_0(t))]\mathrm{d}t\right| \leqslant \int_{x_0}^{x} L|y_1(t)-y_0(t)|\mathrm{d}t \\
&\leqslant \int_{x_0}^{x} LM|t-x_0|\mathrm{d}t = \frac{ML|x-x_0|^2}{2!} \\
|y_3(x)-y_2(x)| &= \left|\int_{x_0}^{x}[f(t,y_2(t))-f(t,y_1(t))]\mathrm{d}t\right| \leqslant \int_{x_0}^{x} L|y_2(t)-y_1(t)|\mathrm{d}t \\
&\leqslant \int_{x_0}^{x} L\frac{ML|t-x_0|^2}{2!}\mathrm{d}t = \frac{ML^2|x-x_0|^3}{3!}
\end{aligned}
$$

用数学归纳法可证得

$$
|y_{n+1}(x)-y_n(x)| \leqslant ML^n\frac{|x-x_0|^{n+1}}{(n+1)!}, \quad x\in I, n=0,1,2,\cdots
$$

因此 $\{y_n(x)\}$ 在 I 上一致收敛, 极限函数 $\phi(x)=\lim\limits_{n\to\infty}y_n(x)$ 在 I 上连续. 利用 $f(x,y)$ 的连续性以及序列 $\{y_n(x)\}$ 的一致收敛性, 在 (15.5.7) 式中令 $n\to\infty$ 得到

$$
\phi(x)=y_0+\int_{x_0}^{x} f(t,\phi(t))\mathrm{d}t
$$

因此 $y=\phi(x)$ 在 I 上是积分方程 (15.5.6) 的一个解.

(d) 下证唯一性. 设积分方程 (15.5.6) 有两个解 $y=u(x)$ 和 $y=v(x)$. 令 $J=[x_0-d,x_0+d]$, 其中 $d\leqslant h$ 为某一正数. 则有

$$
u(x)-v(x)=\int_{x_0}^{x}[f(t,u(t))-f(t,v(t))]\mathrm{d}t \quad (x\in J)
$$

利用利普希茨条件, 得到

$$
|u(x)-v(x)| \leqslant L\int_{x_0}^{x}|u(t)-v(t)|\mathrm{d}t \tag{15.5.8}
$$

注意到在区间 J 上, $|u(x)-v(x)|$ 连续且有界, 因此可取它的一个上界 K, 于是由 (15.5.8) 式得

$$
|u(x)-v(x)| \leqslant LK|x-x_0|
$$

将上式代入 (15.5.8) 式, 推出

$$
|u(x)-v(x)| \leqslant K\frac{(L|x-x_0|)^2}{2}
$$

再将上式代入 (15.5.8) 式, 依次类推, 归纳得到

$$
|u(x)-v(x)| \leqslant K\frac{L^n|x-x_0|^n}{n!}, \quad x\in J \quad \left(\lim_{n\to\infty}\frac{L^n}{n!}=0\right)
$$

在上式中令 $n\to\infty$ 得 $u(x)=v(x)\,(x\in J)$. 即积分方程 (15.5.6) 的解是唯一的. 结论得证.

下面给出微分方程初值问题解对初值的连续依赖性定理, 证明留给读者完成. 初值问题

$$\begin{cases}\dfrac{\mathrm{d}y}{\mathrm{d}x}=f(x,y)\\ y(x_0)=y_0\end{cases}\tag{15.5.9}$$

$$\begin{cases}\dfrac{\mathrm{d}y}{\mathrm{d}x}=f(x,y)\\ y(x_0^*)=y_0^*\end{cases}\tag{15.5.10}$$

定理 15.5.7 (解对初值的连续依赖定理) 设 $f(x,y)$ 在区域 G 内连续且关于 y 满足局部一致利普希茨条件. 如果 $(x_0,y_0),(x_0^*,y_0^*)\in G$, 存在区间 $[a,b]$, 当 $x\in[a,b]$ 时, 方程 (15.5.9) 和 (15.5.10) 的解存在. 记初值问题 (15.5.9) 和 (15.5.10) 的解分别为

$$y=\phi(x,x_0,y_0),\quad a\leqslant x\leqslant b,a\leqslant x_0\leqslant b$$

$$y=\psi(x,x_0^*,y_0^*),\quad a\leqslant x\leqslant b,a\leqslant x_0^*\leqslant b$$

那么对任意给定的 $\varepsilon>0$, 必能找到正数 $\delta=\delta(\varepsilon,a,b)$, 使得

$$|x_0^*-x_0|\leqslant\delta,|y_0^*-y_0|\leqslant\delta:|\psi(x,x_0^*,y_0^*)-\phi(x,x_0,y_0)|<\varepsilon$$

下面给出微分方程初值问题解对初值和参数的连续依赖性定理, 证明留给读者完成. 微分方程含参数的初值问题

$$\begin{cases}\dfrac{\mathrm{d}y}{\mathrm{d}x}=f(x,y,\lambda_0)\\ y(x_0)=y_0\end{cases}\tag{15.5.11}$$

$$\begin{cases}\dfrac{\mathrm{d}y}{\mathrm{d}x}=f(x,y,\lambda)\\ y(x_0^*)=y_0^*\end{cases}\tag{15.5.12}$$

定理 15.5.8 (解对初值和参数的连续依赖定理) 设 $f(x,y,\lambda)$ 在区域

$$G_\lambda:\{(x,y,\lambda)\,|(x,y)\in G,\alpha<\lambda<\beta\}$$

内连续, 且在 G_λ 内关于 y 一致地满足局部利普希茨条件:

$$|f(x,y_1,\lambda)-f(x,y_2,\lambda|\leqslant L|y_1-y_2|$$

其中 L 是与 x,λ 无关的常数. 存在区间 $[a,b]$, 使得 $x\in[a,b]$ 时, 含参数初值问题 (15.5.11) 和 (15.5.12) 的解存在. 记方程 (15.5.11) 和 (15.5.12) 的解分别为

$$y=\phi(x,x_0,y_0,\lambda_0),\quad a\leqslant x\leqslant b,a\leqslant x_0\leqslant b,(x_0,y_0,\lambda_0)\in G_\lambda$$

$$y=\psi(x,x_0^*,y_0^*,\lambda),\quad a\leqslant x\leqslant b,a\leqslant x_0^*\leqslant b,(x_0^*,y_0^*,\lambda)\in G_\lambda$$

那么对任意给定的 $\varepsilon>0$, 必能找到正数 $\delta=\delta(\varepsilon,a,b)$, 使得

$$|x_0^*-x_0|\leqslant\delta,|y_0^*-y_0|\leqslant\delta,|\lambda-\lambda_0|\leqslant\delta:|\phi(x,x_0,y_0,\lambda_0)-\psi(x,x_0^*,y_0^*,\lambda)|<\varepsilon$$

15.5.3 常微分方程数值解初步

一阶常微分方程的初值问题, 其一般形式为

$$\begin{cases} \dfrac{\mathrm{d}y}{\mathrm{d}x} = f(x,y), \\ y(0) = a_0 \end{cases} \quad 0 \leqslant x \leqslant T \tag{15.5.13}$$

数值解法的基本思想:

(1) 分割 $[0,T]: 0 = x_0 < x_1 < x_2 < \cdots < x_n = T$, 令 $h_i = x_{i+1} - x_i, i = 0,1,\cdots,n-1$, h_i 称为由 x_i 到 x_{i+1} 的步长.

(2) 在节点 $\{x_i\}_{i=1}^n$ 采用离散化方法, 将初值问题 (15.5.13) 转化为关于离散变量 $\{y_i\}_{i=1}^n$ 的问题. y_i 作为 $y(x_i)$ 的近似值, 求得的 y_i 就是初值问题 (15.5.13) 在节点 x_i 的数值解. 如图 15.5.1 所示.

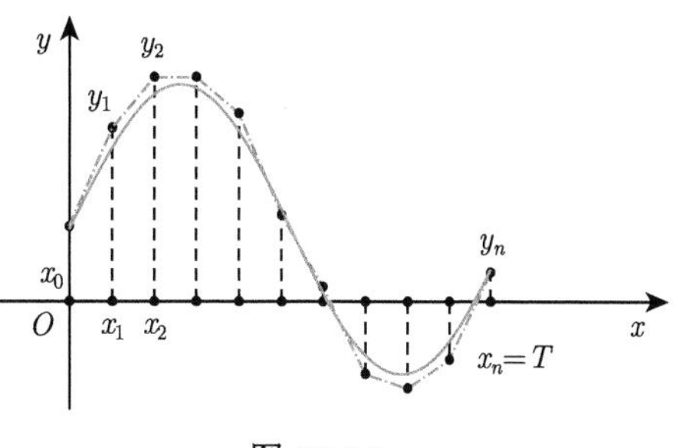

图 15.5.1

下面介绍在节点 $\{x_i\}_{i=1}^n$ 处离散化的几类方法.

显式欧拉方法 将 $y(x_{k+1})$ 在 $x = x_k$ 处泰勒展开得

$$\begin{aligned} y(x_{k+1}) &= y(x_k) + h_k f(x_k, y(x_k)) + \frac{y''(\xi_k)}{2!}h_k^2, \quad \xi_k \in [x_k, x_{k+1}] \\ &\approx y(x_k) + h_k f(x_k, y(x_k)) \end{aligned}$$

忽略高阶项 $\dfrac{y''(\xi_k)}{2!}h_k^2$, 用 $y_k, f(x_k, y_k)$ 代替 $y(x_k), f(x_k, y(x_k))$, 得离散格式

$$\begin{cases} y_{k+1} = y_k + h_k f_k, \\ h_k = x_{k+1} - x_k, \\ f_k = f(x_k, y_k), \\ y_0 = a_0, \end{cases} \quad k = 0,1,\cdots,n-1$$

隐式欧拉方法 将 $y(x_k)$ 在 x_{k+1} 处泰勒展开得

$$y(x_k) = y(x_{k+1}) - h_k f(x_{k+1}, y(x_{k+1})) + \frac{1}{2!}y''(\eta_k)h_k^2, \quad \eta_k \in [x_k, x_{k+1}]$$

忽略 h_k^2 对应的高阶项, 用 $y_k, y_{k+1}, f_{k+1} = f(x_{k+1}, y_{k+1})$ 近似 $y(x_k), y(x_{k+1}), f(x_{k+1}, y(x_{k+1}))$ 可得

$$\begin{cases} y_{k+1} = y_k + h_k f(x_{k+1}, y_{k+1}), \\ y_0 = a_0, \end{cases} \quad k = 0,1,\cdots,n-1$$

上式右端也含有 y_{k+1}, 因此它是关于 y_{k+1} 的一个函数方程, 需要解方程才能得到 y_{k+1}, 因此称其为隐式欧拉方法.

梯形方法 利用梯形公式对方程 (15.5.13) 两边进行积分, 并将近似取为等号, 可得

$$\begin{cases} y_{k+1} = y_k + \dfrac{h_k}{2}[f(x_k, y_k) + f(x_{k+1}, y_{k+1})], \\ y_0 = a_0, \end{cases} \quad k = 0,1,\cdots,n-1$$

这种方法称为梯形方法. 如图 15.5.2 所示.

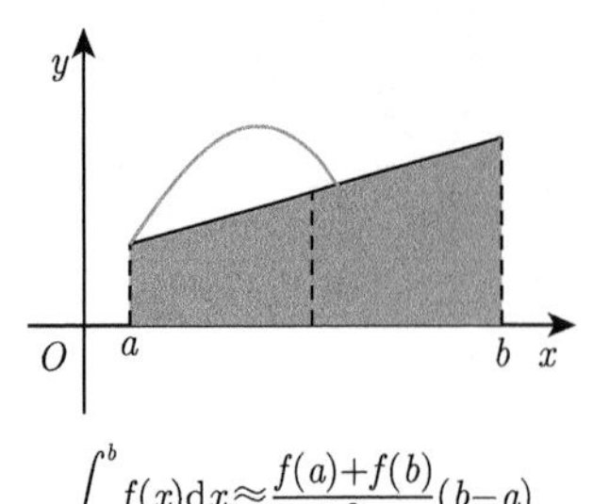

图 15.5.2

预估校正方法 用显式欧拉方法所得的 $\bar{y}_{k+1}$ 作为 $y_{k+1}^{(0)}$, 用梯形方法改进一次, 得

$$\begin{cases} \bar{y}_{k+1}=y_k+h_k f(x_k,y_k) \\ y_{k+1}=y_k+\dfrac{h_k}{2}[f(x_k,y_k)+f(x_{k+1},\bar{y}_{k+1})] \\ y_0=a_0 \\ k=0,1,\cdots,n-1 \end{cases}$$

上式称为预估校正欧拉方法, 或称为改进的欧拉方法.

例如, 初值问题 $\begin{cases} \dfrac{\mathrm{d}y}{\mathrm{d}x}=y\cos x, \\ y(0)=1, \end{cases}$ 其精确解为 $y=\mathrm{e}^{\sin x}$. 用上面介绍的几类方法数值求解, 模拟结果如图 15.5.3 所示, 随着分割点不断加密, 数值解更好地逼近精确解.

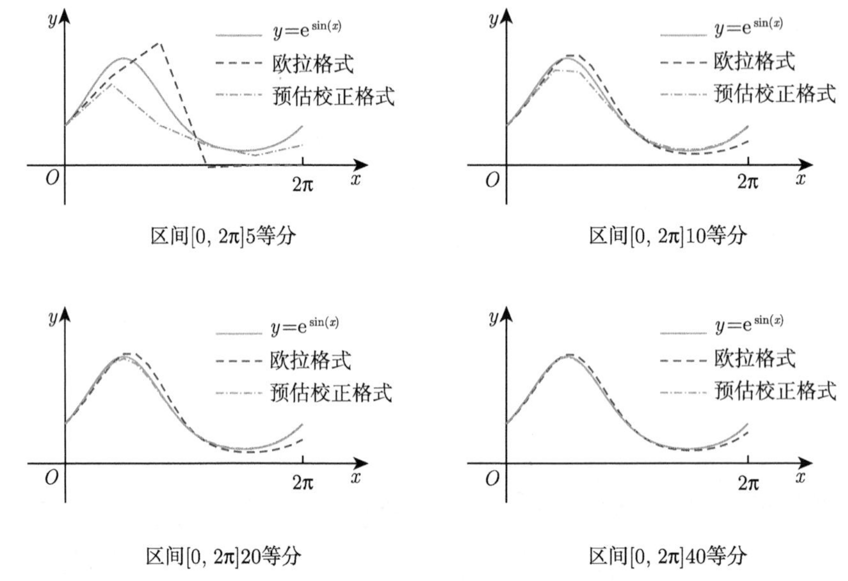

图 15.5.3

下面以显式欧拉方法为例进行算法理论分析.

$$\frac{\mathrm{d}y}{\mathrm{d}x}=f(x,y)\Leftrightarrow y(x+h)=y(x)+\int_x^{x+h}f(x,y)\mathrm{d}x$$

$$\begin{aligned} y(x_m+h)&=y(x_m)+\int_{x_m}^{x_m+h}f(x,y(x))\mathrm{d}x \\ &=y(x_m)+hf(x_m,y(x_m))+R_m\approx y(x_m)+hf(x_m,y(x_m)) \end{aligned}$$

$$R_m=\int_{x_m}^{x_{m+1}}f(t,y(t))\mathrm{d}t-hf(x_m,y(x_m))$$

定义显式欧拉方法的局部截断误差: 当 $y(x_m)$ 取精确值时, 计算 $y(x_{m+1})$ 产生的误差

$$R_m=\int_{x_m}^{x_{m+1}} f(x,y(x))\mathrm{d}x-hf(x_m,y(x_m))$$

为局部截断误差.

定义显式欧拉方法的整体误差: $e_k=y(x_k)-y_k, k=0,1,2,\cdots,n$.

定理 15.5.9 设 $f(x,y)$ 分别对 x,y 满足利普希茨条件

$$|f(x_1,y)-f(x_2,y)|\leqslant K|x_1-x_2| \tag{15.5.14}$$

$$|f(x,y_1)-f(x,y_2)|\leqslant L|y_1-y_2| \tag{15.5.15}$$

记 $M=\max\limits_{0\leqslant x\leqslant T}|f(x,y)|$. 则显式欧拉方法的局部截断误差 R_m 满足

$$|R_m|\leqslant R=\frac{h^2}{2}(K+LM)$$

证明 利用条件 (15.5.14) 和 (15.5.15) 分析如下:

$$\begin{aligned}
|R_m|&=\left|\int_{x_m}^{x_{m+1}} f(x,y(x))\mathrm{d}x-hf(x_m,y(x_m))\right|\\
&=\left|\int_{x_m}^{x_{m+1}}[f(x,y(x))-f(x_m,y(x))]\,\mathrm{d}x+\int_{x_m}^{x_{m+1}}[f(x_m,y(x))-f(x_m,y(x_m))]\,\mathrm{d}x\right|\\
&\leqslant K\int_{x_m}^{x_{m+1}}|x-x_m|\,\mathrm{d}x+L\int_{x_m}^{x_{m+1}}|y(x)-y(x_m)|\,\mathrm{d}x \Leftarrow \boxed{\text{拉格朗日中值定理}}\\
&\leqslant \frac{h^2K}{2}+L\int_{x_m}^{x_{m+1}}|y'(x_m+\theta(x-x_m))|\,|x-x_m|\,\mathrm{d}x\quad(0<\theta<1)\\
&\leqslant \frac{h^2}{2}(K+LM)
\end{aligned}$$

结论得证.

定理 15.5.10 设 $f(x,y)$ 分别对 x,y 满足利普希茨条件 (15.5.14) 和 (15.5.15), 则显式欧拉方法的整体截断误差 $e_k=y(x_k)-y_k$ 满足

$$|e_k|\leqslant e^{LT}|e_0|+\frac{R}{Lh}\left(e^{LT}-1\right)$$

证明 由于

$$\begin{aligned}
&y(x_{m+1})=y(x_m)+hf(x_m,y(x_m))+R_m\\
&y_{m+1}=y_m+hf(x_m,y_m)\quad(0\leqslant x\leqslant T,nh\leqslant T)
\end{aligned}$$

所以

$$\begin{aligned}
&e_{m+1}=e_m+h[f(x_m,y(x_m))-f(x_m,y_m)]+R_m\\
&|e_{m+1}|\leqslant|e_m|+hL|e_m|+|R_m|=(1+hL)|e_m|+R
\end{aligned}$$

$$
\begin{aligned}
&\leqslant (1+hL)^2 |e_{m-1}| + R + R(1+hL) \\
&\leqslant (1+hL)^n |e_0| + R\sum_{j=0}^{n}(1+hL)^j \\
&\leqslant \mathrm{e}^{LT}|e_0| + \frac{R}{Lh}\left(\mathrm{e}^{LT}-1\right)
\end{aligned}
$$

上式最后一个不等号用到了不等式 $(1+x)^n \leqslant \mathrm{e}^{nx}\,(x>0)$. 结论得证.

由以上两个定理, 可得结论如下:

定理 15.5.11 设 $f(x,y)$ 分别对 x,y 满足利普希茨条件 (15.5.14) 和 (15.5.15), 则显式欧拉方法的整体截断误差 $e_k = y(x_k) - y_k$ 满足

$$
|e_k| \leqslant \mathrm{e}^{LT}|e_0| + \frac{h}{2}\left(M+\frac{K}{L}\right)\left(\mathrm{e}^{LT}-1\right)
$$

下面考虑数值方法的稳定性.

定义稳定性: 设

$$
\begin{cases} y_{k+1} = y_k + hf(x_k, y_k), \\ y_0 = a_0, \end{cases} \qquad \begin{cases} w_{k+1} = w_k + hf(x_k, w_k) \\ y_0 = b_0 \end{cases}
$$

其中 $h=\dfrac{T}{n}$. 如果存在常数 c 使得 $|y_{k+1}-w_{k+1}| \leqslant c|a_0-b_0|$, 则称数值方法是稳定的.

定理 15.5.12 设 $f(x,y)$ 分别对 x,y 满足利普希茨条件 (15.5.14) 和 (15.5.15), 则显式欧拉方法是稳定的, $e_k = y_k - w_k$ 满足

$$
|e_k| \leqslant \mathrm{e}^{LT}|a_0-b_0|
$$

证明 由

$$
\begin{aligned}
y_{m+1} &= y_m + hf(x_m, y_m) \\
w_{m+1} &= w_m + hf(x_m, w_m)
\end{aligned}
$$

得到

$$
y_{m+1} - w_{m+1} = (y_m - w_m) + h\left(f(x_m,y_m) - f(x_m,w_m)\right)
$$

即

$$
e_{m+1} = y_{m+1} - w_{m+1} = e_m + h\left(f(x_m,y_m) - f(x_m,w_m)\right)
$$

于是由利普希茨条件得

$$
|e_{m+1}| \leqslant |e_m| + hL|e_m| = (1+hL)|e_m| \leqslant (1+hL)^{m+1}|e_0| \leqslant \mathrm{e}^{LT}|e_0|
$$

结论得证.

常微分方程数值解研究中心问题是构造高精度和稳定的数值方法.

扫码学习

*15.6 提 高 课 (2)

15.6.1 常微分方程应用: 三级火箭问题研究

运载火箭把人造卫星发射到高空轨道运行, 为什么采用三级火箭发射, 本节给出详细分析.

数学模型 1 研究卫星进入 600 千米高空轨道的时候火箭的最低速度.

假设: (1) 卫星轨道是以地球中心为圆心的圆周, 卫星在此轨道上以地球引力为向心力绕地球做平面匀速圆周运动;

(2) 地球是固定于空间的均匀球体, 质量集中在球心;

(3) 其他星球对卫星的引力忽略不计.

设地球的质量和半径分别为 M, R, 卫星质量和轨道半径为 m_p, r. 由万有引力定律, $F = G\dfrac{Mm_p}{r^2}$, 其中 G 为引力常数.

如果卫星在地球表面, 则 $G\dfrac{Mm_p}{R^2} = m_p g$, 即 $GM = gR^2$, 其中 g 为重力加速度. 于是

$$F = m_p g\left(\frac{R}{r}\right)^2$$

设卫星绕着地球做匀速圆周运动时速度为 v, 向心力为 $\dfrac{m_p v^2}{r}$, 则

$$m_p g\left(\frac{R}{r}\right)^2 = \frac{m_p v^2}{r} \Rightarrow v = R\sqrt{\frac{g}{r}} \approx 7.6\,(\mathrm{km/s})$$

$$\left(R = 6400\mathrm{km}, r - R = 600\mathrm{km},\ g = 9.81\left(\mathrm{m/s^2}\right)\right)$$

即卫星进入 600 千米高空轨道的时候火箭的最低速度 $v \approx 7.6\,(\mathrm{km/s})$.

数学模型 2 火箭的推进力和速度.

火箭是由一台发动机和一个燃料仓组成. 燃料燃烧产生大量气体从火箭末端喷出, 给火箭一个推力. 火箭在运行过程中受到空气阻力、地球引力、地球自转和公转的影响, 火箭升空后做曲线运动.

假设: (1) 火箭在喷气作用下做直线运动;

(2) 火箭所受的重力和空气阻力忽略不计;

(3) 在 t 时刻火箭的质量 $m(t)$ 和速度 $v(t)$ 是连续可导函数;

(4) 从火箭末端喷出气体的速度为常数 (相对火箭)u.

火箭喷出的气体相对地球的速度为 $v(t) - u$. 火箭在运动过程中, 在时间段 $[t, t + \Delta t]$ 内质量的减少 (燃料燃烧) 为

$$m(t + \Delta t) - m(t) = \frac{\mathrm{d}m(t)}{\mathrm{d}t}\Delta t + o(\Delta t)$$

根据动量守恒定律,

$$m(t)v(t) = m(t + \Delta t)v(t + \Delta t) - \left(\frac{\mathrm{d}m(t)}{\mathrm{d}t}\Delta t + o(\Delta t)\right)(v(t) - u)$$

于是

$$m(t + \Delta t)v(t + \Delta t) - m(t)v(t) = \left(\frac{\mathrm{d}m(t)}{\mathrm{d}t}\Delta t + o(\Delta t)\right)(v(t) - u)$$

$$\frac{\mathrm{d}(m(t)v(t))}{\mathrm{d}t}\Delta t + o(\Delta t) = \left(\frac{\mathrm{d}m(t)}{\mathrm{d}t}\Delta t + o(\Delta t)\right)(v(t) - u)$$

令 $\Delta t\to 0$ 得

$$\frac{\mathrm{d}\left(m\left(t\right)v\left(t\right)\right)}{\mathrm{d}t}=\frac{\mathrm{d}m\left(t\right)}{\mathrm{d}t}\left(v\left(t\right)-u\right)$$

所以得到火箭的推进力数学模型:

$$m\left(t\right)\frac{\mathrm{d}v\left(t\right)}{\mathrm{d}t}=-u\frac{\mathrm{d}m\left(t\right)}{\mathrm{d}t}\Rightarrow\begin{cases}m\left(t\right)\dfrac{\mathrm{d}v\left(t\right)}{\mathrm{d}t}=-u\dfrac{\mathrm{d}m\left(t\right)}{\mathrm{d}t}\\ v\left(0\right)=v_0,m\left(0\right)=m_0\end{cases}$$

是一阶变量分离方程. 因此火箭的升空速度模型为

$$v\left(t\right)=v_0+u\ln\frac{m_0}{m\left(t\right)}$$

得到结论: 火箭所受推力等于喷气速度乘以燃料消耗的速度; 火箭的速度由初始速度 v_0 和 $u\ln\dfrac{m_0}{m\left(t\right)}$ 决定. 为提高火箭速度, 在燃料上应提高 u 和在结构设计上应减少 $m\left(t\right)$.

数学模型 3 一级火箭末速度上限.

卫星–火箭系统的质量分为三部分: 有效负载 (如卫星)m_p, 燃料质量 m_F, 结构质量 m_s.

假设: (1)$\dfrac{m_s}{m_F+m_s}\geqslant\dfrac{1}{9}$(技术条件限制), $m_s=\lambda\left(m_F+m_s\right)$; (2)$v_0=0$.

当火箭燃料耗尽时的速度为

$$v\left(t\right)=u\ln\frac{m_0}{m_p+m_s}=u\ln\frac{m_0}{\lambda m_0+\left(1-\lambda\right)m_p}\quad\left[m_s=\lambda\left(m_0-m_p\right)\right]$$

得火箭末速度的数学模型

$$v\left(t\right)=u\ln\frac{1}{\lambda}\quad\left(m_p=0\right)$$

如果$u=3\,(\mathrm{km/s})\,,\lambda=\dfrac{1}{9}$, 得 $v\left(t\right)\approx 6.6\,(\mathrm{km/s})$, 卫星进入 600 千米高空轨道的时候火箭的最低速度 $v\approx 7.6\,(\mathrm{km/s})$. 一级火箭发射卫星无法实现!

数学模型 4 理想火箭模型.

假设燃料在燃烧过程中不断丢弃火箭的无用结构. 设时间段 $(t,t+\Delta t)$ 内丢弃的结构质量与燃烧的燃料质量以 α 和 $(1-\alpha)$ 的比例同时进行, 根据动量守恒定律:

$$\begin{aligned}m\left(t\right)v\left(t\right)=&\ m\left(t+\Delta t\right)v\left(t+\Delta t\right)-\alpha\frac{\mathrm{d}m\left(t\right)}{\mathrm{d}t}v\left(t\right)\Delta t\\&-\left(1-\alpha\right)\left(\frac{\mathrm{d}m\left(t\right)}{\mathrm{d}t}\Delta t\right)\left(v\left(t\right)-u\right)+o\left(\Delta t\right)\end{aligned}$$

丢弃的总质量 $m\left(t+\Delta t\right)-m\left(t\right)=\dfrac{\mathrm{d}m\left(t\right)}{\mathrm{d}t}\Delta t+o\left(\Delta t\right)$. 所以得变量分离的常微分方程初值问题

$$\begin{cases}-m\left(t\right)\dfrac{\mathrm{d}v\left(t\right)}{\mathrm{d}t}=\left(1-\alpha\right)u\dfrac{\mathrm{d}m\left(t\right)}{\mathrm{d}t}\\ v\left(0\right)=0,m\left(0\right)=m_0\end{cases}$$

解得

$$v\left(t\right)=\left(1-\alpha\right)u\ln\frac{m_0}{m\left(t\right)}$$

当燃料耗尽, 结构质量丢弃, 得到火箭最终速度

$$v(t)=(1-\alpha)u\ln\frac{m_0}{m(t)}$$

结论: m_0 足够大时可使卫星达到任意需要的速度; 如果 $v=10.5\text{km/s}$, $u=3\text{km/s}$, $\alpha=0.1$, 则 $\dfrac{m_0}{m_p}\approx 50$, 即发射一吨重的卫星大约需要 50 吨重的理想火箭!

数学模型 5 多级火箭的设计.

理想火箭是把无用结构质量连续抛弃, 达到最佳的升空速度, 但目前技术难以实现. 故提出多级火箭设计: 第 i 级火箭燃料烧尽时点燃 $i+1$ 级.

假设: (1) m_i 表示 i 级火箭的质量, m_p 表示有效载荷; (2) i 级火箭结构质量 λm_i, 燃料质量 $(1-\lambda)m_i$(每一级 λ 保持不变); (3) 喷气相对火箭速度 u 相同, 燃烧级的初始质量与其负载质量之比 k 保持不变.

火箭的升空速度模型

$$v(t)=v_0+u\ln\frac{m_0}{m(t)}$$

一级火箭燃烧完速度为

$$v_1=u\ln\frac{m_1+m_2+m_p}{\lambda m_1+m_2+m_p}=u\ln\frac{k+1}{\lambda k+1}$$

其中 $m_1=\lambda m_1$(结构质量)$+(1-\lambda)m_1$(燃料质量), $m_1=k(m_2+m_p)$.

二级火箭燃烧完速度为

$$v_2=v_1+\ln\frac{m_2+m_p}{\lambda m_2+m_p}=2u\ln\frac{k+1}{\lambda k+1}$$

其中 $m_2=\lambda m_2$(结构质量)$+(1-\lambda)m_2$(燃料质量), $m_2=km_p$.

如果 $u=3\ \text{km/s},\lambda=0.1$, 为了达到第一宇宙速度 $v=7.9\ \text{km/s}$, 利用二级火箭 $v_2=10.5\ \text{km/s}$:

$$2u\ln\frac{k+1}{\lambda k+1}=10.5\Rightarrow k\approx 11.2\Rightarrow\frac{m_0}{m_p}=\frac{m_1+m_2+m_p}{m_p}=(k+1)^2\approx 149$$

三级火箭燃烧完速度:

$$v_3=3u\ln\frac{k+1}{\lambda k+1}$$

如果 $u=3\ \text{km/s},\lambda=0.1$, 为了达到第一宇宙速度 $v=7.9\ \text{km/s}$, 利用三级火箭 $v_3=10.5\ \text{km/s}$, $k\approx 3.25$, 推出 $\dfrac{m_0}{m_p}\approx 77$. 在相同情况下三级火箭的质量与二级火箭质量相比, 几乎节省一半.

15.6.2 人口模型研究

人口指数增长模型 1 马尔萨斯人口模型.

记时刻 t 的人口为 $x(t)$, 记初始时刻 $(t=0)$ 的人口为 x_0. 设人口增长率为常数 r(单位时间内 $x(t)$ 的增量等于 r 乘以 $x(t)$). 则 t 到 $t+\Delta t$ 内人口的增量为

$$x(t+\Delta t)-x(t)=rx(t)\Delta t$$

设 $x(t)$ 可微, 令 $\Delta t \to 0$, 得关于 $x(t)$ 的微分方程

$$\begin{cases} \dfrac{\mathrm{d}x(t)}{\mathrm{d}t} = rx(t) \\ x(0) = x_0 \end{cases} \tag{15.6.1}$$

由方程 (15.6.1) 可解出 $x(t) = x_0\mathrm{e}^{rt}$. 在 $r > 0$ 时, (15.6.1) 式表示人口将按指数规律随时间无限增长. (15.6.1) 式称为人口指数增长模型, 也称为马尔萨斯人口模型.

人口指数增长模型 2 阻滞模型.

由于地球自然环境资源有限, 只能提供一定数量的人口增长. 随着人口增长, 自然资源和环境对人口增长的限制作用越来越显著. 增长率 r 视为 $r(x)$.

假设: (1) 增长率为线性函数 $r(x) = r^* - sx(r^*, s > 0)$; (2) 最大人口数: $x_m, r(x_m) = 0$.

由以上假设, 得关于 $x(t)$ 的微分方程

$$\begin{cases} \dfrac{\mathrm{d}x(t)}{\mathrm{d}t} = r^*\left(1 - \dfrac{x(t)}{x_m}\right)x(t) \\ x(t_0) = x_0 \end{cases} \tag{15.6.2}$$

解得

$$x(t) = \frac{x_m}{1 + \left(\dfrac{x_m}{x_0} - 1\right)\mathrm{e}^{-r^*(t-t_0)}}$$

由于

$$x(t) = \frac{x_m}{1 + \left(\dfrac{x_m}{x_0} - 1\right)\mathrm{e}^{-r^*(t-t_0)}}$$

$$\frac{\mathrm{d}x(t)}{\mathrm{d}t} = r^*\left(1 - \frac{x(t)}{x_m}\right)x(t)$$

$$\frac{\mathrm{d}^2x(t)}{\mathrm{d}t^2} = (r^*)^2\left(1 - \frac{x(t)}{x_m}\right)\left(1 - \frac{2x(t)}{x_m}\right)x(t)$$

所以得

$$\lim_{t\to+\infty} x(t) = x_m$$

$$\frac{\mathrm{d}x(t)}{\mathrm{d}t} = 0 \Rightarrow x = x_m$$

$$0 < x < x_m : \frac{\mathrm{d}x(t)}{\mathrm{d}t} > 0$$

$$0 < x < \frac{x_m}{2} : \frac{\mathrm{d}^2x(t)}{\mathrm{d}t^2} > 0, \quad \frac{x_m}{2} < x < x_m : \frac{\mathrm{d}^2x(t)}{\mathrm{d}t^2} < 0$$

即人口变化率$\dfrac{\mathrm{d}x(t)}{\mathrm{d}t}$ 在 $x = \dfrac{x_m}{2}$ 时增长率达到最大; 人口变化率 $\dfrac{\mathrm{d}x(t)}{\mathrm{d}t}$ 在 $\dfrac{x_m}{2} < x \leqslant x_m$ 时

增长率变小最终为 0.

人口指数增长模型 3 阻滞模型.

关于 $x(t)$ 的微分方程

$$\begin{cases} \dfrac{\mathrm{d}x(t)}{\mathrm{d}t} = (a - bx(t))\,x(t) \quad (a>0, b>0) \\ x(t_0) = x_0 \end{cases} \tag{15.6.3}$$

在马尔萨斯人口模型的基础上增加了一项 $\left[-b(x(t))^2\right]$. 一个国家经济越发达, b 越小, 否则越大.

由方程 (15.6.3) 可解出

$$x(t) = \frac{ax_0}{bx_0 + (a - bx_0)\,\mathrm{e}^{-a(t-t_0)}}$$

$$\frac{\mathrm{d}x(t)}{\mathrm{d}t} = (a - bx(t))\,x(t)$$

$$\frac{\mathrm{d}^2x(t)}{\mathrm{d}t^2} = (a - 2bx(t))(a - bx(t))\,x(t)$$

得到结论:

(1) $\lim\limits_{t\to+\infty} x(t) = \dfrac{a}{b}$, 无论初始值如何, 人口最后稳定在 $\dfrac{a}{b}$, $\dfrac{a}{b}$ 为稳定的平衡解.

(2) $\dfrac{\mathrm{d}x(t)}{\mathrm{d}t} = 0 \Rightarrow x = \dfrac{a}{b}$, 当 $0 < x < \dfrac{a}{b}$ 时, $\dfrac{\mathrm{d}x(t)}{\mathrm{d}t} > 0$, 人口递增, 当 $x > \dfrac{a}{b}$ 时, $\dfrac{\mathrm{d}x(t)}{\mathrm{d}t} < 0$, 人口递减.

(3) 当 $0 < x < \dfrac{a}{2b}$ 时, $\dfrac{\mathrm{d}^2x(t)}{\mathrm{d}t^2} > 0$, 增长率增加, 当 $\dfrac{a}{2b} < x < \dfrac{a}{b}$ 时, $\dfrac{\mathrm{d}^2x(t)}{\mathrm{d}t^2} < 0$, 增长率递减.

应用实例 一个国家人口统计数据如表 15.6.1 所示.

表 15.6.1

年份	1790	1800	1810	1820	1830	1840	1850	1860
人口 (百万)	3.9	5.3	7.2	9.6	12.9	17.1	23.2	32.4
年份	1870	1880	1890	1900	1910	1920	1930	1940
人口 (百万)	38.6	50.2	62.9	76.0	92.0	106.5	123.2	131.7
年份	1950	1960	1970	1980	1990	2000		
人口 (百万)	150.7	179.3	204.0	226.5	251.4	281.4		

建模与求解: 记 $x(t)$ 为第 t 年的人口数量, 设人口年增长率 $r(x)$ 为 x 的线性函数 $r(x) = r^* - sx$. 自然资源与环境条件所能容纳的最大人口数为 x_m, 即当 $x = x_m$ 时增长率 $r(x_m) = 0$, 可得 $r(x) = r^*\left(1 - \dfrac{x}{x_m}\right)$, 建立人口模型:

$$\begin{cases} \dfrac{\mathrm{d}x}{\mathrm{d}t} = r^*\left(1 - \dfrac{x}{x_m}\right)x \\ x(t_0) = x_0 \end{cases}$$

解得

$$x(t)=\frac{x_m}{1+\left(\frac{x_m}{x_0}-1\right)\mathrm{e}^{-r^*(t-t_0)}}$$

下面讨论如何确定参数 r^*, x_m.

由于

$$\frac{\mathrm{d}x}{\mathrm{d}t}=r^*\left(1-\frac{x}{x_m}\right)x \Leftrightarrow \frac{1}{x}\frac{\mathrm{d}x}{\mathrm{d}t}=r^*-sx,\quad s=\frac{r^*}{x_m}$$

利用向前差商得到离散方程

$$\frac{1}{x(k)}\frac{x(k+1)-x(k)}{\Delta t}=r^*-sx(k)$$

其中 Δt 为人口数据 $x(k+1)$ 和 $x(k)$ 分别对应的年份相减. 令

$$y(k)=\frac{1}{x(k)}\frac{x(k+1)-x(k)}{\Delta t}\Rightarrow y(k)=r^*-sx(k)$$

利用已经知道的数据 $(k, x(k)), k=1,2,3,\cdots,21$, 通过最小二乘即可求得 $r^*=0.0325$, $x_m=294.386$. 利用所得结果对 2010 年的人口进行预测, 数值模拟结果如图 15.6.1 所示.

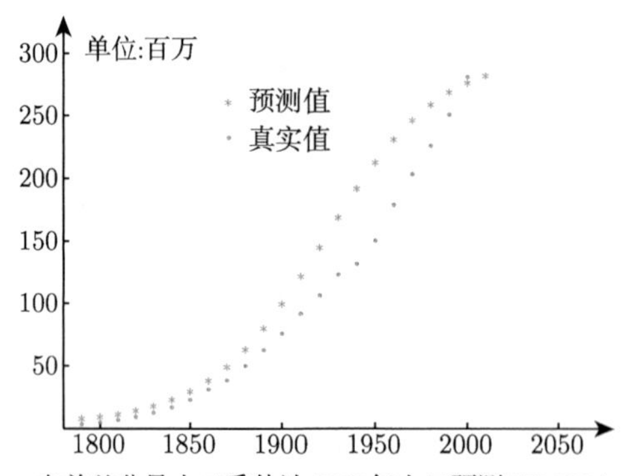

图 15.6.1

由于

$$\frac{\mathrm{d}x}{\mathrm{d}t}=r^*\left(1-\frac{x}{x_m}\right)x \Leftrightarrow \frac{1}{x}\frac{\mathrm{d}x}{\mathrm{d}t}=r^*-sx,\quad s=\frac{r^*}{x_m}$$

利用向后差商得到离散方程

$$\frac{1}{x(k)}\frac{x(k)-x(k-1)}{\Delta t}=r^*-sx(k)$$

其中 Δt 为人口数据 $x(k)$ 和 $x(k-1)$ 分别对应的年份相减. 令

$$y(k)=\frac{1}{x(k)}\frac{x(k)-x(k-1)}{\Delta t}\Rightarrow y(k)=r^*-sx(k)$$

利用已经知道的数据 $(k, x(k)), k=2,3,\cdots,22$, 通过最小二乘即可求得 $r^*=0.0247$, $x_m=373.5135$. 利用所得结果对 2010 年的人口进行预测, 数值模拟结果如图 15.6.2 所示.

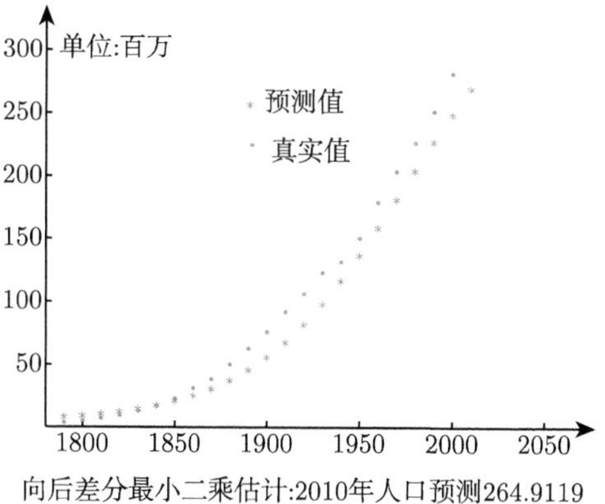

图 15.6.2

用非线性最小二乘估计: $r^* = 0.0274, x_m = 342.4368$. 利用所得结果对 2010 年的人口进行预测, 数值模拟结果如图 15.6.3 所示.

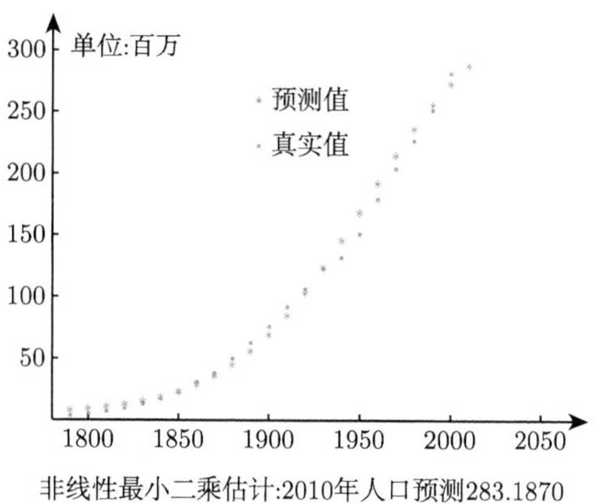

图 15.6.3

15.6.3 微分方程组建模

在生物学、物理、经济、控制等领域的问题中, 变量之间是相互作用的, 需要用微分方程组进行数学建模.

方程组

$$\begin{cases} \dfrac{\mathrm{d}x}{\mathrm{d}t} = f(x, y) \\ \dfrac{\mathrm{d}y}{\mathrm{d}t} = g(x, y) \end{cases} \tag{15.6.4}$$

称为自治微分方程组 (方程右端不含变量 t).

定义 15.6.1 (1) 解曲线 $(x(t), y(t))$ 称为方程组 (15.6.4) 的轨迹 (轨道), xy 平面称为相平面.

(2) 满足

$$\begin{cases} \dfrac{\mathrm{d}x}{\mathrm{d}t} = 0 \\ \dfrac{\mathrm{d}y}{\mathrm{d}t} = 0 \end{cases} \tag{15.6.5}$$

的解 (x_0, y_0) 称为静止点或平衡点.

(3) 在 (x_0, y_0) 附近开始的任意轨线如果 $\lim\limits_{t\to\infty} x(t) = x_0$, $\lim\limits_{t\to\infty} y(t) = y_0$, 称解是渐近稳定的.

例如, 自治方程组

$$\begin{cases} \dfrac{\mathrm{d}x}{\mathrm{d}t} = -x + y \\ \dfrac{\mathrm{d}y}{\mathrm{d}t} = -x - y \end{cases}$$

平衡点 $(x_0, y_0) = (0, 0)$, 轨道 $(x(t), y(t)) = (\mathrm{e}^{-t}\sin t,\ \mathrm{e}^{-t}\cos t)$ 满足

$$\lim_{t\to+\infty} x(t) = x_0, \quad \lim_{t\to+\infty} y(t) = y_0$$

生物学应用实例

(1) 设 $x(t)$ 表示海洋中 t 时刻南极磷虾的数量, $y(t)$ 表示 t 时刻须鲸的数量.

(2) 磷虾主要被须鲸捕食, 磷虾减少量与须鲸相互接触程度成正比.

(3) 须鲸的增长速率与磷虾相互接触程度成正比.

磷虾分析: 理想状态下海洋能够支持磷虾的无限增长, $\dfrac{\mathrm{d}x}{\mathrm{d}t} = ax\ (a > 0)$; 实际状态下磷虾被须鲸捕食而导致数量减少, 减少量与须鲸和磷虾的相互接触程度成正比, $\dfrac{\mathrm{d}x}{\mathrm{d}t} = ax - bxy = (a - by)x$.

须鲸分析: 若没有磷虾, 则 $\dfrac{\mathrm{d}y}{\mathrm{d}t} = -my$; 若存在磷虾, 须鲸数量增加, 增加量与磷虾和须鲸接触程度成正比, $\dfrac{\mathrm{d}y}{\mathrm{d}t} = -my + nxy = (-m + nx)y$.

建立数学模型洛特卡–沃尔泰拉 (Lotka-Volterra) 模型

$$\begin{cases} \dfrac{\mathrm{d}x}{\mathrm{d}t} = ax - bxy = (a - by)x, \\ \dfrac{\mathrm{d}y}{\mathrm{d}t} = -my + nxy = (-m + nx)y \end{cases} \quad (a > 0, b > 0, m > 0, n > 0) \tag{15.6.6}$$

下面进行模型分析.

模型的稳定点为 $(0, 0)$, $\left(\dfrac{m}{n}, \dfrac{a}{b}\right)$, 解析解 (变量分离的一阶微分方程)

$$\frac{\mathrm{d}y}{\mathrm{d}x} = \frac{(-m + nx)y}{(a - by)x} \Rightarrow \frac{(a - by)\,\mathrm{d}y}{y} = \frac{(-m + nx)\,\mathrm{d}x}{x}$$

$$\Rightarrow a\ln y - by = -m\ln x + nx + c \Rightarrow \frac{y^a x^m}{\mathrm{e}^{by + nx}} = K$$

变形得 $\dfrac{y^a}{\mathrm{e}^{by}} = K\left(\dfrac{\mathrm{e}^{nx}}{x^m}\right)$. 由于

(1) $f(y) = \dfrac{y^a}{\mathrm{e}^{by}} \Rightarrow y = \dfrac{a}{b}$ 时, $f(y)$ 取得最大值 M_y;

(2) $g(x) = \dfrac{x^m}{\mathrm{e}^{nx}} \Rightarrow x = \dfrac{m}{n}$ 时, $g(x)$ 取得最大值 M_x;

(3) $h(x, y) = \dfrac{y^a x^m}{\mathrm{e}^{by + nx}}$ 的最大值为 $M_x M_y$.

所以 $K > M_x M_y$ 时方程组(15.6.6) 无解, $K = M_x M_y$ 时方程组 (15.6.6) 有唯一解 $\left(\dfrac{m}{n}, \dfrac{a}{b}\right)$,

$K < M_xM_y$ 时, 需要讨论解的轨迹.

下面设 $K < M_xM_y$, 我们讨论解的轨迹.

设 $K = SM_y, S < M_x$, 由于 $g(x) = \dfrac{x^m}{e^{nx}} \Rightarrow x = \dfrac{m}{n}$ 时, $g(x)$ 取得最大值 M_x, 所以 $\dfrac{x^m}{e^{nx}} = S$ 有两个解, 设为 $x_m, x_M, x_m < \dfrac{m}{n}, x_M > \dfrac{m}{n}$. 如图 15.6.4 所示.

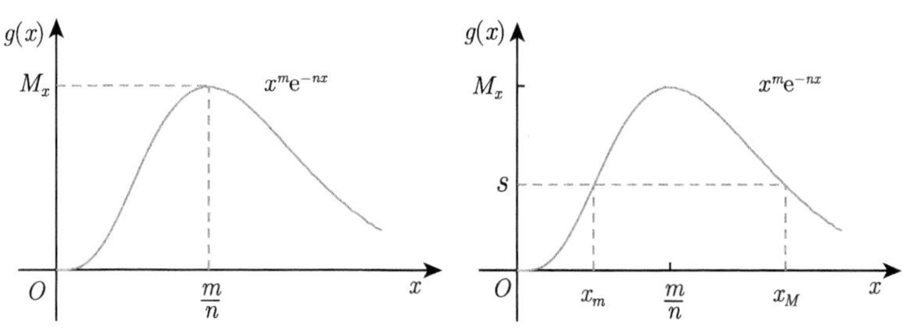

图 15.6.4

由于 $f(y) = \dfrac{y^a}{e^{by}} \Rightarrow y = \dfrac{a}{b}$ 时, $f(y)$ 取得最大值 M_y.

当 $x < x_m$ 或者 $x > x_M$ 时, $\dfrac{x^m}{e^{nx}} < S$, 所以

$$f(y) = \frac{y^a}{e^{by}} = K\left(\frac{x^m}{e^{nx}}\right)^{-1} = SM_yx^{-m}e^{nx} > M_y \Rightarrow \frac{y^a}{e^{by}} = K\left(\frac{e^{nx}}{x^m}\right)$$

无解.

当 $x = x_m$ 或者 $x = x_M$ 时,

$$f(y) = \frac{y^a}{e^{by}} = K\left(\frac{x^m}{e^{nx}}\right)^{-1} = M_y \Rightarrow \frac{y^a}{e^{by}} = K\left(\frac{e^{nx}}{x^m}\right)$$

有唯一解 $y = \dfrac{a}{b}$.

当 $x_m < x < x_M$ 时, $f(y) = \dfrac{y^a}{e^{by}} = K\left(\dfrac{x^m}{e^{nx}}\right)^{-1} < M_y$, 方程 $\dfrac{y^a}{e^{by}} = K\left(\dfrac{e^{nx}}{x^m}\right)$ 有两个解 $y_1(x) < \dfrac{a}{b}, y_2(x) > \dfrac{a}{b}$. 如图 15.6.5 所示.

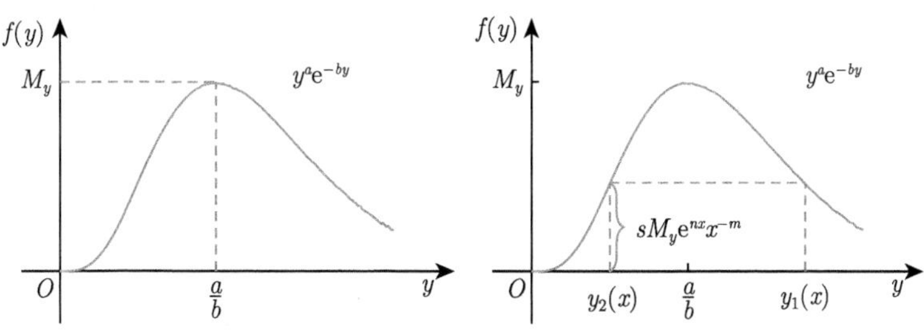

图 15.6.5

当 $x \to x_m$ 或者 $x \to x_M$ 时, $\dfrac{x^m}{\mathrm{e}^{nx}} \to S$,

$$f(y)=\frac{y^a}{\mathrm{e}^{by}}=K\left(\frac{x^m}{\mathrm{e}^{nx}}\right)^{-1}=SM_y\left(\frac{x^m}{\mathrm{e}^{nx}}\right)^{-1}\to M_y$$

$$y_1(x)\to\frac{a}{b},\quad y_2(x)\to\frac{a}{b}$$

解具有周期性.

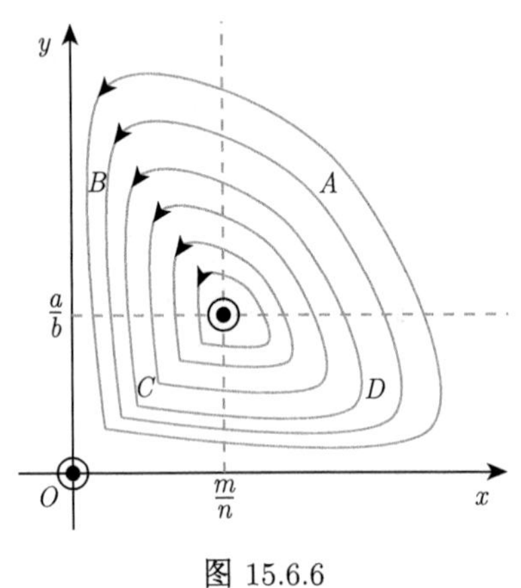

图 15.6.6

模型的进一步解释: (1) 轨迹是封闭曲线; (2) 沿着一条轨迹两个物种在最大值和最小值之间波动; (3) 如果两个物种初始数量满足 $x > \dfrac{m}{n}, y > \dfrac{a}{b}$, 则磷虾的数量减少, 须鲸的数量增加. 直到磷虾的数量减少到 $\dfrac{m}{n}$, 须鲸的数量开始减少. 磷虾的数量继续减少直到须鲸的数量达到 $\dfrac{a}{b}$, 磷虾的数量开始增加. 如图 15.6.6 所示.

下面我们讨论捕捞的后果. 给定初始量级 $x(0)=x_0, y(0)=y_0$, T 表示经过一个完整的周期返回初始点的时间, 则磷虾和须鲸的平均量

$$\bar{x}=\frac{\int_0^T x(t)\,\mathrm{d}t}{T},\quad \bar{y}=\frac{\int_0^T y(t)\,\mathrm{d}t}{T}$$

且有

$$\frac{\mathrm{d}x}{\mathrm{d}t}=(a-by)x\Rightarrow\left(\frac{1}{x}\right)\frac{\mathrm{d}x}{\mathrm{d}t}=a-by\Rightarrow\int_0^T\left(\frac{1}{x}\right)\frac{\mathrm{d}x}{\mathrm{d}t}\mathrm{d}t=\int_0^T(a-by)\mathrm{d}t$$

$$\Rightarrow\ln x(T)-\ln x(0)=aT-b\int_0^T y\mathrm{d}t\Rightarrow\bar{y}=\frac{a}{b}\quad(x(T)=x(0))$$

$$\frac{\mathrm{d}y}{\mathrm{d}t}=(-m+nx)y\Rightarrow\frac{1}{y}\frac{\mathrm{d}y}{\mathrm{d}t}=-m+nx\Rightarrow\int_0^T\left(\frac{1}{y}\right)\frac{\mathrm{d}y}{\mathrm{d}t}\mathrm{d}t=\int_0^T(-m+nx)\mathrm{d}t$$

$$\Rightarrow\ln y(T)-\ln y(0)=-mT+n\int_0^T x(t)\mathrm{d}t\Rightarrow\bar{x}=\frac{m}{n}\quad(y(T)=y(0))$$

设捕捞使磷虾的数量以速率 $rx(t)$ 减少, r 表示捕捞强度, 则须鲸以速率 $ry(t)$ 减少, 得到改进的模型

$$\begin{cases}\dfrac{\mathrm{d}x}{\mathrm{d}t}=(a-by)x-rx=[(a-r)-by]x\\[2mm]\dfrac{\mathrm{d}y}{\mathrm{d}t}=(-m+nx)y-ry=[-(m+r)+nx]y\end{cases}$$

解得

$$\bar{x}=\frac{\int_0^T x(t)\,\mathrm{d}t}{T}=\frac{m+r}{n},\quad \bar{y}=\frac{\int_0^T y(t)\,\mathrm{d}t}{T}=\frac{a-r}{b}$$

得到结论: 适度捕捞磷虾 ($r < a$), 磷虾的平均量增加, 降低了须鲸的平均量; 磷虾的平均量增加使得南极海洋中其他以磷虾为主要食饵的物种受益. 适度捕捞使磷虾平均量增加的事实称为著名的 Vloterra 原理.

我们还可以改进模型, 得到渐近稳定模型

$$\begin{cases} \dfrac{\mathrm{d}x}{\mathrm{d}t} = (a + by)\,x - rx^2, \\ \dfrac{\mathrm{d}y}{\mathrm{d}t} = (-m + nx)\,y - sy^2 \end{cases} \quad (r, s > 0)$$

其中 rx^2 表示被捕食者内部争夺有限资源 (食物和空间) 的竞争程度, sy^2 表示捕食者争夺有限量食饵的竞争程度, 模型是波动渐近稳定的. 这个模型的轨线不是周期的, 而是区域平衡状态.

*15.7 探索类问题

探索类问题 1 考虑下面的竞争狩猎模型

$$\begin{cases} \dfrac{\mathrm{d}x}{\mathrm{d}t} = a\left(1 - \dfrac{x}{k_1}\right)x - bxy \\ \dfrac{\mathrm{d}y}{\mathrm{d}t} = m\left(1 - \dfrac{y}{k_2}\right)y - nxy \end{cases}$$

其中 x 表示鳟鱼的数量, y 表示鲈鱼的数量.

(1) 解释常数 a, b, m, n, k_1, k_2;

(2) 分析平衡点;

(3) 研究轨线的周期性或者渐近稳定性. 在此基础上研究鳟鱼和鲈鱼的变化规律.

探索类问题 2 经济学模型: 设 P 是某物品市场价格, Q 是该物品在市场上的数量. P 和 Q 都是时间的函数. 如果把价格和数量看成是两个相互作用的物种, 则可以提出模型

$$\begin{cases} \dfrac{\mathrm{d}P}{\mathrm{d}t} = aP\left(\dfrac{b}{Q} - P\right) \\ \dfrac{\mathrm{d}Q}{\mathrm{d}t} = cQ(fP - Q) \end{cases}$$

解释常数 a, b, c, f 的含义; 分析平衡点; 研究轨线的周期性或者渐近稳定性.

探索类问题 3 考虑两个依赖于相互合作而生存的物种. 比如一种蜜蜂主要以某种植物的花蜜为食, 同时也为该植物传播花粉. 下面的自治系统给出了这种互利共生的简单模型:

$$\begin{cases} \dfrac{\mathrm{d}x}{\mathrm{d}t} = -ax + bxy \\ \dfrac{\mathrm{d}y}{\mathrm{d}t} = -my + nxy \end{cases}$$

解释常数 a, b, m, n 的物理意义; 分析平衡点; 研究轨线的周期性或者渐近稳定性.

探索类问题 4 研究渐近稳定模型

$$\begin{cases}\dfrac{\mathrm{d}x}{\mathrm{d}t}=(a+by)\,x-rx^2,\\ \dfrac{\mathrm{d}y}{\mathrm{d}t}=(-m+nx)\,y-sy^2\end{cases}\quad(r,s>0)$$

其中 rx^2 表示被捕食者内部争夺有限资源 (食物和空间) 的竞争程度, sy^2 表示捕食者争夺有限量食饵的竞争程度, 模型是波动渐近稳定的. 这个模型的轨线不是周期的, 而是区域平衡状态. 就这个问题进行研究.

探索类问题 5 研究常微分方程数值解, 分析计算精度.

$$\begin{cases}\dfrac{\mathrm{d}y}{\mathrm{d}x}=x\mathrm{e}^x,\quad 0\leqslant x\leqslant 20,\\ y\,(0)=1,\end{cases}\qquad \begin{cases}\dfrac{\mathrm{d}y}{\mathrm{d}x}=x\sin x,\quad 0\leqslant x\leqslant 20\\ y\,(0)=2\end{cases}$$

探索类问题 6 研究常微分方程数值解.

$$\begin{cases}\dfrac{\mathrm{d}y}{\mathrm{d}x}=f\,(x,y)\,,\quad a\leqslant x\leqslant b\\ y\,(a)=y_0\end{cases}$$

龙格–库塔 (德国数学家) 方法:

$$\begin{cases}y_{n+1}=y_n+\dfrac{K_1+2K_2+2K_3+K_4}{6}\\ K_1=f\,(x_n,y_n)\,h\\ K_2=f\left(x_n+\dfrac{h}{2},y_n+\dfrac{K_1}{2}\right)h\\ K_3=f\left(x_n+\dfrac{h}{2},y_n+\dfrac{K_2}{2}\right)h\\ K_4=f\,(x_n+h,y_n+K_3)\,h\end{cases}$$

通过查阅文献和书籍学习龙格–库塔方法.

第 15 章习题答案与提示

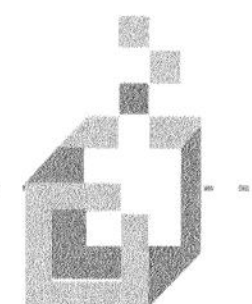

第 16 章 Chapter 16 重积分

本章以二重积分和三重积分为例来研究多元函数的重积分. 多元函数的重积分理论基础与一元函数的定积分是平行的, 基本思想都是分割, 近似求和, 取极限. 由于重积分的积分区域比区间更为复杂, 所以重积分的理论与计算也要比定积分复杂. 本章内容包括二重积分的定义与计算、三重积分的定义与计算、重积分的物理应用, 在提高拓展部分讨论了广义重积分, 在本章最后设置了系列研究探索类问题.

扫码学习

16.1 二重积分的定义与计算

许多实际问题的解决都需要用到二重积分, 比如平面构件的质量问题, 曲顶柱体的体积问题等. 本节先讨论平面图形的面积, 然后给出二重积分的定义和计算方法.

16.1.1 平面图形的面积

这节讨论平面上点集的面积求解问题.

对于一个平面图形P, 若存在一个矩形Q使得 $P \subset Q$, 则称 P 有界. 设 P 是平面有界图形, 平行于坐标轴的直线网格 T 分割图形 Q. 如图 16.1.1 所示.

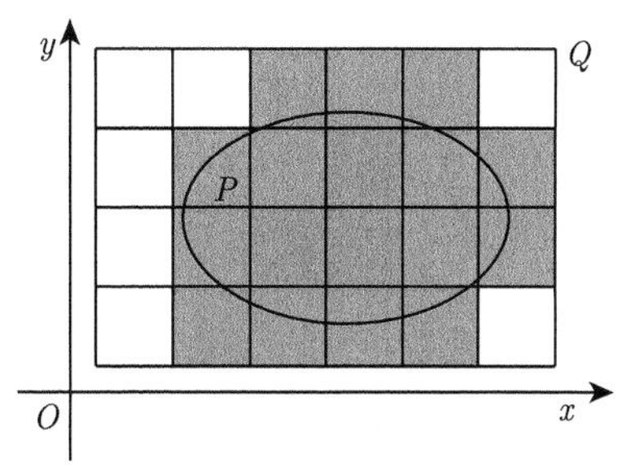

图 16.1.1

图中的小矩形 Δ 可以分为三类, 即第一类: Δ 中所有点都属于 P; 第二类: Δ 中的点含有 P 的边界点和 P 的外点; 第三类: Δ 中的点都是 P 的外点, 即 $\Delta \cap \bar{P} = \varnothing$.

令 $s_P(T)$ 表示所有第一类小矩形的面积之和, $S_P(T)$ 表示所有第一类和第二类小矩形的面积之和. 随着分割的不断加密, $\{s_P(T)\}$ 单调递增, $\{S_P(T)\}$ 单调递减. 如图 16.1.2 所示.

由于 P 有界, 集合 $\{s_P(T)\}, \{S_P(T)\}$ 都是有界集合, 故存在上、下确界, 记

$$\underline{I}_P = \sup_T \{s_P(T)\}, \quad \bar{I}_P = \inf_T \{S_P(T)\}$$

$\underline{I}_P$ 称为 P 的内面积, $\bar{I}_P$ 称为 P 的外面积.

定义 16.1.1 对于平面有界图形 P, 若 $\underline{I}_P = \bar{I}_P$, 则称 P 可求面积, 并定义 P 的面积为 $I_P = \underline{I}_P = \bar{I}_P$.

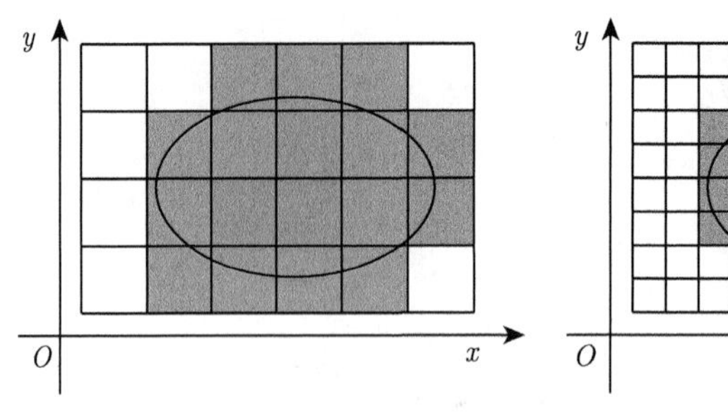

图 16.1.2

为了刻画可求面积的平面图形, 给出下面两个定理.

定理 16.1.1 平面有界图形 P 为可求面积的充要条件是对于任意的 $\varepsilon>0$, 存在 P 的分割 T 使得 $S_P(T)-s_P(T)<\varepsilon$.

证明 必要性: 若 $\underline{I}_P=\bar{I}_P$, 则对任意的 $\varepsilon>0$, 根据上、下确界定义, 存在 P 的分割 T_1,T_2 使得

$$s_P(T_1)>\underline{I}_P-\frac{\varepsilon}{2},\quad S_P(T_2)<\bar{I}_P+\frac{\varepsilon}{2}$$

将 T_1,T_2 合并成一个加密的分割 T, 则有

$$s_P(T_1)\leqslant s_P(T),\quad S_P(T_2)\geqslant S_P(T)$$

因此 $S_P(T)-s_P(T)<\varepsilon$.

充分性: 设对任意的 $\varepsilon>0$, 存在分割 T 使得 $S_P(T)-s_p(T)<\varepsilon$. 由于

$$s_p(T)\leqslant\underline{I}_p\leqslant\bar{I}_p\leqslant S_P(T)$$

因此 $\bar{I}_P-\underline{I}_P\leqslant S_P(T)-s_P(T)<\varepsilon$, 由 ε 的任意性可知 $\underline{I}_P=\bar{I}_P$. 结论得证.

定理 16.1.2 平面有界图形 Σ 可求面积的充要条件为 Σ 的边界 $\partial\Sigma$ 的面积为零.

证明 由定理 16.1.1 知 Σ 可求面积的充要条件是对任意的 $\varepsilon>0$, 存在分割 T, 使得 $S_\Sigma(T)-s_\Sigma(T)<\varepsilon$. 而对于任意的分割 T',

$$s_{\partial\Sigma}(T')=0,\quad S_{\partial\Sigma}(T')=S_\Sigma(T')-s_\Sigma(T')$$

因此 $0<S_{\partial\Sigma}(T)<\varepsilon$, 所以由 ε 的任意性, 有 $S_{\partial\Sigma}(T)=s_{\partial\Sigma}(T)=0$, 即 $\partial\Sigma$ 的面积为零.

例 16.1.1 设 $y=f(x),a\leqslant x\leqslant b$ 为非负连续函数, 则它与直线 $x=a,x=b$ 围成的有界图形 D 可求面积.

证明 设 $f(x)$ 在 $[a,b]$ 上的最大值为 M, 则矩形 $[a,b]\times[0,M]$ 覆盖了 D. 将 $[a,b]$ 进行 n 等分: $x_0=a<x_1<x_2<\cdots<x_n=b$, 记 $f(x)$ 在区间 $[x_{i-1},x_i]$ 上的最小值和最大值分别为 m_i 和 $M_i,i=1,2,\cdots,n$. 对 $[0,M]$ 进行分割, 插入 $2n$ 个点 $m_i,M_i,i=1,2,\cdots,n$, 得到 $[a,b]\times[0,M]$ 的分割, 记为 T. 如图 16.1.3 所示.

对此分割 T, $s_P(T)=\sum\limits_{i=1}^{n}m_i(x_i-x_{i-1}),S_P(T)=\sum\limits_{i=1}^{n}M_i(x_i-x_{i-1})$. 由于 $y=f(x)$ 是连续函数, 根据定积分的达布上和与达布下和定理, 得 $\bar{I}_P=\underline{I}_P=\displaystyle\int_a^b f(x)\mathrm{d}x$. 结论得证.

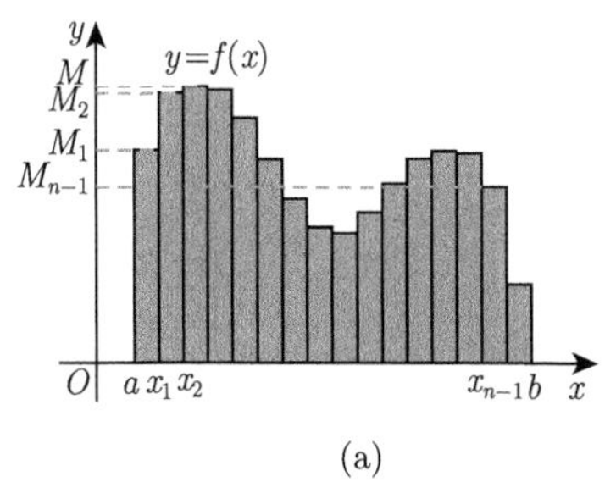

(a)

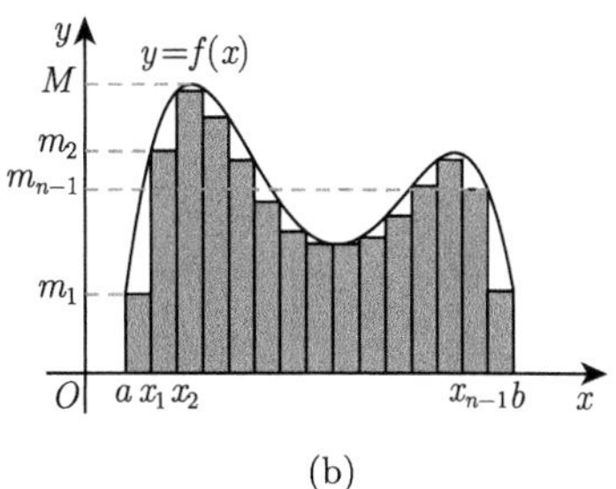

(b)

图 16.1.3

例 16.1.2 设曲线 $L: y=f(x), a \leqslant x \leqslant b$, $f(x)$ 为连续函数, 则曲线 L 的面积为零.

证明 由于 $y=f(x)$ 在 $[a,b]$ 上为连续函数, 因此在 $[a,b]$ 上一致连续, 所以

$$\forall \varepsilon>0, \exists \delta(\varepsilon)>0, \forall x_1, x_2 \in [a,b], |x_1-x_2|<\delta: |f(x_1)-f(x_2)|<\frac{\varepsilon}{b-a}$$

将区间 $[a,b]$ 分割, $\pi: a=x_0<x_1<x_2<\cdots<x_n=b$, 使之满足 $\max\limits_{0\leqslant i\leqslant n-1}(x_{i+1}-x_i)<\delta$. 曲线 L 被点 $(x_i, f(x_i)), i=1,2,\cdots,n$ 分割. L 的每一个分割小段都被以 Δx_i 为宽, $\omega_i=\max\limits_{x_{i-1}\leqslant x\leqslant x_i} f(x)-\min\limits_{x_{i-1}\leqslant x\leqslant x_i} f(x)$ 为高的矩形覆盖. 如图 16.1.4 所示. 这些矩形面积的和

$$S_L(T)=\sum_{i=1}^{n}\omega_i\Delta x_i<\sum_{i=1}^{n}\frac{\varepsilon}{b-a}\cdot\Delta x_i=\varepsilon$$

而对于曲线 L 有 $s_L(T)=0$. 因此有 $S_L(T)=S_L(T)-s_L(T)<\varepsilon$. 结论得证.

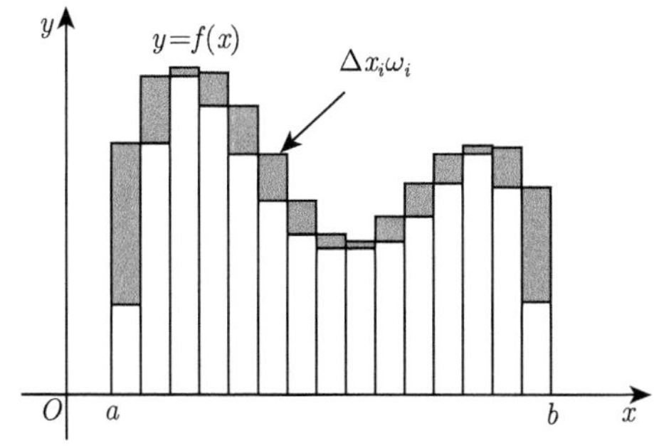

图 16.1.4

推论 16.1.1 分段光滑曲线 $L: \begin{cases} x=\varphi(t), \\ y=\phi(t), \end{cases}$ $t\in[a,b]$ 的面积为零.

注 16.1.1 并不是所有平面有界点集的面积都是可求的. 例如下面的例子.

例 16.1.3 讨论平面点集 $P=\{(x,y)|0\leqslant x\leqslant 1, 0\leqslant y\leqslant 1, x\in\mathbf{Q}, y\in\mathbf{Q}\}$ 的面积是否可求.

解 由于集合 P 的边界 ∂P 为 $[0,1]\times[0,1]$, ∂P 的面积为 1, 从而 P 不可求面积.

习题 16.1.1 平面图形的面积

1. 讨论平面点集 $P=\{(x,y)|0\leqslant x\leqslant 1, 0\leqslant y\leqslant 1, x\in\mathbf{R}\backslash\mathbf{Q}, y\in\mathbf{R}\backslash\mathbf{Q}\}$ 的面积是否可求.

2. 证明分段光滑曲线 $L:\begin{cases}x=\phi(t),\\ y=\psi(t),\end{cases}$ $t\in[a,b]$ 的面积为零.

16.1.2 二重积分的定义

在给出二重积分的定义之前, 我们先讨论两个实际问题.

应用问题 1 已知平面构件 D 的面密度为 $\rho(x,y)$, 求 D 的质量.

当 $\rho(x,y)=\rho_0$ 为常数时, 该构件的质量 $m=\rho_0|D|$($|D|$ 表示 D 的面积); 当 $\rho(x,y)$ 不是常数时, 我们可以利用 "分割, 求和, 取极限" 的方法来求其质量. 如图 16.1.5 所示.

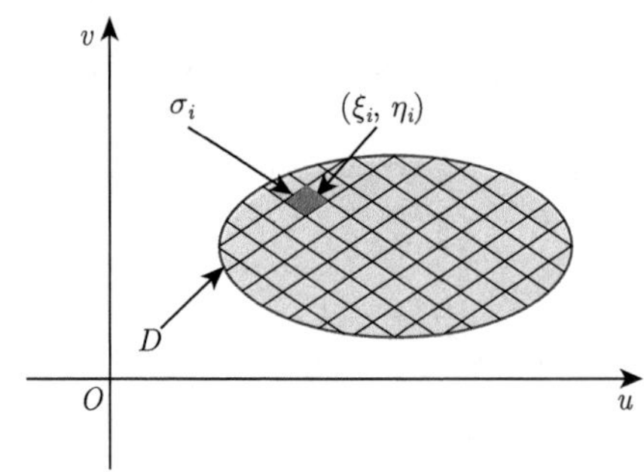

图 16.1.5

(1) 分割: 任意曲线将 D 分成 n 个可求面积的小区域 $T:\sigma_1,\sigma_2,\cdots,\sigma_n$, 记 $\Delta\sigma_i$ 为 σ_i 的面积, $\|T\|=\max\limits_{1\leqslant i\leqslant n}\operatorname{diam}(\sigma_i)$ 为分割 T 的细度, 其中 $\operatorname{diam}(\sigma_i)$ 为 σ_i 的直径.

(2) 求累加和: $m\approx\sum\limits_{i=1}^{n}\rho(\xi_i,\eta_i)\Delta\sigma_i,(\xi_i,\eta_i)\in\sigma_i$.

这里当 $\|T\|$ 充分小时, σ_i 近似看成密度为 $\rho(\xi_i,\eta_i)$ 的均质构件.

(3) 求极限: $m=\lim\limits_{\|T\|\to 0}\sum\limits_{i=1}^{n}\rho(\xi_i,\eta_i)\Delta\sigma_i,(\xi_i,\eta_i)\in\sigma_i$.

应用问题 2 求空间物体的体积, $V=\{(x,y,z)\,|(x,y)\in D,0\leqslant z\leqslant f(x,y)\}$.

我们利用 "分割, 求和, 取极限" 的方法来求其体积.

(1) 分割: 任意曲线将 D 分成 n 个可求面积的小区域 $T:\sigma_1,\sigma_2,\cdots,\sigma_n$, 记 $\Delta\sigma_i$ 为 σ_i 的面积, $\|T\|=\max\limits_{1\leqslant i\leqslant n}\operatorname{diam}(\sigma_i)$ 为分割 T 的细度, 其中 $\operatorname{diam}(\sigma_i)$ 为 σ_i 的直径.

(2) 求累加和: $V\approx\sum\limits_{i=1}^{n}f(\xi_i,\eta_i)\Delta\sigma_i,(\xi_i,\eta_i)\in\sigma_i$.

这里当 $\|T\|$ 充分小时, 投影区域为 σ_i 的物体体积近似为柱体的体积.

(3) 求极限: $V=\lim\limits_{\|T\|\to 0}\sum\limits_{i=1}^{n}f(\xi_i,\eta_i)\Delta\sigma_i,(\xi_i,\eta_i)\in\sigma_i$.

如图 16.1.6 所示, 随着分割的不断加密, 逐步逼近空间物体的体积.

应用问题 1 和 2 是两个不同的实际问题, 但可以用同一种类型的和式极限解决, 这类和式极限为二重积分, 下面给出定义.

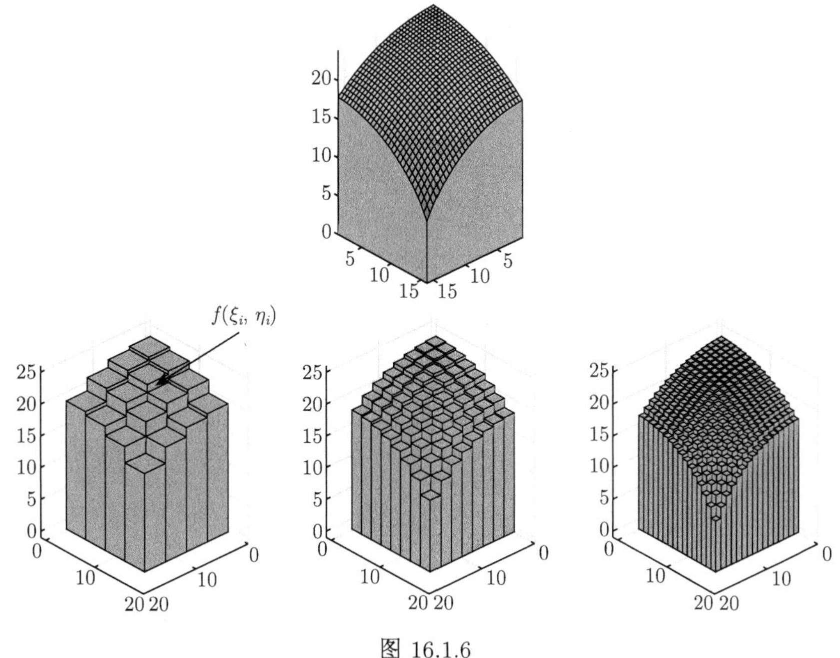

图 16.1.6

定义 16.1.2 设 D 为 xOy 平面上可求面积的闭区域, $f(x,y)$ 为定义在 D 上的函数. 用任意曲线将 D 分成 n 个可求面积的小区域 $T:\sigma_1,\sigma_2,\cdots,\sigma_n$, 记 $\Delta\sigma_i$ 为 σ_i 的面积, $||T||=\max\limits_{1\leqslant i\leqslant n}\operatorname{diam}(\sigma_i)$ 为分割 T 的细度, 其中 $\operatorname{diam}(\sigma_i)$ 为 σ_i 的直径, $J\in\mathbf{R}$ 为一固定的数. 如果对任意的 $\varepsilon>0$, 存在 $\delta(\varepsilon)>0$, 对于任意分割 T, 当 $||T||<\delta$ 时, 在 σ_i 上任取 $(\xi_i,\eta_i), i=1,2,\cdots,n$, 都有

$$\left|\sum_{i=1}^{n} f(\xi_i,\eta_i)\Delta\sigma_i - J\right| < \varepsilon$$

则称 $f(x,y)$ 在 D 上可积, J 为 $f(x,y)$ 在 D 上的二重积分, 记为 $J=\iint\limits_D f(x,y)\mathrm{d}\sigma$. $f(x,y)$ 称为被积函数, x,y 为积分变量, $\mathrm{d}\sigma$ 为面积元素, D 为积分区域.

注 16.1.2 二重积分是通过"分割, 求和, 取极限"三个步骤得到的. 极限存在与分割的方法及点的取法无关. 因此二重积分的本质与定积分的思想是一致的, 累加和从定积分的区间变成平面区域的面积.

对 D 进行矩形分割, 则 $\Delta\sigma_i=\Delta x_i\Delta y_i$, $\iint\limits_D f(x,y)\mathrm{d}\sigma$ 可以记为 $\iint\limits_D f(x,y)\mathrm{d}x\mathrm{d}y$.

下面讨论二重积分的存在性定理.

设 $f(x,y)$ 定义在有界闭区域 D 上, T 为 D 的一个分割, $T:\sigma_1,\sigma_2,\cdots,\sigma_n$. 记

$$M_i=\sup_{(x,y)\in\sigma_i} f(x,y),\quad m_i=\inf_{(x,y)\in\sigma_i} f(x,y),\quad i=1,2,\cdots,n$$

称$S(T)=\sum\limits_{i=1}^{n} M_i\Delta\sigma_i, s(T)=\sum\limits_{i=1}^{n} m_i\Delta\sigma_i$ 分别为关于分割 T 的上和与下和. 类似定积分存在定理的证明可以证明定理 16.1.3.

定理 16.1.3 设 $f(x,y)$ 定义在平面上可求面积的有界闭区域 D 上. 则

(1) 若 $f(x,y)$ 在 D 上可积, 则 $f(x,y)$ 在 D 上有界;

(2) $f(x,y)$ 在 D 上可积的充要条件是 $\lim\limits_{||T||\to 0} S(T)=\lim\limits_{||T||\to 0} s(T)$;

(3) $f(x,y)$ 在 D 上可积的充要条件是对任意的 $\varepsilon>0$, 存在分割 T 使得 $S(T)-s(T)<\varepsilon$;

(4) 有界闭区域 D 上的连续函数必可积;

(5) 设 $f(x,y)$ 是有界闭区域 D 上的有界函数, 若 $f(x,y)$ 的不连续点落在 D 上的有限条光滑曲线上, 则 $f(x,y)$ 在 D 上可积.

例 16.1.4 讨论定义在 $D=[0,1]\times[0,1]$ 上的函数 $f(x,y)=\begin{cases}\sin\dfrac{1}{xy}, & x\neq 0, y\neq 0,\\ 0, & xy=0\end{cases}$ 的可积性.

解 函数 $f(x,y)$ 在 $D=[0,1]\times[0,1]$ 上有界, 且不连续点的集合为线段

$$\{(x,y)|x=0, y\in[0,1]\},\quad \{(x,y)|y=0, x\in[0,1]\}$$

于是 $f(x,y)$ 在 $D=[0,1]\times[0,1]$ 上可积.

例 16.1.5 讨论定义在 $D=[0,1]\times[0,1]$ 上的函数 $f(x,y)=\begin{cases}1, & x\in\mathbf{Q}, y\in\mathbf{Q},\\ 0, & \text{其他}\end{cases}$ 的可积性.

解 函数 $f(x,y)$ 在 $D=[0,1]\times[0,1]$ 上不连续点的集合为 D, 于是 $f(x,y)$ 在 $D=[0,1]\times[0,1]$ 上不可积.

利用二重积分的定义和极限的运算性质, 可得二重积分的如下性质.

定理 16.1.4 设区域 D 为可求面积的闭区域, f,g 在 D 上可积. 则有:

(1) 线性性质 $\alpha f\pm\beta g$ 在 D 上可积, 且

$$\iint\limits_D (\alpha f\pm\beta g)\mathrm{d}\sigma=\alpha\iint\limits_D f\mathrm{d}\sigma\pm\beta\iint\limits_D g\mathrm{d}\sigma,\quad \forall\alpha,\beta\in\mathbf{R}$$

(2) 保序性质 设在 D 上 $f\leqslant g$, 则 $\iint\limits_D f\mathrm{d}\sigma\leqslant\iint\limits_D g\mathrm{d}\sigma$.

(3) 区域可加性 假设 D 分为两个无公共内点的区域 D_1,D_2, 则 $f(x,y)$ 在 D 上可积的充要条件是 $f(x,y)$ 在 D_1 和 D_2 上均可积, 且

$$\iint\limits_D f\mathrm{d}\sigma=\iint\limits_{D_1} f\mathrm{d}\sigma+\iint\limits_{D_2} f\mathrm{d}\sigma$$

(4) 绝对可积性 设 f 在 D 上可积, 则 $|f(x,y)|$ 在 D 上也可积, 且

$$\left|\iint\limits_D f\mathrm{d}\sigma\right|\leqslant\iint\limits_D |f|\mathrm{d}\sigma$$

(5) 积分中值定理 设 f 在闭区域 D 上连续, 则存在 $(\xi,\eta)\in D$ 使得

$$\iint\limits_D f\mathrm{d}\sigma=f(\xi,\eta)S_D$$

其中 S_D 为 D 的面积.

例 16.1.6 如果连续函数 $f(x,y)$ 在有界闭区域 D 的任何子区域 D_0 上的积分

$$\iint_{D_0} f(x,y)\mathrm{d}\sigma = 0$$

则 $f(x,y)=0, \forall (x,y)\in D$.

证明 仅需证明在 D 的内部 $f(x,y)=0$. 如果存在点 $(x_0,y_0)\in D$ 且为 D 的内点, 使得 $f(x_0,y_0)\neq 0$, 不妨设 $f(x_0,y_0)>0$. 根据连续函数的保号性, 存在 $d>0$, 对任意的 $(x,y)\in D_0=\{(x,y)|\|(x,y)-(x_0,y_0)\|\leqslant d\}\subset D$, 有

$$f(x,y)>\frac{f(x_0,y_0)}{2}$$

因此

$$\iint_{D_0} f(x,y)\mathrm{d}\sigma \geqslant \iint_{D_0}\frac{f(x_0,y_0)}{2}\mathrm{d}\sigma = \frac{\pi d^2 f(x_0,y_0)}{2}>0$$

与已知条件矛盾. 结论得证.

习题 16.1.2 二重积分的定义

1. 设区域 $J\subset I$, 且 f 在 I 上可积, 证明. f 在 J 上也可积.

2. 研究定义在 $D=[0,1]\times[0,1]$ 上的函数

$$f(x,y)=\begin{cases}\cos\dfrac{1}{xy}, & x\neq 0\text{且}y\neq 0\\ 0, & x=0\text{或}y=0\end{cases}$$

的可积性.

3. 证明:设 $f(x,y)$ 在有界闭区域 D 上连续, M,m 分别为其最大值和最小值, 若 $f(x,y)$ 在 D 上为非常值函数, 则有 $mS<\iint\limits_D f(x,y)\mathrm{d}x\mathrm{d}y<MS$, 其中 S 为区域 D 的面积.

4. 证明：$1.96<\iint\limits_{|x|+|y|\leqslant 10}\dfrac{\mathrm{d}x\mathrm{d}y}{100+\cos^2 x+\cos^2 y}<2$.

5. 设 $D=[0,1]\times[0,1]$, 证明：$1<\iint\limits_D\left(\sin x^2+\cos y^2\right)\mathrm{d}x\mathrm{d}y<\sqrt{2}$.

6. 设 $f(x,y), g(x,y)$ 在有界闭区域 D 上可积, 则下面函数在 D 上可积分

$$\max\{f(x,y),g(x,y)\},\quad \min\{f(x,y),g(x,y)\}$$

16.1.3 直角坐标系下二重积分的计算

下面我们讨论直角坐标系下二重积分的计算. 在讨论一般可求面积的有界闭区域上二重积分的计算之前, 我们先讨论矩形区域上二重积分的计算和 $\mathbf{R}^2$ 上两类特殊有界闭区域上 (X 型区域和 Y 型区域) 的二重积分问题.

定理 16.1.5 函数 $f(x,y)$ 在区域$D=[a,b]\times[c,d]$ 上可积, 对任意 $x\in[a,b]$, $A(x)=$

$\int_c^d f(x,y)\mathrm{d}y$ 存在, 则 $\int_a^b A(x)\mathrm{d}x$ 也存在, 且

$$\iint_D f(x,y)\mathrm{d}\sigma = \int_a^b A(x)\mathrm{d}x \triangleq \int_a^b \mathrm{d}x \int_c^d f(x,y)\mathrm{d}y$$

证明 设 $a = x_0 < x_1 < x_2 < \cdots < x_r = b$, $c = y_0 < y_1 < y_2 < \cdots < y_s = d$, 用直线族 $x = x_i, i = 1,2,\cdots,r, y = y_j, j = 1,2,\cdots,s$ 对 $[a,b]\times[c,d]$ 进行分割. 如图 16.1.7 所示. $[a,b]\times[c,d]$ 分成 $r\times s$ 个小矩形 $\Delta_{ik}:[x_{i-1},x_i]\times[y_{k-1},y_k]$. 设 $f(x,y)$ 在 Δ_{ik} 上的上下确界分别为 M_{ik}, m_{ik}, 则

$$m_{ik}\Delta y_k \leqslant \int_{y_{k-1}}^{y_k} f(\xi_i,y)\mathrm{d}y \leqslant M_{ik}\Delta y_k$$

$$m_{ik}\Delta y_k\Delta x_i \leqslant \Delta x_i\int_{y_{k-1}}^{y_k} f(\xi_i,y)\mathrm{d}y \leqslant M_{ik}\Delta x_i\Delta y_k$$

其中 $\xi_i\in[x_{i-1},x_i]$, $\Delta y_k = y_k - y_{k-1}$, $\Delta x_i = x_i - x_{i-1}$, $i = 1,2,\cdots,r, k = 1,2,\cdots,s$. 所以

$$\sum_{k=1}^{s}\sum_{i=1}^{r} m_{ik}\Delta y_k\Delta x_i \leqslant \sum_{k=1}^{s}\sum_{i=1}^{r}\left(\Delta x_i\int_{y_{k-1}}^{y_k} f(\xi_i,y)\mathrm{d}y\right) \leqslant \sum_{k=1}^{s}\sum_{i=1}^{r} M_{ik}\Delta x_i\Delta y_k$$

由于 f 在 D 上可积, 故

$$\lim_{||T||\to 0}\sum_{i=1}^{r}\sum_{k=1}^{s} m_{ik}\Delta y_k\Delta x_i = \lim_{||T||\to 0}\sum_{i=1}^{r}\sum_{k=1}^{s} M_{ik}\Delta y_k\Delta x_i$$

由夹逼定理得 $A(x)$ 在 $[c,d]$ 上可积, 并且 $\int_a^b \mathrm{d}x\int_c^d f(x,y)\mathrm{d}y = \iint_D f(x,y)\mathrm{d}\sigma$. 结论得证.

定理 16.1.6 函数 $f(x,y)$ 在区域 $D = [a,b]\times[c,d]$ 上可积, 对任意 $y\in[c,d]$, $C(y) = \int_a^b f(x,y)\mathrm{d}x$ 存在, 则 $\int_c^d C(y)\mathrm{d}y$ 也存在, 且

$$\iint_D f(x,y)\mathrm{d}\sigma = \int_c^d C(y)\mathrm{d}y = \int_c^d \mathrm{d}y\int_a^b f(x,y)\mathrm{d}x$$

定理 16.1.5 中的 $A(x)$ 和定理 16.1.6 中的 $C(y)$ 的几何意义如图 16.1.8 所示. $A(x)$ 为过点 x 作与平面 xOy 垂直且与 yOz 平面平行的平面与曲顶柱体所截得的面积. $C(y)$ 为过点 y 作与平面 xOy 垂直且与 xOz 平面平行的平面与曲顶柱体所截得的面积.

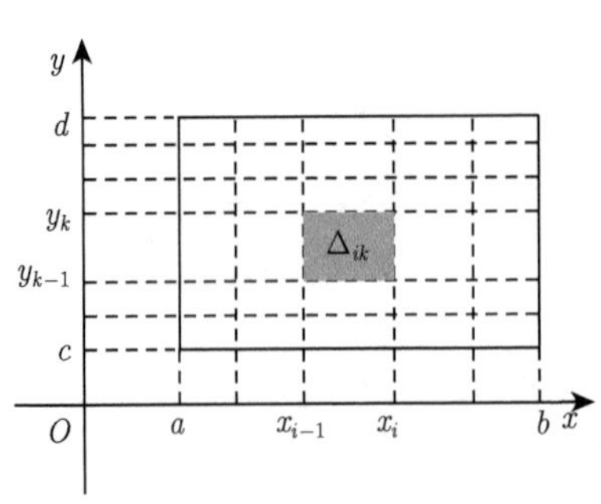

图 16.1.7

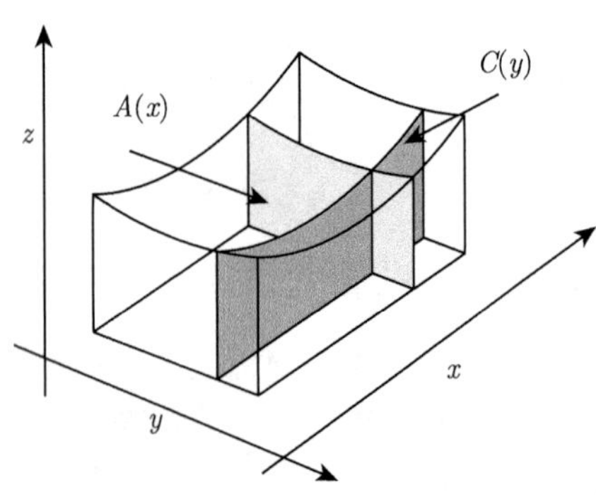

图 16.1.8

推论 16.1.2 函数 $f(x,y)$ 在区域 $D=[a,b]\times[c,d]$ 上连续时, 有

$$\iint\limits_D f(x,y)\mathrm{d}\sigma=\int_a^b \mathrm{d}x\int_c^d f(x,y)\mathrm{d}y=\int_c^d \mathrm{d}y\int_a^b f(x,y)\mathrm{d}x$$

下面我们讨论 $\mathbf{R}^2$ 上两类特殊有界闭区域上, 即 X 型区域和 Y 型区域的二重积分问题.

定义 16.1.3 平面点集

$$D_x=\{(x,y)|y_1(x)\leqslant y\leqslant y_2(x),a\leqslant x\leqslant b\}$$

$$D_y=\{(x,y)|x_1(y)\leqslant x\leqslant x_2(y),c\leqslant y\leqslant d\}$$

分别为 X 型区域和 Y 型区域. 如图 16.1.9 所示.

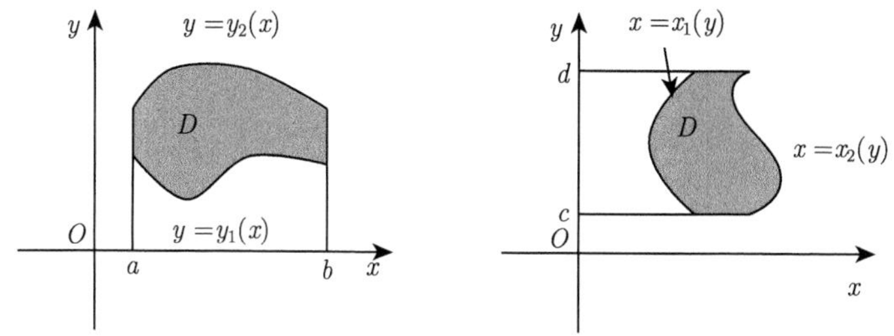

图 16.1.9

注 16.1.3 X 型区域和 Y 型区域的特点是分别作平行于 y 轴和 x 轴的直线穿过积分区域内部, 与区域的边界曲线至多有两个交点.

定理 16.1.7 设 $D_x=\{(x,y)|y_1(x)\leqslant y\leqslant y_2(x),a\leqslant x\leqslant b\}$, 若 $f(x,y)$ 在 D_x 上连续, $y_1(x),y_2(x)$ 在 $[a,b]$ 上连续, 则

$$\iint\limits_{D_x} f(x,y)\mathrm{d}\sigma=\int_a^b \mathrm{d}x\int_{y_1(x)}^{y_2(x)} f(x,y)\mathrm{d}y$$

证明 如图 16.1.10 所示, 存在 $[a,b]\times[c,d]\supset D_x$, 构造函数

$$F(x,y)=\begin{cases} f(x,y), & (x,y)\in D_x \\ 0, & (x,y)\notin D_x \end{cases}$$

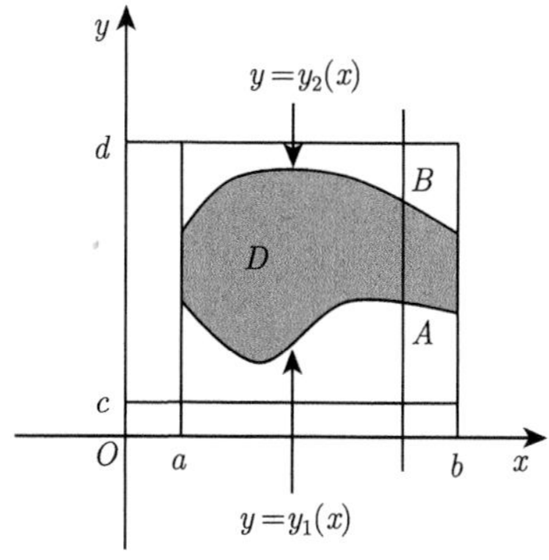

图 16.1.10

由于 $y_1(x), y_2(x)$ 在 $[a,b]$ 上连续, 故 $F(x,y)$ 在 $[a,b]\times[c,d]$ 上不连续点的集合是曲线 $y_1(x)$, $y_2(x)$ 上点集的子集, 于是 $F(x,y)$ 在 $[a,b]\times[c,d]$ 上可积. 所以

$$\iint\limits_{D_x} f(x,y)\mathrm{d}\sigma = \iint\limits_{[a,b]\times[c,d]} F(x,y)\mathrm{d}\sigma = \int_a^b \mathrm{d}x \int_c^d F(x,y)\mathrm{d}y = \int_a^b \mathrm{d}x \int_{y_1(x)}^{y_2(x)} f(x,y)\mathrm{d}y$$

结论得证.

定理 16.1.8 设 $D_y = \{(x,y)|x_1(y) \leqslant x \leqslant x_2(y), c \leqslant y \leqslant d\}$, 若 $f(x,y)$ 在 D_y 上连续, $x_1(y), x_2(y)$ 在 $[c,d]$ 上连续, 则

$$\iint\limits_{D_y} f(x,y)\mathrm{d}\sigma = \int_c^d \mathrm{d}y \int_{x_1(y)}^{x_2(y)} f(x,y)\mathrm{d}x$$

根据定理 16.1.7 和定理 16.1.8 知, 积分区域的四条边界曲线决定了重积分化为累次积分的下限和上限.

如果积分区域 D 可以分解为两个具有对称性 (关于直线 l 或者点 P_0) 的子区域 D_1, D_2, 则

(1) 如果被积函数 $f(x,y)$ 在 D_1 上点的值与 D_2 中对称点的值相反, 则

$$\iint\limits_{D} f(x,y)\mathrm{d}x\mathrm{d}y = 0$$

(2) 如果被积函数 $f(x,y)$ 在 D_1 上点的值与 D_2 中对称点的值相同, 则

$$\iint\limits_{D} f(x,y)\mathrm{d}x\mathrm{d}y = 2\iint\limits_{D_1} f(x,y)\mathrm{d}x\mathrm{d}y$$

例如, 如图 16.1.11 所示的区域 (关于 x 轴对称, 关于 y 轴对称), 若 $f(x,y) = -f(-x,y)$ 或者 $f(x,y) = -f(x,-y)$, 则 $\iint\limits_{D} f(x,y)\mathrm{d}x\mathrm{d}y = 0$.

如图 16.1.12 所示的区域 (关于原点对称), 若 $f(-x,-y) = -f(x,y)$, 则 $\iint\limits_{D} f(x,y)\mathrm{d}x\mathrm{d}y = 0$.

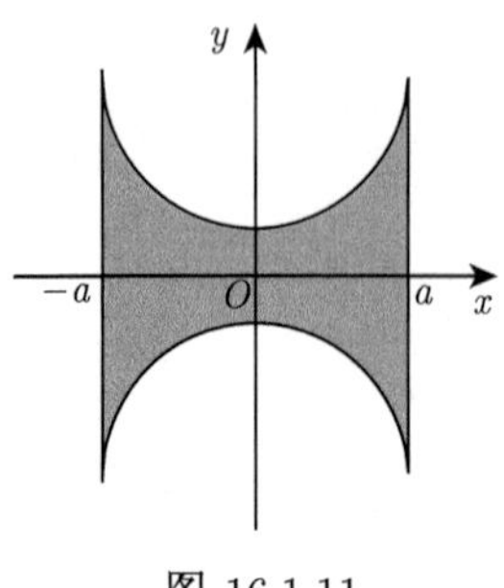

图 16.1.11

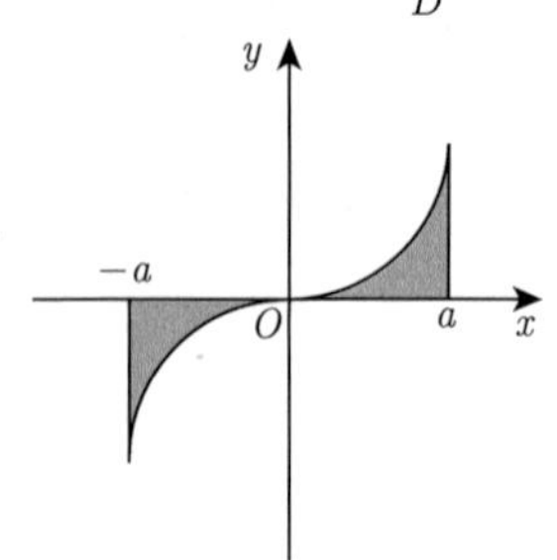

图 16.1.12

如图 16.1.13 所示的区域 (关于直线 $y=x$ 对称), 若 $f(x,y)=-f(y,x)$, 则 $\iint\limits_D f(x,y)\mathrm{d}x\mathrm{d}y=0$, 若 $f(x,y)=f(y,x)$, 则 $\iint\limits_D f(x,y)\mathrm{d}x\mathrm{d}y=2\iint\limits_{D_1} f(x,y)\mathrm{d}x\mathrm{d}y$, 这里 $D_1\cup D_2=D, D_1, D_2$ 关于 $y=x$ 轴对称.

例 16.1.7 计算 $\iint\limits_D (x+2y)\mathrm{d}x\mathrm{d}y$, 其中 D 是由抛物线 $y=2x^2$ 与 $y=1+x^2$ 围成的区域. 如图 16.1.14 所示.

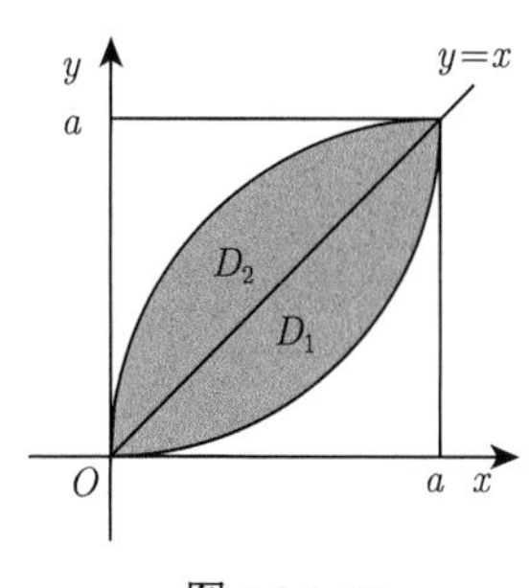

图 16.1.13

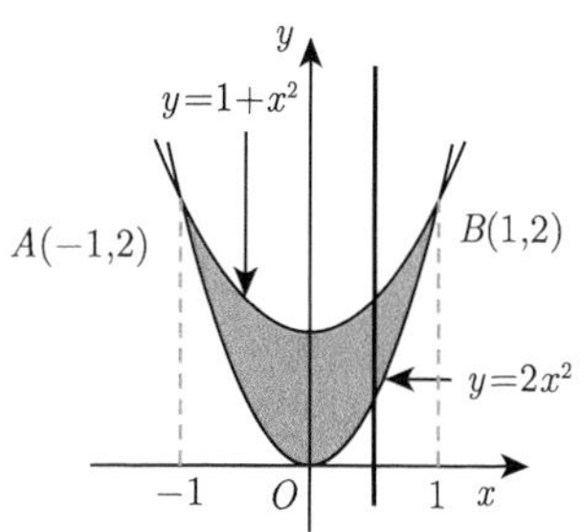

图 16.1.14

解 D 是 X 型区域, 两条曲线的交点为 $A(-1,2), B(1,2)$. 所以积分区域为

$$D=\left\{(x,y)\,\middle|\,2x^2\leqslant y\leqslant 1+x^2,-1\leqslant x\leqslant 1\right\}$$

因此得到

$$\iint\limits_D (x+2y)\mathrm{d}y\mathrm{d}x=\int_{-1}^{1}\mathrm{d}x\int_{2x^2}^{1+x^2}(x+2y)\mathrm{d}y=\int_{-1}^{1}(-3x^4-x^3+2x^2+x+1)\mathrm{d}x=\frac{32}{15}$$

例 16.1.8 计算 $\iint\limits_D xy\mathrm{d}x\mathrm{d}y$, 其中 D 是由抛物线 $y^2=2x+6$ 与直线 $y=x-1$ 围成的区域.

解 抛物线 $y^2=2x+6$ 与直线 $y=x-1$围成的区域如图 16.1.15 所示. 区域 D 既是 X 型区域也是 Y 型区域. 按 Y 型区域计算, $D=\left\{(x,y)\,\middle|\,\frac{y^2}{2}-3\leqslant x\leqslant y+1,-2\leqslant y\leqslant 4\right\}$ 所以

$$\iint\limits_D xy\mathrm{d}y\mathrm{d}x=\int_{-2}^{4}\mathrm{d}y\int_{\frac{y^2}{2}-3}^{y+1}xy\mathrm{d}x=\frac{1}{2}\int_{-2}^{4}\left(-\frac{y^5}{4}+4y^3+2y^2-8y\right)\mathrm{d}y=36$$

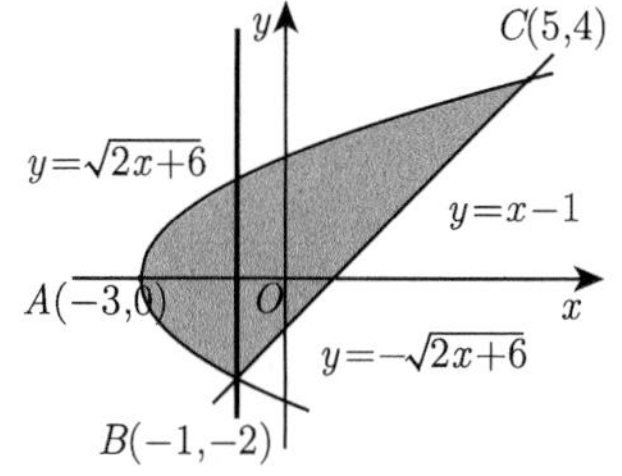

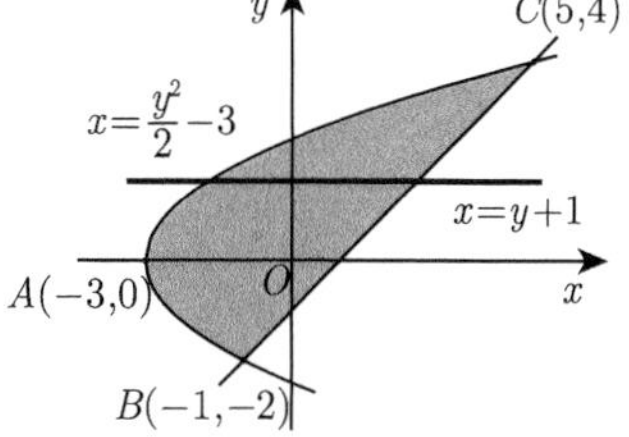

图 16.1.15

按 X 型区域计算, 由于积分的下限函数曲线表达式不唯一, 因此需要分割, 如图 16.1.15, 过 B 点作 y 轴的平行线, 将积分区域分割为两部分, 即

$$\begin{aligned} D = &\left\{(x,y)\left|-\sqrt{2x+6} \leqslant y \leqslant \sqrt{2x+6}, -3 \leqslant x \leqslant -1\right.\right\} \\ &\cup \left\{(x,y)\left|x-1 \leqslant y \leqslant \sqrt{2x+6}, -1 \leqslant x \leqslant 5\right.\right\} \end{aligned} \tag{16.1.1}$$

因此有

$$\iint_D xy\mathrm{d}x\mathrm{d}y = \int_{-3}^{-1}\mathrm{d}x\int_{-\sqrt{2x+6}}^{\sqrt{2x+6}} xy\mathrm{d}y + \int_{-1}^{5}\mathrm{d}x\int_{x-1}^{\sqrt{2x+6}} xy\mathrm{d}y = 36$$

例 16.1.9 求 $\iint\limits_{\Omega}(x+y)\mathrm{d}x\mathrm{d}y$, 其中 Ω 是由曲线 $y^2=2x, x+y=4, x+y=12$ 所围成的区域.

解 解方程组 $\begin{cases} x+y=4, \\ y^2=2x \end{cases}$ 及 $\begin{cases} x+y=12, \\ y^2=2x \end{cases}$ 求得交点 $A(2,2), B(8,4), C(18,-6), D(8,-4)$. 如图 16.1.16 所示. Ω 区域既是X型区域也是Y型区域, 但是两种类型区域的上下边界曲线表达式不统一, 所以积分区域要进行分割. 这里以 Y 型区域来求解, 过 A, D 点做 x 轴平行线, 将积分区域分割成三个区域, 因此有

$$\begin{aligned} \iint_{\Omega}(x+y)\mathrm{d}x\mathrm{d}y &= \underbrace{\int_{-6}^{-4}\mathrm{d}y\int_{\frac{y^2}{2}}^{12-y}(x+y)\mathrm{d}x}_{DCQ\text{区域}} + \underbrace{\int_{-4}^{2}\mathrm{d}y\int_{4-y}^{12-y}(x+y)\mathrm{d}x}_{DQUA\text{区域}} + \underbrace{\int_{2}^{4}\mathrm{d}y\int_{\frac{y^2}{2}}^{12-y}(x+y)\mathrm{d}x}_{AUB\text{区域}} \\ &= 79\frac{13}{15} + 384 + 79\frac{13}{15} = 543\frac{11}{15} \end{aligned}$$

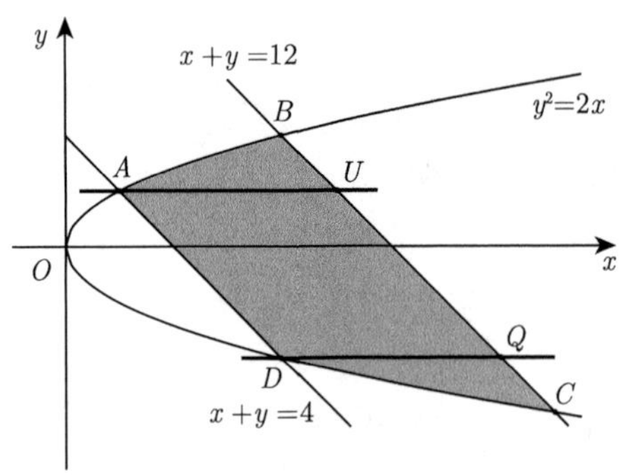

图 16.1.16

例 16.1.10 交换积分次序 $\int_0^{2a}\mathrm{d}x\int_{\sqrt{2ax-x^2}}^{\sqrt{2ax}} f(x,y)\mathrm{d}y$.

解 积分区域 $D=\{(x,y)|\sqrt{2ax-x^2} \leqslant y \leqslant \sqrt{2ax}, 0 \leqslant x \leqslant 2a\}$, D 是由边界 $y^2+x^2=2ax, y^2=2ax, x=0, x=2a$ 围成的区域. 如图 16.1.17 所示. 积分区域 D 不是 Y 型区域, 因

此需要分割. 过圆的顶点 E 作 x 轴的平行线, 将积分区域分割成三部分. 因此

$$\text{原式}=\underbrace{\int_0^a \mathrm{d}y\int_{\frac{y^2}{2a}}^{-\sqrt{a^2-y^2}+a} f(x,y)\mathrm{d}x}_{OEF\text{区域}}+\underbrace{\int_0^a \mathrm{d}y\int_{\sqrt{a^2-y^2}+a}^{2a} f(x,y)\mathrm{d}x}_{BME\text{区域}}+\underbrace{\int_a^{2a} \mathrm{d}y\int_{\frac{y^2}{2a}}^{2a} f(x,y)\mathrm{d}x}_{AMF\text{区域}}$$

例 16.1.11 计算 $\iint\limits_{|x|\leqslant 1,0\leqslant y\leqslant 2}\sqrt{|y-x^2|}\mathrm{d}x\mathrm{d}y.$

解 通过分割积分区域将被积函数的绝对值符号去掉, 计算过程如下:

$$\begin{aligned}\iint\limits_{|x|\leqslant 1,0\leqslant y\leqslant 2}\sqrt{|y-x^2|}\mathrm{d}x\mathrm{d}y&=\iint\limits_{|x|\leqslant 1,0\leqslant y\leqslant x^2}\sqrt{x^2-y}\mathrm{d}x\mathrm{d}y+\iint\limits_{|x|\leqslant 1,x^2\leqslant y\leqslant 2}\sqrt{y-x^2}\mathrm{d}x\mathrm{d}y\\&=\int_{-1}^1\mathrm{d}x\int_0^{x^2}\sqrt{x^2-y}\mathrm{d}y+\int_{-1}^1\mathrm{d}x\int_{x^2}^2\sqrt{y-x^2}\mathrm{d}y\\&=\frac{4}{3}\int_0^1 x^3\mathrm{d}x+\frac{4}{3}\int_0^1\left(2-x^2\right)^{\frac{3}{2}}\mathrm{d}x\\&=\frac{1}{3}+\frac{16}{3}\int_0^{\frac{\pi}{4}}\cos^4\theta\mathrm{d}\theta=\frac{1}{3}+\frac{16}{3}\left(\frac{3\pi}{32}+\frac{1}{4}\right)=\frac{5}{3}+\frac{\pi}{2}\end{aligned}$$

例 16.1.12 交换积分次序并计算 $\int_1^2\mathrm{d}x\int_{\sqrt{x}}^x\sin\left(\frac{\pi x}{2y}\right)\mathrm{d}y+\int_2^4\mathrm{d}x\int_{\sqrt{x}}^2\sin\left(\frac{\pi x}{2y}\right)\mathrm{d}y.$

解 积分区域为 $D=\{(x,y)|\sqrt{x}\leqslant y\leqslant 2,2\leqslant x\leqslant 4\}\cup\{(x,y)|\sqrt{x}\leqslant y\leqslant x,1\leqslant x\leqslant 2\}$.

如图 16.1.18 所示. 由于 D 为 X 型区域, 进一步 $D=\left\{(x,y)\left|y\leqslant x\leqslant y^2,1\leqslant y\leqslant 2\right.\right\}$, 交换积分顺序可以简化计算得

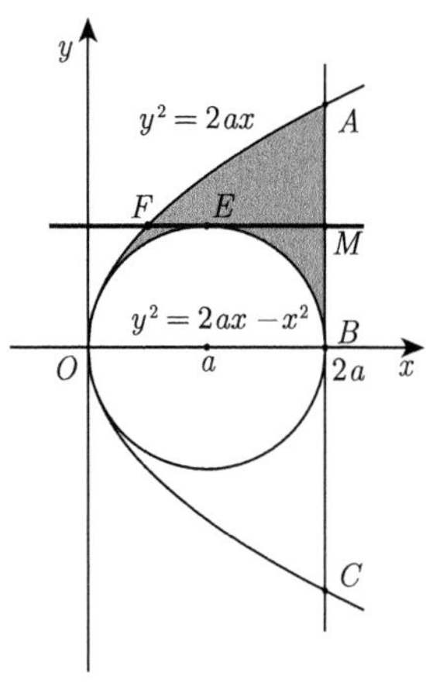

图 16.1.17

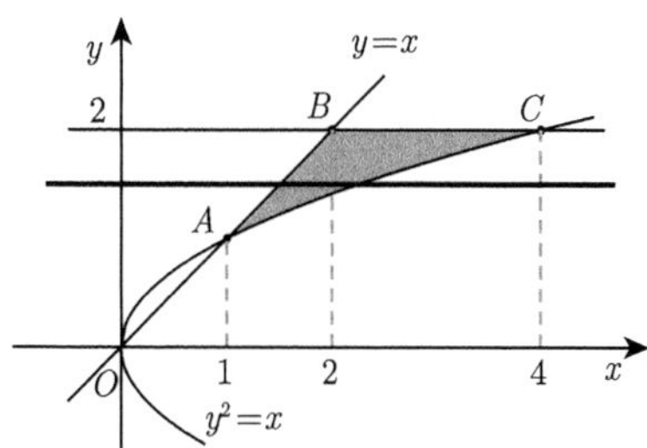

图 16.1.18

$$\text{原式}=\int_1^2\mathrm{d}y\int_y^{y^2}\sin\frac{\pi x}{2y}\mathrm{d}x=-\int_1^2\frac{2y}{\pi}\cos\frac{\pi y}{2}\mathrm{d}y=-\frac{8}{\pi^3}\int_{\frac{\pi}{2}}^{\pi}t\cos t\mathrm{d}t$$

$$=-\frac{8}{\pi^3}(t\sin t|_{\frac{\pi}{2}}^{\pi}+\cos t|_{\frac{\pi}{2}}^{\pi})=\frac{4}{\pi^3}(2+\pi)$$

习题 16.1.3 直角坐标系下二重积分的计算

1. 计算下列积分.

(a) $\iint\limits_D \cos(x+y)\mathrm{d}x\mathrm{d}y$, 其中 D 由 $x=0,\ y=x,\ y=\pi$ 围成.

(b) $\iint\limits_D xy^2\mathrm{d}x\mathrm{d}y$, D 由 $y^2=4x$ 和 $x=1$ 围成.

(c) $\iint\limits_D \mathrm{e}^{x+y}\mathrm{d}x\mathrm{d}y$, $D=\{(x,y)\,||x|+|y|\leqslant 1\}$.

(d) $\iint\limits_D |xy|\,\mathrm{d}x\mathrm{d}y$, $D=\left\{(x,y)\,\middle|x^2+y^2\leqslant a^2\right\}$.

(e) $\iint\limits_D |\cos(x+y)|\,\mathrm{d}x\mathrm{d}y$, $D=[0,\pi]\times[0,\pi]$.

(f) $\iint\limits_D [x+y]\mathrm{d}x\mathrm{d}y$, $D=[0,2]\times[0,2]$.

(g) $\iint\limits_D xy^2\mathrm{e}^{|x|}\mathrm{d}x\mathrm{d}y, D=\{(x,y)\,||x|+|y|\leqslant 1\}$

(h) $\iint\limits_D \sin x^2\mathrm{d}x\mathrm{d}y, D$ 为由曲线 $y=0, x=\sqrt{\pi/2}, y=x$ 围成的区域.

(i) $\iint\limits_D y\left(1+x\mathrm{e}^{\frac{1}{2}\left(x^2+y^2\right)}\right)\mathrm{d}x\mathrm{d}y, D$ 为由直线 $y=x, x=1, y=-1$ 围成的区域.

2. 改变下列累次积分的次序.

(1) $\int_0^1\mathrm{d}x\int_{x^2}^{x}f(x,y)\mathrm{d}y$;　(2) $\int_0^2\mathrm{d}x\int_x^{2x}f(x,y)\,\mathrm{d}y$;　(3) $\int_{-1}^1\mathrm{d}x\int_{-\sqrt{1-x^2}}^{\sqrt{1-x^2}}f(x,y)\mathrm{d}y$;

(4) $\int_{-6}^2\mathrm{d}x\int_{\frac{x^2}{4}-1}^{2-x}f(x,y)\mathrm{d}y$;　(5) $\int_0^{2\pi}\mathrm{d}x\int_0^{\sin x}f(x,y)\mathrm{d}y$.

3. 设 f 为一元连续函数, 求证: $\int_0^a\mathrm{d}x\int_0^x f(x)f(y)\mathrm{d}y=\dfrac{1}{2}\left(\int_0^a f(t)\mathrm{d}t\right)^2$.

4. 设 f 为连续函数, 证明:

$$\int_0^a\mathrm{d}x\int_0^x f(y)\mathrm{d}y=\int_0^a(a-t)f(t)\mathrm{d}t$$

5. 设 $f(x,y)$ 在 $[a,b]\times[c,d]$ 上连续, $F(x,y)=\int_a^x\int_c^y f(u,v)\mathrm{d}v\mathrm{d}u$, 试证:

$$\frac{\partial^2F}{\partial x\partial y}(x,y)=f(x,y),\quad (x,y)\in[a,b]\times[c,d]$$

16.1.4 二重积分的换元公式

下面我们讨论二重积分的变量替换公式.

例 16.1.13 设区域 D 由曲线 $y=2, y^2-y-x=0, y^2+2y-x=0$ 围成, 分析在映射 $T: u=y^2-x, v=y$ 下, 将 D 变换到的区域 D'.

解 映射 T 将 D 的边界映射到 D' 的边界,

$$\begin{cases}(1)\ y=2,\\(2)\ y^2-y-x=0,\\(3)\ y^2+2y-x=0\end{cases}\overset{T}{\Rightarrow}\begin{cases}(1)\ v=2\\(2)\ u=v\\(3)\ u=-2v\end{cases}$$

将曲边四边形映射为三角形区域, 如图 16.1.19 所示.

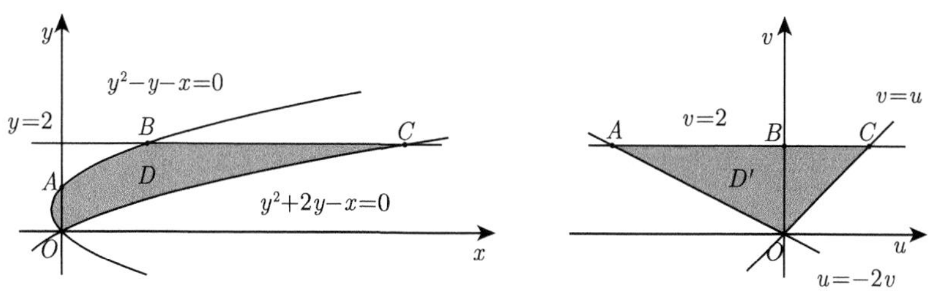

图 16.1.19

例 16.1.14 分析由 $xy-1, xy-2, x^2-y^2-1, x^2-y^2-2$ 围成的区域 D 在变换 $u=x^2-y^2$, $v=xy$ 下映射的区域 D'.

解 映射将 D 的边界映到 D' 的边界

$$\begin{cases}(1)\ x^2-y^2=1,\\(2)\ x^2-y^2=2,\\(3)\ xy=1,\\(4)\ xy=2\end{cases}\overset{T}{\Rightarrow}\begin{cases}(1)\ u=1\\(2)\ u=2\\(3)\ v=1\\(4)\ v=2\end{cases}$$

将区域 D 映射到矩形区域 D'. 如图 16.1.20 所示.

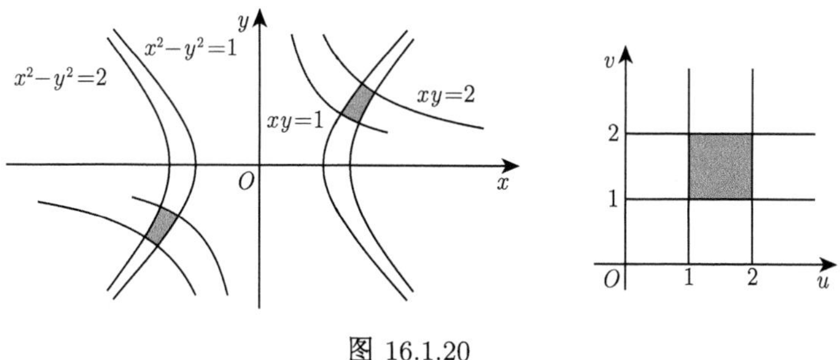

图 16.1.20

由例 16.1.13 和例 16.1.14 知, 通过变换将复杂的区域变换成简单的区域, 从而简化积分计算的复杂度. 下面讨论二重积分换元公式.

如图 16.1.21 所示, 若在映射 T 下, 区域 D^* 中矩形 $ABCD$ 映射到区域 P 中曲边四边形 $A'B'C'D'$, 并设 $ABCD$ 和 $A'B'C'D'$ 的面积分别为 σ 和 σ'. 设 $ABCD$ 和 $A'B'C'D'$ 的

顶点坐标

$$
A(u,v),\quad B(u+\Delta u,v),\quad C(u+\Delta u,v+\Delta v),\quad D(u,v+\Delta v)
$$
$$
A'(x_1,y_1),\quad B'(x_2,y_2),\quad C'(x_3,y_3),\quad D'(x_4,y_4)
$$

并且 $T: A\to A', B\to B', C\to C', D\to D'$.

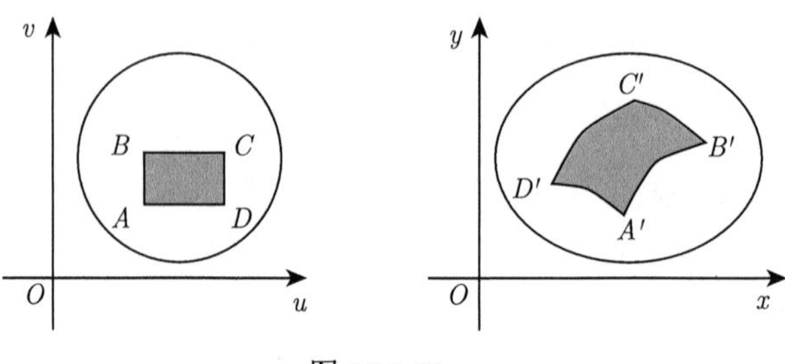

图 16.1.21

由泰勒公式

$$
\begin{cases}
x_2 = x(u+\Delta u,v) = x(u,v) + \dfrac{\partial x(u,v)}{\partial u}\Delta u + o(\Delta u)\\
y_2 = y(u+\Delta u,v) = y(u,v) + \dfrac{\partial y(u,v)}{\partial u}\Delta u + o(\Delta u)
\end{cases}
$$

$$
\begin{cases}
x_3 = x(u+\Delta u,v+\Delta v) = x(u,v) + \dfrac{\partial x(u,v)}{\partial u}\Delta u + \dfrac{\partial x(u,v)}{\partial v}\Delta v + o(\sqrt{(\Delta u)^2+(\Delta v)^2})\\
y_3 = y(u+\Delta u,v+\Delta v) = y(u,v) + \dfrac{\partial y(u,v)}{\partial u}\Delta u + \dfrac{\partial y(u,v)}{\partial v}\Delta v + o(\sqrt{(\Delta u)^2+(\Delta v)^2})
\end{cases}
$$

$$
\begin{cases}
x_4 = x(u,v+\Delta v) = x(u,v) + \dfrac{\partial x(u,v)}{\partial v}\Delta v + o(\Delta v)\\
y_4 = y(u,v+\Delta v) = y(u,v) + \dfrac{\partial y(u,v)}{\partial v}\Delta v + o(\Delta v)
\end{cases}
$$

如图 16.1.22 所示, 考虑曲边四边形 $A'B'C'D'$ 的面积, 如果略去高阶无穷小, 得

$$
\|A'B'\| \approx \|C'D'\|,\quad \|A'D'\| \approx \|C'B'\|
$$

四边形 $A'B'C'D'$ 近似为平行四边形, 其面积为

$$
\sigma' \approx \pm \begin{vmatrix}
x(u,v) & y(u,v) & 1\\
x(u,v) + \dfrac{\partial x(u,v)}{\partial u}\Delta u & y(u,v) + \dfrac{\partial y(u,v)}{\partial u}\Delta u & 1\\
x(u,v) + \dfrac{\partial x(u,v)}{\partial u}\Delta u + \dfrac{\partial x(u,v)}{\partial v}\Delta v & y(u,v) + \dfrac{\partial y(u,v)}{\partial u}\Delta u + \dfrac{\partial y(u,v)}{\partial v}\Delta v & 1
\end{vmatrix}
$$
$$
= \left|\frac{\partial(x,y)}{\partial(u,v)}\right|\Delta u\Delta v
$$

于是

$$
\lim_{\sigma\to 0}\frac{\sigma'}{\sigma} = \left|\frac{\partial(x,y)}{\partial(u,v)}\right| \Leftrightarrow \sigma' = \left|\frac{\partial(x,y)}{\partial(u,v)}\right|\sigma + o(\sigma)
$$

现在设 Δ 为矩形区域, 映射 $T:\begin{cases}x=x(u,v),\\y=y(u,v)\end{cases}$ 将 Δ 一一映射到区域 D. 将 Δ 分割成 n 个矩形 $\Delta_1,\Delta_2,\cdots,\Delta_n$, 其面积为 $\sigma(\Delta_i),i=1,2,\cdots,n$, 在映射 T 下的像 $D_1,D_2,\cdots,D_n$, 对应的面积 $\sigma(D_i),i=1,2,\cdots,n$. 如图 16.1.23 所示.

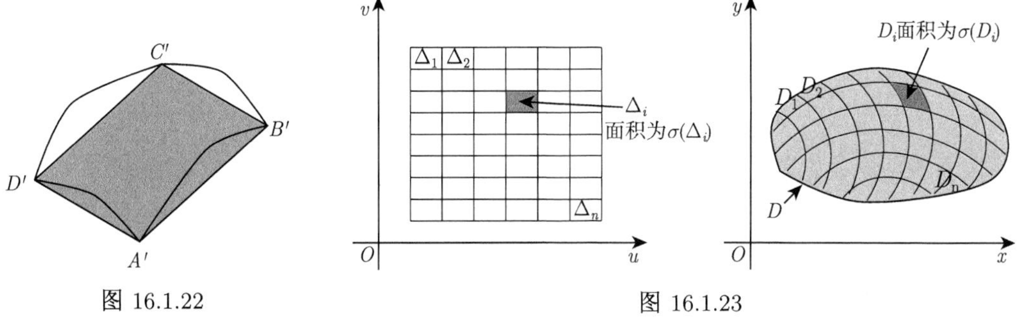

图 16.1.22

图 16.1.23

于是

$$\sigma(D)=\sum_{i=1}^{n}\sigma(D_i)=\sum_{i=1}^{n}\left[\left|\frac{\partial(x,y)}{\partial(u,v)}\right|\Bigg|_{(u_i,v_i)}\sigma(\Delta_i)+o(\sigma(\Delta_i))\right]$$

根据二重积分的定义, 得到

$$\sigma(D)=\lim_{\|\Delta\|\to 0}\sum_{i=1}^{n}\left|\frac{\partial(x,y)}{\partial(u,v)}\right|\Bigg|_{(u_i,v_i)}\sigma(\Delta_i)=\iint\limits_{\Delta}\left|\frac{\partial(x,y)}{\partial(u,v)}\right|\mathrm{d}\sigma$$

如果 Δ 不是矩形而是一般的有界可求面积区域, 则上式仍然成立, 证明留给读者完成. 于是得如下结论.

定理 16.1.9 设 $f(x,y)$ 在有界闭区域 D 上可积. 映射 $T:\begin{cases}x=x(u,v),\\y=y(u,v)\end{cases}$ 将 uv 平面上分段光滑封闭曲线围成的闭区域 Δ 一一映射到 xOy 平面上的闭区域 D, 且 $J(u,v)=\dfrac{\partial(x,y)}{\partial(u,v)}\neq 0$, 映射 T 在 Δ 上连续且具有一阶连续偏导数, 则

(1) D 的面积 $S=\iint\limits_{\Delta}|J(u,v)|\mathrm{d}u\mathrm{d}v$;

(2) $\iint\limits_{D}f(x,y)\mathrm{d}x\mathrm{d}y=\iint\limits_{\Delta}f(x(u,v),y(u,v))|J(u,v)|\mathrm{d}u\mathrm{d}v$.

证明 用曲线网格把 Δ 分成 n 个小区域 $\Delta_i,i=1,2,\cdots,n$, 在变换的作用下, 区域 D 也相应地被分成 n 个小区域 $D_i,i=1,2,\cdots,n$. 记 Δ_i 和 D_i 的面积分别为 $\sigma(\Delta_i)$ 和 $\sigma(D_i)$. 设区域 Δ 和 D 的分割细度分别为 $||T_\Delta||$ 和 $||T_D||$. 如图 16.1.24 所示.

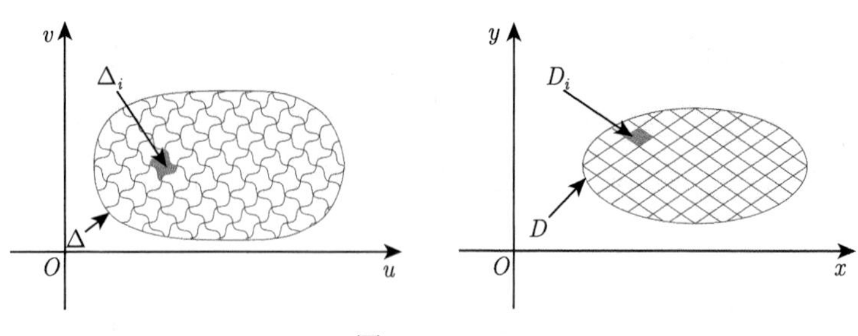

图 16.1.24

由二重积分中值定理, 有

$$\sigma(D_i)=\iint\limits_{\Delta_i}|J(u,v)|\mathrm{d}u\mathrm{d}v=|J(\bar{u}_i,\bar{v}_i)|\sigma(\Delta_i)$$

其中 $(\bar{u}_i,\bar{v}_i)\in\Delta_i$. 令 $\xi_i=x(\bar{u}_i,\bar{v}_i),\eta_i=y(\bar{u}_i,\bar{v}_i)$, 由于 J 是一一映射则 $(\xi_i,\eta_i)\in D_i$. 因为 $f(x,y)$ 在有界闭区域 D 上可积, 其累加和中的点取为该特殊点 (ξ_i,η_i), 则

$$\sum_{i=1}^{n}f(\xi_i,\eta_i)\sigma(D_i)=\sum_{i=1}^{n}f(x(\bar{u}_i,\bar{v}_i),y(\bar{u}_i,\bar{v}_i))|J(\bar{u}_i,\bar{v}_i)|\sigma(\Delta_i)$$

由于变换 T 连续, 当 $||T_D||\to 0$ 时 $||T_\Delta||\to 0$. 在上式两边同时取 $||T_\Delta||\to 0$ 的极限, 根据二重积分的定义可得 $\iint\limits_{D}f(x,y)\mathrm{d}x\mathrm{d}y=\iint\limits_{\Delta}f(x(u,v),y(u,v))|J(u,v)|\mathrm{d}u\mathrm{d}v$. 结论得证.

例 16.1.15 求由椭圆 $(a_1x+b_1y+c_1)^2+(a_2x+b_2y+c_2)^2=1$ 围成的面积 (其中 $\delta=a_1b_2-a_2b_1\neq 0$).

解 作变换 $\begin{cases}u=a_1x+b_1y+c_1,\\ v=a_2x+b_2y+c_2,\end{cases}$ 则椭圆所围成的区域变为 $u^2+v^2\leqslant 1$, 进一步

$$|J(u,v)|=\left|\frac{\partial(x,y)}{\partial(u,v)}\right|=\left|\frac{\partial(u,v)}{\partial(x,y)}\right|^{-1}=\frac{1}{|\delta|}$$

所求面积为 $S=\dfrac{1}{|\delta|}\iint\limits_{u^2+v^2\leqslant 1}\mathrm{d}u\mathrm{d}v=\dfrac{\pi}{|\delta|}$.

例 16.1.16 设区域 D 由曲线族 $\begin{cases}y^2=px,y^2=qx,\\ x^2=ay,x^2=by,\end{cases}$ $0<p<q,0<a<b$ 围成, 求 $\iint\limits_{D}\dfrac{1}{xy}\mathrm{d}x\mathrm{d}y$.

解 如图 16.1.25 所示, D 的四条边界分别为 $\dfrac{x^2}{y}=a,\dfrac{y^2}{x}=q,\dfrac{x^2}{y}=b,\dfrac{y^2}{x}=p$, 为了简化边界的数学表达式, 作变换

$$T:\begin{cases}u=\dfrac{x^2}{y},\\ v=\dfrac{y^2}{x}\end{cases}\Rightarrow\begin{cases}x=(u^2v)^{\frac{1}{3}},\\ y=(uv^2)^{\frac{1}{3}}\end{cases}\Rightarrow D\overset{T}{\leftrightarrow}\begin{cases}a\leqslant u\leqslant b\\ p\leqslant v\leqslant q\end{cases}$$

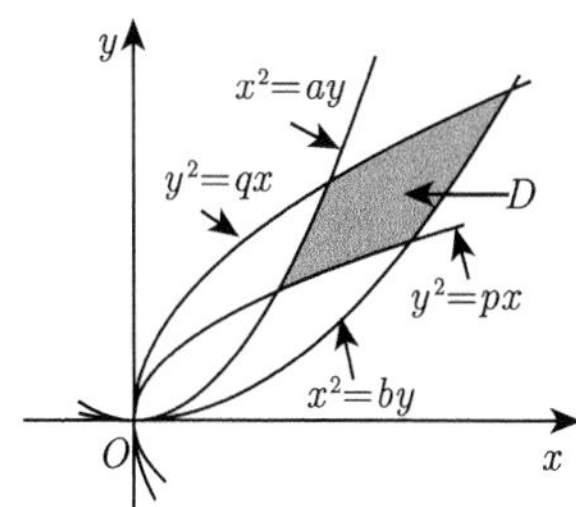

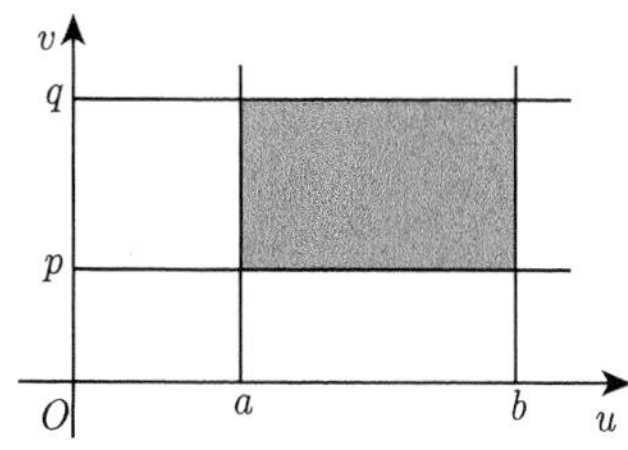

图 16.1.25

由于

$$\frac{\partial(x,y)}{\partial(u,v)}=\begin{vmatrix}\dfrac{1}{3}(uv^2)^{-\frac{2}{3}}\cdot 2uv & \dfrac{1}{3}(uv^2)^{-\frac{2}{3}}\cdot u^2\\ \dfrac{1}{3}(uv^2)^{-\frac{2}{3}}\cdot v^2 & \dfrac{1}{3}(u^2v)^{-\frac{2}{3}}\cdot 2uv\end{vmatrix}$$

$$=\frac{4}{9}-\frac{1}{9}=\frac{1}{3}$$

所以

$$\iint\limits_D \frac{1}{xy}\mathrm{d}x\mathrm{d}y=\frac{1}{3}\int_p^q \mathrm{d}v\int_a^b \frac{1}{uv}\mathrm{d}u=\frac{1}{3}\ln\left(\frac{q}{p}\right)\ln\left(\frac{b}{a}\right)$$

例 16.1.17 设 D 是由 $x=0,y=0,x+y=1$ 所围成的区域, 求 $\iint\limits_D \mathrm{e}^{\frac{x-y}{x+y}}\mathrm{d}x\mathrm{d}y$.

解 设 $T:\begin{cases}x-y=u,\\ x+y=v,\end{cases}$ 则 $\begin{cases}x=\dfrac{u+v}{2},\\ y=\dfrac{v-u}{2},\end{cases}$ $\dfrac{\partial(x,y)}{\partial(u,v)}=\dfrac{1}{2}$, 因为在 T 的映射下有

$$x=0,y=0,x+y=1\Rightarrow \frac{u+v}{2}=0,\frac{v-u}{2}=0,v=1$$

所以 D 在 T 的变换下的区域 Δ 由直线 $\dfrac{u+v}{2}=0,\dfrac{v-u}{2}=0,v=1$ 围成. Δ 为 Y 型区域, 如图 16.1.26 所示. 所以

$$\iint\limits_D \mathrm{e}^{\frac{x-y}{x+y}}\mathrm{d}x\mathrm{d}y=\frac{1}{2}\int_0^1 \mathrm{d}v\int_{-v}^{v}\mathrm{e}^{\frac{u}{v}}\mathrm{d}u=\frac{1}{2}\int_0^1 v(\mathrm{e}-\mathrm{e}^{-1})\mathrm{d}v=\frac{1}{4}(\mathrm{e}-\mathrm{e}^{-1})$$

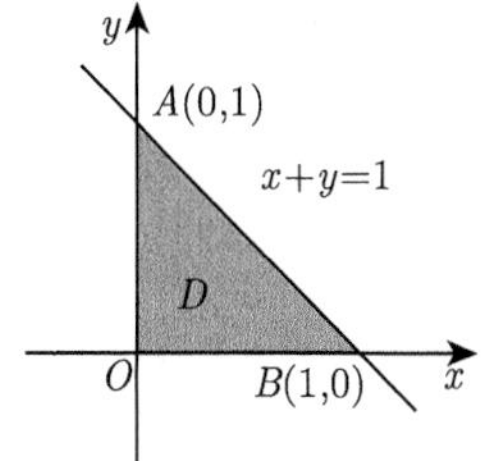

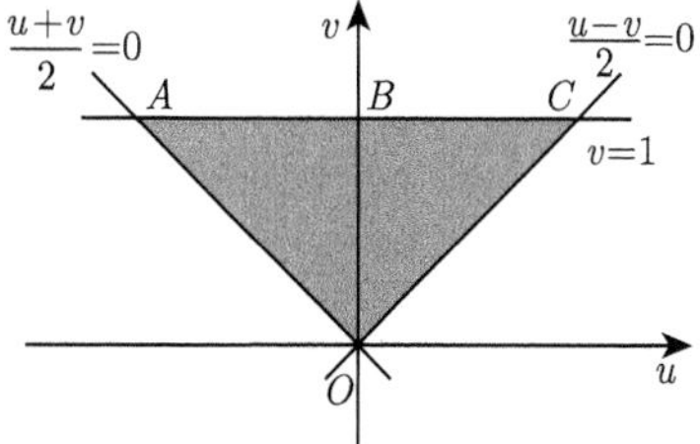

图 16.1.26

例 16.1.18 设 $f(t)$ 在区间 $[1,2]$ 上可积, D 是由曲线 $xy=1, xy=2, y=x, y=4x$ 所围成的区域在第一象限中的部分. 证明 $\iint\limits_D f(\sqrt{xy})\mathrm{d}\sigma = \ln 2\int_1^2 f(\sqrt{t})\mathrm{d}t$.

证明 作变换 $t=xy, u=y/x$, 则 $x=t^{1/2}u^{-1/2}, y=t^{1/2}u^{1/2}$, 该变换把 tu 平面上的区域 $\Delta=[1,2]\times[1,4]$ 一对一地映射到 xOy 平面上的区域 D. 如图 16.1.27 所示. 因为 $f(t)$ 在区间 $[1,2]$ 上可积, $\sqrt{xy}$ 在 D 上有连续偏导数, 所以 $f(\sqrt{xy})$ 在 D 上可积, 又

$$J(t,u)=\begin{vmatrix} \frac{1}{2}t^{-\frac{1}{2}}u^{-\frac{1}{2}} & -\frac{1}{2}t^{\frac{1}{2}}u^{-\frac{3}{2}} \\ \frac{1}{2}t^{-\frac{1}{2}}u^{\frac{1}{2}} & \frac{1}{2}t^{\frac{1}{2}}u^{-\frac{1}{2}} \end{vmatrix}=\frac{1}{2u},\quad (t,u)\in\Delta$$

所以

$$\iint\limits_D f(\sqrt{xy})\mathrm{d}\sigma=\iint\limits_\Delta f(\sqrt{t})\cdot\frac{1}{2u}\mathrm{d}t\mathrm{d}u=\int_1^2\mathrm{d}t\int_1^4\frac{1}{2u}f(\sqrt{t})\mathrm{d}u=\ln 2\int_1^2 f(\sqrt{t})\mathrm{d}t$$

结论得证.

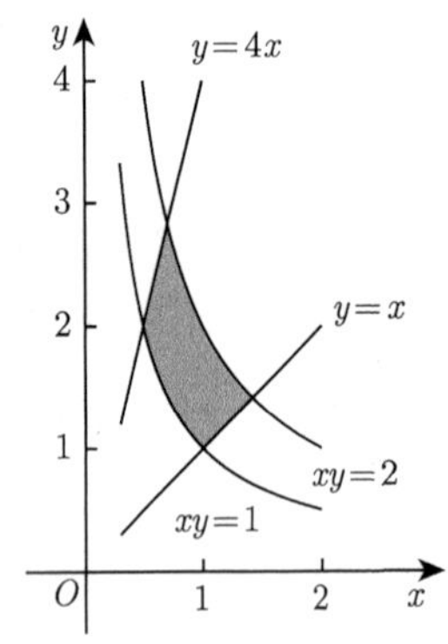

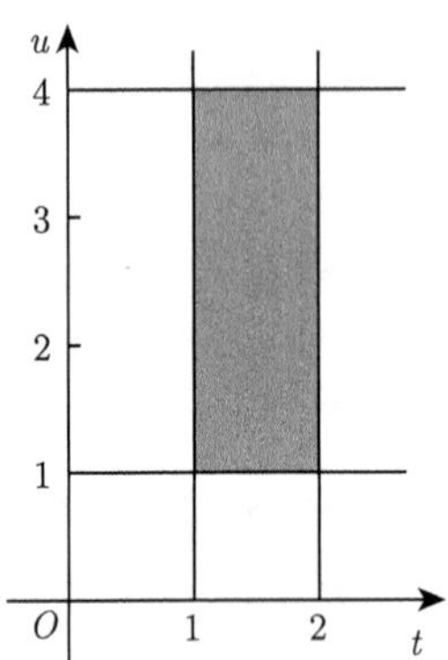

图 16.1.27

习题 16.1.4 二重积分的换元公式

1. 作适当的变换, 计算下列二重积分.

(a) $\iint\limits_D (x-y)^2\sin(x+y)\,\mathrm{d}x\mathrm{d}y$, D 由 $(\pi,0),(2\pi,\pi),(\pi,2\pi),(0,\pi)$ 四个点围成的正方形.

(b) $\iint\limits_D \left(x^2+y^2\right)\mathrm{d}x\mathrm{d}y$, D 由曲线 $x^2-y^2=1, x^2-y^2=2, xy=1, xy=2$ 围成.

(c) $\iint\limits_D \left(x-y^2\right)\mathrm{d}x\mathrm{d}y$, D 由曲线 $y=2, y^2-y-x=0, y^2+2y-x=0$ 围成.

(d) $\iint\limits_D (x-y)\sin(x+y)\mathrm{d}x\mathrm{d}y, D=\{(x,y)\,|0\leqslant x+y\leqslant\pi, 0\leqslant x-y\leqslant\pi\}$.

(e) $\iint\limits_D \mathrm{e}^{\frac{y}{x+y}}\mathrm{d}x\mathrm{d}y,\ D=\{(x,y)\,|x+y\leqslant 1, x\geqslant 0, y\geqslant 0\}$.

(f) $\iint\limits_D (x+y)\mathrm{d}x\mathrm{d}y,\ D=\left\{(x,y)\left|4\leqslant x+y\leqslant 12,-\sqrt{2x}\leqslant y\leqslant\sqrt{2x},x\geqslant 0\right.\right\}$.

2. 作适当的变换, 将下列积分转化为定积分.

(a) $\iint\limits_{|x|+|y|\leqslant 1} f(x+y)\,\mathrm{d}x\mathrm{d}y$.

(b) $\iint\limits_{x^2+y^2\leqslant 1} f(ax+by+c)\,\mathrm{d}x\mathrm{d}y\ \ (a^2+b^2\neq 0)$.

(c) $\iint\limits_{\substack{x\leqslant y\leqslant 4x\\ 1\leqslant xy\leqslant 2}} f(xy)\,\mathrm{d}x\mathrm{d}y\,(x>0,y>0)$.

3. 计算由下列曲线围成的图形的面积.

(a) $\sqrt[4]{x}+\sqrt[4]{y}=1$, $x=0$ 和 $y=0$.

(b) $y^2=2px+p^2, y^2=-2qx+q^2\ \ (p>0,q>0)$.

(c) $\left(x^2+y^2\right)^2=2a^2\left(x^2-y^2\right)x^2+y^2\geqslant a^2$.

(d) $xy=a^2, xy=2a^2, y=x, y=2x\ \ (x>0,y>0)$.

16.1.5 极坐标系下二重积分的计算

当被积函数或者积分区域的边界函数含有 $f(x^2+y^2)$ 时, 采用极坐标变换

$$T:\begin{cases}x=r\cos\theta,\\ y=r\sin\theta\end{cases}\quad(0<r<+\infty,0\leqslant\theta\leqslant 2\pi)$$

往往能起到简化计算的作用. 极坐标变换的雅可比行列式

$$J(r,\theta)=\frac{\partial(x,y)}{\partial(r,\theta)}=\begin{vmatrix}\cos\theta & -r\sin\theta\\ \sin\theta & r\cos\theta\end{vmatrix}=r$$

T 将圆域 $D=\{(x,y)|x^2+y^2\leqslant R^2\}$ 映射成 $r\theta$ 平面的区域 $[0,R]\times[0,2\pi]$, 但不是一一映射, 例如 $(0,\theta)\to(0,0)\,,\forall\theta\in[0,2\pi]$.

尽管极坐标变换在正实轴与原点处不是一一对应的, 但是仍有下面的定理成立.

定理 16.1.10 设 $f(x,y)$ 在有界闭区域 D 上可积, 变换

$$T:\begin{cases}x=r\cos\theta,\\ y=r\sin\theta\end{cases}\quad(0<r<+\infty,0\leqslant\theta\leqslant 2\pi)$$

将 xOy 平面上的有界闭区域 D 映射到 $r\theta$ 平面上的区域 Δ, 则

$$\iint\limits_D f(x,y)\mathrm{d}x\mathrm{d}y=\iint\limits_\Delta f(r\cos\theta,r\sin\theta)r\mathrm{d}r\mathrm{d}\theta$$

证明 分两种情况进行证明.

(1) 若 D 为圆域 $\{(x,y)|x^2+y^2\leqslant R^2\}$, 则在映射 T 下, $\Delta=[0,R]\times[0,2\pi]$. 设 D_ε 为圆环 $\{(x,y)|\varepsilon^2\leqslant x^2+y^2\leqslant R^2\}$ 除去中心角为 ε 的扇形 $BB'A'A$ 所得的区域. 如图 16.1.28 所示. 则

$$T:D_\varepsilon\to\Delta_\varepsilon,\Delta_\varepsilon=[\varepsilon,R]\times[0,2\pi-\varepsilon]$$

是一一映射. $J(r,\theta)>0,\forall(r,\theta)\in\Delta_\varepsilon$, 所以有

$$\iint\limits_{D_\varepsilon}f(x,y)\mathrm{d}x\mathrm{d}y=\iint\limits_{\Delta_\varepsilon}f(r\cos\theta,r\sin\theta)r\mathrm{d}r\mathrm{d}\theta$$

在上式中令 $\varepsilon\to0$, 即得所证结论.

(2) 若 D 为一般有界区域. 取足够大的 $R>0$, 使得 $D\subset D_R=\{(x,y)|x^2+y^2\leqslant R^2\}$. 令

$$F(x,y)=\begin{cases}f(x,y), & (x,y)\in D\\ 0, & (x,y)\notin D\end{cases}$$

则

$$\begin{aligned}\iint\limits_{D}f(x,y)\mathrm{d}x\mathrm{d}y&=\iint\limits_{D_R}F(x,y)\mathrm{d}x\mathrm{d}y=\iint\limits_{\Delta_R}F(r\cos\theta,r\sin\theta)r\mathrm{d}r\mathrm{d}\theta\\&=\iint\limits_{\Delta}f(r\cos\theta,r\sin\theta)r\mathrm{d}r\mathrm{d}\theta\end{aligned}$$

结论得证.

下面根据区域 D 的形状, 分类讨论极坐标变换后化累次积分的方法, 这里设过原点引射线, 穿过 D 的内部与 D 的边界最多有两个交点, 如图 16.1.29 到图 16.1.31. 设区域 D 经过极坐标变换以后的区域为 Δ.

如果积分区域 D 如图 16.1.29 所示, 则

$$\Delta=\{(r,\theta)\,|r_1(\theta)\leqslant r\leqslant r_2(\theta),\alpha\leqslant\theta\leqslant\beta\}$$

区域 D 的边界曲线在极坐标下的表达式为 $r=r_1(\theta),r=r_2(\theta)$. 则

$$\iint\limits_{D}f(x,y)\mathrm{d}x\mathrm{d}y=\int_\alpha^\beta\mathrm{d}\theta\left(\int_{r_1(\theta)}^{r_2(\theta)}f(r\cos\theta,r\sin\theta)r\mathrm{d}r\right)$$

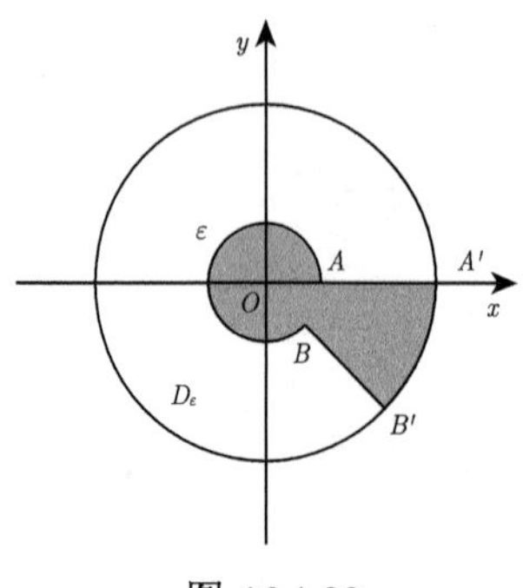

图 16.1.28

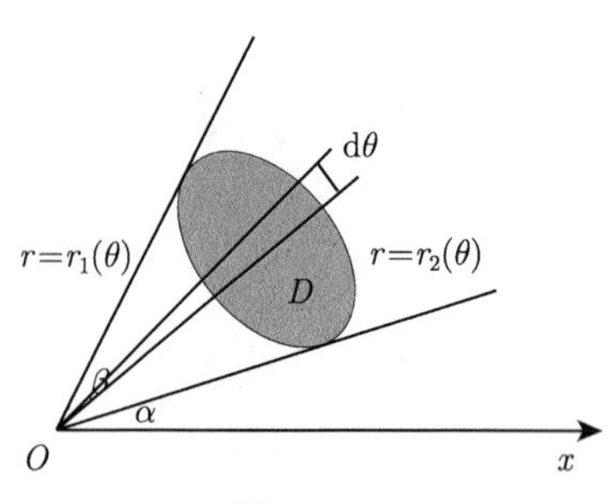

图 16.1.29

如果积分区域 D 如图 16.1.30 所示, 则 $\Delta=\{(r,\theta)\,|0\leqslant r\leqslant r(\theta),\alpha\leqslant\theta\leqslant\beta\}$, 区域 D 的边界曲线在极坐标下的表达式为 $r=r(\theta)$, 则

$$\iint\limits_D f(x,y)\mathrm{d}x\mathrm{d}y=\int_\alpha^\beta \mathrm{d}\theta\left(\int_0^{r(\theta)} f(r\cos\theta,r\sin\theta)r\mathrm{d}r\right)$$

如果积分区域 D 如图 16.1.31 所示, 则 $\Delta=\{(r,\theta)\,|0\leqslant r\leqslant r(\theta),0\leqslant\theta\leqslant 2\pi\}$, 区域 D 的边界曲线在极坐标下的表达式为 $r=r(\theta)$, 则

$$\iint\limits_D f(x,y)\mathrm{d}x\mathrm{d}y=\int_0^{2\pi} \mathrm{d}\theta\left(\int_0^{r(\theta)} f(r\cos\theta,r\sin\theta)r\mathrm{d}r\right)$$

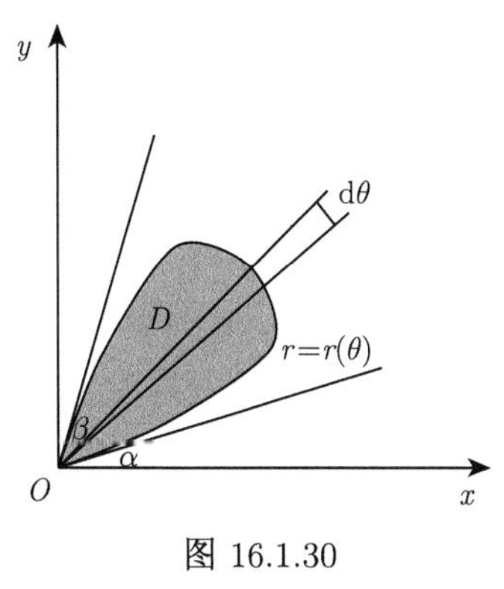

图 16.1.30

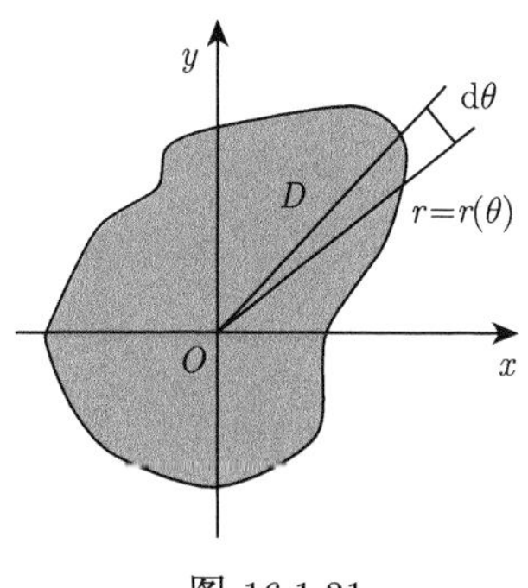

图 16.1.31

例 16.1.19 计算 $\iint\limits_D (x+y)^2\mathrm{d}x\mathrm{d}y$, 其中 $D=\begin{cases}x^2+y^2\leqslant 2ay,\\ x^2+y^2\geqslant ay\end{cases}\ (a>0)$.

解 如图 16.1.32 所示. 在极坐标 $T:\begin{cases}x=r\cos\theta,\\ y=r\sin\theta\end{cases}$ 变换下将区域 D 映射到区域 Δ, 由于

$$\begin{cases}x^2+y^2=2ay\Rightarrow r=2a\sin\theta\\ x^2+y^2=ay\Rightarrow r=a\sin\theta\end{cases}$$

因此 Δ 由 $\begin{cases}r=2a\sin\theta,\\ r=a\sin\theta,\end{cases}\ 0\leqslant\theta\leqslant\pi$ 围成. 所以

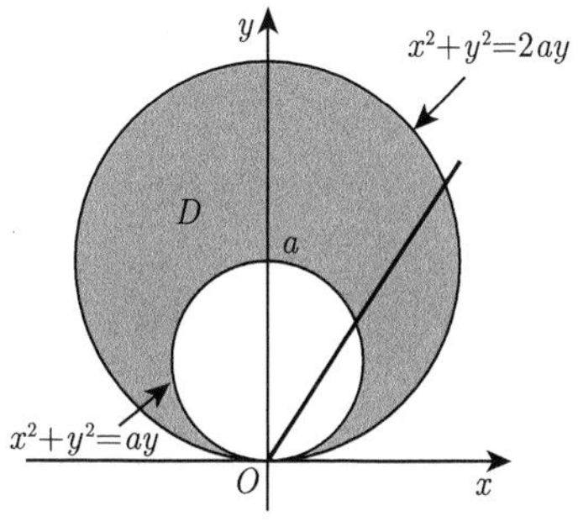

图 16.1.32

$$\iint\limits_D (x+y)^2\mathrm{d}x\mathrm{d}y=\int_0^\pi \mathrm{d}\theta\int_{a\sin\theta}^{2a\sin\theta}(r^2+2r^2\sin\theta\cos\theta)r\mathrm{d}r=\frac{15a^4}{4}\int_0^\pi(1+\sin 2\theta)\sin^4\theta\mathrm{d}\theta$$

$$=\frac{15a^4}{4}\left(\frac{3}{8}\theta-\frac{1}{4}\sin 2\theta+\frac{1}{32}\sin 4\theta+\frac{1}{3}\sin 6\theta\right)\Bigg|_0^\pi=\frac{45}{32}\pi a^4$$

例 16.1.20 如图 16.1.33 所示, 求曲面 $x^2+y^2+z^2=a^2$ 与 $(x^2+y^2)^2=a^2(x^2-y^2)$ 所围成的立体的体积 V.

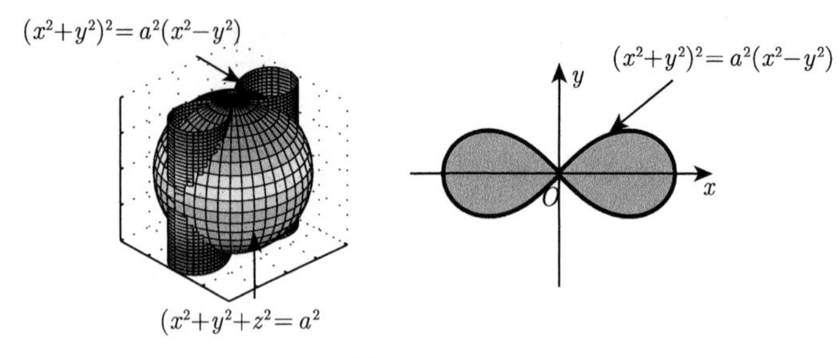

图 16.1.33

解 设 $\begin{cases} x = r\cos\theta, \\ y = r\sin\theta, \end{cases}$ 则

$$(x^2+y^2)^2 = a^2(x^2-y^2) \Rightarrow r^2 = a^2\cos 2\theta$$

$$\cos 2\theta \geqslant 0 \Rightarrow -\frac{\pi}{4} \leqslant \theta \leqslant \frac{\pi}{4}, \frac{3\pi}{4} \leqslant \theta \leqslant \frac{5\pi}{4}$$

根据对称性,

$$\begin{aligned} V &= 8\iint_D \sqrt{a^2-x^2-y^2}\mathrm{d}x\mathrm{d}y \\ &= 8\int_0^{\frac{\pi}{4}}\mathrm{d}\theta\int_0^{a\sqrt{\cos 2\theta}}\sqrt{a^2-r^2}r\mathrm{d}r = 8\int_0^{\frac{\pi}{4}}\frac{a^3}{3}[1-(1-\cos 2\theta)^{\frac{3}{2}}]\mathrm{d}\theta \\ &= \frac{8a^3}{3}\int_0^{\frac{\pi}{4}}(1-2\sqrt{2}\sin^3\theta)\mathrm{d}\theta = \frac{2a^3}{9}(3\pi+20-16\sqrt{2}) \end{aligned}$$

例 16.1.21 将极坐标下的二重积分 $I = \int_{-\frac{\pi}{4}}^{\frac{\pi}{2}}\mathrm{d}\theta\int_0^{2a\cos\theta} f(r\cos\theta, r\sin\theta)r\mathrm{d}r$ 转换为直角坐标系下的二重积分, 然后改变积分次序.

解 设 $\Delta = \left\{(r,\theta)|0 \leqslant r \leqslant 2a\cos\theta, -\frac{\pi}{4} \leqslant \theta \leqslant \frac{\pi}{2}\right\}$, 则

$$\begin{cases} r = 2a\cos\theta \Rightarrow \sqrt{x^2+y^2} = \dfrac{2ax}{\sqrt{x^2+y^2}} \\ \theta = -\dfrac{\pi}{4} \Rightarrow y = -x, \theta = \dfrac{\pi}{2} \Rightarrow x = 0 \end{cases}$$

直角坐标系下的积分区域由上式中三条曲线围成, 如图 16.1.34 所示. 积分区域既是 X 型也是 Y 型区域, 但是区域的边界曲线表达式不统一, 因此需要将积分区域进行分割

$$I = \underbrace{\int_0^a \mathrm{d}x\int_{-x}^{\sqrt{2ax-x^2}} f(x,y)\mathrm{d}y}_{OAC\text{区域}} + \underbrace{\int_a^{2a}\mathrm{d}x\int_{-\sqrt{2ax-x^2}}^{\sqrt{2ax-x^2}} f(x,y)\mathrm{d}y}_{ABC\text{区域}}$$

改变积分次序得

$$I = \underbrace{\int_{-a}^0 \mathrm{d}y\int_{-y}^{a+\sqrt{a^2-y^2}} f(x,y)\mathrm{d}x}_{OAB\text{区域}} + \underbrace{\int_0^a \mathrm{d}y\int_{a-\sqrt{a^2-y^2}}^{a+\sqrt{a^2-y^2}} f(x,y)\mathrm{d}x}_{OBC\text{区域}}$$

例 16.1.22 如图 16.1.35 所示, 计算由曲线 $\sqrt[4]{\dfrac{x}{a}}+\sqrt[4]{\dfrac{y}{b}}=1, x=0, y=0\,(a>0, b>0)$ 所围成的区域的面积.

解 令 $x=ar\cos^8\phi, y=br\sin^8\phi$, 则曲线方程化为 $r=1, 0\leqslant\phi\leqslant\dfrac{\pi}{2}$. 由于

$$J(r,\phi)=\begin{vmatrix}\dfrac{\partial x}{\partial r} & \dfrac{\partial x}{\partial \phi}\\ \dfrac{\partial y}{\partial r} & \dfrac{\partial y}{\partial \phi}\end{vmatrix}=8abr\cos^7\phi\sin^7\phi$$

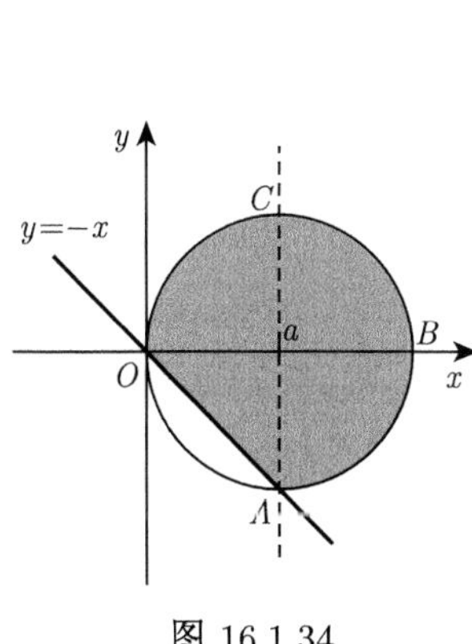

图 16.1.34

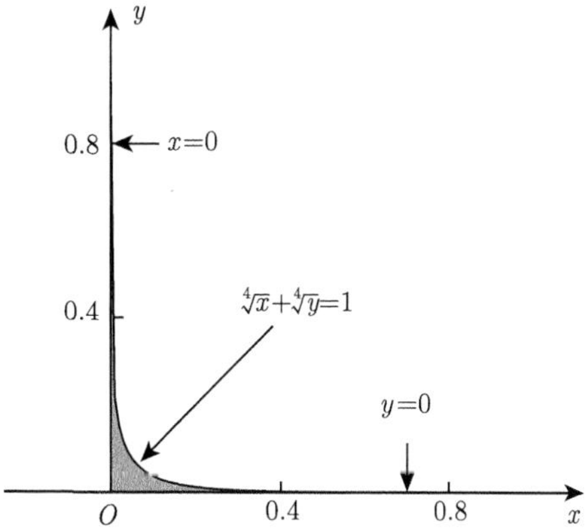

图 16.1.35

所以曲线所围的面积为

$$\begin{aligned}S&=\iint\limits_D 8abr\cos^7\phi\sin^7\phi\mathrm{d}\phi\mathrm{d}r=\left(\int_0^{\pi/2}8ab\cos^7\phi\sin^7\phi\mathrm{d}\phi\right)\left(\int_0^1 r\mathrm{d}r\right)\\&=4ab\int_0^{\frac{\pi}{2}}\cos^7\phi\sin^6\phi\sin\phi\mathrm{d}\phi\Leftarrow\boxed{u=\cos\phi}\\&=4ab\int_0^1 u^7(1-u^2)^3\mathrm{d}u=4ab\int_0^1(u^7-3u^9+3u^{11}-u^{13})\mathrm{d}u\\&=4ab\left(\frac{1}{8}-\frac{3}{10}+\frac{1}{4}-\frac{1}{14}\right)=\frac{ab}{70}\end{aligned}$$

例 16.1.23 如图 16.1.36 所示, 求曲线 $(x^2+y^2)^2=a(x^3-3xy^2)(a>0)$ 所围区域的面积.

解 显然曲线关于 ox 轴对称, 故只需求出 $y\geqslant0$ 的部分的面积. 由于

$$(x^2+y^2)^2=a(x^3-3xy^2)\Leftrightarrow r=a\cos\theta(4\cos^2\theta-3)$$

$$x^3-3xy^2\geqslant0\Rightarrow\cos\theta(4\cos^2\theta-3)\geqslant0$$

所以 $\cos\theta\geqslant0$ 且 $\cos\theta\geqslant\dfrac{\sqrt{3}}{2}\Rightarrow-\dfrac{\pi}{6}\leqslant\theta\leqslant\dfrac{\pi}{6}$, 或者 $\cos\theta\leqslant0$ 且 $\cos\theta\geqslant-\dfrac{\sqrt{3}}{2}\Rightarrow\dfrac{\pi}{2}\leqslant\theta\leqslant\pi-\dfrac{\pi}{6},-\pi+\dfrac{\pi}{6}\leqslant\theta\leqslant-\dfrac{\pi}{2}$. 于是在 Ox 轴的上方部分 $(y\geqslant0)0\leqslant\theta\leqslant\dfrac{\pi}{6}$ 或 $\dfrac{\pi}{2}\leqslant\theta\leqslant\pi-\dfrac{\pi}{6}$.

所以

$$S=\iint\limits_D r\mathrm{d}r\mathrm{d}\theta=2\left(\int_0^{\frac{\pi}{6}}\mathrm{d}\theta\int_0^{a\cos\theta(4\cos^2\theta-3)}r\mathrm{d}r+\int_{\frac{\pi}{2}}^{\pi-\frac{\pi}{6}}\mathrm{d}\theta\int_0^{a\cos\theta(4\cos^2\theta-3)}r\mathrm{d}r\right)$$

$$=\int_0^{\frac{\pi}{6}}a^2\cos^2\theta(4\cos^2\theta-3)^2\mathrm{d}\theta+\int_{\frac{\pi}{2}}^{\frac{5\pi}{6}}a^2\cos^2\theta(4\cos^2\theta-3)^2\mathrm{d}\theta$$

在上式右端第二个积分中作变换 $\theta=\pi-\phi$, 则

$$\int_{\frac{\pi}{2}}^{\frac{5\pi}{6}}a^2\cos^2\theta(4\cos^2\theta-3)^2\mathrm{d}\theta=\int_{\frac{\pi}{6}}^{\frac{\pi}{2}}a^2\cos^2\theta(4\cos^2\theta-3)^2\mathrm{d}\theta$$

所以

$$S=\int_0^{\frac{\pi}{2}}a^2\cos^2\theta(4\cos^2\theta-3)^2\mathrm{d}\theta=a^2\int_0^{\frac{\pi}{2}}(16\cos^6\theta-24\cos^4\theta+9\cos^2\theta)\mathrm{d}\theta$$

$$=a^2\left(16\cdot\frac{5\cdot3\cdot1}{6\cdot4\cdot2}\frac{\pi}{2}-24\frac{3\cdot1}{4\cdot2}\frac{\pi}{2}+9\cdot\frac{1}{2}\frac{\pi}{2}\right)=\frac{\pi a^2}{4}$$

注 16.1.4 例 16.1.23 用到结论

$$\int_0^{\frac{\pi}{2}}\cos^n x\mathrm{d}x=\int_0^{\frac{\pi}{2}}\sin^n x\mathrm{d}x=\begin{cases}\dfrac{2m-1}{2m}\cdot\dfrac{2m-3}{2m-2}\cdots\dfrac{1}{2}\cdot\dfrac{\pi}{2}=\dfrac{(2m-1)!!}{(2m)!!}\cdot\dfrac{\pi}{2}, & n=2m\\ \dfrac{2m}{2m+1}\cdot\dfrac{2m-2}{2m-1}\cdots\dfrac{2}{3}\cdot1=\dfrac{(2m)!!}{(2m+1)!!}, & n=2m+1\end{cases}$$

例 16.1.24 如图 16.1.37 所示, 求曲线 $(x^2+y^2)^2=8a^2xy$, $(x-a)^2+(y-a)^2\leqslant a^2(a>0)$ 所围区域公共部分的面积.

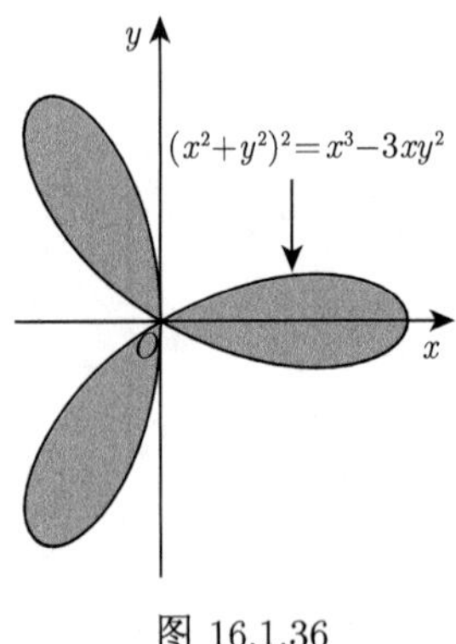

图 16.1.36

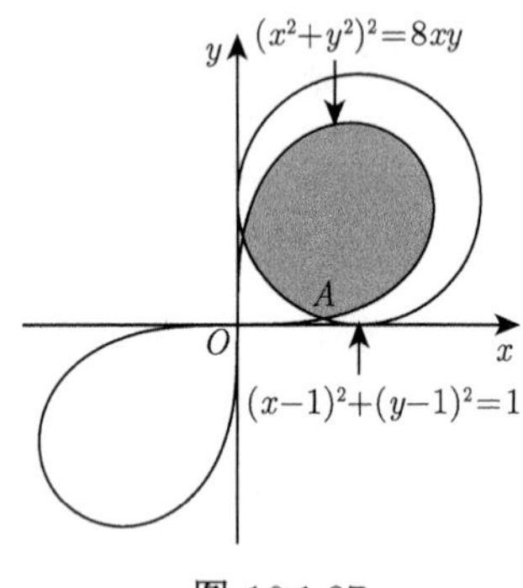

图 16.1.37

解 将方程化为极坐标的形式,

$$(x^2+y^2)^2=8a^2xy\Rightarrow r^4=8a^2r^2\cos\theta\sin\theta\Rightarrow r=2a\sqrt{\sin2\theta}$$

$$(x-a)^2+(y-a)^2=a^2\Rightarrow\begin{cases}(r\cos\theta-a)^2+(r\sin\theta-a)^2=a^2\\ r=a(\cos\theta+\sin\theta)\pm a\sqrt{\sin2\theta}\end{cases}$$

显然两条曲线关于 $\theta=\dfrac{\pi}{4}$ 是对称的. 令

$$2a\sqrt{\sin 2\theta}=a(\cos\theta+\sin\theta)-a\sqrt{\sin 2\theta}$$

解得交点的极角 $\theta=\dfrac{1}{2}\arcsin\dfrac{1}{8}$. 所以

$$\begin{aligned}S&=2\int_{\frac{1}{2}\arcsin\frac{1}{8}}^{\frac{\pi}{4}}\mathrm{d}\theta\int_{a(\cos\theta+\sin\theta)-a\sqrt{\sin 2\theta}}^{2a\sqrt{\sin 2\theta}}r\mathrm{d}r\\&=\int_{\frac{1}{2}\arcsin\frac{1}{8}}^{\frac{\pi}{4}}\left\{\left(2a\sqrt{\sin 2\theta}\right)^2-\left[a(\cos\theta+\sin\theta)-a\sqrt{\sin 2\theta}\right]^2\right\}\mathrm{d}\theta\\&=\int_{\frac{1}{2}\arcsin\frac{1}{8}}^{\frac{\pi}{4}}\left\{2a^2\sin 2\theta+2a^2(\cos\theta+\sin\theta)\sqrt{\sin 2\theta}-a^2\right\}\mathrm{d}\theta\end{aligned}$$

利用三角恒等式

$$\sqrt{\sin 2x}\sin x=\frac{1}{\sqrt{2}}\left(\frac{2\tan x}{1+\tan^2 x}\right)\sqrt{\tan x}$$

$$\sqrt{\sin 2x}\cos x=\frac{1}{\sqrt{2}}\left(\frac{2\tan x}{1+\tan^2 x}\right)\sqrt{\cot x}$$

得

$$\int(\sin\theta+\cos\theta)\sqrt{\sin 2\theta}\mathrm{d}\theta=\frac{1}{2}(\sin\theta-\cos\theta)\sqrt{\sin 2\theta}+\frac{1}{2}\arcsin(\sin\theta-\cos\theta)+C$$

所以

$$\begin{aligned}S&=a^2\left[-\cos 2\theta+(\sin\theta-\cos\theta)\sqrt{\sin 2\theta}+\arcsin(\sin\theta-\cos\theta)-\theta\right]\Bigg|_{\frac{1}{2}\arcsin\frac{1}{8}}^{\frac{\pi}{4}}\\&=a^2\left[-\frac{\pi}{4}+\frac{3\sqrt{7}}{8}+\frac{\sqrt{14}}{4}\sqrt{\frac{1}{8}}+\arcsin\frac{\sqrt{14}}{4}+\frac{1}{2}\arcsin\frac{1}{8}\right]\\&=a^2\left(\frac{\sqrt{7}}{2}+\arcsin\frac{\sqrt{14}}{4}-\frac{1}{2}\arccos\frac{1}{8}\right)=a^2\left(\frac{\sqrt{7}}{2}+\arcsin\frac{\sqrt{14}}{8}\right)\end{aligned}$$

注 16.1.5 容易证明 $\arcsin\dfrac{\sqrt{14}}{4}-\dfrac{1}{2}\arccos\dfrac{1}{8}=\arcsin\dfrac{\sqrt{14}}{8}$, 事实上我们有

$$\sin\left(\arcsin\frac{\sqrt{14}}{8}+\frac{1}{2}\arccos\frac{1}{8}\right)=\frac{3\sqrt{14}}{32}+\frac{5\sqrt{14}}{32}=\frac{\sqrt{14}}{4}$$

注 16.1.6 下面给出不定积分 $\displaystyle\int(\sin\theta+\cos\theta)\sqrt{\sin 2\theta}\mathrm{d}\theta$ 的求法. 利用

$$\sqrt{\sin 2x}\sin x=\frac{1}{\sqrt{2}}\left(\frac{2\tan x}{1+\tan^2 x}\right)\sqrt{\tan x}$$

$$\sqrt{\sin 2x}\cos x=\frac{1}{\sqrt{2}}\left(\frac{2\tan x}{1+\tan^2 x}\right)\sqrt{\cot x}$$

可得

$$\int(\sin q+\cos q)\sqrt{\sin 2q}\mathrm{d}q=\int\frac{\sqrt{2}\tan^{\frac{3}{2}}q}{1+\tan^2 q}\mathrm{d}q+\int\frac{\sqrt{2}\tan^{\frac{1}{2}}q}{1+\tan^2 q}\mathrm{d}q$$

令 $x=\tan^{\frac{1}{2}}q$, 则 $\mathrm{d}q=\dfrac{2x}{1+x^4}\mathrm{d}x$, 上式化为

$$2\sqrt{2}\int\left\{\frac{x^4}{(1+x^4)^2}+\frac{x^2}{(1+x^4)^2}\right\}\mathrm{d}x=2\sqrt{2}\int\frac{1}{1+x^4}-\frac{1}{(1+x^4)^2}+\frac{x^2}{(1+x^4)^2}\mathrm{d}x$$

利用有理函数不定积分的求法, 解得

$$\int\frac{1}{x^4+1}\mathrm{d}x=\frac{\sqrt{2}}{8}\ln\frac{x^2+\sqrt{2}x+1}{x^2-\sqrt{2}x+1}+\frac{\sqrt{2}}{4}\left[\arctan\left(\frac{2x+\sqrt{2}}{\sqrt{2}}\right)+\arctan\frac{2x-\sqrt{2}}{\sqrt{2}}\right]+C$$

$$\int\frac{\mathrm{d}x}{(x^4+1)^2}=\frac{x}{4(x^4+1)}+\frac{3}{16\sqrt{2}}\ln\frac{x^2+\sqrt{2}x+1}{x^2-\sqrt{2}x+1}$$
$$+\frac{3\sqrt{2}}{16}\left(\arctan\frac{2x+\sqrt{2}}{\sqrt{2}}+\arctan\frac{2x-\sqrt{2}}{\sqrt{2}}\right)+C$$

$$\int\frac{x^2}{(1+x^4)^2}\mathrm{d}x$$
$$=\frac{1}{8}\left[\frac{2x-\sqrt{2}}{2\left(x^2-\sqrt{2}x+1\right)}+\sqrt{2}\arctan(\sqrt{2}x-1)\right]$$
$$+\frac{1}{8}\left[\frac{2x+\sqrt{2}}{2\left(x^2+\sqrt{2}x+1\right)}+\sqrt{2}\arctan(\sqrt{2}x+1)\right]$$
$$-\frac{1}{4}\left[\frac{\sqrt{2}}{8}\ln\frac{x^2+\sqrt{2}x+1}{x^2-\sqrt{2}x+1}+\frac{\sqrt{2}}{4}\left[\arctan\left(\frac{2x+\sqrt{2}}{\sqrt{2}}\right)+\arctan\frac{2x-\sqrt{2}}{\sqrt{2}}\right]\right]+C$$

将以上三式的结果回代, 即可解得

$$\int(\sin\theta+\cos\theta)\sqrt{\sin 2\theta}\mathrm{d}\theta$$
$$=\frac{1}{2}\arctan(\sqrt{2}\tan^{\frac{1}{2}}\theta-1)+\frac{1}{2}\arctan(\sqrt{2}\tan^{\frac{1}{2}}\theta+1)+\frac{1}{2}(\sin\theta-\cos\theta)\sqrt{\sin 2\theta}+C$$

又因为 $\arctan(p+q)=\arctan\left(\dfrac{p+q}{1-pq}\right)$, 所以

$$\int(\sin\theta+\cos\theta)\sqrt{\sin 2\theta}\mathrm{d}\theta=\frac{1}{2}\arctan\left(\frac{\sqrt{2}\tan^{\frac{1}{2}}\theta}{1-\tan\theta}\right)+\frac{1}{2}(\sin\theta-\cos\theta)\sqrt{\sin 2\theta}+C$$

利用 $\dfrac{1}{2}\arctan\left(\dfrac{\sqrt{2}\tan^{\frac{1}{2}}\theta}{1-\tan\theta}\right)=\dfrac{1}{2}\arcsin(\sin\theta-\cos\theta)$, 可得

$$\int(\sin\theta+\cos\theta)\sqrt{\sin 2\theta}\mathrm{d}\theta=\frac{1}{2}\arcsin(\sin\theta-\cos\theta)+\frac{1}{2}(\sin\theta-\cos\theta)\sqrt{\sin 2\theta}+C$$

习题 16.1.5 极坐标系下二重积分的计算

1. 将下列的二重积分转化为极坐标系下的积分.

(a) $\iint\limits_{D} f(x,y)\,\mathrm{d}x\mathrm{d}y, D=\left\{(x,y)\left|x^2+y^2\leqslant ax, a>0\right.\right\}$.

(b) $\iint\limits_{D} f(x,y)\,\mathrm{d}x\mathrm{d}y, D=\{(x,y)\,|0\leqslant x\leqslant 1, 0\leqslant y\leqslant 1-x\}$.

(c) $\iint\limits_{D} f(x,y)\,\mathrm{d}x\mathrm{d}y, D=\left\{(x,y)\left|-a\leqslant x\leqslant a, \dfrac{x^2}{a}\leqslant y\leqslant a\right.\right\}$.

2. 计算下列二重积分.

(a) $\iint\limits_{\pi^2\leqslant x^2+y^2\leqslant 4\pi^2} \sin\sqrt{x^2+y^2}\mathrm{d}x\mathrm{d}y$; (b) $\iint\limits_{x^2+y^2\leqslant Rx} \sqrt{R^2-x^2-y^2}\mathrm{d}x\mathrm{d}y$;

(c) $\iint\limits_{x^2+y^2\leqslant 1, x\leqslant 0, y\leqslant 0} \arctan\dfrac{y}{x}\mathrm{d}x\mathrm{d}y$; (d) $\iint\limits_{x^2+y^2\leqslant x+y} \sqrt{x^2+y^2}\mathrm{d}x\mathrm{d}y$;

(e) 设常数 $a, b>0$, $D=(x,y):\dfrac{x^2}{a^2}+\dfrac{y^2}{b^2}\leqslant 1$, 且$x\geqslant y\geqslant 0$, 计算二重积分:

$$\iint\limits_{D}\sqrt{1-\frac{x^2}{a^2}-\frac{y^2}{b^2}}\mathrm{d}x\mathrm{d}y$$

3. 计算椭球体的体积 $\dfrac{x^2}{a^2}+\dfrac{y^2}{b^2}+\dfrac{z^2}{c^2}\leqslant 1$.

4. 计算由曲面 $z=x^2+y^2, z=x+y$ 所围的体积.

5. 计算由曲面 $z^2=\dfrac{x^2}{4}+\dfrac{y^2}{9}, 2z=\dfrac{x^2}{4}+\dfrac{y^2}{9}$ 所围的体积.

6. 求下面曲线所围成平面图形面积

(1) $\left(\dfrac{x^2}{a^2}+\dfrac{y^2}{b^2}\right)^2=x^2+y^2$; (2) $\left(x^2+y^2\right)^2=2a^2\left(x^2-y^2\right)\left(x^2+y^2\geqslant a^2\right)$;

(3) $\left(\dfrac{x^2}{a^2}+\dfrac{y^2}{b^2}\right)^2=\dfrac{xy}{c^2}\,(a>0, b>0, c>0)$.

16.1.6 二重积分综合例题

这一节讨论二重积分综合例题.

例 16.1.25 求 $\sqrt{\dfrac{x}{a}}+\sqrt{\dfrac{y}{b}}=1, \sqrt{\dfrac{x}{a}}+\sqrt{\dfrac{y}{b}}=2, \dfrac{x}{a}=\dfrac{y}{b}, \dfrac{4x}{a}=\dfrac{y}{b}(a>0, b>0)$ 所围区域的面积. 如图 16.1.38 所示.

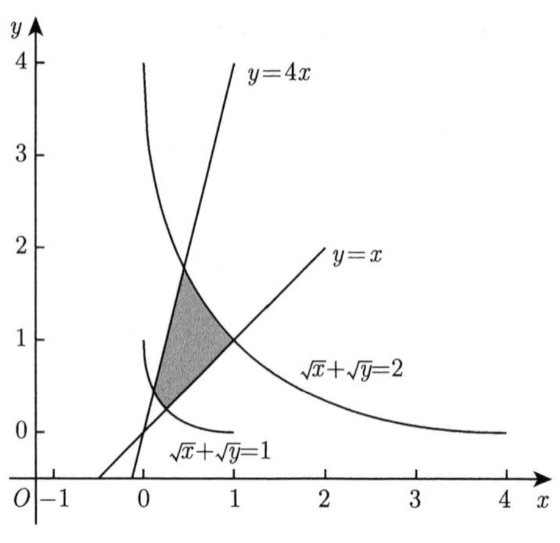

图 16.1.38

解 作变换 $\sqrt{\dfrac{x}{a}}+\sqrt{\dfrac{y}{b}}=u, \dfrac{x}{y}=v$, 即 $x=\dfrac{u^2v}{\left(\sqrt{\dfrac{v}{a}}+\dfrac{1}{\sqrt{b}}\right)^2}, y=\dfrac{u^2}{\left(\sqrt{\dfrac{v}{a}}+\dfrac{1}{\sqrt{b}}\right)^2}$, 则 $1\leqslant u\leqslant 2, \dfrac{a}{4b}\leqslant v\leqslant \dfrac{a}{b}$ 且有 $J(u,v)=\dfrac{2u^3}{\left(\sqrt{\dfrac{v}{a}}+\dfrac{1}{\sqrt{b}}\right)^4}$. 于是所求面积

$$S=\int_1^2 2u^3\mathrm{d}u\int_{\frac{a}{4b}}^{\frac{a}{b}}\frac{\mathrm{d}v}{\left(\sqrt{\dfrac{v}{a}}+\dfrac{1}{\sqrt{b}}\right)^4}=\frac{15}{2}\int_{\frac{1}{2\sqrt{b}}}^{\frac{1}{\sqrt{b}}}\frac{2at\mathrm{d}t}{\left(t+\dfrac{1}{\sqrt{b}}\right)^4}$$

$$=15a\int_{\frac{1}{2\sqrt{b}}}^{\frac{1}{\sqrt{b}}}\left(\frac{1}{\left(t+\dfrac{1}{\sqrt{b}}\right)^3}-\frac{1}{\sqrt{b}}\frac{1}{\left(\sqrt{\dfrac{1}{b}}+t\right)^4}\right)\mathrm{d}t=15a\left(\frac{7b}{72}-\frac{37b}{648}\right)=\frac{65ab}{108}$$

例 16.1.26 计算积分 $\displaystyle\iint_D\sqrt{[y-3x^2]}\mathrm{d}x\mathrm{d}y$, 其中 $D=\{(x,y)|3x^2\leqslant y\leqslant 3\}$.

解 如图 16.1.39 所示, 将区域 $D=\{(x,y)|3x^2\leqslant y\leqslant 3\}$ 分成以下三个区域

$$D_1=D\cap\{(x,y)|0\leqslant y-3x^2\leqslant 1\}$$

$$D_2=D\cap\{(x,y)|1\leqslant y-3x^2\leqslant 2\}$$

$$D_3=D\cap\{(x,y)|2\leqslant y-3x^2\leqslant 3\}$$

则原式等于

$$\iint_{D_1}\sqrt{[y-3x^2]}\mathrm{d}x\mathrm{d}y+\iint_{D_2}\sqrt{[y-3x^2]}\mathrm{d}x\mathrm{d}y+\iint_{D_3}\sqrt{[y-3x^2]}\mathrm{d}x\mathrm{d}y$$

$$=\iint_{D_2}\mathrm{d}x\mathrm{d}y+\iint_{D_3}\sqrt{2}\mathrm{d}x\mathrm{d}y=\iint_{D_2\cup D_3}\mathrm{d}x\mathrm{d}y+\iint_{D_3}(\sqrt{2}-1)\mathrm{d}x\mathrm{d}y$$

进一步有

$$D_2 \cup D_3 = \left\{(x,y)|1+3x^2 \leqslant y \leqslant 3, -\frac{\sqrt{6}}{3} \leqslant x \leqslant \frac{\sqrt{6}}{3}\right\}$$

$$D_3 = \left\{(x,y)|3x^2+2 \leqslant y \leqslant 3, -\frac{\sqrt{3}}{3} \leqslant x \leqslant \frac{\sqrt{3}}{3}\right\}$$

由于 D_2, D_3 关于 y 轴对称, 所以原式等于

$$\begin{aligned}&2\int_0^{\frac{\sqrt{6}}{3}} \mathrm{d}x \int_{3x^2+1}^{3} \mathrm{d}y + 2(\sqrt{2}-1)\int_0^{\frac{\sqrt{3}}{3}} \mathrm{d}x \int_{3x^2+2}^{3} \mathrm{d}y \\ =& 2\int_0^{\frac{\sqrt{6}}{3}} (2-3x^2)\mathrm{d}x + 2(\sqrt{2}-1)\int_0^{\frac{\sqrt{3}}{3}} (1-3x^2)\mathrm{d}x = \frac{4\sqrt{6}}{3} - \frac{4\sqrt{3}}{9}\end{aligned}$$

例 16.1.27 求 $\displaystyle\iint\limits_{x^2+y^2\leqslant 1} \left|\frac{x+y}{\sqrt{2}} - x^2 - y^2\right| \mathrm{d}x\mathrm{d}y.$

解 被积函数 $\dfrac{x+y}{\sqrt{2}} - x^2 - y^2 = 0 \Rightarrow (x-\dfrac{1}{2\sqrt{2}})^2 + \left(y-\dfrac{1}{2\sqrt{2}}\right)^2 = \dfrac{1}{4}$, 积分区域 $x^2+y^2 \leqslant 1$. 如图 16.1.40 所示, 将积分区域分割为 4 个区域 $\Omega_1, \Omega_2, \Omega_3, \Omega_4$.

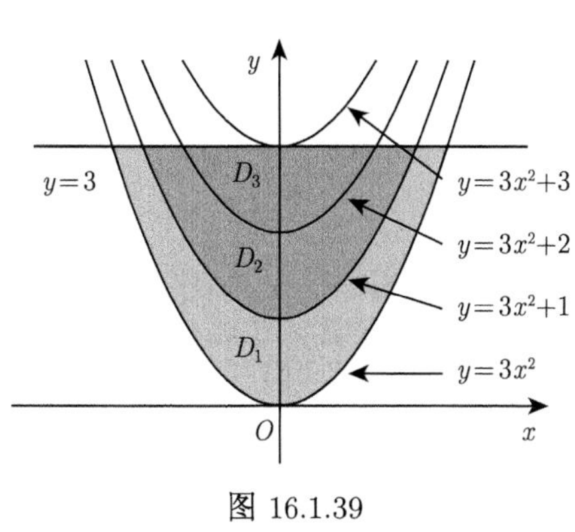

图 16.1.39

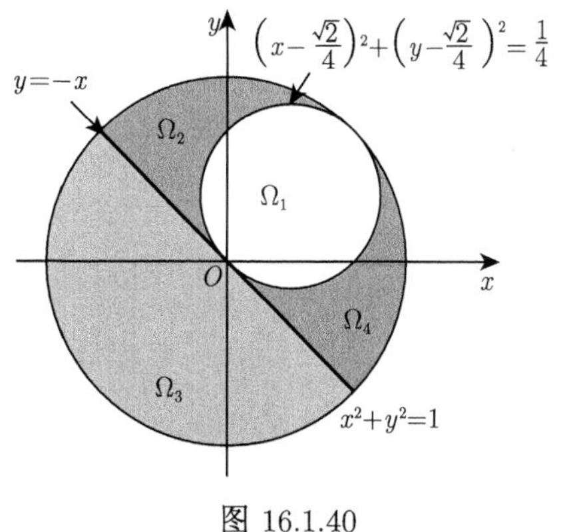

图 16.1.40

由 $\dfrac{x+y}{\sqrt{2}} - x^2 - y^2 = 0 \Rightarrow$ 极坐标方程 $r = \sin\left(\phi + \dfrac{\pi}{4}\right)$. $x^2+y^2=1 \Rightarrow$ 极坐标方程 $r=1$. 所以

$$\Omega_1 : -\frac{\pi}{4} \leqslant \phi \leqslant \frac{3\pi}{4}, 0 \leqslant r \leqslant \sin\left(\phi + \frac{\pi}{4}\right)$$

$$\Omega_2 : \frac{\pi}{4} \leqslant \phi \leqslant \frac{3\pi}{4}, \sin\left(\phi + \frac{\pi}{4}\right) \leqslant r \leqslant 1$$

$$\Omega_3 : \frac{3\pi}{4} \leqslant \phi \leqslant \frac{7\pi}{4}, 0 \leqslant r \leqslant 1$$

$$\Omega_4 : -\frac{\pi}{4} \leqslant \phi \leqslant \frac{\pi}{4}, \sin(\phi + \frac{\pi}{4}) \leqslant r \leqslant 1$$

$$x\in\Omega_1 \Rightarrow \left|\frac{x+y}{\sqrt{2}}-x^2-y^2\right|=\frac{x+y}{\sqrt{2}}-x^2-y^2=r\sin\left(\phi+\frac{\pi}{4}\right)-r^2$$

$$x\in\Omega_2,\Omega_3,\Omega_4 \Rightarrow \left|\frac{x+y}{\sqrt{2}}-x^2-y^2\right|=x^2+y^2-\frac{x+y}{\sqrt{2}}=r^2-r\sin\left(\phi+\frac{\pi}{4}\right)$$

利用对称性 (关于 $x=y$) 得

$$\iint\limits_{x^2+y^2\leqslant 1}\left|\tfrac{x+y}{\sqrt{2}}-x^2-y^2\right|\mathrm{d}x\mathrm{d}y=2\int_{-\frac{\pi}{4}}^{\frac{\pi}{4}}\mathrm{d}\phi\int_0^{\sin\left(\phi+\frac{\pi}{4}\right)}\left[r\sin\left(\phi+\frac{\pi}{4}\right)-r^2\right]r\mathrm{d}r$$

$$+2\int_{-\frac{\pi}{4}}^{\frac{\pi}{4}}\mathrm{d}\phi\int_{\sin\left(\phi+\frac{\pi}{4}\right)}^{1}\left[r^2-r\sin\left(\phi+\frac{\pi}{4}\right)\right]r\mathrm{d}r+\int_{\frac{3\pi}{4}}^{\frac{7\pi}{4}}\mathrm{d}\phi\int_0^1\left[r^2-r\sin\left(\phi+\frac{\pi}{4}\right)\right]r\mathrm{d}r$$

$$=\left\{\begin{array}{l}\frac{1}{6}\int_{-\frac{\pi}{4}}^{\frac{\pi}{4}}\sin^4\left(\phi+\frac{\pi}{4}\right)\mathrm{d}\phi+\int_{-\frac{\pi}{4}}^{\frac{\pi}{4}}\left[\frac{1}{2}-\frac{2}{3}\sin\left(\phi+\frac{\pi}{4}\right)+\frac{1}{6}\sin^4(\phi+\frac{\pi}{4})\right]\mathrm{d}\phi\\ \quad+\int_{\frac{3\pi}{4}}^{\frac{7\pi}{4}}\left[\frac{1}{4}-\frac{1}{3}\sin(\phi+\frac{\pi}{4})\right]\mathrm{d}\phi\end{array}\right\}\Leftarrow\boxed{u=\phi+\frac{\pi}{4}}$$

$$=\frac{1}{6}\int_0^{\frac{\pi}{2}}\sin^4 u\mathrm{d}u+\left(\frac{\pi}{4}-\frac{2}{3}+\frac{1}{6}\int_0^{\frac{\pi}{2}}\sin^4 u\mathrm{d}u\right)+\left(\frac{2}{3}+\frac{\pi}{4}\right)$$

$$=\frac{\pi}{32}+\left(\frac{\pi}{4}-\frac{2}{3}+\frac{\pi}{32}\right)+\left(\frac{2}{3}+\frac{\pi}{4}\right)=\frac{9\pi}{16}$$

例 16.1.28 如图 16.1.41 所示, 求 $x^2+y^2-az=0,(x^2+y^2)^2=a^2(x^2-y^2)$ 和 $z=0$ 所围的体积 $(a>0)$.

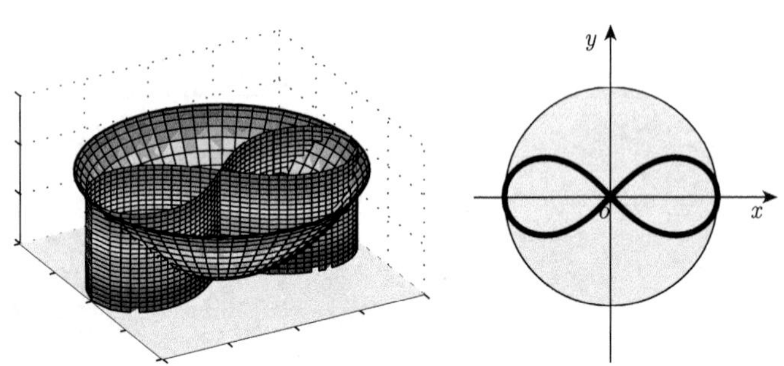

图 16.1.41

解 由曲面 $\begin{cases}x^2+y^2-az=0,\\(x^2+y^2)^2=a^2(x^2-y^2)\end{cases}$ 所围成的空间区域在 xOy 平面的投影区域为 $(x^2+y^2)^2=a^2(x^2-y^2)\,(z=0)$ 所围成的平面区域 Ω. 所以 $V=\iint\limits_{\Omega}\frac{1}{a}(x^2+y^2)\mathrm{d}x\mathrm{d}y$.

若引入极坐标变换, 则

$$(x^2+y^2)^2=a^2(x^2-y^2)\Rightarrow r^2=a^2\cos 2\phi\Rightarrow\cos 2\phi\geqslant 0$$

$$\Rightarrow -\frac{\pi}{4}\leqslant\phi\leqslant\frac{\pi}{4}\quad\text{或者}\quad\frac{3\pi}{4}\leqslant\phi\leqslant\frac{5\pi}{4}$$

由于曲线 $(x^2+y^2)^2=a^2(x^2-y^2)$ 关于平面坐标轴对称, 且

$$f(x,y)=x^2+y^2 \Rightarrow \begin{cases} f(-x,y)=f(x,y) \\ f(x,-y)=f(x,y) \end{cases}$$

根据对称性得到

$$V=4\iint\limits_{\Omega_1}\frac{1}{a}(x^2+y^2)\mathrm{d}x\mathrm{d}y=4\int_0^{\frac{\pi}{4}}\mathrm{d}\phi\int_0^{a\sqrt{\cos 2\phi}}\frac{r^2}{a}r\mathrm{d}r=a^3\int_0^{\frac{\pi}{4}}\cos^2 2\phi\mathrm{d}\phi=\frac{\pi a^3}{8}$$

例 16.1.29 如图 16.1.42 所示, 求 $z=x^2+y^2, x^2+y^2=x, x^2+y^2=2x$ 和 $z=0$ 所围立体的体积.

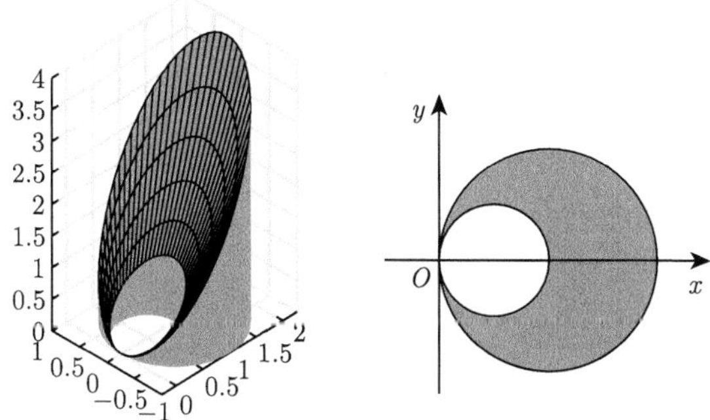

图 16.1.42

解 曲面 $\begin{cases} z=x^2+y^2, \\ x^2+y^2=x, \\ x^2+y^2=2x \end{cases}$ 所围区域在 xOy 平面的投影区域 Ω 为 $\begin{cases} x^2+y^2=x, \\ x^2+y^2=2x \end{cases}$ $(z=0)$ 围成的平面区域. 于是所求体积为 $V=\iint\limits_{\Omega}(x^2+y^2)\mathrm{d}x\mathrm{d}y$.

作极坐标变换 $x=r\cos\phi, y=r\sin\phi$, 则

$$x^2+y^2=x \Rightarrow r=\cos\phi, \quad x^2+y^2=2x \Rightarrow r=2\cos\phi$$

$$z=x^2+y^2 \Rightarrow z=r^2, \quad \cos\phi \geqslant 0 \Rightarrow -\frac{\pi}{2} \leqslant \phi \leqslant \frac{\pi}{2}$$

于是所求体积为

$$V=\iint\limits_{\Omega}(x^2+y^2)\mathrm{d}x\mathrm{d}y=\int_{-\frac{\pi}{2}}^{\frac{\pi}{2}}\mathrm{d}\phi\int_{\cos\phi}^{2\cos\phi}r^3\mathrm{d}r=\frac{1}{2}\int_0^{\frac{\pi}{2}}(16\cos^4\phi-\cos^4\phi)\mathrm{d}\phi$$

$$=\frac{15}{2}\int_0^{\frac{\pi}{2}}\cos^4\phi\mathrm{d}\phi=\frac{15}{2}\cdot\frac{3}{4}\cdot\frac{1}{2}\cdot\frac{\pi}{2}=\frac{45}{32}\pi$$

例 16.1.30 如图 16.1.43 所示, 求曲面 $\dfrac{x^2}{a^2}+\dfrac{y^2}{b^2}+\dfrac{z^2}{c^2}=1$ 与 $\dfrac{x^2}{a^2}+\dfrac{y^2}{b^2}=\dfrac{z^2}{c^2}(z>0)$ 所围立体的体积.

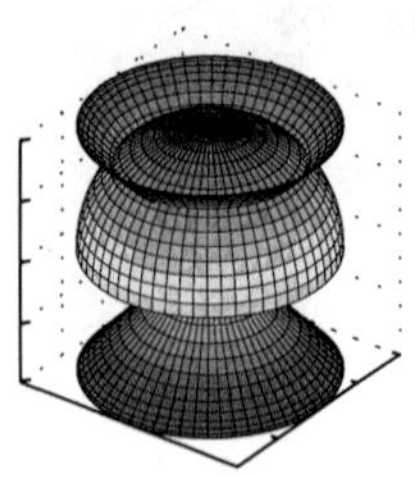
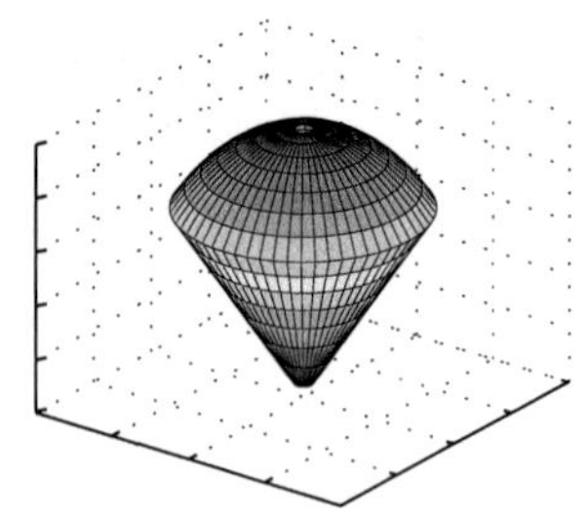

图 16.1.43

解 两曲面的交线在 xOy 平面上的投影为椭圆 $\dfrac{x^2}{a^2}+\dfrac{y^2}{b^2}=\dfrac{1}{2}$, 所围立体在 xOy 平面的投影 $\Omega:\dfrac{x^2}{a^2}+\dfrac{y^2}{b^2}\leqslant\dfrac{1}{2}$. 所以

$$V=\iint\limits_{\Omega}\left[c\sqrt{1-\left(\frac{x^2}{a^2}+\frac{y^2}{b^2}\right)}-c\sqrt{\frac{x^2}{a^2}+\frac{y^2}{b^2}}\right]\mathrm{d}x\mathrm{d}y$$

令 $x=ar\cos\phi,y=br\sin\phi$, 则 $J(r,\phi)=abr$, 方程化为 $z=c\sqrt{1-r^2}$ 及 $z=cr$, 其中 $0\leqslant\phi\leqslant2\pi,0\leqslant r\leqslant\dfrac{1}{\sqrt{2}}$. 于是

$$\begin{aligned}V&=\int_0^{2\pi}\mathrm{d}\phi\int_0^{\frac{1}{\sqrt{2}}}abr\left(c\sqrt{1-r^2}-cr\right)\mathrm{d}r=abc\int_0^{2\pi}\mathrm{d}\phi\int_0^{\frac{1}{\sqrt{2}}}\left(r\sqrt{1-r^2}-r^2\right)\mathrm{d}r\\&=-\frac{1}{3}abc\int_0^{2\pi}\left\{\left[r^3+(1-r^2)^{\frac{3}{2}}\right]\Bigg|_0^{\frac{1}{\sqrt{2}}}\right\}\mathrm{d}\phi=\frac{1}{3}\pi abc(2-\sqrt{2})\end{aligned}$$

例 16.1.31 如图 16.1.44 所示, 求 $\left(\dfrac{x}{a}+\dfrac{y}{b}\right)^2+\dfrac{z^2}{c^2}=1,x=0,y=0$ 和 $z=0$ 所围立体的体积 $(x>0,y>0)$.

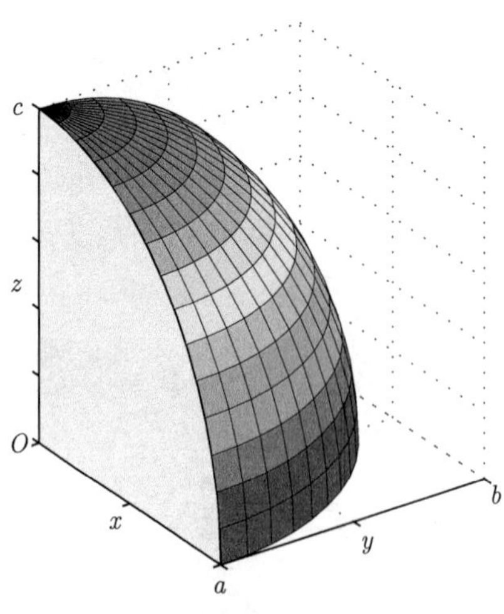

图 16.1.44

解 所围立体在 xOy 平面的投影区域 $\Omega:\left(\frac{x}{a}+\frac{y}{b}\right)^2\leqslant 1$. 所以

$$V=2\iint\limits_{\Omega}c\sqrt{1-\left(\frac{x}{a}+\frac{y}{b}\right)^2}\mathrm{d}x\mathrm{d}y$$

作变换 $x=ar\cos^2\phi, y=br\sin^2\phi$, 则 $J(r,\phi)=abr\sin 2\phi$. $\left(\frac{x}{a}+\frac{y}{b}\right)^2=1\Rightarrow r=1$, $z=c\sqrt{1-r^2}\ (0\leqslant\phi\leqslant\frac{\pi}{2}, 0\leqslant r\leqslant 1)$. 所以

$$V=2\int_0^{\frac{\pi}{2}}\mathrm{d}\phi\int_0^1 abc\sin 2\phi\sqrt{1-r^2}r\mathrm{d}r=2abc\left(\int_0^{\frac{\pi}{2}}\sin 2\phi\mathrm{d}\phi\right)\left(\int_0^1 r\sqrt{1-r^2}\mathrm{d}r\right)=\frac{2}{3}abc$$

例 16.1.32 如图 16.1.45 所示, 求 $\frac{x^2}{a^2}+\frac{y^2}{b^2}+\frac{z^2}{c^2}=1$ 与 $\left(\frac{x^2}{a^2}+\frac{y^2}{b^2}\right)^2=\frac{x^2}{a^2}-\frac{y^2}{b^2}$ 所围的立体体积.

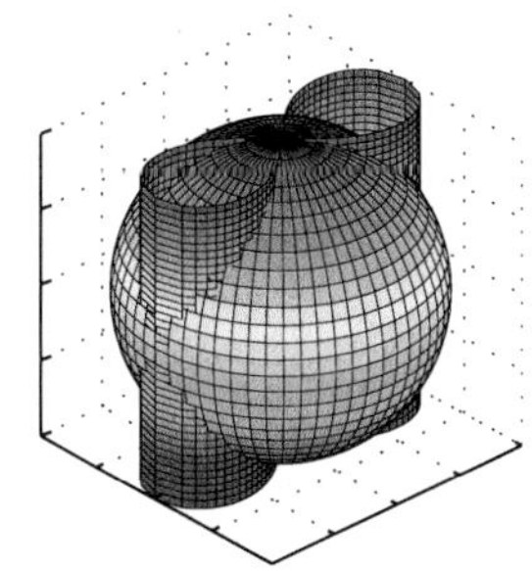
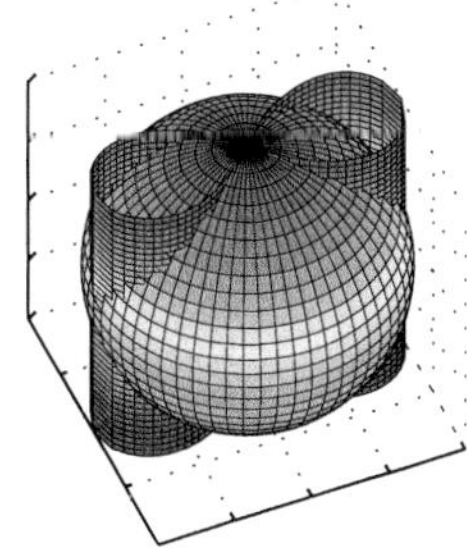

图 16.1.45

解 所围立体在 xOy 平面的投影区域为 $\left(\frac{x^2}{a^2}+\frac{y^2}{b^2}\right)^2=\frac{x^2}{a^2}-\frac{y^2}{b^2}\ (z=0)$ 所围成的平面区域 Ω. 所以 $V=c\iint\limits_{\Omega}\sqrt{1-\frac{x^2}{a^2}-\frac{y^2}{b^2}}\mathrm{d}x\mathrm{d}y$.

作变换 $x=ar\cos\phi, y=br\sin\phi$, 则 $J(r,\phi)=abr$, 且

$$\frac{x^2}{a^2}+\frac{y^2}{b^2}+\frac{z^2}{c^2}=1\Rightarrow z=\pm c\sqrt{1-r^2}$$
$$\left(\frac{x^2}{a^2}+\frac{y^2}{b^2}\right)^2=\frac{x^2}{a^2}-\frac{y^2}{b^2}\Rightarrow r^2=\cos^2\phi-\sin^2\phi=\cos 2\phi$$

因为 $r^2=\cos 2\phi\geqslant 0$, 故 $-\frac{\pi}{4}\leqslant\phi\leqslant\frac{\pi}{4}$ 或者 $\frac{3\pi}{4}\leqslant\phi\leqslant\frac{5\pi}{4}$. 由于曲面 $\frac{x^2}{a^2}+\frac{y^2}{b^2}+\frac{z^2}{c^2}=1$ 关于三个坐标平面对称, $\left(\frac{x^2}{a^2}+\frac{y^2}{b^2}\right)^2=\frac{x^2}{a^2}-\frac{y^2}{b^2}$ 关于三个坐标平面对称, 利用对称性知, 曲面所

围的体积为

$$
\begin{aligned}
V &= 8c\iint\limits_{\Omega_1}\sqrt{1-\tfrac{x^2}{a^2}-\tfrac{y^2}{b^2}}\mathrm{d}x\mathrm{d}y = 8abc\int_0^{\frac{\pi}{4}}\int_0^{\sqrt{\cos 2\phi}}\sqrt{1-r^2}r\mathrm{d}r\mathrm{d}\phi \\
&= 8abc\int_0^{\frac{\pi}{4}}\frac{1}{3}(1-\sqrt{8}\sin^3\phi)\mathrm{d}\phi = \frac{8abc}{3}\left(\phi+\sqrt{8}\cos\phi-\frac{\sqrt{8}}{3}\cos^3\phi\right)\Bigg|_0^{\frac{\pi}{4}} \\
&= \frac{8abc}{3}\left(\frac{\pi}{4}+\frac{5}{3}-\frac{4\sqrt{2}}{3}\right) = \frac{2abc}{9}\left(3\pi+20-16\sqrt{2}\right).
\end{aligned}
$$

扫码学习

16.2 三重积分的定义与计算

本节讨论三重积分的定义与计算方法. 计算三重积分的方法与二重积分的方法是类似的, 都是化重积分为累次积分来计算.

16.2.1 三重积分的定义

在给出三重积分的定义之前, 先考虑两个实际问题.

实际问题 1 设空间密度不均匀的物体 V, 其密度可表示为连续函数 $\rho(x,y,z)$, 讨论其重心的坐标.

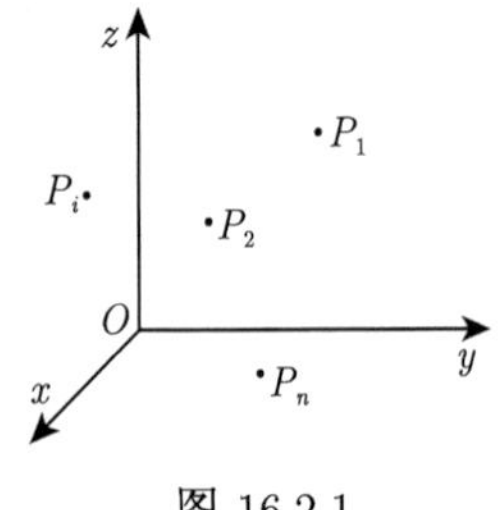

图 16.2.1

如图 16.2.1 所示, 由物理相关知识, 空间质点系 $P_i(x_i, y_i, z_i)$, 质量为 $m_i, i=1,2,\cdots,n$, 质点系的重心坐标为

$$
x_n = \frac{\sum\limits_{i=1}^n m_i x_i}{\sum\limits_{i=1}^n m_i},\quad y_n = \frac{\sum\limits_{i=1}^n m_i y_i}{\sum\limits_{i=1}^n m_i},\quad z_n = \frac{\sum\limits_{i=1}^n m_i z_i}{\sum\limits_{i=1}^n m_i}
$$

对于空间物体 V, 可以利用 "分割、求和、取极限" 的方法来求其重心坐标. 如图 16.2.2 和图 16.2.3 所示.

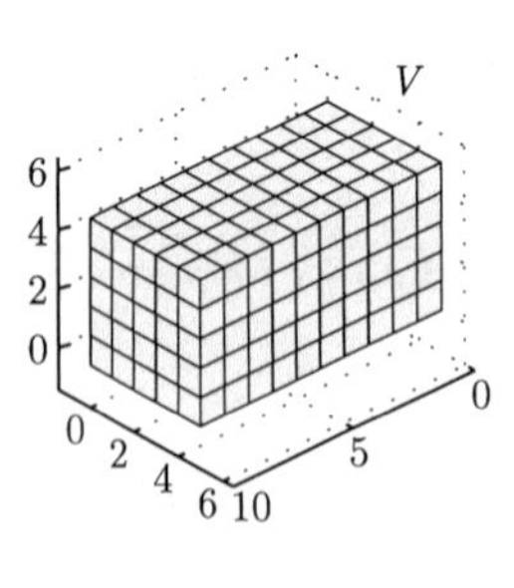

图16.2.2

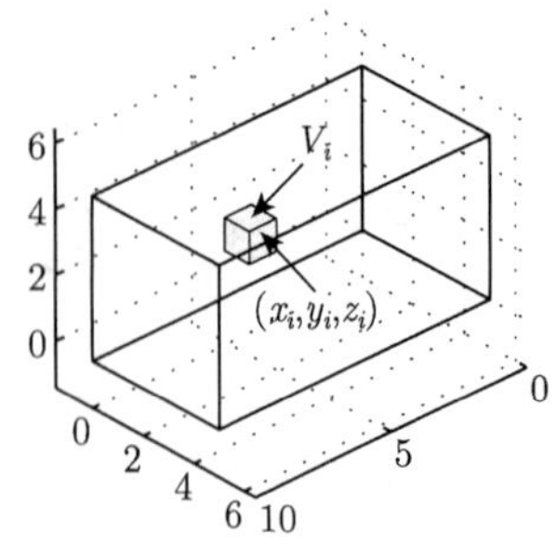

图16.2.3

(1) 分割: 将 V 分割成 n 个小区域 $V_1, V_2, \cdots, V_n$, V_i 的体积记为 $\Delta V_i, i=1,2,\cdots,n$. 记 $\|T\| = \max\limits_{1\leqslant i\leqslant n}\{\text{diam}V_i\}$.

(2) 求和: 当分割非常密集, 即 $\|T\|$ 充分小的时候, 把 $V_1, V_2, \cdots, V_n$ 近似看成质点, 并且 V_i 的质量近似为 $\rho(x_i, y_i, z_i)\Delta V_i, (x_i, y_i, z_i) \in V_i, i=1,2,\cdots,n$. 质点系的重心坐标为

$$\bar{x} \approx \frac{\sum\limits_{i=1}^{n} x_i\rho(x_i, y_i, z_i)\Delta V_i}{\sum\limits_{i=1}^{n} \rho(x_i, y_i, z_i)\Delta V_i}, \quad \bar{y} \approx \frac{\sum\limits_{i=1}^{n} y_i\rho(x_i, y_i, z_i)\Delta V_i}{\sum\limits_{i=1}^{n} \rho(x_i, y_i, z_i)\Delta V_i}, \quad \bar{z} \approx \frac{\sum\limits_{i=1}^{n} z_i\rho(x_i, y_i, z_i)\Delta V_i}{\sum\limits_{i=1}^{n} \rho(x_i, y_i, z_i)\Delta V_i}$$

(3) 当 $\|T\| \to 0$ 时, 上式的极限为空间物体 V 的重心坐标 $(\bar{x}, \bar{y}, \bar{z})$.

$$\bar{x} = \lim_{\|T\|\to 0} \frac{\sum\limits_{i=1}^{n} x_i\rho(x_i, y_i, z_i)\Delta V_i}{\sum\limits_{i=1}^{n} \rho(x_i, y_i, z_i)\Delta V_i}, \quad \bar{y} = \lim_{\|T\|\to 0} \frac{\sum\limits_{i=1}^{n} y_i\rho(x_i, y_i, z_i)\Delta V_i}{\sum\limits_{i=1}^{n} \rho(x_i, y_i, z_i)\Delta V_i},$$

$$\bar{z} = \lim_{\|T\|\to 0} \frac{\sum\limits_{i=1}^{n} z_i\rho(x_i, y_i, z_i)\Delta V_i}{\sum\limits_{i=1}^{n} \rho(x_i, y_i, z_i)\Delta V_i}$$

实际问题 2 讨论空间物体 V 关于三个坐标轴的转动惯量问题, 设密度分布函数为 $\rho(x, y, z)$.

由物理相关知识, 质量为 m 的质点 A 关于转动轴 L 的转动惯量为 $J = mr^2$, 其中 r 为 A 到 L 的距离. 空间质点系 $P_i(x_i, y_i, z_i)$, 质量为 $m_i, i=1,2,\cdots,n$, 质点系对三个坐标轴的转动惯量分别为

$$J_x = \sum_{i=1}^{n}(y_i^2 + z_i^2)m_i, \quad J_y = \sum_{i=1}^{n}(x_i^2 + z_i^2)m_i, \quad J_z = \sum_{i=1}^{n}(x_i^2 + y_i^2)m_i$$

对于空间物体 V, 可以利用 “分割、求和、取极限” 的方法来求其转动惯量. 如图 16.2.2 所示.

(1) 分割: 将 V 分割成 n 个小区域 $V_1, V_2, \cdots, V_n$, V_i 的体积记为 $\Delta V_i, i=1,2,\cdots,n$. 记 $\|T\| = \max\limits_{1\leqslant i\leqslant n}\{\text{diam}V_i\}$.

(2) 求和: 当分割非常密集, 即 $\|T\|$ 充分小的时候, 把 $V_1, V_2, \cdots, V_n$ 近似看成质点, 并且 V_i 的质量近似为 $\rho(x_i, y_i, z_i)\Delta V_i, (x_i, y_i, z_i) \in V_i, i=1,2,\cdots,n$. 质点系对三个坐标轴的转动

惯量为

$$J_x \approx \sum_{i=1}^{n}(y_i^2+z_i^2)\rho(x_i,y_i,z_i)\Delta V_i$$

$$J_y \approx \sum_{i=1}^{n}(x_i^2+z_i^2)\rho(x_i,y_i,z_i)\Delta V_i$$

$$J_z \approx \sum_{i=1}^{n}(x_i^2+y_i^2)\rho(x_i,y_i,z_i)\Delta V_i$$

(3) 当 $||T||\to 0$ 时, 上式的极限为空间物体 V 对三个坐标轴的转动惯量.

$$J_x = \lim_{||T||\to 0}\sum_{i=1}^{n}(y_i^2+z_i^2)\rho(x_i,y_i,z_i)\Delta V_i$$

$$J_y = \lim_{||T||\to 0}\sum_{i=1}^{n}(x_i^2+z_i^2)\rho(x_i,y_i,z_i)\Delta V_i$$

$$J_z = \lim_{||T||\to 0}\sum_{i=1}^{n}(x_i^2+y_i^2)\rho(x_i,y_i,z_i)\Delta V_i$$

实际问题 1 和实际问题 2 是不同的数学问题, 最终都归结为一类和式极限, 这种和式极限就是三重积分. 下面给出三重积分的定义.

定义 16.2.1 设 $f(x,y,z)$ 为定义在三维空间可求体积的有界闭区域 V 上的有界函数. 用若干光滑曲面组成的曲面网分割 V, 得到 n 个小区域 $V_1,V_2,\cdots,V_n$, V_i 的体积记为 ΔV_i, $i=1,2,\cdots,n$. 定义分割的细度 $||T||=\max\limits_{1\leqslant i\leqslant n}\{\mathrm{diam}V_i\}$, 其中 $\mathrm{diam}V_i$ 为 V_i 的直径.

若对于任意的 $\varepsilon>0$, 存在 $\delta>0$, 对于 V 中的任意分割 T, 当 $||T||<\delta$ 时,

$$\left|\sum_{i=1}^{n}f(x_i,y_i,z_i)\Delta V_i - J\right| < \varepsilon, \quad \forall (x_i,y_i,z_i)\in V_i$$

则称 $f(x,y,z)$ 在 V 上可积, J 为 $f(x,y,z)$ 在 V 上的三重积分. 记为 $J=\iiint\limits_V f(x,y,z)\mathrm{d}V$ 或者 $J=\iiint\limits_V f(x,y,z)\mathrm{d}x\mathrm{d}y\mathrm{d}z$. $f(x,y,z)$ 称为被积函数, x,y,z 称为积分变量, V 称为积分区域.

利用三重积分的定义和极限的运算性质, 可得三重积分的如下性质.

定理 16.2.1 设区域 Ω 为可求体积的有界闭区域, $f(x,y,z),g(x,y,z)$ 在 Ω 上可积. 则有:

(1) 线性性质: $\alpha f\pm\beta g$ 在 Ω 上可积, 且

$$\iiint\limits_\Omega(\alpha f\pm\beta g)\,\mathrm{d}V = \iiint\limits_\Omega \alpha f\mathrm{d}V \pm \iiint\limits_\Omega \beta g\mathrm{d}V, \quad \forall \alpha,\beta\in\mathbf{R}$$

(2) 保序性质: 设在 Ω 上 $f\leqslant g$, 则 $\iiint\limits_\Omega f\mathrm{d}V \leqslant \iiint\limits_\Omega g\mathrm{d}V$.

(3) 区域可加性: 假设 Ω 分为两个无公共内点的区域 Ω_1, Ω_2, 则 $f(x,y,z)$ 在 Ω 上可积的充要条件是 $f(x,y,z)$ 在 Ω_1 和 Ω_2 上均可积, 且

$$\iiint\limits_{\Omega} f\mathrm{d}V = \iiint\limits_{\Omega_1} f\mathrm{d}V + \iiint\limits_{\Omega_2} f\mathrm{d}V$$

(4) 绝对可积性: 设 f 在 Ω 上可积, 则 $|f(x,y,z)|$ 在 Ω 上也可积, 且

$$\left|\iiint\limits_{\Omega} f\mathrm{d}V\right| \leqslant \iiint\limits_{\Omega} |f|\mathrm{d}V$$

(5) 积分中值定理: 设 f 在闭区域 Ω 上连续, 则存在 $(\alpha,\beta,\gamma)\in\Omega$ 使得

$$\iiint\limits_{\Omega} f\mathrm{d}V = f(\alpha,\beta,\gamma)\cdot V(\Omega)$$

其中 $V(\Omega)$ 为 Ω 的体积.

注 16.2.1 可求体积的定义类似于可求面积的定义.

注 16.2.2 三重积分与二重积分以及定积分的性质是一致的.

注 16.2.3 三重积分可积条件如下: (1) 有界闭区域上的连续函数可积. (2) 对于有界闭区域 V 上的有界函数 $f(x,y,z)$, 如果其间断点集在有限多个光滑曲面上, 则 $f(x,y,z)$ 在 V 上可积.

16.2.2 直角坐标系下三重积分的计算

下面讨论直角坐标系下三重积分的计算. 计算三重积分的基本方法与二重积分是类似的, 都是化重积分为累次积分. 类似二重积分的证明可以得到下面定理.

定理 16.2.2 若函数 $f(x,y,z)$ 在$V=[a,b]\times[c,d]\times[e,h]$ 上三重积分存在, 且对任意 $x\in[a,b]$, $I(x)=\iint\limits_{D} f(x,y,z)\mathrm{d}y\mathrm{d}z$ 存在, 其中 $D=[c,d]\times[e,h]$, 则积分 $\int_a^b I(x)\mathrm{d}x$ 存在, 且

$$\iiint\limits_{V} f(x,y,z)\mathrm{d}x\mathrm{d}y\mathrm{d}z = \int_a^b I(x)\mathrm{d}x = \int_a^b \mathrm{d}x \iint\limits_{D} f(x,y,z)\mathrm{d}y\mathrm{d}z = \int_a^b \mathrm{d}x\int_c^d \mathrm{d}y\int_e^h f(x,y,z)\mathrm{d}z$$

下面讨论 $\mathbf{R}^3$ 上三类特殊有界闭区域上 (I 型区域、II 型区域和 III 型区域) 的三重积分问题.

定义 $\mathbf{R}^3$ 上形如 $\Omega=\{(x,y,z)|z_1(x,y)\leqslant z\leqslant z_2(x,y),(x,y)\in D_{xy}\}$ 的集合称为 I 型区域, 其中 D_{xy} 为 Ω 在 xOy 平面的投影区域, $D_{xy}=\{(x,y)|y_1(x)\leqslant y\leqslant y_2(x),a\leqslant x\leqslant b\}$ 或者 $D_{xy}=\{(x,y)|x_1(y)\leqslant x\leqslant x_2(y),c\leqslant y\leqslant d\}$. I 型区域的特点是平行于 z 轴的直线穿过 Ω 内部的时候与 Ω 的边界至多有两个交点. 如图 16.2.4 所示.

定义 $\mathbf{R}^3$ 上形如 $\Omega=\{(x,y,z)|y_1(x,z)\leqslant y\leqslant y_2(x,z),(x,z)\in D_{xz}\}$ 的集合称为 II 型区域, 其中 D_{xz} 为 Ω 在 xOz 平面的投影区域, $D_{xz}=\{(x,z)|z_1(x)\leqslant z\leqslant z_2(x),a\leqslant x\leqslant b\}$ 或者 $D_{xz}=\{(x,z)|x_1(z)\leqslant x\leqslant x_2(z),e\leqslant z\leqslant h\}$. II 型区域的特点是平行于 y 轴的直线穿过 Ω 内部的时候与 Ω 的边界至多有两个交点. 如图 16.2.5 所示.

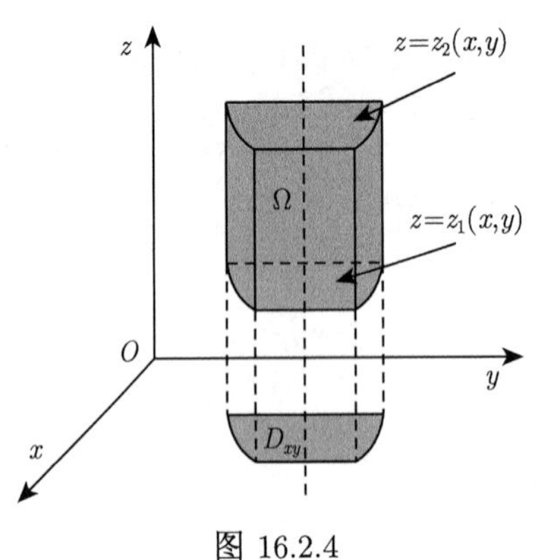

图 16.2.4

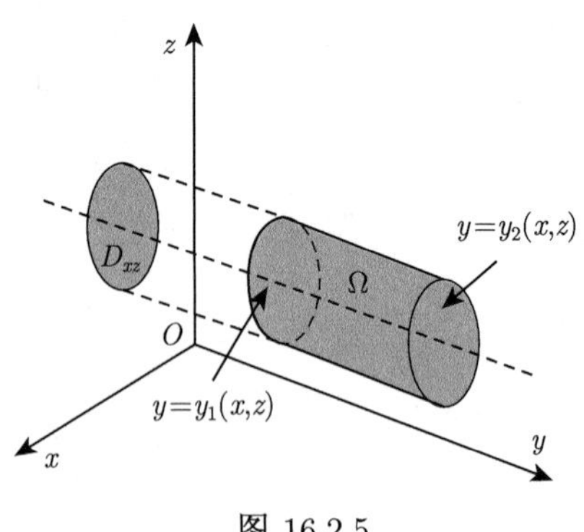

图 16.2.5

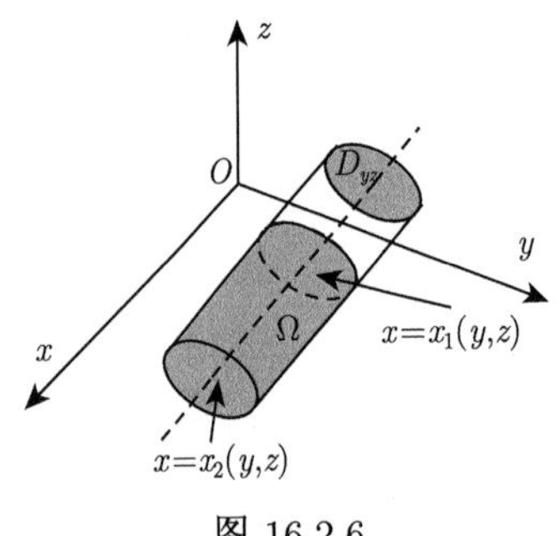

图 16.2.6

定义 $\mathbf{R}^3$ 上形如 $\Omega=\{(x,y,z)|x_1(y,z)\leqslant x\leqslant x_2(y,z),(y,z)\in D_{yz}\}$ 的集合称为 III 型区域, 其中 D_{yz} 为 Ω 在 yOz 平面的投影区域, $D_{yz}=\{(y,z)|y_1(z)\leqslant y\leqslant y_2(z),e\leqslant z\leqslant h\}$ 或者 $D_{yz}=\{(y,z)|z_1(y)\leqslant z\leqslant z_2(y),c\leqslant y\leqslant d\}$. III 型区域的特点是平行于 x 轴的直线穿过 Ω 内部的时候与 Ω 的边界至多有两个交点. 如图 16.2.6 所示.

定理 16.2.3 (1) 若 $f(x,y,z)$ 在有界闭区域 Ω 上连续, Ω 为 I 型区域, $z_1(x,y),z_2(x,y)$ 在 D_{xy} 上连续, 则

$$\iiint\limits_{\Omega} f(x,y,z)\mathrm{d}x\mathrm{d}y\mathrm{d}z=\iint\limits_{D_{xy}}\mathrm{d}x\mathrm{d}y\int_{z_1(x,y)}^{z_2(x,y)} f(x,y,z)\mathrm{d}z$$

若进一步有 $y_1(x),y_2(x)$ 在 $[a,b]$ 上连续, 则

$$\iiint\limits_{\Omega} f(x,y,z)\mathrm{d}x\mathrm{d}y\mathrm{d}z=\int_a^b\mathrm{d}x\int_{y_1(x)}^{y_2(x)}\mathrm{d}y\int_{z_1(x,y)}^{z_2(x,y)} f(x,y,z)\mathrm{d}z$$

若有 $x_1(y),x_2(y)$ 在 $[c,d]$ 上连续, 则

$$\iiint\limits_{\Omega} f(x,y,z)\mathrm{d}x\mathrm{d}y\mathrm{d}z=\int_c^d\mathrm{d}y\int_{x_1(y)}^{x_2(y)}\mathrm{d}x\int_{z_1(x,y)}^{z_2(x,y)} f(x,y,z)\mathrm{d}z$$

(2) 若 $f(x,y,z)$ 在有界闭区域 Ω 上连续, Ω 为 II 型区域, $y_1(x,z),y_2(x,z)$ 在 D_{xz} 上连续, 则

$$\iiint\limits_{\Omega} f(x,y,z)\mathrm{d}x\mathrm{d}y\mathrm{d}z=\iint\limits_{D_{xz}}\mathrm{d}x\mathrm{d}z\int_{y_1(x,z)}^{y_2(x,z)} f(x,y,z)\mathrm{d}y$$

若进一步有 $z_1(x),z_2(x)$ 在 $[a,b]$ 上连续, 则

$$\iiint\limits_{\Omega} f(x,y,z)\mathrm{d}x\mathrm{d}y\mathrm{d}z=\int_a^b\mathrm{d}x\int_{z_1(x)}^{z_2(x)}\mathrm{d}z\int_{y_1(x,z)}^{y_2(x,z)} f(x,y,z)\mathrm{d}y$$

若有 $x_1(z), x_2(z)$ 在 $[e,h]$ 上连续, 则

$$\iiint\limits_{\Omega} f(x,y,z)\mathrm{d}x\mathrm{d}y\mathrm{d}z = \int_e^h \mathrm{d}z \int_{x_1(z)}^{x_2(z)} \mathrm{d}x \int_{y_1(x,z)}^{y_2(x,z)} f(x,y,z)\mathrm{d}y$$

(3) 若 $f(x,y,z)$ 在有界闭区域 Ω 上连续, Ω 为 III 型区域, $x_1(y,z), x_2(y,z)$ 在 D_{yz} 上连续, 则

$$\iiint\limits_{\Omega} f(x,y,z)\mathrm{d}x\mathrm{d}y\mathrm{d}z = \iint\limits_{D_{yz}} \mathrm{d}y\mathrm{d}z \int_{x_1(y,z)}^{x_2(y,z)} f(x,y,z)\mathrm{d}x$$

若进一步有 $y_1(z), y_2(z)$ 在 $[e,h]$ 上连续, 则

$$\iiint\limits_{\Omega} f(x,y,z)\mathrm{d}x\mathrm{d}y\mathrm{d}z = \int_e^h \mathrm{d}z \int_{y_1(z)}^{y_2(z)} \mathrm{d}y \int_{x_1(y,z)}^{x_2(y,z)} f(x,y,z)\mathrm{d}x$$

若有 $z_1(y), z_2(y)$ 在 $[c,d]$ 上连续, 则

$$\iiint\limits_{\Omega} f(x,y,z)\mathrm{d}x\mathrm{d}y\mathrm{d}z = \int_c^d \mathrm{d}y \int_{z_1(y)}^{z_2(y)} \mathrm{d}z \int_{x_1(y,z)}^{x_2(y,z)} f(x,y,z)\mathrm{d}x$$

例如, 如图 16.2.7 所示的区域:

$$\Omega = \left\{(x,y,z) \middle| -\sqrt{1-x^2-y^2} \leqslant z \leqslant \sqrt{1-x^2-y^2}\right\}$$
$$D_{xy} = \left\{(x,y) \middle| x^2+y^2 \leqslant 1\right\}$$

$$\iiint\limits_{\Omega} f(x,y,z)\mathrm{d}x\mathrm{d}y\mathrm{d}z = \iint\limits_{D_{xy}} \mathrm{d}x\mathrm{d}y \int_{-\sqrt{1-x^2-y^2}}^{\sqrt{1-x^2-y^2}} f(x,y,z)\mathrm{d}z$$

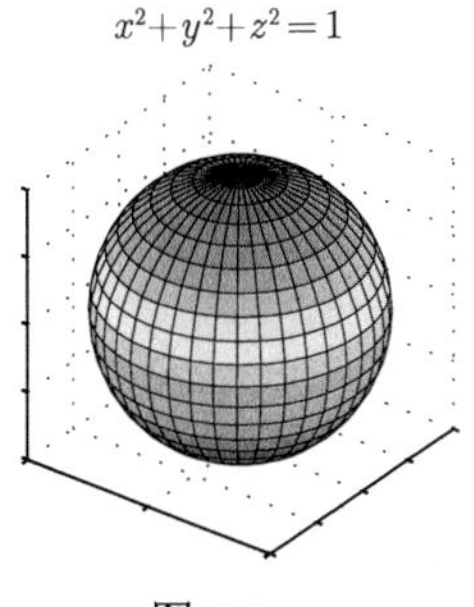

图 16.2.7

如图 16.2.8 所示的区域 (a) 分别作为 I、II、III 区域, 将三重积分化为累次积分. 如图 (a) 所示 I 型区域化为累次积分为

$$\Omega = \left\{(x,y,z) \middle| \sqrt{x^2+y^2} \leqslant z \leqslant 1\right\}, \quad D_{xy} = \left\{(x,y) \middle| x^2+y^2 \leqslant 1\right\}$$

$$\iiint\limits_{\Omega} f(x,y,z)\mathrm{d}x\mathrm{d}y\mathrm{d}z = \iint\limits_{D_{xy}} \mathrm{d}x\mathrm{d}y \int_{\sqrt{x^2+y^2}}^{1} f(x,y,z)\mathrm{d}z$$

如图 (b) 和 (c), II 型区域进一步可以写成

$$\Omega=\left\{(x,y,z)\left|-\sqrt{z^2-x^2}\leqslant y\leqslant\sqrt{z^2-x^2}\right.\right\},\quad D_{xz}=\{(y,z)\left|-z\leqslant x\leqslant z,0\leqslant z\leqslant 1\right.\}$$

$$\iiint\limits_{\Omega}f(x,y,z)\mathrm{d}x\mathrm{d}y\mathrm{d}z=\iint\limits_{D_{xz}}\mathrm{d}x\mathrm{d}z\int_{-\sqrt{z^2-x^2}}^{\sqrt{z^2-x^2}}f(x,y,z)\mathrm{d}y$$

如图 (d) 和 (c), III 型区域进一步可以写成

$$\Omega=\left\{(x,y,z)\left|-\sqrt{z^2-y^2}\leqslant x\leqslant\sqrt{z^2-y^2}\right.\right\},\quad D_{yz}=\{(y,z)\left|-z\leqslant y\leqslant z,0\leqslant z\leqslant 1\right.\}$$

$$\iiint\limits_{\Omega}f(x,y,z)\mathrm{d}x\mathrm{d}y\mathrm{d}z=\iint\limits_{D_{yz}}\mathrm{d}y\mathrm{d}z\int_{-\sqrt{z^2-y^2}}^{\sqrt{z^2-y^2}}f(x,y,z)\mathrm{d}x$$

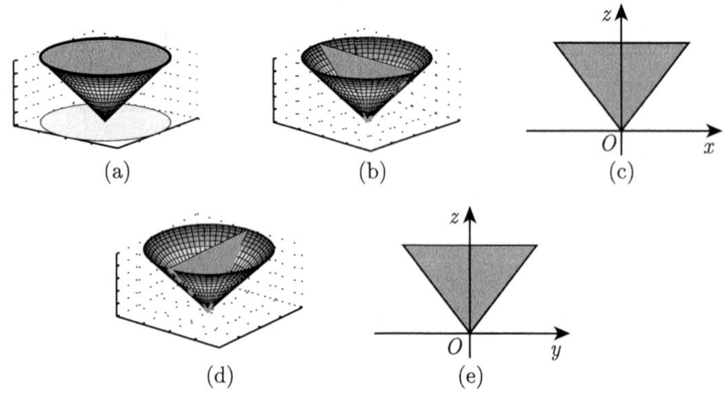

图 16.2.8

上面介绍的计算三重积分的方法是先计算一个一重积分, 然后计算一个二重积分, 即先一后二. 对于有些三重积分, 也可以采用先二后一的方法, 即先计算一个二重积分, 再计算一个一重积分.

定理 16.2.4 设 $f(x,y,z)$ 在 V 上连续, 则

(1) 如图 16.2.9 所示, 若 V 向 z 轴的投影区间为 $[e,h]$, V 的任意平行于 xOy 平面的截面区域为 D_z, 则

$$\iiint\limits_{V}f(x,y,z)\mathrm{d}x\mathrm{d}y\mathrm{d}z=\int_e^h\mathrm{d}z\left(\iint\limits_{D_z}f(x,y,z)\mathrm{d}x\mathrm{d}y\right)$$

(2) 如图 16.2.10 所示, 若 V 向 x 轴的投影区间为 $[a,b]$, V 的任意平行于 yOz 平面的截面区域为 D_x, 则

$$\iiint\limits_{V}f(x,y,z)\mathrm{d}x\mathrm{d}y\mathrm{d}z=\int_a^b\mathrm{d}x\left(\iint\limits_{D_x}f(x,y,z)\mathrm{d}z\mathrm{d}y\right)$$

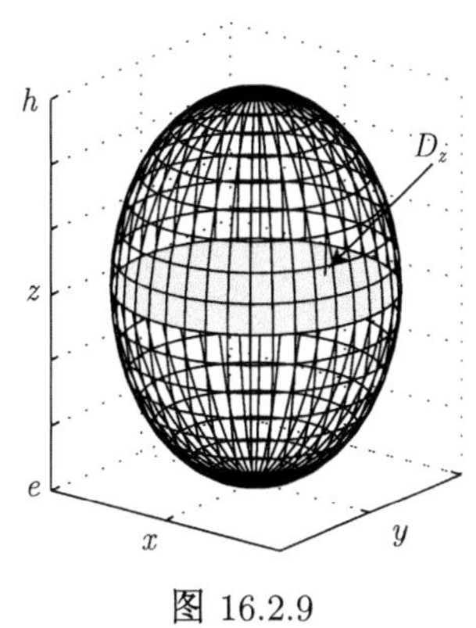

图 16.2.9

(3) 如图 16.2.11 所示, 若 V 向 y 轴的投影区间为 $[c,d]$, V 的任意平行于 xOz 平面的截面区域为 D_y, 则

$$\iiint\limits_V f(x,y,z)\mathrm{d}x\mathrm{d}y\mathrm{d}z=\int_c^d \mathrm{d}y\left(\iint\limits_{D_y} f(x,y,z)\mathrm{d}x\mathrm{d}z\right)$$

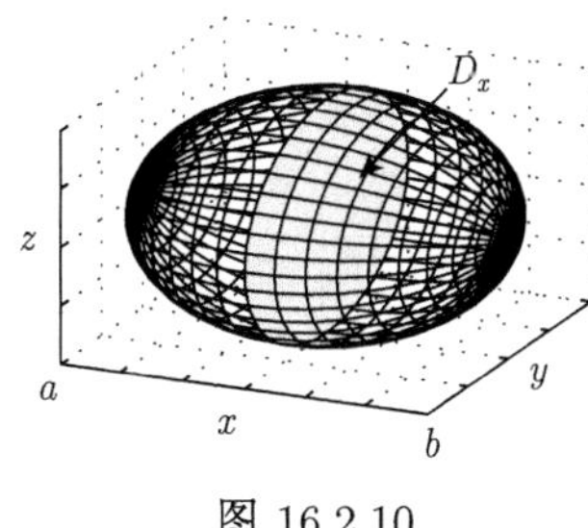

图 16.2.10

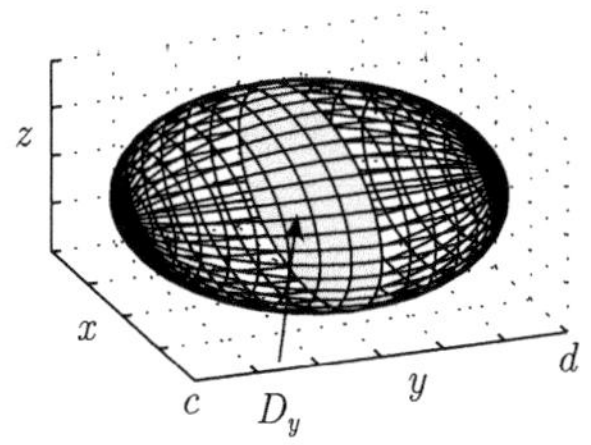

图 16.2.11

注 16.2.4 如果积分区域 V 可以分解为两个具有对称性 (关于某个点、某条直线或者某平面) 的子区域 V_1,V_2, 则

(1) 若被积函数 $f(x,y,z)$ 在 V_1 上点的值与 V_2 中的对称点的值相反, 则

$$\iiint\limits_V f(x,y,z)\mathrm{d}x\mathrm{d}y\mathrm{d}z=0$$

(2) 若被积函数 $f(x,y,z)$ 在 V_1 上点的值与 V_2 中的对称点的值相同, 则

$$\iiint\limits_V f(x,y,z)\mathrm{d}x\mathrm{d}y\mathrm{d}z=2\iiint\limits_{V_1} f(x,y,z)\mathrm{d}x\mathrm{d}y\mathrm{d}z$$

例 16.2.1 计算 $\displaystyle\iiint\limits_V \frac{\mathrm{d}x\mathrm{d}y\mathrm{d}z}{(1+x+y+z)^3}$, 其中 $V=\{(x,y,z)|x\geqslant 0,y\geqslant 0,z\geqslant 0,x+y+z\leqslant 1\}$.

解 如图 16.2.12 所示, V 向 xOy 平面的投影区域为 $D_{xy}=\{(x,y)|x\geqslant 0,y\geqslant 0,x+y\leqslant 1\}$, 所以

$$\iiint\limits_{V} \frac{\mathrm{d}x\mathrm{d}y\mathrm{d}z}{(1+x+y+z)^3} = \iint\limits_{D_{xy}} \mathrm{d}x\mathrm{d}y \int_0^{1-x-y} \frac{1}{(1+x+y+z)^3}\mathrm{d}z$$

$$= \frac{1}{2}\iint\limits_{D_{xy}} \left[\frac{1}{(1+x+y)^2} - \frac{1}{4}\right]\mathrm{d}x\mathrm{d}y = \frac{1}{2}\int_0^1 \mathrm{d}x \int_0^{1-x} \frac{\mathrm{d}y}{(1+x+y)^2} - \frac{1}{16}$$

$$= \frac{1}{2}\int_0^1 \left(\frac{1}{1+x} - \frac{1}{2}\right)\mathrm{d}x - \frac{1}{16} = \frac{1}{2}\left(\ln 2 - \frac{5}{8}\right)$$

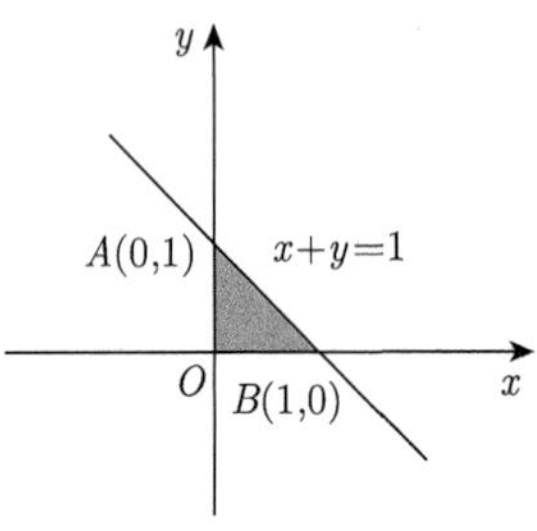

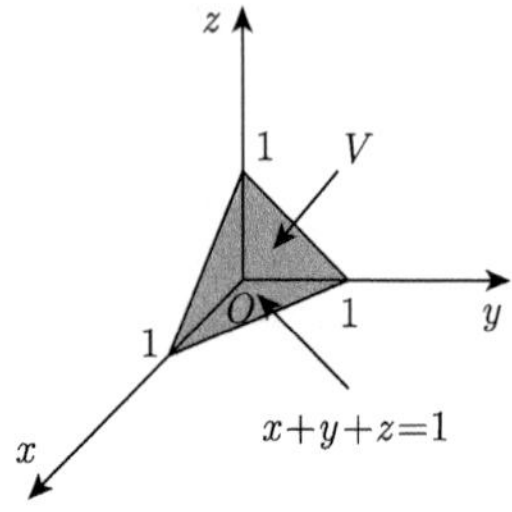

图 16.2.12

例 16.2.2 求 $\iiint\limits_{V} xyz\mathrm{d}x\mathrm{d}y\mathrm{d}z$, 其中 V 是由曲面 $x^2+y^2+z^2=1, x=0, y=0, z=0$ 所围的区域 $(x \geqslant 0, y \geqslant 0, z \geqslant 0)$.

解 如图 16.2.13 所示, V 向 xy 平面的投影区域为 $D_{xy} = \{(x,y)|x^2+y^2 \leqslant 1, x \geqslant 0, y \geqslant 0\}$, 所以

$$\iiint\limits_{V} xyz\mathrm{d}x\mathrm{d}y\mathrm{d}z = \iint\limits_{D_{xy}} \mathrm{d}x\mathrm{d}y \left(\int_0^{\sqrt{1-x^2-y^2}} xyz\mathrm{d}z\right) = \int_0^1 x\mathrm{d}x \int_0^{\sqrt{1-x^2}} y\mathrm{d}y \int_0^{\sqrt{1-x^2-y^2}} z\mathrm{d}z$$

$$= \frac{1}{2}\int_0^1 x\mathrm{d}x \int_0^{\sqrt{1-x^2}} y(1-x^2-y^2)\mathrm{d}y = \frac{1}{8}\int_0^1 x(1-x^2)^2\mathrm{d}x = \frac{1}{48}$$

例 16.2.3 求 $\iiint\limits_{V} xy^2z^3\mathrm{d}x\mathrm{d}y\mathrm{d}z$, 其中 V 是由曲面 $z=xy, y=x, x=1, z=0$ 所围的区域.

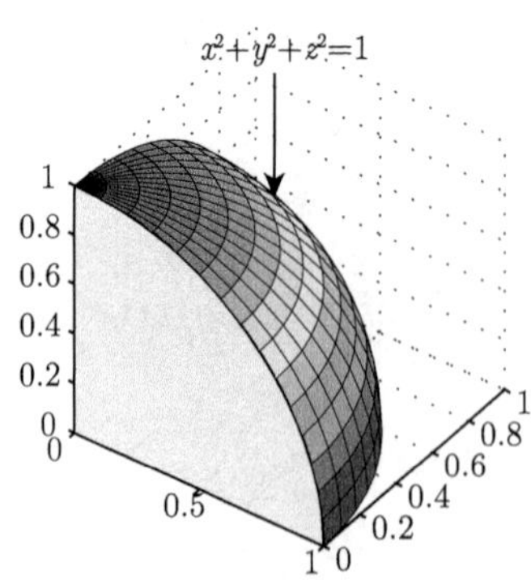

图 16.2.13

解 如图 16.2.14 所示, V 向 xOy 平面的投影区域为 $D_{xy} = \{(x,y)|y \leqslant x, x \leqslant 1, y \geqslant 0\}$,

所以

$$\iiint\limits_V xy^2z^3\mathrm{d}x\mathrm{d}y\mathrm{d}z = \iint\limits_{D_{xy}} \mathrm{d}x\mathrm{d}y \int_0^{xy} xy^2z^3\mathrm{d}z = \int_0^1 x\mathrm{d}x \int_0^x y^2\mathrm{d}y \int_0^{xy} z^3\mathrm{d}z = \frac{1}{364}$$

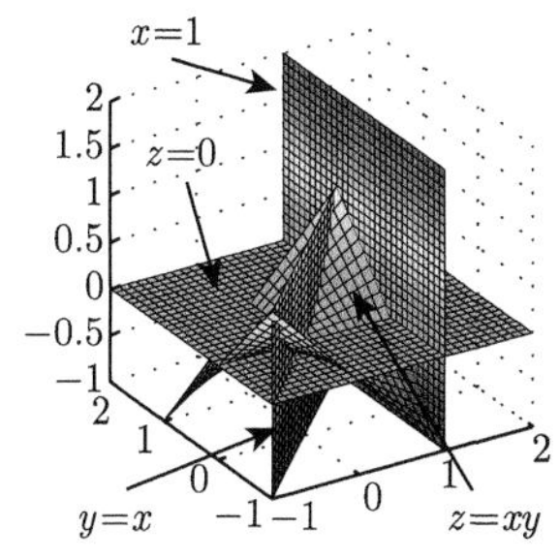

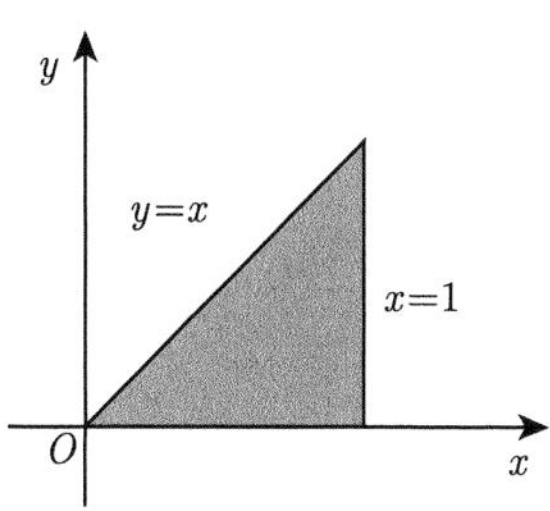

图 16.2.14

例 16.2.4 求 $\iiint\limits_V \sqrt{x^2+y^2}\mathrm{d}x\mathrm{d}y\mathrm{d}z$, 其中 V 是由曲面 $x^2+y^2=z^2, z=1$ 所围的区域.

解 如图 16.2.15 所示, V 向 xOy 平面的投影区域为 $D_{xy}=\{(x,y)|x^2+y^2\leqslant 1\}$, 所以

$$\begin{aligned}\iiint\limits_V \sqrt{x^2+y^2}\mathrm{d}x\mathrm{d}y\mathrm{d}z &= \iint\limits_{D_{xy}} \mathrm{d}x\mathrm{d}y \int_{\sqrt{x^2+y^2}}^1 \sqrt{x^2+y^2}\mathrm{d}z \\ &= \iint\limits_{x^2+y^2\leqslant 1} \left[\sqrt{x^2+y^2}-\left(x^2+y^2\right)\right]\mathrm{d}x\mathrm{d}y \\ &= \int_0^{2\pi}\mathrm{d}\phi \int_0^1 (r-r^2)r\mathrm{d}r = \frac{\pi}{6}\end{aligned}$$

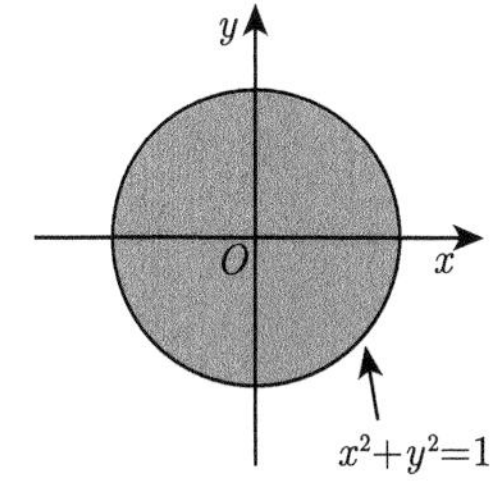

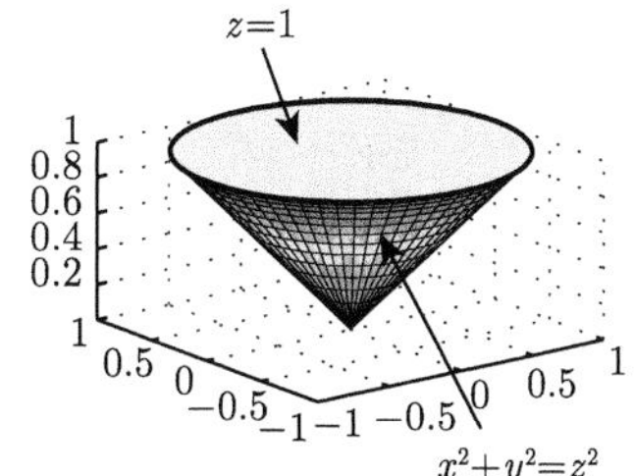

图 16.2.15

例 16.2.5 求 $\iiint\limits_V x\mathrm{e}^{y+z}\mathrm{d}x\mathrm{d}y\mathrm{d}z$, 其中 V 是由曲面 $y=x^2, y=x, x+y+z=2, z=0$ 所围的区域.

解 如图 16.2.16 所示, V 向 xOy 平面的投影区域为 $D_{xy}=\{(x,y)|x^2\leqslant y\leqslant x, 0\leqslant x\leqslant 1\}$, 所以

$$\begin{aligned}\iiint\limits_V x\mathrm{e}^{y+z}\mathrm{d}x\mathrm{d}y\mathrm{d}z &= \iint\limits_{D_{xy}} \mathrm{d}x\mathrm{d}y \int_0^{2-x-y} x\mathrm{e}^{y+z}\mathrm{d}z = \int_0^1 x\mathrm{d}x \int_{x^2}^x (\mathrm{e}^{2-x}-\mathrm{e}^y)\mathrm{d}y \\ &= \int_0^1 x[(x-x^2)\mathrm{e}^{2-x}-\mathrm{e}^x+\mathrm{e}^{x^2}]\mathrm{d}x = 11\mathrm{e}-4\mathrm{e}^2\end{aligned}$$

例 16.2.6 求 $\iiint\limits_V \left(\frac{x^2}{a^2}+\frac{y^2}{b^2}+\frac{z^2}{c^2}\right)\mathrm{d}x\mathrm{d}y\mathrm{d}z$, 其中 V 是由曲面 $\frac{x^2}{a^2}+\frac{y^2}{b^2}+\frac{z^2}{c^2}=1$ 所围的区域.

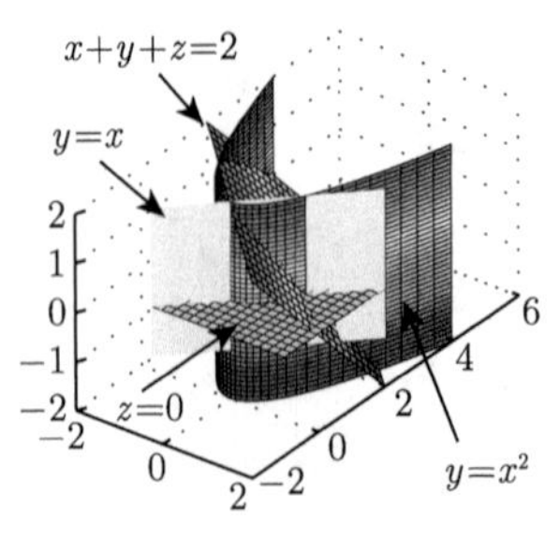

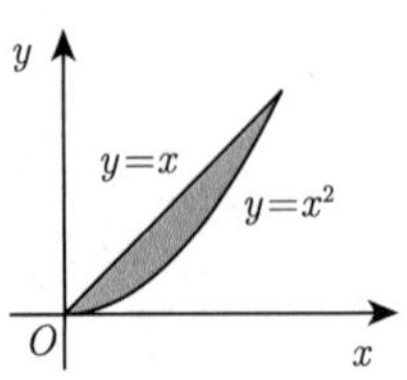

图 16.2.16

解 如图 16.2.17 所示, 设 P_x,Q_y,R_z 分别表示立体 V 被平面 $X=x,Y=y,Z=z$ 所截部分在 yOz,zOx,xOy 平面上的投影. P_x 的边界曲线为 $\dfrac{y^2}{b^2\left(1-\dfrac{x^2}{a^2}\right)}+\dfrac{z^2}{c^2\left(1-\dfrac{x^2}{a^2}\right)}=1$, 其面积为

$$\pi b\sqrt{1-\frac{x^2}{a^2}}\cdot c\sqrt{1-\frac{x^2}{a^2}}=\pi bc\left(1-\frac{x^2}{a^2}\right)$$

所以

$$\iiint\limits_V\left(\frac{x^2}{a^2}\right)\mathrm{d}x\mathrm{d}y\mathrm{d}z=\int_{-a}^{a}\frac{x^2}{a^2}\mathrm{d}x\iint\limits_{P_x}\mathrm{d}y\mathrm{d}z=\frac{\pi bc}{a^2}\int_{-a}^{a}x^2\left(1-\frac{x^2}{a^2}\right)\mathrm{d}x=\frac{4\pi abc}{15}$$

同理 $\iiint\limits_V\left(\frac{y^2}{b^2}\right)\mathrm{d}x\mathrm{d}y\mathrm{d}z=\iiint\limits_V\left(\frac{z^2}{c^2}\right)\mathrm{d}x\mathrm{d}y\mathrm{d}z=\frac{4\pi abc}{15}$, 于是

$$\iiint\limits_V\left(\frac{x^2}{a^2}+\frac{y^2}{b^2}+\frac{z^2}{c^2}\right)\mathrm{d}x\mathrm{d}y\mathrm{d}z=\frac{4\pi abc}{5}$$

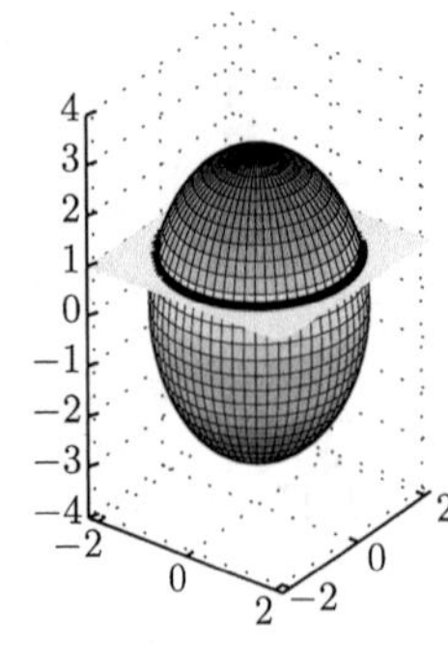

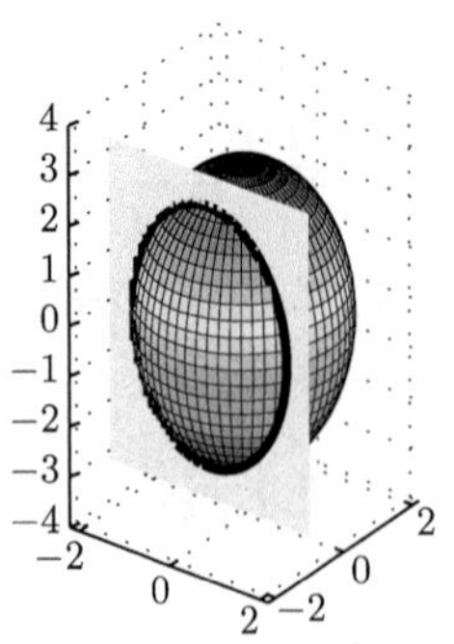

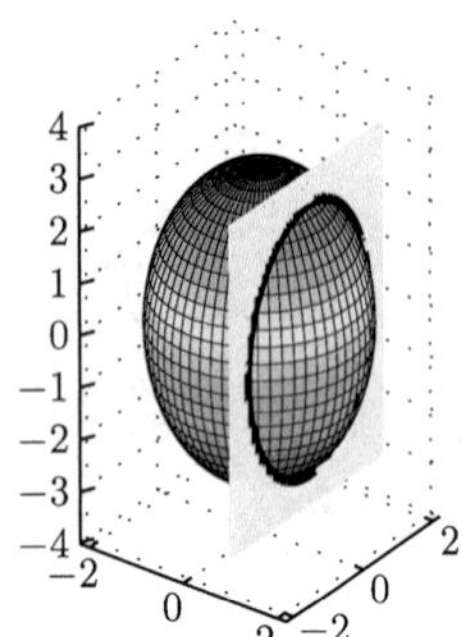

图 16.2.17

例 16.2.7 改变累次积分 $\int_{-1}^{1}\mathrm{d}x\int_{-\sqrt{1-x^2}}^{\sqrt{1-x^2}}\mathrm{d}y\int_{\sqrt{x^2+y^2}}^{1}f(x,y,z)\mathrm{d}z$ 的积分次序.

解 如图 16.2.18 所示, 积分区域写成 I 型区域, 如 16.2.18(a) 所示.

$$V=\left\{(x,y,z)\left|\sqrt{x^2+y^2}\leqslant z\leqslant 1,-\sqrt{1-x^2}\leqslant y\leqslant\sqrt{1-x^2},-1\leqslant x\leqslant 1\right.\right\}$$

如图 16.2.18(b),(c) 所示, 将 V 写为 II 型区域.

$$V=\left\{(x,y,z)\left|-\sqrt{z^2-x^2}\leqslant y\leqslant\sqrt{z^2-x^2},(x,z)\in D_{xz}\right.\right\}$$

$$D_{xz}=\{(x,z)\,||x|\leqslant z\leqslant 1,-1\leqslant x\leqslant 1\}$$

则有

$$\int_{-1}^{1}\mathrm{d}x\int_{-\sqrt{1-x^2}}^{\sqrt{1-x^2}}\mathrm{d}y\int_{\sqrt{x^2+y^2}}^{1}f(x,y,z)\mathrm{d}z=\int_{-1}^{1}\mathrm{d}x\int_{|x|}^{1}\mathrm{d}z\int_{-\sqrt{z^2-x^2}}^{\sqrt{z^2-x^2}}f(x,y,z)\mathrm{d}y$$

如图 6.2.18(d),(e) 所示, 将 V 写为 III 型区域.

$$V=\left\{(x,y,z)\left|-\sqrt{z^2-y^2}\leqslant x\leqslant\sqrt{z^2-y^2},(y,z)\in D_{yz}\right.\right\}$$

$$D_{yz}=\{(y,z)\,|-z\leqslant y\leqslant z\,,0\leqslant z\leqslant 1\}$$

则有

$$\int_{-1}^{1}\mathrm{d}x\int_{-\sqrt{1-x^2}}^{\sqrt{1-x^2}}\mathrm{d}y\int_{\sqrt{x^2+y^2}}^{1}f(x,y,z)\mathrm{d}z=\int_{0}^{1}\mathrm{d}z\int_{-z}^{z}\mathrm{d}y\int_{-\sqrt{z^2-y^2}}^{\sqrt{z^2-y^2}}f(x,y,z)\mathrm{d}x$$

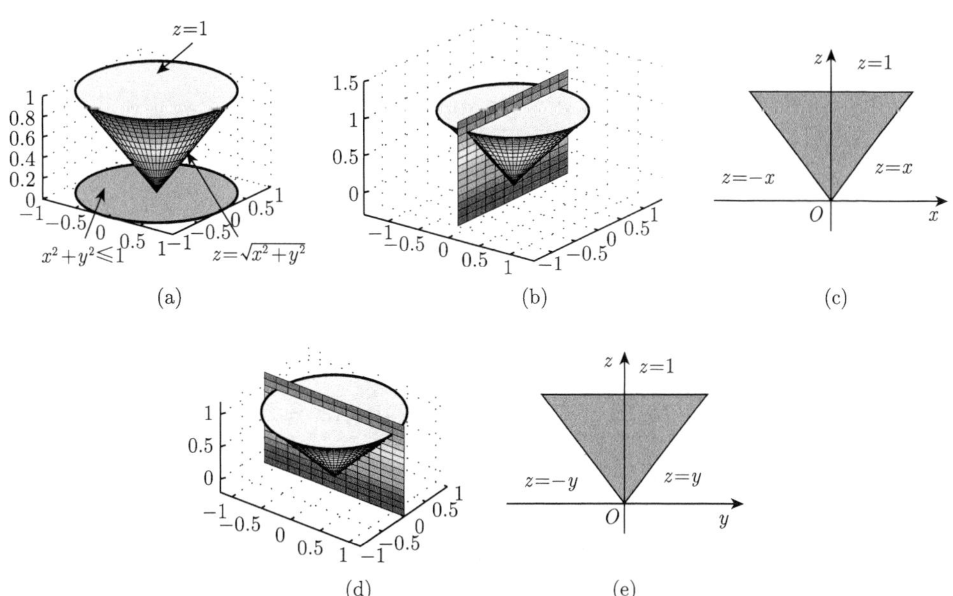

图 16.2.18

例 16.2.8 改变累次积分 $\int_0^1\mathrm{d}x\int_0^1\mathrm{d}y\int_0^{x^2+y^2}f(x,y,z)\mathrm{d}z$ 的积分次序.

解 如图 16.2.19 所示, 积分区域 $V=\left\{(x,y,z)\left|0\leqslant z\leqslant x^2+y^2,0\leqslant y\leqslant 1,0\leqslant x\leqslant 1\right.\right\}$ 是由曲面 $z=x^2+y^2,z=0,y=0,y=1,x=0,x=1$ 围成的区域.

积分区域在 xOz 平面上的投影由曲线 $x=1,z=0,z=x^2$ 围成的区域和 $x=0,x=1,z=x^2,z=x^2+1$ 围成的区域两部分构成. 所以原式等于

$$\int_0^1\mathrm{d}x\int_0^{x^2}\mathrm{d}z\int_0^1 f(x,y,z)\mathrm{d}y+\int_0^1\mathrm{d}x\int_{x^2}^{x^2+1}\mathrm{d}z\int_{\sqrt{z-x^2}}^{1}f(x,y,z)\mathrm{d}y$$

积分区域在 yOz 平面上的投影由曲线 $y=1,z=0,y=\sqrt{z}$ 围成的区域和 $y=0,y=1,y=\sqrt{z},y=\sqrt{z-1}$ 围成的区域两部分构成. 所以原式等于

$$\int_0^1 \mathrm{d}z\int_0^{\sqrt{z}}\mathrm{d}y\int_{\sqrt{z-y^2}}^1 f(x,y,z)\mathrm{d}x+\int_1^2 \mathrm{d}z\int_{\sqrt{z-1}}^1\mathrm{d}y\int_{\sqrt{z-y^2}}^1 f(x,y,z)\mathrm{d}x$$
$$+\int_0^1 \mathrm{d}z\int_{\sqrt{z}}^1\mathrm{d}y\int_0^1 f(x,y,z)\mathrm{d}x$$

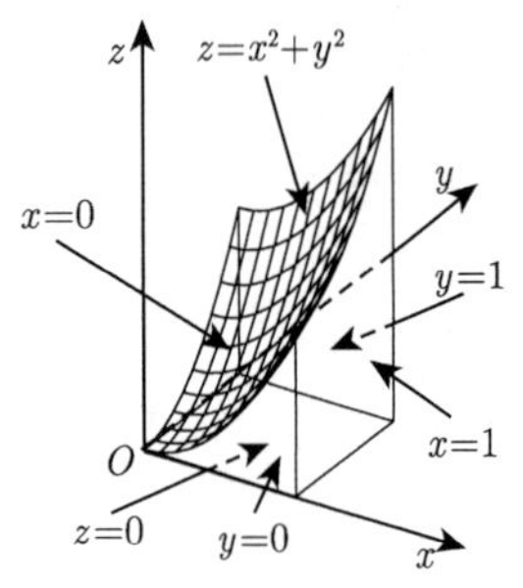

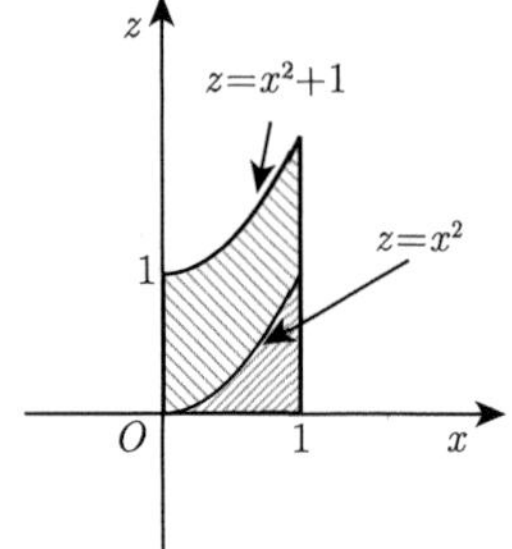

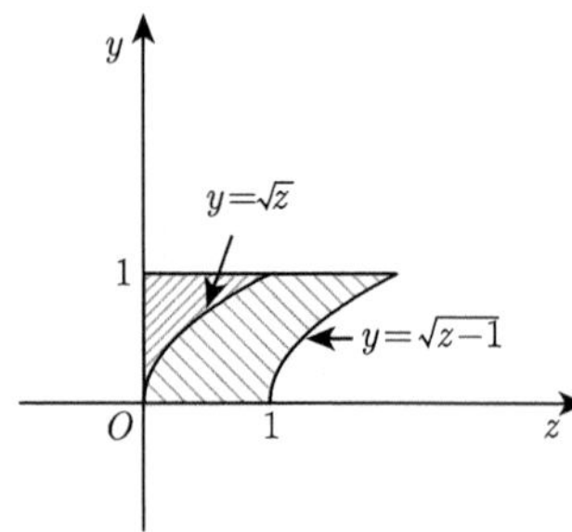

图 16.2.19

例 16.2.9 计算 $\iiint\limits_V z\mathrm{d}x\mathrm{d}y\mathrm{d}z$, 其中 V 由曲面 $x^2+y^2+z^2=4z,x^2+y^2+z^2=2z$ 围成.

解 如图 16.2.20 所示, 设

$$V_1=\{(x,y,z)|x^2+y^2+z^2\leqslant 4z\}=\{(x,y,z)|x^2+y^2+(z-2)^2\leqslant 4\}$$
$$V_2=\{(x,y,z)|x^2+y^2+z^2\leqslant 2z\}=\{(x,y,z)|x^2+y^2+(z-1)^2\leqslant 1\}$$

则 $V=V_1-V_2$, 于是 $\iiint\limits_V z\mathrm{d}x\mathrm{d}y\mathrm{d}z=\iiint\limits_{V_1} z\mathrm{d}x\mathrm{d}y\mathrm{d}z-\iiint\limits_{V_2} z\mathrm{d}x\mathrm{d}y\mathrm{d}z$.

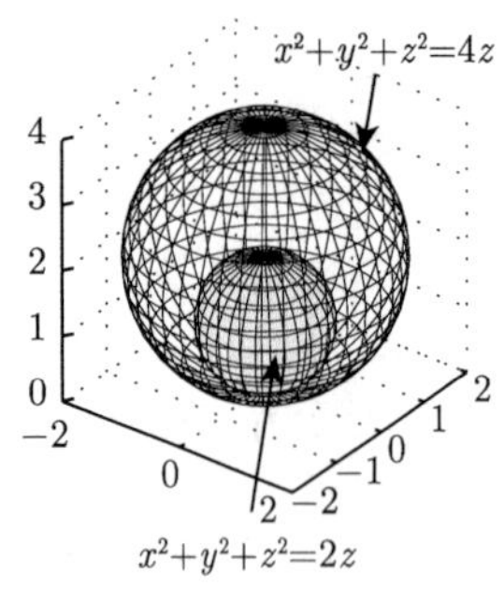

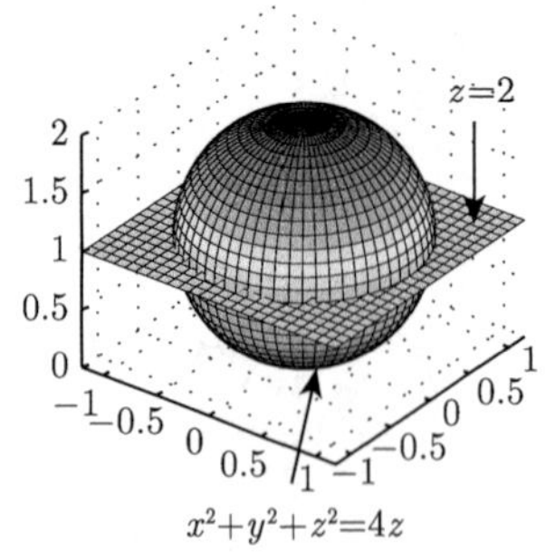

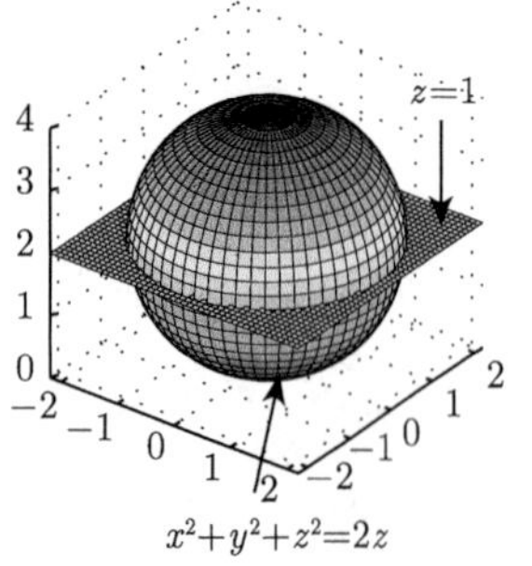

图 16.2.20

由于 V_1 关于平面 $z=2$ 对称, 因此当被积函数取 $f(x,y,z)=z-2$ 时, 在对称点函数值相反, 于是 $\iiint\limits_{V_1}(z-2)\mathrm{d}x\mathrm{d}y\mathrm{d}z=0$. V_2 关于平面 $z=1$ 对称, 因此当被积函数取 $f(x,y,z)=z-1$

时, 在对称点函数值相反, 于是 $\iiint\limits_{V_2}(z-1)\mathrm{d}x\mathrm{d}y\mathrm{d}z=0$. 所以原式等于

$$\left(\iiint\limits_{V_1}(z-2)\mathrm{d}x\mathrm{d}y\mathrm{d}z+\iiint\limits_{V_1}2\mathrm{d}x\mathrm{d}y\mathrm{d}z\right)-\left(\iiint\limits_{V_2}(z-1)\mathrm{d}x\mathrm{d}y\mathrm{d}z+\iiint\limits_{V_2}\mathrm{d}x\mathrm{d}y\mathrm{d}z\right)$$
$$=\iiint\limits_{V_1}2\mathrm{d}x\mathrm{d}y\mathrm{d}z-\iiint\limits_{V_2}\mathrm{d}x\mathrm{d}y\mathrm{d}z=20\pi$$

习题 16.2.2　直角坐标系下三重积分的计算

1. 计算积分.

(a) $\iiint\limits_{V}xy^2z^3\mathrm{d}x\mathrm{d}y\mathrm{d}z$, 此处 V 是由曲面 $z=xy, z=0, y=x, x=1$ 所围的区域.

(b) $\iiint\limits_{V}xyz\mathrm{d}x\mathrm{d}y\mathrm{d}z$, V 为球体 $x^2+y^2+z^2\leqslant 1$ 在第一卦限中部分.

2. 交换下列积分顺序 $(x\to z\to y)$.

(a) $\int_0^1\mathrm{d}x\int_0^{1-x}\mathrm{d}y\int_0^{x+y}f(x,y,z)\mathrm{d}z$.

(b) $\int_{-1}^1\mathrm{d}x\int_{-\sqrt{1-x^2}}^{\sqrt{1-x^2}}\mathrm{d}y\int_{\sqrt{x^2+y^2}}^1 f(x,y,z)\,\mathrm{d}x\mathrm{d}y\mathrm{d}z$.

(c) $\int_0^1\mathrm{d}x\int_0^1\mathrm{d}y\int_0^{x^2+y^2}f(x,y,z)\mathrm{d}z$.

3. 设 f 为连续函数, 求极限: $\lim\limits_{r\to 0+}\dfrac{3}{4\pi r^3}\iiint\limits_{x^2+y^2+z^2\leqslant r^2}f(x,y,z)\mathrm{d}x\mathrm{d}y\mathrm{d}z$.

4. 求下面曲面围成的体积.

(1) $z=x^2+y^2, z=2\left(x^2+y^2\right), y=x, y=x^2$;

(2) $x^2+z^2=a^2, x+y=\pm a, x-y=\pm a$.

16.2.3　三重积分的换元公式

下面讨论三重积分的换元公式. 三重积分的换元公式与二重积分的换元公式是类似的.

定理 16.2.5　设 $V\subset\mathbf{R}^3$ 为有界闭区域, $f(x,y,z)$ 在 V 上可积. 如图 16.2.21 所示, 变换

$$T:\begin{cases}x=x(u,v,\omega),\\ y=y(u,v,\omega), & (u,v,\omega)\in\Delta\\ z=z(u,v,\omega),\end{cases}$$

将 $uv\omega$ 空间的区域 Δ 一一映射到 xyz 空间的区域 V. 设 $x(u,v,\omega), y(u,v,\omega), z(u,v,\omega)$ 在 Δ

上连续且有连续的一阶偏导数, 且

$$\frac{\partial(x,y,z)}{\partial(u,v,\omega)}=\begin{vmatrix} x_u & x_v & x_\omega \\ y_u & y_v & y_\omega \\ z_u & z_v & z_\omega \end{vmatrix}\neq 0,\quad (u,v,\omega)\in\Delta$$

则

$$\iiint\limits_V f(x,y,z)\mathrm{d}x\mathrm{d}y\mathrm{d}z=\iiint\limits_\Delta f(x(u,v,\omega),y(u,v,\omega),z(u,v,\omega))\left|\frac{\partial(x,y,z)}{\partial(u,v,\omega)}\right|\mathrm{d}u\mathrm{d}v\mathrm{d}\omega$$

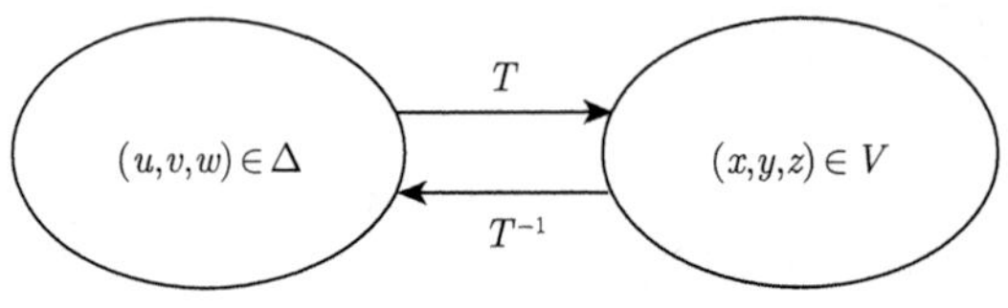

图 16.2.21

例 16.2.10 求由平面$a_1x+b_1y+c_1z=\pm h_1, a_2x+b_2y+c_2z=\pm h_2, a_3x+b_3y+c_3z=\pm h_3$ 所围平行六面体的体积 V, 其中 $\Delta=\begin{vmatrix} a_1 & b_1 & c_1 \\ a_2 & b_2 & c_2 \\ a_3 & b_3 & c_3 \end{vmatrix}\neq 0.$

解 如图 16.2.22 所示, 作变换

$$\begin{aligned} a_1x+b_1y+c_1z=u,&\quad -h_1\leqslant u\leqslant h_1\\ a_2x+b_2y+c_2z=v,&\quad -h_2\leqslant v\leqslant h_2\\ a_3x+b_3y+c_3z=\omega,&\quad -h_3\leqslant w\leqslant h_3 \end{aligned}$$

则 $\dfrac{\partial(u,v,\omega)}{\partial(x,y,z)}=\Delta$, $\dfrac{\partial(x,y,z)}{\partial(u,v,\omega)}=\dfrac{1}{\Delta}$, 于是 $V=\displaystyle\int_{-h_1}^{h_1}\mathrm{d}u\int_{-h_2}^{h_2}\mathrm{d}v\int_{-h_3}^{h_3}\frac{1}{|\Delta|}\mathrm{d}\omega=\frac{8h_1h_2h_3}{|\Delta|}$.

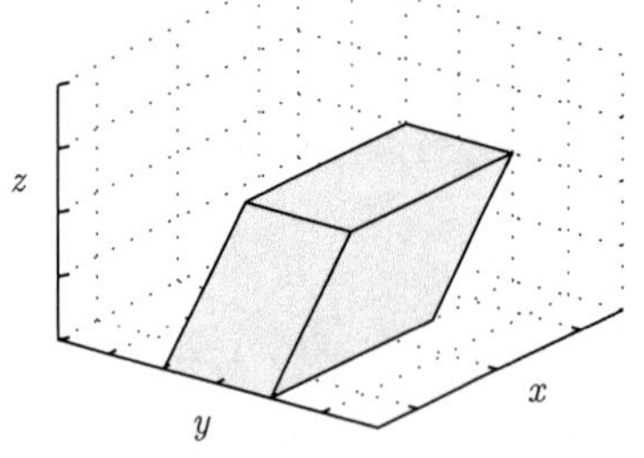

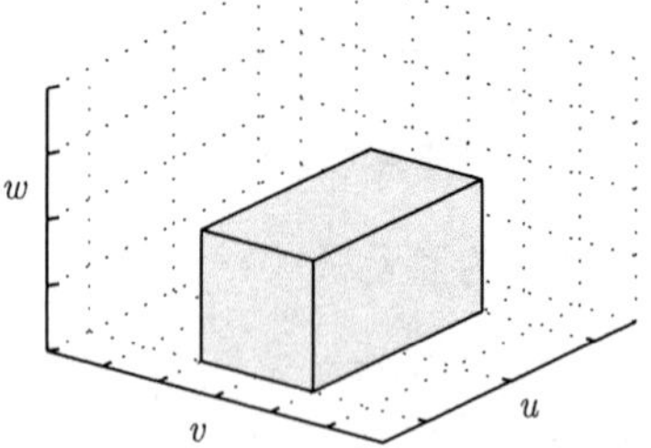

图 16.2.22

例 16.2.11 求由曲面$(a_1x+b_1y+c_1z)^2+(a_2x+b_2y+c_2z)^2+(a_3x+b_3y+c_3z)^2=h^2$ 所围的体积 V, 其中 $\Delta=\begin{vmatrix} a_1 & b_1 & c_1 \\ a_2 & b_2 & c_2 \\ a_3 & b_3 & c_3 \end{vmatrix}\neq 0.$

解 如图 16.2.23 所示, 作变换

$$
\begin{aligned}
a_1x+b_1y+c_1z=u\\
a_2x+b_2y+c_2z=v\\
a_3x+b_3y+c_3z=\omega
\end{aligned}
$$

则原曲面化为 $u^2+v^2+\omega^2=h^2$, $\dfrac{\partial(u,v,\omega)}{\partial(x,y,z)}=\Delta$, $\dfrac{\partial(x,y,z)}{\partial(u,v,\omega)}=\dfrac{1}{\Delta}$, 所以

$$
V=\frac{1}{|\Delta|}\iiint\limits_{u^2+v^2+\omega^2\leqslant h^2}\mathrm{d}u\mathrm{d}v\mathrm{d}\omega=\frac{4\pi h^3}{3|\Delta|}
$$

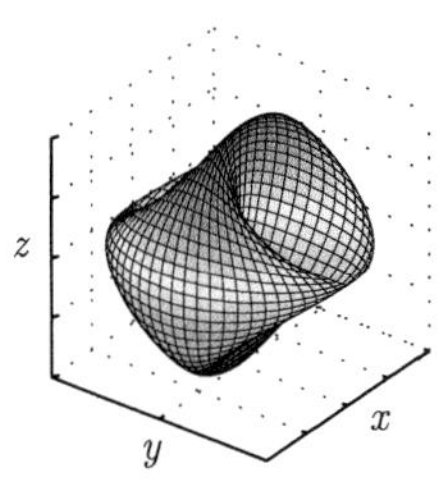

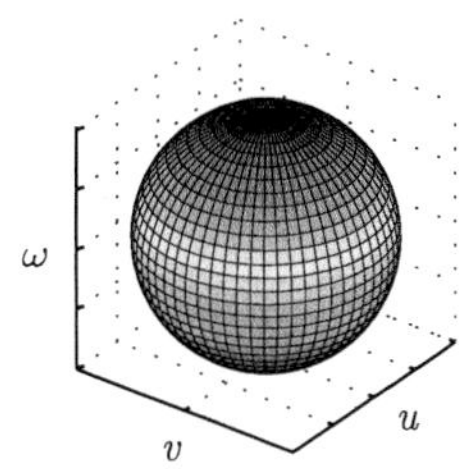

图 16.2.23

例 16.2.12 证明 $\iiint\limits_{\Omega_1}f(x,y,z)\mathrm{d}V=abc\iiint\limits_{\Omega_2}f(ax,by,cz)\mathrm{d}V$, 其中 $\Omega_1:\dfrac{x^2}{a^2}+\dfrac{y^2}{b^2}+\dfrac{z^2}{c^2}\leqslant 1$, $\Omega_2:x^2+y^2+z^2\leqslant 1$.

解 作变换 $T:\begin{cases}x=au,\\y=bv,\\z=c\omega,\end{cases}$ 则变换 T 将区域 Ω_1 映射到 $\Omega_2:u^2+v^2+\omega^2\leqslant 1$. 又因为 $\dfrac{\partial(x,y,z)}{\partial(u,v,\omega)}=abc$, 所以 $\iiint\limits_{\Omega_1}f(x,y,z)\mathrm{d}V=abc\iiint\limits_{\Omega_2}f(ax,by,cz)\mathrm{d}V$.

注 16.2.5 $\dfrac{\partial(x,y,z)}{\partial(u,v,\omega)}$ 和 $\dfrac{\partial(u,v,\omega)}{\partial(x,y,z)}$ 互为倒数, 在求解时只需选择易计算的一个进行求解即可.

例 16.2.13 求 $\iiint\limits_{\Omega}xyz\mathrm{d}x\mathrm{d}y\mathrm{d}z$, 其中 Ω 由 $z=\dfrac{x^2+y^2}{m}, z=\dfrac{x^2+y^2}{n}, xy=a^2, xy=b^2$ 和 $y=\alpha x, y=\beta x$ 围成, 且 $a<b, 0<\alpha<\beta, 0<m<n, x>0, y>0, z>0$.

解 如图 16.2.24 所示, 作变换

$$
T:\begin{cases}u=\dfrac{z}{x^2+y^2},\\v=xy,\\\omega=\dfrac{y}{x}\end{cases}\Rightarrow\begin{cases}x=\sqrt{\dfrac{v}{\omega}}\\y=\sqrt{v\omega}\\z=uv\left(\omega+\dfrac{1}{\omega}\right)\end{cases}
$$

则变换 T 将区域 Ω 一一映射到 Δ:

$$\Delta=\left\{(u,v,\omega)\left|\frac{1}{n}\leqslant u\leqslant\frac{1}{m},a^2\leqslant v\leqslant b^2,\alpha\leqslant\omega\leqslant\beta\right.\right\}$$

由 $\dfrac{\partial(x,y,z)}{\partial(u,v,\omega)}=\dfrac{v}{2\omega}\left(\omega+\dfrac{1}{\omega}\right)$, 所以原式等于

$$\begin{aligned}&\int_{\frac{1}{n}}^{\frac{1}{m}}\frac{u}{2}\mathrm{d}u\int_{a^2}^{b^2}v^3\mathrm{d}v\int_{\alpha}^{\beta}\left(\omega+\frac{1}{\omega^3}+\frac{2}{\omega}\right)\mathrm{d}\omega\\&=\frac{1}{32}\left(\frac{1}{m^2}-\frac{1}{n^2}\right)(b^8-a^8)\left[(\beta^2-\alpha^2)\left(1+\frac{1}{\alpha^2\beta^2}\right)+4\ln\frac{\alpha}{\beta}\right]\end{aligned}$$

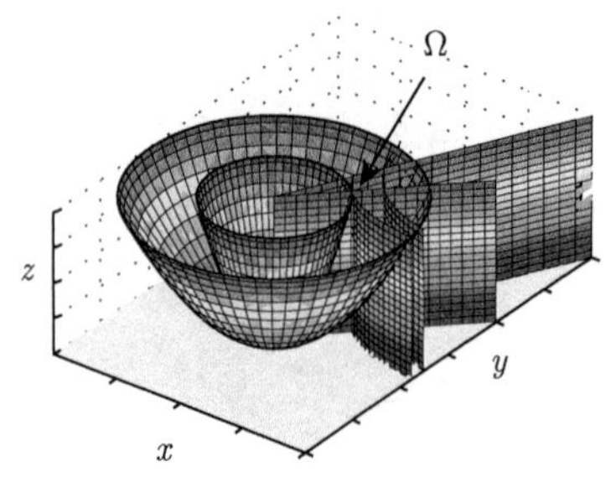

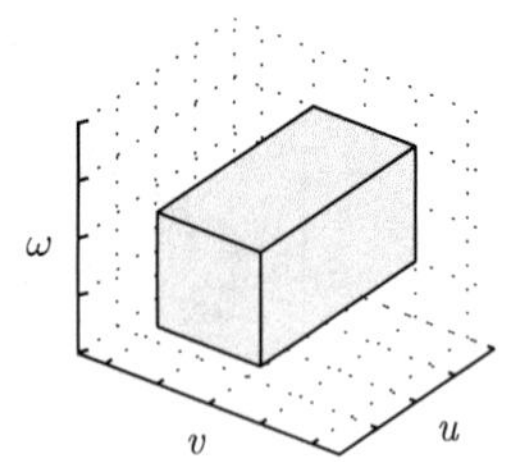

图 16.2.24

习题 16.2.3 三重积分的换元公式

1. 通过适当的变换, 计算积分 $\iiint\limits_{\Omega}x^2\mathrm{d}x\mathrm{d}y\mathrm{d}z$, Ω 是由曲面 $z=ay^2,z=by^2,z=\alpha x,z=\beta x,z=h,(0<a<b,0<\alpha<\beta,h>0)$ 所围成的区域.

2. 求积分 $\iiint\limits_{\Omega}x^2y^2z\mathrm{d}x\mathrm{d}y\mathrm{d}z$, Ω 位于 $x>0,y>0,z>0$ 这一卦限内, 且是由下列曲面所围成的区域: $z=\dfrac{x^2+y^2}{a},z=\dfrac{x^2+y^2}{b},xy=c,xy=d,y=\alpha x,y=\beta x$, 这里 $0<a<b,0<c<d,0<\alpha<\beta$.

16.2.4 柱坐标系下三重积分的计算

若空间中的点 (x,y,z) 可以用有序三元组 (r,θ,z) 确定, 其中 (r,θ) 是点 (x,y,z) 在坐标平面 xOy 上投影点的极坐标, 则三元组 (r,θ,z) 称为柱面坐标系. 如图 16.2.25 所示, 给出了柱坐标系下的三个坐标平面: $\theta=\alpha,z=e,r=c$.

柱面坐标系与直角坐标系的转换公式为

$$\begin{cases}x=r\cos\theta,\\y=r\sin\theta,\qquad 0\leqslant\theta\leqslant 2\pi,z\in\mathbf{R}\\z=z,\end{cases}$$

计算可得 $\dfrac{\partial(x,y,z)}{\partial(r,\theta,z)}=r$.

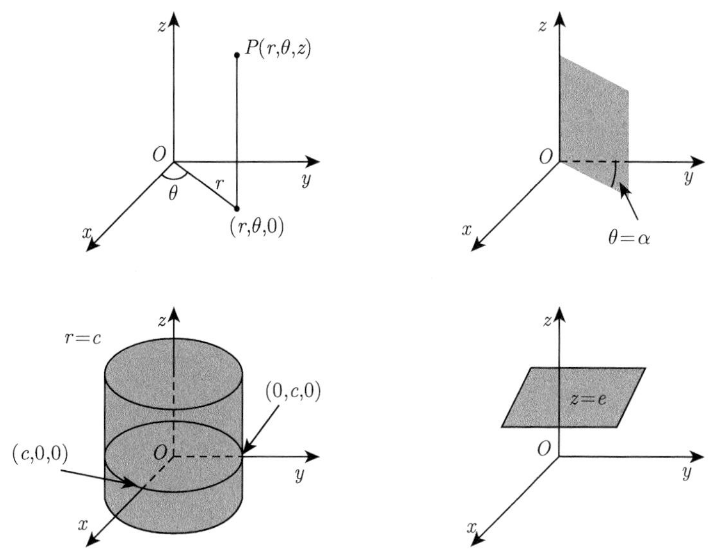

图 16.2.25 柱坐标系与坐标平面

例 16.2.14 求椭球面 $4x^2+4y^2+z^2=1$ 的柱面方程.

解 由 $x^2+y^2=r^2$ 得柱面方程 $4r^2+z^2=1$.

下面讨论柱面坐标系下三重积分的计算. 设函数 $f(x,y,z)$ 在有界闭区域 $V\subset\mathbf{R}^3$ 上连续,

$$V=\{(x,y,z)|u_1(x,y)\leqslant z\leqslant u_2(x,y),(x,y)\in D_{xy}\}$$

将 D_{xy} 用极坐标表示为 $D_{xy}=\{(r,\theta)|h_1(\theta)\leqslant r\leqslant h_2(\theta),\alpha\leqslant\theta\leqslant\beta\}$, 则得柱面坐标系下三重积分的计算公式

$$\begin{aligned}\iiint\limits_V f(x,y,z)\mathrm{d}x\mathrm{d}y\mathrm{d}z&=\iint\limits_{D_{xy}}\mathrm{d}x\mathrm{d}y\int_{u_1(x,y)}^{u_2(x,y)}f(x,y,z)\mathrm{d}z\\&=\int_\alpha^\beta\mathrm{d}\theta\int_{h_1(\theta)}^{h_2(\theta)}\mathrm{d}r\int_{u_1(r\cos\theta,r\sin\theta)}^{u_2(r\cos\theta,r\sin\theta)}rf(r\cos\theta,r\sin\theta,z)\mathrm{d}z\end{aligned}$$

注 16.2.6 在柱坐标下的体积元 $\mathrm{d}V=r\mathrm{d}r\mathrm{d}z\mathrm{d}\theta$.

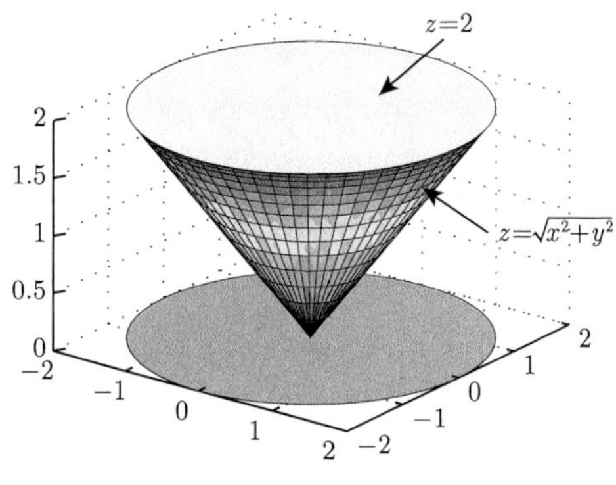

图 16.2.26

例 16.2.15 计算 $\iiint\limits_{\Omega}(x^2+y^2)\mathrm{d}x\mathrm{d}y\mathrm{d}z$, 其中 Ω 是由曲面 $z=\sqrt{x^2+y^2}, z=2$ 围成的区域.

解 如图 16.2.26 所示, 积分区域 Ω 在柱面坐标系下的表达式为

$$D=\{(r,\theta,z)|r\leqslant z\leqslant 2, 0\leqslant\theta\leqslant 2\pi, 0\leqslant r\leqslant 2\}$$

因此 $\iiint\limits_{\Omega}(x^2+y^2)\mathrm{d}x\mathrm{d}y\mathrm{d}z=\int_0^2\mathrm{d}r\int_0^{2\pi}\mathrm{d}\theta\int_r^2 r^3\mathrm{d}z=\frac{16\pi}{5}$.

例 16.2.16 计算 $\iiint\limits_{V}xy^2z\mathrm{d}x\mathrm{d}y\mathrm{d}z$, 其中 V 是由 $x^2+y^2+z^2\leqslant 1, x^2+y^2-z^2\geqslant\frac{1}{2}$ 围成的区域.

解 如图 16.2.27 所示, z 的下限和上限表达式不统一, 需要对积分区域进行分割. 两式联立

$$\begin{cases}x^2+y^2+z^2=1\\ x^2+y^2-z^2=\dfrac{1}{2}\end{cases}$$

解得 $x^2+y^2=\frac{3}{4}$. 用柱面 $x^2+y^2=\frac{3}{4}$ 把积分区域分成 V_1, V_2 两部分. 其中

$$V_1:\begin{cases}x^2+y^2+z^2\leqslant 1,\\ x^2+y^2-z^2\geqslant\dfrac{1}{2},\\ x^2+y^2\geqslant\dfrac{3}{4},\end{cases}\qquad V_2:\begin{cases}x^2+y^2+z^2\leqslant 1\\ x^2+y^2-z^2\geqslant\dfrac{1}{2}\\ x^2+y^2\leqslant\dfrac{3}{4}\end{cases}$$

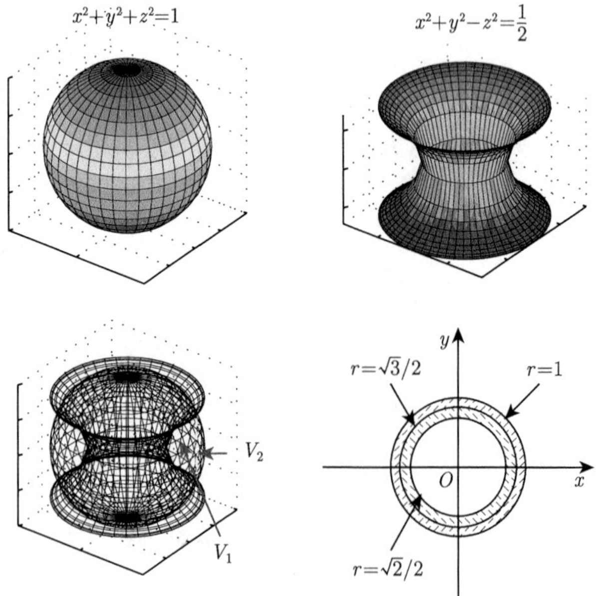

图 16.2.27

则 V_1 在 xOy 平面的投影区域为$\begin{cases} x^2+y^2\leqslant 1, \\ x^2+y^2\geqslant \dfrac{3}{4}, \end{cases}$ 由 $x^2+y^2+z^2=1\Rightarrow z=\pm\sqrt{1-r^2}$. V_2 在 xOy 平面的投影区域为 $\begin{cases} x^2+y^2\leqslant \dfrac{3}{4}, \\ x^2+y^2\geqslant \dfrac{1}{2}, \end{cases}$ 由 $x^2+y^2-z^2=\dfrac{1}{2}\Rightarrow z=\pm\sqrt{r^2-\dfrac{1}{2}}$. 于是在柱面坐标系下积分区域的表达式为

$$\begin{aligned} V&=V_2\cup V_1\\ &=\left\{(r,\theta,z)\left|-\sqrt{r^2-\frac{1}{2}}\leqslant z\leqslant\sqrt{r^2-\frac{1}{2}},\frac{\sqrt{2}}{2}\leqslant r\leqslant\frac{\sqrt{3}}{2},0\leqslant\theta\leqslant 2\pi\right.\right\}\\ &\quad\cup\left\{(r,\theta,z)\left|-\sqrt{1-r^2}\leqslant z\leqslant\sqrt{1-r^2},\frac{\sqrt{3}}{2}\leqslant r\leqslant 1,0\leqslant\theta\leqslant 2\pi\right.\right\} \end{aligned}$$

所以由柱坐标变换公式和对称性

$$\begin{aligned} \iiint\limits_V xy^2z\mathrm{d}x\mathrm{d}y\mathrm{d}z=&\int_0^{2\pi}\mathrm{d}\theta\int_{\frac{\sqrt{2}}{2}}^{\frac{\sqrt{3}}{2}}\mathrm{d}r\int_{-\sqrt{r^2-\frac{1}{2}}}^{\sqrt{r^2-\frac{1}{2}}}zr^4\sin^2\theta\cos\theta\mathrm{d}z\\ &+\int_0^{2\pi}\mathrm{d}\theta\int_{\frac{\sqrt{3}}{2}}^{1}\mathrm{d}r\int_{-\sqrt{1-r^2}}^{\sqrt{1-r^2}}zr^4\sin^2\theta\cos\theta\mathrm{d}z=0 \end{aligned}$$

习题 16.2.4 柱坐标系下三重积分的计算

1. 计算下面问题.

(1) $\iiint\limits_V z\sqrt{x^2+y^2}\mathrm{d}x\mathrm{d}y\mathrm{d}z$, V 是由柱面 $y=\sqrt{2x-x^2}$ 以及平面 $z=0,z=a\,(a>0)$ 围成.

(2) $\iiint\limits_V (x+y+z)^2\,\mathrm{d}x\mathrm{d}y\mathrm{d}z$, V 是由抛物面 $x^2+y^2=2az$ 以及球面 $x^2+y^2+z^2=1$ 围成.

2. 求球面 $x^2+y^2+z^2=R^2$ 与圆柱面 $x^2+y^2=Rx$ 围成的体积.

3. 求抛物面 $z=6-x^2-y^2$ 与锥面 $z=\sqrt{x^2+y^2}$ 围成的体积.

4. 求下面曲面围成的体积.

(1) $\dfrac{x^2}{a^2}+\dfrac{y^2}{b^2}+\dfrac{z^2}{c^2}=1,\dfrac{x^2}{a^2}+\dfrac{y^2}{b^2}=\dfrac{z}{c}\,(a>0,b>0,c>0)$;

(2) $\dfrac{x^2}{a^2}+\dfrac{y^2}{b^2}+\dfrac{z^4}{c^4}=1\,(a>0,b>0,c>0)$;

(3) $az=a^2-x^2-y^2,z=a-x-y,x=0,y=0,z=0\,(a>0)$.

16.2.5 球坐标系下三重积分的计算

空间中的点 $P(x,y,z)$ 的球坐标为 (ρ,θ,φ), 其中 $\rho=||\overrightarrow{OP}||$ 是点 P 到原点的距离, θ 与柱面坐标系相同, φ 是向量 $\overrightarrow{OP}$ 与 z 轴正向的夹角. 如图 16.2.28 所示, 给出了球坐标系三个坐标平面, $\theta=b,\rho=a,\varphi=c$.

球坐标系与直角坐标系的转换公式如下:

$$\begin{cases} x=\rho\sin\varphi\cos\theta, & 0\leqslant\theta\leqslant 2\pi \\ y=\rho\sin\varphi\sin\theta, & 0\leqslant\varphi\leqslant\pi \\ z=\rho\cos\varphi, & 0\leqslant\rho<+\infty \end{cases}$$

变换的雅可比行列式

$$\frac{\partial(x,y,z)}{\partial(\rho,\theta,\varphi)}=\rho^2\sin\varphi$$

例 16.2.17 求双叶双曲面 $x^2-y^2-z^2=1$ 在球坐标系下的方程.

解 将球坐标变换代入方程得 $(\rho\sin\varphi\cos\theta)^2-(\rho\sin\varphi\sin\theta)^2-(\rho\cos\varphi)^2=1$, 整理得 $\rho^2(\sin^2\varphi\cos 2\theta-\cos^2\varphi)=1$.

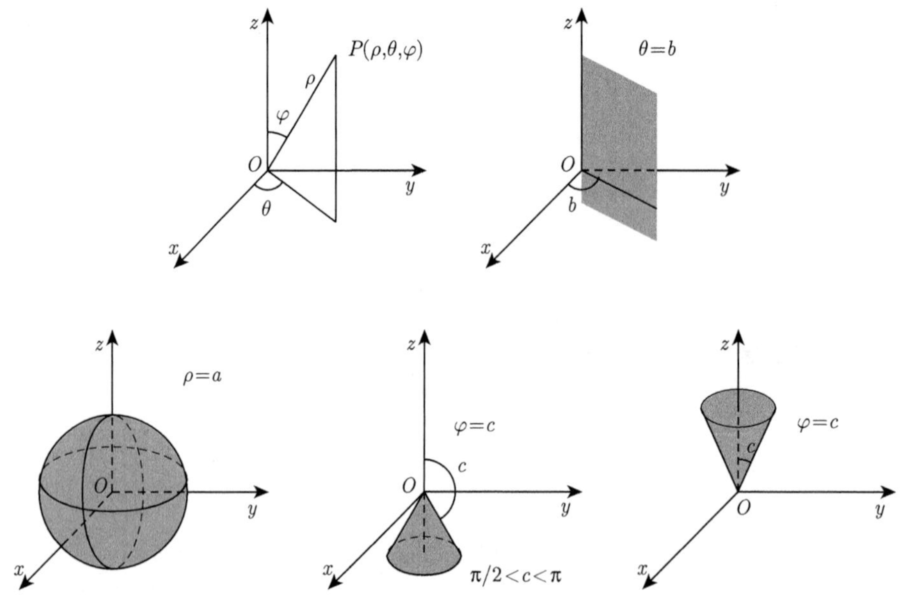

图 16.2.28 球坐标系与坐标平面

下面讨论球面坐标变换下三重积分的计算.

设变换 $\begin{cases} x=\rho\sin\varphi\cos\theta, & 0\leqslant\theta\leqslant 2\pi, \\ y=\rho\sin\varphi\sin\theta, & 0\leqslant\varphi\leqslant\pi, \\ z=\rho\cos\varphi, & 0\leqslant\rho<+\infty \end{cases}$ 将区域 V 映射到 V', 则球面坐标变换下三重积分的计算公式为

$$\iiint\limits_V f(x,y,z)\mathrm{d}x\mathrm{d}y\mathrm{d}z=\iiint\limits_{V'} f(\rho\sin\varphi\cos\theta,\rho\sin\varphi\sin\theta,\rho\cos\varphi)\rho^2\sin\varphi\mathrm{d}\rho\mathrm{d}\theta\mathrm{d}\varphi$$

问题的关键在于如何将上式右端化为累次积分.

注 16.2.7 在球坐标系下体积微元 $\mathrm{d}V=\rho^2\sin\varphi\mathrm{d}\rho\mathrm{d}\theta\mathrm{d}\varphi$.

设 $V'=\{(\rho,\theta,\varphi)|\rho_1(\varphi,\theta)\leqslant\rho\leqslant\rho_2(\varphi,\theta),\varphi_1(\theta)\leqslant\varphi\leqslant\varphi_2(\theta),\alpha\leqslant\theta\leqslant\beta\}$, 则

$$\iiint\limits_V f(x,y,z)\mathrm{d}x\mathrm{d}y\mathrm{d}z=\int_\alpha^\beta \mathrm{d}\theta\int_{\varphi_1(\theta)}^{\varphi_2(\theta)}\mathrm{d}\varphi\int_{\rho_1(\varphi,\theta)}^{\rho_2(\varphi,\theta)} f(\rho\sin\varphi\cos\theta,\rho\sin\varphi\sin\theta,\rho\cos\varphi)\rho^2\sin\varphi\mathrm{d}\rho$$

若 $V=\{(x,y,z)|x^2+y^2+z^2\leqslant a^2\}$, 则 $V'=\{(\rho,\theta,\varphi)|0\leqslant\rho\leqslant a,0\leqslant\varphi\leqslant\pi,0\leqslant\theta\leqslant 2\pi\}$, 进一步有

$$\iiint\limits_V f(x,y,z)\mathrm{d}x\mathrm{d}y\mathrm{d}z=\int_0^{2\pi}\mathrm{d}\theta\int_0^{\pi}\mathrm{d}\varphi\int_0^a f(\rho\sin\varphi\cos\theta,\rho\sin\varphi\sin\theta,\rho\cos\varphi)\rho^2\sin\varphi\mathrm{d}\rho$$

如图 16.2.29 所示, 设 $\Omega=\left\{(x,y,z)|\sqrt{x^2+y^2}\leqslant z\leqslant 1\right\}$, 则 $D_{xy}=\left\{(x,y)\left|x^2+y^2\leqslant 1\right.\right\}$, $z=1\Rightarrow\rho\cos\varphi=1\Rightarrow\rho=\dfrac{1}{\cos\varphi}$, 于是

$$V'=\left\{(\rho,\theta,\varphi)\middle|0\leqslant\rho\leqslant\frac{1}{\cos\varphi},0\leqslant\varphi\leqslant\frac{\pi}{4},0\leqslant\theta\leqslant 2\pi\right\}$$

$$\iiint\limits_V f(x,y,z)\mathrm{d}x\mathrm{d}y\mathrm{d}z=\int_0^{2\pi}\mathrm{d}\theta\int_0^{\frac{\pi}{4}}\mathrm{d}\varphi\int_0^{\frac{1}{\cos\varphi}} f(\rho\sin\varphi\cos\theta,\rho\sin\varphi\sin\theta,\rho\cos\varphi)\rho^2\sin\varphi\mathrm{d}\rho$$

例 16.2.18 计算 $\iiint\limits_V(x^2+y^2+z^2)\mathrm{d}x\mathrm{d}y\mathrm{d}z$, 其中 V 是由 $x^2+y^2+z^2=a^2$ 与 $z=\sqrt{x^2+y^2}$ 所围的立体.

解 如图 16.2.30 所示, 由 $\begin{cases}x^2+y^2+z^2=a^2,\\ z=\sqrt{x^2+y^2}\end{cases}$ 解得 $z=\dfrac{\sqrt{2}}{2}a$. 于是在球坐标系下,

$$\Delta=\left\{(r,\theta,\varphi)|0\leqslant\varphi\leqslant\frac{\pi}{4},0\leqslant\theta\leqslant 2\pi,0\leqslant r\leqslant a\right\}$$

所以 $\iiint\limits_V(x^2+y^2+z^2)\mathrm{d}x\mathrm{d}y\mathrm{d}z=\int_0^a\mathrm{d}r\int_0^{2\pi}\mathrm{d}\theta\int_0^{\frac{\pi}{4}} r^4\sin\varphi\mathrm{d}\varphi=\dfrac{\pi}{5}(2-\sqrt{2})a^5.$

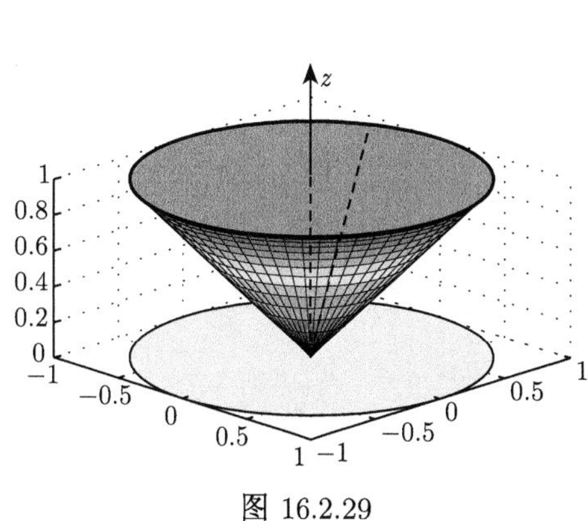

图 16.2.29

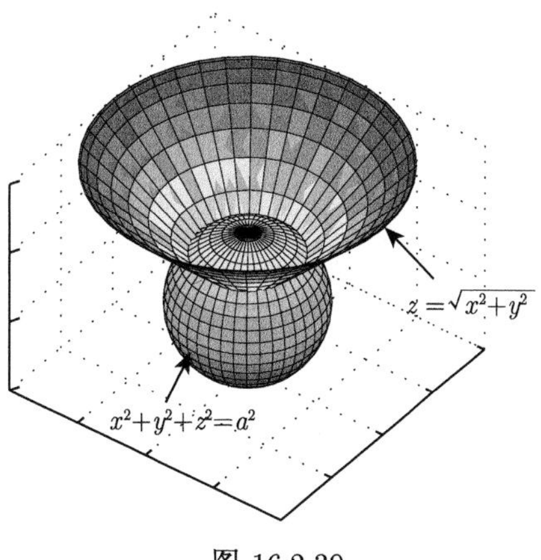

图 16.2.30

例 16.2.19 计算 $\iiint\limits_V (x^2+y^2)\mathrm{d}x\mathrm{d}y\mathrm{d}z$, 其中 V 由 $x^2+y^2+(z-2)^2=4$ 与 $x^2+y^2+(z-1)^2=9$ 围成.

解 如图 16.2.31 所示, 设 $V_1: x^2+y^2+(z-2)^2 \leqslant 4$, $V_2: x^2+y^2+(z-1)^2 \leqslant 9$, 则 $V_1 \subset V_2$, 于是原式等于

$$\iiint\limits_{V_2} (x^2+y^2)\mathrm{d}x\mathrm{d}y\mathrm{d}z - \iiint\limits_{V_1} (x^2+y^2)\mathrm{d}x\mathrm{d}y\mathrm{d}z$$

为了使区域 V_1 的边界表示简单, 采用广义球坐标变换

$$T_1: \begin{cases} x=\rho\sin\varphi\cos\theta \\ y=\rho\sin\varphi\sin\theta \\ z=2+\rho\cos\varphi \end{cases}$$

则 $V_1 \Rightarrow V_1'=\{(\rho,\theta,\varphi)|0\leqslant\theta\leqslant 2\pi, 0\leqslant\varphi\leqslant\pi, 0\leqslant\rho\leqslant 2\}$. 于是

$$\iiint\limits_{V_1} (x^2+y^2)\mathrm{d}x\mathrm{d}y\mathrm{d}z = \int_0^2 \mathrm{d}\rho \int_0^{\pi} \mathrm{d}\varphi \int_0^{2\pi} \rho^4\sin^3\varphi \mathrm{d}\theta = \frac{256\pi}{15}$$

为了使区域 V_2 的边界表示简单, 采用广义球坐标变换

$$T_2: \begin{cases} x=\rho\sin\varphi\cos\theta \\ y=\rho\sin\varphi\sin\theta \\ z=1+\rho\cos\varphi \end{cases}$$

则 $V_2 \Rightarrow V_2'=\{(\rho,\theta,\varphi)|0\leqslant\theta\leqslant 2\pi, 0\leqslant\varphi\leqslant\pi, 0\leqslant\rho\leqslant 3\}$. 于是

$$\iiint\limits_{V_2} (x^2+y^2)\mathrm{d}x\mathrm{d}y\mathrm{d}z = \int_0^3 \mathrm{d}\rho \int_0^{\pi} \mathrm{d}\varphi \int_0^{2\pi} \rho^4\sin^3\varphi \mathrm{d}\theta = \frac{648\pi}{5}$$

因此 $\iiint\limits_V (x^2+y^2)\mathrm{d}x\mathrm{d}y\mathrm{d}z = \iiint\limits_{V_2} (x^2+y^2)\mathrm{d}x\mathrm{d}y\mathrm{d}z - \iiint\limits_{V_1} (x^2+y^2)\mathrm{d}x\mathrm{d}y\mathrm{d}z = \dfrac{1688\pi}{15}$.

例 16.2.20 如图 16.2.32 所示, 求由曲面 $(x^2+y^2+z^2)^2=a^2(x^2+y^2-z^2)$ 围成立体的体积.

解 将球坐标变换代入曲面方程中得 $\rho^4=-a^2\rho^2\cos 2\varphi$. 由 $\cos 2\varphi \leqslant 0$ 解得 $\dfrac{\pi}{4}\leqslant\varphi\leqslant\dfrac{3\pi}{4}$(第一、四卦限). 由对称性,

$$\begin{aligned} V &= 8\int_0^{\frac{\pi}{2}} \mathrm{d}\theta \int_{\frac{\pi}{4}}^{\frac{\pi}{2}} \mathrm{d}\varphi \int_0^{a\sqrt{-\cos 2\varphi}} \rho^2\sin\varphi \mathrm{d}\rho = 4\pi\int_{\frac{\pi}{4}}^{\frac{\pi}{2}} \sin\varphi\left[\frac{1}{3}\rho^3\Big|_0^{a\sqrt{-\cos 2\varphi}}\right]\mathrm{d}\varphi \\ &= \frac{4\pi a^3}{3}\int_{\frac{\pi}{4}}^{\frac{\pi}{2}} \sin\varphi(-\cos 2\varphi)^{\frac{3}{2}}\mathrm{d}\varphi = -\frac{4\pi a^3}{3}\int_{\frac{\pi}{4}}^{\frac{\pi}{2}} (1-2\cos^2\varphi)^{\frac{3}{2}}\mathrm{d}\cos\varphi \Leftarrow \boxed{\cos\varphi = t} \end{aligned}$$

$$= -\frac{4\pi a^3}{3}\int_{\frac{\sqrt{2}}{2}}^{0}(1-2t^2)^{\frac{3}{2}}\mathrm{d}t \Leftarrow \boxed{t=\frac{\sin u}{\sqrt{2}}}$$

$$= -\frac{4\pi a^3}{3\sqrt{2}}\int_{\frac{\pi}{2}}^{0}\cos^4 u\mathrm{d}u = -\frac{4\pi a^3}{3\sqrt{2}}\int_{\frac{\pi}{2}}^{0}\left(\frac{3}{8}+\frac{\cos 2u}{2}+\frac{\cos 4u}{8}\right)\mathrm{d}u = \frac{\pi^2 a^3}{4\sqrt{2}}$$

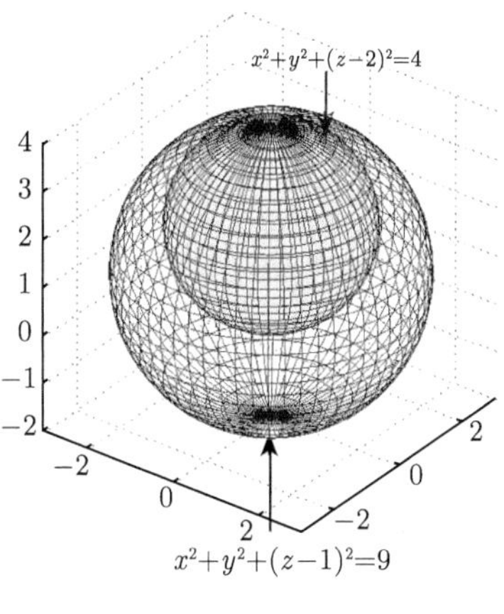

图 16.2.31

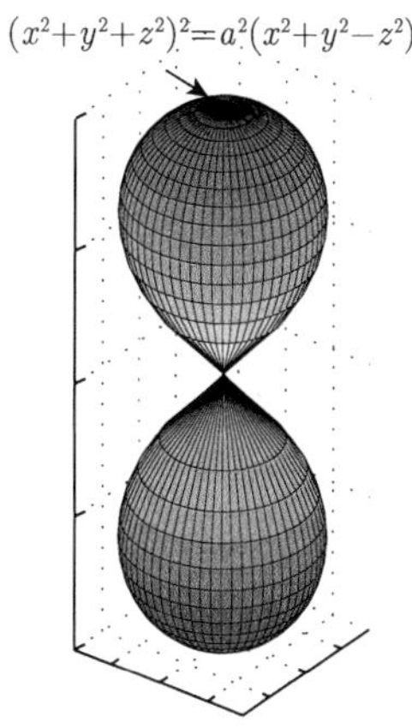

图 16.2.32

例 16.2.21 如图 16.2.33 所示, 求曲面 $\left(\frac{x^2}{a^2}+\frac{y^2}{b^2}+\frac{z^2}{c^2}\right)^2=\frac{x^2}{a^2}+\frac{y^2}{b^2}$ 所围立体的体积.

解 设 $T:\begin{cases}x=a\rho\sin\varphi\cos\theta,\\ y=b\rho\sin\varphi\sin\theta,\\ z=c\rho\cos\varphi,\end{cases}$ 代入原方程得 $\rho^4=\rho^2\sin^2\varphi$, 又 $\frac{\partial(x,y,z)}{\partial(\rho,\varphi,\theta)}=abc\rho^2\sin\varphi$,

所以由对称性,

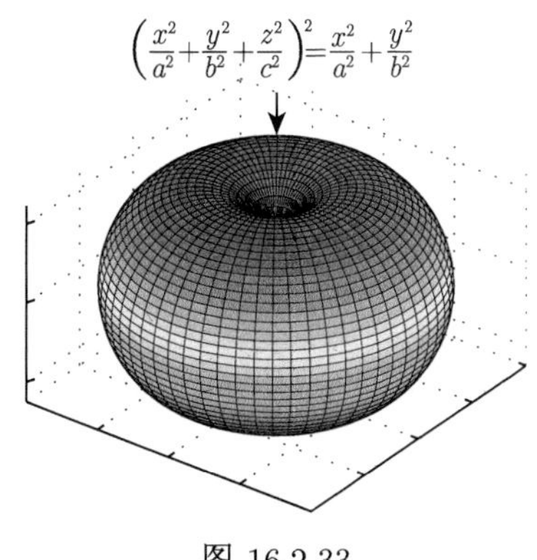

图 16.2.33

$$V=8\int_0^{\frac{\pi}{2}}\mathrm{d}\varphi\int_0^{\frac{\pi}{2}}\mathrm{d}\theta\int_0^{\sin\varphi}abc\rho^2\sin\varphi\mathrm{d}\rho=\frac{\pi^2}{4}abc$$

习题 16.2.5 球坐标系下三重积分的计算

1. 计算下列积分.

(1) $\displaystyle\iiint\limits_{x^2+y^2+z^2\leqslant z}\sqrt{x^2+y^2+z^2}\mathrm{d}x\mathrm{d}y\mathrm{d}z$; (2) $\displaystyle\iiint\limits_{x^2+y^2+(z-1)^2\leqslant 1}\frac{1}{\sqrt{x^2+y^2+z^2}}\mathrm{d}x\mathrm{d}y\mathrm{d}z$;

(3) $\displaystyle\iiint\limits_{x^2+y^2+z^2\leqslant 1,z\geqslant 0}\frac{z\ln\left(1+x^2+y^2+z^2\right)}{1+x^2+y^2+z^2}\mathrm{d}x\mathrm{d}y\mathrm{d}z$; (4) $\displaystyle\iiint\limits_{\frac{x^2}{a^2}+\frac{y^2}{b^2}+\frac{z^2}{c^2}\leqslant 1}\sqrt{1-\left(\frac{x^2}{a^2}+\frac{y^2}{b^2}+\frac{z^2}{c^2}\right)}\mathrm{d}x\mathrm{d}y\mathrm{d}z$.

2. 计算由下列曲面围成的立体的体积.

(1) $x^2+y^2+z^2=a^2, x^2+y^2+z^2=b^2, x^2+y^2=z^2\ (0<a<b, z>0)$;

(2) $\dfrac{x^2}{a^2}+\dfrac{y^2}{b^2}+\dfrac{z^2}{c^2}=\dfrac{x}{h}\,(h>0)$;

(3) $\left(\dfrac{x^2}{a^2}+\dfrac{y^2}{b^2}+\dfrac{z^2}{c^2}\right)^2=\dfrac{x^2}{a^2}+\dfrac{y^2}{b^2}$;

(4) $(x^2+y^2+z^2)^3=3axyz\,(x>0, y>0, z>0, a>0)$;

(5) $\left(\dfrac{x}{a}+\dfrac{y}{b}\right)^2+\left(\dfrac{z}{c}\right)^2=1\,(x>0, y>0, z>0)$.

16.2.6 三重积分综合例题

例 16.2.22 求由曲面 $\dfrac{x^2}{a^2}+\dfrac{y^2}{b^2}+\dfrac{z^2}{c^2}=1, \dfrac{x^2}{a^2}+\dfrac{y^2}{b^2}=\dfrac{z}{c}$ 所围立体的体积 $(a>0, b>0, c>0)$.

解 如图 16.2.34 所示, 作变换 $x=ar\cos\phi, y=br\sin\phi, z=z$, 则变换的雅可比行列式 $J(r,\phi,z)=abr$. 由于

$$\frac{x^2}{a^2}+\frac{y^2}{b^2}+\frac{z^2}{c^2}=1\Rightarrow z=\pm c\sqrt{1-r^2}, \frac{x^2}{a^2}+\frac{y^2}{b^2}=\frac{z}{c}\Rightarrow z=cr^2$$

所以所求区域在 xOy 平面投影区域的边界为 $r^4+r^2-1=0$, 解得 $r=\sqrt{\dfrac{\sqrt{5}-1}{2}}$. 于是

$$V=\left\{(x,y,z)\left|cr^2\leqslant z\leqslant c\sqrt{1-r^2}, 0\leqslant r\leqslant\sqrt{\frac{\sqrt{5}-1}{2}}, 0\leqslant\phi\leqslant 2\pi\right.\right\}$$

所以

$$V=\int_0^{2\pi}\mathrm{d}\phi\int_0^{\sqrt{\frac{\sqrt{5}-1}{2}}}abr\mathrm{d}r\int_{cr^2}^{c\sqrt{1-r^2}}\mathrm{d}z=2\pi abc\int_0^{\sqrt{\frac{\sqrt{5}-1}{2}}}r\left(\sqrt{1-r^2}-r^2\right)\mathrm{d}r$$

$$=2\pi abc\left[-\frac{1}{3}(1-r^2)^{\frac{3}{2}}-\frac{1}{4}r^4\right]\Bigg|_0^{\sqrt{\frac{\sqrt{5}-1}{2}}}=\frac{5\pi abc(3-\sqrt{5})}{12}$$

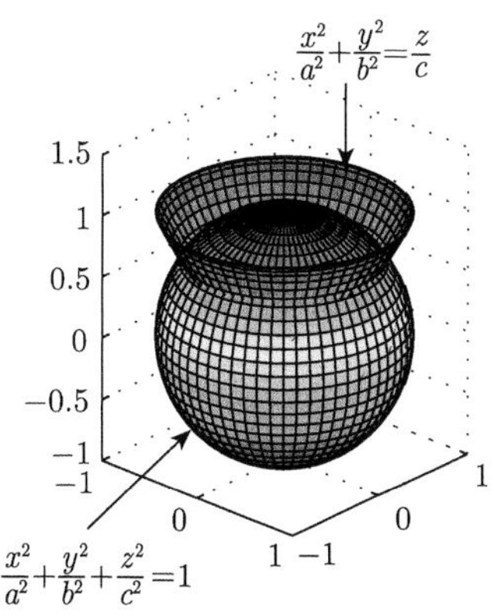

图 16.2.34

例 16.2.23 计算 $\iiint\limits_V x^2\mathrm{d}x\mathrm{d}y\mathrm{d}z$, 其中 V 是由曲面 $z=ay^2, z=by^2(0<a<b)$, $z=\alpha x, z=\beta x\ (0<\alpha<\beta)$, $z=h, z=0(h>0)$ 所围的区域. 如图 16.2.35 所示.

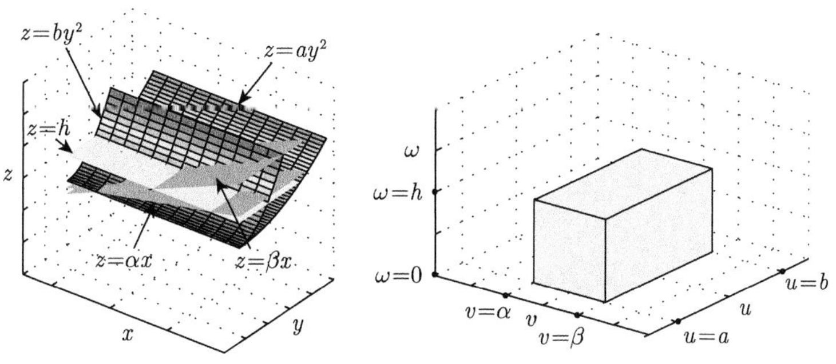

图 16.2.35

解 作变换

$$T:\begin{cases}\dfrac{z}{y^2}=u,\\ \dfrac{z}{x}=v,\\ z=\omega\end{cases}\Rightarrow V\Leftrightarrow\Delta=\begin{cases}a\leqslant u\leqslant b\\ \alpha\leqslant v\leqslant\beta\\ 0\leqslant\omega\leqslant h\end{cases}$$

则 $J(u,v,\omega)=\dfrac{\partial(x,y,z)}{\partial(u,v,\omega)}=\begin{vmatrix}0 & -\dfrac{\omega}{v^2} & \dfrac{1}{v}\\ \dfrac{-\sqrt{\omega}}{2u\sqrt{u}} & 0 & \dfrac{1}{2\sqrt{u\omega}}\\ 0 & 0 & 1\end{vmatrix}=\dfrac{-\omega\sqrt{\omega}}{2u\sqrt{u}v^2}\ \left(x=\dfrac{\omega}{v}, y=\sqrt{\dfrac{\omega}{u}}, z=\omega\right)$,

所以

$$\iiint\limits_V x^2\mathrm{d}x\mathrm{d}y\mathrm{d}z=\int_0^h\omega^{\frac{7}{2}}\mathrm{d}\omega\int_\alpha^\beta\frac{1}{v^4}\mathrm{d}v\int_a^b\frac{1}{2u\sqrt{u}}\mathrm{d}u=\frac{2}{27}\left(\frac{1}{\alpha^3}-\frac{1}{\beta^3}\right)\left(\frac{1}{\sqrt{a}}-\frac{1}{\sqrt{b}}\right)h^4\sqrt{h}$$

例 16.2.24 计算 $\int_0^1 \mathrm{d}x \int_0^{\sqrt{1-x^2}} \mathrm{d}y \int_{\sqrt{x^2+y^2}}^{\sqrt{2-x^2-y^2}} z^2 \mathrm{d}z$.

解 积分区域如图 16.2.36 所示,

$$V=\left\{(x,y,z)\,\middle|\,\sqrt{x^2+y^2}\leqslant z\leqslant\sqrt{2-x^2-y^2}\,,(x,y)\in D_{xy}\right\}$$
$$D_{xy}=\left\{(x,y)\,\middle|0\leqslant y\leqslant\sqrt{1-x^2},0\leqslant x\leqslant 1\right\}$$

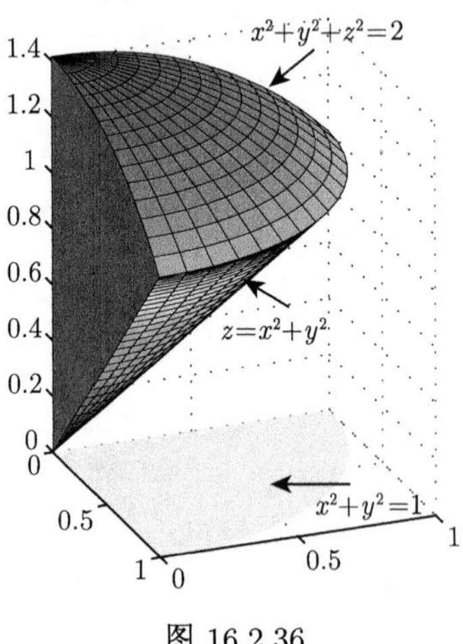

图 16.2.36

采用球坐标变换, 则 $z=\sqrt{x^2+y^2}\Rightarrow\varphi=\dfrac{\pi}{4}, z=\sqrt{2-x^2-y^2}\Rightarrow\rho=\sqrt{2}$, 所以积分区域

$$V=\begin{cases}0\leqslant\theta\leqslant\dfrac{\pi}{2},\\[2mm]0\leqslant\varphi\leqslant\dfrac{\pi}{4},\\[2mm]0\leqslant\rho\leqslant\sqrt{2}.\end{cases}\quad 因此$$

$$\begin{aligned}&\int_0^1 \mathrm{d}x \int_0^{\sqrt{1-x^2}} \mathrm{d}y \int_{\sqrt{x^2+y^2}}^{\sqrt{2-x^2-y^2}} z^2 \mathrm{d}z\\&=\int_0^{\frac{\pi}{2}}\mathrm{d}\theta\int_0^{\frac{\pi}{4}}\mathrm{d}\varphi\int_0^{\sqrt{2}}\rho^2\sin\varphi\cdot\rho^2\cos^2\varphi\mathrm{d}\rho\\&=\frac{1}{5}\cdot\sqrt{2}\cdot\frac{\pi}{2}\cdot\int_0^{\frac{\pi}{4}}\sin\varphi\cos^2\varphi\mathrm{d}\varphi\\&=\frac{\pi}{5}\cdot2\sqrt{2}\cdot\left(-\frac{1}{3}\cos^3\varphi\right)\bigg|_0^{\frac{\pi}{4}}=\frac{\pi}{15}\left(2\sqrt{2}-1\right)\end{aligned}$$

例 16.2.25 将积分 $\iiint\limits_V f\left(\sqrt{x^2+y^2+z^2}\right)\mathrm{d}x\mathrm{d}y\mathrm{d}z$ 变换为球坐标, 其中 V 由曲面 $z=x^2+y^2, x=y, x=1, y=0, z=0$ 围成.

解 积分区域如图 16.2.37 所示. 引入球坐标变换, 则从原点引半射线, 由曲面 $z=x^2+y^2$

穿进, 平面 $x=1$ 穿出.

$$x=1\Rightarrow\rho=\frac{1}{\cos\theta\sin\varphi},\quad z=x^2+y^2\Rightarrow\rho=\frac{\cos\varphi}{\sin^2\varphi}$$

于是 ρ 的下限 $\rho=\dfrac{\cos\varphi}{\sin^2\varphi}$, ρ 的上限 $\rho=\dfrac{1}{\cos\theta\sin\varphi}$. 由

$$\begin{cases}x=1,\\ z=x^2+y^2\end{cases}\Rightarrow\frac{1}{\cos\theta\sin\varphi}=\frac{\cos\varphi}{\sin^2\varphi}\Rightarrow\frac{\pi}{2}-\varphi=\arctan\frac{1}{\cos\theta}$$

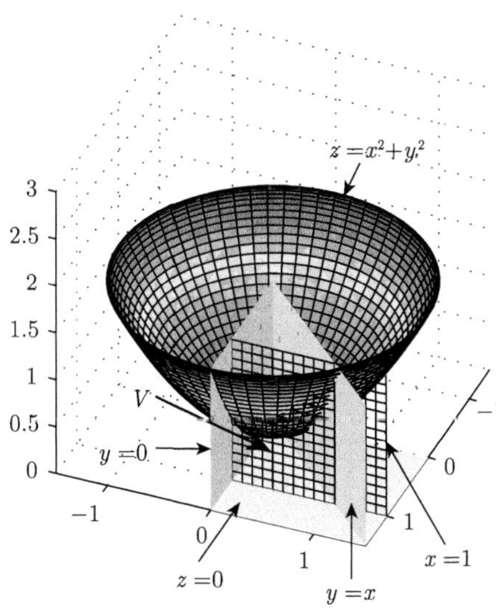

图 16.2.37

所以 $0\leqslant\dfrac{\pi}{2}-\varphi\leqslant\arctan\dfrac{1}{\cos\theta}$, 即 $\dfrac{\pi}{2}-\arctan\dfrac{1}{\cos\theta}\leqslant\varphi\leqslant\dfrac{\pi}{2}$. 因此

$$\iiint\limits_V f\left(\sqrt{x^2+y^2+z^2}\right)\mathrm{d}x\mathrm{d}y\mathrm{d}z=\int_0^{\frac{\pi}{4}}\mathrm{d}\theta\int_{\frac{\pi}{2}-\arctan\frac{1}{\cos\theta}}^{\frac{\pi}{2}}\sin\varphi\mathrm{d}\varphi\int_{\frac{\cos\varphi}{\sin^2\varphi}}^{\frac{1}{\cos\theta\sin\varphi}}\rho^2f(\rho)\mathrm{d}\rho$$

例 16.2.26 求 $\dfrac{\frac{x}{a}+\frac{y}{b}}{\frac{x}{a}+\frac{y}{b}+\frac{z}{c}}=\dfrac{2}{\pi}\arcsin\left(\dfrac{x}{a}+\dfrac{y}{b}+\dfrac{z}{c}\right)$, $\dfrac{x}{a}+\dfrac{y}{b}=1, x=0, x=a$ 所围立体 V 的体积.

解 作变换 $u=\dfrac{x}{a}, v=\dfrac{x}{a}+\dfrac{y}{b}, \omega=\dfrac{x}{a}+\dfrac{y}{b}+\dfrac{z}{c}$, 则

$$\frac{\frac{x}{a}+\frac{y}{b}}{\frac{x}{a}+\frac{y}{b}+\frac{z}{c}}=\frac{2}{\pi}\arcsin\left(\frac{x}{a}+\frac{y}{b}+\frac{z}{c}\right)\Rightarrow\frac{v}{\omega}=\frac{2}{\pi}\arcsin\omega$$

$$\frac{x}{a}+\frac{y}{b}=1\Rightarrow v=1$$

$$x=0\Rightarrow u=0$$

$$x=a\Rightarrow u=1$$

区域 V 变为 $\left\{(u,v,\omega)|0\leqslant u\leqslant 1,\frac{2}{\pi}\omega\arcsin\omega\leqslant v\leqslant 1,-1\leqslant\omega\leqslant 1\right\}$. 又

$$\frac{\partial(u,v,w)}{\partial(x,y,z)}=\begin{vmatrix}1/a & 0 & 0\\ 1/a & 1/b & 0\\ 1/a & 1/b & 1/c\end{vmatrix}=\frac{1}{abc},\quad \frac{\partial(x,y,z)}{\partial(u,v,\omega)}=abc$$

所以

$$\begin{aligned}V&=abc\int_0^1\mathrm{d}u\int_{-1}^1\mathrm{d}\omega\int_{\frac{2}{\pi}}^1\omega\arcsin\omega\mathrm{d}v=2abc\int_0^1\left[1-\frac{2}{\pi}\omega\arcsin\omega\right]\mathrm{d}\omega\\&=2abc-\frac{2abc}{\pi}\int_0^1\arcsin\omega\mathrm{d}\omega^2=abc+\frac{2abc}{\pi}\int_0^1\omega^2(1-\omega^2)^{-\frac{1}{2}}\mathrm{d}\omega\\&=abc+\frac{abc}{\pi}\int_0^1 t^{\frac{1}{2}}(1-t)^{-\frac{1}{2}}\mathrm{d}t\end{aligned}$$

令 $t=1-u^2$, 则

$$\begin{aligned}\int t^{\frac{1}{2}}(1-t)^{-\frac{1}{2}}\mathrm{d}t&=\int\frac{\sqrt{1-u^2}}{u}\times(-2u)\mathrm{d}u=\int-2\sqrt{1-u^2}\mathrm{d}u\\&=-u\sqrt{1-u^2}-\arcsin u=-\sqrt{1-t}\cdot\sqrt{t}-\arcsin(\sqrt{1-t})\end{aligned}$$

$$\int_0^1 t^{\frac{1}{2}}(1-t)^{-\frac{1}{2}}\mathrm{d}t=-\sqrt{1-t}\cdot\sqrt{t}-\arcsin(\sqrt{1-t})\Big|_0^1=\frac{\pi}{2}$$

于是 $V=abc+\frac{abc}{\pi}\cdot\frac{\pi}{2}=\frac{3}{2}abc$.

例 16.2.27 求 $\left(\frac{x}{a}+\frac{y}{b}+\frac{z}{c}\right)^4=\frac{xyz}{abc}$ $(x>0,y>0,z>0)$ 所围立体的体积.

解 作变换 $x=a\rho\cos^2\theta\sin^2\varphi,y=b\rho\sin^2\theta\sin^2\varphi,z=c\rho\cos^2\varphi$, 则

$$\left(\frac{x}{a}+\frac{y}{b}+\frac{z}{c}\right)^4=\frac{xyz}{abc}\Rightarrow\rho=\cos^2\theta\sin^2\theta\sin^4\varphi\cos^2\varphi$$

$$|J(\rho,\theta,\varphi)|=\left|4abc\rho^2\cos\theta\sin\theta\sin^3\varphi\cos\varphi\right|$$

区域 $V:0\leqslant\theta\leqslant\frac{\pi}{2},0\leqslant\varphi\leqslant\frac{\pi}{2},0\leqslant\rho\leqslant\cos^2\theta\sin^2\theta\sin^4\varphi\cos^2\varphi$. 于是

$$\begin{aligned}V&=4abc\int_0^{\frac{\pi}{2}}\mathrm{d}\theta\int_0^{\frac{\pi}{2}}\mathrm{d}\varphi\int_0^{\cos^2\theta}\sin^2\theta\sin^4\varphi\cos^2\varphi\rho^2\cos\theta\sin\theta\sin^3\varphi\cos\varphi\mathrm{d}\rho\\&=\frac{4}{3}abc\left(\int_0^{\frac{\pi}{2}}\cos^7\theta\sin^7\theta\mathrm{d}\theta\right)\left(\int_0^{\frac{\pi}{2}}-\sin^{15}\varphi\cos^7\varphi\mathrm{d}\varphi\right)\end{aligned}$$

由

$$\begin{aligned}\int\cos^7\theta\sin^7\theta\mathrm{d}\theta&=\int\cos^6\theta\sin^7\theta\mathrm{d}sin\theta=\int(1-\sin^2\theta)^3\sin^7\theta\mathrm{d}\sin\theta\\&=\frac{1}{8}\sin^8\theta-\frac{3}{10}\sin^{10}\theta+\frac{1}{4}\sin^{12}\theta-\frac{1}{14}\sin^{14}\theta+C\end{aligned}$$

$$\int \sin^{15}\varphi\cos^7\varphi \mathrm{d}\varphi = \int \sin^{15}\varphi\cos^6\varphi \mathrm{d}\sin\varphi = \int \sin^{15}\varphi(1-\sin^2\varphi)^3 \mathrm{d}\sin\varphi$$
$$= \frac{1}{16}\sin^{16}\varphi - \frac{1}{6}\sin^{18}\varphi + \frac{3}{20}\sin^{20}\varphi - \frac{1}{22}\sin^{22}\varphi + C$$

解得 $V = \dfrac{abc}{554400}$.

16.3 重积分的物理应用

16.3.1 重心坐标

设空间密度不均匀的物体 V, 其密度可表示为连续函数 $\rho(x,y,z)$, 下面讨论其重心的坐标. 将 V 分割成 n 个小区域 $V_1,V_2,\cdots,V_n$, V_i 的体积记为 $\Delta V_i, i=1,2,\cdots,n$. 记 $||T|| = \max\limits_{1\leqslant i\leqslant n}\{\mathrm{diam}V_i\}$. 当分割非常密集, 即 $||T||$ 充分小的时候, 把 $V_1,V_2,\cdots,V_n$ 近似看成质点, 并且 V_i 的质量近似为 $\rho(x_i,y_i,z_i)\Delta V_i, (x_i,y_i,z_i)\in V_i, i=1,2,\cdots,n$. 质点系的重心坐标为

$$\bar{x} \approx \frac{\sum\limits_{i=1}^n x_i\rho(x_i,y_i,z_i)\Delta V_i}{\sum\limits_{i=1}^n \rho(x_i,y_i,z_i)\Delta V_i},\quad \bar{y} \approx \frac{\sum\limits_{i=1}^n y_i\rho(x_i,y_i,z_i)\Delta V_i}{\sum\limits_{i=1}^n \rho(x_i,y_i,z_i)\Delta V_i},\quad \bar{z} \approx \frac{\sum\limits_{i=1}^n z_i\rho(x_i,y_i,z_i)\Delta V_i}{\sum\limits_{i=1}^n \rho(x_i,y_i,z_i)\Delta V_i}$$

当 $||T||\to 0$ 时, 上式的极限为空间物体 V 的重心坐标 $(\bar{x},\bar{y},\bar{z})$, 即

$$\bar{x} = \frac{\iiint\limits_V x\rho(x,y,z)\mathrm{d}x\mathrm{d}y\mathrm{d}z}{\iiint\limits_V \rho(x,y,z)\mathrm{d}x\mathrm{d}y\mathrm{d}z},\quad \bar{y} = \frac{\iiint\limits_V y\rho(x,y,z)\mathrm{d}x\mathrm{d}y\mathrm{d}z}{\iiint\limits_V \rho(x,y,z)\mathrm{d}x\mathrm{d}y\mathrm{d}z},\quad \bar{z} = \frac{\iiint\limits_V z\rho(x,y,z)\mathrm{d}x\mathrm{d}y\mathrm{d}z}{\iiint\limits_V \rho(x,y,z)\mathrm{d}x\mathrm{d}y\mathrm{d}z}$$

例 16.3.1 假设空间物体 V 的密度函数 $\rho(x,y,z)=1$, V 由曲面 $z=x^2+y^2$, $x+y=a$, $x=0, y=0, z=0$ 围成. 求 V 的重心坐标.

解 由于 V 关于平面 $x=y$ 对称, 因此 $\bar{x}=\bar{y}$.

$$\bar{x} = \frac{\iiint\limits_V x\rho(x,y,z)\mathrm{d}x\mathrm{d}y\mathrm{d}z}{\iiint\limits_V \rho(x,y,z)\mathrm{d}x\mathrm{d}y\mathrm{d}z} = \frac{\int_0^a \mathrm{d}x\int_0^{a-x}\mathrm{d}y\int_0^{x^2+y^2} x\mathrm{d}z}{\int_0^a \mathrm{d}x\int_0^{a-x}\mathrm{d}y\int_0^{x^2+y^2} \mathrm{d}z} = \frac{2}{5}a$$

$$\bar{z} = \frac{\iiint\limits_V z\rho(x,y,z)\mathrm{d}x\mathrm{d}y\mathrm{d}z}{\iiint\limits_V \rho(x,y,z)\mathrm{d}x\mathrm{d}y\mathrm{d}z} = \frac{\int_0^a \mathrm{d}x\int_0^{a-x}\mathrm{d}y\int_0^{x^2+y^2} z\mathrm{d}z}{\int_0^a \mathrm{d}x\int_0^{a-x}\mathrm{d}y\int_0^{x^2+y^2} \mathrm{d}z} = \frac{7}{15}a^2$$

因此重心坐标 $(\bar{x},\bar{y},\bar{z}) = \left(\dfrac{2}{5}a, \dfrac{2}{5}a, \dfrac{7}{15}a^2\right)$.

16.3.2 转动惯量

质量为 m 的质点 A 关于转动轴 L 的转动惯量为 $J=mr^2$, 其中 r 为 A 到 L 的距离. 讨论空间物体 V 关于三个坐标轴的转动惯量问题, 设密度分布函数为 $\rho(x,y,z)$, 并且 $\rho(x,y,z)$ 在 V 上是连续函数. 将 V 分割成 n 个小区域 $V_1,V_2,\cdots,V_n$, V_i 的体积记为 $\Delta V_i, i=1,2,\cdots,n$. 记 $||T||=\max\limits_{1\leqslant i\leqslant n}\{\text{diam}V_i\}$. 当分割非常密集, 即 $||T||$ 充分小的时候, 把 $V_1,V_2,\cdots,V_n$ 近似看成质点, 并且 V_i 的质量近似为 $\rho(x_i,y_i,z_i)\Delta V_i,(x_i,y_i,z_i)\in V_i$. $i=1,2,\cdots,n$, 质点系对三个坐标轴的转动惯量为

$$J_{x_n}=\sum_{i=1}^n(y_i^2+z_i^2)\rho(x_i,y_i,z_i)\Delta V_i$$

$$J_{y_n}=\sum_{i=1}^n(x_i^2+z_i^2)\rho(x_i,y_i,z_i)\Delta V_i$$

$$J_{z_n}=\sum_{i=1}^n(x_i^2+y_i^2)\rho(x_i,y_i,z_i)\Delta V_i$$

当 $||T||\to 0$ 时, 上式的极限为空间物体 V 对三个坐标轴的转动惯量, 即

$$J_x=\iiint\limits_V(y^2+z^2)\rho(x,y,z)\mathrm{d}x\mathrm{d}y\mathrm{d}z$$

$$J_y=\iiint\limits_V(x^2+z^2)\rho(x,y,z)\mathrm{d}x\mathrm{d}y\mathrm{d}z$$

$$J_z=\iiint\limits_V(x^2+y^2)\rho(x,y,z)\mathrm{d}x\mathrm{d}y\mathrm{d}z$$

同理可得空间物体 V 对三个坐标平面的转动惯量, 即

$$J_{xy}=\iiint\limits_V z^2\rho(x,y,z)\mathrm{d}x\mathrm{d}y\mathrm{d}z$$

$$J_{yz}=\iiint\limits_V x^2\rho(x,y,z)\mathrm{d}x\mathrm{d}y\mathrm{d}z$$

$$J_{xz}=\iiint\limits_V y^2\rho(x,y,z)\mathrm{d}x\mathrm{d}y\mathrm{d}z$$

空间物体对任意平面的转动惯量为

$$J_\Sigma=\iiint\limits_V d^2(x,y,z)\rho(x,y,z)\mathrm{d}x\mathrm{d}y\mathrm{d}z$$

其中 $d(x,y,z)$ 为空间物体上点到平面 Σ 的距离.

例 16.3.2 设空间物体是由曲面 $2z=x^2+y^2, z=2$ 围成的, 其密度函数为 $\rho(x,y,z)=\sqrt{x^2+y^2}$. 分别求该物体对 z 轴和平面 $\Pi: y=x$ 的转动惯量.

解 空间物体对平面 $\Pi: y=x$ 和 z 轴的转动惯量分别为

$$J_\Pi=\iiint_V\left(\frac{x-y}{\sqrt{2}}\right)^2\rho(x,y,z)\mathrm{d}x\mathrm{d}y\mathrm{d}z,\quad J_z=\iiint_V(x^2+y^2)\rho(x,y,z)\mathrm{d}x\mathrm{d}y\mathrm{d}z$$

在柱面坐标系下计算上式中的积分, 得

$$\begin{aligned}J_\Pi&=\iiint_V\left(\frac{x-y}{\sqrt{2}}\right)^2\rho(x,y,z)\mathrm{d}x\mathrm{d}y\mathrm{d}z=\int_0^{2\pi}\mathrm{d}\theta\int_0^2\mathrm{d}r\int_{\frac{r^2}{2}}^2\frac{1}{2}r^4(\cos\theta-\sin\theta)^2\mathrm{d}z\\&=\frac{1}{2}\int_0^{2\pi}(1-\sin2\theta)\mathrm{d}\theta\int_0^2r^4\left(2-\frac{r^2}{2}\right)\mathrm{d}r=\frac{128\pi}{35}\\J_z&=\iiint_V(x^2+y^2)\rho(x,y,z)\mathrm{d}x\mathrm{d}y\mathrm{d}z=\int_0^{2\pi}\mathrm{d}\theta\int_0^2\mathrm{d}r\int_{\frac{r^2}{2}}^2r^4\mathrm{d}z\\&=2\pi\int_0^2r^4\left(2-\frac{r^2}{2}\right)\mathrm{d}r=\frac{256\pi}{35}\end{aligned}$$

16.3.3 引力

根据万有引力定律, 空间中两个质量分别为 m_1,m_2 的质点的引力为 $F=\dfrac{km_1m_2}{r^2}$, 其中 k 为引力常数, r 为两个质点的距离.

考虑空间物体 V 对质点的引力. 假设 V 的密度分布函数为 $\rho(x,y,z)$, 且 $\rho(x,y,z)$ 是 V 上的连续函数. 设质点的坐标为 $P(x_0,y_0,z_0)$, 质量为 m. 将 V 分割成 n 个小区域 $V_1,V_2,\cdots,V_n$, V_i 的体积记为 $\Delta V_i, i=1,2,\cdots,n$. 记 $\|T\|=\max\limits_{1\leqslant i\leqslant n}\{\mathrm{diam}V_i\}$. 当分割非常密集, 即 $\|T\|$ 充分小的时候, 把 $V_1,V_2,\cdots,V_n$ 近似看成质点, 并且 V_i 的质量近似为 $\rho(x_i,y_i,z_i)\Delta V_i, (x_i,y_i,z_i)\in V_i$. $i=1,2,\cdots,n$, 质点系 $\{V_i\}$ 对质点 $P(x_0,y_0,z_0)$ 在三个坐标轴方向的引力分别为

$$F_x\approx\sum_{i=1}^n\frac{km\rho(x_i,y_i,z_i)\Delta V_i}{(x_i-x_0)^2+(y_i-y_0)^2+(z_i-z_0)^2}\cdot\frac{(x_i-x_0)}{\sqrt{(x_i-x_0)^2+(y_i-y_0)^2+(z_i-z_0)^2}}$$

$$F_y\approx\sum_{i=1}^n\frac{km\rho(x_i,y_i,z_i)\Delta V_i}{(x_i-x_0)^2+(y_i-y_0)^2+(z_i-z_0)^2}\cdot\frac{(y_i-y_0)}{\sqrt{(x_i-x_0)^2+(y_i-y_0)^2+(z_i-z_0)^2}}$$

$$F_z\approx\sum_{i=1}^n\frac{km\rho(x_i,y_i,z_i)\Delta V_i}{(x_i-x_0)^2+(y_i-y_0)^2+(z_i-z_0)^2}\cdot\frac{(z_i-z_0)}{\sqrt{(x_i-x_0)^2+(y_i-y_0)^2+(z_i-z_0)^2}}$$

当 $\|T\|\to0$ 时, 上式的极限为空间物体 V 对质点的引力在三个坐标轴方向的分量, 即

$$F_x=\iiint_V\frac{km\rho(x,y,z)(x-x_0)\mathrm{d}x\mathrm{d}y\mathrm{d}z}{r^3}$$

$$F_y=\iiint_V\frac{km\rho(x,y,z)(y-y_0)\mathrm{d}x\mathrm{d}y\mathrm{d}z}{r^3}$$

$$F_z=\iiint_V\frac{km\rho(x,y,z)(z-z_0)\mathrm{d}x\mathrm{d}y\mathrm{d}z}{r^3}$$

其中 $r=\sqrt{(x-x_0)^2+(y-y_0)^2+(z-z_0)^2}$.

例 16.3.3 如图 16.3.1 所示, 求圆柱面 $x^2+y^2=a^2, x^2+y^2=b^2(a>b>0)$ 以及平面 $z=0, z=h$ 围成的物体对位于原点的质量为 m 的质点的引力, 其中物体的密度 $\rho(x,y,z)=c$ 为常数.

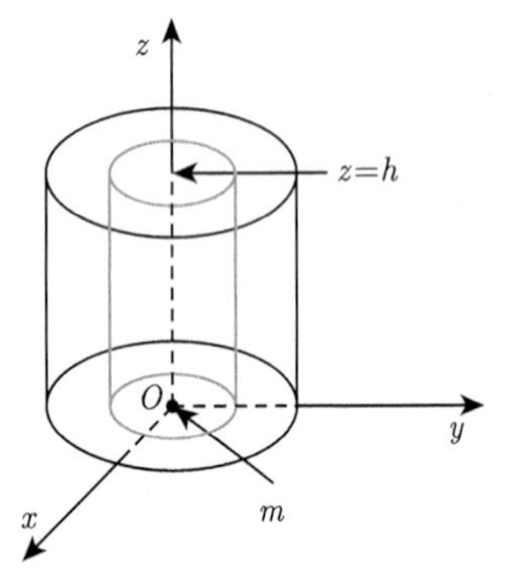

图 16.3.1

解 由于物体的密度为常数, 并且关于平面 zOx, yOz 对称, 因此 $F_x=F_y=0$.

$$F_z=\iiint\limits_V \frac{kmcz\mathrm{d}x\mathrm{d}y\mathrm{d}z}{(x^2+y^2+z^2)^{\frac{3}{2}}}=kmc\int_0^{2\pi}\mathrm{d}\theta\int_b^a\mathrm{d}r\int_0^h\frac{rz\mathrm{d}z}{(r^2+z^2)^{\frac{3}{2}}}$$

$$=2\pi kmc\int_b^a\left(1-\frac{r}{\sqrt{r^2+h^2}}\right)\mathrm{d}r$$

$$=2\pi kmc(a-b-\sqrt{a^2+h^2}+\sqrt{b^2+h^2})$$

习题 16.3 重积分的物理应用

1. 设某球体的密度与球心的距离成正比, 求它对切平面的转动惯量.

2. 设球体密度均匀, 求球外一点 (质量为 1) 对球体的引力.

3. 设一物体是由曲面 $4z^2=25(x^2+y^2)$ 与平面 $z=5$ 围成的立体, 其密度为 $\rho(x,y)=x^2+y^2$, 求此物体的质量.

4. 求质量为 M 的均匀薄片 $\begin{cases}x^2+y^2\leqslant a^2,\\ z=0\end{cases}$ 对 z 轴上的点 $(0,0,c)\,(c>0)$ 处的单位质量的引力.

5. 求半径为 a, 密度 $\rho(x,y,z)=1$ 的均匀球面对不在该球面的质量为 1 的质点的引力.

扫码学习

*16.4 提 高 课

类似于一元函数的广义积分, 对于多元函数的重积分也有相应的问题, 即无界区域上函数的重积分与有界区域上无界函数的重积分, 分别称为无穷重积分和瑕重积分, 二者统称为广义重积分. 本节以广义二重积分为例讨论广义重积分的敛散性问题.

16.4.1 无界区域上的二重积分

设 D 是平面 $\mathbf{R}^2$ 中的无界区域, 它的边界由有限条光滑曲线所组成. Γ 是一条面积为零的连续有界曲线且 Γ 与 D 相交, 分割出一个有界子区域 D_Γ. 记

$$d(\Gamma)=\inf\{\sqrt{x^2+y^2}|(x,y)\in\Gamma\}$$

为 Γ 到原点的距离. 如图 16.4.1 所示.

定义 16.4.1 设函数 $f(x,y)$ 在无界区域 D 的任何有界子区域上可积. 如果 $d(\Gamma)\to\infty$ 则 D_Γ 趋近于 D. 若 $\lim\limits_{d(\Gamma)\to\infty}\iint\limits_{D_\Gamma} f(x,y)\mathrm{d}x\mathrm{d}y$ 存在, 则称 $f(x,y)$ 在 D 上可积. 这个极限称为 $f(x,y)$ 在无界区域 D 上的广义二重积分, 记为 $\iint\limits_{D} f(x,y)\mathrm{d}x\mathrm{d}y$. 如果 $\lim\limits_{d(\Gamma)\to\infty}\iint\limits_{D_\Gamma} f(x,y)\mathrm{d}x\mathrm{d}y$ 不存在, 称广义二重积分发散.

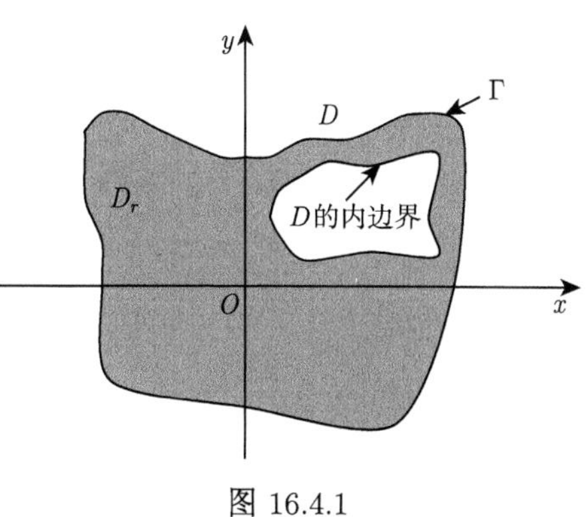

图 16.4.1

例 16.4.1 证明广义二重积分 $\iint\limits_{\mathbf{R}^2}\sin(x^2+y^2)\mathrm{d}x\mathrm{d}y$ 发散.

分析 如果存在一系列包含原点的光滑封闭曲线$\Gamma_1,\Gamma_2,\cdots$, 其围成的区域 $D_1,D_2,\cdots$, $d_n=\inf\{\sqrt{x^2+y^2}|(x,y)\in\Gamma_n\}$ 满足 $\lim\limits_{n\to\infty}d_n=+\infty$ 但 $\lim\limits_{n\to\infty}\iint\limits_{D_n}\sin(x^2+y^2)\mathrm{d}x\mathrm{d}y$ 不存在, 则此广义积分发散. 若存在两个包含原点的光滑封闭曲线族及其围成的区域族

$$\begin{aligned}&\Gamma_1^1,\Gamma_2^1,\cdots,\Gamma_n^1,\cdots,D_1^1,D_2^1,\cdots,D_n^1,\cdots\\&d_n^1=\inf\{\sqrt{x^2+y^2}|(x,y)\in\Gamma_n^1\}\to\infty\quad(n\to\infty)\end{aligned}$$

$$\begin{aligned}&\Gamma_1^2,\Gamma_2^2,\cdots,\Gamma_n^2,\cdots,D_1^2,D_2^2,\cdots,D_n^2,\cdots\\&d_n^2=\inf\{\sqrt{x^2+y^2}|(x,y)\in\Gamma_n^2\}\to\infty\quad(n\to\infty)\end{aligned}$$

使得 $\lim\limits_{n\to\infty}\iint\limits_{D_n^1}\sin(x^2+y^2)\mathrm{d}x\mathrm{d}y$, $\lim\limits_{n\to\infty}\iint\limits_{D_n^2}\sin(x^2+y^2)\mathrm{d}x\mathrm{d}y$ 存在但不相等, 则广义二重积分发散.

证明 构造封闭式曲线

$$\Gamma_n^1=\{(x,y)|x^2+y^2=2n\pi\},\quad n=1,2,\cdots$$

$$\Gamma_n^2=\left\{(x,y)\middle|x^2+y^2=\left(2n+\frac{1}{2}\right)\pi\right\},\quad n=1,2,\cdots$$

由于

$$\lim_{n\to\infty}\iint\limits_{D_n^1}\sin(x^2+y^2)\mathrm{d}x\mathrm{d}y=\lim_{n\to\infty}\iint\limits_{x^2+y^2\leqslant 2n\pi}\sin(x^2+y^2)\mathrm{d}x\mathrm{d}y$$

$$=v\lim_{n\to\infty}\int_0^{2\pi}\mathrm{d}\theta\int_0^{\sqrt{2n\pi}}r\sin r^2\mathrm{d}r=\lim_{n\to\infty}\pi(1-\cos 2n\pi)=0$$

$$\lim_{n\to\infty}\iint\limits_{D_n^2}\sin(x^2+y^2)\mathrm{d}x\mathrm{d}y=\lim_{n\to\infty}\iint\limits_{x^2+y^2\leqslant\left(2n+\frac{1}{2}\right)\pi}\sin(x^2+y^2)\mathrm{d}x\mathrm{d}y$$

$$=\lim_{n\to\infty}\int_0^{2\pi}\mathrm{d}\theta\int_0^{\sqrt{\left(2n+\frac{1}{2}\right)\pi}}r\sin r^2\mathrm{d}r=\lim_{n\to\infty}\pi\left(1-\cos\left(2n+\frac{1}{2}\right)\pi\right)=\pi$$

所以二重积分 $\iint\limits_{\mathbf{R}^2}\sin(x^2+y^2)\mathrm{d}x\mathrm{d}y$ 发散. 结论得证.

对于无界区域上非负函数广义重积分有下面定理, 证明留给读者.

定理 16.4.1 设 D 是平面 $\mathbf{R}^2$ 中的无界区域, $f(x,y)$ 是 D 上的非负函数. 如果存在分段光滑曲线序列 $\{\Gamma_k\}$, 它们将 D 分割成有界子区域$D_k=D(\Gamma_k)(k=1,2,\cdots)$ 且 $D_1\subset D_2\subset\cdots\subset D_n\subset\cdots$ 及 $\lim\limits_{n\to+\infty}d(\Gamma_n)=+\infty$. 那么 $\iint\limits_D f(x,y)\mathrm{d}x\mathrm{d}y$ 收敛的充要条件是数列 $\left\{\iint\limits_{D_n}f(x,y)\mathrm{d}x\mathrm{d}y\right\}$ 收敛, 且 $\iint\limits_D f(x,y)\mathrm{d}x\mathrm{d}y=\lim\limits_{n\to+\infty}\iint\limits_{D_n}f(x,y)\mathrm{d}x\mathrm{d}y$.

例 16.4.2 求 $\iint\limits_{x\geqslant0,y\geqslant0}\mathrm{e}^{-x^2-y^2}\mathrm{d}x\mathrm{d}y$ 的值.

解 令 $\Gamma:x^2+y^2=n^2\,(x\geqslant0,y\geqslant0)$, 由于

$$\iint\limits_{\substack{x\geqslant0,y\geqslant0\\x^2+y^2\leqslant n^2}}\mathrm{e}^{-x^2-y^2}\mathrm{d}x\mathrm{d}y=\int_0^{\frac{\pi}{2}}\mathrm{d}\theta\int_0^n\mathrm{e}^{-r^2}r\mathrm{d}r=\frac{\pi}{4}(1-\mathrm{e}^{-n^2})$$

所以

$$\iint\limits_{x\geqslant0,y\geqslant0}\mathrm{e}^{-x^2-y^2}\mathrm{d}x\mathrm{d}y=\lim_{n\to+\infty}\iint\limits_{\substack{x\geqslant0,y\geqslant0\\x^2+y^2\leqslant n^2}}\mathrm{e}^{-x^2-y^2}\mathrm{d}x\mathrm{d}y=\frac{\pi}{4}$$

设 $\Gamma':x=n,y=n,x=0,y=0$, 则

$$\iint\limits_{x\geqslant0,y\geqslant0}\mathrm{e}^{-x^2-y^2}\mathrm{d}x\mathrm{d}y=\lim_{n\to+\infty}\iint\limits_{\substack{x\geqslant0,y\geqslant0\\x\leqslant n,y\leqslant n}}\mathrm{e}^{-x^2-y^2}\mathrm{d}x\mathrm{d}y=\lim_{n\to+\infty}\left(\int_0^n\mathrm{e}^{-x^2}\mathrm{d}x\right)^2=\left(\int_0^{\infty}\mathrm{e}^{-x^2}\mathrm{d}x\right)^2$$

这是概率中著名的泊松积分 $\int_0^{\infty}\mathrm{e}^{-x^2}\mathrm{d}x=\frac{\sqrt{\pi}}{2}$.

下面讨论无穷二重积分的敛散性判别方法, 主要结论如下定理, 证明留给读者完成.

定理 16.4.2 (比较判别法) 设 D 为平面 $\mathbf{R}^2$ 中具有分段光滑边界 (有限条) 的无界区域, $f(x,y),g(x,y)$ 是定义在 D 上的函数, 并且在 D 的任何有界可求面积的子区域上可积, 且满足 $0\leqslant f(x,y)\leqslant g(x,y)$, 那么

(1) 若 $\iint\limits_D g(x,y)\mathrm{d}x\mathrm{d}y$ 收敛, 则 $\iint\limits_D f(x,y)\mathrm{d}x\mathrm{d}y$ 也收敛;

(2) 若 $\iint\limits_D f(x,y)\mathrm{d}x\mathrm{d}y$ 发散, 则 $\iint\limits_D g(x,y)\mathrm{d}x\mathrm{d}y$ 也发散.

定理 16.4.3 设 D 为平面 $\mathbf{R}^2$ 中具有分段光滑边界 (有限条) 的无界区域, $f(x,y)$ 在 D 上可积的充要条件是 $|f(x,y)|$ 在 D 上可积.

定理 16.4.4 设 $D=\{(x,y)|a^2\leqslant x^2+y^2<+\infty\},a>0$, 则

(1) 如果存在常数 c, 在 D 上 $|f(x,y)| \leqslant \dfrac{c}{\sqrt{(x^2+y^2)^{\alpha}}}$, 则当 $\alpha > 2$ 时 $\iint\limits_D f(x,y)\mathrm{d}x\mathrm{d}y$ 收敛;

(2) 如果存在常数 e, 在 D 上 $|f(x,y)| \geqslant \dfrac{e}{\sqrt{(x^2+y^2)^{\alpha}}}$, 则当 $\alpha \leqslant 2$ 时 $\iint\limits_D f(x,y)\mathrm{d}x\mathrm{d}y$ 发散.

证明 取 $\Gamma_\rho = \{(x,y)|x^2+y^2=\rho^2, \rho > a\}$, 则区域 D 被 Γ_ρ 所割区域为 $D_\rho = \{(x,y)|a^2 \leqslant x^2+y^2 \leqslant \rho^2\}$. 由于

$$\iint\limits_{D_\rho} |f(x,y)|\,\mathrm{d}x\mathrm{d}y = \int_0^{2\pi}\mathrm{d}\theta\int_a^{\rho}|f(x,y)|\,r\mathrm{d}r \leqslant 2\pi c\int_a^{\rho} r^{1-\alpha}\mathrm{d}r$$

因此当 $\alpha > 2$ 时积分收敛. 同理可证当 $\alpha \leqslant 2$ 时积分发散.

定理 16.4.5 设 $f(x,y)$ 在 $D=[a,+\infty)\times[b,+\infty)$ 上连续, 且 $\int_a^{+\infty}\mathrm{d}x\int_b^{+\infty}f(x,y)\mathrm{d}y$ 和 $\int_a^{+\infty}\mathrm{d}x\int_b^{+\infty}|f(x,y)|\mathrm{d}y$ 都存在, 则 $f(x,y)$ 在 D 上可积, 并且

$$\iint\limits_D f(x,y)\mathrm{d}x\mathrm{d}y = \int_a^{+\infty}\mathrm{d}x\int_b^{+\infty}f(x,y)\mathrm{d}y$$

定理 16.4.6 设 $T:\begin{cases}x=x(u,v),\\ y=y(u,v)\end{cases}$ 将 uv 平面上区域 Δ 一一映射到 xy 平面上的区域 D, $x(u,v), y(u,v)$ 在 Δ 上连续且有连续的一阶偏导数, $J(u,v)=\dfrac{\partial(x,y)}{\partial(u,v)} \neq 0, (u,v)\in\Delta$, 则

$$\iint\limits_D f(x,y)\mathrm{d}x\mathrm{d}y = \iint\limits_{\Delta} f(x(u,v),y(u,v))|J(u,v)|\mathrm{d}u\mathrm{d}v$$

并且等式任何一边积分收敛, 则另一边积分必收敛.

例 16.4.3 计算 $\iint\limits_{0\leqslant x\leqslant y}\mathrm{e}^{-(x+y)}\mathrm{d}x\mathrm{d}y$.

解

$$\begin{aligned}\iint\limits_{0\leqslant x\leqslant y}\mathrm{e}^{-(x+y)}\mathrm{d}x\mathrm{d}y &= \int_0^{+\infty}\mathrm{d}x\int_x^{+\infty}\mathrm{e}^{-(x+y)}\mathrm{d}y\\ &= -\int_0^{+\infty}\mathrm{e}^{-x}[\mathrm{e}^{-y}]_x^{+\infty}\mathrm{d}x = \int_0^{+\infty}\mathrm{e}^{-2x}\mathrm{d}x = \frac{1}{2}\end{aligned}$$

例 16.4.4 讨论积分 $\iint\limits_{|x|+|y|\geqslant 1}\dfrac{\mathrm{d}x\mathrm{d}y}{|x|^p+|y|^q}, p>0, q>0$ 的敛散性.

解 如图 16.4.2 所示, $\iint\limits_{|x|+|y|\geqslant 1}\dfrac{\mathrm{d}x\mathrm{d}y}{|x|^p+|y|^q}$ 收敛等价于 $\iint\limits_{|x|+|y|\geqslant 1, x\geqslant 0, y\geqslant 0}\dfrac{\mathrm{d}x\mathrm{d}y}{|x|^p+|y|^q}$ 收敛,

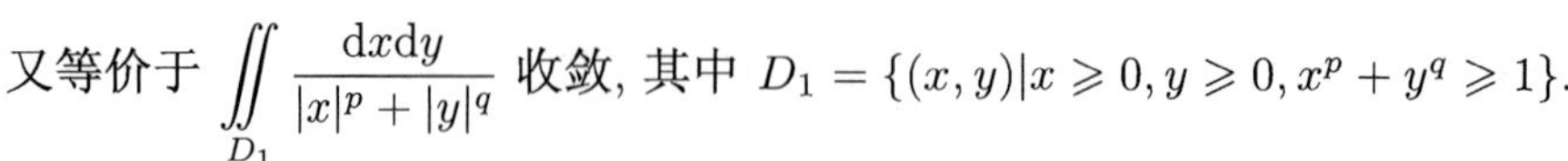
又等价于 $\displaystyle\iint\limits_{D_1}\frac{\mathrm{d}x\mathrm{d}y}{|x|^p+|y|^q}$ 收敛, 其中 $D_1=\{(x,y)|x\geqslant 0,y\geqslant 0,x^p+y^q\geqslant 1\}$.

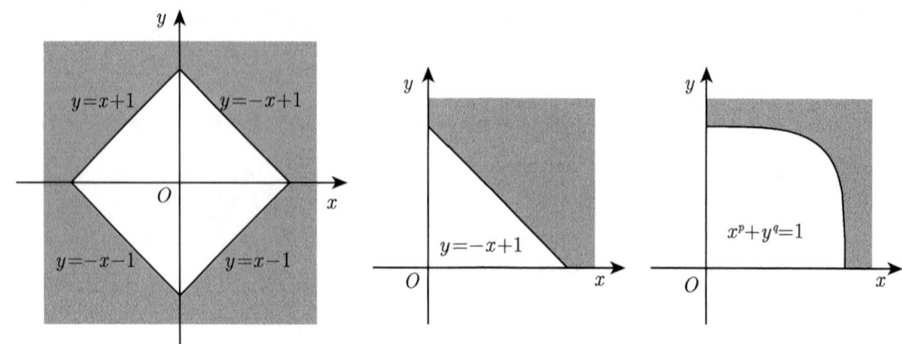

图 16.4.2

作变换 $T:\begin{cases}x=(r\cos\theta)^{2/p},\\ y=(r\sin\theta)^{2/q},\end{cases}$ 则 $\dfrac{\partial(x,y)}{\partial(r,\theta)}=\dfrac{4}{pq}r^{\frac{2}{p}+\frac{2}{q}-1}\sin^{\frac{2}{q}-1}\theta\cos^{\frac{2}{p}-1}\theta$, 于是

$$\iint\limits_{D_1}\frac{\mathrm{d}x\mathrm{d}y}{|x|^p+|y|^q}=\frac{4}{pq}\iint\limits_{[0,\frac{\pi}{2}]\times[1,+\infty)}r^{\frac{2}{p}+\frac{2}{q}-3}\sin^{\frac{2}{q}-1}\theta\cos^{\frac{2}{p}-1}\theta\mathrm{d}r\mathrm{d}\theta$$

$$=\frac{4}{pq}\left(\int_0^{\frac{\pi}{2}}\sin^{\frac{2}{q}-1}\theta\cos^{\frac{2}{p}-1}\theta\mathrm{d}\theta\right)\left(\int_1^{+\infty}\frac{1}{r^{3-\frac{2}{p}-\frac{2}{q}}}\mathrm{d}r\right)$$

对于积分 $\displaystyle\int_1^{+\infty}\frac{1}{r^{3-\frac{2}{p}-\frac{2}{q}}}\mathrm{d}r$, 当 $3-\dfrac{2}{p}-\dfrac{2}{q}>1$ 时收敛, 当 $3-\dfrac{2}{p}-\dfrac{2}{q}\leqslant 1$ 时发散.

而积分 $\displaystyle\int_0^{\frac{\pi}{2}}\sin^{\frac{2}{q}-1}\theta\cos^{\frac{2}{p}-1}\theta\mathrm{d}\theta$ 在 $\dfrac{1}{p}+\dfrac{1}{q}<1$ 时, 瑕积分可积. 因此当 $\dfrac{1}{p}+\dfrac{1}{q}<1$ 时, 原积分收敛, 当 $\dfrac{1}{p}+\dfrac{1}{q}\geqslant 1$ 时, 原积分发散.

习题 16.4.1 无界区域上的二重积分

1. 研究下面广义积分的敛散性.

(1) $\displaystyle\iint\limits_{\mathbf{R}^2}\frac{\mathrm{d}x\mathrm{d}y}{(1+|x|^p)(1+|y|^q)}$; (2) $\displaystyle\iint\limits_{x+y\geqslant 1}\frac{\sin x\sin y}{(x+y)^p}\mathrm{d}x\mathrm{d}y$.

2. 计算下面积分.

(1) $\displaystyle\iint\limits_{xy\geqslant 1,x\geqslant 1}\frac{\mathrm{d}x\mathrm{d}y}{x^py^q}$; (2) $\displaystyle\iint\limits_{x^2+y^2\geqslant 1}\frac{\mathrm{d}x\mathrm{d}y}{(x^2+y^2)^p}\mathrm{d}x\mathrm{d}y$.

3. 利用极坐标变换求解下面问题.

(1) $\displaystyle\iint\limits_{\mathbf{R}^2}\mathrm{e}^{-(x^2+y^2)}\mathrm{d}x\mathrm{d}y$;

(2) $\displaystyle\iint\limits_{x^2+y^2\geqslant 1}\mathrm{e}^{-(x^2+y^2)}\cos\left(x^2+y^2\right)\mathrm{d}x\mathrm{d}y$;

(3) $\displaystyle\iint\limits_{(\frac{x}{a})^2+(\frac{y}{b})^2\geqslant 1} \mathrm{e}^{-((\frac{x}{a})^2+(\frac{y}{b})^2)}\mathrm{d}x\mathrm{d}y$.

16.4.2 无界函数的二重积分

下面讨论无界函数的二重积分. 设 D 是平面 $\mathbf{R}^2$ 中有界可求面积区域, P_0 为 D 的聚点, $f(x,y)$ 在 $D\backslash\{P_0\}$ 上有定义, 但在 P_0 的任何去心邻域内无界, 则称点 P_0 为 $f(x,y)$ 的奇点或者瑕点.

定义 16.4.2 设对于包含 P_0 的任意小的邻域 Δ, $f(x,y)$ 在 $D\backslash\Delta$ 上可积. 记

$$d(\Delta)=\sup\{\sqrt{(x_1-x_2)^2+(y_1-y_2)^2}|(x_1,y_1),(x_2,y_2)\in\Delta\}$$

如果极限 $\displaystyle\lim_{d(\Delta)\to 0}\iint\limits_{D\backslash\Delta} f(x,y)\mathrm{d}x\mathrm{d}y$ 存在且与 Δ 的选取无关, 则称 $f(x,y)$ 在 D 上可积, 此极限值称为 $f(x,y)$ 在 D 上的广义二重积分 (瑕二重积分), 记为 $\displaystyle\iint\limits_{D} f(x,y)\mathrm{d}x\mathrm{d}y$.

当 $f(x,y)$ 在 D 上可积时, 称 $\displaystyle\iint\limits_{D} f(x,y)\mathrm{d}x\mathrm{d}y$ 收敛. 反之当 $\displaystyle\lim_{d(\Delta)\to 0}\iint\limits_{D\backslash\Delta} f(x,y)\mathrm{d}x\mathrm{d}y$ 不存在时, 称广义二重积分发散.

与无界区域的二重积分敛散性的讨论方法一样, 有界区域上无界函数的二重积分可以得到平行的结论. 例如, 无界区域二重积分的比较判别法和柯西准则成立, 可积与绝对可积是等价的, 可以利用累次积分与变量替换公式计算.

定理 16.4.7 设 $f(x,y)$ 在有界区域 D 上除点 $P_0(x_0,y_0)$ 外处处有定义, 点 $P_0(x_0,y_0)$ 为它的瑕点, 则下面的结论成立:

(1) 若在点 $P_0(x_0,y_0)$ 的附近有 $|f(x,y)|\leqslant\dfrac{c}{\sqrt{[(x-x_0)^2+(y-y_0)^2]^\alpha}}$($c$ 是常数), 则当 $\alpha<2$ 时二重瑕积分 $\displaystyle\iint\limits_{D} f(x,y)\mathrm{d}x\mathrm{d}y$ 收敛;

(2) 若在点 $P_0(x_0,y_0)$ 的附近有$|f(x,y)|\geqslant\dfrac{c}{\sqrt{[(x-x_0)^2+(y-y_0)^2]^\alpha}}$($c$ 是常数), 且 D 含有以 $P_0(x_0,y_0)$ 为顶点的角型区域, 则当 $\alpha\geqslant 2$ 时, 二重瑕积分 $\displaystyle\iint\limits_{D} f(x,y)\mathrm{d}x\mathrm{d}y$ 发散.

例 16.4.5 计算 $\displaystyle\iint\limits_{x^2+y^2\leqslant 1}\frac{1}{\sqrt{x^2+y^2}}\mathrm{d}x\mathrm{d}y$.

解 原点 $(0,0)$ 为瑕点. 取 $\Delta: x^2+y^2\leqslant\rho^2,\rho<1$, 那么

$$\iint\limits_{x^2+y^2\leqslant 1}\frac{1}{\sqrt{x^2+y^2}}\mathrm{d}x\mathrm{d}y=\lim_{\rho\to 0}\iint\limits_{\rho^2\leqslant x^2+y^2\leqslant 1}\frac{1}{\sqrt{x^2+y^2}}\mathrm{d}x\mathrm{d}y=\lim_{\rho\to 0}\int_0^{2\pi}\mathrm{d}\theta\int_\rho^1\mathrm{d}r=2\pi$$

例 16.4.6 讨论广义二重积分 $\displaystyle\iint\limits_{\mathbf{R}^2}\frac{|x|+|y|}{\mathrm{e}^{r^\alpha}-1}\mathrm{d}x\mathrm{d}y, r=\sqrt{x^2+y^2},\alpha>0$ 的敛散性.

解 积分区域无界, 原点 (0,0) 为瑕点. 所以原问题需要讨论一个无界区域上二重积分的敛散性和一个有界区域无界函数的二重积分的敛散性. 将积分区域分割成如下两个区域,

$$D_1=\{(x,y)|x^2+y^2\leqslant 1\},\quad D_2=\{(x,y)|x^2+y^2\geqslant 1\}$$

(1) 讨论 $\iint\limits_{D_1}\dfrac{|x|+|y|}{\mathrm{e}^{r^\alpha}-1}\mathrm{d}x\mathrm{d}y$ 的敛散性.

由于 $\dfrac{|x|+|y|}{\mathrm{e}^{r^\alpha}-1}\leqslant\dfrac{2r}{r^\alpha}=\dfrac{2}{r^{\alpha-1}}$, 所以当 $\alpha<3$ 时, $\iint\limits_{D_1}\dfrac{|x|+|y|}{\mathrm{e}^{r^\alpha}-1}\mathrm{d}x\mathrm{d}y$ 收敛.

(2) 由于当 r 充分大时, 取自然数 $N>\dfrac{3}{\alpha}$, 则 $\dfrac{|x|+|y|}{\mathrm{e}^{r^\alpha}-1}\leqslant\dfrac{2r}{(r^{N\alpha})/N!}=\dfrac{2N!}{r^{N\alpha-1}}$, 因此当 $N\alpha-1>2$ 时, $\iint\limits_{D_2}\dfrac{|x|+|y|}{\mathrm{e}^{r^\alpha}-1}\mathrm{d}x\mathrm{d}y$ 收敛.

综上, 当 $0<\alpha<3$ 时, 广义二重积分收敛.

习题 16.4.2 无界函数的二重积分

1. 研究下面二重瑕积分的敛散性.

(1) $\iint\limits_{|x|+|y|\leqslant 1}\dfrac{\mathrm{d}x\mathrm{d}y}{|x|^p+|y|^q}\ (p>0,q>0)$; (2) $\iint\limits_{x^2+y^2\leqslant 1}\dfrac{\mathrm{d}x\mathrm{d}y}{(1-x^2-y^2)^p}$.

2. 计算下列积分.

(1) $\iint\limits_{x^2+y^2\leqslant 1}\ln\dfrac{1}{\sqrt{x^2+y^2}}\mathrm{d}x\mathrm{d}y$; (2) $\int_0^a\mathrm{d}x\int_0^x\dfrac{\mathrm{d}y}{\sqrt{(a-x)(x-y)}}\ (a>0)$.

*16.5 探索类问题

探索类问题 1 研究下面重积分的瑕积分问题.

(1) $\displaystyle\int_0^1\int_0^1\frac{1}{1-xy}\mathrm{d}x\mathrm{d}y=\sum_{n=1}^{\infty}\frac{1}{n^2}$.

(2) $\displaystyle\int_0^1\int_0^1\int_0^1\frac{1}{1-xyz}\mathrm{d}x\mathrm{d}y\mathrm{d}z=\sum_{n=1}^{\infty}\frac{1}{n^3}$.

(3) $\displaystyle\int_0^a\int_0^a\frac{\mathrm{d}x\mathrm{d}y}{|x-y|^p}$ 存在的条件.

(4) $\iint\limits_{x^2+y^2\leqslant 1}\dfrac{\mathrm{d}x\mathrm{d}y}{(1-x^2-y^2)^p}$ 存在的条件.

探索类问题 2 研究下面重积分的广义积分问题:

$$\iiint\limits_{\mathbf{R}^3}f(x,y,z)\,\mathrm{d}x\mathrm{d}y\mathrm{d}z=\int_{-\infty}^{+\infty}\int_{-\infty}^{+\infty}\int_{-\infty}^{+\infty}f(x,y,z)\,\mathrm{d}x\mathrm{d}y\mathrm{d}z$$

(1) 广义三重积分收敛的定义.

(2) 广义三重积分收敛的判别方法.

(3) 广义三重积分的计算方法.

(4) 求 $\int_{-\infty}^{+\infty}\int_{-\infty}^{+\infty}\int_{-\infty}^{+\infty} e^{-\left(x^2+y^2+z^2\right)}\mathrm{d}x\mathrm{d}y\mathrm{d}z$.

(5) 求证 $\int_{-\infty}^{+\infty} e^{-x^2}\mathrm{d}x=\sqrt{\pi}$, $\int_{-\infty}^{+\infty} e^{-x^2/2}\mathrm{d}x=\sqrt{2\pi}$.

探索类问题 3 研究三重瑕积分 $\iiint\limits_{\Omega} f(x,y,z)\,\mathrm{d}x\mathrm{d}y\mathrm{d}z$ 收敛的定义与判别方法.

探索类问题 4 研究下列三重广义积分的敛散性:

(1) $\iiint\limits_{x^2+y^2+z^2\geqslant 1}\dfrac{f(x,y,z)}{\left(x^2+y^2+z^2\right)^p}\mathrm{d}x\mathrm{d}y\mathrm{d}z\ \ (0<m\leqslant |f(x,y,z)|\leqslant M)$;

(2) $\iiint\limits_{x^2+y^2+z^2\leqslant 1}\dfrac{f(x,y,z)}{\left(x^2+y^2+z^2\right)^p}\mathrm{d}x\mathrm{d}y\mathrm{d}z\ \ (0<m\leqslant |f(x,y,z)|\leqslant M)$;

(3) $\iiint\limits_{|x|\leqslant 1,|y|\leqslant 1,|z|\leqslant 1}\dfrac{\mathrm{d}x\mathrm{d}y\mathrm{d}z}{|x+y-z|^p}$.

探索类问题 5 计算三重广义积分.

(1) $\iiint\limits_{x^2+y^2+z^2\geqslant 1}\frac{\mathrm{d}x\mathrm{d}y\mathrm{d}z}{(x^2+y^2+z^2)^3}$; (2) $\iiint\limits_{x^2+y^2+z^2\leqslant 1}\frac{\mathrm{d}x\mathrm{d}y\mathrm{d}z}{(1-x^2-y^2-z^2)^p}$;

(3) $\iiint\limits_{\mathbf{R}^3} e^{-\left(x^2+y^2+z^2\right)}\mathrm{d}x\mathrm{d}y\mathrm{d}z$;

(4) $\iiint\limits_{\mathbf{R}^3} e^{-p(x_1,x_2,x_3)}\mathrm{d}x_1\mathrm{d}x_2\mathrm{d}x_3, p(x_1,x_2,x_3)=\sum_{i=1}^{3}\sum_{j=1}^{3}a_{ij}x_ix_j$.

探索类问题 6 研究向量函数的积分:

(1) $\boldsymbol{F}(x,y)=(f_1(x,y),f_2(x,y),\cdots,f_n(x,y)),(x,y)\in\Omega$;

$$\iint\limits_{\Omega}\boldsymbol{F}(x,y)\,\mathrm{d}x\mathrm{d}y=\left(\iint\limits_{\Omega}f_1(x,y)\,\mathrm{d}x\mathrm{d}y,\iint\limits_{\Omega}f_2(x,y)\,\mathrm{d}x\mathrm{d}y,\cdots,\iint\limits_{\Omega}f_n(x,y)\,\mathrm{d}x\mathrm{d}y\right)$$

研究向量函数积分的运算法则: 直角坐标系、极坐标系、换元公式.

(2) $\boldsymbol{F}(x,y,z)=(f_1(x,y,z),f_2(x,y,z),\cdots,f_n(x,y,z)),(x,y,z)\in\Omega^*$,

$$\begin{aligned}&\iiint\limits_{\Omega^*}\boldsymbol{F}(x,y,z)\,\mathrm{d}x\mathrm{d}y\mathrm{d}z\\&=\left(\iiint\limits_{\Omega^*}f_1(x,y,z)\,\mathrm{d}x\mathrm{d}y\mathrm{d}z,\iiint\limits_{\Omega^*}f_2(x,y,z)\,\mathrm{d}x\mathrm{d}y\mathrm{d}z,\cdots,\iiint\limits_{\Omega^*}f_n(x,y,z)\,\mathrm{d}x\mathrm{d}y\mathrm{d}z\right)\end{aligned}$$

研究向量函数积分的运算法则: 直角坐标系、球坐标系、柱坐标系、换元公式.

探索类问题 7 研究多重积分 $\underset{\Omega}{\iiint\cdots\int} f(x_1,x_2,\cdots,x_n)\,\mathrm{d}x_1\mathrm{d}x_2\cdots\mathrm{d}x_n$, 其中 $\Omega\in\mathbf{R}^n$.

(1) 多重积分的定义;

(2) 多重积分的基本性质: 线性、保序性、区域可加性、中值定理、绝对可积性;

(3) 多重积分的存在定理: 达布定理和勒贝格定理.

(4) 化多重积分为累次积分, 这里设积分区域

$$\Omega=\begin{cases}x_1'\leqslant x_1\leqslant x_1''\\ x_2'(x_1)\leqslant x_2\leqslant x_2''(x_1)\\ x_3'(x_1,x_2)\leqslant x_3\leqslant x_3''(x_1,x_2)\\ \qquad\qquad\cdots\cdots\\ x_{n-1}'(x_1,x_2,\cdots,x_{n-2})\leqslant x_{n-1}\leqslant x_{n-1}''(x_1,x_2,\cdots,x_{n-2})\\ x_n'(x_1,x_2,\cdots,x_{n-2},x_{n-1})\leqslant x_n\leqslant x_n''(x_1,x_2,\cdots,x_{n-2},x_{n-1})\end{cases}$$

(5) 多重积分的换元公式:

$$\begin{cases}x_1=\varphi_1(\alpha_1,\alpha_2,\cdots,\alpha_n),\\ x_2=\varphi_2(\alpha_1,\alpha_2,\cdots,\alpha_n),\\ \qquad\cdots\cdots\\ x_n=\varphi_n(\alpha_1,\alpha_2,\cdots,\alpha_n),\end{cases}\qquad \Omega\Leftrightarrow\Omega^*$$

$$\frac{\partial(x_1,x_2,\cdots,x_n)}{\partial(\alpha_1,\alpha_2,\cdots,\alpha_n)}\neq 0,\quad (x_1,x_2,\cdots,x_n)\in\Omega,\quad (\alpha_1,\alpha_2,\cdots,\alpha_n)\in\Omega^*$$

(6) 计算 $\underset{\Omega}{\iiint\cdots\int}\sqrt{x_1+x_2+\cdots+x_n}\,\mathrm{d}x_1\mathrm{d}x_2\cdots\mathrm{d}x_n$, $\Omega=\{x_1+x_2+\cdots+x_n\leqslant 1,\ x_i\geqslant 0, i=1,2,\cdots,n\}$

(7) 计算 n 维角锥的体积:

$$\Omega=\left\{\frac{x_1}{a_1}+\frac{x_2}{a_2}+\cdots+\frac{x_n}{a_n}\leqslant 1,\ x_i\geqslant 0, i=1,2,\cdots,n,\ a_i>0, i=1,2,\cdots,n\right\}$$

探索类问题 8 研究超球球体的体积:

(1) $\mathbf{R}^4$ 中的超球面 $x^2+y^2+z^2+w^2=1$ 围成的体积.

(2) $\mathbf{R}^n$ 中的超球面 $x_1^2+x_2^2+\cdots+x_n^2=1$ 围成的体积.

(3) $\mathbf{R}^n$ 中 n 维圆锥的体积: 由曲面 $\dfrac{x_1^2}{a_1^2}+\dfrac{x_2^2}{a_2^2}+\cdots+\dfrac{x_{n-1}^2}{a_{n-1}^2}=\dfrac{x_n^2}{a_n^2}, x_n=a_n$ 围成的体积.

提示: 球坐标变换

$$
\begin{cases}
x_1 = r\cos\varphi_1 \\
x_2 = r\sin\varphi_1\cos\varphi_2 \\
x_3 = r\sin\varphi_1\sin\varphi_2\cos\varphi_3 \\
\qquad\qquad \cdots\cdots \\
x_{n-1} = r\sin\varphi_1\sin\varphi_2\cdots\sin\varphi_{n-2}\cos\varphi_{n-1} \\
x_n = r\sin\varphi_1\sin\varphi_2\cdots\sin\varphi_{n-2}\sin\varphi_{n-1}
\end{cases}
$$

$$
\frac{\partial(x_1, x_2, \cdots, x_n)}{\partial(r, \varphi_1, \varphi_2, \cdots, \varphi_{n-1})} = r^{n-1}\sin^{n-2}\varphi_1\sin^{n-3}\varphi_2\cdots\sin^2\varphi_{n-3}\sin\varphi_{n-2}
$$

第 16 章习题答案与提示

第 17 章 Chapter 17 曲线积分与格林公式

重积分研究的是 $\mathbf{R}^n$ 中区域上的积分, 但是在 $\mathbf{R}^n(n \geqslant 2)$ 中除了区域之外, 还有很多有重要意义的子集, 比如 $\mathbf{R}^2$ 中的曲线、$\mathbf{R}^3$ 中的曲线与曲面等. 本章研究 $\mathbf{R}^2$ 和 $\mathbf{R}^3$ 中曲线上的两类积分, 称为第一型、第二型曲线积分, 在此基础上讨论了格林公式, 在提高拓展部分讨论了格林公式的应用, 本章最后设置了系列研究探索类问题.

17.1 第一型曲线积分

本节研究第一型曲线积分的定义与计算方法.

17.1.1 第一型曲线积分的定义

在给出第一型曲线积分的定义之前, 讨论两个实际问题.

应用问题 曲线形构件的质量: 已知平面曲线形构件 L 的线密度为 $\rho(x,y)$, 求 L 的质量 m、质心坐标 $(\overline{x},\overline{y})$ 以及对坐标轴的转动惯量 J_x, J_y.

当 $\rho(x,y)=\rho_0$ 为常数时, 该构件的质量 $m=\rho_0|L|$, $|L|$ 表示 L 的弧长, 当 $\rho(x,y)$ 不是常数时, 我们可以利用"分割, 求和, 取极限"的方法来求其质量. 如图 17.1.1 所示.

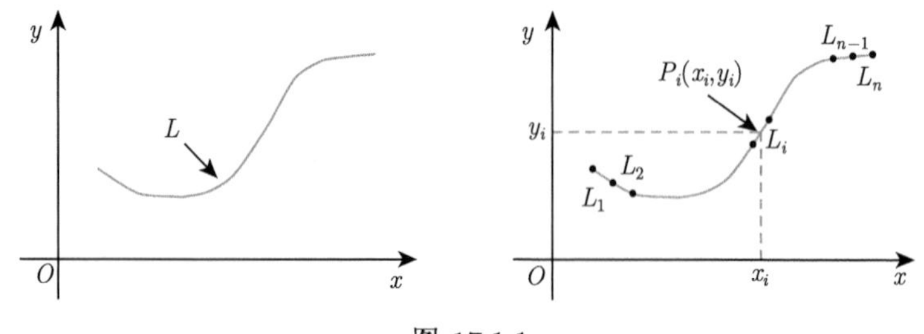

图 17.1.1

(1) 分割: 将 L 分割成 n 个小弧段 L_i, Δs_i 为 L_i 的弧长, $i=1,2,\cdots,n$, 视 $\{L_i\}_{i=1}^n$ 为质点系, $\{\rho(x_i,y_i)\Delta s_i\}_{i=1}^n$ 为其质量, $(x_i,y_i)\in L_i$.

(2) 累加和: $m \approx \sum\limits_{i=1}^{n} \rho(P_i)\Delta s_i$, 其中 $P_i(x_i, y_i)$ 为 L_i 上任意一点, $i = 1, 2, \cdots, n$, 则有

$$\bar{x} \approx \frac{\sum\limits_{i=1}^{n} x_i \rho(P_i)\Delta s_i}{\sum\limits_{i=1}^{n} \rho(P_i)\Delta s_i}, \quad \bar{y} \approx \frac{\sum\limits_{i=1}^{n} y_i \rho(P_i)\Delta s_i}{\sum\limits_{i=1}^{n} \rho(P_i)\Delta s_i}, \quad P_i \in L_i, \quad i = 1, 2, \cdots, n$$

$$J_x \approx \sum_{i=1}^{n} y_i^2 \rho(P_i)\Delta s_i, \quad J_y \approx \sum_{i=1}^{n} x_i^2 \rho(P_i)\Delta s_i, \quad i = 1, 2, \cdots, n$$

(3) 求极限:

$$\|T\| = \max_{1 \leqslant i \leqslant n} \Delta s_i, \quad m = \lim_{\|T\| \to 0} \sum_{i=1}^{n} \rho(P_i)\Delta s_i, \tag{17.1.1}$$

$$\bar{x} = \lim_{\|T\| \to 0} \frac{\sum\limits_{i=1}^{n} x_i \rho(P_i)\Delta s_i}{\sum\limits_{i=1}^{n} \rho(P_i)\Delta s_i}, \quad \bar{y} = \lim_{\|T\| \to 0} \frac{\sum\limits_{i=1}^{n} y_i \rho(P_i)\Delta s_i}{\sum\limits_{i=1}^{n} \rho(P_i)\Delta s_i}, \tag{17.1.2}$$

$$J_x = \lim_{\|T\| \to 0} \sum_{i=1}^{n} y_i^2 \rho(P_i)\Delta s_i, \quad J_y = \lim_{\|T\| \to 0} \sum_{i=1}^{n} x_i^2 \rho(P_i)\Delta s_i. \tag{17.1.3}$$

(17.1.1)—(17.1.3) 式累加和极限称为第一型曲线积分, 下面以空间曲线为例, 给出第一型曲线积分的数学定义.

定义 17.1.1 设 Γ 是区域 $D \subset \mathbf{R}^3$ 内可求长的曲线, A, B 为 Γ 的两个端点, $f(x, y, z)$ 定义在 Γ 上. 对 Γ 进行分割, 分割点为 $\{P_i\}_{i=0}^{n}$, 其中 $P_0 = A, P_n = B$, 弧段 $\overset{\frown}{P_{i-1}P_i}$ 为 Γ 的第 i 段曲线, Δs_i 为弧段 $\overset{\frown}{P_{i-1}P_i}$ 的弧长, $i = 1, 2, \cdots, n$, 分割的细度为 $\|T\| = \max\limits_{1 \leqslant i \leqslant n} \Delta s_i$. 如图 17.1.2 所示. 若存在实数 l, 如果对于任意 $\varepsilon > 0$, 存在 $\delta > 0$, 对于 Γ 的任意一个分割, 当 $\|T\| < \delta$ 时有

$$\left| \sum_{i=1}^{n} f(x_i, y_i, z_i)\Delta s_i - l \right| < \varepsilon, \quad \forall (x_i, y_i, z_i) \in \overset{\frown}{P_{i-1}P_i},$$
$$i = 1, 2, \cdots, n$$

则称 l 为 $f(x, y, z)$ 在 Γ 上的第一型曲线积分, 记为 $\int_{\Gamma} f(x, y, z)\mathrm{d}s$. $f(x, y, z)$ 称为被积函数, Γ 为积分路径.

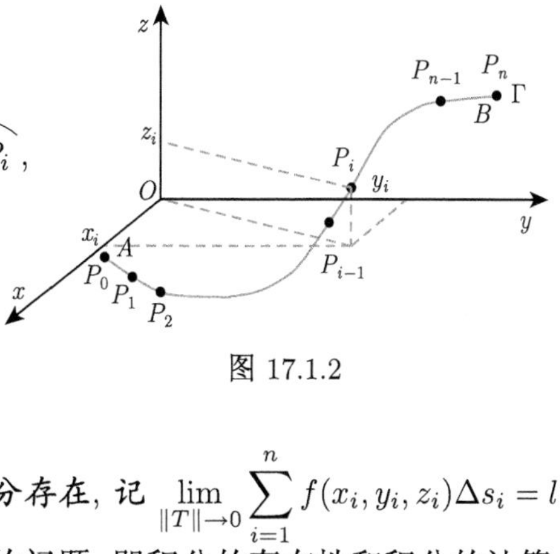

图 17.1.2

注 17.1.1 $f(x, y, z)$ 在 Γ 上的第一型曲线积分存在, 记 $\lim\limits_{\|T\| \to 0} \sum\limits_{i=1}^{n} f(x_i, y_i, z_i)\Delta s_i = l$.

对于第一型曲线积分, 我们需要考虑两个方面的问题, 即积分的存在性和积分的计算.

17.1.2 第一型曲线积分的计算公式

首先讨论第一型曲线积分的计算.

定理 17.1.1 设光滑曲线 $L:\begin{cases}x=x(t),\\ y=y(t),\end{cases}$ $t\in[a,b]$, $f(x,y)$ 为定义在 L 上的连续函数, 则

$$\int_L f(x,y)\mathrm{d}s=\int_a^b f(x(t),y(t))\sqrt{(x'(t))^2+(y'(t))^2}\mathrm{d}t$$

证明 首先对 L 进行分割. 分割 T: 取 L 上点 $\{P_i\}_{i=0}^n=\{(x(t_i),y(t_i))\}_{i=0}^n$, 其中 $P_0=A, P_n=B$ 分别为 L 的起点和终点, 对应的参数区间 $[a,b]$ 的分割点 $T':a=t_0<t_1<\cdots<t_n=b$. 如图 17.1.3 右图所示, 如果分割点 $\{t_i\}_{i=0}^n$ 不是单调递增, 如图 17.1.3 左图, 需要重新调整分割点变为递增.

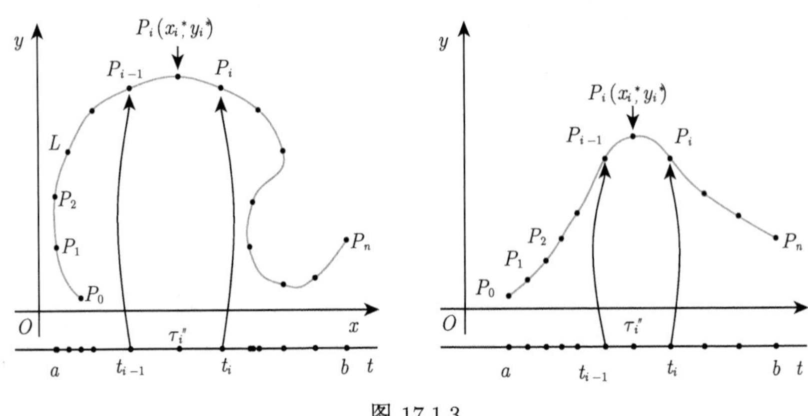

图 17.1.3

根据弧长公式及定积分中值定理

$$\Delta s_i=\int_{t_{i-1}}^{t_i}\sqrt{(x'(t))^2+(y'(t))^2}\mathrm{d}t=\sqrt{(x'(\tau_i'))^2+(y'(\tau_i'))^2}\Delta t_i,\quad t_{i-1}<\tau_i'<t_i$$

任取弧段 $\overset{\frown}{P_{i-1}P_i}$ 上的一点 $(x_i^*,y_i^*)=(x(\tau_i''),y(\tau_i'')),\tau_i''\in[t_{i-1},t_i]$, 则有

$$\begin{aligned}&\sum_{i=1}^n f(x_i^*,y_i^*)\Delta s_i=\sum_{i=1}^n f(x(\tau_i''),y(\tau_i''))\sqrt{(x'(\tau_i'))^2+(y'(\tau_i'))^2}\Delta t_i\\ =&\boxed{\sum_{i=1}^n f(x(\tau_i''),y(\tau_i''))\sqrt{(x'(\tau_i''))^2+(y'(\tau_i''))^2}\Delta t_i}\Leftarrow\boxed{\sigma_{1n}}\\ &+\boxed{\sum_{i=1}^n f(x(\tau_i''),y(\tau_i''))\left(\sqrt{(x'(\tau_i'))^2+(y'(\tau_i'))^2}-\sqrt{(x'(\tau_i''))^2+(y'(\tau_i''))^2}\right)\Delta t_i}\Leftarrow\boxed{\sigma_{2n}}\\ =&\sigma_{1n}+\sigma_{2n}\end{aligned}$$

由于 L 是光滑曲线, 因此 $\|T\|=\max\limits_{1\leqslant i\leqslant n}\Delta s_i\to 0$ 时, 必有 $\|T'\|=\max\limits_{1\leqslant i\leqslant n}\Delta t_i\to 0$, 反之也成立. 对 σ_{1n}, 根据定积分的定义得

$$\lim_{\|T\|\to 0}\sigma_{1n}=\lim_{\|T'\|\to 0}\sigma_{1n}=\int_a^b f\left(x(t),y(t)\right)\sqrt{\left(x'(t)\right)^2+\left(y'(t)\right)^2}\mathrm{d}t$$

对于 σ_{2n}, 由已知条件 $f(x(t),y(t))$ 在 $[a,b]$ 上连续, 于是存在 $M>0$, 使得

$$|f(x(t),y(t))|\leqslant M,\quad \forall t\in[a,b]$$

由于 $x'(t),y'(t)$ 在 $[a,b]$ 上一致连续, 因此 $\sqrt{\left(x'(t)\right)^2+\left(y'(t)\right)^2}$ 在 $[a,b]$ 上一致连续, 所以对于任意 $\varepsilon>0$, 存在 $\delta(\varepsilon)>0$, 当 $|\tau_i'-\tau_i''|<\delta$ 时有

$$\left|\sqrt{\left(x'(\tau_i')\right)^2+\left(y'(\tau_i')\right)^2}-\sqrt{\left(x'(\tau_i'')\right)^2+\left(y'(\tau_i'')\right)^2}\right|<\frac{\varepsilon}{M(b-a)}$$

所以当 $\|T_1\|=\max\limits_{1\leqslant i\leqslant n}\Delta t_i<\delta$ 时, 有 $|\sigma_{2n}|\leqslant\sum\limits_{i=1}^{n}M\left(\dfrac{\varepsilon}{M(b-a)}\right)\Delta t_i=\varepsilon$, 即

$$\lim_{\|T\|\to 0}\sigma_{2n}=\lim_{\|T'\|\to 0}\sigma_{2n}=0$$

结论得证.

根据定理 17.1.1, 若 $\Gamma: y=\Phi(x), a\leqslant x\leqslant b$ 为光滑曲线, 则

$$\int_\Gamma f(x,y)\mathrm{d}s=\int_a^b f\left(x,\Phi(x)\right)\sqrt{1+\left(\Phi'(x)\right)^2}\mathrm{d}x$$

若 $\Gamma: x=\Psi(y), \alpha\leqslant y\leqslant\beta$ 为光滑曲线, 则

$$\int_\Gamma f(x,y)\mathrm{d}s=\int_\alpha^\beta f\left(\Psi(y),y\right)\sqrt{1+\left(\Psi'(y)\right)^2}\mathrm{d}y$$

利用第一型曲线积分的定义, 线密度为 $\rho(x,y)$ 的光滑平面曲线 L 的质量、重心坐标和对坐标轴的转动惯量分别为

$$m=\int_L\rho\mathrm{d}s,\quad \bar{x}=\frac{\displaystyle\int_L x\rho\mathrm{d}s}{\displaystyle\int_L\rho\mathrm{d}s},\quad \bar{y}=\frac{\displaystyle\int_L y\rho\mathrm{d}s}{\displaystyle\int_L\rho\mathrm{d}s}\quad J_x=\int_L y^2\rho\mathrm{d}s,\quad J_y=\int_L x^2\rho\mathrm{d}s$$

由定理 17.1.1 的证明过程, 不难推出三维空间中第一型曲线积分的计算公式.

定理 17.1.2 设光滑曲线 $L:\begin{cases}x=x(t),\\ y=y(t),\quad t\in[a,b],\\ z=z(t),\end{cases}$ $f(x,y,z)$ 为定义在 L 上的连续函数, 则

$$\int_L f(x,y,z)\mathrm{d}s=\int_a^b f(x(t),y(t),z(t))\sqrt{\left(x'(t)\right)^2+\left(y'(t)\right)^2+\left(z'(t)\right)^2}\mathrm{d}t$$

下面讨论对称性在第一型曲线积分计算中的应用.

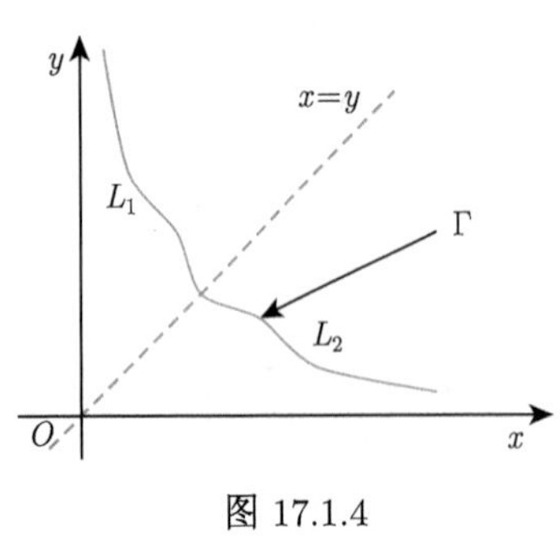

图 17.1.4

如果曲线 L 可以分割成两段 L_1, L_2, 且 L_1, L_2 关于坐标轴 (空间曲线可以进一步考虑关于坐标平面对称) 或者原点对称, 则

(1) 如果 $f(x,y)$ 在 L_1 上各点的值与其在 L_2 上对称点的值相等, 则 $\int_L f(x,y)\mathrm{d}s = 2\int_{L_1} f(x,y)\mathrm{d}s$.

(2) 如果 $f(x,y)$ 在 L_1 上各点的值与其在 L_2 上对称点的值互为相反数, 则 $\int_L f(x,y)\mathrm{d}s = 0$.

例如, 如图 17.1.4 所示, 曲线 Γ 关于 $x = y$ 对称, $f(x,y) = -f(y,x) \Rightarrow \int_\Gamma f(x,y)\mathrm{d}s = 0$.

17.1.3 第一型曲线积分的基本性质

利用第一型曲线积分的定义和极限的运算性质, 可以得到第一型曲线积分的如下性质, 证明留给读者完成.

(1) 线性性质 若第一型曲线积分 $\int_\Gamma f_i(x,y,z)\mathrm{d}s$ 存在, c_i 为常数, $i = 1, 2, \cdots, n$, 则

$$\int_\Gamma \sum_{i=1}^n c_i f_i(x,y,z)\mathrm{d}s$$

存在, 且

$$\int_\Gamma \sum_{i=1}^n c_i f_i(x,y,z)\mathrm{d}s = \sum_{i=1}^n c_i \int_\Gamma f_i(x,y,z)\mathrm{d}s$$

(2) 保序性质 若 $\int_L f(x,y,z)\mathrm{d}s, \int_L g(x,y,z)\mathrm{d}s$ 存在, 且在 L 上 $f(x,y,z) \leqslant g(x,y,z)$, 则

$$\int_L f(x,y,z)\mathrm{d}s \leqslant \int_L g(x,y,z)\mathrm{d}s$$

.

(3) 路径可加性 如图 17.1.5 所示, 若 $L_0, L_1, L_2, \cdots, L_k$ 首尾相接而成, 且 $\overset{\frown}{L_0L_1} \cup \overset{\frown}{L_1L_2} \cup \cdots \cup \overset{\frown}{L_{k-1}L_k} = L$, $\int_{\overset{\frown}{L_{i-1}L_i}} f(x,y,z)\mathrm{d}s$ 存在且

$$\int_L f(x,y,z)\mathrm{d}s = \sum_{i=1}^k \int_{\overset{\frown}{L_{i-1}L_i}} f(x,y,z)\mathrm{d}s$$

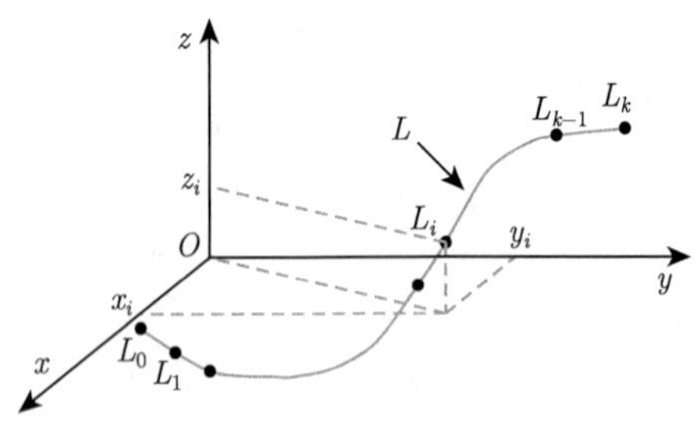

图 17.1.5

(4) 绝对可积性 若 $\int_L f(x,y,z)\mathrm{d}s$ 存在, 则 $\int_L |f(x,y,z)|\,\mathrm{d}s$ 存在, 且

$$\left|\int_L f(x,y,z)\mathrm{d}s\right| \leqslant \int_L |f(x,y,z)|\,\mathrm{d}s$$

(5) 中值定理　若 $\int_L f(x,y,z)\mathrm{d}s$ 存在, L 的弧长为 s^*, 则存在常数 c 使得 $\int_L f(x,y,z)\mathrm{d}s = cs^*$, 其中 $\inf\limits_{(x,y,z)\in L} f(x,y,z) \leqslant c \leqslant \sup\limits_{(x,y,z)\in L} f(x,y,z)$. 如果 $f(x,y,z)$ 在 L 上连续, 则在 L 上存在一点 (x^*,y^*,z^*), 使得 $\int_L f(x,y,z)\mathrm{d}s = f(x^*,y^*,z^*)s^*$.

17.1.4　第一型曲线积分的典型例题

根据定理 17.1.1 和定理 17.1.2 得到求第一型曲线积分的一般步骤:

(1) 判断 $L:\begin{cases} x=x(t), \\ y=y(t), \end{cases}$ $t\in[a,b]$ 和 $f(x,y)$ 是否满足定理 17.1.1 和定理 17.1.2 的条件;

(2) 计算弧微分 $\mathrm{d}s=\sqrt{(x'(t))^2+(y'(t))^2}\mathrm{d}t$;

(3) 计算定积分 $\int_L f(x,y)\mathrm{d}s = \int_a^b f(x(t),y(t))\sqrt{(x'(t))^2+(y'(t))^2}\mathrm{d}t$.

例 17.1.1　计算密度函数为 $r(x,y,z)=y(x-z)$ 的曲线 L 的质量, 其中 L 是椭球面 $\frac{x^2}{4}+\frac{y^2}{2}+\frac{z^2}{4}=1$ 和平面 $x+z=2$ 的交线在第一卦限位于点 $(2,0,0)$ 与点 $(1,1,1)$ 之间的一段曲线. 如图 17.1.6 所示.

解　所求质量 $m=\int_L y(x-z)\mathrm{d}s$. 下面求 L 的参数方程.

$$\begin{cases} x+z=2, \\ \dfrac{x^2}{4}+\dfrac{y^2}{2}+\dfrac{z^2}{4}=1 \end{cases} \Rightarrow (x-1)^2+y^2=1 \Rightarrow \begin{cases} x=1+\cos\theta, \\ y=\sin\theta, \\ z=1-\cos\theta, \end{cases} \quad \theta\in\left[0,\frac{\pi}{2}\right]$$

所以 $m=\int_0^{\frac{\pi}{2}} 2\sin\theta\cos\theta\sqrt{1+\sin^2\theta}\mathrm{d}\theta = \frac{2}{3}\left(1+\sin^2\theta\right)^{\frac{3}{2}}\Big|_0^{\frac{\pi}{2}} = \frac{2}{3}(2\sqrt{2}-1)$.

例 17.1.2　计算 $\int_L (x^{\frac{4}{3}}+y^{\frac{4}{3}}+y-x)\mathrm{d}s$, 其中 L 为摆线 $x^{\frac{2}{3}}+y^{\frac{2}{3}}=a^{\frac{2}{3}}$. 如图 17.1.7 所示.

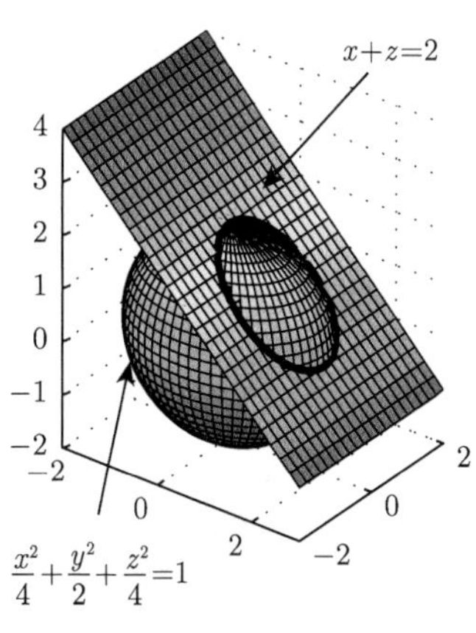

图 17.1.6

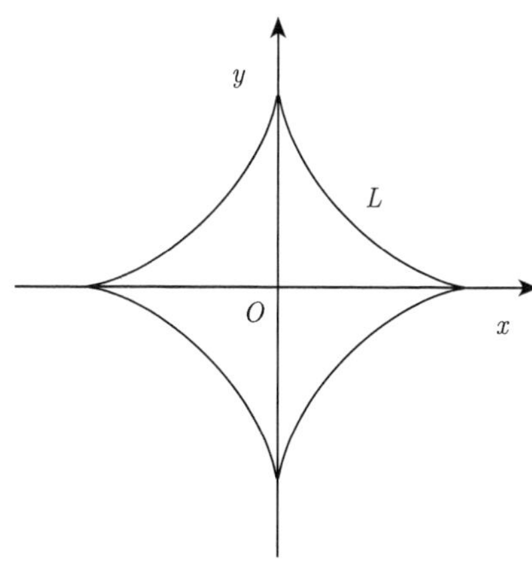

图 17.1.7

解 曲线 L 的参数方程为 $\begin{cases} x = a\cos^3 t, \\ y = a\sin^3 t, \end{cases}$ $t \in [0, 2\pi]$, 且 L 关于 x 轴、y 轴、原点、$y = x$ 对称. 设 $F(x,y) = x^{\frac{4}{3}} + y^{\frac{4}{3}}, G(x,y) = y - x$, 则

$$F(-x,y) = F(x,-y) = F(-x,-y) = F(x,y) = F(y,x)$$

$$G(-x,-y) = -G(x,y)$$

所以由对称性得 $\int_L G(x,y)\mathrm{d}s = 0$. 设 L 在第一象限的部分为 L_1, 则 L_1 关于 $x = y$ 对称. 于是

$$\begin{aligned}\int_L (x^{\frac{4}{3}} + y^{\frac{4}{3}} + y - x)\mathrm{d}s &= 4\int_{L_1} (x^{\frac{4}{3}} + y^{\frac{4}{3}})\mathrm{d}s = 8\int_{L_1} x^{\frac{4}{3}}\mathrm{d}s \\ &= 24a\int_0^{\frac{\pi}{2}} a^{\frac{4}{3}}\cos^4 t\sin t\cos t\mathrm{d}t = 4a^{\frac{7}{3}}\end{aligned}$$

例 17.1.3 求两个曲面 $x^2 + y^2 = cz$, $\dfrac{y}{x} = \tan\dfrac{z}{c}\,(c > 0)$ 的交线从 $O(0,0,0)$ 到 $A(x_0, y_0, z_0)$ 的弧长. 如图 17.1.8 所示.

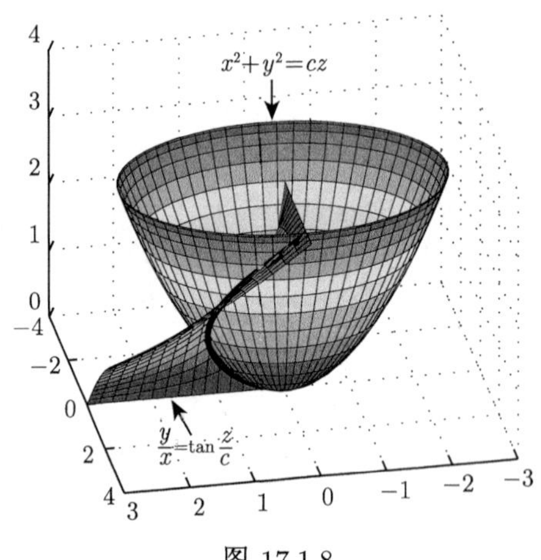

图 17.1.8

解 曲线的参数方程为 $x = \sqrt{cz}\cos\dfrac{z}{c}, y = \sqrt{cz}\sin\dfrac{z}{c}, z = z$, 则弧长的微分为

$$\begin{aligned}\mathrm{d}s &= \left[\left(\frac{\sqrt{c}}{2\sqrt{z}}\cos\frac{z}{c} - \sqrt{\frac{z}{c}}\sin\frac{z}{c}\right)^2 + \left(\frac{\sqrt{c}}{2\sqrt{z}}\sin\frac{z}{c} + \sqrt{\frac{z}{c}}\cos\frac{z}{c}\right)^2 + 1\right]^{\frac{1}{2}}\mathrm{d}z \\ &= \sqrt{\frac{c}{4z} + \frac{z}{c} + 1}\mathrm{d}z = \frac{2z + c}{\sqrt{4cz}}\mathrm{d}z\end{aligned}$$

$z = 0$ 为弧长微分的瑕点, 利用瑕积分计算方法, 弧长为

$$s = \lim_{\varepsilon\to 0}\int_{\varepsilon}^{z_0} \frac{2z + c}{\sqrt{4cz}}\mathrm{d}z = \lim_{\varepsilon\to 0}\left(\int_{\varepsilon}^{z_0} \sqrt{\frac{z}{c}}\mathrm{d}z + \int_{\varepsilon}^{z_0} \frac{\sqrt{c}}{2\sqrt{z}}\mathrm{d}z\right) = \sqrt{cz_0}\left(1 + \frac{2z_0}{3c}\right)$$

例 17.1.4 求两曲面 $y = a\arcsin\dfrac{x}{a}, z = \dfrac{a}{4}\ln\dfrac{a - x}{a + x}\,(a > 0)$ 的交线从 $O(0,0,0)$ 到 $A(x_0, y_0, z_0)$ 的弧长. 如图 17.1.9 所示.

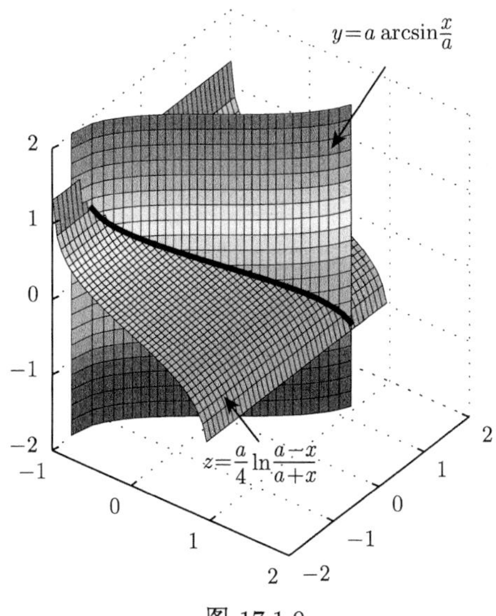

图 17.1.9

解 弧长微分为

$$\mathrm{d}s=\sqrt{1+\frac{a^2}{a^2-x^2}+\frac{a^4}{4(a^2-x^2)^2}}\mathrm{d}x=\frac{3a^2-2x^2}{2(a^2-x^2)}\mathrm{d}x\quad(|x|<a)$$

当 $0\leqslant x_0<a$ 时, 有

$$s=\int_0^{x_0}\frac{3a^2-2x^2}{2(a^2-x^2)}\mathrm{d}x=\frac{a}{4}\ln\frac{a+x_0}{a-x_0}+x_0=|z_0|+|x_0|$$

当 $-a<x_0<0$ 时, 有

$$s=\int_{x_0}^{0}\frac{3a^2-2x^2}{2(a^2-x^2)}\mathrm{d}x=-\frac{a}{4}\ln\frac{a+x_0}{a-x_0}-x_0=|z_0|+|x_0|$$

所以当 $|x_0|<a$ 时, $s=|z_0|+|x_0|$.

例 17.1.5 求两个曲面 $(x-y)^2=a(x+y), x^2-y^2=\frac{9}{8}z^2$ 的交线从点 $O(0,0,0)$ 到点 $A(x_0,y_0,z_0)$ 的弧长.

解 由于

$$\begin{cases}(x-y)^2=a(x+y),\\ x^2-y^2=\dfrac{9}{8}z^2\end{cases}\Rightarrow\begin{cases}(x-y)^2=a(x+y),\\ (x-y)(x+y)=\dfrac{9}{8}z^2\end{cases}\Rightarrow\begin{cases}(x-y)^3=\dfrac{9}{8}az^2,\\ (x+y)^3=\dfrac{1}{a}\left(\dfrac{9}{8}z^2\right)^2\end{cases}$$

$$\Rightarrow\begin{cases}x=\dfrac{1}{2}\left[\dfrac{1}{a}\sqrt[3]{\left(\dfrac{9a}{8}\right)^2}\sqrt[3]{z^4}+\sqrt[3]{\dfrac{9a}{8}}\sqrt[3]{z^2}\right]\\ y=\dfrac{1}{2}\left[\dfrac{1}{a}\sqrt[3]{\left(\dfrac{9a}{8}\right)^2}\sqrt[3]{z^4}-\sqrt[3]{\dfrac{9a}{8}}\sqrt[3]{z^2}\right]\end{cases}$$

所以弧微分

$$ds=\sqrt{\frac{\sqrt[3]{9a}}{2a}\sqrt[3]{z^2}+\frac{\sqrt[3]{3a^2}}{6}\sqrt[3]{z^{-2}}+1}dz$$

$z=0$ 为弧长微分的瑕点, 利用瑕积分计算方法, 弧长为

$$\begin{aligned}s&=\lim_{\varepsilon\to 0}\int_{\varepsilon}^{z_0}\sqrt{\frac{\sqrt[3]{9a}}{2a}\sqrt[3]{z^2}+\frac{\sqrt[3]{3a^2}}{6}\sqrt[3]{z^{-2}}+1}dz \Leftarrow \boxed{\text{作变换}z=t^{3/2}}\\&=\lim_{\varepsilon\to 0}\int_{\sqrt[3]{\varepsilon^2}}^{\sqrt[3]{z_0^2}}\left(\sqrt{\frac{\sqrt[3]{9a}}{2a}t+\frac{\sqrt[3]{3a^2}}{6}\frac{1}{t}+1}\right)\times\frac{3\sqrt{t}}{2}dt\\&=\frac{3}{2}\lim_{\varepsilon\to 0}\int_{\sqrt[3]{\varepsilon^2}}^{\sqrt[3]{z_0^2}}\sqrt{\frac{\sqrt[3]{9a}}{2a}t^2+\frac{\sqrt[3]{3a^2}}{6}+t}dt\\&=\frac{3}{2}\lim_{\varepsilon\to 0}\int_{\sqrt[3]{\varepsilon^2}}^{\sqrt[3]{z_0^2}}\left(\frac{1}{\sqrt{2}}\sqrt[3]{\frac{3}{a}}t+\frac{1}{\sqrt{2}}\sqrt[3]{\frac{a}{3}}\right)dt=\frac{3}{4\sqrt{2}}\left(\sqrt[3]{\frac{3z_0^4}{a}}+2\sqrt[3]{\frac{az_0^2}{3}}\right)\end{aligned}$$

例 17.1.6 求螺线 $x=a\cos t, y=a\sin t, z=\dfrac{ht}{2\pi}$ $(0\leqslant t\leqslant 2\pi)$ 对坐标轴的转动惯量.

解 弧微分为

$$ds=\sqrt{a^2\sin^2 t+a^2\cos^2 t+\left(\frac{h}{2\pi}\right)^2}dt=\frac{\sqrt{4\pi^2a^2+h^2}}{2\pi}dt$$

对三个坐标轴的转动惯量为

$$\begin{aligned}J_x&=\int_c(y^2+z^2)ds=\int_0^{2\pi}\left(a^2\sin^2 t+\left(\frac{ht}{2\pi}\right)^2\right)\frac{\sqrt{4\pi^2a^2+h^2}}{2\pi}dt=\sqrt{4\pi^2a^2+h^2}\left(\frac{a^2}{2}+\frac{h^2}{3}\right)\\J_y&=\int_c(x^2+z^2)ds=\int_0^{2\pi}\left(a^2\cos^2 t+\left(\frac{ht}{2\pi}\right)^2\right)\frac{\sqrt{4\pi^2a^2+h^2}}{2\pi}dt=\sqrt{4\pi^2a^2+h^2}\left(\frac{a^2}{2}+\frac{h^2}{3}\right)\\J_z&=\int_c(x^2+y^2)ds=\int_0^{2\pi}a^2\frac{\sqrt{4\pi^2a^2+h^2}}{2\pi}dt=a^2\sqrt{4\pi^2a^2+h^2}\end{aligned}$$

习题 17.1 第一型曲线积分

1. 计算下列曲线积分:

(1) $\displaystyle\int_\Gamma(x+y)ds$, Γ 为顶点为 $(0,0),(1,0),(0,1)$ 的三角形的边界.

(2) $\displaystyle\int_\Gamma y^2ds$, Γ 为旋轮线的一拱:$x=a(t-\sin t), y=a(1-\cos t)$, $0\leqslant t\leqslant 2\pi$.

(3) $\displaystyle\int_\Gamma\left(x^{\frac{4}{3}}+y^{\frac{4}{3}}\right)ds$, Γ 为 $x^{\frac{2}{3}}+y^{\frac{2}{3}}=a^{\frac{2}{3}}$.

(4) $\displaystyle\int_\Gamma zds$, $\Gamma:\begin{cases}x^2+y^2=z^2,\\y^2=ax\end{cases}$ 从 $O(0,0,0)$ 到 $A(a,a,\sqrt{2}a)$ 的一段弧.

(5) $\displaystyle\int_\Gamma zds$, Γ 为圆锥螺线:$x=t\cos t, y=t\sin t, z=t, t\in[0,2\pi]$.

(6) $\int_\Gamma x^2\mathrm{d}s$, Γ 为圆周 $x^2+y^2+z^2=a^2$, $x+y+z=0$.

2. 计算下列曲线的弧长

(1)$x=3t,y=3t^2,z=2t^2$ 的点 $O(0,0,0)$ 到点 $A(3,3,2)$ 的弧长.

(2)$x=\mathrm{e}^{-t}\cos t,y=\mathrm{e}^{-t}\sin t,z=\mathrm{e}^{-t},0<t<+\infty$.

3. 曲线 Γ 用极坐标方程 $r=f(\theta),\alpha\leqslant\theta\leqslant\beta$ 来表示, 其中 f 连续可导. 证明: Γ 的长度为

$$\int_\alpha^\beta\sqrt{(f(\theta))^2+(f'(\theta))^2}\mathrm{d}\theta$$

4. 证明: 若函数 $f(x,y)$ 在光滑曲线 $L:\begin{cases}x=x(t),\\ y=y(t),\end{cases}$ $t\in[\alpha,\beta]$ 上连续, 则存在 $(x_0,y_0)\in L$ 使得: $\int_L f(x,y)\,\mathrm{d}s=f(x_0,y_0)\,\Delta L$, 其中 ΔL 为 L 的弧长.

5. 求下列曲线 (1) 弧重心的坐标以及 (1)(2) 对坐标轴的转动惯量.

(1)$x=at,y=\dfrac{at^2}{2},z=\dfrac{at^3}{3}\,(0\leqslant t\leqslant 1)\,,\rho(x,y,z)=\sqrt{\dfrac{y}{a}}$ 为曲线的密度 $(a>0)$;

(2)$x=\mathrm{e}^t\cos t,y=\mathrm{e}^t\sin t,z=\mathrm{e}^t\,(-\infty<t<0)\,,\rho(x,y,z)=c$ 为曲线的密度.

17.2 第二型曲线积分

本节研究第二型曲线积分的定义与计算方法.

17.2.1 第二型曲线积分的定义

第二型曲线积分的物理模型是变力沿曲线做功.

实际问题 求一个质点在力场 $\boldsymbol{F}(x,y)=(P(x,y),Q(x,y))$ 作用下, 沿着平面有向曲线 L 从点 A 到点 B 所做的功. 如图 17.2.1 所示. 我们利用“分割, 求和, 取极限”的方法解决问题.

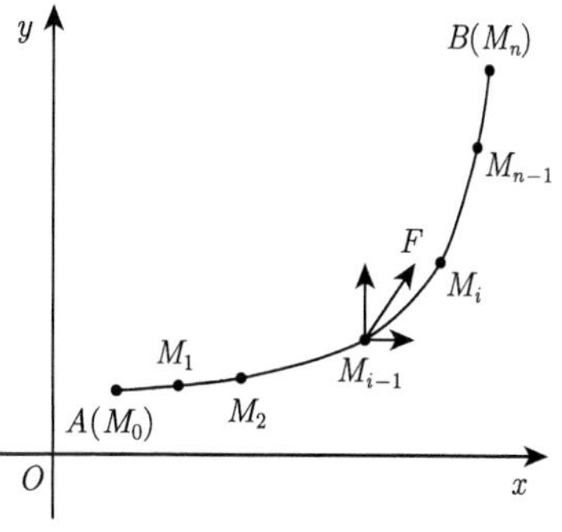

图 17.2.1

(1) 将 L 沿着其方向进行分割:

$$\begin{aligned}&\overset{\frown}{M_0M_1},\overset{\frown}{M_1M_2},\cdots,\overset{\frown}{M_{n-1}M_n},M_0=A,\\&M_n=B,M_i=(x_i,y_i),\Delta x_i=x_i-x_{i-1},\\&\Delta y_i=y_i-y_{i-1},i=1,2,\cdots,n,\\&\|T\|=\max_{1\leqslant i\leqslant n}\Delta s_i\end{aligned}$$

其中 Δs_i 为 $\overset{\frown}{M_{i-1}M_1}$ 的弧长.

(2) 累加和: 质点在力 $\boldsymbol{F}$ 作用下, 经过弧 $\overset{\frown}{M_{i-1}M_i}$ 所做的功近似为

$$W_i\approx F(x_i',y_i')\cdot\overrightarrow{M_{i-1}M_i}=(P(x_i',y_i'),Q(x_i',y'))\cdot(\Delta x_i,\Delta y_i)=P(x_i',y_i')\Delta x_i+Q(x_i',y_i')\Delta y_i$$

其中 (x_i',y_i') 为 $\overset{\frown}{M_{i-1}M_i}$ 上任意一点. 于是质点在力场 $\boldsymbol{F}$ 作用下, 沿着平面有向曲线 L 从点 A 到点 B 所做功近似为

$$W \approx \sum_{i=1}^{n} P(x_i', y_i')\Delta x_i + \sum_{i=1}^{n} Q(x_i', y_i')\Delta y_i$$

(3) 取极限:

$$W = \lim_{\|T\|\to 0}\left\{\sum_{i=1}^{n} P(x_i', y_i')\Delta x_i + \sum_{i=1}^{n} Q(x_i', y_i')\Delta y_i\right\}.$$

如果求 $\boldsymbol{F}$ 沿着平面有向曲线 L 从点 B 到点 A 所做的功, 沿着有向曲线进行有向分割, 上式中的 $\Delta x_i, \Delta y_i$ 变号, 于是

$$\begin{aligned}&\lim_{\|T\|\to 0, A\to B}\left\{\sum_{i=1}^{n} P(x_i', y_i')\Delta x_i + \sum_{i=1}^{n} Q(x_i', y_i')\Delta y_i\right\}\\ =& -\lim_{\|T\|\to 0, B\to A}\left\{\sum_{i=1}^{n} P(x_i', y_i')\Delta x_i + \sum_{i=1}^{n} Q(x_i', y_i')\Delta y_i\right\}\end{aligned}$$

下面以三维空间曲线为例给出第二型曲线积分的定义.

定义 17.2.1 设 L 为空间上有向可求长度曲线 $L = \widehat{AB}$, 向量场 $\boldsymbol{F} = (P(x,y,z), Q(x,y,z), R(x,y,z))$ 定义在 L 上. 沿着 L 的方向进行有向分割: $T: \widehat{M_{i-1}M_i}, i = 1, 2, \cdots, n$, $M_0 = A, M_n = B$, $M_i = (x_i, y_i, z_i)$, $\widehat{M_{i-1}M_i}$ 的弧长为 Δs_i, $\|T\| = \max\limits_{1\leqslant i\leqslant n} \Delta s_i$, $\Delta x_i = x_i - x_{i-1}, \Delta y_i = y_i - y_{i-1}, \Delta z_i = z_i - z_{i-1}$. 若对于任意 $(x_i', y_i', z_i') \in \widehat{M_{i-1}M_i}$ 有

$$\lim_{\|T\|\to 0}\left(\sum_{i=1}^{n} P(x_i', y_i', z_i')\Delta x_i + \sum_{i=1}^{n} Q(x_i', y_i', z_i')\Delta y_i + \sum_{i=1}^{n} R(x_i', y_i', z_i')\Delta z_i\right) = J$$

并且极限与分割 T 的取法以及点 (x_i, y_i, z_i) 的选取无关, 则称 J 为向量场 $\boldsymbol{F} = (P, Q, R)$ 关于有向曲线 L 的第二型曲线积分, 记为 $\int_L P\mathrm{d}x + Q\mathrm{d}y + R\mathrm{d}z$. 当 L 为封闭曲线时, 记为 $\oint_L P\mathrm{d}x + Q\mathrm{d}y + R\mathrm{d}z$.

注 17.2.1 由第二型曲线积分的定义知,

$$\int_L P\mathrm{d}x = \lim_{\|T\|\to 0}\left(\sum_{i=1}^{n} P(x_i', y_i', z_i')\Delta x_i\right)$$

$$\int_L Q\mathrm{d}y = \lim_{\|T\|\to 0}\left(\sum_{i=1}^{n} Q(x_i', y_i', z_i')\Delta y_i\right)$$

$$\int_L R\mathrm{d}z = \lim_{\|T\|\to 0}\left(\sum_{i=1}^{n} R(x_i', y_i', z_i')\Delta z_i\right)$$

第二型曲线积分具有如下性质:

(1) 方向性 若向量场 $\boldsymbol{F} = (P(x,y,z), Q(x,y,z), R(x,y,z))$ 在有向可求长度曲线 $L = \widehat{AB}$ 上的第二型曲线积分存在, 记 L 的负方向为 $-L$, 则 $\boldsymbol{F}$ 在 $-L$ 上的第二型曲线积分存在, 并且

$$\int_{-L} P\mathrm{d}x + Q\mathrm{d}y + R\mathrm{d}z = -\int_L P\mathrm{d}x + Q\mathrm{d}y + R\mathrm{d}z$$

(2) 路径可加性 若有向曲线 $L_1, L_2, \cdots, L_k$ 首尾相接而成 $L_1 \cup L_2 \cup \cdots \cup L_k = L$, 则 $\int_L P\mathrm{d}x + Q\mathrm{d}y + R\mathrm{d}z$ 存在的充要条件为 $\int_{L_i} P\mathrm{d}x + Q\mathrm{d}y + R\mathrm{d}z, i = 1, 2, \cdots, k$ 存在, 并且

$$\int_L P\mathrm{d}x+Q\mathrm{d}y+R\mathrm{d}z=\sum_{i=1}^{k}\int_{L_i} P\mathrm{d}x+Q\mathrm{d}y+R\mathrm{d}z$$

17.2.2 第二型曲线积分的计算公式

定理 17.2.1 设光滑有向曲线 $L:\begin{cases}x=x(t),\\ y=y(t),\\ z=z(t),\end{cases}$ 起点为 $A(x(a),y(a),z(a))$, 终点为 $B(x(b),y(b),z(b))$. 向量场 $\boldsymbol{F}=(P(x,y,z),Q(x,y,z),R(x,y,z))$ 为定义在 L 上的连续函数, 则

$$\int_L P\mathrm{d}x=\int_a^b P(x(t),y(t),z(t))x'(t)\mathrm{d}t$$
$$\int_L Q\mathrm{d}y=\int_a^b Q(x(t),y(t),z(t))y'(t)\mathrm{d}t$$
$$\int_L R\mathrm{d}z=\int_a^b R(x(t),y(t),z(t))z'(t)\mathrm{d}t$$

注 17.2.2 定理17.2.1的证明方法与第一型曲线积分的证明方法类似, 证明留给读者完成.

下面讨论对称法在第二型曲线积分计算中的应用.

设曲线 L 可以分成 L_1,L_2 两段, L_1,L_2 关于坐标轴或者原点对称 (空间曲线可以进一步考虑关于坐标平面对称).

如图 17.2.2 所示, 如果 $\mathrm{d}x$ 在 L_1 上各点处的符号与 L_2 上各点的符号相同 (如果曲线切线与 x 轴的夹角为锐角, 则 $\mathrm{d}x$ 为正, 反之为负), 则

(1) 若 $f(x,y)$ 在 L_1 上各点的值与其在 L_2 对称点的值相等, 则

$$\int_L f(x,y)\mathrm{d}x=2\int_{L_1} f(x,y)\mathrm{d}x$$

(2) 若 $f(x,y)$ 在 L_1 上各点的值与其在 L_2 对称点的值互为相反数, 则

$$\int_L f(x,y)\mathrm{d}x=0.$$

如图 17.2.3 所示, 如果 $\mathrm{d}x$ 在 L_1 上各点处的符号与 L_2 上各点的符号相反, 则

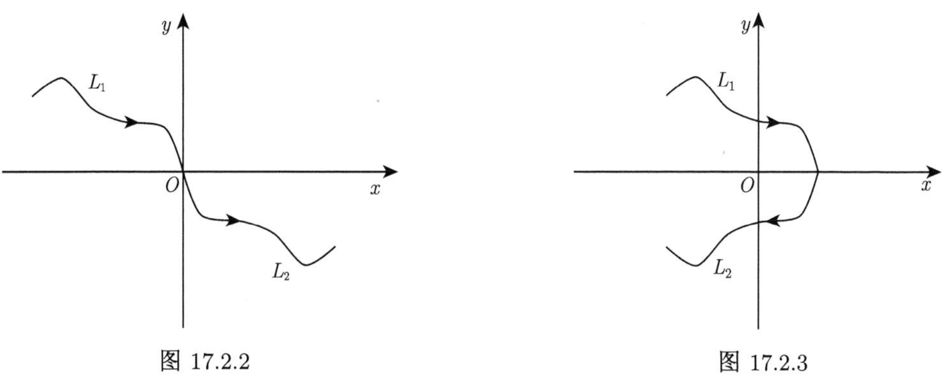

图 17.2.2　　图 17.2.3

(1) 若 $f(x,y)$ 在 L_1 上各点的值与其在 L_2 对称点的值相等, 则

$$\int_L f(x,y)\mathrm{d}x=0$$

(2) 若 $f(x,y)$ 在 L_1 上各点的值与其在 L_2 对称点的值互为相反数, 则

$$\int_L f(x,y)\mathrm{d}x=2\int_{L_1} f(x,y)\mathrm{d}x$$

注 17.2.3 $\int_L f(x,y)\mathrm{d}y$ 有相同的结论.

下面讨论两种类型曲线积分之间的关系.

假设 L 为从 A 到 B 的有向光滑曲线, 如图 17.2.4 所示, 其参数方程 $L:\begin{cases} x=x(s), \\ y=y(s), \end{cases}$ $0\leqslant s\leqslant l$, 其中 s 是弧长参数, l 为曲线的全长, 则 L 的起点 $A=(x(0),y(0))$, 终点 $B=(x(l),y(l))$, 设 $(\cos(t,x),\cos(t,y))$ 为 L 上一点切线方向的方向余弦, 且与 L 的指向一致, 则

$$\frac{\mathrm{d}x}{\mathrm{d}s}=\cos(t,x),\quad \frac{\mathrm{d}y}{\mathrm{d}s}=\cos(t,y)$$

由两种类型曲线积分的计算公式, 得两种类型曲线积分之间的关系

$$\int_L P\mathrm{d}x+Q\mathrm{d}y=\int_0^l [P(x(s),y(s))\cos(t,x)+Q(x(s),y(s))\cos(t,y)]\mathrm{d}s \tag{17.2.1}$$

$$=\int_L [P\cos(t,x)+Q\cos(t,y)]\mathrm{d}s \tag{17.2.2}$$

如果曲线取相反的方向, 上式仍然成立. 曲线的切线方向要与曲线 L 的方向一致.

对于空间曲线, 类似可以得到

$$\int_L P\mathrm{d}x+Q\mathrm{d}y+R\mathrm{d}z=\int_L [P\cos(t,x)+Q\cos(t,y)+R\cos(t,z)]\mathrm{d}s \tag{17.2.3}$$

其中 $(\cos(t,x),\cos(t,y),\cos(t,z))$ 为 L 上的点沿着 L 方向一致的切线方向余弦. 当第二型曲线积分转化为第一型曲线积分时, 方向性体现在被积函数里, (17.2.1) 和 (17.2.3) 式中被积函数表达式中含有与有向积分路径一致的切线方向余弦.

17.2.3 第二型曲线积分的典型例题

例 17.2.1 求 $\int_C (x^2-2xy)\mathrm{d}x+(y^2-2xy)\mathrm{d}y$, 其中 C 为有向抛物线 $y=x^2(-1\leqslant x\leqslant 1)$. 如图 17.2.5 所示.

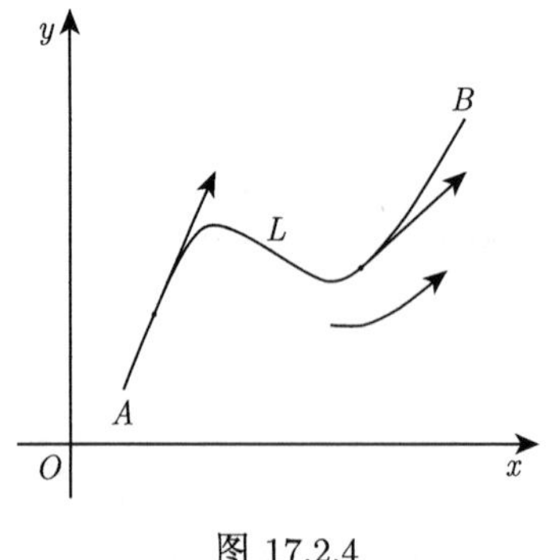

图 17.2.4

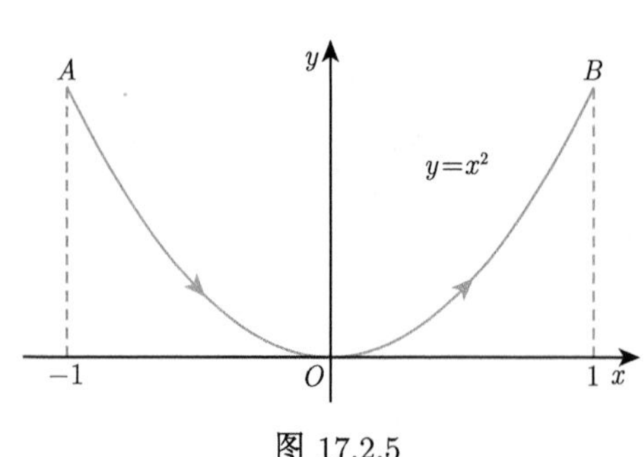

图 17.2.5

解 曲线的参数方程为 $\begin{cases} y = x^2, \\ x = x, \end{cases}$ 从而 $\mathrm{d}y = 2x\mathrm{d}x$, 于是

$$\int_C (x^2 - 2xy)\mathrm{d}x + (y^2 - 2xy)\mathrm{d}y = \int_{-1}^{1} \left[(x^2 - 2x^3) + 2x(x^4 - 2x^3)\right]\mathrm{d}x = -\frac{14}{15}$$

例 17.2.2 求 $\int_C (x^2 + y^2)\mathrm{d}x + (x^2 - y^2)\mathrm{d}y$, 其中 C 为有向曲线 $y = 1 - |1 - x|\,(0 \leqslant x \leqslant 2)$. 如图 17.2.6 所示.

解 当 $0 \leqslant x \leqslant 1$ 时, $y = 1-(1-x) = x$, 从而 $\mathrm{d}y = \mathrm{d}x$; 当 $1 \leqslant x \leqslant 2$ 时, $y = 1-(x-1) = 2 - x$, 从而 $\mathrm{d}y = -\mathrm{d}x$. 于是

$$\int_C (x^2 + y^2)\mathrm{d}x + (x^2 - y^2)\mathrm{d}y = \int_0^1 2x^2\mathrm{d}x + \int_1^2 \left[x^2 + (2-x)^2 - x^2 + (2-x)^2\right]\mathrm{d}x = \frac{4}{3}$$

例 17.2.3 求 $\oint_{ABCDA} \frac{\mathrm{d}x + \mathrm{d}y}{|x| + |y|}$, 其中 $ABCDA$ 为以 $A(1,0), B(0,1), C(-1,0), D(0,-1)$ 为顶点的有向正方形围线. 如图 17.2.7 所示.

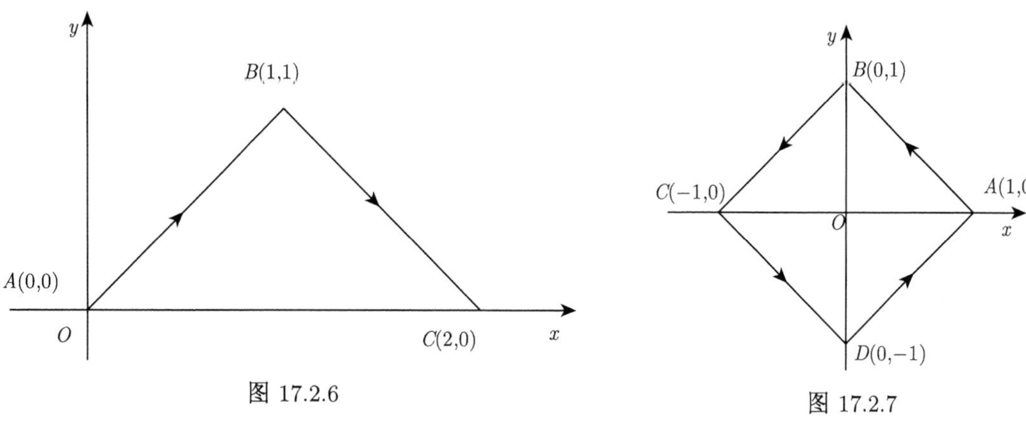

图 17.2.6

图 17.2.7

解 正方形各边的方程分别为

$$AB: y = 1 - x, \quad BC: y = 1 + x$$
$$CD: y = -1 - x, \quad DA: y = -1 + x$$

所以

$$\begin{aligned}\oint_{ABCDA} \frac{\mathrm{d}x + \mathrm{d}y}{|x| + |y|} &= \int_{AB} \frac{\mathrm{d}x + \mathrm{d}y}{x + y} + \int_{BC} \frac{\mathrm{d}x + \mathrm{d}y}{-x + y} + \int_{CD} \frac{\mathrm{d}x + \mathrm{d}y}{-x - y} + \int_{DA} \frac{\mathrm{d}x + \mathrm{d}y}{x - y} \\ &= \int_1^0 (1-1)\mathrm{d}x + \int_0^{-1} 2\mathrm{d}x + \int_{-1}^{0} (1-1)\mathrm{d}x + \int_0^1 2\mathrm{d}x = 0\end{aligned}$$

例 17.2.4 计算在力 $\boldsymbol{F} = (y^2, z^2, x^2)$ 的作用下, 质点从原点出发沿着有向曲线

$$L: \begin{cases} x^2 + y^2 + z^2 = a^2, \\ x^2 + y^2 = ax \end{cases} \quad (z \geqslant 0,\ a > 0)$$

逆时针方向移动一周所做的功. 如图 17.2.8 所示.

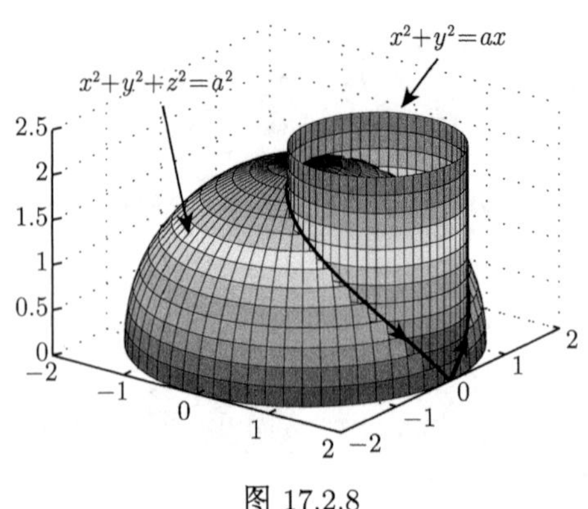

图 17.2.8

解 首先求曲线的参数方程. 由 $x^2+y^2=ax$, 可令

$$\begin{cases} x=\dfrac{a}{2}+\dfrac{a}{2}\cos t, \\ y=\dfrac{a}{2}\sin t \end{cases} \quad t\in[0,2\pi]$$

代入 $x^2+y^2+z^2=a^2$ 中解得 $z=a\sin\dfrac{t}{2}$. 因此得到 L 的参数方程

$$\begin{cases} x=a\cos^2\dfrac{t}{2}, \\ y=a\sin\dfrac{t}{2}\cos\dfrac{t}{2}, \quad t\in[0,2\pi] \\ z=a\sin\dfrac{t}{2} \end{cases}$$

所以

$$\begin{aligned}
&\int_L y^2\mathrm{d}x+z^2\mathrm{d}y+x^2\mathrm{d}z \\
=&\int_0^{2\pi}\left(-a^3\sin^3\frac{t}{2}\cos^3\frac{t}{2}+\frac{a^3}{2}\sin^2\frac{t}{2}\cos^2\frac{t}{2}-\frac{a^3}{2}\sin^4\frac{t}{2}+\frac{a^3}{2}\cos^5\frac{t}{2}\right)\mathrm{d}t \\
=&\,a^3\int_0^{2\pi}\left(-\sin^3\frac{t}{2}+\sin^5\frac{t}{2}+\frac{1}{2}\cos^4\frac{t}{2}\right)\cos\frac{t}{2}\mathrm{d}t+\frac{a^3}{2}\int_0^{2\pi}\left(\sin^2\frac{t}{2}-2\sin^4\frac{t}{2}\right)\mathrm{d}t \\
=&\,\frac{a^3}{2}\int_0^{2\pi}\left(\sin^2\frac{t}{2}-2\sin^4\frac{t}{2}\right)\mathrm{d}t=\frac{a^3}{8}\int_0^{2\pi}(2\cos t-1-\cos 2t)\,\mathrm{d}t=-\frac{1}{4}\pi a^3
\end{aligned}$$

例 17.2.5 设有向曲线 $L:\begin{cases} x^2+y^2+z^2=a^2, \\ x+y+z=0, \end{cases}$ 从 x 轴正向看 L 为逆时针方向, 求 $\displaystyle\int_L x\mathrm{d}x+y\mathrm{d}y+z\mathrm{d}z$, $\displaystyle\int_L z\mathrm{d}x+x\mathrm{d}y+y\mathrm{d}z$. 如图 17.2.9 所示.

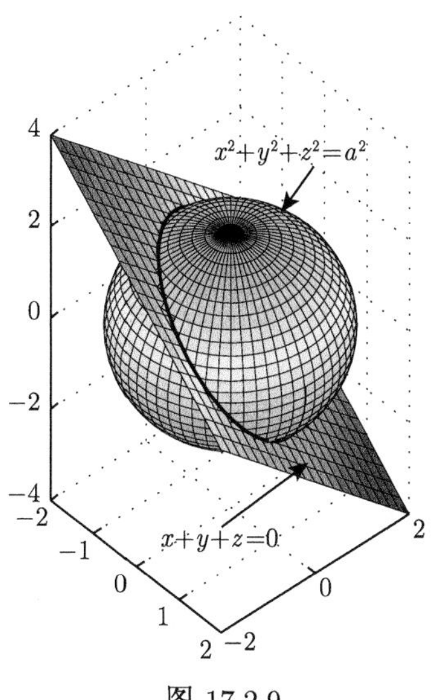

图 17.2.9

解 首先求出曲线的参数方程. 由

$$\begin{cases} x^2+y^2+z^2=a^2, \\ x+y+z=0 \end{cases} \Rightarrow 2x^2+2z^2+2xz=a^2$$

可令 $\begin{cases} x=u+v, \\ z=u-v, \end{cases}$ 推出 $2(u+v)^2+2(u-v)^2+2(u^2-v^2)=a^2$, 解得

$$\frac{u^2}{\left(\frac{a}{\sqrt{6}}\right)^2}+\frac{v^2}{\left(\frac{a}{\sqrt{2}}\right)^2}=1$$

因此可选取参数

$$\begin{cases} u=\frac{a}{\sqrt{6}}\cos\theta, \\ v=\frac{a}{\sqrt{2}}\sin\theta, \end{cases} \quad \theta\in[0,2\pi]$$

从而得到 L 的参数方程

$$\begin{cases} x=\frac{a}{\sqrt{6}}\cos\theta+\frac{a}{\sqrt{2}}\sin\theta, \\ y=-\frac{2a\cos\theta}{\sqrt{6}}, \\ z=\frac{a}{\sqrt{6}}\cos\theta-\frac{a}{\sqrt{2}}\sin\theta, \end{cases} \quad \theta\in[0,2\pi]$$

于是 $\int_L y\mathrm{d}y=-\frac{2}{3}a^2\int_0^{2\pi}\cos\theta\sin\theta\mathrm{d}\theta=0$. 由对称性得 $\int_L x\mathrm{d}x=\int_L z\mathrm{d}z=\int_L y\mathrm{d}y=0$. 因此

$$\int_L x\mathrm{d}x+y\mathrm{d}y+z\mathrm{d}z=0$$

又 $\int_L y\mathrm{d}z=\int_0^{2\pi}\left(-\frac{2a}{\sqrt{6}}\cos\theta\right)\left(-\frac{a}{\sqrt{6}}\sin\theta-\frac{a}{\sqrt{2}}\cos\theta\right)\mathrm{d}\theta=\frac{\sqrt{3}}{3}a^2\pi$, 由对称性,

$$\int_L x\mathrm{d}y=\int_L z\mathrm{d}x=\int_L y\mathrm{d}z=\frac{\sqrt{3}}{3}a^2\pi$$

于是 $\int_L z\mathrm{d}x+x\mathrm{d}y+y\mathrm{d}z=\sqrt{3}a^2\pi$.

习题 17.2 第二型曲线积分

1. 计算下列第二型曲线积分, 曲线的正向是参数增加的方向.

(1) $\int_\Gamma \frac{(x+y)\,\mathrm{d}x-(x-y)\,\mathrm{d}y}{x^2+y^2}$, Γ 为逆时针方向的圆周 $x^2+y^2=a^2$;

(2) $\int_\Gamma (x+y)\mathrm{d}x+(x-y)\mathrm{d}y$, Γ 为逆时针方向的椭圆 $\frac{x^2}{a^2}+\frac{y^2}{b^2}=1$;

(3) $\int_\Gamma (x^2+y^2)\mathrm{d}x+(x^2-y^2)\mathrm{d}y$, Γ 为 $y=1-|1-x|\,(0\leqslant x\leqslant 2)$;

(4) $\int_\Gamma (2a-y)\mathrm{d}x+x\mathrm{d}y$, Γ 为 $x=a\,(t-\sin t)\,,y=a\,(1-\cos t)\,,0\leqslant t\leqslant 2\pi$;

(5) $\int_\Gamma xz^2\mathrm{d}x+yx^2\mathrm{d}y+zy^2\mathrm{d}z$, Γ 为有向曲线 $x=t,y=t^2,z=t^3$, $t\in[0,1]$;

(6) $\int_\Gamma (y+z)\mathrm{d}x+(z+x)\mathrm{d}y+(x+y)\mathrm{d}z$, Γ 为有向曲线 $x=a\sin^2 t,y=2a\sin t\cos t,z=a\cos^2 t$, $t\in[0,\pi]$.

2. 设常数 a, b, c 满足 $ac-b^2>0$, 计算积分

$$\int_\Gamma \frac{x\mathrm{d}y-y\mathrm{d}x}{ax^2+2bxy+cy^2}$$

其中 Γ 为逆时针方向的单位圆周.

3. 计算 $\int_\Gamma xyz\mathrm{d}z$, Γ 是平面 $y=z$ 和球面 $x^2+y^2+z^2=1$ 的交线, 其方向按照曲线依次经过 1,2,7,8 卦限.

4. 计算 $\int_\Gamma (y^2-z^2)\mathrm{d}x+(z^2-x^2)\mathrm{d}y+(x^2-y^2)\mathrm{d}z$, Γ 为 $x^2+y^2+z^2=1$ 在第一卦限的边界曲线, 其方向经过 xy 平面、yz 平面、xz 平面.

5. 证明曲线积分的估计式

$$\left|\int_\Gamma P\mathrm{d}x+Q\mathrm{d}y\right|\leqslant LM$$

L 为积分路径的弧长, $M=\max\limits_{(x,y)\in\Gamma}\sqrt{P^2+Q^2}$.

利用上述不等式估计积分

$$I_R=\oint_{x^2+y^2=R^2}\frac{y\mathrm{d}x-x\mathrm{d}y}{(x^2+xy+y^2)^2}$$

并证明 $\lim\limits_{R\to+\infty} I_R=0$.

6. 设 $f\,(x,y)$ 在光滑曲线 L 上为非负连续函数, 且恒大于零, 证明

(1) $\int_L f(x,y)\,\mathrm{d}s > 0$;

(2) $\int_L f(x,y)\,\mathrm{d}x > 0$ 是否成立?

17.3 格林公式

我们知道, 对于连续可微函数 $f(x)$, 有

$$\int_a^b f'(x)\mathrm{d}x = f(b) - f(a)$$

上式即为牛顿–莱布尼茨公式, 是一元函数微积分中最重要的公式之一. 牛顿–莱布尼茨公式建立了导函数 $f'(x)$ 在区间 $[a,b]$ 上的积分与函数 $f(x)$ 在 $[a,b]$ 的边界上的某种运算之间的联系. 那么对于二维平面上的一个区域, 其边界积分和区域积分之间是否也有类似的关系是本节要讨论的内容.

17.3.1 格林公式

格林 (Green) 公式给出了二维平面区域上的二重积分与其边界上第二型曲线积分之间的联系. 因为第二型曲线积分是有方向的, 所以首先讨论区域边界的方向问题.

对 $\mathbf{R}^2$ 中的闭区域 D, 规定其边界 ∂D 的方向为: 当一个人沿着 ∂D 的正向行走时, 区域 D 总是在人的左手边. 例如, 如图 17.3.1(a) 所示的区域, 其边界的正向取逆时针方向. 如图 17.3.1(b) 所示的区域, 其边界由三条曲线 L, L_1, L_2 构成, ∂D 的正方向为 L 的逆时针方向和 L_1, L_2 的顺时针方向.

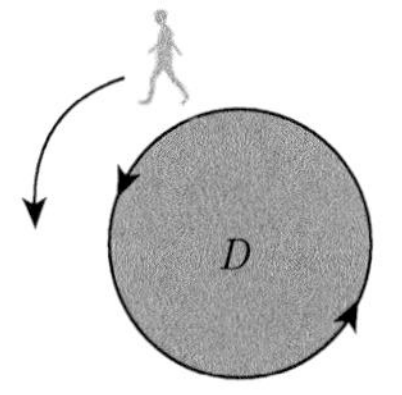

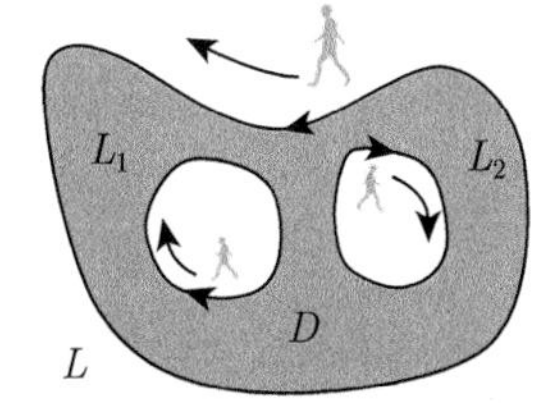

图 17.3.1

定义 17.3.1 若平面区域 D 内任意封闭曲线皆可不经过 D 以外的点连续收缩到 D 中的点, 则称此平面区域为单连通区域, 否则称为复连通区域.

如图 17.3.2 所示. D_1, D_2 为单连通区域, D_3, D_4 为复连通区域.

定理 17.3.1 (格林公式) 设 D 是由分段光滑的封闭曲线围成的闭区域, 向量场 $\boldsymbol{F} = (P(x,y), Q(x,y))$ 在 D 上连续, $P(x,y), Q(x,y)$ 在 D 上有连续的一阶偏导数, 则

$$\iint\limits_D \left(\frac{\partial Q}{\partial x} - \frac{\partial P}{\partial y}\right)\mathrm{d}x\mathrm{d}y = \oint_{\partial D} P\mathrm{d}x + Q\mathrm{d}y \tag{17.3.1}$$

其中 ∂D 为 D 的边界, 并且取正向.

注 17.3.1 由两种类型曲线积分之间的关系, 格林公式可以进一步写成

$$\iint\limits_{D}\left(\frac{\partial Q}{\partial x}-\frac{\partial P}{\partial y}\right)\mathrm{d}x\mathrm{d}y=\oint_{\partial D}[P\cos(\boldsymbol{t},x)+Q\cos(\boldsymbol{t},y)]\,\mathrm{d}s \tag{17.3.2}$$

其中 $(\cos(\boldsymbol{t},x),\cos(\boldsymbol{t},y))$ 为与 ∂D 正向一致的切线方向.

证明 根据区域 D 的形状分类讨论.

(1)D 是 X 型区域: $D=\{(x,y)\,|\phi_1(x)\leqslant y\leqslant\phi_2(x),a\leqslant x\leqslant b\}$. 如图 17.3.3 所示. 则

$$\begin{aligned}\int_{\partial D}P\mathrm{d}x&=\int_{AB}P\mathrm{d}x+\int_{BC}P\mathrm{d}x+\int_{CE}P\mathrm{d}x+\int_{EA}P\mathrm{d}x\\&=\int_a^b P(x,\phi_1(x))\mathrm{d}x+\int_b^a P(x,\phi_2(x))\mathrm{d}x\\&=-\int_a^b\mathrm{d}x\int_{\phi_1(x)}^{\phi_2(x)}\frac{\partial P(x,y)}{\partial y}\mathrm{d}y=-\iint_D\frac{\partial P}{\partial y}\mathrm{d}\sigma\end{aligned}$$

即 $\oint_{\partial D}P\mathrm{d}x=-\iint\limits_{D}\frac{\partial P}{\partial y}\mathrm{d}\sigma$.

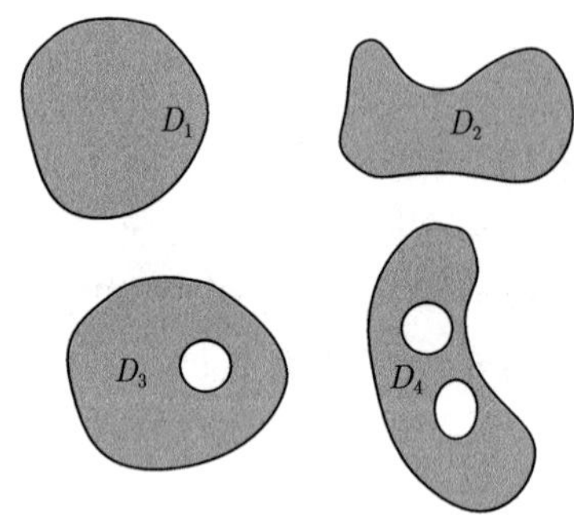

图 17.3.2

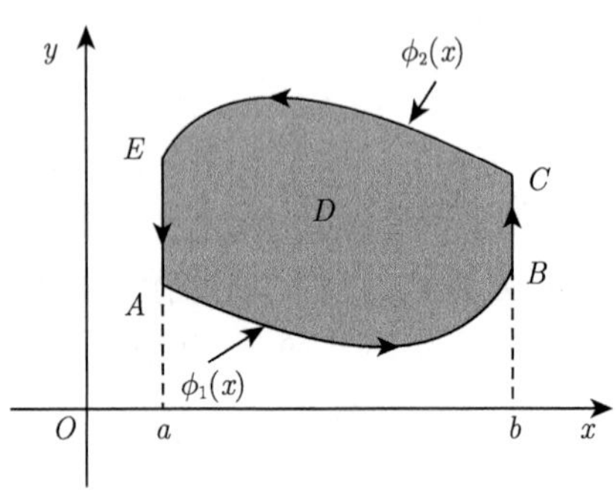

图 17.3.3

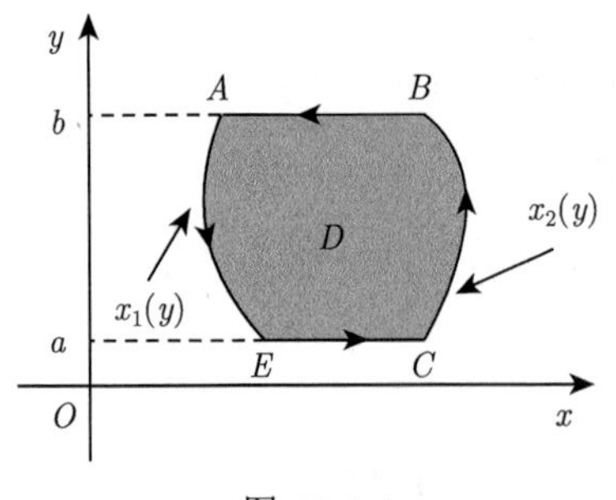

图 17.3.4

(2) 若 D 为 Y 型区域: $D=\{(x,y)\,|x_1(y)\leqslant x\leqslant x_2(y),a\leqslant y\leqslant b\}$. 如图 17.3.4 所示. 则

$$\begin{aligned}\oint_{\partial D}Q\mathrm{d}y&=\oint_{BA}Q\mathrm{d}y+\oint_{AE}Q\mathrm{d}y+\oint_{EC}Q\mathrm{d}y+\oint_{CB}Q\mathrm{d}y\\&=\int_b^a Q(x_1(y),y)\mathrm{d}y+\int_a^b Q(x_2(y),y)\mathrm{d}y\\&=\int_a^b[Q(x_2(y),y)-Q(x_1(y),y)]\,\mathrm{d}y\\&=\int_a^b\mathrm{d}y\int_{x_1(y)}^{x_2(y)}\frac{\partial Q(x,y)}{\partial x}\mathrm{d}x=\iint\limits_{D}\frac{\partial Q}{\partial x}\mathrm{d}x\mathrm{d}y\end{aligned}$$

(3) 若 D 既为 X 型区域又为 Y 型区域, 则

$$\oint_L P\mathrm{d}x+Q\mathrm{d}y=\iint\limits_{D}\left(\frac{\partial Q}{\partial x}-\frac{\partial P}{\partial y}\right)\mathrm{d}\sigma$$

(4) 对于一般单连通区域, 可分成若干个既是 X 型又是 Y 型的区域, 然后在每个区域上应用格林公式. 先考虑 D 可分割为两个既是 X 型又是 Y 型的区域 D_1, D_2, 如图 17.3.5 所示. 在 D_1, D_2 分别用格林公式得

$$\begin{aligned}
&\iint\limits_{D}\left(\frac{\partial Q}{\partial x}-\frac{\partial P}{\partial y}\right)\mathrm{d}x\mathrm{d}y\\
=&\iint\limits_{D_1}\left(\frac{\partial Q}{\partial x}-\frac{\partial P}{\partial y}\right)\mathrm{d}x\mathrm{d}y+\iint\limits_{D_2}\left(\frac{\partial Q}{\partial x}-\frac{\partial P}{\partial y}\right)\mathrm{d}x\mathrm{d}y\\
=&\oint_{\partial D_1}P\mathrm{d}x+Q\mathrm{d}y+\oint_{\partial D_2}P\mathrm{d}x+Q\mathrm{d}y\\
=&\oint_{C_1+C_3}P\mathrm{d}x+Q\mathrm{d}y+\oint_{C_2+(-C_3)}P\mathrm{d}x+Q\mathrm{d}y\\
=&\oint_{\partial D}P\mathrm{d}x+Q\mathrm{d}y
\end{aligned}$$

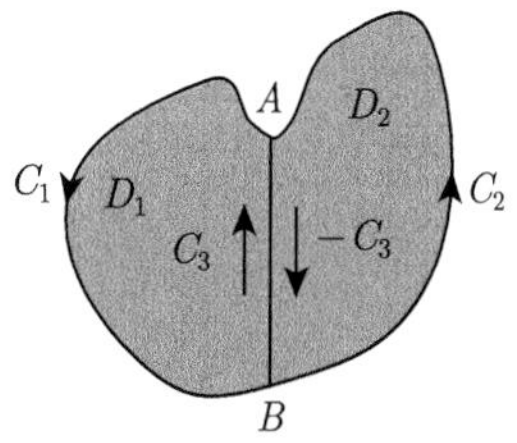

图 17.3.5

如果连通区域 D 可分割成多个既是 X 型又是 Y 型的区域, 用类似的方法可以证明结论仍然成立. 如图 17.3.6 所示.

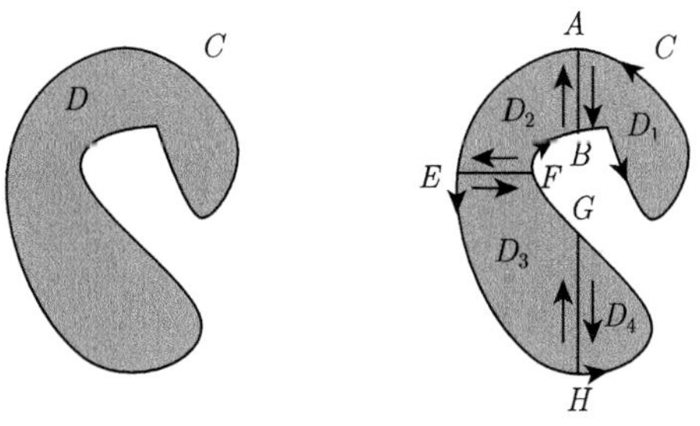

图 17.3.6

(5) 对于一般的复连通区域 D, 不失一般性, 设 D 中只有一个"洞", 将其分割成两个既是 X 型又是 Y 型的区域. 如图 17.3.7 所示. 则 D 内割线上的曲线积分相互抵消, 类似可以证明

$$\iint\limits_{D}\left(\frac{\partial Q}{\partial x}-\frac{\partial P}{\partial y}\right)\mathrm{d}x\mathrm{d}y=\oint_{C_1}P\mathrm{d}x+Q\mathrm{d}y+\oint_{C_2}P\mathrm{d}x+Q\mathrm{d}y$$

其中 C_1 为逆时针方向, C_2 为顺时针方向.

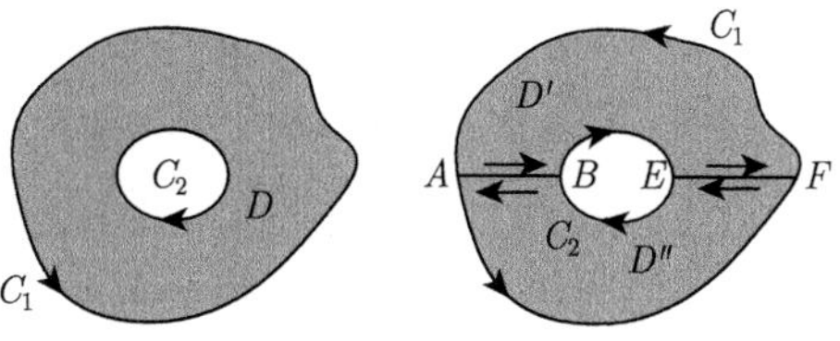

图 17.3.7

令 $P=-y, Q=x$, 得区域 D 的面积公式

$$S=\frac{1}{2}\oint_{C}x\mathrm{d}y-y\mathrm{d}x$$

注 17.3.2 如图 17.3.1(b) 基于第一型和第二型曲线积分的格林公式为

$$\iint_D \left(\frac{\partial Q}{\partial x}-\frac{\partial P}{\partial y}\right)\mathrm{d}x\mathrm{d}y=\oint_{L\text{逆时针}}P\mathrm{d}x+Q\mathrm{d}y+\oint_{L_1\text{顺时针}}P\mathrm{d}x+Q\mathrm{d}y+\oint_{L_2\text{顺时针}}P\mathrm{d}x+Q\mathrm{d}y$$

$$\begin{aligned}&\iint_D \left(\frac{\partial Q}{\partial x}-\frac{\partial P}{\partial y}\right)\mathrm{d}x\mathrm{d}y\\=&\underbrace{\oint_L (P\cos(t,x)+Q\cos(t,y))\,\mathrm{d}s}_{(\cos(t,x),\cos(t,y))\text{为}L\text{逆时针方向一致的切线方向}}\\+&\underbrace{\oint_{L_1} (P\cos(t,x)+Q\cos(t,y))\,\mathrm{d}s}_{(\cos(t,x),\cos(t,y))\text{为}L_1\text{顺时针方向一致的切线方向}}\\+&\underbrace{\oint_{L_2} (P\cos(t,x)+Q\cos(t,y))\,\mathrm{d}s}_{(\cos(t,x),\cos(t,y))\text{为}L_2\text{顺时针方向一致的切线方向}}\end{aligned}$$

例 17.3.1 应用格林公式计算曲线积分 $I=\oint_L (x+y)^2\mathrm{d}x-(x^2+y^2)\mathrm{d}y$, 其中 L 为正方向经过以 $A(1,1),B(3,2),C(2,5)$ 为顶点的 $\triangle ABC$ 的围线.

解 直线 AB,BC,CA 的方程分别为 $y=\frac{1}{2}(x+1),y=-3x+11,y=4x-3$. 如图 17.3.8 所示. 由于

$$P=(x+y)^2,\quad Q=-(x^2+y^2),$$

$$\frac{\partial Q}{\partial x}-\frac{\partial P}{\partial y}=-2x-2(x+y)=-4x-2y$$

由格林公式得

$$\begin{aligned}I&=\iint_S(-4x-2y)\mathrm{d}x\mathrm{d}y \Leftarrow \boxed{\text{将积分区域分割成两个区域}S_1,S_2\text{, 如图 17.3.8}}\\&=\iint_{S_1}(-4x-2y)\mathrm{d}x\mathrm{d}y+\iint_{S_2}(-4x-2y)\mathrm{d}x\mathrm{d}y\\&=\int_1^2\mathrm{d}x\int_{\frac{1}{2}(x+1)}^{4x-3}(-4x-2y)\mathrm{d}y+\int_2^3\mathrm{d}x\int_{\frac{1}{2}(x+1)}^{-3x+11}(-4x-2y)\mathrm{d}y\\&=\int_1^2\left(-\frac{119}{4}x^2+\frac{77}{2}x-\frac{35}{4}\right)\mathrm{d}x+\int_2^3\left(\frac{21}{4}x^2+\frac{49}{2}x-\frac{483}{4}\right)\mathrm{d}x\\&=-\frac{245}{12}-\frac{105}{4}=-46\frac{2}{3}\end{aligned}$$

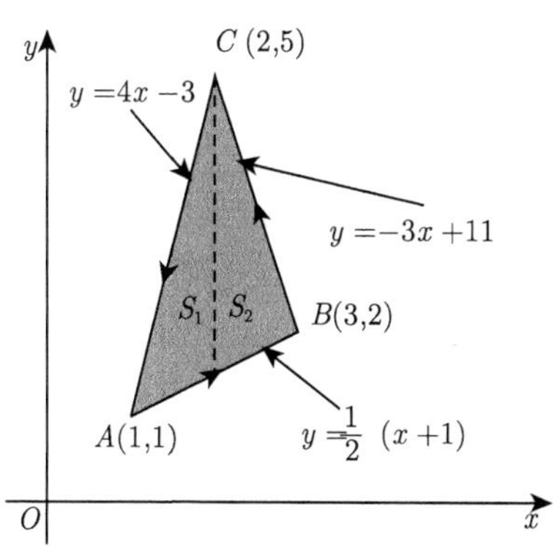

图 17.3.8

例 17.3.2 计算 $\int_\Gamma \frac{x\mathrm{d}y - y\mathrm{d}x}{x^2+y^2}$, 其中 Γ 为任何一条包含原点 (不通过原点) 的分段光滑曲线.

解 设 $Q=\frac{x}{x^2+y^2}, P=\frac{-y}{x^2+y^2}$. 由于 Q 和 P 在区域 D 内的原点处没有定义, 因此不能直接利用格林公式. 考虑对于充分小 $\varepsilon>0$ 使得 $D_\varepsilon=\left\{(x,y)\,\middle|\,x^2+y^2\leqslant\varepsilon^2\right\}\subset D$, 其边界为 ∂D_ε, 如图 17.3.9 所示. 在 $D-D_\varepsilon$ 内, $\frac{\partial P}{\partial y}=\frac{\partial Q}{\partial x}=\frac{y^2-x^2}{(x^2+y^2)^2}$, 由格林公式得

$$\iint\limits_{D-D_\varepsilon} P\mathrm{d}x+Q\mathrm{d}y=\int_{\Gamma(\text{逆时针})+\partial D_\varepsilon(\text{顺时针})}\frac{x\mathrm{d}y-y\mathrm{d}x}{x^2+y^2}=0$$

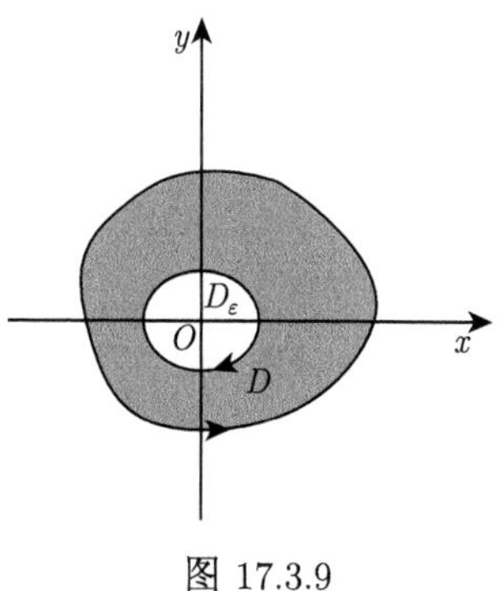

图 17.3.9

于是

$$\int_\Gamma\frac{x\mathrm{d}y-y\mathrm{d}x}{x^2+y^2}=\int_{\partial D_\varepsilon(\text{逆时针})}\frac{x\mathrm{d}y-y\mathrm{d}x}{x^2+y^2}\overset{\begin{cases}x=\varepsilon\cos\theta\\ y=\varepsilon\sin\theta\end{cases}}{=\!=\!=\!=}\int_0^{2\pi}\frac{\varepsilon^2\mathrm{d}\theta}{\varepsilon^2}=2\pi.$$

例 17.3.3 计算 $\int_\Gamma(5xy-\mathrm{e}^x\sin y)\mathrm{d}y+\mathrm{e}^x\cos y\mathrm{d}x$, 其中 $\Gamma: x=\sqrt{2y-y^2}$ 沿 y 增大的方向.

解 由于 Γ 不是封闭曲线, 因此引入辅助线, 如图 17.3.10 所示, 所以

$$\begin{aligned}
&\int_{\Gamma+BA}(5xy-\mathrm{e}^x\sin y)\mathrm{d}y+\mathrm{e}^x\cos y\mathrm{d}x\\
=&\iint\limits_D 5y\mathrm{d}x\mathrm{d}y=5\int_0^2\mathrm{d}y\int_0^{\sqrt{2y-y^2}}y\mathrm{d}x\\
=&5\int_0^2 y\sqrt{2y-y^2}\mathrm{d}y=5\int_0^2 y\sqrt{1-(1-y)^2}\mathrm{d}y \Leftarrow \boxed{y=1+\sin\theta}\\
=&5\int_{-\frac{\pi}{2}}^{\frac{\pi}{2}}\cos^2\theta(1+\sin\theta)\mathrm{d}\theta=\frac{5\pi}{2}
\end{aligned}$$

$$\int_{\Gamma}(5xy-\mathrm{e}^x\sin y)\mathrm{d}y+\mathrm{e}^x\cos y\mathrm{d}x$$
$$=\frac{5\pi}{2}-\int_{BA}(-\sin y)\mathrm{d}y=\frac{5\pi}{2}-\cos y|_2^0=\frac{5\pi}{2}-1+\cos 2$$

例 17.3.4 计算由纽型曲线 $\left(\frac{x}{a}\right)^{2n+1}+\left(\frac{y}{b}\right)^{2n+1}=c\left(\frac{x}{a}\right)^n\left(\frac{y}{b}\right)^n(a>0,b>0,c>0,n>0)$ 所围的面积. 如图 17.3.11 所示.

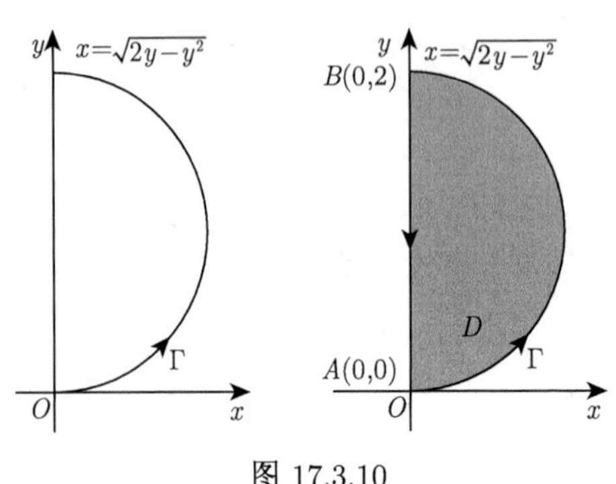

图 17.3.10

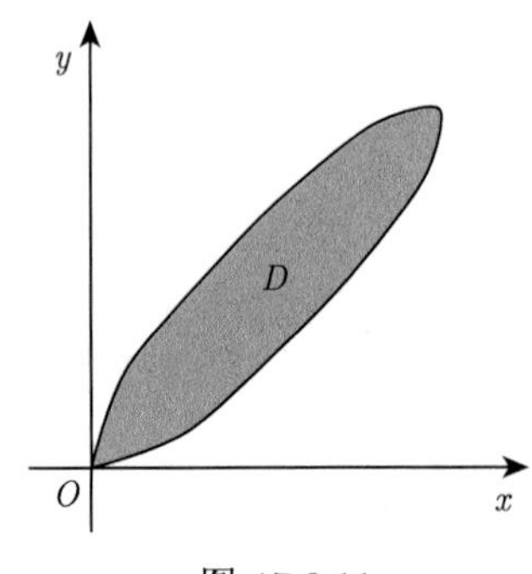

图 17.3.11

解 作变换 $y=\frac{b}{a}xt$, 得到曲线的参数方程

$$x=\frac{act^n}{1+t^{2n+1}},\quad y=\frac{bct^{n+1}}{1+t^{2n+1}},\quad 0\leqslant t<+\infty$$

计算得 $x\mathrm{d}y-y\mathrm{d}x=\frac{abc^2t^{2n}}{(1+t^{2n+1})^2}\mathrm{d}t$, 所以所求面积为

$$S=\frac{abc^2}{2}\int_0^{+\infty}\frac{t^{2n}}{(1+t^{2n+1})^2}\mathrm{d}t=-\frac{abc^2}{2(2n+1)}\cdot\left.\frac{1}{1+t^{2n+1}}\right|_0^{+\infty}=\frac{abc^2}{2(2n+1)}$$

例 17.3.5 计算高斯 (Gauss) 积分 $u(\xi,\eta)=\oint_C\frac{\cos(\boldsymbol{r},\boldsymbol{n})}{r}\mathrm{d}s$, 其中 $r=\sqrt{(\xi-x)^2+(\eta-y)^2}$ 为向量 $\boldsymbol{r}=\overrightarrow{AM}$ 的模, 此向量是连接点 $A(\xi,\eta)$ 和简单封闭光滑曲线 C 上的动点 $M(x,y)$ 而得的, $(\boldsymbol{r},\boldsymbol{n})$ 为向量 $\boldsymbol{r}$ 与曲线 C 上点 M 处的外法线 $\boldsymbol{n}$ 的夹角.

解 (1) 点 $A(\xi,\eta)$ 在曲线 C 所包围区域之外, 如图 17.3.12 所示.

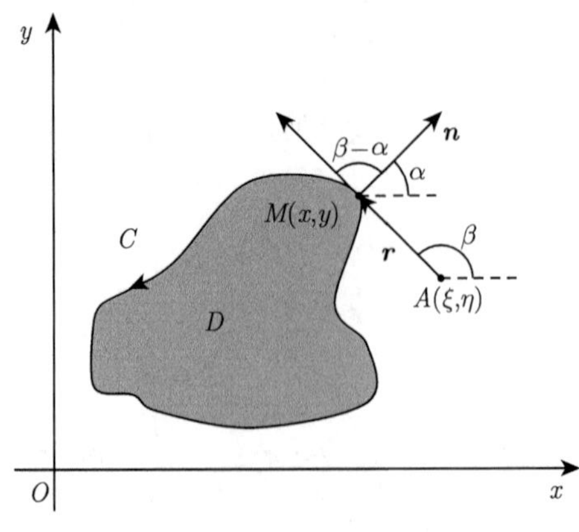

图 17.3.12

设 $\boldsymbol{n}$ 与 Ox 轴正向的夹角为 α, $\boldsymbol{r}$ 与 Ox 轴正向的夹角为 β, 则 $(\boldsymbol{r},\boldsymbol{n})=|\alpha-\beta|$. 于是

$$\begin{aligned}\cos(\boldsymbol{r},\boldsymbol{n})&=\cos\alpha\cos\beta+\sin\alpha\sin\beta=\frac{x-\xi}{r}\cos\alpha+\frac{y-\eta}{r}\sin\alpha\\&=\frac{x-\xi}{r}\cos(\boldsymbol{t},y)-\frac{y-\eta}{r}\cos(\boldsymbol{t},x)\end{aligned}$$

其中切线 $\boldsymbol{t}$ 的方向选择与 C 的逆时针方向一致. 将上式代入高斯积分并利用两种类型曲线积分的关系, 得

$$u(\xi,\eta)=\oint_C\left(\frac{x-\xi}{r^2}\cos(\boldsymbol{t},y)-\frac{y-\eta}{r^2}\cos(\boldsymbol{t},x)\right)\mathrm{d}s=\oint_{C(\text{逆时针})}\frac{x-\xi}{r^2}\mathrm{d}y-\frac{y-\eta}{r^2}\mathrm{d}x$$

令 $P=-\dfrac{y-\eta}{r^2},Q=\dfrac{x-\xi}{r^2}$, 则有 $\dfrac{\partial P}{\partial y}=\dfrac{\partial Q}{\partial x}=\dfrac{-(x-\xi)^2+(y-\eta)^2}{r^4}$. 于是由格林公式得 $u(\xi,\eta)=\displaystyle\oint_C\frac{x-\xi}{r^2}\mathrm{d}y-\frac{y-\eta}{r^2}\mathrm{d}x=0$.

(2) 点 A 在曲线 C 所围区域之内, 如图 17.3.13 所示.

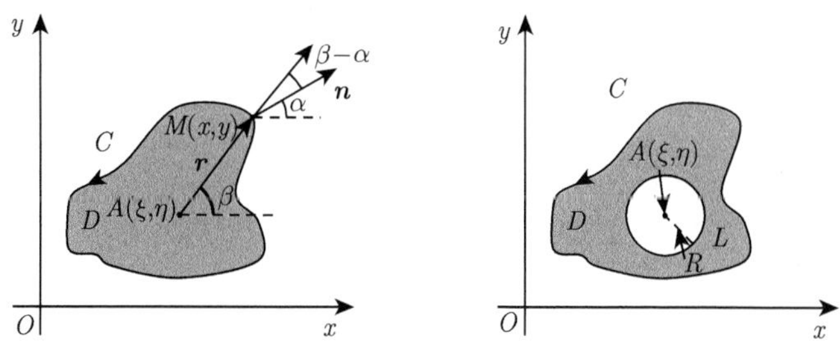

图 17.3.13

在曲线 C 所围区域之内以 $A(\xi,\eta)$ 为圆心, R 为半径作一圆 L, 由格林公式得

$$\begin{aligned}&\oint_{C+L(\text{顺时针})}\frac{x-\xi}{r^2}\mathrm{d}y-\frac{y-\eta}{r^2}\mathrm{d}x=0\Rightarrow u(\xi,\eta)=\oint_C\frac{x-\xi}{r^2}\mathrm{d}y-\frac{y-\eta}{r^2}\mathrm{d}x\\&=\oint_{L(\text{逆时针})}\frac{x-\xi}{r^2}\mathrm{d}y-\frac{y-\eta}{r^2}\mathrm{d}x=\oint_{L(\text{逆时针})}\frac{x-\xi}{R^2}\mathrm{d}y-\frac{y-\eta}{R^2}\mathrm{d}x\end{aligned}$$

作变换 $x=\xi+R\cos\theta,y=\eta+R\sin\theta$, 解得 $u(x,y)=\displaystyle\int_0^{2\pi}\mathrm{d}\theta=2\pi$.

(3) 点 A 在曲线 C 上, 如图 17.3.14 所示.

以 $A(\xi,\eta)$ 为圆心, r_1 为半径作一小圆, 交 C 于 B_1,B_2 两点. 将曲线 C 除去小圆内的部分记为 $\overparen{B_2EFGB_1}$. 则

$$\begin{aligned}&\oint_{\overparen{B_2EFGB_1}}\left(\frac{x-\xi}{r^2}\mathrm{d}y-\frac{y-\eta}{r^2}\mathrm{d}x\right)+\oint_{\overparen{B_1B_2}}\left(\frac{x-\xi}{r^2}\mathrm{d}y-\frac{y-\eta}{r^2}\mathrm{d}x\right)=0\\&\Rightarrow\oint_{\overparen{B_2EFGB_1}}\left(\frac{x-\xi}{r^2}\mathrm{d}y-\frac{y-\eta}{r^2}\mathrm{d}x\right)=-\oint_{\overparen{B_1B_2}}\left(\frac{x-\xi}{r_1^2}\mathrm{d}y-\frac{y-\eta}{r_1^2}\mathrm{d}x\right)\end{aligned}$$

作变换 $x=\xi+r_1\cos\theta,y=\eta+r_1\sin\theta$, 解得 $\displaystyle\oint_{\overparen{B_1B_2}}\left(\frac{x-\xi}{r_1^2}\mathrm{d}y-\frac{y-\eta}{r_1^2}\mathrm{d}x\right)=-\angle B_1AB_2$. 于是 $u(\xi,\eta)=\displaystyle\lim_{r_1\to0+}\int_{\overparen{B_1B_2}}\frac{\cos(\boldsymbol{r},\boldsymbol{n})}{r}\mathrm{d}s=\lim_{r_1\to0+}\angle B_1AB_2=\pi$.

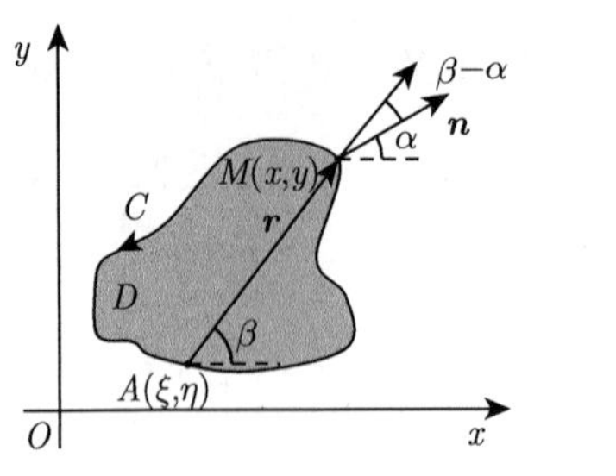

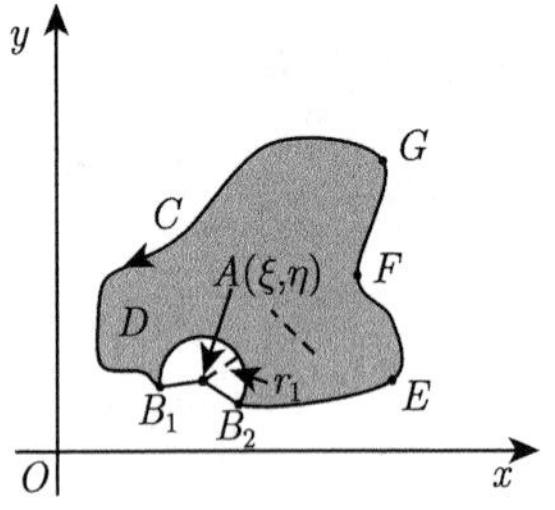

图 17.3.14

习题 17.3.1 格林公式

1. 利用格林公式计算下列积分:

(1) $\int_\Gamma xy^2\mathrm{d}y - x^2y\mathrm{d}x$, Γ 为圆周 $x^2+y^2=a^2$ 的逆时针方向.

(2) $\int_\Gamma (x+y)\mathrm{d}x-(x-y)\mathrm{d}y$, Γ 为椭圆 $\dfrac{x^2}{a^2}+\dfrac{y^2}{b^2}=1$ 的逆时针方向.

(3) $\int_\Gamma (\mathrm{e}^x\sin y-my)\,\mathrm{d}x+(\mathrm{e}^x\cos y-m)\,\mathrm{d}y$, Γ 为上半圆周 $x^2+y^2=ax$ 沿 x 增加的方向.

(4) 计算 $\int_\Gamma \dfrac{y\mathrm{d}x-(x-1)\mathrm{d}y}{(x-1)^2+y^2}$, Γ 为曲线 $4x^2+y^2-8x=0$ 的逆时针方向.

2. 用格林公式计算下列曲线围成的面积:

(1) 双纽线 $(x^2+y^2)^2=a^2(x^2-y^2)$(提示: 令 $y=x\tan\theta$).

(2) 笛卡儿叶形线 $x^3+y^3=3axy(a>0)$(提示: 令 $y=xt$).

3. 设封闭曲线 Γ 有参数方程 $x=\varphi(t), y=\psi(t)$, $t\in[\alpha,\beta]$, 参数增加时为 Γ 的正向, 证明: Γ 围成的面积 $A=\dfrac{1}{2}\int_\alpha^\beta \begin{vmatrix}\varphi(t) & \psi(t)\\ \varphi'(t) & \psi'(t)\end{vmatrix}\mathrm{d}t$.

4. (1) 设 D 为 $\mathbf{R}^2$ 中有界区域, 边界 C 为 $\mathbf{R}^2$ 中的光滑封闭曲线, $\boldsymbol{n}$ 表示 C 上的单位外法向量, $(\boldsymbol{n},x),(\boldsymbol{n},y)$ 分别表示 $\boldsymbol{n}$ 与 x 轴正向的夹角和 $\boldsymbol{n}$ 与 y 轴正向的夹角. 设 $f(x,y),g(x,y)$ 在闭区域 $\overline{D}=D\cup C$ 上连续且具有连续的偏导数, 证明:

$$\oint_C (f\cos(\boldsymbol{n},x)+g\cos(\boldsymbol{n},y))\mathrm{d}s=\iint_D\left(\frac{\partial f}{\partial x}+\frac{\partial g}{\partial y}\right)\mathrm{d}x\mathrm{d}y$$

(2) 设 Γ 为 $\mathbf{R}^2$ 中的光滑封闭曲线, 用 $\boldsymbol{n}$ 表示 Γ 各点上的单位外法向量. 设 $\boldsymbol{a}$ 是一个固定的单位向量, 求证: $\int_\Gamma \cos(\boldsymbol{a},\boldsymbol{n})\mathrm{d}s=0$, 这里 $(\boldsymbol{a},\boldsymbol{n})$ 表示 $\boldsymbol{a}$ 与 $\boldsymbol{n}$ 之间的夹角.

5. 计算曲线积分 $\int_\Gamma \dfrac{\mathrm{e}^x}{x^2+y^2}((x\sin y-y\cos y)\mathrm{d}x+(x\cos y+y\sin y)\mathrm{d}y)$, 其中 Γ 是包含原点在其内部的分段光滑的闭曲线为逆时针方向 (提示: 用中值定理).

6. 证明黎曼公式

$$\iint_S \begin{vmatrix} L(u) & M(v)\\ u & v\end{vmatrix}\mathrm{d}x\mathrm{d}y=\oint_C P\mathrm{d}x+Q\mathrm{d}y$$

其中 $L(u)=\dfrac{\partial^2 u}{\partial x\partial y}+a\dfrac{\partial u}{\partial x}+b\dfrac{\partial u}{\partial y}+cu$, $M(v)=\dfrac{\partial^2 v}{\partial x\partial y}-a\dfrac{\partial v}{\partial x}-b\dfrac{\partial v}{\partial y}+cv$, a,b,c 为常数, 封闭曲线 C 围成的区域为 S, u,v 在 S 上连续且有连续的一阶和二阶偏导数, P,Q 为确定的函数.

17.3.2 曲线积分与路径的无关性

下面研究曲线积分与路径无关的条件.

定理 17.3.2 设 L 为光滑曲线, 向量函数 $\boldsymbol{r}=\begin{pmatrix} x(t) \\ y(t) \end{pmatrix}, a \leqslant t \leqslant b$. 如果函数 $f(x,y)$ 的梯度 ∇f 在 L 上连续, 则 $\int_L \nabla f \cdot \mathrm{d}\boldsymbol{r}=f(\boldsymbol{r}(b))-f(\boldsymbol{r}(a))$.

证明 $\int_L \nabla f \cdot \mathrm{d}\boldsymbol{r}=\int_a^b\left(\frac{\partial f}{\partial x}x'(t)+\frac{\partial f}{\partial y}y'(t)\right)\mathrm{d}t=\int_a^b \frac{\partial f}{\partial t}\mathrm{d}t=f(\boldsymbol{r}(b))-f(\boldsymbol{r}(a))$. 结论得证.

注 17.3.3 定理 17.3.2 表明函数的梯度向量的曲线积分仅与曲线的起点和终点有关, 而与积分的路径无关.

设向量场 $\boldsymbol{F}=(P(x,y),Q(x,y))$, 如果存在一个函数 $f(x,y)$, 使得 $\boldsymbol{F}=\nabla f$, 则由定理 17.3.2,

$$\int_L \boldsymbol{F}\cdot \mathrm{d}\boldsymbol{r}=f(\boldsymbol{r}(b))-f(\boldsymbol{r}(a))$$

上式表明向量场 $\boldsymbol{F}=(P(x,y),Q(x,y))$ 的曲线积分仅与曲线的起点和终点有关, 与积分路径无关. 称此向量场为保守场. 其物理意义为如果物体在保守场的作用下从 A 点到 B 点, 则它的势能和动能的总和不变, 即能量守恒.

定理 17.3.3 设 D 为平面分段光滑曲线围成的单连通闭区域, P,Q 在 D 内连续且有一阶连续偏导数, 则以下四个命题等价:

(1) 对 D 内任一分段光滑封闭曲线 L, 有 $\oint_L P\mathrm{d}x+Q\mathrm{d}y=0$.

(2) 对 D 内任一分段光滑曲线 L, 曲线积分 $\int_L P\mathrm{d}x+Q\mathrm{d}y$ 与路径无关, 只与起点和终点有关.

(3)$P\mathrm{d}x+Q\mathrm{d}y$ 在 D 内为某一函数 U 的全微分 $\mathrm{d}U=P\mathrm{d}x+Q\mathrm{d}y$, 称 U 为 $P\mathrm{d}x+Q\mathrm{d}y$ 的原函数.

(4) 在 D 内处处成立 $\frac{\partial P}{\partial y}=\frac{\partial Q}{\partial x}$.

证明 采用循环证明方法.

(1) $\Rightarrow$ (2) 如图 17.3.15 所示, 设 ARB 与 ASB 为连接 A,B 的任意两条分段光滑曲线, 则

$$\int_{ASB+BRA} P\mathrm{d}x+Q\mathrm{d}y=0 \Rightarrow \int_{ASB} P\mathrm{d}x+Q\mathrm{d}y=\int_{ARB} P\mathrm{d}x+Q\mathrm{d}y$$

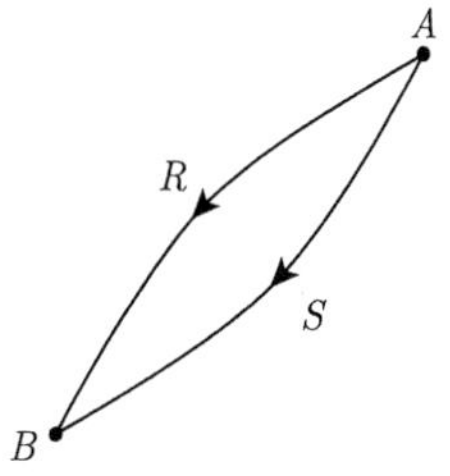

图 17.3.15

(2) $\Rightarrow$ (3) 设 $A(x_0,y_0)$ 为 D 内某一定点, $B(x,y)$ 为 D 内任意一点. 由于 $\int_{AB} P\mathrm{d}x+Q\mathrm{d}y$ 与路径的选取无关, 因此 $\int_{AB} P\mathrm{d}x+Q\mathrm{d}y$ 唯一确定了一个函数, 记 $U(x,y)=\int_{AB} P\mathrm{d}x+Q\mathrm{d}y$, 则

$$U(x+\Delta x,y)-U(x,y)=\int_x^{x+\Delta x} P(x,y)\mathrm{d}x=P(x+\theta\Delta x,y)\Delta x, \quad 0<\theta<1$$

因此 $\lim\limits_{\Delta x\to 0}\dfrac{U(x+\Delta x,y)-U(x,y)}{\Delta x}=P(x,y)$. 同理 $\dfrac{\partial U}{\partial y}=Q(x,y)$. 即 $\mathrm{d}U=P\mathrm{d}x+Q\mathrm{d}y$.

(3) ⇒ (4) 由 $\mathrm{d}U=P\mathrm{d}x+Q\mathrm{d}y$, 故 $\dfrac{\partial U}{\partial x}=P,\quad \dfrac{\partial U}{\partial y}=Q$. 又因为 P,Q 在 D 内有一阶连续偏导数, 所以 $\dfrac{\partial P}{\partial y}=\dfrac{\partial^2 U}{\partial x\partial y}=\dfrac{\partial^2 U}{\partial y\partial x}=\dfrac{\partial Q}{\partial x}$.

(4) ⇒ (1) 在 D 内任取封闭曲线 Γ, 设其围成的区域为 Ω, 由格林公式得

$$\int_{\Gamma}P\mathrm{d}x+Q\mathrm{d}y=\iint\limits_{\Omega}\left(\frac{\partial Q}{\partial x}-\frac{\partial P}{\partial y}\right)\mathrm{d}x\mathrm{d}y=0$$

结论得证.

注 17.3.4 定理 17.3.3 中 (3) 的证明方法实际上给出了计算原函数的一种方法.

定理 17.3.3 中单连通区域的条件必不可少. 例如, 区域 $D=\left\{(x,y)\middle|\dfrac{1}{2}<x^2+y^2<3\right\}$, 曲线 $\Gamma:x^2+y^2=1$. 将 Γ 分成两条曲线 $\Gamma_1:x^2+y^2=1,y\geqslant 0$ 和 $\Gamma_2:x^2+y^2=1,y\leqslant 0$. 两条曲线具有相同的起点 $(1,0)$ 和终点 $(-1,0)$, 但是

$$\int_{\Gamma_1}\frac{x\mathrm{d}y-y\mathrm{d}x}{x^2+y^2}=\int_0^{\pi}\frac{\cos^2\theta+\sin^2\theta}{\cos^2\theta+\sin^2\theta}\mathrm{d}\theta=\pi$$

$$\int_{\Gamma_2}\frac{x\mathrm{d}y-y\mathrm{d}x}{x^2+y^2}=\int_{2\pi}^{\pi}\frac{\cos^2\theta+\sin^2\theta}{\cos^2\theta+\sin^2\theta}\mathrm{d}\theta=-\pi$$

$$\int_{\Gamma_1}\frac{x\mathrm{d}y-y\mathrm{d}x}{x^2+y^2}\neq\int_{\Gamma_2}\frac{x\mathrm{d}y-y\mathrm{d}x}{x^2+y^2}$$

定理 17.3.4 如果 D 为平面分段光滑曲线围成的单连通闭区域, P,Q 在 D 内连续且有一阶连续偏导数, $\mathrm{d}U=P\mathrm{d}x+Q\mathrm{d}y$, 则对任意的 $(x_1,y_1)\in D,(x_2,y_2)\in D$,

$$\int_{(x_1,y_1)}^{(x_2,y_2)}P\mathrm{d}x+Q\mathrm{d}y=U(x_2,y_2)-U(x_1,y_1)$$

证明 设 L 是经过两点 $(x_1,y_1),(x_2,y_2)$ 的任意光滑曲线, 其参数方程为 $\begin{cases}x=x(t),\\ y=y(t)\end{cases}$ 且 $(x_1,y_1)=(x(t_1),y(t_1)),(x_2,y_2)=(x(t_2),y(t_2))$. 根据一阶微分的形式不变性,

$$\mathrm{d}U=P\mathrm{d}x+Q\mathrm{d}y=(P(x(t),y(t))x'(t)+Q(x(t),y(t))y'(t))\mathrm{d}t$$

由第二型曲线积分的计算公式, 得

$$\begin{aligned}&\int_{(x_1,y_1)}^{(x_2,y_2)}P\mathrm{d}x+Q\mathrm{d}y=\int_{t_1}^{t_2}P(x(t),y(t))x'(t)\mathrm{d}t+\int_{t_1}^{t_2}Q(x(t),y(t))y'(t)\mathrm{d}t\\=&\int_{t_1}^{t_2}\left[P(x(t),y(t))x'(t)+Q(x(t),y(t))y'(t)\right]\mathrm{d}t=U(x_2,y_2)-U(x_1,y_1)\end{aligned}$$

结论得证.

例 17.3.6 求 $\left(\dfrac{1}{y}+x-y\sin xy\right)\mathrm{d}x+\left(y^2-\dfrac{x}{y^2}-x\sin xy\right)\mathrm{d}y$ 的原函数, 并计算点 $(1,1),(2,2)$ 间任何一条路径的曲线积分.

解 由于

$$\begin{aligned}
\mathrm{d}u(x,y) &= \left(\frac{1}{y}+x-y\sin xy\right)\mathrm{d}x+\left(y^2-\frac{x}{y^2}-x\sin xy\right)\mathrm{d}y\\
&=(x\mathrm{d}x+y^2\mathrm{d}y)+\left(\frac{1}{y}\mathrm{d}x-\frac{x}{y^2}\mathrm{d}y\right)+(-y\sin xy\mathrm{d}x-x\sin xy\mathrm{d}y)\\
&=\mathrm{d}\left(\frac{x^2}{2}+\frac{y^3}{3}\right)+\mathrm{d}\left(\frac{x}{y}\right)+\mathrm{d}(\cos xy)
\end{aligned}$$

得 $u=\dfrac{x^2}{2}+\dfrac{y^3}{3}+\dfrac{x}{y}+\cos xy+C$. 因此

$$\begin{aligned}
&\int_{(1,1)}^{(2,2)}\left(\frac{1}{y}+x-y\sin xy\right)\mathrm{d}x+\left(y^2-\frac{x}{y^2}-x\sin xy\right)\mathrm{d}y\\
&=\left(\frac{x^2}{2}+\frac{y^3}{3}+\frac{x}{y}+\cos xy\right)\Bigg|_{(1,1)}^{(2,2)}=\frac{23}{6}+\cos 4-\cos 1
\end{aligned}$$

例 17.3.7 求 $f(\sqrt{x^2+y^2})x\mathrm{d}x+f(\sqrt{x^2+y^2})y\mathrm{d}y$ 的原函数, 并计算点 $(1,1),(2,2)$ 间任何一条路径的曲线积分, 其中 f 可微.

解 由于

$$\frac{\partial f(\sqrt{x^2+y^2})x}{\partial y}=\frac{\partial f(\sqrt{x^2+y^2})y}{\partial x}=\frac{xy}{\sqrt{x^2+y^2}}f'(\sqrt{x^2+y^2})$$

因此原函数存在. 选取如图 17.3.16 所示的折线路径, 则

$$\begin{aligned}
u(x,y)&=\int_{(0,0)}^{(x,y)}f(\sqrt{x^2+y^2})x\mathrm{d}x+f(\sqrt{x^2+y^2})y\mathrm{d}y+C\\
&=\int_0^x f(\sqrt{x^2})x\mathrm{d}x+\int_0^y f(\sqrt{x^2+y^2})y\mathrm{d}y+C\\
&=\frac{1}{2}\int_0^x f(\sqrt{x^2})\mathrm{d}x^2+\frac{1}{2}\int_0^y f(\sqrt{x^2+y^2})\mathrm{d}\left(x^2+y^2\right)+C\\
&=\frac{1}{2}\int_0^{x^2} f(\sqrt{t})\mathrm{d}t+\frac{1}{2}\int_{x^2}^{x^2+y^2} f(\sqrt{t})\mathrm{d}t+C\\
&=\frac{1}{2}\int_0^{x^2+y^2} f(\sqrt{t})\mathrm{d}t+C
\end{aligned}$$

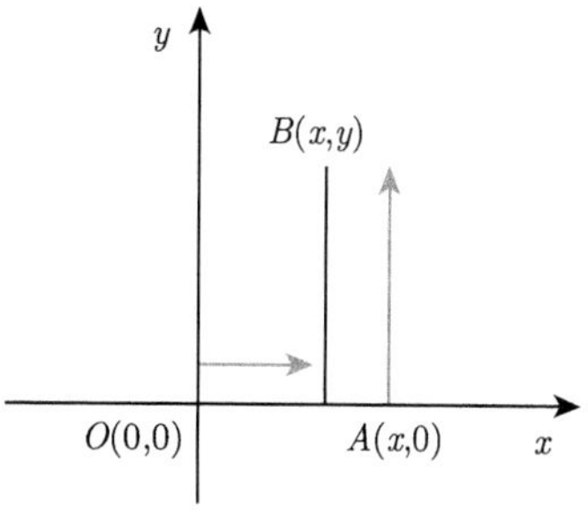

图 17.3.16

所以

$$\begin{aligned}
\int_{(1,1)}^{(2,2)}f(\sqrt{x^2+y^2})x\mathrm{d}x+f(\sqrt{x^2+y^2})y\mathrm{d}y&=\frac{1}{2}\int_0^8 f(\sqrt{t})\mathrm{d}t-\frac{1}{2}\int_0^2 f(\sqrt{t})\mathrm{d}t\\
&=\frac{1}{2}\int_2^8 f(\sqrt{t})\mathrm{d}t
\end{aligned}$$

例 17.3.8 计算曲线积分 $\displaystyle\int_{AmB}[\phi(y)\mathrm{e}^x-my]\mathrm{d}x+[\phi'(y)\mathrm{e}^x-m]\mathrm{d}y$, 其中 $\phi(y)$ 和 $\phi'(y)$ 为连续函数, AmB 为连接点 $A(x_1,y_1),B(x_2,y_2)$ 的任意一条路径, 但与线段 AB 围成面积为 S^*, 这里 $\overset{\frown}{AmBA}$ 为逆时针方向.

解 由格林公式,

$$\begin{aligned}&\oint_{AmBA}[\phi(y)\mathrm{e}^x-my]\,\mathrm{d}x+[\phi'(y)\mathrm{e}^x-m]\,\mathrm{d}y\\=&\int_{AmB}[\phi(y)\mathrm{e}^x-my]\mathrm{d}x+[\phi'(y)\mathrm{e}^x-m]\,\mathrm{d}y+\int_{BA}[\phi(y)\mathrm{e}^x-my]\mathrm{d}x+[\phi'(y)\mathrm{e}^x-m]\,\mathrm{d}y\\=&\iint\limits_S m\mathrm{d}x\mathrm{d}y=mS^*\end{aligned}$$

而

$$\begin{aligned}&\int_{BA}[\phi(y)\mathrm{e}^x-my]\mathrm{d}x+[\phi'(y)\mathrm{e}^x-m]\,\mathrm{d}y=\int_{BA}\mathrm{d}\left[\mathrm{e}^x\phi(y)\right]-\int_{BA}m(y\mathrm{d}x+\mathrm{d}y)\\=&\ \mathrm{e}^x\phi(y)\big|_{(x_2,y_2)}^{(x_1,y_1)}-\int_{BA}m(y\mathrm{d}x+\mathrm{d}y)=\mathrm{e}^{x_1}\phi(y_1)-\mathrm{e}^{x_2}\phi(y_2)-\int_{BA}m(y\mathrm{d}x+\mathrm{d}y)\end{aligned}$$

由线段 BA 的方程 $y=y_1+\dfrac{y_2-y_1}{x_2-x_1}(x-x_1)$, 得 $\mathrm{d}y=\dfrac{y_2-y_1}{x_2-x_1}\mathrm{d}x$, 于是

$$\begin{aligned}\int_{BA}m(y\mathrm{d}x+\mathrm{d}y)&=m\int_{x_2}^{x_1}\left[y_1+\frac{y_2-y_1}{x_2-x_1}(x-x_1)+\frac{y_2-y_1}{x_2-x_1}\right]\mathrm{d}x\\&=m\left(y_1+\frac{y_2-y_1}{x_2-x_1}\right)(x_1-x_2)-\left(\frac{m}{2}\right)\frac{y_2-y_1}{x_2-x_1}(x_1-x_2)^2\\&=-\frac{m}{2}(x_2-x_1)(y_2+y_1)-m(y_2-y_1)\end{aligned}$$

所以

$$\begin{aligned}&\int_{AmB}[\phi(y)\mathrm{e}^x-my]\mathrm{d}x+[\phi'(y)\mathrm{e}^x-m]\,\mathrm{d}y\\=&\ mS^*+\mathrm{e}^{x_2}\phi(y_2)-\mathrm{e}^{x_1}\phi(y_1)-m(y_2-y_1)-\frac{m}{2}(x_2-x_1)(y_2+y_1)\end{aligned}$$

例 17.3.9 计算积分 $\displaystyle\int_L\frac{\left(x-\frac{1}{2}-y\right)\mathrm{d}x+\left(x-\frac{1}{2}+y\right)\mathrm{d}y}{\left(x-\frac{1}{2}\right)^2+y^2}$, 其中 L 为由点 $(0,-1)$ 到点 $(0,1)$ 经过圆 $x^2+y^2=1$ 右半部分的曲线.

解 设 $P(x,y)=\dfrac{x-\frac{1}{2}-y}{\left(x-\frac{1}{2}\right)^2+y^2}, Q(x,y)=\dfrac{x-\frac{1}{2}+y}{\left(x-\frac{1}{2}\right)^2+y^2}$, 则 $\dfrac{\partial P}{\partial y}=\dfrac{\partial Q}{\partial x}$. 如图 17.3.17(c) 所示, 添加辅助线与 Γ 围成闭区域. 所以

$$\begin{aligned}&-\int_L\frac{\left(x-\frac{1}{2}-y\right)\mathrm{d}x+\left(x-\frac{1}{2}+y\right)\mathrm{d}y}{\left(x-\frac{1}{2}\right)^2+y^2}\\&+\int_{AB}P\mathrm{d}x+Q\mathrm{d}y+\int_{BC}P\mathrm{d}x+Q\mathrm{d}y+\int_{CD}P\mathrm{d}x+Q\mathrm{d}y=0\end{aligned}$$

于是

$$
\begin{aligned}
&\int_L \frac{\left(x-\frac{1}{2}-y\right)\mathrm{d}x+\left(x-\frac{1}{2}+y\right)\mathrm{d}y}{\left(x-\frac{1}{2}\right)^2+y^2} \\
=&\int_{AB} P\mathrm{d}x+Q\mathrm{d}y+\int_{BC} P\mathrm{d}x+Q\mathrm{d}y+\int_{CD} P\mathrm{d}x+Q\mathrm{d}y \\
=&\int_0^1 \frac{\left(x+\frac{1}{2}\right)\mathrm{d}x}{\left(x-\frac{1}{2}\right)^2+1}+\int_{-1}^1 \frac{\left(\frac{1}{2}+y\right)\mathrm{d}y}{\frac{1}{4}+y^2}+\int_1^0 \frac{\left(x-\frac{3}{2}\right)\mathrm{d}x}{\left(x-\frac{1}{2}\right)^2+1} \\
=&\int_0^1 \frac{2\mathrm{d}x}{\left(x-\frac{1}{2}\right)^2+1}+\int_{-1}^1 \frac{2\mathrm{d}y}{1+(2y)^2}+\int_{-1}^1 \frac{y\mathrm{d}y}{\left(\frac{1}{4}\right)+y^2}=4\arctan\frac{1}{2}+2\arctan 2
\end{aligned}
$$

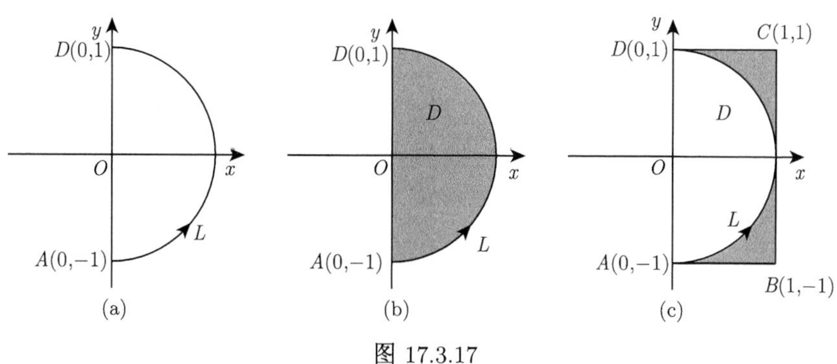

图 17.3.17

注 13.7.5 添加辅助线如图 17.3.17(b) 所示是错误的, 此时不满足格林公式.

习题 17.3.2 曲线积分与路径的无关性

1. 求原函数 u.

(1) $\mathrm{d}u=\left(x^2+2xy-y^2\right)\mathrm{d}x+\left(x^2-2xy-y^2\right)\mathrm{d}y$.

(2) $\mathrm{d}u=\mathrm{e}^x\left[\mathrm{e}^y(x-y+2)+y\right]\mathrm{d}x+\mathrm{e}^x\left[\mathrm{e}^y(x-y)+1\right]\mathrm{d}y$.

(3) $\mathrm{d}u=\dfrac{y\mathrm{d}x-x\mathrm{d}y}{3x^2-2xy+3y^2}$.

(4) $\mathrm{d}u=\dfrac{\left(x^2+2xy+5y^2\right)\mathrm{d}x+\left(x^2-2xy+y^2\right)\mathrm{d}y}{(x+y)^3}$.

2. 验证积分与路径无关, 计算下面积分.

(1) $\displaystyle\int_{(0,0)}^{(x,y)}\left(2x\cos y-y^2\sin x\right)\mathrm{d}x+\left(2y\cos x-x^2\sin y\right)\mathrm{d}y$.

(2) $\displaystyle\int_{(2,1)}^{(1,2)}\phi(x)\,\mathrm{d}x+\psi(y)\,\mathrm{d}y,\phi(x),\psi(y)$ 为连续函数.

(3) $\displaystyle\int_{(-2,-1)}^{(3,0)}\left(x^4+4xy^3\right)\mathrm{d}x+\left(6x^2y^2-5y^4\right)\mathrm{d}y$.

(4) $\displaystyle\int_{(0,0)}^{(a,b)} \mathrm{e}^x(\cos y\mathrm{d}x - \sin y\mathrm{d}y)$.

(5) $\displaystyle\int_{(1,\pi)}^{(2,\pi)} \left(1-\frac{y^2}{x^2}\cos\frac{y}{x}\right)\mathrm{d}x+\left(\sin\frac{y}{x}+\frac{y}{x}\cos\frac{y}{x}\right)\mathrm{d}y$(不经过 y 轴的任意路径).

3. 单变量函数 f 连续可微, Γ 是任意一条分段光滑的封闭曲线, 这里 Γ 为逆时针, 证明:

(1) $\displaystyle\int_\Gamma f(xy)(y\mathrm{d}x+x\mathrm{d}y)=0$; (2) $\displaystyle\int_\Gamma f(x^2+y^2)(x\mathrm{d}x+y\mathrm{d}y)=0$;

(3) $\displaystyle\int_\Gamma f(x^n+y^n)(x^{n-1}\mathrm{d}x+y^{n-1}\mathrm{d}y)=0$.

4. 为了使 $\displaystyle\int_L f(x,y)(y\mathrm{d}x+x\mathrm{d}y)$ 积分与路径无关, $f(x,y)$ 应该满足怎样的条件?

扫码学习

*17.4 提高课: 格林第一、二、三公式与应用

本节课详细讨论在工程领域有着广泛应用的平面系列格林公式.

定理 17.4.1 设 $u(x,y)$ 在 $\mathbf{R}^2$ 上具有连续的二阶偏导数, 若 $\Delta u=\dfrac{\partial^2 u}{\partial x^2}+\dfrac{\partial^2 u}{\partial y^2}\equiv 0$, 则称函数 $u(x,y)$ 为调和函数. 证明 $u(x,y)$ 是调和函数的充分必要条件是对任意封闭围线 C, $\displaystyle\oint_C \frac{\partial u}{\partial \boldsymbol{n}}\mathrm{d}s=0$, 其中 $\boldsymbol{n}$ 为沿此围线的外法线.

证明 设 $(\cos(t,x),\cos(t,y))$ 为与 C 方向一致切线方向的方向余弦, 如图 17.4.1 所示, 则有

$$\frac{\partial u}{\partial \boldsymbol{n}}=\frac{\partial u}{\partial x}\cos(\boldsymbol{n},x)+\frac{\partial u}{\partial y}\cos(\boldsymbol{n},y)=\frac{\partial u}{\partial x}\cos(\boldsymbol{t},y)-\frac{\partial u}{\partial y}\cos(\boldsymbol{t},x)$$

由两型曲线积分的关系和格林公式得

$$\oint_C \frac{\partial u}{\partial \boldsymbol{n}}\mathrm{d}s=\oint_{C\text{逆时针}}\frac{\partial u}{\partial x}\mathrm{d}y-\frac{\partial u}{\partial y}\mathrm{d}x=\iint_S\left(\frac{\partial^2 u}{\partial x^2}+\frac{\partial^2 u}{\partial y^2}\right)\mathrm{d}x\mathrm{d}y=\iint_S \Delta u\mathrm{d}x\mathrm{d}y$$

其中 S 表示封闭围线 C 围成的区域. 如图 17.4.1 所示. 所以

$$\oint_C \frac{\partial u}{\partial \boldsymbol{n}}\mathrm{d}s=0 \Leftrightarrow \iint_S \Delta u\mathrm{d}x\mathrm{d}y=0 \Leftrightarrow \Delta u=0$$

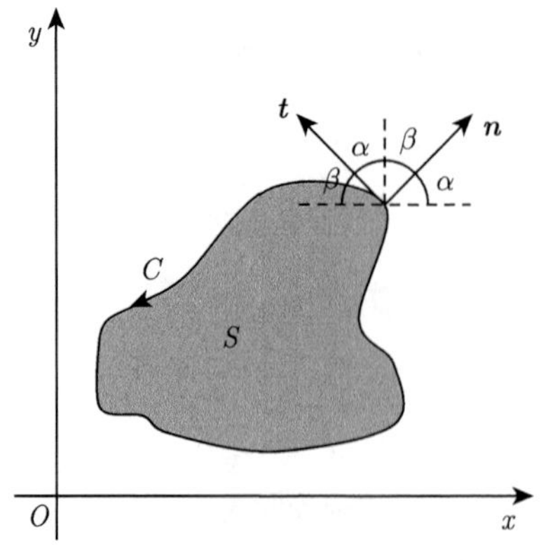

图 17.4.1

事实上, 若 $\Delta u\equiv 0$, 则对任何 S, 有 $\iint\limits_S \Delta u\mathrm{d}x\mathrm{d}y=0$. 若对任何 S 有 $\iint\limits_S \Delta u\mathrm{d}x\mathrm{d}y=0$, 则必有 $\Delta u\equiv 0$. 否则若存在点 $(x_0,y_0),\Delta u(x_0,y_0)\neq 0$. 不妨设 $\Delta u(x_0,y_0)>0$. 由连续性可知, 必存在以 (x_0,y_0) 为中心, r_0 为半径的圆域 S_0, 在 S_0 上 $\Delta u>0$, 于是 $\iint\limits_{S_0}\Delta u\mathrm{d}x\mathrm{d}y>0$, 矛盾. 结论得证.

定理 17.4.2 证明 $\iint\limits_S\left[\left(\dfrac{\partial u}{\partial x}\right)^2+\left(\dfrac{\partial u}{\partial y}\right)^2\right]\mathrm{d}x\mathrm{d}y=-\iint\limits_S u\Delta u\mathrm{d}x\mathrm{d}y+\oint_C u\dfrac{\partial u}{\partial \boldsymbol{n}}\mathrm{d}s$. 其中 S 为光滑围线 C 所围区域, u 在 S 上连续, 且有一阶、二阶连续偏导数.

证明 由两型曲线积分之间的关系和格林公式得

$$
\begin{aligned}
\oint_C u\frac{\partial u}{\partial \boldsymbol{n}}\mathrm{d}s&=\oint_C u\left[\frac{\partial u}{\partial x}\cos(\boldsymbol{n},x)+\frac{\partial u}{\partial y}\cos(\boldsymbol{n},y)\right]\mathrm{d}s\\
&=\oint_C u\left(\frac{\partial u}{\partial x}\cos(\boldsymbol{t},y)-\frac{\partial u}{\partial y}\cos(\boldsymbol{t},x)\right)\mathrm{d}s\\
&=\oint_{C(\text{逆时针})} u\frac{\partial u}{\partial x}\mathrm{d}y-u\frac{\partial u}{\partial y}\mathrm{d}x=\iint\limits_S\left[\frac{\partial}{\partial x}\left(u\frac{\partial u}{\partial x}\right)+\frac{\partial}{\partial y}\left(u\frac{\partial u}{\partial y}\right)\right]\mathrm{d}x\mathrm{d}y\\
&=\iint\limits_S u\Delta u\mathrm{d}x\mathrm{d}y+\iint\limits_S\left[\left(\frac{\partial u}{\partial x}\right)^2+\left(\frac{\partial u}{\partial y}\right)^2\right]\mathrm{d}x\mathrm{d}y
\end{aligned}
$$

结论得证.

定理 17.4.3 证明格林第二公式: $\iint\limits_G\begin{vmatrix}\Delta u & \Delta v\\ u & v\end{vmatrix}\mathrm{d}x\mathrm{d}y=\int_\Gamma\begin{vmatrix}\dfrac{\partial u}{\partial \boldsymbol{n}} & \dfrac{\partial v}{\partial \boldsymbol{n}}\\ u & v\end{vmatrix}\mathrm{d}s$. 其中 Γ 为分段光滑封闭曲线, G 为 Γ 围成的闭区域, $\boldsymbol{n}$ 为 Γ 的外法线方向, 函数 u,v 在 G 上连续且有一阶和二阶连续偏导数, $\Delta u=\dfrac{\partial^2u}{\partial x^2}+\dfrac{\partial^2u}{\partial y^2}$.

证明 如图 17.4.2 所示, 沿着 Γ 的逆时针方向的切线方向, 有

$$(\cos(\boldsymbol{t},x),\cos(\boldsymbol{t},y))=(-\cos\beta,\cos\alpha)$$

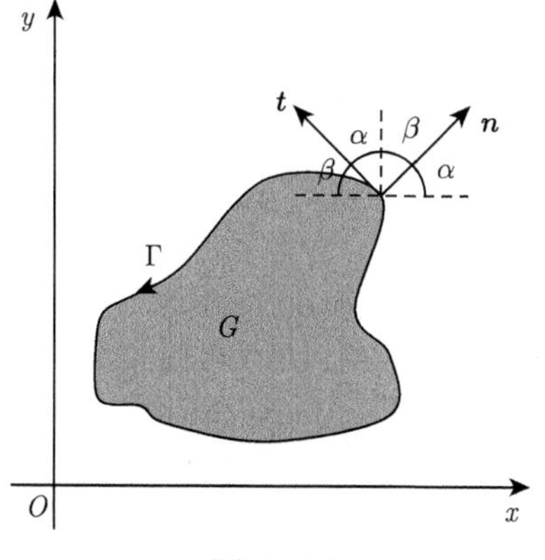

图 17.4.2

所以

$$\frac{\partial u}{\partial \boldsymbol{n}}=\frac{\partial u}{\partial x}\cos(\boldsymbol{n},x)+\frac{\partial u}{\partial y}\cos(\boldsymbol{n},y)=\frac{\partial u}{\partial x}\cos(\boldsymbol{t},y)-\frac{\partial u}{\partial y}\cos(\boldsymbol{t},x)$$

$$\frac{\partial v}{\partial \boldsymbol{n}}=\frac{\partial v}{\partial x}\cos(\boldsymbol{n},x)+\frac{\partial v}{\partial y}\cos(\boldsymbol{n},y)=\frac{\partial v}{\partial x}\cos(\boldsymbol{t},y)-\frac{\partial v}{\partial y}\cos(\boldsymbol{t},x)$$

根据两种类型曲线积分互换公式, 有

$$\begin{aligned}&\int_\Gamma\begin{vmatrix}\dfrac{\partial u}{\partial \boldsymbol{n}} & \dfrac{\partial v}{\partial \boldsymbol{n}}\\ u & v\end{vmatrix}\mathrm{d}s=\int_\Gamma\left(\frac{\partial u}{\partial \boldsymbol{n}}v-u\frac{\partial v}{\partial \boldsymbol{n}}\right)\mathrm{d}s\\&=\int_\Gamma\left[\left(v\frac{\partial u}{\partial x}-u\frac{\partial v}{\partial x}\right)\cos(\boldsymbol{t},y)-\left(v\frac{\partial u}{\partial y}-u\frac{\partial v}{\partial y}\right)\cos(\boldsymbol{t},x)\right]\mathrm{d}s\\&=\oint_{\Gamma(\text{逆时针})}-\left(v\frac{\partial u}{\partial y}-u\frac{\partial v}{\partial y}\right)\mathrm{d}x+\left(v\frac{\partial u}{\partial x}-u\frac{\partial v}{\partial x}\right)\mathrm{d}y\end{aligned}$$

由格林公式, 得

$$\begin{aligned}&\int_\Gamma\begin{vmatrix}\dfrac{\partial u}{\partial \boldsymbol{n}} & \dfrac{\partial v}{\partial \boldsymbol{n}}\\ u & v\end{vmatrix}\mathrm{d}s=\iint\limits_G\left[\frac{\partial}{\partial x}\left(v\frac{\partial u}{\partial x}-u\frac{\partial v}{\partial x}\right)+\frac{\partial}{\partial y}\left(v\frac{\partial u}{\partial y}-u\frac{\partial v}{\partial y}\right)\right]\mathrm{d}x\mathrm{d}y\\&=\iint\limits_G\left[\frac{\partial v}{\partial x}\frac{\partial u}{\partial x}+v\frac{\partial^2 u}{\partial x^2}-\frac{\partial u}{\partial x}\frac{\partial v}{\partial x}-u\frac{\partial^2 v}{\partial x^2}+\frac{\partial v}{\partial y}\frac{\partial u}{\partial y}+v\frac{\partial^2 u}{\partial y^2}-\frac{\partial u}{\partial y}\frac{\partial v}{\partial y}-u\frac{\partial^2 v}{\partial y^2}\right]\mathrm{d}x\mathrm{d}y\\&=\iint\limits_G(v\Delta u-u\Delta v)\mathrm{d}x\mathrm{d}y=\iint\limits_G\begin{vmatrix}\Delta u & \Delta v\\ u & v\end{vmatrix}\mathrm{d}x\mathrm{d}y\end{aligned}$$

结论得证.

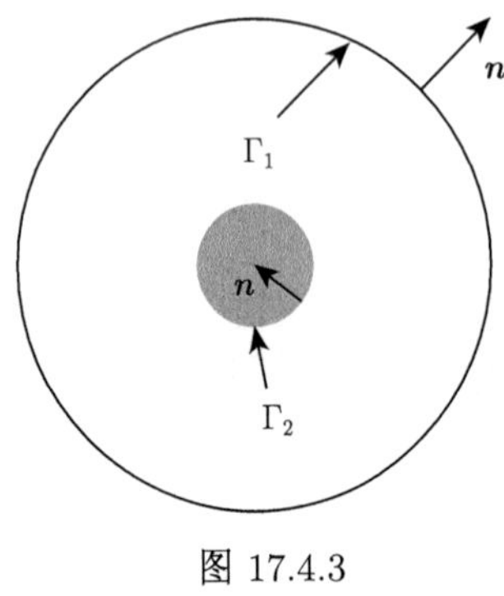

图 17.4.3

注 17.4.1 如图 17.4.3 所示, G 不是单连通区域, 则格林第二公式有形式

$$\begin{aligned}&\iint\limits_G\begin{vmatrix}\Delta u & \Delta v\\ u & v\end{vmatrix}\mathrm{d}x\mathrm{d}y\\&=\int_{\Gamma_1(\boldsymbol{n}\text{为指向外侧法线方向})}\begin{vmatrix}\dfrac{\partial u}{\partial \boldsymbol{n}} & \dfrac{\partial v}{\partial \boldsymbol{n}}\\ u & v\end{vmatrix}\mathrm{d}s\\&\quad+\int_{\Gamma_2(\boldsymbol{n}\text{为指向外侧法线方向})}\begin{vmatrix}\dfrac{\partial u}{\partial \boldsymbol{n}} & \dfrac{\partial v}{\partial \boldsymbol{n}}\\ u & v\end{vmatrix}\mathrm{d}s\end{aligned}$$

定理 17.4.4 证明格林第三公式: 若 $u=u(x,y)$ 在有界闭区域 S 上连续, 且具有连续的一阶和二阶偏导数, 满足 $\Delta u=0$, 则

$$u(x,y)=\frac{1}{2\pi}\oint_C\left(u\frac{\partial \ln r}{\partial \boldsymbol{n}}-\ln r\frac{\partial u}{\partial \boldsymbol{n}}\right)\mathrm{d}s$$

其中 C 为 S 的边界, 取正向, $\boldsymbol{n}$ 为 C 的外法线方向, $r=\sqrt{(\xi-x)^2+(\eta-y)^2}$ 为区域 S 内的点 (x,y) 到围线 C 上动点 (ξ,η) 间的距离.

证明 先证 $v=\ln r$ 为 (ξ,η) $((\xi,\eta)\neq(x,y))$ 的调和函数.

$$\frac{\partial v}{\partial \xi}=\frac{\xi-x}{(\xi-x)^2+(\eta-y)^2},\quad \frac{\partial^2 v}{\partial \xi^2}=\frac{(\eta-y)^2-(\xi-x)^2}{[(\xi-x)^2+(\eta-y)^2]^2}$$
$$\frac{\partial v}{\partial \eta}=\frac{\eta-y}{(\xi-x)^2+(\eta-y)^2},\quad \frac{\partial^2 v}{\partial \eta^2}=\frac{(\xi-x)^2-(\eta-y)^2}{[(\xi-x)^2+(\eta-y)^2]^2}$$

因此 $\Delta v=\dfrac{\partial^2 v}{\partial \xi^2}+\dfrac{\partial^2 v}{\partial \eta^2}=0$.

如图 17.4.4 所示, 以点 (x,y) $((\xi,\eta)\neq(x,y))$ 为中心, ρ 为半径作一圆 C_0, 使此圆包含在围线 C 内. C_0 及 C 的正向如图 17.4.4 所示, C 的法线向外, C_0 的法线指向点 (x,y). 因此在 C_0 上有

$$\frac{\partial \ln r}{\partial \boldsymbol{n}}\Big|_{r=\rho}=-\frac{\partial \ln r}{\partial r}\Big|_{r=\rho}=-\frac{1}{r}\Big|_{r=\rho}=-\frac{1}{\rho}$$

由 C_0 及 C 所界的区域记为 S', 由格林第二公式得

$$\iint_{S'}\begin{vmatrix}\Delta u & \Delta \ln r\\ u & \ln r\end{vmatrix}\mathrm{d}\xi\mathrm{d}\eta=\oint_{C_0+C}\begin{vmatrix}\dfrac{\partial u}{\partial \boldsymbol{n}} & \dfrac{\partial \ln r}{\partial \boldsymbol{n}}\\ u & \ln r\end{vmatrix}\mathrm{d}s=0\quad (\Delta \ln r=0,\Delta u=0)$$

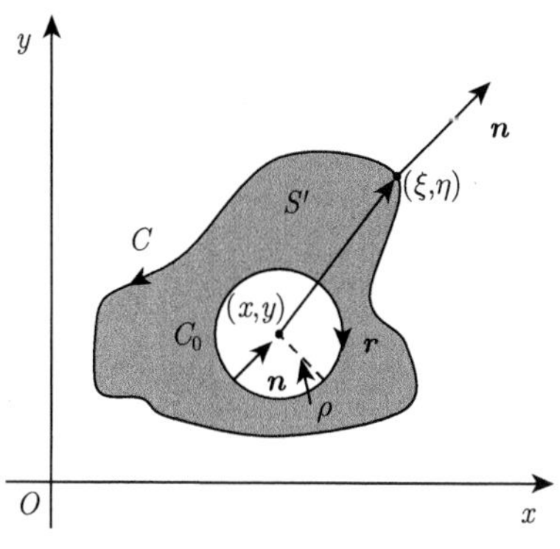

图 17.4.4

所以

$$\oint_{C}\left(\ln r\frac{\partial u}{\partial \boldsymbol{n}}-u\frac{\partial \ln r}{\partial \boldsymbol{n}}\right)\mathrm{d}s=-\oint_{C_0}\left(\ln r\frac{\partial u}{\partial \boldsymbol{n}}-u\frac{\partial \ln r}{\partial \boldsymbol{n}}\right)\mathrm{d}s$$
$$=\oint_{C_0}\ln\rho\frac{\partial u}{\partial \boldsymbol{n}}\mathrm{d}s-\oint_{C_0}u\left(\frac{1}{\rho}\right)\mathrm{d}s=0\cdot\ln\rho-\frac{1}{\rho}\oint_{C_0}u\mathrm{d}s\quad\left(\oint_{C}\frac{\partial u}{\partial \boldsymbol{n}}\mathrm{d}s=0\right)$$

利用第一型曲线积分中值定理,

$$\frac{1}{\rho}\oint_{C_0}u\mathrm{d}s=\frac{1}{\rho}u(\xi',\eta')\oint_{C_0}\mathrm{d}s=2\pi u(\xi',\eta')$$

其中 $u(\xi',\eta')$ 为 u 在 C_0 上某点的值. 因此

$$u(\xi',\eta')=\frac{1}{2\pi}\oint_{C}\left(u\frac{\partial \ln r}{\partial \boldsymbol{n}}-\ln r\frac{\partial u}{\partial \boldsymbol{n}}\right)\mathrm{d}s$$

上式两端令 $\rho\to 0+$ 取极限, 并注意到函数 u 在点 (x,y) 的连续性, 即得

$$u(x,y)=\frac{1}{2\pi}\oint_{C}\left(u\frac{\partial \ln r}{\partial \boldsymbol{n}}-\ln r\frac{\partial u}{\partial \boldsymbol{n}}\right)\mathrm{d}s$$

结论得证.

*17.5 探索类问题

探索类问题 1 研究下面曲线围成的面积 $(a>0,b>0,n>1,m>0)$.

(1) $(x+y)^{n+m+1}=ax^ny^m$.

(2) $\left(\dfrac{x}{a}\right)^n+\left(\dfrac{y}{b}\right)^n=\left(\dfrac{x}{a}\right)^{n-1}+\left(\dfrac{y}{b}\right)^{n-1}$.

(3) $\left(\dfrac{x}{a}\right)^n+\left(\dfrac{y}{b}\right)^n=1$.

探索类问题 2 计算曲线积分 $\displaystyle\oint_C\frac{X\mathrm{d}Y-Y\mathrm{d}X}{X^2+Y^2}$:

(1) C 为包围原点的封闭曲线, $\begin{cases}X=ax+by,\\Y=cx+dy\end{cases}$ $(ad-bc\neq 0)$;

(2) $\begin{cases}X=\varphi(x,y),\\Y=\psi(x,y)\end{cases}$ 且满足 $\begin{cases}\varphi(x,y)=0,\\\psi(x,y)=0\end{cases}$ 的点在 C 围成的区域内部有有限个.

探索类问题 3 研究下面的问题:

$$I(a,b)=\oint_C P(x+a,y+b)\,\mathrm{d}x+Q(x+a,y+b)\,\mathrm{d}y$$

其中 C 为任意封闭曲线, P,Q 具有二阶连续的偏导数. 如果积分与 a,b 无关, 研究 P 和 Q 满足的条件.

探索类问题 4 利用格林公式研究下面的问题:

(1) 当积分区域为复连通区域时, 写出格林公式以及基于第一型和第二型曲线积分公式的格林第一、二、三公式;

(2) 设 $\Delta u=0$, $C^*:(\xi-x)^2+(\eta-y)^2=R^2, S^*:(\xi-x)^2+(\eta-y)^2\leqslant R^2$, 则

$$u(x,y)=\frac{1}{2\pi R}\oint_{C^*}u(\xi,\eta)\,\mathrm{d}s$$

上式称为调和函数的中值定理;

(3)$\Delta u=0,(x,y)\in\Omega,\Omega$ 是有界闭区域, u 在 Ω 上连续且不为常数, 证明 u 不可能在 Ω 的内点处取得最大和最小值;

(4) 通过查阅书籍和相关文献了解格林公式在工程领域中的应用, 写份读书报告.

探索类问题 5 研究积分与路径无关性: $I=\displaystyle\int_L P(x,y)\,\mathrm{d}x+Q(x,y)\,\mathrm{d}y$. 通过查阅文献和相关书籍研究积分与路径无关在实际工程领域中的应用, 写一份读书报告.

第 17 章习题答案与提示

第 18 章 曲面积分

本章介绍两类曲面积分, 一类是多元函数的积分, 称为第一型曲面积分; 另一类是向量函数的积分, 称为第二型曲面积分. 在此基础上讨论高斯公式与斯托克斯公式以及场论初步, 在提高部分介绍了外积分问题, 在本章最后设置了系列研究探索类问题.

18.1 第一型曲面积分

扫码学习

本节讨论第一型曲面积分的物理背景、基本概念、性质和计算公式. 首先讨论空间曲面的面积问题.

18.1.1 空间曲面的参数方程

空间曲面 Σ 的向量函数表示为

$$\Sigma: \boldsymbol{r}=\boldsymbol{r}(u,v)=\begin{pmatrix} x(u,v) \\ y(u,v) \\ z(u,v) \end{pmatrix}, \quad (u,v)\in D$$

当参数 u,v 在平面区域 D 上变化时, 向量函数 $\boldsymbol{r}$ 将集合 D 映射为 xyz 空间的曲面 Σ.

定义 18.1.1 若 $v=v_0$, 则 $\begin{cases} x=x(u,v_0), \\ y=y(u,v_0), \\ z=z(u,v_0) \end{cases}$ 对应着 Σ 上的一段曲线 C_1, 称为 Σ 上的 u 曲线. 若 $u=u_0$, 则 $\begin{cases} x=x(u_0,v), \\ y=y(u_0,v), \\ z=z(u_0,v) \end{cases}$ 对应着 Σ 上的一段曲线 C_2, 称为 Σ 上的 v 曲线. 如图 18.1.1 所示.

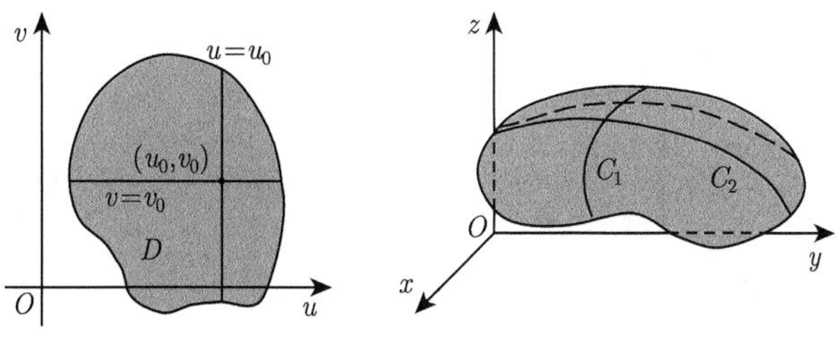

图 18.1.1

我们可以用曲面 Σ 上的 u 曲线族和 v 曲线族将 Σ 进行分割, 如图 18.1.2 所示.

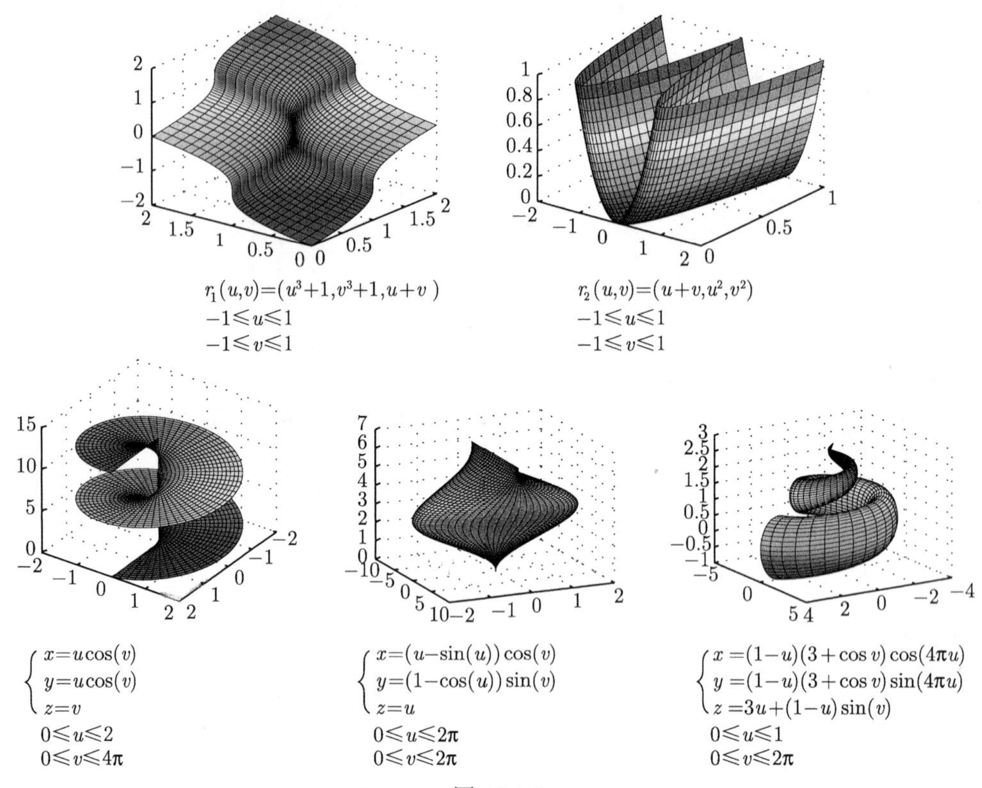

图 18.1.2

根据空间曲线切向量的计算公式得到

$$\frac{\partial \boldsymbol{r}(u,v_0)}{\partial u}=\boldsymbol{r}_u(u,v_0)=\left(\frac{\partial x(u,v_0)}{\partial u},\frac{\partial y(u,v_0)}{\partial u},\frac{\partial z(u,v_0)}{\partial u}\right)$$

为 Σ 在 $v=v_0$ 的 u 曲线的切向量.

$$\frac{\partial \boldsymbol{r}(u_0,v)}{\partial v}=\boldsymbol{r}_v(u_0,v)=\left(\frac{\partial x(u_0,v)}{\partial v},\frac{\partial y(u_0,v)}{\partial v},\frac{\partial z(u_0,v)}{\partial v}\right)$$

为 Σ 在 $u=u_0$ 的 v 曲线的切向量.

曲面 Σ 上点 $P_0(u_0,v_0)$ 处的法向量为 $\dfrac{\partial \boldsymbol{r}(u_0,v_0)}{\partial u}\times\dfrac{\partial \boldsymbol{r}(u_0,v_0)}{\partial v}$. 如图 18.1.3 所示.

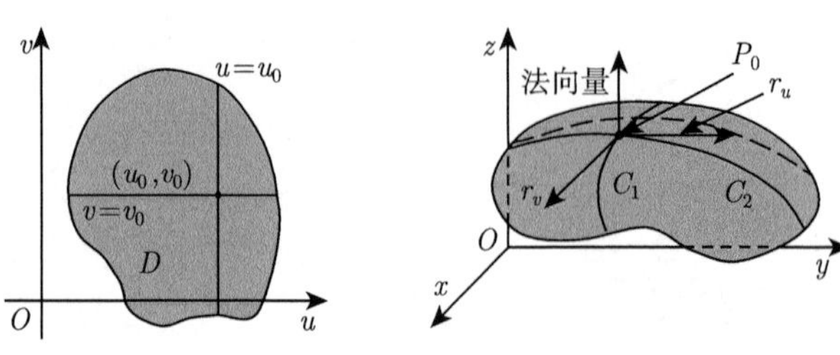

图 18.1.3

例 18.1.1 求曲面 $\boldsymbol{r}(u,v)=\begin{pmatrix}u^2\\v^2\\u+2v\end{pmatrix}$ 在点 $(1,1,3)$ 处的切平面方程.

解 点 $(1,1,3)$ 对应参数 $u=1,v=1$. 由于 $\boldsymbol{r}_u(u,v)=\begin{pmatrix}2u\\0\\1\end{pmatrix}$, $\boldsymbol{r}_v(u,v)=\begin{pmatrix}0\\2v\\2\end{pmatrix}$, 因此法线方向为 $\boldsymbol{r}_u(u,v)\times\boldsymbol{r}_v(u,v)=\begin{pmatrix}-2v\\-4u\\4uv\end{pmatrix}$, $\boldsymbol{r}_u(u,v)\times\boldsymbol{r}_v(u,v)|_{(1,1)}=\begin{pmatrix}-2\\-4\\4\end{pmatrix}$. 故在点 $(1,1,3)$ 处切平面方程为 $-2(x-1)-4(y-1)+4(z-3)=0$, 即 $x+2y-2z+3=0$.

定义 18.1.2 设空间曲面 $\Sigma:\boldsymbol{r}(u,v)=\begin{pmatrix}x(u,v)\\y(u,v)\\z(u,v)\end{pmatrix}$, $(u,v)\in D$, 若 $\boldsymbol{r}_u\times\boldsymbol{r}_v|_{(u_0,v_0)}\neq 0$, 则称点 (u_0,v_0) 为曲面 Σ 的正则点. 若 Σ 上所有点都为正则点, 则称 Σ 为正则曲面.

定义 18.1.3 设空间曲面 $\Sigma:\boldsymbol{r}(u,v)=\begin{pmatrix}x(u,v)\\y(u,v)\\z(u,v)\end{pmatrix}$, $(u,v)\in D$, D 为具有分段光滑边界的区域, 并且映射 $\boldsymbol{r}(u,v)$ 是 D 到 Σ 的一一映射. 如果 $x(u,v),y(u,v),z(u,v)$ 在 D 上连续且有连续的偏导数, 并且 $\begin{pmatrix}\dfrac{\partial x}{\partial u}&\dfrac{\partial x}{\partial v}\\\dfrac{\partial y}{\partial u}&\dfrac{\partial y}{\partial v}\\\dfrac{\partial z}{\partial u}&\dfrac{\partial z}{\partial v}\end{pmatrix}$, $(u,v)\in D$ 满秩, 则称 Σ 为光滑曲面.

根据定义 18.1.2 和定义 18.1.3, 光滑曲面是正则曲面.

定义 18.1.4 设 $\Sigma:\boldsymbol{r}(u,v)=\begin{pmatrix}x(u,v)\\y(u,v)\\z(u,v)\end{pmatrix}$, $(u,v)\in D$ 为光滑曲面, 定义

$$\|\boldsymbol{r}_u\times\boldsymbol{r}_v\|=\sqrt{\|\boldsymbol{r}_u\|^2\|\boldsymbol{r}_v\|^2-(\boldsymbol{r}_u\cdot\boldsymbol{r}_v)^2}=\sqrt{EG-F^2}$$

其中

$$E=\|\boldsymbol{r}_u\|^2=\left(\frac{\partial x}{\partial u}\right)^2+\left(\frac{\partial y}{\partial u}\right)^2+\left(\frac{\partial z}{\partial u}\right)^2$$

$$F=\boldsymbol{r}_u\cdot\boldsymbol{r}_v=\frac{\partial x}{\partial u}\frac{\partial x}{\partial v}+\frac{\partial y}{\partial u}\frac{\partial y}{\partial v}+\frac{\partial z}{\partial u}\frac{\partial z}{\partial v}$$

$$G=\|\boldsymbol{r}_v\|^2=\left(\frac{\partial x}{\partial v}\right)^2+\left(\frac{\partial y}{\partial v}\right)^2+\left(\frac{\partial z}{\partial v}\right)^2$$

为曲面 Σ 的第一基本量.

习题 18.1.1　空间曲面的参数方程

1. 求下列曲面的参数方程.

(1) 椭球面 $2x^2+4y^2+z^2=1$ 的下半部分.

(2) 双曲面 $x^2+y^2-z^2=1$ 在 xOz 平面右侧部分.

(3) 球面 $x^2+y^2+z^2=1$ 与锥面 $z=\sqrt{x^2+y^2}$ 的上半部分.

(4) 球面 $x^2+y^2+z^2=1$ 在平面 $z=-\dfrac{1}{2}$, $z=\dfrac{1}{2}$ 之间部分.

2. 用 MATLAB 画出下面曲线的曲面分割图.

(1) $\boldsymbol{r}(u,v)=(u\cos v,u\sin v,u)$.

(2) $\boldsymbol{r}(u,v)=(u^3,u\sin v,u\cos v)$.

(3) $\boldsymbol{r}(u,v)=((u-\sin u)\cos v,(1-\cos u)\sin v,u)$.

(4) $\boldsymbol{r}(u,v)=((1-u)(3+\cos v)\cos 4\pi u,(1-u)(3+\cos v)\sin 4\pi u,3u+(1-u)\sin v)$.

3. 曲面参数方程

$$\boldsymbol{r}(u,v)=\left(2\cos\theta+r\cos\left(\frac{\theta}{2}\right),2\sin\theta+r\cos\left(\frac{\theta}{2}\right),r\sin\left(\frac{\theta}{2}\right)\right)$$

其中 $-\dfrac{1}{2}\leqslant r\leqslant\dfrac{1}{2},0\leqslant\theta\leqslant 2\pi$, 此曲面称为默比乌斯带, 用 MATLAB 画出曲面并分析特点.

18.1.2　曲面面积的计算

下面研究如何求空间曲面的面积.

设空间曲面 $\Sigma:\boldsymbol{r}(u,v)=\begin{pmatrix}x(u,v)\\y(u,v)\\z(u,v)\end{pmatrix},(u,v)\in\Delta$ 为光滑曲面, Δ 为矩形. 如图 18.1.4 所示, 用直线族对 Δ 进行分割: $\boldsymbol{r}:R_{ij}\to S_{ij},i,j=1,2,\cdots,n$.

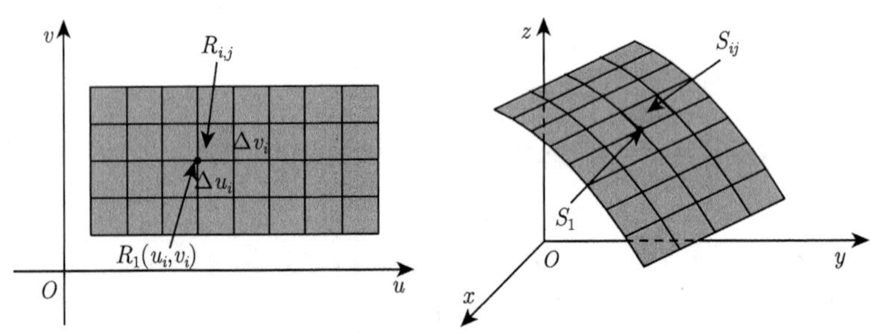

图 18.1.4

设 R_{ij} 上的四个顶点 R_1,R_2,R_3,R_4 映射到 Σ 中 S_{ij} 上的四个顶点 S_1,S_2,S_3,S_4, 即

$$R_1(u_i,v_j),\quad R_2(u_i+\Delta u_i,v_j),\quad R_3(u_i+\Delta u_i,v_j+\Delta v_j),\quad R_4(u_i,v_j+\Delta v_j)$$

$$\begin{aligned}S_1&=(x(u_i,v_j),y(u_i,v_j),z(u_i,v_j))\\S_2&=(x(u_i+\Delta u_i,v_j),y(u_i+\Delta u_i,v_j),z(u_i+\Delta u_i,v_j))\\S_3&=(x(u_i+\Delta u_i,v_j+\Delta v_j),y(u_i+\Delta u_i,v_j+\Delta v_j),z(u_i+\Delta u_i,v_j+\Delta v_j))\\S_4&=(x(u_i,v_j+\Delta v_j),y(u_i,v_j+\Delta v_j),z(u_i,v_j+\Delta v_j))\end{aligned}$$

如果忽略高阶无穷小项, 则 $\left\|\overrightarrow{S_1S_2}\right\|\approx\left\|\overrightarrow{S_4S_3}\right\|,\left\|\overrightarrow{S_1S_4}\right\|\approx\left\|\overrightarrow{S_2S_3}\right\|$. 如图 18.1.5 所示.

利用二元函数的泰勒公式和向量运算法则得到

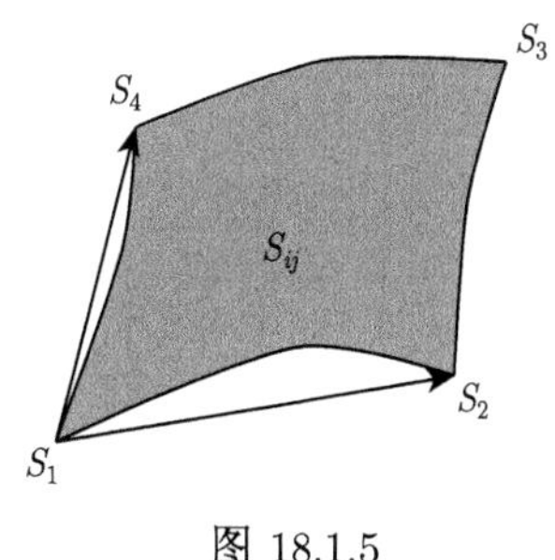

图 18.1.5

$$\begin{aligned}\overrightarrow{S_1S_2} &= \boldsymbol{r}(u_i+\Delta u_i, v_j) - \boldsymbol{r}(u_i, v_j)\\ &= (x(u_i+\Delta u_i, v_j), y(u_i+\Delta u_i, v_j), z(u_i+\Delta u_i, v_j))\\ &\quad - (x(u_i, v_j), y(u_i, v_j), z(u_i, v_j))\\ &= \boldsymbol{r}_u(u_i, v_j)\Delta u_i + \boldsymbol{o}(\Delta u_i)\end{aligned}$$

$$\begin{aligned}\overrightarrow{S_1S_4} &= \boldsymbol{r}(u_i, v_j+\Delta v_j) - \boldsymbol{r}(u_i, v_j)\\ &= (x(u_i, v_j+\Delta v_j), y(u_i, v_j+\Delta v_j), z(u_i, v_j+\Delta v_j)) - (x(u_i, v_j), y(u_i, v_j), z(u_i, v_j))\\ &= \boldsymbol{r}_v(u_i, v_j)\Delta v_j + \boldsymbol{o}(\Delta v_j)\end{aligned}$$

其中 $\boldsymbol{o}(\Delta u_i), \boldsymbol{o}(\Delta v_j)$ 为向量, 其模满足 $\lim\limits_{\Delta u_i\to 0}\dfrac{\|\boldsymbol{o}(\Delta u_i)\|}{|\Delta u_i|}=0, \lim\limits_{\Delta v_j\to 0}\dfrac{\|\boldsymbol{o}(\Delta v_j)\|}{|\Delta v_j|}=0$. 以 S_1S_2, S_1S_4 为边的平行四边形的面积为 $\|\boldsymbol{r}_u(u_i, v_j)\times\boldsymbol{r}_v(u_i, v_j)\|\,\Delta u_i\Delta v_j$, 近似等于 S_{ij} 的面积. 如图 18.1.6 所示. 所以 Σ 的面积为

$$\lim_{\max\dim\{R_{ij}\}\to 0}\sum_{i,j=1}^{n}\|\boldsymbol{r}_u(u_i, v_j)\times\boldsymbol{r}_v(u_i, v_j)\|\,\Delta u_i\Delta v_j$$

由二重积分的定义, Σ 的面积 $\sigma(\Sigma)$ 为

$$\sigma(\Sigma)=\iint\limits_{\Delta}\|\boldsymbol{r}_u\times\boldsymbol{r}_v\|\mathrm{d}u\mathrm{d}v=\iint\limits_{\Delta}\sqrt{EG-F^2}\mathrm{d}u\mathrm{d}v$$

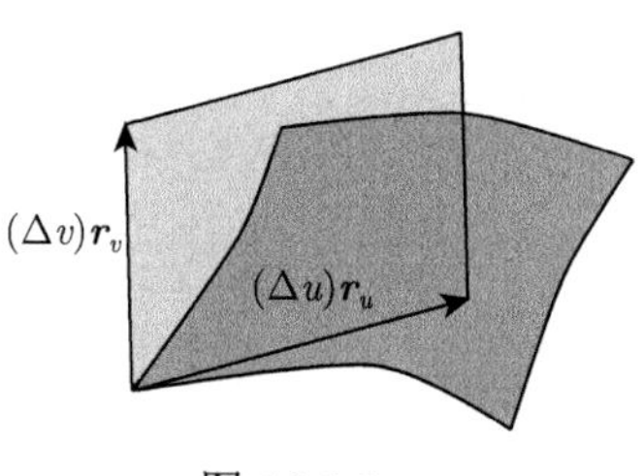

图 18.1.6

以上分析中，我们假定 Δ 为矩形, 实际上对于一般情况结论也是成立的, 证明留给读者完成.

定理 18.1.1 设曲面 $\Sigma: \boldsymbol{r}(u,v)=\begin{pmatrix}x(u,v)\\ y(u,v)\\ z(u,v)\end{pmatrix}, (u,v)\in\Delta$ 为光滑曲面, Δ 为具有分段光滑边界的有界闭区域, 则 Σ 的面积为

$$\sigma(\Sigma)=\iint\limits_{\Delta}\|\boldsymbol{r}_u\times\boldsymbol{r}_v\|\mathrm{d}u\mathrm{d}v=\iint\limits_{\Delta}\sqrt{EG-F^2}\mathrm{d}u\mathrm{d}v \tag{18.1.1}$$

其中 E, F, G 为曲面 Σ 的第一基本量.

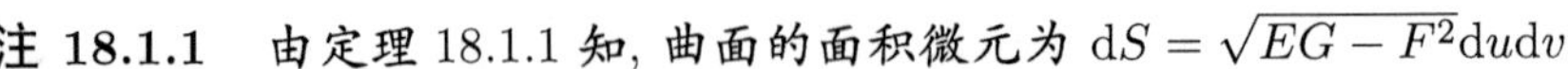

注 18.1.1 由定理 18.1.1 知, 曲面的面积微元为 $\mathrm{d}S=\sqrt{EG-F^2}\mathrm{d}u\mathrm{d}v$

(1) 若 $\Sigma: z=f(x,y),(x,y)\in D_{xy}, D_{xy}$ 为具有分段光滑边界的有界闭区域, f 在 D_{xy} 上具有连续的偏导数, 则有

$$\sigma(\Sigma)=\iint\limits_{D_{xy}}\sqrt{1+f_x^2+f_y^2}\mathrm{d}x\mathrm{d}y \tag{18.1.2}$$

(2) 若 $\Sigma: y=g(x,z),(x,z)\in D_{xz}, D_{xz}$ 为具有分段光滑边界的有界闭区域, g 在 D_{xz} 上具有连续的偏导数, 则有

$$\sigma(\Sigma)=\iint\limits_{D_{xz}}\sqrt{1+g_x^2+g_z^2}\mathrm{d}z\mathrm{d}x \tag{18.1.3}$$

(3) 若 $\Sigma: x=h(y,z),(y,z)\in D_{yz}, D_{yz}$ 为具有分段光滑边界的有界闭区域, h 在 D_{yz} 上具有连续的偏导数, 则有

$$\sigma(\Sigma)=\iint\limits_{D_{yz}}\sqrt{1+h_y^2+h_z^2}\mathrm{d}y\mathrm{d}z \tag{18.1.4}$$

通过以上分析, 我们得到求曲面面积的计算步骤: 首先求解曲面的参数方程以及投影区域 $\Sigma: \boldsymbol{r}=\boldsymbol{r}(u,v),(u,v)\in\Delta$; 然后计算面积微元 $\mathrm{d}S=\sqrt{EG-F^2}\mathrm{d}u\mathrm{d}v$; 最后计算重积分 $\iint\limits_{\Delta}\sqrt{EG-F^2}\mathrm{d}u\mathrm{d}v$.

例 18.1.2 求圆柱面 $x^2+z^2=a^2$ 被圆柱面 $x^2+y^2=a^2$ 截下部分的面积. 如图 18.1.7 所示.

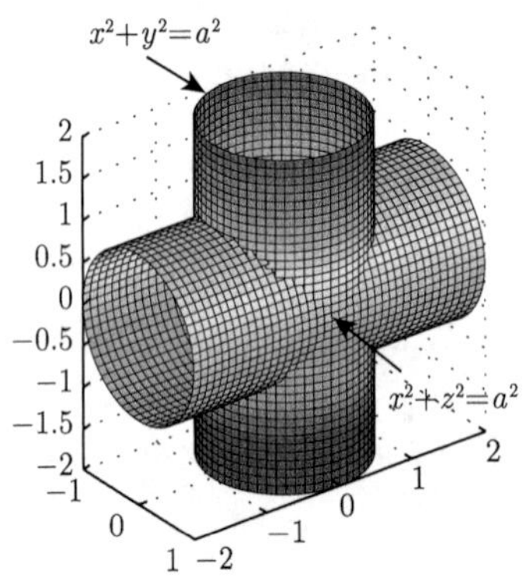

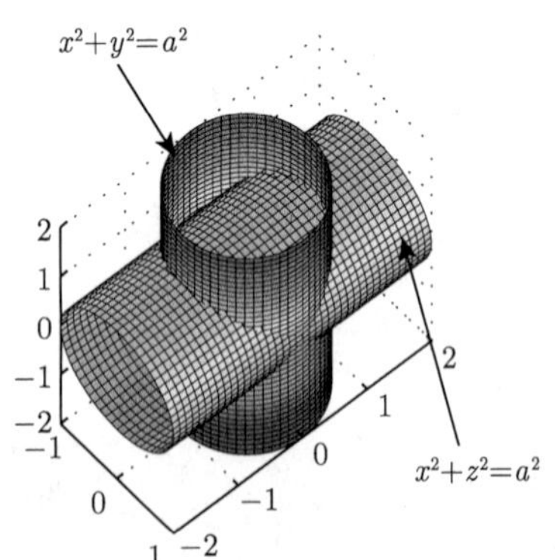

图 18.1.7

解 曲面方程为 $z=\pm\sqrt{a^2-x^2}$, 在 xOy 平面投影区域为 $D_{xy}=\left\{(x,y)\left|x^2+y^2\leqslant a^2\right.\right\}$, 根据 (18.1.2) 和对称性, 得

$$\begin{aligned}S&=2\iint\limits_{D_{xy}}\sqrt{1+z_x^2+z_y^2}\mathrm{d}x\mathrm{d}y=2\iint\limits_{D_{xy}}\sqrt{1+\left(\frac{-x}{\sqrt{a^2-x^2}}\right)^2}\mathrm{d}x\mathrm{d}y=2\iint\limits_{D_{xy}}\frac{a}{\sqrt{a^2-x^2}}\mathrm{d}x\mathrm{d}y\\&=2\iint\limits_{x^2+y^2\leqslant a^2}\frac{a}{\sqrt{a^2-x^2}}\mathrm{d}x\mathrm{d}y=2\int_{-a}^{a}\mathrm{d}x\int_{-\sqrt{a^2-x^2}}^{\sqrt{a^2-x^2}}\frac{a}{\sqrt{a^2-x^2}}\mathrm{d}y=8a^2.\end{aligned}$$

例 18.1.3 求圆柱面 $x^2+y^2=a^2$ 介于 $x+z=0, x-z=0$ 之间的部分的面积. 如图 18.1.8 所示.

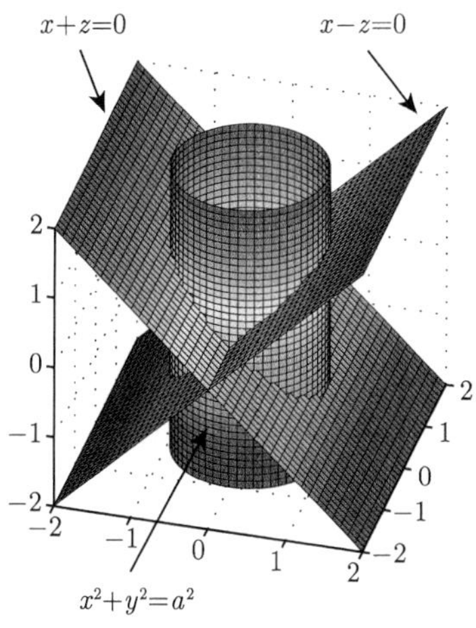

图 18.1.8

解 曲面 $\Sigma: x=\sqrt{a^2-y^2}, \Sigma$ 在 yOz 平面的投影为 D_{yz}, 由 $\begin{cases} x^2+y^2=a^2, \\ x+z=0 \end{cases}$ 和 $\begin{cases} x^2+y^2=a^2, \\ x-z=0 \end{cases}$ 解得 $D_{yz}=\{(y,z): z^2+y^2 \leqslant a^2\}$. 由 (18.1.3) 式和对称性得到

$$S=2\iint\limits_{y^2+z^2\leqslant a^2}\sqrt{1+x_y^2+x_z^2}\mathrm{d}y\mathrm{d}z=2\iint\limits_{y^2+z^2\leqslant a^2}\frac{a}{\sqrt{a^2-y^2}}\mathrm{d}y\mathrm{d}z=8a^2$$

例 18.1.4 计算环面 $x=(b+a\cos\psi)\cos\varphi, y=(b+a\cos\psi)\sin\varphi, z=a\sin\psi\ (0<a<b)$ 被两条经线 $\varphi=\varphi_1, \varphi=\varphi_2$ 和纬线 $\psi=\psi_1, \psi=\psi_2$ 所围部分的面积.

解 计算第一基本量:

$$E=\left(\frac{\partial x}{\partial\varphi}\right)^2+\left(\frac{\partial y}{\partial\varphi}\right)^2+\left(\frac{\partial z}{\partial\varphi}\right)^2=(b+a\cos\psi)^2$$

$$F=\frac{\partial x}{\partial\varphi}\frac{\partial x}{\partial\psi}+\frac{\partial y}{\partial\varphi}\frac{\partial y}{\partial\psi}+\frac{\partial z}{\partial\varphi}\frac{\partial z}{\partial\psi}=0$$

$$G=\left(\frac{\partial x}{\partial\psi}\right)^2+\left(\frac{\partial y}{\partial\psi}\right)^2+\left(\frac{\partial z}{\partial\psi}\right)^2=a^2$$

$$\sqrt{EG-F^2}=a(b+a\cos\psi)$$

记 $\Delta=\{(\psi,\varphi)\,|\psi_1\leqslant\psi\leqslant\psi_2, \varphi_1\leqslant\varphi\leqslant\varphi_2\}$, 根据 (18.1.1) 式得到

$$S=\iint\limits_{\Delta}\sqrt{EG-F^2}\mathrm{d}\psi\mathrm{d}\varphi=\iint\limits_{\Delta}a(b+a\cos\psi)\,\mathrm{d}\psi\mathrm{d}\varphi=\int_{\varphi_1}^{\varphi_2}\mathrm{d}\varphi\int_{\psi_1}^{\psi_2}a(b+a\cos\psi)\,\mathrm{d}\psi$$

$$=a(\varphi_2-\varphi_1)\left[b(\psi_2-\psi_1)+a(\sin\psi_2-\sin\psi_1)\right]$$

习题 18.1.2 曲面面积的计算

1. 计算曲面的面积.

(1) 锥面 $z=\sqrt{x^2+y^2}$ 被圆柱面 $x^2+y^2=2x$ 截下的部分.

(2) 球面 $x^2+y^2+z^2=a^2$ 被椭圆柱面 $\dfrac{x^2}{a^2}+\dfrac{y^2}{b^2}=1(0<b\leqslant a)$ 所截下的部分.

(3) 抛物面 $x^2+y^2=2az$ 被柱面 $(x^2+y^2)^2=2a^2xy$ 截下的部分.

(4) 螺旋面 $\begin{cases} x=r\cos\theta, \\ y=r\sin\theta, \quad 0<r<a, 0\leqslant\theta\leqslant 2\pi. \\ z=h\theta, \end{cases}$

18.1.3 第一型曲面积分的定义与计算

在给出第一型曲面积分的定义之前, 我们先讨论两个实际问题: 曲面的重心坐标和对三个坐标轴的转动惯量问题.

应用问题 求密度函数为 $\rho(x,y,z)$ 的空间曲面 $\Sigma:\boldsymbol{r}(u,v),(u,v)\in\Delta$ 的重心坐标和对三个坐标轴的转动惯量.

我们利用 "分割, 求和, 取极限" 的方法解决问题, 如图 18.1.9 所示.

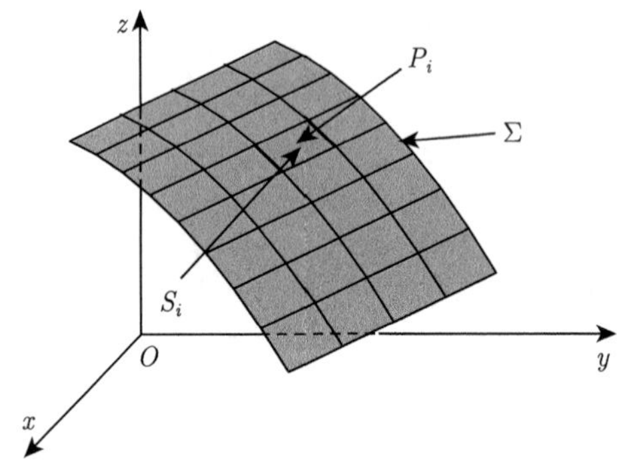

图 18.1.9

(1) 分割: 在曲面 Σ 上进行任意分割 $T:S_1,S_2,\cdots,S_n$, 相应的曲面面积分别为 $\sigma(S_1)$, $\sigma(S_2),\cdots,\sigma(S_n)$, 分割的细度 $\|T\|=\max\{\mathrm{diam}\,(S_1)\,,\mathrm{diam}\,(S_2)\,,\cdots,\mathrm{diam}\,(S_n)\}$. 如果 $\|T\|$ 非常小,$\{S_i\}_{i=1}^n$ 可以视为质点系.

(2) 求和: 任取 $P_i\in S_i, S_i$ 的质量近似为 $\rho(p_i)\sigma(s_i)$, 根据质点系的重心坐标和转动惯量计算公式有

$$\bar{x}\approx\frac{\sum\limits_{i=1}^n x_i\rho(p_i)\sigma(S_i)}{\sum\limits_{i=1}^n \rho(p_i)\sigma(S_i)},\quad \bar{y}\approx\frac{\sum\limits_{i=1}^n y_i\rho(p_i)\sigma(S_i)}{\sum\limits_{i=1}^n \rho(p_i)\sigma(S_i)},\quad \bar{z}\approx\frac{\sum\limits_{i=1}^n z_i\rho(p_i)\sigma(S_i)}{\sum\limits_{i=1}^n \rho(p_i)\sigma(S_i)}$$

$$J_x\approx\sum_{i=1}^n\left(y_i^2+z_i^2\right)\rho(p_i)\sigma(S_i),\quad J_y\approx\sum_{i=1}^n\left(x_i^2+z_i^2\right)\rho(p_i)\sigma(S_i)$$

$$J_z\approx\sum_{i=1}^n\left(y_i^2+x_i^2\right)\rho(p_i)\sigma(S_i)$$

(3) 取极限:

$$\bar{x}=\lim_{\|T\|\to 0}\frac{\sum\limits_{i=1}^{n}x_i\rho(p_i)\sigma(S_i)}{\sum\limits_{i=1}^{n}\rho(p_i)\sigma(S_i)},\quad \bar{y}=\lim_{\|T\|\to 0}\frac{\sum\limits_{i=1}^{n}y_i\rho(p_i)\sigma(S_i)}{\sum\limits_{i=1}^{n}\rho(p_i)\sigma(S_i)}$$

$$\bar{z}=\lim_{\|T\|\to 0}\frac{\sum\limits_{i=1}^{n}z_i\rho(p_i)\sigma(S_i)}{\sum\limits_{i=1}^{n}\rho(p_i)\sigma(S_i)}\tag{18.1.5}$$

$$J_x=\lim_{\|T\|\to 0}\sum_{i=1}^{n}\left(y_i^2+z_i^2\right)\rho(p_i)\sigma(S_i),\quad J_y=\lim_{\|T\|\to 0}\sum_{i=1}^{n}\left(x_i^2+z_i^2\right)\rho(p_i)\sigma(S_i)$$

$$J_z=\lim_{\|T\|\to 0}\sum_{i=1}^{n}\left(y_i^2+x_i^2\right)\rho(p_i)\sigma(S_i)$$

(18.1.5) 式给出了一种新的在空间曲面上求累加和极限的形式, 这是第一型曲面积分, 下面给出一般情况下的数学定义.

定义 18.1.5 设空间曲面 Σ 是可求面积的曲面, $f(x,y,z)$ 定义在 Σ 上, 对 Σ 的任意分割 $T:S_1,S_2,\cdots,S_n$, 相应的面积分别为 $\sigma(S_1),\sigma(S_2),\cdots,\sigma(S_n)$, 分割的细度为 $\|T\|=\max\{\text{diam}\,(S_1),\text{diam}\,(S_2),\cdots,\text{diam}\,(S_n)\}$. 如果对于任意的 $\varepsilon>0$, 存在 $\delta>0$, 对于 Σ 的任意分割 T, 当 $\|T\|<\delta$ 时, 有

$$\forall p_i(x_i,y_i,z_i)\in S_i,\quad \left|\sum_{i=1}^{n}f(p_i)\sigma(S_i)-J\right|<\varepsilon$$

成立. 则称 J 为 $f(x,y,z)$ 在 Σ 上的第一型曲面积分, 记为 $\iint\limits_{\Sigma}f(x,y,z)\mathrm{d}S$. $f(x,y,z)$ 称为被积函数, Σ 称为积分曲面.

注 18.1.2 如果 $f(x,y,z)$ 在 Σ 上的第一型曲面积分存在, 则极限 $\lim\limits_{\|T\|\to 0}\sum\limits_{i=1}^{n}f(p_i)\sigma(S_i)$ 存在, 且此极限与分割的方式和点 p_i 的选取无关.

由定义 18.1.2, 空间曲面的重心坐标和对三个坐标轴的转动惯量都可以用第一型曲面积分表示, 即

$$\bar{x}=\frac{\iint\limits_{\Sigma}x\rho(x,y,z)\mathrm{d}S}{\iint\limits_{\Sigma}\rho(x,y,z)\mathrm{d}S},\quad \bar{y}=\frac{\iint\limits_{\Sigma}y\rho(x,y,z)\mathrm{d}S}{\iint\limits_{\Sigma}\rho(x,y,z)\mathrm{d}S},\quad \bar{z}=\frac{\iint\limits_{\Sigma}z\rho(x,y,z)\mathrm{d}S}{\iint\limits_{\Sigma}\rho(x,y,z)\mathrm{d}S}$$

$$J_x=\iint\limits_{\Sigma}(y^2+z^2)\rho(x,y,z)\mathrm{d}S,\quad J_y=\iint\limits_{\Sigma}(x^2+z^2)\rho(x,y,z)\mathrm{d}S$$

$$J_z=\iint\limits_{\Sigma}(x^2+y^2)\rho(x,y,z)\mathrm{d}S$$

第一型曲面积分面临两个方面的问题, 一个是积分的存在性问题, 另一个是积分的计算问题. 下面我们一一讨论.

设曲面 $\Sigma:\boldsymbol{r}(u,v)=\begin{pmatrix} x(u,v)\\ y(u,v)\\ z(u,v)\end{pmatrix}$, $(u,v)\in\Delta$ 为光滑曲面. 对于 Δ 的分割 $\Delta_1,\Delta_2,\cdots,\Delta_n$, 记 $\sigma(\Delta_i)$ 为 Δ_i 的面积, 并且 $\boldsymbol{r}(u,v):\Delta_i\to\Sigma_i, i=1,2,\cdots,n$. 因此得到相应的 Σ 的分割 $T:\Sigma_1,\Sigma_2,\cdots,\Sigma_n$. 如图 18.1.10 所示. 由二重积分的中值定理得

$$\sigma(\Sigma_i)=\iint_{\Delta_i}\|\boldsymbol{r}_u\times\boldsymbol{r}_v\|\mathrm{d}u\mathrm{d}v=\iint_{\Delta_i}\sqrt{EG-F^2}\mathrm{d}u\mathrm{d}v=\sqrt{EG-F^2}\Big|_{(u_i^*,v_i^*)}\sigma(\Delta_i),\quad (u_i^*,v_i^*)\in\Delta_i$$

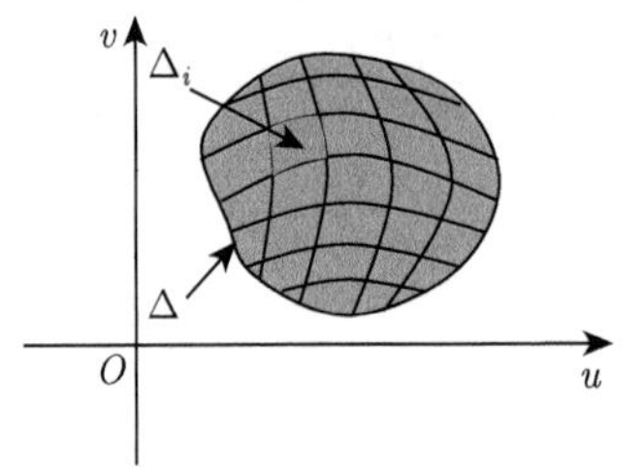

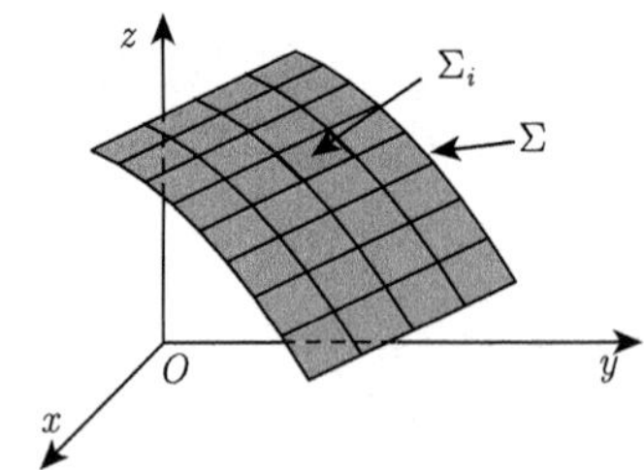

图 18.1.10

设 $\boldsymbol{r}(u_i^*,v_i^*)\to p_i(x_i^*,y_i^*,z_i^*), p_i(x_i^*,y_i^*,z_i^*)\in\Sigma_i$, f 在 Σ 上连续, 则

$$\lim_{\|T\|\to 0}\sum_{i=1}^{n}f(p_i)\sigma(\Sigma_i)=\lim_{\|T\|\to 0}\sum_{i=1}^{n}f(x(u_i^*,v_i^*),y(u_i^*,v_i^*),z(u_i^*,v_i^*))\sqrt{EG-F^2}\Big|_{(u_i^*,v_i^*)}\sigma(\Delta_i)$$

因此由二重积分的定义得

$$\iint_{\Sigma}f\mathrm{d}S=\iint_{\Delta}(f\circ\boldsymbol{r})\|\boldsymbol{r}_u\times\boldsymbol{r}_v\|\,\mathrm{d}u\mathrm{d}v=\iint_{\Delta}f(x(u,v),y(u,v),z(u,v))\sqrt{EG-F^2}\mathrm{d}u\mathrm{d}v$$

对于 Σ_i 上的任意点 p_i, 利用函数一致连续的定义可以证明上式依然成立, 证明留给读者完成.

于是得到第一型曲面积分的计算公式.

定理 18.1.2 设 $\Sigma:\boldsymbol{r}(u,v),(u,v)\in\Delta$ 为光滑曲面, Δ 是由分段光滑边界围成的有界闭区域, f 是定义在 Σ 上的连续函数, 则

$$\iint_{\Sigma}f(x,y,z)\mathrm{d}S=\iint_{\Delta}f(x(u,v),y(u,v),z(u,v))\sqrt{EG-F^2}\mathrm{d}u\mathrm{d}v \tag{18.1.6}$$

特别地, 若曲面 $\Sigma:z=g(x,y),(x,y)\in D_{xy}$ 为光滑曲面, D_{xy} 是分段光滑边界围成的有界闭区域, f 是定义在 Σ 上的连续函数, 则

$$\iint_{\Sigma}f(x,y,z)\mathrm{d}S=\iint_{D_{xy}}f(x,y,g(x,y))\sqrt{1+g_x^2+g_y^2}\mathrm{d}x\mathrm{d}y$$

类似可得

$$\Sigma: x=h(y,z),(y,z)\in D_{yz}: \iint\limits_{\Sigma} f(x,y,z)\mathrm{d}S=\iint\limits_{D_{yz}} f(x(y,z),y,z)\sqrt{1+h_y^2+h_z^2}\mathrm{d}y\mathrm{d}z$$

$$\Sigma: y=l(x,z),(x,z)\in D_{xz}: \iint\limits_{\Sigma} f(x,y,z)\mathrm{d}S=\iint\limits_{D_{xz}} f(x,y(x,z),z)\sqrt{1+l_x^2+l_z^2}\mathrm{d}x\mathrm{d}z$$

由第一型曲面积分的定义和计算公式, 可以得到第一型曲面积分的如下性质.

定理 18.1.3 设 Σ 为有界光滑曲面, 则

(1) 线性性质 设 f,g 在 Σ 上可积, 则 $\alpha f\pm\beta g$ 在 Σ 上可积, 且

$$\iint\limits_{\Sigma}(\alpha f\pm\beta g)\mathrm{d}S=\alpha\iint\limits_{\Sigma} f\mathrm{d}S\pm\beta\iint\limits_{\Sigma} g\mathrm{d}S,\quad \forall\alpha,\beta\in\mathbf{R}.$$

(2) 区域可加性 设 Σ 可分为两个无公共内点的曲面 Σ_1,Σ_2, 则 $f(x,y,z)$ 在 Σ 上可积的充要条件是 $f(x,y,z)$ 在 Σ_1,Σ_2 上的曲面积分存在, 且 $\iint\limits_{\Sigma} f\mathrm{d}S=\iint\limits_{\Sigma_1} f\mathrm{d}S+\iint\limits_{\Sigma_2} f\mathrm{d}S$.

(3) 保序性 设 f,g 在 Σ 上可积, 且 $f\leqslant g$, 则 $\iint\limits_{\Sigma} f\mathrm{d}S\leqslant\iint\limits_{\Sigma} g\mathrm{d}S$.

(4) 绝对可积性 设 f 在 Σ 上可积, 则 $|f(x,y,z)|$ 在 Σ 上可积且 $\left|\iint\limits_{\Sigma} f\mathrm{d}S\right|\leqslant\iint\limits_{\Sigma}|f|\mathrm{d}S$.

(5) 积分中值定理 设 f 在 Σ 上连续, 则存在 $(\xi,\eta,\zeta)\in\Sigma$ 使得

$$\iint\limits_{\Sigma} f\mathrm{d}S=f(\xi,\eta,\zeta)S_{\Sigma}$$

其中 S_{Σ} 为 Σ 的面积.

18.1.4 第一型曲面积分的典型例题

例 18.1.5 设曲面 $\Sigma: x^2+y^2+z^2=1$, 计算 (1) $\oiint\limits_{\Sigma}\dfrac{xy+yz+xz}{\sqrt{x^2+y^2+z^2}}\mathrm{d}S$; (2) $\oiint\limits_{\Sigma}(x+y)\mathrm{d}S$.

解 (1) 首先

$$\text{原式}=\underbrace{\oiint\limits_{\Sigma}\frac{xy}{\sqrt{x^2+y^2+z^2}}\mathrm{d}S}_{I_1}+\underbrace{\oiint\limits_{\Sigma}\frac{yz}{\sqrt{x^2+y^2+z^2}}\mathrm{d}S}_{I_2}+\underbrace{\oiint\limits_{\Sigma}\frac{xz}{\sqrt{x^2+y^2+z^2}}\mathrm{d}S}_{I_3}$$

因为 Σ 关于 yOz 面对称, 被积函数关于 x 是奇函数, 所以 $I_1=0$;

Σ 关于 xOz 面对称, 被积函数关于 y 是奇函数, 所以 $I_2=0$;

Σ 关于 xOy 面对称, 被积函数关于 z 是奇函数, 所以 $I_3=0$.

故原积分等于零.

(2)

$$\oiint_{\Sigma}(x+y)\mathrm{d}S=\underbrace{\oiint_{\Sigma}x\mathrm{d}S}_{I_1}+\underbrace{\oiint_{\Sigma}y\mathrm{d}S}_{I_2},$$

因为 Σ 关于 yOz 面对称, 被积函数关于 x 是奇函数, 所以 $I_1=0$;

Σ 关于 xOz 面对称, 被积函数关于 y 是奇函数, 所以 $I_2=0$.

故原积分等于零.

例 18.1.6 计算 $\iint_{\Sigma}(y^2+z^2)\mathrm{d}S$, 其中 Σ 为球面 $x^2+y^2+z^2=a^2$.

解 方法一: 记 $\Sigma=\Sigma_1+\Sigma_2$, 其中 $\Sigma_1: z=\sqrt{a^2-x^2-y^2}$, $\Sigma_2: z=-\sqrt{a^2-x^2-y^2}$, 曲面 Σ_1 和 Σ_2 关于 xOy 对称, 被积函数 $f(x,y,z)=y^2+z^2$ 满足

$$f(x,y,-z)=y^2+z^2=f(x,y,z)$$

利用对称性和定理 18.1.2 得到

$$\iint_{\Sigma}(y^2+z^2)\mathrm{d}S=2\iint_{\Sigma_1}(y^2+z^2)\mathrm{d}S=2\iint_{x^2+y^2\leqslant a^2}(y^2+a^2-x^2-y^2)\sqrt{1+z_x^2+z_y^2}\mathrm{d}x\mathrm{d}y$$

$$=2\iint_{x^2+y^2\leqslant a^2}\frac{a(a^2-x^2)}{\sqrt{a^2-x^2-y^2}}\mathrm{d}x\mathrm{d}y\ \overset{\begin{cases}x=r\cos\theta\\ y=r\sin\theta\end{cases}}{=\!=\!=\!=}\ 2a\int_0^a\mathrm{d}r\int_0^{2\pi}\frac{r}{2\sqrt{a^2-r^2}}(2a^2-r^2-r^2\cos 2\theta)\mathrm{d}\theta$$

$$=2a\int_0^a\frac{\pi(2a^2-r^2)r}{\sqrt{a^2-r^2}}\mathrm{d}r\ \underset{\text{定积分换元}}{\overset{t=r^2}{=\!=\!=}}\ a\pi\int_0^{a^2}\left(\frac{a^2}{\sqrt{a^2-t}}+\sqrt{a^2-t}\right)\mathrm{d}t=\frac{8}{3}\pi a^4$$

方法二: 由对称性, $\iint_{\Sigma}y^2\mathrm{d}S=\iint_{\Sigma}x^2\mathrm{d}S=\iint_{\Sigma}z^2\mathrm{d}S$, 所以

$$\iint_{\Sigma}(y^2+z^2)\mathrm{d}S=\frac{2}{3}\iint_{\Sigma}(x^2+y^2+z^2)\mathrm{d}S=\frac{2}{3}\iint_{\Sigma}a^2\mathrm{d}S=\frac{8}{3}\pi a^4$$

例 18.1.7 计算 $\iint_{\Sigma}|xyz|\,\mathrm{d}S$, 其中 $\Sigma: z=x^2+y^2, z\leqslant 1$. 如图 18.1.11 所示.

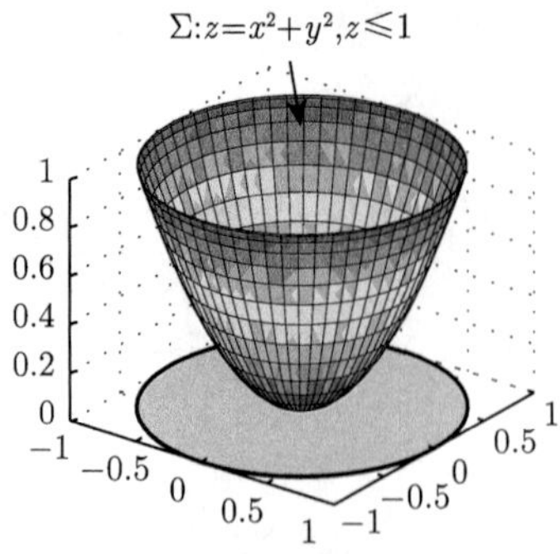

图 18.1.11

解 利用对称性, $\iint\limits_{\Sigma}|xyz|\,\mathrm{d}S=4\iint\limits_{\Sigma_1}|xyz|\,\mathrm{d}S$, 其中 Σ_1 为 Σ 在第一卦限的部分. 曲面 Σ_1 在 xOy 平面的投影区域为 $D_1=\{(x,y)|x^2+y^2\leqslant 1,x\geqslant 0,y\geqslant 0\}$, 利用定理 18.1.2 得到

$$\iint\limits_{\Sigma}|xyz|\,\mathrm{d}S=4\iint\limits_{\Sigma_1}|xyz|\,\mathrm{d}S=4\iint\limits_{D_1}xy(x^2+y^2)\sqrt{1+4x^2+4y^2}\mathrm{d}x\mathrm{d}y$$

$$\xlongequal{\begin{cases}x=r\cos\theta\\ y=r\sin\theta\end{cases}}4\left[\int_0^{\frac{\pi}{2}}\mathrm{d}\theta\int_0^1\sin\theta\cos\theta r^5\sqrt{1+4r^2}\mathrm{d}r\right]=4\left[\frac{1}{2}\int_0^1 r^5\sqrt{1+4r^2}\mathrm{d}r\right]$$

$$\xlongequal{t=\sqrt{1+4r^2}}\frac{4}{2^7}\left[\int_1^{\sqrt{5}}t^2(t^2-1)^2\mathrm{d}t\right]=\frac{25}{84}\sqrt{5}-\frac{1}{420}$$

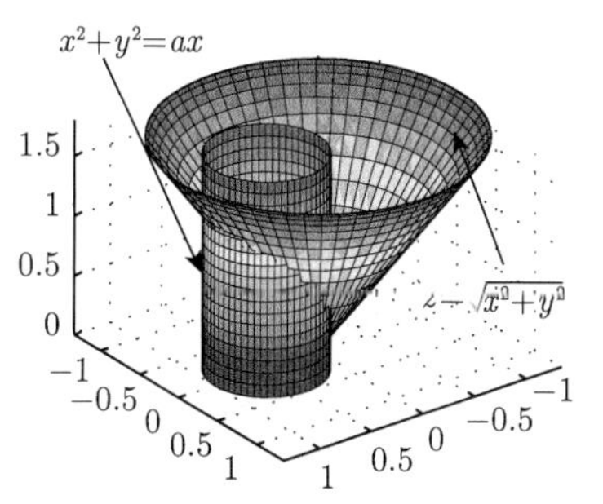

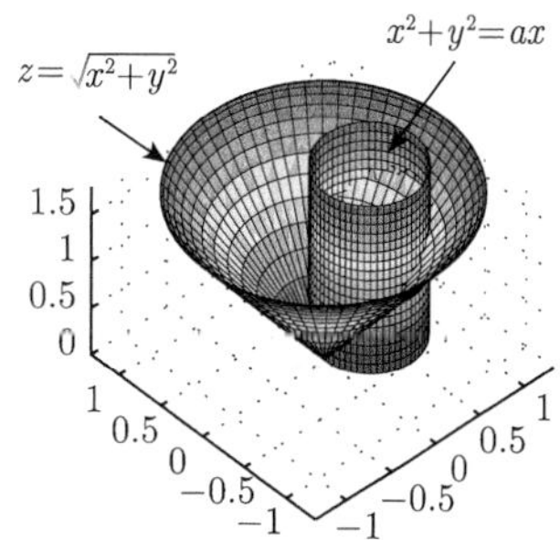

图 18.1.12

例 18.1.8 求密度均匀的曲面 $z=\sqrt{x^2+y^2}$ 被曲面 $x^2+y^2=ax$ 所割下部分的重心坐标. 如图 18.1.12 所示.

解 设曲面密度为 ρ_0. 由于

$$z=\sqrt{x^2+y^2},\quad D=\left\{(x,y)\left|x^2+y^2\leqslant ax\right.\right\}$$
$$z_x=\frac{x}{\sqrt{x^2+y^2}},\quad z_y=\frac{y}{\sqrt{x^2+y^2}},\quad \sqrt{1+z_x^2+z_y^2}=\sqrt{2}$$

所以曲面质量为

$$M=\iint\limits_{\Sigma}\rho_0\mathrm{d}S=\sqrt{2}\rho_0\iint\limits_{x^2+y^2\leqslant ax}\mathrm{d}x\mathrm{d}y=\sqrt{2}\rho_0\left(\frac{a}{2}\right)^2\pi=\frac{\sqrt{2}\pi a^2\rho_0}{4}$$

进一步

$$\bar{x}=\frac{1}{M}\cdot\left(\sqrt{2}\rho_0\iint\limits_{x^2+y^2\leqslant ax}x\mathrm{d}x\mathrm{d}y\right)=\frac{4}{\pi a^2}\int_0^a x\mathrm{d}x\int_{-\sqrt{ax-x^2}}^{\sqrt{ax-x^2}}\mathrm{d}y=\frac{8}{\pi a^2}\int_0^a x\sqrt{ax-x^2}\mathrm{d}x$$

$$=\frac{8}{\pi a^2}\int_{-\frac{a}{2}}^{\frac{a}{2}}\left(\frac{a}{2}+t\right)\sqrt{\left(\frac{a}{2}\right)^2-t^2}\mathrm{d}t=\frac{8}{\pi a}\int_0^{\frac{a}{2}}\sqrt{\left(\frac{a}{2}\right)^2-t^2}\mathrm{d}t\quad\Leftarrow\boxed{\text{作变换}t=x-\frac{a}{2}}$$

利用不定积分公式: $\int\sqrt{a^2-x^2}\mathrm{d}x=\frac{x}{2}\sqrt{a^2-x^2}+\frac{a^2}{2}\arcsin\frac{x}{a}+c$, 根据牛顿–莱布尼茨公式

$$\bar{x}=\frac{a}{2}$$

进一步

$$\bar{y}=\frac{1}{M}\sqrt{2}\rho_0\int_0^a\mathrm{d}x\int_{-\sqrt{ax-x^2}}^{\sqrt{ax-x^2}}y\mathrm{d}y=0\Leftarrow\boxed{\text{内层积分为零}}$$

$$\bar{z}=\frac{1}{M}\sqrt{2}\rho_0\iint\limits_{x^2+y^2\leqslant ax}\sqrt{x^2+y^2}\mathrm{d}x\mathrm{d}y\xlongequal{\begin{cases}x=r\cos\phi\\ y=r\sin\phi\end{cases}}\int_{-\frac{\pi}{2}}^{\frac{\pi}{2}}\mathrm{d}\phi\int_0^{a\cos\phi}\frac{4r^2}{\pi a^2}\mathrm{d}r=\int_0^{\frac{\pi}{2}}\frac{8a\cos^3\phi}{3\pi}\mathrm{d}\phi=\frac{16}{9\pi}$$

所以重心坐标为 $\left(\frac{a}{2},0,\frac{16a}{9\pi}\right)$.

例 18.1.9 求均匀曲面 $z=\sqrt{a^2-x^2-y^2}(x\geqslant 0,y\geqslant 0,x+y\leqslant a)$ 的重心坐标. 如图 18.1.13 所示.

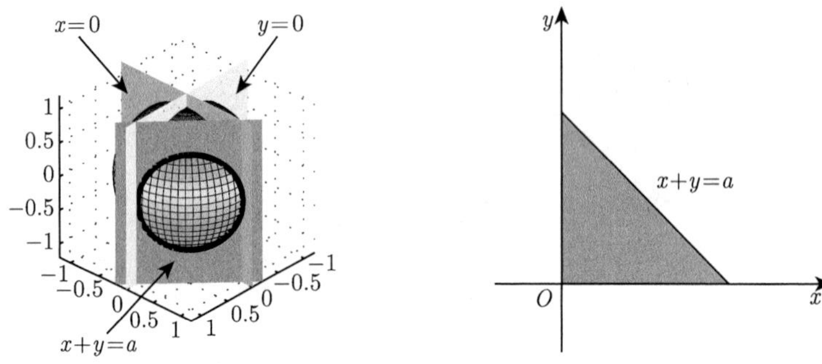

图 18.1.13

解 曲面 $z=\sqrt{a^2-x^2-y^2}$ 在 xOy 平面投影区域如图 18.1.13 所示. 由对称性,

$$\bar{x}=\bar{y}=\frac{\iint\limits_{\Sigma}x\mathrm{d}S}{\iint\limits_{\Sigma}\mathrm{d}S}=\frac{\iint\limits_{\Sigma}y\mathrm{d}S}{\iint\limits_{\Sigma}\mathrm{d}S},\bar{z}=\frac{\iint\limits_{\Sigma}z\mathrm{d}S}{\iint\limits_{\Sigma}\mathrm{d}S}.$$

由于

$$\frac{\partial z}{\partial x}=\frac{-x}{\sqrt{a^2-x^2-y^2}},\quad\frac{\partial z}{\partial y}=\frac{-y}{\sqrt{a^2-x^2-y^2}}$$

$$\mathrm{d}S=\sqrt{1+\left(\frac{\partial z}{\partial x}\right)^2+\left(\frac{\partial z}{\partial y}\right)^2}\mathrm{d}x\mathrm{d}y=\frac{a}{\sqrt{a^2-x^2-y^2}}\mathrm{d}x\mathrm{d}y$$

得

$$\bar{x}=\bar{y}=\frac{\iint\limits_{\Sigma}x\mathrm{d}S}{\iint\limits_{\Sigma}\mathrm{d}S}=\frac{\int_0^a\mathrm{d}y\int_0^{a-y}\frac{ax}{\sqrt{a^2-x^2-y^2}}\mathrm{d}x}{\int_0^a\mathrm{d}x\int_0^{a-x}\frac{a}{\sqrt{a^2-x^2-y^2}}\mathrm{d}y}$$

因为

$$\int_0^a \mathrm{d}y \int_0^{a-y} \frac{ax}{\sqrt{a^2-x^2-y^2}}\mathrm{d}x = a\int_0^a \left(-\sqrt{a^2-x^2-y^2}\right)\Big|_{x=0}^{x=a-y}\mathrm{d}y$$

$$=a\left[\int_0^a \sqrt{a^2-y^2}\mathrm{d}y - \int_0^a \sqrt{2ay-2y^2}\mathrm{d}y\right]$$

$$=a\left[\int_0^a \sqrt{a^2-y^2}\mathrm{d}y - \sqrt{2}\underbrace{\int_0^a \sqrt{\left(\frac{a}{2}\right)^2-\left(y-\frac{a}{2}\right)^2}\mathrm{d}y}_{\text{作变换}t=y-\frac{a}{2}}\right]$$

利用不定积分公式: $\int \sqrt{a^2-x^2}\mathrm{d}x = \frac{x}{2}\sqrt{a^2-x^2}+\frac{a^2}{2}\arcsin\frac{x}{a}+c$, 根据牛顿–莱布尼茨公式

$$\iint\limits_{\Sigma} x\mathrm{d}S = a\left[\frac{\pi a^2}{4}-\frac{\sqrt{2}\pi}{2}\left(\frac{a}{2}\right)^2\right]=\frac{\pi a^3}{4}\left(1-\frac{1}{\sqrt{2}}\right)$$

进一步

$$\int_0^a \mathrm{d}x\int_0^{a-x}\frac{a}{\sqrt{a^2-x^2-y^2}}\mathrm{d}y = a\int_0^a \arcsin\sqrt{\frac{a-x}{a+x}}\mathrm{d}x \Leftarrow \boxed{\text{作变换}u=\sqrt{\frac{a-x}{a+x}}}$$

$$=-4a^2\int_1^0 \frac{u}{(1+u^2)^2}\arcsin u\mathrm{d}u = 2a^2\int_1^0\left(\frac{1}{1+u^2}\right)'\arcsin u\mathrm{d}u \Leftarrow \boxed{\text{进行分部积分}}$$

$$=2a^2\left(\frac{\arcsin u}{1+u^2}\Big|_1^0-\int_1^0\frac{\mathrm{d}u}{(1+u^2)\sqrt{1-u^2}}\right)$$

又因为

$$\int\frac{\mathrm{d}u}{(1+u^2)\sqrt{1-u^2}} \overset{u=\cos t}{=\!=\!=} -\int\frac{\mathrm{d}t}{1+\cos^2 t} = -\int\frac{\mathrm{d}t}{\cos^2 t\left(1+\frac{1}{\cos^2 t}\right)} = -\int\frac{\mathrm{d}\tan t}{2+\tan^2 t}$$

$$=\frac{1}{\sqrt{2}}\arctan\frac{u\sqrt{2}}{\sqrt{1-u^2}}$$

根据牛顿–莱布尼茨公式

$$\int_0^a \mathrm{d}x\int_0^{a-x}\frac{a}{\sqrt{a^2-x^2-y^2}}\mathrm{d}y = 2a^2\left(-\frac{\pi}{4}+\frac{1}{\sqrt{2}}\arctan\frac{u\sqrt{2}}{\sqrt{1-u^2}}\Big|_0^1\right)=\pi a^2\left(\frac{1}{\sqrt{2}}-\frac{1}{2}\right)$$

所以 $\bar{x}=\bar{y}=\frac{\pi a^3}{4}\left(1-\frac{1}{\sqrt{2}}\right)\Big/\left(\pi a^2\left(\frac{1}{\sqrt{2}}-\frac{1}{2}\right)\right)=\frac{a}{2\sqrt{2}}$. 又因为

$$\iint\limits_{\Sigma} z\mathrm{d}S = \int_0^a \mathrm{d}x\int_0^{a-x}\sqrt{a^2-x^2-y^2}\cdot\frac{a}{\sqrt{a^2-x^2-y^2}}\mathrm{d}y = a\int_0^a (a-x)\mathrm{d}x = \frac{a^3}{2}$$

所以 $\bar{z}=\dfrac{\iint\limits_{\Sigma} z\mathrm{d}S}{\iint\limits_{\Sigma}\mathrm{d}S}=\dfrac{\dfrac{a^3}{2}}{\pi a^2\left(\dfrac{1}{\sqrt{2}}-\dfrac{1}{2}\right)}=\dfrac{a}{\pi}(\sqrt{2}+1)$. 故重心坐标为 $\left(\dfrac{a}{2\sqrt{2}},\dfrac{a}{2\sqrt{2}},\dfrac{a}{\pi}(\sqrt{2}+1)\right)$.

例 18.1.10 如图 18.1.14 所示, 求密度为 ρ_0 的均匀锥面壳 $\dfrac{x^2}{a^2}+\dfrac{y^2}{a^2}-\dfrac{z^2}{b^2}=0(0\leqslant z\leqslant b)$ 对于直线 $\dfrac{x}{1}=\dfrac{y}{0}=\dfrac{z-b}{0}$ 的转动惯量.

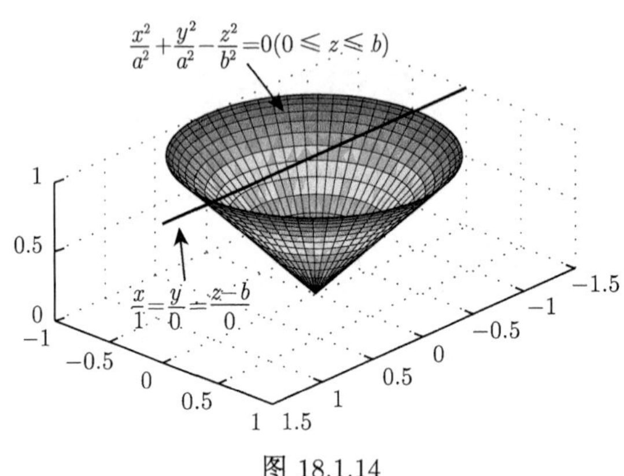

图 18.1.14

解 设 (x,y,z) 为均匀锥面壳上的任一点, 它到直线 $\dfrac{x}{1}=\dfrac{y}{0}=\dfrac{z-b}{0}$ 的距离为

$$
\begin{aligned}
d&=\frac{\sqrt{\begin{vmatrix} y-0 & z-b\\ 0 & 0\end{vmatrix}^2+\begin{vmatrix} z-b & x-0\\ 0 & 1\end{vmatrix}^2+\begin{vmatrix} x-0 & y-0\\ 1 & 0\end{vmatrix}^2}}{\sqrt{1^2+0^2+0^2}}\\
&=\sqrt{\left(\frac{b}{a}\sqrt{x^2+y^2}-b\right)^2+y^2}
\end{aligned}
$$

又因为 $\mathrm{d}S=\sqrt{1+\left(\dfrac{\partial z}{\partial x}\right)^2+\left(\dfrac{\partial z}{\partial y}\right)^2}\mathrm{d}x\mathrm{d}y=\dfrac{\sqrt{a^2+b^2}}{a}\mathrm{d}x\mathrm{d}y$, 所以所求转动惯量为

$$
\begin{aligned}
I&=\iint\limits_{x^2+y^2\leqslant a^2}\left[\left(\frac{b}{a}\sqrt{x^2+y^2}-b\right)^2+y^2\right]\cdot\rho_0\frac{\sqrt{a^2+b^2}}{a}\mathrm{d}x\mathrm{d}y \Leftarrow \boxed{\text{极坐标变换}}\\
&=\frac{\rho_0\sqrt{a^2+b^2}}{a}\int_0^{2\pi}\mathrm{d}\phi\int_0^a r\left[\left(\frac{b}{a}r-b\right)^2+r^2\sin^2\phi\right]\mathrm{d}r\\
&=\frac{\rho_0\sqrt{a^2+b^2}}{a}\left[2\pi a^2b^2\left(\frac{1}{4}-\frac{2}{3}+\frac{1}{2}\right)+\frac{\pi a^4}{4}\right]\\
&=\frac{\pi a\rho_0(3a^2+2b^2)\sqrt{a^2+b^2}}{12}
\end{aligned}
$$

注 18.1.3 点 $A(x_0,y_0,z_0)$ 到直线 $L:\dfrac{x-x_1}{a}=\dfrac{y-y_1}{b}=\dfrac{z-z_1}{c}$ 的距离公式为

$$d=\frac{\sqrt{\begin{vmatrix} y_0-y_1 & z_0-z_1 \\ b & c \end{vmatrix}^2+\begin{vmatrix} z_0-z_1 & x_0-x_1 \\ c & a \end{vmatrix}^2+\begin{vmatrix} x_0-x_1 & y_0-y_1 \\ a & b \end{vmatrix}^2}}{\sqrt{a^2+b^2+c^2}}$$

例 18.1.11 求 $F(t)=\displaystyle\iint\limits_{x^2+y^2+z^2=t^2} f(x,y,z)\mathrm{d}S$, 其中 $f(x,y,z)=\begin{cases}x^2+y^2, & z\geqslant\sqrt{x^2+y^2},\\ 0, & z<\sqrt{x^2+y^2},\end{cases}$ 如图 18.1.15 所示.

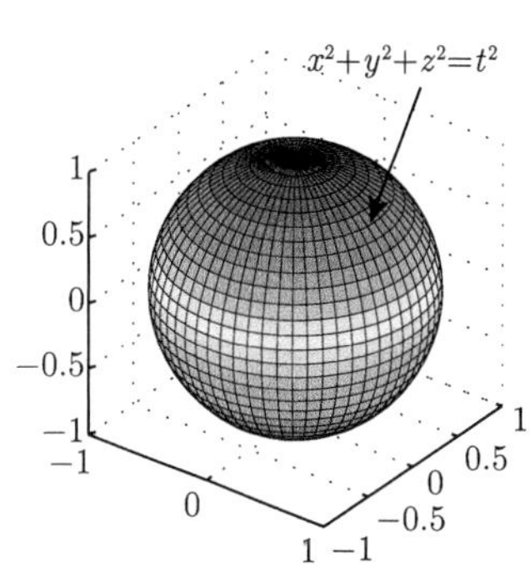

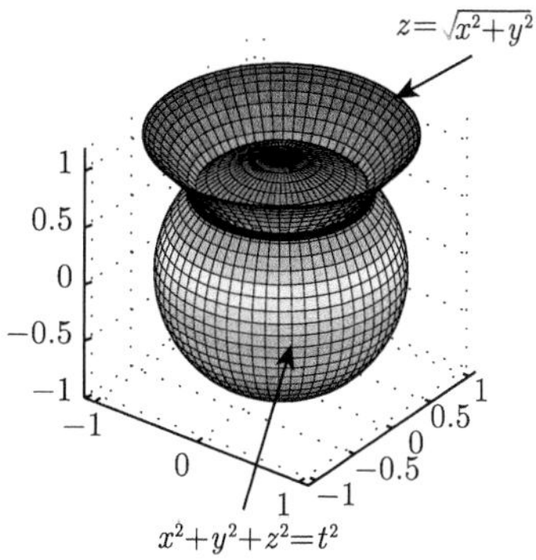

图 18.1.15

解 通过方程组

$$\begin{cases} z=\sqrt{x^2+y^2}, \\ x^2+y^2+z^2=t^2 \end{cases} \Rightarrow x^2+y^2=\left(\frac{t}{\sqrt{2}}\right)^2 \Rightarrow D=\left\{(x,y)\,\middle|\,x^2+y^2\leqslant\left(\frac{t}{\sqrt{2}}\right)^2\right\}$$

$$\frac{\partial z}{\partial x}=\frac{-x}{\sqrt{t^2-x^2-y^2}},\frac{\partial z}{\partial y}=\frac{-y}{\sqrt{t^2-x^2-y^2}}\Rightarrow\sqrt{1+\left(\frac{\partial z}{\partial x}\right)^2+\left(\frac{\partial z}{\partial y}\right)^2}=\frac{|t|}{\sqrt{t^2-x^2-y^2}}$$

因此

$$\begin{aligned}F(t)&=\iint\limits_{x^2+y^2+z^2=t^2} f(x,y,z)\mathrm{d}S\\&=\iint\limits_{x^2+y^2\leqslant\left(\frac{t}{\sqrt{2}}\right)^2}(x^2+y^2)\frac{|t|}{\sqrt{t^2-x^2-y^2}}\mathrm{d}x\mathrm{d}y=|t|\int_0^{2\pi}\mathrm{d}\theta\int_0^{\frac{|t|}{\sqrt{2}}}\frac{r^3}{\sqrt{t^2-r^2}}\mathrm{d}r\end{aligned}$$

进一步

$$\int\frac{r^3}{\sqrt{t^2-r^2}}\mathrm{d}r=\frac{1}{2}\int\frac{t^2-r^2-t^2}{\sqrt{t^2-r^2}}\mathrm{d}(t^2-r^2)=\frac{1}{3}(t^2-r^2)^{\frac{3}{2}}-t^2\sqrt{t^2-r^2}+C$$

所以

$$\int_0^{\frac{|t|}{\sqrt{2}}}\frac{r^3}{\sqrt{t^2-r^2}}\mathrm{d}r=\left[\frac{1}{3}(t^2-r^2)^{\frac{3}{2}}-t^2\sqrt{t^2-r^2}\right]_0^{\frac{|t|}{\sqrt{2}}}=\frac{-5\sqrt{2}}{12}|t|^3+\frac{2}{3}|t|^3=\frac{8-5\sqrt{2}}{12}|t|^3$$

因此 $F(t)=|t|\int_0^{2\pi}\frac{8-5\sqrt{2}}{12}|t|^3\,\mathrm{d}\theta=\frac{\left(8-5\sqrt{2}\right)\pi t^4}{6}$.

习题 18.1.4　第一型曲面积分的典型例题

1. 计算下列曲面积分.

(1) $\iint\limits_{\Sigma}\left(\frac{x^2}{2}+\frac{y^2}{3}+\frac{z^2}{4}\right)\mathrm{d}S$, Σ 为球面 $x^2+y^2+z^2=1$.

(2) $\iint\limits_{\Sigma}\left(\frac{1}{x^2+y^2+z^2}\right)\mathrm{d}S$, Σ 是柱面 $x^2+y^2=1$ 介于 $z=0, z=h$ 之间部分.

(3) $\iint\limits_{\Sigma}(xy+yz+zx)\mathrm{d}S$, Σ 为 $z=\sqrt{x^2+y^2}$ 被圆柱面 $x^2+y^2=2x$ 割下的部分.

(4) $\iint\limits_{\Sigma}\sqrt{\frac{x^2}{a^4}+\frac{y^2}{b^4}+\frac{z^2}{c^4}}\mathrm{d}S$, Σ 为椭球面 $\frac{x^2}{a^2}+\frac{y^2}{b^2}+\frac{z^2}{c^2}=1$.

2. 证明: $\iint\limits_{\Sigma}f(ax+by+cz)\mathrm{d}S=2\pi\int_{-1}^{1}f(u\sqrt{a^2+b^2+c^2})\mathrm{d}u$, 其中 Σ 为球面 $x^2+y^2+z^2=1$, f 为连续函数.

3. 求密度为 $\rho(x,y,z)=z$ 的抛物球面壳 $z=\frac{1}{2}\left(x^2+y^2\right), 0\leqslant z\leqslant 1$ 的质量和重心坐标.

4. 求密度为 ρ 的均匀球面 $x^2+y^2+z^2=1$ 对 z 轴的转动惯量.

18.2　第二型曲面积分

本节讨论第二型曲面积分的定义、性质和计算公式. 在给出第二型曲面积分的定义之前, 首先讨论曲面侧的概念.

18.2.1　双侧曲面

定义 18.2.1　设 Σ 为正则曲面, Σ 上点 M 处的法线有两个方向, 当一个指向为正时, 另一个指向为负. 设 M_0 为 Σ 上任意一点, L 为 Σ 上经过 $M_0\in\Sigma$ 且不超过 Σ 的边界的任意闭曲线, 当动点 M 从 M_0 出发沿 L 连续移动时, 它的法向量也连续变动. 当 M 沿 L 回到 M_0 时, M 点处的法向量仍然与 M_0 点处的法向量一致, 则称 Σ 为双侧曲面 (有向曲面), 否则称为单侧曲面. 如图 18.2.1(a) 所示. 图 18.2.1(b)、(c)、(d) 给出了常用三类双侧曲面.

我们日常生活中所见到的曲面都是双侧曲面. 但并不是所有的曲面都能分出两侧, 著名的 “默比乌斯带” 就是一个单侧曲面.

“默比乌斯带” 是 19 世纪的几何学家默比乌斯发现的. 将一个长方形纸条, 把纸条拧了一圈又把两个头对接了起来, 就形成默比乌斯带, 如图 18.2.2 所示.

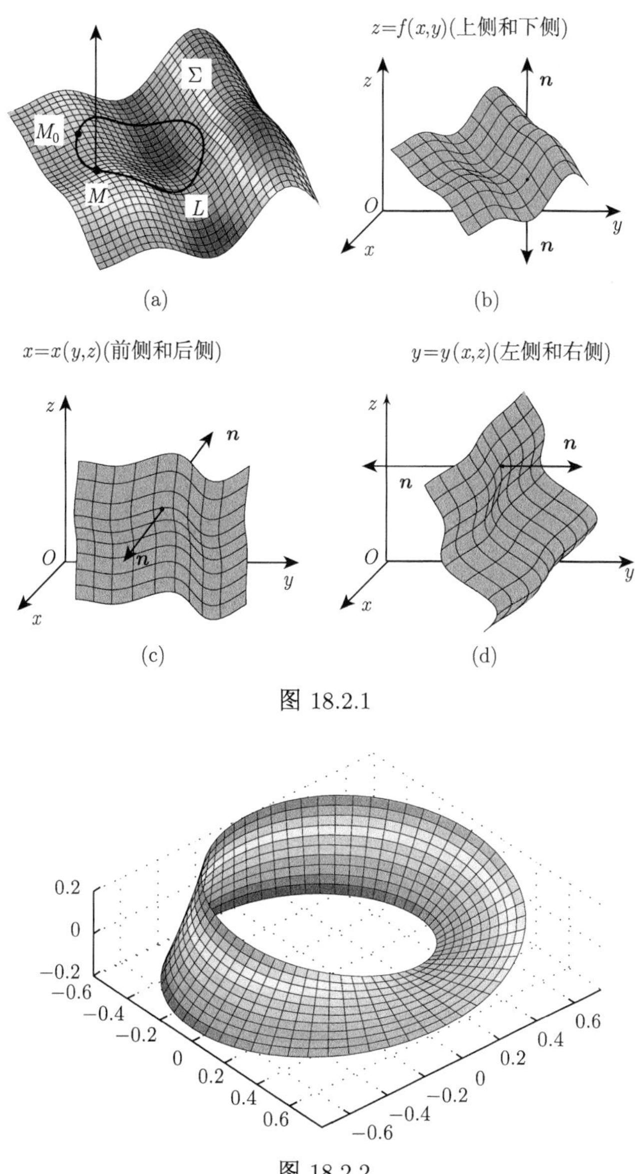

图 18.2.1

图 18.2.2

18.2.2 第二型曲面积分的定义

第二型曲面积分的物理背景是流量问题.

应用问题 设 Σ 为正则有向可求面积的曲面. 不可压缩流体 (设密度为 1) 的流速为 $\boldsymbol{v}=(P(x,y,z),Q(x,y,z),R(x,y,z))$, 且设它与时间无关. 求单位时间内从 Σ 的一侧流向另一侧的总流量 Φ.

速度为 $\boldsymbol{v}$(常向量) 的流体穿过面积为 ΔA 的平面区域 A 的流量为

$$\Phi=\|\boldsymbol{v}\|\cos\theta\Delta A=\boldsymbol{v}\cdot\boldsymbol{n}\Delta A \tag{18.2.1}$$

其中 $\boldsymbol{n}$ 为 A 指定侧的单位法向量. 如图 18.2.3 所示.

如果 Σ 是曲面以及速度 $\boldsymbol{v}$ 不是常向量, 可以利用 “分割, 求和, 取极限” 的方法解决问题. 如图 18.2.4 所示.

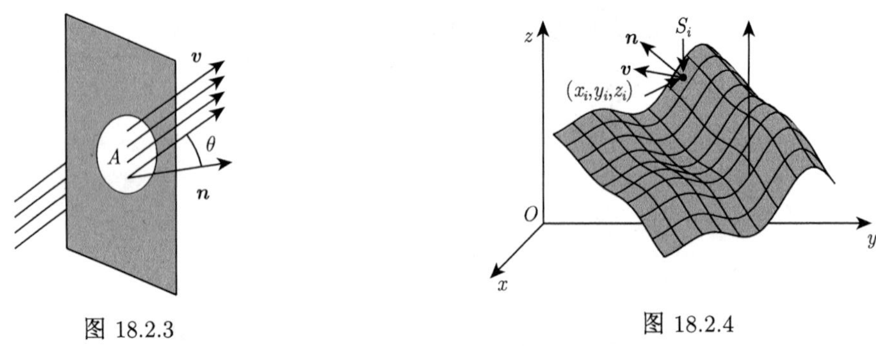

图 18.2.3　　图 18.2.4

(1) 分割: 将 Σ 分割为曲面 $S_1, S_2, \cdots, S_n$, 记 ΔS_i 为 S_i 的面积, $i=1,2,\cdots,n$, 分割的细度 $\|T\|=\max\limits_{1\leqslant i\leqslant n}\{\mathrm{diam}S_i\}$.

(2) 求和: 在 S_i 上任取一点 $P(x_i,y_i,z_i)\in S_i$, 设在点 (x_i,y_i,z_i) 处法线方向的方向余弦为 $\boldsymbol{n}=(\cos\alpha,\cos\beta,\cos\gamma)$, 法向量的选取与 Σ 的指向一侧一致, 当分割细度 $\|T\|$ 足够小时, 则在单位时间内流过 S_i 的流量近似为

$$\Phi_i\approx \boldsymbol{v}(x_i,y_i,z_i)\cdot\boldsymbol{n}\Delta S_i,\quad i=1,2,\cdots,n$$

由于

$$\boldsymbol{v}\cdot\boldsymbol{n}\Delta S_i=P(x_i,y_i,z_i)\Delta S_i\cos\alpha+Q(x_i,y_i,z_i)\Delta S_i\cos\beta+R(x_i,y_i,z_i)\Delta S_i\cos\gamma$$

而 $\Delta S_i\cos\alpha,\Delta S_i\cos\beta,\Delta S_i\cos\gamma$ 分别为 S_i 在 yOz,zOx,xOy 平面上的投影有向面积的近似值分别记为 $\Delta S_{i_{yz}},\Delta S_{i_{zx}},\Delta S_{i_{xy}}$, 其符号由 S_i 所指向一侧的方向 $\boldsymbol{n}=(\cos\alpha,\cos\beta,\cos\gamma)$ 确定. 当法向量 $\boldsymbol{n}$ 与 z 轴正向夹角为锐角时, $\Delta S_{i_{xy}}$ 为正, 否则为负; 当法向量 $\boldsymbol{n}$ 与 x 轴正向夹角为锐角时, $\Delta S_{i_{yz}}$ 为正, 否则为负; 当法向量 $\boldsymbol{n}$ 与 y 轴正向夹角为锐角时, $\Delta S_{i_{zx}}$ 为正, 否则为负. 所以累加和为

$$\begin{aligned}\Phi&\approx\sum_{i=1}^{n}(P(x_i,y_i,z_i)\Delta S_i\cos\alpha+Q(x_i,y_i,z_i)\Delta S_i\cos\beta+R(x_i,y_i,z_i)\Delta S_i\cos\gamma)\\&\approx\sum_{i=1}^{n}(P(x_i,y_i,z_i)\Delta S_{i_{yz}}+Q(x_i,y_i,z_i)\Delta S_{i_{zx}}+R(x_i,y_i,z_i)\Delta S_{i_{xy}})\end{aligned}$$

(3) 取极限:

$$\Phi=\lim_{\|T\|\to 0}\sum_{i=1}^{n}(P(x_i,y_i,z_i)\Delta S_{i_{yz}}+Q(x_i,y_i,z_i)\Delta S_{i_{zx}}+R(x_i,y_i,z_i)\Delta S_{i_{xy}})\tag{18.2.2}$$

(18.2.2) 式给出的累加和极限为第二型曲面积分. 下面给出第二型曲面积分的定义.

定义 18.2.2 设 $\boldsymbol{F}(x,y,z)=(P(x,y,z),Q(x,y,z),R(x,y,z))$ 是定义在双侧可求面积的曲面 Σ 上的向量函数. 在 Σ 所指向一侧进行分割, 将 Σ 分割成 n 个小曲面 $S_1,S_2,\cdots,S_n$, 记 ΔS_i 为 S_i 的面积, $i=1,2,\cdots,n$, 分割的细度 $\|T\|=\max\limits_{1\leqslant i\leqslant n}\{\mathrm{diam}S_i\}$. $\Delta S_{i_{yz}},\Delta S_{i_{zx}},\Delta S_{i_{xy}}$ 分别为 S_i 在三个坐标平面上的投影有向面积, 其正负由 S_i 所指向方向的法向量确定: 当法向量 $\boldsymbol{n}$ 与 z 轴正向夹角为锐角时, $\Delta S_{i_{xy}}$ 为正, 否则为负; 当法向量 $\boldsymbol{n}$ 与 x 轴正向夹角为锐角时, $\Delta S_{i_{yz}}$ 为正, 否则为负; 当法向量 $\boldsymbol{n}$ 与 y 轴正向夹角为锐角时, $\Delta S_{i_{zx}}$ 为正, 否则为负.

如果对于 Σ 上的任意分割和任意点 $(x_i,y_i,z_i)\in S_i, i=1,2,\cdots,n$, 极限

$$\lim_{\|T\|\to 0}\sum_{i=1}^{n}P(x_i,y_i,z_i)\Delta S_{i_{yz}},\quad \lim_{\|T\|\to 0}\sum_{i=1}^{n}Q(x_i,y_i,z_i)\Delta S_{i_{zx}},\quad \lim_{\|T\|\to 0}\sum_{i=1}^{n}R(x_i,y_i,z_i)\Delta S_{i_{xy}}$$

存在, 则称上述极限为 P,Q,R 在曲面 Σ 所指向一侧的第二型曲面积分. 记为

$$\iint\limits_{\Sigma}P\mathrm{d}y\mathrm{d}z+Q\mathrm{d}z\mathrm{d}x+R\mathrm{d}x\mathrm{d}y$$

其中

$$\begin{aligned}\lim_{\|T\|\to 0}\sum_{i=1}^{n}P(x_i,y_i,z_i)\Delta S_{i_{yz}}&=\iint\limits_{\Sigma}P\mathrm{d}y\mathrm{d}z.\\ \lim_{\|T\|\to 0}\sum_{i=1}^{n}Q(x_i,y_i,z_i)\Delta S_{i_{zx}}&=\iint\limits_{\Sigma}Q\mathrm{d}z\mathrm{d}x.\\ \lim_{\|T\|\to 0}\sum_{i=1}^{n}R(x_i,y_i,z_i)\Delta S_{i_{xy}}&=\iint\limits_{\Sigma}R\mathrm{d}x\mathrm{d}y.\end{aligned}$$

由定义 18.2.2 和极限的性质, 可以得到第二型曲面积分的如下性质.

定理 18.2.1 假设向量场 $\boldsymbol{F}(x,y,z)=(P,Q,R),\boldsymbol{G}=(P_1,Q_1,R_1)$ 为定义在双侧曲面 Σ 上的函数, 且它们在 Σ 上的第二型曲面积分存在, 则

(1) 方向性 令 $-\Sigma$ 表示与 Σ 的侧相反的曲面, 则

$$\iint\limits_{\Sigma}P\mathrm{d}y\mathrm{d}z+Q\mathrm{d}z\mathrm{d}x+R\mathrm{d}x\mathrm{d}y=-\iint\limits_{-\Sigma}P\mathrm{d}y\mathrm{d}z+Q\mathrm{d}z\mathrm{d}x+R\mathrm{d}x\mathrm{d}y$$

(2) 线性性 对任意的 $\alpha,\beta\in\mathbf{R}$, 有

$$\begin{aligned}&\iint\limits_{\Sigma}(\alpha P+\beta P_1)\mathrm{d}y\mathrm{d}z+(\alpha Q+\beta Q_1)\mathrm{d}z\mathrm{d}x+(\alpha R+\beta R_1)\mathrm{d}x\mathrm{d}y\\ =&\alpha\iint\limits_{\Sigma}P\mathrm{d}y\mathrm{d}z+Q\mathrm{d}z\mathrm{d}x+R\mathrm{d}x\mathrm{d}y+\beta\iint\limits_{\Sigma}P_1\mathrm{d}y\mathrm{d}z+Q_1\mathrm{d}z\mathrm{d}x+R_1\mathrm{d}x\mathrm{d}y\end{aligned}$$

(3) 曲面可加性 若 Σ 可以分成 $\Sigma=\Sigma_1+\Sigma_2$, 且 Σ_1,Σ_2 的方向与 Σ 相同, 则向量函数 $\boldsymbol{F}(x,y,z)=(P,Q,R)$ 在 Σ 上第二型曲面积分存在的充要条件是 $\boldsymbol{F}$ 在 Σ_1,Σ_2 上的第二型曲面积分存在并且

$$\iint\limits_{\Sigma}P\mathrm{d}y\mathrm{d}z+Q\mathrm{d}z\mathrm{d}x+R\mathrm{d}x\mathrm{d}y=\iint\limits_{\Sigma_1}P\mathrm{d}y\mathrm{d}z+Q\mathrm{d}z\mathrm{d}x+R\mathrm{d}x\mathrm{d}y+\iint\limits_{\Sigma_2}P\mathrm{d}y\mathrm{d}z+Q\mathrm{d}z\mathrm{d}x+R\mathrm{d}x\mathrm{d}y$$

18.2.3 第二型曲面积分的计算公式

下面讨论第二型曲面积分的计算.

定理 18.2.2 设曲面 $\Sigma: z=z(x,y),(x,y)\in D_{xy}$ 为光滑曲面, D_{xy} 为有界闭区域, $R(x,y,z)$ 是定义在 Σ 上的连续函数, 则

$$\iint\limits_{\Sigma} R(x,y,z)\mathrm{d}x\mathrm{d}y=\pm\iint\limits_{D_{xy}} R(x,y,z(x,y))\mathrm{d}x\mathrm{d}y$$

其中等号右端的符号当 Σ 取上侧时为正, 即 Σ 的法线与 z 轴正向的夹角为锐角, 取下侧时为负. 如图 18.2.5 所示.

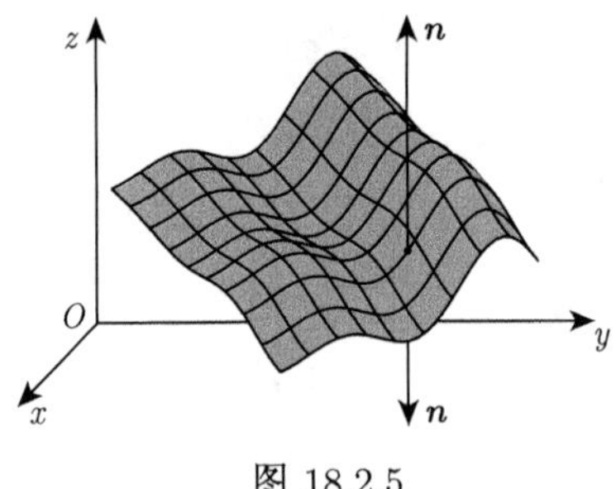

图 18.2.5

证明 不妨设 Σ 取上侧, 在 Σ 所指向一侧进行分割, 将 Σ 分割成 n 个小曲面 $S_1,S_2,\cdots,S_n$, 分割的细度 $\|T\|=\max\limits_{1\leqslant i\leqslant n}\{\mathrm{diam}S_i\}$. $\{S_i\}_{i=1}^n$ 在 xOy 平面的投影有向区域 $\left\{S_{i_{xy}}\right\}_{i=1}^n$ 构成 D_{xy} 的一个分割, 记 $\|T^*\|=\max\limits_{1\leqslant i\leqslant n}\{\mathrm{diam}S_{i_{xy}}\}$. 如图 18.2.6 所示.

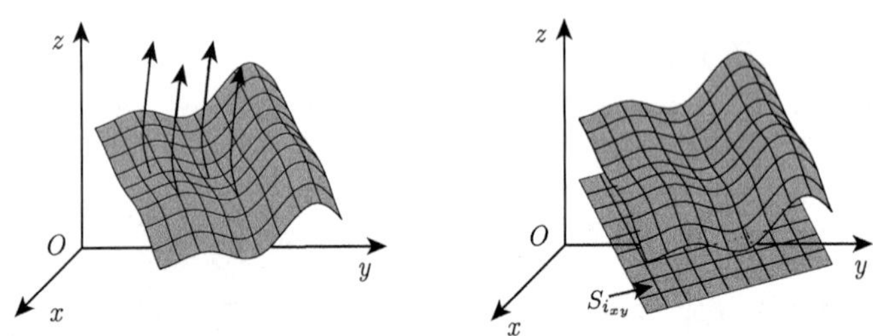

图 18.2.6

由于 Σ 为光滑曲面, 如果 $\|T\|\to 0$, 则 $\|T^*\|\to 0$. 故

$$\lim_{\|T\|\to 0}\sum_{i=1}^n R(x_i,y_i,z_i)\Delta S_{i_{xy}}=\lim_{\|T^*\|\to 0}\sum_{i=1}^n R(x_i,y_i,z(x_i,y_i))\Delta S_{i_{xy}}$$

由于 $R(x,y,z)$ 是定义在 Σ 上的连续函数, 且 $z=z(x,y),(x,y)\in D_{xy}$ 连续, 因此 $R(x,y,z(x,y))$ 在 D_{xy} 上连续. 于是由重积分的定义得

$$\iint\limits_{\Sigma} R(x,y,z)\mathrm{d}x\mathrm{d}y=\iint\limits_{D_{xy}} R(x,y,z(x,y))\mathrm{d}x\mathrm{d}y$$

如果 Σ 取下侧, 则 $\left\{\Delta S_{i_{xy}}\right\}_{i=1}^{n}$ 均为负, 所以

$$\lim_{\|T\|\to 0}\sum_{i=1}^{n}R(x_i,y_i,z_i)\Delta S_{i_{xy}}=-\lim_{\|T^*\|\to 0}\sum_{i=1}^{n}R(x_i,y_i,z(x_i,y_i))\left|\Delta S_{i_{xy}}\right|$$
$$=-\iint_{D_{xy}}R(x,y,z(x,y))\mathrm{d}x\mathrm{d}y$$

结论得证.

对于曲面的其他几种表示形式有类似的结论.

定理 18.2.3 设曲面 $\Sigma: x=x(y,z),(y,z)\in D_{yz}$ 为光滑曲面, D_{yz} 为有界闭区域, $P(x,y,z)$ 是定义在 Σ 上的连续函数, 则

$$\iint_{\Sigma}P(x,y,z)\mathrm{d}y\mathrm{d}z=\pm\iint_{D_{yz}}P(x(y,z),y,z)\mathrm{d}y\mathrm{d}z$$

其中等号右端的符号当 Σ 取前侧时为正, 即 Σ 的法线与 x 轴正向的夹角为锐角, 取后侧时为负. 如图 18.2.7 所示.

定理 18.2.4 设曲面 $\Sigma: y=y(x,z),(x,z)\in D_{zx}$ 为光滑曲面, D_{zx} 为有界闭区域, $Q(x,y,z)$ 是定义在 Σ 上的连续函数, 则

$$\iint_{\Sigma}Q\mathrm{d}z\mathrm{d}x=\pm\iint_{D_{zx}}Q(x,y(x,z),z)\mathrm{d}z\mathrm{d}x$$

其中等号右端的符号当 Σ 取右侧时为正, 即 Σ 的法线与 y 轴正向的夹角为锐角, 取左侧时为负. 如图 18.2.8 所示.

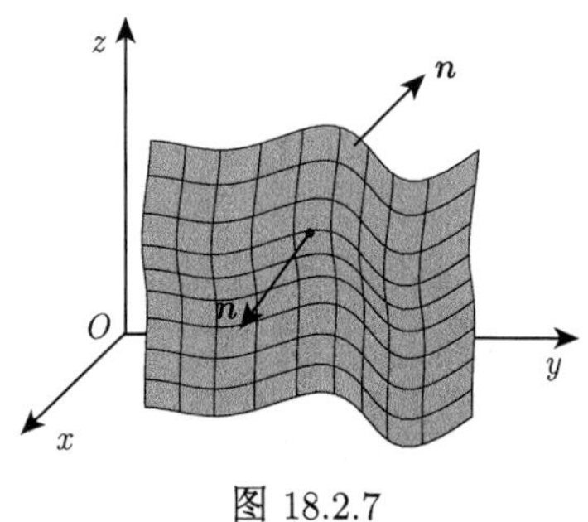

图 18.2.7

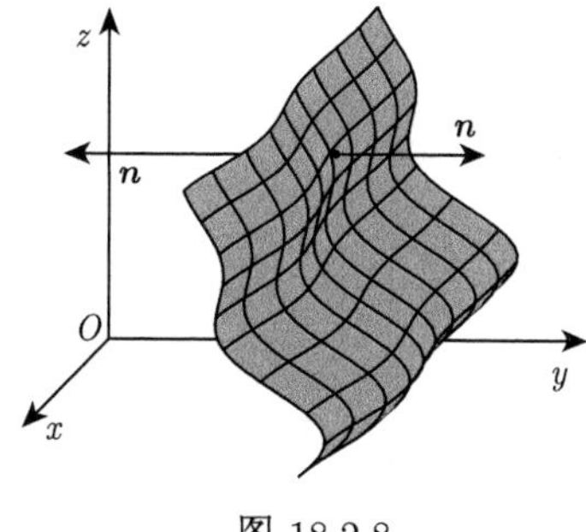

图 18.2.8

定理 18.2.5 设空间曲面由参数方程给出, $\Sigma: \boldsymbol{r}(u,v)=\begin{pmatrix}x(u,v)\\y(u,v)\\z(u,v)\end{pmatrix},(u,v)\in\Delta$ 为光滑曲面,Δ 是有界闭区域, $\boldsymbol{F}=(P(x,y,z),Q(x,y,z),R(x,y,z))$ 是定义在 Σ 上连续的向量函数, 则

$$\iint\limits_{\Sigma} R(x,y,z)\mathrm{d}x\mathrm{d}y = \pm \iint\limits_{\Delta} R(x(u,v),y(u,v),z(u,v))\frac{\partial(x,y)}{\partial(u,v)}\mathrm{d}u\mathrm{d}v$$

$$\iint\limits_{\Sigma} Q(x,y,z)\mathrm{d}z\mathrm{d}x = \pm \iint\limits_{\Delta} Q(x(u,v),y(u,v),z(u,v))\frac{\partial(z,x)}{\partial(u,v)}\mathrm{d}u\mathrm{d}v$$

$$\iint\limits_{\Sigma} P(x,y,z)\mathrm{d}y\mathrm{d}z = \pm \iint\limits_{\Delta} P(x(u,v),y(u,v),z(u,v))\frac{\partial(y,z)}{\partial(u,v)}\mathrm{d}u\mathrm{d}v$$

其中 $\left(\dfrac{\partial(y,z)}{\partial(u,v)},\dfrac{\partial(z,x)}{\partial(u,v)},\dfrac{\partial(x,y)}{\partial(u,v)}\right)$ 为 Σ 的法线方向, 与 Σ 的侧一致取正号, 否则取负号.

18.2.4 第二型曲面积分的典型例题

例 18.2.1 设磁场强度 $\boldsymbol{E}=(x,y,z)$, 求从球内出发通过球面 $\Sigma: x^2+y^2+z^2=a^2$ 的磁通量.

解 所求的磁通量为 $\Phi=\iint\limits_{\Sigma} x\mathrm{d}y\mathrm{d}z+y\mathrm{d}z\mathrm{d}x+z\mathrm{d}x\mathrm{d}y$. 如图 18.2.9 所示, 将 Σ 分为上侧和下侧 $\Sigma_1: z=\sqrt{a^2-x^2-y^2}, \Sigma_2: z=-\sqrt{a^2-x^2-y^2}$. Σ_1,Σ_2 在 xOy 平面的投影区域为 $D_{xy}=\{(x,y)|x^2+y^2\leqslant a^2\}$. 由定理 18.2.2 得

$$\begin{aligned}
\iint\limits_{\Sigma} z\mathrm{d}x\mathrm{d}y &= \iint\limits_{\Sigma_1} z\mathrm{d}x\mathrm{d}y + \iint\limits_{\Sigma_2} z\mathrm{d}x\mathrm{d}y \\
&= \iint\limits_{D_{xy}} \sqrt{a^2-x^2-y^2}\mathrm{d}x\mathrm{d}y - \iint\limits_{D_{xy}} -\sqrt{a^2-x^2-y^2}\mathrm{d}x\mathrm{d}y \\
&= 2\iint\limits_{D_{xy}} \sqrt{a^2-x^2-y^2}\mathrm{d}x\mathrm{d}y \xlongequal{\begin{cases} x=r\cos\theta \\ y=r\sin\theta \end{cases}} 2\int_0^{2\pi}\mathrm{d}\theta\int_0^a r\sqrt{a^2-r^2}\mathrm{d}r = \frac{4}{3}\pi a^3
\end{aligned}$$

由对称性得 $\iint\limits_{\Sigma} x\mathrm{d}y\mathrm{d}z = \iint\limits_{\Sigma} y\mathrm{d}z\mathrm{d}x = \dfrac{4}{3}\pi a^3$, 因此 $\Phi=4\pi a^3$.

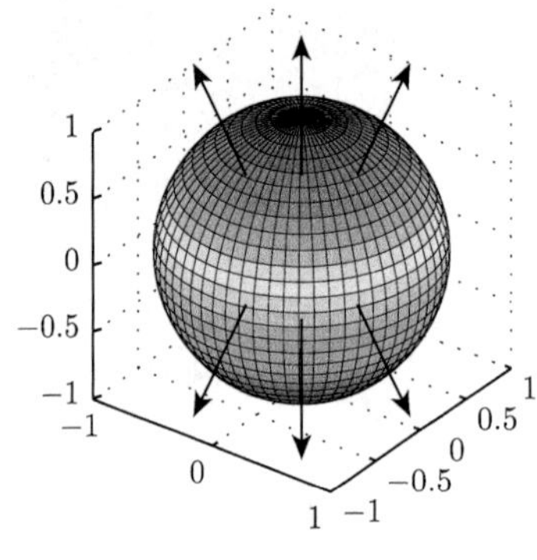

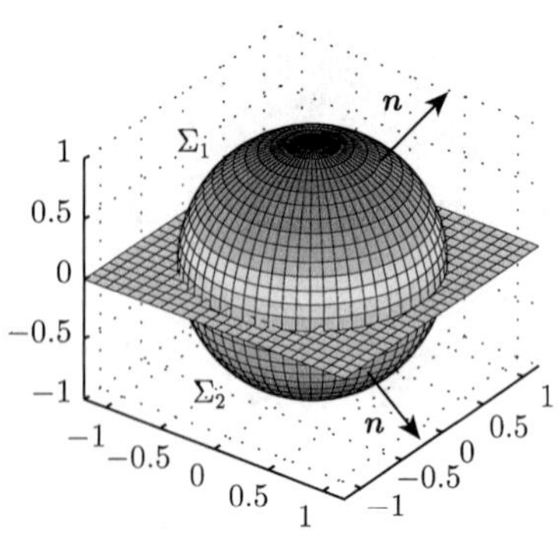

图 18.2.9

例 18.2.2 假设密度为 1 的流速场 $\boldsymbol{F}=(x^2+y,-y,x^2+y^2)$, 求 $\boldsymbol{F}$ 在单位时间内从 Σ 内侧到外侧的流量, 其中 Σ 为旋转抛物面 $z=x^2+y^2, z\leqslant 1$. 如图 18.2.10 所示.

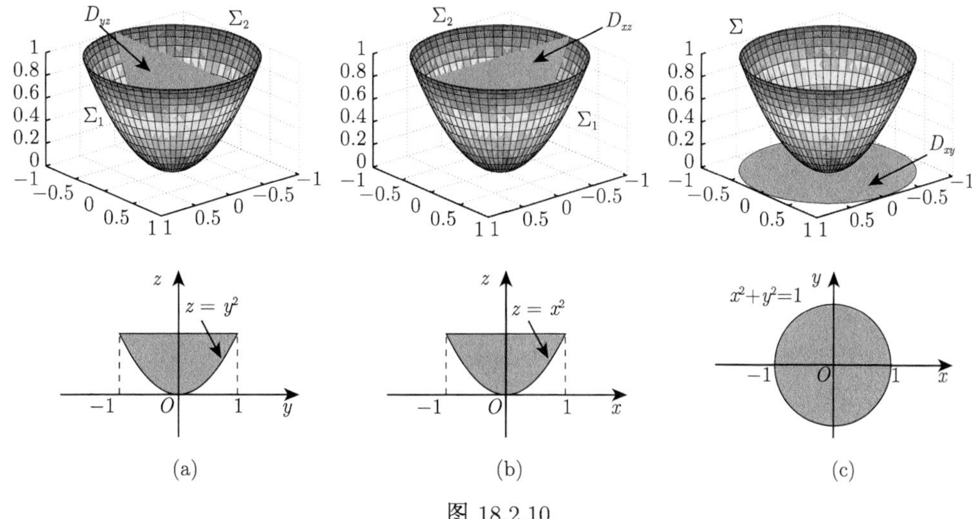

图 18.2.10

解 所求流量为 $\iint\limits_{\Sigma}(x^2+y)\mathrm{d}y\mathrm{d}z-y\mathrm{d}z\mathrm{d}x+(x^2+y^2)\mathrm{d}x\mathrm{d}y$.

(1) 计算 $\iint\limits_{\Sigma}(x^2+y)\mathrm{d}y\mathrm{d}z$. 将 Σ 分为前侧和后侧 $\begin{cases}\Sigma_1: x=\sqrt{z-y^2}, z\leqslant 1,\\ \Sigma_2: x=-\sqrt{z-y^2}, z\leqslant 1,\end{cases}$ Σ_1,Σ_2 在 yOz 平面的投影区域为 $D_{yz}=\{(y,z)|y^2\leqslant z\leqslant 1\}$. 如图 18.2.10(a) 所示. 所以

$$\iint\limits_{\Sigma}(x^2+y)\mathrm{d}y\mathrm{d}z=\iint\limits_{D_{yz}}(z-y^2+y)\mathrm{d}y\mathrm{d}z-\iint\limits_{D_{yz}}(z-y^2+y)\mathrm{d}y\mathrm{d}z=0$$

(2) 计算 $\iint\limits_{\Sigma}-y\mathrm{d}z\mathrm{d}x$. 将 Σ 分为右侧和左侧 $\begin{cases}\Sigma_1: y=\sqrt{z-x^2}, z\leqslant 1,\\ \Sigma_2: y=-\sqrt{z-x^2}, z\leqslant 1,\end{cases}$ Σ_1,Σ_2 在 xOz 平面的投影区域为 $D_{xz}=\{(x,z)|x^2\leqslant z\leqslant 1,-1\leqslant x\leqslant 1\}$. 如图 18.2.10(b) 所示. 所以

$$\begin{aligned}\iint\limits_{\Sigma}-y\mathrm{d}z\mathrm{d}x&=\iint\limits_{D_{xz}}-\sqrt{z-x^2}\mathrm{d}z\mathrm{d}x-\iint\limits_{D_{xz}}(+\sqrt{z-x^2})\mathrm{d}z\mathrm{d}x\\&=-2\iint\limits_{D_{xz}}\sqrt{z-x^2}\mathrm{d}z\mathrm{d}x=-2\int_{-1}^{1}\mathrm{d}x\int_{x^2}^{1}\sqrt{z-x^2}\mathrm{d}z\\&=\frac{-4}{3}\int_{-1}^{1}(1-x^2)^{\frac{3}{2}}\mathrm{d}x=-\frac{\pi}{2}\end{aligned}$$

(3) 计算 $\iint\limits_{\Sigma}(x^2+y^2)\mathrm{d}x\mathrm{d}y$. Σ 在 xOy 平面的投影区域为 $D_{xy}=\{(x,y)|x^2+y^2\leqslant 1\}$. 如图 18.2.10(c) 所示, 所以

$$\iint\limits_{\Sigma}(x^2+y^2)\mathrm{d}x\mathrm{d}y=-\iint\limits_{D_{xy}}(x^2+y^2)\mathrm{d}x\mathrm{d}y=-\int_0^{2\pi}\mathrm{d}\theta\int_0^1 r^3\mathrm{d}r=-\frac{\pi}{2}$$

综上所述, 原式等于 $=-\pi$.

例 18.2.3 计算第二型曲面积分 $I=\iint\limits_{S}\frac{2\mathrm{d}y\mathrm{d}z}{x\cos^2 x}+\frac{\mathrm{d}z\mathrm{d}x}{\cos^2 y}-\frac{\mathrm{d}x\mathrm{d}y}{z\cos^2 z}$, 其中 S 是球面 $x^2+y^2+z^2=1$ 的外侧.

解 由于 $x^2+y^2+z^2=1$ 为对称曲面, 利用对称性简化积分的计算:

$$\iint\limits_{S}\frac{2\mathrm{d}y\mathrm{d}z}{x\cos^2 x}=\iint\limits_{S}\frac{2\mathrm{d}x\mathrm{d}y}{z\cos^2 z},\quad \iint\limits_{S}\frac{\mathrm{d}z\mathrm{d}x}{\cos^2 y}=\iint\limits_{S}\frac{\mathrm{d}y\mathrm{d}x}{\cos^2 z}$$

因此

$$I=\iint\limits_{S}\frac{2\mathrm{d}x\mathrm{d}y}{z\cos^2 z}+\frac{\mathrm{d}y\mathrm{d}x}{\cos^2 z}-\frac{\mathrm{d}x\mathrm{d}y}{z\cos^2 z}=\iint\limits_{S}\frac{1}{z\cos^2 z}\mathrm{d}x\mathrm{d}y+\iint\limits_{S}\frac{1}{\cos^2 z}\mathrm{d}x\mathrm{d}y$$

将球面分为上、下球面, 进一步得

$$\iint\limits_{S}\frac{1}{\cos^2 z}\mathrm{d}x\mathrm{d}y=\iint\limits_{x^2+y^2\leqslant 1}\frac{\mathrm{d}x\mathrm{d}y}{\cos^2\left(\sqrt{1-x^2-y^2}\right)}-\iint\limits_{x^2+y^2\leqslant 1}\frac{\mathrm{d}x\mathrm{d}y}{\cos^2\left(-\sqrt{1-x^2-y^2}\right)}=0$$

所以

$$\begin{aligned}I&=\iint\limits_{S}\frac{1}{z\cos^2 z}\mathrm{d}x\mathrm{d}y=2\iint\limits_{x^2+y^2\leqslant 1}\frac{\mathrm{d}x\mathrm{d}y}{\sqrt{1-x^2-y^2}\cos^2\left(\sqrt{1-x^2-y^2}\right)}\\&=2\int_0^{2\pi}\mathrm{d}\theta\int_0^1\frac{\rho}{\sqrt{1-\rho^2}\cos^2\left(\sqrt{1-\rho^2}\right)}\mathrm{d}\rho\Leftarrow\boxed{\text{极坐标变换}}\\&=-4\pi\int_0^1\frac{\mathrm{d}\left(\sqrt{1-\rho^2}\right)}{\cos^2\left(\sqrt{1-\rho^2}\right)}=-4\pi\tan\left(\sqrt{1-\rho^2}\right)\Big|_0^1=4\pi\tan 1\end{aligned}$$

例 18.2.4 计算 $\iint\limits_{S}x^3\mathrm{d}y\mathrm{d}z$, 其中 S 为椭球面 $\frac{x^2}{a^2}+\frac{y^2}{b^2}+\frac{z^2}{c^2}=1$ 的上半部并取外侧.

解 将曲面表示成参数方程如下:

$$x=a\sin\varphi\cos\theta,\quad y=b\sin\varphi\sin\theta,\quad z=c\cos\varphi\quad\left(0\leqslant\varphi\leqslant\frac{\pi}{2},0\leqslant\theta\leqslant 2\pi\right)$$

则 S 曲面法线方向向量为

$$\begin{aligned}\boldsymbol{n}&=\begin{vmatrix}\boldsymbol{i}&\boldsymbol{j}&\boldsymbol{k}\\x_\theta&y_\theta&z_\theta\\x_\varphi&y_\varphi&z_\varphi\end{vmatrix}=\begin{vmatrix}\boldsymbol{i}&\boldsymbol{j}&\boldsymbol{k}\\-a\sin\varphi\sin\theta&b\sin\varphi\cos\theta&0\\a\cos\varphi\sin\theta&b\cos\varphi\sin\theta&-c\sin\varphi\end{vmatrix}\\&=(-cb\sin\varphi\cos\theta\sin\varphi,-ac\sin\varphi\sin\theta\sin\varphi,-ab\sin\varphi\cos\varphi)\\&=\left(\frac{\partial(y,z)}{\partial(\theta,\varphi)},\frac{\partial(z,x)}{\partial(\theta,\varphi)},\frac{\partial(x,y)}{\partial(\theta,\varphi)}\right)\end{aligned}$$

由于上述向量第三个分量为负, 因此 $\boldsymbol{n}$ 指向下侧, 与 S 指向相反, 由定理 18.2.5 得到

$$\begin{aligned}
&\iint\limits_{S} x^3\mathrm{d}y\mathrm{d}z = \iint\limits_{\Delta} a^3\sin^3\varphi\cos^3\theta\cdot bc\sin^2\varphi\cos\theta\mathrm{d}\varphi\mathrm{d}\theta\\
=&a^3bc\iint\limits_{\Delta}\sin^5\varphi\cos^4\theta\mathrm{d}\varphi\mathrm{d}\theta = a^3bc\int_0^{\frac{\pi}{2}}\sin^5\varphi\mathrm{d}\varphi\int_0^{2\pi}\cos^4\theta\mathrm{d}\theta\\
=&a^3bc\left(-\int_0^{\frac{\pi}{2}}\left(1-\cos^2\varphi\right)^2\mathrm{d}\cos\varphi\right)\left(\int_0^{2\pi}\left(\frac{1+\cos2\theta}{2}\right)^2\mathrm{d}\theta\right) \Leftarrow \boxed{\sin^5\phi\cos^4\theta\text{降幂处理}}\\
=&a^3bc\left(-\int_0^{\frac{\pi}{2}}\left(1-\cos^2\varphi\right)^2\mathrm{d}\cos\varphi\right)\left(\int_0^{2\pi}\left(1+2\cos2\theta+\frac{1+\cos4\theta}{4}\right)\mathrm{d}\theta\right)\\
=&\frac{2}{5}\pi a^3bc
\end{aligned}$$

注 18.2.1 利用下面的公式可以简化上题中定积分的计算问题.

$$I_n = \int_0^{\frac{\pi}{2}}\sin^n x\mathrm{d}x = \int_0^{\frac{\pi}{2}}\cos^n x\mathrm{d}x = \begin{cases} \dfrac{n-1}{n}\cdot\dfrac{n-3}{n-2}\cdots\dfrac{3}{4}\cdot\dfrac{1}{2}\cdot\dfrac{\pi}{2}, & n=2m, m=1,2,3,\cdots\\ \dfrac{n-1}{n}\cdot\dfrac{n-3}{n-2}\cdots\dfrac{4}{5}\cdot\dfrac{2}{3}, & n=2m+1, m=0,1,2,\cdots\end{cases}$$

例 18.2.5 求 $\iint\limits_{\Sigma} x^2\mathrm{d}y\mathrm{d}z+y^2\mathrm{d}z\mathrm{d}x+(x-1)yz\mathrm{d}x\mathrm{d}y$ 其中 $\Sigma: z=\sqrt{R^2-(x-1)^2-(y-1)^2}$ 取上侧.

解 曲面 Σ 的参数方程 $\begin{cases} x=1+R\cos\varphi\cos\theta,\\ y=1+R\cos\varphi\sin\theta,\\ z=R\sin\varphi.\end{cases}$ $(\varphi,\theta)\in\left[0,\dfrac{\pi}{2}\right]\times[0,2\pi]=D$. 曲面 Σ 的法线方向向量为

$$\begin{aligned}
\boldsymbol{n} &= \begin{vmatrix} \boldsymbol{i} & \boldsymbol{j} & \boldsymbol{k}\\ x_\varphi & y_\varphi & z_\varphi\\ x_\theta & y_\theta & z_\theta\end{vmatrix} = \begin{vmatrix} \boldsymbol{i} & \boldsymbol{j} & \boldsymbol{k}\\ -R\sin\varphi\cos\theta & -R\sin\varphi\sin\theta & R\cos\varphi\\ -R\cos\varphi\sin\theta & R\cos\varphi\cos\theta & 0\end{vmatrix}\\
&= \left(-R^2\cos^2\varphi\cos\theta, -R^2\cos^2\varphi\sin\theta, -R^2\sin\varphi\cos\varphi\right)\\
&= \left(\frac{\partial(y,z)}{\partial(\varphi,\theta)}, \frac{\partial(z,x)}{\partial(\varphi,\theta)}, \frac{\partial(x,y)}{\partial(\varphi,\theta)}\right)
\end{aligned}$$

由于第三个分量为负, 因此 $\boldsymbol{n}$ 指向下侧, 与 S 指向一侧相反, 因此, 由定理 18.2.6 得到

$$\begin{aligned}
\iint\limits_{\Sigma} x^2\mathrm{d}y\mathrm{d}z &= -\iint\limits_{D}(1+R\cos\varphi\cos\theta)^2\frac{\partial(y,z)}{\partial(\theta,\varphi)}\mathrm{d}\varphi\mathrm{d}\theta\\
&=R^2\int_0^{\frac{\pi}{2}}\mathrm{d}\varphi\int_0^{2\pi}(1+R\cos\varphi\cos\theta)^2\cos^2\varphi\cos\theta\mathrm{d}\theta\\
&=2\pi R^3\int_0^{\frac{\pi}{2}}\cos^3\varphi\mathrm{d}\varphi = \frac{4\pi R^3}{3}
\end{aligned}$$

同理 $\iint\limits_{\Sigma} y^2\mathrm{d}z\mathrm{d}x=\dfrac{4\pi R^3}{3}$, 进一步

$$\begin{aligned}
&\iint\limits_{\Sigma}(x-1)yz\mathrm{d}x\mathrm{d}y=-R^2\iint\limits_{D}(\cos\varphi\cos\theta)(1+R\cos\varphi\sin\theta)(\sin\varphi)\frac{\partial(x,y)}{\partial(\varphi,\theta)}\mathrm{d}\varphi\mathrm{d}\theta\\
=&\iint\limits_{D}R^4\sin^2\varphi\cos^2\varphi(\cos\theta+R\cos\varphi\sin\theta\cos\theta)\mathrm{d}\varphi\mathrm{d}\theta\\
=&\int_0^{\frac{\pi}{2}}\mathrm{d}\varphi\int_0^{2\pi}R^4\sin^2\varphi\cos^2\varphi\left(\cos\theta+\frac{1}{2}R\cos\varphi\sin2\theta\right)\mathrm{d}\theta \Leftarrow \boxed{\text{内层积分为零}}\\
=&\,0
\end{aligned}$$

所以原式等于 $\dfrac{8}{3}\pi R^3$.

习题 18.2.4 第二型曲面积分的典型例题

1. 计算下面曲面积分.

(1) 求 $\iint\limits_{\Sigma}(y-z)\mathrm{d}y\mathrm{d}z+(z-x)\mathrm{d}z\mathrm{d}x+(x-y)\mathrm{d}x\mathrm{d}y$, 其中 Σ 为锥面 $z=\sqrt{x^2+y^2}$, $z\leqslant h$, 取外侧.

(2) $\iint\limits_{\Sigma}x^2\mathrm{d}y\mathrm{d}z+y^2\mathrm{d}z\mathrm{d}x+z^2\mathrm{d}x\mathrm{d}y$, 其中 Σ 为 $(x-a)^2+(y-b)^2+(z-c)^2=R^2$, 取外侧.

(3) $\iint\limits_{\Sigma}f(x)\mathrm{d}y\mathrm{d}z+g(y)\mathrm{d}z\mathrm{d}x+h(z)\mathrm{d}x\mathrm{d}y$, 其中 Σ 为 $[0,a]\times[0,b]\times[0,c]$ 的边界, 取外侧, f,g,h 为连续函数.

(4) $\iint\limits_{\Sigma}\dfrac{1}{x}\mathrm{d}y\mathrm{d}z+\dfrac{1}{y}\mathrm{d}z\mathrm{d}x+\dfrac{1}{z}\mathrm{d}x\mathrm{d}y$, 其中 Σ 为 $\dfrac{x^2}{a^2}+\dfrac{y^2}{b^2}+\dfrac{z^2}{c^2}=1$, 取外侧.

18.2.5 两型曲面积分的关系

设向量场 $\boldsymbol{F}(x,y,z)=(P(x,y,z),Q(x,y,z),R(x,y,z))$ 定义在双侧光滑曲面 Σ 上并且在 Σ 上连续. 若 $\Sigma: z=f(x,y),(x,y)\in D_{xy}$ 取上侧, 根据第二型曲面积分的定义,

$$\iint\limits_{\Sigma}R(x,y,z)\mathrm{d}x\mathrm{d}y=\lim_{\|T\|\to0}\sum_{i=1}^{n}R(x_i,y_i,z_i)\Delta S_{i_{xy}}$$

将 Σ 所指向一侧分割成 n 个小曲面 $S_1,S_2,\cdots,S_n$, $\Delta S_{i_{xy}}$ 为 S_i 在 xOy 坐标平面的投影面积. 曲面 Σ 上任意一点处指向 Σ 一侧, 外法线方向向量的方向余弦为

$$\left(-\frac{f_x}{\sqrt{1+f_x^2+f_y^2}},-\frac{f_y}{\sqrt{1+f_x^2+f_y^2}},\frac{1}{\sqrt{1+f_x^2+f_y^2}}\right)$$

利用二重积分中值定理

$$\begin{aligned}
\sigma(S_i)&=\iint\limits_{S_{i_{xy}}}\sqrt{1+f_x^2+f_y^2}\mathrm{d}x\mathrm{d}y=\left(\Delta S_{i_{xy}}\right)\sqrt{1+f_x^2+f_y^2}\,\Big|_{(x_i,y_i)}\\
&=\left(\Delta S_{i_{xy}}\right)/\cos\gamma_i,\quad (x_i,y_i)\in S_{i_{xy}}
\end{aligned}$$

于是由第一型曲面积分的定义得

$$\lim_{\|T\|\to 0}\sum_{i=1}^{n} R(x_i,y_i,z_i)\Delta S_{i_{xy}} = \lim_{\|T\|\to 0}\sum_{i=1}^{n} R(x_i,y_i,z_i)\cos\gamma_i\sigma(S_i) = \iint\limits_{\Sigma} R(x,y,z)\cos\gamma \mathrm{d}S$$

即

$$\iint\limits_{\Sigma} R(x,y,z)\boxed{\mathrm{d}x\mathrm{d}y} = \iint\limits_{\Sigma} R(x,y,z)\boxed{\cos\gamma\mathrm{d}S}$$

如果 Σ 取下侧时上式依然成立.

同理可得

$$\Sigma: y=y(x,z),(x,z)\in D_{xz} \Rightarrow \iint\limits_{\Sigma} Q(x,y,z)\boxed{\mathrm{d}z\mathrm{d}x} = \iint\limits_{\Sigma} Q(x,y,z)\boxed{\cos\beta\mathrm{d}S}$$

$$\Sigma: x=x(y,z),(y,z)\in D_{yz} \Rightarrow \iint\limits_{\Sigma} P(x,y,z)\boxed{\mathrm{d}y\mathrm{d}z} = \iint\limits_{\Sigma} P(x,y,z)\boxed{\cos\alpha\mathrm{d}S}$$

一般情况下, 将 Σ 分割成若干个满足定理 18.2.2、定理 18.2.3、定理 18.2.4 条件的曲面, 类似格林公式的证明方法有

$$\iint\limits_{\Sigma} P\mathrm{d}y\mathrm{d}z + Q\mathrm{d}z\mathrm{d}x + R\mathrm{d}x\mathrm{d}y = \iint\limits_{\Sigma} (P\cos\alpha + Q\cos\beta + R\cos\gamma)\,\mathrm{d}S \tag{18.2.3}$$

其中 $(\cos\alpha,\cos\beta,\cos\gamma)$ 为 Σ 所指向一侧的外法线方向余弦.

对于不同坐标面上的第二型曲面积分之间有如下的换算关系.

$$\begin{aligned}
&\iint\limits_{\Sigma} P\mathrm{d}y\mathrm{d}z + Q\mathrm{d}z\mathrm{d}x + R\mathrm{d}x\mathrm{d}y = \iint\limits_{\Sigma} (P\cos\alpha + Q\cos\beta + R\cos\gamma)\,\mathrm{d}S \\
=&\iint\limits_{\Sigma}\left(P\frac{\cos\alpha}{\cos\beta} + Q + R\frac{\cos\gamma}{\cos\beta}\right)\cos\beta\mathrm{d}S = \iint\limits_{\Sigma}\left(P\frac{\cos\alpha}{\cos\beta} + Q + R\frac{\cos\gamma}{\cos\beta}\right)\mathrm{d}z\mathrm{d}x \\
&\iint\limits_{\Sigma} P\mathrm{d}y\mathrm{d}z + Q\mathrm{d}z\mathrm{d}x + R\mathrm{d}x\mathrm{d}y = \iint\limits_{\Sigma} (P\cos\alpha + Q\cos\beta + R\cos\gamma)\,\mathrm{d}S \\
=&\iint\limits_{\Sigma}\left(P\frac{\cos\alpha}{\cos\gamma} + Q\frac{\cos\beta}{\cos\gamma} + R\right)\cos\gamma\mathrm{d}S = \iint\limits_{\Sigma}\left(P\frac{\cos\alpha}{\cos\gamma} + Q\frac{\cos\beta}{\cos\gamma} + R\right)\mathrm{d}x\mathrm{d}y \\
&\iint\limits_{\Sigma} P\mathrm{d}y\mathrm{d}z + Q\mathrm{d}z\mathrm{d}x + R\mathrm{d}x\mathrm{d}y = \iint\limits_{\Sigma} (P\cos\alpha + Q\cos\beta + R\cos\gamma)\,\mathrm{d}S \\
=&\iint\limits_{\Sigma}\left(P + Q\frac{\cos\beta}{\cos\alpha} + R\frac{\cos\gamma}{\cos\alpha}\right)\cos\alpha\mathrm{d}S = \iint\limits_{\Sigma}\left(P + Q\frac{\cos\beta}{\cos\alpha} + R\frac{\cos\gamma}{\cos\alpha}\right)\mathrm{d}y\mathrm{d}z
\end{aligned}$$

通过以上分析, 我们可以得到如下定理.

定理 18.2.6 设 $\Sigma: z=f(x,y),(x,y)\in D$ 为光滑曲面, D 为有界闭区域, Σ 方向取上

侧, P, Q, R 在 Σ 上连续, 则

$$\iint_{\Sigma} P(x,y,z)\mathrm{d}y\mathrm{d}z = -\iint_{D} P(x,y,f(x,y))\frac{\partial f}{\partial x}\mathrm{d}x\mathrm{d}y$$

$$\iint_{\Sigma} Q(x,y,z)\mathrm{d}z\mathrm{d}x = -\iint_{D} Q(x,y,f(x,y))\frac{\partial f}{\partial y}\mathrm{d}x\mathrm{d}y$$

证明 设 $F(x,y,z) = z - f(x,y)$, 则切平面的法向量为 $\left(-\dfrac{\partial f}{\partial x}, -\dfrac{\partial f}{\partial y}, 1\right)$, 与 Σ 侧一致. 进一步

$$\cos\alpha = -\frac{\partial f}{\partial x}\Bigg/\sqrt{1+\left(\frac{\partial f}{\partial x}\right)^2+\left(\frac{\partial f}{\partial y}\right)^2}, \quad \cos\beta = -\frac{\partial f}{\partial y}\Bigg/\sqrt{1+\left(\frac{\partial f}{\partial x}\right)^2+\left(\frac{\partial f}{\partial y}\right)^2}$$

$$\cos\gamma = 1\Bigg/\sqrt{1+\left(\frac{\partial f}{\partial x}\right)^2+\left(\frac{\partial f}{\partial y}\right)^2}$$

利用第一和第二型曲面积分互换公式, 于是

$$\begin{aligned}\iint_{\Sigma} P(x,y,z)\mathrm{d}y\mathrm{d}z &= \iint_{\Sigma} P(x,y,z)\cos\alpha\mathrm{d}S = -\iint_{\Sigma} P(x,y,z)\frac{\partial f}{\partial x}\cos\gamma\mathrm{d}S \\ &= -\iint_{\Sigma} P(x,y,z)\frac{\partial f}{\partial x}\mathrm{d}x\mathrm{d}y = -\iint_{D} P(x,y,f(x,y))\frac{\partial f}{\partial x}\mathrm{d}x\mathrm{d}y\end{aligned}$$

另一个结论同理可证. 结论得证.

不同坐标面第二型曲面积分换算关系可以降低第二型曲面积分的计算复杂度.

例 18.2.6 计算 $A = \iint_{S} x\mathrm{d}y\mathrm{d}z + y\mathrm{d}z\mathrm{d}x + z\mathrm{d}x\mathrm{d}y$, 其中 S 为中心在原点, 半径为 a 的球面, 方向取外法线方向.

解 记 $\boldsymbol{F} = (x,y,z)$, S 的外法线方向 $\boldsymbol{n} = \left(\dfrac{x}{a}, \dfrac{y}{a}, \dfrac{z}{a}\right)$, 第一和第二型曲面积分互换公式:

$$A = \iint_{S} \boldsymbol{F}\cdot\boldsymbol{n}\mathrm{d}S = \frac{1}{a}\iint_{S}(x^2+y^2+z^2)\mathrm{d}S = a\iint_{S}\mathrm{d}S = a\Delta(S) = 4\pi a^3$$

例 18.2.7 求 $\iint_{\Sigma}(y-z)\,\mathrm{d}y\mathrm{d}z+(z-x)\,\mathrm{d}z\mathrm{d}x+(x-y)\,\mathrm{d}x\mathrm{d}y$, 其中 Σ 为锥面 $z=\sqrt{x^2+y^2}$, $z \leqslant h$ 的外侧.

解 曲面 Σ 外侧的法线方向为 $(z_x, z_y, -1) = \left(\dfrac{x}{\sqrt{x^2+y^2}}, \dfrac{y}{\sqrt{x^2+y^2}}, -1\right)$, 与 Σ 指向一

侧一致. 所以利用三类第二型曲面积分的互换公式

$$\iint\limits_{\Sigma}(y-z)\,\mathrm{d}y\mathrm{d}z=\iint\limits_{\Sigma}(y-z)\cos\alpha\mathrm{d}S=\iint\limits_{\Sigma}\left[\frac{(y-z)\cos\alpha}{\cos\gamma}\right]\cos\gamma\mathrm{d}S$$

$$=-\iint\limits_{\Sigma}\left[\frac{x(y-z)}{\sqrt{x^2+y^2}}\right]\cos\gamma\mathrm{d}S=-\iint\limits_{\Sigma}\left[\frac{x(y-z)}{\sqrt{x^2+y^2}}\right]\mathrm{d}x\mathrm{d}y$$

$$\iint\limits_{\Sigma}(z-x)\,\mathrm{d}z\mathrm{d}x=\iint\limits_{\Sigma}(z-x)\cos\beta\mathrm{d}S=\iint\limits_{\Sigma}\left[\frac{(z-x)\cos\beta}{\cos\gamma}\right]\cos\gamma\mathrm{d}S$$

$$=-\iint\limits_{\Sigma}\left[\frac{y(z-x)}{\sqrt{x^2+y^2}}\right]\cos\gamma\mathrm{d}S=-\iint\limits_{\Sigma}\left[\frac{y(z-x)}{\sqrt{x^2+y^2}}\right]\mathrm{d}x\mathrm{d}y$$

因此

$$\iint\limits_{\Sigma}(y-z)\,\mathrm{d}y\mathrm{d}z+(z-x)\,\mathrm{d}z\mathrm{d}x+(x-y)\,\mathrm{d}x\mathrm{d}y$$

$$=\iint\limits_{\Sigma}\left[-(y-z)\frac{x}{\sqrt{x^2+y^2}}-(z-x)\frac{y}{\sqrt{x^2+y^2}}+(x-y)\right]\mathrm{d}x\mathrm{d}y$$

$$=\iint\limits_{\Sigma}\left[\left(1+\frac{z}{\sqrt{x^2+y^2}}\right)(x-y)\right]\mathrm{d}x\mathrm{d}y$$

$$=-2\iint\limits_{x^2+y^2\leqslant h^2}(x-y)\,\mathrm{d}x\mathrm{d}y=-2\int_0^{2\pi}\mathrm{d}\theta\int_0^h r^2(\sin\theta-\cos\theta)\,\mathrm{d}r=0$$

习题 18.2.5 两型曲面积分的关系

利用二类曲面积分互换公式计算下面积分.

1. $\iint\limits_{\Sigma} z\mathrm{d}y\mathrm{d}z+x\mathrm{d}z\mathrm{d}x+y\mathrm{d}x\mathrm{d}y$, 其中 Σ 为柱面 $x^2+y^2=1$ 被 $z=0, z=h$ 所截部分, 取外侧.

2. $\iint\limits_{\Sigma}(z^2+x)\,\mathrm{d}y\mathrm{d}z+\sqrt{z}\mathrm{d}x\mathrm{d}y$, 其中 Σ 为抛物面 $z=\dfrac{1}{2}(x^2+y^2)$ 被 $z=0, z=h$ 所截部分, 取外侧.

3. $\iint\limits_{\Sigma} zx\mathrm{d}y\mathrm{d}z+3\mathrm{d}x\mathrm{d}y$, 其中 Σ 为抛物面 $z=4-(x^2+y^2)$, $z\geqslant 0$, 取下侧.

4. $\iint\limits_{\Sigma} x^2\mathrm{d}y\mathrm{d}z+y^2\mathrm{d}x\mathrm{d}z+(z^2+5)\,\mathrm{d}x\mathrm{d}y$, 其中 Σ 为锥面 $z=\sqrt{x^2+y^2}, 0\leqslant z\leqslant h$, 取下侧.

5. $\iint\limits_{\Sigma}[f(x,y,z)+x]\,\mathrm{d}y\mathrm{d}z+[2f(x,y,z)+y]\,\mathrm{d}z\mathrm{d}x+[f(x,y,z)+z]\,\mathrm{d}x\mathrm{d}y$, 其中 $f(x,y,z)$ 为连续函数, Σ 为平面 $x-y+z=1$ 在第 4 卦限部分取下侧.

18.3 高斯公式

牛顿–莱布尼茨公式给出了一元函数在区间上的积分与区间的边界 (端点) 之间的关系; 格林公式给出了二维平面上有界闭区域 D 上二重积分与边界 ∂D 上第二型曲线积分之间的关系. 那么对于空间有界闭区域 Ω 上的三重积分与边界 $\partial\Omega$ 上的第一、二型曲面积分之间是否也有类似的关系呢? 高斯公式给这个问题一个肯定的回答.

18.3.1 高斯公式

定理 18.3.1 设 V 是由分片光滑的双侧闭曲面 Σ 围成的有界闭区域, 向量函数 $\boldsymbol{F}=(P,Q,R)$ 在 V 上连续且具有一阶连续偏导数, 则

$$\iiint\limits_V \left(\frac{\partial P}{\partial x}+\frac{\partial Q}{\partial y}+\frac{\partial R}{\partial z}\right)\mathrm{d}x\mathrm{d}y\mathrm{d}z=\oiint\limits_\Sigma P\mathrm{d}y\mathrm{d}z+Q\mathrm{d}z\mathrm{d}x+R\mathrm{d}x\mathrm{d}y$$

其中 Σ 取外侧.

证明 定理的证明等价于证明

$$\iiint\limits_V \frac{\partial R}{\partial z}\mathrm{d}x\mathrm{d}y\mathrm{d}z=\oiint\limits_\Sigma R\mathrm{d}x\mathrm{d}y$$

$$\iiint\limits_V \frac{\partial P}{\partial x}\mathrm{d}x\mathrm{d}y\mathrm{d}z=\oiint\limits_\Sigma P\mathrm{d}y\mathrm{d}z$$

$$\iiint\limits_V \frac{\partial Q}{\partial y}\mathrm{d}x\mathrm{d}y\mathrm{d}z=\oiint\limits_\Sigma Q\mathrm{d}z\mathrm{d}x$$

证明分两种情况.

(1) 设 V 可以同时表示成 I, II, III 型区域:

$$\begin{aligned}V&=\{(x,y,z)|x_1(y,z)\leqslant x\leqslant x_2(y,z),(y,z)\in D_{yz}\}\\&=\{(x,y,z)|z_1(x,y)\leqslant z\leqslant z_2(x,y),(x,y)\in D_{xy}\}\\&=\{(x,y,z)|y_1(x,z)\leqslant y\leqslant y_2(x,z),(x,z)\in D_{xz}\}\end{aligned}$$

记 D_{xy},D_{yz},D_{xz} 分别为 V 向三个坐标平面的投影区域.

V 为 I 型区域, 设 V 的边界由三个面组成, $\partial V=S_1\cup S_2\cup S_3$, 如图 18.3.1 所示. 根据三重积分的计算方法, 有

$$\begin{aligned}\iiint\limits_V \frac{\partial R}{\partial z}\mathrm{d}x\mathrm{d}y\mathrm{d}z&=\iint\limits_{D_{xy}}\mathrm{d}x\mathrm{d}y\int_{z_1(x,y)}^{z_2(x,y)}\frac{\partial R}{\partial z}\mathrm{d}z\\&=\iint\limits_{D_{xy}}[R(x,y,z_2(x,y))-R(x,y,z_1(x,y))]\mathrm{d}x\mathrm{d}y\end{aligned}$$

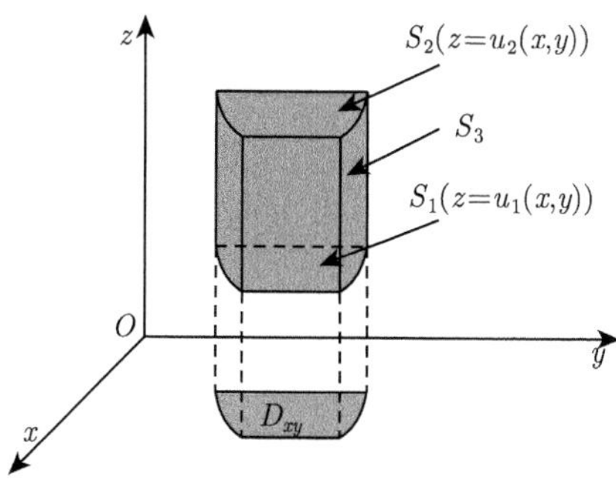

图 18.3.1

即

$$\iiint\limits_V \frac{\partial R}{\partial z}\mathrm{d}x\mathrm{d}y\mathrm{d}z = \iint\limits_{S_2上} R\mathrm{d}x\mathrm{d}y + \iint\limits_{S_1下} R\mathrm{d}x\mathrm{d}y$$

V 的侧面 S_3 在 xOy 平面的投影区域面积为零, 所以 $\iint\limits_{S_3外} R\mathrm{d}x\mathrm{d}y = 0$. 因此得

$$\iiint\limits_V \frac{\partial R}{\partial z}\mathrm{d}x\mathrm{d}y\mathrm{d}z = \oiint\limits_{\Sigma} R\mathrm{d}x\mathrm{d}y$$

同理可以证明

$$\begin{aligned}
&V = \{(x,y,z)|x_1(y,z) \leqslant x \leqslant x_2(y,z), (y,z) \in D_{yz}\}\\
\Rightarrow &\iiint\limits_V \frac{\partial P}{\partial x}\mathrm{d}x\mathrm{d}y\mathrm{d}z = \oiint\limits_{\Sigma} P\mathrm{d}y\mathrm{d}z\\
&V = \{(x,y,z)|y_1(x,z) \leqslant y \leqslant y_2(x,z), (x,z) \in D_{xz}\}\\
\Rightarrow &\iiint\limits_V \frac{\partial Q}{\partial y}\mathrm{d}x\mathrm{d}y\mathrm{d}z = \oiint\limits_{\Sigma} Q\mathrm{d}z\mathrm{d}x
\end{aligned}$$

V 可以同时表示成 I, II, III 型区域的情况下定理得证.

(2) 对于一般复杂区域 V, 不失一般性, 设 V 可以分割成 V_1, V_2, 其中 V_1, V_2 可以同时表示成 I, II, III 型区域. 如图 18.3.2 所示. 则有

$$\begin{aligned}
&\iiint\limits_V \left(\frac{\partial P}{\partial x} + \frac{\partial Q}{\partial y} + \frac{\partial R}{\partial z}\right)\mathrm{d}x\mathrm{d}y\mathrm{d}z\\
= &\iiint\limits_{V_1} \left(\frac{\partial P}{\partial x} + \frac{\partial Q}{\partial y} + \frac{\partial R}{\partial z}\right)\mathrm{d}x\mathrm{d}y\mathrm{d}z + \iiint\limits_{V_2} \left(\frac{\partial P}{\partial x} + \frac{\partial Q}{\partial y} + \frac{\partial R}{\partial z}\right)\mathrm{d}x\mathrm{d}y\mathrm{d}z\\
= &\oiint\limits_{\Sigma_2外侧} P\mathrm{d}y\mathrm{d}z + Q\mathrm{d}z\mathrm{d}x + R\mathrm{d}x\mathrm{d}y + \oiint\limits_{\Sigma_3下侧} P\mathrm{d}y\mathrm{d}z + Q\mathrm{d}z\mathrm{d}x + R\mathrm{d}x\mathrm{d}y\\
&+ \oiint\limits_{\Sigma_1外侧} P\mathrm{d}y\mathrm{d}z + Q\mathrm{d}z\mathrm{d}x + R\mathrm{d}x\mathrm{d}y + \oiint\limits_{\Sigma_3上侧} P\mathrm{d}y\mathrm{d}z + Q\mathrm{d}z\mathrm{d}x + R\mathrm{d}x\mathrm{d}y\\
= &\oiint\limits_{\Sigma} P\mathrm{d}y\mathrm{d}z + Q\mathrm{d}z\mathrm{d}x + R\mathrm{d}x\mathrm{d}y
\end{aligned}$$

(3) 如果 V 是如图 18.3.3 所示的有 "洞" 的复连通区域, 其边界曲面为 $\Sigma_1,\Sigma_2,\Sigma_3$, 利用与格林公式相同的证明方法, 高斯公式为

$$\begin{aligned}&\iiint\limits_V\left(\frac{\partial P}{\partial x}+\frac{\partial Q}{\partial y}+\frac{\partial R}{\partial z}\right)\mathrm{d}x\mathrm{d}y\mathrm{d}z\\=&\oiint\limits_{\Sigma_1\text{外侧}}P\mathrm{d}y\mathrm{d}z+Q\mathrm{d}z\mathrm{d}x+R\mathrm{d}x\mathrm{d}y\\&+\oiint\limits_{\Sigma_3\text{内侧}}P\mathrm{d}y\mathrm{d}z+Q\mathrm{d}z\mathrm{d}x+R\mathrm{d}x\mathrm{d}y+\oiint\limits_{\Sigma_2\text{内侧}}P\mathrm{d}y\mathrm{d}z+Q\mathrm{d}z\mathrm{d}x+R\mathrm{d}x\mathrm{d}y\end{aligned}$$

其中 Σ_1 取外法线方向, Σ_2,Σ_3 取内法线方向. 结论得证.

进一步可以得到基于第一型曲面积分的高斯公式

$$\begin{aligned}&\underbrace{\oiint\limits_{\Sigma_1}(P\cos\alpha+Q\cos\beta+R\cos\gamma)\,\mathrm{d}S}_{(\cos\alpha,\cos\beta,\cos\gamma)\text{指向外侧}}\\=&+\underbrace{\oiint\limits_{\Sigma_2}(P\cos\alpha+Q\cos\beta+R\cos\gamma)\,\mathrm{d}S}_{(\cos\alpha,\cos\beta,\cos\gamma)\text{指向内侧}}+\underbrace{\oiint\limits_{\Sigma_3}(P\cos\alpha+Q\cos\beta+R\cos\gamma)\,\mathrm{d}S}_{(\cos\alpha,\cos\beta,\cos\gamma)\text{指向内侧}}\end{aligned}$$

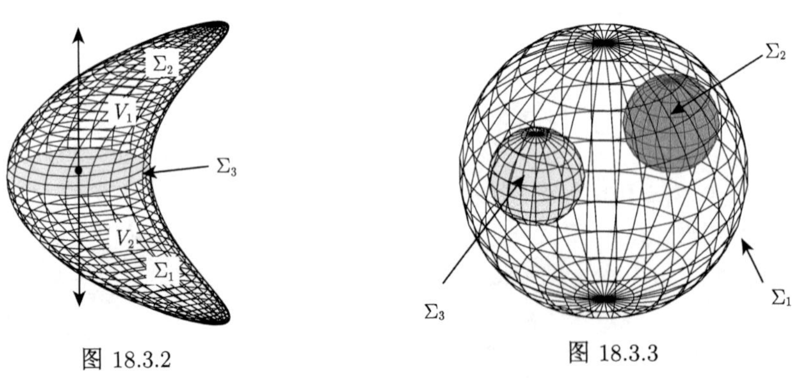

图 18.3.2 图 18.3.3

18.3.2 高斯公式应用例题

例 18.3.1 计算 $\oiint\limits_S(x-y+z)\mathrm{d}y\mathrm{d}z+(y-z+x)\mathrm{d}z\mathrm{d}x+(z-x+y)\mathrm{d}x\mathrm{d}y$ 其中 S 为曲面 $|x-y+z|+|y-z+x|+|z-x+y|=1$ 的外表面.

解 由高斯公式

$$\oiint\limits_S(x-y+z)\mathrm{d}y\mathrm{d}z+(y-z+x)\mathrm{d}z\mathrm{d}x+(z-x+y)\mathrm{d}x\mathrm{d}y=\iiint\limits_V 3\mathrm{d}x\mathrm{d}y\mathrm{d}z$$

其中 V 为曲面 $|x-y+z|+|y-z+x|+|z-x+y|=1$ 所围的立体. 作变换

$$\begin{cases} u=x-y+z \\ v=y-z+x \\ w=z-x+y \end{cases}$$

则区域 V 化为 $|u|+|v|+|w|=1$ 围成的区域, 且 $\dfrac{\partial(u,v,w)}{\partial(x,y,z)}=4$. $|u|+|v|+|w|\leqslant 1$ 是对称于坐标原点的正八面体, 其体积大小等于由平面 $u+v+w=1, u=0, v=0, w=0$ 所围成四面体体积的 8 倍, 即 $8\times\dfrac{1}{3}\times\dfrac{1}{2}\times 1=\dfrac{4}{3}$. 所以原式等于 $\displaystyle\iiint\limits_{|u|+|v|+|w|\leqslant 1} 3\times\frac{1}{4}\mathrm{d}u\mathrm{d}v\mathrm{d}w=\frac{3}{4}\times\frac{4}{3}=1$.

例 18.3.2 计算 $\displaystyle\iint\limits_{S^*}\left(x^2\cos\alpha+y^2\cos\beta+z^2\cos\gamma\right)\mathrm{d}S$, 其中 S^* 为圆锥曲面 $x^2+y^2=z^2$ 的一部分 $(0\leqslant z\leqslant h)$, $(\cos\alpha,\cos\beta,\cos\gamma)$ 为曲面外法线方向余弦.

解 如图 18.3.4 所示, S^* 和平面 $S_1: z=h, x^2+y^2\leqslant h^2$ 围成区域 V, 由高斯公式,

$$\begin{aligned}
&\iint\limits_{S^*\text{下侧}+S_1\text{上侧}}\left(x^2\cos\alpha+y^2\cos\beta+z^2\cos\gamma\right)\mathrm{d}S=2\iiint\limits_V(x+y+z)\mathrm{d}x\mathrm{d}y\mathrm{d}z\\
=&2\int_0^{2\pi}\mathrm{d}\theta\int_0^h r\mathrm{d}r\int_r^h[r(\cos\theta+\sin\theta)+z]\mathrm{d}z\\
=&2\pi\int_0^h(rh^2-r^3)\mathrm{d}r=\frac{\pi h^4}{2}\Leftarrow\boxed{\text{柱坐标变换}}
\end{aligned}$$

而 $\displaystyle\iint\limits_{S_1\text{上侧}}\left(x^2\cos\alpha+y^2\cos\beta+z^2\cos\gamma\right)\mathrm{d}S=\iint\limits_{S_1\text{上侧}}z^2\cos r\mathrm{d}s=h^2\iint\limits_{x^2+y^2\leqslant h^2}\mathrm{d}x\mathrm{d}y=\pi h^4$, 所以原式等于 $-\dfrac{\pi h^4}{2}$.

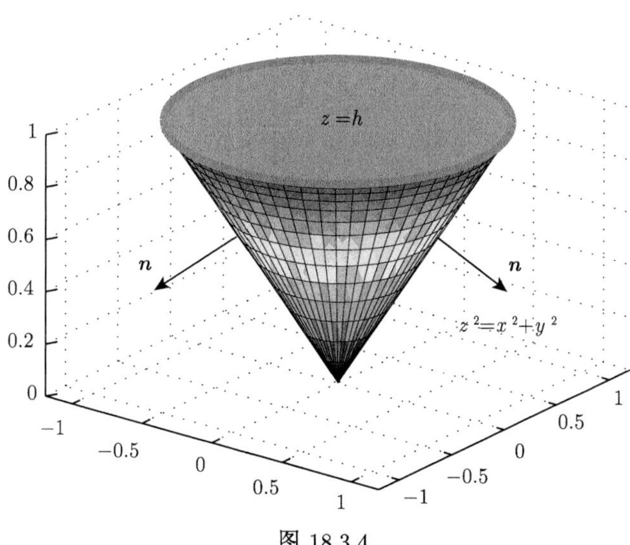

图 18.3.4

例 18.3.3 计算

$$\oiint_S \frac{x-1}{r^3}\mathrm{d}y\mathrm{d}z+\frac{y-2}{r^3}\mathrm{d}z\mathrm{d}x+\frac{z-3}{r^3}\mathrm{d}x\mathrm{d}y$$

其中 S 为长方体 V 的边界外侧,

$$V=\{(x,y,z)|\,|x|\leqslant 2,|y|\leqslant 3,|z|\leqslant 4\},\quad r=\sqrt{(x-1)^2+(y-2)^2+(z-3)^2}$$

解 由于被积函数在 V 的内部有奇点, 因此不能直接应用高斯公式.

设 $\Sigma:\sqrt{(x-1)^2+(y-2)^2+(z-3)^2}=R$, 当 R 充分大时, V 包含在 Σ 围成的区域内. 设 Ω 是由曲面 S 和 Σ 围成的区域. 如图 18.3.5 所示. 由高斯公式得

$$\begin{aligned}&\oiint_{S\text{内侧}+\Sigma\text{外侧}} \frac{x-1}{r^3}\mathrm{d}y\mathrm{d}z+\frac{y-2}{r^3}\mathrm{d}z\mathrm{d}x+\frac{z-3}{r^3}\mathrm{d}x\mathrm{d}y\\&=\iiint_{\Omega}\left[\frac{\partial}{\partial x}\left(\frac{x-1}{r^3}\right)+\frac{\partial}{\partial y}\left(\frac{y-2}{r^3}\right)+\frac{\partial}{\partial z}\left(\frac{z-3}{r^3}\right)\right]\mathrm{d}x\mathrm{d}y\mathrm{d}z=0\end{aligned}$$

于是

$$\begin{aligned}&\oiint_{S\text{外侧}} \frac{x-1}{r^3}\mathrm{d}y\mathrm{d}z+\frac{y-2}{r^3}\mathrm{d}z\mathrm{d}x+\frac{z-3}{r^3}\mathrm{d}x\mathrm{d}y\\&=\oiint_{\Sigma\text{外侧}} \frac{x-1}{r^3}\mathrm{d}y\mathrm{d}z+\frac{y-2}{r^3}\mathrm{d}z\mathrm{d}x+\frac{z-3}{r^3}\mathrm{d}x\mathrm{d}y\\&=\frac{1}{R^3}\oiint_{\Sigma\text{外侧}}(x-1)\mathrm{d}y\mathrm{d}z+(y-2)\mathrm{d}z\mathrm{d}x+(z-3)\mathrm{d}x\mathrm{d}y \Leftarrow \boxed{\text{利用高斯公式}}\\&=\frac{1}{R^3}\iiint_{(x-1)^2+(y-2)^2+(z-3)^2\leqslant R^2}3\mathrm{d}x\mathrm{d}y\mathrm{d}z=\frac{3}{R^3}\cdot\frac{4}{3}\pi R^3\\&=4\pi\end{aligned}$$

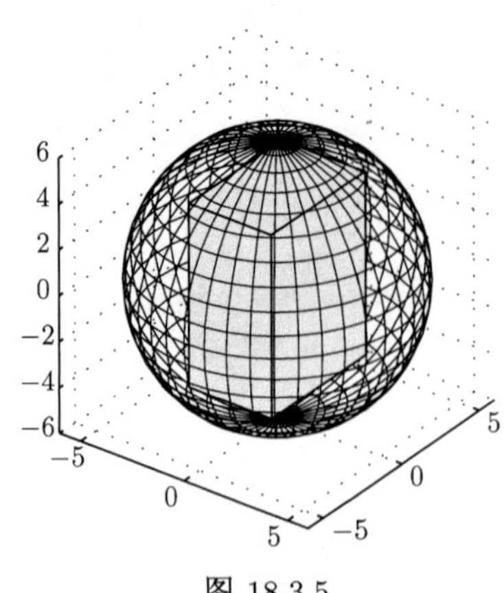

图 18.3.5

例 18.3.4 证明

$$\iiint\limits_{V}\frac{\mathrm{d}x\mathrm{d}y\mathrm{d}z}{r}=\frac{1}{2}\oiint\limits_{\Sigma}\cos(\boldsymbol{r},\boldsymbol{n})\,\mathrm{d}S$$

其中 $r=\sqrt{x^2+y^2+z^2}$, $\boldsymbol{r}=(x,y,z)$, $(0,0,0)\notin\Sigma,\Sigma$ 为 V 的边界, $\boldsymbol{n}$ 为 Σ 的外法线方向.

证明 $\boldsymbol{r}$ 的方向余弦为 $\left(\frac{x}{r},\frac{y}{r},\frac{z}{r}\right)$, $\cos(\boldsymbol{r},\boldsymbol{n})=\frac{x}{r}\cos\alpha+\frac{y}{r}\cos\beta+\frac{z}{r}\cos\gamma$. 下面分两种情况来证明.

(1) 当 $(0,0,0)\notin V$ 时, 由高斯公式,

$$\begin{aligned}\frac{1}{2}\oiint\limits_{\Sigma}\cos(\boldsymbol{r},\boldsymbol{n})\,\mathrm{d}S=&\frac{1}{2}\oiint\limits_{\Sigma}\left(\frac{x}{r}\cos\alpha+\frac{y}{r}\cos\beta+\frac{z}{r}\cos\gamma\right)\mathrm{d}S\\=&\frac{1}{2}\iiint\limits_{V}\left[\frac{\partial}{\partial x}\left(\frac{x}{r}\right)+\frac{\partial}{\partial y}\left(\frac{y}{r}\right)+\frac{\partial}{\partial z}\left(\frac{z}{r}\right)\right]\mathrm{d}x\mathrm{d}y\mathrm{d}z=\iiint\limits_{V}\frac{\mathrm{d}x\mathrm{d}y\mathrm{d}z}{r}\end{aligned}$$

(2) 当 $(0,0,0)\in V^{\circ}$ 时, 令 $S_{\varepsilon}:x^2+y^2+z^2=\varepsilon^2$, 取内侧. 令 $V_{\varepsilon}:x^2+y^2+z^2\leqslant\varepsilon^2$. 如图 18.3.6 所示. 则由高斯公式,

$$\iint\limits_{\Sigma\text{法线外侧}}\left(\frac{x}{r}\cos\alpha+\frac{y}{r}\cos\beta+\frac{z}{r}\cos\gamma\right)\mathrm{d}S+\iint\limits_{S_{\varepsilon}\text{法线内侧}}\left(\frac{x}{r}\cos\alpha+\frac{y}{r}\cos\beta+\frac{z}{r}\cos\gamma\right)\mathrm{d}S$$

$$\begin{aligned}=&2\iiint\limits_{V-V_{\varepsilon}}\frac{\mathrm{d}x\mathrm{d}y\mathrm{d}z}{r}\\&\iint\limits_{S_{\varepsilon}\text{法线内侧}}\left(\frac{x}{r}\cos\alpha+\frac{y}{r}\cos\beta+\frac{z}{r}\cos\gamma\right)\mathrm{d}S\\=&-\frac{1}{\varepsilon}\iint\limits_{S_{\varepsilon}\text{法线外侧}}(x\cos\alpha+y\cos\beta+z\cos\gamma)\,\mathrm{d}S\\=&-\frac{1}{\varepsilon}\iiint\limits_{V_{\varepsilon}}3\mathrm{d}x\mathrm{d}y\mathrm{d}z=-4\pi\varepsilon^2\Leftarrow\boxed{\text{利用高斯公式}}\end{aligned}$$

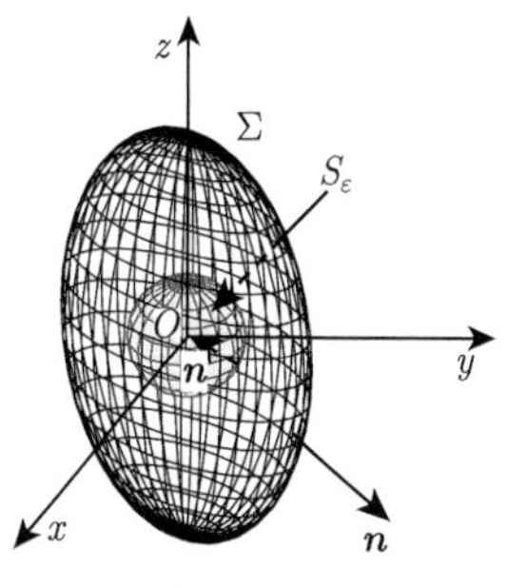

图 18.3.6

所以

$$\iiint\limits_{V-V_{\varepsilon}}\frac{\mathrm{d}x\mathrm{d}y\mathrm{d}z}{r}=\frac{1}{2}\iint\limits_{\Sigma}\cos(\boldsymbol{r},\boldsymbol{n})\mathrm{d}S-2\pi\varepsilon^2$$

在上式中令 $\varepsilon\to0+$, 即结论得证.

例 18.3.5 计算 $I=\iint\limits_{S^+}\frac{x\mathrm{d}y\mathrm{d}z+y\mathrm{d}z\mathrm{d}z+z\mathrm{d}x\mathrm{d}y}{(x^2+y^2+z^2)^{\frac{3}{2}}}$, 其中 S^+ 是 $1-\frac{z}{7}=\frac{(x-2)^2}{25}+\frac{(y-1)^2}{16}\ (z\geqslant0)$ 的外侧.

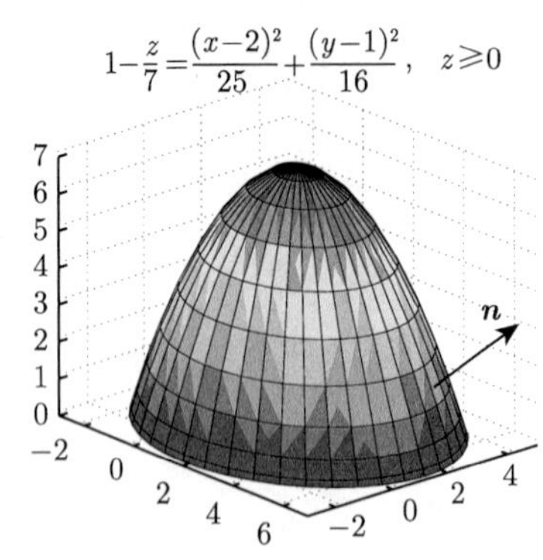

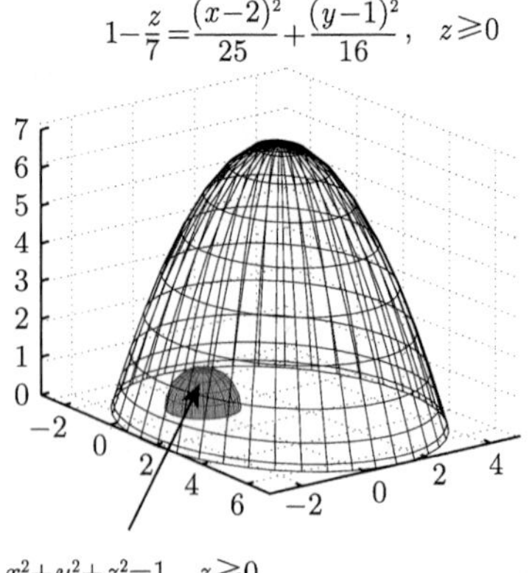

图 18.3.7

解 令 $\Sigma:\begin{cases}\dfrac{(x-2)^2}{25}+\dfrac{(y-1)^2}{16}\leqslant 1,\\ z=0,x^2+y^2\geqslant 1,\end{cases}$ $\Gamma=\{(x,y,z)\,|\,x^2+y^2+z^2=1,z\geqslant 0\}$, 如图 18.3.7 所示, 则由高斯公式, 得

$$\iint\limits_{S外侧+\Sigma下侧+\Gamma下侧}\frac{x\mathrm{d}y\mathrm{d}z+y\mathrm{d}z\mathrm{d}x+z\mathrm{d}x\mathrm{d}y}{(x^2+y^2+z^2)^{\frac{3}{2}}}=0$$

于是

$$\begin{aligned}I&=\iint\limits_{S外侧}\frac{x\mathrm{d}y\mathrm{d}z+y\mathrm{d}z\mathrm{d}x+z\mathrm{d}x\mathrm{d}y}{(x^2+y^2+z^2)^{\frac{3}{2}}}\\&=\underbrace{-\iint\limits_{\Sigma下侧}\frac{x\mathrm{d}y\mathrm{d}z+y\mathrm{d}z\mathrm{d}x+z\mathrm{d}x\mathrm{d}y}{(x^2+y^2+z^2)^{\frac{3}{2}}}}_{z=0\Rightarrow \mathrm{d}z=0\Rightarrow 因此积分为零}-\iint\limits_{\Gamma下侧}\frac{x\mathrm{d}y\mathrm{d}z+y\mathrm{d}z\mathrm{d}x+z\mathrm{d}x\mathrm{d}y}{(x^2+y^2+z^2)^{\frac{3}{2}}}\\&=0+\iint\limits_{\Gamma外侧}x\mathrm{d}y\mathrm{d}z+y\mathrm{d}z\mathrm{d}x+z\mathrm{d}x\mathrm{d}y\end{aligned}$$

令 $\sigma=\{z=0,x^2+y^2\leqslant 1\}$, 再一次利用高斯公式, 得

$$\begin{aligned}&\iint\limits_{\Gamma外侧}x\mathrm{d}y\mathrm{d}z+y\mathrm{d}z\mathrm{d}x+z\mathrm{d}x\mathrm{d}y\\&=\iint\limits_{\Gamma外侧+\sigma下侧}x\mathrm{d}y\mathrm{d}z+y\mathrm{d}z\mathrm{d}x+z\mathrm{d}x\mathrm{d}y-\underbrace{\iint\limits_{\sigma下侧}x\mathrm{d}y\mathrm{d}z+y\mathrm{d}z\mathrm{d}x+z\mathrm{d}x\mathrm{d}y}_{z=0\Rightarrow \mathrm{d}z=0\Rightarrow 因此积分为零}\\&=3\iiint\limits_{V}\mathrm{d}x\mathrm{d}y\mathrm{d}z=2\pi\end{aligned}$$

因此 $I=\iint\limits_{S+}\dfrac{x\mathrm{d}y\mathrm{d}z+y\mathrm{d}z\mathrm{d}x+z\mathrm{d}x\mathrm{d}y}{(x^2+y^2+z^2)^{\frac{3}{2}}}=2\pi.$

习题 18.3.2 高斯公式应用例题

1. 利用高斯公式计算下列积分.

(1) $\iint\limits_{\Sigma} x^3\mathrm{d}y\mathrm{d}z+y^3\mathrm{d}z\mathrm{d}x+z^3\mathrm{d}x\mathrm{d}y$, Σ 是球面 $x^2+y^2+z^2=R^2$, 取外侧.

(2) $\iint\limits_{\Sigma} xy\mathrm{d}y\mathrm{d}z+yz\mathrm{d}z\mathrm{d}x+zx\mathrm{d}x\mathrm{d}y$, Σ 是由平面 $x=0,y=0,z=0$ 和 $x+y+z=1$ 围成的封闭曲面, 取外侧.

(3) $\iint\limits_{\Sigma} (x-y)\mathrm{d}y\mathrm{d}z+(y-z)\mathrm{d}z\mathrm{d}x+(z-x)\mathrm{d}x\mathrm{d}y$, Σ 是曲面 $z=x^2+y^2(z\leqslant 1)$, 取外侧.

(4) $\iint\limits_{\Sigma} x^2\mathrm{d}y\mathrm{d}z+y^2\mathrm{d}z\mathrm{d}x+z^2\mathrm{d}x\mathrm{d}y$, Σ 是 $x^2+y^2\leqslant z\leqslant h$ 的边界, 取外侧.

(5) $\iint\limits_{\Sigma} \dfrac{x\mathrm{d}y\mathrm{d}z+y\mathrm{d}z\mathrm{d}x+z\mathrm{d}x\mathrm{d}y}{(x^2+y^2+z^2)^{3/2}}$, Σ 为

(Ⅰ) 椭球面 $x^2+2y^2+3z^2=R^2$ 取外侧;

(Ⅱ) 抛物面 $1-\dfrac{z}{5}=\dfrac{(x-2)^2}{16}+\dfrac{(y-1)^2}{9}\ (z\geqslant 0)$ 取上侧.

2. 设 Ω 是一闭域, $\partial\Omega$ 表示区域 Ω 的边界, $\boldsymbol{n}$ 是 $\partial\Omega$ 上的单位外法向量, $\boldsymbol{e}$ 是一个固定的向量, 求证 $\iint\limits_{\partial\Omega}\cos(\boldsymbol{e},\boldsymbol{n})\mathrm{d}S=0$.

3. 设 Ω 是一闭域, $\partial\Omega$ 表示区域 Ω 的边界, 向量 $\boldsymbol{n}$ 是 $\partial\Omega$ 的单位外法向量, 点 $(a,b,c)\notin\partial\Omega$, 令 $\boldsymbol{p}=(x-a,y-b,z-c)$, 且 $p=||\boldsymbol{p}||$. 求证:

$$\iiint\limits_{\Omega}\frac{\mathrm{d}x\mathrm{d}y\mathrm{d}z}{p}=\frac{1}{2}\iint\limits_{\partial\Omega}\cos(\boldsymbol{p},\boldsymbol{n})\mathrm{d}S$$

4. 设 $P(x,y,z),Q(x,y,z),R(x,y,z)$ 在 $\mathbf{R}^3$ 上具有连续的偏导数对任意光滑曲面

$$\iint\limits_{\Sigma}P\mathrm{d}y\mathrm{d}z+Q\mathrm{d}x\mathrm{d}z+R\mathrm{d}x\mathrm{d}y=0$$

证明: 在 $\mathbf{R}^3$ 上 $\dfrac{\partial P}{\partial x}+\dfrac{\partial Q}{\partial y}+\dfrac{\partial R}{\partial z}=0$.

18.3.3 空间格林第二、第三公式

本节讨论在工程领域有广泛应用空间系列格林公式.

定理 18.3.2 设 S^* 为包围有界体积 V 的分段光滑曲面, $\Delta u=\dfrac{\partial^2u}{\partial x^2}+\dfrac{\partial^2u}{\partial y^2}+\dfrac{\partial^2u}{\partial z^2}$, 则

(1) $\displaystyle\oiint\limits_{S^*}\frac{\partial u}{\partial \boldsymbol{n}}\mathrm{d}S=\iiint\limits_{V}\Delta u\mathrm{d}x\mathrm{d}y\mathrm{d}z$;

(2) $\displaystyle\oiint\limits_{S^*}u\frac{\partial u}{\partial \boldsymbol{n}}\mathrm{d}S=\iiint\limits_{V}\left[\left(\frac{\partial u}{\partial x}\right)^2+\left(\frac{\partial u}{\partial y}\right)^2+\left(\frac{\partial u}{\partial z}\right)^2\right]\mathrm{d}x\mathrm{d}y\mathrm{d}z+\iiint\limits_{V}u\Delta u\mathrm{d}x\mathrm{d}y\mathrm{d}z$.

其中 u 以及所有一阶、二阶偏导数在 $\overline{V}$ 上连续, $\dfrac{\partial u}{\partial \boldsymbol{n}}$ 为沿曲面 S^* 的外法线的方向导数.

证明 (1) 由于 $\frac{\partial u}{\partial \boldsymbol{n}}=\frac{\partial u}{\partial x}\cos\alpha+\frac{\partial u}{\partial y}\cos\beta+\frac{\partial u}{\partial z}\cos\gamma$, 所以利用高斯公式有

$$\begin{aligned}\oiint_{S^*}\frac{\partial u}{\partial \boldsymbol{n}}\mathrm{d}S&=\oiint_{S^*}\left(\frac{\partial u}{\partial x}\cos\alpha+\frac{\partial u}{\partial y}\cos\beta+\frac{\partial u}{\partial z}\cos\gamma\right)\mathrm{d}S\\&=\iiint_V\left(\frac{\partial^2 u}{\partial x^2}+\frac{\partial^2 u}{\partial y^2}+\frac{\partial^2 u}{\partial z^2}\right)\mathrm{d}x\mathrm{d}y\mathrm{d}z=\iiint_V\Delta u\mathrm{d}x\mathrm{d}y\mathrm{d}z\end{aligned}$$

(2) 利用高斯公式得

$$\begin{aligned}\oiint_{S^*}u\frac{\partial u}{\partial \boldsymbol{n}}\mathrm{d}S&=\oiint_{S^*}\left(u\frac{\partial u}{\partial x}\cos\alpha+u\frac{\partial u}{\partial y}\cos\beta+u\frac{\partial u}{\partial z}\cos\gamma\right)\mathrm{d}S\\&=\iiint_V\left[\frac{\partial}{\partial x}\left(u\frac{\partial u}{\partial x}\right)+\frac{\partial}{\partial y}\left(u\frac{\partial u}{\partial y}\right)+\frac{\partial}{\partial z}\left(u\frac{\partial u}{\partial z}\right)\right]\mathrm{d}x\mathrm{d}y\mathrm{d}z\\&=\iiint_V u\Delta u\mathrm{d}x\mathrm{d}y\mathrm{d}z+\iiint_V\left[\left(\frac{\partial u}{\partial x}\right)^2+\left(\frac{\partial u}{\partial y}\right)^2+\left(\frac{\partial u}{\partial z}\right)^2\right]\mathrm{d}x\mathrm{d}y\mathrm{d}z\end{aligned}$$

结论得证.

定理 18.3.3 (空间第二格林公式) 设 V 是由分片光滑曲面 S^* 所围的闭区域, $\boldsymbol{n}$ 是曲面 S^* 的外法线方向, 函数 $u=u(x,y,z), v=v(x,y,z)$ 在 V 上连续且具有一阶、二阶的连续偏导数, 则

$$\iiint_V\begin{vmatrix}\Delta u & \Delta v\\ u & v\end{vmatrix}\mathrm{d}x\mathrm{d}y\mathrm{d}z=\oiint_{S^*}\begin{vmatrix}\frac{\partial u}{\partial \boldsymbol{n}} & \frac{\partial v}{\partial \boldsymbol{n}}\\ u & v\end{vmatrix}\mathrm{d}S$$

证明 利用高斯公式推导如下:

$$\begin{aligned}&\oiint_{S^*}\begin{vmatrix}\frac{\partial u}{\partial \boldsymbol{n}} & \frac{\partial v}{\partial \boldsymbol{n}}\\ u & v\end{vmatrix}\mathrm{d}S\\&=\oiint_{S^*}\left[\left(v\frac{\partial u}{\partial x}-u\frac{\partial v}{\partial x}\right)\cos\alpha+\left(v\frac{\partial u}{\partial y}-u\frac{\partial v}{\partial y}\right)\cos\beta+\left(v\frac{\partial u}{\partial z}-u\frac{\partial v}{\partial z}\right)\cos\gamma\right]\mathrm{d}S\\&=\iiint_V\left[\frac{\partial}{\partial x}\left(v\frac{\partial u}{\partial x}-u\frac{\partial v}{\partial x}\right)+\frac{\partial}{\partial y}\left(v\frac{\partial u}{\partial y}-u\frac{\partial v}{\partial y}\right)+\frac{\partial}{\partial z}\left(v\frac{\partial u}{\partial z}-u\frac{\partial v}{\partial z}\right)\right]\mathrm{d}x\mathrm{d}y\mathrm{d}z\\&=\iiint_V\left[v\left(\frac{\partial^2 u}{\partial x^2}+\frac{\partial^2 u}{\partial y^2}+\frac{\partial^2 u}{\partial z^2}\right)-u\left(\frac{\partial^2 v}{\partial x^2}+\frac{\partial^2 v}{\partial y^2}+\frac{\partial^2 v}{\partial z^2}\right)\right]\mathrm{d}x\mathrm{d}y\mathrm{d}z\\&=\iiint_V\begin{vmatrix}\Delta u & \Delta v\\ u & v\end{vmatrix}\mathrm{d}x\mathrm{d}y\mathrm{d}z\end{aligned}$$

结论得证.

注 18.3.1 如果 V 是如图 18.3.8 所示有"洞"的区域, 则空间格林第二公式形式上变为

$$\iiint\limits_{V} \begin{vmatrix} \Delta u & \Delta v \\ u & v \end{vmatrix} \mathrm{d}x\mathrm{d}y\mathrm{d}z$$

$$= \iint\limits_{\Sigma_1 \text{法线外侧}} \begin{vmatrix} \dfrac{\partial u}{\partial \boldsymbol{n}} & \dfrac{\partial v}{\partial \boldsymbol{n}} \\ u & v \end{vmatrix} \mathrm{d}S$$

$$+ \iint\limits_{\Sigma_2 \text{法线内侧}} \begin{vmatrix} \dfrac{\partial u}{\partial \boldsymbol{n}} & \dfrac{\partial v}{\partial \boldsymbol{n}} \\ u & v \end{vmatrix} \mathrm{d}S + \iint\limits_{\Sigma_3 \text{法线内侧}} \begin{vmatrix} \dfrac{\partial u}{\partial \boldsymbol{n}} & \dfrac{\partial v}{\partial \boldsymbol{n}} \\ u & v \end{vmatrix} \mathrm{d}S$$

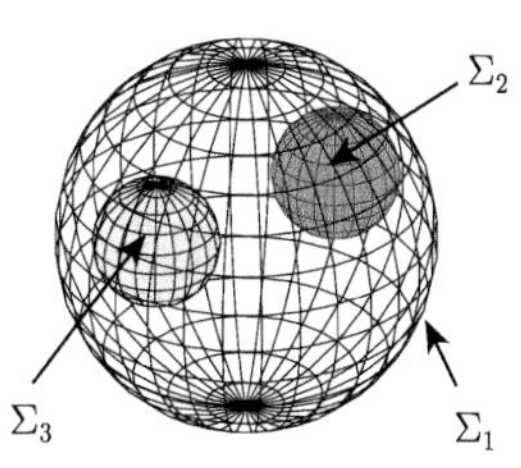

图 18.3.8

定理 18.3.4 (空间格林第三公式) 若函数 $u = u(x, y, z)$ 是 V 内的调和函数 ($\Delta u = 0$), V 是由分片光滑曲面 S^* 所包围的有界闭区域, 则

$$u(x, y, z) = \frac{1}{4\pi} \oiint\limits_{S^*} \left(u\frac{\cos(\boldsymbol{r}, \boldsymbol{n})}{r^2} + \frac{1}{r}\frac{\partial u}{\partial \boldsymbol{n}} \right) \mathrm{d}S$$

其中 $\boldsymbol{r}$ 是从 V 内的点 $P(x, y, z)$ 至曲面 S^* 上的动点 (x^*, y^*, z^*) 的矢径, $\boldsymbol{n}$ 为曲面 S^* 上点 (x^*, y^*, z^*) 处的单位外法线向量, $r = \sqrt{(x^* - x)^2 + (y^* - y)^2 + (z^* - z)^2}$.

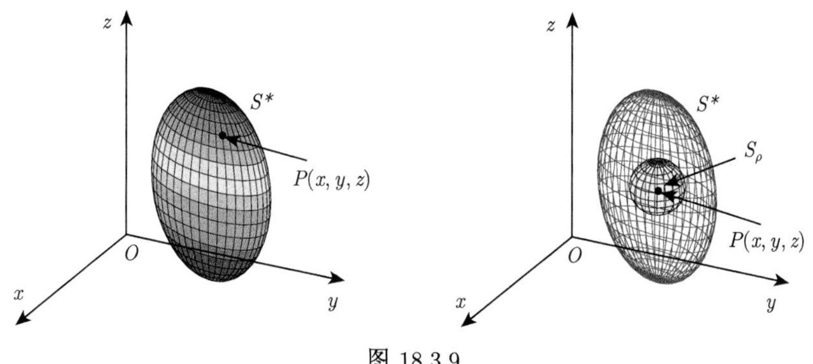

图 18.3.9

证明 令 $v = \dfrac{1}{r}$, 则当 $(x^*, y^*, z^*) \neq (x, y, z)$ 时, 有 $\Delta v = 0$. 以点 $P(x, y, z)$ 为中心, ρ 为半径作一含于曲面 S^* 内的球面 S_ρ. 如图 18.3.9 所示. 空间第二格林公式应用到曲面 $S^* + S_\rho$ 所包围的区域内, 得

$$\iint\limits_{S^*\text{外}+S_\rho\text{内}} \left[\frac{1}{r}\frac{\partial u}{\partial \boldsymbol{n}} - u\frac{\partial(1/r)}{\partial \boldsymbol{n}} \right] \mathrm{d}S = 0$$

由于 S_ρ 的内法线指向球心, $\dfrac{\partial(1/r)}{\partial \boldsymbol{n}} = -\dfrac{\partial t(1/r)}{\partial r}\Bigg|_{r=\rho} = \dfrac{1}{\rho^2}$, 所以

$$\iint\limits_{S^*\text{外}} \left[\frac{1}{r}\frac{\partial u}{\partial \boldsymbol{n}} - u\frac{\partial(1/r)}{\partial \boldsymbol{n}} \right] \mathrm{d}S = -\iint\limits_{S_\rho\text{内}} \left(\frac{1}{\rho}\frac{\partial u}{\partial \boldsymbol{n}} - \frac{1}{\rho^2}u \right) \mathrm{d}S = -\iint\limits_{S_\rho\text{内}} \left(-\frac{1}{\rho^2}u \right) \mathrm{d}S$$

$$\left(\iint\limits_{S_\rho} \frac{1}{\rho}\frac{\partial u}{\partial \boldsymbol{n}} \mathrm{d}S = \frac{1}{\rho} \iint\limits_{S_\rho} \frac{\partial u}{\partial \boldsymbol{n}} \mathrm{d}S = 0 \right)$$

根据第一型曲面积分中值定理,

$$\iint_{S_\rho} \frac{u}{\rho^2}\mathrm{d}S = \frac{1}{\rho^2}u(x',y',z')\cdot 4\pi\rho^2 = 4\pi u(x',y',z'), \quad (x',y',z')\in S_\rho$$

即

$$u(x',y',z') = \frac{1}{4\pi}\oiint_{S^*}\left[\frac{1}{r}\frac{\partial u}{\partial \boldsymbol{n}} - u\frac{\partial(1/r)}{\partial \boldsymbol{n}}\right]\mathrm{d}S$$

在上式中令 $\rho\to 0+$, 即得

$$u(x,y,z) = \frac{1}{4\pi}\oiint_{S^*}\left[\frac{1}{r}\frac{\partial u}{\partial \boldsymbol{n}} - u\frac{\partial(1/r)}{\partial \boldsymbol{n}}\right]\mathrm{d}S$$

又由于

$$\begin{aligned}\frac{\partial(1/r)}{\partial \boldsymbol{n}} &= \frac{\partial(1/r)}{\partial r}\frac{\partial r}{\partial \boldsymbol{n}} = -\frac{1}{r^2}\left(\frac{\partial r}{\partial x^*}\cos\alpha + \frac{\partial r}{\partial y^*}\cos\beta + \frac{\partial r}{\partial z^*}\cos\gamma\right)\\ &= -\frac{1}{r^2}\left(\frac{x^*-x}{r}\cos\alpha + \frac{y^*-y}{r}\cos\beta + \frac{z^*-z}{r}\cos\gamma\right) = -\frac{\cos(\boldsymbol{r},\boldsymbol{n})}{r^2}\end{aligned}$$

所以

$$u(x,y,z) = \frac{1}{4\pi}\oiint_{S^*}\left(u\frac{\cos(\boldsymbol{r},\boldsymbol{n})}{r^2} + \frac{1}{r}\frac{\partial u}{\partial \boldsymbol{n}}\right)\mathrm{d}S$$

结论得证.

扫码学习

18.4 斯托克斯公式

斯托克斯 (Stokes) 公式给出了空间曲面 S 上的第二型曲面积分与边界曲线 ∂S 上的第二型曲线积分之间的关系.

18.4.1 斯托克斯公式

定理 18.4.1 (斯托克斯公式) 设光滑曲面 Σ 的边界 $\partial\Sigma$ 是分段光滑封闭曲线, P,Q,R 在 Σ 及其边界 $\partial\Sigma$ 上连续且具有一阶连续偏导数, 则

$$\begin{aligned}&\iint_{\Sigma}\left(\frac{\partial R}{\partial y}-\frac{\partial Q}{\partial z}\right)\mathrm{d}y\mathrm{d}z + \left(\frac{\partial P}{\partial z}-\frac{\partial R}{\partial x}\right)\mathrm{d}z\mathrm{d}x + \left(\frac{\partial Q}{\partial x}-\frac{\partial P}{\partial y}\right)\mathrm{d}x\mathrm{d}y\\ =&\oint_{\partial\Sigma} P\mathrm{d}x + Q\mathrm{d}y + R\mathrm{d}z\end{aligned}$$

其中 Σ 的指向与其边界 $\partial\Sigma$ 符合右手法则, 如图 18.4.1 所示.

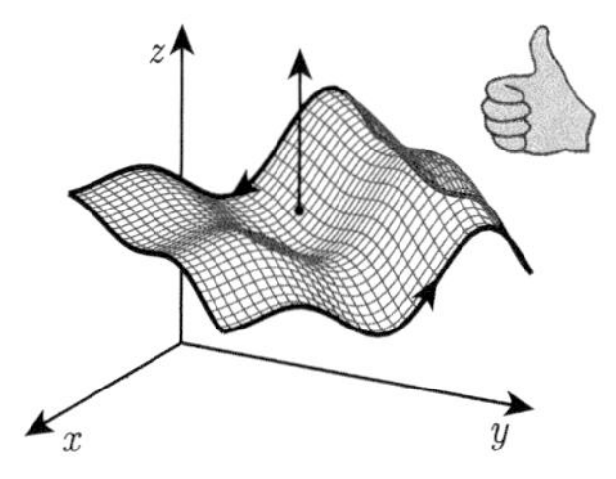

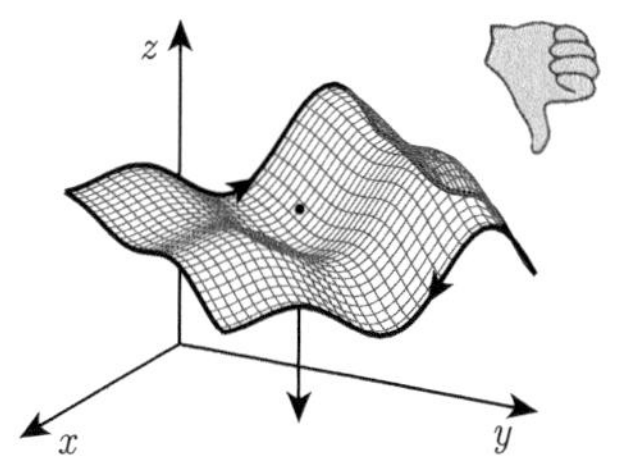

图 18.4.1

分析 由第二型曲面积分的计算公式, 等号左边可以化成二重积分; 由格林公式, 等号右边可以化成二重积分, 在此基础上进一步分析证明.

证明 原问题等价于证明

$$\iint_{\Sigma} \frac{\partial P}{\partial z}\mathrm{d}z\mathrm{d}x - \frac{\partial P}{\partial y}\mathrm{d}x\mathrm{d}y = \oint_{\partial\Sigma} P\mathrm{d}x$$

$$\iint_{\Sigma} \frac{\partial Q}{\partial x}\mathrm{d}x\mathrm{d}y - \frac{\partial Q}{\partial z}\mathrm{d}y\mathrm{d}z = \oint_{\partial\Sigma} Q\mathrm{d}y$$

$$\iint_{\Sigma} \frac{\partial R}{\partial y}\mathrm{d}y\mathrm{d}z - \frac{\partial R}{\partial x}\mathrm{d}z\mathrm{d}x = \oint_{\partial\Sigma} R\mathrm{d}z$$

下面以 $\iint\limits_{\Sigma} \frac{\partial P}{\partial z}\mathrm{d}z\mathrm{d}x - \frac{\partial P}{\partial y}\mathrm{d}x\mathrm{d}y = \oint_{\partial\Sigma} P\mathrm{d}x$ 为例证明. 证明分两种情况讨论:

(1) 设 Σ 可以同时表示为

$$\begin{aligned}\Sigma &= \{(x,y,z)|z=z(x,y),(x,y)\in D_{xy}\}\\ &= \{(x,y,z)|y=y(x,z),(x,z)\in D_{xz}\}\\ &= \{(x,y,z)|x=x(y,z),(y,z)\in D_{yz}\}\end{aligned}$$

其中 D_{xy}, D_{yz}, D_{xz} 分别为 Σ 在三个坐标平面 xOy, yOz, xOz 的投影区域. 由 $\Sigma: z=f(x,y)$, $(x,y)\in D_{xy}$, 不妨取上侧, 则 Σ 的外法线方向余弦为

$$(\cos\alpha,\cos\beta,\cos\gamma) = \left(\frac{-f_x}{\sqrt{1+f_x^2+f_y^2}}, \frac{-f_y}{\sqrt{1+f_x^2+f_y^2}}, \frac{1}{\sqrt{1+f_x^2+f_y^2}}\right)$$

且指向上侧. 利用两类曲面积分互换公式得

$$\begin{aligned}&\iint_{\Sigma} \frac{\partial P}{\partial z}\mathrm{d}z\mathrm{d}x - \frac{\partial P}{\partial y}\mathrm{d}x\mathrm{d}y = \iint_{\Sigma} \left(\frac{\partial P}{\partial z}\cos\beta - \frac{\partial P}{\partial y}\cos\gamma\right)\mathrm{d}S\\ &= \iint_{\Sigma} \left(\frac{\partial P}{\partial z}(-f_y)\cos\gamma - \frac{\partial P}{\partial y}\cos\gamma\right)\mathrm{d}S = -\iint_{\Sigma} \left(\frac{\partial P}{\partial y} + \frac{\partial P}{\partial z}\frac{\partial f}{\partial y}\right)\cos\gamma\mathrm{d}S\\ &= -\iint_{\Sigma} \left(\frac{\partial P}{\partial y} + \frac{\partial P}{\partial z}\frac{\partial f}{\partial y}\right)\mathrm{d}x\mathrm{d}y\end{aligned}$$

设 Σ 的边界 $\partial\Sigma:\begin{cases}x=x(t),\\ y=y(t),\\ z=z(t),\end{cases}$ $t\in[a,b]$, 则 $\partial\Sigma$ 在 xOy 平面的投影曲线 $\Gamma:\begin{cases}x=x(t),\\ y=y(t),\\ z=0,\end{cases}$ $t\in[a,b]$. 于是空间曲线积分可以转化为平面曲线积分

$$\oint_{\partial\Sigma}P(x,y,z)\mathrm{d}x=\int_a^b P(x(t),y(t),z(t))x'(t)\,\mathrm{d}t=\oint_\Gamma P(x,y,f(x,y))\mathrm{d}x$$

由格林公式得

$$\begin{aligned}\oint_\Gamma P(x,y,f(x,y))\mathrm{d}x&=\iint_{D_{xy}}-\frac{\partial P}{\partial y}\mathrm{d}x\mathrm{d}y=-\iint_{D_{xy}}\left(\frac{\partial P}{\partial y}+\frac{\partial P}{\partial z}\frac{\partial z}{\partial y}\right)\mathrm{d}x\mathrm{d}y\\&=-\iint_{D_{xy}}\left(\frac{\partial P(x,y,f(x,y))}{\partial y}+\frac{\partial P(x,y,f(x,y))}{\partial f}\frac{\partial f}{\partial y}\right)\mathrm{d}x\mathrm{d}y\end{aligned}$$

根据第二型曲面积分的计算公式得

$$\oint_{\partial\Sigma}P(x,y,z)\mathrm{d}x=-\iint_\Sigma\left(\frac{\partial P}{\partial y}+\frac{\partial P}{\partial z}\frac{\partial f}{\partial y}\right)\mathrm{d}x\mathrm{d}y=\iint_\Sigma\frac{\partial P}{\partial z}\mathrm{d}z\mathrm{d}x-\frac{\partial P}{\partial y}\mathrm{d}x\mathrm{d}y$$

类似可以证明,

$$\Sigma=\{(x,y,z)|y=y(x,z),(x,z)\in D_{xz}\}\Rightarrow\iint_\Sigma\frac{\partial Q}{\partial x}\mathrm{d}x\mathrm{d}y-\frac{\partial Q}{\partial z}\mathrm{d}y\mathrm{d}z=\oint_{\partial\Sigma}Q\mathrm{d}y$$

$$\Sigma=\{(x,y,z)|x=x(y,z),(y,z)\in D_{yz}\}\Rightarrow\iint_\Sigma\frac{\partial R}{\partial y}\mathrm{d}y\mathrm{d}z-\frac{\partial R}{\partial x}\mathrm{d}z\mathrm{d}x=\oint_{\partial\Sigma}R\mathrm{d}z$$

(2) 对于一般曲面, 可以分割成若干个满足 (1) 中条件的子曲面. 如图 18.4.2 所示.

$$\begin{aligned}&\iint_\Sigma\left(\frac{\partial R}{\partial y}-\frac{\partial Q}{\partial z}\right)\mathrm{d}y\mathrm{d}z+\left(\frac{\partial P}{\partial z}-\frac{\partial R}{\partial x}\right)\mathrm{d}z\mathrm{d}x+\left(\frac{\partial Q}{\partial x}-\frac{\partial P}{\partial y}\right)\mathrm{d}x\mathrm{d}y\\&=\oint_{\partial\Sigma_1}P\mathrm{d}x+Q\mathrm{d}y+R\mathrm{d}z+\oint_{\partial\Sigma_2}P\mathrm{d}x+Q\mathrm{d}y+R\mathrm{d}z\Longleftarrow\boxed{\text{公共边界积分抵消}}\\&\quad+\oint_{\partial\Sigma_3}P\mathrm{d}x+Q\mathrm{d}y+R\mathrm{d}z+\oint_{\partial\Sigma_4}P\mathrm{d}x+Q\mathrm{d}y+R\mathrm{d}z\Longleftarrow\boxed{\text{公共边界积分抵消}}\\&=\oint P\mathrm{d}x+Q\mathrm{d}y+R\mathrm{d}z\end{aligned}$$

结论得证.

利用行列式符号, 基于第一型和第二型曲面积分的斯托克斯公式可以表示为

$$\iint_\Sigma\begin{vmatrix}\mathrm{d}y\mathrm{d}z&\mathrm{d}z\mathrm{d}x&\mathrm{d}x\mathrm{d}y\\ \dfrac{\partial}{\partial x}&\dfrac{\partial}{\partial y}&\dfrac{\partial}{\partial z}\\ P&Q&R\end{vmatrix}=\oint_L P\mathrm{d}x+Q\mathrm{d}y+R\mathrm{d}z$$

$$\iint_{\Sigma}\begin{vmatrix}\cos\alpha & \cos\beta & \cos\gamma\\ \dfrac{\partial}{\partial x} & \dfrac{\partial}{\partial y} & \dfrac{\partial}{\partial z}\\ P & Q & R\end{vmatrix}\mathrm{d}S=\oint_L P\mathrm{d}x+Q\mathrm{d}y+R\mathrm{d}z$$

其中 $(\cos\alpha,\cos\beta,\cos\gamma)$ 与 Σ 所指向一侧的法线方向一致.

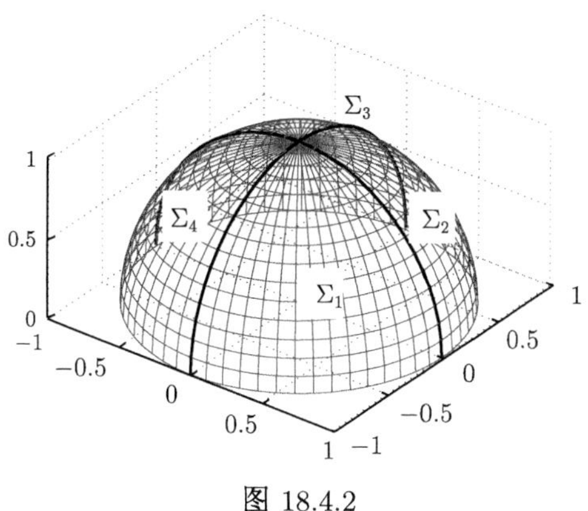

图 18.4.2

18.4.2 斯托克斯公式典型例题

例 18.4.1 计算 $\oint_L (y+\sin x)\mathrm{d}x+(z-\mathrm{e}^y)\mathrm{d}y+(x+1)\mathrm{d}z$, 其中 $L:\begin{cases}x^2+y^2+z^2=R^2,\\ x+y+z=0,\end{cases}$ 从 z 轴正向看去, L 为逆时针方向. 如图 18.4.3 所示.

解 设 Σ 为平面 $x+y+z=0$ 上由 L 围成的区域, 方向取上侧, 由斯托克斯公式,

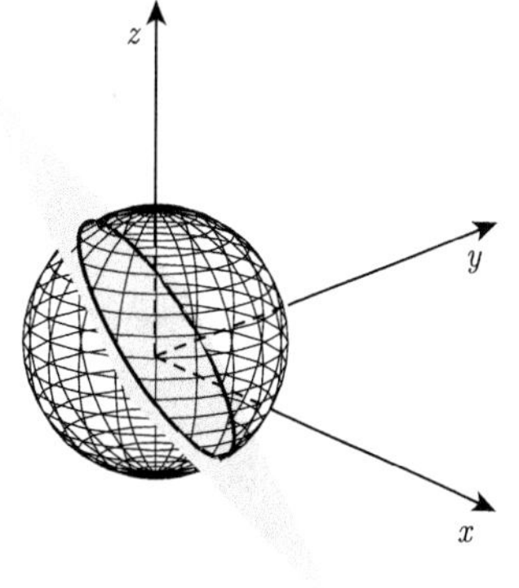

图 18.4.3

$$\begin{aligned}&\oint_L (y+\sin x)\mathrm{d}x+(z-\mathrm{e}^y)\mathrm{d}y+(x+1)\mathrm{d}z\\ =&\iint_{\Sigma}\begin{vmatrix}\mathrm{d}y\mathrm{d}z & \mathrm{d}z\mathrm{d}x & \mathrm{d}x\mathrm{d}y\\ \dfrac{\partial}{\partial x} & \dfrac{\partial}{\partial y} & \dfrac{\partial}{\partial z}\\ y+\sin x & z-\mathrm{e}^y & x+1\end{vmatrix}\\ =&-\iint_{\Sigma}\mathrm{d}y\mathrm{d}z+\mathrm{d}z\mathrm{d}x+\mathrm{d}x\mathrm{d}y=-(\Delta D_{yz}+\Delta D_{xz}+\Delta D_{xy})\end{aligned}$$

其中 $\Delta D_{yz},\Delta D_{xz},\Delta D_{xy}$ 分别为 Σ 在 yOz,zOx,xOy 平面上投影区域的面积. 由于 Σ 的面积为 πR^2 并且 Σ 的法向量方向余弦为 $\left(\dfrac{\sqrt{3}}{3},\dfrac{\sqrt{3}}{3},\dfrac{\sqrt{3}}{3}\right)$, 所以 $\Delta D_{yz}=\Delta D_{xz}=\Delta D_{xy}=\pi R^2\dfrac{\sqrt{3}}{3}$. 所以原式等于 $-3\cdot\pi R^2\cdot\dfrac{\sqrt{3}}{3}=-\sqrt{3}\pi R^2$.

例 18.4.2 计算 $\oint_L (y^2-z^2)\mathrm{d}x+(z^2-x^2)\mathrm{d}y+(x^2-y^2)\mathrm{d}z$, 其中 Γ 是平面 $x+y+z=\dfrac{3}{2}$ 与立方体 $0\leqslant x\leqslant 1,0\leqslant y\leqslant 1,0\leqslant z\leqslant 1$ 的表面的交线, 若从 Ox 轴的正向看去, 曲线 Γ 为逆时针方向. 如图 18.4.4 所示.

解 取 S 为平面 $x+y+z=\dfrac{3}{2}$ 的上侧被 Γ 所围成的部分, 则 $\boldsymbol{n}=\dfrac{1}{\sqrt{3}}(1,1,1)$. 由斯托克斯公式, 原式等于

$$\iint\limits_S \begin{vmatrix} \dfrac{1}{\sqrt{3}} & \dfrac{1}{\sqrt{3}} & \dfrac{1}{\sqrt{3}} \\ \dfrac{\partial}{\partial x} & \dfrac{\partial}{\partial y} & \dfrac{\partial}{\partial z} \\ y^2-z^2 & z^2-x^2 & x^2-y^2 \end{vmatrix} \mathrm{d}S$$

$$=-\frac{4}{\sqrt{3}}\iint\limits_S (x+y+z)\mathrm{d}S=-\frac{4}{\sqrt{3}}\cdot\frac{3}{2}\iint\limits_S \mathrm{d}S$$

$$=-\frac{4}{\sqrt{3}}\cdot\frac{3}{2}\iint\limits_S \sqrt{3}\left(\frac{1}{\sqrt{3}}\mathrm{d}S\right) \xlongequal{\text{利用两类曲面积分互换公式}} -2\sqrt{3}\iint\limits_{D_{xy}}\sqrt{3}\mathrm{d}x\mathrm{d}y=-\frac{9}{2}$$

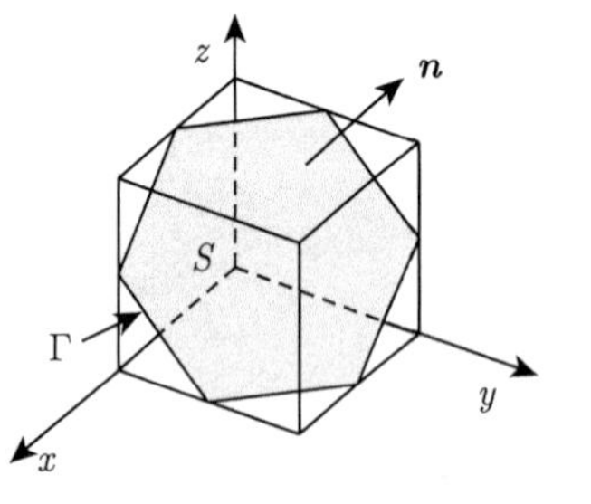

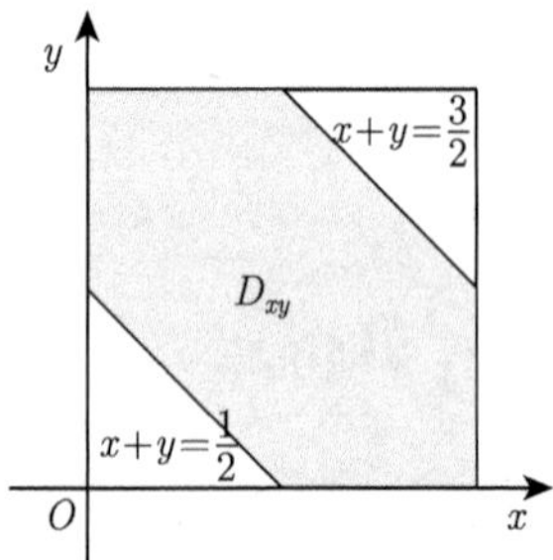

图 18.4.4

例 18.4.3 计算 $\oint_\Gamma (x^2+z^2)\,\mathrm{d}y$, $\oint_\Gamma (y^2+z^2)\mathrm{d}x+(x^2+z^2)\mathrm{d}y+(x^2+y^2)\mathrm{d}z$. 其中 Γ : $\begin{cases} x^2+y^2+z^2=2Rx, \\ x^2+y^2=2rx \end{cases}$ $(0<r<R, z\geqslant 0)$, 从 z 轴正向看去为逆时针方向. 如图 18.4.5 所示.

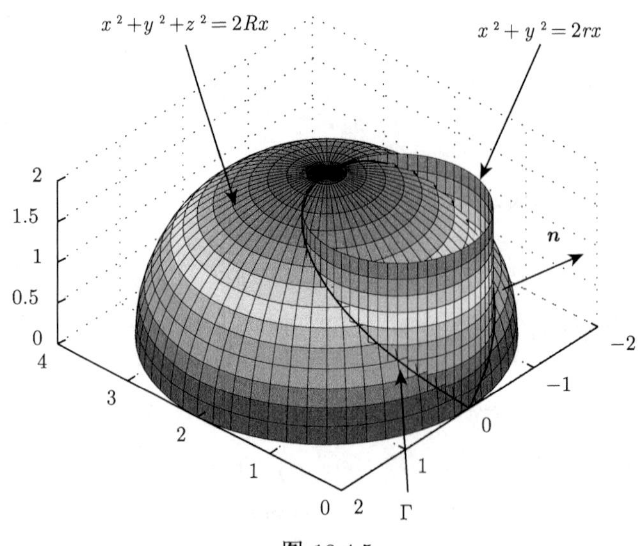

图 18.4.5

解 (1) 取 Σ 为曲面 $x^2+y^2+z^2=2Rx$ 上 Γ 所围区域, 取上侧, 则由斯托克斯公式和两类曲面积分换算公式

$$\oint_\Gamma (x^2+z^2)\,\mathrm{d}y=\iint_\Sigma -2z\mathrm{d}y\mathrm{d}z+2x\mathrm{d}x\mathrm{d}y=\iint_\Sigma(-2z\cos\alpha+2x\cos\gamma)\mathrm{d}S$$

Σ 的外法线方向 $\boldsymbol{n}=\left(\dfrac{x-R}{R},\dfrac{y}{R},\dfrac{z}{R}\right)$, 进一步利用不同坐标平面曲面积分换算公式

$$\oint_\Gamma (x^2+z^2)\,\mathrm{d}y=\iint_\Sigma\left(-2z\frac{\cos\alpha}{\cos\gamma}+2x\right)\cos\gamma\mathrm{d}S=\iint_\Sigma 2R\mathrm{d}x\mathrm{d}y=2R\pi r^2$$

(2) 由斯托克斯公式和两类曲面积分换算公式

$$\begin{aligned}\text{原式}&=2\iint_\Sigma[(y-z)\cos\alpha+(z-x)\cos\beta+(x-y)\cos\gamma]\mathrm{d}S\\&=2\iint_\Sigma\left[(y-z)\left(\frac{x-R}{R}\right)+(z-x)\left(\frac{y}{R}\right)+(x-y)\left(\frac{z}{R}\right)\right]\mathrm{d}S=2\iint_\Sigma(z-y)\mathrm{d}S\end{aligned}$$

由于曲面 S 关于 xOz 平面对称, 因此 $\displaystyle\iint_S y\mathrm{d}S=0$. 又利用不同坐标平面曲面积分换算公式

$$\iint_\Sigma z\mathrm{d}S=\iint_\Sigma R\cos\gamma\mathrm{d}S=\iint_\Sigma R\mathrm{d}x\mathrm{d}y=R\pi r^2$$

故 $\displaystyle\oint_\Gamma(y^2+z^2)\mathrm{d}x+(x^2+z^2)\mathrm{d}y+(x^2+y^2)\mathrm{d}z=2\pi r^2R$.

例 18.4.4 设 C 为平面 $x\cos\alpha+y\cos\beta+z\cos\gamma-p=0$ 上围成面积为 S 的封闭围线, 计算

$$\oint_C\begin{vmatrix}\mathrm{d}x&\mathrm{d}y&\mathrm{d}z\\\cos\alpha&\cos\beta&\cos\gamma\\x&y&z\end{vmatrix}$$

其中 C 取逆时针方向, $\cos r>0$.

解 设 C 在平面上围成的区域为 S^*. 由于

$$P=\begin{vmatrix}\cos\beta&\cos\gamma\\y&z\end{vmatrix}=z\cos\beta-y\cos\gamma$$

$$Q=\begin{vmatrix}\cos\gamma&\cos\alpha\\z&x\end{vmatrix}=x\cos\gamma-z\cos\alpha$$

$$R=\begin{vmatrix}\cos\alpha&\cos\beta\\x&y\end{vmatrix}=y\cos\alpha-x\cos\beta$$

所以由斯托克斯公式, 原式等于

$$\iint\limits_{S^*}\begin{vmatrix}\cos\alpha & \cos\beta & \cos\gamma\\ \dfrac{\partial}{\partial x} & \dfrac{\partial}{\partial y} & \dfrac{\partial}{\partial z}\\ P & Q & R\end{vmatrix}\mathrm{d}S = 2\iint\limits_{S^*}\left(\cos^2\alpha+\cos^2\beta+\cos^2\gamma\right)\mathrm{d}S = 2\iint\limits_{S^*}\mathrm{d}S = 2S$$

例 18.4.5 证明由分片光滑封闭曲面 Σ 所包围的体积等于

$$V = \frac{1}{3}\oiint\limits_{\Sigma}(x\cos\alpha + y\cos\beta + z\cos\gamma)\,\mathrm{d}S$$

其中 $(\cos\alpha, \cos\beta, \cos\gamma)$ 为 Σ 的外法线方向余弦.

证明 由于

$$\begin{aligned}&\oiint\limits_{\Sigma}(x\cos\alpha + y\cos\beta + z\cos\gamma)\,\mathrm{d}S\\ =&\oiint\limits_{\Sigma}x\mathrm{d}y\mathrm{d}z + y\mathrm{d}z\mathrm{d}x + z\mathrm{d}x\mathrm{d}y\\ =&\iiint\limits_{V}\left(\frac{\partial x}{\partial x}+\frac{\partial y}{\partial y}+\frac{\partial z}{\partial z}\right)\mathrm{d}x\mathrm{d}y\mathrm{d}z = \iiint\limits_{V}3\mathrm{d}x\mathrm{d}y\mathrm{d}z = 3V\end{aligned}$$

所以

$$V = \frac{1}{3}\oiint\limits_{\Sigma}(x\cos\alpha + y\cos\beta + z\cos\gamma)\,\mathrm{d}S.$$

结论得证.

例 18.4.6 计算 $\displaystyle\int_{AmB}(x^2-yz)\mathrm{d}x+(y^2-xz)\mathrm{d}y+(z^2-xy)\mathrm{d}z$, 其中积分路径是沿着螺线 $x=a\cos\phi, y=a\sin\phi, z=\dfrac{h}{2\pi}\phi$ 从点 $A(a,0,0)$ 至点 $B(a,0,h)$. 如图 18.4.6 所示.

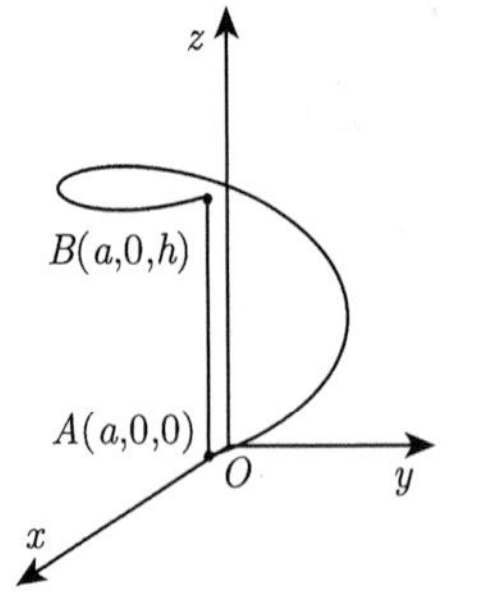

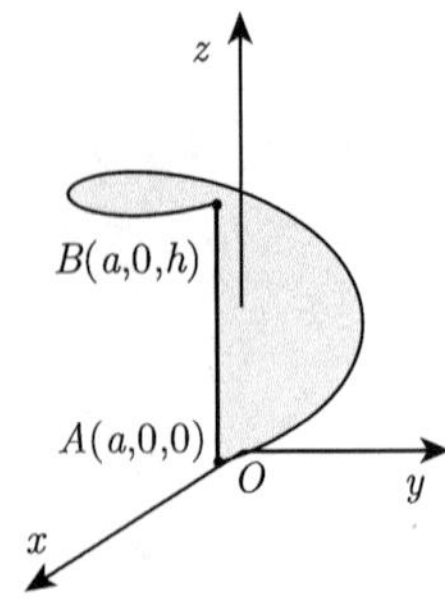

图 18.4.6

解 连接 A,B 两点得线段 AB, 它与 AmB 组成封闭曲线. 由斯托克斯公式,

$$\begin{aligned}&\oint_{AmBA}(x^2-yz)\mathrm{d}x+(y^2-xz)\mathrm{d}y+(z^2-xy)\mathrm{d}z\\=&\iint_S 0\mathrm{d}y\mathrm{d}z+0\mathrm{d}z\mathrm{d}x+0\mathrm{d}x\mathrm{d}y=0\end{aligned}$$

所以

$$\begin{aligned}&\int_{AmB}(x^2-yz)\mathrm{d}x+(y^2-xz)\mathrm{d}y+(z^2-xy)\mathrm{d}z\\=&\underbrace{\int_{AB}(x^2-yz)\mathrm{d}x+(y^2-xz)\mathrm{d}y+(z^2-xy)\mathrm{d}z}_{\text{在直线}AB:x\text{为常数}\Rightarrow\mathrm{d}x=0;\,y=0\Rightarrow\mathrm{d}y=0}=\int_0^h z^2\mathrm{d}z=\frac{h^3}{3}.\end{aligned}$$

习题 18.4.2 斯托克斯公式典型例题

1. 利用斯托克斯公式计算下列积分.

(1) $\oint_L\left(y^2+z^2\right)\mathrm{d}x+\left(x^2+z^2\right)\mathrm{d}y+\left(y^2+x^2\right)\mathrm{d}z$, L 为 $x+y+z=1$ 与三个坐标平面的交线, 逆时针方向.

(2) $\oint_L x^2y^3\mathrm{d}x+\mathrm{d}y+z\mathrm{d}z$, L 为 $y^2+z^2=1,x=y$ 所交的椭圆的逆时针方向.

(3) $\oint_L(z-y)\mathrm{d}x+(x-z)\mathrm{d}y+(y-x)\mathrm{d}z$, L 为 $A(a,0,0),B(0,a,0),C(0,0,a)$ 为顶点的三角形的边界, 逆时针方向.

(4) $\oint_L(y-z)\mathrm{d}x+(z-x)\mathrm{d}y+(x-y)\mathrm{d}z$, L 为 $x^2+y^2+z^2=1,y=x\tan\alpha$ 交线 $\left(0<\alpha<\pi,\ \alpha\neq\dfrac{\pi}{2}\right)$, 若从 x 轴正向看, 圆周方向为逆时针方向.

(5) $\oint_L y^2\mathrm{d}x+z^2\mathrm{d}y+x^2\mathrm{d}z$, L 为 $x^2+y^2+z^2=a^2,x^2+y^2=ax\,(z\geqslant 0,a>0)$. 若从 x 轴正向看, 圆周方向为逆时针方向.

18.4.3 空间曲线积分与路径无关性

下面我们讨论空间曲线积分与路径无关性, 结论与证明方法与平面问题平行.

定理 18.4.2 设 $\Omega\subset\mathbf{R}^3$ 为单连通区域, P,Q,R 在 Ω 上连续且具有一阶连续偏导数, 则以下条件等价:

(1) 对于 Ω 内任一分段光滑封闭曲线 L, 有 $\oint_L P\mathrm{d}x+Q\mathrm{d}y+R\mathrm{d}z=0$;

(2) 对于 Ω 内任一分段光滑曲线 L, $\int_L P\mathrm{d}x+Q\mathrm{d}y+R\mathrm{d}z$ 与路径无关;

(3) 在 Ω 内存在某一函数 u, 使得 $\mathrm{d}u=P\mathrm{d}x+Q\mathrm{d}y+R\mathrm{d}z$;

(4) 在 Ω 内成立 $\dfrac{\partial P}{\partial y}=\dfrac{\partial Q}{\partial x},\dfrac{\partial Q}{\partial z}=\dfrac{\partial R}{\partial y},\dfrac{\partial R}{\partial x}=\dfrac{\partial P}{\partial z}$.

注 18.4.1 定理 18.4.2 要求 $\Omega\subset\mathbf{R}^3$ 为单连通区域, 与平面单连通区域相似, 空间单连通区域是指 Ω 中的任何封闭曲线都可以不经过 Ω 外的点而连续收缩成 Ω 中的一点, 或者直观定义为 Ω 中任何封闭曲线在 Ω 内存在以此封闭曲线为边界的曲面.

推论 18.4.1 设 $\Omega\subset\mathbf{R}^3$ 为单连通区域, P,Q,R 在 Ω 上连续且具有一阶连续偏导数, 如果存在原函数 $\mathrm{d}u=P\mathrm{d}x+Q\mathrm{d}y+R\mathrm{d}z$, 则对 Ω 内任意两点 $A(x_1,y_1,z_1),B(x_2,y_2,z_2)$ 的积分路径 $\overset{\frown}{AB}$, 下式成立

$$\int_{\overset{\frown}{AB}}P\mathrm{d}x+Q\mathrm{d}y+R\mathrm{d}z=u(x_2,y_2,z_2)-u(x_1,y_1,z_1)$$

例 18.4.7 讨论曲线积分

$$J=\int_L\left(z-y+\frac{x}{\sqrt{x^2+y^2+z^2}}+\mathrm{e}^x\right)\mathrm{d}x+\left(-x+\frac{y}{\sqrt{x^2+y^2+z^2}}+z\right)\mathrm{d}y+\left(x+y+\frac{z}{\sqrt{x^2+y^2+z^2}}\right)\mathrm{d}z$$

是否与路径无关. 在此基础上求当 L 为从 $(1,0,0)$ 到 $(0,1,0)$ 的有向曲线的积分.

解 令

$$P=z-y+\frac{x}{\sqrt{x^2+y^2+z^2}}+\mathrm{e}^x,\quad Q=-x+\frac{y}{\sqrt{x^2+y^2+z^2}}+z$$
$$R=x+y+\frac{z}{\sqrt{x^2+y^2+z^2}}.$$

则

$$\frac{\partial P}{\partial y}=\frac{\partial Q}{\partial x}=-1-\frac{xy}{(x^2+y^2+z^2)^{\frac{3}{2}}},\quad \frac{\partial Q}{\partial z}=\frac{\partial R}{\partial y}=-1-\frac{yz}{(x^2+y^2+z^2)^{\frac{3}{2}}}$$
$$\frac{\partial R}{\partial x}=\frac{\partial P}{\partial z}=-1-\frac{xz}{(x^2+y^2+z^2)^{\frac{3}{2}}}.$$

于是积分与路径无关. 令 L 为从点 $(1,0,0)$ 到点 $(1,1,0)$ 再到点 $(0,1,0)$ 的有向折线, 则

$$J=\int_0^1\left(-1+\frac{y}{\sqrt{1+y^2}}\right)\mathrm{d}y+\int_1^0\left(-1+\frac{x}{\sqrt{1+x^2}}+\mathrm{e}^x\right)\mathrm{d}x=1-\mathrm{e}$$

例 18.4.8 求原函数 $\mathrm{d}u=\dfrac{(x+y-z)\,\mathrm{d}x+(x+y-z)\,\mathrm{d}y+(x+y+z)\,\mathrm{d}z}{x^2+y^2+z^2+2xy}$

解 利用微分运算性质

$$\begin{aligned}&(x+y-z)\,\mathrm{d}x+(x+y-z)\,\mathrm{d}y+(x+y+z)\,\mathrm{d}z\\=&\underbrace{(x\mathrm{d}x+y\mathrm{d}y)+(y\mathrm{d}x+x\mathrm{d}y)+z\mathrm{d}z}_{\text{(a)}}+(x+y)\,\mathrm{d}z-z\,(\mathrm{d}x+\mathrm{d}y)\\=&\underbrace{\frac{1}{2}\mathrm{d}\left(x^2+y^2+z^2+2xy\right)}_{\text{(a)式写成全微分形式}}+(x+y)\,\mathrm{d}z-z\,(\mathrm{d}x+\mathrm{d}y)\end{aligned}$$

进一步有

$$\begin{aligned}du &= \frac{\frac{1}{2}d\left[x^2+y^2+z^2+2xy\right]+(x+y)\,dz-z\,(dx+dy)}{x^2+y^2+z^2+2xy}\\&= \frac{\frac{1}{2}d\left[x^2+y^2+z^2+2xy\right]}{x^2+y^2+z^2+2xy}+\frac{(x+y)\,dz-z\,(dx+dy)}{(x+y)^2+z^2}\\&= \frac{1}{2}d\left\{\ln\left(x^2+y^2+z^2+2xy\right)\right\}+d\left(\arctan\frac{z}{x+y}\right)\end{aligned}$$

因此求得原函数 $u=\frac{1}{2}\ln\left(x^2+y^2+z^2+2xy\right)+\arctan\frac{z}{x+y}+c.$

例 18.4.9 f 为连续函数, 计算 $\int_{(x_1,y_1,z_1)}^{(x_2,y_2,z_2)} f\left(\sqrt{x^2+y^2+z^2}\right)(x\mathrm{d}x+y\mathrm{d}y+z\mathrm{d}z)$.

解 设 $F(x,y,z)=\frac{1}{2}\int_0^{x^2+y^2+z^2} f(\sqrt{v})\,\mathrm{d}v$, 根据微积分基本定理得到

$$F_x(x,y,z)=xf\left(\sqrt{x^2+y^2+z^2}\right)$$
$$F_y(x,y,z)=yf\left(\sqrt{x^2+y^2+z^2}\right)$$
$$F_z(x,y,z)=zf\left(\sqrt{x^2+y^2+z^2}\right)$$

由于 f 为连续函数, 因此 F 是可微函数, 因此

$$\begin{aligned}\mathrm{d}F &= xf\left(\sqrt{x^2+y^2+z^2}\right)\mathrm{d}x+yf\left(\sqrt{x^2+y^2+z^2}\right)\mathrm{d}y+zf\left(\sqrt{x^2+y^2+z^2}\right)\mathrm{d}z\\&= f\left(\sqrt{x^2+y^2+z^2}\right)(x\mathrm{d}x+y\mathrm{d}y+z\mathrm{d}z)\end{aligned}$$

因此由推论 18.4.1 得到

$$\int_{(x_1,y_1,z_1)}^{(x_2,y_2,z_2)} f\left(\sqrt{x^2+y^2+z^2}\right)(x\mathrm{d}x+y\mathrm{d}y+z\mathrm{d}z)=F(x_2,y_2,z_2)-F(x_1,y_1,z_1)$$

$$=\frac{1}{2}\int_0^{x_2^2+y_2^2+z_2^2} f(\sqrt{v})\,\mathrm{d}v-\frac{1}{2}\int_0^{x_1^2+y_1^2+z_1^2} f(\sqrt{v})\,\mathrm{d}v=\frac{1}{2}\int_{x_1^2+y_1^2+z_1^2}^{x_2^2+y_2^2+z_2^2} f(\sqrt{v})\,\mathrm{d}v \Leftarrow \boxed{\text{作变换}\,v=u^2}$$

$$=\int_{\sqrt{x_1^2+y_1^2+z_1^2}}^{\sqrt{x_2^2+y_2^2+z_2^2}} uf(u)\,\mathrm{d}u$$

习题 18.4.3 空间曲线积分与路径无关性

1. 求下列函数的原函数.

(1) $\mathrm{d}u=\left(x^2-2yz\right)\mathrm{d}x+\left(y^2-2xz\right)\mathrm{d}y+\left(z^2-2yx\right)\mathrm{d}z.$

(2) $\mathrm{d}u=\left(yz\mathrm{e}^{xyz}+2x\right)\mathrm{d}x+\left(xz\mathrm{e}^{xyz}+3y^2\right)\mathrm{d}y+\left(xy\mathrm{e}^{xyz}+4z^2\right)\mathrm{d}z.$

(3) $\mathrm{d}u=\left[2x\sin(x+y+z)+x^2\cos(x+y+z)\right]\mathrm{d}x+x^2\cos(x+y+z)(\mathrm{d}y+\mathrm{d}z).$

2. 计算下列曲线积分.

(1) $\int_{(1,1,1)}^{(2,3,-4)} x\mathrm{d}x+y^2\mathrm{d}y-z^3\mathrm{d}z.$

(2) $\int_{(1,2,3)}^{(0,1,1)} yz\mathrm{d}x + xz\mathrm{d}y + xy\mathrm{d}z$.

(3) $\int_{(x_1,y_1,z_1)}^{(x_2,y_2,z_2)} \frac{x\mathrm{d}x + y\mathrm{d}y + z\mathrm{d}z}{\sqrt{x^2+y^2+z^2}}$, 其中 $(x_1,y_1,z_1),(x_2,y_2,z_2)$ 为球面 $x^2+y^2+z^2=a^2$ 上的两点.

3. 设 f 为连续函数, 证明

$$\int_{(x_1,y_1,z_1)}^{(x_2,y_2,z_2)} f(x+y+z)(\mathrm{d}x+\mathrm{d}y+\mathrm{d}z) = \int_{x_1+y_1+z_1}^{x_2+y_2+z_2} f(u)\,\mathrm{d}u$$

4. 设 f,g,h 为单变量的连续函数, 证明

$$\int_{(x_1,y_1,z_1)}^{(x_2,y_2,z_2)} f(x)\mathrm{d}x + g(y)\mathrm{d}y + h(z)\mathrm{d}z = \int_{x_1}^{x_2} f(x)\mathrm{d}x + \int_{y_1}^{y_2} g(y)\mathrm{d}y + \int_{z_1}^{z_2} h(z)\mathrm{d}z$$

5. 求质量为 m 的质点从位置 (x_1,y_1,z_1) 移动到位置 (x_2,y_2,z_2) 重力所做的功.

6. 设 (x_1,y_1,z_1) 处有单位质量, 求单位质量的质点从位置 (x_1,y_1,z_1) 移动到位置 (x_2,y_2,z_2) 时引力所做的功, 这里引力方向从 (x_2,y_2,z_2) 指向 (x_1,y_1,z_1).

扫码学习

18.5 场论初步

场是一个物理概念, 表示的是一些量在空间区域的分布. 常见的场有温度场、密度场、磁场、引力场等. 温度场和密度场都可以用一个函数来刻画, 这类场称为数量场. 磁场和引力场都需要用向量函数来刻画, 这类场称为向量场. 为了充分利用数学工具分析问题, 物理学家往往采用一些术语和记号表述物理量, 方便用数学工具表达和推理, 使得许多自然现象可以用简单数学关系式表示, 同时使得数学中的许多重要定理有了实际意义.

18.5.1 数量场的梯度

定义 18.5.1 函数 $f(x,y,z)$ 的所有一阶偏导数构成的向量 $\mathrm{grad}\, f = \left(\frac{\partial f}{\partial x}, \frac{\partial f}{\partial y}, \frac{\partial f}{\partial z}\right)$ 称为梯度场. 引入梯度算子 $\nabla = \left(\frac{\partial}{\partial x}, \frac{\partial}{\partial y}, \frac{\partial}{\partial z}\right)$, 称为 Nabla 算子或哈密顿 (Hamilton) 算子, 则梯度记作 $\nabla f = \left(\frac{\partial f}{\partial x}, \frac{\partial f}{\partial y}, \frac{\partial f}{\partial z}\right)$, 这里 ∇ 作为算子向量进行向量的形式计算.

由梯度场的定义和偏导数的运算性质, 我们可以得到梯度算子的运算性质:

$$\begin{aligned}
&\nabla(cf) = c\nabla f, \quad \nabla(f+g) = \nabla f + \nabla g \\
&\nabla(fg) = g\nabla f + f\nabla g, \quad \nabla(f^2) = 2f\nabla f \\
&\nabla(f(g)) = f'(g)\nabla g
\end{aligned}$$

例 18.5.1 计算 $\nabla(r), \nabla(r^2), \nabla\left(\frac{1}{r}\right), r = \sqrt{x^2+y^2+z^2}$.

解 根据梯度的定义和运算性质得到

$$\nabla(r)=\left(\frac{x}{\sqrt{x^2+y^2+z^2}},\frac{y}{\sqrt{x^2+y^2+z^2}},\frac{z}{\sqrt{x^2+y^2+z^2}}\right)$$

$$\nabla(r^2)=2r\nabla(r)=2\,(x,y,z)$$

$$\nabla\left(\frac{1}{r}\right)=\left(\frac{-x}{\sqrt{(x^2+y^2+z^2)^3}},\frac{-y}{\sqrt{(x^2+y^2+z^2)^3}},\frac{-z}{\sqrt{(x^2+y^2+z^2)^3}}\right)$$

18.5.2 向量场的通量与散度

定义 18.5.2 设 $\Omega\subset\mathbf{R}^3$, $\boldsymbol{F}=(P,Q,R)$ 是 Ω 上的向量场. 定义数量函数

$$\mathrm{div}\boldsymbol{F}=\frac{\partial P}{\partial x}+\frac{\partial Q}{\partial y}+\frac{\partial R}{\partial z}$$

为向量场 $\boldsymbol{F}=(P,Q,R)$ 的散度. 由 $\mathrm{div}\boldsymbol{F}$ 所确定的数量场称为散度场.

定义 18.5.3 设 $\Omega\subset\mathbf{R}^3$, $\boldsymbol{F}=(P,Q,R)$ 是 Ω 上的向量场, Σ 为 Ω 中的双侧曲面, $\boldsymbol{n}$ 为曲面 Σ 指定一侧的单位法向量. 称曲面积分 $\iint\limits_{\Sigma}\boldsymbol{F}\cdot\boldsymbol{n}\mathrm{d}S$ 为向量场 $\boldsymbol{F}$ 沿指定一侧通过曲面 Σ 的通量.

利用算子符号 $\nabla=\left(\frac{\partial}{\partial x},\frac{\partial}{\partial y},\frac{\partial}{\partial z}\right)$, 向量 $\boldsymbol{F}=(P,Q,R)$ 的散度可以看成是 $\boldsymbol{F}$ 和梯度算子 ∇ 的点乘积, 即 $\mathrm{div}\boldsymbol{F}=\left(\frac{\partial}{\partial x},\frac{\partial}{\partial y},\frac{\partial}{\partial z}\right)\cdot(P,Q,R)=\nabla\cdot\boldsymbol{F}$.

利用散度可以更加简单地表示高斯公式: 设 $\Omega\subset\mathbf{R}^3$, $\boldsymbol{n}$ 为边界 $\partial\Omega$ 的单位外法向量, 则

$$\oint\!\!\!\oint\limits_{\partial\Omega}\boldsymbol{F}\cdot\boldsymbol{n}\mathrm{d}S=\iiint\limits_{\Omega}\left(\frac{\partial P}{\partial x}+\frac{\partial Q}{\partial y}+\frac{\partial R}{\partial z}\right)\mathrm{d}x\mathrm{d}y\mathrm{d}z=\iiint\limits_{\Omega}\mathrm{div}\boldsymbol{F}\mathrm{d}x\mathrm{d}y\mathrm{d}z \tag{18.5.1}$$

下面分析散度的物理意义.

设区域 $\Omega\subset\mathbf{R}^3$ 上稳定流动的不可压缩流体的流速场为 $\boldsymbol{F}=(P,Q,R)$, 这里设密度为 1, 则在单位时间内流过 Ω 边界指定一侧的流量为

$$\Phi=\oint\!\!\!\oint\limits_{\partial\Omega}P\mathrm{d}y\mathrm{d}z+Q\mathrm{d}z\mathrm{d}x+R\mathrm{d}x\mathrm{d}y=\oint\!\!\!\oint\limits_{\partial\Omega}\boldsymbol{F}\cdot\boldsymbol{n}\mathrm{d}S$$

其中 $\boldsymbol{n}$ 为 $\partial\Omega$ 指定一侧的单位法向量.

如果 $\Phi>0$, 指定侧穿过曲面 $\partial\Omega$ 的流量多于向相反方向穿过曲面 $\partial\Omega$ 的流量; 如果 $\Phi<0$, 指定侧穿过曲面 $\partial\Omega$ 的流量少于向相反方向穿过曲面 $\partial\Omega$ 的流量.

设 $\partial\Omega$ 为封闭曲面并且指向外侧. 如果 $\Phi>0$, 从曲面流出的量大于流入的量, 则 $\partial\Omega$ 内必有源头, 称为源; 如果 $\Phi<0$, 从曲面流出的量小于流入的量, 则 $\partial\Omega$ 内必有排泄流体的漏洞, 称为汇.

下面分析判断 $\Omega\subset\mathbf{R}^3$ 内任一点 $M(x,y,z)$ 是否为汇或者源, 以及源的强弱或者汇的大小.

任取一个包含 $M(x,y,z)$ 在内的封闭曲面 Σ, 设其围成的区域为 V, V 的体积为 $\sigma(V)$, 利用高斯公式有

$$\lim_{V\to M}\frac{\iint\limits_{\Sigma}P\mathrm{d}y\mathrm{d}z+Q\mathrm{d}z\mathrm{d}x+R\mathrm{d}x\mathrm{d}y}{\sigma(V)}=\lim_{V\to M}\frac{\iint\limits_{\Sigma}\boldsymbol{F}\cdot\boldsymbol{n}\mathrm{d}S}{\sigma(V)}=\lim_{V\to M}\frac{\iiint\limits_{\Omega}\mathrm{div}\boldsymbol{F}\mathrm{d}x\mathrm{d}y\mathrm{d}z}{\sigma(V)}$$

进一步由三重积分的中值定理,

$$\lim_{V\to M}\frac{\iint\limits_{\Sigma}P\mathrm{d}y\mathrm{d}z+Q\mathrm{d}z\mathrm{d}x+R\mathrm{d}x\mathrm{d}y}{\sigma(V)}=\lim_{V\to M}\frac{\sigma(V)\,(\mathrm{div}\boldsymbol{F})_{M^*}}{\sigma(V)}=(\mathrm{div}\boldsymbol{F})_M \tag{18.5.2}$$

其中 M^* 为 V 中的点.

由以上分析, 由 (18.5.2) 式可以得到散度的物理意义如下.

定理 18.5.1 向量场 $\boldsymbol{F}=(P,Q,R)$ 的散度是通量关于体积的瞬时变化率, 即

$$\mathrm{div}\boldsymbol{F}(M)=\lim_{V\to M}\frac{\iint\limits_{\Sigma}\boldsymbol{F}\cdot\boldsymbol{n}\,\mathrm{d}S}{\sigma(V)}$$

其中 Σ 是包含 $M(x,y,z)$ 在内的封闭曲面, 其围成的区域为 V, V 的体积为 $\sigma(V)$.

注 18.5.1 散度是向量场穿过单位体积边界的通量. 散度与坐标轴的选取无关. 散度可以用来判断场中的点是汇或者源, 以及源的强弱或者汇的大小.

如果 $(\mathrm{div}\boldsymbol{F})_M>0$, 则称点 $M(x,y,z)$ 为正源 (源); 如果 $(\mathrm{div}\boldsymbol{F})_M<0$, 则称点 $M(x,y,z)$ 为负源 (汇); 如果在场中的每一个点处都有 $\mathrm{div}\boldsymbol{F}=0$, 则称为无源场.

由散度的定义, 可以得到散度的运算性质如下:

定理 18.5.2 设 $\boldsymbol{F},\boldsymbol{G}$ 是向量场, φ 是数量场, 则

$$\nabla\cdot(c\boldsymbol{F})=c\nabla\cdot\boldsymbol{F}$$
$$\nabla\cdot(\boldsymbol{F}+\boldsymbol{G})=\nabla\cdot\boldsymbol{F}+\nabla\cdot\boldsymbol{G}$$
$$\nabla\cdot(\varphi(x)\boldsymbol{F})=\varphi(x)\nabla\cdot\boldsymbol{F}+\boldsymbol{F}\cdot\nabla\varphi(x)$$

由于

$$\nabla\cdot\nabla=\left(\frac{\partial}{\partial x},\frac{\partial}{\partial y},\frac{\partial}{\partial z}\right)\cdot\left(\frac{\partial}{\partial x},\frac{\partial}{\partial y},\frac{\partial}{\partial z}\right)=\frac{\partial^2}{\partial x^2}+\frac{\partial^2}{\partial y^2}+\frac{\partial^2}{\partial z^2}=\Delta$$

$$\mathrm{div}(\nabla f)=\nabla\cdot(\nabla f)=\frac{\partial^2 f}{\partial x^2}+\frac{\partial^2 f}{\partial y^2}+\frac{\partial^2 f}{\partial z^2}=\nabla^2 f=\Delta f$$

定义 Δ 为拉普拉斯 (Laplace) 算子. 若在 Ω 内

$$\Delta u=\nabla\cdot\nabla u=\frac{\partial^2 u}{\partial x^2}+\frac{\partial^2 u}{\partial y^2}+\frac{\partial^2 u}{\partial z^2}=0$$

则称 u 为 Ω 内的调和函数.

例 18.5.2 设 u 为 Ω 内的调和函数, $\boldsymbol{n}$ 为 Ω 边界曲面外法线方向, 证明:

(1) $\displaystyle\oiint_{\partial\Omega} \frac{\partial u}{\partial \boldsymbol{n}}\mathrm{d}S=0$; (2) $\displaystyle\oiint_{\partial\Omega} u\frac{\partial u}{\partial \boldsymbol{n}}\mathrm{d}S=\iiint_{\Omega}(\nabla u)\cdot(\nabla u)\mathrm{d}x\mathrm{d}y\mathrm{d}z$.

证明 (1) 由 (18.5.1) 式得到

$$\oiint_{\partial\Omega}\frac{\partial u}{\partial \boldsymbol{n}}\mathrm{d}S=\oiint_{\partial\Omega}\nabla u\cdot\boldsymbol{n}\mathrm{d}S=\iiint_{\Omega}\operatorname{div}(\nabla u)\mathrm{d}x\mathrm{d}y\mathrm{d}z=\iiint_{\Omega}\Delta u\mathrm{d}x\mathrm{d}y\mathrm{d}z=0$$

(2) 由散度的运算性质,

$$\begin{aligned}\oiint_{\partial\Omega}u\frac{\partial u}{\partial \boldsymbol{n}}\mathrm{d}S&=\oiint_{\partial\Omega}(u\nabla u)\cdot\boldsymbol{n}\mathrm{d}S=\iiint_{\Omega}\operatorname{div}(u\nabla u)\mathrm{d}x\mathrm{d}y\mathrm{d}z\\&=\iiint_{\Omega}\nabla\cdot(u\nabla u)\mathrm{d}x\mathrm{d}y\mathrm{d}z=\iiint_{\Omega}(u\nabla\cdot\nabla u+\nabla u\cdot\nabla u)\mathrm{d}x\mathrm{d}y\mathrm{d}z\\&=\iiint_{\Omega}u\Delta u\mathrm{d}x\mathrm{d}y\mathrm{d}z+\iiint_{\Omega}\nabla u\cdot\nabla u\mathrm{d}x\mathrm{d}y\mathrm{d}z=\iiint_{\Omega}\nabla u\cdot\nabla u\mathrm{d}x\mathrm{d}y\mathrm{d}z\end{aligned}$$

例 18.5.3 计算 $\operatorname{div}(\nabla f(r)), r=\sqrt{x^2+y^2+z^2}$, 在什么情况下满足 $\operatorname{div}(\nabla f(r))=0$.

解 根据散度定义:

$$\begin{aligned}\operatorname{div}(\nabla f(r))&=\nabla\cdot\left(f'(r)\frac{x}{\sqrt{x^2+y^2+z^2}},f'(r)\frac{y}{\sqrt{x^2+y^2+z^2}},f'(r)\frac{z}{\sqrt{x^2+y^2+z^2}}\right)\\&=\nabla\cdot\left[f'(r)\left(\frac{x}{\sqrt{x^2+y^2+z^2}},\frac{y}{\sqrt{x^2+y^2+z^2}},\frac{z}{\sqrt{x^2+y^2+z^2}}\right)\right]\\&=\frac{\partial}{\partial x}\left(f'(r)\frac{x}{r}\right)+\frac{\partial}{\partial y}\left(f'(r)\frac{y}{r}\right)+\frac{\partial}{\partial z}\left(f'(r)\frac{z}{r}\right)\\&=f''(r)\left(\frac{x^2}{r^2}+\frac{y^2}{r^2}+\frac{z^2}{r^2}\right)+f'(r)\left(\frac{r^2-x^2}{r^3}+\frac{r^2-y^2}{r^3}+\frac{r^2-z^2}{r^3}\right)\\&=f''(r)+\frac{2}{r}f'(r)\end{aligned}$$

进一步, $f''(r)+\dfrac{2}{r}f'(r)=0\Rightarrow f(r)=c_2+\dfrac{c_1}{r}$.

例 18.5.4 求向量 $\boldsymbol{a}=\left(x^2,y^2,z^2\right)$ 穿过球面 $x^2+y^2+z^2=1\,(x\geqslant0,y\geqslant0,z\geqslant0)$ 的流量.

解 设 $\Sigma=S_1\cup S_2\cup S_3\cup S_4, S_1$ 为 1/8 球面外侧, S_2,S_3,S_4 为球面和三个坐标平面所

围成的平面指向外侧, Σ 围成有界闭区域为 V, 则穿过 Σ 的总流量为

$$\begin{aligned}
&\iint_{S_1} \boldsymbol{a}\cdot\boldsymbol{n}\mathrm{d}S+\iint_{S_2} \boldsymbol{a}\cdot\boldsymbol{n}\mathrm{d}S+\iint_{S_3} \boldsymbol{a}\cdot\boldsymbol{n}\mathrm{d}S+\iint_{S_4} \boldsymbol{a}\cdot\boldsymbol{n}\mathrm{d}S\\
=&\iiint_V (\mathrm{div}\boldsymbol{a})\mathrm{d}x\mathrm{d}y\mathrm{d}z=2\iiint_V (x+y+z)\mathrm{d}x\mathrm{d}y\mathrm{d}z \Leftarrow \boxed{\text{球坐标变换}}\\
=&2\int_0^{\frac{\pi}{2}}\mathrm{d}\theta\int_0^{\frac{\pi}{2}}\mathrm{d}\varphi\int_0^1 r^3(\sin\varphi)(\sin\varphi\sin\theta+\sin\varphi\cos\theta+\cos\varphi)\,\mathrm{d}r\\
=&\frac{1}{2}\int_0^{\frac{\pi}{2}}\mathrm{d}\theta\int_0^{\frac{\pi}{2}}\left(\sin^2\varphi\sin\theta+\sin^2\varphi\cos\theta+\sin\varphi\cos\varphi\right)\mathrm{d}\varphi\\
=&\frac{1}{2}\int_0^{\frac{\pi}{2}}\left(\frac{\pi}{4}(\sin\theta+\cos\theta)+\frac{1}{2}\right)\mathrm{d}\theta=\frac{3\pi}{8}.
\end{aligned}$$

由于 $\boldsymbol{a}=\left(x^2,y^2,z^2\right)$ 在三个坐标平面向量为 $\boldsymbol{a}_1=\left(x^2,y^2,0\right),\boldsymbol{a}_2=\left(x^2,0,z^2\right),\boldsymbol{a}_3=\left(0,y^2,z^2\right)$. 分别与相应三个坐标平面的法向量

$$\boldsymbol{n}_1=(0,0,1),\quad \boldsymbol{n}_2=(0,1,0),\quad \boldsymbol{n}_3=(1,0,0)$$

垂直, 因此 $\iint_{S_2}\boldsymbol{a}\cdot\boldsymbol{n}\mathrm{d}S=\iint_{S_3}\boldsymbol{a}\cdot\boldsymbol{n}\mathrm{d}S=\iint_{S_4}\boldsymbol{a}\cdot\boldsymbol{n}\mathrm{d}S=0$, 因此总流量为 $\frac{3\pi}{8}$.

18.5.3 向量场的环量与旋度

定义 18.5.4 (向量场的旋度) 设 $\Omega\subset\mathbf{R}^3$, $\boldsymbol{F}=(P,Q,R)$ 是定义在 Ω 上的向量场, 向量 $\left(\frac{\partial R}{\partial y}-\frac{\partial Q}{\partial z},\frac{\partial P}{\partial z}-\frac{\partial R}{\partial x},\frac{\partial Q}{\partial x}-\frac{\partial P}{\partial y}\right)$ 称为向量场 $\boldsymbol{F}=(P,Q,R)$ 的旋度, 记为 $\mathrm{rot}\boldsymbol{F}$. 称 $\mathrm{rot}\boldsymbol{F}$ 确定的向量场为旋度场.

接下来讨论向量场旋度的物理意义.

定义 18.5.5 (向量场的环量) 设 $\Omega\subset\mathbf{R}^3$, $\boldsymbol{F}=(P,Q,R)$ 是 Ω 上的向量场, Γ 为场中的定向曲线, 称积分 $\int_\Gamma \boldsymbol{F}\cdot\mathrm{d}\boldsymbol{s}$ 为向量场 $\boldsymbol{F}$ 沿定向曲线 Γ 的环量. 这里 $\mathrm{d}\boldsymbol{s}=(\mathrm{d}x,\mathrm{d}y,\mathrm{d}z)$, $\int_\Gamma \boldsymbol{F}\cdot\mathrm{d}\boldsymbol{s}=\int_\Gamma P\mathrm{d}x+Q\mathrm{d}y+R\mathrm{d}z$. 如图 18.5.1 所示.

将旋度表示为

$$\mathrm{rot}\boldsymbol{F}=\begin{vmatrix}\boldsymbol{i}&\boldsymbol{j}&\boldsymbol{k}\\ \frac{\partial}{\partial x}&\frac{\partial}{\partial y}&\frac{\partial}{\partial z}\\ P&Q&R\end{vmatrix}\Rightarrow \mathrm{rot}\boldsymbol{F}=\nabla\times\boldsymbol{F}$$

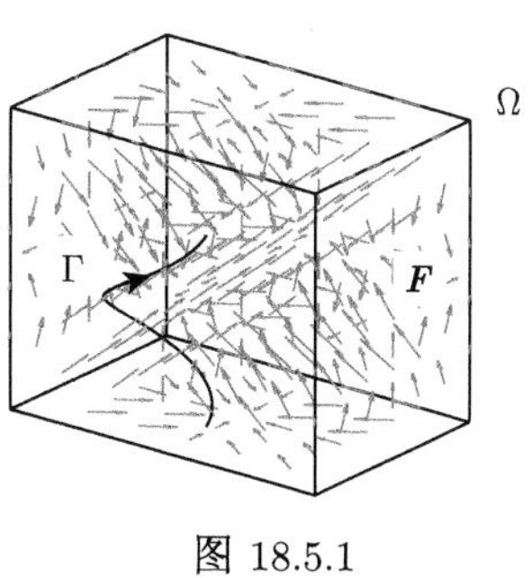

图 18.5.1

借助旋度的定义, 斯托克斯公式可以表示为

$$\oint_{\partial\Sigma} P\mathrm{d}x + Q\mathrm{d}y + R\mathrm{d}z$$

$$= \iint_{\Sigma} \begin{vmatrix} \mathrm{d}y\mathrm{d}z & \mathrm{d}z\mathrm{d}x & \mathrm{d}x\mathrm{d}y \\ \dfrac{\partial}{\partial x} & \dfrac{\partial}{\partial y} & \dfrac{\partial}{\partial z} \\ P & Q & R \end{vmatrix} = \iint_{\Sigma} \mathrm{rot}\boldsymbol{F} \cdot \boldsymbol{n}\mathrm{d}S$$

其中 $\boldsymbol{n}$ 为 Σ 所指向一侧的单位法向量.

设 $\Omega \subset \mathbf{R}^3$, $\boldsymbol{F} = (P, Q, R)$ 是 Ω 上的向量场, 场中点 M 处任取单位向量 $\boldsymbol{n}^*$, 作垂直于 $\boldsymbol{n}^*$ 的圆盘 D_ε, 半径为 ε, D_ε 的边界 ∂D_ε 为圆盘的边界, 则经过 ∂D_ε 的环量为

$$\int_{\partial D_\varepsilon} \boldsymbol{F} \cdot \mathrm{d}\boldsymbol{s} = \int_{\partial D_\varepsilon} P\mathrm{d}x + Q\mathrm{d}y + R\mathrm{d}z = \iint_{D_\varepsilon} \mathrm{rot}\ \boldsymbol{F} \cdot \boldsymbol{n}\mathrm{d}S$$

环量与圆盘面积 $\sigma(D_\varepsilon)$ 的比值可以表示为

$$\lim_{\varepsilon\to 0} \frac{\displaystyle\iint_{D_\varepsilon} \mathrm{rot}\boldsymbol{F} \cdot \boldsymbol{n}\mathrm{d}S}{\sigma(D_\varepsilon)}$$

$$= \lim_{\varepsilon\to 0} \frac{\displaystyle\iint_{D_\varepsilon} \left[\left(\frac{\partial R}{\partial y} - \frac{\partial Q}{\partial z}\right)\cos\alpha + \left(\frac{\partial P}{\partial z} - \frac{\partial R}{\partial x}\right)\cos\beta + \left(\frac{\partial Q}{\partial x} - \frac{\partial P}{\partial y}\right)\cos\gamma\right]\mathrm{d}S}{\sigma(D_\varepsilon)}$$

根据第一型曲面积分的中值定理, 进一步有

$$\lim_{\varepsilon\to 0} \frac{\displaystyle\iint_{D_\varepsilon} \mathrm{rot}\boldsymbol{F} \cdot \boldsymbol{n}\mathrm{d}S}{\sigma(D_\varepsilon)}$$

$$= \lim_{\varepsilon\to 0} \frac{\left[\left(\dfrac{\partial R}{\partial y} - \dfrac{\partial Q}{\partial z}\right)\cos\alpha + \left(\dfrac{\partial P}{\partial z} - \dfrac{\partial R}{\partial x}\right)\cos\beta + \left(\dfrac{\partial Q}{\partial x} - \dfrac{\partial P}{\partial y}\right)\cos\gamma\right]_{M^*}\sigma(D_\varepsilon)}{\sigma(D_\varepsilon)}$$

$$= \left[\left(\frac{\partial R}{\partial y} - \frac{\partial Q}{\partial z}\right)\cos\alpha + \left(\frac{\partial P}{\partial z} - \frac{\partial R}{\partial x}\right)\cos\beta + \left(\frac{\partial Q}{\partial x} - \frac{\partial P}{\partial y}\right)\cos\gamma\right]_M$$

$$= \mathrm{rot}\boldsymbol{F}(M) \cdot \boldsymbol{n}^*$$

因此有 $\lim\limits_{\varepsilon\to 0} \dfrac{\displaystyle\iint_{D_\varepsilon} \mathrm{rot}\boldsymbol{F} \cdot \boldsymbol{n}\mathrm{d}S}{\sigma(D_\varepsilon)} = \mathrm{rot}\boldsymbol{F}(M) \cdot \boldsymbol{n}^*$. 在上面讨论基础上给出如下定义.

定义 18.5.6 *定义* $\lim\limits_{\varepsilon\to 0} \dfrac{\displaystyle\iint_{D_\varepsilon} \mathrm{rot}\boldsymbol{F} \cdot \boldsymbol{n}\mathrm{d}S}{\sigma(D_\varepsilon)} = \mathrm{rot}\boldsymbol{F}(M) \cdot \boldsymbol{n}^*$ *为向量场* $\boldsymbol{F} = (P, Q, R)$ *在点* M *处沿着方向* $\boldsymbol{n}^*$ *的环量面密度.*

由定义 18.5.6, 可得如下结论.

定理 18.5.3 向量场 $\boldsymbol{F}=(P,Q,R)$ 在点 P_0 沿着旋度方向的环量面密度最大, 并且最大值为 $\|\mathrm{rot}\boldsymbol{F}(P_0)\|$.

进一步可以得到旋度的运算法则.

定理 18.5.4 旋度有如下的运算法则:

(1) $\nabla\times(c\boldsymbol{F})=c(\nabla\times\boldsymbol{F})$;

(2) $\nabla\times(\boldsymbol{F}_1+\boldsymbol{F}_2)=(\nabla\times\boldsymbol{F}_1)+(\nabla\times\boldsymbol{F}_2)$;

(3) 若 Φ 为数量场, 则 $\nabla\times(\Phi\boldsymbol{F})=\Phi(\nabla\times\boldsymbol{F})+\nabla\Phi\times\boldsymbol{F}$;

(4) $\nabla\cdot(\boldsymbol{F}_1\times\boldsymbol{F}_2)=(\nabla\times\boldsymbol{F}_1)\cdot\boldsymbol{F}_2-(\nabla\times\boldsymbol{F}_2)\cdot\boldsymbol{F}_1$;

(5) $\nabla\cdot(\nabla\times\boldsymbol{F})=0$.

证明 我们仅证明 (4), 其余证明留给读者自己完成.

设 $\boldsymbol{F}_1=(P_1,Q_1,R_1),\boldsymbol{F}_2=(P_2,Q_2,R_2)$, 则

$$
\begin{aligned}
\mathrm{div}(\boldsymbol{F}_1\times\boldsymbol{F}_2)&=\mathrm{div}\begin{vmatrix}\boldsymbol{i}&\boldsymbol{j}&\boldsymbol{k}\\P_1&Q_1&R_1\\P_2&Q_2&R_2\end{vmatrix}=\mathrm{div}\,(Q_1R_2-R_1Q_2,R_1P_2-P_1R_2,P_1Q_2-Q_1P_2)\\
&=\frac{\partial}{\partial x}(Q_1R_2-R_1Q_2)+\frac{\partial}{\partial y}(R_1P_2-P_1R_2)+\frac{\partial}{\partial z}(P_1Q_2-Q_1P_2)\\
&=P_1\left(\frac{\partial Q_2}{\partial z}-\frac{\partial R_2}{\partial y}\right)+Q_1\left(\frac{\partial R_2}{\partial x}-\frac{\partial P_2}{\partial z}\right)+R_1\left(\frac{\partial P_2}{\partial y}-\frac{\partial Q_2}{\partial x}\right)\\
&\quad+P_2\left(\frac{\partial R_1}{\partial y}-\frac{\partial Q_1}{\partial z}\right)+Q_2\left(\frac{\partial P_1}{\partial z}-\frac{\partial R_1}{\partial x}\right)+R_2\left(\frac{\partial Q_1}{\partial x}-\frac{\partial P_1}{\partial y}\right)\\
&=-\boldsymbol{F}_1\cdot\begin{vmatrix}\boldsymbol{i}&\boldsymbol{j}&\boldsymbol{k}\\\frac{\partial}{\partial x}&\frac{\partial}{\partial y}&\frac{\partial}{\partial z}\\P_2&Q_2&R_2\end{vmatrix}+\boldsymbol{F}_2\cdot\begin{vmatrix}\boldsymbol{i}&\boldsymbol{j}&\boldsymbol{k}\\\frac{\partial}{\partial x}&\frac{\partial}{\partial y}&\frac{\partial}{\partial z}\\P_1&Q_1&R_1\end{vmatrix}\\
&=(\nabla\times\boldsymbol{F}_1)\cdot\boldsymbol{F}_2-(\nabla\times\boldsymbol{F}_2)\cdot\boldsymbol{F}_1
\end{aligned}
$$

结论得证.

例 18.5.5 设 $\boldsymbol{A}=(\sin x\cos y,\sin y\cos z,\sin z\cos x)$, 求 $\mathrm{div}\boldsymbol{A},\mathrm{rot}\boldsymbol{A}$.

解

$$
\begin{aligned}
\mathrm{div}\boldsymbol{A}=\nabla\cdot\boldsymbol{A}&=\frac{\partial(\sin x\cos y)}{\partial x}+\frac{\partial(\sin y\cos z)}{\partial y}+\frac{\partial(\sin z\cos x)}{\partial z}\\
&=\cos x\cos y+\cos y\cos z+\cos z\cos x
\end{aligned}
$$

$$
\begin{aligned}
\mathrm{rot}\,\boldsymbol{A}=\nabla\times\boldsymbol{A}&=\begin{vmatrix}\boldsymbol{i}&\boldsymbol{j}&\boldsymbol{k}\\\frac{\partial}{\partial x}&\frac{\partial}{\partial y}&\frac{\partial}{\partial z}\\\sin x\cos y&\sin y\cos z&\sin z\cos x\end{vmatrix}\\
&=(\sin y\sin z,\sin z\sin x,\sin x\sin y)
\end{aligned}
$$

例 18.5.6 计算 $\operatorname{rot}(\boldsymbol{r}), \operatorname{rot}[f(\|\boldsymbol{r}\|)\boldsymbol{r}], \boldsymbol{r}=(x,y,z)$.

解 根据旋度的定义有

$$\operatorname{rot}\boldsymbol{r}=\nabla\times(x,y,z)=\begin{vmatrix}\boldsymbol{i} & \boldsymbol{j} & \boldsymbol{k}\\ \dfrac{\partial}{\partial x} & \dfrac{\partial}{\partial y} & \dfrac{\partial}{\partial z}\\ x & y & z\end{vmatrix}=(0,0,0)$$

根据定理 18.5.4 的 (3),

$$\operatorname{rot}[f(\|\boldsymbol{r}\|)\boldsymbol{r}]=f(\|\boldsymbol{r}\|)(\nabla\times(x,y,z))+\left(\frac{\partial f}{\partial x},\frac{\partial f}{\partial y},\frac{\partial f}{\partial z}\right)\times(x,y,z)$$

$$=f'(\|\boldsymbol{r}\|)\left(\frac{x}{\|\boldsymbol{r}\|},\frac{y}{\|\boldsymbol{r}\|},\frac{z}{\|\boldsymbol{r}\|}\right)\times(x,y,z)=(0,0,0)$$

例 18.5.7 设 $\boldsymbol{A}(x,y,z)=(P(x,y,z),Q(x,y,z),R(x,y,z))$, 且 $P^2+Q^2+R^2=C($常数), 则 $(\boldsymbol{A}\cdot\nabla)\boldsymbol{A}=-\boldsymbol{A}\times\operatorname{rot}\boldsymbol{A}$.

证明 由 $P^2+Q^2+R^2=C$, 两边同时对 x,y,z 分别求偏导数, 得到

$$PP_x+QQ_x+RR_x=0$$

$$PP_y+QQ_y+RR_y=0$$

$$PP_z+QQ_z+RR_z=0$$

设 $-\boldsymbol{A}\times\operatorname{rot}\boldsymbol{A}=(E,F,G)$, 则

$$(E,F,G)=-\boldsymbol{A}\times\operatorname{rot}\boldsymbol{A}=-(P,Q,R)\times\begin{vmatrix}\boldsymbol{i} & \boldsymbol{j} & \boldsymbol{k}\\ \dfrac{\partial}{\partial x} & \dfrac{\partial}{\partial y} & \dfrac{\partial}{\partial z}\\ P & Q & R\end{vmatrix}$$

$$=-\begin{vmatrix}\boldsymbol{i} & \boldsymbol{j} & \boldsymbol{k}\\ P & Q & R\\ \dfrac{\partial R}{\partial y}-\dfrac{\partial Q}{\partial z} & \dfrac{\partial P}{\partial z}-\dfrac{\partial R}{\partial x} & \dfrac{\partial Q}{\partial x}-\dfrac{\partial P}{\partial y}\end{vmatrix}=\begin{pmatrix}-Q\left(\dfrac{\partial Q}{\partial x}-\dfrac{\partial P}{\partial y}\right)+R\left(\dfrac{\partial P}{\partial z}-\dfrac{\partial R}{\partial x}\right)\\ -R\left(\dfrac{\partial R}{\partial y}-\dfrac{\partial Q}{\partial z}\right)+P\left(\dfrac{\partial Q}{\partial x}-\dfrac{\partial P}{\partial y}\right)\\ -P\left(\dfrac{\partial P}{\partial z}-\dfrac{\partial R}{\partial x}\right)+Q\left(\dfrac{\partial R}{\partial y}-\dfrac{\partial Q}{\partial z}\right)\end{pmatrix}^{\mathrm{T}}$$

于是

$$E=-Q\left(\frac{\partial Q}{\partial x}-\frac{\partial P}{\partial y}\right)+R\left(\frac{\partial P}{\partial z}-\frac{\partial R}{\partial x}\right)=Q\frac{\partial P}{\partial y}+R\frac{\partial P}{\partial z}-\left(Q\frac{\partial Q}{\partial x}+R\frac{\partial R}{\partial x}\right)$$

$$=Q\frac{\partial P}{\partial y}+R\frac{\partial P}{\partial z}+P\frac{\partial P}{\partial x}=(P,Q,R)\cdot\left(\frac{\partial P}{\partial x},\frac{\partial P}{\partial y},\frac{\partial P}{\partial z}\right)=\boldsymbol{A}\cdot\nabla P=(\boldsymbol{A}\cdot\nabla)P$$

类似可得 $F=(\boldsymbol{A}\cdot\nabla)Q, G=(\boldsymbol{A}\cdot\nabla)R$. 所以

$$-\boldsymbol{A}\times\mathrm{rot}\boldsymbol{A}=((\boldsymbol{A}\cdot\nabla)P,(\boldsymbol{A}\cdot\nabla)Q,(\boldsymbol{A}\cdot\nabla)R)=(\boldsymbol{A}\cdot\nabla)\boldsymbol{A}$$

结论得证.

例 18.5.8 求向量场 $=\nabla\left(\arctan\dfrac{y}{x}\right)$ 沿着围线 C 的环流量, 分两种情况讨论: C 不围绕 Oz 轴, C 围绕 Oz 轴.

解 $\boldsymbol{a}=\nabla\left(\arctan\dfrac{y}{x}\right)=\left(-\dfrac{y}{x^2+y^2},\dfrac{x}{x^2+y^2},0\right)$

$$\mathrm{rot}\boldsymbol{a}=\nabla\times\boldsymbol{a}=\begin{vmatrix}\boldsymbol{i} & \boldsymbol{j} & \boldsymbol{k}\\ \dfrac{\partial}{\partial x} & \dfrac{\partial}{\partial y} & \dfrac{\partial}{\partial z}\\ -\dfrac{y}{x^2+y^2} & \dfrac{x}{x^2+y^2} & 0\end{vmatrix}=(0,0,0)$$

如果 C 不围绕 Oz 轴, 则由斯托克斯公式得到

$$\oint_C \boldsymbol{a}\cdot\mathrm{d}\boldsymbol{s}=\iint_{\Sigma}\mathrm{rot}\boldsymbol{F}\cdot\boldsymbol{n}\mathrm{d}S=0$$

如果 C 围绕 Oz 轴时, $C_\varepsilon=\left\{(x,y,z)\,\middle|\,x^2+y^2\leqslant\varepsilon^2,z=\lambda\right\}$, ε 充分小, 使得小于 C 到 Oz 的距离, 以 C 和 C_ε 为边界张成曲面为 Σ, Σ 与 Oz 轴不相交取上侧, 则有斯托克斯公式得

$$\oint_{C_{\text{顺时针}}}\boldsymbol{a}\cdot\mathrm{d}\boldsymbol{s}+\oint_{C_\varepsilon\text{逆时针}}\boldsymbol{a}\cdot\mathrm{d}\boldsymbol{s}=\iint_{\Sigma}\boldsymbol{a}\cdot\boldsymbol{n}=0$$

进一步设 $x=r\cos\theta, y=r\sin\theta, z=\lambda$, 则有

$$\oint_{C_{\text{顺时针}}}\boldsymbol{a}\cdot\mathrm{d}\boldsymbol{s}=-\oint_{C_\varepsilon\text{逆时针}}\boldsymbol{a}\cdot\mathrm{d}\boldsymbol{s}=-\int_{2\pi}^{0}\left(-\frac{r\sin\theta}{r^2}(-r\sin\theta)+\frac{r\cos\theta}{r^2}(r\cos\theta)\right)\mathrm{d}\theta=2\pi$$

18.5.4 有势场与势函数

定义 18.5.7 设 $\boldsymbol{F}=(P,Q,R)$ 为定义在区域 $\Omega\subset\mathbf{R}^3$ 上的向量场, 若在 Ω 上存在一个数量场 Φ, 使得 $\mathrm{grad}\Phi=\boldsymbol{F}$, 则称 $\boldsymbol{F}$ 为有势场, Φ 为 $\boldsymbol{F}$ 的势函数.

定义 18.5.8 设 $\boldsymbol{F}=(P,Q,R)$ 为定义在区域 $\Omega\subset\mathbf{R}^3$ 上的向量场, 若在 Ω 中的任意一条封闭曲线 Γ 上都有 $\displaystyle\int_\Gamma\boldsymbol{F}\cdot\mathrm{d}\boldsymbol{s}=0$, 则称 $\boldsymbol{F}$ 为 Ω 上的保守场.

定义 18.5.9 设 $\boldsymbol{F}=(P,Q,R)$ 为定义在区域 $\Omega\subset\mathbf{R}^3$ 上的向量场, 若在 Ω 中 $\mathrm{rot}\boldsymbol{F}=0$, 则称 $\boldsymbol{F}$ 为 Ω 中的无旋场.

定理 18.5.5 设 $\boldsymbol{F}=(P,Q,R)$ 为定义在单连通区域 $\Omega\subset\mathbf{R}^3$ 上的向量场, 并且 P,Q,R 在 Ω 上连续且具有连续的偏导数, 则下面的条件等价:

(1) $\boldsymbol{F}$ 是有势场;

(2) $\boldsymbol{F}$ 是无旋场;

(3) $\boldsymbol{F}$ 是保守场.

例 18.5.9 设向量场 $\boldsymbol{F}(x,y,z)=\left(\dfrac{ax+y}{x^2+y^2}+\mathrm{e}^x,-\dfrac{x-y+b}{x^2+y^2}+y,\dfrac{z+1}{z^2}\right)$ 是有势场, 求 a,b 的值及势函数.

解 由

$$\mathrm{rot}\boldsymbol{F}=\begin{vmatrix}\boldsymbol{i} & \boldsymbol{j} & \boldsymbol{k}\\ \dfrac{\partial}{\partial x} & \dfrac{\partial}{\partial y} & \dfrac{\partial}{\partial z}\\ \dfrac{ax+y}{x^2+y^2}+\mathrm{e}^x & -\dfrac{x-y+b}{x^2+y^2}+y & \dfrac{z+1}{z^2}\end{vmatrix}=\left(0,0,\frac{2x[b+(a-1)y]}{(x^2+y^2)^2}\right)=(0,0,0)$$

解得 $a=1,b=0$. 由

$$\begin{aligned}&\left(\frac{ax+y}{x^2+y^2}+\mathrm{e}^x\right)\mathrm{d}x+\left(-\frac{x-y+b}{x^2+y^2}+y\right)\mathrm{d}y+\left(\frac{z+1}{z^2}\right)\mathrm{d}z\\ =&\left(\frac{x+y}{x^2+y^2}+\mathrm{e}^x\right)\mathrm{d}x+\left(-\frac{x-y}{x^2+y^2}+y\right)\mathrm{d}y+\left(\frac{z+1}{z^2}\right)\mathrm{d}z\\ =&\frac{1}{2}\left(\frac{2x}{x^2+y^2}\mathrm{d}x+\frac{2y}{x^2+y^2}\mathrm{d}y\right)+\left(\frac{y}{x^2+y^2}\mathrm{d}x-\frac{x}{x^2+y^2}\mathrm{d}y\right)+\mathrm{e}^x\mathrm{d}x+y\mathrm{d}y+\left(\frac{1}{z}+\frac{1}{z^2}\right)\mathrm{d}z\\ =&\mathrm{d}\left[\ln(x^2+y^2)+\arctan\frac{x}{y}+\mathrm{e}^x+\frac{1}{2}y^2+\ln|z|-\frac{1}{z}\right]\end{aligned}$$

所以势函数为 $u=\ln(x^2+y^2)+\arctan\dfrac{x}{y}+\mathrm{e}^x+\dfrac{1}{2}y^2+\ln|z|-\dfrac{1}{z}+c.$

例 18.5.10 若 $\boldsymbol{F}_1(x,y,z),\boldsymbol{F}_2(x,y,z)$ 是无旋场, 则 $\boldsymbol{F}_1(x,y,z)\times\boldsymbol{F}_2(x,y,z)$ 是无源场.

证明 因为 $\boldsymbol{F}_1(x,y,z),\boldsymbol{F}_2(x,y,z)$ 是无旋场, 所以 $\mathrm{rot}\boldsymbol{F}_1=0$, $\mathrm{rot}\boldsymbol{F}_2=0$. 由旋度的运算性质

$$\nabla\cdot(\boldsymbol{F}_1\times\boldsymbol{F}_2)=(\nabla\times\boldsymbol{F}_1)\cdot\boldsymbol{F}_2-(\nabla\times\boldsymbol{F}_2)\cdot\boldsymbol{F}_1=\boldsymbol{F}_2\cdot\mathrm{rot}\boldsymbol{F}_1-\boldsymbol{F}_1\cdot\mathrm{rot}\boldsymbol{F}_2=0$$

结论得证.

习题 18.5 场论初步

1. 设 f,g,u,v 为光滑的数量场, 证明:

(1) $\nabla(uv)=v\nabla u+u\nabla v$;

(2) $\nabla\left(u^2\right)=2u\nabla u$;

(3) $\nabla(f(u))=f'(u)\nabla u$;

(4) $\nabla\left(\dfrac{f}{g}\right)=\dfrac{1}{g^2}(g\nabla f-f_{\nabla}g)$;

(5) $\nabla f(u,v)=\dfrac{\partial f}{\partial u}\nabla u+\dfrac{\partial f}{\partial v}\nabla v$.

2. 计算

(1) $\mathrm{div}\begin{vmatrix}\boldsymbol{i} & \boldsymbol{j} & \boldsymbol{k}\\ \dfrac{\partial}{\partial x} & \dfrac{\partial}{\partial y} & \dfrac{\partial}{\partial z}\\ w_x & w_y & w_z\end{vmatrix}$; (2) $\mathrm{div}\,(u\nabla u)$, $\mathrm{div}\,(u\nabla v)$.

3. 求下列向量场的旋度.

(1) $\boldsymbol{A}=\left(x^2yz,xy^2z,xyz^2\right)$； (2) $\boldsymbol{A}=\left(\dfrac{x}{yz},\dfrac{y}{zx},\dfrac{z}{xy}\right)$.

4. 求 $\boldsymbol{F}$ 的势函数:

(1) $\boldsymbol{F}=\left(1-\dfrac{1}{y}+\dfrac{y}{z},\dfrac{x}{z}+\dfrac{x}{y^2},-\dfrac{xy}{z^2}\right)$； (2) $\boldsymbol{F}=\dfrac{1}{x^2+y^2+z^2+2xy}(x+y,x+y,z)$.

5. 求向量 $\boldsymbol{r}=(x,y,z)$ 穿过曲面 $z=1-\sqrt{x^2+y^2}\,(0\leqslant z\leqslant 1)$ 的流量.

6. 证明向量 $\boldsymbol{a}$ 穿过由方程 $\boldsymbol{r}=\boldsymbol{r}(u,v),(u,v)\in\Omega$ 所给出的曲面 Σ 的流量满足:

$$\iint_{\Sigma}\boldsymbol{a}\cdot\boldsymbol{n}\mathrm{d}S=\iint_{\Omega}\boldsymbol{a}\cdot\left(\frac{\partial\boldsymbol{r}}{\partial u}\times\frac{\partial\boldsymbol{r}}{\partial v}\right)\mathrm{d}u\mathrm{d}v.$$

7. 证明: 若函数 $u=u(x,y,z)$ 在凸形区域 Ω 内可微分, 并且 $\|\nabla u\|\leqslant m$, 则有

$$|u(A)-u(B)|\leqslant m\|A-B\|,\forall A,B\in\Omega.$$

扫码学习

*18.6 提高课

18.6.1 积分的统一定义

我们已经学习了定积分、第一型曲线积分、第一型曲面积分、二重积分、三重积分, 这些积分定义的形式、主要的运算性质和实际的应用背景也相同, 下面将给出统一的定义.

定义 18.6.1 (黎曼积分) 设 Ω 是有界几何体 (直线段、曲线段、平面区域、空间区域、空间曲面), 并且 Ω 是可以度量的 (可求曲线长度、可求面积、可求体积), 函数 $f(P)$ 定义在 Ω 上, 将 Ω 进行分割 $T:\Omega_1,\Omega_2,\cdots,\Omega_n$, 记 $\Delta\Omega_i$ 为 Ω_i 的度量大小, $\|T\|=\max\limits_{1\leqslant i\leqslant n}\dim\Omega_i$($\dim\Omega_i$ 为 Ω_i 的直径), 在 Ω_i 内任取一点 $P_i,i=1,2,\cdots,n$, 如果

$$\lim_{\|T\|\to 0}\sum_{i=1}^{n}f(P_i)\Delta\Omega_i=J$$

则称 $f(P)$ 在 Ω 上黎曼可积, 记为 $\displaystyle\int_{\Omega}f(P)\,\mathrm{d}\Omega=J$.

性质 1 黎曼积分具有下面的性质:

(1) (可积函数的有界性) 如果 $f(P)$ 在 Ω 上黎曼可积, 则 $f(P)$ 在 Ω 上有界.

(2) (线性性)f,g 在区域 Ω 上可积, 则 $f\pm g$ 在 Ω 上可积, 且

$$\int_{\Omega}(c_1f(P)+c_2g(P))\,\mathrm{d}\Omega=c_1\int_{\Omega}f(P)\,\mathrm{d}\Omega+c_2\int_{\Omega}g(P)\,\mathrm{d}\Omega$$

这里 c_1,c_2 是任意常数.

(3) (区域可加性) 设区域 Ω 可以分解成两个无公共内点的子区域 Ω_1,Ω_2, 则 f 在区域 Ω 上可积的充分必要条件是 f 在 Ω_1,Ω_2 上积分存在, 且 $\displaystyle\int_{\Omega}f(P)\,\mathrm{d}\Omega=\int_{\Omega_1}f(P)\,\mathrm{d}\Omega+\int_{\Omega_2}f(P)\,\mathrm{d}\Omega$.

(4) (保序性) 设 f,g 在区域 Ω 上可积, 且满足 $f(P)\leqslant g(P),\forall P\in\Omega$, 则 $\int_\Omega f(P)\,\mathrm{d}\Omega\leqslant\int_\Omega g(P)\mathrm{d}\Omega$.

(5) (绝对可积性) 设 f 在区域 Ω 上可积, 则 $|f(P)|$ 在区域 Ω 上可积, 且

$$\left|\int_\Omega f(P)\,\mathrm{d}\Omega\right|\leqslant\int_\Omega|f(P)|\,\mathrm{d}\Omega$$

(6) (积分中值定理) 设 f 在有界闭区域 Ω 上连续, 则存在 $P^*\in\Omega$ 使得

$$\int_\Omega f(P)\,\mathrm{d}\Omega=f(P^*)\cdot m\Omega,\quad m\Omega\text{为}\Omega\text{的度量}$$

注 18.6.1 第二型曲线积分、第二型曲面积分可以统一定义并有相同的运算性质.

注 18.6.2 第二型曲线积分、第二型曲面积分都可以转化为对应的第一型曲线积分、第一型曲面积分, 可以给出统一的表述.

18.6.2 外微分

本节简要介绍微分形式与外微分的概念, 利用它们可以将学过的牛顿–莱布尼茨公式、格林公式、高斯公式和斯托克斯公式统一起来.

三维空间中自变量的微分 $\mathrm{d}x,\mathrm{d}y,\mathrm{d}z$ 称为基本一次微分形式. 定义基本一次微分形式之间的一种运算, 称为外积, 用 Λ 表示, 比如 $\mathrm{d}x$ 与 $\mathrm{d}y$ 的外积记为 $\mathrm{d}x\Lambda\mathrm{d}y$. 两个基本一次微分形式的外积称为基本二次微分形式.

规定外积的运算满足以下性质:

(1) $(a\mathrm{d}x)\Lambda\mathrm{d}y=a(\mathrm{d}x\Lambda\mathrm{d}y),a\in\mathbf{R}$;

(2) 外积运算对加法有分配律: $\mathrm{d}x\Lambda(\mathrm{d}y+\mathrm{d}z)=\mathrm{d}x\Lambda\mathrm{d}y+\mathrm{d}x\Lambda\mathrm{d}z$;

(3) 反交换律: $\mathrm{d}x\Lambda\mathrm{d}y=-\mathrm{d}y\Lambda\mathrm{d}x$;

(4) 任意一个微分与自身的外积等于零: $\mathrm{d}x\Lambda\mathrm{d}x=0$;

(5) 结合律: $\mathrm{d}x\Lambda(\mathrm{d}y\Lambda\mathrm{d}z)=(\mathrm{d}x\Lambda\mathrm{d}y)\Lambda\mathrm{d}z$.

注 18.6.3 基本一次微分形式 $\mathrm{d}x,\mathrm{d}y,\mathrm{d}z$ 的几何意义可以理解为有向长度微元. 基本二次微分形式 $\mathrm{d}y\Lambda\mathrm{d}z,\mathrm{d}z\Lambda\mathrm{d}x,\mathrm{d}x\Lambda\mathrm{d}y$ 的几何意义可以理解为有向面积微元. 基本三次微分形式 $\mathrm{d}x\Lambda\mathrm{d}y\Lambda\mathrm{d}z$ 的几何意义可以理解为有向体积微元. 它们与 $\mathrm{d}y\mathrm{d}z,\mathrm{d}z\mathrm{d}x,\mathrm{d}x\mathrm{d}y$ 和 $\mathrm{d}x\mathrm{d}y\mathrm{d}z$ 的区别在于新定义的微元是有向度量, 即有正负之分, 而后者无向, 始终为正. 若把 $\mathrm{d}x,\mathrm{d}y,\mathrm{d}z$ 看作三维空间中的向量, 则微分的外积运算与向量的外积运算 $\boldsymbol{a}\times\boldsymbol{b}$ 对应的上述运算法则 (1)—(4) 是对应的.

设 F,P,Q,R 为定义在三维空间中的函数, 下面的 (1)—(4) 式分别称为零阶、一阶、二阶和三阶微分形式.

(1) F;

(2) $P\mathrm{d}x+Q\mathrm{d}y+R\mathrm{d}z$;

(3) $P\mathrm{d}y\Lambda\mathrm{d}z+Q\mathrm{d}z\Lambda\mathrm{d}x+R\mathrm{d}x\Lambda\mathrm{d}y$;

(4) $F\mathrm{d}x\Lambda\mathrm{d}y\Lambda\mathrm{d}z$.

根据外积的运算性质, 可对各阶微分形式进行外积运算. 两个一阶微分形式的外积为

$$
\begin{aligned}
&(P_1\mathrm{d}x+Q_1\mathrm{d}y+R_1\mathrm{d}z)\,\Lambda\,(P_2\mathrm{d}x+Q_2\mathrm{d}y+R_2\mathrm{d}z)\\
=&\left\{\begin{array}{l}P_1\mathrm{d}x\Lambda\,(P_2\mathrm{d}x+Q_2\mathrm{d}y+R_2\mathrm{d}z)\\+Q_1\mathrm{d}y\Lambda\,(P_2\mathrm{d}x+Q_2\mathrm{d}y+R_2\mathrm{d}z)\\+R_1\mathrm{d}z\Lambda\,(P_2\mathrm{d}x+Q_2\mathrm{d}y+R_2\mathrm{d}z)\end{array}\right\}\\
=&(Q_1R_2-R_1Q_2)\mathrm{d}y\Lambda\mathrm{d}z+(R_1P_2-P_1R_2)\mathrm{d}z\Lambda\mathrm{d}x+(P_1Q_2-Q_1P_2)\mathrm{d}x\Lambda\mathrm{d}y\\
=&\begin{vmatrix}\mathrm{d}y\Lambda\mathrm{d}z & \mathrm{d}z\Lambda\mathrm{d}x & \mathrm{d}x\Lambda\mathrm{d}y\\ P_1 & Q_1 & R_1\\ P_2 & Q_2 & R_2\end{vmatrix}
\end{aligned}
$$

一阶微分形式与二阶微分形式的外积为

$$
\begin{aligned}
&(P\mathrm{d}x+Q\mathrm{d}y+R\mathrm{d}z)\,\Lambda\,(A\mathrm{d}y\Lambda\mathrm{d}z+B\mathrm{d}z\Lambda\mathrm{d}x+C\mathrm{d}x\Lambda\mathrm{d}y)\\
=&\left\{\begin{array}{l}P\mathrm{d}x\Lambda\,(A\mathrm{d}y\Lambda\mathrm{d}z+B\mathrm{d}z\Lambda\mathrm{d}x+C\mathrm{d}x\Lambda\mathrm{d}y)\\+Q\mathrm{d}y\Lambda\,(A\mathrm{d}y\Lambda\mathrm{d}z+B\mathrm{d}z\Lambda\mathrm{d}x+C\mathrm{d}x\Lambda\mathrm{d}y)\\+R\mathrm{d}z\Lambda\,(A\mathrm{d}y\Lambda\mathrm{d}z+B\mathrm{d}z\Lambda\mathrm{d}x+C\mathrm{d}x\Lambda\mathrm{d}y)\end{array}\right\}\\
=&(PA+QB+RC)\,\mathrm{d}x\Lambda\mathrm{d}y\Lambda\mathrm{d}z=((P,Q,R)\cdot(A,B,C))\,\mathrm{d}x\Lambda\mathrm{d}y\Lambda\mathrm{d}z
\end{aligned}
$$

显然, 微分形式经过外积运算后其次数会变高, 但两个微分形式的次数之和超过三次, 则其外积必为零.

在三维空间中, 对于系数是可微函数的各阶外微分形式, 可以定义它们的外微分:

(1) $\mathrm{d}(\mathrm{d}x)=\mathrm{d}(\mathrm{d}y)=\mathrm{d}(\mathrm{d}z)=0$;

(2) $\mathrm{d}F=\dfrac{\partial F}{\partial x}\mathrm{d}x+\dfrac{\partial F}{\partial y}\mathrm{d}y+\dfrac{\partial F}{\partial z}\mathrm{d}z$;

(3) $\mathrm{d}(P\mathrm{d}x+Q\mathrm{d}y+R\mathrm{d}z)=\mathrm{d}P\Lambda\mathrm{d}x+\mathrm{d}Q\Lambda\mathrm{d}y+\mathrm{d}R\Lambda\mathrm{d}z$;

(4) $\mathrm{d}(A\mathrm{d}y\Lambda\mathrm{d}z+B\mathrm{d}z\Lambda\mathrm{d}x+C\mathrm{d}x\Lambda\mathrm{d}y)=\mathrm{d}A\Lambda\mathrm{d}y\Lambda\mathrm{d}z+\mathrm{d}B\Lambda\mathrm{d}z\Lambda\mathrm{d}x+\mathrm{d}C\Lambda\mathrm{d}x\Lambda\mathrm{d}y$;

(5) $\mathrm{d}(F\mathrm{d}x\Lambda\mathrm{d}y\Lambda\mathrm{d}z)=\mathrm{d}F\Lambda\mathrm{d}x\Lambda\mathrm{d}y\Lambda\mathrm{d}z$.

零阶微分形式的外微分就是普通的微分, $p(p=0,1,2)$ 阶微分形式的外微分是 $p+1$ 阶微分形式, 三阶微分形式的外微分等于零.

利用场论中的梯度、散度、旋度, 可将上述各式方便地表示为:

(1) $\mathrm{d}F=\dfrac{\partial F}{\partial x}\mathrm{d}x+\dfrac{\partial F}{\partial y}\mathrm{d}y+\dfrac{\partial F}{\partial z}\mathrm{d}z=\mathrm{grad}F\cdot(\mathrm{d}x,\mathrm{d}y,\mathrm{d}z)$

(2) $\mathrm{d}(P\mathrm{d}x+Q\mathrm{d}y+R\mathrm{d}z)=\mathrm{rot}\,(P,Q,R)\cdot(\mathrm{d}y\Lambda\mathrm{d}z,\mathrm{d}z\Lambda\mathrm{d}x,\mathrm{d}x\Lambda\mathrm{d}y)$

$$
=\begin{vmatrix}\mathrm{d}y\Lambda\mathrm{d}z & \mathrm{d}z\Lambda\mathrm{d}x & \mathrm{d}x\Lambda\mathrm{d}y\\ \dfrac{\partial}{\partial x} & \dfrac{\partial}{\partial y} & \dfrac{\partial}{\partial z}\\ P & Q & R\end{vmatrix}
$$

(3) $\mathrm{d}(A\mathrm{d}y\Lambda\mathrm{d}z+B\mathrm{d}z\Lambda\mathrm{d}x+C\mathrm{d}x\Lambda\mathrm{d}y)=\mathrm{div}\,(A,B,C)\,\mathrm{d}x\Lambda\mathrm{d}y\Lambda\mathrm{d}z$

下面利用外积推导多变量积分中的变量替换公式.

二重积分的一般变量替换: 在变换 $x=x(u,v),y=y(u,v)$ 下, 有

$$\iint_D f(x,y)\mathrm{d}x\mathrm{d}y=\iint_{D'} f(x(u,v),y(u,v))\left|\frac{\partial(x,y)}{\partial(u,v)}\right|\mathrm{d}u\mathrm{d}v$$

由外积表达式

$$\begin{aligned}\mathrm{d}x\Lambda\mathrm{d}y&=\left(\frac{\partial x}{\partial u}\mathrm{d}u+\frac{\partial x}{\partial v}\mathrm{d}v\right)\Lambda\left(\frac{\partial y}{\partial u}\mathrm{d}u+\frac{\partial y}{\partial v}\mathrm{d}v\right)\\&=\frac{\partial x}{\partial u}\mathrm{d}u\Lambda\left(\frac{\partial y}{\partial u}\mathrm{d}u+\frac{\partial y}{\partial v}\mathrm{d}v\right)+\frac{\partial x}{\partial v}\mathrm{d}v\Lambda\left(\frac{\partial y}{\partial u}\mathrm{d}u+\frac{\partial y}{\partial v}\mathrm{d}v\right)\\&=\frac{\partial x}{\partial u}\frac{\partial y}{\partial v}\mathrm{d}u\Lambda\mathrm{d}v+\frac{\partial x}{\partial v}\frac{\partial y}{\partial u}\mathrm{d}v\Lambda\mathrm{d}u\\&=\left(\frac{\partial x}{\partial u}\frac{\partial y}{\partial v}-\frac{\partial x}{\partial v}\frac{\partial y}{\partial u}\right)\mathrm{d}u\Lambda\mathrm{d}v=\frac{\partial(x,y)}{\partial(u,v)}\mathrm{d}u\Lambda\mathrm{d}v\end{aligned}$$

即得

$$\mathrm{d}x\mathrm{d}y=|\mathrm{d}x\Lambda\mathrm{d}y|=\left|\frac{\partial(x,y)}{\partial(u,v)}\right||\mathrm{d}u\Lambda\mathrm{d}v|=\left|\frac{\partial(x,y)}{\partial(u,v)}\right|\mathrm{d}u\mathrm{d}v$$

二重积分中极坐标变换下的面积微元: 在极坐标变换 $x=r\cos\theta,y=r\sin\theta$ 下, 有

$$\iint_D f(x,y)\mathrm{d}x\mathrm{d}y=\iint_{D'} f(r\cos\theta,r\sin\theta)r\mathrm{d}r\mathrm{d}\theta$$

由外积表达式

$$\begin{aligned}\mathrm{d}x\Lambda\mathrm{d}y&=(\cos\theta\mathrm{d}r-r\sin\theta\mathrm{d}\theta)\Lambda(\sin\theta\mathrm{d}r+r\cos\theta\mathrm{d}\theta)\\&=\cos\theta\mathrm{d}r\Lambda(\sin\theta\mathrm{d}r+r\cos\theta\mathrm{d}\theta)-r\sin\theta\mathrm{d}\theta\Lambda(\sin\theta\mathrm{d}r+r\cos\theta\mathrm{d}\theta)\\&=r\cos^2\theta\mathrm{d}r\Lambda\mathrm{d}\theta+r\sin^2\theta\mathrm{d}r\Lambda\mathrm{d}\theta=r\mathrm{d}r\Lambda\mathrm{d}\theta\end{aligned}$$

即得

$$\mathrm{d}x\mathrm{d}y=|\mathrm{d}x\Lambda\mathrm{d}y|=r\mathrm{d}r\mathrm{d}\theta$$

第二型曲面积分的计算公式: 设曲面的参数方程为

$$x=x(u,v),\quad y=y(u,v),\quad z=z(u,v),\quad (u,v)\in D$$

则有

$$\begin{aligned}\iint_S P(x,y,z)\mathrm{d}y\mathrm{d}z&=\pm\iint_D P(x(u,v),y(u,v),z(u,v))\frac{\partial(y,z)}{\partial(u,v)}\mathrm{d}u\mathrm{d}v\\\iint_S Q(x,y,z)\mathrm{d}z\mathrm{d}x&=\pm\iint_D Q(x(u,v),y(u,v),z(u,v))\frac{\partial(z,x)}{\partial(u,v)}\mathrm{d}u\mathrm{d}v\\\iint_S R(x,y,z)\mathrm{d}x\mathrm{d}y&=\pm\iint_D R(x(u,v),y(u,v),z(u,v))\frac{\partial(x,y)}{\partial(u,v)}\mathrm{d}u\mathrm{d}v\end{aligned}$$

其中符号 $\pm$ 由 S 的方向而定. 利用二重积分变量替换中已经证得的面积微元关系

$$\mathrm{d}y\Lambda\mathrm{d}z=\frac{\partial(y,z)}{\partial(u,v)}\mathrm{d}u\Lambda\mathrm{d}v,\quad \mathrm{d}z\Lambda\mathrm{d}x=\frac{\partial(z,x)}{\partial(u,v)}\mathrm{d}u\Lambda\mathrm{d}v,\quad \mathrm{d}x\Lambda\mathrm{d}y=\frac{\partial(x,y)}{\partial(u,v)}\mathrm{d}u\Lambda\mathrm{d}v$$

取绝对值后, 即得到上述三个公式. 这说明如果在等式两边都使用外积, 由外积的几何意义知, 等式右边的符号 $\pm$ 自然被包含到外积当中了.

下面讨论牛顿–莱布尼茨公式、格林公式、高斯公式和斯托克斯公式的统一表示形式.

牛顿–莱布尼茨公式: $\int_a^b f(x)\mathrm{d}x=F(x)|_a^b$, 其中 $F(x)$ 是 $f(x)$ 在 $[a,b]$ 上的一个原函数. 若记 $\lambda=F(x)$, 则 $\mathrm{d}\lambda=\mathrm{d}F(x)$, 于是牛顿–莱布尼茨公式可写为 $\int_{[a,b]}\mathrm{d}\lambda=\int_{\{a,b\}}\lambda$.

斯托克斯公式:

$$\oint_L(P,Q,R)\cdot(\mathrm{d}x,\mathrm{d}y,\mathrm{d}z)=\iint_S\mathrm{rot}\,(P,Q,R)\cdot(\mathrm{d}y\mathrm{d}z,\mathrm{d}z\mathrm{d}x,\mathrm{d}x\mathrm{d}y)$$

或者

$$\oint_L P\mathrm{d}x+Q\mathrm{d}y+R\mathrm{d}z=\iint_S\begin{vmatrix}\mathrm{d}y\mathrm{d}z & \mathrm{d}z\mathrm{d}x & \mathrm{d}x\mathrm{d}y\\ \dfrac{\partial}{\partial x} & \dfrac{\partial}{\partial y} & \dfrac{\partial}{\partial z}\\ P & Q & R\end{vmatrix}$$

其中 S 是以 L 为边界的光滑曲面, L 与 S 的方向遵从右手法则. 记 $\lambda=P\mathrm{d}x+Q\mathrm{d}y+R\mathrm{d}z$, 则 $\mathrm{d}\lambda=\mathrm{rot}\,(P,Q,R)\cdot(\mathrm{d}y\mathrm{d}z,\mathrm{d}z\mathrm{d}x,\mathrm{d}x\mathrm{d}y)$, 于是斯托克斯公式可写为 $\oint_L\lambda=\iint_S\mathrm{d}\lambda$.

格林公式作为斯托克斯公式的特殊情形, 自然也具有上述形式.

高斯公式:

$$\oiint_S P\mathrm{d}y\mathrm{d}z+Q\mathrm{d}z\mathrm{d}x+R\mathrm{d}x\mathrm{d}y=\iiint_V\left(\frac{\partial P}{\partial x}+\frac{\partial P}{\partial y}+\frac{\partial P}{\partial z}\right)\mathrm{d}x\mathrm{d}y\mathrm{d}z$$

或

$$\oiint_S(P,Q,R)\cdot(\mathrm{d}y\mathrm{d}z,\mathrm{d}z\mathrm{d}x,\mathrm{d}x\mathrm{d}y)=\iiint_V\mathrm{div}\,(P,Q,R)\,\mathrm{d}x\mathrm{d}y\mathrm{d}z$$

其中空间闭区域 V 以分片光滑曲面 S 为边界并取外侧. 记 $\lambda=P\mathrm{d}y\Lambda\mathrm{d}z+Q\mathrm{d}z\Lambda\mathrm{d}x+R\mathrm{d}x\Lambda\mathrm{d}y$, 则 $\mathrm{d}\lambda=\mathrm{div}\,(P,Q,R)\,\mathrm{d}x\Lambda\mathrm{d}y\Lambda\mathrm{d}z$. 于是高斯公式可以写为 $\oiint_S\lambda=\iiint_V\mathrm{d}\lambda$.

综上所述, 可以将上述公式统一为

$$\int_{\partial M}\lambda=\int_M\mathrm{d}\lambda$$

这个式子称为斯托克斯公式, 其中 M 是 $k(k=1,2,3)$ 维区域, ∂M 是 M 的边界 $(k-1$ 维$)$, λ 是 $k-1$ 阶微分形式, $\mathrm{d}\lambda$ 是 k 阶微分形式. 它说明高次的微分形式在给定区域上的积分等于低一次的微分形式在低一维的区域边界上的积分.

*18.7 探索类问题

探索类问题 1 构造空间曲面并求曲面的面积, 如图 18.7.1 所示.

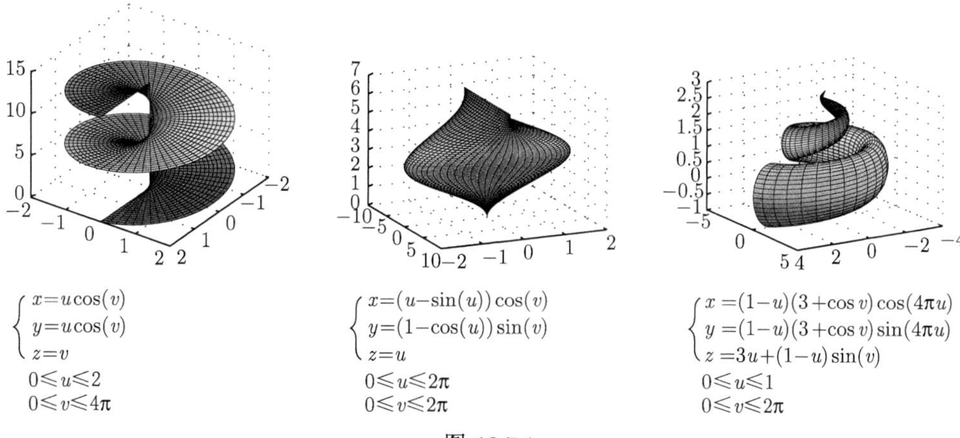

图 18.7.1

探索类问题 2 (1) 研究半径相同的三个圆柱相交 (垂直) 围成空间物体的体积和表面积. 如图 18.7.2 所示.

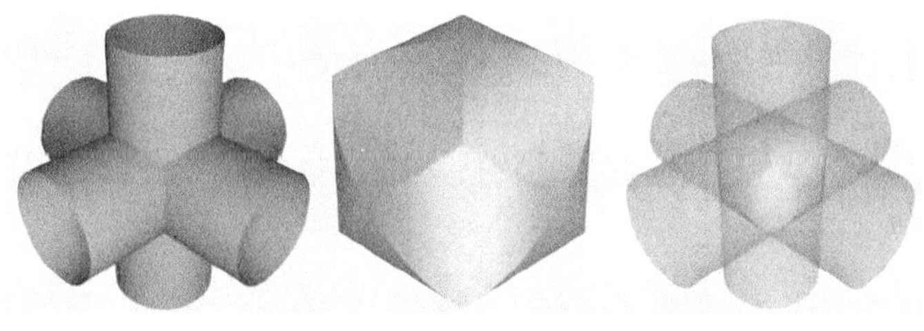

图 18.7.2

(2) 研究曲面 $r=1+\dfrac{1}{5}\sin m\theta\sin n\varphi$ 围成的面积计算方法. 如图 18.7.3 所示.

探索类问题 3 向量函数的第一型曲面积分研究:

设向量函数 $\boldsymbol{F}=(f_1(x,y,z),f_2(x,y,z),\cdots,f_n(x,y,z))$ 定义在光滑曲面 S^* 上, 定义向量函数的第一型曲面积分

$$\iint\limits_{S^*}F\mathrm{d}S=\left(\iint\limits_{S^*}f_1(x,y,z)\,\mathrm{d}S,\iint\limits_{S^*}f_2(x,y,z)\,\mathrm{d}S,\cdots,\iint\limits_{S^*}f_n(x,y,z)\,\mathrm{d}S\right)$$

(1) 曲面方程直角坐标系表示, 研究向量函数第一型曲面积分的计算方法;

(2) 曲面方程参数表示, 研究向量函数第一型曲面积分的计算方法.

探索类问题 4 高斯公式研究:

(1) 积分区域是复连通区域, 写出基于第一型和第二型曲面积分的高斯公式、格林第一、二、三公式的数学表达式.

(2) 通过查阅文献和相关书籍了解高斯公式和空间第一、二、三格林公式在工程领域中的应用, 写一份读书报告.

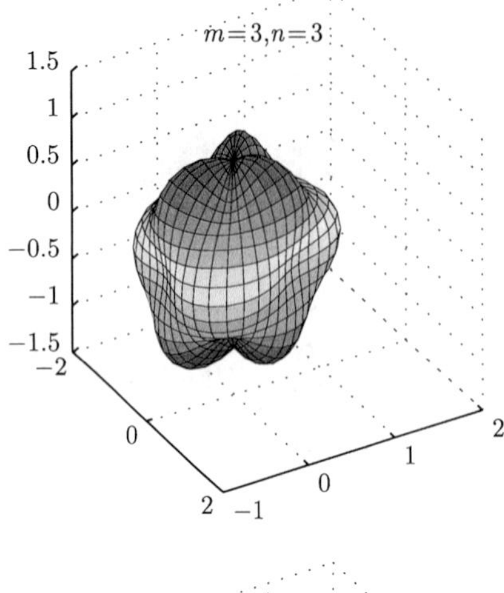
m=3,n=3
1.5
1
0.5
0
−0.5
−1
−1.5
−2
0
2
−1
0
1
2

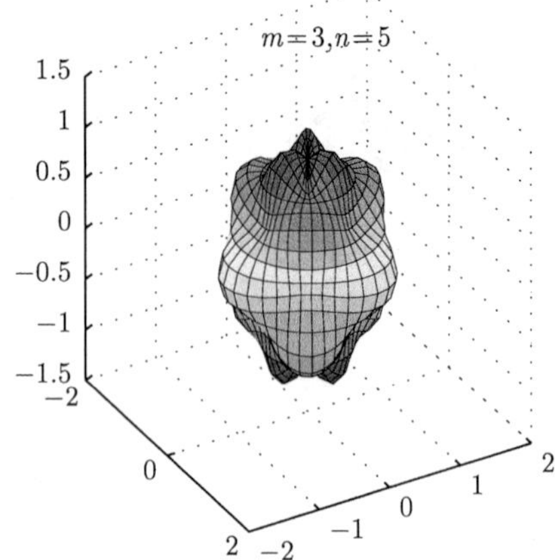
m=3,n=5
1.5
1
0.5
0
−0.5
−1
−1.5
−2
0
2
−2
−1
0
1
2

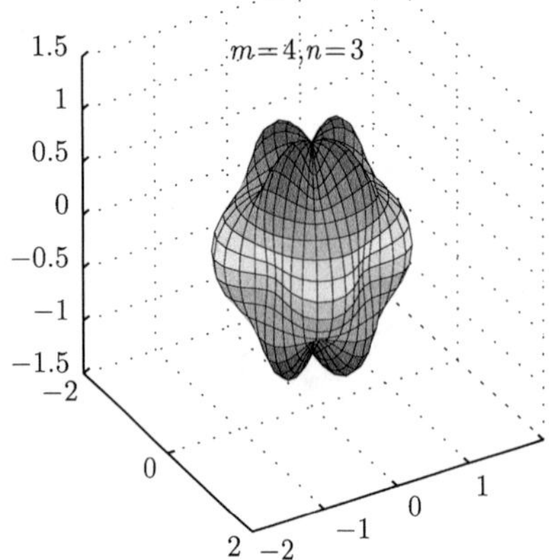
m=4,n=3
1.5
1
0.5
0
−0.5
−1
−1.5
−2
0
2
−2
−1
0
1
2

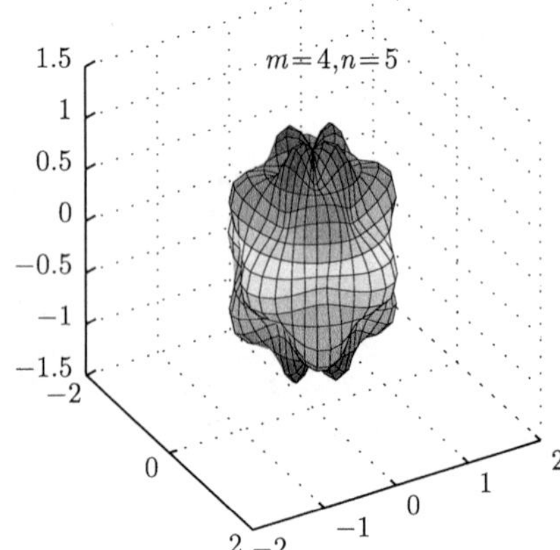
m=4,n=5
1.5
1
0.5
0
−0.5
−1
−1.5
−2
0
2
−2
−1
0
1
2

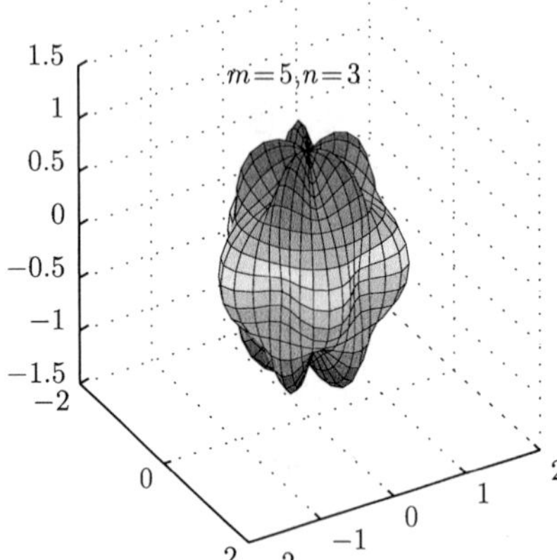
m=5,n=3
1.5
1
0.5
0
−0.5
−1
−1.5
−2
0
2
−2
−1
0
1
2

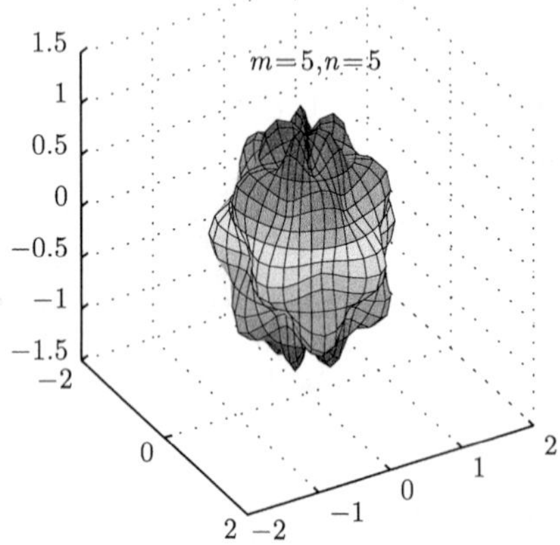
m=5,n=5
1.5
1
0.5
0
−0.5
−1
−1.5
−2
0
2
−2
−1
0
1
2

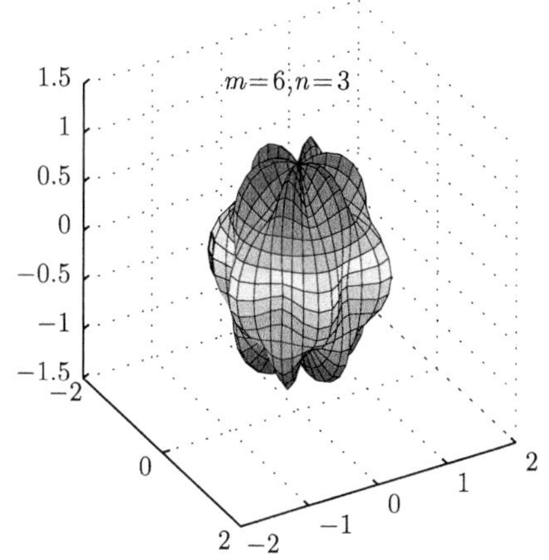

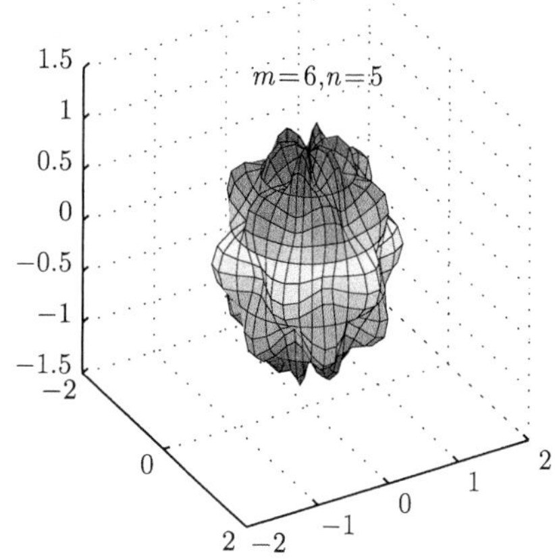

图 18.7.3

探索类问题 5 斯托克斯公式研究:

(1) 写出基于第一型和第二型曲面积分的斯托克斯公式;

(2) 根据物理学定理: 通过线元 $\mathrm{d}\boldsymbol{s}$ 的电流 i 在空间点 $M(x,y,z)$ 处产生的磁场, 应力为 $\mathrm{d}\boldsymbol{H}=ki\dfrac{(\boldsymbol{r}\times\mathrm{d}\boldsymbol{s})}{\|\boldsymbol{r}\|^3}$, 其中 $\boldsymbol{r}$ 为连接 $\mathrm{d}\boldsymbol{s}$ 和 $M(x,y,z)$ 的向量, k 为比例系数. 如果导线为封闭曲线 C, 研究 C 对 $M(x,y,z)$ 的应力 $\boldsymbol{H}$ 在三个坐标轴的投影.

(3) 给定函数 $W(x,y,z)=ki\displaystyle\iint_{S^*}\frac{\cos(\boldsymbol{r},\boldsymbol{n})}{\|\boldsymbol{r}\|^2}\mathrm{d}S$, 其中 S^* 为以封闭曲线 C 为边界的空间曲面, $\boldsymbol{r}$ 为连接 S^* 上动点 $A(\alpha,\beta,\gamma)$ 和点 $M(x,y,z)$ 的向量, $\boldsymbol{n}$ 为 S^* 的外法线方向的单位向量. 证明 $W(x,y,z)$ 为 $\boldsymbol{H}$ 的位势.

探索类问题 6 研究下面的问题:

(1) 利用高斯公式和微积分基本定理证明

$$\frac{\mathrm{d}}{\mathrm{d}t}\left(\iiint_{x^2+y^2+z^2\leqslant t^2} f(x,y,z,t)\,\mathrm{d}x\mathrm{d}y\mathrm{d}z\right)=\iiint_{x^2+y^2+z^2\leqslant t^2}\frac{\partial f(x,y,z,t)}{\partial t}\mathrm{d}x\mathrm{d}y\mathrm{d}z+\iint_{x^2+y^2+z^2=t^2} f(x,y,z,t)\,\mathrm{d}S$$

其中 $t>0$, $f(x,y,z,t)$ 具有连续的偏导数.

(2) 设 S_t 是变动的球面 $(\alpha-x)^2+(\beta-y)^2+(\gamma-z)^2=t^2$, $f(\alpha,\beta,\gamma)$ 在 S_t 上连续, 构造函数

$$u(x,y,z,t)=\frac{1}{4\pi}\iint_{S_t}\frac{f(\alpha,\beta,\gamma)}{t}\mathrm{d}S$$

证明 $u(x,y,z,t)$ 满足波动方程 ($a>0$ 为常数):

$$\frac{\partial^2 u}{\partial t^2}=a^2\left(\frac{\partial^2 u}{\partial x^2}+\frac{\partial^2 u}{\partial y^2}+\frac{\partial^2 u}{\partial z^2}\right)$$

$$u\,|_{t=0}=0,\quad u_t\,|_{t=0}=f(x,y,z)$$

探索类问题 7 场论问题研究:

(1) 给定向量场 $\boldsymbol{a}(x,y,z)=\displaystyle\sum_{k=1}^{n}\nabla\left(-\frac{e_k}{4\pi r_k}\right)$, 其中 e_k 为常数, $\boldsymbol{M}_i(x_i,y_i,z_i)$ 为确定

的向量, $i=1,2,\cdots,n$, $\boldsymbol{M}(x,y,z)$ 为动点, $r_k=\|\boldsymbol{M}_k-\boldsymbol{M}\|$. 求此向量 $\boldsymbol{a}$ 沿着包含向量 $\boldsymbol{M}_i(x_i,y_i,z_i)$, $i=1,2,\cdots,n$ 的封闭曲面 S 的流量.

(2) 在单位时间内经过曲面元素 $\mathrm{d}S$ 进入温度场 u 的热量 $\mathrm{d}Q=-K(\boldsymbol{n})\cdot(\nabla u)\,\mathrm{d}S$, 其中 $\boldsymbol{n}$ 为曲面 $\mathrm{d}S$ 的外法单位向量, K 为常数. 求 (i) 单位时间内物体所积累的热量; (ii) 温度上升的速度为 $\dfrac{\partial u}{\partial t}$; (iii) 温度上升的速度满足热传导方程 $\dfrac{\partial u}{\partial t}=a^*\left(\dfrac{\partial^2 u}{\partial x^2}+\dfrac{\partial^2 u}{\partial y^2}+\dfrac{\partial^2 u}{\partial z^2}\right)$($a^*$ 为常数).

(3) 设 S^* 围成的区域为 V, $\boldsymbol{n}$ 为 S^* 的外法单位向量, $P(x,y,z),Q(\alpha,\beta,\gamma)$, $\|r\|=\|P-Q\|$, 定义函数 $W(x,y,z)=\iiint\limits_V\dfrac{f(\alpha,\beta,\gamma)}{\|P-Q\|}\mathrm{d}\alpha\mathrm{d}\beta\mathrm{d}\gamma$, 证明

$$\nabla W(x,y,z)=-\iint\limits_{S^*}\left(\frac{f(\alpha,\beta,\gamma)}{\|P-Q\|}\right)\boldsymbol{n}\mathrm{d}S+\iiint\limits_V(\nabla f(\alpha,\beta,\gamma))\frac{1}{\|P-Q\|}\mathrm{d}\alpha\mathrm{d}\beta\mathrm{d}\gamma$$

(4) 假设 $\boldsymbol{a}=\nabla u$, 其中

$$u(x,y,z)=-\frac{1}{4\pi}\iiint\limits_{\mathrm{R}^3}\frac{f(\alpha,\beta,\gamma)}{\|\boldsymbol{r}\|}\mathrm{d}\alpha\mathrm{d}\beta\mathrm{d}\gamma$$
$$\|\boldsymbol{r}\|=\sqrt{(\alpha-x)^2+(\beta-y)^2+(\gamma-z)^2}$$

则 $\mathrm{div}\boldsymbol{a}=f(x,y,z)$.

探索类问题 8 利用高斯公式和空间格林公式证明下列问题.

(1) 设 $\Delta u=0$, $(x,y,z)\in V^*$,

$$S^*:(a-x)^2+(b-y)^2+(c-z)^2=R^2$$
$$V^*:(a-x)^2+(b-y)^2+(c-z)^2\leqslant R^2$$

则 $u(x,y,z)=\dfrac{1}{4\pi R^2}\iint\limits_{S^*}u(a,b,c)\,\mathrm{d}S$(调和函数的中值定理).

(2) 设 $\Delta u=0,(x,y,z)\in V,V$ 是有界连通闭区域, u 在 V 上连续且不为常数, 证明 u 不可能在 V 的内点取到最大值和最小值.

探索类问题 9 三类偏微分方程研究:

(1) 椭圆方程: $\Delta u=\dfrac{\partial^2 u}{\partial x^2}+\dfrac{\partial^2 u}{\partial y^2}+\dfrac{\partial^2 u}{\partial z^2}=f(x,y,z)$.

(2) 抛物方程: $\dfrac{\partial u}{\partial t}=a\left(\dfrac{\partial^2 u}{\partial x^2}+\dfrac{\partial^2 u}{\partial y^2}+\dfrac{\partial^2 u}{\partial z^2}\right)$($a>0$ 为常数).

(3) 双曲方程: $\dfrac{\partial^2 u}{\partial t^2}=a\left(\dfrac{\partial^2 u}{\partial x^2}+\dfrac{\partial^2 u}{\partial y^2}+\dfrac{\partial^2 u}{\partial z^2}\right)$($a>0$ 为常数).

通过查阅文献了解三类方程刻画了工程领域哪些问题的变化规律, 写一份读书报告.

第 18 章习题答案与提示

第 19 章 Chapter 19 含参变量积分

本章研究含参变量的函数的积分, 即含参变量积分. 在许多自然科学问题中都会用到含参变量积分, 比如傅里叶变换、拉普拉斯变换和我们将要介绍的欧拉积分等. 本章重点讨论含参变量函数的定积分和广义积分, 其他积分比如重积分、曲线积分和曲面积分等类型的含参积分有类似的结论, 在本章的最后设置了系列研究探索类问题.

19.1 含参变量常义积分的定义与性质

19.1.1 含参变量积分的分析性质

定义 19.1.1 设二元函数 $f(x,u)$ 定义在 $I=[a,b]\times[\alpha,\beta]$ 上, 对任意 $u\in[\alpha,\beta]$, $f(x,u)$ 关于变量 x 在 $[a,b]$ 上黎曼可积, 则由此定义了区间 $[\alpha,\beta]$ 上关于自变量 u 的函数

$$\varphi(u)=\int_a^b f(x,u)\mathrm{d}x \tag{19.1.1}$$

称 (19.1.1) 为含参变量 u 的常义积分.

注 19.1.1 定义 19.1.1 中的 $[\alpha,\beta]$ 可以是其他各类区间:

$$(\alpha,\beta),\ [\alpha,\beta),\ (\alpha,\beta],\ (-\infty,+\infty),\ [\alpha,+\infty),\ (-\infty,\beta],\ (\alpha,+\infty),\ (-\infty,\beta) \tag{19.1.2}$$

下面研究含参变量常义积分所确定的函数 $\varphi(u)$ 的分析性质: 连续性、可积性和可微性.

定理 19.1.1 设 $f(x,y)$ 在 $I=[a,b]\times[\alpha,\beta]$ 上连续, 则函数 $\varphi(x)=\displaystyle\int_\alpha^\beta f(x,y)\mathrm{d}y$ 在 $I^*=[a,b]$ 上连续

证明 对任意 $x_0\in(a,b)$, 有 $\varphi(x)-\varphi(x_0)=\displaystyle\int_\alpha^\beta[f(x,y)-f(x_0,y)]\mathrm{d}y$. 由于 $f(x,y)$ 在 I 上连续, 故 $f(x,y)$ 在 I 上一致连续. 于是当 $x\in[a,b]$ 时,

$$\forall\varepsilon>0,\exists\delta(\varepsilon)>0,|x-x_0|<\delta,\forall y\in[\alpha,\beta]:|f(x,y)-f(x_0,y)|<\frac{\varepsilon}{\beta-\alpha}$$

根据积分运算的保序性, 从而

$$|\varphi(x)-\varphi(x_0)|\leqslant\int_\alpha^\beta\frac{\varepsilon}{\beta-\alpha}\mathrm{d}x=\varepsilon$$

当 $x_0=a$ 或 $x_0=b$ 时考虑单侧连续即可, 同理可以证明结论. 结论得证.

注 19.1.2 I^* 是其他类型区间 (19.1.2) 的时候, 结论依然成立. 证明留给读者完成.

注 19.1.3 在定理 19.1.1 的条件下进一步有

$$\forall x_0 \in [a,b],\ \lim_{x\to x_0}\varphi(x)=\varphi(x_0)$$
$$\Rightarrow \lim_{x\to x_0}\int_\alpha^\beta f(x,y)\mathrm{d}y=\int_\alpha^\beta \lim_{x\to x_0} f(x,y)\mathrm{d}y=\int_\alpha^\beta f(x_0,y)\mathrm{d}y$$

即积分和极限运算可以交换顺序.

推论 19.1.1 设二元函数 $f(x,y)$ 在 $I=\{(x,y)\,|a_1(x)\leqslant y\leqslant a_2(x),c\leqslant x\leqslant d\}$ 上连续, $a_1(x)$, $a_2(x)$ 在 $[c,d]$ 上连续, 则函数 $\Phi(x)=\displaystyle\int_{a_1(x)}^{a_2(x)} f(x,y)\mathrm{d}y$ 在 $I^*=[c,d]$ 上连续.

证明 作变换 $y=a_1(x)+t(a_2(x)-a_1(x))$, 根据定积分的换元公式有

$$\Phi(x)=\int_{a_1(x)}^{a_2(x)} f(x,y)\mathrm{d}y=\int_0^1 f(x,a_1(x)+t(a_2(x)-a_1(x)))(a_2(x)-a_1(x))\,\mathrm{d}t$$

所以根据定理 19.1.1, $\Phi(x)$ 在 $I^*=[c,d]$ 上连续. 结论得证.

注 19.1.4 I^* 是区间 (19.1.2) 中其他类型的时候结论依然成立. 证明留给读者完成.

例 19.1.1 分析 $\displaystyle\lim_{y\to0}\int_0^1\left(\frac{x}{y^2}\mathrm{e}^{-\frac{x^2}{y^2}}\right)\mathrm{d}x=\int_0^1\lim_{y\to0}\left(\frac{x}{y^2}\mathrm{e}^{-\frac{x^2}{y^2}}\right)\mathrm{d}x$ 是否成立.

解 被积函数 $\dfrac{x}{y^2}\mathrm{e}^{-\frac{x^2}{y^2}}$ 在 $y=0$ 处无意义. 由于

$$\lim_{y\to0}\int_0^1\frac{x}{y^2}\mathrm{e}^{-\frac{x^2}{y^2}}\mathrm{d}x=\lim_{y\to0}\left(-\frac{1}{2}\mathrm{e}^{-\frac{x^2}{y^2}}\Big|_0^1\right)=\lim_{y\to0}\left(\frac{1}{2}-\frac{1}{2}\mathrm{e}^{-\frac{1}{y^2}}\right)=\frac{1}{2}$$

而 $\displaystyle\int_0^1\left(\lim_{y\to0}\frac{x}{y^2}\mathrm{e}^{-\frac{x^2}{y^2}}\right)\mathrm{d}x=\int_0^1 0\mathrm{d}x=0$, 因此

$$\lim_{y\to0}\int_0^1\frac{x}{y^2}\mathrm{e}^{-\frac{x^2}{y^2}}\mathrm{d}x\neq\int_0^1\lim_{y\to0}\left(\frac{x}{y^2}\mathrm{e}^{-\frac{x^2}{y^2}}\right)\mathrm{d}x$$

例 19.1.2 研究函数 $F(y)=\displaystyle\int_0^1\frac{yf(x)}{x^2+y^2}\mathrm{d}x$ 的连续性, 其中 $f(x)$ 在区间 $[0,1]$ 上是正的连续函数.

解 当 $y\neq0$ 时, 被积函数是连续的, 因此 $F(y)$ 连续. 当 $y=0$ 时, 显然 $F(0)=0$. 设 m 为 $f(x)$ 在 $[0,1]$ 上的最小值, 则 $m>0$. 当 $y>0$ 时, 由于

$$F(y)\geqslant m\int_0^1\frac{y}{x^2+y^2}\mathrm{d}x=m\arctan\frac{1}{y},\quad \lim_{y\to0+}\arctan\frac{1}{y}=\frac{\pi}{2}$$

故有 $\displaystyle\lim_{y\to0+}F(y)\geqslant\frac{m\pi}{2}>0$, 因此 $F(y)$ 在 $y=0$ 不连续.

例 19.1.3 求 $\displaystyle\lim_{a\to0}\int_{-1}^1\sqrt{x^2+a^2}\mathrm{d}x$.

解 因 $\sqrt{x^2+a^2}$ 是连续函数, 由定理 19.1.1 得 $F(a)=\int_{-1}^{1}\sqrt{x^2+a^2}\mathrm{d}x$ 是 $-\infty<a<+\infty$ 上的连续函数. 进一步得

$$\lim_{a\to 0}\int_{-1}^{1}\sqrt{x^2+a^2}\mathrm{d}x=\lim_{a\to 0}F(a)=F(0)=\int_{-1}^{1}\sqrt{x^2}\mathrm{d}x=2\int_{0}^{1}x\mathrm{d}x=1$$

例 19.1.4 求 $\lim\limits_{a\to 0}\int_{a}^{1+a}\frac{\mathrm{d}x}{1+x^2+a^2}$.

解 令 $F(a)=\int_{a}^{1+a}\frac{\mathrm{d}x}{1+x^2+a^2}$, 由于 $f(x,a)=\frac{1}{1+x^2+a^2}, p(a)=1+a, q(a)=a$ 都是连续函数, 由定理 19.1.1 得 $F(a)$ 在 $-\infty<a<+\infty$ 上连续. 因此

$$\lim_{a\to 0}F(a)=F(0)=\int_{0}^{1}\frac{\mathrm{d}x}{1+x^2}=\arctan x\Big|_0^1=\frac{\pi}{4}$$

根据重积分的计算有下面定理:

定理 19.1.2（积分交换顺序定理） 设函数 $f(x,y)$ 在 $I=[a,b]\times[\alpha,\beta]$ 上连续, $\varphi(x)=\int_{\alpha}^{\beta}f(x,y)\mathrm{d}y, x\in[a,b]$, 则

$$\int_{a}^{b}\varphi(x)\mathrm{d}x=\int_{a}^{b}\left[\int_{\alpha}^{\beta}f(x,y)\mathrm{d}y\right]\mathrm{d}x=\int_{\alpha}^{\beta}\left[\int_{a}^{b}f(x,y)\mathrm{d}x\right]\mathrm{d}y$$

应用定理 19.1.2 可以简化复杂积分的计算，下面举例说明.

例 19.1.5 计算 $I=\int_{0}^{1}\frac{x^b-x^a}{\ln x}\mathrm{d}x,\ 0<a<b$.

解 因为 $\frac{x^b-x^a}{\ln x}=\int_{a}^{b}x^u\mathrm{d}u$, 由定理 19.1.2,

$$I=\int_{0}^{1}\left(\int_{a}^{b}x^u\mathrm{d}u\right)\mathrm{d}x=\int_{a}^{b}\mathrm{d}u\int_{0}^{1}x^u\mathrm{d}x=\int_{a}^{b}\frac{\mathrm{d}u}{1+u}=\ln\frac{b+1}{a+1}$$

例 19.1.6 计算 $\int_{0}^{1}\sin\left(\ln\frac{1}{x}\right)\frac{x^b-x^a}{\ln x}\mathrm{d}x\,(b>a>0)$.

解 定义 $f(x,y)=\sin\left(\ln\frac{1}{x}\right)x^y$, 由于 $\lim\limits_{x\to 0}\sin\left(\ln\frac{1}{x}\right)x^y=0$, 为此补充定义 $f(0,y)=0$, 则 $f(x,y)$ 在 $0\leqslant x\leqslant 1, a\leqslant y\leqslant b$ 上连续. 根据定理 19.1.2 得到

$$\int_{0}^{1}\sin\left(\ln\frac{1}{x}\right)\left(\frac{x^b-x^a}{\ln x}\right)\mathrm{d}x=\int_{0}^{1}\sin\left(\ln\frac{1}{x}\right)\left(\int_{a}^{b}x^y\mathrm{d}y\right)\mathrm{d}x=\int_{a}^{b}\mathrm{d}y\int_{0}^{1}\sin\left(\ln\frac{1}{x}\right)x^y\mathrm{d}x$$

进一步作变换 $x=\mathrm{e}^{-t}$, 可得

$$\int_0^1 \sin\left(\ln\frac{1}{x}\right)x^y\mathrm{d}x=\int_0^{+\infty}\mathrm{e}^{-(y+1)t}\sin t\mathrm{d}t \Leftarrow \boxed{\text{用分部积分求原函数}}$$
$$=\frac{1}{1+(1+y)^2}\left[-(y+1)\sin t-\cos t\right]\mathrm{e}^{-(y+1)t}\Big|_0^{+\infty}=\frac{1}{1+(1+y)^2}$$

因此

$$\int_0^1 \sin\left(\ln\frac{1}{x}\right)\frac{x^b-x^a}{\ln x}\mathrm{d}x=\int_a^b\frac{\mathrm{d}y}{1+(1+y)^2}$$
$$=\arctan(1+y)|_a^b=\arctan(1+b)-\arctan(1+a)$$
$$=\arctan\frac{b-a}{1+(1+b)(1+a)}$$

定理 19.1.3（含参变量积分的可微性） 若 $f(x,u)$ 及其偏导数 $\dfrac{\partial f(x,u)}{\partial u}$ 在 $I=[a,b]\times[\alpha,\beta]$ 上连续, 则 $\varphi(u)=\displaystyle\int_a^b f(x,u)\mathrm{d}x$ 在 $[\alpha,\beta]$ 上可微, 且

$$\frac{\mathrm{d}\varphi(u)}{\mathrm{d}u}=\frac{\mathrm{d}\displaystyle\int_a^b f(x,u)\mathrm{d}x}{\mathrm{d}u}=\int_a^b\left[\frac{\partial}{\partial u}f(x,u)\right]\mathrm{d}x$$

证明 设 $g(u)=\displaystyle\int_a^b\left[\frac{\partial}{\partial u}f(x,u)\right]\mathrm{d}x$, 由定理 19.1.2 得

$$\forall u\in[\alpha,\beta]:\int_\alpha^u g(v)\mathrm{d}v=\int_\alpha^u\left[\int_a^b\frac{\partial f(x,v)}{\partial v}\mathrm{d}x\right]\mathrm{d}v=\int_a^b\left[\int_\alpha^u\frac{\partial}{\partial v}f(x,v)\mathrm{d}v\right]\mathrm{d}x$$
$$=\int_a^b\left[f(x,u)-f(x,\alpha)\right]\mathrm{d}x=\varphi(u)-\varphi(\alpha)$$

由微积分基本定理, $\varphi'(u)=g(u)$. 结论得证.

定理 19.1.4 设 $f(x,u)$ 及其偏导数 $\dfrac{\partial f(x,u)}{\partial u}$ 在 $I=[a,b]\times[\alpha,\beta]$ 上连续, $p(u),q(u)$ 在 $[\alpha,\beta]$ 上可微, 当 $\alpha\leqslant u\leqslant\beta$ 时, $a\leqslant p(u)\leqslant b, a\leqslant q(u)\leqslant b$, 则 $\psi(u)=\displaystyle\int_{p(u)}^{q(u)}f(x,u)\mathrm{d}x$ 可微, 且

$$\psi'(u)=\int_{p(u)}^{q(u)}\frac{\partial f(x,u)}{\partial u}\mathrm{d}x+f(q(u),u)q'(u)-f(p(u),u)p'(u)$$

证明 设 $F(u,p,q)=\displaystyle\int_p^q f(x,u)\mathrm{d}x$, 则由复合函数的链式法则:

$$\frac{\mathrm{d}F(u,p(u),q(u))}{\mathrm{d}u}$$
$$=\frac{\partial F(u,p(u),q(u))}{\partial u}+\frac{\partial F(u,p(u),q(u))}{\partial p}\frac{\partial p(u)}{\partial u}+\frac{\partial F(u,p(u),q(u))}{\partial q}\frac{\partial q(u)}{\partial u}$$

由定理 19.1.3 和微积分基本定理知

$$\frac{\partial F(u,p,q)}{\partial u}=\int_{p(u)}^{q(u)}\frac{\partial f(x,u)}{\partial u}\mathrm{d}x,\quad \frac{\partial F(u,p,q)}{\partial p}=-f(p,u),\quad \frac{\partial F(u,p,q)}{\partial q}=f(q,u)$$

结论得证.

注 19.1.5 区间 $[\alpha,\beta]$ 为 (19.1.2)各类区间时, 结论依然成立. 证明留给读者完成.

例 19.1.7 讨论 $F(y)=\int_0^1\ln\sqrt{x^2+y^2}\mathrm{d}x$, 当 $y=0$ 时的导数是否存在.

解 由于 $F(0)=\int_0^1\ln x\mathrm{d}x=x\ln x|_0^1-\int_0^1\mathrm{d}x=-1$. 当 $y\neq 0$ 时, 利用分部积分公式和莱布尼茨公式得

$$\begin{aligned}F(y)&=\int_0^1\ln\sqrt{x^2+y^2}\mathrm{d}x=x\ln\sqrt{x^2+y^2}\Big|_{x=0}^{x=1}-\int_0^1\frac{x^2}{x^2+y^2}\mathrm{d}x\\&=\ln\sqrt{1+y^2}-\int_0^1\left(1-\frac{y^2}{x^2+y^2}\right)\mathrm{d}x=\ln\sqrt{1+y^2}-1+y\arctan\frac{1}{y}\end{aligned}$$

所以

$$F'(0+)=\lim_{y\to 0+}\frac{F(y)-F(0)}{y}=\lim_{y\to 0+}\left[\frac{\ln(1+y^2)}{2y}+\arctan\frac{1}{y}\right]=\frac{\pi}{2}$$

$$F'(0-)=\lim_{y\to 0-}\frac{F(y)-F(0)}{y}=\lim_{y\to 0-}\left[\frac{\ln(1+y^2)}{2y}+\arctan\frac{1}{y}\right]=-\frac{\pi}{2}$$

故 $F'(0)$ 不存在. 由于

$$\left(\frac{\partial}{\partial y}\ln\sqrt{x^2+y^2}\right)\Big|_{y=0}=\frac{y}{x^2+y^2}\Big|_{y=0}\equiv 0\Rightarrow\int_0^1\left(\frac{\partial}{\partial y}\ln\sqrt{x^2+y^2}\right)\Big|_{y=0}\mathrm{d}x=0$$

而

$$F'(0+)=\frac{\pi}{2}\neq 0=\int_0^1\left(\frac{\partial}{\partial y}\ln\sqrt{x^2+y^2}\right)\Big|_{y=0}\mathrm{d}x$$

$$F'(0-)=-\frac{\pi}{2}\neq 0=\int_0^1\left(\frac{\partial}{\partial y}\ln\sqrt{x^2+y^2}\right)\Big|_{y=0}\mathrm{d}x$$

由此可知当 $y=0$ 时不能在积分号下求导数.

19.1.2 含参变量积分典型例题

例 19.1.8 设 $F(x)=\int_x^{x^2}\mathrm{e}^{-xy^2}\mathrm{d}y$, 求 $F'(x)$.

解 根据定理 19.1.4, 得到

$$\begin{aligned}F'(x)&=\int_x^{x^2}\frac{\partial}{\partial x}\left(\mathrm{e}^{-xy^2}\right)\mathrm{d}y+\frac{\mathrm{d}}{\mathrm{d}x}\left(x^2\right)\mathrm{e}^{-xy^2}\big|_{y=x^2}-\frac{\mathrm{d}x}{\mathrm{d}x}\mathrm{e}^{-xy^2}\big|_{y=x}\\&=2x\mathrm{e}^{-x^5}-\mathrm{e}^{-x^3}-\int_x^{x^2}y^2\mathrm{e}^{-xy^2}\mathrm{d}y\end{aligned}$$

例 19.1.9 设 $F(x,y)=\int_{\frac{x}{y}}^{xy}(x-yz)f(z)\,\mathrm{d}z$, $f(z)$ 为可微函数, 求 $F''_{xy}(x,y)$.

解 根据定理 19.1.4, 得到

$$
\begin{aligned}
F'_x(x,y)=&y\left(x-xy^2\right)f(xy)+\int_{\frac{x}{y}}^{xy}f(z)\,\mathrm{d}z\\
F''_{xy}(x,y)=&\left(x-xy^2\right)f(xy)+y(-2xy)f(xy)+y\left(x-xy^2\right)f'(xy)x\\
&+xf(xy)+\frac{x}{y^2}f\left(\frac{x}{y}\right)\\
=&x\left(2-3y^2\right)f(xy)+x^2y\left(1-y^2\right)f'(xy)+\frac{x}{y^2}f\left(\frac{x}{y}\right)
\end{aligned}
$$

例 19.1.10 若函数$f(x)$在闭区间 $[0,l]$ 上连续, 当 $0\leqslant\xi\leqslant l$ 时 $(x-\xi)^2+y^2+z^2\neq0$, 则函数 $u(x,y,z)=\int_0^l\frac{f(\xi)\,\mathrm{d}\xi}{\sqrt{(x-\xi)^2+y^2+z^2}}$满足拉普拉斯方程 $\frac{\partial^2u}{\partial x^2}+\frac{\partial^2u}{\partial y^2}+\frac{\partial^2u}{\partial z^2}=0$

证明 利用积分号下的求导法则定理 19.1.3 得到

$$
\frac{\partial u}{\partial x}=-\int_0^l\frac{2(x-\xi)f(\xi)\,\mathrm{d}\xi}{2\left[(x-\xi)^2+y^2+z^2\right]^{\frac{3}{2}}}=-\int_0^l\frac{(x-\xi)f(\xi)\,\mathrm{d}\xi}{\left[(x-\xi)^2+y^2+z^2\right]^{\frac{3}{2}}}
$$

$$
\frac{\partial^2u}{\partial x^2}=\int_0^l\frac{f(\xi)\left[2(x-\xi)^2-y^2-z^2\right]}{\left[(x-\xi)^2+y^2+z^2\right]^{\frac{5}{2}}}\mathrm{d}\xi
$$

同理可得

$$
\frac{\partial^2u}{\partial y^2}=\int_0^l\frac{f(\xi)\left[-(x-\xi)^2+2y^2-z^2\right]}{\left[(x-\xi)^2+y^2+z^2\right]^{\frac{5}{2}}}\mathrm{d}\xi,\quad \frac{\partial^2u}{\partial z^2}=\int_0^l\frac{f(\xi)\left[-(x-\xi)^2-y^2+2z^2\right]}{\left[(x-\xi)^2+y^2+z^2\right]^{\frac{5}{2}}}\mathrm{d}\xi
$$

因此 $\frac{\partial^2u}{\partial x^2}+\frac{\partial^2u}{\partial y^2}+\frac{\partial^2u}{\partial z^2}=0$. 结论得证.

例 19.1.11 设 $F(a)=\int_0^{a^2}\mathrm{d}x\int_{x-a}^{x+a}\sin\left(x^2+y^2-a^2\right)\mathrm{d}y$, 求 $F'(a)$.

解 根据定理 19.1.4 得到

$$
F(a)=\int_0^{a^2}\varphi(x,a)\,\mathrm{d}x,\varphi(x,a)=\int_{x-a}^{x+a}\sin\left(x^2+y^2-a^2\right)\mathrm{d}y
$$

$$
F'(a)=\underbrace{\int_0^{a^2}\left[\frac{\partial}{\partial a}\int_{x-a}^{x+a}\sin\left(x^2+y^2-a^2\right)\mathrm{d}y\right]\mathrm{d}x}_{(1)}+\underbrace{2a\int_{a^2-a}^{a^2+a}\sin\left(a^4+y^2-a^2\right)\mathrm{d}y}_{(2)}
$$

其中

$$(1)=\int_0^{a^2}\left\{\sin\left[x^2+(x+a)^2-a^2\right]+\sin\left[x^2+(x-a)^2-a^2\right]\right.$$
$$\left.+\int_{x-a}^{x+a}(-2a)\cos\left(x^2+y^2-a^2\right)\mathrm{d}y\right\}\mathrm{d}x$$
$$=\int_0^{a^2}\left\{\sin\left(2x^2+2ax\right)+\sin\left(2x^2-2ax\right)+\int_{x-a}^{x+a}(-2a)\cos\left(x^2+y^2-a^2\right)\mathrm{d}y\right\}\mathrm{d}x$$

所以

$$F'(a)=2a\int_{a^2-a}^{a^2+a}\sin\left(a^4+y^2-a^2\right)\mathrm{d}y+2\int_0^{a^2}\sin 2x^2\cos 2ax\mathrm{d}x$$
$$-2a\int_0^{a^2}\mathrm{d}x\int_{x-a}^{x+a}\cos\left(x^2+y^2-a^2\right)\mathrm{d}y$$

例 19.1.12 计算 $I(r)=\displaystyle\int_0^{\pi}\ln(1-2r\cos x+r^2)\,\mathrm{d}x, |r|<1.$

解 根据定理 19.1.3.

$$I'(r)=\int_0^{\pi}\frac{-2\cos x+2r}{1-2r\cos x+r^2}\mathrm{d}x=\frac{1}{r}\int_0^{\pi}(1-\frac{1-r^2}{1-2r\cos x+r^2})\mathrm{d}x$$
$$=\frac{1}{r}\left[\pi-(1-r^2)\int_0^{\pi}\frac{\mathrm{d}x}{1-2r\cos x+r^2}\right]$$

令 $t=\tan\dfrac{x}{2}$, 则 $\cos x=\dfrac{1-t^2}{1+t^2}$, $\mathrm{d}x=2\dfrac{\mathrm{d}t}{1+t^2}$, 由定积分的换元公式得

$$I'(r)=\frac{1}{r}\left[\pi+\frac{1+r}{r-1}\int_0^{+\infty}\frac{2\mathrm{d}t}{1+\left(\dfrac{1+r}{1-r}t\right)^2}\right]=\frac{1}{r}\left(\pi-2\arctan\frac{1+r}{1-r}t\Big|_0^{+\infty}\right)=0$$

而 $I(0)=0$, 故 $I(r)\equiv 0$.

例 19.1.13 计算积分 $\displaystyle\int_0^{\frac{\pi}{2}}\ln\left(a^2\sin^2 x+b^2\cos^2 x\right)\mathrm{d}x\,(ab\neq 0)$.

解 将 b 视为常数, a 视为参变量, 令

$$I(a)=\int_0^{\frac{\pi}{2}}\ln\left(a^2\sin^2 x+b^2\cos^2 x\right)\mathrm{d}x$$

(1) 先设 $a>0,b>0$, 根据定理 19.1.3, 则

$$I'(a)=\int_0^{\frac{\pi}{2}}\frac{2a\sin^2 x}{a^2\sin^2 x+b^2\cos^2 x}\mathrm{d}x$$

若 $a=b$, 则 $I'(a)=\dfrac{2}{b}\displaystyle\int_0^{\frac{\pi}{2}}\sin^2 x\mathrm{d}x=\dfrac{\pi}{2b}$. 若 $a\neq b$, 作变换 $t=\tan x$, 得

$$\begin{aligned}
I'(a)&=\frac{2}{a}\int_0^{+\infty}\frac{t^2\mathrm{d}t}{(t^2+1)(t^2+b^2/a^2)}\\
&=\frac{2}{a}\left(1-b^2/a^2\right)^{-1}\left(\left(\int_0^{+\infty}\frac{\mathrm{d}t}{(t^2+1)}\right)-\frac{b^2}{a^2}\int_0^{+\infty}\frac{\mathrm{d}t}{(t^2+b^2/a^2)}\right)\\
&=\frac{2}{a}\left(\frac{a^2}{a^2-b^2}\arctan t-\frac{b^2}{a^2-b^2}\frac{a}{b}\arctan\frac{at}{b}\right)\Bigg|_0^{+\infty}=\frac{\pi}{a+b}
\end{aligned}$$

积分得 $I(a)=\pi\ln(a+b)+C$. 把 $I(b)=\displaystyle\int_0^{\frac{\pi}{2}}\ln b^2\mathrm{d}x=\pi\ln b$ 代入, 解得 $C=\pi\ln\dfrac{1}{2}$. 所以

$$I(a)=\pi\ln(a+b)+\pi\ln\frac{1}{2}=\pi\ln\frac{a+b}{2}$$

(2) 若 $a<0$ 或者 $b<0$, 可化为 $a>0$ 且 $b>0$ 的情形. 事实上

$$\begin{aligned}
I(a)&=\int_0^{\frac{\pi}{2}}\ln\left(a^2\sin^2 x+b^2\cos^2 x\right)\mathrm{d}x\\
&=\int_0^{\frac{\pi}{2}}\ln\left(|a|^2\sin^2 x+|b|^2\cos^2 x\right)\mathrm{d}x=I(|a|)=\pi\ln\frac{|a|+|b|}{2}
\end{aligned}$$

于是不论 a,b 是正是负, 在任何情形下都有 $\displaystyle\int_0^{\frac{\pi}{2}}\ln\left(a^2\sin^2 x+b^2\cos^2 x\right)\mathrm{d}x=\pi\ln\frac{|a|+|b|}{2}$.

例 19.1.14 证明完全椭圆积分

$$E(k)=\int_0^{\frac{\pi}{2}}\sqrt{1-k^2\sin^2\phi}\,\mathrm{d}\phi,\quad F(k)=\int_0^{\frac{\pi}{2}}\frac{1}{\sqrt{1-k^2\sin^2\phi}}\mathrm{d}\phi$$

满足方程 $E''(k)+\dfrac{1}{k}E'(k)+\dfrac{1}{1-k^2}E(k)=0$.

证明 由定理 19.1.3 得到

$$E'(k)=-\int_0^{\frac{\pi}{2}}\frac{k\sin^2\phi}{\sqrt{1-k^2\sin^2\phi}}\mathrm{d}\phi=\frac{1}{k}\int_0^{\frac{\pi}{2}}\frac{\left(1-k^2\sin^2\phi\right)-1}{\sqrt{1-k^2\sin^2\phi}}\mathrm{d}\phi=\frac{1}{k}(E(k)-F(k))$$

$$F'(k)=\int_0^{\frac{\pi}{2}}\frac{k\sin^2\phi}{\left(1-k^2\sin^2\phi\right)^{\frac{3}{2}}}\mathrm{d}\phi=\frac{1}{k}\int_0^{\frac{\pi}{2}}\left(1-k^2\sin^2\phi\right)^{-\frac{3}{2}}\mathrm{d}\phi-\frac{1}{k}F(k)$$

又因为

$$\left(1-k^2\sin^2\phi\right)^{-\frac{3}{2}}=\frac{1}{1-k^2}\left(1-k^2\sin^2\phi\right)^{\frac{1}{2}}-\frac{k^2}{1-k^2}\frac{\mathrm{d}}{d\phi}\left[\sin\phi\cos\phi\left(1-k^2\sin^2\phi\right)^{-\frac{1}{2}}\right]$$

$$\int_0^{\frac{\pi}{2}}\left(1-k^2\sin^2\phi\right)^{-\frac{3}{2}}\mathrm{d}\phi=\frac{1}{1-k^2}\int_0^{\frac{\pi}{2}}\left(1-k^2\sin^2\phi\right)^{\frac{1}{2}}d\phi=\frac{E(k)}{1-k^2}$$

因此

$$F'(k)=\frac{1}{k(1-k^2)}E(k)-\frac{1}{k}F(k)$$

进一步

$$E''(k)=\frac{1}{k}\left(E'(k)-F'(k)\right)-\frac{1}{k^2}\left(E(k)-F(k)\right)=-\frac{E(k)}{k^2\left(1-k^2\right)}+\frac{F(k)}{k^2}$$

所以

$$E''(k)+\frac{1}{k}E'(k)+\frac{1}{1-k^2}E(k)=0$$

结论得证.

例 19.1.15 德国天文学家贝塞尔 (Besse) 于 1818 年给出 n 阶贝塞尔函数的积分形式 $J_n(x)=\frac{1}{\pi}\int_0^{\pi}\cos(n\phi-x\sin\phi)\,\mathrm{d}\phi$. 证明满足下面 n 阶 Bessel 方程:

$$x^2J_n{}''(x)+xJ_n'(x)+\left(x^2-n^2\right)J_n(x)=0$$

证明 由定理 19.1.3 得到

$$J_n'(x)=-\frac{1}{\pi}\int_0^{\pi}\sin(n\phi-x\sin\phi)(-\sin\phi)\,\mathrm{d}\phi$$

$$J_n{}''(x)=-\frac{1}{\pi}\int_0^{\pi}\cos(n\phi-x\sin\phi)(\sin\phi)^2\,\mathrm{d}\phi$$

因此成立: $x^2J_n''(x)+xJ_n'(x)+\left(x^2-n^2\right)J_n(x)=0$. 结论得证.

注 19.1.6 前面讨论的含参变量常义积分可以推广到更为广泛的情形, 如下定义:

定义 19.1.2 设三元函数 $f(x,u,v)$ 定义在 $I=[a,b]\times[\alpha,\beta]\times[e,h]$ 上, 对任意 $(u,v)\in[\alpha,\beta]\times[e,h]$, $f(x,u,v)$ 关于变量 x 在 $[a,b]$ 上可积, 则

$$\varphi(u,v)=\int_a^b f(x,u,v)\mathrm{d}x$$

定义了一个 $[\alpha,\beta]\times[e,h]$ 上的二元函数, 称为含参变量 u,v 的常义积分.

定义 19.1.3 设三元函数 $f(x,u,v)$ 定义在 $I=[a,b]\times D_{uv}$ 上, 对任意 $x\in[a,b]$, $f(x,u,v)$ 关于变量 u,v 在 D_{uv} 上可积, 则

$$\varphi(x)=\iint_{D_{uv}} f(x,u,v)\mathrm{d}u\mathrm{d}v$$

定义了一个 $[a,b]$ 上的函数, 称为含参变量 x 的常义积分.

定义 19.1.4 设四元函数 $f(x,y,u,v)$ 定义在 $I=[a,b]\times[c,d]\times D_{uv}$ 上, 对任意 $(x,y)\in[a,b]\times[c,d]$, $f(x,y,u,v)$ 关于变量 u,v 在 D_{uv} 上可积, 则

$$\varphi(x,y)=\iint_{D_{uv}} f(x,y,u,v)\mathrm{d}u\mathrm{d}v$$

定义了一个 $[a,b]\times[c,d]$ 上的函数, 称为含参变量 x,y 的常义积分.

定义 19.1.2—定义 19.1.4 定义的含参变量常义积分, 读者可以深入研究其分析性质: 连续性、可积性、可微性.

习题 19.1 含参变量常义积分的定义与性质

1. 求下列极限.

(1) $\lim\limits_{a\to 0}\int_{-1}^{1}\sqrt{x^2+a^2}\mathrm{d}x$; (2) $\lim\limits_{t\to 0}\int_{0}^{2}x^2\cos tx\mathrm{d}x$;

(3) $\lim\limits_{n\to\infty}\int_{0}^{1}\dfrac{\mathrm{d}x}{1+\left(1+\frac{x}{n}\right)^n}$.

2. 计算下列函数的导数.

(1)$f(x)=\int_{\sin x}^{\cos x}\mathrm{e}^{(1+t)^2}\mathrm{d}t$. (2)$f(x)=\int_{x}^{x^2}\mathrm{e}^{-x^2u^2}\mathrm{d}u$.

(3)$f(x)=\int_{a+x}^{b+x}\dfrac{\sin xt}{t}\mathrm{d}t$. (4)$f(x)=\int_{0}^{x}g(x+u,x-u)\mathrm{d}u$.

3. 设函数 f 在 $[a,b]$ 上连续, 证明:

$$\lim_{h\to 0}\frac{1}{h}\int_{a}^{x}(f(t+h)-f(t))\mathrm{d}t=f(x)-f(a)\quad (a<x<b)$$

4. 设函数 φ,ψ 分别可以微分两次和一次, 证明:

$$u(x,t)=\frac{1}{2}(\varphi(x-at)+\varphi(x+at))+\frac{1}{2a}\int_{x-at}^{x+at}\psi(s)\mathrm{d}s$$

满足弦振动方程:$\dfrac{\partial^2 u}{\partial t^2}=a^2\dfrac{\partial^2 u}{\partial x^2}$.

5. 计算下列积分.

(1) $\int_{0}^{\frac{\pi}{2}}\ln\left(\dfrac{1+a\cos x}{1-a\cos x}\right)\dfrac{\mathrm{d}x}{\cos x}$ $(|a|<1)$. (2) $\int_{0}^{\frac{\pi}{2}}\dfrac{\arctan(a\tan x)}{\tan x}\mathrm{d}x$ $(a>0)$.

(3) $\int_{0}^{1}\cos(\ln\dfrac{1}{x})\dfrac{x^b-x^a}{\ln x}\mathrm{d}x$ $(b>a\geqslant 0)$.

6. 设 $f_n(x,y)$ 在 $I=[a,b]\times[c,d]$ 上连续, $n=1,2,\cdots$, 且 $\{f_n(x,y)\}$ 在 I 上一致收敛于 $f(x,y)$ 令 $F_n(x)=\int_{c}^{d}f_n(x,y)\mathrm{d}y$, 试证 $\{F_n(x)\}$ 在 $[a,b]$ 上一致收敛.

7. 设 $f_n(x,y)$ 在 $I=[a,b]\times[c,d]$ 上连续且具有一阶连续的偏导数; 若 $\{f_n(x,y)\}$, $\left\{\dfrac{\partial}{\partial x}f_n(x,y)\right\}$, $\left\{\dfrac{\partial}{\partial y}f_n(x,y)\right\}$ 在 I上分别一致收敛于 $f(x,y),g(x,y),h(x,y)$. 试证 $g(x,y)=\dfrac{\partial}{\partial x}f(x,y)$, $h(x,y)=\dfrac{\partial}{\partial y}f(x,y)$, $(x,y)\in I$.

扫码学习

19.2 含参变量无穷积分的一致收敛

含参变量广义积分分为含参变量无穷积分和含参变量瑕积分两种. 我们以含参变量无穷积分为例进行详细讨论, 相关结果可以平行地推广到含参变量瑕积分的情形.

19.2.1 含参变量无穷积分的定义

定义 19.2.1 设 $f(x,u)$ 定义在 $[a,+\infty)\times[\alpha,\beta]$ 上, 对任意 $u\in[\alpha,\beta]$, $\int_a^{+\infty} f(x,u)\mathrm{d}x$ 收敛. 则此积分确定了一个定义在 $[\alpha,\beta]$ 上的函数

$$\varphi(u)=\int_a^{+\infty} f(x,u)\mathrm{d}x=\lim_{A\to+\infty}\int_a^A f(x,u)\mathrm{d}x \tag{19.2.1}$$

称 (19.2.1) 为含参变量 u 的无穷积分.

注 19.2.1 区间$[\alpha,\beta]$ 也可以是 (19.1.2) 式中其他类型的区间.

例 19.2.1 讨论含参变量无穷积分 $\varphi(a)=\int_0^{+\infty}\frac{\mathrm{e}^{-ax}}{1+x^2}\mathrm{d}x$ 存在的条件.

解 当 $a\geqslant 0$ 时, $\frac{\mathrm{e}^{-ax}}{1+x^2}\leqslant\frac{1}{1+x^2}$, 而积分 $\int_0^{+\infty}\frac{1}{1+x^2}\mathrm{d}x=\arctan x|_0^{+\infty}=\frac{\pi}{2}$, 故原积分收敛. 当 $a<0$ 时, $\lim\limits_{x\to+\infty}\frac{\mathrm{e}^{-ax}}{1+x^2}=+\infty$, 原积分发散. 所以函数 $\varphi(a)=\int_0^{+\infty}\frac{\mathrm{e}^{-ax}}{1+x^2}\mathrm{d}x$ 的定义域为 $\{a|a\geqslant 0\}$.

例 19.2.2 讨论含参变量无穷积分 $\varphi(p)=\int_\pi^{+\infty}\frac{\mathrm{d}x}{x^p\sqrt[3]{\sin^2 x}}$ 存在的条件.

解 由于被积函数非负, 故可以把原积分化为正项级数讨论. 由于

$$\int_\pi^{+\infty}\frac{\mathrm{d}x}{x^p\sqrt[3]{\sin^2 x}}=\sum_{n=1}^{\infty}\int_{n\pi}^{(n+1)\pi}\frac{\mathrm{d}x}{x^p\sqrt[3]{\sin^2 x}}=\sum_{n=1}^{\infty}\int_0^{\pi}\frac{\mathrm{d}t}{(t+n\pi)^p\sqrt[3]{\sin^2 t}} \Leftarrow \boxed{\text{作变换}t=x-n\pi}$$

进一步

$$\left(\sum_{n=1}^{\infty}\frac{1}{(n+1)^p\pi^p}\right)\left(\int_0^{\pi}\frac{\mathrm{d}x}{\sqrt[3]{\sin^2 x}}\right)<\int_\pi^{+\infty}\frac{\mathrm{d}x}{x^p\sqrt[3]{\sin^2 x}}<\left(\int_0^{\pi}\frac{\mathrm{d}x}{\sqrt[3]{\sin^2 x}}\right)\left(\sum_{n=1}^{\infty}\frac{1}{n^p\pi^p}\right)$$

由于瑕积分 $\int_0^{\pi}\frac{\mathrm{d}x}{\sqrt[3]{\sin^2 x}}$ 收敛, 级数 $\sum\limits_{n=1}^{\infty}\frac{1}{n^p}$, 当 $p>1$ 时收敛, 当 $p\leqslant 1$ 时发散, 因此原积分仅当 $p>1$ 时收敛, 即 $\varphi(p)$ 的定义域为 $\{p|p>1\}$.

19.2.2 含参变量无穷积分的一致收敛判定定理

由含参变量广义积分的定义, 设 $f(x,u)$ 定义在 $[a,+\infty)\times[\alpha,\beta]$ 上, 对任意 $u\in[\alpha,\beta]$, $\int_a^{+\infty} f(x,u)\mathrm{d}x$ 收敛. 则此积分确定了一个定义在 $[\alpha,\beta]$ 上的函数

$$\varphi(u)=\int_a^{+\infty} f(x,u)\mathrm{d}x=\lim_{A\to+\infty}\int_a^A f(x,u)\mathrm{d}x$$

这等价于对

$$\forall u_0\in[\alpha,\beta],\forall\varepsilon>0,\exists A_0(\varepsilon,u_0)>a,\forall A>A_0:\left|\int_A^{+\infty} f(x,u_0)\mathrm{d}x\right|<\varepsilon \tag{19.2.2}$$

如果 (19.2.2) 式的 $A_0(\varepsilon,u_0)$, 满足 $\sup\limits_{u_0\in[\alpha,\beta]}A_0(\varepsilon,u_0)<+\infty$, 将有一致收敛的概念.

定义 19.2.2 设 $f(x,u)$ 定义在 $[a,+\infty)\times[\alpha,\beta]$ 上, 对于任意的 $\varepsilon>0$, 存在仅与 ε 有关的实数 $A_0(\varepsilon)>a$, 对任意 $A>A_0$, 任意 $u\in[\alpha,\beta]$, 一致有 $\left|\int_A^{+\infty} f(x,u)\mathrm{d}x\right|<\varepsilon$ 成立. 则称含参无穷积分 $\int_a^{+\infty} f(x,u)\mathrm{d}x$ 关于参数 u 在 $[\alpha,\beta]$ 上一致收敛. 用符号语言表述为

$$\forall\varepsilon>0,\exists A_0(\varepsilon)>a,\forall A>A_0,\forall u\in[\alpha,\beta]:\left|\int_A^{+\infty} f(x,u)\mathrm{d}x\right|<\varepsilon \tag{19.2.3}$$

注 19.2.2 由 (19.2.3) 式可给出 $\int_a^{+\infty} f(x,u)\mathrm{d}x$ 关于参数 u 在 $[\alpha,\beta]$ 上不一致收敛的定义为

$$\exists\varepsilon_0>0,\forall A>a,\exists A^*>A,\exists u_0\in[\alpha,\beta]:\left|\int_{A^*}^{+\infty} f(x,u_0)\mathrm{d}x\right|\geqslant\varepsilon_0 \tag{19.2.4}$$

定义 19.2.3(内闭一致收敛) 设函数 $f(x,u)$ 在 $I\times J$ 上有定义, $\int_a^{+\infty} f(x,u)\mathrm{d}x$ 在 J 上不一致收敛, 但在 J 的任意一个闭子区间上一致收敛, 则称含参变量无穷积分 $\int_a^{+\infty} f(x,u)\mathrm{d}x$ 关于参数 u 在 J 上内闭一致收敛. 如果在 J 的任意一个子区间上一致收敛, 则称为内子区间一致收敛.

记 $\eta(A)=\sup\limits_{u\in[\alpha,\beta]}\left|\int_A^{+\infty} f(x,u)\mathrm{d}x\right|$, 则有如下定理成立.

定理 19.2.1 含参变量广义积分 $\int_a^{+\infty} f(x,u)\mathrm{d}x$ 在 $[\alpha,\beta]$ 上一致收敛的充分必要条件是

$$\lim_{A\to+\infty}\eta(A)=0$$

.

证明 若 $\lim\limits_{A\to+\infty}\eta(A)=0$, 则

$$\forall\varepsilon>0,\exists A_0(\varepsilon)>a,\forall A>A_0:|\eta(A)|<\varepsilon\Rightarrow\forall u\in[\alpha,\beta]:\left|\int_A^{+\infty} f(x,u)\mathrm{d}x\right|\leqslant\eta(A)<\varepsilon$$

所以 $\int_a^{+\infty} f(x,u)\mathrm{d}x$ 在 $[\alpha,\beta]$ 上一致收敛.

若 $\int_a^{+\infty} f(x,u)\mathrm{d}x$ 在 $[\alpha,\beta]$ 上一致收敛, 则

$$\forall\varepsilon>0,\exists A_0(\varepsilon)>a,\forall A>A_0,\forall u\in[\alpha,\beta]:\left|\int_A^{+\infty} f(x,u)\mathrm{d}x\right|<\varepsilon$$

$$\eta(A)=\sup_{u\in[\alpha,\beta]}\left|\int_A^{+\infty} f(x,u)\mathrm{d}x\right|\leqslant\varepsilon$$

所以 $\lim\limits_{A\to+\infty}\eta(A)=0$, 结论得证.

例 19.2.3 讨论积分 $\int_0^{+\infty} u\mathrm{e}^{-xu}\mathrm{d}x(u\geqslant0)$ 的一致收敛性.

解 $\int_A^{+\infty} u\mathrm{e}^{-xu}\mathrm{d}x=\mathrm{e}^{-uA}$, $\eta(A)=\sup\limits_{u\geqslant 0}\mathrm{e}^{-uA}\geqslant \mathrm{e}^{-uA}\big|_{u=\frac{1}{A}}=\mathrm{e}^{-1}$, $\lim\limits_{A\to+\infty}\eta(A)\neq 0$, 所以不一致收敛.

由无穷积分的柯西收敛准则, 可以得到含参变量无穷积分的柯西收敛准则.

定理 19.2.2（柯西收敛准则） 设 $f(x,u)$ 定义在 $[a,+\infty)\times[\alpha,\beta]$ 上, 则含参无穷积分 $\int_a^{+\infty} f(x,u)\,\mathrm{d}x$ 在 $[\alpha,\beta]$ 上一致收敛的充分必要条件: 对任意给定的 $\varepsilon>0$, 存在仅和 ε 有关的实数 $A(\varepsilon)>a$, 对任意 $A'>A(\varepsilon), A''>A(\varepsilon)$, 以及任意 $u\in[\alpha,\beta]$, 一致成立

$$\left|\int_{A'}^{A''} f(x,u)\mathrm{d}x\right|<\varepsilon$$

进一步得到

推论 19.2.1 $\int_a^{+\infty} f(x,u)\,\mathrm{d}x$ 在 $[\alpha,\beta]$ 上不一致收敛的充分必要条件:

$$\exists\varepsilon_0>0,\forall M>a,\exists A'>M,\exists A''>M,\exists u_0\in[\alpha,\beta]:\left|\int_{A'}^{A''} f(x,u_0)\mathrm{d}x\right|\geqslant\varepsilon_0$$

应用定理 19.2.2, 可以进一步有下面结论.

定理 19.2.3（魏尔斯特拉斯定理） 设存在函数 $F(x)$, 使得

(1) $|f(x,u)|\leqslant F(x),\forall u\in[\alpha,\beta],\forall x\in[a,+\infty)$;

(2) $\int_a^{+\infty} F(x)\mathrm{d}x$ 收敛,

则 $\int_a^{+\infty} f(x,u)\,\mathrm{d}x$ 在 $[\alpha,\beta]$ 上一致收敛.

证明 由于 $\int_a^{+\infty} F(x)\mathrm{d}x$ 收敛, 因此

$$\forall\varepsilon>0,\exists A(\varepsilon)>a,\forall A'>A(\varepsilon),\forall A''>A(\varepsilon):\left|\int_{A'}^{A''} F(x)\mathrm{d}x\right|<\varepsilon$$

根据条件 (1) 得

$$A''>A'>A(\varepsilon),\forall u\in[\alpha,\beta]:\left|\int_{A'}^{A''} f(x,u)\mathrm{d}x\right|\leqslant\left|\int_{A'}^{A''} F(x)\mathrm{d}x\right|<\varepsilon$$

由柯西收敛准则, $\int_a^{+\infty} f(x,u)\,\mathrm{d}x$ 在 $[\alpha,\beta]$ 上一致收敛. 结论得证.

注 19.2.3 如果把定理 19.2.3 的条件改写为

(1) $|f(x,u)|\leqslant F(x,u),\forall u\in[\alpha,\beta],\forall x\in[a,+\infty)$;

(2) $\int_a^{+\infty} F(x,u)\mathrm{d}x$ 关于参数 $u\in[\alpha,\beta]$ 一致收敛,

则 $\int_a^{+\infty} f(x,u)\,\mathrm{d}x$ 在 $[\alpha,\beta]$ 上一致收敛.

推论 19.2.2 设 $f(x,u)$ 在 $[a,+\infty)\times[\alpha,\beta]$ 上连续, $\int_a^{+\infty} f(x,u)\mathrm{d}x$ 在 $u\in(\alpha,\beta)$ 上一致收敛, 则 $\int_a^{+\infty} f(x,\beta)\mathrm{d}x$, $\int_a^{+\infty} f(x,\alpha)\mathrm{d}x$ 收敛, 且 $\int_a^{+\infty} f(x,u)\mathrm{d}x$ 在 $[\alpha,\beta]$ 上一致收敛.

证明 因为 $\int_a^{+\infty} f(x,u)\mathrm{d}x$ 在 (α,β) 上一致收敛, 所以

$$\forall\varepsilon>0,\exists A(\varepsilon)>a,\forall A'>A(\varepsilon),A''>A(\varepsilon),\forall u\in(\alpha,\beta):\left|\int_{A'}^{A''} f(x,u)\mathrm{d}x\right|<\varepsilon \tag{19.2.5}$$

在 (19.2.5) 中分别令 $u\to\alpha+, u\to\beta-$, 利用含参常义积分连续性定理 19.1.1 得

$$\left|\int_{A'}^{A''} f(x,\alpha)\mathrm{d}x\right|<\varepsilon,\quad \left|\int_{A'}^{A''} f(x,\beta)\mathrm{d}x\right|<\varepsilon$$

所以 $\int_a^{+\infty} f(x,\beta)\mathrm{d}x$ 和 $\int_a^{+\infty} f(x,\alpha)\mathrm{d}x$ 收敛, 进一步得到 $\int_a^{+\infty} f(x,u)\mathrm{d}x$ 在 $[\alpha,\beta]$ 上一致收敛. 结论得证.

例 19.2.4 研究含参积分 $\int_0^{+\infty} \mathrm{e}^{-ax}\sin x\mathrm{d}x$ 在 $0<a_0\leqslant a<+\infty$ 上的一致收敛性.

解 由于当 $0<a_0\leqslant a<+\infty$ 时, $|\mathrm{e}^{-ax}\sin x|\leqslant \mathrm{e}^{-a_0x}$, 而 $\int_0^{+\infty}\mathrm{e}^{-a_0x}\mathrm{d}x=\frac{1}{a_0}$ 收敛, 根据定理 19.2.3, 所以 $\int_0^{+\infty} \mathrm{e}^{-ax}\sin x\mathrm{d}x$ 在 $0<a_0\leqslant a<+\infty$ 上一致收敛.

例 19.2.5 研究含参积分 $\int_1^{+\infty} x^\beta\mathrm{e}^{-x}\mathrm{d}x$ 在 $a\leqslant\beta\leqslant b$ 上的一致收敛性.

解 当 $a\leqslant\beta\leqslant b$ 且 $x\geqslant1$ 时, $0<x^\beta\mathrm{e}^{-x}\leqslant x^b\mathrm{e}^{-x}$. 由于 $\lim\limits_{x\to+\infty}\frac{x^b\mathrm{e}^{-x}}{1/x^2}=\lim\limits_{x\to+\infty}\frac{x^{b+2}}{\mathrm{e}^x}=0$, 故 $\int_1^{+\infty} x^b\mathrm{e}^{-x}\mathrm{d}x$ 收敛. 根据定理 19.2.3, 从而含参积分 $\int_1^{+\infty} x^\beta\mathrm{e}^{-x}\mathrm{d}x$ 在 $a\leqslant\beta\leqslant b$ 上一致收敛.

例 19.2.6 研究含参积分 $\int_{-\infty}^{+\infty}\frac{\cos ax}{1+x^2}\mathrm{d}x$ 在 $-\infty<a<+\infty$ 上的一致收敛性.

解 由于 $\left|\frac{\cos ax}{1+x^2}\right|\leqslant\frac{1}{1+x^2}$, 且积分 $\int_{-\infty}^{+\infty}\frac{\mathrm{d}x}{1+x^2}=\pi$ 收敛, 根据定理 19.2.3, 所以积分 $\int_{-\infty}^{+\infty}\frac{\cos ax}{1+x^2}\mathrm{d}x$ 在 $-\infty<a<+\infty$ 上一致收敛.

例 19.2.7 证明狄利克雷积分 $I=\int_0^{+\infty}\frac{\sin\beta x}{x}\mathrm{d}x$ 在任意不含 $\beta=0$ 的闭区间 $[a,b]$ 上一致收敛; 在任何包含 $\beta=0$ 的闭区间 $[a,b]$ 上不一致收敛.

证明 不失一般性, 只考虑 $\beta\in[a,b]\,(a>0)$ 和 $0\leqslant\beta\leqslant b$ 两种情况:

(1) 设 $\beta\in[a,b]\,(a>0)$. 由于积分 $\int_0^{+\infty}\frac{\sin z}{z}\mathrm{d}z=\frac{\pi}{2}$ 收敛, 所以

$$\forall \varepsilon > 0, \exists A_0 > 0, \forall A > A_0 : \left|\int_A^{+\infty} \frac{\sin z}{z} \mathrm{d}z\right| < \varepsilon$$

设 $\beta x = z$, 则

$$\int_A^{+\infty} \frac{\sin \beta x}{x} \mathrm{d}x = \int_{A\beta}^{+\infty} \frac{\sin z}{z} \mathrm{d}z. \tag{19.2.6}$$

所以

$$\forall A > \frac{A_0}{\beta} : \quad \left|\int_A^{+\infty} \frac{\sin \beta x}{x} \mathrm{d}x\right| = \left|\int_{A\beta}^{+\infty} \frac{\sin z}{z} \mathrm{d}z\right| < \varepsilon$$

因此 $I = \displaystyle\int_0^{+\infty} \frac{\sin \beta x}{x} \mathrm{d}x$ 在 $[a, b]$ 上一致收敛.

(2) 设 $0 \leqslant \beta \leqslant b$. 对于任何 $A > 0$, 当 $\beta \to 0+$ 时

$$\int_A^{+\infty} \frac{\sin \beta x}{x} \mathrm{d}x = \int_{A\beta}^{+\infty} \frac{\sin z}{z} \mathrm{d}z \to \int_0^{+\infty} \frac{\sin z}{z} \mathrm{d}z = \frac{\pi}{2}$$

因此当 $\beta > 0$ 充分小时有 $\displaystyle\int_A^{+\infty} \frac{\sin \beta x}{x} \mathrm{d}x > \frac{\pi}{4}$. 于是 $I = \displaystyle\int_0^{+\infty} \frac{\sin \beta x}{x} \mathrm{d}x$ 在区间 $0 \leqslant \beta \leqslant b$ 上不一致收敛. 结论得证.

例 19.2.8 证明含参无穷积分 $\displaystyle\int_0^{+\infty} \mathrm{e}^{-(a+u^2)t} \sin t \mathrm{d}u (a > 0)$ 关于参变量 $t \in [0, +\infty)$ 一致收敛.

证明 首先对于任意 $A > 0$,

$$\begin{aligned}
\left|\int_A^{+\infty} \mathrm{e}^{-(a+u^2)t} \sin t \mathrm{d}u\right| &= \left|\mathrm{e}^{-at} \sin t \int_A^{+\infty} \mathrm{e}^{-u^2 t} \mathrm{d}u\right| \\
&= \left|\frac{\mathrm{e}^{-at} \sin t}{\sqrt{t}} \int_{A\sqrt{t}}^{+\infty} \mathrm{e}^{-w^2} \mathrm{d}w\right| \Leftarrow \boxed{\text{作变换} w = u\sqrt{t}} \\
&< \left|\frac{\mathrm{e}^{-at} \sin t}{\sqrt{t}} \int_0^{+\infty} \mathrm{e}^{-w^2} \mathrm{d}w\right| = \left|\frac{\mathrm{e}^{-at}\sqrt{\pi} \sin t}{2\sqrt{t}}\right|
\end{aligned}$$

由于 $\displaystyle\lim_{t \to 0} \frac{\mathrm{e}^{-at} \sin t}{\sqrt{t}} . \frac{\sqrt{\pi}}{2} = 0$, 所以

$$\forall \varepsilon > 0, \exists \delta > 0, 0 < t < \delta : \left|\frac{\mathrm{e}^{-at} \sin t}{\sqrt{t}} . \frac{\sqrt{\pi}}{2}\right| < \varepsilon$$

当 $0 \leqslant t < \delta$ 时, $\forall A : \left|\displaystyle\int_A^{+\infty} \mathrm{e}^{-(a+u^2)t} \sin t \mathrm{d}u\right| < \varepsilon$, 含参无穷积分 $\displaystyle\int_0^{+\infty} \mathrm{e}^{-(a+u^2)t} \sin t \mathrm{d}u$ 在 $[0, \delta)$ 上一致收敛.

当 $\delta \leqslant t < +\infty$ 时, $\left|\mathrm{e}^{-(a+u^2)t} \sin t\right| \leqslant \mathrm{e}^{-\delta u^2}$, $\displaystyle\int_0^{+\infty} \mathrm{e}^{-\delta u^2} \mathrm{d}u$ 收敛, 因此含参无穷积分 $\displaystyle\int_0^{+\infty} \mathrm{e}^{-(a+u^2)t} \sin t \mathrm{d}u$ 关于参变量 $t \in [\delta, +\infty)$ 一致收敛. 结论得证.

例 19.2.9 证明 $I = \displaystyle\int_0^{+\infty} \beta \mathrm{e}^{-\beta x} \mathrm{d}x$ 在区间 $0 < a \leqslant \beta \leqslant b$ 内一致收敛, 在区间 $0 \leqslant \beta \leqslant b$ 内不一致收敛.

证明 积分 I 对每一个定值 $\beta \geqslant 0$ 是收敛的.

(1) 设 $0 < a \leqslant \beta \leqslant b$, 则 $0 < \int_A^{+\infty} \beta \mathrm{e}^{-\beta x} \mathrm{d}x = \mathrm{e}^{-\beta A} \leqslant \mathrm{e}^{-aA}$, 于是

$$\forall \varepsilon > 0, \exists A_0 = \frac{1}{a} \ln \frac{1}{\varepsilon} > 0, A > A_0 : \int_A^{+\infty} \beta \mathrm{e}^{-\beta x} \mathrm{d}x \leqslant \mathrm{e}^{-aA_0} = \varepsilon$$

因此积分 I 在区间 $0 < a \leqslant \beta \leqslant b$ 内一致收敛.

(2) 设 $0 \leqslant \beta \leqslant b$, 则 $\int_A^{+\infty} \beta \mathrm{e}^{-\beta x} \mathrm{d}x = \mathrm{e}^{-A\beta} \to 1(\beta \to 0+)$. 于是有

$$\exists \varepsilon_0 = \frac{1}{2}, \forall A > a, \exists \beta^* \in [0, b] : \left| \int_A^{+\infty} \beta^* \mathrm{e}^{-\beta^* x} \mathrm{d}x \right| \geqslant \varepsilon_0$$

结论得证.

下面讨论形如 $\int_a^{+\infty} f(x,u)g(x,u)\mathrm{d}x$ 的含参变量广义积分在区间 $[\alpha, \beta]$ 上的一致收敛性.

定理 19.2.4（狄利克雷判别法） 设函数 $f(x,u), g(x,u)$ 满足下面的条件:

(1) $\int_a^A f(x,u)\mathrm{d}x$ 对 $u \in [\alpha, \beta]$ 一致有界, 即存在正常数 M, 使得对任意的 $u \in [\alpha, \beta]$ 和 $a < A < +\infty$, 有 $\left| \int_a^A f(x,u)\mathrm{d}x \right| \leqslant M$ 成立;

(2) 对任意固定的 $u \in [\alpha, \beta], g(x,u)$ 是关于 x 的单调函数;

(3) 当 $x \to +\infty$ 时, $g(x,u)$ 关于 $u \in [\alpha, \beta]$ 一致收敛到 0, 即

$$\forall \varepsilon > 0, \exists A_0(\varepsilon) > a, \forall x > A_0(\varepsilon), \forall u \in [\alpha, \beta] : |g(x,u)| < \varepsilon$$

则 $\int_a^{+\infty} f(x,u)g(x,u)\mathrm{d}x$ 在 $[\alpha, \beta]$ 上一致收敛.

证明 由于 $g(x,u)$ 关于 x 是单调的, 故由积分第三中值定理, 得

$$\int_{A'}^{A''} f(x,u)g(x,u)\mathrm{d}x = g(A',u)\int_{A'}^{\xi} f(x,u)\mathrm{d}x + g(A'',u)\int_{\xi}^{A''} f(x,u)\mathrm{d}x, \quad \xi \in [A', A'']$$

由条件 (1) 知, 对 $\forall A', A'' > a, u \in [\alpha, \beta]$, 有

$$\left| \int_{A'}^{\xi} f(x,u)\mathrm{d}x \right| \leqslant \left| \int_a^{\xi} f(x,u)\mathrm{d}x \right| + \left| \int_a^{A'} f(x,u)\mathrm{d}x \right| \leqslant 2M$$

$$\left| \int_{\xi}^{A''} f(x,u)\mathrm{d}x \right| \leqslant \left| \int_a^{\xi} f(x,u)\mathrm{d}x \right| + \left| \int_a^{A''} f(x,u)\mathrm{d}x \right| \leqslant 2M$$

于是

$$\left| \int_{A'}^{A''} f(x,u)g(x,u)\mathrm{d}x \right| \leqslant 2M\{|g(A',u)| + |g(A'',u)|\}$$

又由条件 (3) 得,

$$\forall \varepsilon > 0, \exists A_0(\varepsilon) > a, x > A_0, \forall u \in [\alpha, \beta] : |g(x,u)| \leqslant \frac{\varepsilon}{4M}$$

所以

$$\forall A', A'' > A_0, \forall u \in [\alpha, \beta] : \left| \int_{A'}^{A''} f(x,u)g(x,u)\mathrm{d}x \right| < \varepsilon$$

结论得证.

类似可以证明下面定理 19.2.5.

定理 19.2.5 (阿贝尔判别法) 设函数 $f(x,u), g(x,u)$ 满足下面的条件:

(1) $\int_a^{+\infty} f(x,u)\mathrm{d}x$ 关于 $u \in [\alpha, \beta]$ 一致收敛;

(2) 对任意固定的 $u \in [\alpha, \beta], g(x,u)$ 是关于 x 的单调函数;

(3) $g(x,u)$ 关于 u 一致有界, 即存在正数 L, 使得

$$\forall x \in [a, +\infty), \forall u \in [\alpha, \beta] : |g(x,u)| \leqslant L$$

则 $\int_a^{+\infty} f(x,u)g(x,u)\mathrm{d}x$ 在 $[\alpha, \beta]$ 上一致收敛.

注 19.2.4 类似于狄利克雷和阿贝尔判别法, 讨论形如 $\int_a^{+\infty} f_1(x,u)f_2(x,u)\cdots f_n(x,u)$ $\mathrm{d}x$ 的含参变量广义积分的一致收敛问题, 需要逐步利用定理 19.2.4 和定理 19.2.5, 逐层分析如下:

$$\begin{aligned}
&\int_a^{+\infty} f_1(x,u)f_2(x,u)\mathrm{d}x \Rightarrow \int_a^{+\infty} \underbrace{(f_1(x,u)f_2(x,u))}_{\text{视为一个函数}} f_3(x,u)\mathrm{d}x \\
&\Rightarrow \int_a^{+\infty} \underbrace{(f_1(x,u)f_2(x,u)f_3(x,u))}_{\text{视为一个函数}} f_4(x,u)\mathrm{d}x
\end{aligned}$$

例 19.2.10 证明含参广义积分 $I(u) = \int_0^{+\infty} \frac{x \sin ux}{a^2 + x^2}\mathrm{d}x$ 在 $[\delta, +\infty)$ 上一致收敛, 其中 $a, \delta > 0$ 为常数.

证明 含参无穷积分满足如下结论:

(1) $\forall A > 0, \left| \int_0^A \sin ux\mathrm{d}x \right| = \left| \frac{1 - \cos uA}{u} \right| \leqslant \frac{2}{\delta}$;

(2) $x > a, \frac{x}{a^2 + x^2}$ 是关于 x 的单调函数;

(3) $\left| \frac{x}{a^2 + x^2} \right| \leqslant \left| \frac{1}{x} \right| \Rightarrow \lim\limits_{x \to +\infty} \frac{x}{a^2 + x^2} = 0$ 且一致收敛.

所以由狄利克雷判别法, $I = \int_0^{+\infty} \frac{x \sin ux}{a^2 + x^2}\mathrm{d}x$ 在 $[\delta, +\infty)$ 上一致收敛, 结论得证.

例 19.2.11 证明 $I = \int_0^{+\infty} \mathrm{e}^{-xu} \frac{\sin x}{x}\mathrm{d}x$ 在 $[0, +\infty)$ 上一致收敛.

证明 含参无穷积分满足如下结论:

(1) $\int_0^{+\infty}\frac{\sin x}{x}\mathrm{d}x$ 收敛; (2) e^{-xu} 关于 x 是单调函数; (3) $|\mathrm{e}^{-xu}|\leqslant 1$, 由阿贝尔判别法, 结论得证.

例 19.2.12 研究积分 $I(\alpha)=\int_0^{+\infty}\frac{\sin x}{x}\mathrm{e}^{-ax}\mathrm{d}x$ 在区间 $0\leqslant a<+\infty$ 上的一致收敛性.

解 由于 $\lim\limits_{x\to+0}\frac{\sin x}{x}\mathrm{e}^{-ax}=1$, 故 $x=0$ 不是瑕点. 进一步当 $a\in[0,+\infty)$ 时含参无穷积分满足:

(1) $\forall A>0:\left|\int_0^A\sin x\mathrm{d}x\right|=|1-\cos A|\leqslant 2$;

(2) $\frac{\mathrm{e}^{-ax}}{x}$ 关于 $x>0$ 单调递减;

(3) 由于 $\left|\frac{\mathrm{e}^{-ax}}{x}\right|\leqslant\frac{1}{x}$, 因此 $\frac{\mathrm{e}^{-ax}}{x}$ 关于 $0\leqslant a<+\infty$ 一致趋于零.

所以由狄利克雷判别法, 积分 $I(\alpha)=\int_0^{+\infty}\frac{\sin x}{x}\mathrm{e}^{-ax}\mathrm{d}x$ 在区间 $0\leqslant a<+\infty$ 上一致收敛.

例 19.2.13 研究积分 $I(\alpha)=\int_1^{+\infty}\mathrm{e}^{-ax}\frac{\cos x}{x^p}\mathrm{d}x$, 在 $0\leqslant a<+\infty$ 上的一致收敛性, 其中 $p>0$ 是常数.

解 当 $a\in[0,+\infty)$ 时, 含参无穷积分满足下面条件:

(1) $\forall A>1:\left|\int_1^A\cos x\mathrm{d}x\right|=|\sin A-\sin 1|\leqslant 2$;

(2) 函数 $\frac{\mathrm{e}^{-ax}}{x^p}$ 关于 $x\geqslant 1$ 单调递减;

(3) 由于 $\left|\frac{\mathrm{e}^{-ax}}{x^p}\right|\leqslant\left|\frac{1}{x^p}\right|$, 当 $x\to+\infty$, 函数 $\frac{\mathrm{e}^{-ax}}{x^p}$ 关于 $0\leqslant a<+\infty$ 一致趋于零.

所以由狄利克雷判别法, 积分 $I=\int_1^{+\infty}\mathrm{e}^{-ax}\frac{\cos x}{x^p}\mathrm{d}x$ 在 $0\leqslant a<+\infty$ 上一致收敛.

习题 19.2.2 含参变量无穷积分的一致收敛判定定理

1. 分别给出含参无穷积分 $\int_{-\infty}^{a}f(x,u)\mathrm{d}x$, $\int_{-\infty}^{+\infty}f(x,u)\mathrm{d}x$ 关于 u 在 $[\alpha,\beta]$ 上一致收敛定义.

2. 研究下列含参无穷积分在指定区间上的一致收敛性.

(1) $\int_0^{+\infty}\mathrm{e}^{-ux}\sin x\mathrm{d}x\ (0<u_0\leqslant u<+\infty)$; (2) $\int_{-\infty}^{+\infty}\frac{x^2\cos ux}{1+x^4}\mathrm{d}x\,(-\infty<u<+\infty)$;

(3) $\int_0^{+\infty}\frac{\mathrm{d}x}{1+(x+u)^2}\,(0\leqslant u<+\infty)$; (4) $\int_1^{+\infty}\mathrm{e}^{-ax}\frac{\cos x}{\sqrt{x}}\mathrm{d}x\,(0\leqslant a<+\infty)$;

(5) $\int_0^{+\infty}\sqrt{u}\mathrm{e}^{-ux^2}\mathrm{d}x\,(0\leqslant u<+\infty)$; (6) $\int_1^{\infty}\frac{y\sin xy}{x(1+y^2)}\mathrm{d}y, x\in(0,1)$;

(7) $\int_0^{\infty}\mathrm{e}^{-ax}x^6\sin x\mathrm{d}x, a\in\left[\frac{1}{2},+\infty\right)$.

3. 研究下列含参无穷积分在所给定区间上的一致收敛性:

(1) $\int_{-\infty}^{+\infty} \mathrm{e}^{-(x-\alpha)^2}\mathrm{d}x \,(-\infty < a \leqslant \alpha \leqslant b < +\infty)$;

(2) $\int_{-\infty}^{+\infty} \mathrm{e}^{-(x-\alpha)^2}\mathrm{d}x \,(-\infty < \alpha < +\infty)$.

4. 设 $a \in (0,1)$ 证明含参积分 $\int_1^{+\infty} \dfrac{\cos x^2}{x^u}\mathrm{d}x$ 关于 $u \in [-a,a]$ 一致收敛.

5. 证明: 含参积分 $\int_0^{+\infty} \dfrac{\sin 3x}{x+u}\mathrm{e}^{-ux}\mathrm{d}x$ 在 $u \in [0,+\infty)$ 中一致收敛.

6. 证明下面含参积分在指定区间内不一致收敛.

(1) $\int_0^{+\infty} \sqrt{a}\mathrm{e}^{-ax^2}\mathrm{d}x,\quad a \in [0,+\infty)$; (2) $\int_0^{+\infty} \mathrm{e}^{-x^2(1+y^2)}\sin x\mathrm{d}y\,(-\infty < x < +\infty)$.

7. 证明: (1) $\int_0^{u} \dfrac{\ln(1-t)}{t}\mathrm{d}t = -\sum\limits_{n=1}^{\infty}\dfrac{u^n}{n^2},\ 0 \leqslant u \leqslant 1$. (2) $\int_0^1 \dfrac{\ln x}{1-x}\mathrm{d}x = -\dfrac{\pi^2}{6}$;

8. 若 $\int_a^{+\infty} f(x)\,\mathrm{d}x$ 收敛, $\phi(x,y)$ 有界并关于 x 单调, 证明: $\int_a^{+\infty} f(x)\phi(x,y)\,\mathrm{d}x$ 一致收敛.

19.2.3 含参变量无穷积分的连续性定理与应用

定理 19.2.6 设 $f(x,u)$ 在 $[a,+\infty)\times[\alpha,\beta]$ 上连续, $\int_a^{+\infty} f(x,u)\mathrm{d}x$ 关于参变量 u 在 $[\alpha,\beta]$ 上一致收敛, 则 $\varphi(u) = \int_a^{+\infty} f(x,u)\mathrm{d}x$ 在 $[\alpha,\beta]$ 上连续, 即

$$\lim_{u\to u_0}\int_a^{+\infty} f(x,u)\mathrm{d}x = \int_a^{+\infty}\lim_{u\to u_0} f(x,u)\mathrm{d}x$$

证明 因为 $\int_a^{+\infty} f(x,u)\mathrm{d}x$ 在 $u \in [\alpha,\beta]$ 上一致收敛, 所以

$$\forall\varepsilon > 0, \exists A_0(\varepsilon) > a, \forall A > A_0, \forall u \in [\alpha,\beta]: \left|\int_A^{+\infty} f(x,u)\mathrm{d}x\right| < \frac{\varepsilon}{3}$$

任取 $u_0 \in (\alpha,\beta)$, $A^* > A_0$,

$$|\varphi(u) - \varphi(u_0)| = \left|\int_{A^*}^{+\infty} f(x,u)\mathrm{d}x - \int_{A^*}^{+\infty} f(x,u_0)\mathrm{d}x + \int_a^{A^*}[f(x,u) - f(x,u_0)]\mathrm{d}x\right|$$

由于 $f(x,u)$ 在 $[a,A^*]\times[\alpha,\beta]$ 上一致连续, 对上述 ε, 有

$$\exists\delta(\varepsilon) > 0, |u-u_0| < \delta : |f(x,u) - f(x,u_0)| < \frac{\varepsilon}{3(A^*-a)} \Rightarrow |\varphi(u) - \varphi(u_0)| < \varepsilon$$

当 $u_0 = \alpha$ 或 $u_0 = \beta$ 时考虑单侧连续即可. 结论得证.

由定理 19.2.6 知, $\int_a^{+\infty} f(x,u)\mathrm{d}x$ 关于 u 在 $[\alpha,\beta]$ 上一致收敛是 $\varphi(u) = \int_a^{+\infty} f(x,u)\mathrm{d}x$ 在 $[\alpha,\beta]$ 上连续的充分条件. 如果 $f(x,u)$ 在 $[a,+\infty)\times[\alpha,\beta]$ 上连续且不变号, 则 $\int_a^{+\infty} f(x,u)\mathrm{d}x$

关于 u 在 $[\alpha,\beta]$ 上一致收敛, 也是 $\varphi(u)=\int_a^{+\infty}f(x,u)\mathrm{d}x$ 在 $[\alpha,\beta]$ 上连续的必要条件. 即如下定理成立.

定理 19.2.7 (迪尼定理) 设 $f(x,u)$ 在 $[a,+\infty)\times[\alpha,\beta]$ 上连续且保持定号, 如果 $\varphi(u)=\int_a^{+\infty}f(x,u)\mathrm{d}x$ 在 $[\alpha,\beta]$ 上连续, 则 $\int_a^{+\infty}f(x,u)\mathrm{d}x$ 关于参变量 u 在 $[\alpha,\beta]$ 上一致收敛.

证明 不妨设 $f(x,u)\geqslant 0$. 如果 $\int_a^{+\infty}f(x,u)\mathrm{d}x$ 关于参变量 u 在 $[\alpha,\beta]$ 上不一致收敛, 则

$$\exists\varepsilon_0>0,\forall n\in\mathbf{N}^*(n>a),\exists u_n\in[\alpha,\beta]:\left|\int_n^{+\infty}f(x,u_n)\mathrm{d}x\right|\geqslant\varepsilon_0$$

因此得到一个有界数列 $\{u_n\}\subset[\alpha,\beta]$, 从而存在收敛子列 $\{u_{n_k}\}$, 使得 $\lim\limits_{k\to\infty}u_{n_k}=u_0\in[\alpha,\beta]$. 由于 $\int_a^{+\infty}f(x,u_0)\mathrm{d}x$ 存在, 所以对上述 ε_0, 存在 $A^*>a$, 使得

$$\left|\int_{A^*}^{+\infty}f(x,u_0)\mathrm{d}x\right|<\frac{\varepsilon_0}{2}$$

又因为 $f(x,u)\geqslant 0$, 所以对任意的自然数 $n_{k^*}>A^*$, 有

$$\int_{A^*}^{+\infty}f(x,u_{n_{k^*}})\mathrm{d}x\geqslant\int_{n_{k^*}}^{+\infty}f(x,u_{n_{k^*}})\mathrm{d}x\geqslant\varepsilon_0$$

又

$$\int_{A^*}^{+\infty}f(x,u)\mathrm{d}x=\int_a^{+\infty}f(x,u)\mathrm{d}x-\int_a^{A^*}f(x,u)\mathrm{d}x$$

根据含参变量常义积分的连续性定理知 $\int_a^{A^*}f(x,u)\mathrm{d}x$ 连续. 因此 $\omega(u)=\int_{A^*}^{+\infty}f(x,u)\mathrm{d}x$ 在 $[\alpha,\beta]$ 上连续. 根据函数连续的定义和海涅原理,

$$\lim_{k\to\infty}\omega(u_{n_k})=\omega(u_0)$$
$$\lim_{k\to\infty}\int_{A^*}^{+\infty}f(x,u_{n_k})\mathrm{d}x=\int_{A^*}^{+\infty}f(x,u_0)\mathrm{d}x<\frac{\varepsilon_0}{2}$$

而这与 $\int_{A^*}^{+\infty}f(x,u_{n_{k^*}})\mathrm{d}x\geqslant\int_{n_{k^*}}^{+\infty}f(x,u_{n_{k^*}})\mathrm{d}x\geqslant\varepsilon_0$ 矛盾. 结论得证.

注 19.2.5 若将定理 19.2.6 中的一致收敛改成内闭一致收敛, 结论仍然成立.

例 19.2.14 分析 $\lim\limits_{a\to0+}\int_0^{+\infty}a\mathrm{e}^{-ax}\mathrm{d}x$, 在式中极限移到积分号内的合理性.

解 由于$I=\int_0^{+\infty}a\mathrm{e}^{-ax}\mathrm{d}x$ 对 $0\leqslant a\leqslant b\,(b>0)$ 收敛, 由推论 19.2.2 非一致收敛, 故不能直接应用积分符号与极限符号的交换定理 19.2.6. 又因为

$$\int_0^{+\infty}\left(\lim_{a\to0+}a\mathrm{e}^{-ax}\right)\mathrm{d}x=0,\quad\lim_{a\to0+}\int_0^{+\infty}a\mathrm{e}^{-ax}\mathrm{d}x=\lim_{a\to0+}\left[\left(-\mathrm{e}^{-ax}\right)\Big|_0^{+\infty}\right]=1$$

故 $\lim\limits_{a\to 0+}\int_0^{+\infty} a\mathrm{e}^{-ax}\mathrm{d}x \neq \int_0^{+\infty}\left(\lim\limits_{a\to 0+} a\mathrm{e}^{-ax}\right)\mathrm{d}x$.

例 19.2.15 讨论函数 $F(a)=\int_0^{\infty}\dfrac{x}{2+x^a}\mathrm{d}x(a>2)$的连续性.

分析 $F(a)=\int_0^{\infty}\dfrac{x}{2+x^a}\mathrm{d}x$ 在 $(2,+\infty)$上不一致收敛, 否则, 由推论 19.2.2 得, $F(2)=\int_0^{\infty}\dfrac{x}{2+x^2}\mathrm{d}x$ 收敛, 矛盾. 因此需要讨论含参积分的内闭一致收敛.

解 对任意 $a^*\in(2,+\infty)$, 存在 $\delta>0$, 使 $a^*\in(2+\delta,+\infty)$. 当 $a\in[2+\delta,+\infty)$ 时,

$$\left|\frac{x}{2+x^a}\right|\leqslant\frac{1}{2+x^{a-1}}\leqslant\frac{1}{2+x^{2+\delta-1}}=\frac{1}{2+x^{1+\delta}}$$

所以$\int_0^{\infty}\dfrac{x}{2+x^a}\mathrm{d}x$ 在 $[2+\delta,+\infty)$ 上一致收敛, $F(a)$ 在 $a^*\in(2+\delta,+\infty)$ 连续. 由 a^* 的任意性得 $F(a)$ 在 $(2,+\infty)$ 上连续.

例 19.2.16 讨论函数 $F(a)=\int_1^{\infty}\dfrac{\cos x}{x^a}\mathrm{d}x(a>0)$ 的连续性.

分析 $F(a)=\int_1^{\infty}\dfrac{\cos x}{x^a}\mathrm{d}x$ 在 $a\in(0,+\infty)$ 上不一致收敛. 否则, $F(0)=\int_0^{\infty}\cos x\mathrm{d}x$ 收敛, 矛盾. 因此需要讨论含参积分的内闭一致收敛.

解 对任意 $a^*>0$, 存在 $a_0>0$, 使得 $a^*\in(a_0,+\infty)$. 则有以卜结论:

(1) 当 $a\in[a_0,+\infty)$ 时, $\dfrac{1}{x^a}<\dfrac{1}{x^{a_0}}$, $\dfrac{1}{x^a}$ 一致收敛于零;

(2)$\dfrac{1}{x^a}$ 单调递减;

(3)$\left|\int_1^{A_0}\cos x\mathrm{d}x\right|\leqslant 2$.

由狄利克雷判别法, $\int_1^{+\infty}\dfrac{\cos x}{x^a}\mathrm{d}x$ 在 $[a_0,+\infty)$ 上一致收敛. 因此 $F(a)$ 在 $a^*\in(a_0,+\infty)$ 连续. 由 a^* 的任意性, 得 $F(a)$ 在 $(0,+\infty)$ 内连续.

例 19.2.17 证明函数 $F(y)=\int_0^{+\infty}\mathrm{e}^{-(x-y)^2}\mathrm{d}x$ 在 $(-\infty,+\infty)$ 上连续.

证明 对任意$y_0\in(-\infty,+\infty)$, 取 $a>0$ 使得 $y_0\in(-a,a)$. 对任意 $(x,y)\in[0,+\infty)\times(-a,a)$, 有 $\left|\mathrm{e}^{-(x-y)^2}\right|\leqslant\mathrm{e}^{-(x-a)^2}$, 且 $\int_0^{+\infty}\mathrm{e}^{-(x-a)^2}\mathrm{d}x$ 收敛. 由魏尔斯特拉斯判别法, $\int_a^{+\infty}\mathrm{e}^{-(x-y)^2}\mathrm{d}x$ 在 $(-a,a)$ 上一致收敛. 因此 $F(y)$ 在 $y_0\in(-a,a)$ 上连续. 由 y_0 的任意性知 $F(y)$ 在 $(-\infty,+\infty)$ 上连续.

例 19.2.18 设对任何 $b>a$, 积分 $\int_a^b f(x,y)\mathrm{d}x$ 存在. 假设

(1) 在每一个有穷区间 (a,b) 内, $f(x,y)\rightrightarrows f(x,y_0)(y\to y_0, f(x,y)$ 关于变量 x 一致), 即 $\forall\varepsilon>0,\exists\delta(\varepsilon)>0,|y-y_0|<\delta,\forall x\in(a,b):|f(x,y)-f(x,y_0)|<\varepsilon$;

(2) $|f(x,y)|\leqslant F(x)$, $\int_a^{+\infty}F(x)\mathrm{d}x<+\infty$.

证明 $\lim\limits_{y\to y_0}\int_a^{+\infty} f(x,y)\mathrm{d}x=\int_a^{+\infty} f(x,y_0)\mathrm{d}x=\int_a^{+\infty}\lim\limits_{y\to y_0} f(x,y)\mathrm{d}x.$

分析

$$
\begin{aligned}
&\left|\int_a^{+\infty} f(x,y)\mathrm{d}x-\int_a^{+\infty} f(x,y_0)\mathrm{d}x\right|\\
\leqslant&\left|\int_a^{b} f(x,y)\mathrm{d}x-\int_a^{b} f(x,y_0)\mathrm{d}x\right|+\int_b^{+\infty}|f(x,y)|\mathrm{d}x+\int_b^{+\infty}|f(x,y_0)|\mathrm{d}x\\
\leqslant&\underbrace{\int_a^{b}|f(x,y)-f(x,y_0)|\mathrm{d}x}_{\text{(a)}}+\underbrace{\int_b^{+\infty}|f(x,y)|\mathrm{d}x}_{\text{(b)}}+\underbrace{\int_b^{+\infty}|f(x,y_0)|\mathrm{d}x}_{\text{(c)}}
\end{aligned}\tag{19.2.7}
$$

根据已知条件进一步分析 (19.2.7) 式的 (a)—(c), 详细证明如下.

证明 由条件 (2) 知 $\int_a^{+\infty}|f(x,y)|\mathrm{d}x$ 一致收敛. 所以

$$
\forall\varepsilon>0,\exists A(\varepsilon)>a,\forall b>A:\int_b^{+\infty}|f(x,y)|\mathrm{d}x<\frac{\varepsilon}{3},\int_b^{+\infty}|f(x,y_0)|\mathrm{d}x<\frac{\varepsilon}{3}
$$

取 $b^*>A$, 则

$$
\int_{b^*}^{+\infty}|f(x,y)|\mathrm{d}x<\frac{\varepsilon}{3},\quad \int_{b^*}^{+\infty}|f(x,y_0)|\mathrm{d}x<\frac{\varepsilon}{3}\tag{19.2.8}
$$

由条件 (1), 在任何有穷区间 (a,b^*) 上, $f(x,y)$ 一致趋于 $f(x,y_0)(y\to y_0)$, 对上述 $\varepsilon>0$, $\exists\delta(\varepsilon)>0$, 当 $|y-y_0|<\delta$ 时, 对 $\forall x\in(a,b^*)$, 有

$$
|f(x,y)-f(x,y_0)|<\frac{\varepsilon}{3(b^*-a)}.
$$

故

$$
\left|\int_a^{b^*} f(x,y)\mathrm{d}x-\int_{a^*}^{b^*} f(x,y_0)\mathrm{d}x\right|=\left|\int_a^{b^*}(f(x,y)-f(x,y_0))\,\mathrm{d}x\right|<\frac{\varepsilon}{3}\tag{19.2.9}
$$

于是当 $|y-y_0|<\delta$ 时, 利用 (19.2.7) 和 (19.2.9) 式有

$$
\begin{aligned}
&\left|\int_a^{+\infty} f(x,y)\mathrm{d}x-\int_a^{+\infty} f(x,y_0)\mathrm{d}x\right|\\
\leqslant&\left\{\int_a^{b^*}|f(x,y)-f(x,y_0)|\mathrm{d}x+\int_{b^*}^{+\infty}|f(x,y)|\mathrm{d}x\right.\\
&\left.+\int_{b^*}^{+\infty}|f(x,y_0)|\mathrm{d}x\right\}<\frac{\varepsilon}{3}+\frac{\varepsilon}{3}+\frac{\varepsilon}{3}=\varepsilon
\end{aligned}
$$

结论得证.

习题 19.2.3 含参变量无穷积分的连续性定理与应用

1. 研究下列函数在指定区间上的连续性.

(1) $f(x)=\int_0^{+\infty}\frac{t}{2+t^x}\mathrm{d}t,\quad x\in(2,+\infty)$.

(2) $f(\alpha)=\int_1^{+\infty}\frac{\sin x}{x^\alpha}\mathrm{d}x,\alpha\in(0,+\infty)$.

2. 如果 $\int_{-\infty}^{+\infty}|f(x)|\,\mathrm{d}x$ 收敛, 证明: 函数 $\varphi(u)=\int_{-\infty}^{+\infty}f(x)\cos ux\mathrm{d}x$ 在 $(-\infty,+\infty)$ 上一致连续.

3. 函数 $f(x)$ 在 $[0,+\infty)$ 内可积, 证明: $\lim\limits_{a\to0+}\int_0^{+\infty}\mathrm{e}^{-ax}f(x)\,\mathrm{d}x=\int_0^{+\infty}f(x)\,\mathrm{d}x$.

4. 设 $f(x,y)$ 定义在 $[a,+\infty)\times(c,d)$, $y_0\in(c,d)$, 满足如下条件:

(1) $\int_a^{+\infty}f(x,y)\,\mathrm{d}x$ 在 (c,d) 一致收敛;

(2) 当 $y\to y_0, f(x,y)$ 在 $[a,+\infty)$ 上内闭一致收敛 $\varphi(x)$;

(3) $\int_a^{+\infty}\varphi(x)\,\mathrm{d}x$ 收敛.

则 $\lim\limits_{y\to y_0}\int_a^{+\infty}f(x,y)\,\mathrm{d}x=\int_a^{+\infty}\varphi(x)\,\mathrm{d}x$.

19.2.4 含参变量无穷积分的可积性定理与应用

本节讨论含参无穷积分的可积性问题.

定理 19.2.8 (可积定理) 设函数 $f(x,u)$在$[a,+\infty)\times[\alpha,\beta]$上连续, $\varphi(u)=\int_a^{+\infty}f(x,u)\mathrm{d}x$ 在 $[\alpha,\beta]$ 上一致收敛, 则 $\varphi(u)$ 在 $[\alpha,\beta]$ 上可积, 且

$$\int_\alpha^\beta\varphi(u)\mathrm{d}u=\int_\alpha^\beta\left(\int_a^{+\infty}f(x,u)\mathrm{d}x\right)\mathrm{d}u=\int_a^{+\infty}\mathrm{d}x\int_\alpha^\beta f(x,u)\mathrm{d}u.$$

证明 对任意 $A>a$, 由于

$$\begin{aligned}&\int_\alpha^\beta\left(\int_a^{+\infty}f(x,u)\mathrm{d}x\right)\mathrm{d}u-\int_a^A\left(\int_\alpha^\beta f(x,u)\mathrm{d}u\right)\mathrm{d}x\\=&\int_\alpha^\beta\left(\int_a^{+\infty}f(x,u)\mathrm{d}x\right)\mathrm{d}u-\int_\alpha^\beta\left(\int_a^A f(x,u)\mathrm{d}x\right)\mathrm{d}u\\=&\int_\alpha^\beta\left[\int_a^{+\infty}f(x,u)\mathrm{d}x-\int_a^A f(x,u)\mathrm{d}x\right]\mathrm{d}u\\=&\int_\alpha^\beta\left(\int_A^{+\infty}f(x,u)\mathrm{d}x\right)\mathrm{d}u\end{aligned}$$

所以只需证明 $\lim\limits_{A\to+\infty}\int_\alpha^\beta\left(\int_A^{+\infty}f(x,u)\mathrm{d}x\right)\mathrm{d}u=0$ 即可.

由于 $\int_a^{+\infty} f(x,u)\mathrm{d}x$ 在 $[\alpha,\beta]$ 上一致收敛, 所以

$$\forall\varepsilon>0,\exists A_0(\varepsilon)>a,\forall A>A_0,\forall u\in[\alpha,\beta]:\left|\int_A^{+\infty} f(x,u)\mathrm{d}x\right|<\frac{\varepsilon}{\beta-\alpha}$$

因此得到

$$\left|\int_\alpha^\beta\left(\int_a^{+\infty} f(x,u)\mathrm{d}x\right)\mathrm{d}u-\int_a^A\left(\int_\alpha^\beta f(x,u)\mathrm{d}u\right)\mathrm{d}x\right|<\varepsilon$$

结论得证.

如果定理 19.2.8 中的有界闭区间 $[\alpha,\beta]$ 是无穷区间的情形, 有如下定理成立.

定理 19.2.9 (积分交换顺序定理) 设函数 f 满足下列条件:

(1) $f(x,u)$ 在 $[a,+\infty)\times[\alpha,+\infty)$ 上连续;

(2) $\int_a^{+\infty} f(x,u)\mathrm{d}x$ 关于 u 在区间 $[\alpha,+\infty)$ 上内闭一致收敛, $\int_\alpha^{+\infty} f(x,u)\mathrm{d}u$ 关于 x 在 $[a,+\infty)$ 上内闭一致收敛;

(3) $\int_a^{+\infty}\left(\int_\alpha^{+\infty}|f(x,u)|\mathrm{d}u\right)\mathrm{d}x$ 和 $\int_\alpha^{+\infty}\left(\int_a^{+\infty}|f(x,u)|\mathrm{d}x\right)\mathrm{d}u$ 至少有一个存在.

则 $\int_a^{+\infty}\left(\int_\alpha^{+\infty} f(x,u)\mathrm{d}u\right)\mathrm{d}x$, $\int_\alpha^{+\infty}\left(\int_a^{+\infty} f(x,u)\mathrm{d}x\right)\mathrm{d}u$ 都存在且相等.

分析 要证明 $\lim\limits_{\beta\to+\infty}\int_\alpha^\beta\left(\int_a^{+\infty} f(x,u)\mathrm{d}x\right)\mathrm{d}u=\int_a^{+\infty}\left(\int_\alpha^{+\infty} f(x,u)\mathrm{d}u\right)\mathrm{d}x$, 只需证明

$$\lim_{\beta\to+\infty}\int_a^{+\infty}\left(\int_\alpha^\beta f(x,u)\mathrm{d}u\right)\mathrm{d}x=\int_a^{+\infty}\left(\int_\alpha^{+\infty} f(x,u)\mathrm{d}u\right)\mathrm{d}x$$

这又等价于 $\lim\limits_{\beta\to+\infty}\int_a^{+\infty}\left(\int_\beta^{+\infty} f(x,u)\mathrm{d}u\right)\mathrm{d}x=0$.

证明 不妨设 $\int_a^{+\infty}\left(\int_\alpha^{+\infty}|f(x,u)|\mathrm{d}u\right)\mathrm{d}x$ 存在, 因此有

$$\forall\varepsilon>0,\exists b_0\,(\varepsilon)>a:\int_{b_0}^{+\infty}\left(\int_\alpha^{+\infty}|f(x,u)|\mathrm{d}u\right)\mathrm{d}x<\frac{\varepsilon}{2}\tag{19.2.10}$$

又

$$\int_a^{+\infty}\left(\int_\beta^{+\infty} f(x,u)\mathrm{d}u\right)\mathrm{d}x=\underbrace{\int_a^{b_0}\left(\int_\beta^{+\infty} f(x,u)\mathrm{d}u\right)\mathrm{d}x}_{I_1}+\underbrace{\int_{b_0}^{+\infty}\left(\int_\beta^{+\infty} f(x,u)\mathrm{d}u\right)\mathrm{d}x}_{I_2}$$

对于 I_1, 由于 $\int_\alpha^{+\infty} f(x,u)\mathrm{d}u$ 在关于 x 的任何区间 $[a,b_0]$ 上一致收敛, 故

$$\exists\beta_0>\alpha,\beta>\beta_0,\forall x\in[a,b_0]:\left|\int_\beta^{+\infty} f(x,u)\mathrm{d}u\right|<\frac{\varepsilon}{2(b_0-a)}$$

因此得到

$$|I_1|=\left|\int_a^{b_0}\left(\int_\beta^{+\infty}f(x,u)\mathrm{d}u\right)\mathrm{d}x\right|\leqslant\int_a^{b_0}\left|\int_\beta^{+\infty}f(x,u)\mathrm{d}u\right|\mathrm{d}x<\frac{\varepsilon}{2}\tag{19.2.11}$$

对于 I_2,

$$\begin{aligned}|I_2|&=\left|\int_{b_0}^{+\infty}\left(\int_\beta^{+\infty}f(x,u)\mathrm{d}u\right)\mathrm{d}x\right|\\&\leqslant\int_{b_0}^{+\infty}\left(\int_\beta^{+\infty}|f(x,u)|\mathrm{d}u\right)\mathrm{d}x\leqslant\int_{b_0}^{+\infty}\left(\int_\alpha^{+\infty}|f(x,u)|\mathrm{d}u\right)\mathrm{d}x<\frac{\varepsilon}{2}\end{aligned}\tag{19.2.12}$$

综上所述, 当 $\beta>\beta_0$ 时, $\left|\int_a^{+\infty}\left(\int_\beta^{+\infty}f(x,u)\mathrm{d}u\right)\mathrm{d}x\right|\leqslant|I_1|+|I_2|<\varepsilon$. 结论得证.

例 19.2.19 设 $a>0,b>0,c$ 为任意常数, 计算 $\int_0^{+\infty}\frac{\mathrm{e}^{-ax}-\mathrm{e}^{-bx}}{x}\cos cx\mathrm{d}x$.

解 由于 $\frac{\mathrm{e}^{-ax}-\mathrm{e}^{-bx}}{x}=\int_a^b\mathrm{e}^{-ux}\mathrm{d}u$, 所以

$$\int_0^{+\infty}\frac{\mathrm{e}^{-ax}-\mathrm{e}^{-bx}}{x}\cos cx\mathrm{d}x=\int_0^{+\infty}\mathrm{d}x\int_a^b(\cos cx)\,\mathrm{e}^{-ux}\mathrm{d}u$$

上式右端可以交换积分顺序的充要条件是 $\int_0^{+\infty}(\cos cx)\,\mathrm{e}^{-ux}\mathrm{d}x$ 关于 $u\in[a,b]$ 一致收敛. 由于

(1) $\left|\int_0^A\cos cx\mathrm{d}x\right|\leqslant\frac{2}{c}\ (c\neq0)$;

(2) $|\mathrm{e}^{-ux}|\leqslant1,\forall u\in[a,b]$, $\forall x\in[0,+\infty)$;

(3) $|\mathrm{e}^{-ux}|\leqslant\mathrm{e}^{-ax}$, $\lim\limits_{x\to+\infty}\mathrm{e}^{-ux}=0$, 关于 $u\in[a,b]$ 一致收敛.

所以由狄利克雷判别法, $\int_0^{+\infty}(\cos cx)\,\mathrm{e}^{-ux}\mathrm{d}x$ 关于 $u\in[a,b]$ 一致收敛. 所以

$$\int_0^{+\infty}\frac{\mathrm{e}^{-ax}-\mathrm{e}^{-bx}}{x}\cos cx\mathrm{d}x=\int_0^{+\infty}\mathrm{d}x\int_a^b(\cos cx)\,\mathrm{e}^{-ux}\mathrm{d}u=\int_a^b\mathrm{d}u\int_0^{+\infty}(\cos cx)\,\mathrm{e}^{-ux}\mathrm{d}x$$

因为

$$\begin{aligned}&\boxed{\int_0^{+\infty}(\cos cx)\,\mathrm{e}^{-ux}\mathrm{d}x}=\int_0^{+\infty}\cos cx\left(\frac{-\mathrm{e}^{-ux}}{u}\right)'\mathrm{d}x\\&=\frac{1}{u}+\frac{c}{u}\left[\int_0^{+\infty}\sin cx\left(\frac{-\mathrm{e}^{-ux}}{u}\right)'\mathrm{d}x\right]=\frac{1}{u}-\frac{c^2}{u^2}\boxed{\int_0^{+\infty}\mathrm{e}^{-ux}\cos cx\mathrm{d}x}\Leftarrow\boxed{\text{出现循环项}}\\&\Rightarrow\int_0^{+\infty}\cos cx\mathrm{e}^{-ux}\mathrm{d}x=\frac{u}{u^2+c^2}\end{aligned}$$

所以 $\int_0^{+\infty}\frac{\mathrm{e}^{-ax}-\mathrm{e}^{-bx}}{x}\cos cx\mathrm{d}x=\int_a^b\mathrm{d}u\int_0^{+\infty}(\cos cx)\,\mathrm{e}^{-ux}\mathrm{d}x=\int_a^b\frac{u}{u^2+c^2}\mathrm{d}u=\frac{1}{2}\ln\frac{b^2+c^2}{a^2+c^2}$.

例 19.2.20 计算 Fresnel 积分 $I=\int_0^{+\infty}\sin x^2\mathrm{d}x$.

解 令 $x^2=t$, 则 $I=\frac{1}{2}\int_0^{+\infty}\frac{\sin t}{\sqrt{t}}\mathrm{d}t$. 由于

$$\int_0^{+\infty}\mathrm{e}^{-x^2}\mathrm{d}x=\frac{\sqrt{\pi}}{2}\Rightarrow\frac{1}{\sqrt{t}}=\frac{2}{\sqrt{\pi}}\int_0^{+\infty}\mathrm{e}^{-tu^2}\mathrm{d}u$$

所以有

$$I=\frac{1}{2}\int_0^{+\infty}\left(\frac{2}{\sqrt{\pi}}\int_0^{+\infty}\mathrm{e}^{-tu^2}\sin t\mathrm{d}u\right)\mathrm{d}t$$

引入收敛因子 $\mathrm{e}^{-at}\,(a>0)$, 考虑积分 $I(a)=\int_0^{+\infty}\mathrm{e}^{-at}\frac{\sin t}{\sqrt{t}}\mathrm{d}t$. 有

$$I(a)=\int_0^{+\infty}\mathrm{e}^{-at}\frac{\sin t}{\sqrt{t}}\mathrm{d}t=\frac{2}{\sqrt{\pi}}\int_0^{+\infty}\left(\int_0^{+\infty}\mathrm{e}^{-(at+tu^2)}\sin t\mathrm{d}u\right)\mathrm{d}t$$

由于

(1) $\int_0^{+\infty}\mathrm{e}^{-(at+tu^2)}\sin t\mathrm{d}t$ 关于 $u\in[0,+\infty)$ 一致收敛;

(2) $\int_0^{+\infty}\mathrm{e}^{-(at+tu^2)}\sin t\mathrm{d}u$ 关于 $t\in[0,+\infty)$ 一致收敛;

(3) 分部积分可解得 $\int_0^{+\infty}\left(\int_0^{+\infty}\mathrm{e}^{-(at+tu^2)}\sin t\mathrm{d}t\right)\mathrm{d}u=\int_0^{+\infty}\frac{\mathrm{d}u}{1+(a+u^2)^2}$, 这说明 $\int_0^{+\infty}\left(\int_0^{+\infty}|\mathrm{e}^{-(at+tu^2)}\sin t|\mathrm{d}t\right)\mathrm{d}u$ 存在. 因此由定理 19.2.9, 可以交换积分次序, 得到

$$\int_0^{+\infty}\left(\int_0^{+\infty}\mathrm{e}^{-(at+tu^2)}\sin t\mathrm{d}u\right)\mathrm{d}t=\int_0^{+\infty}\left(\int_0^{+\infty}\mathrm{e}^{-(at+tu^2)}\sin t\mathrm{d}t\right)\mathrm{d}u$$

$$I(a)=\int_0^{+\infty}\mathrm{e}^{-at}\frac{\sin t}{\sqrt{t}}\mathrm{d}t=\frac{2}{\sqrt{\pi}}\int_0^{+\infty}\left(\int_0^{+\infty}\mathrm{e}^{-(at+tu^2)}\sin t\mathrm{d}t\right)\mathrm{d}u=\frac{2}{\sqrt{\pi}}\int_0^{+\infty}\frac{\mathrm{d}u}{1+(a+u^2)^2}$$

而 $\int_0^{+\infty}\mathrm{e}^{-at}\frac{\sin t}{\sqrt{t}}\mathrm{d}t$ 与 $\int_0^{+\infty}\frac{\mathrm{d}u}{1+(a+u^2)^2}$ 对于 $a\in[0,+\infty)$ 一致收敛, 由定理 19.2.6 令 $a\to 0$ 得

$$\int_0^{+\infty}\frac{\sin t}{\sqrt{t}}\mathrm{d}t=\frac{2}{\sqrt{\pi}}\int_0^{+\infty}\frac{\mathrm{d}u}{1+u^4}=\sqrt{\frac{\pi}{2}}$$

于是 $I=\frac{1}{2}\sqrt{\frac{\pi}{2}}$.

习题 19.2.4 含参变量无穷积分的可积性定理与应用

1. 从等式 $\int_a^b\mathrm{e}^{-xy}\mathrm{d}y=\frac{\mathrm{e}^{-ax}-\mathrm{e}^{-bx}}{x}$ 出发, 计算:

(1) $\int_0^{+\infty}\frac{\mathrm{e}^{-ax}-\mathrm{e}^{-bx}}{x}\mathrm{d}x\ (a>0,b>0)$; (2) $\int_0^{+\infty}\frac{\mathrm{e}^{-\alpha x^2}-\mathrm{e}^{-\beta x^2}}{x}\mathrm{d}x\ (\alpha>0,\beta>0)$.

2. 设 $f(x)$ 为连续函数, $\int_A^{+\infty}\frac{f(x)}{x}\mathrm{d}x$ 对任何 $A>0$ 积分收敛. 证明

$$\int_0^{+\infty}\frac{f(ax)-f(bx)}{x}\mathrm{d}x=f(0)\ln\frac{b}{a}\quad(a>0,b>0)$$

进一步, 当 $a>0,b>0$ 时, 计算

(1) $\int_0^{+\infty}\frac{\cos ax-\cos bx}{x}\mathrm{d}x$; (2) $\int_0^{+\infty}\frac{\sin ax-\sin bx}{x}\mathrm{d}x$;

(3) $\int_0^{+\infty}\frac{\arctan ax-\arctan bx}{x}\mathrm{d}x$.

19.2.5 含参变量无穷积分的可微性定理与应用

定理 19.2.10 $\int_a^{+\infty}f(x,u)\mathrm{d}x$ 关于参数 $u\in[\alpha,\beta]$ 一致收敛的充要条件为对任意递增数列 $\{A_n\}$, $\lim\limits_{n\to\infty}A_n=+\infty(A_1=a)$, 都有 $\sum\limits_{n=1}^{\infty}\int_{A_n}^{A_{n+1}}f(x,u)\mathrm{d}x=\sum\limits_{n=1}^{\infty}\varphi_n(u)$ 对 $u\in[\alpha,\beta]$ 一致收敛. 其中 $\varphi_n(u)=\int_{A_n}^{A_{n+1}}f(x,u)\mathrm{d}x$.

证明 必要性: 设 $\int_a^{+\infty}f(x,u)\mathrm{d}x$ 关于 $u\in[\alpha,\beta]$ 一致收敛, 根据柯西收敛准则

$$\forall\varepsilon>0,\exists A_0(\varepsilon)>a,\forall A',A''>A_0,\forall u\in[\alpha,\beta]:\left|\int_{A'}^{A''}f(x,u)\mathrm{d}x\right|<\varepsilon$$

由于 $\lim\limits_{n\to\infty}A_n=+\infty$, 对上述 $A_0(\varepsilon)$, 存在 $N\in\mathbf{N}^*,\forall m>n>N:A_m>A_0,A_n>A_0$, 所以

$$\left|\sum_{i=n}^{m}\varphi_i(u)\right|=\left|\sum_{i=n}^{m}\int_{A_i}^{A_{i+1}}f(x,u)\mathrm{d}x\right|=\left|\int_{A_n}^{A_{m+1}}f(x,u)\mathrm{d}x\right|<\varepsilon$$

由函数项级数一致收敛的柯西准则, 知 $\sum\limits_{n=1}^{\infty}\varphi_n(u)$ 一致收敛.

充分性: 用反证法, 假设 $\int_a^{+\infty}f(x,u)\mathrm{d}x$ 关于 $u\in[\alpha,\beta]$ 不一致收敛, 则

$$\exists\varepsilon_0>0,\forall M>a,\exists A''>A'>M,\exists u^*\in[\alpha,\beta]:\left|\int_{A'}^{A''}f(x,u^*)\mathrm{d}x\right|\geqslant\varepsilon_0$$

依次取

$$M_1=\max\{1,a\},\exists A_2>A_1>M_1,\exists u_1^*\in[\alpha,\beta]:\left|\int_{A_1}^{A_2}f(x,u_1^*)\mathrm{d}x\right|\geqslant\varepsilon_0$$

$$M_2=\max\{2,A_2\},\exists A_4>A_3>M_2,\exists u_2^*\in[\alpha,\beta]:\left|\int_{A_3}^{A_4}f(x,u_2^*)\mathrm{d}x\right|\geqslant\varepsilon_0$$

$$M_3=\max\{3,A_4\},\exists A_6>A_5>M_3,\exists u_3^*\in[\alpha,\beta]:\left|\int_{A_5}^{A_6}f(x,u_3^*)\mathrm{d}x\right|\geqslant\varepsilon_0$$

$\cdots\cdots$

依次类推, 取

$$M_n=\max\{n,A_{2(n-1)}\},\exists A_{2n}>A_{2n-1}>M_n,\exists u_n^*\in[\alpha,\beta]:\left|\int_{A_{2n-1}}^{A_{2n}}f(x,u_n^*)\mathrm{d}x\right|\geqslant\varepsilon_0$$

所以 $\sum\limits_{n=1}^{\infty}\varphi_n(u)$ 不一致收敛, 与假设矛盾. 结论得证.

注 19.2.6 定理 19.2.10 可以用来证明下面的结论:

(1) $\int_a^{+\infty}f(x,u)\mathrm{d}x$ 关于 $u\in[\alpha,\beta]$ 一致收敛性: 柯西准则和魏尔斯特拉斯判别法.

(2) $\int_a^{+\infty}f(x,u)g(x,u)\mathrm{d}x$ 关于 $u\in[\alpha,\beta]$ 一致收敛性: 狄利克雷判别法和阿贝尔判别法.

利用定理 19.2.10, 可以得到含参变量广义积分的可微性定理.

定理 19.2.11 (可微性定理) 设 (1) 函数 f 和 $\dfrac{\partial f}{\partial u}$ 在 $[a,+\infty)\times[\alpha,\beta]$ 上连续; (2) $\int_a^{+\infty}f(x,u)\mathrm{d}x$ 对每一个 $u\in[\alpha,\beta]$ 收敛; (3) $\int_a^{+\infty}\dfrac{\partial f(x,u)}{\partial u}\mathrm{d}x$ 关于 $u\in[\alpha,\beta]$ 一致收敛. 则 $\varphi(u)=\int_a^{+\infty}f(x,u)\mathrm{d}x$ 在 $[\alpha,\beta]$ 上可微且 $\varphi'(u)=\int_a^{+\infty}\dfrac{\partial f(x,u)}{\partial u}\mathrm{d}x$.

证明 对于任意递增数列 $\{A_n\}$, $\lim\limits_{n\to+\infty}A_n=+\infty(A_1=a)$, 记 $\varphi_n(u)=\int_{A_n}^{A_{n+1}}f(x,u)\mathrm{d}x$. 则有 $\varphi_n'(u)=\int_{A_n}^{A_{n+1}}\dfrac{\partial f(x,u)}{\partial u}\mathrm{d}x$. 由于 $\int_a^{+\infty}\dfrac{\partial f(x,u)}{\partial u}\mathrm{d}x$ 关于 $u\in[\alpha,\beta]$ 一致收敛, 根据函数项级数的逐项求导定理以及含参常义积分与无穷含参积分可导定理得

$$\left(\sum_{n=1}^{\infty}\varphi_n(u)\right)'=\sum_{n=1}^{\infty}\int_{A_n}^{A_{n+1}}\frac{\partial f(x,u)}{\partial u}\mathrm{d}x=\int_a^{+\infty}\frac{\partial f(x,u)}{\partial u}\mathrm{d}x$$

因此 $\dfrac{\partial}{\partial u}\int_a^{+\infty}f(x,u)\mathrm{d}x=\int_a^{+\infty}\dfrac{\partial f(x,u)}{\partial u}\mathrm{d}x$. 结论得证.

注 19.2.7 当 $[\alpha,\beta]$ 为其他类型的区间 (19.1.2) 时结论仍然成立. 条件中关于 $[\alpha,\beta]$ 一致收敛可减弱为 $[\alpha,\beta]$ 的内闭一致收敛, 证明留给读者完成.

例 19.2.21 计算积分 $\int_0^{+\infty}\mathrm{e}^{-ax^2}\cos bx\mathrm{d}x\ (a>0,b\neq0)$.

解 设 $I(b)=\int_0^{+\infty}\mathrm{e}^{-ax^2}\cos bx\mathrm{d}x$. 由于 $\left|x\mathrm{e}^{-ax^2}\sin bx\right|\leqslant\left|x\mathrm{e}^{-ax^2}\right|$, 且

$$\int_0^{+\infty}x\mathrm{e}^{-ax^2}\mathrm{d}x=\frac{1}{2a}\int_0^{+\infty}\mathrm{e}^{-ax^2}\mathrm{d}(ax^2)=\frac{1}{2a}$$

由魏尔斯特拉斯判别法, $\int_0^{+\infty}x\mathrm{e}^{-ax^2}\sin bx\mathrm{d}x$ 关于 $b\in(-\infty,+\infty)$ 一致收敛. 由含参积分可微性定理 19.2.11 得到

$$I'(b)=-\int_0^{+\infty}x\mathrm{e}^{-ax^2}\sin bx\mathrm{d}x,\quad b\in(-\infty,+\infty)$$

通过分部积分, 得

$$\begin{aligned}I(b)&=\int_0^{+\infty}\mathrm{e}^{-ax^2}\cos bx\mathrm{d}x=\frac{1}{b}\int_0^{+\infty}\mathrm{e}^{-ax^2}(\sin bx)'\mathrm{d}x\\&=\frac{1}{b}\mathrm{e}^{-ax^2}\sin bx\Big|_0^{+\infty}-\frac{1}{b}\int_0^{+\infty}\sin bx\times\mathrm{e}^{-ax^2}(-2ax)\mathrm{d}x=\frac{-2a}{b}I'(b)\end{aligned}$$

进一步有

$$\int\frac{I'(b)}{I(b)}\mathrm{d}b=\int-\frac{b}{2a}\mathrm{d}b+c\Rightarrow\ln I(b)=-\frac{b^2}{4a}+c\Rightarrow I(b)=c\mathrm{e}^{-\frac{b^2}{4a}}$$

由$I(0)=\frac{1}{2}\sqrt{\frac{\pi}{a}}\Rightarrow c=\frac{1}{2}\sqrt{\frac{\pi}{a}}$, 所以 $I(b)=\frac{1}{2}\sqrt{\frac{\pi}{a}}\mathrm{e}^{-\frac{b^2}{4a}}$.

例 19.2.22 计算狄利克雷积分 $I\int_0^{+\infty}\frac{\sin x}{x}\mathrm{d}x$.

解 引入衰减因子 e^{-ax}, 设 $I(a)=\int_0^{+\infty}\mathrm{e}^{-ax}\frac{\sin x}{x}\mathrm{d}x, a\in[0,+\infty)$. 由含参积分一致收敛的阿贝尔判别法知, $I(a)=\int_0^{+\infty}\mathrm{e}^{-ax}\frac{\sin x}{x}\mathrm{d}x$ 关于参数 $a\in[0,+\infty)$ 一致收敛. 进一步根据含参无穷积分的连续性定理知, $I(a)$ 在 $a\subset[0,+\infty)$ 上连续. 因此

$$\lim_{a\to0}I(a)=\int_0^{+\infty}\lim_{a\to0}\mathrm{e}^{-ax}\frac{\sin x}{x}\mathrm{d}x=\int_0^{+\infty}\frac{\sin x}{x}\mathrm{d}x.$$

为了通过微分求 $I(a)$, 需要证明 $I(a)$ 可微. 对任意 $a>0$, 存在 $\delta>0$, 使得当 $a\in[\delta,+\infty)$ 时, $|\mathrm{e}^{-ax}\sin x|\leqslant\mathrm{e}^{-\delta x}$. 由魏尔斯特拉斯判别法, $\int_0^{+\infty}\mathrm{e}^{-ax}\sin x\mathrm{d}x$ 在 $[\delta,+\infty)$ 上一致收敛. 即 $\int_0^{+\infty}\mathrm{e}^{-ax}\sin x\mathrm{d}x$ 关于参数 $a\in(0,+\infty)$ 内闭一致收敛. 根据含参积分可微性定理, 对任意 $a\in(0,+\infty)$, 有

$$I'(a)=-\int_0^{+\infty}\mathrm{e}^{-ax}\sin x\mathrm{d}x=-\frac{1}{1+a^2}\Rightarrow I(a)=-\arctan a+c$$

由于 $|I(a)|=\left|\int_0^{+\infty}\mathrm{e}^{-ax}\frac{\sin x}{x}\mathrm{d}x\right|\leqslant\left|\int_0^{+\infty}\mathrm{e}^{-ax}\mathrm{d}x\right|=\frac{1}{a}$, 由 $\lim\limits_{a\to+\infty}I(a)=0$ 得 $c=\frac{\pi}{2}$. 所以

$$I(a)=\frac{\pi}{2}-\arctan a$$

因此$\lim\limits_{a\to0}I(a)=\int_0^{+\infty}\frac{\sin x}{x}\mathrm{d}x=\frac{\pi}{2}$.

注 19.2.8 前面讨论的含参变量广义积分可以推广到更为广泛的情形.

定义 19.2.4 设 $D_{uv}=\{(u,v)|c\leqslant u<+\infty,d\leqslant v<+\infty\}$, $f(x,u,v)$ 定义在 $I=[a,b]\times D_{uv}$ 上, 对任意 $x\in[a,b]$, $f(x,u,v)$ 关于变量 u,v 在 D_{uv} 上可积, 则

$$\varphi(x)=\iint\limits_{D_{uv}}f(x,u,v)\mathrm{d}u\mathrm{d}v$$

定义了一个 $[a,b]$ 上的函数, 称为含参变量 x 的广义积分.

定义 19.2.5 设 $D_{uv}=\{(u,v)\,|c\leqslant u<+\infty,d\leqslant v<+\infty\}$, 四元函数 $f(x,y,u,v)$ 定义在 $I=[a,b]\times[c,d]\times D_{uv}$ 上, 对任意 $(x,y)\in[a,b]\times[c,d]$, $f(x,y,u,v)$ 关于变量 u,v 在 D_{uv} 上可积, 则

$$\varphi(x,y)=\iint\limits_{D_{uv}}f(x,y,u,v)\mathrm{d}u\mathrm{d}v$$

定义了一个 $[a,b]\times[c,d]$ 上的函数, 称为含参变量 x,y 的广义积分.

以上定义的含参变量广义积分, 读者可以研究其分析性质: 连续性、可积性、可微性.

习题 19.2.5 含参变量无穷积分的可微性定理与应用

1. 证明函数 $F(\alpha)=\displaystyle\int_0^{+\infty}\frac{\cos x}{1+(x+\alpha)^2}\mathrm{d}x$ 在 $\mathbf{R}$ 上连续并且可微.

2. 利用对参数的微分法计算下列积分.

(1) $\displaystyle\int_0^{+\infty}\frac{\mathrm{e}^{-ax}-\mathrm{e}^{-bx}}{x}\sin cx\mathrm{d}x\ \ (a>0,b>0,c>0)$.

(2) $I(a,\beta)=\displaystyle\int_0^{+\infty}\frac{\log(a^2+x^2)}{\beta^2+x^2}\mathrm{d}x\ \ (\beta\neq0,a>0)$.

(3) $\displaystyle\int_0^{+\infty}x\mathrm{e}^{-ax^2}\sin bx\mathrm{d}x\ \ (a>0)$.

(4) $\displaystyle\int_0^{+\infty}x^{2n}\mathrm{e}^{-x^2}\cos 2bx\mathrm{d}x\ (n\in\mathbf{N}^*)$.

3. 利用已知的积分值计算下列积分.

(1) $\displaystyle\int_{-\infty}^{+\infty}\mathrm{e}^{-(ax^2+2bx+c)}\mathrm{d}x\ \ (a>0)$;

(2) $\displaystyle\int_0^{+\infty}\frac{\sin x^2}{x}\mathrm{d}x$;

(3) $\displaystyle\int_0^{+\infty}\frac{\sin\alpha x\cos\beta x}{x}\mathrm{d}x\ \ (\alpha>0,\alpha>\beta)$;

(4) $\displaystyle\int_0^{+\infty}\frac{\sin^3x}{x}\mathrm{d}x$.

19.2.6 含参变量瑕积分结论概述与应用

含参变量瑕积分的基础理论与含参变量无穷积分的基础理论是平行的. 下面我们对含参变量瑕积分的结论予以概述, 证明留给读者.

定义 19.2.6 (含参变量瑕积分) 设 $f(x,u)$ 在 $(a,b]\times[\alpha,\beta]$ 上连续, 在点 a 的任一右邻域内无界, 对任意 $u\in[\alpha,\beta]$, $\displaystyle\int_a^b f(x,u)\mathrm{d}x$ 均收敛, 则

$$\varphi(u)=\int_a^b f(x,u)\mathrm{d}x$$

定义了一个 $[\alpha,\beta]$ 上的函数, 称为含参变量 u 的瑕积分.

定义 19.2.7 (一致收敛) 对任意给定 $\varepsilon>0$, 存在仅和 ε 有关的实数 $\delta_0(\varepsilon)>0$, 当 $0<\delta<\delta_0$ 时, 对任意 $u\in[\alpha,\beta]$, 成立 $\left|\displaystyle\int_a^{a+\delta}f(x,u)\mathrm{d}x\right|<\varepsilon$. 则称含参瑕积分 $\displaystyle\int_a^b f(x,u)\mathrm{d}x$ 关于参数 $u\in[\alpha,\beta]$ 一致收敛.

定理 19.2.12 (柯西准则) 含参瑕积分 $\int_a^b f(x,u)\mathrm{d}x$ 在 $[\alpha,\beta]$ 上一致收敛的充要条件是

$$\forall\varepsilon>0,\exists\delta_0(\varepsilon)>0,\forall 0<\delta<\delta'<\delta_0,\forall u\in[\alpha,\beta]:\left|\int_{a+\delta'}^{a+\delta} f(x,u)\mathrm{d}x\right|<\varepsilon$$

定理 19.2.13 (魏尔斯特拉斯定理) 若存在函数 $F(x)$ 使得

(1) $|f(x,u)|\leqslant F(x),\forall u\in[\alpha,\beta],x\in(a,b]$;

(2) $\int_a^b F(x)\mathrm{d}x$ 收敛.

则含参瑕积分 $\int_a^b f(x,u)\mathrm{d}x$ 在 $[\alpha,\beta]$ 上一致收敛.

定理 19.2.14 (狄利克雷判别法) 若函数 f,g 满足下列条件:

(1) $\int_{a+\delta}^b f(x,u)\mathrm{d}x$ 对 $u\in[\alpha,\beta]$ 一致有界, 即

$$\exists M>0,\forall 0<\delta<b-a,\forall u\in[\alpha,\beta]:\left|\int_{a+\delta}^b f(x,u)\mathrm{d}x\right|\leqslant M$$

(2) $g(x,u)$ 是 x 的单调函数, 且当 $x\to a$ 时, $g(x,u)$ 关于 u 一致收敛到零.

则含参瑕积分 $\int_a^b f(x,u)g(x,u)\mathrm{d}x$ 在 $[\alpha,\beta]$ 上一致收敛.

定理 19.2.15 (阿贝尔判别法) 若函数 f,g 满足下列条件:

(1) 含参瑕积分 $\int_a^b f(x,u)\mathrm{d}x$ 关于 $u\in[\alpha,\beta]$ 一致收敛;

(2) $g(x,u)$ 是 x 的单调函数, 且当 $x\to a$ 时, $g(x,u)$ 关于 u 一致有界.

则含参瑕积分 $\int_a^b f(x,u)g(x,u)\mathrm{d}x$ 在 $[\alpha,\beta]$ 上一致收敛.

定理 19.2.16 (连续性定理) 设 $f(x,u)$ 在 $(a,b]\times[\alpha,\beta]$ 上连续, 且 $\int_a^b f(x,u)\mathrm{d}x$ 在 $[\alpha,\beta]$ 上一致收敛, 则 $\varphi(u)=\int_a^b f(x,u)\mathrm{d}x$ 在 $[\alpha,\beta]$ 上连续.

定理 19.2.17 (积分可交换性定理) 设 $f(x,u)$ 在 $(a,b]\times[\alpha,\beta]$ 上连续, 且含参瑕积分 $\int_a^b f(x,u)\mathrm{d}x$ 在 $[\alpha,\beta]$ 上一致收敛, 则 $\varphi(u)=\int_a^b f(x,u)\mathrm{d}x$ 在 $[\alpha,\beta]$ 上可积, 且

$$\int_\alpha^\beta\left(\int_a^b f(x,u)\mathrm{d}x\right)\mathrm{d}u=\int_a^b\mathrm{d}x\int_\alpha^\beta f(x,u)\mathrm{d}u$$

定理 19.2.18 (可微性定理) 如果函数 f 和 $\dfrac{\partial f}{\partial u}$ 在 $(a,b]\times[\alpha,\beta]$ 上连续, 且含参瑕积分 $\int_a^b \dfrac{\partial f(x,u)}{\partial u}\mathrm{d}x$ 在 $[\alpha,\beta]$ 上一致收敛, 则 $\varphi(u)=\int_a^b f(x,u)\mathrm{d}x$ 在 $[\alpha,\beta]$ 上可微, 且

$\varphi'(u)=\int_a^b \frac{\partial f(x,u)}{\partial u}\mathrm{d}x.$

注 19.2.9 定理 19.2.16 到定理 19.2.18 中一致收敛的条件可减弱为内闭一致收敛.

如果 b 是瑕点, 设 $f(x,u)$ 在 $[a,b)\times[\alpha,\beta]$ 上连续, 在点 b 的任一左邻域内无界, 对任意 $u\in[\alpha,\beta]$, $\int_a^b f(x,u)\mathrm{d}x$ 均收敛, 则

$$\varphi(u)=\int_a^b f(x,u)\mathrm{d}x$$

定义了一个 $[\alpha,\beta]$ 上的函数, 称为含参变量 u 的瑕积分. 类似定理 19.2.16 到定理 19.2.18 的结论可以平行得到, 详细的阐述留给读者完成.

例 19.2.23 讨论 $\int_0^1 \frac{x^a\mathrm{d}x}{\sqrt{1-x^2}}(a\geqslant 0)$ 的一致收敛性.

解 当 $0\leqslant x<1$ 时, 有 $\frac{x^a}{\sqrt{1-x^2}}\leqslant\frac{1}{\sqrt{1-x^2}}$, 而 $\int_0^1\frac{\mathrm{d}x}{\sqrt{1-x^2}}=\frac{\pi}{2}$, 由魏尔斯特拉斯判别法, $\int_0^1\frac{x^a\mathrm{d}x}{\sqrt{1-x^2}}$ 关于 $a\geqslant 0$ 一致收敛.

例 19.2.24 证明 $\int_0^{+\infty}\frac{\cos x^2}{x^p}\mathrm{d}x$ 关于参数 $p\in(-1,1)$ 内闭一致收敛.

证明 由于

$$\int_0^{+\infty}\frac{\cos x^2}{x^p}\mathrm{d}x=\underbrace{\int_0^1\frac{\cos x^2}{x^p}\mathrm{d}x}_{I_1}+\underbrace{\int_1^{+\infty}\frac{\cos x^2}{x^p}\mathrm{d}x}_{I_2}$$

需要证明 I_1 和 I_2 分别在 $p\in(-1,1)$ 内闭一致收敛.

对 $\forall[p_1,p_2]\subset(-1,1)$, $\left|\frac{\cos x^2}{x^p}\right|\leqslant\frac{1}{x^p}\leqslant\frac{1}{x^{p_2}}, p\in[p_1,p_2]$, 而 $\int_0^1\frac{1}{x^{p_2}}\mathrm{d}x$ 收敛, 所以 I_1 在 $[p_1,p_2]$ 上一致收敛, 从而在 $(-1,1)$ 上内闭一致收敛.

作变换 $t=x^2$, 则

$$I_2=\int_1^{+\infty}\frac{\cos x^2}{x^p}\mathrm{d}x=\frac{1}{2}\int_1^{+\infty}\frac{\cos t}{t^{\frac{1}{2}(p+1)}}\mathrm{d}t$$

由于 (1) $\forall A\in[1,+\infty)$, $\int_1^A\cos t\mathrm{d}t\leqslant 2$, 即 $\int_1^A\cos t\mathrm{d}t$ 一致有界.

(2) $\frac{1}{t^{\frac{1}{2}(p+1)}}$ 关于 t 单调递减,

(3) $\forall p\in[p_1,p_2]$, $\left|\frac{1}{t^{\frac{1}{2}(p+1)}}\right|\leqslant\frac{1}{t^{\frac{1}{2}(p_1+1)}}$, 而 $\lim\limits_{t\to+\infty}\frac{1}{t^{\frac{1}{2}(p_1+1)}}=0$, 即 $t\to+\infty$ 时 $\frac{1}{t^{\frac{1}{2}(p+1)}}$ 一致收敛到零.

所以根据含参积分一致收敛的狄利克雷判别法, I_2 在 $[p_1,p_2]$ 上一致收敛, 从而在 $(-1,1)$ 上内闭一致收敛. 结论得证.

例 19.2.25 证明 $\int_0^1\ln(xy)\mathrm{d}y$ 在 $\left[\frac{1}{b},b\right]$ $(b>1)$ 上一致收敛.

证明 当 $(x,y)\in\left[\dfrac{1}{b},b\right]\times(0,1]$, 有

$$|\ln(xy)|=|\ln x+\ln y|\leqslant \ln b-\ln y$$

由于 $\int_0^1(\ln b-\ln y)\mathrm{d}y=\ln b+1$, 所以 $\int_0^1(\ln b-\ln y)\mathrm{d}y$ 收敛. 由魏尔斯特拉斯判别法可知, $\int_0^1\ln(xy)\mathrm{d}y$ 在 $\left[\dfrac{1}{b},b\right]$ $(b>1)$ 上一致收敛. 结论得证.

例 19.2.26 讨论含参变量瑕积分 $\int_0^1\dfrac{1}{x^\alpha}\sin\dfrac{1}{x}\mathrm{d}x$ 的一致收敛区间.

解 作变换 $t=\dfrac{1}{x}$, 得

$$\int_0^1\frac{1}{x^\alpha}\sin\frac{1}{x}\mathrm{d}x=\int_1^{+\infty}\frac{1}{t^{2-\alpha}}\sin t\mathrm{d}t$$

由狄利克雷判别法可知, 当 $\alpha<2$ 时, 上式的广义积分收敛但不是一致收敛. 下面详细讨论.

首先讨论在 $(-\infty,2-\delta]$ $(\delta>0)$ 上的一致收敛性. 由于对任意的 $\alpha\in(-\infty,2-\delta]$, 有

(1) $\forall A>1,\left|\int_1^A\sin t\mathrm{d}t\right|\leqslant 2$;

(2) $\dfrac{1}{t^{2-\alpha}}$ 关于 $t\in[1,+\infty)$ 单调递减;

(3) $\left|\dfrac{1}{t^{2-\alpha}}\right|\leqslant\dfrac{1}{t^\delta}$, 即 $t\to+\infty$ 时 $\dfrac{1}{t^{2-\alpha}}$ 关于 $\alpha\in(-\infty,2-\delta]$ 一致收敛到 0.

由狄利克雷判别法, $\int_1^{+\infty}\dfrac{1}{t^{2-\alpha}}\sin t\mathrm{d}t$ 在 $(-\infty,2-\delta]$ 上一致收敛. 因此 $\int_0^1\dfrac{1}{x^\alpha}\sin\dfrac{1}{x}\mathrm{d}x$ 在 $(-\infty,2-\delta]$ 上一致收敛.

下面讨论 $[b,2)$ $(b<2)$ 上的一致收敛性. 取 $\varepsilon_0=1$, 对任意的 $M>1$, 取自然数 k 使得 $2k\pi>M$, 并取 $A_1=2k\pi, A_2=(2k+1)\pi$. 因为 $\lim\limits_{\alpha\to2-}\dfrac{2}{((2k+1)\pi)^{2-\alpha}}=2$, 所以存在 $\alpha_0\in[b,2)$ 使得 $\dfrac{2}{((2k+1)\pi)^{2-\alpha_0}}>1$. 于是

$$\left|\int_{A_1}^{A_2}\frac{\sin t}{t^{2-\alpha_0}}\mathrm{d}t\right|=\int_{A_1}^{A_2}\frac{\sin t}{t^{2-\alpha_0}}\mathrm{d}t\geqslant\frac{1}{A_2^{2-\alpha_0}}\int_{A_1}^{A_2}\sin t\mathrm{d}t=\frac{2}{((2k+1)\pi)^{2-\alpha_0}}>1=\varepsilon_0$$

从而得到 $\int_1^{+\infty}\dfrac{1}{t^{2-\alpha}}\sin t\mathrm{d}t$ 在 $[b,2)$ 上不一致收敛, 即 $\int_0^1\dfrac{1}{x^\alpha}\sin\dfrac{1}{x}\mathrm{d}x$ 在 $[b,2)$ 上不一致收敛.

综上所述, $\int_0^1\dfrac{1}{x^\alpha}\sin\dfrac{1}{x}\mathrm{d}x$ 在 $\alpha<2$ 内闭一致收敛.

例 19.2.27 讨论 $f(x)=\int_0^{+\infty}\dfrac{\ln(1+y^3)}{y^x}\mathrm{d}y$ 的连续性.

解 首先分析收敛区域. 由于 $y=0$ 是 $\int_0^{+\infty}\dfrac{\ln(1+y^3)}{y^x}\mathrm{d}y$ 的可能瑕点, 故设

$$f(x)=\int_0^1\frac{\ln(1+y^3)}{y^x}\mathrm{d}y+\int_1^{+\infty}\frac{\ln(1+y^3)}{y^x}\mathrm{d}y$$

因为 $\lim\limits_{y\to0^+}\dfrac{\ln\left(1+y^3\right)}{y^x}\Big/\dfrac{1}{y^{x-3}}=1$, 所以 $\displaystyle\int_0^1\frac{\ln\left(1+y^3\right)}{y^x}\mathrm{d}y$ 收敛, 当且仅当 $\displaystyle\int_0^1\frac{1}{y^{x-3}}\mathrm{d}y$ 收敛, 因而 $\displaystyle\int_0^1\frac{\ln\left(1+y^3\right)}{y^x}\mathrm{d}y$ 收敛, 当且仅当 $x-3<1$, 即 $x<4$.

当 $x>1$ 时, 取 $\beta\in(1,x)$, 则

$$\lim_{y\to+\infty}\frac{\ln\left(1+y^3\right)}{y^x}\Big/\frac{1}{y^\beta}=\lim_{y\to+\infty}\frac{\ln\left(1+y^3\right)}{y^{x-\beta}}=0$$

当 $x\leqslant1$ 时, 有

$$\lim_{y\to+\infty}\frac{\ln\left(1+y^3\right)}{y^x}\Big/\frac{1}{y}=\lim_{y\to+\infty}y^{1-x}\ln\left(1+y^3\right)=+\infty$$

故 $\displaystyle\int_1^{+\infty}\frac{\ln\left(1+y^3\right)}{y^x}\mathrm{d}y$ 收敛, 当且仅当 $x>1$.

综上所述, $f(x)$ 的定义域为开区间 $(1,4)$. $f(x)=\displaystyle\int_0^{+\infty}\frac{\ln\left(1+y^3\right)}{y^x}\mathrm{d}y$ 在 $(1,4)$ 上不一致收敛, 否则 $\displaystyle\int_0^{+\infty}\frac{\ln\left(1+y^3\right)}{y}\mathrm{d}y$ 收敛, 矛盾. 下面讨论内闭一致收敛性.

对任意的 $[a,b]\subset(1,4)$, 有

$$\left|\frac{\ln\left(1+y^3\right)}{y^x}\right|=\frac{\ln\left(1+y^3\right)}{y^x}\leqslant\frac{\ln\left(1+y^3\right)}{y^b},\quad (x,y)\in[a,b]\times(0,1]$$

$$\left|\frac{\ln\left(1+y^3\right)}{y^x}\right|=\frac{\ln\left(1+y^3\right)}{y^x}\leqslant\frac{\ln\left(1+y^3\right)}{y^a},\quad (x,y)\in[a,b]\times[1,+\infty)$$

而 $\displaystyle\int_0^1\frac{\ln\left(1+y^3\right)}{y^b}\mathrm{d}y$ 和 $\displaystyle\int_1^{+\infty}\frac{\ln\left(1+y^3\right)}{y^a}\mathrm{d}y$ 都收敛, 所以 $\displaystyle\int_0^1\frac{\ln\left(1+y^3\right)}{y^b}\mathrm{d}y$ 和 $\displaystyle\int_1^{+\infty}\frac{\ln\left(1+y^3\right)}{y^a}\mathrm{d}y$ 在 $(1,4)$ 上内闭一致收敛. 由连续性定理, $\displaystyle\int_0^1\frac{\ln\left(1+y^3\right)}{y^b}\mathrm{d}y$ 和 $\displaystyle\int_1^{+\infty}\frac{\ln\left(1+y^3\right)}{y^a}\mathrm{d}y$ 在 $(1,4)$ 上连续, 从而 $f(x)$ 在 $(1,4)$ 上连续.

习题 19.2.6 含参变量瑕积分结论概述与应用

1. 讨论下列函数在指定区间上的一致收敛性.

(1) $\displaystyle\int_0^{+\infty}\frac{\cos xy}{\sqrt{x}}\mathrm{d}x, y\geqslant y_0>0$.

(2) $\displaystyle\int_0^1\frac{1}{x^\alpha}\sin\frac{1}{x}\mathrm{d}x, 0<\alpha<2$.

(3) $\displaystyle\int_0^1 x^{p-1}\ln^2 x\mathrm{d}x$, (i)$p>0$; (ii)$p\geqslant p_0>0$.

(4) $\displaystyle\int_1^{+\infty}\frac{y\sin xy}{x\left(1+y^2\right)}\mathrm{d}y, x\in(0,1)$.

(5) $\displaystyle\int_0^1\ln xy\mathrm{d}y(x\in[1,e])$.

(6) $\displaystyle\int_0^\pi\frac{\sin x}{x^\alpha(\pi-x)}\mathrm{d}x, 0<\alpha<2$.

2. 确定函数 $F(y)=\displaystyle\int_0^\pi\frac{\sin x}{x^y(\pi-x)^{2-y}}\mathrm{d}x$ 的连续区间.

3. 证明下面问题.

(1) $\int_0^1 \frac{\sin ux}{\sqrt{|x-u|}}\mathrm{d}x$ 关于 $u \in [0,1]$ 一致收敛.

(2) 设 $f \in C[0,1]$, $0 < m < 1$, 则有 $\int_0^1 \frac{f(ux)}{|x-u|^m}\mathrm{d}x$ 关于 $u \in [0,1]$ 一致收敛.

4. 计算下列积分.

(1) $\int_0^1 \frac{\ln\left(1-\alpha^2x^2\right)}{\sqrt{1-x^2}}\mathrm{d}x\ (|\alpha| \leqslant 1)$.　　(2) $\int_0^1 \frac{\ln\left(1-\alpha^2x^2\right)}{x^2\sqrt{1-x^2}}\mathrm{d}x\ (|\alpha| \leqslant 1)$.

(3) $\int_1^{+\infty} \frac{\arctan \alpha x}{x^2\sqrt{1-x^2}}\mathrm{d}x\ (\alpha > 0)$.　　(4) $\int_0^{+\infty} \frac{\ln\left(\alpha^2+x^2\right)}{\beta^2+x^2}\mathrm{d}x\ (\beta > 0)$.

*19.3 提高课: 欧拉积分与应用

扫码学习

两类由含参变量积分所定义的函数:

$$\Gamma(s) = \int_0^{+\infty} t^{s-1}\mathrm{e}^{-t}\mathrm{d}t, \quad \mathrm{B}(p,q) = \int_0^1 x^{p-1}(1-x)^{q-1}\mathrm{d}x$$

分别称为 Γ 函数和 B 函数, 二者统称为欧拉积分, 它们有着广泛的应用背景. 本节讨论 Γ 函数与 B 函数的概念与性质.

19.3.1 Γ 函数

下面讨论 Γ 函数的一些性质.

定理 19.3.1 $\Gamma(s)$ 在 $(0,+\infty)$ 内连续, 且具有各阶连续导数.

证明 由于

$$\Gamma(s) = \int_0^{+\infty} t^{s-1}\mathrm{e}^{-t}\mathrm{d}t = \underbrace{\int_0^1 t^{s-1}\mathrm{e}^{-t}\mathrm{d}t}_{(I_1)} + \underbrace{\int_1^{+\infty} t^{s-1}\mathrm{e}^{-t}\mathrm{d}t}_{(I_2)} \tag{19.3.1}$$

接下来分别分析 I_1, I_2 即可.

首先分析 I_1　对任意 $[\alpha,\beta] \subset (0,+\infty)$, 当 $s \in [\alpha,\beta]$ 时, $\left|t^{s-1}\mathrm{e}^{-t}\right| \leqslant \frac{1}{t^{1-s}} \leqslant \frac{1}{t^{1-\alpha}}$, 且 $\int_0^1 \frac{1}{t^{1-\alpha}}\mathrm{d}t$ 收敛. 由魏尔斯特拉斯判别法, $\int_0^1 t^{s-1}\mathrm{e}^{-t}\mathrm{d}t$ 在 $[\alpha,\beta]$ 上一致收敛, 因而在 $(0,+\infty)$ 内闭一致收敛, 所以 $\int_0^1 t^{s-1}\mathrm{e}^{-t}\mathrm{d}t$ 在 $(0,+\infty)$ 内连续.

下面分析 I_2　对任意 $[\alpha,\beta] \subset (0,+\infty)$, 当 $s \in [\alpha,\beta]$ 时, $\left|t^{s-1}\mathrm{e}^{-t}\right| \leqslant t^{\beta-1}\mathrm{e}^{-t}$, 且

$$\lim_{t\to+\infty} \frac{t^{\beta-1}\mathrm{e}^{-t}}{1/t^2} = \lim_{t\to+\infty} \frac{t^{\beta+1}}{\mathrm{e}^t} = 0$$

因此 $\int_1^{+\infty} t^{\beta-1}\mathrm{e}^{-t}\mathrm{d}t$ 收敛, 由魏尔斯特拉斯判别法, $\int_1^{+\infty} t^{s-1}\mathrm{e}^{-t}\mathrm{d}t$ 在 $[\alpha,\beta]$ 上一致收敛, 从而在 $(0,+\infty)$ 内闭一致收敛.

综上所述, $\Gamma(s)$ 在 $(0,+\infty)$ 内连续.

对任意自然数 k, $\dfrac{\partial^k\left(t^{s-1}\mathrm{e}^{-t}\right)}{\partial s^k}=t^{s-1}(\ln t)^k\mathrm{e}^{-t}$, 进一步

$$\int_0^{+\infty}t^{s-1}(\ln t)^k\mathrm{e}^{-t}\mathrm{d}t=\underbrace{\int_0^1 t^{s-1}(\ln t)^k\mathrm{e}^{-t}\mathrm{d}t}_{(3)}+\underbrace{\int_1^{+\infty}t^{s-1}(\ln t)^k\mathrm{e}^{-t}\mathrm{d}t}_{(4)} \tag{19.3.2}$$

对于 (19.3.2) 式的 (3) 和 (4) 类似于 (19.3.1) 式的 (1) 和 (2) 讨论, 在任意 $[\alpha,\beta]\subset(0,+\infty)$ 上一致收敛, 依次根据含参积分的可微性定理, $\Gamma(s)$ 有连续的导数. 重复 (19.3.2) 式的分析方法可以得到 $\Gamma(s)$ 在 $(0,+\infty)$ 内具有各阶连续导数. 结论得证.

定理 19.3.2 设 $s\in(0,+\infty)$, Γ 函数有以下性质:

(1) $\Gamma(s)>0,\Gamma(1)=1$;

(2) $\Gamma(s+1)=s\Gamma(s)$;

(3) $\ln\Gamma(s)$ 是 $(0,+\infty)$ 上的凸函数.

证明 (1) 从 Γ 函数的定义直接可得.

(2) 利用分部积分公式

$$\Gamma(s+1)=\int_0^{+\infty}t^s\mathrm{e}^{-t}\mathrm{d}t=-t^s\mathrm{e}^{-t}\Big|_0^{+\infty}+s\int_0^{+\infty}t^{s-1}\mathrm{e}^{-t}\mathrm{d}t=s\Gamma(s)$$

递推得 $\Gamma(n+1)=n!$

(3) 要证明 $\ln\Gamma(s)$ 是凸函数, 仅需证明当 $p\in(0,+\infty)$, $\dfrac{1}{p}+\dfrac{1}{q}=1$, $s_1,s_2\in(0,+\infty)$ 时,

$$\ln\Gamma\left(\frac{s_1}{p}+\frac{s_2}{q}\right)\leqslant\frac{1}{p}\ln\Gamma(s_1)+\frac{1}{q}\ln\Gamma(s_2)\Leftrightarrow\Gamma\left(\frac{s_1}{p}+\frac{s_2}{q}\right)\leqslant\Gamma^{\frac{1}{p}}(s_1)\cdot\Gamma^{\frac{1}{q}}(s_2)$$

由 Hölder 不等式得

$$\begin{aligned}\Gamma\left(\frac{s_1}{p}+\frac{s_2}{q}\right)&=\int_0^{+\infty}t^{\frac{s_1}{p}+\frac{s_2}{q}-1}\mathrm{e}^{-t}\mathrm{d}t=\int_0^{+\infty}(t^{\frac{s_1-1}{p}}\mathrm{e}^{-\frac{t}{p}})(t^{\frac{s_2-1}{q}}\mathrm{e}^{-\frac{t}{q}})\mathrm{d}t\\&\leqslant\left(\int_0^{+\infty}t^{s_1-1}\mathrm{e}^{-t}\mathrm{d}t\right)^{\frac{1}{p}}\left(\int_0^{+\infty}t^{s_2-1}\mathrm{e}^{-t}\mathrm{d}t\right)^{\frac{1}{q}}=\Gamma^{\frac{1}{p}}(s_1)\Gamma^{\frac{1}{q}}(s_2)\end{aligned}$$

结论得证.

注 19.3.1 定义在 $(0,+\infty)$ 上的一个函数如果满足 Γ 函数的三个性质, 则可以确定它就是一个 Γ 函数.

Γ 函数可以表示为下面的形式:

$$\Gamma(s)=\int_0^{+\infty}t^{s-1}\mathrm{e}^{-t}\mathrm{d}t,$$

$$\Gamma(s)=2\int_0^{+\infty}u^{2s-1}\mathrm{e}^{-u^2}\mathrm{d}u,\ \Rightarrow\ \boxed{\text{作变换}t=u^2}$$

$$\Gamma(s)=a^s\int_0^{+\infty}u^{s-1}\mathrm{e}^{-au}\mathrm{d}u.\ (a>0)\Rightarrow\boxed{\text{作变换}t=au}$$

例 19.3.1 求极限$I=\lim\limits_{n\to\infty}\int_0^{+\infty}\mathrm{e}^{-x^n}\mathrm{d}x$.

解 令 $t=x^n$, 则 $\int_0^{+\infty}\mathrm{e}^{-x^n}\mathrm{d}x=\int_0^{+\infty}\frac{1}{n}\mathrm{e}^{-t}t^{\frac{1}{n}-1}\mathrm{d}t=\frac{1}{n}\Gamma\left(\frac{1}{n}\right)=\Gamma\left(\frac{1}{n}+1\right)$. 由 Γ 函数的连续性得 $I=\lim\limits_{n\to\infty}\int_0^{+\infty}\mathrm{e}^{-x^n}\mathrm{d}x=\lim\limits_{n\to\infty}\Gamma\left(\frac{1}{n}+1\right)=\Gamma(1)=1$.

例 19.3.2 计算积分$I=\int_0^{+\infty}x^{2n}\mathrm{e}^{-x^2}\mathrm{d}x$.

解 设 $u=x^2$, 则积分表达式变形得

$$I=\int_0^{+\infty}x^{2n}\mathrm{e}^{-x^2}\mathrm{d}x=\frac{1}{2}\int_0^{+\infty}u^{n-\frac{1}{2}}\mathrm{e}^{-u}\mathrm{d}u$$

由 Γ 函数的递推关系式 $\Gamma(s+1)=s\Gamma(s)$, 得

$$\begin{aligned}I&=\frac{1}{2}\Gamma\left(n+\frac{1}{2}\right)=\frac{1}{2}\Gamma\left(\frac{2n-1}{2}+1\right)=\frac{2n-1}{2^2}\Gamma\left(n-1+\frac{1}{2}\right)\\&=\frac{(2n-1)!!}{2^{n+1}}\Gamma\left(\frac{1}{2}\right)=\frac{(2n-1)!!}{2^{n+1}}\sqrt{\pi}\end{aligned}$$

19.3.2 B 函数

下面讨论 B 函数的性质.

定理 19.3.3 B 函数具有以下性质：

(1) 连续性：$\mathrm{B}(p,q)$ 在 $(0,+\infty)\times(0,+\infty)$ 上连续且具有各阶连续偏导数;

(2) 对称性：$\mathrm{B}(p,q)=B(q,p)\ (p>0,q>0)$;

(3) 递推关系：$\mathrm{B}(p+1,q+1)=\dfrac{pq}{(p+q)(p+q+1)}\mathrm{B}(p,q)\ \ (p>0,q>0)$.

证明 (1) 对任意 $p_0>0,q_0>0$, 当 $p\geqslant p_0,q\geqslant q_0$ 时, $x^{p-1}(1-x)^{q-1}\leqslant x^{p_0-1}(1-x)^{q_0-1}$, 而 $\int_0^1x^{p_0-1}(1-x)^{q_0-1}\mathrm{d}x$ 收敛, 由魏尔斯特拉斯判别法, $\mathrm{B}(p,q)=\int_0^1x^{p-1}(1-x)^{q-1}\mathrm{d}x$ 关于 $p\geqslant p_0,q\geqslant q_0$ 一致收敛, 即 $\mathrm{B}(p,q)$ 在 $(0,+\infty)\times(0,+\infty)$ 上关于参数 p,q 内闭一致收敛, 所以 $B(p,q)$ 在 $(0,+\infty)\times(0,+\infty)$ 上连续. 利用含参积分可微性定理, 同理可证 $\mathrm{B}(p,q)$ 在 $(0,+\infty)\times(0,+\infty)$ 上具有各阶连续偏导数.

(2) 令 $x=1-t$, 则

$$\mathrm{B}(p,q)=\int_0^1x^{p-1}(1-x)^{q-1}\mathrm{d}x=\int_0^1t^{q-1}(1-t)^{p-1}\mathrm{d}t=\mathrm{B}(q,p)$$

(3) 利用分部积分公式

$$\begin{aligned}B(p+1,q+1)&=\int_0^1x^p(1-x)^q\mathrm{d}x=\left.\frac{x^{p+1}(1-x)^q}{p+1}\right|_0^1+\frac{q}{p+1}\int_0^1x^{p+1}(1-x)^{q-1}\mathrm{d}x\\&=\frac{q}{p+1}\int_0^1x^p(1-x)^{q-1}\mathrm{d}x-\frac{q}{p+1}\int_0^1x^p(1-x)^q\mathrm{d}x\end{aligned}$$

$$= \frac{q}{p+1}\mathrm{B}(p+1,q) - \frac{q}{p+1}\mathrm{B}(p+1,q+1)$$

得到结论 $\mathrm{B}(p+1,q+1) = \dfrac{q}{p+q+1}\mathrm{B}(p+1,q)$. 同理可证

$$\mathrm{B}(p+1,q+1) = \frac{p}{p+q+1}\mathrm{B}(p,q+1), \quad \mathrm{B}(p+1,q) = \frac{q}{p+q}\mathrm{B}(p,q)$$

因此得到$\mathrm{B}(p+1,q+1) = \dfrac{pq}{(p+q)(p+q+1)}\mathrm{B}(p,q)$. 结论得证.

B 函数也可以表示成下面的形式:

$$\mathrm{B}(p,q) = 2\int_0^{\frac{\pi}{2}} \cos^{2p-1}\varphi \sin^{2q-1}\varphi \mathrm{d}\varphi \tag{19.3.3}$$

$$\mathrm{B}(p,q) = \int_0^1 \frac{t^{q-1}+t^{p-1}}{(1+t)^{p+q}}\mathrm{d}t \tag{19.3.4}$$

事实上, 我们有

$$\begin{aligned}\mathrm{B}(p,q) &= \int_0^1 x^{p-1}(1-x)^{q-1}\mathrm{d}x \Leftarrow \boxed{\text{作变换}x = \cos^2\varphi} \\ &= 2\int_0^{\frac{\pi}{2}} \cos^{2p-1}\varphi \sin^{2q-1}\varphi \mathrm{d}\varphi\end{aligned}$$

$$\begin{aligned}\mathrm{B}(p,q) &= \int_0^1 x^{p-1}(1-x)^{q-1}\mathrm{d}x = \int_0^{+\infty} \frac{y^{q-1}}{(1+y)^{p+q}}\mathrm{d}y \Leftarrow \boxed{\text{作变换}x = \frac{1}{1+y}} \\ &= \int_0^1 \frac{y^{q-1}}{(1+y)^{p+q}}\mathrm{d}y + \int_1^{+\infty} \frac{y^{q-1}}{(1+y)^{p+q}}\mathrm{d}y \Leftarrow \boxed{\text{作变换}y = \frac{1}{t}} \\ &= \int_0^1 \frac{t^{q-1}+t^{p-1}}{(1+t)^{p+q}}\mathrm{d}t\end{aligned}$$

因此 (19.3.3) 和 (19.3.4) 式得证. 结论得证.

B 函数与 Γ 函数有如下关系.

定理 19.3.4 对任意 $p>0, q>0$, 有 $\mathrm{B}(p,q) = \dfrac{\Gamma(p)\Gamma(q)}{\Gamma(p+q)}$.

证明 由于

$$\Gamma(p) = 2\int_0^{+\infty} s^{2p-1}\mathrm{e}^{-s^2}\mathrm{d}s, \quad \Gamma(q) = 2\int_0^{+\infty} t^{2q-1}\mathrm{e}^{-t^2}\mathrm{d}t$$

令 $\Omega = \{(s,t)|0 \leqslant s < +\infty, 0 \leqslant t < +\infty\}$, 则

$$\Gamma(p)\Gamma(q) = 4\iint_\Omega s^{2p-1}\mathrm{e}^{-s^2}t^{2q-1}\mathrm{e}^{-t^2}\mathrm{d}s\mathrm{d}t$$

作变换 $s = r\cos\theta, t = r\sin\theta, 0 \leqslant r < +\infty, 0 \leqslant \theta \leqslant \dfrac{\pi}{2}$,

$$\begin{aligned}\Gamma(p)\Gamma(q) &= 4\iint_{\Omega} r^{2(p+q)-1}\mathrm{e}^{-r^2}\cos^{2p-1}\theta\sin^{2q-1}\theta\mathrm{d}r\mathrm{d}\theta \\ &= \left(2\int_0^{\pi/2}\cos^{2p-1}\theta\sin^{2q-1}\theta\mathrm{d}\theta\right)\left(2\int_0^{+\infty} r^{2(p+q)-1}\mathrm{e}^{-r^2}\mathrm{d}r\right) \\ &= \mathrm{B}(p,q)\Gamma(p+q)\end{aligned}$$

结论得证.

在 B 函数与 Γ 函数的应用中, 经常用到下面几个公式, 证明留给读者完成.

定理 19.3.5 以下等式成立:

(1) 勒让德公式 : $\Gamma(s)\Gamma(s+\dfrac{1}{2})=\dfrac{\sqrt{\pi}}{2^{2s-1}}\Gamma(2s)\ (s>0)$.

(2) 余元公式 : $\Gamma(s)\Gamma(1-s)=\dfrac{\pi}{\sin\pi s}\ (0<s<1)$.

(3) 斯特林公式 : $\Gamma(s+1)=\sqrt{2\pi s}\left(\dfrac{s}{\mathrm{e}}\right)^s\mathrm{e}^{\frac{\theta}{12s}}\ (s>0,0<\theta<1)$.

特别当 $s=n$ 时, 有 $n!=\sqrt{2\pi s}\left(\dfrac{n}{\mathrm{e}}\right)^n\mathrm{e}^{\frac{\theta}{12n}}\ (0<\theta<1)$.

例 19.3.3 计算积分 $I=\displaystyle\int_0^{+\infty}\frac{1}{1+x^4}\mathrm{d}x$.

解 令 $t=x^4$, 利用定理 19.3.4 以及余元公式, 有

$$\begin{aligned}I&=\int_0^{+\infty}\frac{1}{1+x^4}\mathrm{d}x=\frac{1}{4}\int_0^{+\infty}\frac{t^{-\frac{3}{4}}}{1+t}\mathrm{d}t=\frac{1}{4}\int_0^{+\infty}\frac{t^{\frac{1}{4}-1}}{(1+t)^{\frac{3}{4}+\frac{1}{4}}}\mathrm{d}t=\frac{1}{4}\mathrm{B}\left(\frac{3}{4},\frac{1}{4}\right)\\ &=\frac{1}{4}\frac{\Gamma\left(\frac{3}{4}\right)\Gamma\left(\frac{1}{4}\right)}{\Gamma\left(\frac{3}{4}+\frac{1}{4}\right)}=\frac{1}{4}\frac{\Gamma\left(\frac{3}{4}\right)\Gamma(\frac{1}{4})}{\Gamma(1)}=\frac{1}{4}\Gamma\left(\frac{3}{4}\right)\Gamma\left(\frac{1}{4}\right)=\frac{1}{4}\frac{\pi}{\sin\frac{3\pi}{4}}=\frac{\pi}{2\sqrt{2}}\end{aligned}$$

例 19.3.4 计算 $I=\displaystyle\int_0^1 x^8\sqrt{1-x^3}\mathrm{d}x$.

解 令 $t=x^3$, 利用定理 19.3.4 以及 Γ 函数的递推关系式 $\Gamma(s+1)=s\Gamma(s)$, 有

$$\begin{aligned}I&=\int_0^1 x^8\sqrt{1-x^3}\mathrm{d}x=\frac{1}{3}\int_0^1 t^2\sqrt{1-t}\mathrm{d}t=\frac{1}{3}\int_0^1 t^{3-1}(1-t)^{\frac{3}{2}-1}\mathrm{d}t\\ &=\frac{1}{3}\mathrm{B}\left(3,\frac{3}{2}\right)=\frac{1}{3}\frac{\Gamma(3)\Gamma\left(\frac{3}{2}\right)}{\Gamma\left(3+\frac{3}{2}\right)}=\frac{1}{3}\frac{\Gamma(3)\Gamma\left(\frac{3}{2}\right)}{\Gamma\left(\frac{9}{2}\right)}=\frac{2\Gamma\left(\frac{3}{2}\right)}{3\cdot\frac{7}{2}\cdot\frac{5}{2}\cdot\frac{3}{2}\cdot\Gamma\left(\frac{3}{2}\right)}=\frac{16}{315}\end{aligned}$$

例 19.3.5 计算$I=\displaystyle\int_0^{\frac{\pi}{2}}\sin^6 x\cos^4 x\mathrm{d}x$.

解 利用公式 (19.3.3) 和定理 19.3.4, 以及 Γ 函数的递推关系式 $\Gamma(s+1)=s\Gamma(s)$.

$$I=\int_0^{\frac{\pi}{2}}\sin^6 x\cos^4 x\mathrm{d}x=\frac{1}{2}\times 2\int_0^{\frac{\pi}{2}}\cos^{(2\times\frac{5}{2}-1)}x\sin^{(2\times\frac{7}{2}-1)}x\mathrm{d}x=\frac{1}{2}\mathrm{B}\left(\frac{5}{2},\frac{7}{2}\right)$$

$$=\frac{1}{2}\frac{\Gamma\left(\frac{5}{2}\right)\Gamma\left(\frac{7}{2}\right)}{\Gamma\left(\frac{5}{2}+\frac{7}{2}\right)}=\frac{1}{2}\frac{\Gamma\left(\frac{5}{2}\right)\Gamma\left(\frac{7}{2}\right)}{\Gamma(6)}=\frac{1}{2\cdot 5!}\left(\frac{3}{2}\cdot\frac{\sqrt{\pi}}{2}\right)\left(\frac{5}{2}\cdot\frac{3}{2}\cdot\frac{\sqrt{\pi}}{2}\right)=\frac{3\pi}{512}$$

例 19.3.6 计算$I=\int_0^{\frac{\pi}{2}}\sin^{2n}x\mathrm{d}x$.

解 利用公式 (19.3.3) 和定理 19.3.4, 以及 Γ 函数的递推关系式 $\Gamma(s+1)=s\Gamma(s)$.

$$I=\int_0^{\frac{\pi}{2}}\sin^{2n}x\mathrm{d}x=\frac{1}{2}\times 2\int_0^{\frac{\pi}{2}}\cos^{(2\times\frac{1}{2}-1)}x\sin^{(2\times\frac{2n+1}{2}-1)}x\mathrm{d}x=\frac{1}{2}\mathrm{B}\left(\frac{1}{2},\frac{2n+1}{2}\right)$$

$$=\frac{1}{2}\frac{\Gamma\left(\frac{1}{2}\right)\Gamma\left(\frac{2n+1}{2}\right)}{\Gamma\left(\frac{1}{2}+\frac{2n+1}{2}\right)}=\frac{1}{2}\frac{\Gamma\left(\frac{1}{2}\right)\Gamma\left(n+\frac{1}{2}\right)}{\Gamma(n+1)}=\frac{1}{2}\frac{\sqrt{\pi}\frac{(2n-1)!!}{2^n}\sqrt{\pi}}{n!}=\frac{(2n-1)!!}{(2n)!!}\cdot\frac{\pi}{2}$$

例 19.3.7 计算 $I=\int_0^{\pi}\sqrt{\frac{1+\cos\varphi}{\sin\varphi}}\cdot\frac{\mathrm{d}\varphi}{2+\cos\varphi}$.

解 令 $t=\tan\frac{\varphi}{2}$, 则

$$\cos\varphi=\frac{1-t^2}{1+t^2},\quad \sin\varphi=\frac{2t}{1+t^2},\quad \mathrm{d}\varphi=\frac{2\mathrm{d}t}{1+t^2},\quad \sqrt{\frac{1+\cos\varphi}{\sin\varphi}}=t^{-\frac{1}{2}},\quad \frac{1}{2+\cos\varphi}=\frac{1+t^2}{3+t^2}$$

所以

$$I=\int_0^{\pi}\sqrt{\frac{1+\cos\varphi}{\sin\varphi}}\cdot\frac{\mathrm{d}\varphi}{2+\cos\varphi}=\int_0^{+\infty}\frac{2t^{-\frac{1}{2}}}{3+t^2}\mathrm{d}t$$

令 $t=\sqrt{3}\tan\theta$, 利用 B 函数与 Γ 函数的关系以及余元公式, 有

$$I=\int_0^{+\infty}\frac{2t^{-\frac{1}{2}}}{3+t^2}\mathrm{d}t=\frac{2}{\sqrt[4]{27}}\int_0^{\frac{\pi}{2}}\cos^{\frac{1}{2}}\theta\sin^{-\frac{1}{2}}\theta\mathrm{d}\theta=\frac{2}{\sqrt[4]{27}}\int_0^{\frac{\pi}{2}}\cos^{(2\times\frac{3}{4}-1)}\theta\sin^{(2\times\frac{1}{4}-1)}\theta\mathrm{d}\theta$$

$$=\frac{1}{\sqrt[4]{27}}\mathrm{B}\left(\frac{3}{4},\frac{1}{4}\right)=\frac{1}{\sqrt[4]{27}}\frac{\Gamma\left(\frac{3}{4}\right)\Gamma\left(\frac{1}{4}\right)}{\Gamma(1)}=\frac{1}{\sqrt[4]{27}}\Gamma\left(\frac{3}{4}\right)\Gamma\left(\frac{1}{4}\right)=\frac{1}{\sqrt[4]{27}}\frac{\pi}{\sin\frac{3\pi}{4}}=\frac{\sqrt{2}\pi}{\sqrt[4]{27}}$$

19.3.3 欧拉积分与应用

1. 证明 $\Gamma(s)$ 可表示为

(1) $\Gamma(s)=2\int_0^{+\infty}x^{2s-1}\mathrm{e}^{-x^2}\mathrm{d}x\,(s>0)$;

(2) $\Gamma(s)=a^s\int_0^{+\infty}x^{s-1}\mathrm{e}^{-ax}\mathrm{d}x\,(s>0,a>0)$.

2. 证明当 $p>0,q>0$ 时, $\mathrm{B}(p,q)$ 可表示如下:

(1) $\mathrm{B}(p,q)=\int_0^{+\infty}\frac{t^{q-1}}{(1+t)^{p+q}}\mathrm{d}t$;

(2) $\mathrm{B}(p,q)=2\int_0^{\frac{\pi}{2}}\sin^{2p-1}\theta\cos^{2q-1}\theta\mathrm{d}\theta$.

3. 利用 Γ 函数计算下列积分.

(1) $\int_0^1\sqrt{x-x^2}\mathrm{d}x$. (2) $\int_0^{+\infty}\frac{\sqrt[4]{x}}{(1+x)^2}\mathrm{d}x$. (3) $\int_0^{+\infty}\frac{\mathrm{d}x}{1+x^3}$.

(4) $\int_0^{\frac{\pi}{2}}\sin^7 x\cos^{\frac{1}{2}}x\mathrm{d}x$. (5) $\int_0^{\pi}\frac{\mathrm{d}x}{\sqrt{3-\cos x}}$.

4. 证明: $\log\mathrm{B}(p,q)$ 关于变量 p 是 $(0,+\infty)$ 上的凸函数.

5. 计算极限: $\lim\limits_{n\to\infty}\sqrt{n}\int_0^1 x^{\frac{3}{2}}(1-x^5)^n\mathrm{d}x$.

*19.4 探索类问题

探索类问题 1 设二元函数 $f(x,u)$ 定义在 $I=[a,b]\times[\alpha,\beta]$ 上, 对任意 $u\in[\alpha,\beta]$, $f(x,u)$ 关于变量 x 在 $[a,b]$ 上黎曼可积, 则由此定义了区间 $[\alpha,\beta]$ 上的函数

$$\varphi(u)=\int_a^b f(x,u)\mathrm{d}x$$

研究含参变量常义积分有界性、单调性、凹凸性和极值问题.

探索类问题 2 设三元函数 $f(x,u,v)$ 定义在 $I=[a,b]\times[\alpha,\beta]\times[e,h]$ 上, 对任意 $(u,v)\in[\alpha,\beta]\times[e,h]$, $f(x,u,v)$ 关于变量 x 在 $[a,b]$ 上可积, 则

$$\varphi(u,v)=\int_a^b f(x,u,v)\mathrm{d}x$$

定义了一个 $[\alpha,\beta]\times[e,h]$ 上的函数, 称为含参变量 u,v 的常义积分. 研究其连续性、可积性、可微性.

探索类问题 3 设 $f(x,u)$ 定义在 $[a,+\infty)\times[\alpha,\beta]$ 上, 对任意 $u\in[\alpha,\beta]$, $\int_a^{+\infty}f(x,u)\mathrm{d}x$ 收敛. 则此积分确定了一个定义在 $[\alpha,\beta]$ 上的函数

$$\varphi(u)=\int_a^{+\infty}f(x,u)\mathrm{d}x=\lim_{A\to+\infty}\int_a^A f(x,u)\mathrm{d}x$$

称为含参变量 u 的广义积分. 研究含参变量广义积分的有界性、单调性、凹凸性和极值问题.

探索类问题 4 设 $D_{uv}=\{(u,v)\,|c\leqslant u<+\infty,d\leqslant v<+\infty\}$, 三元函数 $f(x,u,v)$ 定义在 $I=[a,b]\times D_{uv}$ 上, 对任意 $x\in[a,b]$, $f(x,u,v)$ 关于变量 u,v 在 D_{uv} 上可积, 则

$$\varphi(x)=\iint\limits_{D_{uv}}f(x,u,v)\mathrm{d}u\mathrm{d}v$$

定义了一个 $[a,b]$ 上的函数, 称为含参变量 x 的广义积分. 研究其连续性、可积性、可微性、有界性、单调性、凹凸性和极值问题.

探索类问题 5 设 $D_{uv}=\{(u,v)\,|c\leqslant u<+\infty,d\leqslant v<+\infty\}$, 四元函数 $f(x,y,u,v)$ 定义在 $I=[a,b]\times[c,d]\times D_{uv}$ 上, 对任意 $(x,y)\in[a,b]\times[c,d]$, $f(x,y,u,v)$ 关于变量 u,v 在 D_{uv} 上可积, 则

$$\varphi(x,y)=\iint\limits_{D_{uv}}f(x,y,u,v)\mathrm{d}u\mathrm{d}v$$

定义了一个 $[a,b]\times[c,d]$ 上的函数, 称为含参变量 x,y 的广义积分. 研究其连续性、可积性、可微性.

探索类问题 6 设四元函数 $f(x,y,u,v)$ 定义在 $I=D_{xy}\times D_{uv}$ 上, 其中

$$D_{xy}=\{(x,y)\,|e\leqslant x<+\infty,h\leqslant y<+\infty\}$$
$$D_{uv}=\{(u,v)\,|e^*\leqslant u<+\infty,h^*\leqslant v<+\infty\}$$

对任意 $(x,y)\in D_{xy}$, $f(x,y,u,v)$ 关于变量 u,v 在 D_{uv} 上可积, 则

$$\varphi(x,y)=\iint\limits_{D_{uv}}f(x,y,u,v)\mathrm{d}u\mathrm{d}v$$

定义了一个 D_{xy} 上的函数, 称为含参变量 x,y 的广义积分. 研究其连续性、可积性、可微性.

探索类问题 7 设 $f(x,u)$ 在 $(a,b]\times[\alpha,\beta]$ 上连续, 在点 a 的任一右邻域内无界, 对任意 $u\in[\alpha,\beta]$, $\int_a^b f(x,u)\mathrm{d}x$ 均收敛, 则

$$\varphi(u)=\int_a^b f(x,u)\mathrm{d}x$$

定义了一个 $[\alpha,\beta]$ 上的函数, 称为含参变量 u 的瑕积分. $[\alpha,\beta]$ 是其他各类区间时

$$(\alpha,\beta),\ [\alpha,\beta),\ (\alpha,\beta],\ (-\infty,+\infty),\ [\alpha,+\infty),\ (-\infty,\beta],\ (\alpha,+\infty),\ (-\infty,\beta)$$

研究 $\varphi(u)=\int_a^b f(x,u)\mathrm{d}x$ 有界性、单调性、凹凸性和极值问题.

探索类问题 8 设四元函数 $f(x,y,u,v)$ 定义在 $I=D_{xy}\times D_{uv}$ 上, $D_{uv}=(a,b]\times[c,d]$, $u=a$ 为瑕点, 对任意 $(x,y)\in D_{xy}$, $f(x,y,u,v)$ 关于变量 u,v 在 D_{uv} 上可积, 则

$$\varphi(x,y)=\iint\limits_{D_{uv}}f(x,y,u,v)\mathrm{d}u\mathrm{d}v$$

定义了一个 D_{xy} 上的函数, 称为含参变量 x,y 的瑕积分. 研究其连续性、可积性、可微性.

探索类问题 9 研究两类含参曲线积分的连续、可积、可微性质:

(1) $\phi(u)=\int_L f(x,y,u)\mathrm{d}s$; (2) $\varphi(u)=\int_L F(x,y,u)\mathrm{d}x+G(x,y,u)\mathrm{d}y$.

探索类问题 10 研究两类含参曲面积分的连续、可积、可微性质:

(1) $\phi(u)=\iint\limits_{\Sigma} f(x,y,z,u)\mathrm{d}S.$

(2) $\phi(u)=\iint\limits_{\Sigma} F(x,y,z,u)\mathrm{d}x+G(x,y,z,u)\mathrm{d}y+R(x,y,z,u)\mathrm{d}z.$

第 19 章习题答案与提示

参 考 文 献

[1] 吉米多维奇. 数学分析习题集. 李荣涑, 李植, 译. 北京: 高等教育出版社, 2010.

[2] 陈纪修, 於崇华, 金路. 数学分析 (上、下册). 2 版. 北京: 高等教育出版社, 2004.

[3] 华东师范大学数学系. 数学分析 (上、下册). 4 版. 北京: 高等教育出版社, 2010.

[4] 常庚哲, 史济怀. 数学分析教程 (上、下册). 北京: 高等教育出版社, 2003.

[5] 马知恩, 王绵森. 工科数学分析基础 (上、下册). 2 版. 北京: 高等教育出版社, 2006.

[6] 菲赫金哥尔茨. 微积分学教程 (上、中、下册). 杨弢亮, 叶彦谦, 译. 8 版. 北京: 高等教育出版社, 2006.

[7] 吴良森, 毛羽辉, 韩士安, 等. 数学分析学习指导书 (上、下册). 北京: 高等教育出版社, 2004.

[8] Stewart J. Calculus. 6th ed. Thomson Brooks/Cole, 2008.

[9] 欧阳光中, 朱学炎, 金福临, 陈传璋. 数学分析 (上、下册). 3 版. 北京: 高等教育出版社, 2007.

[10] Barnett R A, Ziegler M R, Byleen K E. Calculus for Business, Economics, Life Sciences, and Social Sciences. 9th ed. 北京: 高等教育出版社, 2005.

[11] Giordano F R, Fox W P, Horton S B. A First Course in Mathematical Modeling. 5th ed. Brooks/Cole, Cengage Learning, 2013.

[12] 司守奎, 孙玺菁. 数学建模算法与应用. 北京: 国防工业出版社, 2014.

[13] 米尔斯切特. 数学建模方法与分析. 4 版. 刘来福, 黄海洋, 杨淳, 译. 北京: 机械工业出版社, 2015.

[14] de Souza P N, Silva J N. Berkeley Problems in Mathematics. 3th ed. 北京: 科学出版社, 2007.

[15] Apostol T M. Mathematical Analysis. 2nd ed. Pearson Education Limited, 1974.

[16] Fitzpatrick P M. Advanced Calculus. 2nd ed. American Mathematical Society, 2009.

[17] Bashirov A E. Mathematical Analysis Fundamentals. 哈尔滨: 哈尔滨工业大学出版社, 2016.

[18] Meerschaer M M. Mathematical Modeling. 北京: 机械工业出版社, 2015.

[19] Sauer T. Numerical Analysis (Second Edition). 裴玉茹, 马赓宇, 译. 北京: 机械工业出版社, 2014.

[20] Pinsky M A. Introduction to Fourier Analysis and Wavelets. American Mathematical Society, 2009.

[21] Gowers T. 普林斯顿数学指南 (共三卷). 齐民友, 译. 北京: 科学出版社, 2014.

[22] 夏道行, 吴卓人, 严绍宗, 舒五昌. 实变函数论与泛函分析 (上、下册). 2 版. 北京: 高等教育出版社, 2010.

[23] 庞特里亚金. 常微分方程. 金福临, 李训经, 译. 哈尔滨: 哈尔滨工业大学出版社, 2016.

[24] Taylor M E. Partial Differential Equations(共三卷). 2 版. 北京: 世界图书出版公司, 2014.

[25] Nocedal J, Wright S J. Numerical Optimization. 北京: 科学出版社, 2006.

[26] 博格斯, 马科维奇. 小波与傅里叶分析基础. 2 版. 芮国胜, 康健, 译. 北京: 电子工业出版社, 2010.

[27] Vreblad A. Fourier Analysis and Its Applications. 北京: 科学出版社, 2011.

[28] 陶然, 邓兵, 王越. 分数阶傅里叶变换及其应用. 北京: 清华大学出版社, 2009.

[29] 冉启文, 谭立英. 小波分析与分数傅里叶变换及应用. 北京: 国防工业出版社, 2002.

[30] 傅英定, 成孝予, 唐应辉. 最优化理论与方法. 北京: 国防工业出版社, 2008.

[31] 孙延奎. 小波变换与图像、图形处理技术. 北京: 清华大学出版社, 2012.

[32] 张立卫, 单锋. 最优化方法. 北京: 科学出版社, 2010.
[33] 李庆扬, 莫孜中, 祁力群. 非线性方程组的数值解法. 北京: 科学出版社, 2016.
[34] 李荣华. 偏微分方程数值解法. 2 版. 北京: 高等教育出版社, 2010.
[35] 王仁宏. 数值逼近. 北京: 高等教育出版社, 1999.
[36] 舒斯特. 混沌学引论. 成都: 四川教育出版社, 2010.
[37] 詹姆斯 · 格雷克. 混沌: 开创新科学 (修订版). 张淑誉, 译. 北京: 高等教育出版社, 2014.
[38] 海因茨 · 奥托 · 佩特根, 哈特穆特 · 于尔根斯, 迪特马尔 · 绍柏. 混沌与分形: 科学的新疆界. 2 版. 田逢春, 译. 北京: 国防工业出版社, 2008.
[39] 伊利亚 · 普里戈金. 确定性的终结: 时间、浑沌与新自然法则. 湛敏, 译, 张建树, 校. 上海: 上海科技教育出版社, 2015.
[40] 弗里德里希 · 克拉默. 混沌与秩序: 生物系统的复杂结构. 柯志阳, 吴彤, 译. 上海: 上海世纪出版集团, 2010.
[41] 刘式达, 梁福明, 刘式适, 等. 自然科学中的混沌和分形. 北京: 北京大学出版社, 2003.
[42] 弗朗索瓦 · 吕尔萨. 混沌. 马金章, 译. 北京: 科学出版社, 2005.
[43] Boyer C B. 数学史 (上、下册). 北京: 中央编译出版社, 2012.
[44] Kline M. 古今数学思想 (共三册). 上海: 上海科学技术出版社, 2013.
[45] 霍华德 · 伊夫斯, 数学史概论. 6 版. 欧阳绛, 译. 哈尔滨: 哈尔滨工业大学出版社, 2009.
[46] 卡兹. 数学史通论. 李文林, 王丽霞, 译. 北京: 高等教育出版社, 2008.
[47] 斯图尔特 · 夏皮罗. 数学哲学: 对数学的思考. 郝兆宽, 杨睿之, 译. 上海: 复旦大学出版社, 2009.

人名索引